Enzyklopädie **Essbare Wildpflanzen**

Steffen Guido Fleischhauer
Roland Spiegelberger
Jürgen Guthmann

Enzyklopädie
Essbare Wildpflanzen

2000 Pflanzen Mitteleuropas
Bestimmung, Sammeltipps, Inhaltsstoffe,
Heilwirkung, Verwendung in der Küche

at VERLAG

Die Angaben in diesem Buch sind von Verlag und Autoren sorgfältig erwogen und geprüft worden, dennoch sind sie ohne Gewähr. Die im vorliegenden Buch beschriebenen Heilwirkungen und medizinischen Anwendungen von Wildpflanzen haben lediglich informativen Charakter und sollen den Leser keinesfalls zur Selbstmedikation anregen. Dies gilt insbesondere bei ernsthaften gesundheitlichen Problemen. Eine Haftung der Autoren, des Verlages oder seiner Beauftragten ist ausgeschlossen.

Wichtiger Hinweis zum Pflanzenartenschutz:
Das Buch behandelt verbreitete aber auch seltene und gefährdete Pflanzen Mitteleuropas. Die beiden Letzteren sind im vorliegenden Buch farblich markiert. Sie sind von der Wildsammlung ausgenommen. Nutzung nur mit Einschränkungen. Näheres dazu auf Seite 27.

Inhalt

Einleitung

In unserer mitteleuropäischen Landschaft gibt es eine große Anzahl leicht verfügbarer essbarer Wildpflanzen. Sie lassen sich zu leckeren Speisen zubereiten und stellen eine Bereicherung unserer täglichen Nahrung dar. Für aufgeschlossene und neugierige Menschen ist es wie die Wiederentdeckung eines wertvollen Schatzes zu erkennen, dass wir von gesunder Nahrung umgeben sind. Wildpflanzen benötigen keinen landwirtschaftlichen Anbau und keine Pflanzenpflege, sondern müssen nur gesammelt werden.

Seit Jahrmillionen waren Wildpflanzen die wichtigste Nahrungsgrundlage der Menschen. Die Kenntnisse über essbare Wildpflanzen stellten einen Wissensschatz dar, der den Menschen das Überleben sicherte. Erst in einem Bruchteil der Geschichte, in den letzten Jahrhunderten und Jahrzehnten, ging dieses Wissen fast verloren. Über das Wildpflanzenwissen wurde wenig aufgeschrieben, das alltägliche Wissen um die Nahrung wurde nur mündlich weitergegeben und verschwand daher, als die Menschen ihre Nahrung nicht mehr direkt selbst besorgten, sondern sich ein Versorgungssystem durch Landwirte und Produzenten etablierte. Die Erwerbsarbeit beschäftigte die Menschen zunehmend mehr als die Nahrungssuche.

In Kriegs- und Notzeiten erwies sich das Sammeln von Wildpflanzen wieder als notwendig, doch da war bereits viel Wissen um die Pflanzenerkennung und die richtige Verarbeitung der Wildpflanzen abhanden gekommen; auch konnte man in Notzeiten nicht auf die richtigen, günstigen Sammelzeiten für die verschiedenen Pflanzenteile warten. So blieb die Nahrung aus diesen Zeiten als nicht sehr bekömmlich in Erinnerung.

In der jüngeren Zeit der global vernetzten Märkte und der Überproduktion spielten die essbaren Wildpflanzen für viele Menschen keine Rolle mehr. Erst in den letzten Jahren, durch die zunehmende Verfremdung unserer Nahrung, haben sich mehr und mehr Menschen wieder dem Thema der natürlichen Nahrung gewidmet. Köche und Kochschulen arbeiten mit essbaren Wildpflanzen. Man entdeckt sie neu als außergewöhnliche Geschmacks- und gesunde Vitalstoffträger.

Lebensmittel aus Wildpflanzen

Über unvorstellbar lange Zeiträume hat der Mensch durch Versuch und Irrtum ermittelt, welche Gewächse seiner Umgebung als Nahrungsmittel geeignet sind. Parallel dazu entwickelte er Verarbeitungstechniken und teils komplexe Zubereitungsarten, mit deren Hilfe er nicht nur die Bekömmlichkeit steigern, sondern manche Pflanzenteile überhaupt erst essbar machen konnte. Durch seine Fähigkeit, diese Fertigkeiten zu erlernen und Gelerntes über die Generationen weiterzugeben, sammelte sich im Laufe der Zeit ein großer, für die Gemeinschaft überlebenswichtiger Erfahrungsschatz hinsichtlich der essbaren Wildpflanzen an. Bedauerlicherweise geht die Entwicklung in der Geschichte aber auch oft den gegenteiligen Weg, und überliefertes Wissen geht wieder verloren, verblasst mit der Zeit oder wird aus Achtlosigkeit dem Vergessen preisgegeben.

Glücklicherweise ist das Interesse für die essbaren Wildpflanzen wieder erwacht. Etliche Autoren haben das noch verfügbare Erfahrungswissen zusammengetragen, selbst probiert und experimentiert. Mittlerweile existiert wieder ein großes Arsenal an einschlägiger Literatur. Bei der Nutzung von Wildpflanzen sollte man immer bedenken, dass sie besondere, eben natürliche, unverfälschte »Lebensmittel« sind. Denn anders als Kulturgemüsepflanzen, die gehegt und gepflegt werden, müssen sich die essbaren Wildpflanzen gegenüber der Umwelt behaupten und verfügen noch über alle natürlichen Abwehrstoffe. Es sind auch Stoffe darunter, mit denen unser Organismus nicht mehr häufig konfrontiert wird, und oft muss man erst probieren, ob man eine spezielle Wildpflanze jeweils persönlich verträgt.

Die meisten Menschen sind nicht mehr daran gewöhnt, ihre Nahrung selbst zu sammeln und zu bestimmen. Auch die Verwendung der essbaren Wildpflanzen erfordert spezielle Kenntnisse. Deshalb leistet jeder, der essbare Wildpflanzen zubereitet oder damit kulinarisch experimentiert, in vielerlei Hinsicht etwas Bedeutungsvolles für uns alle.

Wir sind uns sicher, dass alle Autoren auf diesem Gebiet sorgfältig gearbeitet haben. Trotzdem kann damals wie heute, insbesondere bei wenig verwendeten oder seltenen Arten, niemand eine Garantie für die Sicherheit der schriftlichen und mündlichen Quellen geben. Aus den genannten Gründen sollte man immer eine gewisse Vorsicht walten lassen, bevor man (alte) Rezepte und Verwendungsmöglichkeiten in die Tat umsetzt. Häufig lassen sich bei der Recherche auch die altertümlichen Mengenangaben oder Verarbeitungsvorschriften nicht mehr exakt nachvollziehen. Diese und die manchmal im Laufe der Zeit verloren gegangenen Teile der Beschreibungen müssen dann durch Experimentierfreude und Kreativität erst wieder neu erschlossen werden. Von manchen Anwendungen nehmen wir heute auch gerne Abstand, da die Gefahren inzwischen bekannt sind und glücklicherweise auch keine Notzeiten herrschen, die uns zwingen würden, zweifelhafte Pflanzen auf unseren Speiseplan zu setzen. Die Wissenschaft liefert ständig neue Erkenntnisse, und gar nicht so selten werden dabei Gefährdungspotenziale auch in gebräuchlichen pflanzlichen Nahrungsmitteln oder Gewürzen entdeckt.

Wer Wildpflanzen als Nahrungsmittel verwenden will, muss dabei auf deren Bekömmlichkeit und Unbedenklichkeit achten. Diesbezüglich spielen die in den Pflanzen vielfältig vorhandenen Inhaltsstoffe verständlicherweise eine große Rolle. Da Wildpflanzen bezüglich ihrer Inhaltsstoffe aber meist gar nicht oder nur äußerst lückenhaft untersucht sind, kann eine Beurteilung überwiegend nur durch Vergleiche mit bereits untersuchten verwandten Arten oder verwandten Gemüse- oder Gewürzpflanzen erfolgen.

Andererseits können auch Inhaltsstoffanalysen nur Anhaltspunkte liefern. Denn so banal dies auch klingen mag, es sollte nie vergessen werden, dass sich in jeder Pflanze unübersehbar viele Inhaltsstoffe befinden, die gegenseitig miteinander in Wechselwirkung stehen. Dadurch kann es zu einer Aufhebung der Wirkung, selbstverständlich aber auch zu einer Wirkungsverstärkung kommen. Manche

Wirkungen sind unserer Gesundheit dienlich, manche schädlich, möglicherweise aber im Falle einer Erkrankung doch wieder hilfreich. Zusätzlich unterliegt der Gehalt an Inhaltsstoffen oft außerordentlich großen Schwankungen, so etwa in Abhängigkeit von der Jahreszeit, dem Nährstoffangebot und den untersuchten Pflanzenteilen. Je länger der Mensch im Laufe seiner Stammesgeschichte mit einer Pflanze als Nahrung umgegangen ist, umso mehr hat er sich auch an potenzielle Abwehrstoffe (z. B. Blausäureglykoside) gewöhnt. Im Vergleich zur ganzen Entwicklungsgeschichte des Menschen hat er gerade eben erst begonnen, das Jäger- und Sammlerdasein aufzugeben, und deckt nun den Hauptteil seiner Nahrungsmittel mit Zuchtformen und den Produkten der Lebensmittelindustrie ab.

Bei allen heute gebräuchlichen Pflanzen, die wir als Lebens- bzw. Nahrungsmittel und Gewürze zu uns nehmen, insbesondere aber bei den »essbaren Wildpflanzen« stellt sich die Frage, welche Bedingungen denn eigentlich ein Nahrungsmittel zu erfüllen hat, damit wir es als solches bezeichnen, es verwenden oder damit Handel treiben dürfen. Vermutlich wird es den Leser verwundern, dass selbst der Gesetzgeber dazu keine wirklich eindeutige oder gar hilfreiche Definition liefert.

Wir haben hier beispielhaft die Gesetzeslage im EU-Raum und in Deutschland betrachtet. Der Gesetzestext schreibt lediglich vor, dass »Lebensmittel Erzeugnisse sind, die dazu bestimmt sind oder von denen nach vernünftigem Ermessen erwartet werden kann, dass sie in verarbeitetem, teilweise verarbeitetem oder unverarbeitetem Zustand vom Menschen aufgenommen werden«. Wer sich mit der riesigen Zahl heute verfügbarer natürlich vorkommender Nahrungsmittel befasst, wird selbst schnell merken, dass eine weitergehende Definition schwierig, wenn nicht gar unmöglich ist. Hierbei spielen einfach zu viele Variablen eine Rolle, von denen die Verzehrmenge, kulturelle und persönliche Vorlieben und die individuelle Verträglichkeit nur einen kleinen Ausschnitt darstellen.

Uns allen eingängiger ist die Erklärung, dass Nahrungsmittel Nährstoffe wie Eiweiß, Fett und Kohlenhydrate enthalten, die unseren Körper mit Baustoffen und Energie versorgen. Außerdem enthalten sie Vitamine, Mineralien, sekundäre Inhaltsstoffe und natürliche Geschmacksstoffe, die entweder lebensnotwendig sind oder den Körper bei seinem reibungslosen Funktionieren unterstützen und die Bekömmlichkeit und den Geschmack beeinflussen. Selbstverständlich sind die Übergänge auch hier fließend.

Die Problematik einer wissenschaftlich exakten Beurteilung pflanzlicher Nahrungsmittel hinsichtlich ihrer Eignung als Lebensmittel wird wohl nie befriedigend zu lösen sein. Nur für verhältnismäßig wenige Pflanzen und deren Inhaltsstoffe existieren Angaben zu täglichen Aufnahmemengen, Höchstmengengehalten an Inhaltsstoffen, Verzehrempfehlungen sowie Informationen zu möglichen Neben- und Wechselwirkungen. Immer wieder werden Pflanzen und Gewürze, die lange Zeit ohne Beanstandung verwendet wurden, aufgrund ihrer Inhaltsstoffe oder wegen Überschreitung von Höchstmengen bestimmter Inhaltsstoffe plötzlich kritisch betrachtet, ihre Anwendung eingeschränkt oder gar ein Verbot ausgesprochen.

Wie bereits eingangs erwähnt, kann die Betrachtung der derzeit bekannten Inhaltsstoffe zumindest eine gewisse Orientierung liefern, welche Wildpflanzen in welchen Mengen für den menschlichen Verzehr vermutlich prinzipiell geeignet sind. Wichtig ist dabei immer das oben erwähnte vernünftige Ermessen.

Insbesondere wer Neuland betreten und das Spektrum der essbaren Wildpflanzen und deren (kulinarische) Anwendung erweitern will, sollte über eine sichere Artenkenntnis und ein gewisses Maß an Kenntnissen über potenziell schädliche Inhaltsstoffe verfügen. Dann kann er in eigener Verantwortung den Versuch unternehmen, verwandte Arten gebräuchlicher »essbarer Wildpflanzen« seiner Küche erstmals zugänglich zu machen. Es empfiehlt sich hier, wie in allen anderen Fällen, zunächst nur kleinere Mengen zuzubereiten und zu verkosten. Demjenigen, der mit der nötigen Vorsicht und einem guten Quantum an Kreativität an die Sache herangeht, eröffnen sich hier immer wieder neue, ungeahnte Möglichkeiten. Durch Kombination mit anderen Nahrungsmitteln, verschiedene Zubereitungsarten und nicht zuletzt durch geschicktes Arrangieren erweitern findige Küchenkünstler das Spektrum der möglichen Verwendungen um ein Vielfaches und stoßen die Tür zu neuen Geschmackserlebnissen und Vitalstoffträgern auf.

Vitalstoffe in Wildpflanzen

Laut Studien des Center for Genetics, Nutrition and Health in Washington haben essbare Wildpflanzen einen weitaus höheren Anteil an Omega-3-Fettsäuren und antioxidativen Komponenten (Polyphenole, Vitamine) als kultivierte Pflanzen. Genauso deutlich ist die um ein Mehrfaches höhere Konzentration von Mineralstoffen, Vitaminen und Eiweißen in den Wildpflanzen gegenüber Kulturpflanzen gemäß Inhaltsstoffanalysen der Universität Bonn.

Wildpflanzen sind stets frisch verfügbar. Sie müssen nicht unreif geerntet und von weit her importiert werden. Sie sind richtige »Vitalstoffbomben«, die in geringen Mengen bereits den täglichen Bedarf decken und bei regelmäßigem Verzehr Mangelerscheinungen verhindern. Wir erhalten durch sie sämtliche Vitamine, Mineralstoffe, Spurenelemente, Enzyme und Aminosäuren, wertvolles Chlorophyll sowie Ballaststoffe. Keine Vitamintablette und kein Nährstoffpulver kann leisten, was frisches Wildgemüse und Wildkräuter für das Immunsystem zu leisten vermögen, denn im natürlichen Verbund können die Nährstoffe von unserem Organismus wesentlich besser aufgenommen werden.

Viele Heilpraktiker und Ernährungsberater empfehlen heute aufgrund dieser kräftigenden Vitalstoffe mehr und mehr die Einbindung von Wildpflanzen in unsere Ernährung, um für eine stabile Gesundheit zu sorgen. Betrachtet man die Wildpflanzen in ihrer natürlichen Umgebung, wird schnell ersichtlich, warum sie im Vergleich zu Kulturgemüse so gut ausgestattet sind: Sie sind auch ohne die Hilfe eines Gärtners oder Landwirts lebensfähig. Sie sind beständig, trotzen den Wetterschwankungen und sind immun gegen die meisten Krankheiten, die die Kulturarten befallen.

Toxische Stoffe

Praktisch alle Pflanzen- und Gemüsearten enthalten höchst gesunde wie auch potenziell toxische Inhaltsstoffe. Bei einer normalen, abwechslungsreichen Ernährung sind die aufgenommenen Mengen bedenklicher Stoffe meistens zu gering, als dass davon eine Gefahr ausgehen würde. Eine Gefährdung ist aber vor allem bei einseitiger Ernährung oder infolge von Wechselwirkungen beispielsweise mit Arznei- oder Nahrungsergänzungsmitteln denkbar. Wie bei allem, was der Mensch zu sich nimmt, so gilt auch hier der berühmte Satz von Paracelsus: »Alle Ding sind Gift und nichts ohn Gift; allein die Dosis macht, das ein Ding kein Gift ist.« Allzu oft wird vergessen, dass auch vermeintlich unschädliche Inhaltsstoffe wie Fett, Zucker, Salz usw., deren Gehalte in industriell erzeugten Lebensmitteln überdies sogar grammgenau bekannt sind, im Übermaß genossen, großen Schaden anrichten können. Die Menschen in Europa haben im Gegensatz zu einem nicht unwesentlichen Teil der Erdbevölkerung eine riesige Auswahl an Nahrungsmitteln. Der gesundheitlich verantwortungsvolle Umgang damit ist eine andere Sache und noch lange nicht selbstverständlich.

Die »Stoffliste des Bundes und der Länder«

In Deutschland hat mit dem Entwurf der »Stoffliste des Bundes und der Länder« vom 12.08.2010 für die Kategorie »Pflanzen und Pflanzenteile« durch das Bundesamt für Verbraucherschutz und Lebensmittelsicherheit (BVL) der Gesetzgeber den Versuch gestartet, denjenigen, die Pflanzen als Lebensmittel verwenden wollen, eine Orientierungshilfe an die Hand zu geben. Die Liste kann auf der Homepage des Bundesamtes (www.bvl.bund.de) heruntergeladen werden und enthält mehrere hundert verschiedene Pflanzen und Pflanzenteile (Beeren, Samen, Knollen, Blüten, Rinde usw.) aus aller Welt. Aufgelistet werden neben Gemüsepflanzen und Kräutern auch Giftpflanzen. Die Liste erhebt keinen Anspruch auf Vollständigkeit und ist für eine Fortschreibung offen. Die für die Einordnung verwendeten Entscheidungsgrundlagen (Entscheidungsbaum) und Erläuterungen dazu finden sich ebenfalls auf der Homepage und können hilfreich sein.

Es wurde der Versuch unternommen, eine Klassifizierung als Lebensmittel inklusive verschiedener Verwendungsschwerpunkte, beispielsweise als Gewürz oder Tee und/oder Arzneistoff, zu geben. Giftige Pflanzen, deren Verwendung als Lebensmittel nicht empfohlen wird, sind in der Liste A verzeichnet. Außerdem existieren Spalten für Lebensmittel, die wegen kritischer Inhaltsstoffe nur beschränkt verwendet werden sollen (Liste B) und solche, für die noch keine ausreichende Datenlage vorhanden ist (Liste C). Doch es gibt Pflanzen, die kritische Inhaltsstoffe enthalten, aber nicht in der Liste B markiert sind.

Des Weiteren werden die zum Zeitpunkt der Erhebung bekannten Indikationen, Dosierungsanleitungen, Risiken, kritischen Inhaltsstoffe und, soweit vorhanden, Positiv- oder Negativmonografien der gelisteten Pflanzen angegeben. Pflanzen mit Positivmonografien besitzen wirksame Inhaltsstoffe. Solche mit Negativmonografien besitzen bedenkliche Inhaltsstoffe. Nullmonografien weisen auf Wirkungslosigkeit oder besser wirksame Alternativpflanzen hin. Diese Monografien spielen für eine arzneiliche oder sonstige Verwendung eine große Rolle. Sie entstanden aus der in Deutschland durchgeführten Bewertung der 330 wichtigsten Arzneipflanzen in den Jahren 1978–1995. 133 Pflanzen wurden negativ bewertet. Diese Bewertung wurde dann leider eingestellt. Jetzt bekommt man keine gesetzliche Zulassung mehr für weitere Pflanzen und pflanzliche Kombinationspräparate, was äußerst bedauerlich ist.

Wer mit der Stoffliste arbeiten will, merkt schnell, dass die Angaben in vielen Fällen Fragen offen lassen. So ist beispielsweise die Brennnessel als Lebensmittel eingestuft. Andererseits wird sie als Arzneistoff und traditionelles Arzneimittel verwendet, und es existiert sogar eine pharmazeutische Positivmonografie, in der Indikationen, Risiken und Nebenwirkungen gegenübergestellt und eine Dosierungsempfehlung angegeben wird. Obwohl die Brennnessel keine kritischen Inhaltsstoffe enthält, wird ihre Verwendung als Lebensmittel nur beschränkt empfohlen. Diese Beschränkung teilt sie mit der Baldrianwurzel, die in Lebensmitteln wegen ihrer aromatischen Inhaltsstoffe in geringen Mengen verwendet wird. Was bei der Baldrianwurzel schlüssig ist, mutet bei der Brennnessel seltsam an, denn es stellt sich die Frage, ob eine beschränkte Verwendung der Pflanze die Herstellung und den Verzehr eines Brennnesselspinats überhaupt ratsam machen. Die Früchte der Hagebutte und der Heidelbeere sind Lebensmittel und Arzneistoff, und sie unterliegen trotzdem einer Verwendungsbeschränkung (Liste B). Je genauer man die Tabelle studiert, umso mehr Unstimmigkeiten bemerkt man. Der Anteil der beschriebenen essbaren Wildpflanzen ist verständlicherweise eher gering, und oft fehlen brauchbare Hinweise zu einer Verwendung als Lebensmittel.

Privat trägt jeder für sich die Eigenverantwortung für die Verwendung von essbaren Wildpflanzen. Man sollte dabei ein Gespür entwickeln für sich und den eigenen Körper, der Unverträglichkeiten signalisiert.

Schwieriger wird es für diejenigen, die Produkte mit und aus essbaren Wildpflanzen herstellen und in den Verkehr bringen, sei es als Koch oder Hersteller von Säften, Likören, Tees, Salzmischungen, Konfitüren usw., denn sie sind auch ihren Kunden gegenüber verantwortlich. Gemäß Artikel 14 der Basisverordnung (EU Lebensmittelrecht) dürfen Lebensmittel, die nicht sicher sind, nicht in den Verkehr gebracht werden. Sie sind dann nicht sicher, wenn davon auszugehen ist, dass sie akut, kurz-, mittel- oder langfristig gesundheitsschädlich oder für den Verzehr nicht geeignet sind und negative Auswirkungen auf die Gesundheit haben. Voraussetzung für die Berücksichtigung des Gesagten ist natürlich, dass diesbezügliche Informationen und Einschätzungen überhaupt verfügbar sind. Nachfolgend einige zuverlässige Quellen hierfür:

- Europäische Behörde für Lebensmittelsicherheit (www.efsa.europa.eu). Die EFSA wurde 2002 eingerichtet und steht seitdem in ständiger und enger Zusammenarbeit mit nationalen Behörden und betroffenen Interessengruppen. Sie stellt unabhängige wissenschaftliche Beratung zur Verfügung und kommuniziert deutlich und verständlich über vorhandene und aufkommende Risiken.
- Bundesinstitut für Risikobewertung und dessen Homepage (www.bfr.bund.de). Das BfR gibt auf seiner Homepage wissenschaftlich fundierte Bewertungen zur Lebensmittelsicherheit.
- Informationen in den einschlägigen Publikationen über essbare Wildpflanzen und selbstverständlich auch in diesem Buch.
- Publikationen über Giftpflanzen. Außerdem sollte man die aktuellen Diskussionen über Gifte und Giftpflanzen verfolgen. Informationen aus dem Internet sollten besonders kritisch bewertet werden.
- Monografien der Kommission E der Bundesanzeiger. Diese bieten offizielle Unterlagen über arzneiliche Wirkungen von Pflanzen und deren Inhaltsstoffe. Offizielle Anhänge der Arzneimittelgesetze bieten Listen mit zwingend apothekenpflichtigen und freiverkäuflichen Pflanzen.

Mithilfe dieser Quellen kann man sich selbst ein Bild über Gefährdungen machen und sich verantwortungsvoll auf den aktuellen Stand der Erkenntnisse bringen. Für Unverträglichkeiten, die noch nicht bekannt/erkannt sind, kann man nicht belangt werden. Staatlich geprüfte Lebensmittelchemiker können Fragestellungen zu speziellen Pflanzen gegen Entgelt prüfen.

Natürlich ist auch uns bewusst, dass wir viele Pflanzen erwähnen, deren Anwendung kritisch zu beurteilen ist. Wir haben versucht, das in den Pflanzenporträts bestmöglich zu beschreiben, um weder Angst noch Übermut zu schüren.

Doch auch dem Gesetzgeber ist bewusst, dass die Einordnung von Pflanzen als Lebensmittel, die Abgrenzung vom Heilmittel oder von der Giftpflanze immer schwierig ist. Dies galt und gilt schon immer in besonderem Maß für Pflanzen, die als Gewürze verwendet werden.

Wichtig im Zusammenhang mit der Herstellung von Produkten aus Lebensmitteln (Konfitüren, Liköre, Salz- und Gewürzmischungen usw.) sind außerdem noch weitere gesetzliche Bestimmungen über Herstellungshygiene, Lagerung, Produktauszeichnung auf den Etiketten, Gewichtbestimmung usw. Es sollte darauf geachtet werden, dass keine Indikationen (Heilwirkungen) auf den Produkten angegeben werden, da man sonst leicht mit den Vorschriften des Arzneimittelgesetzes in Konflikt kommt.

Sich im Dschungel der Vorschriften zurechtzufinden und zu wissen, worauf zu achten ist, ist nicht ganz einfach. Möglicherweise ist auch eine Anfrage bei den oben genannten Instituten, bei staatlich anerkannten Lebensmittelchemikern oder bei einem Fachanwalt für Lebensmittelrecht hilfreich.

Nachfolgend listen wir wichtige Inhaltsstoffe oder Stoffgruppen auf. Oft lassen sich bestimmte Inhaltsstoffe in allen Arten einer Pflanzenfamilie oder -gattung nachweisen. Auf diese Weise liefern wir zusammen mit den Angaben bei den einzelnen Arten wichtige zusätzliche Hinweise.

Wirkstoffgruppen in Wildpflanzen

Die hier folgenden Inhaltsstoffangaben beziehen sich auf die traditionelle und nicht die molekulargenetische botanische Systematik.

Alkaloide

Alkaloide sind natürlich vorkommende organische Stickstoffverbindungen. Sie sind vor allem in höheren Pflanzen, seltener auch in Pilzen oder tierischen Organismen zu finden. Man schätzt, dass zwischen 10 und 20 % aller Pflanzen Alkaloide bilden. Besonders alkaloidreiche Pflanzenfamilien sind Berberidaceae (Berberitzengewächse), Fabaceae (Schmetterlingsblütengewächse), Papaveraceae (Mohngewächse), Ranunculaceae (Hahnenfußgewächse), Rubiaceae (Rötegewächse) und Solanaceae (Nachtschattengewächse). Einige alkaloidhaltige Pflanzen und ihre dazugehörenden Alkaloide sind bekannt: die Tollkirsche (Atropin), der Tabak (Nikotin), der Kaffeestrauch (Koffein) und der Kokastrauch (Kokain), außerdem die Berberitze (Berberin) und die Eibe (Taxin).

Die Geschichte der Alkaloidchemie beginnt im Jahre 1806 mit der Isolierung des Morphins aus dem Schlafmohn durch den Paderborner Apotheker Friedrich Wilhelm Sertürner. Die Bezeichnung Alkaloid wurde allerdings erst 1818 durch den Apotheker Wilhelm Meissner eingeführt. Heute sind über 10 000 Alkaloide bekannt und charakterisiert. Alkaloide sind fast immer fettlösliche, farblose und feste Substanzen. Mit Säuren bilden sie überwiegend gut wasserlösliche Salze, was für ihren medizinischen Einsatz von Bedeutung ist. Viele Alkaloide sind giftig und schmecken ausgesprochen bitter. Sie führen im menschlichen Organismus meist zu charakteristischen Wirkungen und werden vielfach arzneilich verwendet. Alkaloide aus Pflanzen werden nach dem Verzehr rasch und fast vollständig resorbiert. Auch die Aufnahme über die Haut ist möglich. Wegen ihrer Fettlöslichkeit sind sie außerdem in der Lage, die Blut-Hirn-Schranke zu überwinden und ihre Wirkungen im Gehirn zu entfalten. Sehr viele Alkaloide haben strukturelle Ähnlichkeit mit natürlich vorkommenden Gehirnbotenstoffen (Neurotransmittern) und rufen hierdurch vielfältige Reaktionen im Zentralen Nervensystem hervor.

Das Grundgerüst der meisten Alkaloide wird im pflanzlichen Stoffwechsel aus Aminosäuren aufgebaut. Die exakte Bedeutung der Alkaloide für die Pflanzen, von denen sie erzeugt werden, ist noch kaum erforscht. Viele Pflanzen lassen sich auch alkaloidfrei züchten. Möglicherweise handelt es sich um Stoffwechselnebenprodukte. Vielfach sind die Alkaloide auch für die Pflanze selbst giftig. Aus diesem Grund werden sie oft in besonderen Zellbereichen gespeichert, sind nur in bestimmten Pflanzenbestandteilen, wie dem Milchsaft, enthalten oder werden nur in ganz bestimmten Pflanzenteilen, z. B. dem Samen, gespeichert. Interessanterweise werden sie auch vielfach von ihrem Produktionsort, z. B. den Wurzeln, in andere Pflanzenbereiche (Blätter) transportiert. Die vielfältigen Bildungs-, Transport- und Speichermechanismen in den Pflanzen führen dazu, dass der Alkaloidgehalt und das Alkaloidspektrum nicht nur von äußeren Faktoren oder der Sippenzugehörigkeit abhängen, sondern auch in den verschiedenen Pflanzenteilen ein und derselben Pflanze oft stark unterschiedlich ausfällt. Als Hauptfunktion der fast durchweg giftigen Alkaloide wird häufig eine fressfeindabwehrende Wirkung und der Schutz vor Bakterien und Pilzen beobachtet. Der bittere Geschmack übt hierbei Signalfunktion aus.

Ätherische Öle

Ätherische Öle sind pflanzliche Inhaltsstoffe, die aus einer Vielzahl verschiedener Komponenten zusammengesetzt sind und meist einen charakteristischen, überwiegend angenehmen Geruch besitzen.

Dieser Umstand erklärt den Einsatz entsprechender Pflanzen als Gewürze oder Aromastoffe. Im Gegensatz zu den fetten Ölen (zum Beispiel Sonnenblumenöl) verdampfen sie vollständig und ohne einen Rückstand zu hinterlassen – man nennt sie deshalb auch »trocknende Öle«. In den Pflanzen werden sie meist in speziellen Öldrüsen gebildet und im Pflanzengewebe gespeichert. Ätherische Öle kommen in Blüten, Blättern, Samen, Fruchtschalen, Harzen, Wurzeln, Rinden oder im Holz vor. Sie sind gut fettlöslich (lipophil) und praktisch unlöslich in Wasser.

Ätherische Öle enthalten eine Vielzahl (oft mehrere hundert) verschiedener chemischer Verbindungen, wobei Terpene (Monoterpene, Sesquiterpene und Diterpene) und Phenylpropane besonders häufige Bestandteile sind. Der Pflanze dienen die ätherischen Öle wahrscheinlich zur Abwehr von Fressfeinden, Bakterien, Viren und Pilzen und als Hemmstoff der Samenkeimung konkurrierender Arten. Interessanterweise gibt es aber auch ätherische Öle, mit denen die betreffenden Pflanzen bestimmte Insekten anlocken.

Die ätherischen Öle können über Haut, Schleimhäute des Magens, des Darms oder über die Lunge aufgenommen werden und hierdurch spezifische Wirkungen entfalten. Wahrscheinlich ist auch eine Wirkung über das Geruchssystem (Aromatherapie). Häufig werden Pflanzen wegen ihres Gehaltes an krampflösend wirkenden ätherischen Ölen (z. B. Kümmel, Pfefferminze, Salbei) als Hustenmittel verwendet. Diese krampflösende Wirkung betrifft auch den Verdauungstrakt. Viele ätherische Öle (z. B. von Thymian, Nelke, Salbei) wirken gegen Bakterien, Pilze, Viren und Parasiten. Weitere Anwendungsgebiete liegen in der durchblutungsfördernden, entzündungshemmenden, harntreibenden, kreislaufanregenden oder beruhigenden Wirkung des jeweiligen ätherischen Öls begründet. Ätherische Öle sollten nur vorsichtig, niemals pur eingesetzt werden, da es leicht zu Reizwirkungen auf Haut und Schleimhäute kommen kann. Allergiker sollten wissen, dass sie bei Reaktionen auf eine bestimmte Pflanze auch auf das entsprechende ätherische Öl reagieren.

Besonders reich an ätherischen Ölen sind die Doldenblütler (Apiaceae), beispielsweise der Kümmel oder Wiesenbärenklau, die Lippenblütengewächse (Lamiaceae), z. B. Salbei und Thymian, Korbblütler (Asteraceae) wie Kamille und Schafgarbe, Myrtengewächse (Myrtaceae), Rautengewächse (Rutaceae) und Kieferngewächse (Pinaceae).

Biogene Amine

Die biogenen Amine entstehen im Stoffwechsel der Lebewesen durch enzymatische Prozesse aus Aminosäuren, den Grundbausteinen der Eiweiße. Da an diesen Reaktionen oft Mikroorganismen beteiligt sind, wurden die Amine als biogen bezeichnet. Die Mitwirkung der Mikroorganismen liefert bereits Hinweise, welche Lebensmittel einen hohen Gehalt an biogenen Aminen aufweisen: Es sind vor allem gereifte bzw. fermentierte Lebensmittel wie Sauerkraut, Bier, Wein, Käse, Wurst und Schokolade. Da die Stoffe aber auch beim Verderb von eiweißreichen Lebensmitteln entstehen können, ist es möglich, dass der Gehalt in schnell verderblicher Ware, wie z. B. Fisch, ebenfalls beträchtlich sein kann. Vor allem in Thunfisch und Makrelen kommen häufig sehr hohe Mengen biogener Amine vor. Die Verbindungen sind häufig Synthesevorstufen von Alkaloiden oder Hormonen, dienen aber auch als Bausteine für die Synthese von Coenzymen, Vitaminen und Phospholipiden im Körper. Einige dieser Verbindungen haben selbst wichtige physiologische Wirkungen im menschlichen Körper.

Beispiele für biogene Amine:

- β-Alanin, ein Strukturbestandteil des Coenzyms A
- γ-Aminobuttersäure, geht aus der Aminosäure Glutaminsäure hervor und wirkt im Gehirn als Neurotransmitter.
- Cadaverin, entsteht bei Verwesung und Fäulnis von toter Biomasse aus der Aminosäure Lysin.
- Cholin, ist ein Bestandteil des Neurotransmitters Acetylcholin.
- Dopamin, ist ein wichtiger Botenstoff im Gehirn und Zwischenprodukt bei der Synthese der Neurotransmitter Adrenalin und Noradrenalin.
- Histamin, bewirkt bei Entzündungen die Erweiterung von Blutgefäßen und wird aus der Aminosäure Histidin gebildet.
- Tyramin, bildet sich aus Tyrosin.
- Tryptamin, wird biogen aus Tryptophan synthetisiert.

Man unterscheidet zwischen endogenen Aminen, die der Körper selbst in verschiedenen Geweben (z. B. Adrenalin im Nebennierenmark oder Histamin in Leber und Mastzellen) produziert und deren Ausschüttung lokal oder über das Blutsystem erfolgt und andererseits den exogenen Aminen (Phenylethylamin, Tyramin, Histamin). Die exogenen Amine werden von außen, also über die Nahrung zugeführt und im Darm resorbiert. Von Natur aus sind biogene Amine auch in vielen Pflanzen enthalten. Beispiele sind Weißdorn, Apfel, Spinat und verschiedene Nüsse. Obwohl sie nur schlecht resorbiert und im Körper rasch abgebaut werden und zudem nur schlecht die Blut-Hirn-Schranke überwinden, können biogene Amine aus der Nahrung, wenn sie in größeren Mengen aufgenommen werden, zu Beschwerden führen. Der gleichzeitige Genuss von Alkohol kann deren Resorptionsrate zusätzlich erhöhen. Eine zu hohe Zufuhr kann bei empfindlichen Menschen zu Kopfschmerzen, Hautreizungen, Atemnot, Magen-Darm-Beschwerden, Schwitzen, einem trockenen Gefühl im Mund sowie zu Blutdruckveränderungen führen. Dies sind im Prinzip die gleichen Anzeichen, die bei einer klassischen Allergie auftreten, was nicht weiter verwunderlich ist, da bei einer Allergie das vom Körper selbst ausgeschüttete biogene Amin Histamin für die Allergieanzeichen verantwortlich ist. Im Körper werden die biogenen Amine durch das Enzym Monoaminooxidase (MAO) abgebaut, wodurch eine übermäßige Ansammlung der Stoffe verhindert wird. Bei manchen Menschen ist jedoch der Abbau der biogenen Amine erblich oder durch die Gabe von Medikamenten (sogenannten MAO-Hemmern, darunter vor allem Antidepressiva) verlangsamt. Diese Gruppe von Menschen sollte daher Lebensmittel mit einem hohen Gehalt an biogenen Aminen nicht in großen Mengen verzehren.

Bitterstoffe

Der Begriff bezeichnet allgemein Pflanzeninhaltsstoffe mit bitterem Geschmack. Zunächst erfolgt dabei keine Abgrenzung von pharmakologisch wirksamen Inhaltsstoffen wie beispielsweise Koffein oder Chinin, die bitter schmecken. Als Bitterstoffdrogen werden allerdings nur Pflanzen, wie z. B. der Enzian, bezeichnet, die vor allem wegen ihrer stark bitteren Inhaltsstoffe medizinisch eingesetzt werden. Der Mensch besitzt im Mund eine Reihe von Geschmacksrezeptoren, unter anderem zum Schmecken des bitteren Geschmacks eines zugeführten Lebensmittels. Eine Erregung der Bitterrezeptoren führt zu einer Steigerung der Magen- und Gallensaftsekretion. Durch diesen Prozess kommt es im weiteren Verlauf zu einer Appetitanregung, die Verdauung wird gefördert und Fäulnis und Gärungsprozesse werden beseitigt oder verhindert. Bitterstoffe sind auch bei der Verdauung von Fetten hilfreich und erweitern das Geschmackserlebnis um eine wichtige Komponente. Letztendlich kommt es durch diese Stoffe zu Wirkungen, die auch die Psyche und das allgemeine Wohlbefinden betreffen. Bitterstoffe sollten in kleinen Mengen vor oder nach dem Essen zugeführt werden. Ein Aperitif vor oder ein Magenbitter zum Abschluss eines Essens machen also durchaus Sinn.

Chemisch betrachtet finden sich Bitterstoffe oft unter folgenden Stoffgruppen: den Glykosiden, den Isoprenoiden und den Alkaloiden.

Bitterstoffe kommen in zahlreichen Heil- und Nahrungspflanzen vor, z. B. im Gelben Enzian, Engelwurz, Gänseblümchen, Hopfen, Schafgarbe, Löwenzahn, Tausendgüldenkraut und dem Wermut. Leider wurden im Zuge der Kultivierung viele der in den Wildformen enthaltenen gesunden Bitterstoffe auf züchterischem Wege entfernt. Man denke hier nur an den Chicoree und andere Salatpflanzen.

Cumarin

Cumarin ist ein sekundärer Pflanzeninhaltsstoff von angenehm würzigem Geruch, der in sehr starker Verdünnung nach frischem Heu und Waldmeister riecht. Bereits 854 n. Chr. erwähnten Benediktinermönche cumarinhaltige Pflanzen erstmals als Zutaten einer Bowle. Isoliert wurde es im Jahre 1820 von A. Vogel in München aus den Samen der Tonkabohne und dem Kraut des Steinklees.

Cumarin kommt in vielen Süßgräsern (Poaceae), wie dem Duftenden Mariengras, Schmetterlingsblütlern (Fabaceae), wie dem Steinklee, im Waldmeister, Liebstöckel, aber auch in Datteln vor. Der Name leitet sich von spanisch *cumarú* für den Tonkabohnenbaum ab. Cumarine (und verwandte Stoffe) sind für den typischen Heugeruch beim Trocknen von Gras verantwortlich. Sie liegen in der Pflanze teilweise glykosidisch gebunden vor und werden erst bei Verletzung beziehungsweise beim Welken der Pflanzen durch Abspaltung des Zuckers freigesetzt. Cumarin selbst ist Grundkörper zahlreicher Naturstoffe, unter anderem des Aesculins, der Furocumarine und des Umbelliferons.

Cumarin dient vor allem als Duftstoff in der Parfümerie. Daneben wird es auch in der Küche, z. B. zum Aromatisieren von Bowle verwendet. Hohe Dosen können zu irreversiblen Leberschäden, Kopfschmerzen, Übelkeit, Schwindel und Benommenheit führen. Für die bekannte Maibowle aus Waldmeister z. B. sollen höchstens 3 Gramm Kraut je Liter Bowle verwendet werden, damit es unbedenklich ist. Cumarinhaltige Pflanzen sollen nicht beim Gebrauch von blutverdünnenden oder durchblutungsfördernden Mitteln konsumiert werden.

Furocumarine

Ihre Verbindungen sind bezüglich ihrer chemischen Struktur eng mit den Cumarinen verwandt. Die meisten Furocumarine sind kristalline Substanzen, die in Wasser schlecht löslich sind. Den Kochvorgang überstehen sie unbeschadet. Im Jahre 1839 isolierte B. J. Mulder aus dem ätherischen Öl der Bergamotte *(Citrus bergamia)* das erste Furocumarin und bezeichnete es als Bergapten. Heute kennt man über 150 Furocumarine. Toxikologisch von besonderer Bedeutung sind neben dem Bergapten das Psoralen, Imperatorin und das Angelicin. Viele weitere Zitruspflanzen (darunter Zitrone, Limette und Grapefruit) enthalten Furocumarine. Überaus zahlreich kommen sie aber auch in den Pflanzen der Apiaceae-Familie (Doldengewächse) vor. Beispiele dafür sind der Riesen-Bärenklau *(Heracleum mantegazzianum)*, der Wiesen-Bärenklau und die Angelika *(Angelica)*. Vor allem in den Wurzeln und Früchten dieser Pflanzen reichern sich die Verbindungen an. Sie kommen in den ungeschädigten Pflanzen vor, dienen den Doldenblütlern aber auch vielfach als Schutzstoffe (Phytoalexine, s. S. 20) gegenüber äußeren Stressoren (Infektionen, Kälte, UV usw.). Aus Versuchen weiß man, dass der Furocumaringehalt infolge von Pilzinfektionen innerhalb weniger Tage um ein Zigfaches ansteigen kann. Nach dem Verzehr der Pflanzen oder bei Kontakt über die Haut werden die Verbindungen rasch aufgenommen. Furocumarine sind sehr reaktive Substanzen. Unter Einwirkung von Sonnenlicht (UVA- und UVB-Strahlung) werden Furocumarine photoaktiviert. Prominentes Beispiel für diese Reaktion ist der giftige Saft des Riesen-Bärenklaus *(Heracleum mantegazzianum)*. Die darin enthaltenen Furocumarine wirken photosensibilisierend. Gelangen Furocumarine auf die Haut oder werden oral aufgenommen und wird die Haut anschließend dem Sonnenlicht ausgesetzt, so kommt es zu verbrennungsähnlichen Symptomen (Hautrötung, Schwellung und Blasenbildung), die je nach Pflanzenart, Empfindlichkeit und Einwirkungsdauer auch schlimm ausfallen können. Im Körper wirken die Verbindungen außerdem allergieauslösend. Einige Wirkungen sind auch lichtunabhängig.

Die wichtigste Furocumarinquellen in der Nahrung sind gelagerter Sellerie, Karotten und andere Doldenblütlergewächse (Apiaceae). Abgemildert wird dieser Umstand vermutlich dadurch, dass Sellerie, aber auch andere Wurzelgemüse aus der Familie der Apiaceae bei uns im Herbst reifen und vor allem im Winter verzehrt werden. In dieser Jahreszeit herrscht in unseren Breiten ohnehin Mangel an UV-Strahlung. Die Verbindungen ohne Sonnenlicht sind weitgehend unbedenklich. Erst im Verbund mit UV-Licht zeigen sie ihre schädlichen Wirkungen.

Nicht unerwähnt darf bleiben, dass Furocumarine auch medizinisch eingesetzt werden. So lindern sie beispielsweise im Verbund mit Sonnenlicht die Schuppenflechte (Psoriasis) und andere Hauterkrankungen.

Fette und fette Öle

Je nachdem, ob die Fettverbindungen bei Raumtemperatur fest oder flüssig sind, spricht man von Fetten oder fetten Ölen. Sie werden als Nahrungsmittel und technische Schmierstoffe verwendet.

Natürliche Fette enthalten stets unterschiedliche Fettsäuren und stellen immer Gemische dar. Sie weisen keinen eindeutigen Schmelzpunkt auf, sondern schmelzen innerhalb eines gewissen Temperaturbereiches. Je länger die Fettsäuremoleküle und je »ungesättigter« ein Fett ist, desto höher ist die Schmelztemperatur. Das bei Raumtemperatur feste Kokosfett enthält hohe Anteile langer gesättigter Fettsäuren. Dagegen sind in den flüssigen Ölen (z. B. Olivenöl) die Fettsäuren überwiegend einfach oder mehrfach ungesättigt. Fette sind kaum in Wasser löslich. Sie sind wichtige Geschmacksträger, dabei aber selbst meist relativ geruchs- und geschmacklos.

Pflanzliche Öle und Fette werden aus Ölpflanzen, Ölsaaten oder Nüssen durch Pressung oder Extraktion mit Dampf oder Lösungsmitteln gewonnen. Fette und Öle gehören zu den Grundnährstoffen des Menschen und sind hervorragende Energiespeicher. Der physiologische Brennwert liegt bei 39 kJ/g und damit mehr als doppelt so hoch wie bei Kohlenhydraten und Eiweiß.

Sie werden im menschlichen Körper unter anderem benötigt als Energielieferant, als Lösungsmittel für fettlösliche Vitamine, als Schutzpolster für innere Organe wie Niere, Herz und Nervensystem und als Bestandteil der Zellmembranen.

Laut der Deutschen Gesellschaft für Ernährung (DGE) ist eine tägliche Aufnahme von 60 bis 80 g Fett für einen erwachsenen Menschen ausreichend. Einige ungesättigte Fettsäuren und die gesättigten Fettsäuren können in geringem Umfang vom menschlichen Körper gebildet werden. Mehrfach ungesättigte Fettsäuren wie Linolsäure, Alpha- und Gamma-Linolensäure und mit Einschränkung die Arachidonsäure kann der menschliche Körper nicht selbst herstellen. Da sie lebensnotwendige Bausteine sind, werden sie als essenzielle Fettsäuren bezeichnet. Sie müssen dem Körper mit der Nahrung von außen zugefügt werden (Omega-3- und Omega-6-Fettsäuren).

Essentielle Fettsäuren

Linolsäure (Omega-6-Fettsäure) ist ein wichtiger Bestandteil der Zellmembranen und der Haut. Außerdem wird sie zur Bildung von Arachidonsäure benötigt. Sie wirkt blutdruck- und serumcholesterinsenkend und wird bei der Behandlung von Arteriosklerose und Hauterkrankungen eingesetzt. Reich an Linolsäure ist Distelöl und Sonnenblumenöl (70 % bzw. 52 %), aber auch Soja- und Maiskeimöl (jeweils circa 40 %).

Gamma-Linolensäure (Omega-6-Fettsäure) ist an der Regulation von Entzündungsvorgängen im Körper beteiligt. Sie spielt außerdem eine wichtige Rolle für die Nervenreizleitung im Gehirn und senkt den Blutdruck. Im menschlichen Körper wird sie außerdem zu weiteren Verbindungen umgesetzt, die unter anderem eine spezielle Bedeutung für die Nervenzellen haben. Besonders reich an Gamma-Linolensäure ist Borretschsamenöl (20 %), Nachtkerzenöl (10 %) und Hanföl (3 %).

Alpha-Linolensäure (Omega-3-Fettsäure) ist ebenfalls an der Regulation von Entzündungsvorgängen im Körper beteiligt, indem sie mit denselben Enzymen reagiert, die die Linolsäure in Arachidonsäure und schließlich in weitere entzündungsfördernde Verbindungen umwandeln. Reich an Alpha-Linolensäure ist Leinöl (50 %), Hanföl (25 %), Walnuss-, Raps- und Sojaöl (jeweils etwa 12 %). Ernährungsphysiologisch sinnvoll ist ein Verhältnis Omega-6- zu Omega-3-Fettsäuren von fünf zu eins.

Flavonoide

Die genaue Rolle der Flavonoide ist noch immer nicht restlos geklärt. Sie kommen in fast allen chlorophyllhaltigen Pflanzen vor und sind für die gelbe Farbe vieler Blüten verantwortlich. Obwohl man heute viele Flavonoide kennt, die nicht gelb sind, verdanken sie diesem Umstand ihren Namen. Er leitet sich vom lateinischen Wort *flavus* für »gelb« ab. Wahrscheinlich spielen sie eine wichtige Rolle bei der Photosynthesereaktion der Pflanzen, wirken als UV-Schutz und dienen als Schutzstoffe vor äußeren Einflüssen. Sie hemmen das Wachstum von Bakterien, Viren und Pilzen und sind für viele Insekten giftig. Deshalb findet man hohe Konzentrationen vor allem in Wildkräutern, aber auch in den äußeren Blättern von Zuchtformen (z. B. bei Kohlgemüsen, Salaten) oder in deren Schalen. Die Empfehlung, Äpfel nicht zu schälen oder Tomaten nicht zu häuten, hat also durchaus ihre Berechtigung. Oft werden die Flavonoide als sekundäre Pflanzeninhaltsstoffe bezeichnet. Man rechnet sie aufgrund ihrer Struktur den Polyphenolen zu. Laut der Deutschen Gesellschaft für Ernährung (DGE) gibt es über 6500 unterschiedliche Flavonoide. Die meisten Flavonoide sind an Zucker (Glucose) gebunden und werden deshalb als Glykoside bezeichnet. Entdeckt wurden sie in den 1930er-Jahren durch den Nobelpreisträger Albert von Szent-Györgyi Nagyrápolt und zunächst als Vitamin P bezeichnet, da viele die Permeabilität (Durchlässigkeit) der Zellmembranen beeinflussen.

Hier die Einteilung der Flavonoide nach ihrem chemischen Aufbau:

1. Flavonole: Quercetin, Rutin, Kaempferol, Myricetin, Isorhamnetin
2. Flavanole: Catechin, Gallocatechin, Epicatechin, Epigallocatechingallat, Theaflavin, Thearubigin
3. Flavone: Luteolin, Apigenin
4. Flavanone: Hesperetin, Naringenin, Eriodictyol
5. Flavanonole: Amelopsin

6. Isoflavone: Genistein, Daizdein
7. Anthocyanidine (Anthocyane): Cyanidin, Delphinidin, Malvidin, Pelargonidin, Peonidin, Petunidin
8. Chalkone: Myrigalone
9. Aurone: Sulfuretin

Nachfolgend sind einige Flavonoide und die Pflanzen, in denen sie vorkommen, aufgeführt:
- Quercetin: Zwiebel, Holunderblüten, Mariendistel, Tomate, Ruhrkrautblüten, Preiselbeere, Schnittlauch, Weinrautenkraut, Weißdorn, Birke, Stiefmütterchen, Schachtelhalm
- Kämpferol: Brennnessel, Rauken, Fingerkräuter, Lungenkraut, Endivie, Schachtelhalm
- Catechin: Odermenning, Heidelbeere, Lungenkraut, Weinlaub, Rotwein, Äpfel
- Apigenin: Königskerze, Süßdolde, Stiefmütterchen, Schafgarbe, Ginkgo
- Luteolin: Feldsalat, Schafgarbe, Blauweiderich, Königskerze, Ehrenpreis, Sonnenblume
- Malvidin: Blaue Trauben, Heidelbeere, Malvenblüten
- Delphinidin: Johannisbeere

Flavonoide haben vielfältige Wirkungen auf den menschlichen Organismus und werden deshalb zur Behandlung zahlreicher Erkrankungen eingesetzt. So wirkt z. B. das im Buchweizen enthaltene Rutin gefäßverstärkend. Procyanidine, die vor allem in Heidel- und Moosbeeren vorkommen, wirken antibakteriell und werden bei Harnwegserkrankungen eingesetzt. Verschiedene Flavanole, z. B. im grünen Tee, haben eine schützende Wirkung gegen Grippe-Viren (antivirale Wirkung). Viele Mitglieder der Wirkstofffamilie sind hervorragende Antioxidantien und verhindern somit Schädigungen der Zellen durch freie Radikale. Ihnen kommt so eine große Bedeutung bei der Vorbeugung von Krebserkrankungen zu. Diesbezüglich besonders wirksam sind offenbar die Flavonoide, die aus Äpfeln, Zwiebeln, Grünem Tee und Heidelbeeren stammen. Darüber hinaus bieten Flavonoide auch einen Schutz vor Herz-Kreislauf-Erkrankungen, sie beeinflussen die Blutgerinnung und können den Blutcholesterinspiegel senken, ohne dabei das für die Gesundheit günstige HDL-Cholesterin zu vermindern. Isoflavone, wie sie beispielsweise in den Kleearten (*Trifolium* spp.) vorkommen, wirken schwach östrogenartig.

Gerbstoffe

Gerbstoffe aus Pflanzen werden unterteilt in Tanningerbstoffe, Catechingerbstoffe und Lamiaceaengerbstoffe. Die Catechine gehören chemisch gesehen zu den Flavonoiden. Bei den Lamiaceengerbstoffen (Kaffeesäure, Ferula- und Cumarsäure) handelt es sich um Zimtsäurederivate. Gerbstoffe wandeln Proteine in eine wasserunlösliche und nicht quellende Form um. Diese Eigenschaft nutzt man z. B. beim »Gerben« von Tierhäuten. Im Zuge der Behandlung mit Gerbstoffen wird aus einer abgezogenen Tierhaut schließlich Leder. Darüber hinaus werden durch das Gerben Fäulnisprozesse verhindert. Der Pflanze dienen Gerbstoffe als Schutzstoffe gegenüber Mikroorganismen und Fraßinsekten. Gerbstoffe sind häufig vorkommende Pflanzeninhaltsstoffe. Die Gruppe nimmt einen wichtigen Platz unter den therapeutisch wirksamen Bestandteilen von Heilpflanzen ein. Sie wechselwirken mit allen Proteinen, mit denen sie in Kontakt kommen. Sie wirken zusammenziehend, entzündungshemmend, antibakteriell, antiviral, antiallergen und neutralisieren Gifte. Von den Gallotanninen ist außerdem eine tumorhemmende Wirkung bekannt. In höherer Dosierung können sie allerdings auch schädlich wirken, indem sie die Aufnahme von Vitaminen und Mineralstoffen einschränken und Magenschleimhautreizungen und Erbrechen hervorrufen. Zudem erschweren sie die Verwertung von Eiweiß aus der Nahrung und hemmen Verdauungsenzyme. Stark gerbstoffhaltige Pflanzen sind die Blutwurz, Eichenrinde, Walnussblätter und Heidelbeeren.

Glucosinolate

Glucosinolate, die man früher auch als Senfölglykoside bezeichnet hat, sind schwefel- und stickstoffhaltige chemische Verbindungen. In den Pflanzen werden sie aus Aminosäuren gebildet und kommen wie viele andere sekundäre Inhaltsstoffe meist als Glykoside vor. Glykoside sind Verbindungen, bei denen ein Molekülteil (das sogenannte Aglykon; hier die »Senföle«, Isothiocyanate) chemisch mit einem oder mehreren Zuckermolekülen verbunden ist. Glucosinolate geben Gemüse wie Rettich, Senf, Kresse und

Kohl den scharfen, manchmal etwas bitteren, typischen Geschmack. Im Jahr 1831 isolierten die beiden Franzosen Robiquet und Boutron-Charlard mit Sinalbin das erste Glucosinolat aus den Samen des Weißen Senfs. Mittlerweile kennt man rund 120 verschiedene dieser Verbindungen. In den Pflanzen dienen sie als Abwehrstoffe gegen Tierfraß und sind in allen Pflanzenteilen enthalten. Außerdem hemmen sie das Wachstum von Bakterien und Pilzen. Interessanterweise werden resistente Insekten (wie der Kohlweißling), dessen Raupen sich von den Kohlgewächsen ernähren, von den flüchtigen, intensiv riechenden Abbauprodukten der Pflanzen geradezu angezogen.

Die Glucosinolate selbst sind im Gegensatz zu ihren Spaltprodukten pharmakologisch überwiegend inaktiv. Die eigentliche Wirkung der Glucosinolate geht von den darin gebundenen »Senfölen« aus. Diese werden erst bei Verletzung des Pflanzengewebes durch Enzyme, z. B. Myrosinase, die zusammen mit den Glucosinolaten, aber von diesen räumlich getrennt in den Zellen vorliegen, freigesetzt. Alle Senföle besitzen einen scharfen Geschmack und reizen die Haut und Schleimhäute. Allerdings sind nicht alle flüchtig und riechen stechend, sondern es gibt auch geruchlose Verbindungen. In Mitteleuropa kommen sie fast in allen Arten aus der Familie der Kreuzblütengewächse (Brassicaceae) und der Kapuzinerkressengewächse (Tropaeolaceae) vor. Die Senföle werden im Darm und auch über die Haut rasch aufgenommen und zeigen im Körper eine Vielzahl an Wirkungen. Einige (z. B. Allylsenföl) werden therapeutisch als örtlich wirkende Hautreizmittel (Rubefacientia) eingesetzt. Außerdem wirken sie teilweise stark antibakteriell und keimtötend. So hilft Benzylsenföl beispielsweise bei Infektionen der Atem- und Harnwege. Eine krebsschützende Wirkung ist wahrscheinlich, aber wissenschaftlich noch nicht eindeutig belegt. Andererseits führt der Dauerkonsum von Kohl in größeren Mengen (z. B. in Kriegszeiten) zur Kropfbildung, da dessen Inhaltsstoffe die Bildung der Schilddrüsenhormone hemmen.

Iridoide

Iridoide sind Vertreter der sogenannten sekundären Pflanzeninhaltsstoffe. Sie sind im Pflanzenreich weit verbreitet und gehören zur großen Gruppe der Terpene. Bereits Ende des 19. Jahrhunderts wurden die ersten Iridoide aus Pflanzen gewonnen. Momentan kennt man mehrere tausend derartige Verbindungen. Man findet sie in vielen Pflanzen aus den Familien der Gentianaceae (Enziangewächse), Lamiaceae (Lippenblütengewächse), Plantaginaceae (Wegerichgewächse), Rubiaceae (Rötegewächse), Scrophulariaceae (Braunwurzgewächse), Valerianaceae (Baldriangewächse) und der Verbenaceae (Eisenkrautgewächse). So kommen sie beispielsweise im Spitzwegerich, dem Ehrenpreis, aber auch im Olivenöl vor. Der Name leitet sich von der Ameisengattung Iridomyrmex ab, die Iridoide als Abwehrstoffe bildet. Sie weisen einen außerordentlich bitteren Geschmack auf und bewirken so einen Fraßschutz gegenüber Insekten und anderen Pflanzenfressern. Den Iridoiden kommt als Wirkkomponente in pflanzlich basierten Arzneimitteln eine wichtige Rolle zu. Beispielsweise gehören die beruhigenden Wirkstoffe des Baldrians (Valepotriate) oder die entzündungshemmenden Wirkstoffe des Augentrosts zu dieser Stoffgruppe. Viele Iridoide wirken antimikrobiell und antitumoral. Aucubin und Catalpol aus dem Spitzwegerich wirken antibiotisch und entzündungshemmend. Interessanterweise üben flüchtige Irdidoide, wie sie beispielsweise in der Katzenminze oder im Baldrian vorkommen, eine starke Anziehung auf Katzen aus. In den Pflanzen kommen die Iridoide häufig in Form ihrer Glykoside vor, d. h. die eigentlichen Verbindungen die man als Aglykone bezeichnet, sind an Zuckermoleküle (Fructose, Glucose usw.) gebunden. In dieser Form werden sie innerhalb der Pflanzenzellen in speziellen Organellen gespeichert und sind für die Pflanze unschädlich. Die Spaltung und damit die Aktivierung erfolgt durch spezielle pflanzliche Enzyme, die sich oft in der Zellmembran befinden. Erst wenn die Pflanze bzw. deren Zellen geschädigt werden, beispielsweise durch Insektenfraß, kommen beide Stoffe miteinander in Kontakt und die eigentlichen Giftstoffe werden freigesetzt. Die aktivierten Iridoide wirken vor allem dadurch, dass sie zu einer Denaturierung von Eiweißen führen. Damit wird deren Nährwert vermindert. Ungespaltene Iridoide können auch von Verdauungsenzymen im Magen der Pflanzenfresser gespalten werden und mindern dann die Verwertbarkeit von Proteinen im Darm. Außerdem können sie mit Membranproteinen der Darmwand wechselwirken und zu Schäden führen. Viele Pflanzenfresser und pflanzenfressende Insekten reagieren trotzdem relativ unempfindlich. Im Zuge der Evolution findet ein stetiger Wettstreit zwischen Pflanze und Pflanzenfresser statt. Der einsetzenden Gewöhnung des einen setzt der andere eine erhöhte Wirkstoffmenge oder deren Weiterentwicklung im Sinne höherer Unbekömmlichkeit entgegen.

Lektine

Lektine kommen in vielen Pflanzen vor. Chemisch handelt es sich um komplex aufgebaute Eiweißstoffe (Proteine). Meist besitzen die Verbindungen neben dem Protein- außerdem einen Kohlenhydratanteil. In diesem Fall spricht man auch von Glykoproteinen. Durch ihre dreidimensionale Oberflächenstruktur können sich Lektine an spezielle Kohlenhydratstrukturen, wie sie sich häufig auf der Oberfläche von Zellen befinden, binden. Durch die Bindung werden vielfältige biochemische Reaktionen in den Zellen ausgelöst. So können sie beispielsweise als Agglutinine oder Hämolysine wirken, d. h. sie führen zum Verklumpen oder/und der Zersetzung roter Blutkörperchen, was schwerwiegende Folgen für den Betroffenen haben kann. Als Eiweißkörper sind die meisten Lektine hitzelabil. Aus diesem Grund können lektinreiche Pflanzen oder Pflanzenteile, wie die Hülsenfrüchte aus vielen Schmetterlingsblütlern (Fabaceae), ausreichend erhitzt gegessen werden.

Phytoalexine

Definitionsgemäß versteht man unter Phytoalexinen spezielle Schutzstoffe, die in gesunden Pflanzen nicht oder nur in sehr geringen Konzentrationen vorkommen und in den Pflanzen erst dann gebildet werden, wenn sie durch Bakterien, Pilze, Insekten oder physikalische Faktoren (UV-Licht, Schwermetalle) geschädigt wurden. Ihre Bildung soll die weitere Vermehrung von Schadorganismen und die Ausbreitung eines Schadens eindämmen und die Pflanze so vor negativen Auswirkungen schützen. Die Bildung der Phytoalexine erfolgt nach einem Befall innerhalb eines Tages und erreicht nach einigen Tagen Höchstwerte. Die Verbindungen konzentrieren sich offenbar nur in den Bereichen, in denen der Befall stattfindet. In vielen Pflanzen kommen sie zusammen mit permanent vorhandenen Schutzstoffen vor. Phytoalexine finden sich in einer Vielzahl von Stoffklassen, beispielsweise in den Flavonoiden, Alkaloiden, Terpenoiden und Polyinen. Sie gehören zur großen Gruppe der Sekundären Pflanzeninhaltsstoffe. Mittlerweile sind mehrere Hundert Phytoalexine bekannt. Viele Stoffgruppen sind für die jeweilige Pflanzenfamilie charakteristisch. So finden sich beispielsweise in den Korbblütlern (Asteraceae) vor allem Polyine und Terpenoide, Isoflavone bei den Schmetterlingsblütengewächsen (Fabaceae) und Cumarine und Polyine in den Doldenblütlergewächsen (Apiaceae).

Polyine

Polyine oder auch Polyacetylene kommen in vielen höheren Pflanzen vor und zeichnen sich chemisch durch eine oder mehrere Kohlenstoffdreifachbindungen aus. Mittlerweile sind etwa 1500 dieser Verbindungen bekannt. Sie kommen besonders häufig in den Pflanzenfamilien der Apiaceae (Doldenblütlergewächse), Asteraceae (Korbblütengewächse), Campanulaceae (Glockenblumengewächse) und Olaceae (Ölbaumgewächse) vor. Viele Polyine hemmen das Wachstum von Bakterien, Pilzen, Viren, Insekten, Nematoden (Fadenwürmern) und Zerkarien (Saugwürmern), d. h. sie wirken als biologische Schutzstoffe für die Pflanzen. Allerdings gelingt es immer wieder einigen Spezialisten, die Giftwirkung solcher Schutzstoffe zu umgehen und sie sogar für ihre Zwecke zu nutzen. So wirkt beispielsweise das Polyin Falcarindiol aus der Mohrrübe als Auslöser für die Eiablage der Karottenfliege. Pharmakologische Angriffspunkte vieler Polyine sind Rezeptoren auf der Zellmembran. Falcarindiol und Falcarinon wirken schmerzlindernd, entzündungshemmend und leberschützend. In den Korbblütlern wirken sie andererseits als Kontaktallergene.

Saponine

Saponine werden so bezeichnet, weil sie beim Schütteln mit Wasser einen seifenartigen, stabilen Schaum ergeben (lat. *sapo*, Seife). Demgemäß steht auch diese seifenartige Wirkung im Vordergrund der Verbindungsklasse. Der seifenartige Charakter bedingt eine Herabsetzung der Oberflächenspannung des Wassers, eine Eigenschaft, die man sich auch für Reinigungszwecke zunutze macht. Des Weiteren wirken Saponine emulgierend, d. h. sie stabilisieren Öl-Wasser-Gemische. Auf diesem Weg unterstützen sie die Aufnahme anderer Inhaltsstoffe aus dem Darm. Da sich Saponine zudem in die Zellmembran einlagern und mit dieser in vielfacher Weise wechselwirken können, beeinflussen sie auch deren

Durchlässigkeit für andere Stoffe. Diese Wechselwirkung kann im Extremfall hoher Konzentrationen sogar zur Auflösung der Zellmembranen führen. Die einschleusenden Eigenschaften sind manchmal pharmakologisch erwünscht, können aber bei gleichzeitigem Vorkommen von Saponinen und Giftstoffen das Potenzial Letzterer erheblich steigern und zu fatalen Folgen führen. Die Saponine nehmen einen wichtigen Platz unter den therapeutisch wirksamen Bestandteilen von Heilpflanzen ein. In den Pflanzen liegen sie häufig als Glykoside vor, d. h. sie bestehen aus einem Steroid- oder Triterpen- und einem Zuckeranteil (Glykosid). Man unterscheidet Triterpensaponine, Steroidsaponine und Steroidalkaloidsaponine. Bei der überwiegenden Zahl der medizinisch verwendeten Saponindrogen handelt es sich um Triterpensaponine. Mittlerweile kennt man etwa 2000 verschiedene Triterpensaponine. Die Verbindungen kommen vor allem in den Pflanzenfamilien der Efeugewächse (Araliaceae), Korblütler (Asteraceae), Nelkengewächse (Caryophyllaceae), Primelgewächse (Primulaceae), Schmetterlingsblütler (Fabaceae) und der Rosskastaniengewächse (Hippocastanaceae) vor. Steroidsaponine findet man vor allem unter den Liliengewächsen (Liliaceae) und den Spargelgewächsen (Asparagaceae). Entsprechend ihrer großen Strukturvielfalt wird auch eine Vielzahl unterschiedlicher biologisch-pharmazeutischer Eigenschaften beobachtet. So werden z. B. entzündungshemmende, harntreibende, schleimtreibende/schleimlösende und hormonstimulierende Eigenschaften beschrieben. Darüber hinaus vermutet man eine präventive Wirkung gegen Darmkrebs durch eine hemmende Wirkung auf die Zellteilung im Darm. Saponine (Ginsenoside) aus dem Ginseng wirken immunmodulierend und schmerzlindernd. Etliche Verbindungen hemmen die Vermehrung von Bakterien, Viren und Pilzen. Aufgrund ihres Saponingehalts sind beispielsweise die Schlüsselblume und der Efeu antibiotisch wirksam. Eine weitere wichtige Eigenschaft, die z. B. das Aescin aus der Rosskastanie besitzt, sind membranstabilisierende und entzündungshemmende Wirkungen. Diese bedingen ihren Einsatz zur Venenstärkung und zur Vorbeugung von Ödemen. Im Darm binden sich Saponine an Cholesterin und vermindern so dessen Aufnahme. Da sie zudem die Bildung von Gallensäuren stimulieren, bewirken sie außerdem eine Reduktion des Blutcholesterinspiegels. Über den Darm werden sie nur schlecht aufgenommen, weshalb sie über diesem Weg nur wenig giftig wirken. Saponine dürfen nicht in die Blutbahn gelangen, da sie schon in geringer Menge eine hämolytische (blutauflösende) Eigenschaft besitzen, indem sie die roten Blutkörperchen zerstören. Saponine sind in höheren Pflanzen weit verbreitet. Sie sind wirksame Bestandteile vieler Kräuter. Die meisten Saponine schmecken bitter. Saponine dienen den Pflanzen wahrscheinlich als Abwehrstoffe, insbesondere gegen Pilzbefall. Ausgesprochene Saponindrogen sind Primelwurzeln und -blüten, Rosskastaniensamen und die Veilchenwurzeln. Aber auch in vielen Nahrungspflanzen wie Erbsen, Spinat, Tomaten, Kartoffeln und in vielen essbaren Wildpflanzen, wie den Melden und Gänsefußgewächsen, kommen sie vor.

Schleimstoffe

Schleimstoffe sind Gemische von Polysacchariden (Mehrfachzuckern), die in kaltem Wasser hochviskose Gele bilden. Schleimstoffe gehören zu der Gruppe der wasserlöslichen Ballaststoffe und nehmen einen wichtigen Platz unter den therapeutisch wirksamen Bestandteilen von Heilpflanzen ein. Ihre erweichende, reizmildernde und einhüllende Wirkung lässt sich vor allem bei Entzündungen der Schleimhäute gut anwenden. Sie legen sich als eine dünne Schicht auf die Schleimhäute und schützen sie so vor Reizung. Schleimstoffe werden nicht vom Körper aufgenommen. Wasserunlösliche Schleimstoffe, z. B. aus Floh- und Leinsamen, wirken vor allem im Magen-Darm-Trakt, indem sie das Darmvolumen steigern und damit den Stuhlgang regulieren. Schleimstoffe können Giftstoffe absorbieren, Entzündungen hemmen, den Blutzucker und Cholesterinspiegel senken und in Einzelfällen auch das Immunsystem stärken. Viele schleimstoffhaltige Pflanzen finden sich in den Familien der Lindengewächse (Tiliaceae), der Wegerichgewächse (Plantaginaceae) und bei den Malvengewächsen (Malvaceae). Zu den Kräutern, die Schleimstoffe enthalten und deshalb als Heilpflanzen Verwendung finden, gehören u. a. Huflattich, Spitzwegerich, Eibisch, Malve und Beinwell. In der Lebensmittelindustrie werden sie als natürliche wasserlösliche Quellstoffe eingesetzt. Sie sind gute Verdickungsmittel und Emulgatoren und bilden schon in geringen Konzentrationen Gele.

Besondere Inhaltsstoffe in Wildpflanzen

Allantoin

Allantoin wurde um 1800 von Louis-Nicolas Vauquelin in der embryonalen Harnblase von Kühen entdeckt. Interessanterweise enthalten aber auch Pflanzen wie der Beinwell, die Schwarzwurzel und die Rosskastanie diese Substanz. Allantoin fördert die Zellbildung nach Verletzungen, unterstützt die Hautregeneration nach Schädigungen und beruhigt die Haut. Aus diesem Grund wird der Wirkstoff kosmetisch in Hautcremes, Sonnenschutzmitteln, Rasierwässern und Mitteln gegen übermäßige Schweißabsonderung (Hyperhydrose) und auch in medizinischen Salben zur Behandlung von Hautverletzungen eingesetzt. Auch die Genesung schwer heilender Wunden wird unterstützt. Allerdings besitzt Allantoin keine keimhemmenden Eigenschaften.

Anthrachinone

Anthrachinone werden als pflanzliche Abführmittel verwendet. In den Pflanzen kommen sie als Glykoside vor. Erst nach Abspaltung des Zuckerbestandteils durch Bakterien im Dickdarm entfalten sie ihre Wirkung. Die nach der Abspaltung vorliegenden Verbindungen werden als Emodine bezeichnet. Nur ein geringer Teil der Anthrachinonverbindungen wird in den Körper aufgenommen und schließlich über den Harn ausgeschieden, der sich dadurch dunkel färbt.

Arbutin

Arbutin ist ein Glykosid des Hydrochinons. Solange der Zuckerbestandteil an das Molekül gebunden ist, kann es nur schlecht aufgenommen werden. Im Magen und Dünndarm wird die Verbindung gespalten und es bildet sich das eigentlich wirksame Hydrochinon. Hydrochinon ist gut resorbierbar und gelangt über das Blut zu den Nieren und von dort in die Blase, seinem eigentlichen Wirkort. Da Hydrochinon antibakteriell wirkt, werden arbutinhaltige Pflanzendrogen gegen bakterielle Infektionen der Harnwege verwendet.

Blausäureglykoside/Cyanwasserstoff

Cyanwasserstoff (Blausäure, chemisch HCN), ist eine farblose, gut wasserlösliche Flüssigkeit mit charakteristischem Geruch nach Bittermandeln. Dieser Geruch ist vielen Menschen vom Marzipan her bekannt. Nur etwa die Hälfte der Bevölkerung ist genetisch zur Geruchswahrnehmung von Bittermandeln fähig. Cyanwasserstoffverbindungen kommen natürlich in den erwähnten Bittermandelkernen vor. Darüber hinaus aber auch in den Kernen und dem Fruchtfleisch vieler bekannter Früchte und Gemüse wie Kirsche, Aprikose, Apfel, Tomate, Grünkern, Erbsen und sogar im Bier. Die enthaltenen Mengen sind jedoch gering. Viele weitere Pflanzen produzieren blausäurehaltige Glykoside (chemische Verbindungen von Blausäure mit Zuckermolekülen). Die Freisetzung der giftigen Blausäure findet erst dann statt, wenn die entsprechenden Pflanzenzellen, etwa durch Fraß oder Vermahlen, verletzt werden. Bisher kennt man etwa 3000 Pflanzenarten, die Blausäureglykoside produzieren. Aufgrund des bitteren Geschmacks und ihrer Giftwirkung dienen sie der Pflanze höchstwahrscheinlich als Fraßschutz. Eine der weltweit bedeutendsten blausäureglykosidhaltigen Nahrungspflanzen ist der Maniok. Schon 100 g der Knolle wären ohne ein geeignetes Verarbeitungsverfahren tödlich. Zum Zweck der Entgiftung werden die Knollen zerkleinert, wodurch es zur Freisetzung der Blausäure kommt. Bei der anschließenden Trocknung verdunstet jedoch die giftige Blausäure. Das so entstandene Mehl kann anschließend ohne Gefahr als Nahrungsmittel verwendet werden. Menschen weisen, wie alle Säugetiere, ein gut funktionierendes Entgiftungssystem für Blausäure auf. Die tödliche Dosis ist relativ hoch und beträgt für einen Erwachsenen etwa 50 mg freie Blausäure pro Tag. Von den geringen Mengen Blausäure, die sich natürlicherweise in vielen Nahrungsmitteln befinden, geht keine Gefahr aus. Der menschliche Körper wird mit den geringen Mengen mühelos fertig, ohne dass Schädigungen auftreten. Erst bei höheren Konzentrationen, bei denen der Entgiftungsmechanismus überfordert ist, kann die Blausäure zu Vergiftungen führen. Auch andere blausäurehaltige Pflanzen oder Samen können wie beschrieben entgiftet werden, so entweicht die Blausäure z. B. beim Erhitzen gemahlener Pflanzenteile in einem offenen Topf.

Fructane

Fructane (auch Fructosane) sind größtenteils aus Fructose aufgebaute, wasserlösliche Polysaccharide, die in einigen Pflanzen die Stärke als Kohlenhydratspeicherstoff ersetzen. Ein spezielles Fructan, das in etlichen Arten der Raublattgewächse (Boraginaceae) und der Korbblütengewächse (Asteraceae), insbesondere aber in denen der Gattung *Inula* vorkommt, ist das Inulin.

Inulin

Inulin ist ein Gemisch von Polysacchariden (Vielfachzuckern) und zählt zu den Speicherstoffen der Pflanzen. Inulin wird in vielen Pflanzen als Reservestoff eingelagert. Beispiele sind Topinambur, Wegwarte und Löwenzahn. Es wurde 1804 im Alant *(Inula helenium)* entdeckt. Inulin ist leicht wasserlöslich. Es dient in der Therapie der Zuckerkrankheit (Diabetes mellitus) als Glucose-Ersatz, denn es enthält fast ausschließlich Fructose-Einheiten. Inulin dient daher auch zur Herstellung von Fructose (Fruchtzucker). Im Dünndarm wird es nicht resorbiert, da dem Menschen das abbauende Enzym (Inulinase) fehlt. Erst im Enddarm wird Inulin von Bakterien zu kurzkettigen Fettsäuren abgebaut. Die bei diesem mikrobiellen Abbau gebildeten Gase können bei empfindlichen Menschen zu Blähungen führen. Inulin wird heutzutage oft als Zutat in der Lebensmittelherstellung verwendet, zum Beispiel als Fettersatz und um den Geschmack, die Textur und das Mundgefühl zu verbessern.

Erucasäure

Erucasäure ist eine einfach ungesättigte Fettsäure, die in teilweise großen Mengen in den ölhaltigen Samen vieler Brassicaceae (Kreuzblütengewächse), wie dem Raps und den Rauken, aber auch in der Kapuzinerkresse vorkommt. Man weiß aus Tierversuchen mit Ratten, dass Erucasäure zu Schäden am Herzmuskel und zu Wachstumsverzögerungen führt. Beim Menschen konnte allerdings kein Zusammenhang zwischen dem Verzehr von Rapsöl und Herzschäden gefunden werden. Da Raps eine wichtige Ölpflanze ist, hat man mittlerweile erucasäurearme Saaten gezüchtet. Speiseöle oder Fette mit einem Gehalt von mehr als 5 % Erucasäure sind als Lebensmittel nicht zugelassen.

Kieselsäure

Kieselsäure ist die wasserhaltige Form der Verbindung des Elements Silicium mit Sauerstoff. Der Name stammt vom lateinischen Wort »silex« für Kiesel. Silicium ist nach Sauerstoff das am weitesten verbreitete Element auf der Erde. Es ist ein lebensnotwendiges Spurenelement. In der Natur kommen Stützgerüste aus Kieselsäureverbindungen in pflanzlichen und tierischen Lebewesen vor, etwa beim Schachtelhalm und der Brennnessel. Silicium sorgt gleichzeitig für Festigkeit und Elastizität. Ein dünner Grashalm ohne Silicium könnte beispielsweise nicht aufrecht stehen und gleichzeitig biegsam sein. Im menschlichen Körper unterstützt Silicium z. B. das Wasserbindevermögen der Eiweißkörper im Gewebe und kommt in allen Bindegewebsstrukturen und damit in fast allen Organen, den Blutgefäßen und der Haut vor. Es unterstützt das Immunsystem ebenso wie den Knochenbau. Kieselsäure ist auch im Grundwasser enthalten. Das Regenwasser nimmt bei seinem Gang durch die Bodenschichten Kieselsäure aus den Silikaten der Bodenminerale auf. Daher enthält Trinkwasser auch geringe Mengen an Kieselsäure. Traditionell wird Kieselerde als Nahrungsergänzungsmittel angeboten.

Oxalsäure

Oxalsäure ist die einfachste Dicarbonsäure und recht gut in Wasser löslich. Sie wurde 1769 durch Johann Christian Wiegleb im Sauerklee *(Oxalis acetosella)* entdeckt und war daher zunächst unter dem Namen »Kleesäure« bekannt. Die Salze der Oxalsäure werden als Oxalate bezeichnet. Oxalsäure ist in höherer Konzentration giftig. Die wasserlöslichen Natrium-, Kalium- und Ammoniumsalze wirken ätzend auf die Schleimhäute des Magen-Darm-Traktes, wodurch sie eine starke Reizwirkung ausüben. Eine weitere Gefahr bei Aufnahme größerer Mengen oxalsäurehaltiger Pflanzen besteht darin, dass es zu einer Verarmung des Gewebes an Calcium kommen kann. Oxalsäure verbindet sich im Körper mit dem Calcium unter Bildung von wasserunlöslichem Calciumoxalat. Dieser Calciumentzug kann in schweren Fällen zu Schädigungen am Herzen und am Zentralnervensystem führen. In leichteren Vergiftungsfällen kann es zu Nierenschädigungen kommen. Eine chronische Zufuhr von oxalatreicher Pflanzenkost kann zu Nierenschädigungen und Nierensteinen führen und fördert vermutlich auch eine Entkalkung der Knochen (Osteoporose). Allerdings kann man die Bindung von Calcium auch nutzen, indem man stets calciumreiche Lebensmittel wie z. B. Milchprodukte (einen Schuss Sahne) zusammen mit oxalsäurereichen Lebensmitteln konsumiert. Die mit einer normalen Ernährung zugeführten Mengen an Oxalsäure werden als unschädlich angesehen und führen auch nicht zu einer Steinbildung in den Nieren. Probleme wären allerdings bei Veganern denkbar (keine Milchprodukte, viel pflanzliche Kost). Auch Menschen mit Nierenschädigungen und einer Neigung zur Nierensteinbildung wird üblicherweise von oxalatreichen Lebensmitteln abgeraten. Oxalsäure erschwert außerdem die Resorbtion (Aufnahme) von Eisen im Darm. Im menschlichen Körper entstehen Oxalate auf natürlichem Weg, beim Abbau verschiedener Aminosäuren und von Ascorbaten (Salze der Ascorbinsäure = Vitamin C). Dieser Vorgang spielt bei der Bildung von Nierensteinen, die aus Calciumoxalat und Harnsäure bestehen, vermutlich die Hauptrolle. Die Steinbildung wird durch Citronensäure, die in vielen Früchten vorkommt, gebremst.

Oxalsäure kommt in vielen essbaren Wildpflanzenfamilien vor, beispielsweise bei den Amaranthaceae, bei den Chenopodiaceae, Polygonaceae, Oxalidaceae, Poaceae und Portulacaceae. Außerdem findet sich die Verbindung in höheren Konzentrationen auch in vielen gängigen Nahrungspflanzen wie Mangold, Spinat und Roten Rüben. Das Kaliumsalz der Oxalsäure kommt in größeren Mengen in Rhabarber vor, das meiste davon in den Blättern, weshalb nur der Stiel nach dem Kochen zum Verzehr geeignet ist. Geringe Konzentrationen sind in vielen Lebensmitteln wie Tomaten, Tee (insbesondere schwarzer Tee und Pfefferminztee), Kakao und sogar in Schokolade zu finden.

Einige Pflanzen wie z. B. der Aronstab und die Schmerwurz enthalten in ihren Zellen nadelförmige Oxalatkristalle. Der Inhalt dieser Zellen steht zudem unter Druck, sodass die Nadeln beim Verzehr aus den Zellen »herausgeschossen« werden und zu heftigen mechanischen Reizungen an den Schleimhäuten des Mund- und Rachenraums führen. Beim Verschlucken sind auch Magen und Speiseröhre betroffen.

Phytosterine (Beta-Sitosterin)

Phytosterine (Sterine aus Pflanzen) gehören zur Gruppe der sekundären Pflanzenstoffe und haben eine ähnliche Struktur wie das Cholesterin. Sie sind ein wesentlicher Bestandteil der Zellmembranen und werden von Tieren und Pflanzen synthetisiert. Durch die Strukturähnlichkeit mit dem Cholesterin können die Phytosterine die Resorption des Cholesterins im Darm behindern. Sie senken das »schädliche« LDL-Cholesterin (Low-Density-Lipoprotein-Cholesterin) um etwa 10 %, ohne dass gefäßschützende HDL-Cholesterin zu vermindern. Darüber hinaus hemmen sie die Entstehung krebserzeugender Stoffe und vermindern das Risiko für Brust-, Darm-, Magen- und Prostatakrebs. Phytosterine kommen vor allem in den Pflanzenteilen vor, die einen hohen Fettgehalt haben, also in Samen und Wurzeln. Reich an Phytosterinen sind verschiedene Getreide, Olivenöl, die Früchte des Feigenkaktus, aber auch die Löwenzahnwurzeln. Das verbreitetste Phytosterin ist das Beta-Sitosterin. Beta-Sitosterin hat einen maßgeblichen Einfluss auf die Gesundheit und Funktionsfähigkeit von Blase und Prostata. Außerdem verhindert es aufgrund seiner Hormonwirkung die meist altersbedingte Vergrößerung der Prostata und die damit verbundenen Schwierigkeiten beim Wasserlassen. Die genannten Wirkungen sind inzwischen wissenschaftlich erwiesen.

Pyrrolizidinalkaloide

Die Diskussion über pyrrolizidinhaltige Pflanzen ist erst einige Jahre alt. In vielen Fachbüchern über Heil- bzw. Nahrungspflanzen sind derartige Pflanzen selbstverständlich enthalten und es finden sich zu einer Gefährdung oft keinerlei Hinweise. Im Gegenteil, finden sich doch etliche geschätzte Heil- bzw. Nahrungspflanzen wie der Huflattich und der Beinwell darunter, die früher gerne und reichlich eingesetzt wurden, ohne dass etwas über Schädigungen bekannt geworden wäre. In diesem Buch sind folgende pyrrolizidinhaltige Pflanzen beschrieben:

- Huflattich *Tussilago farfara*

Boraginaceaen:

- Beinwell-Arten (*Symphytum* spp.)
- Natternkopf *(Echicum vulgare)*
- Vergißmeinnicht-Arten (*Myosotis* spp.)
- Lungenkraut-Arten (*Pulmonaria* spp.)
- Gewöhnliche Ochsenzunge *(Anchusa officinalis)*
- Gewöhnliche Hundszunge *(Cynoglossum officinalis)*
- Echter Steinsame *(Lithospermum officinale)*
- Boretsch *(Borago officinalis)*

Pyrrolizidinalkaloide (PA) sind im Pflanzenreich weit verbreitet. Sie sind in zahlreichen Pflanzenfamilien, besonders aber in der Familie der Raublattgewächse (Boraginaceae) und in den Asterngewächsen (Asteraceae) enthalten. Man findet sie aber auch dort, wo man sie nicht vermuten würde, z. B. in Honig oder der Milch von Kühen, Schafen und Ziegen, die alkaloidhaltiges Futter in größeren Mengen zu sich genommen haben (siehe dazu auch Roth et al., 896ff.). Bis heute sind etwa 200 strukturell verschiedene Pyrrolizidinalkaloide beschrieben. Die Verbindungen sind von Bedeutung, da sie in hoher Dosierung und über einen längeren Zeitraum kontinuierlich verabreicht im Tierversuch krebserregende, lebertoxische und genschädigende Wirkungen gezeigt haben. Der Grad der Giftigkeit ist abhängig von der Struktur der Verbindungen. Die Frage der Übertragbarkeit von Tierversuchen auf den Menschen lässt sich auch in diesem Fall nicht abschließend klären. Der Gesetzgeber rät im Zuge einer vorbeugenden Risikominimierung dazu, Zubereitungen aus Heil- oder Nahrungspflanzen, die Pyrrolizidinalkaloide enthalten, nicht über einen längeren Zeitraum oder in größeren Mengen zu konsumieren. Manche Autoren halten einen gelegentlichen Verzehr, insbesondere kleiner Mengen, für unbedenklich. Eine abschließende Risikobewertung wird es in diesem, wie auch in vielen anderen Fällen als bedenklich eingeschätzte Stoffe wohl nie geben. Die Substanzen zeigen keine oder nur geringe akute (sofortige) Toxizität. Sie werden erst im Organismus zu den eigentlichen toxischen Verbindungen abgebaut. Da dieser Prozess in der Leber abläuft, ist sie das Zielorgan. Pyrrolizidinalkaloide kommen in einigen Heilpflanzen vor. In Europa sind dies z. B.:

- Beinwell (*Symphytum officinale* und andere *Symphytum*-Arten)
- Borretsch *(Borago officinale)*
- Huflattich *(Tussilago farfara)*
- Pestwurz (*Petasites hybridus* und andere *Petasites*-Arten)
- Sonnenhut (*Echinacea* s. Roth et al., 896ff.)
- Kreuzkraut (*Senecio jacobaea* und andere *Senecio*-Arten)

Der Gesetzgeber hat im Stufenplan zur Abwehr von Arzneimittelrisiken 1992 festgelegt, dass Pflanzen und Zubereitungen hieraus nur in den Handel gebracht werden dürfen, wenn sichergestellt ist, dass die tägliche maximale Aufnahme an toxischen Pyrrolizidinalkaloiden unter 1 Mikrogramm liegt (BAnz. Nr.: 111, S. 4805 vom 17.6.1992). Mittlerweile wurden pyrrolizidinfreie Pflanzen gezüchtet und können für pharmazeutische Präparate eingesetzt werden. Dies ist natürlich bei Wildsammlungen nicht möglich. So muss der Wildpflanzensammler selbst die Verantwortung und die Entscheidung für den Einsatz derartiger Pflanzen übernehmen.

Das Sammeln essbarer Wildpflanzen

Zum Sammeln essbarer Wildpflanzen braucht man Folgendes:

Utensilien

- Schere oder Messer zum Ernten (Abzwicken mit den Fingerspitzen ist auch möglich. Abreißen schädigt die Pflanzen oft oder führt zum Ausriss der Wurzel.)
- Steife Papiertüten zum Pflanzentransport (Die stabile Tüte schützt die Pflanzen beim Transport vor Quetschungen und vor Austrocknung. Offen verlieren sie schnell wertvolle Inhaltsstoffe.)
- Handschuhe für hautreizende Pflanzen
- Einen Spatel zum Ausgraben von Wurzeln
- Bestimmungsbücher zum Nachschlagen von Details, wenn man sich unsicher ist

Prinzipien

- Nur so viel sammeln, wie gebraucht oder voraussichtlich als Vorrat benötigt wird.
- Am Fundort sollten immer noch genügend Pflanzen stehen bleiben, um ihr Fortbestehen zu sichern.
- Es lohnt, die Pflanzenteile direkt beim Sammeln von störenden Stoffen zu befreien, z. B. von altem Laub, trockenen Gräsern usw. Dadurch spart man sich viel Arbeit bei der Zubereitung in der Küche.

Zeitpunkt

Alle Wildpflanzenteile durchlaufen eine Zeitspanne (meist im Jungstadium), während der sie zart, weich und eiweißreich sind und nur wenig Fasern und Zellulose enthalten. Dann schmecken sie zumeist bekömmlich und angenehm. Diese Zeitspanne sollte man abpassen, allerdings sind die Pflanzen in diesem Zeitraum oft schwer zu bestimmen. Es ist also wichtig, die Pflanzenarten im ganzen Jahreslauf zu beobachten, um richtig ernten zu können, ggf. auch erst im darauffolgenden Jahr.

Gefahren

Gefahren können durch an den Pflanzen haftende Verschmutzungen, Parasiten und enthaltene Giftstoffe ausgehen. Sie sollten daher die Gebiete, in denen Sie sammeln, auf Verunreinigungen z. B. durch Verkehr, Pestizide, Düngemittel usw. prüfen und ggf. meiden. Ein Trockenreinigen oder Waschen der Ernte ist immer angebracht. Weitere Hinweise über Giftpflanzen und Gefahren finden Sie auf S. 583ff.

Essbare Wildpflanzen und Naturschutz

Natürliche Erlebniszeiten und Wildniserfahrungen verschwinden zunehmend in unserer Gesellschaft. Die Unmittelbarkeit unserer Nahrung aus der Natur kann kaum noch wahrgenommen werden. Es tut uns gut, wenn wir wieder ein lebendiges Verhältnis zur Natur schaffen und uns Zeit nehmen, unserer eigenen Naturverbindung nachzuspüren.
Essbare Wildpflanzen zu sammeln, zuzubereiten und zu genießen, bietet uns eine Möglichkeit, Natur unmittelbar und mit allen Sinnen zu erleben. Man beschäftigt sich dabei intensiv mit den Pflanzen, ihrem Lebensraum und ihrem Lebenszyklus; man nimmt Gerüche, Formen und Farben wahr. Gleichzeitig kann es auch ein befreiendes Gefühl sein, sich in der Natur zurechtfinden und im Notfall sogar überleben zu können.

Anliegen des heutigen Naturschutzes ist nicht mehr, die Menschen möglichst von der Natur fernzuhalten, sondern sie wieder mit der Natur vertrauter werden zu lassen. Was man selbst kennen und achten gelernt hat, will man auch schützen.

Gesetzlicher Konsens zum Sammeln essbarer Wildpflanzen

In Naturschutzgebieten darf generell nicht gesammelt werden. Außerhalb der Naturschutzgebiete dürfen seltene, gefährdete und insbesondere geschützte essbare Wildpflanzen ebenfalls nicht gesammelt werden. Bei entsprechenden Pflanzenporträts befinden sich in diesem Buch Hinweissymbole:

! = Mit diesem Symbol oder in grüner Fettschrift als »selten« bezeichnete Wildpflanzen sind von der Wildsammlung ausgenommen. Sie können im Anbau verwendet werden, solange dadurch der Naturhaushalt der wild wachsenden Pflanzen nicht beeinträchtigt wird.

!! = Mit diesem Symbol oder in grüner Fettschrift als »gefährdet« bezeichnete Wildpflanzen dürfen nicht gesammelt werden. Sie stehen in der Regel unter gesetzlichem Naturschutz, wobei die Unterschutzstellung auch nur gebietsweise sein kann. National und regional können zu einzelnen Pflanzenarten auch gesonderte Bestimmungen und Ausnahmen zur Anwendung kommen. Informieren Sie sich daher vor dem Erwerb einer gefährdeten Art bei den Naturschutzbehörden. Der Anbau von Arten, die unter Naturschutz stehen, ist eingeschränkt. Meistens ist es verboten, geschützte Pflanzen in Besitz oder Gewahrsam zu nehmen, sie zu verarbeiten, zu verkaufen oder für kommerzielle Zwecke zu erwerben. Sie dürfen eventuell dann verwendet werden, wenn sie rechtmäßig gezüchtet wurden, das heißt, der Anbau muss mit den Naturschutzbehörden abgestimmt worden sein.

Ansonsten hat im Normalfall jedermann das Recht auf Genuss und Erholung in der freien Natur. Er ist dabei aber verpflichtet, mit Natur und Landschaft pfleglich umzugehen. Alle Teile der freien Natur, insbesondere Wald, Bergweide, Fels, Ödung, Brachflächen, Auen, Uferstreifen und landwirtschaftlich genutzte Flächen können im Allgemeinen von jedermann unentgeltlich betreten werden, es sei denn, es handelt sich um Flächen, wo eine Beschädigung der Nutzpflanzen zu erwarten ist oder man die Nutzung beeinträchtigt. Man darf nichtseltene, wild wachsende Pflanzen in der Regel im kleinen privaten Umfang sammeln, soweit diese Nutzung ohne Störung des Naturhaushalts durchgeführt wird. D.h. Pflanzen sind so zu nutzen, dass sie nachhaltig zur Verfügung stehen. Dies gilt in allen mitteleuropäischen Ländern annähernd gleich. Genaueres regeln die jeweiligen Naturschutzgesetze der Länder.

Um Wildpflanzen gewerblich sammeln zu dürfen, bedarf es einer Genehmigung der Naturschutzbehörden. Zur Beantragung dieser Genehmigung braucht man die Zustimmung des Flächenbesitzers. In diesem Antrag muss angegeben werden, welche Pflanze, welcher Pflanzenteil, in welcher Menge und auf welcher Fläche gesammelt wird.

Rezepte: Grundzubereitungen

Bei den Rezepten und Hinweisen handelt es sich um allgemein beschriebene Zubereitungen, deren Verwendung mit vielen Pflanzenarten möglich ist. Es sind viele traditionelle Grundrezepte abgewandelt auf die meisten Besonderheiten der Wildpflanzen sowie Einschätzungen und Erfahrungen aus vielen Jahren Wildpflanzen-Kochkursen.

Die Rezeptnummern finden sich in eckigen Klammern ebenfalls in den Pflanzenbeschreibungen. Somit kann der Leser über die reine Information zur Nutzungsart hinaus auch eine Anregung zu weiteren Verarbeitungsweisen erhalten.

Die Rezepte sind nur kleine Ideengeber und freuen sich darauf, weiter abgewandelt zu werden.

Grundrezepte und Verarbeitungshinweise

Salate und Rohkost [1]

Zarte Wildpflanzenteile lassen sich als Rohgemüseknabberei oder als Dipgemüse mit verschiedenen Saucen oder als Beigabe zu allen möglichen Salaten verwenden und gemäß den üblichen Rezepten nach Lust und Laune durch verschiedenste Öle, Essige und Gewürze variiert zubereiten. Gut eignen sich Nussöle, Sonnenblumenöl oder auch Rapsöl für die würzkräftigen Wildpflanzen. Olivenöl eignet sich hingegen weniger, auch wenn es sehr hochwertig ist; geschmacklich tendiert es dazu, den Wildpflanzensalat bitterer zu machen. Lassen Sie einfach Ihrer Fantasie freien Lauf. Kombinieren Sie die Wildpflanzenteile mit Croûtons, Sprossen, Kernen und Nüssen, Oliven, geriebenem Wurzelgemüse, Früchten; ebenso mit Couscous, Nudeln, gerösteten Kartoffeln oder anderen würzigen, knusprigen Zutaten.

Keimsaat [2]

Die Wildpflanzensamen sollten Zeit gehabt haben, an der Mutterpflanze auszureifen. In der Regel ist der Reifezeitpunkt dann richtig, wenn auch die Pflanze in der Natur mit der Aussaat beginnt.

Es gibt verschiedene Keimgefäße, z.B. Keimgläser mit Sieb, Watte oder Papiertücher auf einem Teller oder auch flache Pflanzgefäße mit nicht gedüngter Erde, was meist am besten gelingt. Nicht alle Samen keimen leicht. Sie brauchen je nach Art spezielle Keimbedingungen. Manche benötigen vor dem Keimen Frost. Man kann sich dann behelfen, indem man sie zuvor ein paar Tage in die Gefriertruhe gibt. Manche Samen mögen es lieber etwas bedeckt in lockerer, feuchter Erde als im direkten Licht (Dunkelkeimer). Oft braucht es Geduld für ein brauchbares Ergebnis. Probieren Sie verschiedene Methoden aus. Halten Sie die Samen während des Keimens stets feucht. Am besten durch sanftes Besprühen mit einer Spühflasche, damit die Samen nicht umherschwimmen. Man muss etwa ein bis drei Wochen für das Erscheinen der Keimlinge einplanen. Die Wildpflanzenkeimlinge können Sie roh (zum Beispiel in Salaten) genießen. Sie sind eine ausgezeichnete Vitaminquelle im Winter.

Suppen [3]

Gemüsesuppe [3.1]

Die Wildpflanzenteile schneiden und nach Belieben mit Wasser, kleinen Kartoffeln, sonstigem Gemüse, Zwiebeln, Knoblauch, evtl. Honig und Essig, Öl, Salz oder sonstigen Gewürzen pürieren. Die Suppe kurz erwärmen und ggf. mit Rahm oder dergleichen abschmecken. Dann mit gerösteten Brotwürfeln oder frisch gehackten Kräutern servieren. Wenn Sie nicht pürieren, sollten Sie die Zutaten klein schneiden und kochen.

Früchtesuppe [3.2]
Gesäuberte und entsteinte Wildfrüchte mit Haferflocken oder Weizengrieß in Wasser weich kochen, dann pürieren, salzen und mit Gewürzen und weiteren gewünschten Zutaten abschmecken.

Bratlinge [4]
Gesäuberte und fein zerkleinerte Wildpflanzenteile gut gewürzt weich dünsten. Mit Mehl und nach Wunsch auch etwas Ei zu einem Teig kneten. Dann zu flachen Bratlingen formen und beidseitig braten.

Blattrouladen [5]
Die Wildpflanzenblätter sorgfältig waschen und dicke Blattrippen herausschneiden. Die Blätter einige Minuten in Salzwasser kochen und abtropfen lassen. Eine Füllung zubereiten, z. B. aus gewürztem Gemüsereis. Einen Baumwollfaden und darauf überlappend mehrere der gekochten Wildpflanzenblätter auslegen. Auf die Blätter jeweils ein kleines Häufchen Füllung geben. Nun alles zusammenrollen und die Roulade mit dem Faden umwickeln. Die Wildpflanzen-Blattrouladen können in der Pfanne gebraten oder im Ofen geschmort werden.

Eierspeisen [6]
Omelett [6.1]
Zarte Wildpflanzenteile blanchieren oder vorkochen und grob schneiden. Eier verrühren, salzen und würzen. Die Eimischung in eine Bratpfanne geben, die gehackten Wildpflanzen darauf verteilen und das Omelett so lange backen, bis die Unterseite anbräunt. Dann die eine Hälfte des Omeletts überschlagen und mit fein gehackten frischen Wildkräutern servieren. Man kann die gehackten Wildpflanzen auch direkt mit den Eiern verrühren, würzen und daraus einen Eierkuchen (Fritatta, Tortilla) backen.

Crêpes [6.2]
Zarte Wildpflanzenteile säubern und klein schneiden, dann in wenig Öl mit etwas Salz und Zwiebeln weich dünsten. Mit Mehl, Mineralwasser, Eiern, etwas Salz und Gewürzen nach Belieben einen flüssigen Teig anrühren und etwas quellen lassen. Daraus dünne Crêpes ausbacken. Die Crêpes zur Hälfte mit den gegarten Wildpflanzen bedecken, nach Belieben Nüsse, Sesamsamen, Sonnenblumenkerne darauf verteilen und mit geriebenem Käse bestreuen. Die andere Hälfte überschlagen. Die Crêpes im Backofen warm halten, bis alle gebacken sind.

Rührei [6.3]
Zuerst Zwiebeln anbraten, dann fein geschnittene Wildpflanzenteile mit aufgeschlagenen Eiern dazugeben, salzen, je nach Geschmack würzen und alles in der Pfanne verrühren. Mit fein gewiegten Wildkräutern bestreuen und servieren.

Gedünstetes oder gedämpftes Gemüse [7]
Zart säuerliches Gemüse [7.1]
Zarte Wildpflanzenteile zerschneiden und in Salzwasser weich dünsten. Mit etwas Zitronensaft und Gewürzen abschmecken und mit etwas Mehl binden. Zum Servieren Butterflocken darauf geben oder eine Sauce nach Wahl dazu reichen.

Stängelgemüse [7.2]
Zarte (meist zu schälende) Wildpflanzenstängel kurz dämpfen oder kochen. Nach Belieben warm mit gesalzenen Butterflocken oder einer gut gewürzten kalten Joghurtsauce servieren.

Nussgemüse [7.3]
Zarte Wildpflanzenteile mit heißem Wasser kurz überbrühen, das Wasser abgießen und die Pflanzenteile zerschneiden. Etwas Nussmehl in Öl oder Butter rösten, die Wildpflanzen dazugeben und mit Salz und Gewürzen abschmecken.

Bratgemüse [8]

Wurzelgemüse [8.1]

Wildpflanzenwurzeln gut säubern, falls nötig schälen, und in Streifen quer zur Faser schneiden. Dann in Öl mit fein geschnittenen Zwiebeln knusprig braten. Das Ganze nach Belieben würzen und ggf. mit saurer Sahne oder mildem Joghurt und gehackten Kräutern verfeinern.

Kurz gebratenes Gemüse [8.2]

Scharf gewürztes Öl in einer Pfanne erhitzen. Die zarten, gesäuberten Wildpflanzen dazugeben und unter Rühren nur kurz anbraten, damit das Gemüse das Öl aufnimmt. Das Ganze in eine Schale geben, mit Salz abschmecken und sofort servieren.

Paniertes Gemüse [8.3]

Die vorbereiteten Wildpflanzenteile in verklopftem, gewürztem Ei wälzen und mit Semmelbröseln panieren. Dann in Öl in der Pfanne ausbacken oder frittieren.

Wildgemüse im Ausbackteig [8.4]

Eier, Mehl und etwas Salz zu einem flüssigen Teig verrühren. Die vorbereiteten Wildpflanzenteile in den Ausbackteig tauchen und in Öl in der Pfanne ausbacken oder frittieren. Sie ergeben auch eine gute Suppeneinlage.

Variante mit feinaromatischen Pflanzenteilen: Ausbackteig mit Honig oder Zucker statt mit Salz.

Gemüsechips [8.5]

Ergibt eine würzige Knabberei! Wildpflanzenblätter oder sehr dünne Wildgemüsescheiben waschen und ggf. die Stiele abzupfen. Die Pflanzenteile salzen und mit Öl vermengen. Dann auf Backpapier oder Backblech ausbreiten und bei 150 Grad circa 15–25 Minuten backen.

Variante: Die rohen Pflanzenteile direkt in heißem Öl knusprig frittieren, anschließend abtropfen lassen und würzen.

Kochgemüse [9]

Spinat [9.1]

Die zarten Wildpflanzenteile grob schneiden. In einem Gemüsefond oder ggf. in wenig Würzbrühe erwärmen und nach Belieben mit Mehl etwas binden. Dann salzen, würzen und nach Wunsch gebratene Zwiebeln dazugeben.

Variante: Bei Pflanzen, die auch als Salat verwendet werden können, einen Teil des grob geschnittenen Wildgemüses feiner hacken und roh unter den warmen »Spinat« rühren.

Bittergemüse [9.2]

Bittere Wildpflanzenteile säubern, eventuell schälen und schneiden. Eine halbe Stunde in Salzwasser (oder in Wasser mit etwas Natron) kochen und abseihen. Den Vorgang ggf. so oft wiederholen, bis ein zu bitterer Geschmack angenehm gemildert ist. Dann die Wildpflanzenteile in Öl oder Butter erhitzen, mit Salz und Gewürzen abschmecken und nach Belieben mit etwas Mehl binden. Eventuell noch mit fein gehackten, gebratenen Zwiebeln vermengen.

Püree [9.3]

Wildpflanzenteile und ggf. Kartoffeln klein schneiden, würzen und kochen, anschließend pürieren. Evtl. mit Sahne abschmecken. Passt gut zu Brat- und Grillgerichten.

Gemüsefüllungen [10]

Gemüsestrudel [10.1]

Mehl mit etwas Salz, Essig, Öl oder Butter und etwas Wasser ausgiebig verkneten. An einem warmen Ort zugedeckt eine Stunde ruhen lassen. Zerkleinerte Wildpflanzenteile mit etwas Salz und Pfeffer dünsten. Den Teig dünn ausrollen und die Pflanzenfüllung auf den Teig geben. Alles zu einem Strudel rollen und etwa eine Stunde im Ofen backen.

Gemüsetaschen [10.2]
Die im Gemüsestrudel genannten gedünsteten Wildpflanzenteile eignen sich auch als Füllung für ausgehöhlte Zucchini, Kohlrabi, Paprika und Tomaten, die man dann mit Käse überbäckt, bis das gefüllte Gemüse weich ist. Die Füllung lässt sich ggf. auch mit Ei etwas eindicken. Genauso kann man die Wildpflanzenfüllung auch in frischen Nudelteig (aus Mehl, Ei, etwas Flüssigkeit) als Taschennudeln füllen, verschließen und kochen.

Mischgemüsegerichte [11]
Eintopf [11.1]
Zerkleinerte Wildpflanzenteile und anderes Gemüse nach Angebot und Jahreszeit zusammen mit etwas Wasser und Öl in einen Topf geben (nicht zu viel Wasser verwenden, damit keine Suppe daraus wird). Dann kochen, bis Gemüse und Wildpflanzen gar sind. Mit Salz und Gewürzen abschmecken.

Risotto [11.2]
Wildpflanzenteile waschen, grobe Fasern, Stiele, Wurzeln herausschneiden und als Reste zur Seite legen. Die feinen Wildpflanzenteile in dünne Streifen schneiden.

Die Wildpflanzenreste mit etwas Wasser mischen, salzen und als Sud auskochen und passieren. Zwiebeln klein schneiden und in Öl andünsten. Dazu den Reis (oder anderes Getreide, z. B. Weizen) geben und etwas anbraten. Dann den Sud nach und nach unter ständigem Rühren dazugeben und anschließend die feinen Wildpflanzenstreifen beifügen. Das Ganze circa 30 Minuten bei kleiner Hitze ziehen lassen und ab und zu umrühren. Abschließend zum Verfeinern evtl. etwas Butter hinzugeben.

Ofengemüsegerichte [12]
Lasagne [12.1]
Lasagneteigscheiben in Salzwasser weich kochen. Zarte Wildpflanzenteile nach Belieben zerkleinern und mit Zwiebeln in etwas Butter anbraten. Mit Wasser ablöschen und fertig garen lassen. Dann mit Salz und Pfeffer, Zitrone oder Essig abschmecken.

In eine eingefettete Auflaufform in mehreren Lagen die Lasagneteigscheiben, geriebenen Käse (oder Bechamelsauce) und das saftige Wildpflanzengemüse einschichten. Besonders fein schmecken dazwischen gestreute Walnüsse oder Pinienkerne. Ggf. mit einer Schicht gewürfelter Tomaten bedecken, darüber eine Schicht Käse geben und im Ofen backen. Für ausreichend Sauce oder Flüssigkeit sorgen.

Pizza [12.2]
Aus Mehl, Butter, Salz, Hefe und lauwarmem Wasser einen Hefeteig kneten und gehen lassen. Dann den Teig auf einem gefetteten und bemehlten Blech dünn ausrollen und im Ofen kurz vorbacken.

Zerkleinerte Wildpflanzenteile mit Zwiebeln in der Pfanne andünsten, passierte Tomaten darunter mischen und alles mit Salz, Pfeffer, Thymian und Oregano abschmecken. Die Gemüsemischung auf dem vorgebackenen Teig ausstreichen und die Pizza belegen. Zuletzt mit gewürfeltem, jungen Käse bestreuen und im Ofen fertig backen.

Backgemüse [12.3]
Wildpflanzengemüse auf einem Backblech auslegen, ggf. halbierte Zwiebeln dazulegen. Alles mit Öl beträufeln und mit Gewürzen und Salz (evtl. auch mit Käseraspeln) bestreuen. Im Ofen weich backen.

Eingelegtes Gemüse [13]
In Salzlake eingelegtes Gemüse [13.1]
Geschnittene Wildpflanzenteile in Salzwasser kochen, eventuell würzen. Dann alles heiß in keimfrei ausgespülte Einmachgläser füllen und schnell verschließen. Die eingemachten Wildpflanzen als kalte Beigabe zu allerlei Gerichten verwenden.

In Essig eingelegtes Gemüse [13.2]
Wildpflanzenteile säubern und schneiden, mit Salz bestreuen und über Nacht ziehen lassen. Dann die Pflanzenteile mit siedendem Wasser abspülen und in keimfrei gesäuberte Gläser füllen, dazwischen Kräuter und Gewürze streuen. Einen kräftig gesalzenen, mit Wasser verdünnten Weinessig aufkochen

und sobald er etwas abgekühlt ist, den Inhalt der Gläser damit bedecken. Die Gläser rasch verschließen und kühl und dunkel lagern.

In Wein eingelegtes Gemüse [13.3]
Knoblauch und fein geschnittene Zwiebeln in Öl anbraten. Junge Wildpflanzentriebe dazugeben, nach Belieben würzen und salzen. Mit Wein aufgießen und köcheln lassen. Alles sehr heiß in keimfrei ausgespülte Einmachgläser füllen und schnell verschließen. Die eingemachten Triebe können kalt oder warm verwendet werden.

Sauerkraut [13.4]
Die gesäuberten Wildpflanzenteile in dünne Streifen schneiden und in einer Schüssel kräftig stampfen. Nun schichtweise dieses Kraut, Salz, Gewürze und Öl in Schraubgläser füllen. Alles ganz fest zusammenpressen, bis die entstandene Flüssigkeit über dem Kraut steht. Mit einem passenden Gewicht (z. B. Stein) beschweren, sodass der Inhalt nicht zerdrückt, aber fixiert wird. Falls zu wenig Flüssigkeit vorhanden ist, abgekochtes Wasser nachaufgießen (die Gläser sollten bis circa 1 Zentimeter zum Deckelrand gefüllt sein). Die Gläser luftdicht verschließen und zwei Tage bei warmer Raumtemperatur, dann drei Wochen bei etwa 16 Grad und schließlich nochmals drei Wochen bei unter 10 Grad oder niedriger Kellertemperatur vor Licht geschützt lagern (ggf. in einer Tüte umverpackt, falls ein Glas unter Druck platzen sollte). Im Laufe der Lagerung steigen Gärgase auf, doch die Gläser müssen absolut luftdicht sein, daher vorsichtig öffnen, damit der unter Druck stehende Inhalt nicht überquillt. Wer regelmäßig Pflanzen einsäuert, sollte sich ein Spezialgefäß im Fachhandel für die Gärung besorgen.

In Öl eingelegtes Gemüse [13.5]
Große Wildpflanzenteile ggf. kleinschneiden. Blattartiges als Chiffonade schneiden und unter fließendem Wasser gründlich waschen und abtropfen lassen. Ausreichend Öl in einem Topf erwärmen, die Pflanzenstücke darin kurz einlegen, ggf. die Pflanzen kurz anbraten. Dann etwas abkühlen lassen. Gewürze und Salz dazugeben und etwa 10 Minuten bei niedriger Flamme köcheln lassen, bis die Pflanzenstücke gar sind. Das heiße Öl mit den Pflanzenteilen in heiß ausgespülte Gläser geben und fest verschließen.

Saucen [14]

Für warme Saucen: Eine Mehlschwitze in Öl herstellen, dann die gesäuberten, fein gehackten Wildpflanzen und fein geschnittenen Zwiebeln dazugeben. Mit einer würzigen Flüssigkeit verdünnen und mit Essig, Salz, Pfeffer oder Zitrone abschmecken. *Oder:* Fein gehackte Wildpflanzenteile in Butter anbraten, ggf. mit Mehl etwas binden, salzen, würzen und mit Wasser oder Sahne ablöschen.

Für kalt zubereitete Saucen: Fein gehackte Wildpflanzenteile nur mit saurer Sahne und Würzzutaten (Essig, Knoblauch, Salz, Zitronensaft und etwas Sirup) verrühren. Passt gut auf heiße Nudeln oder kalt in Salate.

Hackkräutermischungen [15]

Kräuterbrotzeit [15.1]
Die Wildpflanzen säubern und falls nötig harte Bestandteile herausschneiden. Nach Wunsch die Wildpflanzen klein schneiden. Zwei Scheiben frisches Brot mit Butter bestreichen und mit Kräutersalz bestreuen. Ggf. ein hart gekochtes Ei, Nüsse oder eine Tomate würfeln und mit den Wildpflanzen auf der einen Brotscheibe verteilen, dann die zwei Brotscheiben zusammenklappen.

Die schnelle Variante: Eine Scheibe frisches Brot mit Butter bestreichen. Wildpflanzenteile gründlich säubern und sehr fein hacken, auf einem Teller ausstreuen. Die Brotscheibe mit der Butterseite in das gehackte Grün drücken. Falls nötig etwas salzen und mit frischen Wildblüten dekorieren.

Kräuterkartoffeln [15.2]
Gleichmäßig große Kartoffeln kochen oder im Ofen backen. Dann in eine Schüssel geben und in Öl oder flüssiger Butter wenden. Anschließend mit frisch gehackten Wildpflanzen anrichten und mit Salz bestreuen.

Kräuterbutter [15.3]
Die Butter Raumtemperatur annehmen lassen. Die Wildpflanzenteile säubern, fein hacken und in die Butter einarbeiten. Dann salzen und ggf. mit feinen Zwiebeln und Zitronensaft abschmecken. Sehr schön machen sich darin grob gehackte farbige Wildblüten. Die Butter eventuell mit ganzen Wildblüten außen ummanteln (durch Einrollen in Backpapier).

Kräuterkäse (Schnittkäse) [15.4]
Die Wildpflanzenteile säubern und zerkleinern. Unverarbeitete, rohe Milch auf 27 °C erhitzen und der Menge entsprechend 1 % Säurebakterien (Fachhandel) dazugeben; eine Stunde wirken lassen. Dann die Milch auf 34 °C erwärmen, auf 1 Liter Milch 1,2 ml Lab (Fachhandel) hinzugeben und alles verrühren. Die Milch eine halbe Stunde stehen lassen; sie dickt dabei ein. Die dickmilchartige, steife Milch nun im Gefäß in ungefähr 3 Zentimeter große Würfel zerschneiden. Mit den Händen vorsichtig mischen und dabei auf 37 °C erwärmen. 5 Minuten absinken lassen. Die Würfel mit einem Sieblöffel herausheben, in einer Schüssel mit den Wildpflanzenteilen und etwas Salz vermengen und in die Käseform (Kunststoffform mit vielen regelmäßig verteilten Löchern in der Wandung) füllen. Den Käse in der Form pressen und dreimal im Abstand von je einer Stunde in der Form umdrehen und erneut pressen. Nach 12 Stunden den Käse aus der Form nehmen und mindestens einen Monat kühl reifen lassen.

Kräuterquark [15.5]
Einfacher als die Schnittkäseherstellung ist die Verwendung von fertigem Frischkäse, Schmand oder Quark. Die Wildpflanzenteile säubern, zerkleinern und unter den Käse mischen. Mit Salz und Gewürzen, ggf. auch mit Sirup, abschmecken.

Würze und Würzbeigaben [16]
Wildpflanzensalz [16.1]
Durchgetrocknete aromatische Wildpflanzenteile mit Meersalz in der Kaffeemühle oder im Mörser pulverisieren. Gut als Tischsalz verwendbar.

Trockengewürz [16.2]
Am besten geeignet zum Trocknen ist ein gut belüfteter, trockener, nicht der direkten Sonne ausgesetzter Platz. Zerschneiden Sie größere Wildpflanzenteile auf eine Dicke von unter 1 Zentimeter; dann können Sie sie ggf. zum Trocknen auffädeln, in Büscheln aufhängen oder auf Papier auslegen; bei liegender Trocknung wenden Sie die Pflanzenteile mehrmals. Sie sind bei guter trockener Luftbewegung nach 10–20 Tagen fertig getrocknet. Um das Aroma zu bewahren, zerkleinern Sie die Pflanzenteile vor der Lagerung möglichst nicht mehr. Füllen Sie das Trockengewürz in Gefäße und lagern Sie es am besten kühl, dunkel und trocken. Vor Gebrauch können Sie es falls nötig zerbröseln, rebeln oder in einer Kaffeemühle oder im Cutter pulverisieren.

Pressöl [16.3]
Ölhaltige Wildpflanzenteile in einer Steinmühle oder im Mörser zerkleinern (schroten), in Leinensäcke geben, diese zubinden und das Ganze in einer Presse auspressen. Reines Öl kann direkt abgefüllt werden. Oder man wartet das Absetzen der Trübstoffe ab und schöpft dann das Öl oben ab.

Hinweis: Erwärmte Pflanzenteile lassen sich besser auspressen, beim Kaltpressen erhält man jedoch ein hochwertigeres Öl.

Kräuteröl [16.4]
Die aromatischen Wildpflanzenteile säubern und trocken tupfen oder trocknen lassen. Die trockenen Pflanzenteile dicht in ein Gefäß füllen und mit einem guten Speiseöl (Walnuss-, Raps-, Oliven-, Sonnenblumenöl) bedecken. Das Gefäß dicht verschließen und das Ganze kühl und dunkel gelagert einen Monat ziehen lassen. Dann nach Wunsch das Öl durch ein Sieb in eine schöne Karaffe oder Flasche füllen.

Mazerationsöl [16.5]
Wildpflanzenteile (insbesondere solche mit einem hohen Gehalt an aromatischen ätherischen Ölen) zerkleinern und in Portionen teilen. Die erste Portion in geschmacksneutralem Speiseöl bei 50–70 °C

etwa 20 Minuten zugedeckt erhitzen. Dann die Pflanzenteile herausfiltern und frische Pflanzenteile in das heiße Öl geben. Diesen Vorgang so oft wiederholen, bis sich das Speiseöl mit dem Aroma ausreichend angereichert hat (Mazeration). Das Öl kann man als feines Aromaöl verwenden.

Pesto [16.6]

Sonnenblumenkerne, Sesamsamen und nach Belieben verschiedene Nüsse (z. B. Pinienkerne) und gehackte Oliven über Nacht einweichen. Im Gewichtsverhältnis 2:1 gesäuberte, zerkleinerte Wildpflanzenteile dazugeben und kräftig mit Salz und geriebenem Parmesankäse würzen. Alles mit gutem Speiseöl (Olivenöl) auffüllen und mixen. Im Kühlschrank aufbewahren. Das Pesto passt gut auf Brot oder zu Teigwaren.

Variation: Geröstete Nüsse zerkleinern und im Verhältnis 1:3 mit feingeschnitten Wildpflanzenteilen mischen, mit Salz abschmecken und mit Öl bedecken.

Kräuteressig [16.7]

Aromatische Wildpflanzenteile (z. B. Blüten) zerkleinern und in einem verschließbaren Gefäß mit Weinessig, Obstessig oder verdünnter Essigessenz übergießen. Bis zum Rand auffüllen und dicht verschließen. Bei Raumtemperatur ein paar Monate ziehen lassen. Schneller geht dies auf einem besonnten Fensterbrett; der Essig erhält dadurch eine andere Farbe. Dann den Essig filtern und in eine schöne Karaffe oder Flasche füllen. Den Essig kann man auch mit etwas Honig oder Zucker süßen. Für eine sterilere Variante den Essig vor dem Übergießen erhitzen.

Senfartige Paste [16.8]

Die senfölhaltigen Wildpflanzenteile mit Gewürzen nach Wahl in einem Steinmörser oder im Cutter vermaischen. Grobe oder faserige Pflanzenteile ggf. heraussieben. Unter Rühren der Maische Wasser, Salz, Essig oder Most und evtl. etwas Honig oder Zucker zugeben und kräftig mischen. Den fertigen Senf gekühlt servieren.

Chutney [16.9]

Gesäuberte Wildpflanzenteile in etwas Fruchtsaft (z. B. Maracuja-, Bananen-, Apfel- oder Traubensaft) zu weichem Mus kochen und durch ein Sieb passieren. Mit Salz, Zitrone, scharfen Gewürzen, Essig, Weinbrand oder Wein abschmecken und köchelnd zu einem würzigen Brei eindicken. Sehr heiß in keimfrei ausgespülte Gläser füllen.

Würzmus [16.10]

Würzige Wildpflanzenteile fein zerkleinern oder stampfen, dann salzen; nach Belieben mit Knoblauch, fein geschnittenen Zwiebeln, Ingwer oder Pfeffer abschmecken, zum Haltbarmachen erhitzen und in keimfrei ausgespülte Gläser füllen.

Variante: Das Mus in Essig aufkochen und über Nacht ziehen lassen. Dann den Essig abschütten.

Kapernartig eingelegt [16.11]

Gesäuberte Wildpflanzenteile (vor allem Blütenknospen, Pflanzenknöllchen, unreife Samen) mit Salz bestreuen und über Nacht stehen lassen. Dann die Pflanzenteile in Wasser aufkochen und abtropfen lassen. In sauber ausgespülte Gläser geben und mit kochend heißer Essiglösung übergießen. Ein paar Tage ruhen lassen, dann alles nochmals mit der Lösung aufkochen. Bis zum Rand in keimfrei ausgespülte Gläser füllen und dicht verschließen. Nach Belieben verschiedene Gewürze und Kräuter mit einlegen.

Olivenartig verarbeitet [16.12]

Unreife Wildfrüchte (als Olivenersatz) oder Blütenknospen gut reinigen und in stark gesalzenem Wasser aufkochen. Anschließend alles in keimfrei ausgespülte Einmachgläser füllen und luftdicht verschließen. Mindestens 2 Monate kühl und dunkel lagern. Dann die Früchte herausnehmen und in gewürztem Speiseöl (z. B. Olivenöl) einlegen. Zum Würzen des Öls eignen sich z. B. Knoblauch und Chili.

Variation: Weiche Pflanzenteile waschen und abtrocknen lassen. Nach Wunsch salzen und direkt mit Öl bedecken. Im Kühlschrank verschlossen lagern. Bei ständiger Ölbedeckung nach jeder Entnahme circa bis zu einem Jahr haltbar.

Süßspeisen [17]

Blütencreme [17.1]

Gesäuberte Wildblüten über Nacht in Wasser, Apfel-, Traubensaft und/oder etwas Wein ziehen lassen, dann herausfiltern. Die Flüssigkeit ggf. süßen und mit Zitronensaft verfeinern. Etwas Speisestärke und mehrere Eigelbe in die Flüssigkeit geben und langsam unter Rühren erhitzen. Steif geschlagenen Eischnee unter die sämige Flüssigkeit ziehen und alles vorsichtig erhitzen. Dann abkühlen lassen. Sehr kalt servieren und mit Blütenblättern dekorieren.

Süße Sauce [17.2]

Gesäuberte und zerkleinerte Wildpflanzenteile in einem Topf mit etwas Wasser gut durchkochen. Dann alles pürieren oder durch einen Sieb passieren. Die Masse süßen und ggf. mit etwas Orangensaft und der abgeriebenen Schale einer Zitrone abschmecken und mit Speisestärke zu Saucenkonsistenz eindicken.

Zu süßen Aufläufen, Brei und Grütze reichen.

Pudding [17.3]

Gesäuberte zarte Wildpflanzenteile in einem Topf mit etwas Wasser kochen. Mit Zucker und evtl. der abgeriebenen Schale einer Zitrone abschmecken und mit Speisestärke eindicken. Dann das Ganze in einer ausgespülten Schale fest werden lassen. Vor dem Servieren stürzen und ggf. mit Blütenblättern dekorieren.

Kandiert [17.4]

Zarte, faserfreie Wildpflanzenteile herausschneiden und in Wasser kochen, je nach Bitterkeit das Kochwasser mehrmals abgießen. Die Pflanzenteile in gezuckertem Fruchtsaft ggf. mit etwas Zitronensaft dickflüssig einkochen. Die Pflanzenteile herausfischen, auf einem Drahtgitter abkühlen lassen und anschließend in Puderzucker wälzen.

Variante für dünne, zarte Wildpflanzenteile: Wildpflanzenteile reinigen, leicht anfeuchten und auf ein mit Backpapier bedecktes Blech legen. Puderzucker mit dem Sieb darüber verteilen und im nur leicht erwärmten Ofen (circa 120 °C, 25 Minuten) trocknen lassen.

Kompott [17.5]

Gesäuberte säuerliche Wildpflanzenteile mit etwas Wasser und Zucker langsam weich kochen. Nach Belieben mit Vanille oder Zitronensaft abschmecken. Die Pflanzenteile mit einem Schaumlöffel herausnehmen und den Saft noch weiter eindicken lassen. Falls gewünscht, etwas Gelierzucker hinzufügen. Die Pflanzenteile heiß in keimfrei ausgespülte Gläser geben und möglichst bis zum Rand mit dem kochend heißen Saft auffüllen. Die Gläser gut verschließen.

Wildpflanzen in Schokolade [17.6]

Schokoladenkuvertüre im Wasserbad schmelzen. Zarte aromatische Wildpflanzenteile mit einer Pinzette durch die Schokolade ziehen und auf Backpapier abkühlen und fest werden lassen.

Sorbet [17.7]

Gesäuberte und zerkleinerte Wildpflanzenteile in einem Topf mit etwas Wasser gar kochen. Das Ganze pürieren oder, falls störende Teile enthalten sind, durch ein Sieb passieren. Die Masse süßen und mit Vanille oder einer abgeriebenen Zitrone abschmecken. Dann gefrieren lassen, dabei ab und zu umrühren. Vor dem Festfrieren servieren.

Aroma [18]

Gelee [18.1]

Aromatische Wildpflanzenteile zerkleinern und mit wenig Wasser (ggf. auch Fruchtsaft) aufkochen. Den Saft durch ein Tuch filtern, dabei die Rückstände auspressen. Die Flüssigkeit mit Zitronensaft und Gelierzucker kochend eindicken, dann in keimfrei ausgespülte Gläser füllen und fest verschließen. Beim Einfüllen in die Gläser können frische, kurz überbrühte Blütenblätter zur Dekoration dazugegeben werden.

Aromazucker [18.2]

Aromatische Wildpflanzenteile trocken reinigen und ggf. auf angemessene Größe zerkleinern. Dann mit raffiniertem Zucker vermischt in Gläser füllen und mindestens zwei Wochen verschlossen stehen lassen. Anschließend durchsieben. Den Wildpflanzenzucker ggf. mit wenigen trocken gesäuberten Wildblüten dekorieren und trocken lagern.

Variante: Getrocknete aromatische Wildpflanzenteile und Zucker gemeinsam im Cutter pulverisieren und als Mixzucker servieren.

Gewürzschokolade [18.3]

Schokolade im Wasserbad schmelzen. Gesäuberte, trockene, aromatische Wildpflanzenteile eintauchen und in der heißen Schokolade ziehen lassen. Dann die Pflanzenteile wieder herausnehmen und die Aromaschokolade als Tropfen auf Backpapier erkalten lassen.

Sirup [18.4]

Aromatische Wildpflanzenteile zerkleinern und rund 24 Stunden in Wasser einlegen, dann durch ein Sieb passieren. Das aromatisierte Wasser mit Honig oder Zucker und ggf. unter Beigabe von etwas Zitrone langsam bis zur Sirupkonsistenz köcheln lassen, dann in Flaschen füllen.

Wein [18.5]

Gesäuberte aromatische Wildpflanzenteile in Traubensaft geben, wenige Tage ziehen lassen und abseihen. In der Flüssigkeit ggf. noch etwas Zucker lösen. Die Flüssigkeit nach Wunsch mit Wasser verdünnen und das Ganze in ein Gärgefäß geben. Anschließend in die Flüssigkeit Nährsalztabletten und Weinhefe (beides aus dem Weinfachhandel) einrühren. Das Ganze an einem warmen Ort ruhen lassen. Nach circa 6–8 Wochen Gärung wird der Wein in der Regel klar. Den Wein von oben abnehmen, ohne dabei die abgesetzte Hefe aufzurühren; eventuell den Wein zum Absetzen von weiteren Trübstoffen nochmals ruhen lassen. Dann den Wein in Flaschen abfüllen und nach Belieben weiter ausreifen lassen.

Variante mit Hausmitteln: Gesäuberte aromatische Wildpflanzenteile in Wasser auskochen und durch ein Tuch abseihen. Die Flüssigkeit nach Belieben würzen und abschmecken. In der Flüssigkeit Zucker im Verhältnis 3:1 auflösen und nochmals leicht kochen lassen. Das Ganze in ein keimfrei gesäubertes Gefäß füllen und schnell (am besten im Eiswürfelbad) abkühlen lassen. Frischhefe auf eine geröstete Brotschnitte streichen und auf die Flüssigkeit legen. Das Gefäß mit einem Tuch bedeckt eine Woche warm gären lassen. Dann den entstandenen Wein in Flaschen füllen und mit frischer Watte verschließen, damit Restgase entweichen können. Die Flaschen 3 Wochen dunkel und kühl im Keller stehen lassen. Anschließend, wenn keine Gase mehr entstehen, die Flaschen fest verschließen und nach Belieben weiter reifen lassen.

Variante mit spontaner Gärung: Aromatische Wildpflanzenteile in Zuckerwasser mit etwas Zitrone nach Wunsch ansetzen. Einen Tag in einem Gefäß offen ziehen lassen. In der Regel setzt eine spontane Gärung ein (Hefen aus der Luft). Achtung! Dringen ungewünschte Keime ein, droht das Ganze zu Essig zu werden! Nach einem Tag die Flüssigkeit gut umrühren, sie durch ein Sieb in Flaschen füllen und mit frischer Watte verschließen. Weiterverfahren wie in der Variante zuvor geschildert.

Variante als Sekt: Einen süßen Saft aus Wildpflanzen wie in den Varianten oben angären lassen. Anschließend gut umrühren und alles durch ein sauberes Tuch in stabile Flaschen füllen (gut sind dafür sehr dickwandige PET-Flaschen). Die Flaschen im Keller 1–2 Monate lagern. Achtung, es entstehen Gase, die die Flaschen unter Druck setzen, sodass sie zerplatzen können! Deswegen evtl. die Flaschen mit einer Tüte umhüllen. Vorsichtig öffnen, damit der Inhalt nicht überschäumt.

Spirituosen [18.6]

Variante als Schnaps: Die sorgfältig gewaschenen Wildpflanzenteile trocken in eine fest verschließbare Flasche geben, mit Korn auffüllen und das Ganze mindestens 3–4 Wochen ziehen lassen. Den Schnaps eventuell abfiltern.

Variante als Likör: Aromatische Wildpflanzenteile mit starkem Alkohol, wie z. B. Wodka oder Rum, und ausreichend Zucker ansetzen. Bei Raumtemperatur 1–2 Monate ziehen lassen. Dann den Likör durch ein Sieb in schöne Flaschen füllen.

Bier [18.7]
Geschrotetes Malz (angekeimtes, geröstetes Getreide) im handwarmen, zuvor abgekochten Wasser einen Tag quellen lassen. Die Flüssigkeit abfiltrieren und aufkochen. Dabei herb-aromatische Wildpflanzenteile in einem Säckchen dazu legen, damit diese Geschmack abgeben. Einen kleinen Teil der kochenden Flüssigkeit abnehmen und auf Handwärme abkühlen lassen; darin etwas Bierhefe auflösen. Den Rest der Flüssigkeit so schnell wie möglich abkühlen (z. B. indem man sie in ein Eiswürfelbad legt). Wenn die Temperatur auf 16 °C gefallen ist, die angesetzte Hefe hineinrühren. Das Ganze in drucksichere Gefäße füllen (Bierfass), gut verschließen und mindestens eine Woche gären lassen.

Fruchtspeisen [19]

Früchteauflauf [19.1]
Gesäuberte Wildfrüchte (ggf. mit etwas Zucker) weich kochen und erkalten lassen. Butter und Zucker mit einigen Eigelben verrühren, dann Haferflocken oder Semmelbrösel und gemahlene Nüsse dazugeben und alles unter die Früchte mischen. Das vorher übrig gebliebene Eiweiß steif schlagen und vorsichtig unter die Speise ziehen. Dann im Ofen backen.

Obstkuchen [19.2]
Einen Teil Zucker, einen Teil Butter, zwei Teile Mehl, eine Prise Salz, einen Schuss Sahne und pro 100 g verwendeter Butter ein Ei und einen halben Teelöffel Backpulver mischen und zu einem geschmeidigen Teig kneten. Mit einem feuchten Tuch bedeckt zwei Stunden stehen lassen. Dann den Teig in eine gefettete Kuchenform geben und mit gesäuberten Wildfrüchten belegen. Mit Gewürzen und ggf. Honig verfeinern, mit gehackten Nüssen bestreuen und im Ofen backen.

Marmelade [19.3]
Einen Teil (entsteinte) Wildfrüchte mit Zitronensaft und etwas Wasser und Gelierzucker aufkochen lassen. Nach Belieben mit Vanille und anderen Gewürzen abschmecken. Anschließend alles in keimfrei ausgespülte Gläser füllen und fest verschließen. Zum Entsteinen die Früchte eventuell zuvor kochen oder durch ein grobes Sieb passieren. Manche Früchte (z. B. Mispeln, Vogelbeeren) gelieren ohne Zusatz von Geliermittel so gut, dass sie sich auch mit normalem Zucker einkochen lassen.

Obstsalat [19.4]
Die Wildpflanzenteile reinigen, ggf. entsteinen und mit Bananen, Äpfeln, Rosinen, gehackten Walnüssen und Zitronensaft mischen. Nach Belieben süßen. Zum Anrichten mit Wildblüten dekorieren.

Obstquark [19.5]
Gesäuberte Wildfrüchte ggf. entsteinen und nach Wunsch überzuckern. Eine halbe Stunde ziehen lassen, dann mit Quark verrühren. Wer mag, kann noch Schlagsahne unterheben.

Fruchtschnitten [19.6]
Aromatische Wildfrüchte in etwas Wasser und Zitronensaft gut auskochen und durch ein Sieb passieren oder (bei kernlosen Früchten) pürieren. Dann mit Zucker mischen und auf ein gefettetes Blech geben (nach Belieben Walnüsse hineindrücken). Im Ofen bei geringer Hitze trocknen lassen. Die fruchtgummiartige Masse mit einem Messer in Schnitten schneiden.

Trockenobst [19.7]
Die Wildfrüchte waschen, größere Früchte zerkleinern (z. B. in Scheiben schneiden). Sehr harte Früchte vor dem Trocknen etwas blanchieren. Die Früchte auf Drahtgittern verteilen und diese in mehreren Lagen in den Ofen geben. Dort bei mäßiger Hitze über mehrere Stunden trocknen, so lange, bis sie bei Druck zwischen den Fingern keinen Saft mehr abgeben. Am besten luftig in Papier eingeschlagen lagern.

Fruchtessig [19.8]
Die Wildfrüchte zerstampfen und in ein Steingutgefäß geben. Die gleiche Gewichtsmenge kochendes Wasser darüber geben und alles an einem warmen Ort eine Woche gären lassen. Anschließend den Saft

filtern und eine mit Hefe bestrichene Brotschnitte auf die Flüssigkeit geben. Anschließend zudecken und für einen Monat an einen warmen Ort stellen. Dann den Essig in Flaschen abfüllen.

Streckmehl für Gebäck [20]
Die Wildpflanzenteile trocknen und in einer Kaffeemühle oder im Cutter pulverisieren. Dieses Mehl kann unter jedes Gebäckmehl zum Strecken und Aufwerten gemischt werden.

Brotteigbeigabe [21]
Hausbrot [21.1]
Die Wildpflanzenteile säubern und zerkleinern. Frischhefe in handwarmem Wasser mit etwas Honig auflösen. Mehl, etwas Salz, die Wildpflanzenteile und die aufgelöste Hefe zusammenmischen und ausgiebig kneten. Den Teig in eine Brotform geben und an der Wärme (am besten direkt im leicht vorgeheizten Ofen) 2 Stunden gehen lassen. Die Temperatur auf Backhitze erhöhen und das Brot fertig backen.

Knäckebrot [21.2]
Circa eine halbe Salatschüssel Wildpflanzenteile (Blüten oder andere leicht trocknende Pflanzenteile) waschen und noch feucht mit circa 5–10 EL Mehl und etwas Salz vermengen. Dann auf Backpapier oder einem gefetteten Blech ausbreiten und bei 150 Grad circa 60 Minuten kross backen. Anschließend abkühlen lassen. Zum Servieren in Stücke brechen und mit Butter bestreichen.

Getränke [22]
Tee [22.1]
Die Wildpflanzenteile frisch oder getrocknet mit heißem Wasser überbrühen und wenige Minuten ziehen lassen oder auch mitkochen und dann absieben. Nach Belieben mit Honig oder Zitrone abschmecken. Heiß oder eiskalt servieren.

Variation als fermentierter Tee: Frische Wildpflanzenteile 20–30 Stunden anwelken lassen, dann in ein Tuch rollen und dieses abwalzen (damit werden die Zellen aufgebrochen). Nun die Wildpflanzenteile mit zerstäubtem warmem Wasser benetzen und im Tuch aufhängen. Bei relativ warmer, gleichmäßiger Raumtemperatur 3–4 Tage fermentieren lassen. Anschließend die Wildpflanzenteile entnehmen und an nicht erwärmter Luft trocknen lassen. Den Tee luftdicht, trocken und verschlossen aufbewahren. Für die Teebereitung die Wildpflanzenteile überbrühen und wie oben beschrieben abschmecken.

Wildpflanzenlimonade [22.2]
Aromatische Wildpflanzenteile zerkleinern und in Wasser über Nacht einlegen. Nach Wunsch auch mit Fruchtsaft, Orangensaft, Zitronensaft o. Ä. abschmecken. Am nächsten Tag die Pflanzenteile herausnehmen, nach Belieben ggf. auch im Sprudelgerät mit Kohlensäure spritzen. Kalt als Erfrischungsgetränk servieren.

Bowle [22.3]
Gesäuberte Wildpflanzenblüten oder verschiedene Wildkräuter (z. B. Waldmeister) nach Geschmack zusammenstellen, in etwas weißen Traubensaft oder Weißwein einrühren und 12 Stunden im Kühlschrank ziehen lassen. Anschließend, falls gewünscht, abseihen. Mit Mineralwasser bzw. Sekt aufspritzen und vor dem Servieren mit Blüten dekorieren.

Saft- und Vitalgetränke [22.4]
Gesäuberte Wildpflanzenteile in wenig Wasser auskochen und anschließend durch ein Sieb passieren oder durch eine Presse drehen. Vorteil dieser Heiß-Methode ist, dass der Saft steril wird und bevorratet werden kann. Nachteil ist allerdings, dass wertvolle Vitalstoffe durchs Erhitzen verloren gehen.

Zum Schonen der Nährwerte bietet sich folgende Variante zum *Kaltentsaften* an: Die gesäuberten Wildpflanzenteile zum Entsaften roh in einen elektrischen Entsafter geben. Alternativ kann man auch die Wildpflanzenteile und ggf. Früchte mit etwas Wasser im Mixer pürieren und anschließend grobe Teile heraussieben, wie bei sogenannten Smoothies. Hier werden gerne vitamin- und mineralstoffreiche Kräuter und Früchte verwendet. Den Saft wenn nötig mit Wasser verdünnen und beliebig abschmecken, z. B. süß mit Honig, pikant oder salzig. Sehr schmackhaft wird der Smoothie auch, wenn man saftreiche Früchte wie z. B. Äpfel mit in den Entsafter bzw. Mixer gibt.

Variante: Buttermilch, Kefir oder Joghurt mit dem gesiebten Saft aus Wildpflanzen mischen. Dann mit Honig süßen oder mit Salz würzen. Nach Belieben mit Wasser verdünnen oder mit Mineralwasser spritzen. Das Ganze kalt als Erfrischungsgetränk servieren.

Baumsaft-Mineraldrink und -Sirup [22.5]
Von Januar bis April bohrt man an warmen Tagen nach Frostnächten auf der besonnten Seite des Baumes ein Loch in den Stamm, dann steckt man ein passendes Rinnchen hinein und bringt darunter ein Behältnis zum Auffangen des Safts an. Wichtig: Die Verletzung der Rinde kann einem Baum schaden, da zersetzende Pilze in den Stamm eindringen können. Den Baum daher nicht zu intensiv nutzen, die Schnittstellen nicht zu groß anlegen und dem Baum Zeit zum Verharzen der Wunde geben. Erhältlich sind auch spezielle Wundverschlussmittel. Auch an abgeschnittenen großen Ästen ist der Saftaustritt im Frühjahr zu beobachten (insbesondere bei Birken und Hainbuchen).

Der so gewonnene Saft kann roh (evtl. verdünnt) als Vitalstoffgetränk getrunken werden oder durch langes Köcheln einreduziert werden. Durch das Einköcheln steigt der Zuckergehalt an, viele Säfte können anschließend zu einer Art Wein und weiter auch zu Weinessig verarbeitet werden. Das Einköcheln bis zur Sirupkonsistenz ist vor allem beim Baumsaft des nordamerikanischen Zucker-Ahorns gebräuchlich, der einen sehr hohen Zuckergehalt aufweist.

Kaffeesurrogat [23]
Die Wildpflanzenteile gut reinigen. Wasserhaltige Pflanzenteile erst (im Ofen) trocknen lassen. Größere Pflanzenteile auf etwa Kaffeebohnengröße zerkleinern oder würfeln. Die Pflanzenteile in einer Pfanne langsam unter kräftigem Schütteln oder Rühren rösten, bis sie braun sind und ein feines Röstaroma abgeben. Alternativ kann auch im Ofen geröstet werden, langsam bei circa 110 °C, bis die Stückchen dunkelbraun trocken durchgeröstet sind. Dann abkühlen lassen und verschlossen kühl, dunkel und trocken lagern. Das Röstgut erst unmittelbar vor der Zubereitung in einer Kaffeemühle oder im Cutter mahlen, in Wasser aufkochen und dann abfiltern. Gerbstoffhaltiges (streng bitteres Röstgut) wird durch Sahne etwas abgemildert.

Fruchtwein [24]
Süße Wildfrüchte nach der Ernte einige Tage bis zur Überreife lagern. Das überreife Obst mit Wasser zu einem Mus drücken und an einem warmen Ort einige Tage angären. Dann das Mus in einem Entsafter oder in einer Schraubpresse entsaften. Den Saft eventuell mit Zucker nachsüßen und ggf. mit Wasser verdünnen. Nun mit dem süßen Saft so verfahren, wie in den Varianten zum Wein beschrieben (siehe Seite 36).

Rauchtabakbeimischung [25]
Die Wildpflanzenteile trocknen, dann fein hacken und unter normalen Zigaretten- oder Pfeifentabak mischen. Besser schmecken Wildpflanzenblätter, wenn man sie fermentiert; dadurch reduzieren sich die Harze in den Blättern. Zur Fermentation siehe Teegetränkbereitung, Seite 38.

Der Aufbau des Buches

Die Sammlung essbarer Wildpflanzen ist zusammengestellt nach Pflanzengattungen, da sich die Verwendungsweisen und die botanischen Merkmale innerhalb dieser eng verwandten Pflanzengruppen meistens zusammenfassend beschreiben lassen. Nach einer Beschreibung, die für alle anschließend aufgeführten Arten der Pflanzengattung gilt, folgen bei manchen Arten noch zusätzliche Hinweise, die speziell nur für diese Arten gelten. Die Pflanzengattungen mit den wichtigsten, häufig anzutreffenden Arten wurden nach Blattformen sortiert. Pflanzenarten, deren Blattform innerhalb einer Gattung abweicht, erhalten einen entsprechenden Vermerk. Sie sind über den Bestimmungsschlüssel auf Seite 42–44 extra erfasst und können so trotz ihrer Abweichung gefunden werden.

Der Blattformenschlüssel gibt die Reihenfolge der Pflanzengattungen vor und hilft bei der Orientierung. Alle Pflanzenarten und -gattungen, die nur zerstreut und selten wachsen, oder die bereits gefährdet und dadurch in vielen Regionen geschützt sind, sollten nicht gesammelt werden. Bei streng geschützten Arten ist ein Sammeln auch strafbar. Diese seltenen und gefährdeten Arten wurden von uns zur Vervollständigung zwar textlich erwähnt, aber auf Fotos und botanische Skizzen dazu bewusst verzichtet, da sie in der Regel nicht zum Sammeln geeignet sind. Sie sind auch nicht Bestandteil des Bestimmungsschlüssels im Buch. Um ihre Sonderstellung kenntlich zu machen, wurden sie im Absatz eingerückt und in einer kleineren Schrift gedruckt. In grüner Fettschrift ist ihr Seltenheitsgrad betont. Zusätzliche Hinweissymbole ▽! ▽!!, weisen zu ihrem Schutz auf die Sammelbeschränkung hin. Näheres dazu auf Seite 27. Pflanzengattungen mit ausschließlich seltenen oder gefährdeten Arten sind in gleicher Weise ab Seite 515 zusammengefasst. Alle anderen Pflanzen sind mit Fotoporträts und, wo es nötig erschien, auch mit Skizzen zum genaueren Bestimmen versehen. Bekannte Pflanzen wie Löwenzahn, Brennnessel usw. sind nur in Fotos porträtiert und wurden nicht botanisch beschrieben.

Die botanischen Beschreibungen haben wir möglichst verständlich und einfach gefasst; Fachausdrücke sind im Glossar auf Seite 637ff. erklärt. In den Skizzen werden folgende Symbole verwendet:

/ Pflanze hier geschnitten ⊢--⊣ mm

// Pflanze hier geschnitten und ein Zwischenteil weggelassen ⊢—⊣ cm

Die Pflanzen wurden von uns mit den gängigsten deutschen Namen bezeichnet. Bei den botanischen Namen haben wir uns an die aktuelle Namensliste des Bundesamtes für Naturschutz (nachzusehen unter www.floraweb.de) gehalten und auf die Nennung der Namensautoren bewusst verzichtet. Diese sowie alle synonymen Pflanzennamen können Sie in der genannten Liste finden. Dort können auch alle Arten, die in diesem Buch als »Artengruppe« (Aggregat) zusammengefasst beschrieben wurden, nachgesehen werden. Sollte innerhalb einer Gattung eine Ihnen wichtige Art fehlen, so kann es sein, dass diese in eine Artengruppe integriert ist oder sich der Pflanzenname aktuell geändert hat, weil die botanische Nomenklatur stark im Umbruch ist.

Auf Verwechslungsgefahren wird bei jeder betreffenden Pflanze hingewiesen. Die giftigen Doppelgänger sind mit Fotoporträt und Unterscheidungsmerkmalen im Anhang auf Seite 588ff. aufgeführt. Gefahrenstufen bei der Verwendung sind mit Sternchen (*) signalisiert (siehe dazu die Erklärung auf Seite 584).

Die Hinweise zur Verwendung der Pflanzen basieren auf einer großen Sammlung von Überlieferungen aus der Vergangenheit, auf aktuellen Berichten und auf vielen eigenen Erfahrungen und Einschätzungen. Die Zahlen in eckigen Klammern verweisen auf Grundrezepte und Verarbeitungstipps auf Seite 28ff. Die Ernte- und Verwendungszeiten bezeichnen immer nur eine regional durchschnittliche ungefähre Hauptsaison. Abweichend davon können die Pflanzenteile auch zu anderen Zeiten gefunden und gesammelt werden. Wenn es Pflanzenteile gibt, bei denen bekannt ist, dass sie zu einer bestimmten Wuchszeit nicht zu nutzen sind, weil sie dann zum Beispiel toxische Stoffe ausbilden, ist dies explizit erwähnt.

Schlüssel zur Orientierung anhand der Blattform

Der Blattformenschlüssel basiert darauf, dass jede Pflanzenart unabhängig von ihrer Größe eine typische Umfassung ihrer Blattspreite hat. Diese ergibt sich aus einem charakteristischen Länge-Breite-Verhältnis und einem Zerteilungsgrad der Blattspreite. Da jedoch Pflanzen und auch ihre Blattformen sehr variabel sein können, sollten Sie stets mehrere Blätter der gleichen Pflanzenart betrachten. Wählen Sie tendenziell immer die am häufigsten anzutreffende, typische, ausgereifte Blattform.

Nun suchen Sie eine dazu passende Blattformnummer im Schlüssel auf den folgenden Seiten. Die Erklärungen am Rande helfen Ihnen, sich in der Auswahl der Formen zu orientieren. Folgen Sie den Seitenverweisen unter der jeweiligen Blattform. Falls Sie Ihre gesuchte Pflanze nicht finden, sehen Sie auch unter anderen ähnlichen Blattformen nach. Pflanzen mit sehr variablen Blättern sind hier auch unter mehreren Blattformnummern gelistet.

Beachten Sie dabei

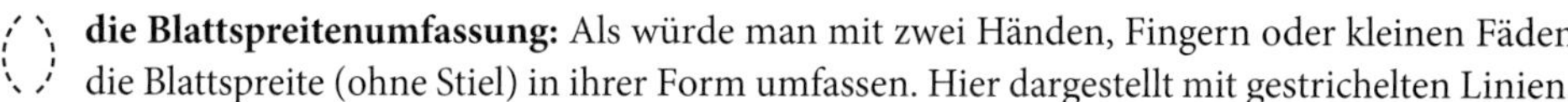

die Blattspreitenumfassung: Als würde man mit zwei Händen, Fingern oder kleinen Fäden die Blattspreite (ohne Stiel) in ihrer Form umfassen. Hier dargestellt mit gestrichelten Linien.

● **das Blattstielende:** In etwa die Stelle, wo der Blattstiel in die Blattspreite übergeht. Hier dargestellt mit einen großen Punkt.

__ **die Breitenlinie:** Die breiteste Stelle des Blattes ist stark formgebend. Hier dargestellt mit einem geraden Querstrich.

Nur die häufigen Arten sind über den Bestimmungsschlüssel erfassbar. Seltene, nicht essbare und nicht heimische Arten werden nicht über den Bestimmungsschlüssel erfasst.

Blattspreitenumfassung mindestens zehnmal länger als breit, der Blattrand ist ohne Bedeutung	Blattform 1						
	Blattspreitenumfassung mehrfach länger als breit, die breiteste Stelle ist etwa in der Mitte	Blattspreitenumfassung mehrfach länger als breit, die breiteste Stelle ist im unteren Bereich	Blattspreitenumfassung etwa doppelt so lang wie breit, die breiteste Stelle ist im unteren Bereich	Blattspreitenumfassung etwa so lang wie breit	Blattspreitenumfassung etwa doppelt so lang wie breit, die breiteste Stelle ist etwa in der Mitte	Blattspreitenumfassung etwa doppelt so lang wie breit, die breiteste Stelle ist im oberen Bereich	Blattspreitenumfassung mehrfach länger als breit, die breiteste Stelle ist im oberen Bereich
Blattstielende rutscht bis etwa in die Mitte der Blattspreite, der Blattrand ist ohne Bedeutung				Blattform 2			
Blattstielende rutscht etwas in die Blattspreite hinein, der Blattrand ist ohne Bedeutung		Blattform 3	Blattform 4	Blattform 5			
Blatt ist ungeteilt, Blattrand ganz oder mit Zähnchen, Wellen oder Kerben	Blattform 6	Blattform 7	Blattform 8	Blattform 9	Blattform 10	Blattform 11	Blattform 12
Blatt ist eingeschnitten, tief gebuchtet oder gelappt	Blattform 13	Blattform 14	Blattform 15	Blattform 16	Blattform 17	Blattform 18	Blattform 19
Blatt ist zerteilt in eigenständige Abschnitte	Blattform 20	Blattform 21	Blattform 22	Blattform 23	Blattform 24	Blattform 25	Blattform 26
Blatt ist zerteilt in Abschnitte. Diese Abschnitte sind wiederum zerteilt in eigenständige Abschnitte (doppelt gefiedert)	Blattform 27	Blattform 28	Blattform 29	Blattform 30	Blattform 31		
Blatt ist in mehreren Stufen in immer kleiner werdende Abschnitte zerteilt (mehrfach gefiedert)		Blattform 32	Blattform 33				

Blattform 1
Seite 46–70
sowie Halbkugelige Teufelskralle
(Phyteuma hemisphaericum) S. 121
Zwerg-Laichkraut *(Potamogeton pectinatus)* S. 178
Große Sternmiere *(Stellaria holostea)* S. 243
Echtes Labkraut *(Galium verum)* S. 338

Blattform 2
Seite 71–97
sowie Weg-Malve *(Malva neglecta)* S. 138
Scharfer Hahnenfuß *(Ranunculus acris)* S. 140
Wechselblättriges Milzkraut
(Chrysosplenium alternifolium) S. 257

Blattform 3
Seite 97–110
sowie Wasser-Knöterich *(Persicaria amphibia)* S. 171
Feld-Kresse *(Lepidium campestre)* S. 342
Prenanthes *(Hasenlattiche)* S. 348
Schwarze Königskerze *(Verbascum nigrum)* S. 359

Blattform 4
Seite 111–122
sowie Berg-Sauerampfer *(Rumex arifolius)* S. 104
Stumpfblättriger u. Alpen-Ampfer
(Rumex obtusifolius u. pseudoalpinus) S. 106
Rauhes u. Hunds-Veilchen *(Viola hirta u. canina)* S. 150
Wald-Veilchen *(Viola reichenbachiana)* S. 153
Große Klette *(Arctium lappa)* S. 200
Taubnesseln *(Lamium)* S. 219
Knäuel-, Acker- u. Nesselblättrige Glockenblume
(Campanula glomerata, rapunculoides u. trachelium) S. 324/325/328

Blattform 5
Seite 123–156
sowie Erdbeer-Fingerkraut *(Potentilla sterilis)* S. 92
Kratzbeere *(Rubus caesius)* S. 95
Wechselblättriges Milzkraut
(Chrysosplenium alternifolium) S. 257
Hopfen-Schneckenklee *(Medicago lupulina)* S. 423

Blattform 6
Seite 156–186
sowie Weiden-Aster *(Aster × salignus)* S. 100
Rosenrotes Weidenröschen *(Epilobium roseum)* S. 194
Gewöhnlicher Gilbweiderich *(Lysimachia vulgaris)* S. 224
Ähren-Minze *(Mentha spicata)* S. 228
Bach- u. Gras-Sternmiere
(Stellaria alsine u. graminea) S. 242/243
Spitz-Wegerich *(Plantago lanceolata)* S. 291
Milder Mauerpfeffer, Weiße u. Felsen-Fetthenne
(Sedum sexangulare, album, rupestre) S. 300/301
Labkräuter *(Galium)* S. 333
Virginische Kresse *(Lepidium virginicum)* S. 343
Margeriten *(Leucanthemum)* S. 344
Nachtkerzen *(Oenothera)* S. 347
Stängelloses Leimkraut *(Silene acaulis)* S. 350
Kleinblütige Königskerze *(Verbascum thapsus)* S. 358
Wundklee-Arten *(Anthyllis)* S. 435
Sumpf-Schafgarbe *(Achillea ptarmica)* S. 492

Blattform 7
Seite 187–197
sowie Bär-Lauch *(Allium ursinum)* S. 51
Betonien *(Betonica)* S. 100
Krauser u. Blut-Ampfer
(Rumex crispus u. sanguineus) S. 105/107
Wiesen-Salbei *(Salvia pratensis)* S. 236
Sumpf-Ziest *(Stachys palustris)* S. 240
Gewöhnliche Felsen-Fetthenne *(Sedum rupestre)* S. 301
Knäuel-Glockenblume *(Campanula glomerata)* S. 324
Bitterkräuter *(Picris)* S. 348

Blattform 8
Seite 198–256
sowie Japanischer Flügelknöterich *(Fallopia japonica)* S. 116
Schwarze Teufelskralle *(Phyteuma nigrum)* S. 121
Knoblauchsrauken *(Alliaria)* S. 126
Rauhaariger Fuchsschwanz *(Amaranthus retroflexus)* S. 265
Bingelkräuter *(Mercurialis)* S. 287
Breit-Wegerich *(Plantago major)* S. 291
Scharfer Mauerpfeffer *(Sedum acre)* S. 299
Rote Waldnelke *(Silene dioica)* S. 351

Blattform 9
Seite 257
sowie Zitter-Pappel *(Populus tremula)* S. 232
Schwarz-Erle *(Alnus glutinosa)* S. 260
Rundblättrige Glockenblume
(Campanula rotundifolia) S. 327

Blattform 10
Seite 258–312
sowie Tellerkräuter *(Claytonia)* S. 76
Schwimmendes Laichkraut *(Potamogeton natans)* S. 177
Bachbungen-, Echter u. Thymianblättriger Ehrenpreis
(Veronica beccabunga, officinalis, serpyllifolia)
S. 250/253/254
Sumpf-Baldrian *(Valeriana dioica)* S. 464

Blattform 11
Seite 312–314
sowie Unechte Fetthenne *(Sedum spurium)* S. 303
Purpur-Fetthenne *(Sedum telephium)* S. 304

Blattform 12
Seite 314–360
sowie Täschelkräuter *(Thlaspi)* S. 109/110
Gewöhnliches Stiefmütterchen *(Viola tricolor)* S. 155
Vergissmeinnicht-Arten *(Myosotis)* S. 167–170
Spitz-Wegerich *(Plantago lanceolata)* S. 291
Weichhaariger Pippau *(Crepis mollis)* S. 388
Witwenblumen *(Knautia)* S. 368
Milchkräuter *(Leontodon)* S. 395–397
Wasser-, u. Österreichische Sumpfkresse
(Rorippa amphibia u. austriaca) S. 458

Blattform 13
Seite 360–368
sowie Pippau bis Löwenzahn
(Crepis bis Taraxacum) S. 386–401

Blattform 14
ohne Auswahl

Blattform 15
Seite 368–372
sowie Weißer u. Unechter Gänsefuß
(Chenopodium album u. hybridum) S. 207/208

Blattform 16
Seite 373–376
sowie Alpen-Johannisbeere u. Stachelbeere
(Ribes alpinum u. uva-crispa) S. 145
Silber-Pappel *(Populus alba)* S. 231
Efeu-Ehrenpreis *(Veronica hederifolia)* S. 251
Elsbeere *(Sorbus torminalis)* S. 307

Blattform 17
Seite 376–377
sowie Elsbeere *(Sorbus torminalis)* S. 307
Trauben-Eiche *(Quercus petraea)* S. 381

Blattform 18
Seite 378–382

Blattform 19
Seite 383–401
sowie Kressen *(Lepidium)* S. 341–343

Blattform 20
Seite 402–409
sowie Wald-Schaumkraut *(Cardamine flexuosa)* S. 441
Sumpfkressen *(Rorippa)* S. 457–460

Blattform 21
Seite 409–410

Blattform 22
Seite 410–418
sowie Wald-Himbeere *(Rubus idaeus)* S. 96

Blattform 23
Seite 419–434
sowie Französischer Ahorn *(Acer monspessulanum)* S. 125
Wiesen- u. Wald-Platterbse
(Lathyrus pratensis u. sylvestris) S. 448

Blattform 24
Seite 435–466
sowie Vogelbeere *(Sorbus aucuparia)* S. 306
Schutt-Kresse *(Lepidium ruderale)* S. 343
Reiherschnabel-Arten *(Erodium)* S. 402
Viersamige Wicke *(Vicia tetrasperma)* S. 409

Blattform 25
Seite 467–482
sowie Gänse-Fingerkraut *(Potentilla anserina)* S. 88

Blattform 26
Seite 482–490
sowie Gewöhnliche Gänsedistel *(Sonchus oleraceus)* S. 400
Behaartes u. Wiesen-Schaumkraut
(Cardamine hirsuta u. pratensis) S. 442/443

Blattform 27
Seite 491–495

Blattform 28
Seite 496–497

Blattform 29
Seite 498–506

Blattform 30
ohne Auswahl

Blattform 31
Seite 506–507
sowie Feld-Beifuß *(Artemisia campestris)* S. 437
Echte Kamille *(Matricaria recutita)* S. 495

Blattform 32
Seite 507–509

Blattform 33
Seite 509–514
sowie Knolliger u. Rauhaariger Kälberkropf
(Chaerophyllum bulbosum u. hirsutum) S. 501

Die essbaren Wildpflanzen nach Blattformen und Pflanzengattungen

Kalmus
Acorus
Kalmusgewächse (Acoraceae)

Kalmus
Acorus calamus

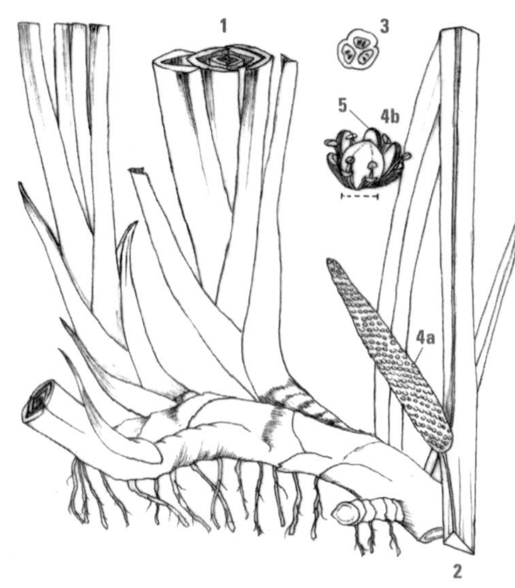

Höhe bis 1,5 m
1 Blätter ordnen sich nicht spiralig, sondern zweizeilig um den Trieb
2 Stängel mit drei Kanten
3 Drei Kammern im Fruchtknotenquerschnitt
4 Blütenstand als Kolben (a) mit vielen kleinen gelbgrünen Einzelblüten (b)
5 Blütenblätter kappenartig ausgeformt

Gefahrenstufe bei der Verwendung: **
Verbreitungsschwerpunkt: Röhrichte und Großseggensümpfe
Hauptblütezeit: Anfang Juni bis Ende Juli
Verwendung in der Ernährung: Das Öl, besonders das der Wurzel, wirkt möglicherweise kanzerogen. Dennoch wurden die Blüten, Blätter und Wurzeln früher laut vielen Angaben gewürzartig genutzt: z. B. die Blüten als süßer Snack, das Sprosszentrum in Rohkost, ältere Blätter als Aroma von Spirituosen und diversen Speisen oder die Wurzeln vermahlen als Gewürz.

Inhaltsstoffe und Wirkung: Das Rhizom enthält ätherisches Öl mit dem Wirkstoff Asaron. Dieser steht im Verdacht, krebserregend zu sein. Allerdings enthält der Wurzelstock europäischer Pflanzen im Gegensatz zu Rassen indisch-chinesischer Herkunft nur geringe Mengen. Weitere Inhaltsstoffe sind das bittere Acorin und Schleim- und Gerbstoffe. Die Behauptung einer halluzinogenen Wirkung ist definitiv falsch (Rätsch 1998). Die Kalmuswurzel ist ein hervorragendes Mittel bei Magen- und Darmbeschwerden, auch wenn diese nervös bedingt sind. Ferner wirkt die Wurzel appetitanregend und wird als Gurgelmittel im Mund- und Rachenbereich angewandt.

Lauch-Arten, Zwiebeln
Allium
Lauchgewächse (Alliaceae)

Grundlegende Merkmale: Die meisten Vertreter dieser Gattung bilden Zwiebeln aus und riechen nach Lauch oder Zwiebeln. Häufig sind die Blätter ungestielt und im Querschnitt rundlich, eine Ausnahme bildet hier der Bärlauch (*Allium ursinum,* siehe S. 51). Der Blütenstand ist doldenartig, die Frucht eine Kapsel.
Verwendung in der Ernährung: Alle Pflanzenteile der unten aufgeführten mitteleuropäischen Arten sind nicht nur im Geruch, sondern auch im Geschmack scharf zwiebel-lauch-aromatisch. Am geschmackintensivsten sind die Zwiebeln der Pflanzen. Vor der Blüte, von Frühjahr bis Frühsommer, nimmt man die Blätter als stark ätherisch-duftendes Scharfgewürz zu diversen Speisen, wie als frischwürziger Brotbelag [15.1], in Hackkräutermischungen zu Kräuterkartoffeln [15.2], in Kräuterbutter [15.3] oder Kräuterquark [15.5] sowie in Salaten und Rohkost [1]. Aber auch erhitzt ergeben sich vielfältige Verwendungsmöglichkeiten: als aromatische Beigabe in Bratlingen [4] und Hausbrotmischungen [21.1], in Eierspeisen [6] oder Füllungen für Gemüsestrudel [10.1] und -taschen [10.2], zu Ofengemüsegerichten wie Pizza [12.2] oder auch in Saucen [14] und Gemüsesuppen [3.1]. Sie eignen sich außerdem sehr gut als Würze und Würzbeigabe insbesondere in Wildpflanzensalz [16.1], Würzmus [16.10] oder Pesto [16.6]. Die Blütenknospen ergeben in Öl, Essig oder Salzlake ein gutes Pickles [13]. Eine Delikatesse sind sie mit etwas Salz in Nussöl eingelegt. Vorzüglich schmecken sie auch als kurz gebratenes Gemüse [8.2], in Mischgemüsegerichten [11], paniert [8.3] oder in Ausbackteig [8.4]. Die strahlig aus den Blütenständen stehenden Blüten bilden, je nach Art von April bis Sommer, eine schmuckhafte, essbare Dekoration verschiedener Speisen. Sie werden ausgezupft und ergeben z. B. eine hervorragend pikante Beigabe zu Camembert und Ziegenkäse. Die Zwiebel erntet man bei frisch getriebenen Pflan-

zen im Herbst oder später auch im Frühjahr und verwendet sie als Scharfgewürz zu verschiedenen Speisen. Verarbeitet werden kann sie, solange ihre oberseits austreibenden Blätter noch sehr jung sind und die Zwiebel selbst noch knackig und saftig ist. Bei unten bezeichneten Pflanzen gibt es zusätzlich auch Nebenzwiebeln, die sich unterirdisch an die Mutterzwiebel anschmiegen, oder auch sog. Brutzwiebeln, die sich im Blütenstand als kleine Kugeln ausbilden. Alle Zwiebeln lassen sich verwenden als Brotteigbeigabe, insbesondere im Hausbrot [21.1], für Bratlinge [4] bzw. als Bratgemüse [8.2]. Sie ergeben ein delikates eingelegtes Gemüse [13] und eignen sich hervorragend als Würzbeigabe, insbesondere in Wildpflanzensalz [16.1] und Kräuteröl [16.4]. Die kleingeschnittenen Zwiebeln verfeinern außerdem Gemüsesuppen [3.1], Mischgemüsegerichte (insbesondere Eintopf [11.1]) und Würzmus [16.10]. Ebenso gibt es bei unten bezeichneten Pflanzen zusätzlich als Ernte zarte junge, unreife Samen, die von Frühsommer bis Sommer als Würzbeigabe in Salaten und Rohkost [1], in Kräuteröl [16.4], Saucen [14] oder als kapernartig eingelegtes Gemüse [16.11] Verwendung finden. Eine schmackhafte Beigabe sind sie auch im Brotteig für Hausbrot [21.1], in Kräuterkäse [15.4] und Kräuterquark [15.5]. Reife Samen nutzt man getrocknet als pfeffriges Gewürz [16.2].

Inhaltsstoffe und Wirkung: Lauchgewächse enthalten Vitamine (A, B und C), aromatisch schmeckende, schwefelhaltige Aminosäuren wie Alliin und Allicin und Flavonoide. Sie wirken allgemein stärkend, appetitanregend und hemmen das Wachstum schädlicher Bakterien. Des Weiteren wirken sie blutverdünnend und mild blutdruck- und cholesterinsenkend. Auch die äußerliche Anwendung bei Warzen und Hühneraugen macht Sinn. Der Presssaft der Pflanzen soll (Kleider-) Motten, Insekten und Maulwürfe vertreiben. Die schleimlösenden Eigenschaften kann man sich bei Erkältungskrankheiten zunutze machen.

Acorus calamus

Allium oleraceum

Gemüse-Lauch, Feld-Lauch, Ross-Lauch

Allium oleraceum

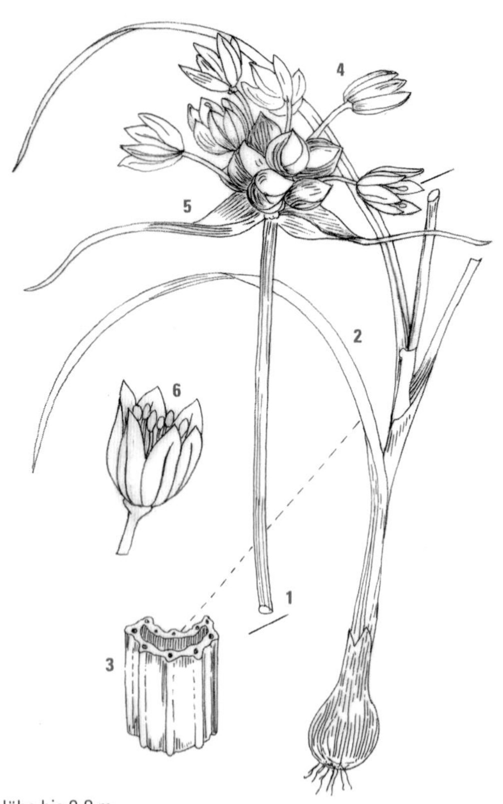

Höhe bis 0,8 m
Grundlegende Merkmale der Pflanzengattung auf S. 46

1 Stängel im Durchmesser rund
2 2–5 schmale Blätter in der unteren Hälfte des Stängels
3 Die Blätter sind im Durchmesser rinnig, hohl und bis ca. 5 mm breit
4 Lang gestielte Blüten in doldenartiger Anordnung und mit Brutzwiebeln an der Basis
5 Lange Hüllblätter an der Basis des Blütenstandes
6 Blüte mit 6 Staubblättern

Foto S. 47

Verbreitungsschwerpunkt: Kalk-Magerrasen
Hauptblütezeit: Juli bis August
Zusätzliche Hinweise zur Verwendung: Bei dieser Pflanze können zusätzlich Nebenzwiebeln und Brutzwiebeln geerntet und wie bei der zusammenfassenden Beschreibung oben verwendet werden. Die dunkelroten, kleinen Brutzwiebeln befinden sich zwischen den Blüten. Man kann sie, von trockenen Blättern befreit, in etwas Öl und Salz kurz erhitzen. Eine Spezialität sind sie nach unserer Ansicht auch als Pizzazutat [12.2].

Auffälliger Lauch, Seltsamer Lauch

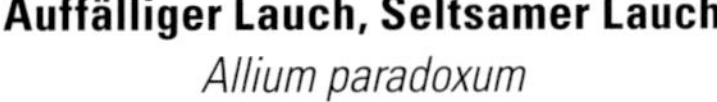

Allium paradoxum

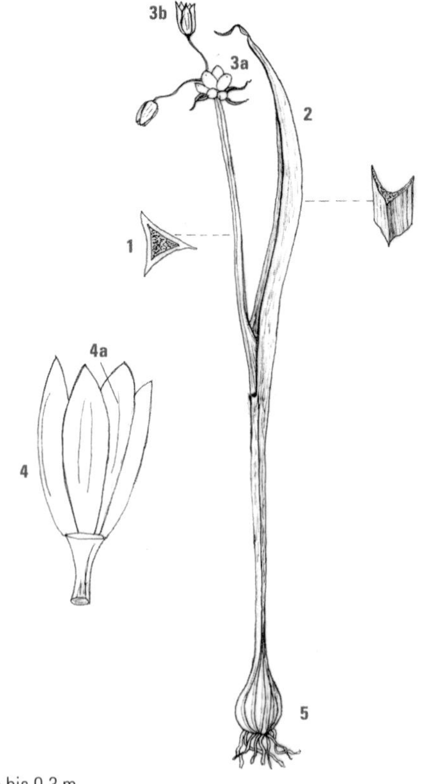

Höhe bis 0,3 m
Grundlegende Merkmale der Pflanzengattung auf S. 46

1 Dreikantiger Stängel
2 Meist nur ein langes Blatt, ca. 2 cm breit
3 Blütenstand mit wenigen hellen Brutzwiebeln (a) und 1–2 langgestielten Blüten (b)
4 Blüten weiß und glockenförmig mit feinen grünen Streifen (a)
5 Zwiebel

Verbreitungsschwerpunkt: Schleier- und Krautgesellschaften im Halbschatten, Erlen- und Edellaub-Auenwälder
Hauptblütezeit: April bis Mai
Zusätzliche Hinweise zur Verwendung: Bei dieser Pflanze können zusätzlich Nebenzwiebeln geerntet und wie bei der zusammenfassenden Beschreibung oben verwendet werden.

Schnitt-Lauch, Schnittlauch

Allium schoenoprasum

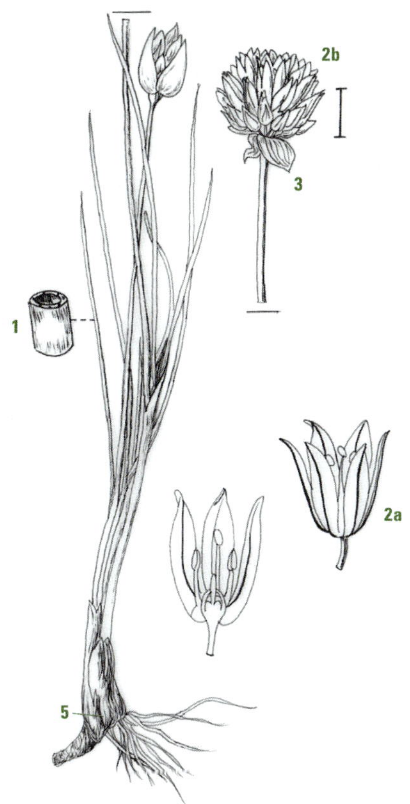

Höhe bis 0,4 m

Grundlegende Merkmale der Pflanzengattung auf S. 46

1 Blätter wie ein rundlicher Schlauch, innen hohl und 3–5 mm breit
2 Blüten rosa/violett, ca. 10–15 mm lang (a) stehen in dichter Kugel als Blütenstand (b) zusammen
3 Hüllblätter, die unterhalb des Blütenstandes sitzen, sind kürzer als der Blütenstand
4 Keine Brutzwiebeln im Blütenstand (ohne Abb.)
5 Längliche Zwiebel am Grunde

Verbreitungsschwerpunkt: Lockere Sand- und Felsrasen
Hauptblütezeit: April bis Juli
Zusätzliche Hinweise zur Verwendung: Bei dieser Pflanze können zusätzlich Samen geerntet und wie bei der zusammenfassenden Beschreibung oben verwendet werden.

Allium paradoxum

Allium schoenoprasum

Berg-Lauch
Allium lusitanicum

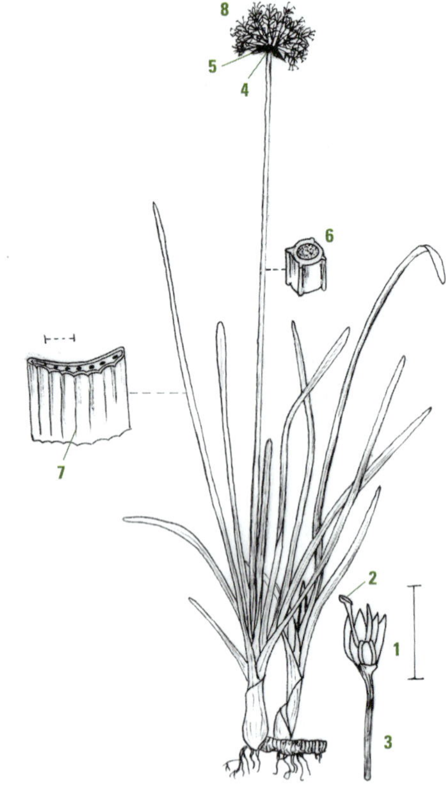

Höhe bis 0,3 m
Grundlegende Merkmale der Pflanzengattung auf S. 46

1 Farbige Blütenblätter rot/rosa
2 Staubblätter ragen aus Blüte hervor
3 Blütenstiele fast dreimal so lang wie die farbigen Blütenblätter (1)
4 Keine Brutzwiebeln im Blütenstand
5 Hüllblätter unter dem Blütenstand viel kürzer als ein einzelner Blütenstiel (3)
6 Pflanzenstängel rundlich mit starken Kanten
7 Blätter erscheinen im Querschnitt wie eine flache Rinne, ca. 3–4 mm breit. Rinne hat keinen Kiel an dieser Stelle
8 Dicht stehender rundlicher Blütenstand

Verbreitungsschwerpunkt: Lockere Sand- und Felsrasen
Hauptblütezeit: Juli bis August
Zusätzliche Hinweise zur Verwendung: Bei dieser meist nur noch selten anzutreffenden Pflanze wurden früher zusätzlich Samen geerntet und wie bei der Gattungsbeschreibung verwendet.
Hinweis: Aufgrund ihrer Bestandsgefährdung oder Unterschutzstellung ist diese Pflanze von der Wildsammlung ausgenommen.

Allium lusitanicum

Allium ursinum

Bär-Lauch, Bärlauch, Wilder Knoblauch, Waldknoblauch

Allium ursinum

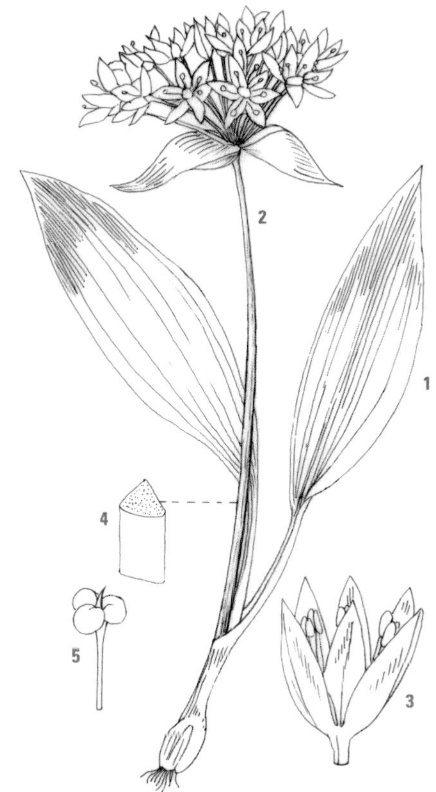

Höhe bis 0,5 m
Grundlegende Merkmale der Pflanzengattung auf S. 46
Blattform abweichend von Blattschlüsseleinteilung S. 42

1 Blätter länglich, ganzrandig, bis 20 cm lang
2 Aus einem bis zu 40 cm hohen Stiel entspringt ein kugelig wirkender Blütenstand
3 Sechsblättrige, weiße Blütenhülle
4 Blütenstängel im Querschnitt dreikantig
5 Früchte grün, drei- bis vierteilig

Verbreitungsschwerpunkt: Laubwälder und Gebüsche
Hauptblütezeit: April bis Juni
Zusätzliche Hinweise zur Verwendung: Bei dieser bekannten knoblauch-aromatischen Pflanze können zusätzlich Samen geerntet und wie bei der zusammenfassenden Beschreibung oben verwendet werden. Die noch grünen runden Samen lassen sich wie grüner Pfeffer in Weichkäse, Saucen oder diversen Gemüsegerichten verwenden. Vorsicht! Die Pflanze wird zuweilen mit giftigen Arten verwechselt, siehe rechts.
Inhaltsstoffe und Wirkung: Der Bärlauch enthält ätherisches Öl, Alliine, Allicin, Flavonoide, Saponine, Polysaccharide, Schleim und Zucker. Pro 100 g Frischpflanze: 150 mg Vitamin C, 340 mg Kalium, 320 µg Mangan. Das ganze Kraut wird arzneilich verwendet. Der Bärlauch wird bei Magen und Darmstörungen aufgrund seiner antibakteriellen Eigenschaften erfolgreich angewandt. Die Pflanze senkt den Blutdruck, einen zu hohen Cholesterinspiegel und wirkt gegen Gefäßverkalkung. Auf diese Weise ist sie ein hervorragendes Mittel zur Vorbeugung von Herzinfarkt und Schlaganfall. Darüber hinaus wirkt sie blutreinigend, entzündungshemmend, harntreibend, schleimlösend, stoffwechselanregend und allgemein tonisierend und stärkend. Damit ist der Bärlauch ideal für eine wohlschmeckende Frühjahrskur. Auch eine appetitanregende Wirkung wird ihm nachgesagt, was jeder Bärlauch-Fan bestätigen wird.
Achtung Verwechslungsgefahr mit: Gefleckter Aronstab *(Arum maculatum)* vor der Blütenentwicklung, S. 595; Herbstzeitlose *(Colchicum autumnale)* vor der Blütenentwicklung, S. 598; Maiglöckchen *(Convallaria majalis)* vor der Blütenentwicklung, S. 601.

Weinbergs-Lauch

Allium vineale

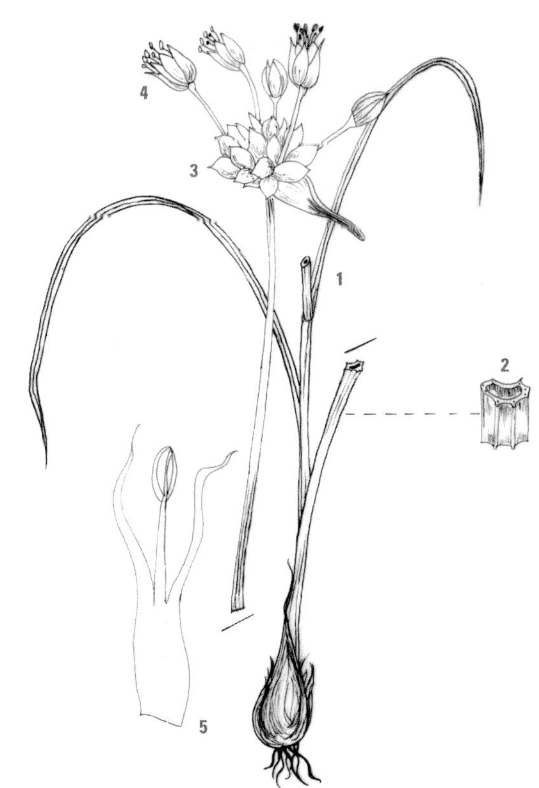

Höhe bis 0,7 m
Grundlegende Merkmale der Pflanzengattung auf S. 46

1 Am hohlen Stängel 2 bis 4 blaugrüne Blätter
2 Blätter im Querschnitt wie ein Rohr mit Rinne
3 Rote Zwiebelchen täuschen einen kugeligen Blütenstand vor
4 Blüten lang gestielt
5 Staubblätter mit zwei langen Zipfeln

Allium vineale

Gefahrenstufe bei der Verwendung: *
Verbreitungsschwerpunkt: Nährstoffreiche Acker- und Gartenunkrautfluren
Hauptblütezeit: Juni bis August
Zusätzliche Hinweise zur Verwendung: Bei dieser Pflanze können zusätzlich Nebenzwiebeln und Brutzwiebeln geerntet und wie bei der zusammenfassenden Beschreibung oben verwendet werden. Verwendung maßvoll! Zu große Mengen können gemäß einzelner mündlicher Erfahrungsberichte unverträglich wirken.

Schalotte, Charlotte, Eschlauch, Aschlauch
Allium angulosum
Art im Bestand gefährdet
Verbreitungsschwerpunkt: Streuwiesen
Hauptblütezeit: Juni bis August

Gekielter Lauch
Allium carinatum
Art ist selten
Unterart *A. carinatum* ssp. *pulchellum* im Bestand gefährdet
Verbreitungsschwerpunkt: Kalk-Magerrasen
Hauptblütezeit: Juni bis August
Zusätzliche Hinweise zur Verwendung: Bei dieser Pflanze wurden zusätzlich Samen und Brutzwiebeln geerntet und wie bei der Gattungsbeschreibung verwendet.

Schwarzer Lauch
Allium nigrum
Art ist selten
Verbreitungsschwerpunkt: Nährstoffreiche Acker- und Gartenunkrautfluren
Hauptblütezeit: Mai bis Juni
Zusätzliche Hinweise zur Verwendung: Bei dieser Pflanze wurden zusätzlich Samen geerntet und wie bei der Gattungsbeschreibung verwendet.

Knoblauchartiger Lauch, Wilder Lauch, Wilder Porree, Schlangen-Lauch
Allium scorodoprasum
Art im Bestand gefährdet
Verbreitungsschwerpunkt: Erlen- und Edellaub-Auenwälder
Hauptblütezeit: Mai bis August
Zusätzliche Hinweise zur Verwendung: Bei dieser Pflanze wurden zusätzlich Nebenzwiebeln und Brutzwiebeln geerntet und wie bei der Gattungsbeschreibung verwendet.

Kopf-Lauch, Kugelkopfiger Lauch, Kugel-Lauch
Allium sphaerocephalon
Art im Bestand gefährdet
Verbreitungsschwerpunkt: Kalk-Magerrasen
Hauptblütezeit: Juni bis Juli

Steifblättriger Lauch, Steifer Lauch
Allium strictum
Art im Bestand gefährdet
Verbreitungsschwerpunkt: Lockere Sand- und Felsrasen
Hauptblütezeit: Juli bis September
Zusätzliche Hinweise zur Verwendung: Bei dieser Pflanze wurden zusätzlich Samen geerntet und wie bei der Gattungsbeschreibung verwendet.

Wohlriechender Lauch
Allium suaveolens
Art im Bestand gefährdet
Verbreitungsschwerpunkt: Streuwiesen
Hauptblütezeit: Juli bis September

Allermannsharnisch
Allium victorialis
Art im Bestand gefährdet
Verbreitungsschwerpunkt: Hochstaudenfluren und Gebüsche
Hauptblütezeit: Juli bis August
Zusätzliche Hinweise zur Verwendung: Bei dieser Pflanze wurden zusätzlich Samen geerntet und wie bei der Gattungsbeschreibung verwendet.

Spargel

Asparagus

Spargelgewächse (Asparagaceae)

Spargel, Gemüse-Spargel

Asparagus officinalis

Höhe bis 2,0 m

1 Stängel aufrecht, reich verzweigt
2 Nadelförmige Blätter gebüschelt den Achseln von Schuppenblättern entspringend
3 Blüten weißlich bis blassgelb, glockig geformt, einzeln an einem dünnen, gegliederten Stiel hängend
4 Blüte mit 6 Staubblättern (hier im Querschnitt nur 4 sichtbar)
5 Frucht eine bis 0,8 cm grosse, rot leuchtende Beere
6 Junger Trieb. Bekannt als Gemüse

Gefahrenstufe bei der Verwendung: *
Verbreitungsschwerpunkt: Lockere Sand- und Felsrasen, Kalk-Magerrasen
Hauptblütezeit: Juni bis Juli
Verwendung in der Ernährung: Dies ist eine bekannte Gemüsedelikatesse, die als zartes grünes Gemüse oder durch Erdhäufelung als gebleichtes Gemüse auf Märkten angeboten wird. Die jungen Triebspitzen des Spargels lassen sich gut von April bis Mai geschält zu Gemüsesuppen [3.1], zum bekannten Spargelgemüse [7.2], als kurz gebratenes [8.2] oder auch eingelegtes Gemüse [13], in Eierspeisen [6], aber auch zu verschiedenen Salaten [1] verwenden. Sie werden sowohl roh als auch gekocht verarbeitet. Wenn man sie zu Beginn des Frühjahrs mit Erde anhäufelt und abdunkelt, bleiben sie blass und zarter und können so auch in Gemüsestrudel [10.1] oder Gemüsetaschen [10.2] eingearbeitet werden. Später im Jahr sind die Triebe zu holzig zur Verwendung. Der Grundgeschmack der Triebe ist harmonisch weich und ein bisschen säuerlich.

Im August können die Samen in den Spargelbeeren geerntet werden. Man trocknet, schrotet und röstet sie, um sie dann als Kaffee [23] aufzubrühen. Die Beeren selbst gelten als unbekömmlich. Sie können angeblich zu leichten Magenbeschwerden führen; vgl. Roth et al. 1994.
Inhaltsstoffe und Wirkung: Der Spargel enthält Saponine, Aminosäuren (Asparagin und Arginin), Flavonoide, Zucker und reichlich Kalium. Die Wurzel wirkt harntreibend und kann bei Nierensteinen, Gicht und Rheuma eingesetzt werden. Die Volksheilkunde verwendet die Pflanze darüber hinaus bei Hautunreinheiten. Homöopathisch gebraucht bei Nierensteinen und Herzschwäche. Die Aminosäure Asparagin verleiht dem Urin den typischen »Spargelgeruch«.

Asparagus officinalis

Binsen, Sauergräser und Süßgräser
Juncaceae, Cyperaceae, Poaceae

Die verwendbaren mitteleuropäischen Gattungen und ihre gefährdeten Arten sind im Anhang unter »Gattungsliste der Binsen, Sauergräser und Süßgräser« aufgelistet, S. 647.
Verwendung in der Ernährung: Die drei Pflanzenfamilien Juncaceae, Cyperaceae und Poaceae umfassen zusammen viele hundert Arten. Die Arten lassen sich alle vergleichbar verwenden. Sie sind botanisch sehr komplex, und es würde den Rahmen hier übersteigen, genauer auf ihr Aussehen und ihre Merkmale einzugehen. Dazu benötigt es spezialisierte botanische Literatur. Darum folgt hier unten die Vorstellung verbreiteter Beispielpflanzen.

Man nutzt die stärkereichen, süßlichen Graspflanzen für Gemüsebeigaben, Getränke oder auch Kaffee.

Generell sind größere Gräser ergiebiger und lohnenswerter zur ernten. Theoretisch aber sind die kleineren genauso nutzbar, nur bedeuten sie viel Aufwand, der das Ganze fraglich macht.

Die ausgereifte Saat dient im Spätsommer geröstet als Kaffeesurrogat [23] und man kann sie als Keimsaat [2] versuchen. Nicht alle Arten keimen leicht. Größere Samen wären geröstet denkbar als Malz bei der Bierherstellung.

Das stärkereiche, elastische unterirdische Wurzelwerk kann im Frühjahr, als Streckmehl vermahlen, für Gebäck [20] und als Brotteigbeigabe, insbesondere im Hausbrot [21.1] genauso wie zu Bratlingen [4] verarbeitet werden. Geröstet eignet es sich auch als Kaffeegetränk [23].

Die junge, saftige Sprossbasis (inneres weißliches Stängelzentrum, ohne die grünen Blattbestandteile) kann man im Frühjahr als kleine Nascherei genießen, allerdings bedeutet dies einen hohen Ernteaufwand. Scheut man diesen nicht, ist es möglich, die Sprossbasis als Bratgemüse kurz zu braten [8.2] oder in Bratlinge [4] einzuarbeiten. Auch zu Salaten, als Rohkost [1] und in Knäckebrot [21.2] ist sie eine gesunde Beigabe. Vorsicht! Selten gibt es bei Wildgräsern wie auch bei Kulturgetreide so genannte schwarze Mutterkörner *(Claviceps purpurea)* oder auch andere zuweilen den Grassamen anhaftende Pilze. Diese enthalten gefährlich giftige Alkaloide, vgl. Oberdorfer (1994: 230) und Roth et al. (1994).; insbesondere zu warnen ist laut Chamisso (1987: 254) vor dem Taumel-Lolch *(Lolium temulentum)*. An diesem Gras sind solche Pilze häufiger.

Gewöhnliches Schilf
Phragmites australis

Höhe bis 4,0 m

1 Schilfrohr bis 2 cm im Durchmesser
2 Ein Haarkranz am Übergang von Stängel zu Blatt
3 Blätter graugrün, bis 3 cm breit und 50 cm lang
4 Blütenstand eine vielblütige, häufig braun-violett überlaufene Rispe

Verbreitungsschwerpunkt: Röhrichte ruhiger Gewässer
Hauptblütezeit: Juli bis September

Erdmandel

Cyperus esculentus

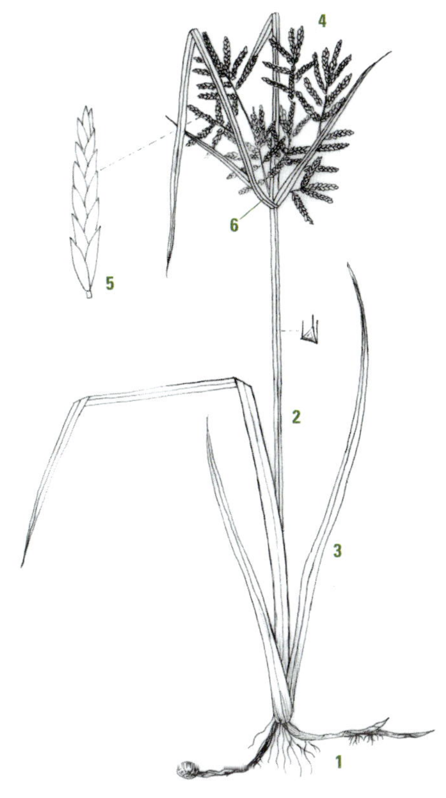

Höhe bis 1,0 m

1 Pflanze mit langen Ausläufern
2 Stängel scharf dreikantig
3 Blätter hellgrün, bis 1 cm breit
4 Blütenstand mit bis zu 12 Ästen
5 Blüten zu 10–20 in gelbgrünen, später bräunlichen Ährchen
6 Blütenstand von 4–10 Hochblättern meist weit überragt

Verbreitungsschwerpunkt: Schlammige Äcker und flaches Wasser
Hauptblütezeit: Juli bis September

Phragmites australis

Cyperus esculentus

Elymus repens

Juncus effusus

Kriechende Quecke
Elymus repens

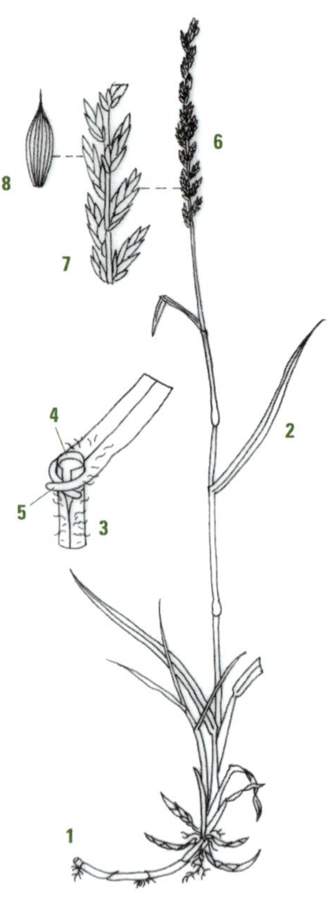

Höhe bis 1,5 m

1 Pflanze mit Ausläufern
2 Blätter ca. 5 mm breit, oberseits rau und oftmals bläulich überlaufen
3 Blattscheiden behaart
4 Häutchen am Blattansatz sehr schmal
5 Am Grunde des Blattes schmale Öhrchen, die den Stängel umfassen
6 Blütenstand bis ca. 12 cm lang
7 Blüten an 2 Seiten des Stängels angeordnet
8 Blüten durch zugespitzte, fünfnervige Hüllblätter geschützt

Verbreitungsschwerpunkt: Wege, Äcker, Ufersäume
Hauptblütezeit: Juni bis Juli

Flatter-Binse
Juncus effusus

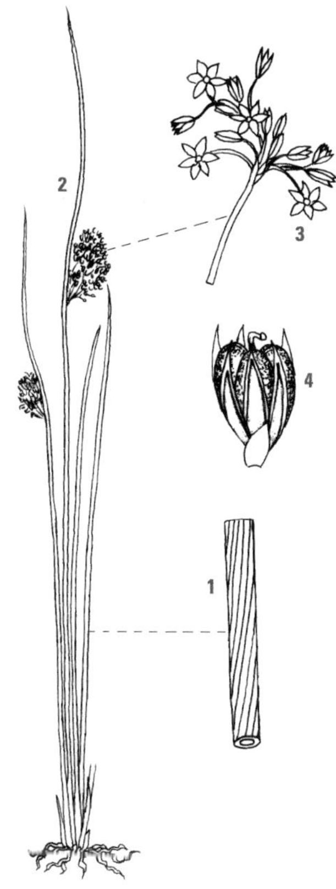

Höhe bis 1,2 m
1 Mehrere aufrechte, röhrige, unbeblätterte, fein gerillte Stängel
2 Blütenstand im oberen Drittel der Pflanze scheinbar seitenständig
3 Blüten deutlich gestielt
4 Fruchtkapsel eiförmig bis annähernd kugelig

Verbreitungsschwerpunkt: Nasse Wege und Wiesen
Hauptblütezeit: Juni bis August

Schachtelhalme
Equisetum
Schachtelhalmgewächse (Equisetaceae)

Grundlegende Merkmale: Die Stängel dieser Gattung stehen aufrecht. Die Blätter sind am Stängel quirlig angeordnet. Es treiben fruchtbare und unfruchtbare Triebe, die unterschiedlich gestaltet sein können.

Acker-Schachtelhalm
Equisetum arvense

Höhe bis 0,5 m
Grundlegende Merkmale der Pflanzengattung siehe oben
1 Stängel im Inneren mit nur schmalem Hohlraum
2 Stängel im Querschnitt gerippt
3 Unteres Glied des Seitentriebes (a) länger als die Blattscheide (b)
4 Seitentriebe im Querschnitt sternförmig
5 Ährentragende Sprosse astlos und bräunlich gefärbt

Verbreitungsschwerpunkt: Steinfluren und alpine Rasen, Pioniergesellschaften auf feuchten und überfluteten Rasen, nährstoffreiche Krautfluren, Ruderalgesellschaften, Acker- und Gartenunkrautgesellschaften
Zeit der Sporenreife: März bis April

Verwendung in der Ernährung: Die noch weichen grünen Stängel und nadelförmigen Blätter des Acker-Schachtelhalms werden ab Mai fein gehackt als herbe Beigabe zu Mischgemüsegerichten [11] verarbeitet. Bis in den August werden sie auch zur Teegetränkbereitung [22.1] verwendet. Getrocknet kann man das Kraut bevorraten, es wird dann im Aroma milder. Die weichen braunen Stängel mit dem Sporenträger-Kolben oben als Abschluss im Frühjahr nutzt man als bitterliche Zugabe in Suppen [3.1] oder roh auch zu verschiedenen kräftigen Wurzelsalaten. Zur Bevorratung kann man diese Stängel auch einsalzen. Sie werden zudem grob geschnitten, gekocht und anschließend mit Salz als Würzmus [16.10] verwendet. Der Acker-Schachtelhalm besitzt kleine kugelige Wurzelknollen. Diese kann man von September bis in den Winter ernten und roh essen oder als Beigabe zu Gemüsegerichten verarbeiten.
Inhaltsstoffe und Wirkung: Die Pflanze enthält circa 10 % mineralische Bestandteile, insbesondere Kieselsäure und Kalium, Flavonoide (überwiegend Kämpferol und Quercetinglykoside), Sterole und seltene Dicarbonsäuren, außerdem Spuren von Alkaloiden. Offenbar enthalten die hier beschriebenen Schachtelhalm-Arten auch das Enzym Thiaminase, das zum Abbau von Vitamin B1 (Thiamin) führt. Der Ackerschachtelhalm *(E. arvense)* wird arzneilich als harntreibendes Mittel bei entzündlichen Erkrankungen der ableitenden Harnwege und bei Nierengrieß verwendet. Aus dem Kraut kann mit kochendem Wasser ein Tee bereitet werden, dem die Volksheilkunde lindernde Eigenschaften bei rheumatischen Beschwerden zuschreibt. Außerdem wendet sie ihn bei Nasenbluten und starker Monatsblutung an. Wissenschaftlich erwiesen ist eine immunstimulierende Wirkung der Pflanzendroge. Auch äußerlich kann man den Ackerschachtelhalm vielfach nutzen. Er eignet sich zur Behandlung infizierter Wunden und kann gegen Frostbeulen und bei Schwellungen und Knochenbrüchen eingesetzt werden.
Verwechslungsgefahr: Leicht giftige Schachtelhalme (*Equisetum palustre* und *Equisetum fluviatile*), S. 607.

Equisetum arvense

Winter-Schachtelhalm
Equisetum hyemale

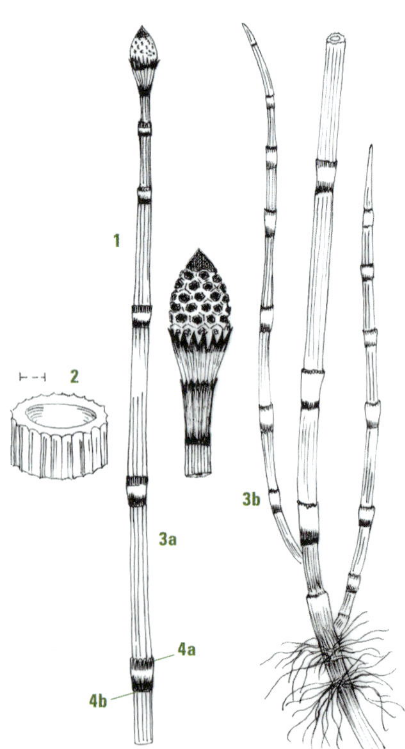

Höhe bis 1,5 m
Grundlegende Merkmale der Pflanzengattung auf S. 57
1 Pflanze unbeastet, dunkelgrün
2 Stängel kantig, bis 6 mm dick, hohl
3 Fruchtbare (a) und unfruchtbare Triebe (b) gleich gestaltet
4 Scheide mit dunklen, stumpfen Zähnen (a) und dunkler Basis (b)

Verbreitungsschwerpunkt: Erlen- und Edellaub-Auenwälder
Zeit der Sporenreife: Juni bis August
Inhaltsstoffe und Wirkung: Siehe *Equisetum arvense.* Im Weiteren wird *E. hyemale* homöopathisch bei Blasen- und Nierenbeckenentzündungen verwendet.

Riesen-Schachtelhalm

Equisetum telmateia

Gefahrenstufe bei der Verwendung: **

Verbreitungsschwerpunkt: Quellige Waldbereiche

Zeit der Sporenreife: März bis Mai

Verwendung in der Ernährung: Die Frühjahrssprossen wurden nach MACHATSCHEK 2010 als Beigabe zu Kochgemüse verwendet. Mit Bedacht, siehe unten. Evtl. wurde die Pflanze nur mit mehrmals gewechseltem Kochwasser ausgekocht verwendet.

Inhaltsstoffe und Wirkung: Der Riesen-Schachtelhalm wird wie etliche andere Schachtelhalmarten als giftverdächtig angesehen. Siehe im Giftpflanzenteil dieses Buches S. 607. Auch er soll die hitzeinstabile Thiaminase enthalten. Außerdem gibt es Schilderungen, nach denen die sterilen, grünen Sprossen das Alkaloid Nikotin enthalten. Das Kraut enthält Saponine und reichlich Kieselsäure. In den braunen, fertilen Sprossen Dimethylsulfon. Die Sporen enthalten besondere organische Säuren und Flavonoide (Equisporosid). Die medizinische Verwendung ist ähnlich wie bei *E. arvense*.

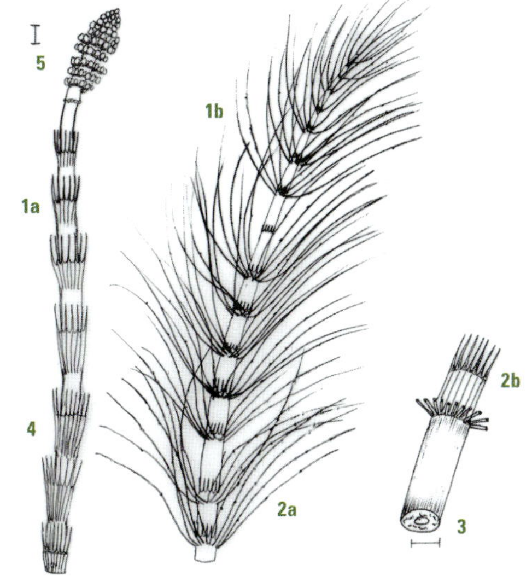

Höhe bis 1,5 m

Grundlegende Merkmale der Pflanzengattung auf S. 57

1 Fruchttriebe (a) und sterile Triebe (b) unterschiedlich gestaltet
2 Elfenbeinfarbige sterile Triebe mit grünen Seitenästen (a), sowie bis zu 40 schmal länglichen Zähnen an der bis 2,5 cm langen Blattscheide (b)
3 Rundlicher Stängel mit einem Durchmesser bis 1,5 cm
4 Fruchttriebe nur 0,5 m hoch, mit bis zu 35 braunen, langen, fransenartigen Zähnen; nach der Fruchtreife (Sporenreife) absterbend
5 Fruchtstand (Sporangienstand) bis 6 cm lang

Equisetum hyemale

Equisetum telmateia

Taglilien
Hemerocallis
Tagliliengewächse (Hemerocallidaceae)

Gefahrenstufe bei der Verwendung: *

Verwendung in der Ernährung: Eine dekorative Pflanze für Gemüse und Salate. Im Frühjahr können die jungen, mild-süßen Triebe frisch oder erhitzt verwendet werden. Z. B. zu Bratgemüse [8.2], Knäckebrot [21.2], Crêpes [6.2] oder Omelett [6.1], als gedämpftes Gemüse [7], als Füllung in Gemüsestrudel [10.1] oder Gemüsetaschen [10.2], als Püree [9.3], als Beigabe zu Spinat [9.1], in Salaten, Rohkost [1], Gemüsesuppen [3.1] und Vitalgetränken [22.4]. Leider werden sie im Lauf des Jahres schnell faserig. Vorsicht! Angeblich sollen sehr große Mengen konsumierter Blätter eine leicht halluzinogene Wirkung haben.

Die Blütenknospen im Frühsommer eignen sich zu Salat- und Rohkostspeisen [1], in Gemüsesuppen [3.1] oder als eingelegtes Gemüse [13]. Wir empfinden sie auch klein geschnitten geeignet als Brotteigbeigabe [21.1] und kurz erhitztes Gemüse [8.2], in Vitalgetränken [22.4], in Bratlingen [4], in Misch- oder Ofengemüsegerichten [11] [12] sowie olivenartig verarbeitet [16.12]. Sie schmecken in etwa wie grüne Bohnen.

Die Blüten im Sommer wurden zu Salaten [1] und auch warmen Speisen gegessen, nicht nur als essbare Dekoration. Darüber hinaus eignen sie sich unseres Erachtens nach als Aroma und Farbgeber v. a. von Gelee [18.1], Aromazucker [18.2], Sirup [18.4], süßer Sauce [17.2], Pudding [17.3], Sorbet [17.7] und zu einer Blütencreme [17.1] sowie in Tees [22.1], Wildpflanzenlimonaden [22.2] und Bowlen [22.3]. Man kann sie auch kandieren [17.4] oder in Kräutermischungen [15], -öl [16.4] und -essig [16.7] verwenden, auch in Ausbackteig [8.4] braten sowie als Trockengewürz [16.2] vermahlen.

Die jüngsten knolligen Wurzelverdickungen wurden im Herbst und im Frühjahr erhitzt verwendet. Gut geeignet sind sie unserer Meinung nach als Wurzelgemüse [8.1], als Gemüsechips [8.5] oder in Eintopfgerichten [11.1].

Inhaltsstoffe und Wirkung: Offenbar enthalten die Taglilien Flavonoide (Kämpferol, Quercetin), Anthrachinone und Vitamin E. Einige Arten werden in weiten Teilen Südostasiens verzehrt oder medizinisch genutzt. Neben antimikrobiellen, harntreibenden, mild abführenden, krampflösenden und fiebersenkenden Eigenschaften wird die Wurzel auch gegen parasitische Würmer eingesetzt. Der Wurzelsaft soll ein effektives Gegenmittel bei Arsenvergiftung sein. Volksheilkundlich verwendet bei der Krebsbehandlung; wissenschaftliche Untersuchungen des Wurzelextraktes an Zellkulturen bestätigen die Antitumorwirkung.

Verwechslungsgefahr: Doldentraubiger Milchstern *(Ornithogalum umbellatum)* vor der Blütenentwicklung, S. 618; Märzenbecher *(Leucojum vernum)* vor der Blütenentwicklung, S. 615; Gelbe Narzisse *(Narcissus pseudonarcissus)* vor der Blütenentwicklung, S. 617.

Gelbrote Taglilie
Hemerocallis fulva

Gefahrenstufe bei der Verwendung: *

Verbreitungsschwerpunkt: Erlen- und Edellaub-Auenwälder, Weiden-Auengehölze

Hauptblütezeit: Juni bis Juli

Zusätzliche Hinweise zur Verwendung: Die Pflanze ist reich an Zucker, Vitamin A und Eisen. Ihre Blütenknospen wurden getrocknet als Würze vermahlen. Die jungen Wurzelknollen, die einen nussigen Geschmack haben, wurden mitunter auch roh verzehrt.

Höhe bis 1,2 m
1 Blätter bis 3 cm breit, bodenständig
2 Blütenstand eine endständige Traube mit 5–20 Blüten
3 Blüte trichterförmig, groß, (rot-)bunt, auffällig

Gelbe Taglilie
Hemerocallis lilioasphodelus
Art selten verwildert
Gefahrenstufe bei der Verwendung: *
Verbreitungsschwerpunkt: Erlen- und Edellaub-Auenwälder, Weiden-Auengehölze
Hauptblütezeit: Mai bis Juni
Zusätzliche Hinweise zur Verwendung: Die Pflanze enthält Vitamin C. Die Wurzeln gelten hier als etwas fad, wenig süßlich. Ihre Blüten sind ein altbekanntes Essen in Asien, und sie wurden angeblich angewelkt als Würze verwendet.

Wacholder
Juniperus
Zypressengewächse (Cupressaceae)

Gewöhnlicher Wacholder
Juniperus communis

Gefahrenstufe bei der Verwendung: *
Verbreitungsschwerpunkt: Kalk-Magerrasen, Borstgrastriften und Zwergstrauchheiden, Waldmantelgebüsche und Hecken, Kalk-Kiefernwälder, saure Kiefernwälder, Trockenheit ertragende Eichenmischwälder
Hauptblütezeit: April bis Mai
Verwendung in der Ernährung: Der Gewöhnliche Wacholder hat im März und April zarte, weiche Triebspitzen, bei denen selbst das Stängelzentrum noch weich ist. Diese Triebspitzen kann man kurz blanchieren oder kochen und sie als würzige Beigabe zu etlichen Gemüsegerichten und Suppen geben. Man kann sie auch auskochen und den Sud dann mit Zucker als Aufstrich eindicken [18.4], indem man ihn etwas köcheln lässt. Ausgereiftere Blätter nutzt man von März bis Juni zur Teegetränkbereitung [22.1]. Zuweilen wurden sie auch getrocknet und vermahlen [16.2]. Dieses aromatische Mehl diente als Gewürz für Gemüse, aber auch Gebäck.

Das zarte innere Rindenkambium wurde früher zerkleinert und gekocht, vermutlich auch in einer Art Knäckebrot verarbeitet. (Nur bei ernsthaftem Nutzungsbedarf und in Absprache mit dem Baumbesitzer. Rindenverletzungen können dem Baum erheblich schaden.)

Im August sammelt man die Beeren und passiert sie roh oder gekocht durch ein grobes Sieb. Es entsteht ein würziger Saft oder Mus, das mit Salz abgeschmeckt diverse herzhafte Speisen unterstützt. Der eingedickte und gesüßte Sud wird in den Alpenländern gerne als sirupartiger Brotaufstrich [18.4] gegessen. Der Grundgeschmack der Beeren ist ginartig. Getrocknete Wacholderbeeren würzen schon seit jeher Brat- und Krautgerichte oder werden

Hemerocallis fulva

Juniperus communis

Trockenteemischungen [22.1] und Schnaps-/Liköransätzen [18.6] beigegeben. Ein alter Pflanzenname benennt die Pflanze auch als »Schnapsbeere«.

Hinweis: Die Beeren nur in sehr kleinen Mengen (gewürzartig) konsumieren, da sonst Magenreizungen zu befürchten sind.

Inhaltsstoffe und Wirkung: Der Wacholder enthält Gerbstoffe (bis zu 5 %) und Flavonoide. Die Beeren enthalten bis 2 % ätherisches Öl mit hohem Anteil an Alpha-Pinen, Sabinen und Citronellol, außerdem 30 % Glucose und Fructose. Das Holz enthält ebenfalls ätherisches Öl mit anderer Zusammensetzung als in den Beeren. Arzneilich verwendet werden Holz und Früchte. Die Volksmedizin setzt den Wacholder bei Magenbeschwerden und als Verdauungshilfe ein. Die Beeren wirken außerdem harntreibend. Man nutzt sie bei Harnwegsinfektionen, zur Blutreinigung und bei Rheuma. Die Anwendung sollte auf wenige Wochen beschränkt bleiben. Die Beeren können auch zur Beseitigung von Mundgeruch gekaut werden. Wegen des hohen Zuckergehaltes können die Beeren vergärt und anschließend ein Schnaps gebrannt werden. Das ätherische Öl wirkt antimikrobiell und wird in Einreibemittel oder Badezusätzen gegen Rheuma eingesetzt.

Verwechslungsgefahr: Sadebaum *(Juniperus sabina)*, S. 613.

Lärchen
Larix
Kieferngewächse (Pinaceae)

Europäische Lärche
Larix decidua

Verbreitungsschwerpunkt: Saure Nadelwälder
Hauptblütezeit: März bis Mai
Verwendung in der Ernährung: Die Europäische Lärche ist ein aromatischer Nadelbaum für Tee, Spirituosen, Salatbeigaben, Gewürze und Süßspeisen und kann so wie die eng verwandten Arten der Gattung *Pinus* (rechts) in der Ernährung verwendet werden.
Inhaltsstoffe und Wirkung: Die Lärche enthält ätherisches Öl mit den Komponenten Pinen und Borneol, Bitterstoffe, Harzsäuren und Bernsteinsäure. Aus dem Harz wird das sogenannte Lärchenterpentin gewonnen und zur Behandlung von Husten und Atemwegserkrankungen eingesetzt. Als Salbe verabreicht, übt es einen positiven Einfluss auf die Durchblutung und Wundheilung aus. Das Öl wirkt desinfizierend, schleimlösend und stimmungsaufhellend. Ein Tee aus der Rinde wurde früher bei Harnwegserkrankungen eingesetzt.

Fichten
Picea
Kieferngewächse (Pinaceae)

Gewöhnliche Fichte, Rottanne
Picea abies

Verbreitungsschwerpunkt: Saure Nadelwälder
Hauptblütezeit: April bis Mai
Verwendung in der Ernährung: Der Grundgeschmack der Gewöhnlichen Fichte, insbesondere ihrer weichen Pflanzenteile, ist zitronenartig; die ausgereifteren Teile schmecken typisch aromatisch-nadelbaumartig. Bekannt sind ihre hellgrünen Frühjahrs-Triebspitzen als sauer-aromatisches Limonaden-Gewürz. Die Pflanze kann genauso wie die eng verwandten Arten der Gattung *Pinus* (unten) in der Ernährung für Tee [22.1], Spirituosen [18.6], als Salatbeigabe [1], Gewürz und für Süßspeisen [17] verwendet werden.
Inhaltsstoffe und Wirkung: Die Nadeln der Fichte enthalten ätherisches Öl mit den Monoterpenen Bornylacetat, Pinen, Limonen, Camphen und Phellandren, Terpentinöle und Harze. In den ganz jungen Triebspitzen ist der Gehalt an ätherischen Ölen geringer, dafür enthalten sie Vitamin C, Zucker und Gerbstoffe. Das ätherische Öl wird für Einreibungen bei Atemwegserkrankungen verwendet (2 Tropfen auf 100 ml fettes Öl). Es ist wirksam gegen Mikroorganismen und wirkt auswurffördernd. Besser verträglich als die Anwendung des reinen Öls auf der Haut sind Inhalationen. Die durchblutungsfördernde Wirkung des Öls macht man sich bei Muskelverspannungen und Rheuma zunutze. Aus den Nadeln und jungen Trieben kann ein Sirup hergestellt werden, der innerlich bei Atemwegserkrankungen verwendet wird. Vor der Einnahme sollte man allerdings einen Fachmann zurate ziehen, da es insbesondere bei Keuchhusten und Asthma zu Krämpfen kommen kann.

Kiefern
Pinus
Kieferngewächse (Pinaceae)

Verwendung in der Ernährung: Der Grundgeschmack der hier aufgeführten mitteleuropäischen Arten ist aromatisch-harzig und vergleichbar mit dem Geruch, den man beim Durchstreifen von Pinienwäldern wahrnimmt. Man erntet von März bis April die jungen, weichen Triebspitzen. Diese kann man mit Wasser aufkochen und den Sud dann mit Zucker zu Sirup [18.4] oder einem cremigen Aufstrich eindicken. Klein gehackt werden sie Kräutermischungen [15.2–5] und Saucen [14] beigefügt. Sie geben Aromazucker [18.2], Sorbet [17.7] und Gewürzschokolade [18.3] eine außergewöhnliche Note, meistens werden sie aber zur Aromatisierung von Spirituosen [18.6] verwendet. Man kann auch einfach einen Tee [22.1] daraus aufgießen.

Das zarte innere Rindenkambium kann man von März bis April abschaben und klein geschnitten als Notnahrung kochen oder pulverisiert Streckmehl für Gebäck [20] daraus gewinnen.

Wichtig: Bitte dies nur bei ernsthaftem Nutzungsbedarf oder bei bereits abgeschnittenen Baumteilen tun, denn Rindenverletzungen können dem lebenden Baum erheblichen Schaden zufügen! Vormals wurde im Frühjahr der durch Anritzen der Rinde austretende Saft gesammelt und köchelnd zu Sirup einreduziert oder einfach roh als Baumsaft genutzt [22.5].

Die Nadeln verwendete man von Mai bis Juli getrocknet und vermahlen als Gewürz [16.2]. Sie wurden gerne zum Spicken von Brat- und Backgerichten, z. B. Backgemüse [12.3] verwendet.

Leider sind die Kerne der heimischen Kieferngewächse (Pinaceae) nicht so groß wie die Pinienkerne der verwandten Mittelmeerkiefer, aber auch sie lassen sich von August bis September z. B. geröstet als Beigabe zu Kräuterpesto [16.6] und Bratlingen [4] nutzen. Zur Ernte der Samen muss man den Zapfen zu Hause erwärmen und die Kerne herausklopfen.

Die jungen männlichen Blütenknospen können im Mai ausgekocht und der Sud mit Zucker zu Sirup [18.4] eingekocht werden. Mit den Blütenpollen wurde Getreidemehl gestreckt [20]. Die kleinen, noch weichen, weiblichen Zapfen kann man von Juni bis Juli als Aroma für Spirituosen [18.6] verwenden.

Andere mitteleuropäische Kieferngewächse sind ähnlich verwendbar: Küsten-Douglasie *(Pseudotsuga menziesii)* S. 65, Gewöhnliche Fichte *(Picea abies)* S. 62, Europäische Lärche *(Larix decidua)* S. 62, Weiß-Tanne *(Abies alba)* S. 516.

Larix decidua

Picea abies

Pinus cembra
Pinus mugo
Pinus nigra
Pinus sylvestris

Zirbel-Kiefer, Zirbel, Arbe, Arve
Pinus cembra

Grundlegende Merkmale: 10–20 m hoch. 5 Nadeln in Büscheln, 5–9 cm lang
Verbreitungsschwerpunkt: Fichtenwälder
Hauptblütezeit: Juni bis Juli
Inhaltsstoffe und Wirkung: Die Zirbelkiefer wurde bereits in der Antike medizinisch genutzt. Ihre Nadeln enthalten etwa 1 % eines aromatisch riechenden, ätherischen Öls und Harz. Für den Duft sind eine Vielzahl von Terpenen, z. B. Pinen und Cadinen verantwortlich. Das Öl gilt als durchblutungsfördernd, antirheumatisch, schleimlösend, hustenlindernd und wirkt gegen Insekten. Die Zapfen werden zur Herstellung eines heilkräftigen Schnapses mehrere Wochen in Weingeist eingelegt. Das Holz besitzt eine lebhafte Zeichnung und verbreitet in Innenräumen verbaut eine behagliche Atmosphäre.

Berg-Kiefer
Pinus mugo (Artengruppe)

Grundlegende Merkmale: Nur bis 5 m hoher Strauch. Nadeln in Paaren, 3–5 cm lang
Verbreitungsschwerpunkt: Fichtenwälder
Hauptblütezeit: Juni bis Juli
Inhaltsstoffe und Wirkung: Die Latschenkiefer ist eine kleinwüchsige Kiefer. Heilkundlich verwendet wird das ätherische Öl, das mit bis zu 0,5 % in den Nadeln enthalten ist. Es wirkt antiseptisch, schleimlösend und durchblutungsfördernd. Man verwendet es für Inhalationen und Einreibungen bei Atemwegserkrankungen, außerdem bei Rheuma und Nervenschmerzen.

Schwarz-Kiefer
Pinus nigra

Grundlegende Merkmale: Im Kronenbereich dunkelgraue Rinde. Dunkelgrüne Nadeln in Paaren, 8–15 cm lang
Verbreitungsschwerpunkt: Kalk-Kiefernwälder
Hauptblütezeit: Mai bis Juni
Inhaltsstoffe und Wirkung: Die Schwarzkiefer enthält ein angenehm riechendes, ätherisches Öl und Harze, die wohltuend bei Erkältungskrankheiten wirken. Sie sind entzündungshemmend, auswurffördernd und antimikrobiell wirksam. Die äußerliche Anwendung wirkt durchblutungsfördernd und belebend und erweist sich bei Prellungen und rheumatischen Beschwerden als hilfreich.

Wald-Kiefer, Föhre, Forle
Pinus sylvestris

Grundlegende Merkmale: Im Kronenbereich rostfarbene Rinde. Bläulich grüne Nadeln in Paaren, 4–7 cm lang
Verbreitungsschwerpunkt: Forste, Felsen, Schotterflächen, Dünen, Moore
Hauptblütezeit: Mai bis Juni
Inhaltsstoffe und Wirkung: In den Sprossen sind ätherisches Öl, Bitter- und Gerbstoffe und Vitamin C enthalten. Das Harz der Kiefer, das man als Terpentin oder Balsam bezeichnet, ist seit Jahrhunderten ein geschätztes Heilmittel. Durch Wasserdampfdestillation wird das Terpentin in Terpentinöl und Kolophonium getrennt. Aus Nadeln und Zweigspitzen wird ätherisches Öl gewonnen. Terpentin und ätherisches Öl wirken lokal hautreizend. Volkstümlich verwendet man die Kiefer als Badezusatz bei Rheuma, neuralgischen Schmerzen und Erschöpfungszuständen. Die Durchblutung und Harnausscheidung wird gefördert. Ein Sirup aus den jungen Sprossen wirkt lindernd bei Luftröhrenkatarrh. Die Bestandteile des ätherischen Öls haben einen wohltuenden Geruch und eine auswurffördernde, entzündungshemmende Wirkung und werden deshalb bevorzugt bei katarrhischen Erkrankungen der Luftwege eingesetzt.

Douglasien
Pseudotsuga
Kieferngewächse (Pinaceae)

Küsten-Douglasie, Grüne Douglasie
Pseudotsuga menziesii

Verbreitungsschwerpunkt: Rot-Buchen-Mischwälder
Hauptblütezeit: April bis Mai
Verwendung in der Ernährung: Harzig- bis orangenaromatische Pflanze für Aroma, Tee, Spirituosen, Süßspeisen und Mehlbeimischungen. Die reifen Nadeln ergeben geröstet und pulverisiert ein hochintensives Orangengewürz. Die Pflanze kann des Weiteren genauso wie die eng verwandten Arten der Gattung *Pinus* (S. 62) in der Ernährung verwendet werden.
Inhaltsstoffe und Wirkung: Aus der Douglasie lässt sich Harz und ätherisches Öl (Bornylacetat) gewinnen. Verwendet werden die Nadeln, die Rinde junger Zweige und das Harz. Die indianischen Ureinwohner Nordamerikas benutzten das antiseptische Harz zur Behandlung von Wunden und Hautkrankheiten und in Form eines Kau-

Pseudotsuga menziesii

Sparganium erectum

gummis auch bei Entzündungen in Mund und Rachen. Umschläge wurden außerdem bei Sehnenverletzungen und Knochenbrüchen verwendet. Teeaufgüsse aus den Nadeln und der Rinde wurden innerlich zur Behandlung von Erkältungskrankheiten, Nierenproblemen, starken Menstruationsblutungen und Venenerkrankungen eingesetzt. Die äußerliche Anwendung hilft bei Rheuma und Gelenkschmerzen. Junge Triebe in die Schuhe gelegt, verhindern unangenehme Gerüche.

Igelkolben
Sparganium
Igelkolbengewächse (Sparganiaceae)

Verwendung in der Ernährung: Der Grundgeschmack der hier aufgeführten mitteleuropäischen Arten ist wässrig, mild-süß. Am besten erntet man die Triebe von März bis April, solange sie noch nicht zu viele zähe Fasern haben. Die dickliche Stängelbasis (das hellgrün-weißliche Zentrum) kann man als festes Gemüse zubereiten. Man schält dazu die äußeren Blätter etwas ab und erhält im Inneren milde, helle Blätter, die als Gemüse sehr gut z. B. in asiatischen Pfannengerichten schmecken. Man kann sie ebenso als Bratgemüse [8], als Gemüsechips [8.5] und klein geschnitten in Bratlingen [4] zubereiten oder sehr gut auch in Öl, sowie in Gewürzsud einlegen. Auch fein gewiegt als Beigabe zu Hackkräutermischungen [15] sowie in Salaten und Rohkostspeisen [1] wurden sie genutzt. Es ist auch möglich, sie als Tee aufzubrühen [22.1]. Wenn man die Stängelbasen ausquetscht, erhält man einen süßen Trinksaft [22.4].

Die fingerdicken, jungen, weißen Wurzeln kann man vom Herbst bis in den Winter hinein z. B. auskochen, um einen stärkereichen Sud daraus zu gewinnen. Oder man trocknet sie und pulverisiert sie zu Stärkemehl [20]. Geröstet wurden sie auch als Kaffeesurrogat genutzt [23].

Inhaltsstoffe und Wirkung: Über Inhaltsstoffe ist uns nichts bekannt. In Europa spielte die medizinische Verwendung der Igelkolben-Arten in der Volksmedizin nie eine Rolle. Die Ureinwohner Nordamerikas nutzten sie zusammen mit anderen Pflanzen als Tee bei Erkältungskrankheiten. Die alten Griechen verwendeten die Wurzeln zur Behandlung von Schlangenbissen.

Ästiger Igelkolben
Sparganium erectum

Verbreitungsschwerpunkt: Röhrichte und Großseggensümpfe
Hauptblütezeit: Mitte Juli bis Mitte August

Höhe bis 1,2 m
1 Pflanze mit untergetauchten Ausläufern
2 Blätter und Blütenstängel aufrecht wachsend
3 Unterseite der schmalen, bis 15 mm breiten Blätter dreikantig
4 Blütenstände kugelig
5 Früchte stark kantig, mit Schnabel

Schmalblättriger Igelkolben
Sparganium angustifolium
Art im Bestand gefährdet
Verbreitungsschwerpunkt: Rasen in Flachwasser
Hauptblütezeit: Juni bis August

Zwerg-Igelkolben
Sparganium natans
Art im Bestand gefährdet
Verbreitungsschwerpunkt: Schwimmpflanzengesellschaften mehr oder minder nährstoffreicher Gewässer
Hauptblütezeit: Juni bis August

Einfacher Igelkolben
Sparganium emersum
Art in der Schweiz und in Teilen Österreichs im Bestand gefährdet
Verbreitungsschwerpunkt: Röhrichte und Großseggensümpfe
Hauptblütezeit: Juni bis Juli

Schuppenmieren
Spergularia
Nelkengewächse (Caryophyllaceae)

Grundlegende Merkmale: Die Blätter sind einfach gestaltet, länglich, ganzrandig und gegenständig. Die Blüten sind fünfzählig, die Kronblätter weiß oder rosa gefärbt. Die Frucht ist eine Kapsel.
Verwendung in der Ernährung: Frisch austreibende Pflänzchen der hier aufgeführten mitteleuropäischen Arten wurden laut Machatschek 2010 als Salat und Rohkost [1] verwendet.
Inhaltsstoffe und Wirkung: Die Samen von *S. arvensis* enthalten einen alkohollöslichen, kräftig blau fluoreszierenden Farbstoff *(Spergulin)*. In den rötlichen Blüten von *S. salina* finden sich farbige Anthocyane. *S. rubra* gilt als wassertreibend. Wissenschaftliche Untersuchungen der Roten Schuppenmiere *(S. rubra)* weisen auf eine blutzuckerregulierende und antioxidative Wirkung hin. Außerdem hemmt sie das körpereigene Enzym Acetylcholinesterase. Derartige Wirkstoffe werden derzeit bei der Behandlung der Alzheimerdemenz eingesetzt. In Algerien wird die Pflanze wegen ihrer harntreibenden Wirkung bei Katarrhen der Harnwege benutzt.

Rote Schuppenmiere
Spergularia rubra

Höhe bis 0,25 m
1 Pflanze am Grunde verzweigt, Stängel liegend bis steigend
2 Blätter in Büscheln angeordnet
3 Blätter schmal länglich, bis 2,5 cm lang, am Ende zugespitzt
4 Am Grunde verwachsene, häutige Nebenblätter
5 Kelchblätter drüsig behaart, mit häutigem Rand
6 5 rötliche Kronblätter, die kürzer sind als der Kelch
7 Fruchtkapsel etwa 5 mm lang

Verbreitungsschwerpunkt: Sandige Äcker, Wege
Hauptblütezeit: Mai bis September
Zusätzliche Hinweise zur Verwendung: Laut MACHATSCHEK 2010 wurden die Samen für Mehl [20] und die Blätter für Spinat [9.1] verwendet.

Igelsamige Schuppenmiere
Spergularia echinosperma
Art im Bestand gefährdet
Verbreitungsschwerpunkt: Nasse Schlammböden
Hauptblütezeit: Juni bis August

Flügelsamige Schuppenmiere
Spergularia media
Art zerstreut bis selten
Verbreitungsschwerpunkt: Strand von Nord- und Ostsee
Hauptblütezeit: Juli bis September
Zusätzliche Hinweise zur Verwendung: Laut MACHATSCHEK 2010 wurden die Samen für Mehl [20] und die Blätter als Rohkost [1], Kochgemüse sowie als Sauerkrautbeigabe [13.4] genutzt.

Salz-Schuppenmiere
Spergularia salina
Art im Bestand gefährdet
Verbreitungsschwerpunkt: Küsten, Salzstellen
Hauptblütezeit: Mai bis September
Zusätzliche Hinweise zur Verwendung: Laut MACHATSCHEK 2010 wurden die Samen für Mehl [20] und die Blätter als Rohkost [1], Kochgemüse sowie als Sauerkrautbeigabe [13.4] genutzt.

Getreidemiere
Spergularia segetalis
Art im Bestand gefährdet
Verbreitungsschwerpunkt: Feuchte Äcker
Hauptblütezeit: Juni bis Juli

Spergularia rubra

Tragopogon pratensis

Bocksbart-Arten
Tragopogon
Korbblütengewächse (Asteraceae)

Grundlegende Merkmale: Die langen, steifen Blätter dieser Gattung sind wechselständig am Stängel angeordnet. Röhren- und Zungenblüten finden sich zu Sammelblüten zusammen, die einzeln an der Spitze der Triebe stehen. Der Fruchtstand setzt sich aus zahlreichen Samen mit lang gestielten Haarkränzen, in der Art einer großen Pusteblume, zusammen.
Verwendung in der Ernährung: Die hier vorgestellten mitteleuropäischen Arten sind süßlich-milde bis spargel-aromatische Pflanzen, geeignet für Salate, Gemüse und als Speisendekor, die oft noch bis spät ins Jahr hinein weich bleiben.

Die süßlichen Blätter und weichen Triebspitzen sowie die Stängel und knospigen Blütenstände stellen ein sehr gutes Wildgemüse dar. Man kann sie von April bis Juni ernten. Sie ergeben eine knackig-schmackhafte Rohkost oder Salatbeigabe [1] und insbesondere ein delikates, gedünstetes Pfannengemüse [7], das ganz weich wird und das man gerne mit herbem Gemüse mischt, um dieses zu mildern.

Die oberen Blütentriebe mit der länglichen Blütenknospe kann man im Mai wie Grünspargel zubereiten. Sie gelten auch in Spitzenrestaurants als delikate Besonderheit. Des Weiteren finden sie Verwendung als Brotteigbeigabe in Hausbrotmischungen [21.1], in Eierspeisen (wie in Crêpes [6.2], Rührei [6.3] oder Omelett [6.1]), als in Öl eingelegtes Gemüse [13.5] und als Füllung für Gemüsestrudel [10.1] oder Gemüsetaschen [10.2]. Sie sind auch eine sehr gute Beigabe zur Kräuterbrotzeit [15.1] und verfeinern Ofengemüsegerichte wie Lasagne [12.1] oder Pizza [12.2] genauso wie Risotto [11.2]. Die schönen, strahlenförmigen, süß schmeckenden Blüten legt man von Mai bis Juli im Ganzen gerne als Dekoration zu Speisen. Wenn sie auch gegessen werden sollen, ist es besser, nur die Blütenstrahlen abzuschneiden und die Speisen damit zu bestreuen.

Weiche Wurzelabschnitte können vor allem im April klein geschnitten und gegart werden. Sie eignen sich sehr gut zu Bratlingen [4] oder als Wurzelgemüse [8.1] zubereitet sowie als Kaffeesurrogat [23].
Inhaltsstoffe und Wirkung: Die genannten Arten sind ähnlich in ihrer Zusammensetzung und Wirkungsweise. Insbesondere die Wurzel des Wiesen-Bocksbarts enthält Inulin, Lipide, Schleimstoffe, Bitterstoffe und Kohlenhydrate. Die ganze Pflanze und die Wurzel können heilkundlich als Tee, Saft, aber auch roh oder gekocht eingesetzt werden. Die ganze Pflanze wirkt innerlich und äußerlich blutreinigend, schweißtreibend und regt die Harnbildung an. Des Weiteren fördert sie die Funktion von Niere, Leber und Milz. Ähnlich verwendet wird die Haferwurzel *(T. porrifolius)*. Sie wurde insbesondere bei Gallenproblemen und Gelbsucht eingesetzt. Sie wirkt positiv auf die Leber und Gallenblase und unterstützt die Behandlung von Arteriosklerose und Bluthochdruck.

Wiesen-Bocksbart
Tragopogon pratensis

Unterart *T. pratensis* ssp. *minor* in der Schweiz im Bestand gefährdet

Verbreitungsschwerpunkt: Grünlandgesellschaften
Hauptblütezeit: Mai bis Juli

Höhe bis 0,8 m
Grundlegende Merkmale der Pflanzengattung links
1 Blätter lang, schmal und zugespitzt
2 Stiele unterhalb der Blütenköpfe nur schwach oder gar nicht verdickt, deutlich von den Blütenköpfen abgesetzt
3 Blütenköpfe einzeln am Ende der Triebe
4 Goldgelbe Einzelblüten im Blütenkopf
5 Blütenhülle aus 8 spitz zulaufenden, am Grunde miteinander verwachsenen Blättern gebildet
6 Frucht mit Haarkranz (a) und langem Schnabel (b)

Großer Bocksbart
Tragopogon dubius
Art ist selten
Verbreitungsschwerpunkt: Ruderalgesellschaften, Acker- und Gartenunkrautgesellschaften
Hauptblütezeit: Mai bis Juni

Haferwurzel, Roter Bocksbart
Tragopogon porrifolius
Art selten verwildert
Verbreitungsschwerpunkt: Grünlandgesellschaften
Hauptblütezeit: Juni bis Juli

Rohrkolben
Typha
Rohrkolbengewächse (Typhaceae)

Verwendung in der Ernährung: Die jungen, fast porreeartig aussehenden, saftigen, süßlichen Jungtriebe der hier aufgeführten mitteleuropäischen Arten lassen sich von April bis Anfang Mai fein geschnitten u. a. in Öl oder mariniert einlegen [13]. Man kann sie auch zu einem feinen Pfannengemüse [7] dünsten oder in Salate [1] und Suppen [3.1] schneiden. Dafür schält man nach ihrer Ernte ihre äußeren Blätter ab und nutzt das helle Gemüse im Inneren. Auch das Innere der Basis der reiferen Pflanzen lässt sich nach dem Schälen ähnlich verwenden.

Die stärkereichen Wurzeln sind sehr faserig, ergeben aber im März und im Herbst ein nahrhaftes Gemüse. Sie sind bis zu 5 cm dick und können nach dem Waschen quer zur Faser klein geschnitten und ausgekocht werden. Wenn man sie durch ein Sieb passiert, erhält man ein fast süßliches Mus. Dieses kann man nun als Bindemittel für Saucen [14] oder gesüßt für Dessert- und Eisspeisen verwenden. Das getrocknete Mus wurde als Streckmehl für Gebäck [20] und als Brotteigbeigabe, insbesondere im Hausbrot [21.1], oder geröstet als Kaffeesurrogat [23] verwendet.

Die unreifen weiblichen Blütenteile schabte man von Juli bis August ab und nutzte sie als Back- [12.3] und Kochgemüse in Suppen [3.1]. Der eiweißreiche Staub der männlichen Blütenteile diente als Beigabe zu Backmehl [20].

Der Grundgeschmack der Triebe ähnelt dem von Bambussprossen, sie sind saftig und man schmeckt die Stärke. Das Wurzelmus schmeckt fast maronenartig.
Inhaltsstoffe und Wirkung: Die Rhizome der Pflanzen sind äußerst ertragreich. Sie enthalten viel Stärke (45 %) und Zucker, außerdem Fett und Mineralstoffe. Die Pollen sind proteinreich. Die Blätter, Wurzeln und Pollen wurden volksheilkundlich bei einer Vielzahl von Beschwerden eingesetzt. Pollen und Blätter wirken entwässernd, blutstillend und adstringierend. Sie wurden naturheilkundlich bei Nierensteinen, Blutungen, Menstruationsbeschwerden, Bandwürmern, Abszessen, Durchfall, Husten und Lymphdrüsenkrebs verwendet. Schwangeren wird von einer Anwendung abgeraten. Umschläge aus den Wurzeln setzte man bei einer Vielzahl von Hauterkrankungen und bei Hautverletzungen aller Art ein. Innerlich wirken sie wassertreibend, kühlend, stärkend und fördern die Milchbildung. Mit den Samen bedeckte man Verbrühungen und Verbrennungen. Der Rohrkolben liefert außerdem ausgezeichneten Zunder zum Feuermachen. Die faserreichen Pflanzen sind auch technisch interessant und können zur Herstellung von Papier, Dämmstoffe und Alkohol verwendet werden. Außerdem verwendet man sie bei der biologischen Abwasserreinigung.

Breitblättriger Rohrkolben, Großer Rohrkolben
Typha latifolia

Höhe bis 3,0 m
1 Unterirdische Ausläufer
2 Blätter blaugrün, bis 2 cm breit
3 Dunkler, weiblicher Kolben bis 20 cm lang
4 Männlicher Kolben durch Hochblätter gegliedert
5 Die Kolben grenzen (meist) ohne Abstand direkt aneinander an

Verbreitungsschwerpunkt: Röhrichte und Großseggensümpfe
Hauptblütezeit: Mitte Juli bis Mitte August

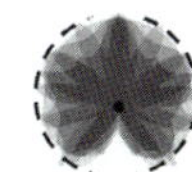

 **Schmalblättriger Rohrkolben**
Typha angustifolia
Art zerstreut bis selten
Verbreitungsschwerpunkt: Röhrichte und Großseggensümpfe
Hauptblütezeit: Mitte Juli bis Mitte August

 **Zwerg-Rohrkolben, Binsen-Rohrkolben**
Typha minima
Art im Bestand gefährdet
Verbreitungsschwerpunkt: Kleinseggen-Zwischenmoore und Sumpfrasen
Hauptblütezeit: August bis September

 **Shuttleworths-Rohrkolben**
Typha shuttleworthii
Art im Bestand gefährdet
Verbreitungsschwerpunkt: Kleinseggen-Zwischenmoore und Sumpfrasen, Röhrichte und Großseggensümpfe
Hauptblütezeit: Ende Juni bis Mitte August

Rosskastanien
Aesculus
Seifenbaumgewächse (Sapindaceae)

Gewöhnliche Rosskastanie
Aesculus hippocastanum

Gefahrenstufe bei der Verwendung: **
Verbreitungsschwerpunkt: Parkanlagen, Wege, Forste
Hauptblütezeit: Anfang Mai bis Ende Juni
Verwendung in der Ernährung: Die reifen Früchte im September und Oktober enthalten viele Seifenstoffe und können unverarbeitet Übelkeit hervorrufen. Geschält und in Wasser püriert erhält man ein schäumendes Mus. Wenn man dieses immer wieder mit frischem Wasser auskocht und durch ein Tuch siebt, erhält man abschließend einen kleinen Rest verträgliches, jedoch geschmacksfades Nussmus. Trocken pulverisiert gab man die geschälten Früchte wohl auch Schnupftabak bei. Ganze junge herbe Blätter wurden angeblich gewürzartig benutzt.

Typha latifolia

Aesculus hippocastanum

Alchemilla conjuncta

Alchemilla fissa

Inhaltsstoffe und Wirkung: Medizinisch verwendet werden neben den Kastanien auch die Blätter, Blüten und die Rinde. Die Rosskastanie enthält Triterpen-Saponine (Aescin), Terpene, Phytosterine und Flavonoide (Quercetin), außerdem Glykoside des Cumarins wie Aesculin, Fraxin und Scopolin. Die Pflanze ist in vielen Präparaten gegen Venenstauungen (Krampfadern) und Hämorrhoiden enthalten. Einreibungen und Bäder mit Rosskastanie bei Durchblutungsstörungen, Zerrungen und Blutergüssen. Gleichartige Verwendung auch in der Homöopathie.

Frauenmantel-Arten
Alchemilla
Rosengewächse (Rosaceae)

Grundlegende Merkmale: Die Blätter dieser Gattung sind in einer Rosette angeordnet, lang gestielt und in ihrer Form kreis- bis nierenförmig. Der Blüte fehlen die Kronblätter, Kelch- und Staubblätter jeweils zu vieren oder fünfen.

Verwendung in der Ernährung: Kleine, noch recht helle Blätter der hier aufgeführten mitteleuropäischen Arten werden in der Küche von Frühjahr bis Frühsommer fein geschnitten und z. B. in verschiedene Salate [1] gemischt. Sie lassen sich auch gut zu Gemüsefüllungen [10] verarbeiten. Der Grundgeschmack der Blätter ist mild kohlrabiartig. In Streifen geschnitten ergeben sie zusammen mit Brennnesselblättern und Schafkäse eine wohlschmeckende Füllung für Blätterteigtaschen. Des Weiteren nutzt man sie zu lasagneartigen Aufläufen [12.1], zu Bratlingen [4] Mischgemüsegerichten [11], zu Kochgemüse [9], Hackkräutermischungen [15] aber auch zur Teegetränkbereitung [22.1]. Zur Bevorratung kann man die Blätter gut gelüftet und sonnenlichtgeschützt trocknen und als Vitaminspender im Winter einsetzen. Die sanft aromatischen, gelben Blüten verwendet man als essbare Dekorationsstreu.

Verwachsener Frauenmantel

Alchemilla conjuncta (Artengruppe)

Höhe bis 0,3 m
Grundlegende Merkmale der Pflanzengattung auf S. 72
Blattunterseite silbrig behaart (ohne Abb.)

1 Blätter, die am Pflanzengrund entspringen, haben maximal 7–9 Abschnitte
2 Spitzen der Blattabschnitte gezähnt
3 Mittlere Blattabschnitte über 3 mm miteinander verwachsen
4 Blüten in lockeren Büscheln
5 Einzelblüte mit 2×4 gelbgrünen Kelchblättern, keine Kronblätter
6 Blütenstiel und Blütenkelch behaart
7 Blütenstiel häufig über 4 mm lang

Verbreitungsschwerpunkt: Steinfluren und alpine Rasen
Hauptblütezeit: Juni bis August
Inhaltsstoffe und Wirkung: Vermutlich ähnlich wie *Alchemilla vulgaris.*

Zerschlitzter Frauenmantel

Alchemilla fissa (Artengruppe)

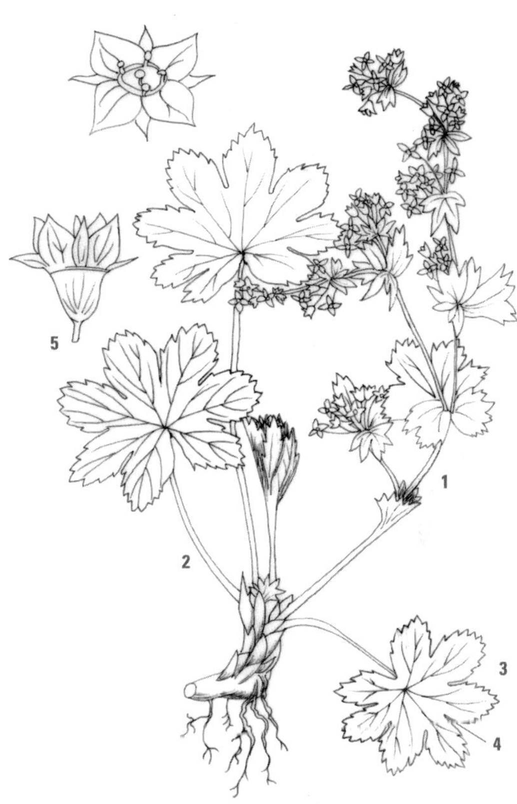

Höhe bis 0,3 m
Grundlegende Merkmale der Pflanzengattung auf S. 72

1 Stängel bogig aufsteigend, kahl
2 Grundständige Blätter lang gestielt
3 Blattfläche fünf- bis siebenlappig, im Umriss annähernd kreisförmig
4 Die Einschnitte zwischen den Lappen reichen etwa bis in die Mitte der Blattfläche
5 Blütenstiele nicht behaart

Verbreitungsschwerpunkt: Gesellschaften auf zumeist schneebedeckten Böden
Hauptblütezeit: Juni bis August
Inhaltsstoffe und Wirkung: Vermutlich ähnlich wie *Alchemilla vulgaris.*

Bastard-Frauenmantel

Alchemilla hybrida (Artengruppe)

Höhe bis 0,3 m
Grundlegende Merkmale der Pflanzengattung auf S. 72

1 Blätter (a), Stiele (b) und Blüten (c) wollig behaart
2 Blätter, die am Pflanzengrund entspringen, haben 7–9 Abschnitte
3 Blattabschnitte vorne mit deutlichen Zähnen
4 Blattabschnitte gehen max. zu einem Drittel ins Blatt

Verbreitungsschwerpunkt: Borstgrastriften und Zwergstrauchheiden, Grünlandgesellschaften, Kalk-Magerrasen
Hauptblütezeit: Mai bis Ende August
Inhaltsstoffe und Wirkung: Vermutlich ähnlich wie *Alchemilla vulgaris.*

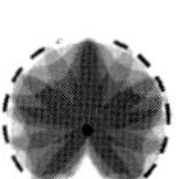

Gewöhnlicher Frauenmantel

Alchemilla vulgaris (Artengruppe)

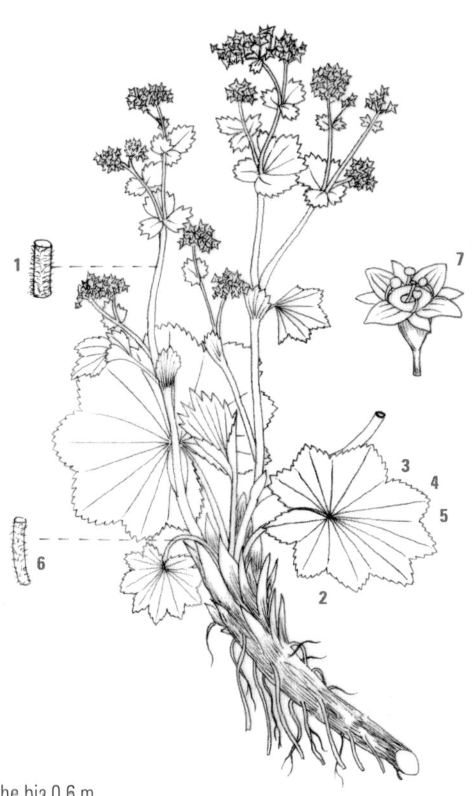

Höhe bis 0,6 m
Grundlegende Merkmale der Pflanzengattung auf S. 72

1 Stängel behaart
2 Blätter gestielt, Anordnung in einer Rosette
3 Blätter im Umriss rundlich bis nierenförmig
4 Blattrand 5–11-lappig, gezähnt
5 Blattzähne mit Wasserspalten, aus denen bei feuchter Witterung Wasser ausgeschieden wird
6 Blattstiele behaart
7 Einzelblüte kleiner als 1 cm, cremefarben bis gelb

Verbreitungsschwerpunkt: Grünlandgesellschaften
Hauptblütezeit: Juni bis August
Inhaltsstoffe und Wirkung: Das ganze Kraut des Gewöhnlichen Frauenmantels *(A. vulgaris)* wird arzneilich verwendet. Es enthält 6–8 % Gerbstoffe (vorwiegend Ellagitannine, z. B. Agrimoniin), 2 % Flavonoide (Quercetinderivate), Bitterstoffe, Phytosterin, Glykoside, Saponine und Calciumoxalat. Anders als die Schulmedizin, die der Pflanze nicht viel zutraut, wird sie in der Volksheilkunde nach der Signaturenlehre (Frauenmantel) hoch geschätzt und seit dem Mittelalter in den Kräuterbüchern erwähnt. Auch Hildegard von Bingen kannte den Frauenmantel. Traditionell ist sein Haupteinsatzbereich die Frauenheilkunde. Was angesichts der enthaltenen hormonähnlichen Inhaltsstoffe, die dem weiblichen Sexualhormon Progesteron ähneln, Sinn macht. Als Tee getrunken kann der Frauenmantel Mangelzustände ausgleichen, die zu prämenstruellen Störungen und zu Wechseljahrsbeschwerden führen. Zudem wirkt er entkrampfend auf die Gebärmutter und fördert nach der Geburt die Milchbildung. Als Sitzbad wirkt der Tee äußerlich bei Weißfluss. Im Tierversuch zeigte der Reinstoff Agrimoniin stark wachstumshemmende Eigenschaften bei Brustkrebs. Frauenmanteltee wirkt stark antioxidativ, ist hilfreich bei Beschwerden der Atmungsorgane, z. B. bei Husten und Erkältungskrankheiten. Er fördert die Verdauung, wirkt herzstärkend und weist einen positiven Einfluss auf die Elastizität der Blutgefäße auf. Seine Wirkung auf das Nervensystem kann Kopfschmerzen und Schlaflosigkeit lindern. Äußerlich angewandt hilft Frauenmantel-Tee gegen Geschwüre, Ekzeme und eitrige Furunkel.

Alpen-Frauenmantel

Alchemilla alpina
Art im Bestand gefährdet
Verbreitungsschwerpunkt: Borstgrastriften und Zwergstrauchheiden
Hauptblütezeit: Juni bis August
Inhaltsstoffe und Wirkung: Vermutlich ähnlich wie *Alchemilla vulgaris.*

Glanz-Frauenmantel

Alchemilla splendens (Artengruppe)
Art in Österreich im Bestand gefährdet
Verbreitungsschwerpunkt: Steinfluren und alpine Rasen
Hauptblütezeit: Juni bis August
Inhaltsstoffe und Wirkung: Vermutlich ähnlich wie *Alchemilla vulgaris.*

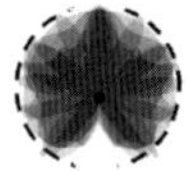

Tellerkräuter
Claytonia
Portulakgewächse (Portulacaceae)

Gewöhnliches Tellerkraut, Postelein, Winterportulak
Claytonia perfoliata

Höhe bis 0,2 m
1 Blätter ganzrandig, lang gestielt, rauten- bis tellerförmig
2 Blütenstand lang gestreckt, dem Zentrum der oberen, tellerförmigen Blätter entspringend
3 Unscheinbare, fünfzählige Blüten

Verbreitungsschwerpunkt: Schleier- und Krautgesellschaften im Halbschatten
Hauptblütezeit: April bis Juli
Verwendung in der Ernährung: Eine zarte und milde Pflanze mit süßlicher, stärkereicher Wurzel für Salate und Gemüse. Die schönen, runden, scheibenförmigen Blätter und langen, zarten Stängel erntet man gut kurz vor der Blüte im April und Mai. Sie ergeben einen der besten frischen Blattsalate, z. B. mit einem leichten Senfdressing. Die Blätter bleiben auch nach und während der Blüte zart. Sie sind so mild und saftig, dass man sie gut als alleinige Salat- oder Rohkostbasis [1] nehmen oder als Saft- und Vitalgetränke [22.4] verwenden kann. Der Grundgeschmack der Triebe liegt etwa zwischen Portulak und saftigem Feldsalat. Gekocht ergeben Stängel und Blätter einen schmelzend zarten Spinat [9.1]. Denkbar wären sie natürlich auch in Eierspeisen [6], als zart-säuerliches Gemüse [7.1], als Püree [9.3] und in Gemüsesuppen [3.1]. Sollte die feine Wurzel beim Ernten mit herausgehen, so kann man sie ebenfalls als gute Zutat in Mischgemüsegerichten [11] kochen. Sie hat einen süßlichen, maronenaromatischen Geschmack. Erntet man während der Blütezeit von April bis Juli, dann kann man die Blüten sehr gut als essbare Dekoration auf vielerlei Gerichte geben oder sie in Salat einarbeiten.
Inhaltsstoffe und Wirkung: Das Gewöhnliche Tellerkraut enthält Vitamin C, Magnesium, Calcium und Eisen. Breiumschläge lindern Rheuma und Augenschmerzen.

Storchenschnabel-Arten
Geranium
Storchschnabelgewächse (Geraniaceae)

Grundlegende Merkmale: Die Pflanzen haben gestielte, meist handförmig geteilte Blätter. Die fünfzähligen Blüten sitzen am Ende langer Stiele. Auffällig ist die schnabelförmige Frucht.
Verwendung in der Ernährung: Die milden Blüten und ihre Knospen wurden als gewürzartige Beigabe für Salate [1] und Gemüse genutzt. Weiterhin erachten wir sie auch in dieser Weise geeignet zu Eierspeisen [6], als essbare Dekoration in Hackkräutermischungen [15] und Gemüsesuppen [3.1], als Beigabe in Bowlen [22.3] und süßer Sauce [17.2]. Nur von *G. pratense* ist die Nutzung der Blätter als Gemüse überliefert. Allen anderen hier aufgeführten Arten werden nur Gewürzverwendungen der Blätter zugesprochen; überbrüht oder gekocht laut Fischer 2007.
Inhaltsstoffe und Wirkung: Die Pflanzen enthalten Gerbstoffe (Ellagitannine), Bitterstoffe, Flavonoide und ätherisches Öl. Früher nutzte man sie volksmedizinisch bei leichten Durchfällen, zur Stimmungsaufhellung und bei Magen-Darmentzündungen, darüber hinaus bei Leber- und Gallenerkrankungen und zur Entschlackung. Dem Wiesenstorchenschnabel *(G. pratense)* werden auch hormonartige Wirkungen nachgesagt, man setzt ihn deshalb bei zu starker Regelblutung ein. Äußerlich und innerlich lindert die Pflanze Geschwüre, Hautausschläge, schlecht heilende Wunden und kann auch als Gurgelmittel bei Entzündungen im Mund- und Rachenraum eingesetzt werden. In früherer Zeit behandelte man mit dem Storchenschnabel Milzbrand.

Schlitzblättriger Storchschnabel
Geranium dissectum

Verbreitungsschwerpunkt: Äcker, Wegränder
Hauptblütezeit: Mai bis Oktober
Zusätzliche Hinweise zur Verwendung: Die Wurzel ist überliefert als Notzeitnahrung. Leider gibt es keine weiteren Details über Zubereitung und Dosierung. Von der Verwendung kann auch der nach MARZELL 1958 überlieferte Name »Brotkrüstchen« zeugen.
Inhaltsstoffe und Wirkung: Die ganze Pflanze, insbesondere aber deren Wurzel, enthält Gerbstoffe (Tannine). Sie wirkt antiseptisch, stark adstringierend, blutstillend und tonisierend. Zur Anwendung siehe Gattungsbeschreibung.

Höhe bis 0,6 m
Grundlegende Merkmale der Pflanzengattung auf S. 76

1 Stängel abstehend behaart
2 Stängelblätter gegenständig angeordnet
3 Blätter in schmale Abschnitte geteilt
4 Rote Kronblätter nur etwa 5 mm lang, an der Spitze eingekerbt (ausgerandet)
5 Behaarte, schnabelförmige Frucht bis 1, 5 cm lang

Claytonia perfoliata

Geranium dissectum

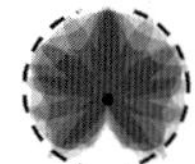

Wiesen-Storchschnabel

Geranium pratense

Höhe bis 0,8 m
Grundlegende Merkmale der Pflanzengattung auf S. 76
1 Blätter handförmig in 5–7 Abschnitte geteilt
2 Einschnitte zwischen den Blattabschnitten bis annähernd in die Mitte reichend
3 Zähne am Blattrand länger wie breit
4 Rand der Blütenkronblätter im Gegensatz zu einigen anderen Geranium-Arten glatt, ohne Einbuchtung
5 Blütenkronblätter von mehreren sichtbaren Blattnerven durchzogen
6 Staubfäden am Grunde verbreitert

Foto S. 80

Verbreitungsschwerpunkt: Gedüngte Frischwiesen und -weiden
Hauptblütezeit: Juni bis August
Verwendung in der Ernährung: Die milden Blätter des Wiesen-Storchenschnabels werden von April bis Juli roh als Grundlage verschiedener Salate [1] verwendet. Roh genossen spürt man den etwas zarten Haarflaum. Erwärmt nutzt man die Blätter als Gemüsefüllungen [10], als Beigabe zu lasagneartigen Aufläufen [12.1] und Suppen [3.1] sowie zu weiteren Gemüsegerichten, z. B. Kräuterpüree und Spinat [9.3][9.1], zu Eintopfgerichten [11.1], zu Bratlingen [4], zu Krautgemüsebroten [21.1], zu Eierspeisen (Omelett, Rührei [6.3][6.1]) oder zu Kräuterquark [15.5].

Die schönen, großen Blüten sind neutral im Geschmack und können gut von Juni bis August als schmückende, essbare Dekoration benutzt werden. Am schönsten kommen die eleganten Blüten zur Geltung, wenn man sie vorsichtig auszupft und frisch oder getrocknet über diverse Speisen gibt. Eine besondere Empfehlung: Salate bestreut oder Frischkäse ummantelt mit den Blüten des Wiesen-Storchenschnabels. Gerne nutzt man auch die getrockneten Blüten als dekorative Beigabe zu Trockenteemischungen [22.1].

Aus den getrockneten Samen, von August bis September geerntet, lassen sich unseres Erachtens mit etwas Geduld im Winter auf der Fensterbank junge, essbare Keimlinge ziehen.
Verwechslungsgefahr: Eisenhut-Arten *(Aconitum)* vor der Blütenentwicklung, S. 588; Buschwindröschen *(Anemone nemorosa)* vor der Blütenentwicklung, S. 592; Trollblume *(Trollius europaeus)* vor der Blütenentwicklung, S. 624.

Kleiner Storchschnabel

Geranium pusillum

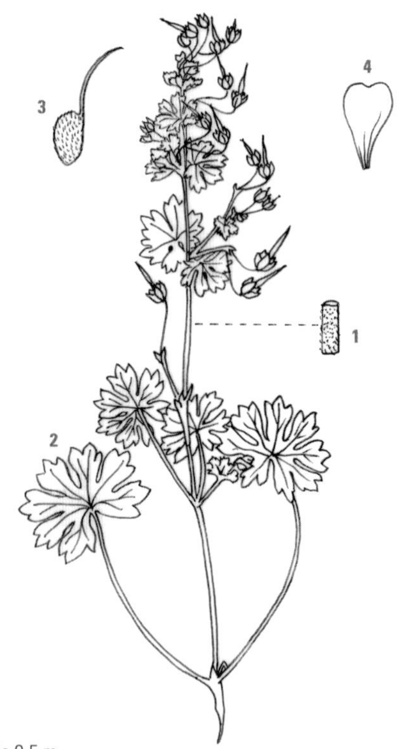

Höhe bis 0,5 m
Grundlegende Merkmale der Pflanzengattung auf S. 76
1 Der Stängel ist nur kurz (kürzer als 0,5 mm) behaart
2 Die Blätter sind bis über die Hälfte fünf- bis siebenteilig
3 Die Frucht ist anliegend behaart, nicht querrunzelig
4 Blütenkronblätter mit Einbuchtung

Foto S. 80

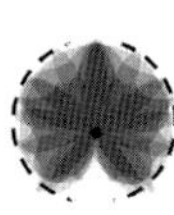

Verbreitungsschwerpunkt: Ruderalgesellschaften, Acker- und Gartenunkrautgesellschaften
Hauptblütezeit: Mai bis September

Pyrenäen-Storchschnabel
Geranium pyrenaicum

Verbreitungsschwerpunkt: Gebüsch, Wegränder, Weiden
Hauptblütezeit: Mai bis Oktober

Höhe bis 0,8 m
Grundlegende Merkmale der Pflanzengattung auf S. 76
1 Stängel verzweigt und meist behaart
2 Grundblätter rundlich, tief in 7–9 Lappen geteilt
3 Blattlappen nur wenig länger als breit
4 Hellviolette Blüten zu zweien auf langen Stielen
5 Frucht bis 2 cm lang, kurzhaarig

Foto S. 80

Stinkender Storchschnabel, Ruprechtskraut
Geranium robertianum

Verbreitungsschwerpunkt: Wälder, Mauern, Hecken
Hauptblütezeit: Mai-September

Höhe bis 0,5 m
Grundlegende Merkmale der Pflanzengattung auf S. 76
1 Charakteristisch unangenehmer Geruch
2 Stängel reich verzweigt, abstehend behaart und häufig rot überlaufen
3 Blätter tief handförmig in filigrane Abschnitte geteilt
4 Schnabelartige Frucht bis 2,5 cm lang

Foto S. 80

Rundblättriger Storchschnabel
Geranium rotundifolium

Verbreitungsschwerpunkt: Nadelwälder, Mauern, Äcker
Hauptblütezeit: Juni bis Oktober

Höhe bis 0,3 m
Grundlegende Merkmale der Pflanzengattung auf S. 76
1 Pflanze verzweigt und abstehend behaart
2 Stängel liegend oder steigend
3 Blätter rundlich, fünf- bis neunteilig
4 Rosa gefärbte Kronblätter, an der Spitze eingekerbt (ausgerandet)

Foto S. 81

Geranium pratense

Geranium pusillum

Geranium pyrenaicum

Geranium robertianum

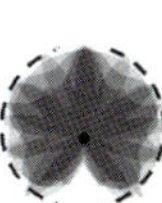

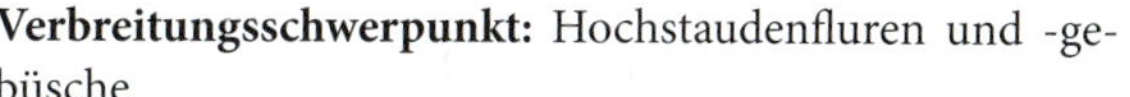

Wald-Storchschnabel
Geranium sylvaticum

Verbreitungsschwerpunkt: Hochstaudenfluren und -gebüsche

Hauptblütezeit: Mai bis August

Verwechslungsgefahr: Eisenhut-Arten *(Aconitum)* vor der Blütenentwicklung, S. 588; Buschwindröschen *(Anemone nemorosa)* vor der Blütenentwicklung, S. 592; Trollblume *(Trollius europaeus)* vor der Blütenentwicklung, S. 624.

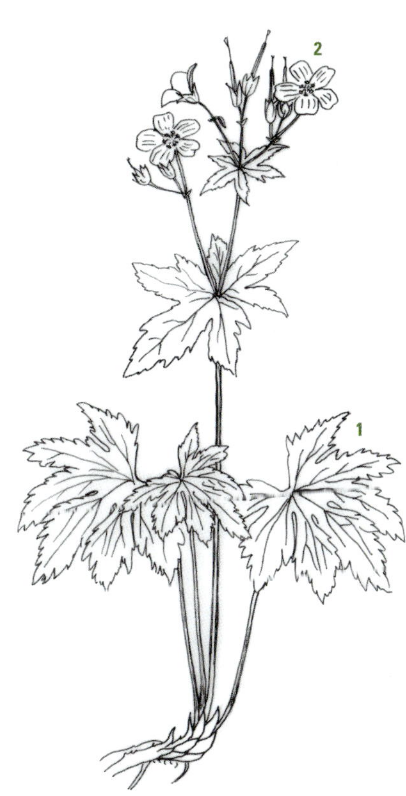

Höhe bis 0,7 m

Grundlegende Merkmale der Pflanzengattung auf S. 76

Der Wald-Storchschnabel ähnelt dem Wiesen-Storchschnabel *(Geranium pratense)* mit den beiden folgenden augenscheinlichen Unterschieden:

1 Blatt fünf- bis siebenteilig, jedoch zwischen den Blattlappen weniger tief eingeschnitten als beim Wiesen-Storchschnabel

2 Blüten ähnlich, in der Farbe jedoch mehr rot- als blau-violett

Geranium rotundifolium

Geranium sylvaticum

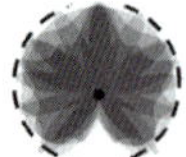

Weicher Storchschnabel
Geranium molle
Art in Österreich im Bestand gefährdet
Verbreitungsschwerpunkt: Gedüngte Frischwiesen und -weiden
Hauptblütezeit: Mai bis September

Böhmischer Storchschnabel
Geranium bohemicum
Art im Bestand gefährdet
Verbreitungsschwerpunkt: Feuchte Nadelwälder
Hauptblütezeit: Juli bis September

Stein-Storchschnabel
Geranium columbinum
Art zerstreut bis selten
Verbreitungsschwerpunkt: Gebüsche, Wegränder, Äcker
Hauptblütezeit: Mai bis Juli

Glänzender Storchschnabel
Geranium lucidum
Art im Bestand gefährdet
Verbreitungsschwerpunkt: Felsen, Gebüsche
Hauptblütezeit: Mai bis Juni

Felsen-Storchschnabel
Geranium macrorrhizum
Art selten zu finden, ausgewildert
Verbreitungsschwerpunkt: Felsen, Gebüsche
Hauptblütezeit: Mai bis Juni

Knotiger Storchschnabel
Geranium nodosum
Art neuartig in Ansiedlung
Verbreitungsschwerpunkt: Zierpflanze, verwildert in Laubwälder
Hauptblütezeit: Mai bis September

Sumpf-Storchschnabel
Geranium palustre
Art zerstreut bis selten
Verbreitungsschwerpunkt: Feuchte Wiesen und Wälder
Hauptblütezeit: Juni bis September

Brauner Storchschnabel
Geranium phaeum
Art im Bestand gefährdet
Verbreitungsschwerpunkt: Hochstaudenfluren, Bergwiesen
Hauptblütezeit: Mai bis August

Zurückgebogener Storchschnabel
Geranium reflexum
Art im Bestand gefährdet
Verbreitungsschwerpunkt: Gebüsche, Waldlichtungsgesellschaften
Hauptblütezeit: Mai bis August

Blutroter Storchschnabel
Geranium sanguineum
Art zerstreut bis selten
Verbreitungsschwerpunkt: Trockensaum, Trockengebüsch
Hauptblütezeit: Mai bis September

Lupinus polyphyllus

Lupinen
Lupinus
Schmetterlingsblütengewächse (Fabaceae)

Gefahrenstufe bei der Verwendung: **

Verwendung in der Ernährung: Die Samen enthalten oft bitter schmeckende, giftige Alkaloide. Der bittere Geschmack diente als Indikator, d. h. wenn die Samen bitter schmeckten, wurden sie nur verarbeitet verwendet. Man röstete sie dazu z. B. als Kaffeesurrogat [23] oder weichte sie ein bzw. kochte sie, beides jeweils mehrfach (3-mal) in frischem Wasser. Neben den bei uns verbreiteten Arten gibt es in der Gattung auch natürliche und gezüchtete Arten mit süßen Samen, die als völlig harmlos gelten (s. unten). Die geschälten, milderen Triebe wurden im Frühjahr bis vor der Blüte in kleinen Mengen als Rohkost [1] genutzt bzw. als eingelegtes Gemüse [13].

Inhaltsstoffe und Wirkung: Die Samen der Wildlupinenarten sind eiweißreich und werden wegen ihrer giftigen Alkaloide (Lupanin) als mäßig bis stark giftig eingeschätzt. Offenbar enthalten sie auch Inhaltsstoffe (Pyridinalkaloide), die bei Tieren, in Futtermengen eingenommen, Missbildungen verursachen. Die Blätter enthalten nur geringe Mengen an Giftstoffen. Wegen des Gehalts an hochwertigem Eiweiß

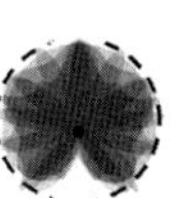

wurden schon in den 30er-Jahren sogenannte Süßlupinen gezüchtet, deren Samenmehl man als Viehfutter, aber auch für die menschliche Ernährung (Lopino – Tofuersatz) nutzen kann. Offenbar nutzte man die Giftstoffe der Wildlupinen früher zur Beseitigung von Eingeweideparasiten. Die Wurzel der Schmalblättrigen Lupine *(L. angustifolius)* wurde als schlafförderndes Mittel gekaut. Ein Samenaufguss eignet sich äußerlich zur Behandlung von eitrigen Wunden.

Vielblättrige Lupine
Lupinus polyphyllus

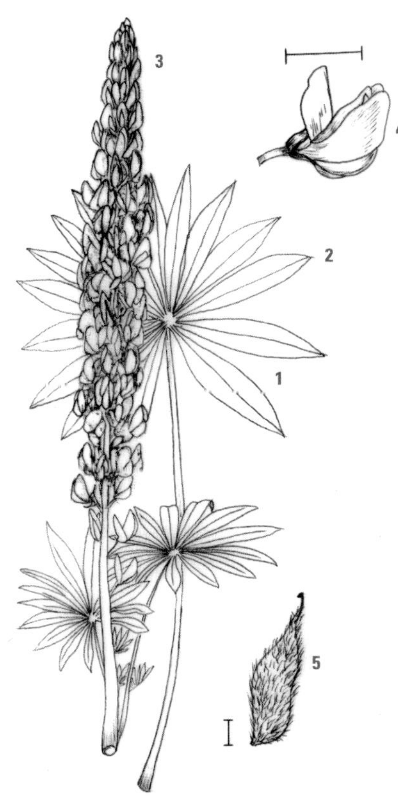

Höhe bis 1,5 m
1 Blätter aus zahlreichen Teilblättern handförmig zusammengesetzt und lang gestielt
2 Teilblättchen bis 15 cm lang, oberseits blaugrün und kahl
3 Blüten in endständigen, bis 60 cm langen Trauben
4 Einzelblüten blau bis purpurn, selten weiß, bis 1,5 cm lang
5 Fruchthülsen bis 6 cm lang, behaart, eiförmige dunkle Samen enthaltend

Gefahrenstufe bei der Verwendung: **
Verbreitungsschwerpunkt: Waldlichtungsgebüsche
Hauptblütezeit: Juni bis September
Zusätzliche Hinweise zur Verwendung: Laut Angaben wurde hier auch die Wurzel roh und gekocht verwendet. Schätzungsweise in kleinen Mengen im »Jugendzustand« als Beigabe zu Gemüse.

Blaue Lupine, Schmalblättrige Lupine
Lupinus angustifolius
Art ist selten
Gefahrenstufe bei der Verwendung: **
Verbreitungsschwerpunkt: Schuttunkrautfluren
Hauptblütezeit: Juni bis September

Gelbe Lupine
Lupinus luteus
Art selten verwildert
Gefahrenstufe bei der Verwendung: **
Verbreitungsschwerpunkt: Lockere Sand- und Felsrasen
Hauptblütezeit: Juni bis September

Sauerklee
Oxalis
Sauerkleegewächse (Oxalidaceae)

Gefahrenstufe bei der Verwendung: *
Grundlegende Merkmale: Die Blätter sind dreiteilig und lang gestielt. Die Blüte besteht aus 5 Kron-, 5 Kelch- und 10 Staubblättern. Die Frucht ist eine fünffächrige Kapsel.
Verwendung in der Ernährung: Die Blätter lassen sich die ganze Vegetationsperiode über gut ernten, da sie kaum zäh werden. Am weichsten sind sie jedoch vor der Blüte im Frühjahr und Frühsommer. Man nutzt sie als kleine Beigabe in Saucen [14], Salaten [1], Gemüsesäften [22.4] und Suppen [3.1]. (Empfehlung: Kartoffelsuppe mit Sauerklee) Sie gelten auch als bekannte Erfrischung für Wanderer unterwegs. In der Küche legt man sie außerdem in Zucker ein [18.2], um diesem eine erfrischende Note zu geben oder trocknet sie als Vorratsgewürz [16.2]; hierbei verlieren sie allerdings viel Aroma. Ihre schöne Form eignet sich zudem als essbare Dekoration.

Die weißen Blüten können jede Suppe zieren und erfrischen. Die Wurzeln und Stiele sind ebenfalls nutzbar: Man wiegt sie fein und gibt sie diversen Gemüsegerichten bei. Sehr junge, noch weiche Früchte können im Mai oder Sommer, bevor sie zu hart werden, als Gewürz z. B. zum Einlegen [13] genutzt werden. Der Grundgeschmack aller Pflanzenteile ist zitronenartig, sauer-erfrischend.

Hinweis: Die Pflanzen sind oxalsäurehaltig, jedoch kaum mehr als Spinat, Mangold oder Rhabarber. Oxalsäure kann über einen langen Zeitraum regelmäßig eingenommen (mehrere Monate) zu einer Schädigung der Nieren führen. Oxalsäure ist wasserlöslich und könnte durch Abkochen und Abgießen des Kochwassers entfernt werden.
Inhaltsstoffe und Wirkung: Die Pflanzen enthalten Oxalsäure und Vitamin C. Früher volksmedizinisch verwendet bei Skorbut und Hauterkrankungen. Die Pflanzen wirken wurmtreibend, entzündungshemmend, adstringierend,

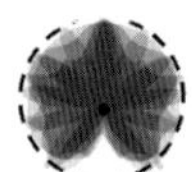

fiebersenkend und antibakteriell. Man verwendete sie außerdem als menstruationsförderndes und entwässerndes Mittel. Äußerlich bringt der frisch gepresste Saft Linderung bei Insektenstichen, Verbrennungen und Wunden. Die Homöopathie nutzt den Waldsauerklee *(O. acetosella)* bei Stoffwechselschwäche, Verdauungsstörungen, Erkrankungen von Leber und Galle und einer Neigung zur Steinbildung.

Wald-Sauerklee, Kuckucks-Klee

Oxalis acetosella

Höhe bis 0,2 m
Grundlegende Merkmale der Pflanzengattung auf S. 83

1 Pflanze bildet Ausläufer
2 Laubblätter bodenständig, lang gestielt
3 Grundblätter kleeblattartig aus 3 Teilblättern zusammengesetzt
4 Ein schmales Blattpaar am Blütenstiel
5 Blüten lang gestielt
6 Auffällige fünfteilige, weiße Blüten mit violetten Adern
7 Frucht eine Kapsel, bis 1,0 cm lang werdend

Gefahrenstufe bei der Verwendung: *
Verbreitungsschwerpunkt: Hochstaudenfluren und -gebüsche, Wälder mit überwiegend Nadelbäumen, Laubwälder und Gebüsche
Hauptblütezeit: Anfang April bis Ende Mai

Aufrechter Sauerklee, Europäischer Sauerklee

Oxalis stricta

Höhe bis 0,4 m
Grundlegende Merkmale der Pflanzengattung auf S. 83

1 Pflanze nur schwach behaart
2 Aufrechter, verzweigter Stängel
3 Meist mit unterirdischen Ausläufern
4 Blätter wechselweise am Spross angeordnet, im oberen Stängelbereich durch Verkürzung der Hauptachse gegenständig erscheinend (a)
5 Doldenartiger Blütenstand mit wenigen gelben Blüten
6 Fruchtkapsel bis 1,2 cm lang

Gefahrenstufe bei der Verwendung: *
Verbreitungsschwerpunkt: Nährstoffreiche Acker- und Gartenunkrautfluren
Hauptblütezeit: Juni bis September

Gehörnter Sauerklee, Gelber Sauerklee

Oxalis corniculata

Art zerstreut bis selten
Gefahrenstufe bei der Verwendung: *
Verbreitungsschwerpunkt: Nährstoffreiche Acker- und Gartenunkrautfluren
Hauptblütezeit: Juni bis August

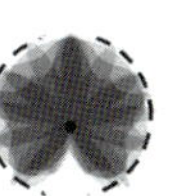

Amerikanischer Sauerklee, Dillens Sauerklee
Oxalis dillenii
Art zerstreut bis selten
Gefahrenstufe bei der Verwendung: *
Verbreitungsschwerpunkt: Ruderalgesellschaften, Acker- und Gartenunkrautgesellschaften
Hauptblütezeit: Juli bis Oktober

Wilde Weine
Parthenocissus
Weinrebengewächse (Vitaceae)

Fünfblättriger Wilder Wein, Gewöhnliche Jungfernrebe
Parthenocissus inserta

Grundlegende Merkmale: Mit Hilfe von Ranken kletternd. Blatt fünfteilig. Blattrand grob sägeartig gezähnt. Blüte mit 5 Kron- und 5 Staubblättern. Fruchtstand mit wenigen Traubenfrüchten. Trauben blau und etwa 0,5 cm groß.
Verbreitungsschwerpunkt: Waldnahe Staudenfluren und Gebüsche
Hauptblütezeit: Juli bis September
Verwendung in der Ernährung: Von April bis Juli findet man an der Pflanze weiche, säuerliche Blätter und Triebspitzen, die einen stumpfen Beigeschmack haben. Für die Ernte sollten die Spitzen noch zarte Stängel haben, die man mitessen kann. Man zwickt sie mit den Fingerspitzen ab und nutzt sie roh in kleinen Mengen als Beigabe zu verschiedenen Salaten [1]. Mit anderem Gemüse und Kräutern gemischt ergeben die Blätter und Triebspitzen eine schmackhafte Gemüsefüllung [10]. Natürlich kann man sie ebenso in einer Kartoffelsuppe [3.1] pürieren oder einfach als Spinat [9.1] zubereiten. Eine Mischung mit anderen Blattspinaten tut aber auch hier gut. Fein geschnitten eignen sie sich als Gewürz für Olivenmarinaden, in Hackkräutermischungen [15] und zu Saucen [14]. Im Weiteren halten wir sie für gut geeignet als Gemüsechips [8.5], in Bratlingen [4] oder Pesto [16.6] sowie als Trockengewürz [16.2]. Auch die Früchte lassen sich in kleinen Mengen als Sauergewürz nutzen.

Oxalis acetosella

Oxalis stricta

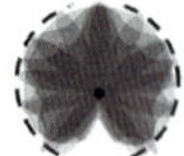

Inhaltsstoffe und Wirkung: Die Pflanze enthält Weinsäure und vermutlich auch Oxalsäure. Sie wird zusammen mit Rosskastanien als alkoholischer Auszug bei Venenbeschwerden eingesetzt. Die Blätter sollen eine harntreibende Wirkung haben. Die Homöopathie bereitet aus der Pflanze ein Heilmittel gegen Gallenbeschwerden.

Pestwurz-Arten
Petasites
Korbblütengewächse (Asteraceae)

Gefahrenstufe bei der Verwendung: *–**
Grundlegende Merkmale: Die Blätter dieser Gattung sind meist lang gestielt und grundständig. Sie können sehr groß werden. Der Gesamtblütenstand wird durch eine Traube aus reichhaltigen Blütenköpfchen gebildet, die aus Röhrenblüten und umgebenden Hüllblättern bestehen. Früchte mit Haarkranz (Pappus).
Verwendung in der Ernährung: Alle aufgeführten mitteleuropäischen Petasites-Arten sind herbe, seifig bis schärflich schmeckende Pflanzen. Vor allem die Blattstiele wurden früher am Küchenfeuer zu Asche verbrannt. Die weißliche (nicht die schwarze!) Asche lässt sich wie ein mildes Salz benutzen. In Zeiten, in denen Salz sehr teuer war, war dies ein kleiner Ersatz. Auch die Blätter gab man fein gewiegt und in kleinen Mengen als Gewürz verschiedenen Gerichten bei.

Hinweis: Die Pflanzen enthalten Pyrrolizidinalkaloide (S. 25), die als lebertoxisch eingestuft werden. Verwendung der Pflanzen mit Bedacht!
Inhaltsstoffe und Wirkung: Die Pestwurz wurde schon in vorgeschichtlicher Zeit verwendet. Im Altertum nutzte man sie vor allem äußerlich bei bösartigen Geschwüren. Medizinisch verwendet wurden die getrockneten Blätter und der Wurzelstock von *P. hybridus* und wahrscheinlich auch von *P. albus*. Die Pflanzen enthalten circa 0,1 % ätherisches Öl, Sesquiterpene (Petasin), Flavonoide, Pyrrolizidinalkaloide (Senecionin), Schleim- und Gerbstoffe. Extrakte der Blätter wurden bei Krämpfen im Magen-Darmbereich, Asthma und Kopfschmerzen eingesetzt. Wurzelextrakte wirken wegen des enthaltenen Petasins entkrampfend. Die Pflanze hat heute aufgrund ihres Gehaltes an gesundheitsschädlichen Pyrrolizidinalkaloiden keine arzneiliche Zulassung mehr. Volksmedizinisch setzte man sie früher als harn- und schweißtreibendes Mittel sowie bei Erkrankun-

Parthenocissus inserta

Petasites albus

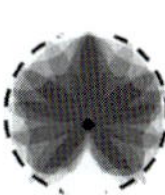

gen der Atemwege und zur Behandlung der Pest und anderer »Pestilenzen« ein. Die frischen Blätter helfen äußerlich verwendet bei Wunden und Hauterkrankungen. Keine heilkundliche Verwendung findet sich für die Alpenpestwurz *(P. paradoxus)* und die Filzige Pestwurz *(P. spurius)*.

Weiße Pestwurz

Petasites albus

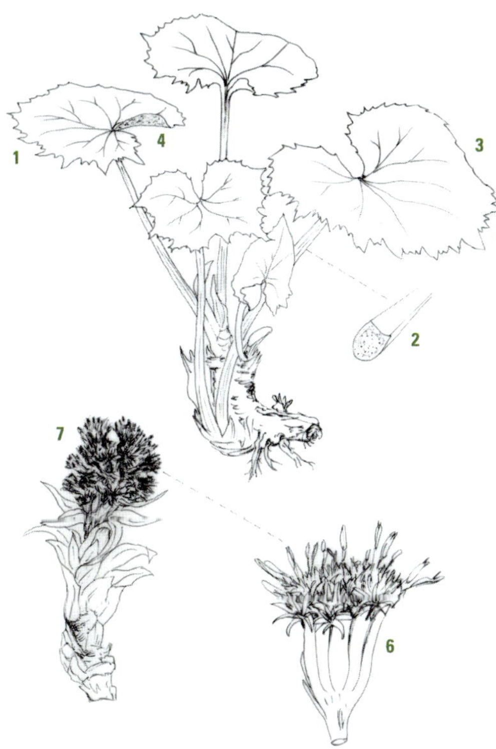

Höhe bis 0,8 m

Grundlegende Merkmale der Pflanzengattung auf S. 86

1 Blätter höchstens 40 cm breit, im Unterschied zu den derben Blättern des ähnlichen Huflattichs *(Tussilago farfara)* dünn und schlaff
2 Blattstiel oberseits flach
3 Blattform breit rundlich
4 Blattunterseite dicht filzig behaart
5 Blattzähne scharf und spitz
6 Blütenhüllblätter schmal länglich
7 Blütenkrone weißlich gelb

Gefahrenstufe bei der Verwendung: *–**

Verbreitungsschwerpunkt: Laubwälder und Gebüsche

Hauptblütezeit: Anfang Februar bis Ende April

Gewöhnliche Pestwurz, Duftende Pestwurz

Petasites hybridus

Höhe bis 1,5 m

Grundlegende Merkmale der Pflanzengattung auf S. 86

1 Blätter bis 90 cm breit
2 Blattstiel im Querschnitt rundlich mit deutlicher Rinne
3 Unterseite der Blätter schwach spinnwebig nur auf den Nerven behaart, Farbe graugrün
4 Blattrand unregelmäßig gezähnt
5 Blütenhüllblätter länglich
6 Die rosa bis purpur-farbenen Blüten können in Ausnahmefällen auch weiß sein; in diesem Falle Verwechslungsmöglichkeit mit der Weißen Pestwurz *(Petasites albus)*

Foto S. 88

Gefahrenstufe bei der Verwendung: *–**

Verbreitungsschwerpunkt: Staudensäume an Gehölzen

Hauptblütezeit: März bis Mai

Alpen-Pestwurz, Schnee-Pestwurz

Petasites paradoxus

Art zerstreut bis selten

Gefahrenstufe bei der Verwendung: *–**

Verbreitungsschwerpunkt: Steinschutt- und Geröllfluren

Hauptblütezeit: März bis Mai

Filzige Pestwurz

Petasites spurius

Art ist selten

Gefahrenstufe bei der Verwendung: *–**

Verbreitungsschwerpunkt: Pioniergesellschaften trockener Böden

Hauptblütezeit: April

Petasites hybridus

Potentilla anserina

Fingerkräuter, Blutwurz- und Blutauge-Arten

Potentilla

Rosengewächse (Rosaceae)

Grundlegende Merkmale: Die Blätter dieser Gattung sind unterschiedlich gestaltet, häufig jedoch in Form einer Hand mit 5 Fingern. Die Blüte ist vier- bis sechszählig, in den meisten Fällen besteht sie aus 5 Kron-, 5 Kelch-, 5 Nebenkelch- und vielen Staubblättern.

Verwendung in der Ernährung: Laut Machatschek 2010 wurden bei allen hier aufgeführten mitteleuropäischen Potentilla-Arten die jungen Blätter als Salatbeigabe [1] genutzt.

Gänse-Fingerkraut

Potentilla anserina

Höhe bis 0,3 m
Grundlegende Merkmale der Pflanzengattung siehe oben
Blattform abweichend von Blattschlüsseleinteilung S. 42

1 Pflanze oberirdische Ausläufer bildend
2 Blattstiele weich behaart
3 Laubblatt geteilt, mit einem häufig dreiteiligen Endteilblatt (a) und Blattpaaren unterschiedlicher Größe. Teilblätter häufig etwas versetzt. Blattunterseite silbrig-weiß, bisweilen auch die Oberseite
4 Blattrand tief gesägt
5 Blüte fünfzählig: 5 Blütenkronblätter, 5 Kelchblätter und 5 dreispaltige Außenkelchblätter (a)

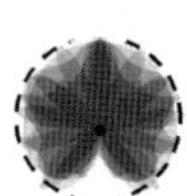

Verbreitungsschwerpunkt: Häufig betretene und überflutete Rasen
Hauptblütezeit: Mai bis August
Zusätzliche Hinweise zur Verwendung: Das Gänse-Fingerkraut bietet uns von April bis Mai junge, silbrigbehaarte, fiedrige Blätter, die gerne gehackt in Kräutermischungen [15], Kräuterkäse [15.4] und Salatsaucen gegeben werden. Man kennt sie aber auch in Öl gedünstet oder als Kräuterpüree [9.3]. Nicht zu vergessen ist auch ihr Einsatz getrocknet oder weniger frisch zur Teegetränkbereitung [22.1]. Die Blätter enthalten überdurchschnittlich viel Vitamin C, und der aus ihnen gepresste Rohsaft wird gerne verdünnt als Joghurtgetränk zubereitet.

Im Sommer bilden sich von Mai bis August die charakteristischen Blüten. Ausgezupfte Blütenblätter eignen sich prächtig als essbare Dekoration auf jedem Brotzeitteller.

Die knollenartigen Wurzeln sammelt man von September bis ins Frühjahr hinein und verzehrt sie roh z. B. in Salate geraspelt [1] oder gegart zu üblichen Gemüseeintopfgerichten [11.1], Backgemüse [12.3] und auch sauer eingelegt [13.2]. Getrocknet kann man sie zu Mehl [20] vermahlen und damit Fonds und Gemüsebreie herstellen. Zuweilen dient das Mehl sogar als Beigabe in Süßgebäck.

Der Grundgeschmack der Blätter ist leicht sauer-herb aromatisch, sie sind roh aber schwer zu kauen. Die Wurzeln schmecken hingegen roh leicht nussig, gegart werden sie süßlicher, fast möhrig.
Inhaltsstoffe und Wirkung: Die Pflanzen enthalten Gerbstoffe (5–10 %), Bitterstoffe, Phytosterine, Schleimstoffe, Flavonoide (Kämpferol, Myricetin, Quercetin sowie die Anthocyanidine Cyanidin und Leucodelphinidin), Cumarine (Scopoletin, Umbelliferon) und Cholin. Die Fingerkräuter werden seit alters her als Heilpflanzen verwendet. Das Kraut wirkt zusammenziehend (adstringierend) und hat außerdem eine schmerzstillende und entzündungshemmende Wirkung. Wissenschaftlich untermauert ist die innerliche Anwendung zur unterstützenden Behandlung von unspezifischen Durchfallerkrankungen und Bauch- und Unterleibsbeschwerden, ferner bei schmerzhafter Menstruation, insbesondere wenn die genannten Leiden mit Krämpfen einhergehen. Die Pflanzen eignen sich außerdem zum Gurgeln bei Blutungen und Entzündungen der Mundschleimhaut und des Zahnfleisches. Volksmedizinisch werden die Wurzeln bei Zahnfleischentzündung gekaut. Das Kauen der Wurzeln des Niedrigen Fingerkrauts *(P. supina)* soll Zahnschmerzen bessern. Bei Reizmagen-Patienten können sich die Beschwerden durch die innerliche Anwendung von Gänse-Fingerkraut *(P. anserina)* verstärken!

Silberweißes Fingerkraut, Silber-Fingerkraut

Potentilla argentea (Artengruppe)

Höhe bis 0,5 m
Grundlegende Merkmale der Pflanzengattung auf S. 88

1 Stängel bogig aufsteigend, diese häufig rot überlaufend
2 Blätter aus 3–5 Lappen (Fingern) gebildet, am Rande oft etwas umgerollt
3 Blatt unterseits weißfilzig behaart
4 Lang zugespitzte Nebenblätter
5 Blüten bis 3 cm lang gestielt, an der Spitze der Triebe rispig angeordnet
6 5 Kelch- (a) und 5 lebhaft gelbe Blütenkronblätter (b)
7 5 Außenkelchblätter, diese bei der Gattung Potentilla stets vorhanden

Foto S. 90

Verbreitungsschwerpunkt: Lockere Sand- und Felsrasen
Hauptblütezeit: Juni bis August
Zusätzliche Hinweise zur Verwendung: Die Verwendung in der Küche ist dem Gänse-Fingerkraut *(Potentilla anserina)* entsprechend. Die Wurzel ist jedoch herber und wurde vor der Nutzung mehrfach ausgekocht.
Inhaltsstoffe und Wirkung: Siehe *Potentilla anserina.*

Potentilla argentea
Potentilla erecta
Potentilla reptans
Potentilla sterilis

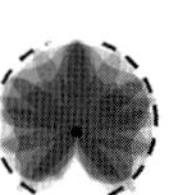

Blutwurz

Potentilla erecta

Höhe bis 0,6 m
Grundlegende Merkmale der Pflanzengattung auf S. 88
1 Blätter handförmig, mit (3 bis) 5 Teilblättern (Fingern)
2 Blätter am Stängel größer als die zur Blütezeit häufig bereits verwelkten Blätter am Grunde
3 Blüten 2–6 cm lang gestielt
4 Blüte vierteilig: 4 Kelch-, 4 Außenkelch- (a) und 4 Blütenkronblätter

Verbreitungsschwerpunkt: Borstgrastriften und Zwergstrauchheiden
Hauptblütezeit: Juni bis August
Zusätzliche Hinweise zur Verwendung: Die Verwendung in der Küche ist dem Gänse-Fingerkraut *(Potentilla anserina)* entsprechend. Die Wurzel enthält viel Tannin und muss vor der Nutzung als Streckmehl [20] mehrfach ausgekocht werden. Womöglich nutzte man sie auch zu Spirituosen [18.6], entsprechend ihrem alten Pflanzennamen »Schnapswurzel«.
Inhaltsstoffe und Wirkung: Eine medizinische Verwendung fand seit alters her der getrocknete Wurzelstock der Blutwurz. Er enthält reichlich Gerbstoffe (circa 20 %), außerdem Flavonoide, Phenolcarbonsäuren und Triterpensäuren. Die enthaltenen Gerbstoffe wirken antioxidativ, entzündungshemmend und zusammenziehend. Der Pflanzenextrakt wirkt antiallergen, antiviral, antibakteriell, immunstimulierend und blutdrucksenkend. Aufgrund der roten Farbe des angeschnittenen Wurzelstockes wurde die Blutwurz früher bei allen Arten von Blutungen, bei Erkrankungen des Blutes und bei blutigen Durchfällen verwendet. Auch heute noch nutzt man sie zur Behandlung entzündlicher Magen-Darm-Erkrankungen, bei Durchfällen und Hämorrhoiden, außerdem als Gurgelmittel bei Infektionen des Mund- und Rachenraums. Wegen des hohen Gerbstoffgehaltes verwendete man die Pflanze früher auch zum Gerben von Leder.

Kriechendes Fingerkraut

Potentilla reptans

Höhe bis 0,2m
Grundlegende Merkmale der Pflanzengattung auf S. 88
1 Oberirdische Ausläufer, die an den Verzweigungen Wurzeln bilden
2 Blätter lang gestielt
3 Blattstiele behaart
4 Handförmiges Blatt mit 5–7 Teilblättern (Fingern)
5 Teilblätter am Rande grob gezähnt
6 Blüte ähnlich dem Gänse-Fingerkraut *(Potentilla anserina)* fünfteilig

Verbreitungsschwerpunkt: Pioniergesellschaften auf feuchten und überfluteten Rasen
Hauptblütezeit: Juni bis August
Zusätzliche Hinweise zur Verwendung: Die Verwendung in der Küche ist dem Gänse-Fingerkraut *(Potentilla anserina)* entsprechend. Die Wurzel ist jedoch herber und wurde vor der Nutzung mehrfach ausgekocht.
Inhaltsstoffe und Wirkung: Siehe *Potentilla anserina*.

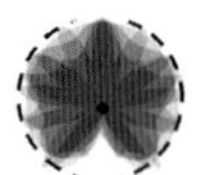

Erdbeer-Fingerkraut

Potentilla sterilis

Höhe bis 0,15 m
Grundlegende Merkmale der Pflanzengattung auf S. 88

1 Pflanze mit Ausläufern
2 Blätter bläulichgrün gefärbt, dreiteilig
3 Im Unterschied zur ähnlichen Wald-Erdbeere *(Fragaria vesca)* ist der Mittelzahn kürzer als die umgebenden Zähne
4 Seitliche Blättchen etwas asymmetrisch
5 1–3 Blüten je Blütenstängel, dieser die Blätter nicht bis kaum überragend
6 Kronblätter herzförmig, sich nicht berührend

Foto S. 90

Verbreitungsschwerpunkt: Laubwälder, Waldränder
Hauptblütezeit: März bis Mai

Frühlings-Fingerkraut

Potentilla verna (Artengruppe)

Höhe bis 0,3 m
Grundlegende Merkmale der Pflanzengattung auf S. 88

1 Pflanze mit Ausläufern, häufig größere Teppiche bildend
2 Grundblätter behaart, fingerförmig, fünf- bis siebenteilig
3 Die Abschnitte verkehrt eiförmig, unten keilförmig, oben beiderseits mit 2–5 Zähnen
4 Blütenstand drei- bis zehnblütig
5 Blüten gelb, mit einem Durchmesser von 1–2 cm

Verbreitungsschwerpunkt: Trockenrasen
Hauptblütezeit: März bis Mai

Gold-Fingerkraut

Potentilla aurea

Art zerstreut bis selten
Verbreitungsschwerpunkt: Alpine Magerrasen
Hauptblütezeit: Juni bis September
Zusätzliche Hinweise zur Verwendung: Die Wurzel wurde mehrfach ausgekocht und anschließend zu Streckmehl [20] vermahlen.
Inhaltsstoffe und Wirkung: Die Blätter des Gold-Fingerkrautes enthalten besondere Inhaltsstoffe, die man als Polyprenole bezeichnet, außerdem Flavonoide (Quercetin) und Phenolcarbonsäuren (para-Cumarsäure, Ellagsäure). Die alte Heilpflanze wurde als Tee gegen Durchfälle eingesetzt. Sie wirkt krampflösend und soll eines der besten Mittel gegen die Zuckerkrankheit sein. Äußerlich und als Gurgelmittel verwendet bei Entzündungen und schlecht heilenden Wunden.

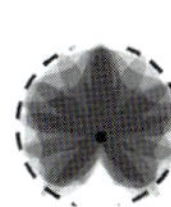

Zwerg-Fingerkraut
Potentilla brauneana
Art zerstreut bis selten
Verbreitungsschwerpunkt: Schneetälchen
Hauptblütezeit: Juli bis August

Großblütiges Fingerkraut
Potentilla grandiflora
Art zerstreut bis selten
Verbreitungsschwerpunkt: Magerrasen, Silikat-Felsfluren
Hauptblütezeit: Juni bis August
Zusätzliche Hinweise zur Verwendung: Die Wurzel wurde mehrfach ausgekocht und anschließend zu Streckmehl [20] vermahlen.

Rötliches Fingerkraut
Potentilla heptaphylla (Artengruppe)
Art zerstreut bis selten
Verbreitungsschwerpunkt: Trockene Magerwiesen
Hauptblütezeit: April bis Juni

Sumpf-Blutauge
Potentilla palustris
Art zerstreut bis selten
Verbreitungsschwerpunkt: Kleinseggen-Zwischenmoore und Sumpfrasen
Hauptblütezeit: Mitte Juni bis Mitte Juli
Zusätzliche Hinweise zur Verwendung: Die Verwendung in der Küche ist dem Gänse-Fingerkraut *(Potentilla anserina)* entsprechend. Nur zur Wurzelverwendung ließen sich keine Hinweise finden.
Inhaltsstoffe und Wirkung: Siehe *Potentilla anserina.*

Aufrechtes Fingerkraut, Hohes Fingerkraut
Potentilla recta
Art zerstreut bis selten
Verbreitungsschwerpunkt: Lockere Sand- und Felsrasen
Hauptblütezeit: Juni bis Juli
Zusätzliche Hinweise zur Verwendung: Die Verwendung in der Küche ist dem Gänse-Fingerkraut *(Potentilla anserina)* entsprechend. Die Wurzel ist jedoch herber und wurde vor der Nutzung mehrfach ausgekocht.
Inhaltsstoffe und Wirkung: Siehe *Potentilla anserina.*

Weißes Fingerkraut
Potentilla alba
Art im Bestand gefährdet
Verbreitungsschwerpunkt: Lichte Kiefernwälder, Magerrasen
Hauptblütezeit: April bis Mai

Niederliegendes Fingerkraut
Potentilla anglica (Artengruppe)
Art im Bestand gefährdet
Verbreitungsschwerpunkt: Feuchte Mischwälder, Moore
Hauptblütezeit: Mai bis September

Stängel-Fingerkraut
Potentilla caulescens
Art im Bestand gefährdet
Verbreitungsschwerpunkt: Kalkfelsen
Hauptblütezeit: Juli bis September

Tauern-Fingerkraut
Potentilla clusiana
Art im Bestand gefährdet
Verbreitungsschwerpunkt: Kalkfelsen
Hauptblütezeit: Mai bis August

Zottiges Fingerkraut
Potentilla crantzii
Art im Bestand gefährdet
Verbreitungsschwerpunkt: Alpine Magerwiesen
Hauptblütezeit: Juni bis September

Sand-Fingerkraut
Potentilla incana
Art im Bestand gefährdet
Verbreitungsschwerpunkt: Trockenrasen
Hauptblütezeit: März bis Mai

Graues Fingerkraut
Potentilla inclinata
Art im Bestand gefährdet
Verbreitungsschwerpunkt: Trockenrasen
Hauptblütezeit: Mai bis August
Zusätzliche Hinweise zur Verwendung: Die Wurzel wurde mehrfach ausgekocht und anschließend zu Streckmehl [20] vermahlen.

Potentilla verna

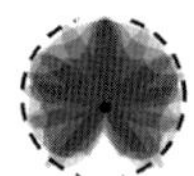

Kleinblütiges Fingerkraut
Potentilla micrantha
Art im Bestand gefährdet
Verbreitungsschwerpunkt: Mischwälder, Waldränder
Hauptblütezeit: März bis Mai

Norwegisches Fingerkraut
Potentilla norvegica
Art im Bestand gefährdet
Verbreitungsschwerpunkt: Feuchte, moorige Stellen
Hauptblütezeit: Juni bis September

Stein-Fingerkraut
Potentilla rupestris
Art im Bestand gefährdet
Verbreitungsschwerpunkt: Sonnige Staudensäume an Gehölzen
Hauptblütezeit: März bis Mai
Zusätzliche Hinweise zur Verwendung: Die Verwendung in der Küche ist dem Gänse-Fingerkraut *(Potentilla anserina)* entsprechend. Nur zur Wurzelverwendung ließen sich keine Hinweise finden.
Inhaltsstoffe und Wirkung: Siehe *Potentilla anserina.*

Liegendes Fingerkraut
Potentilla supina
Art im Bestand gefährdet
Verbreitungsschwerpunkt: Krautige Vegetation oft gestörter Plätze
Hauptblütezeit: Juni bis September
Zusätzliche Hinweise zur Verwendung: Die Verwendung in der Küche ist dem Gänse-Fingerkraut *(Potentilla anserina)* entsprechend. Nur zur Wurzelverwendung ließen sich keine Hinweise finden.
Inhaltsstoffe und Wirkung: Die Pflanze wirkt adstringierend, fiebersenkend und allgemein stärkend. Der Wurzelsaft hilft bei Verdauungsbeschwerden. Zur Linderung von Zahnschmerzen behielt man über mehrere Stunden trockene Wurzelstückchen im Mund.

Kleinblütiges Fingerkraut
Potentilla thuringiaca
Art im Bestand gefährdet
Verbreitungsschwerpunkt: Lichte Eichen- und Kiefernwälder
Hauptblütezeit: Mai bis Juli

Brombeeren, Kratzbeeren, Moltebeeren, Steinbeeren

Rubus

Rosengewächse (Rosaceae)

Folgende Arten im Bestand gefährdet: ***R. firmus, R. glauciformis, R. martensenii, R. maximus, R. phoenicacanthus, R. sprengeliusculus.***

Grundlegende Merkmale: Es handelt sich um Sträucher oder Kräuter mit meist bestacheltem Stängel. Die wechselständig am Spross angeordneten Blätter dieser Gattung sind ein- oder mehrteilig. Die weiß oder rosa gefärbte Blüte ist fünfzählig, die Frucht ist eine Beere.

Verwendung in der Ernährung: Die mitteleuropäischen Rubus-Arten besitzen von März bis April nussig-aromatische, junge Blattsprosse und Triebspitzen, die sich verwenden lassen, solange ihre Stacheln noch weich und wenig störend sind. Sie eignen sich fein geschnitten in Salatsaucen oder Hackkräutermischungen [15], als kleinere Zutat in Kräutersalaten [1], Saucen [14] und Gemüsesuppen [3.1] oder auch in Kräuteröl [16.4] und Pesto [16.6] sowie getrocknet in Wildpflanzensalz [16.1].

Erhitzt kann man sie als Bratgemüse [8.2], als Gemüsechips [8.5], in Bratlingen [4], als eingelegtes Gemüse [13], als Beigabe zu gedünstetem Gemüse [7] oder auch in Spinat [9.1] und anderen Gemüsegerichten verarbeiten. Ausgereiftere Blätter können noch bis spät ins Jahr hinein gesammelt und frisch oder getrocknet als Tee [22.1], ausgekocht als Suppenfond oder als Aroma für Spirituosen [18.6] verwendet werden.

Auch die Blüten ergeben von Juni bis Juli einen guten Tee [22.1] oder finden Verwendung als Aroma in Süßspeisen [17] und als Speisendekor.

Die bekannten, säuerlich- bis süß-aromatischen Früchte kann man von August bis September roh naschen oder zu Kompott [17.5], Fruchtessig [19.8], -sirup [18.4], -saft, -wein [24] und anderen Spirituosen [18.6] sowie zu Kuchengebäck oder Marmelade [19.3] verarbeiten. Des Weiteren finden sie Verwendung in Früchtesuppen [3.2], in süßer Sauce [17.2], als Sorbet [17.7], als Früchtebrot [21.1], in Wildpflanzenlimonade [22.2], bzw. frisch in Saft- und Vitalgetränken [22.4], in Obstquark [19.5] oder auch in Bowle [22.3]. Aufbewahrt werden sie meistens getrocknet und dann als aromatischer Tee aufgebrüht [22.1].

Kratzbeere, Bereifte Brombeere

Rubus caesius

Grundlegende Merkmale: Stängel mit feinen Stacheln, bereift. Blätter dreiteilig, behaart. Mittleres Teilblatt gestielt. Blütenstand wenigblütig. Beere bläulich bereift.
Verbreitungsschwerpunkt: Schleiergesellschaften, Ufersäume
Hauptblütezeit: Anfang Mai bis Ende Oktober
Zusätzliche Hinweise zur Verwendung: Die bereiften Beeren sind weniger süßlich als die anderer Rubus-Arten.
Inhaltsstoffe und Wirkung: Siehe *Rubus fruticosus.*

Rubus caesius

Brombeere

Rubus fruticosus und Rubus corylifolius (Artengruppen)

Folgende Arten dieser Artengruppen im Bestand gefährdet: *R. axilaris, R. barberi, R. correctispinosus, R. discors, R. eideranus, R. glandisepalus, R. guestphalicoides, R. libertianus, R. lignicensis, R. longior, R. nitiformis, R. pallidifolius, R. phyllothyrsos, R. rhamnifolius, R. rhombifolius, R. rufescens, R. scaber, R. schlechtendaliiformis, R. stormanicus.*

Grundlegende Merkmale: Bogig aufsteigende und kriechende, bestachelte Stängel. Ausgewachsenes Blatt fünf- bis siebenteilig gefingert. 5 weiße Kronblätter. Früchte schwarz.
Verbreitungsschwerpunkt: Waldlichtungen, Gebüsche
Hauptblütezeit: Anfang Juni bis Ende Juli
Zusätzliche Hinweise zur Verwendung: Kleinste Triebspitzen (circa 20 mm lang und 5 mm breit) im März und April dienen roh als Nascherei für den Wanderer. Sie schmecken kokosartig und können auch als Gemüse gekocht werden. Die Beeren sind bekannt süß-aromatisch, fruchtig. Die Blätter sind apfelaromatisch. Fermentiert erinnern sie an Schwarztee.
Inhaltsstoffe und Wirkung: Die Blätter enthalten reichlich Gerbstoffe (bis 14 %, vor allem Gallotannine und Ellagitannine), außerdem Flavonoide und Fruchtsäuren (Citronensäure). Aufgrund des Gerbstoffgehaltes werden die Blätter arzneilich als Mittel bei Durchfall verwendet. Als Gurgelwasser leisten sie wertvolle Dienste bei Entzündungen im gesamten Mundraum. Fermentierte Blätter dienen als Schwarzteeersatz. Früchte und Tee sollen beruhigend wirken. Die Brombeeren besitzen einen hohen ernährungsphysiologischen Wert. Im Vergleich zu anderen Beerenfrüchten sind sie überaus reich an Provitamin A und Vitamin E. Aber auch die wichtigen B-Vitamine sind in nennenswerten Mengen enthalten. Bei den Mineralstoffen sind sie besonders im Magnesium- und Eisengehalt anderen Obstarten überlegen. Sie enthalten außerdem wichtige Spurenele-

Rubus fruticosus

Rubus idaeus

mente wie Zink, Mangan und Kupfer. Kupfermangel gilt nach neueren Untersuchungen als begünstigender Faktor für die Alzheimersche Krankheit. Die dunkle Farbe der Brombeere wird durch farbige, antioxidativ wirksame Anthocyane hervorgerufen. Diese schützen den Organismus vor freien Radikalen, die bei degenerativen Erkrankungen, aber auch beim Alterungsprozeß eine Rolle spielen.

Wald-Himbeere
Rubus idaeus

Grundlegende Merkmale: Stängel überhängend, verholzend, schwach bestachelt. Blatt drei- bis siebenteilig gefiedert. Blattunterseite weißfilzig. Oberes Teilblatt gestielt. Frucht rot.
Verbreitungsschwerpunkt: Hochstaudenfluren und Gebüsche, Waldlichtungsgebüsche
Hauptblütezeit: Anfang Mai bis Ende Juni
Zusätzliche Hinweise zur Verwendung: Kleinste Triebspitzen (circa 20 mm lang und 5 mm breit) dienen im Frühjahr als aromatische Nascherei. Sie schmecken kokosartig. Die getrockneten Blätter sind Grundlage für viele gute Teemischungen. Auch später im Jahr erhält man nach ihrer Trocknung fermentiert einen guten Tee. Die Beeren lassen sich zum Konservieren gut einfrieren, sie sind bekannt süß und weich. Die Blätter sind stumpf-aromatisch, apfelartig. Fermentiert erinnern sie an Schwarztee.
Inhaltsstoffe und Wirkung: Die Blätter der Wald-Himbeere enthalten Gerbstoffe, Flavonoide, Vitamin C und Aromastoffe. Die Verwendung der Blätter erfolgt, ähnlich wie bei der Brombeere, zum Gurgeln bei Entzündungen des Mund- und Rachenraumes und bei leichten Durchfallerkrankungen. Neu ist der Einsatz in der ganzheitlichen Medizin zur Erleichterung der Geburt. Die Inhaltsstoffe sollen die Gebärmutter stärken und Verkrampfungen lösen. Nach der Geburt regt der Tee die Milchbildung an. Himbeeren zeichnen sich auch durch einen hohen Mineralstoffgehalt, insbesondere Kalium, Magnesium und Mangan aus. Ihr Eisengehalt ist im Vergleich zu anderen Obstarten bemerkenswert. Sie sind reich an Vitaminen, insbesondere C und E und wegen der enthaltenen Zucker sehr schmackhaft. Dank ihrer Fruchtsäuren (hauptsächlich Citronensäure) wirken Himbeeren harntreibend. Himbeeren enthalten sekundäre Pflanzenstoffe aus der Gruppe der Flavonoide, insbesondere antioxidativ wirkende Anthocyane. Der hohe Ballaststoffgehalt wirkt anregend auf die Verdauung. Der Beerensaft ist verdünnt ein ausgezeichnetes Getränk bei fieberhaften Erkrankungen. Er wird auch gerne arzneilichen Zubereitungen als Geschmackskorrigens zugesetzt.

Steinbeere
Rubus saxatilis
Art ist selten
Verbreitungsschwerpunkt: Saure Nadelwälder, Ahorn-Mischwälder und Ahorn-Buchen-Wälder
Hauptblütezeit: Mai bis Juni
Zusätzliche Hinweise zur Verwendung: In der russischen Küche werden die Beeren für Tortengelee verwendet.
Inhaltsstoffe und Wirkung: Die Blätter enthalten Gerbstoffe. Sie wirken adstringierend und wurden zur Behandlung von Durchfall (Ruhr) und inneren Blutungen verwendet. Über weitere Inhaltsstoffe ist uns nichts bekannt. Eine Abkochung der Wurzel wurde früher bei trägem Darm eingenommen, außerdem bei Keuchhusten.

Moltebeere, Multebeere
Rubus chamaemorus
Art im Bestand gefährdet
Verbreitungsschwerpunkt: Hochmoore und Moorheiden
Hauptblütezeit: Juni bis August
Verwendung in der Ernährung: Die bitter-säuerliche Frucht reift aus, wenn sich die äußeren Hüllblätter zurückrollen. Beim Pflücken muss man aufpassen, sie nicht zu zerdrücken. In Nordeuropa ist man dabei, sie als Agrarfrucht zu etablieren.
Inhaltsstoffe und Wirkung: Die Moltebeere enthält reichlich Vitamine, Spurenelemente, Fruchtsäuren und die konservierend wirkende Benzoesäure. Früher verwendete man sie wegen ihres Vitamingehaltes zur Vorbeugung und Behandlung von Skorbut. Die Blätter enthalten Gerbstoffe und das Steroid Diosgenin. Sie wirken harntreibend und werden bei Rheuma, Gicht und Durchfällen angewendet. Früher empfahl man sie unfruchtbaren Frauen als empfängnisförderndes Mittel.

Sanikel
Sanicula
Doldengewächse (Apiaceae)

Sanikel
Sanicula europaea

Höhe bis 0,5 m
1 Blätter und Blütenstände lang gestielt
2 Blattfläche dunkelgrün, fünfteilig, Blattrand gezähnt
3 Hüll- und Hüllchenblätter vorhanden
4 Blütendolde mit nur wenig Döldchen
5 Blüten weiß, nur selten rosa, in reichhaltigen Döldchen
6 Frucht mit hakigen Stacheln

Foto S. 98

Verbreitungsschwerpunkt: Schattige Laubwälder
Hauptblütezeit: Mai bis Juli
Verwendung in der Ernährung: Die Blätter dienten als Heilgewürz in Gemüsespeisen.
Inhaltsstoffe und Wirkung: Die Pflanze enthält mehr als 10 % Triterpensaponine (Saniculoside), Flavonoide (Rutin, Isoquercitrin), Gerb- und Bitterstoffe, Phenolcarbonsäuren (Rosmarinsäure, Chlorogensäure), Vitamin C und wenig ätherisches Öl. Arzneilich verwendet wird das Kraut der Pflanze. Es wirkt schleimlösend, auswurffördernd, adstringierend, antibakteriell und hilft bei Pilzerkrankungen. Einen positiven Einfluss hat es außerdem bei der Grippe (Influenza), da es antiviral wirkt. Das Kraut wird auch bei Erkrankungen der Luftwege verwendet, außerdem zum Gurgeln bei Entzündungen im Mund und Rachenraum. Volksheilkundlich nutzte man es darüber hinaus äußerlich zur Behandlung von Hautausschlägen, Geschwüren und Quetschungen. Diese Verwendung ist bereits seit dem Mittelalter belegt. Die Homöopathie verwendet die Pflanze bei Magen- und Darmgeschwüren und bei Nierengrieß.

Astern
Aster
Korbblütengewächse (Asteraceae)

Grundlegende Merkmale: Die Blätter dieser Gattung sind wechselständig am Stängel angeordnet.

Der Blütenstand ist ein reichhaltiges Körbchen, das durch Zungenblüten am Rand- und Röhrenblüten im Zentrum des Blütenkorbes gebildet wird.
Verwendung in der Ernährung: Die hier aufgeführten Aster-Arten aus Mitteleuropa sind auffällige Blütenpflanzen, die man gut für Salate und als farbige Speisenbeigaben nutzen kann. Zarte junge Frühjahrs-Triebe bzw. Blattsprosse sind fein geschnitten circa von März bis April eine herb-aromatische Beigabe in Hackkräutermischungen [15], Salaten und Rohkost [1] sowie im Brotteig (v. a. für Hausbrot [21.1]). Erhitzt kann man sie als Zutat in Saucen [14], Gemüsesuppen [3.1] und Bratlingen [4] oder in kurz gebratenem Gemüse [8.2] nutzen. Mildere Blätter kann man als Spinat [9.1], bittere Blätter als Bittergemüse [9.2] zubereiten. Außerdem ergeben sie leckere Gemüsechips [8.5] und sind eine herbe Würzbeigabe insbesondere in Wildpflanzensalz [16.1]. Die Blütenknospen kann man im Frühsommer als säuerlich gedünstetes [7.1] oder kurz gebratenes Gemüse [8.2] sowie in Bratlingen [4] verarbeiten. Eine andere Möglichkeit ist es, sie in Ausbackteig [8.4] zu tauchen und zu frittieren. Zum Haltbarmachen können sie kapernartig eingelegt werden [16.11]. Die aufgegangenen Blüten dienen frisch ausgezupft als zart aromatische Dekoration sämtlicher Salate und Gemüsegerichte, aber auch in Gelee [18.1], Aromazucker [18.2], Kräuteröl [16.4] und in -essig [16.7]. Speziell die schönen, bunten Randblütenblätter ergeben zusammen mit Salz und Sauerrahm einen exquisiten Gemüse- oder Fingerfood-Dip.
Inhaltsstoffe und Wirkung: Über Inhaltsstoffe ist uns nichts bekannt. Die Wurzeln einzelner Arten, beispielsweise *A. amellus, lanceolatus, novae-angliae* und *tripolium* wurden wohl von den nordamerikanischen Ureinwohnern zur Behandlung von Husten und Erkältungskrankheiten verwendet. Des Weiteren wird eine entzündungshemmende und blutstillende Wirkung erwähnt. In der europäischen Heilkunde fanden wir keine Art von medizinischer Verwendung.

Sanicula europaea

Aster novae-angliae

Aster novi-belgii

Aster × salignus

Neuenglische Aster, Neu-England-Aster
Aster novae-angliae

Höhe bis 1,5 m
Grundlegende Merkmale der Pflanzengattung auf S. 97
1 Art mit Ausläufern (ohne Abb.)
2 Stängel kräftig, oben verzweigt, dicht behaart
3 Blätter länglich, am Grunde herzförmig, behaart
4 Zahlreiche Blütenköpfe, bis 4 cm im Durchmesser, rosa bis purpurn gefärbt
5 Dicht behaarte Frucht mit bräunlich gefärbtem Haarkranz

Verbreitungsschwerpunkt: Nährstoffreiche Krautfluren
Hauptblütezeit: September bis November

Neubelgische Aster
Aster novi-belgii (Artengruppe)

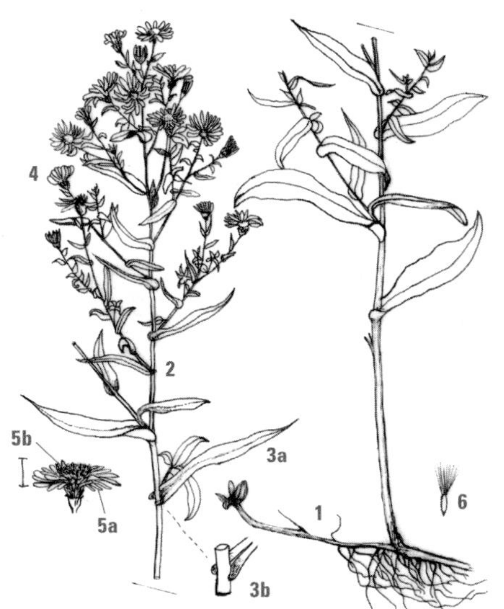

Höhe bis 1,6 m
Grundlegende Merkmale der Pflanzengattung auf S. 97
1 Art mit Ausläufern
2 Stängel oben verzweigt, kahl oder kurz behaart
3 Blätter länglich (a), am Grunde geöhrt (b)
4 Blütenköpfe zahlreich, rispig angeordnet
5 Zungenblüten blauviolett (a), Röhrenblüten gelb (b)
6 Früchte mit kurzem, weißem Haarkranz

Verbreitungsschwerpunkt: Schleier- und Krautgesellschaften im Halbschatten
Hauptblütezeit: August bis Oktober

Weiden-Aster
Aster × salignus

Höhe bis 1,2 m
Grundlegende Merkmale der Pflanzengattung auf S. 97
1 Art mit Ausläufern
2 Stängel aufrecht, oben behaart und verzweigt
3 Blätter länglich, dünn
4 Blütenköpfe mit erst weißen, später blauvioletten Zungenblüten

Verbreitungsschwerpunkt: Schleiergesellschaften und Ufersäume
Hauptblütezeit: August bis Oktober

Alpenmaßliebchen, Alpen-Maßliebchen
Aster bellidiastrum
Art zerstreut bis selten
Verbreitungsschwerpunkt: Steinfluren und alpine Rasen
Hauptblütezeit: Mai bis Juni

Glatte Aster
Aster laevis (Artengruppe)
Art selten verwildert
Verbreitungsschwerpunkt: Nährstoffreiche Krautfluren
Hauptblütezeit: August bis Oktober

Lanzettblättrige Aster
Aster lanceolatus (Artengruppe)
Art zerstreut bis selten
Verbreitungsschwerpunkt: Nährstoffreiche Krautfluren
Hauptblütezeit: August bis Oktober

Goldhaar-Aster
Aster linosyris
Art zerstreut bis selten
Verbreitungsschwerpunkt: Kalk-Magerrasen
Hauptblütezeit: August bis September

Salz-Aster, Strand-Aster
Aster tripolium
Art ist selten
Verbreitungsschwerpunkt: Salzwasser- und Meeresstrand-vegetation
Hauptblütezeit: Juli bis September
Zusätzliche Hinweise zur Verwendung: Die Salz-Aster wird in Holland und Norddeutschland als Spinat auf örtlichen Märkten angeboten und vor allem zu Fischgerichten serviert.

Alpen-Aster
Aster alpinus
Art im Bestand gefährdet
Verbreitungsschwerpunkt: Steinfluren und alpine Rasen
Hauptblütezeit: Anfang Mai bis Ende Juni

Berg-Aster, Herbst-Aster, Kalk-Aster
Aster amellus
Art im Bestand gefährdet
Verbreitungsschwerpunkt: Sonnige Staudensäume an Gehölzen
Hauptblütezeit: August bis Oktober

Betonien
Betonica
Lippenblütengewächse (Lamiaceae)

Verwendung in der Ernährung: Die Blätter der hier aufgeführten mitteleuropäischen Arten haben einen strengen, bitteren Geschmack mit einem leichten Pilzaroma. Zarte Triebe und junge Blätter lassen sich von April bis Juli als Tee [22.1], als Trockengewürz [16.2], als herb würzende Beigabe in Wildpflanzensalz [16.1], Kräuterkartoffeln [15.2], Bittergemüse [9.2], Salaten [1], Spinaten [9.1], Suppen [3.1] oder in üblichen Gemüsegerichten [7] verwenden. Genauso kann man auch die Köpfchen mit den Blütenknospen im Juni als Gemüsebeigabe zubereiten. Die Blüten im Juli und August ergeben eine schöne essbare Dekoration. Ausgereifte Blätter findet man getrocknet auch in früheren Rauch- [25] und Schnupftabakmischungen. Als Aroma nutzte man sie in Wein [18.5], Spirituosen [18.6], Bier [18.7] oder Käse [15.4].

Heilziest
Betonica officinalis

Verbreitungsschwerpunkt: Streuwiesen
Hauptblütezeit: Anfang Juli bis Ende August
Inhaltsstoffe und Wirkung: Der Heilziest enthält Betaine, Flavonoide, Gerb- und Bitterstoffe. Er ist eine alte Heilpflanze, die bei Durchfall, Katarrhen der Atemwege und Asthma eingesetzt wird. Äußerlich verwendet zur Wundbehandlung und zum Gurgeln bei Entzündungen in Mund und Rachen. Die Homöopathie nutzt die Pflanze bei Asthma, Erkältungskrankheiten und Oberbauchbeschwerden.

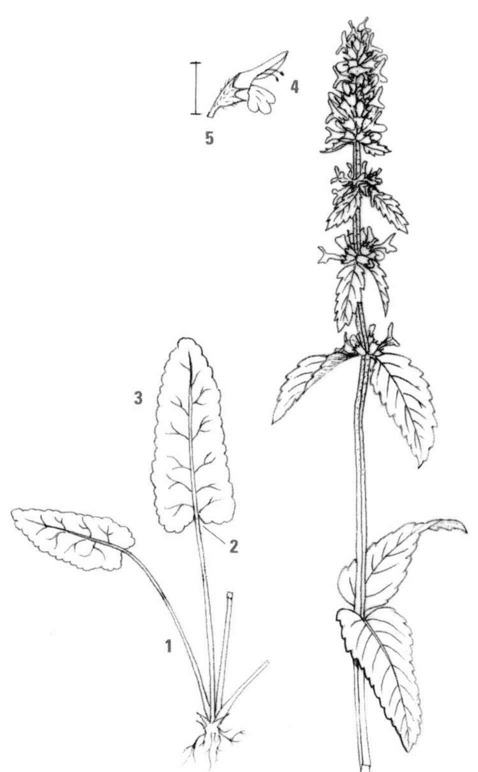

Höhe bis 1,0 m
1 Grundblätter lang gestielt
2 Form der Blätter schmal oval mit herzförmigem Grund
3 Blattrand stumpf gesägt bis schwach gekerbt
4 Farbe der lippenförmigen Blüte dunkelrosa
5 Blütenkelch bis 7 mm lang, behaart

Foto S. 103

Gelbe Betonie
Betonica alopecuros
Art ist selten
Verbreitungsschwerpunkt: Rasen und Geröllfluren im Gebirge
Hauptblütezeit: Juni bis August
Inhaltsstoffe und Wirkung: Ähnlich wie *B. officinalis.*

Ampfer, Sauerampfer
Rumex
Knöterichgewächse (Polygonaceae)

Gefahrenstufe bei der Verwendung: *
Grundlegende Merkmale: Die Blätter dieser Gattung sind wechselständig am Stängel angeordnet. Am Übergang vom Stängel zu Blatt findet sich eine meist unbewimperte Blattscheide (Ochrea). Die Blüte besteht aus einer 6-blättrigen Blütenhülle (Perigon) mit 6 Staubblättern. Bei der Frucht handelt es sich um eine dreikantige Nuss.

Verwendung in der Ernährung: In kleinen Mengen können prinzipiell alle hier aufgeführten mitteleuropäischen Rumex-Arten mit Bedacht verzehrt werden. Allesamt haben sie, in unterschiedlicher Ausprägung, einen sauren und bitteren Geschmack. Generell sind die Blattstiele am sauersten, ältere Blätter am bittersten. Die durchschmeckende Säure in dieser Gattung ist Oxalsäure. Diese kann, über einen langen Zeitraum (mehrere Monate) regelmäßig eingenommen, schädigend wirken, siehe unten. Doch selbst in den stark sauren Arten ist kaum mehr davon enthalten als in Rhabarber. Oxalsäure ist wasserlöslich und könnte durch Abkochen und Abgießen des Kochwassers entfernt werden. Es gibt Arten, denen man eine unverträgliche Wirkung (Magenbeschwerden, Erbrechen) bei einem Konsum in größeren Mengen nachsagt. Das hängt vermutlich mit einer Überdosierung der Bittterstoffe und unterschiedlichen Verträglichkeiten einzelner Menschen zusammen. Dies sind auch die Arten, bei denen man instinktiv wenig essen mag, weil sie eher abstoßend bitter schmecken. Meist werden sie nur durch Kochen, Wässern oder Kochwasserwechseln einigermaßen bekömmlich. Diese Arten fanden meist nur in Notzeiten Verwendung. Dazu gehören die verbreiteten Arten: Krauser Ampfer *(Rumex crispus)* und Stumpfblättriger Ampfer *(Rumex obtusifolius).*

Viele Rumex-Arten, die gerne in der Ernährung genutzt wurden, schmecken zitronenartig sauer und entwickeln, wenn überhaupt, erst im Laufe der Vegetationsperiode einen etwas bitteren Geschmack. Diese Arten wurden hauptsächlich als Sauergewürz und Aroma genutzt. Dazu gehören die Arten: Großer Sauerampfer *(Rumex acetosa),* Kleiner Sauerampfer *(Rumex acetosella),* Schöner Ampfer *(Rumex pulcher),* Schild-Ampfer *(Rumex scutatus),* Straußblütiger Sauer-Ampfer *(Rumex thyrsiflorus)* und Blut-Ampfer *(Rumex sanguineus).*

Es gibt eine weitere Gruppe von Rumex-Arten, die nur zart sauer und etwas bitter sind und zusätzlich recht viel Blatt- und Stängelmaterial bieten. Solche wurden gerne gemüseartig genutzt. Dazu gehören die Arten: Berg-Sauerampfer *(Rumex arifolius),* Garten-Ampfer *(Rumex patientia),* Alpen-Ampfer *(Rumex pseudoalpinus)* und Fluss-Ampfer *(Rumex hydrolapathum).*

Dann gibt es noch viele Rumex-Arten, die in der Ernährung kaum genutzt wurden. Dazu finden sich auch entsprechend wenig Beschreibungen in den Überlieferungen. Man weiß jedoch, dass sie genutzt wurden, und sie gelten in keiner Form über das Maß der anderen Rumex-Arten hinaus als bedenklich. Dazu gehören die Arten: Wasser-Ampfer *(Rumex aquaticus),* Knäuel-Ampfer *(Rumex conglomeratus),* Langblättriger Ampfer *(Rumex longifolius),* Strand-Ampfer *(Rumex maritimus),* Schnee-Ampfer *(Rumex nivalis),* Sumpf-Ampfer *(Rumex palustris),* Schmalblättriger Ampfer *(Rumex stenophyllus).*

Inhaltsstoffe und Wirkung: Ampfer enthält im Kraut Eiweiß (2 %), Flavonoide, reichlich Vitamin C, Carotin, Eisen, Gerbstoffe und Hyperosid. Von Art zu Art sehr unterschiedlich und im Jahresverlauf zudem schwankend sind die Gehalte an freier Oxalsäure. In den Wurzeln sind Anthrachinone und Gerbstoffe enthalten. In der Volksmedizin werden die (essbaren) Ampfer-Arten zur Blutreinigung und als harntreibendes Mittel vor allem im Frühjahr eingesetzt. Die frische und getrocknete Pflanze soll die Immunabwehr stärken. Außerdem werden ihr verdauungs- und gallensekretionsfördernde Wirkungen insbesondere bei schwer verdaulichen Speisen nachgesagt. Äußerlich helfen Breiumschläge bei einer Vielzahl von Hautleiden und Erkrankungen der Mundschleimhaut. Für Heilanwendungen werden vielfach auch die Wurzeln verwendet. Ein Absud aus den Wurzeln wurde innerlich zur Behandlung von Bluterkrankungen, Gelbsucht, Steinleiden, Hauterkrankungen und bei inneren Blutungen angewendet. Die Wurzel wurde je nach Gehalt an Gerbstoffen bzw. an Anthrachinonen, sowohl zur Behandlung von Durchfall, als auch zum Abführen verwendet. Die frischen Blätter einiger Arten *(R. hydrolapathum, R. obtusifolius)* eignen sich offenbar gut zur Behandlung von Gerstenkörnern und anderen entzündlichen Augenerkrankungen, aber auch zum Auflegen auf Wunden, Verbrennungen und Blasen. Die Samen von *R. maritimus* gelten in Indien als aphrodisierend. Die Homöopathie setzt den Sauerampfer bei juckenden Hautkrankheiten, Krämpfen und Halsschmerzen ein. Wegen der enthaltenen Oxalsäure sollte man die Pflanze nicht in zu großen Mengen konsumieren, da sie dem Körper Calcium entzieht. Dies gilt insbesondere für Kinder und Nierenkranke. Durch Zugabe von Milch oder Sahne kann ein Teil der Oxalsäure durch das in der Milch enthaltene Calcium gebunden werden und ist dann unschädlich. Schwangere sollten auf die Verwendung der Ampfer-Arten verzichten. Die Wurzeln sind offenbar gut zum Färben geeignet.

Großer Sauerampfer, Wiesen-Sauerampfer

Rumex acetosa

Gefahrenstufe bei der Verwendung: *

Verbreitungsschwerpunkt: Grünlandgesellschaften

Hauptblütezeit: Juni bis August

Verwendung in der Ernährung: Die sauren Blätter und Stiele gelten als ein klassisches Wildgemüse, dessen Erntezeit sich von März bis Oktober erstreckt. Vor allem die Blätter nutzte man gerne als Beigabe zu vielen Salaten [1]. Ihre aromatische Säure wurde außerdem schon von alt her gerne in Vorspeisensuppen [3.1] genutzt, z. B. als Vorsuppe zu reichhaltigen, schweren und fettreichen Gerichten sowie als aromaspendende Beigabe zu solchen.

Auch die Triebspitzen und die knospigen Blütenstände können gegart diversen Gemüsegerichten [7–12] beigegeben werden: so z. B. Eintopfgerichten mit Linsen, Tomaten und Zucchini, aber auch zu Saucen [14], Dips, sowie Kräuterbutter und -quark [15.3][15.5]. Im Entsafter wird aus den zarten Teilen ein Gemüsesaft, der mit Wasser oder Joghurt gemischt ein belebendes Getränk [22.4] ergibt. Man kann die Blätter und Triebspitzen auch als Vorrats-Würzmus [16.10] einkochen. Die Stiele können außerdem rhabarberartig zu Kompott [17.5] und Obstkuchen [19.2] verarbeitet werden.

Von August bis Oktober nutzt man die Samen zur Teegetränkbereitung [22.1] oder lässt sie im Winter auf der Fensterbank keimen [2].

Die Wurzeln trocknet man im September und brüht sie als Tee [22.1] auf oder vermahlt sie zum Strecken von Backmehl [20].

Verwechslungsgefahr: Gefleckter Aronstab *(Arum maculatum)* vor der Blütenentwicklung, S. 595.

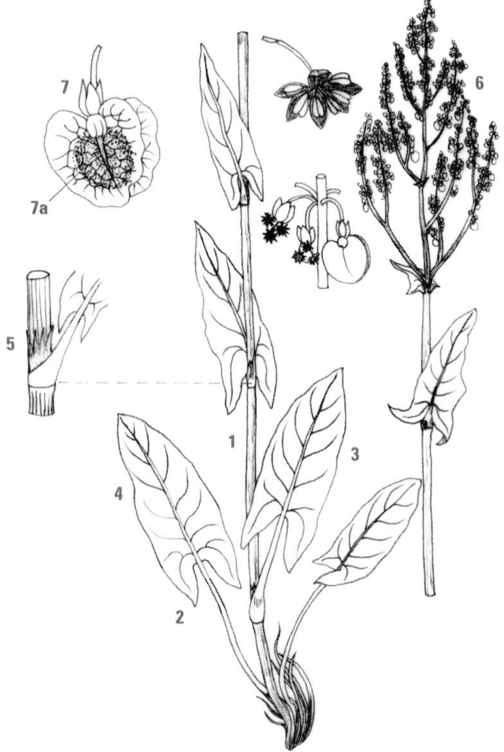

Höhe bis 1,0 m
Grundlegende Merkmale der Pflanzengattung auf S. 101

1 Stängel teilweise rötlich überlaufen und schwach geriffelt
2 Blattecken (Spieße) nach unten gerichtet
3 Blätter dicklich, lang gestielt, Farbe grasgrün
4 Blattrand ohne Zähne oder stärkere Einbuchtungen
5 Blattansatz mit gefranster Blattscheide
6 Kleine Blüten in lockeren, rötlichen Blütenständen angeordnet
7 Frucht dreikantig und von trockenen Blättern (a) umhüllt

Betonica officinalis

Rumex acetosa

Rumex acetosella

Rumex arifolius

Kleiner Sauerampfer
Rumex acetosella

Höhe bis 0,3 m
Grundlegende Merkmale der Pflanzengattung auf S. 101

1 Stängel bogig aufsteigend, meist zu mehreren
2 Blätter sehr variabel, oben spitz, am Grunde mit 2 abstehenden, teils umgeschlagenen Zipfeln
3 Grundblätter lang gestielt
4 Rötlich bis bräunlich überlaufener Blütenstand, wenig verzweigt
5 Frucht eine kleine (< 2 mm) glänzend-dunkelbraune Nuss

Foto S. 103

Gefahrenstufe bei der Verwendung: *
Verbreitungsschwerpunkt: Borstgrastriften und Zwergstrauchheiden
Hauptblütezeit: Mai bis Juli
Verwendung in der Ernährung: Vergleichbar mit dem Großen Sauerampfer *(Rumex acetosa).*

Berg-Sauerampfer
Rumex arifolius

Höhe bis 1,0 m
Grundlegende Merkmale der Pflanzengattung auf S. 101

1 Aufrechter Wuchs
2 Grundblätter lang gestielt
3 Stängelblätter sitzend angeordnet
4 Pfeilförmige Spitzen am Blattgrund
5 Blütenstand mit einer Vielzahl kleiner Blüten
6 Frucht eine bis 0,5 cm große Nuss

Foto S. 103

Gefahrenstufe bei der Verwendung: *
Verbreitungsschwerpunkt: Hochstaudenfluren, Gebüsche
Hauptblütezeit: Juni bis August
Verwendung in der Ernährung: Von April bis Juli findet man weiche Blätter und Triebspitzen. Die Blätter sollten noch zarte Stängel haben, die man mitessen kann. Man schneidet die Ernte ab und nutzt sie roh in Streifen geschnitten als Beigabe zu verschiedenen Salaten und Rohkost [1]. Mit anderem Gemüse und anderen Kräutern gemischt, sind die Blätter und Triebspitzen eine schmackhafte Füllung in Gemüsestrudel [10.1] oder -taschen [10.2]. Natürlich kann man sie auch zu einer Suppe pürieren [3.1] oder einfach als Spinat [9.1] zubereiten. Zur Bevorratung wurden sie auf den Alphütten früher aufgehängt und getrocknet.

Die Früchte erntete man von August bis Oktober. Sie lassen sich in kleinen Mengen als Sauergewürz in Hackkräutermischungen nutzen [15] oder im Winter auf der Fensterbank als Keime ziehen [2].

Rumex crispus

Rumex obtusifolius

Krauser Ampfer
Rumex crispus

Höhe bis 1,5 m
Grundlegende Merkmale der Pflanzengattung auf S. 101
1 Wuchs aufrecht, nach oben hin verzweigt
2 Grundblätter bis 30 cm lang, am Grunde verschmälert, oben zugespitzt und auf der ganzen Länge kraus gewellt
3 Blütenstand locker, etwa die Hälfte der Gesamtlänge einnehmend
4 Blütenhülle (Perigon) mit auffälliger Schwiele

Gefahrenstufe bei der Verwendung: *
Verbreitungsschwerpunkt: Pioniergesellschaften auf feuchten und überfluteten Rasen
Hauptblütezeit: Mai bis Juli
Verwendung in der Ernährung: Zarte junge Blätter und Blattstiele können von März bis Mai fein gehackt zu Kräuterkartoffeln [15.2] sowie als bittere Ergänzung in Saucen [14] gegeben werden. Man kann mit ihnen Bittergemüse [9.2] zubereiten und sie als Sauerkraut einlegen [13.4] oder Spirituosen [18.6] und Bier [18.7] mit ihnen aromatisieren. Getrocknet und pulverisiert verwendet man sie als Trockengewürz [16.2]. Auch Rauchtabak können sie untergemischt werden [25].

Frische, knospige Blütenstände finden im Sommer als Ergänzung in Tee [22.1] oder als Aroma in Spirituosen [18.6] Verwendung.

Unreife junge, noch weiche Samen gibt man im Spätsommer als Aroma in Wein [18.5] und Spirituosen [18.6] oder überbrüht sie als Tee [22.1]. Sie können Wildpflanzensalz beigemengt [16.1] oder als Gewürz getrocknet werden [16.2].

Die getrockneten und vermahlenen Wurzeln dienen von September bis März als Streckmehl für Gebäck [20]. Denkbar wären junge, weiche Wurzeln auch als Kaffeesurrogat [23] oder eingelegt in Salzlake [13.1].

Stumpfblättriger Ampfer

Rumex obtusifolius (Artengruppe)

Höhe bis 1,2 m

Grundlegende Merkmale der Pflanzengattung auf S. 101

1 Grundblätter bis 30 cm lang, in der Form breit oval bis eiförmig
2 Blattgrund herzförmig mit abgerundeten Lappen
3 Blattrand im Vergleich zum Krausen Ampfer *(Rumex crispus)* nur etwas wellig
4 Blattstiele etwa so lang wie die Blattfläche
5 Blütenstand reichhaltig, meist rötlich überlaufen
6 Blüten- und Fruchthülle (Perigon) mit roter Schwiele

Foto S. 105

Gefahrenstufe bei der Verwendung: *
Verbreitungsschwerpunkt: Nährstoffreiche Krautfluren
Hauptblütezeit: Juni bis August
Verwendung in der Ernährung: Vergleichbar mit dem Krausen Ampfer *(Rumex crispus).*

Alpen-Ampfer

Rumex pseudoalpinus

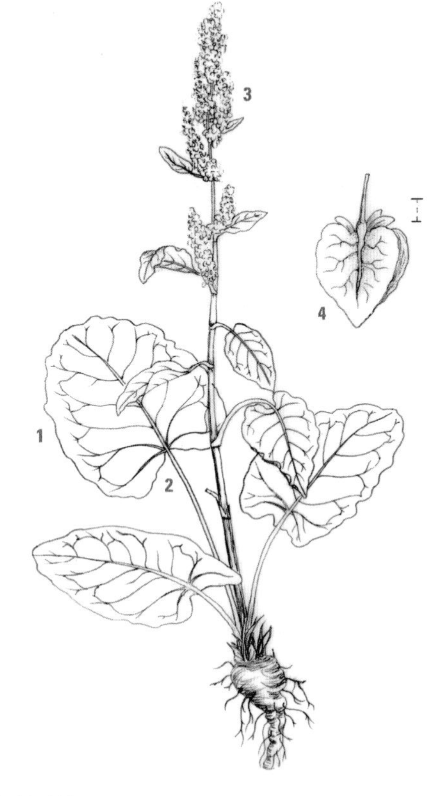

Höhe bis 1,5 m

Grundlegende Merkmale der Pflanzengattung auf S. 101

1 Blätter großflächig, bis 50 cm lang, breit oval bis rundlich
2 Blattbasis herzförmig, Blatt lang gestielt
3 Blütenstand dicht zusammengezogen
4 Blütenhülle (Perigon) ohne Schwielen

Gefahrenstufe bei der Verwendung: *
Verbreitungsschwerpunkt: Nährstoffreiche Krautfluren
Hauptblütezeit: Juni bis August
Verwendung in der Ernährung: Vergleichbar mit dem Berg-Sauerampfer *(Rumex arifolius).*

Blut-Ampfer, Hain-Ampfer

Rumex sanguineus

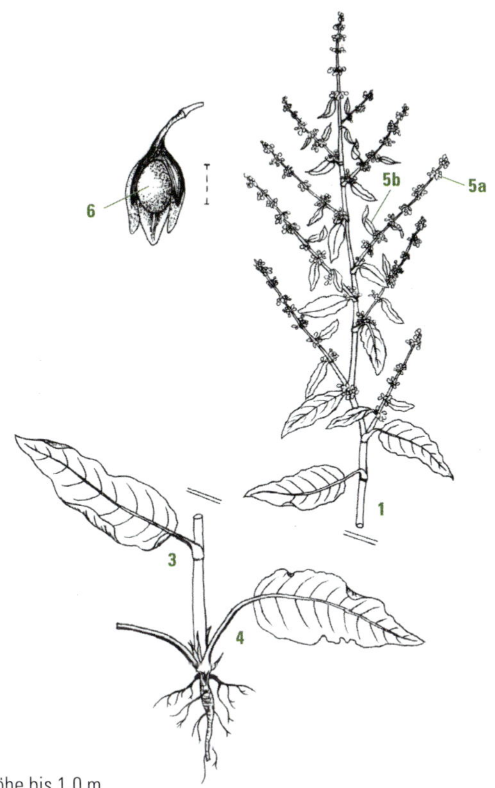

Höhe bis 1,0 m

Grundlegende Merkmale der Pflanzengattung auf S. 101

1 Pflanze aufrecht, häufig verzweigt
2 Häufig, vor allem im Sommer, die ganze Pflanze rot überlaufen (ohne Abb.)
3 Blätter auffallend dünn, länglich mit gestutztem oder abgerundetem Blattgrund
4 Grundblätter lang gestielt
5 Zahlreiche Blütenknäuel (a) und Hochblätter (b), letztere nur im unteren Teil des locker angeordneten Blütenstands
6 Schwiele an einem Blütenhüllblatt, fast so breit wie das Blütenhüllblatt

Gefahrenstufe bei der Verwendung: *

Verbreitungsschwerpunkt: Erlen- und Edellaub-Auenwälder

Hauptblütezeit: Juni bis Oktober

Verwendung in der Ernährung: Vergleichbar mit dem Großen Sauerampfer *(Rumex acetosa)*.

Rumex pseudoalpinus

Rumex sanguineus

Straußblütiger Sauer-Ampfer, Rispen-Sauerampfer
Rumex thyrsiflorus
Art zerstreut und unbeständig
Gefahrenstufe bei der Verwendung: *
Verbreitungsschwerpunkt: Ruderalgesellschaften, Acker- und Gartenunkrautgesellschaften
Hauptblütezeit: Juni bis August
Verwendung in der Ernährung: Vergleichbar mit dem Großen Sauerampfer *(Rumex acetosa).*

Knäuel-Ampfer
Rumex conglomeratus
Art zerstreut und unbeständig
Gefahrenstufe bei der Verwendung: *
Verbreitungsschwerpunkt: Pioniergesellschaften auf feuchten und überfluteten Rasen
Hauptblütezeit: Juni bis Oktober
Verwendung in der Ernährung: Zarte junge Blätter und Blattstiele nutzte man in Osteuropa von März bis Mai selten als Spinatbeigabe [9.1] oder fein gehackt als Beigabe in Hackkräutermischungen [15]. Möglich wären sie auch eingelegt als Sauerkraut [13.4]. Knospige Blütenstände wurden früher im Sommer frisch als Ergänzung in Tee [22.1] gegeben. Im Spätsommer wurden die unreifen, jungen, noch weichen Samen als Tee [22.1] aufgebrüht. Die Wurzeln nutzte man von September bis März vermutlich als Streckmehl für Gebäck [20], denkbar wären sie womöglich auch als Kaffeesurrogat [23].

Langblättriger Ampfer, Nordischer Ampfer
Rumex longifolius
Art ist selten
Gefahrenstufe bei der Verwendung: *
Verbreitungsschwerpunkt: Nährstoffreiche Krautfluren
Hauptblütezeit: Juni bis Juli
Verwendung in der Ernährung: Vergleichbar mit dem Knäuel-Ampfer *(Rumex conglomeratus).*

Schnee-Ampfer
Rumex nivalis
Art zerstreut bis selten
Gefahrenstufe bei der Verwendung: *
Verbreitungsschwerpunkt: Gesellschaften auf zumeist schneebedeckten Böden
Hauptblütezeit: Juli bis August
Verwendung in der Ernährung: Vergleichbar mit dem Knäuel-Ampfer *(Rumex conglomeratus).*

Sumpf-Ampfer
Rumex palustris
Art ist selten
Gefahrenstufe bei der Verwendung: *
Verbreitungsschwerpunkt: Krautige Vegetation oft gestörter Plätze
Hauptblütezeit: Juli bis September
Verwendung in der Ernährung: Vergleichbar mit dem Knäuel-Ampfer *(Rumex conglomeratus).*

Schild-Ampfer
Rumex scutatus
Art ist selten
Gefahrenstufe bei der Verwendung: *
Verbreitungsschwerpunkt: Steinschutt- und Geröllfluren
Hauptblütezeit: Mai bis Juni
Verwendung in der Ernährung: Vergleichbar mit dem Großen Sauerampfer *(Rumex acetosa).*

Schmalblättriger Ampfer
Rumex stenophyllus
Art ist selten
Gefahrenstufe bei der Verwendung: *
Verbreitungsschwerpunkt: Pioniergesellschaften auf feuchten und überfluteten Rasen
Hauptblütezeit: Juli bis August
Verwendung in der Ernährung: Vergleichbar mit dem Knäuel-Ampfer *(Rumex conglomeratus).*

Strand-Ampfer
Rumex maritimus
Art in der Schweiz und in Österreich im Bestand gefährdet
Gefahrenstufe bei der Verwendung: *
Verbreitungsschwerpunkt: Krautige Vegetation oft gestörter Plätze
Hauptblütezeit: Juli bis September
Verwendung in der Ernährung: Vergleichbar mit dem Knäuel-Ampfer *(Rumex conglomeratus).*

Wasser-Ampfer
Rumex aquaticus
Art in der Schweiz und in Teilen Österreichs im Bestand gefährdet
Gefahrenstufe bei der Verwendung: *
Verbreitungsschwerpunkt: Großseggensümpfe
Hauptblütezeit: Juli bis August
Verwendung in der Ernährung: Vergleichbar mit dem Knäuel-Ampfer *(Rumex conglomeratus).*

Fluss-Ampfer, Teich-Ampfer, Hoher Ampfer
Rumex hydrolapathum
Art in der Schweiz und in Teilen Österreichs im Bestand gefährdet
Gefahrenstufe bei der Verwendung: *
Verbreitungsschwerpunkt: Röhrichte und Großseggensümpfe
Hauptblütezeit: Mitte Juli bis Mitte August
Verwendung in der Ernährung: Vergleichbar mit dem Berg-Sauerampfer *(Rumex arifolius).*

Garten-Ampfer, Gemüse-Ampfer, Englischer Spinat
Rumex patientia
Art in der Schweiz und in Teilen Österreichs im Bestand gefährdet
Gefahrenstufe bei der Verwendung: *
Verbreitungsschwerpunkt: Nährstoffreiche Krautfluren
Hauptblütezeit: Mai bis Juli
Verwendung in der Ernährung: Vergleichbar mit dem Berg-Sauerampfer *(Rumex arifolius).*

Schöner Ampfer
Rumex pulcher
Art in der Schweiz und in Teilen Österreichs im Bestand gefährdet
Gefahrenstufe bei der Verwendung: *
Verbreitungsschwerpunkt: Ruderalgesellschaften, Acker- und Gartenunkrautgesellschaften
Hauptblütezeit: Juni bis August
Verwendung in der Ernährung: Vergleichbar mit dem Großen Sauerampfer *(Rumex acetosa).*

Täschelkräuter, Hellerkräuter
Thlaspi
Kreuzblütengewächse (Brassicaceae)

Grundlegende Merkmale: Die Blätter dieser Gattung sind wechselständig am Stängel angeordnet und ungeteilt. Außerdem sind grundständige Blattrosetten vorhanden. Wie bei den meisten Vertretern der Kreuzblütengewächse haben sie 4 Kelch-, 4 Kron-, sowie 6 Staubblätter. Die Frucht ist ein Schötchen.

Verwendung in der Ernährung: Man kann an noch nicht blühenden, hier aufgeführten mitteleuropäischen Arten die schärflichen Wurzeln im Frühjahr ernten, solange diese noch zart sind. Gesäubert eignen sie sich als Wurzelgemüse [8.1] oder als Beigabe in Eintopfgerichten [11.1].

Die Blätter schmecken bitterlich-senfig und sind nicht jedermanns Geschmack. Sie lassen sich von April bis Juni gut als Gemüse dämpfen [7.1][7.3] oder als Streifen in Salate [1] schneiden. Auch in Saucen [14] sowie als Sauerkraut [13.4] finden sie Verwendung.

Die noch knospigen Blütenstände, samt dem oberen Teil des Blütenstängels, ergeben z. B. ein zartes Stängelgemüse [7.2] oder eine würzige Salatbeigabe [1]. Ebenso kann man sie als Würzbeigabe, insbesondere zu Wildpflanzensalz [16.1] oder als senfartige Paste [16.8] verarbeiten. Die Knospen im Speziellen können auch kapernartig eingelegt werden [16.11]. Die Blüten eignen sich im Frühsommer als dezent würzige, essbare Dekoration.

Aus den Samen gewinnt man von Spätsommer bis Herbst ein herbes Speiseöl, indem man sie schrotet und in einer Ölmühle auspresst [16.3]. Ggf. kann man feinen Schrot auch in heißes Wasser legen und das Öl dann oben abschöpfen. Die jungen, weichen Samen, Blüten und -knospen sind fein geschnitten außerdem ein willkommener Belag auf einfachen Butterbroten [15.1]. Getrocknet werden sie zu Senfpulver vermahlen. Sie können auch als Keimsaat [2] dienen.

Inhaltsstoffe und Wirkung: Mit Ausnahme der Glucosinolate ist uns nichts über Inhaltsstoffe und eine medizinische Verwendung der einzelnen Arten bekannt. Das Lauch-Täschelkraut *(T. alliaceum)* war früher ein durchaus gebräuchliches, blähungstreibendes Mittel und wurde außerdem wie das Stängelumfassende Täschelkraut *(T. perfoliatum)* gegen Skorbut eingesetzt. Das Gebirgs-Täschelkraut *(T. caerulescens)* und das Rundblättrige Hellerkraut *(T. cepaeifolium)* sind unempfindlich gegenüber Zink und Cadmium und sammeln große Mengen dieser Metalle in ihrem Gewebe.

Thlaspi arvense

Thlaspi perfoliatum

Acker-Täschelkraut, Acker-Hellerkraut

Thlaspi arvense

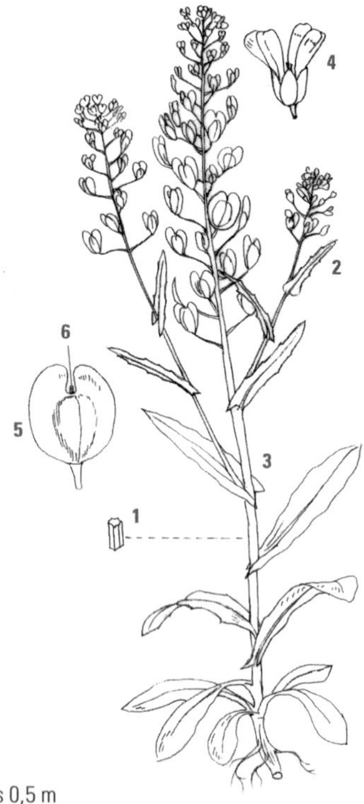

Höhe bis 0,5 m
Grundlegende Merkmale der Pflanzengattung auf S. 109
Pflanze riecht schwach nach Lauch

1 Stängel kantig, oben verzweigt
2 Blattform länglich, Blattrand gezähnt
3 Blätter mit pfeilförmigem Grund den Stängel umfassend
4 Weiße Blütenkronblätter bis 5 mm lang
5 Frucht flach, am Rande breit geflügelt, kurz gestielt
6 Griffel von den Flügeln weit überragt

Foto S. 109

Verbreitungsschwerpunkt: Nährstoffreiche Acker- und Gartenunkrautfluren
Hauptblütezeit: Mai bis Juni
Inhaltsstoffe und Wirkung: Das Acker-Täschelkraut ist sehr reich an Proteinen (über 50 % der Trockenmasse), enthält fettes Öl, Bitterstoffe, Glucosinolate, Vitamin C und Magnesium. Die Anwendung der Pflanze erfolgt als Tee oder Tinktur. Sie ist als Heilpflanze kaum bekannt, obwohl man sie sowohl äußerlich als auch innerlich aufgrund ihrer antibakteriellen Wirkung bei Nierenentzündungen einsetzen kann, außerdem bei Menstruationsbeschwerden, Entzündungen der Gebärmutter und Wucherungen der Gebärmutterschleimhaut. Äußerlich angewendet kann das Acker-Täschelkraut Hautentzündungen lindern. Zu diesem Zweck wird die Haut mit dem Tee gewaschen, Umschläge aufgelegt oder ein Bad bereitet. Als Sitzbad angewendet, hilft das Acker-Täschelkraut auch gegen Scheidenentzündungen.

Stängelumfassendes Täschelkraut

Thlaspi perfoliatum

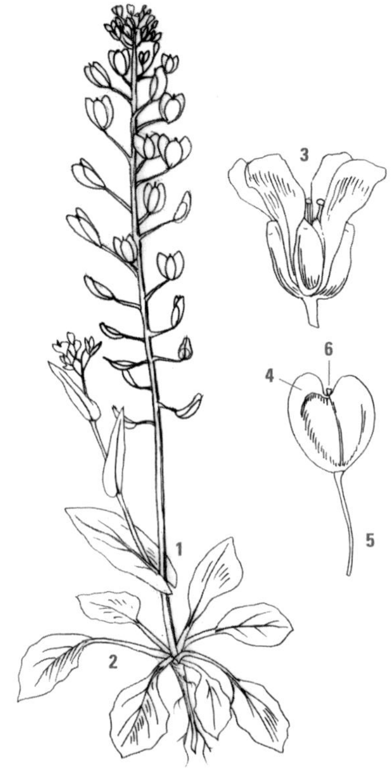

Höhe bis 0,3 m
Grundlegende Merkmale der Pflanzengattung auf S. 109
Pflanze ohne Lauchgeruch, blaugrün

1 Stängelblätter mit deutlichen Öhrchen den runden Stängel umfassend
2 Blattstiel der Grundblätter ähnlich lang wie die Blattfläche (Spreite)
3 Blüte mit kurzen, weißen Blütenkronblättern und gelben Staubbeuteln
4 Schötchen am Rand mit deutlichen Leisten (Flügeln), diese jedoch deutlich schmäler als beim Acker-Hellerkraut *(Thlaspi arvense)*
5 Stiele der Schötchen nur unwesentlich länger als diese
6 Griffel von den Flügeln weit überragt

Foto S. 109

Verbreitungsschwerpunkt: Lockere Sand- und Felsrasen
Hauptblütezeit: März bis Mai
Zusätzliche Hinweise zu den Inhaltsstoffen: Der Samen enthält 20–30 % essbares Öl, das früher auch als Lampenöl diente.

Lauch-Täschelkraut
Thlaspi alliaceum
Art ist selten
Verbreitungsschwerpunkt: Nährstoffreiche Acker- und Gartenunkrautfluren
Hauptblütezeit: April bis Juni
Zusätzliche Hinweise zur Verwendung: Das Lauch-Täschelkraut hat zu dem senfigen Geschmack noch einen knoblauchartigen Geruch.

Gebirgs-Täschelkraut, Voralpen-Täschelkraut
Thlaspi caerulescens (Artengruppe)
Art ist selten
Verbreitungsschwerpunkt: Gedüngte Frischwiesen und -weiden
Hauptblütezeit: März bis Mai

Rundblättriges Hellerkraut
Thlaspi cepaeifolium
Art ist selten
Unterart *cepaeifolium* ssp. *rotundifolium* in Österreich im Bestand gefährdet
Verbreitungsschwerpunkt: Lockere Sand- und Felsrasen
Hauptblütezeit: Juni bis Oktober

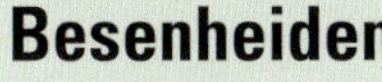

Berg-Täschelkraut
Thlaspi montanum
Art ist regional selten
Verbreitungsschwerpunkt: Nährstoffreiche Acker- und Gartenunkrautfluren
Hauptblütezeit: April bis Juni

Höhe bis 1 m
Halb- oder Zwergstrauch
1 Pflanze reich verzweigt
2 Triebe bogig aufsteigend
3 Basis der Triebe verholzend, bis 1 cm stark
4 Blätter immergrün, schuppenartig
5 Blütenstand nach einer Seite ausgerichtet (tendenziell einseitswendig)
6 4 Kelch- und 4 Blütenkronblätter

Besenheiden
Calluna
Heidekrautgewächse (Ericaceae)

Besenheide
Calluna vulgaris

Verbreitungsschwerpunkt: Borstgrastriften und Zwergstrauchheiden
Hauptblütezeit: Anfang Juli bis Ende September
Verwendung in der Ernährung: Die blühenden Zweigspitzen der Besenheide, inklusive der Blütenknospen, geben im August und September Gelee [18.1], Tee [22.1], Gewürzschokolade [18.3] und Sirup [18.4] ein herb-aromatisches bis süßliches Aroma. Auch bei der Herstellung von Bier [18.7] und Spirituosen [18.6] kann man sie einsetzen. Die Blüten können gut zusammen mit Vanilleschoten angesetzt werden (Likör).
Inhaltsstoffe und Wirkung: Die Pflanze enthält Flavonoide, Gerbstoffe und Triterpene. Volksheilkundlich verwendet als harntreibendes Mittel bei Blasen- und Nierenerkrankungen, bei Rheuma und Gicht. Offenbar wirkt der Pflanzenextrakt einschlaffördernd. Äußerliche Anwendung als Badezusatz zur Förderung der Wundheilung. Für den Imker ist die Besenheide eine wichtige Bienenweide.

Calluna vulgaris

Zaunwinden, Strandwinden
Calystegia
Windengewächse (Convolvulaceae)

Zaunwinde
Calystegia sepium (Artengruppe)

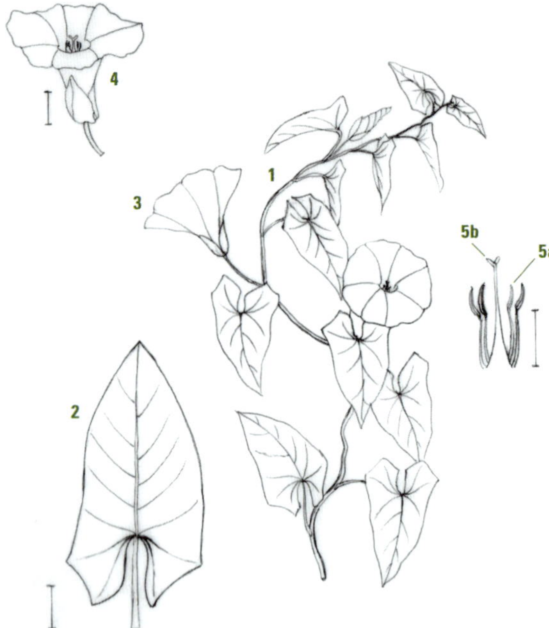

Kletterpflanze, windet sich bis 3 m Höhe
1 Stängel windend oder kriechend
2 Blätter pfeilförmig und bis 10 cm lang
3 Vorkommen der Blüten einzeln in den Achseln der Laubblätter
4 Blüte auffällig, trichterförmig, weiß, Durchmesser 3–4 cm
5 Staubblätter (a) kürzer als der Griffel (b)

Gefahrenstufe bei der Verwendung: *
Verbreitungsschwerpunkt: Schleier- und Krautgesellschaften im Halbschatten
Hauptblütezeit: Juni bis September
Verwendung in der Ernährung: Die nahrhaften Stängel und Wurzeln wurden gereinigt und gekocht in der Ernährung verwendet. Sie haben einen milden Geschmack und sind reich an Stärke und Zucker. Die Wurzeln dienten angeblich auch als Streckmehl für Gebäck [20]. Eine einzelne Blüte ist auch roh ein hübscher und in dieser Menge gut verträglicher Leckerbissen im Salat [1].

Hinweis: Bei unvorsichtiger Dosierung muss mit einer abführenden Wirkung gerechnet werden.
Inhaltsstoffe und Wirkung: Die ganze Pflanze enthält Nortropanalkaloide und Harzglykoside (am meisten in der Wurzel, am wenigsten in den Blättern) mit stark abführender Wirkung, zudem Gerbstoffe. Früher als Abführmittel mit Wirkung auf den Dünndarm gebräuchlich. Möglicherweise harntreibende und gallensekretionsfördernde Wirkung.

Strandwinde
Calystegia soldanella
Art im Bestand gefährdet
Gefahrenstufe bei der Verwendung: *
Verbreitungsschwerpunkt: Meeresküsten und Dünen
Hauptblütezeit: Juni bis August
Verwendung in der Ernährung: Die jungen Triebe wurden angeblich gekocht als Gemüse genutzt. Marzell (1958) überliefert den alten Pflanzennamen »Englischer Kohl«.
Hinweis: Bei Überdosierung kann eine abführende Wirkung auftreten. Die Pflanze wurde vorbeugend gegen Skorbut eingenommen.

Winden
Convolvulus
Windengewächse (Convolvulaceae)

Acker-Winde
Convolvulus arvensis

Gefahrenstufe bei der Verwendung: *
Grundlegende Merkmale: Blüten weiß bis rosa, Durchmesser 2–2,5 cm, Blatt bis 3 cm
Verbreitungsschwerpunkt: Trockene Standorte
Hauptblütezeit: Juni bis September
Verwendung in der Ernährung: Laut mündlichen Berichten werden die Blüten von Juni bis September und die Blätter von April bis Juni in geringen Mengen als Nahrung verwendet. Wir haben dies auch durch eigene Versuche nachvollzogen. Ihre Blätter, in dünne Streifen geschnitten, halten wir für eine angenehme Zutat in Reisgerichten. Die Pflanze diente wohl auch als Aroma zu likörartigen Spirituosen [18.6].

Hinweis: Die Pflanze kann bei Überdosierung abführend wirken; vgl. Roth et al. 1994.
Inhaltsstoffe und Wirkung: Die Ackerwinde enthält Flavonoide, Gerbstoffe und Harzglykoside (vor allem in der Wurzel, am wenigsten in den Blättern). Die Harzglykoside haben abführende Wirkung, weshalb die Pflanze zusammen mit anderen in Kombinationspräparaten verwendet wird. Die Wurzel und das daraus gewonnene Harz wirken außerdem gallensekretionsfördernd und entwässernd. Ein Tee aus den Blättern wurde volksheilkundlich bei Menstruationsbeschwerden eingesetzt.

Buchweizen
Fagopyrum
Knöterichgewächse (Polygonaceae)

Echter Buchweizen, Heidekorn
Fagopyrum esculentum

Gefahrenstufe bei der Verwendung: *
Verbreitungsschwerpunkt: Ruderalgesellschaften, Acker- und Gartenunkrautgesellschaften
Hauptblütezeit: Juni bis August
Verwendung in der Ernährung: Von August bis September können die getreideartigen Samen des Echten Buchweizens gesammelt werden, indem man sie von den Triebspitzen oben abstreift. Sie sind angenehm zart zu kauen, etwas mehlig und schmecken nussig-getreideartig. In Salzwasser weichgekocht ergeben sie zusammen mit feingehackten, gedünsteten Zwiebeln, Sauerrahm und Sauerklee ein Feinschmecker-Risotto. Eine weitere Möglichkeit ist, die Samen in lauwarmem Wasser einzuweichen und in Salate zu geben [1], bzw. sie in Wasser oder Milch gekocht zu Breispeisen und Desserts zu verarbeiten. Eingeweicht und mit Ei oder anderem Mehl gebunden, ergeben sie eine gute Grundlage für Gemüsebratlinge [4]. Getrocknet werden sie oft zu Mehl [20] vermahlen, aus dem man Gebäck, Brot etc. herstellen kann. Wie Gerste lassen sich die Körner ausgezeichnet zur Bierherstellung [18.7] malzen. Auch als Kaffeesurrogat [23] wären sie denkbar.

Die Blätter wurden früher angeblich roh gegessen, was aufgrund der reizenden Wirkung nur bedingt empfehlenswert ist, oder als Gemüsebeigabe kurz gebraten [8.2]. Durch das Erhitzen und ggf. auch durch das Kochen verbessert sich der Geschmack etwas.

Hinweis: Die Blätter und weichen Triebe können die Schleimhäute und empfindliche Hautstellen bei starker Sonneneinstrahlung etwas reizen. Aus den Blüten und Samen kann ein roter Farbstoff gewonnen werden.
Inhaltsstoffe und Wirkung: Die Pflanze enthält Flavonoide, Gerbstoffe, Farbstoffe, Eiweiß, Vitamin B, Calcium und Kieselsäure. Die Körner sind sehr kohlenhydratreich (vor allem Stärke), besitzen bis zu 10 % Eiweiß und die in Getreiden eher seltene essenzielle Aminosäure Lysin. Darüber hinaus enthalten sie bis zu 5 % des Flavonoids Rutin. Eine Teebereitung ist aufgrund des enthaltenen Rutins hilfreich

Calystegia sepium

Convolvulus arvensis

Fagopyrum esculentum

Fallopia convolvulus

bei Venen- und Gefäßschwäche und kann auch zur begleitenden Behandlung von Krampfadern und Arterienverkalkung eingesetzt werden. Außerdem hat das Rutin einen blutdrucksenkenden Effekt und wirkt deutlich antioxidativ. Die Volksheilkunde setzt die Pflanze darüber hinaus zur Blutstillung, bei Netzhautblutungen, Venenstauungen und zur Anregung der Milchsekretion bei Wöchnerinnen ein. Die Homöopathie nutzt Potenzierungen bei Kopfschmerzen und Lebererkrankungen. Die Buchweizenkörner sind glutenfrei und können zu Mehl vermahlen und daraus Gebäck hergestellt werden. In gleicher Weise verwendbar ist der Tatarische Buchweizen *(F. tataricum)*. Er stellt geringere Ansprüche an die Bodenbeschaffenheit und ist kälteresistenter.

Höhe bis 0,7 m

1 Stängel aufrecht, meist rot überlaufen
2 Blätter annähernd dreieckig, zugespitzt, mit herzförmiger Basis
3 Blütenstände als dichte Rispen auf langen Stielen
4 Früchte spitz dreikantig

Tatarischer Buchweizen, Falscher Buchweizen
Fagopyrum tataricum
Art in der Schweiz und in Teilen Österreichs im Bestand gefährdet
Verbreitungsschwerpunkt: Nährstoffreiche Acker- und Gartenunkrautfluren
Hauptblütezeit: Juli bis September
Verwendung in der Ernährung: Der Tatarische Buchweizen wurde ebenso wie der Echte Buchweizen *(Fagopyrum esculentum)* eingesetzt. Aus den nussigen, getreideartigen Pflanzensamen wurden diverse Getreidespeisen zubereitet oder sie wurden zu Mehl gemahlen [20], zu Kaffeesurrogat verarbeitet [23] bzw. auch als Malzersatz zur Bierherstellung genutzt [18.7]. Eingeweicht wurden sie als Brotteigbeigabe meistens dem Hausbrot [21.1] zugegeben. Die Samen können auch als Keimsaat [2] und in warmem Wasser eingeweicht in Salaten [1] verwendet werden. Zudem kann man aus ihnen Pressöl [16.3] gewinnen.
Die Blätter sind reich an Rutin. Sie wirken adstringierend und sind nur in kleinen Mengen roh geschmacklich interessant, z. B. gehackt als Beigabe in Salaten [1]. Viel besser schmecken sie jedoch gekocht.
Inhaltsstoffe und Wirkung: Siehe *Fagopyrum esculentum.*

Flügelknöteriche
Fallopia
Knöterichgewächse (Polygonaceae)

Grundlegende Merkmale: Die Blätter dieser Gattung sind wechselständig am Stängel angeordnet. Am Übergang von Stängel zu Blatt findet sich eine charakteristische Blattscheide [Ochrea]. Die Blüte besteht aus einer 5-blättrigen Blütenhülle [Perigon] mit 8 Staubblättern. Bei der Frucht handelt es sich um eine kantige Nuss.

Acker-Flügelknöterich
Fallopia convolvulus

Verbreitungsschwerpunkt: Getreideunkrautfluren
Hauptblütezeit: Juli bis Oktober
Verwendung in der Ernährung: Die ausgereiften Samenkörner des Acker-Flügelknöterichs sind im Geschmack säuerlich-nuss-aromatisch. Funde lassen vermuten, dass die Samen schon in der Steinzeit als eine Art Getreide angebaut wurden. Auch heute nutzt man sie von September bis Oktober vermahlen als Streckmehl für Getreidespeisen [20], als Brotteigbeigabe in Hausbrot [21.1] und als Getreideersatz beim Bierbrauen [18.7]. Auch als Kaffeesurrogat [23] und Keimsaat [2] finden sie Verwendung.

Die Blätter schmecken mild, beim Kauen merkt man etwas die enthaltenen Schleimstoffe. Sie sind im Mittelmeerraum als spinatartige Diätspeise [9.1] verbreitet.

Inhaltsstoffe und Wirkung: Die Pflanze soll bei Diabetes hilfreich sein und zellschützend wirken. Im Weiteren siehe *Fallopia japonica.*

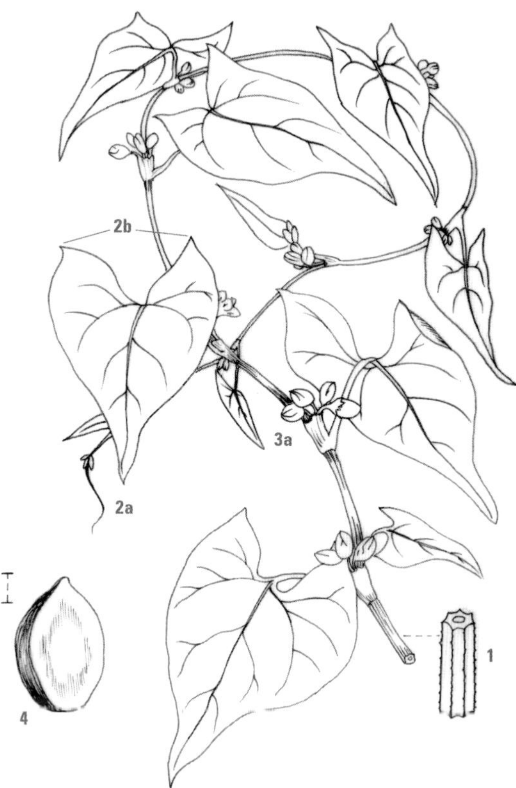

Höhe oder Länge bis 1,2 m
Grundlegende Merkmale der Pflanzengattung siehe linke Spalte
1 Stängel stark kantig, am Boden kriechend, windend oder kletternd
2 Oben in eine (a) und am Grunde in 2 Spitzen (b) auslaufende (pfeil- bis spießförmige) Blätter
3 Blüten zu 1–6 in den Blattachseln (a) oder in endständigen, ährenartigen Blütenständen
4 Dreikantige, bis 0,5 cm lange Früchte

Hecken-Flügelknöterich
Fallopia dumetorum

Verbreitungsschwerpunkt: Schleier- und Krautgesellschaften im Halbschatten
Hauptblütezeit: Juli bis September
Verwendung in der Ernährung: Die stärkereichen, reifen Samen im September und Oktober sind im Geschmack nussaromatisch und werden samt den Flügelchen getrocknet und fein vermahlen. So bilden sie eine raffinierte Beigabe für Gebäck [20], vor allem für süßen Plätzchenteig, werden aber auch dem Brotteig beigegeben [21.1] oder als Kaffeesurrogat [23] verwendet.
Inhaltsstoffe und Wirkung: Siehe *Fallopia japonica.*

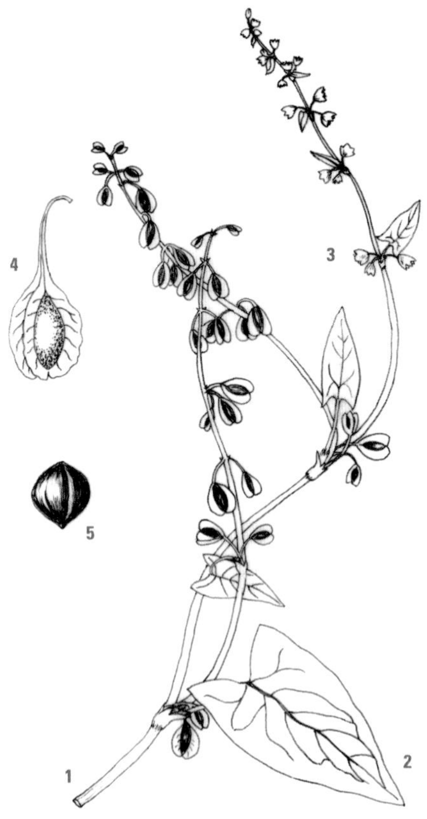

Höhe oder Länge bis 3,0 m
Grundlegende Merkmale der Pflanzengattung auf S. 115
1 Stängel rundlich bis kantig, windend oder kletternd
2 Blattspitze länger ausgezogen als beim Winden-Knöterich *(Fallopia convolvulus)*
3 Ährenartige Blütenstände an den Triebspitzen und den Blattachseln entspringend
4 Blüten- und Fruchthülle (Perigon) mit breiten Flügeln, die am Stiel herablaufen
5 Frucht glatt, etwa 2–3 mm lang

Japanischer Flügelknöterich

Fallopia japonica

Höhe bis 3,0 m
Grundlegende Merkmale der Pflanzengattung auf S. 115
1 Ausbreitung der Pflanze über Wurzelausläufer
2 Stiele mit Durchmessern bis zu 2,5 cm
3 Blätter breit eiförmig, oben zugespitzt
4 Blütenkronblätter weiß bis hellgrün
5 3 Griffel je Blüte
6 Frucht geflügelt

Gefahrenstufe bei der Verwendung: *
Verbreitungsschwerpunkt: Erlen- und Edellaub-Auenwälder, Weiden-Auengehölze, nährstoffreiche Krautfluren
Hauptblütezeit: Juli bis September
Verwendung in der Ernährung: Ergiebige, säuerlich-süße sowie mild rhabarber-aromatische Pflanze für Gemüse und Süßspeisen.

Die im Frühjahr austreibenden jungen, daumendicken Triebe des Japanischen Flügelknöterichs erntet man im März und April, bis zu einer Größe von circa 20 cm. Sie bieten ein herausragendes, säuerliches Aroma und werden z. B. einfach weich gekocht, gesüßt und als Kompott [17.5] gestampft oder als rhabarberähnliche Obststängel zu Kuchen [19.2], Marmelade [19.3] oder anderen Süßspeisen verwendet. Man kann sie aber auch als aromatisches, schmelzend weiches Stängelgemüse in der Pfanne kurz gebraten [8.2] zubereiten oder als Grundlage für Saucen [14] nutzen. Zuweilen werden die Triebe auch im Frühjahr durch Abdecken gebleicht, damit sie weiß bleiben, und nach der Ernte eingesalzen. Es gibt noch zahlreiche Verwendungen dieser vielseitigen Pflanzenteile in der Küche, auch ein würziges Chutney [16.9] kann hergestellt werden. Später im Jahr wird die Pflanze sehr holzig und innen hohl.

Die geflügelten Samen sind in Anlehnung an die Saatverwendung verwandter Fallopia-Arten ebenfalls essbar. Eigene Essversuche zeigten keinerlei Unverträglichkeiten. Über Giftstoffe liegen uns keine Erkenntnisse vor. Eine Verwendung als Streckmehl für Gebäck [20] oder als Beigabe zu Knäckebrot [21.2] wäre denkbar.

Weiche Wurzelabschnitte können von August bis September gesäubert und geschält als Wurzelgemüse [8.1] oder paniert [8.3] zubereitet werden.

In der Literatur wird in wenigen Fällen von einer Unverträglichkeit des Krautes berichtet, daher empfiehlt sich ein vorsichtiges Dosieren. Es ist auch bekannt, dass die

Fallopia dumetorum
Fallopia japonica
Fallopia sachalinensis
Lunaria annua

Pflanze Schwermetalle aufnimmt, wenn sie auf belasteten Standorten steht. Eine dauerhafte Einnahme wird nicht empfohlen.

Inhaltsstoffe und Wirkung: Der Japanische Flügelknöterich enthält das Anthrachinon Emodin, Resveratrol und Oxalsäure; in der japanischen und chinesischen Heilkunde wird die Pflanze traditionell bei der Behandlung von Pilzen, Hautentzündungen, Krankheiten des Herzens und der Blutgefäße verwendet. Die Wirkung der Pflanze dürfte dabei vor allem auf das abführend wirkende Emodin und auf das wasser- und fettlösliche Flavonoid Resveratrol zurückgehen. Letzteres ist ein hochwirksames Antioxidationsmittel und hat durch seine entzündungshemmende Wirkung eine besondere Funktion im Immunsystem. Zudem kann es sowohl die Entstehung und Weiterentwicklung von Krebszellen hemmen. Inhaltsstoffe und Wirkungen sind bei den anderen genannten Knöterich-Arten wahrscheinlich ähnlich.

Sachalin-Knöterich
Fallopia sachalinensis

Höhe bis 4,0 m

Grundlegende Merkmale der Pflanzengattung auf S. 115

1 Stängel kantig gestreift, zu mehreren, dichte Büsche bildend
2 Blätter weich, großfächig, bis 30 cm lang, an der Basis herzförmig, unterseits behaart
3 Blütenstände rispig, mit zahlreichen grünlichweißen Blüten

Foto S. 117

Verbreitungsschwerpunkt: Nährstoffreiche Krautfluren
Hauptblütezeit: Anfang September bis Ende September
Verwendung in der Ernährung: Im März und April erntet man die grünen, saftigen jungen Austriebe und verarbeitet sie, von der äußeren Haut etwas befreit, zu einem mild säuerlichen, kurz gebratenen [8.2] oder in Wein eingelegten Gemüse [13.3] sowie in Eierspeisen [6]. Man kann sie Misch- [11] und Ofengemüsegerichten [12] beigeben oder die rhabarberähnlichen Obststängel zur Herstellung von Obstkuchen, Marmelade oder anderen Süßspeisen [19.2][19.3] verwenden. Seltener gibt man sie, da sie roh geschmacklich zu eigen sind, in kleinen Mengen in Salate und Rohkost [1].

Die ausgereiften Samen wurden früher im September und Oktober zu Streckmehl [20] vermahlen. Denkbar wären sie auch eingearbeitet in Knäckebrot [21.2].

Die jüngsten, unverholzten Wurzeln kann man von September bis März auf verschiedene Art zubereiten: z. B. als Bratgemüse (v. a. Wurzelgemüse [8.1]), kurz gebraten [8.2] und paniert [8.3], in Mischgemüsegerichten (insbesondere als Eintopf [11.1]) oder zu Bratlingen [4]. Dazu werden sie vorher fein geschnitten, länger in immer wieder frischem Wasser gewässert und gespült und anschließend erhitzt. Man kann die Wurzeln auch als Gemüsechips backen [8.5].
Inhaltsstoffe und Wirkung: Siehe *Fallopia japonica.*

Bastard-Knöterich
Fallopia × bohemica
Art gekreuzt aus *F. japonica* und *F. sachalinensis*
Verbreitungsschwerpunkt: Bachufer, Waldwege
Hauptblütezeit: Juli bis September
Verwendung in der Ernährung: Die zarten jungen Triebe sind ein rharbarberähnliches Gemüse in Japan. Roh sind sie stark abführend.
Inhaltsstoffe und Wirkung: Siehe *Fallopia japonica.*

Silberblätter, Mondviolen, Silberlinge
Lunaria
Kreuzblütengewächse (Brassicaceae)

Verwendung in der Ernährung: Im Frühjahr kann man die zarten Blätter der hier erwähnten mitteleuropäischen Arten quer zur Faser in dünne Streifen schneiden und als feine gewürzartige Zutat in Risotto [11.2] und Maispolenta einarbeiten. Mitunter werden sie auch Hackkräutermischungen beigemengt, die dann zur Kräuterbrotzeit [15.1], zu Kräuterkartoffeln [15.2], in -butter [15.3], -käse (Schnittkäse) [15.4] oder -quark [15.5] verwendet werden können. Ebenfalls im Frühjahr, vor der Blütezeit, können die Wurzeln geerntet und klein geschnitten als rohes, pikantes Gewürz genutzt werden. Die essbaren Blüten im Mai und Juni wurden früher wohl öfter als würzige bunte Speisendeko

verwendet. Die Samen haben einen scharfen Geschmack. Sie wurden gewürzartig als Senf-Ersatz verarbeitet [16.8].

Zu beachten: Vor allem die Samen sollten wegen des Alkaloidgehalts in nur kleinen Mengen verwendet werden.
Inhaltsstoffe und Wirkung: Die Samen enthalten besondere Fettsäuren (Eruca- und Nervonsäure) und Alkaloide (Lunarin). Vermutlich ist das Alkaloid für den bitter-scharfen Geschmack verantwortlich. Die Blätter enthalten Flavonoide. Über eine medizinische Verwendung ist uns nichts bekannt.

Mondviole, Garten-Silberblatt, Silberling
Lunaria annua

Höhe bis 1,2 m
1 Blattrand deutlich gezähnt
2 Untere Blätter herzformig, groß
3 Obere Blätter ungestielt
4 Blütenkronblätter dunkelviolett, bis 2,5 cm lang
5 Früchte rundlich bis oval, bis 4 cm lang

Foto S. 117

Gefahrenstufe bei der Verwendung: *
Verbreitungsschwerpunkt: Ruderalgesellschaften, Acker- und Gartenunkrautgesellschaften
Hauptblütezeit: April bis Juni

Ausdauerndes Silberblatt, Wildes Silberblatt
Lunaria rediviva
Art im Bestand gefährdet
Gefahrenstufe bei der Verwendung: *
Verbreitungsschwerpunkt: Edellaub-Mischwälder
Hauptblütezeit: Mai bis Juli

Teufelskrallen
Phyteuma
Glockenblumengewächse (Campanulaceae)

Grundlegende Merkmale: Die Blätter dieser Gattung sind wechselständig am Stängel angeordnet, ungeteilt und in ihrer Form länglich bis dreieckig.

Die Blüten sind zu einem auffälligen, endständigen Blütenstand vereinigt. Die Einzelblüte ist fünfzählig, sie besteht aus 5 miteinander verwachsenen Blütenkron-, 5 Kelch- sowie 5 Staubblättern.
Verwendung in der Ernährung: Die aufgeführten Phyteuma-Arten in Mitteleuropa gehören zu den besten Wildgemüsearten. Ihre eiweißreichen, faserarmen, zarten Triebe und Blätter haben im Frühjahr ein süßliches Aroma und finden in vielerlei Gerichten Verwendung: Roh gibt man sie zur Kräuterbrotzeit [15.1] oder zu Kräuterquark [15.5], vor allem aber sind ihre zarten, in Streifen geschnittenen Triebspitzen ein Genuss als Zugabe zu jedem Blattsalat [1]. Man kann die jungen Blätter auch einfach als Belag aufs Butterbrot legen, bzw. mit ihnen verschiedene Salatplatten gestalten. Denkbar wären sie auch in Saft- und Vitalge-

Phyteuma hemisphaericum

tränken [22.4]. Erhitzt werden sie zubereitet als kurz gebratenes [8.2], gedünstetes oder gedämpftes Gemüse [7], in Püree [9.3] oder als Spinat [9.1] sowie als Gemüsesuppe [3.1]. Man macht aus ihnen exzellente Füllungen für Gemüsestrudel [10.1] oder -taschen [10.2] sowie für Lasagne [12.1]. Außerdem bereichern sie Rühreier [6.3] oder Omeletts [6.1] und Pizza [12.2]. Es ist auch möglich, sie in Wein [13.3] einzulegen.

Ihre jungen, noch geschlossenen Blütentriebe lassen sich im Frühjahr spargelähnlich zubereiten [7.2]. Man kann sie aber auch klein schneiden und als eigenständiges Auflaufgemüse im Ofen mit etwas Käse überbacken [12.3]. Ab Mai bis in den Sommer sind zunächst die knospigen und später auch die vollständig aufgeblühten Blüten eine geschmacklich süßliche Dekoration auf frischen Salat- und Rohkostspeisen [1] und in Saft-/Vitalgetränken [22.4]. Man verarbeitet sie zu Knäckebrot [21.2], in Misch- [11] und Ofengemüsegerichten [12] sowie als kurz gebratenes Gemüse [8.2] oder auch in Eierspeisen [6]. Große Blüten kann man paniert [8.3] oder in Ausbackteig [8.4] getaucht ausbacken. Kandiert [17.4] ergeben sie eine feine Nascherei. Denkbar wäre es auch, aus den Blüten Tee [22.1] aufzubrühen.

Die Haupternte der Phyteuma-Arten war immer schon die leckere Wurzel. Von September bis weit in den Frühsommer kann man sie ernten. Sie bleibt auch im vorangeschrittenen Jahr recht weich. Man kann sie gewaschen in Rohkostspeisen raspeln [1] oder sich des vollmundigen Geschmacks ihrer frischen Wurzelschale bedienen, indem man diese als eine Art Pesto [16.6] einsetzt. Geschält kann man sie im Ofen wie Kartoffeln schmoren [12.3], in Öl braten [8.1], bzw. zu Gemüsechips [8.5] verarbeiten oder auch klein geschnitten Bratlingen [4] zugeben. Früher wurden die Wurzeln in Salzlake eingelegt [13.1], um sie haltbar zu machen. Nur sehr junge, klein geschnittene Wurzeln bereitet man in Gemüsesuppen [3.1] und Eintopfgerichten [11.1] zu. Weich gekocht und als Beigabe zu Bohnengerichten serviert, gelten sie als Delikatesse. Getrocknet ergeben sie einen würzigen Tee [22.1] oder, fein vermahlen, Streckmehl für Gebäck [20], bzw. eine Brotteigbeigabe im Hausbrot [21.1]. Auch eine Verwendung als Kaffeesurrogat [23] wäre denkbar. Um den Bestand zu erhalten, bitte nur aus großem Pflanzenvorkommen ernten!

Inhaltsstoffe und Wirkung: Die Blätter und Wurzeln enthalten Vitamine, Mineralstoffe und Enzyme. Die Pflanzen werden in der Literatur immer wieder mit ihrer berühmten Namens-Schwester aus der Kalahari verwechselt. Es handelt sich aber um gänzlich verschiedene Pflanzen mit völlig anderem Wirkungsspektrum. Aus der getrockneten

Phyteuma nigrum

Phyteuma spicatum

Wurzel kann ein Tee bereitet werden. Volksheilkundlich waren die Pflanzen wohl eher unbedeutend. Es gibt aber Berichte zu einem erfolgreichen Einsatz bei der Behandlung der Syphilis, insbesondere der davon hervorgerufenen Hautgeschwüre.

Halbkugelige Teufelskralle

Phyteuma hemisphaericum

Höhe bis 0,2 m
Grundlegende Merkmale der Pflanzengattung auf S. 119
Blattform abweichend von Blattschlüsseleinteilung S. 42
Die Halbkugelige Teufelskralle unterscheidet sich von den anderen hier beschriebenen Phyteuma-Arten vor allem durch folgende Merkmale:

1 Nur bis 0,2 m hoch
2 Blätter schmal länglich, grasartig
3 Blütenstand annähernd kugelig, meist etwas breiter wie lang

Foto S. 119

Verbreitungsschwerpunkt: Steinfluren und alpine Rasen
Hauptblütezeit: Juli bis August

Schwarze Teufelskralle

Phyteuma nigrum

Höhe bis 0,5 m
Grundlegende Merkmale der Pflanzengattung auf S. 119

1 Pflanze aufrecht
2 Grundblätter lang gestielt, in der Form dreieckig
3 Blattrand schwach gekerbt bis schwach gezähnt
4 Stängelblätter nach oben hin schmäler und kleiner werdend
5 Blütenstand erst eiförmig, dann länglich, aus zahlreichen schwarzblauen Einzelblüten gebildet

Verbreitungsschwerpunkt: Gedüngte Frischwiesen und -weiden
Hauptblütezeit: Mai bis Juli

Ährige Teufelskralle

Phyteuma spicatum

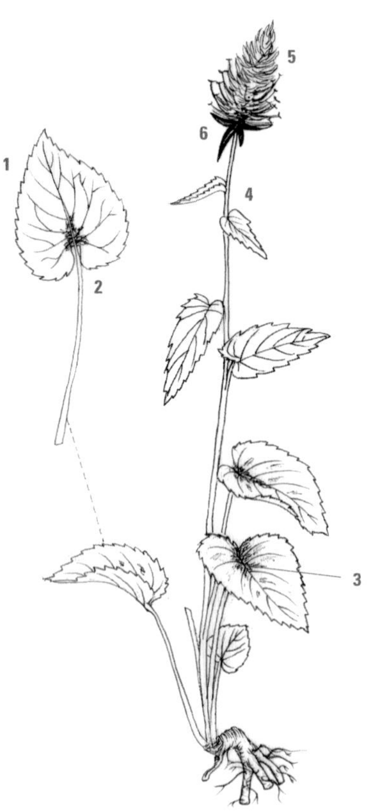

Höhe bis 0,8 m
Grundlegende Merkmale der Pflanzengattung auf S. 119

1 Grundblätter im Umriss dreieckig und lang gestielt
2 Basis der Grundblätter herzförmig
3 Blätter in der Mitte häufig dunkel gefleckt
4 Obere Stängelblätter sitzend angeordnet, im Umriss länglich
5 Form des Blütenstandes zylindrisch, Blüten gelblichweiß
6 Hochblätter schmal-länglich und kürzer als der Blütenstand

Foto S. 120

Verbreitungsschwerpunkt: Laubwälder und Gebüsche
Hauptblütezeit: Anfang Mai bis Ende Juni

Ziestblättrige Teufelskralle, Betonien-Teufelskralle

Phyteuma betonicifolium
Art ist selten
Verbreitungsschwerpunkt: Borstgrastriften und Zwergstrauchheiden
Hauptblütezeit: Juli bis August

Armblütige Teufelskralle

Phyteuma globulariifolium
Art zerstreut bis selten
Verbreitungsschwerpunkt: Steinfluren und alpine Rasen
Hauptblütezeit: Juli bis September

Rundköpfige Teufelskralle

Phyteuma orbiculare
Art zerstreut bis selten
Unterarten *P. orbiculare* ssp. *tenerum* und *orbiculare* im Bestand gefährdet
Verbreitungsschwerpunkt: Steinfluren und alpine Rasen
Hauptblütezeit: Mai bis Juli

Eiförmige Teufelskralle, Hallers Teufelskralle

Phyteuma ovatum
Art zerstreut bis selten
Verbreitungsschwerpunkt: Gedüngte Frischwiesen und -weiden
Hauptblütezeit: Juli bis August

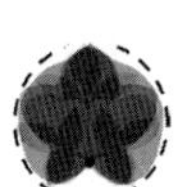

Ahornbäume

Acer

Seifenbaumgewächse (Sapindaceae)

Verwendung in der Ernährung: Junge, hellgrüne Frühjahrsblätter und geöffnete Blattknospen (ohne Knospenschuppen) der unten aufgeführten mitteleuropäischen Acer-Arten kann man im April ernten, solange die Blattadern noch weich sind und sich mit den Fingern zerreiben lassen. Sie schmecken mild säuerlich bis süß, nur beim Berg-Ahorn eher bitterlich. Sie können verwendet werden als Brotteigbeigabe [21] oder zu Eierspeisen wie Rührei [6.3] oder Omelett [6.1]. Auch als eingelegtes Gemüse in Wein [13.3] und in Streifen geschnitten, wurden die Blätter als Sauerkraut [13.4] genutzt. Das Sauerkraut (v. a. aus Spitz-Ahorn und Feld-Ahorn) war sehr beliebt als Vitaminvorrat für den Winter.

Auch als gedünstetes oder gedämpftes Gemüse wurden die zarten Blätter genutzt, z. B. als Nussgemüse [7.3]. Empfehlenswert sind Hackkräutermischungen aus den Blättern und anderen Kräutern, z. B. zu Kräuterkartoffeln [15.2]. Die milderen Ahornblätter waren aber auch immer gerne ein Teil in Salatspeisen [1]. Getrocknet wurden die Blätter auch im Winter noch als Suppenbeigabe [3] genutzt.

Große Blätter verwendete man als Blattrouladen [5], und bei sehr bitteren, aber noch jungen Blättern wäre eine Zubereitung als Bittergemüse [9.2] denkbar sowie eine Verwendung als Aroma in Spirituosen [18.6] oder als Biergewürz [18.7].

Bekannt ist sicherlich Ahorn-Sirup aus dem Zucker-Ahorn in Nordamerika. Leider haben unsere heimischen Ahornbäume weit weniger Zucker, jedoch viele Mineralien. Von März bis April lässt sich der Saft des angebohrten Stammes nutzen. (Bitte nur eingeschränkt und in Absprache mit dem Baumbesitzer, da Rindenverletzungen dem Baum erheblich schaden können.) Man kann den Saft als Getränk insbesondere als Baumsaft-Mineraldrink und -Sirup [22.5] weiterverarbeiten. Für den Sirup muss der wässrig-süßliche Anschnittsaft köchelnd einreduziert werden. (Empfehlenswert beim Feld-Ahorn.)

Junge, noch weiche Flügelfrüchte (bis zu einer Wuchslänge von max. 2 cm, als Doppelfrucht) der Ahornbäume wurden im Frühjahr ebenfalls in Hackkräutermischungen [15] verarbeitet und eignen sich unserer Meinung nach auch in Bratlingen [4]. Sie sind zum Teil herb im Geschmack und stark bissfest.

Natürlich kann man die Verwendung der jungen Flügelfrüchte ausdehnen auf jegliche Art von Bratgemüse, aber eher kurz gebraten [8.2]. Auch als zart säuerliches Gemüse [7.1], in Gemüsesuppen [3.1] oder in Mischgemüsegerichten wie etwa als Eintopf [11.1] könnten sie unseres Erachtens verwendet werden. Gut geeignet sind sie als eingelegtes Gemüse meistens in Salzlake [13.1], olivenartig verarbeitet [16.12] oder kapernartig eingelegt [16.11].

Schält man im September die reifen Samen aus den festen Flügeln heraus, so könnten diese bitteren kleinen Samen immer noch als Aroma in Spirituosen [18.6], als Würze besonders zu Wildpflanzensalz [16.1] und in Kräuteröl [16.4] verwendet werden (am ehesten vom Berg-Ahorn), allerdings ist der Aufwand des Schälens recht hoch.

Das Kambium der Ahornbäume, die weiche Schicht unter der Borke, wurde im April getrocknet und vermahlen als Streckmehl für Gebäck [20] genutzt. Man gebraucht es als Brotteigbeigabe zu Hausbrot [21.1] und zu Knäckebrot [21.2]. Allerdings war dies meist nur eine Notnahrung und man sollte es nicht an lebenden Bäumen ausprobieren, nur bei abgeschnittenen Ästen z. B. von Baumschnittarbeiten oder in Notsituationen, da diese Nutzung eine schwerwiegende Gehölzverletzung darstellt.

Die mild säuerlich bis süßen Blüten mit ihren frischen Farben kann man ohne die Knospenschuppen im April gut in Salat- und Rohkostspeisen [1] einarbeiten. Sie geben auch Kräutermischungen [15] und Wildpflanzensalz [16.1] eine feine Note und eine hellgrüne Färbung. Erhitzt eignen sie sich in Eierspeisen wie z. B. Crêpes [6.2] und Rührei [6.3], in Mischgemüsegerichten [11] oder Ofengemüsegerichten [12] und in Gemüsesuppen [3.1], weiterhin denkbar auch als Würze besonders in Chutney [16.9] oder als Würzmus [16.10]. Große, weit geöffnete Blütenbüschel wären denkbar auch paniert [8.3] gebraten.

Gerade geöffnete, fast noch knospige Blütenstände eignen sich als kurz gebratenes Gemüse [8.2], in Bratlingen [4] oder als säuerlich gedünstetes Gemüse [7.1]. Auch als eingelegtes Gemüse würden sie sich sicher in Salzlake [13.1] oder in Essig [13.2] eignen.

Im März findet man unter den Bäumen die jungen, sehr bitteren Ahorn-Keimlinge. Auch sie kann man einlegen und ähnlich verwenden wie die Samen.

Der Feld-Ahorn und der Spitz-Ahorn sind die mildesten im Geschmack, während der Berg-Ahorn rundum als der bitterste unter den Ahornbäumen bekannt ist.

Inhaltsstoffe und Wirkung: Die frischen, jungen Blüten und Blätter enthalten Mineralstoffe wie Kalium, Calcium, Magnesium, Mangan und Eisen. Darüber hinaus ist Zucker und etwa 5 % Eiweiß enthalten. Volksmedizinisch wird der Anschnittsaft im Frühjahr oder ein Sud aus frischen Blättern äußerlich bei Insektenstichen und geschwollenen Augen angewendet, außerdem innerlich bei Gicht, Geschwüren, Entzündungen und Fieber. Bevorratete, getrocknete Blätter können mit kochendem Wasser eingeweicht werden und in oben genannter Weise auch im Winter verwendet werden. Der Rauch des brennenden Holzes hat eine beruhigende Wirkung.

Acer campestre

Acer monspessulanum

Acer platanoides

Acer pseudoplatanus

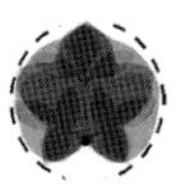

Feld-Ahorn, Maßholder
Acer campestre

Verbreitungsschwerpunkt: Laubwälder und Gebüsche
Hauptblütezeit: Anfang Mai bis Ende Mai

Französischer Ahorn, Felsen-Ahorn, Dreilappiger Ahorn
Acer monspessulanum

Verbreitungsschwerpunkt: Trockenheit ertragende Eichenmischwälder
Hauptblütezeit: Anfang April bis Ende April

Spitz-Ahorn
Acer platanoides

Verbreitungsschwerpunkt: Laubwälder und Gebüsche
Hauptblütezeit: Anfang April bis Ende April

Berg-Ahorn
Acer pseudoplatanus

Verbreitungsschwerpunkt: Laubwälder und Gebüsche
Hauptblütezeit: Anfang Mai bis Ende Mai

Eschen-Ahorn
Acer negundo
Art selten verwildert
Verbreitungsschwerpunkt: Erlen- und Edellaub-Auenwälder
Hauptblütezeit: Anfang März bis Ende April

Schneeballblättriger Ahorn, Italienischer Ahorn, Frühlings-Ahorn
Acer opalus
Art im Bestand gefährdet
Verbreitungsschwerpunkt: Trockenheit ertragende Eichenmischwälder
Hauptblütezeit: Anfang April bis Ende April

Giersch
Aegopodium
Doldengewächse (Apiaceae)

Giersch, Geißfuß, Zipperleinskraut, Podagrariakraut, Hinfuß
Aegopodium podagraria

Verbreitungsschwerpunkt: Staudensäume an Gehölzen im Halbschatten
Hauptblütezeit: Juni bis August
Verwendung in der Ernährung: Das Grundaroma zarter Pflanzenteile vom Giersch gleicht einer Mischung aus Möhre und Petersilie. Die Blüten sind im Aroma einen Hauch süßer, die Früchte schärfer.

Eine bekannte Delikatesse sind von März bis April seine zarten, noch gefalteten, frisch aus dem Erdboden sprießenden Blattschösslinge. Sie bilden, zusammen mit Möhren oder Radieschen, im April eine herrliche Salatgrundlage und Rohkost [1]. Das Blatt sollte hierfür noch so weich sein, dass man es mit den Fingern zerreiben kann.

Sie eignen sich auch hervorragend als Beigabe zu Wildpflanzenlimonade [22.2] und Bowle [22.3].

Zarte Blätter kann man nahezu das ganze Jahr über zu unterschiedlichen Gemüsegerichten (z. B. als kurz gebratenes, gedünstetes oder gedämpftes Gemüse [8.2][7]) verarbeiten. Man kocht aus ihnen einen sehr feinen Spinat [9.1] oder macht aus ihnen leckere Füllungen für Gemüsestrudel [10.1], Gemüsetaschen [10.2] und Ofengemüsegerichte [12].

Fein- oder auch grob gehackt sind sie eine gesunde Beigabe in Eierspeisen ([6.3][6.2][6.1]), Bratlingen [4], Saucen [14], Gemüsesuppen [3.1] und natürlich in Hackkräutermischungen [15]. Sie eignen sich außerdem als Brotteigbeigabe [21.1] und werden, als Gemüsechips [8.5] gebacken, z. B. eine würzige Nascherei für zwischendurch.

Möchte man sie als Würze und Würzbeigabe [16] nutzen, kann man sie z. B. durch langsames Trocknen als Gewürz [16.2] haltbar machen.

Die Blattstiele und jungen Blütensprosse nutzt man – geschält und von den Fasern befreit – von Mai bis Juli roh oder erwärmt zu Gemüsegerichten. Die Fasern werden hierbei der Länge nach herausgezogen. Am besten eignen sich dafür die Blattstiele, v. a. von in feuchten Wäldern wachsenden Pflanzen, da diese besonders groß und saftig sind. Man nutzt sie in Salaten und als Rohkost [1], als kurz gebratenes Gemüse [8.2] und – quer zur Faser kleingeschnitten – zu Bratlingen [4] sowie in Eierspeisen [6], Mischgemüse- [11] und Ofengemüsegerichten wie Lasagne [12.1] oder Pizza [12.2]. Auch in Gemüsesuppen [3.1] und als Stängelgemüse [7.2] finden sie Verwendung.

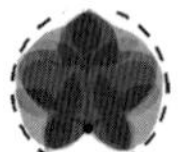

Höhe bis 0,9 m
1 Pflanze mit Ausläufern
2 Stängel rinnig
3 Basis der Blattstiele verbreitert (»Geißfuß«), häufig rötlich
4 Blätter dreiteilig
5 Teilblätter zwei- bis dreiteilig, mit eiförmigen Abschnitten
6 Blütendolde ohne Hülle und Hüllchen
7 Eiförmige Frucht 3–4 mm lang

In Salzlake [13.1] oder in Essig [13.2] eingelegt sind sie eine würzige Beilage. Sie bereichern Wildpflanzenlimonade [22.2] und Bowle [22.3] oder lassen sich als Tee [22.1] aufbrühen.

Später, von Juni bis August, verwendet man die vollständig aufgeblühten Blütenteller als roh essbare Dekoration in Salat- und Rohkostspeisen [1], Hackkräutermischungen [15], und als Brotteigbeigabe im Hausbrot [21.1] und zu Knäckebrot [21.2]. Kandiert [17.4] oder zu Sorbet verarbeitet [17.7], kann man sie als Süßspeise genießen.

Die Blüten des Gierschs sind ein kräftiger Aromageber [18] und eignen sich deshalb u. a. hervorragend als Würze in Wildpflanzensalz [16.1], Kräuteröl [16.4] und Kräuteressig [16.7] und als Mazerationsöl [16.5]. Sie aromatisieren außerdem Tee [22.1], Wildpflanzenlimonade [22.2] und Bowle [22.3]. Ganze Blütenstände kann man in Ausbackteig tauchen und backen oder frittieren [8.4].

Noch knospige Blütenstände im Mai tragen besonders viel Aroma und sind dabei sehr weich, sodass sie sich sehr gut für unterschiedliche Gemüsezubereitungen eignen (kurz gebratenes Gemüse [8.2], säuerlich gedünstetes Gemüse [7.1], Gemüsefüllungen [10], Mischgemüsegerichte [11], Gemüsesuppen [3.1]). Sie verleihen Bratlingen [4] und Omelett [6.1], besonders aber auch Chutney [16.9] und Würzmus [16.10] eine frische Note.

Die aromatischen ausgereiften Früchte ergeben von Juli bis September frisch oder getrocknet ein gutes Gewürz [16]. Man kann sie als Aroma Wein [18.5] und Spirituosen [18.6] zugeben oder als Brotteigbeigabe (meistens als Hausbrot) [21.1] bzw. als Keimsaat [2] nutzen.

Inhaltsstoffe und Wirkung: Der Giersch enthält reichlich Mineralien und Vitamine (A, C), außerdem Harz, ätherisches Öl, Flavonoide und Phenolcarbonsäuren. Volkstümlich aufgrund seiner mild harntreibenden, krampflösenden, entzündungshemmenden und entsäuernden Wirkung angewandt bei Rheuma und Gichterkrankungen. Die Homöopathie benutzt ihn gleichartig. Äußerlich wird das zerquetschte Kraut für Umschläge bei Verbrennungen, Insektenstichen und als Bad bei Hämorrhoiden verwendet.

Knoblauchsrauken

Alliaria

Kreuzblütengewächse (Brassicaceae)

Gewöhnliche Knoblauchsrauke, Sommerknoblauch, Ackerlauch

Alliaria petiolata

Verbreitungsschwerpunkt: Schleier- und Krautgesellschaften im Halbschatten

Hauptblütezeit: Mai bis Juni

Verwendung in der Ernährung: Die knoblauch-senf-aromatischen Blätter und jungen Triebe der Knoblauchsrauke nutzt man von April bis Juni als roh geschnittenes Küchengewürz oder als Beigabe zu verschiedenen Salaten [1], kurz gebratenem Gemüse [8.2], Gemüsefüllungen [10], lasagneartigen Aufläufen [12] und Suppen [3.1]. Hervorragend passen sie auch in Kräuterbutter [15.3], Kräuterquark [15.5] und Pesto [16.6]. Die Blütenstände sind von Mai bis Juni eine würzige, helle Speisendekoration. Die jungen grünen, noch zarten Samen aus den Hülsen verwertet man von Ende Mai bis Juni als senfartiges Frischgewürz zu diversen Speisen. Man kann die Hülsen auch im Mörser zerstampfen und das entstandene Mus mit etwas Öl und Essig durch ein Sieb drücken. So erhält man eine scharfe grüne, senfartige Paste [16.8]. Die ausgereiften Samen kann man von Juli bis August zu Senfmehl vermahlen und mit etwas Essig, Öl und Salz zu Senf verrühren. Die lange weiße Wurzel der einjährigen, jungen Pflanze wird im Herbst und Frühjahr, bevor die Pflanze aus ihrer Rosette in die Höhe wächst, als meerettichartiges Scharfgewürz geerntet. Sie lässt sich gut in Öl [13.5] oder in Sauerrahm reiben und ergibt eine pikante Würzpaste.

Inhaltsstoffe und Wirkung: Die Knoblauchsrauke enthält Zuckerstoffe, Saponine, Glucosinolate (vor allem Sinigrin und Glucotropaeolin), Knoblauchöl, ätherisches Öl, geringe Mengen herzwirksamer Glykoside, reichlich Vitamin A und C und Mineralstoffe. Früher verwendete man sie volksmedizinisch bei Katarrhen der Atemwege, Asthma und als Gurgelmittel. Sie wirkt ferner antibakteriell und keimtötend und kann gegen Eingeweidewürmer eingesetzt werden. Der Verzehr der frischen Pflanze unterstützt die Verdauung und wirkt harntreibend und blutreinigend. Äußerliche Breiumschläge helfen bei eiternden Wunden und Insektenstichen.

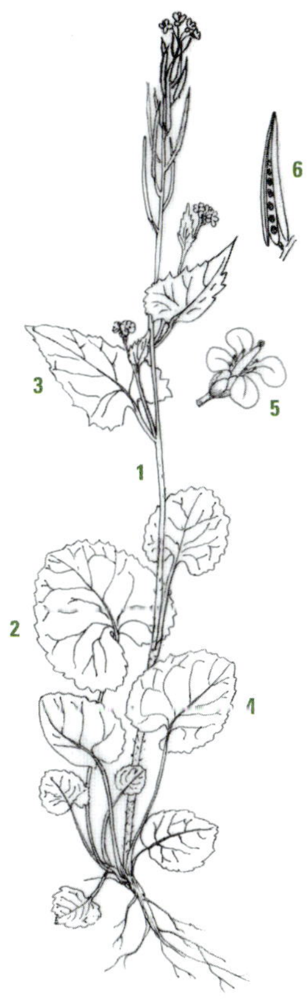

Höhe bis 1,0 m

1 Stängel aufrecht, schwach kantig und nach unten hin zunehmend behaart
2 Grundblätter groß, nierenförmig oder rundlich
3 Stängelblätter dreieckig bis zugespitzt herzförmig
4 Blattrand unregelmäßig gezähnt
5 Weiße, am Ende der Stängel sitzende, locker angeordnete, zierliche Blüten
6 Frucht eine Schote mit 6–8 schwarzen Samen

Aegopodium podagraria

Alliaria petiolata

Eibisch-Arten, Stockrosen
Althaea
Malvengewächse (Malvaceae)

Verwendung in der Ernährung: Junge, frisch austreibende, milde Blätter und Triebspitzen der hier erwähnten mitteleuropäischen Arten kann man im Frühjahr gut in Vitalgetränken [22.4], Salaten [1] und Hackkräutermischungen [15] sowie als eingelegtes Gemüse in Wein [13.3] und als Sauerkraut [13.4] nutzen. Erwärmt eignen sie sich in Bratlingen [4], in Hausbrotmischungen [21.1], zu Eierspeisen [6], als gedünstetes Gemüse [7], als Füllung in Gemüsestrudel [10.1] oder Gemüsetaschen [10.2], als Püree [9.3] und Spinat [9.1] sowie zu Ofengemüsegerichten wie z. B. Lasagne [12.1]. Auch kann man sie zum Eindicken von Saucen [14] und Gemüsesuppen [3.1] einsetzen.

Unreife, junge, noch weiche Fruchtscheiben können im Spätsommer frisch in Salat- und Rohkostspeisen [1] gegessen oder als Würzbeigabe kapernartig [16.11] eingelegt werden.

Jüngste, unverholzte Wurzeln wurden von Oktober bis März geerntet, geschält und roh [1] gegessen. Nach unserer Einschätzung können sie auch gut als Wurzelgemüse [8.1], kurz gebraten [8.2], paniert [8.3], als Gemüsechips [8.5], in Gemüsesuppen [3.1] und in Eintopfgerichten [11.1] gebraucht werden. Das extrahierte Aroma der Wurzeln wurde zum Abschmecken von Süßspeisen [17] genutzt, z. B. als Sirup [18.4]. Sie beinhalten kristallisierbaren Zucker. Bitte nur Wurzeln aus großem Pflanzenbestand ernten, keine einzeln stehenden Pflanzen entnehmen!

Die Blüten sind im Sommer ein farbiger Speisendekor. Sie eignen sich mit ihrem leicht säuerlichen Aroma für Gelee [18.1], Aromazucker [18.2] oder kandiert [17.4] sowie in Sirup [18.4], süßer Sauce [17.2], Pudding [17.3], Sorbet [17.7] oder in einer Blütencreme [17.1]. Auch in Hackkräutermischungen [15], Salat- und Rohkostspeisen [1] können sie Verwendung finden.

Stockrose
Althaea rosea

Verbreitungsschwerpunkt: Schuttunkrautfluren
Hauptblütezeit: Juni bis Oktober
Inhaltsstoffe und Wirkung: Siehe *Althaea officinalis.*

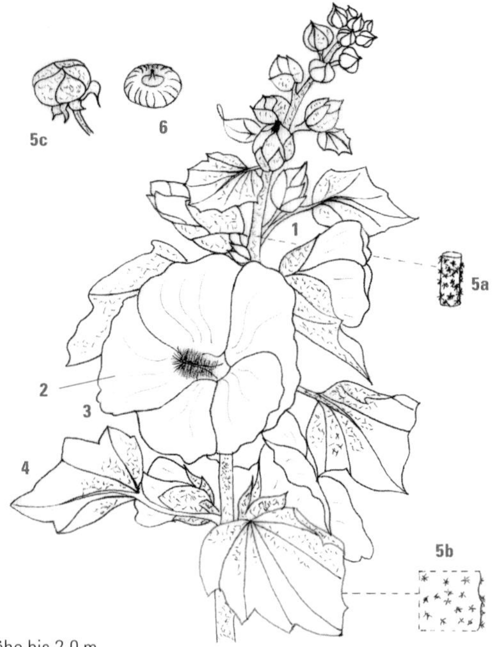

Höhe bis 2,0 m
1 Blüten entspringen in Blattachseln eines Blattes, welches länger ist als der Blütenstiel
2 5 rötliche Kronblätter
3 Blüte gesamt 6–8 cm breit
4 Blätter gelappt
5 Stängel (a), Blätter (b) und Unterseite der Kelche (c) mit Sternhaaren
6 Diskusartige Frucht

Eibisch
Althaea hirsuta
Art im Bestand gefährdet
Verbreitungsschwerpunkt: Schuttunkrautfluren
Hauptblütezeit: Juli bis August
Inhaltsstoffe und Wirkung: Vermutlich ähnlich wie *Althaea officinalis.*

Echter Eibisch, Samtpappel
Althaea officinalis
Art im Bestand gefährdet
Verbreitungsschwerpunkt: Pioniergesellschaften auf feuchten und überfluteten Rasen
Hauptblütezeit: Juli bis September
Inhaltsstoffe und Wirkung: Die Blätter, Blüten und Wurzeln des Eibischs *(A. officinialis)* und der Stockrose *(A. rosea)* werden arzneilich verwendet. Sie enthalten Schleimstoffe (Arabinogalactane), Asparagin, Flavonoide, Gerbstoffe und Saccharose. In den Wurzeln finden sich Phenolcarbonsäuren und Scopoletin, außerdem reichlich Stärke, Pektin und Rohrzucker. Eibisch und Stockrose wirken abschwellend und schleimlösend. Speziell die Blüten sind oft Bestandteil von Hustensäften. Die Blätter der Pflanze wirken abführend und können auch Harnwegs- und Darmbeschwerden lindern. Die Wurzel verwendet man äußerlich als Salbe bei Furunkeln, Abszessen, Hautgeschwüren, Brandwunden und zur Mundspülung bei Entzündungen. Innerlich verwendet man sie bei Magenschleimhaut- und Bauchspeicheldrüsenentzündung, Darm- und Blasenkatarrh. Dabei sind die Pflanzen frei von unerwünschten Neben- und Wechselwirkungen.

Dotterblumen
Caltha
Hahnenfußgewächse (Ranunculaceae)

Sumpf-Dotterblume
Caltha palustris

Höhe bis 0,5m
1 Bogig aufsteigende, hohle Stängel
2 Dunkelgrüne, bis 15 cm messende, herz- bis nierenförmige Blätter
3 Dottergelbe Blüten mit 5 Blütenkronblättern
4 Vielsamige Früchte

Gefahrenstufe bei der Verwendung: **
Verbreitungsschwerpunkt: Gedüngte Feuchtwiesen
Hauptblütezeit: Mitte April bis Mitte Juni
Verwendung in der Ernährung: Es wird berichtet, dass die ganze Pflanze bei unvorsichtigem Einsatz zu Erbrechen und Schwindel führen kann (besonders beim Eintritt der Blüte und Fruchtreife); vgl. Roth et al. 1994. Die folgenden überlieferten Verwendungen sind kritisch zu betrachten. Früher wurden die Blütenknospen circa von April bis Mai in kleinen Mengen kapernartig eingelegt [16.11]. Ein mehrmaliges Kochen in stets frischem Wasser verringert angeblich die Toxizität. Zum Teil fanden wohl auch die Wurzeln und Blätter vor der Blütezeit in der Ernährung

Althaea rosea

Caltha palustris

Cymbalaria muralis

Duchesnea indica

Verwendung, insbesondere in skandinavischen Ländern. Es muss angenommen werden, dass wohl auch hier das Pflanzenmaterial vor der eigentlichen Zubereitung gut ausgekocht und evtl. ausgeknetet wurde.

Inhaltsstoffe und Wirkung: Die Sumpfdotterblume ist giftig und enthält Flavonoide, Saponine, Cholin und Protoanemonin. Offenbar wurden frische Blätter trotz ihrer hautreizenden Wirkung früher als Wundheilmittel und zur Behandlung von Insektenstichen eingesetzt. Eingenommen wirkt die Pflanze schleimhautreizend und verursacht Erbrechen, Schwindel und erniedrigten Puls. Die Homöopathie nutzt die Pflanze bei Hautausschlägen und Husten.

Zymbelkräuter
Cymbalaria
Wegerichgewächse (Plantaginaceae)

Zymbelkraut, Mauer-Leinkraut
Cymbalaria muralis

Gefahrenstufe bei der Verwendung: *

Länge bis 0,4 m
1 Pflanze herabhängend oder niederliegend
2 Blatt meist fünflappig, lang gestielt
3 Blüten einzeln, auf langen Stielen den Blattachseln entspringend
4 Blütenkelch fünfteilig

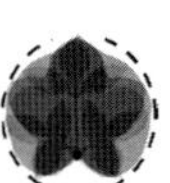

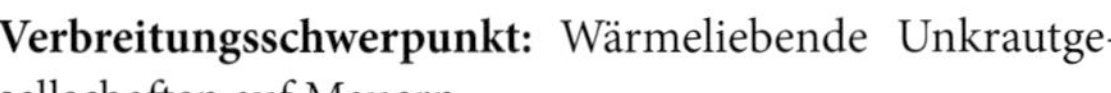

Verbreitungsschwerpunkt: Wärmeliebende Unkrautgesellschaften auf Mauern
Hauptblütezeit: Juni bis August
Verwendung in der Ernährung: Kleine, hübsche, aber bittere Mauerpflanze. Jüngste Blätter sind teils etwas milder.

Sehr vage wird der Pflanze zuweilen eine leichte Giftigkeit zugesprochen. Couplan (1983) bezeichnet sie als essbar. Die unterschiedlichen Aussagen hängen sicher mit der Dosierung zusammen. Essversuche weniger Blätter und Blüten zeigten keine Unverträglichkeiten.

Genaue Nahrungsverwendungen sind uns nicht bekannt.
Inhaltsstoffe und Wirkung: Die Pflanze enthält Iridoide, möglicherweise auch Vitamin C. Im Mittelalter wurde das Zimbelkraut als Heilpflanze bei Wunden, Entzündungen und Frauenleiden verwendet. Aus Indien existieren Hinweise zu ihrem Einsatz bei Diabetes.

Scheinerdbeeren
Duchesnea
Rosengewächse (Rosaceae)

Indische Scheinerdbeere
Duchesnea indica

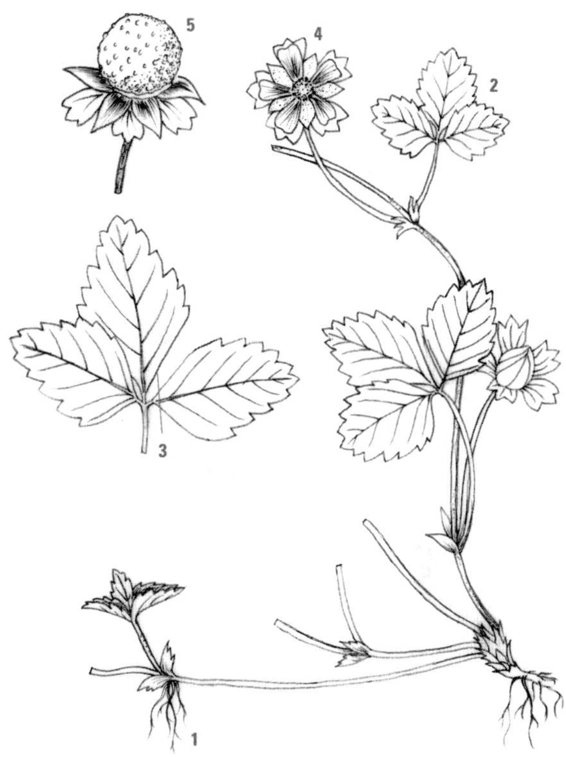

Höhe bis 0,2 m
1 Stängel bis 50 cm lang, niederliegend, an den Verzweigungen Wurzeln bildend
2 Blatt dreiteilig, erdbeerähnlich
3 Mittleres Teilblatt an der Basis keilförmig
4 Gelbe Blüten einzeln auf langen Stielen den Blattachseln entspringend
5 Frucht rundlich, erdbeerähnlich

Gefahrenstufe bei der Verwendung: *
Verbreitungsschwerpunkt: Schuttunkrautfluren
Hauptblütezeit: April bis Juni
Verwendung in der Ernährung: Dies ist eine erdbeerähnliche, jedoch kaum aromatische Wildfrucht. Man kann sie im August als kleine Beigabe für Fruchtspeisen wie Früchtesuppen [3.2], Chutneys [16.9], süße Saucen [17.2], Früchteaufläufe [19.1], Marmeladen [19.3] sowie in Fruchtschnitten [19.6] verwenden. Zu große Mengen können jedoch leicht abführend wirken.
Inhaltsstoffe und Wirkung: Über Inhaltsstoffe ist uns nichts bekannt. Es gibt Beschreibungen, nach denen die ganze Pflanze gerinnungshemmend, antiseptisch, entzündungshemmend und fiebersenkend wirkt. Demnach wird sie bei Geschwüren, Flechten, Ekzemen, aber auch bei Entzündungen im Mund und Rachenraum eingesetzt. Ein Blütenaufguss soll die Blutzirkulation fördern.

Erdbeeren
Fragaria
Rosengewächse (Rosaceae)

Grundlegende Merkmale: Die Blätter dieser Gattung sind dreizählig und lang gestielt. Die Blüte besteht aus 5 Kron-, 5 Kelch-, 5 Nebenkelch- und vielen Staubblättern.
Verwendung in der Ernährung: Die noch weichen, jungen Blätter der Erdbeere können von März bis April als fein geschnittene bissfeste Beigabe verschiedener Salatvariationen [1], Mischgemüsegerichte [11] und Gemüsefüllungen [10] genutzt werden. Manche mischen sie auch in Kräuterquark [15.5] oder Pesto [16.6]. Die etwas derberen Blätter gebraucht man von April bis Juli eher zur Teegetränkbereitung [22.1]. Die fermentierten Blätter können als koffeinfreier Ersatz für schwarzen Tee hergenommen werden.

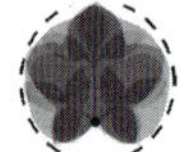

Von Juni bis Juli entwickelt die Pflanze die aromatischen Erdbeeren. Die Beeren sind aromatischer als die Handelserdbeeren. Sie können zu Gelee [18.1], Marmelade [19.3], Speiseeis, Obstquark [19.5] und ähnlichen süßen Dessert-Gerichten verarbeitet werden. Werden sie ausgepresst, so gewinnt man einen Fruchtsaft [22.4], der direkt getrunken werden oder für Spirituosen [18.6] weiterverarbeitet werden kann. Getrocknete Früchte eignen sich zur Teegetränkbereitung [22.1].

Auch die Blüten von April bis Mai eignen sich für Tee [22.1] und können mit Zucker ummantelt [17.4] als Süßigkeit gereicht werden. Der Grundgeschmack der Blätter und Blüten ist leicht säuerlich.

Inhaltsstoffe und Wirkung: Wie Funde aus der Jungsteinzeit (ca. 5000 v. Chr.) belegen, dienten Erdbeeren bereits unseren Vorfahren als Nahrung. Inhaltsstoffe der Blätter sind 5–10 % Gerbstoffe (Ellagitannine), Flavonoide, ätherisches Öl und Salicylsäure. Die Blätter werden arzneilich verwendet und zeichnen sich durch eine milde Wirkung bei Durchfall aus. Die dafür verantwortlichen Gerbstoffe bedingen auch den Einsatz des Tees als Gurgelmittel bei Entzündungen im Hals- und Rachenraum. Ferner wirken sie harntreibend und adstringierend. Die Wurzeln haben ein ähnliches Wirkungsspektrum. Volksheilkundlich nutzt man sie bei Nervosität, Blutarmut, Erkältungskrankheiten und Erkrankungen der Leber- und Harnwege. Die fermentierten jungen Blätter können als koffeinfreier Ersatz für schwarzen Tee verwendet werden. Die Früchte sind reich an Vitaminen (Folsäure, C, E, K und B-Vitamine), enthalten Mineralstoffe wie Eisen, Kalium, Calcium, Kobalt, Kupfer, Magnesium, Mangan, Phosphor und Zink, außerdem Fruchtsäuren, Flavonoide, Phytosterine und Zuckeralkohole. Sie sind dabei sehr kalorienarm. Die Erdbeerfrüchte sind in ihrer Heilwirkung den Blättern überlegen und sie schmecken besser! Sie wirken harntreibend und erfrischend und werden diätetisch bei Gicht, Lungentuberkulose und Arthritis angewandt. Volksmedizinisch werden sie bei Leber- und Gallenleiden, Herzbeschwerden, Nierensteinen, zur Blutbildung und bei Hautunreinheiten verwendet. Außerdem wecken sie die Lebensgeister und helfen bei Fieber und Verstopfung. Die positiven Wirkungen auf Leber und Galle wurden inzwischen wissenschaftlich untermauert.

Fragaria vesca

Fragaria viridis

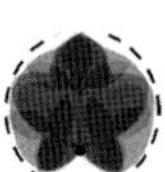

Wald-Erdbeere

Fragaria vesca

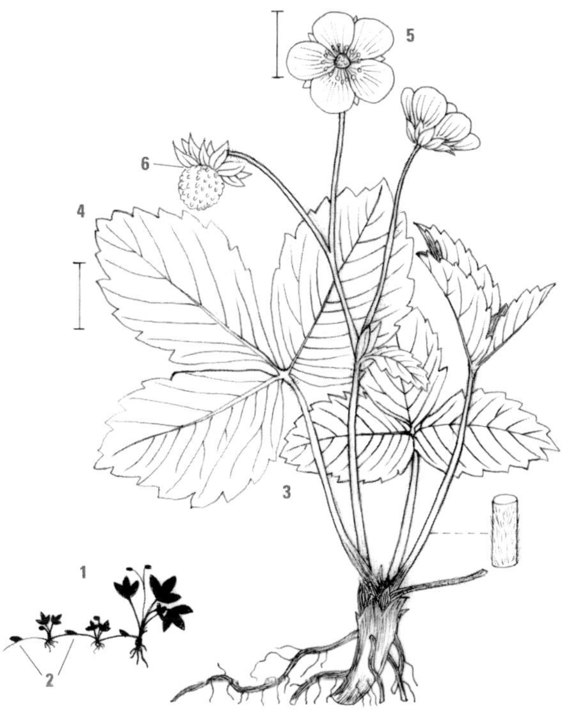

Höhe bis 0,2 m
Grundlegende Merkmale der Pflanzengattung auf S. 131

1 Pflanze mit Ausläufern
2 Zwischen den Tochterpflanzen immer ein Niederblatt
3 Bodenständige (grundständige) Blätter lang gestielt
4 Endzahn jedes Teilblättchens im Unterschied zur Hügel-Erdbeere *(Fragaria viridis)* größer oder gleich den übrigen Blattzähnen
5 Blüte im Durchmesser ca. 1–1,5 cm
6 Kelchblätter zur Fruchtzeit abstehend

Verbreitungsschwerpunkt: Waldlichtungsfluren und Gebüsche
Hauptblütezeit: Anfang April bis Ende Mai

Knackelbeere, Knackbeere, Grüne Erdbeere, Hügel-Erdbeere

Fragaria viridis

Höhe bis 0,2 m
Grundlegende Merkmale der Pflanzengattung auf S. 131
Ähnlich der Wald-Erdbeere *(Fragaria vesca)* mit folgenden Unterschieden:

1 Teilblätter mit bis zu 9 cm wesentlich länger
2 Endzahn der Blattzähne meist kürzer als die umgebenden Zähne
3 Nur der Pflanze nächstliegender Ausläufer mit Niederblatt
4 Innere Kelchblätter umschließen die Frucht und verbleiben beim Ernten an der Frucht

Verbreitungsschwerpunkt: Sonnige Staudensäume an Gehölzen
Hauptblütezeit: Mai bis Juni

Moschus-Erdbeere, Zimt-Erdbeere

Fragaria moschata

Art in der Schweiz und in Teilen Österreichs im Bestand gefährdet
Verbreitungsschwerpunkt: Laubwälder und Gebüsche
Hauptblütezeit: Mai bis Juni

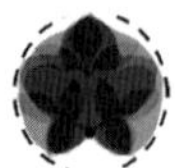

Gundelreben

Glechoma

Lippenblütengewächse (Lamiaceae)

Gundermann, Gundelrebe

Glechoma hederacea

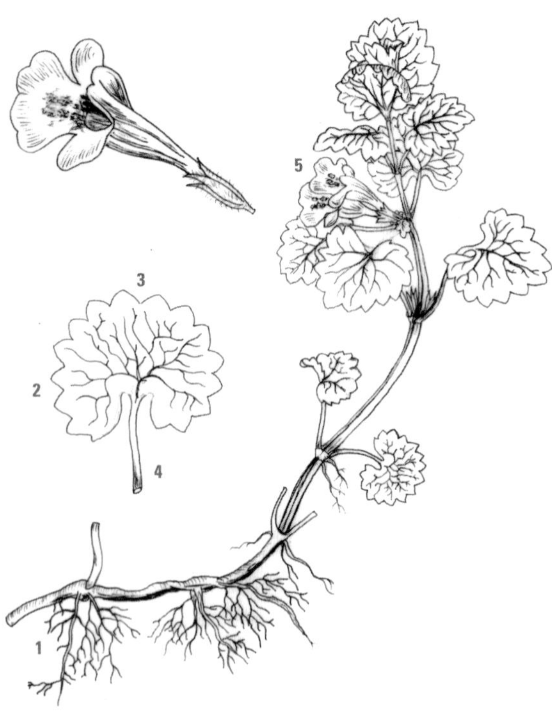

Höhe bis 0,4 m

1 An den Verzweigungen der oberirdischen Ausläufer bilden sich Wurzeln
2 Blatt rundlich bis nierenförmig, im Durchmesser bis 5 cm
3 Am Rande ist das Blatt gekerbt
4 Blattstiel etwa genauso lang oder wenig länger als die Blattfläche
5 Blauviolette Lippenblüten zu 2–3 in den Blattwinkeln

Verbreitungsschwerpunkt: Schleier- und Krautgesellschaften im Halbschatten
Hauptblütezeit: Anfang April bis Ende Juni
Verwendung in der Ernährung: Verbreitete, thymian-minz-aromatische Pflanze für Gewürze, Getränke und Süßspeisen. Die Pflanze duftet beim Zerreiben sehr wohlaromatisch und appetitanregend. Die Blätter des Gundermanns benutzt man von März bis Juni v. a. als Aroma [18]. Sie können roh direkt in der Natur als Atemerfrischung gegessen werden, oder man verarbeitet sie als Würze z. B. in Tee [22.1], Kräuterlikör [18.6] und Kräuterwein [18.5] sowie als Bierwürze [18.7] bzw. als Aroma zu Ölen [16.4]. Zarte Blätter und Triebspitzen ergeben von März bis Mai eine gute Beigabe zu verschiedenen Salaten [1], Suppen [3.1], Eierspeisen (Omelett, Rührei [6.1][6.3]), Eintopfgerichten [11.1] und Hackkräutermischungen [15]. Eine süße, leckere Knusperei sind die angefeuchteten Blätter mit Kakao und Puderzucker bestäubt und im Backofen langsam getrocknet.

Die zart-süßlichen Blüten können von April bis Ende Juni gut als essbare Dekoration oder wie die Blätter auch zu verschiedenen Salaten, Aufstrichen oder als Aroma zu Gemüse und Speiseöl verwendet werden. Eine Verwendung über Gewürzmengen hinaus wird wie bei vielen Pflanzen mit reichlich ätherischen Ölen nicht empfohlen. Weidetiere meiden den Gundermann zuweilen als Futter.
Inhaltsstoffe und Wirkung: Der Gundermann enthält Gerb- und Bitterstoffe, ätherisches Öl, Saponine, Cholin, Vitamin C und Kalium. Volkstümlich bei Magen- und Darmkatarrhen, Blasenleiden, Leberbeschwerden und grippalen Infekten. Dem Gundermann wird eine stoffwechselregulierende Wirkung nachgesagt. Man sollte vorzugsweise die frische Pflanze nutzen. Die Pflanze kann auch in Pflanzenöl eingelegt und das hergestellte Öl zur Behandlung von Wunden oder zur Hautpflege genutzt werden. In der Traditionellen Chinesischen Medizin wird die Pflanze zur Behandlung von Störungen von Dickdarm, Blase und Lunge eingesetzt.

Hopfen

Humulus

Hanfgewächse (Cannabaceae)

Hopfen

Humulus lupulus

Verbreitungsschwerpunkt: Wälder mit überwiegend Laubbäumen
Hauptblütezeit: Anfang Juli bis Mitte August
Verwendung in der Ernährung: Mildes Wildgemüse mit herb-aromatischen Blüten. Die jungen, etwas kratzig wirkenden Triebspitzen des Hopfens bereitet man von April bis Juli als eine Art Spargelgemüse [7.2] zu. So sind sie eine weit geschätzte Spezialität – ähnlich wie Grünspargel, nur viel dünner. Das Kratzige verliert sich beim Erhitzen. Ihr Grundgeschmack und der der zarten Blätter ist spinatartig. Klein geschnitten kann man aus ihnen von April bis Juli auch diverse Gemüsegerichte, Gemüsefüllungen [10] und Eierspeisen wie z. B. Omelett [6.1] zubereiten oder sie zu Spinat [9.1] verkochen. Roh sind sie eine knackige Beigabe zu verschiedenen Salaten [1], oder sie werden ausge-

Höhe bis 6,0 m
1 Windende, krautige Pflanze, mit lianenartigen und mit Haken besetzten, rauen Trieben
2 Blätter drei- bis fünflappig, dunkelgrün, rau und fest
3 Blattrand stark gezähnt
4 Männliche Blütenstände rispig den Blattachseln entspringend
5 Weibliche Blütenstände zapfenartig, lang gestielt

presst zu frischen Saft- und Vitalgetränken [22.4] verarbeitet. Die reiferen Blätter und Pflanzenstängel von Juni bis Juli wurden früher unter den Rauchtabak gemischt [25].

Die großen, weiblichen Blütenzapfen ergeben von Juli bis August die bekannte typische Bierwürze [18.7]. Man kann sie aber auch zur Bereitung von Teegetränken [22.1], Bittergetränken und diversen Spirituosen [18.6] nutzen. Die kleineren, männlichen Blüten nutzt man zur gleichen Zeit als gedünstetes oder gedämpftes Gemüse [7.1][7.3].

Ab September kann man auch die jüngsten Wurzeln als Back-, Brat- oder Kochgemüse verwenden [12][8][9].

Inhaltsstoffe und Wirkung: Der Hopfen enthält Bitterstoffe, d. h. »Hopfenharz« mit den Wirkstoffen Humulon und Lupulon, außerdem ätherisches Öl (etwa 1 %), Polysaccharide; Gerbstoffe, Flavonoide (Xanthohumol) und Phytoöstrogene. Hopfen wird seit langer Zeit zur Beruhigung eingesetzt. Inzwischen konnte diese Wirkung auch wissenschaftlich bestätigt werden. Die Blüten werden auch heute noch arzneilich verwendet. Die Inhaltsstoffe wirken antibakteriell und steigern die Magensaftsekretion. Die Pflanze ist ein wichtiger geschmacksgebender Bestandteil des Bieres, dessen beruhigende und verdauungsfördernde Eigenschaften es maßgeblich prägt. Wahrscheinlich mach-

Glechoma hederacea

Humulus lupulus

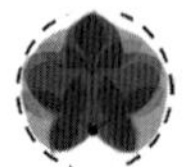

te man sich früher unwissentlich auch die keimtötenden Effekte des Hopfens zur Erhöhung der Haltbarkeit des Gerstensaftes zunutze. Neuere Untersuchungen lassen außerdem auf eine krebshemmende Wirkung schließen. Die Volksmedizin nutzt den Hopfen auch äußerlich bei Geschwüren und Verletzungen. Die enthaltenen Phytoöstrogene sind dem weiblichen Sexualhormon Östrogen ähnlich und können bei Wechseljahrsbeschwerden hilfreich sein.

Verwechslungsgefahr: Weiße und Rotfrüchtige Zaunrübe (*Bryonia alba* und *Bryonia dioica*) vor der Blütenentwicklung, S. 596, 597.

Malven
Malva
Malvengewächse (Malvaceae)

Grundlegende Merkmale: Die langgestielten Blätter dieser Gattung sind wechselständig am Stängel angeordnet. Sie sind rundlich geformt mit randlichen Lappen oder in längliche Abschnitte geteilt. Die meist rosa bis violett gefärbte Blüte besitzt neben den 5 auffälligen Kronblättern und den 5 verwachsenen Kelchblättern einen meist 3-blättrigen Außenkelch, dessen Beschaffenheit ein wichtiges Bestimmungsmerkmal ist. Die Frucht der Malven ist eine vielsamige, scheibenförmige Kapsel.

Verwendung in der Ernährung: Zarte junge Blätter der hier aufgeführten mitteleuropäischen Arten können frisch in Salaten und Rohkost [1], in Hackkräutermischungen [15] und Eierspeisen [6] verwendet werden, überbrüht auch als Tee [22.1] und eingelegt als Sauerkraut [13.4]. Des Weiteren lassen sie sich erhitzt verwenden als Spinat [9.1], Bratgemüse [8.2], in Bratlingen [4] als Brotteigbeigabe [21.1], als gedünstetes Gemüse [7], als Gemüsefüllung [10], als Püree [9.3] sowie in Gemüsesuppen mit einer andickenden Wirkung [3.1] oder als Zulage bei Ofengemüsegerichten wie Lasagne [12.1] oder Pizza [12.2].

Jüngste, faserarme Wurzeln wurden im Herbst oder Frühjahr, selten roh, eher fein geschnitten und erhitzt, verwendet als Brotteigbeigabe [21.1], zu Bratlingen [4], als Bratgemüse [8], als eingelegtes Gemüse [13], in Mischgemüsegerichten [11.1] und in Suppen [3.1] ebenfalls mit einer andickenden Wirkung. Sicher ist auch eine Verwendung der Wurzeln getrocknet als Streckmehl für Gebäck [20] möglich. Für den Bestandsschutz bei der Wurzelernte keine einzeln stehenden Pflanzen entnehmen.

Grüne, unreife, junge Früchte können im Spätsommer bzw. Herbst in Bratlingen [4], in Suppen [3.1] und Mischgemüsegerichten [11] verarbeitet werden. Man kann sie auch als zart säuerliches Gemüse [7.1] zubereiten oder einlegen [13] und olivenartig verarbeiten [16.12].

Aufgeblühte Blüten können im Sommer bis Herbst kandiert [17.4] werden, indem man sie mit Puderzucker bestäubt und langsam im Backofen trocknet. Sie eignen sich als Beigabe in Aromazucker [18.2], in Süßspeisen wie süßer Sauce [17.2], Blütencremes [17.1], Pudding [17.3], Bayrisch-Creme oder in Sorbets [17.7]. Ebenfalls wurden sie als Sirup [18.4] und in Wein [18.5] verarbeitet. Frisch geschnitten kann man sie Eierspeisen [6], Hackkräutermischungen [15], Salat- und Rohkostspeisen [1] beigeben sowie in Kräuteröl [16.4] und -essig [16.7] einlegen. Zu Getränken nutzt man sie beispielsweise als Tee [22.1], Wildpflanzenlimonade [22.2] und in Bowle [22.3].

Die knospigen Blüten eignen sich als kurz gebratenes Gemüse [8.2], als eingelegtes Gemüse [13], für Mischgemüsegerichte [11], Ofengemüsegerichte [12] und Gemüsesuppe [3.1].

Inhaltsstoffe und Wirkung: Medizinisch verwendet werden die getrockneten Laubblätter. Sie enthalten bis zu 12 % Schleimstoffe, Vitamin C, Kalium, Flavonoide, Kaffeesäure und Chlorogensäure. Die Malven wirken als Tee reizmildernd und können aufgrund der Schleimstoffe erfolgreich bei Erkältungskrankheiten, Husten, Rachenentzündungen und Entzündungen im Verdauungstrakt eingesetzt werden. Außerdem sind sie bei Gebärmutterleiden, Rheumatismus und Durchfall wirksam. Die Pflanzen zeichnen sich durch angenehmen Geschmack und gute Verträglichkeit aus. Äußerlich werden sie zur Wundbehandlung in Form von Breiumschlägen oder Bädern angewendet und lindern auch die Beschwerden durch Hämorrhoiden. Die grünen, unreifen Samen stehen in dem Ruf, luststeigernd zu sein. Die Traditionelle Chinesische Medizin ordnet die Malven dem Dickdarm, dem Magen und der Lunge zu. Eine positive Wirkung der Pflanze bei Magengeschwüren wurde mittlerweile sogar wissenschaftlich bestätigt.

Malva moschata
Malva neglecta
Malva sylvestris
Malva alcea

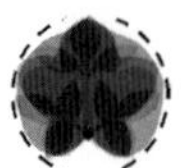

Moschus-Malve, Bisam-Malve

Malva moschata

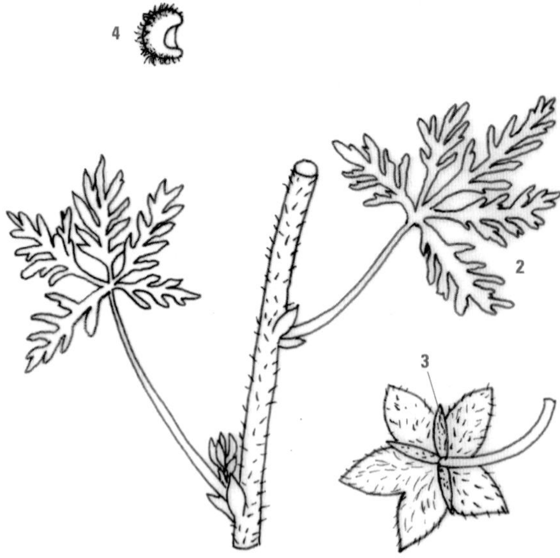

Höhe bis 1,0 m
Grundlegende Merkmale der Pflanzengattung auf S. 136
Art ähnelt der Rosen-Malve *(Malva alcea)* mit folgenden gut erkennbaren Unterschieden:

1 Geringere Höhe
2 Stängelblätter feiner geteilt
3 Außenkelchblätter länglich
4 Samen auf dem Rücken dicht behaart

Foto S. 137

Verbreitungsschwerpunkt: Getreideunkrautfluren
Hauptblütezeit: Anfang Juni bis Ende September

Weg-Malve, Gänse-Malve

Malva neglecta

Höhe bis 0,5 m
Grundlegende Merkmale der Pflanzengattung auf S. 136

1 Stängel meist liegend, selten aufrecht
2 Laubblätter sehr lang gestielt
3 Form der Blätter rundlich bis nierenförmig mit 5–7 randlichen Lappen (a)
4 3 schmale Außenkelchblätter
5 Blütenkronblätter mit bis zu 2 cm verhältnismäßig klein

Foto S. 137

Verbreitungsschwerpunkt: Ruderalgesellschaften, Acker- und Gartenunkrautgesellschaften
Hauptblütezeit: Juni bis November

Wilde Malve, Große Käsepappel, Rosspappel
Malva sylvestris

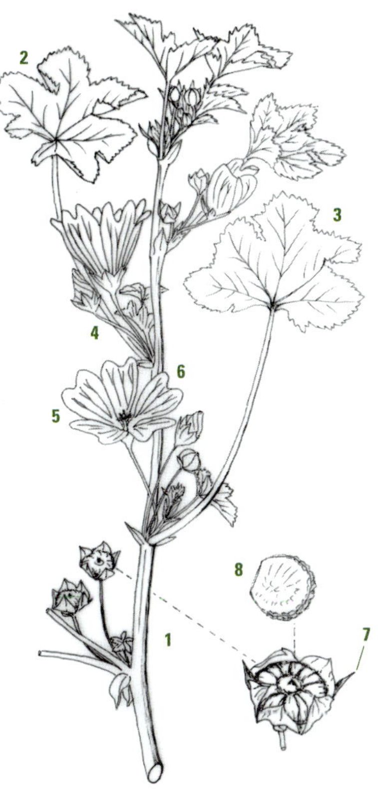

Höhe bis 1,0 m
Grundlegende Merkmale der Pflanzengattung auf S. 136

1 Stängel von aufrechtem Wuchs
2 Blätter meist fünflappig
3 Blattrand gezähnt
4 Blüten zu mehreren in den Blattwinkeln
5 Blütenkronblätter purpurn, meist dunkel gestreift
6 Blütenblatt am Rande mit Einbuchtung (Ausrandung)
7 Außenkelchblätter länglich, etwa drei- bis fünfmal so lang wie breit
8 Same annähernd rund, an einer Seite abgeflacht

Foto S. 137

Verbreitungsschwerpunkt: Ruderalgesellschaften, Acker- und Gartenunkrautgesellschaften
Hauptblütezeit: Juni bis November

Sigmarswurz, Rosen-Malve
Malva alcea

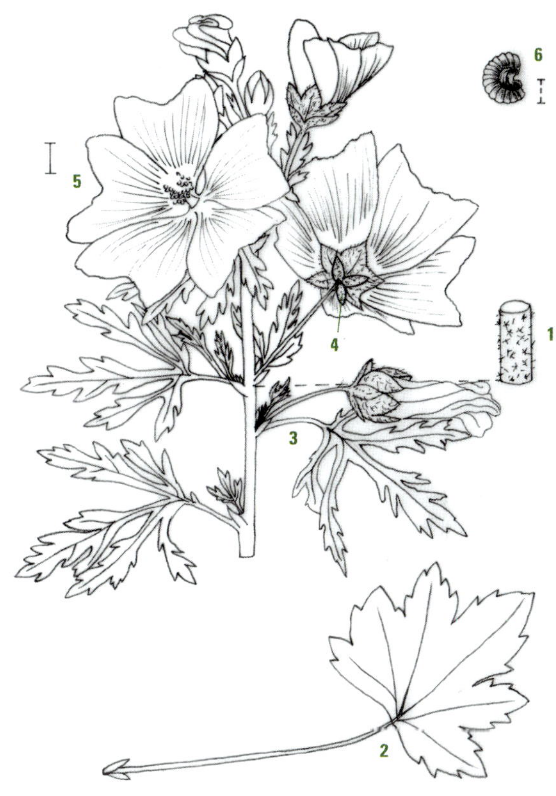

Höhe bis 1,3 m
Grundlegende Merkmale der Pflanzengattung auf S. 136

1 Stängel rau, aufrecht, einfach oder verzweigt
2 Untere Laubblätter fünflappig, lang gestielt
3 Obere Stängelblätter kürzer gestielt, handförmig
4 Außenkelchblätter schmal eiförmig
5 Kronblätter bis 3,5 cm lang, vorne eingebuchtet (ausgerandet)
6 Teilfrucht klein, ca. 2 mm breit, nierenförmig

Foto S. 137

Verbreitungsschwerpunkt: Nährstoffreiche Krautfluren
Hauptblütezeit: Anfang Juli bis Ende September

Kleine Malve, Nordische Malve
Malva pusilla
Art im Bestand gefährdet
Verbreitungsschwerpunkt: Häufig betretene Rasen
Hauptblütezeit: Juli bis September

Hahnenfuß-Arten, Feigwurzen, Butterblumen

Ranunculus

Hahnenfußgewächse (Ranunculaceae)

Grundlegende Merkmale: Die Blätter dieser Gattung sind meist wechselständig am Stängel angeordnet, häufig sind sie geteilt. Die Anzahl der Kron- und Kelchblätter beträgt meist 5. Bei den Früchten handelt es sich um häufig geschnäbelte Nüsschen.

Inhaltsstoffe und Wirkung: Die Pflanzen dieser Gattung besitzen in der Regel schleimhautreizende Scharfstoffe in unterschiedlichen Konzentrationen. Sie wurden meist durch Trocknung des Krautes stark reduziert und unschädlich gemacht.

Scharfer Hahnenfuß, Butterblume

Ranunculus acris (Artengruppe)

Höhe bis 1,0 m

1 Stängel aufrecht, reich verzweigt
2 Blätter bis (fast) zum Grunde drei- bis fünfteilig
3 Untere Blätter lang gestielt
4 Die langen Blütenstiele rund, nicht gefurcht
5 Durchmesser der gelben Blütenköpfe 2–3 cm
6 Kelchblätter den Kronblättern anliegend

Gefahrenstufe bei der Verwendung: **

Verbreitungsschwerpunkt: Grünlandgesellschaften

Hauptblütezeit: April bis September

Verwendung in der Ernährung: Die Blätter des Scharfen Hahnenfußes verwendete man früher von April bis Juli getrocknet und gerebelt als scharfes Gewürz [16.2] oder in Wildpflanzensalz [16.1]. Laut Machatschek 2010 wurde die Pflanze nach der Trocknung anschließend weich gekocht als Nahrung genutzt. Vorsichtig dosieren! In frischem Zustand kann der Saft im Kraut und vor allem in der Wurzel reizend und schwindelerregend wirken, im getrockneten Kraut ist dieser jedoch praktisch unwirksam. Vgl. Roth et al. 1994. Linsengroße Mengen des v. a. auf der Zungenspitze scharfen, frischen Krauts und der Knospen wurden in eigenen Essversuchen gut vertragen.

Inhaltsstoffe und Wirkung: Die ganze Pflanze, aber insbesondere die Wurzel ist giftig. Sie enthält Saponine und das giftige Ranunculin, außerdem dessen Abbauprodukte Protoanemonin und Anemonin. Die Stoffe wirken wurmtötend, antibiotisch und entkrampfend. Der frische Pflanzensaft schmeckt scharf und wirkt stark reizend auf Haut und Schleimhäute. Er verursacht innerlich Vergiftungserscheinungen mit Erbrechen, Magen-, Leibschmerzen, Durchfall und Krämpfen. Die hautreizende Wirkung tritt

Ranunculus acris

mitunter schon beim Barfußlaufen oder beim Liegen auf der Wiese auf. Im getrockneten Zustand verliert sich die Giftwirkung. Früher wurden die Pflanzen vereinzelt für Einreibungen bei Rheuma und Gicht verwendet und als Pulspflaster bei Wechselfieber.

Scharbockskraut, Feigwurz

Ranunculus ficaria

Gefahrenstufe bei der Verwendung: *

Verbreitungsschwerpunkt: Laubwälder und Gebüsche

Hauptblütezeit: Anfang März bis Ende Mai

Verwendung in der Ernährung: Das Scharbockskraut bietet von März bis April junge, glänzende Blätter, die gerne gehackt in Kräutermischungen [15], Kräuterkäse (Schnittkäse) [15.4], Salate [1] und Salatsaucen gegeben werden. Als eines der ersten frischen Kräuter im Jahr gelten seine leicht sauer-scharfen Frühjahrs-Blätter, die ganz zart zu kauen sind, schon immer als willkommene, vitaminreiche Salatbeigabe. Sehr delikat schmecken sie auch in Bratlingen [4] und verschiedenen Gemüsegerichten [7][10][8.5][9.3]. Sie verfeinern Saucen [14] und Gemüsesuppen [3.1], sind eine würzige Beigabe im Brotteig [21.1] und geben Wildpflanzensalz [16.1], Kräuteröl [16.4] und Kräuteressig [16.7] einen feinherben Geschmack. Sie können ebenso als Trockengewürz eingesetzt werden [16.2]. Zur Bevorratung lässt man sie mit Salz zwei bis drei Tage ziehen und legt sie dann mariniert in Öl [13.5] ein. Auch als Sauerkraut [13.4] können sie zubereitet werden. Die Blütenknospen im März, Wurzelknöllchen und die Blattachsel-Brutknöllchen im Mai und Juni legt man genau wie die Blätter in Öl oder Essigwasser [13.2] ein, nachdem sie in Salz gezogen haben. Sie sind sehr stärkereich und haben roh einen nussigen Geschmack.

Hinweis: Wegen des enthaltenen Protoanemonins sollte man die Pflanze v. a. frisch nicht in großen Mengen konsumieren. Besonders Wurzelstock und Brutknöllchen können bei Überdosierung Erbrechen und Durchfall auslösen. Nach der Blüte nimmt der Gehalt in den Blättern zu. Sie sollten dann nicht mehr verzehrt werden, da es zu Reizungen der Schleimhäute kommen kann.

Inhaltsstoffe und Wirkung: Die Blätter des Scharbockskrautes enthalten Vitamin C, Saponine, Ranunculin und dessen Abbauprodukte (siehe *R. acris*) sowie Gerbstoffe. Die Wurzel enthält ebenfalls Gerbstoffe, Asparagin und das Enzym Urease. In früheren Zeiten wurde das Scharbocks-

Ranunculus ficaria

Ranunculus repens

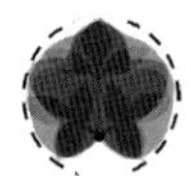

kraut wegen des hohen Vitamin-C-Gehalts bei Skorbut (Scharbock) und Frühjahrsmüdigkeit gegessen. Die Pflanze reinigt das Blut und wird ferner bei Hautunreinheiten und Hämorrhoiden eingesetzt. Aus den Wurzelknöllchen der Pflanze kann ein Saft gepresst werden, der bei den durch Viren (HPV) verursachten Feigwarzen helfen soll.

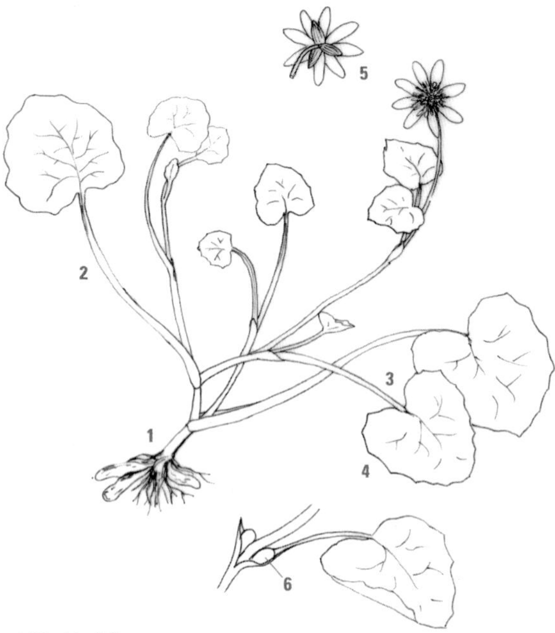

Höhe bis 0,2 m
Grundlegende Merkmale der Pflanzengattung auf S. 140
1 Stängel sich dem Boden zuneigend
2 Blätter lang gestielt
3 Form der Blätter annähernd herzförmig
4 Blattrand schwach gezähnt
5 Blüte mit 8–11 Blütenkronblättern und 3 Kelchblättern
6 Nach der Blüte erscheinen Brutknöllchen (Brutknospen) in Bodennähe. Aus diesen Knöllchen entwickeln sich neue, wurzelnde Triebe

Foto S. 141

Kriechender Hahnenfuß

Ranunculus repens

Höhe bis 0,5 m
Grundlegende Merkmale der Pflanzengattung auf S. 140
1 Pflanze mit kräftigen Wurzeln und Ausläufern
2 Stängel bogig aufsteigend, verzweigt
3 Grundblätter dreiteilig, lang gestielt
4 Mittelabschnitt des Grundblattes stets gestielt
5 Stängelblätter sitzend, die Abschnitte schmaler als die der Grundblätter
6 Die gelben Blüten bis 3 cm im Durchmesser
7 Kelchblätter behaart, den Kronblättern anliegend

Foto S. 141

Gefahrenstufe bei der Verwendung: **
Verbreitungsschwerpunkt: Pioniergesellschaften, Gärten, Feuchtwiesen, Ufer
Hauptblütezeit: Mai bis August
Verwendung in der Ernährung: Leicht giftige, scharfe Pflanze, deren unverarbeitetes, frisches Kraut unverträglich wirken kann. Die Wirkungsweise ist ähnlich der des Scharfen Hahnenfußes *(Ranunculus acris)*. Dennoch hat man auch hier angeblich die Blätter von April bis Mai getrocknet als Gewürz [16.2] verwendet und sie laut Machatschek 2010 nach der Trocknung anschließend weich gekocht als Nahrung genutzt. Diese Nutzungsarten hängen wohl entscheidend mit der Verarbeitung zusammen.
Inhaltsstoffe und Wirkung: Siehe *Ranunculus acris.*

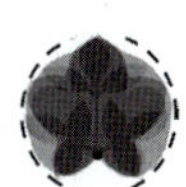

Wolliger Hahnenfuß

Ranunculus lanuginosus

Art zerstreut bis selten

Gefahrenstufe bei der Verwendung: **

Verbreitungsschwerpunkt: Berg- und Auwälder

Hauptblütezeit: Mai bis Juli

Verwendung in der Ernährung: Als getrocknetes Kraut wurde die Pflanze laut Machatschek 2010 gewürzartig verwendet. Die Trocknung reduziert die mögliche Giftwirkung.

Inhaltsstoffe und Wirkung: Siehe Hinweise bei den anderen Arten der Gattung.

Hain-Hahnenfuß

Ranunculus polyanthemos (Artengruppe)

Art ist selten

Gefahrenstufe bei der Verwendung: **

Verbreitungsschwerpunkt: Wälder, Wiesen

Hauptblütezeit: Mai bis Juli

Verwendung in der Ernährung: Als getrocknetes Kraut wurde die Pflanze laut Machatschek 2010 gewürzartig verwendet. Die Trocknung reduziert die mögliche Giftwirkung.

Inhaltsstoffe und Wirkung: Auch diese Hahnenfußart wurde volksmedizinisch genutzt. Insbesondere aus Russland stammen Berichte zur vielfältigen Nutzung aller »scharfen« Arten, die nicht einzeln unterschieden wurden. So wurde beispielsweise eine Abkochung der Pflanze in Bier zur Behandlung der Gicht verwendet. Weitergehende und ausführliche Informationen zur heilkundlichen Verwendung der Hahnenfußarten siehe Madaus 1938.

Gift-Hahnenfuß

Ranunculus sceleratus

Art zerstreut bis selten

Gefahrenstufe bei der Verwendung: **

Verbreitungsschwerpunkt: Schlammige Ufer, Gräben

Hauptblütezeit: Juni bis November

Verwendung in der Ernährung: Vergleichbar mit *Ranunculus bulbosus.*

Inhaltsstoffe und Wirkung: Der Gift-Hahnenfuß gilt als die giftigste Hahnenfußart, deshalb ist große Vorsicht beim Umgang mit der frischen Pflanze geboten. Die Verwendung ist ähnlich wie beim Knolligen Hahnenfuß *(R. bulbosus).* Zusätzlich nutzte man die Blätter und Wurzeln zur Behandlung rheumatischer Beschwerden, Gicht und Neuralgien. Der Samen galt als stärkend und wurde zur Behandlung von Erkältungserkrankungen, Schwächezuständen und Rheumatismus eingesetzt.

Spreizender Hahnenfuß

Ranunculus circinatus

Art im Bestand gefährdet

Gefahrenstufe bei der Verwendung: *

Verbreitungsschwerpunkt: Wurzelnde Wasserpflanzengesellschaften

Hauptblütezeit: Mai bis August

Verwendung in der Ernährung: Die Verwendung der schärflich-herb schmeckenden Pflanze ist ähnlich wie beim Wasser-Hahnenfuß *(Ranunculus aquatilis).* Vor der Verwendung wurde die Wasserpflanze gut gereinigt und dann als Gewürz [16.2] oder als kleine Beigabe in Gemüse [7] verwendet. Vermutlich wurde sie vor jeder Verwendung zunächst getrocknet.

Flutender Hahnenfuß

Ranunculus fluitans

Art im Bestand gefährdet

Gefahrenstufe bei der Verwendung: *

Verbreitungsschwerpunkt: Wurzelnde Wasserpflanzengesellschaften

Hauptblütezeit: Juni bis August

Verwendung in der Ernährung: Seine frischen, schärflichen Blätter erntete man früher von April bis Juni und gab sie gut gewaschen und fein geschnitten in kleinen Mengen als Gewürz in Saucen [14], Gemüsesuppen [3.1], Bratlinge [4] bzw. Kräuterkartoffeln [15.2] oder verarbeitete sie in Wildpflanzensalz [16.1] und Trockengewürz [16.2]. Vermutlich wurden sie vor jeder Verwendung zunächst getrocknet.

Efeublättriger Hahnenfuß

Ranunculus hederaceus

Art im Bestand gefährdet

Gefahrenstufe bei der Verwendung: *

Verbreitungsschwerpunkt: Quellfluren

Hauptblütezeit: Mai bis August

Verwendung in der Ernährung: Die saftig-fleischigen Blätter und leicht geschälten Triebe des Efeublättrigen Hahnenfußes nutzte man früher gut gewaschen und klein geschnitten von April bis Mai in kleinen Mengen als schärfliches Gewürz für Gemüsesuppen [3.1] und Saucen [14]. Sie wurden auch verwendet als Beigabe in Kräuterkartoffeln [15.2], Wildpflanzensalz [16.1] und Trockengewürzen [16.2]. Vermutlich trocknete man sie zunächst vor jeder Verwendung.

Wasser-Hahnenfuß

Ranunculus aquatilis (Artengruppe)

Art in der Schweiz und in Teilen Österreichs im Bestand gefährdet

Gefahrenstufe bei der Verwendung: *

Verbreitungsschwerpunkt: Wurzelnde Wasserpflanzengesellschaften

Hauptblütezeit: Mai bis September

Verwendung in der Ernährung: Früher wurden die jungen Blätter der Pflanze getrocknet und in kleinen Mengen als scharfe Würze und Würzbeigabe insbesondere in Wildpflanzensalz [16.1], als Trockengewürz [16.2] oder in Kräuterschnittkäse [15.4] verwendet. Gut gereinigte und etwas geschälte, weiche Triebe gab man als kleine Zutat in Gemüsegerichte [7].

Inhaltsstoffe und Wirkung: Über Inhaltsstoffe ist uns nichts bekannt. Offenbar wird der Wasser-Hahnenfuß *(R. aquatilis)* in Indien zur Behandlung von Wechselfieber (Malaria), Rheuma und Asthma eingesetzt.

Ribes alpinum

Ribes nigrum

Ribes rubrum

Ribes uva-crispa

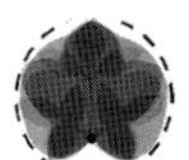

!! **Knolliger Hahnenfuß**
Ranunculus bulbosus (Artengruppe)
Art in Teilen Österreichs im Bestand gefährdet
Gefahrenstufe bei der Verwendung: **
Verbreitungsschwerpunkt: Magere Wiesen und Weiden
Hauptblütezeit: Juni bis August
Verwendung in der Ernährung: Die Pflanze gilt unverarbeitet als giftig. Die toxischen Stoffe werden wohl durch Hitze oder durch Trocknen zerstört. Die Pflanze hat einen reizenden Saft, der frisch zu Blasenbildung auf der Haut führen kann. Dennoch wurde laut MACHATSCHEK 2010 die Wurzel »aufbereitet« (wir vermuten Zerkleinern, Trocknen und mehrfaches Auskochen) gemüseartig genutzt. MARZELL 1958 überliefert auch ihre alten Pflanzennamen »Antoniusrüblein« und »Rübenhahnenfuß«.
Inhaltsstoffe und Wirkung: Alle Teile der frischen Pflanze sind giftig. Der Saft wirkt stark hautreizend. Die Giftwirkung verliert sich offenbar beim Trocknen oder Erhitzen. Der Saft wirkt schmerzlindernd, entkrampfend, wassertreibend und durchblutungsfördernd, allerdings erscheint uns die Anwendung nicht ungefährlich. Kleine Wurzelstückchen wurden zur Schmerzlinderung in Zahnlöcher platziert. Eine Abkochung aus der Pflanze wurde außerdem zur Behandlung von Geschlechtskrankheiten eingesetzt. Die Inhaltsstoffzusammensetzung dürfte ähnlich sein wie bei den anderen »scharfen« Hahnenfußarten, siehe *R. acre*.

Johannisbeeren, Stachelbeeren
Ribes
Stachelbeergewächse (Grossulariaceae)

Verwendung in der Ernährung: Die sauersaftigen Früchte der hier gelisteten mitteleuropäischen Arten isst man direkt roh oder verwendet sie v. a. im Sommer zu diversen Speisen und Getränken: z. B. in Gelees und Marmeladen [18.1][19.3], als Beigabe zu Kompott [17.5], in Fruchtschnitten [19.6] und Chutneys [16.9] oder als Zutat in Salaten [1]. Auch in Torten und Kuchen werden sie verarbeitet [19.2]. Des Weiteren sind sie gut geeignet für die Herstellung von Fruchtlimonaden [22.2] und -säften [22.4] sowie zu Weinen und anderen Spirituosen [18.5][18.6][24]. Man kann die Früchte auch als Trockenobst [19.7] aufbewahren und daraus z. B. Tee [22.1] aufbrühen. Die knackigen, noch leicht unreifen, jungen Früchte können gut in scharfer Marinade eingelegt werden [13.5].

Die jüngsten eiweißreichen Blätter, die Blütenknospen und die sich gerade öffnenden Blüten nutzt man für Tees [22.1] oder als kleine Beigabe zu verschiedenen Salaten [1] und Salatsaucen [14], sowie fein geschnitten auch in Suppen [3.1] oder als Gemüsefüllung in Teigtaschen [10.2]. Die jungen Blätter besitzen einen leicht pilzaromatischen Geschmack.

Alpen-Johannisbeere, Berg-Johannisbeere
Ribes alpinum

Grundlegende Merkmale: Blüten in aufrechten Trauben. Früchte orange.
Verbreitungsschwerpunkt: Laubwälder und Gebüsche
Hauptblütezeit: Anfang April bis Ende Mai
Zusätzliche Hinweise zur Verwendung: Der Geschmack der Früchte ist mild, bzw. kaum hervortretend säuerlich, die Blätter und Blüten erinnern stark an Champignons.
Inhaltsstoffe und Wirkung: Siehe *Ribes rubrum.*

Schwarze Johannisbeere
Ribes nigrum

Grundlegende Merkmale: Blüten in hängenden Trauben. Früchte schwarz.
Verbreitungsschwerpunkt: Erlenbruchwälder
Hauptblütezeit: Anfang Mai bis Ende Mai
Inhaltsstoffe und Wirkung: Die Blätter der Schwarzen Johannisbeere enthalten Flavonoide (Kämpferol, Quercetin, Delphinidin), Procyanidine, Diterpene und Phenolcarbonsäuren. Sie werden bei Entzündung der ableitenden Harnwege eingesetzt, außerdem bei Rheuma, Arthritis und Gicht. Frisch oder zerrieben aufgelegt, leisten sie gute Dienste bei Insektenstichen und Wunden. Die Früchte sind reich an Vitamin C (200 mg/100 g). Außerdem enthalten sie B-Vitamine, Flavonoide (Isoquercitrin), Gerbstoffe, Pektin, Rutin und Fruchtsäuren. Medizinisch interessant ist ihr Gehalt an farbigen, antioxidativ wirkenden Anthocyanen. Die Samen besitzen eine nennenswerte Menge an wertvollen ungesättigten Fettsäuren (Alpha- und Gamma-Linolensäure, Ölsäure). In Mitteleuropa wird die Schwarze Johannisbeere seit dem 16. Jh. verwendet. In der Volksheilkunde kam sie bei Keuchhusten und Hustenkrämpfen zum Einsatz. Beeren und Saft eignen sich hervorragend zur Vorbeugung und (Nach-)Behandlung von Grippe und Erkältungskrankheiten.

Rote Johannisbeere
Ribes rubrum (Artengruppe)

Grundlegende Merkmale: Blüten in hängenden Trauben. Früchte rot.
Verbreitungsschwerpunkt: Erlen- und Edellaub-Auwälder
Hauptblütezeit: April bis Mai
Inhaltsstoffe und Wirkung: Die Beeren enthalten Ballaststoffe (circa 10 %), Schleimstoffe, Gerbstoffe, Glucose, Fructose, Pektin, Eiweiß, Mineralien (Calcium, Kalium,

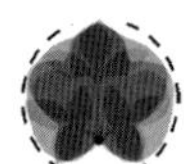

Magnesium, Phosphor und Eisen), Fruchtsäuren (Apfel-, Zitronen- und Weinsäure) und Vitamin E. Außerdem enthalten sie viel Vitamin C (100 g der Beeren decken den Tagesbedarf eines Erwachsenen) und Flavonoide. Die in den Beeren enthaltenen Samen besitzen eine nennenswerte Menge an wertvollen ungesättigten Fettsäuren (Alpha- und Gamma-Linolensäure, Ölsäure). Die Beeren dürfen auch von Diabetikern gegessen werden. Sie wirken leicht abführend, harntreibend, blutreinigend und verdauungsfördernd. Die adstringierende Wirkung führt zu einem Schutz der Schleimhäute und des Zahnfleisches. Der hohe Gehalt an Mineralsalzen und insbesondere an Vitamin C aktiviert den Stoffwechsel und stärkt das Immunsystem. Der Saft frischer Beeren soll als Erste Hilfe bei Verbrennungen gute Dienste leisten. Im Backofen getrocknet sind die Beeren gut haltbar und können dann auch im Winter zu einem verdauungsfördernden, gut schmeckenden Tee aufgegossen werden. Ein Tee aus den Blättern wirkt sich günstig auf alle inneren Organe (Magen, Leber, Lunge, Blase) aus und kann auch bei Arterienverkalkung und zur Blutreinigung eingesetzt werden.

Stachelbeere

Ribes uva-crispa

Foto S. 144

Grundlegende Merkmale: Stängel stachelig. Früchte borstig behaart.
Verbreitungsschwerpunkt: Waldmantelgebüsche und Hecken
Hauptblütezeit: Anfang April bis Ende Mai
Zusätzliche Hinweise zur Verwendung: Die Früchte der Stachelbeere schmecken saftig und nach Kiwi.
Inhaltsstoffe und Wirkung: Die Früchte enthalten Zucker, Gerbstoffe, Eiweiß, Pektin, organische Säuren, Gummi, Betacarotin und viel Vitamin C und Kalium. Die Stachelbeere ist erst seit dem 16. Jh. bei uns heimisch. Stachelbeeren sind appetitanregend, blutreinigend, wirken bei Verstopfung und fördern die Verdauung. Eine Gesichtsmaske aus dem Fruchtfleisch kann bei fettiger Haut eingesetzt werden. Die Blätter enthalten Gerbstoffe (Tannine) und wurden als Tee zur Behandlung von Ruhr, inneren Blutungen und bei Menstruationsbeschwerden eingesetzt.

Felsen-Johannisbeere
Ribes petraeum
Art im Bestand gefährdet
Verbreitungsschwerpunkt: Hochstaudenfluren und Gebüsche
Hauptblütezeit: Anfang Mai bis Ende Juni
Inhaltsstoffe und Wirkung: Siehe *Ribes rubrum*.

Linden

Tilia

Malvengewächse (Malvaceae)

Verwendung in der Ernährung: Die hier genannten mitteleuropäischen Arten sind mild-aromatische Bäume, deren Teile man für Salate, Gemüse, Tee, Süßspeisen und Mehlbeimischungen verwenden kann.

Die Blätter nutzt man von Frühjahr bis Sommer zur Teegetränkbereitung [22.1]. Auch trocknet und pulverisiert man sie, ebenso wie die Blatt- und Blütenknospen, um Getreidemehl damit zu strecken [20]. Die zarten faserarmen, frisch austreibenden Blätter im März und April sind recht eiweißreich und eignen sich hervorragend als Grundlage für Blattsalate (z. B. mit Sauerrahmdressing) sowie als Zutat für andere Salate und Rohkost [1]. Weitere Zubereitungsmöglichkeiten: als Gemüsechips [8.5], in Bratlingen [4], als Brotteigbeigabe in Hausbrotmischungen [21.1] oder oft auch als Beigabe in Knäckebrot [21.2]; zu Eierspeisen wie Rührei [6.3] oder Omelett [6.1], als zart-säuerliches [7.1] oder Nussgemüse [7.3], als Kochgemüse besonders in Püree [9.3] oder als Spinat [9.1] sowie als Füllung für Gemüsestrudel [10.1], -taschen [10.2] oder Lasagne [12.1]. Sie werden Hackkräutermischungen [15], Saucen [14] und Gemüsesuppen [3.1] beigemengt oder auch als Sauerkraut [13.4] eingelegt. Man kann sie in Teig ausbacken [8.4] oder sehr große Blätter zur Herstellung von Blattrouladen verwenden [5].

Die Knospen sind in Überlebens-/Notsituationen im Winter eine hilfreiche ergiebige, milde Eiweißquelle. Die noch grünen, zarten Blütenknospen eignen sich circa im Mai als Salat [1]. Typisch für die Linden ist die andickende Wirkung zarter Pflanzenteile, weshalb sie sich als Bindemittel für Suppen [3.1] und Saucen [14] eignen. Vor allem die jungen Blütenknospen empfehlen sich, samt der noch weichen Flügel und Stängel, fein geschnitten zum Binden von Saucen. Die Blüten können im Juni als Aroma für Schokolade [18.3], Tee [22.1], Gelee [18.1], Zucker [18.2] und Sirup [18.4] sowie für süße Dessert-Gerichte [17] oder Limonaden [22.2] verwendet werden. Nicht zu vergessen: Auch der Lindenblütenhonig bekommt durch das feine Aroma der Blüten seinen beliebten Geschmack. Doch es gibt auch deftige Gerichte mit Lindenblüten, wie z. B. Eierspeisen [6] und Kräuterkäse [15.4][15.5]. Nur eine kurze Zeit lang Ende Juni sind die kugeligen Samen ganz jung und weich und können wie falsche Kapern eingelegt werden [16.11]. Die reifen Samen kann man von August bis September schälen und roh knabbern oder, nicht allzu ergiebig, ein Speiseöl daraus pressen [16.3].

Geschmacklich sind die Linden in allen Pflanzenteilen unübertroffen mild mit einer angenehmen, fast unmerklichen Säure. Beim Kauen sind sie samtig bis geschmeidig, da sie viele Schleimstoffe besitzen.

Inhaltsstoffe und Wirkung: Die medizinische Verwendung der Linden reicht bis in die Antike zurück, geriet zwischenzeitlich in Vergessenheit und lebte im 18. Jh. wieder auf. Die Blüten enthalten Flavonoide (Quercetin, Rutin), Schleimstoffe, ätherisches Öl und Gerbstoffe. Lindenblüten werden medizinisch zur Linderung des Hustenreizes bei Atemwegskatarrhen eingesetzt. Die schweißtreibende, schlaffördernde Wirkung der Pflanze bei der Behandlung grippaler Infekte ist am besten, wenn man sie als Badezusatz verwendet und gleichzeitig den Tee trinkt. Die Volksmedizin nutzt die Pflanze als harntreibendes Mittel, gegen Krämpfe, bei Schlafstörungen, Stress- und Angstzuständen und zur Beruhigung. Auch bei Bluthochdruck finden Lindenblüten Anwendung. Die Rinde des Baums ist bei Blasenentzündung hilfreich. Aus dem Holz hergestellte, gemahlene Kohle wirkt ausgleichend auf den Darm, heilt geschwürige Wunden und kann zur Zahnpflege empfohlen werden. Die Lindenblüten sind eine geschätzte Bienenweide, da sie sehr nektarhaltig sind. Früher wurden aus dem Bast junger Linden Fasern gewonnen.

Winter-Linde, Stein-Linde

Tilia cordata

Verbreitungsschwerpunkt: (Hainbuchen-)Mischwälder
Hauptblütezeit: Anfang Juli bis Ende Juli

Sommer-Linde

Tilia platyphyllos

Grundlegende Merkmale: Unterscheidet sich von der Winter-Linde durch die großen, weichen, sich nach unten wölbenden Blätter.
Verbreitungsschwerpunkt: Ahorn-Mischwälder und Ahorn-Buchen-Wälder
Hauptblütezeit: Anfang Juni bis Ende Juni

Holländische Linde
Tilia × vulgaris
Art gekreuzt aus *T. platyphyllos* und *T. cordata*
Verbreitungsschwerpunkt: Ahorn-Mischwälder und Ahorn-Buchen-Wälder, (Hainbuchen-)Mischwälder
Hauptblütezeit: Juli

Tilia cordata

Tilia platyphyllos

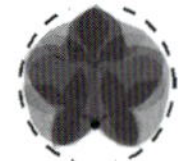

Huflattich
Tussilago
Korbblütengewächse (Asteraceae)

Huflattich, Brustlattich
Tussilago farfara

Gefahrenstufe bei der Verwendung: *
Grundlegende Merkmale: Zur Blütezeit mit grünen bis bräunlichen Blattschuppen. Bis über 20 cm große Laubblätter erst nach der Blüte erscheinend. Im jungen Zustand Blätter filzig. Blattrand gezähnt. Blattstiele im Querschnitt rinnig. Hülle der Blütenköpfe flaumig behaart. Früchte bis 0,5 cm lang, mit mächtigem Haarkranz.
Verbreitungsschwerpunkt: Krautige Vegetation oft gestörter Plätze
Hauptblütezeit: März bis April
Verwendung in der Ernährung: Von alters her geschätzte, mildaromatische Wildpflanze, die geschmacklich an Grünen Spargel erinnert. Die Blätter sind etwas bissfester, die Wurzeln etwas würziger. Die Pflanze sollte man nur in Maßen verwenden (siehe rechts)!

Tussilago farfara

Beim Huflattich kann man vor und während der Blüte, von März bis Juni die Blütenstängel roh zu verschiedenen Salaten [1] oder gegart zu Spinat [9.1], Gemüse-Crêpes [6.2] und als gedünstetes oder gedämpftes Pfannengemüse [7] verwenden. Im knospigen Zustand waren sie schon vor vielen Jahrhunderten als Gemüse sehr geschätzt.

Die jungen Blätter von Mai bis Juli und die Blütenknospen von März bis Juni hackte man klein und streute sie auf Kräuterbrotzeiten [15.1], Salate [1], Spinat [9.1] oder Risotto [11.2]. Die größeren Blätter wurden von Mai bis September für Blattrouladen [5] oder geschnitten und getrocknet auch zur Teegetränkbereitung [22.1] und in Rauchtabakmischungen [25] eingesetzt.

Die Blüten eignen sich von März bis April in Teig gestampft und dann als Bratlinge [4] gebraten, bzw. als Aroma zu [18.6] Spirituosen und Tees [22.1]. Aus der weißlichen (nicht aus der schwarzen!) Pflanzenasche kann man nahezu die ganze Vegetationsperiode über ein leicht salzartiges Gewürz gewinnen.

Von September bis in den Winter und im Frühjahr kann man die Wurzeln ernten und verarbeitet sie vor allem klein geschnitten und gegart zu Bratlingen [4], Wurzelgemüse [8.1] oder süß eingelegt.

Hinweis: Die Pflanze ist aufgrund des Gehaltes an evtl. leberbeeinträchtigenden Pyrrolizidinalkaloiden in Misskredit geraten. Pyrrolizidinalkaloide können bei hoch dosierter Langzeiteinnahme kanzerogen und erbgutschädigend wirken (vgl. Roth et al. 1994). Die Autoren schätzen den gelegentlichen Verzehr kleiner Mengen im Jahr als unbedenklich ein, dennoch können und wollen wir dem Leser die Entscheidung zur Verwendung für den persönlichen Gebrauch nicht abnehmen. Bitte lesen Sie dazu Seite 25.
Inhaltsstoffe und Wirkung: Arzneilich werden die getrockneten Blätter des Huflattichs verwendet. Sie enthalten saure Schleimstoffe und Inulin, Gerbstoffe (bis 5 %) und geringe Mengen Flavonoide. Die Pflanze enthält außerdem geringe Mengen Pyrrolizidinalkaloide (Senkirkin). Es gibt Hinweise darauf, dass die Pflanze Pyrrolizidinalkaloide als Phytoalexine nur dann bildet, wenn sie infolge Wassermangel oder Insektenfraß schlechten Wachstumsbedingungen ausgesetzt ist. Die heilkräftig wirkende Pflanze wird schon seit langer Zeit bei trockenem Reizhusten und akuten und chronischen Reizzuständen im Mund-Rachenraum innerlich angewendet. In vielen pflanzlichen Hustensäften war sie bis vor einiger Zeit enthalten und leistete wertvolle Dienste. Die zerriebenen Blätter werden äußerlich gegen Entzündungen und Abszesse an/in der Brust empfohlen.

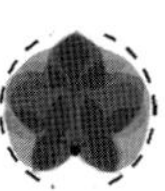

Veilchen, Stiefmütterchen
Viola
Veilchengewächse (Violaceae)

Gefahrenstufe bei der Verwendung: *
Grundlegende Merkmale: Die Blätter dieser Gattung kommen wechselständig am Stängel oder in einer grundständigen Blattrosette vor. Die Blüte ist fünfteilig mit einem Sporn am unteren Blütenblatt. Die Frucht ist eine Kapsel.
Verwendung in der Ernährung: Schon seit vielen Jahrhunderten gilt das Aroma der Viola-Blüten als Delikatesse, z. B. als Einlage in Essig [16.7]. Die Blüten und Blütenknospen der hier angeführten Arten können aber auch direkt roh gegessen oder über die unterschiedlichsten Salate [1] gestreut werden. Ebenso kann man die bunten Blüten gut als Dekoration über warme Speisen und Desserts geben. Man verarbeitet sie außerdem als Aroma für Fruchtsaft [22.4], als mit Zuckerguss kandierte Leckerei [17.4], als Teegetränk [22.1] und ausgekocht zu Gelee [18.1] oder Sirup [18.4], indem man den Sud lange köcheln lässt. Ihr Grundgeschmack ist süßlich, mild und aromatisch – je nach Art mal mehr oder weniger stark. Am bekanntesten für ihr Aroma ist sicherlich *V. odorata.*

Die jungen Triebe der Pflanzen sammelt man im Frühjahr, die Blätter ohne Stängel fast bis zum September, beide kann man als Beigabe zu verschiedenen Salaten [1] oder gegart als eindickende Beigabe zu Gemüsegerichten [7][3.1], Füllungen [10] und Kräutersaucen [14] nutzen. Des Weiteren können sie als kleine Zutat in Vitalgetränken [22.4] verarbeitet oder zur Teegetränkbereitung [22.1] und als Würze zu Spirituosen [18.5][18.6] oder Essigen [16.7] eingesetzt werden.

Achtung: In großen Mengen genossen, könnten die Blüten und das Kraut (v. a. bekannt bei *V. tricolor*) womöglich zu Übelkeit führen.
Inhaltsstoffe und Wirkung: Die Wurzeln vieler Veilchenarten schmecken brennend scharf und erzeugen Erbrechen. In der Wurzel von *Viola odarata* z. B. wurden Alkaloide (Violin), Glykoside (Monotropitosid) und Saponine nachgewiesen. Früher wurde sie als Ersatz für die Brechwurz *(Ipecacuana)* verwendet.

Zweiblütiges Veilchen
Viola biflora

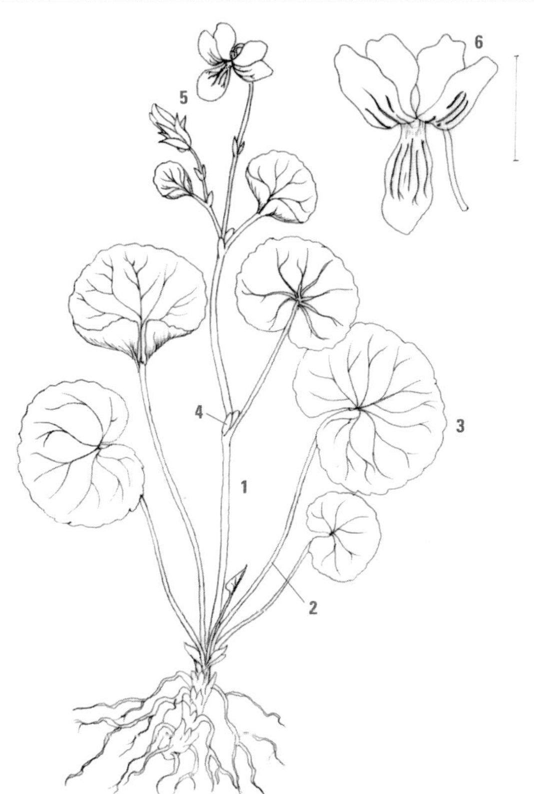

Höhe bis 0,2 m
Grundlegende Merkmale der Pflanzengattung siehe linke Spalte
1 Stängel unverzweigt, 5–20 cm lang, mit 2–4 Blättern je Stängel
2 Grundblätter bis 12 cm lang gestielt, nierenförmig, bis knapp 5 cm breit
3 Blattrand schwach gekerbt
4 Nebenblätter eiförmig, ganzrandig
5 Blüten einzeln oder zu zweien
6 Blütenkrone gelb mit dunklen Adern, ca. 1,5 cm lang

Foto S. 151

Gefahrenstufe bei der Verwendung: *
Verbreitungsschwerpunkt: Hochstaudenfluren und -gebüsche
Hauptblütezeit: Mai bis Juni
Inhaltsstoffe und Wirkung: Blüten und Blätter des Zweiblütigen Veilchens wirken entkrampfend, harntreibend, schleimlösend und mild abführend. Äußerlich wird die Pflanze bei Hauterkrankungen, Geschwüren, Bissen und Stichen angewendet. Im Weiteren vergleichbar mit *Viola odorata.*

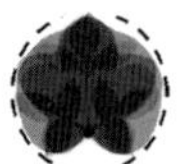

Hunds-Veilchen

Viola canina (Artengruppe)

Höhe bis 0,3 m
Grundlegende Merkmale der Pflanzengattung auf S. 149
Blattform abweichend von Blattschlüsseleinteilung S. 42

1 Blätter bis 4 cm lang, länglich eiförmig und bis doppelt so lang wie breit
2 Blattgrund der unteren Blätter meist herzförmig
3 Blattrand seicht gekerbt
4 Nebenblätter bis etwa 1 cm lang, am Rande fransenartig gezähnt
5 Blütenstiele bis 10 cm lang, mit einem Blattpaar (Vorblätter) deutlich oberhalb der Mitte
6 Blütensporn gerade oder etwas aufwärts gebogen, gelblich oder grünlich gefärbt

Unterart *V. canina* ssp. *schultzii* im Bestand gefährdet

Gefahrenstufe bei der Verwendung: *
Verbreitungsschwerpunkt: Borstgrastriften und Zwergstrauchheiden
Hauptblütezeit: April bis Juni
Inhaltsstoffe und Wirkung: Siehe *Viola odorata.*

Raues Veilchen

Viola hirta

Höhe bis 0,2 m
Grundlegende Merkmale der Pflanzengattung auf S. 149
Blattform abweichend von Blattschlüsseleinteilung S. 42

1 Pflanze mit grundständigen Blattrosetten
2 Blattstiel dicht abstehend behaart, Behaarung kurz
3 Blattflächen meist deutlich länger als breit, bis 9 cm lang
4 Nebenblätter spitz, kurz gefranst
5 Blattpaar der Blütenstängel (Vorblätter) unterhalb der Mitte
6 Hellviolette Blüte ohne Duft

Gefahrenstufe bei der Verwendung: *
Verbreitungsschwerpunkt: Sonnige Staudensäume an Gehölzen
Hauptblütezeit: März bis April
Inhaltsstoffe und Wirkung: Es finden sich Hinweise, dass die Wurzeln Erbrechen erzeugen.

Viola biflora
Viola canina
Viola hirta
Viola odorata

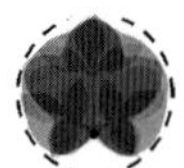

Wohlriechendes Veilchen, März-Veilchen, Duft-Veilchen
Viola odorata

Höhe bis 0,2 m
Grundlegende Merkmale der Pflanzengattung auf S. 149
1 Pflanze mit langen, oberirdischen, sich bewurzelnden Ausläufern
2 Blätter rundlich bis nierenförmig und lang gestielt
3 Nebenblätter schmal, kurz gefranst
4 Blattpaar der Blütenstängel (Vorblätter) oberhalb der Mitte
5 Dunkelviolette Blüten (a) mit meist geradem Sporn (b), wohlriechend

Foto S. 151

Gefahrenstufe bei der Verwendung: *
Verbreitungsschwerpunkt: Schleier-, Krautgesellschaften
Hauptblütezeit: Anfang März bis Ende April
Inhaltsstoffe und Wirkung: Das Wohlriechende Veilchen wurde in der Antike wegen seiner Heilkraft hoch geschätzt. Das Veilchenkraut enthält Saponine (u. a. Violin), Bitterstoffe, Alkaloide (u. a. Odoratin), Flavonoide, Salizylsäuremethylesther und Schleimstoffe. In den Blüten findet sich ein angenehm riechendes ätherisches Öl (mit Curcumen und Eugenol) und der blaue Farbstoff Cyamin. Verwendet wird die ganze Pflanze einschließlich der Wurzeln. Volksmedizinisch wird die ganze Pflanze als mild schleimlösendes Mittel bei Bronchialkatarrhen und zur Blutreinigung eingesetzt. Aus den Blüten und Honig bereitete man einen heilkräftigen Veilchensirup. Früher galt das Veilchen als gutes Hausmittel bei Krampfadern und Venenleiden. Äußerlich kann die frisch zerquetschte Pflanze oder ein Breiumschlag bei Verletzungen, Hautunreinheiten, Operationsnarben oder Verbrennungen eingesetzt werden. Sie hilft außerdem bei geschwollenen Lymphknoten, Stirnhöhleneiterungen, Neuralgien und Kopfschmerzen. Aus den frischen Blüten kann eine entspannende Gesichtsmaske hergestellt werden. Im Altertum wurden die Blüten gegen die Nachwirkungen exzessiven Alkoholgenusses empfohlen. Der Duft des ätherischen Öls soll bei Stress ausgleichend wirken. Die blauen Blüten dienen wegen ihrer Farbe als Schönungsdroge in Teemischungen. Entsprechend verwendet werden auch die Blüten des Langspornveilchens *(V. calcarata).* Die Homöopathie verwendet das Veilchen ebenfalls bei Erkältungskrankheiten. Das Wohlriechende Veilchen wird als herzwirksam beschrieben.

Sumpf-Veilchen
Viola palustris

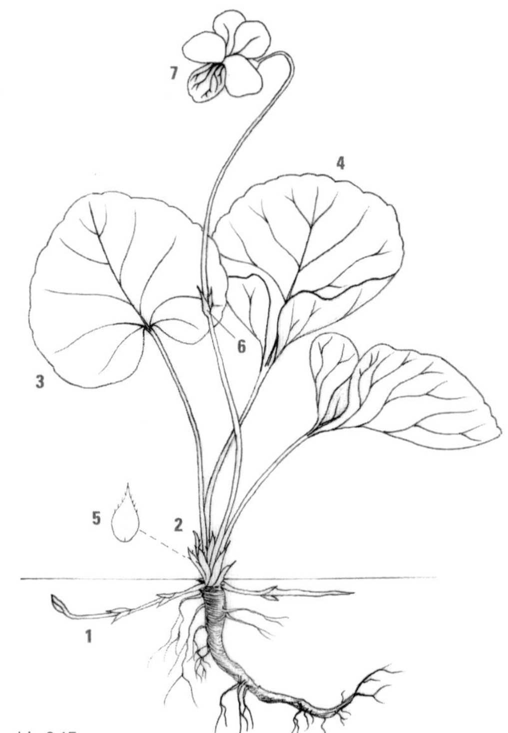

Höhe bis 0,15 m
Grundlegende Merkmale der Pflanzengattung auf S. 149
1 Pflanze mit Ausläufern
2 3–4 grundständige Blätter
3 Blätter gelblichgrün, rundlich nierenförmig, breiter als lang
4 Blattrand schwach gekerbt
5 Nebenblätter eiförmig, zugespitzt, mit sehr kurzen Fransen
6 Blattpaar der Blütenstängel (Vorblätter) in etwa mittig
7 Blütenkrone blassviolett mit dunklen Streifen, ohne Duft

Foto S. 154

Gefahrenstufe bei der Verwendung: *
Verbreitungsschwerpunkt: Zwischenmoore und Schlenken
Hauptblütezeit: Juni bis Juli

Wald-Veilchen

Viola reichenbachiana

Höhe bis 0,25 m

Grundlegende Merkmale der Pflanzengattung auf S. 149

1 Blätter dunkelgrün, deutlich länger wie breit
2 Nebenblätter bis 1,5 cm lang, schmal, mit langen Fransen
3 Blattpaar der Blütenstängel (Vorblätter) oberhalb der Mitte
4 Blütenkrone hellviolett bis violett, ohne Geruch
5 Blütensporn gerade, bis 6 mm lang, gleichfarbig als die Blütenkrone

Foto S. 154

Gefahrenstufe bei der Verwendung: *
Verbreitungsschwerpunkt: Laubwälder und Gebüsche
Hauptblütezeit: März bis Mai
Inhaltsstoffe und Wirkung: Das Wald-Veilchen wurde in Indien zur Behandlung von Lungenerkrankungen, einschließlich der Tuberkulose, und sogar bei Cholera eingesetzt. Äußerlich wurde es angewendet (ähnlich wie *V. biflora*) bei Hauterkrankungen, Geschwüren, Bissen und Stichen. Weitere Anwendungen wie bei *Viola odorata*.

Rivinis-Veilchen, Hain-Veilchen

Viola riviniana

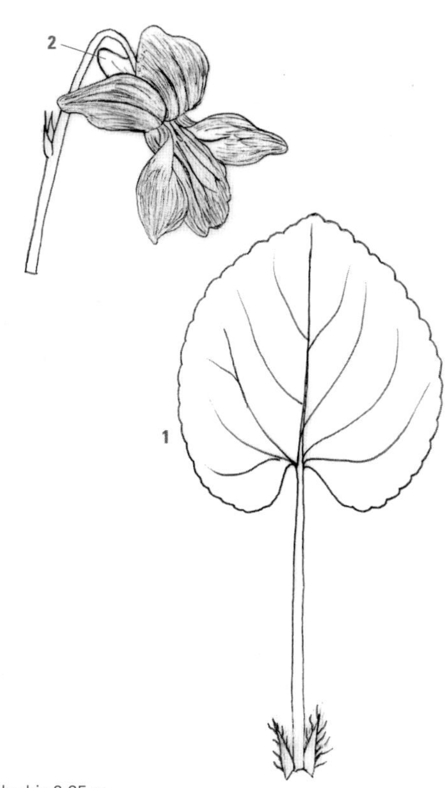

Höhe bis 0,25 m

Grundlegende Merkmale der Pflanzengattung auf S. 149

Art ähnelt dem Wald-Veilchen *(Viola reichenbachiana)*, mit folgenden gut erkennbaren Unterschieden:

1 Blätter rundlich, gleich lang oder nur wenig länger als breit
2 Blütensporn heller als die Blütenkronblätter

Foto S. 154

Gefahrenstufe bei der Verwendung: *
Verbreitungsschwerpunkt: Saure Eichenmischwälder
Hauptblütezeit: März bis Juni
Inhaltsstoffe und Wirkung: Es finden sich Hinweise, dass die Wurzeln Erbrechen erzeugen.

Viola palustris

Viola reichenbachiana

Viola riviniana

Viola tricolor

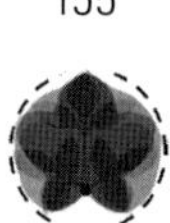

Gewöhnliches Stiefmütterchen, Wildes Stiefmütterchen

Viola tricolor

__Gefahrenstufe bei der Verwendung:__ *
Grundlegende Merkmale: Wuchs aufrecht und verzweigt. Blätter länglich geformt. Blattrand gekerbt. Nebenblätter aus schmalen Abschnitten und einem deutlich längeren Endabschnitt zusammengesetzt. Mehrfarbige Blüte mit länglichem Sporn.
Verbreitungsschwerpunkt: Lockere Sand- und Felsrasen
Hauptblütezeit: April bis September
Inhaltsstoffe und Wirkung: Das Gewöhnliche Stiefmütterchen enthält Salicylsäure, reichlich Schleim- und Gerbstoffe, Flavonoide (Quercetin, Luteolin), Cumarine und Vitamin C und E. Das getrocknete Kraut mit Blüten wird arzneilich äußerlich und innerlich bei vielen Hauterkrankungen (Milchschorf, Akne, Ekzeme und Geschwüre), zur Blutreinigung und Stoffwechselanregung verwendet. Bei Ekzemen und allergischen Hauterkrankungen können auch Bäder und Umschläge hilfreich sein. Volksmedizinisch wird die Pflanze bei fiebrigen Erkältungen, Keuchhusten und Halsentzündungen empfohlen. In größeren Mengen lösen Kraut und insbesondere die Wurzel Erbrechen aus.

Bastard-Wald-Veilchen

Viola × bavarica
Art gekreuzt aus *V. reichenbachiana* und *V. riviniana*
__Gefahrenstufe bei der Verwendung:__ *
Verbreitungsschwerpunkt: Laubwälder und Gebüsche
Hauptblütezeit: März bis Mai

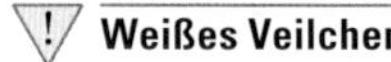

Weißes Veilchen

Viola alba
Art ist selten
__Gefahrenstufe bei der Verwendung:__ *
Verbreitungsschwerpunkt: Schleier- und Krautgesellschaften im Halbschatten
Hauptblütezeit: März bis April

Pontisches Veilchen, Steppen-Veilchen

Viola ambigua
Art ist selten
__Gefahrenstufe bei der Verwendung:__ *
Verbreitungsschwerpunkt: Kalk-Magerrasen
Hauptblütezeit: April bis Mai

Wunder-Veilchen

Viola mirabilis
Art zerstreut bis selten
__Gefahrenstufe bei der Verwendung:__ *
Verbreitungsschwerpunkt: Laubwälder und Gebüsche
Hauptblütezeit: April bis Mai
Inhaltsstoffe und Wirkung: Das Wunder-Veilchen wird als herzwirksam beschrieben. Des Weiteren vergleichbar mit *Viola odorata.*

Galmei-Stiefmütterchen

Viola calaminaria
Art im Bestand gefährdet
__Gefahrenstufe bei der Verwendung:__ *
Verbreitungsschwerpunkt: Steinfluren auf schwermetallhaltigen Böden
Hauptblütezeit: Juni bis August
Inhaltsstoffe und Wirkung: Diese Art wächst offenbar bevorzugt auf schwermetallhaltigen (Zink) Böden.

Langsporniges Stiefmütterchen, Geröll-Stiefmütterchen

Viola calcarata
Art im Bestand gefährdet
__Gefahrenstufe bei der Verwendung:__ *
Verbreitungsschwerpunkt: Steinschutt- und Geröllfluren
Hauptblütezeit: Juni bis August
Inhaltsstoffe und Wirkung: Siehe *Viola odorata.*

Hügel-Veilchen

Viola collina
Art im Bestand gefährdet
__Gefahrenstufe bei der Verwendung:__ *
Verbreitungsschwerpunkt: Sonnige Staudensäume an Gehölzen
Hauptblütezeit: März bis April

Hohes Veilchen

Viola elatior
Art im Bestand gefährdet
__Gefahrenstufe bei der Verwendung:__ *
Verbreitungsschwerpunkt: Feuchtwiesen und Bachuferfluren
Hauptblütezeit: Mai bis Juni

Sibirisches Veilchen, Torf-Veilchen

Viola epipsila
Art im Bestand gefährdet
__Gefahrenstufe bei der Verwendung:__ *
Verbreitungsschwerpunkt: Zwischenmoore und Schlenken
Hauptblütezeit: Mai bis Juli

Graben-Veilchen

Viola persicifolia
Art im Bestand gefährdet
__Gefahrenstufe bei der Verwendung:__ *
Verbreitungsschwerpunkt: Feuchtwiesen und Bachuferfluren
Hauptblütezeit: Mai bis Juni

Sand-Veilchen

Viola rupestris
Art im Bestand gefährdet
__Gefahrenstufe bei der Verwendung:__ *
Verbreitungsschwerpunkt: Saure Kiefernwälder
Hauptblütezeit: April bis Juni

Moor-Veilchen

Viola uliginosa
Art im Bestand gefährdet
__Gefahrenstufe bei der Verwendung:__ *
Verbreitungsschwerpunkt: Hochmoore und Moorheiden, Erlenbruchwälder und Moorweidengebüsche
Hauptblütezeit: April bis Juli

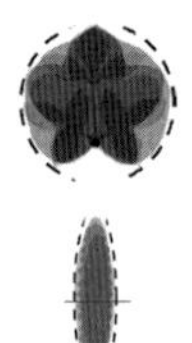

Weinreben
Vitis
Weinrebengewächse (Vitaceae)

Europäische Weinrebe, Edler Weinstock
Vitis vinifera

Unterart *V. vinifera* ssp. *sylvestris* gefährdet und geschützt

Grundlegende Merkmale: Mit Ranken windend. Mehrjährige Äste verholzend. Blätter in 3-5 Lappen geteilt. Zahlreiche, kleine, grünliche Einzelblüten bilden den traubigen Blütenstand. Blüte mit 5 Staubblättern.
Verbreitungsschwerpunkt: Erlen- und Edellaub-Auenwälder
Hauptblütezeit: Juni bis Juli
Verwendung in der Ernährung: In der Küche nutzt man die leicht erfrischend säuerlichen Blätter der Weinrebe von März bis Mai, solange sie zart sind. Ältere Blätter dienen ansonsten auch getrocknet als geschnittenes Küchengewürz [16.2]. Die zarten Blätter und Ranken nutzt man außerdem für Blattrouladen [5] oder als Marinadengewürz, bzw. legt sie in Streifen geschnitten als Sauerkraut [13.4] ein. Sie eignen sich hervorragend als Beigabe für Salate [1] und Pfannengemüsegerichte [7].

Die säuerlichen Blüten verwendet man von Juni bis Juli als Aroma zu Sorbets [17.7] oder Bowlen [22.3], zu süßen Dessert-Gerichten, zu Limonaden [22.2] oder als kandierte Nascherei [17.4].

Nicht zu vergessen sind die saftig-süßen Früchte. Im September isst man sie roh von der Pflanze oder gibt sie zu Fruchtsalaten [19.4], in Torten [19.2], als Beigabe zu Käseplatten oder verarbeitet sie zu Trockenobst [19.7]. Fruchtstängel und Früchte können zu Saft ausgepresst und dieser direkt getrunken oder meist zu Wein vergoren [24] werden. Die Fruchtkerne presst man zu einen wertvollen Speiseöl [16.3] oder röstet sie als Kaffeeersatz [23].
Inhaltsstoffe und Wirkung: Der Weinstock begleitet die Menschheit bereits seit mehr als 8000 Jahren. Die medizinische Verwendung des Weinlaubs datiert etwa bis ins 2 Jh. n. Chr. zurück. Die Weinblätter enthalten Flavonoide (Quercetin), Gerbstoffe (Catechine), Weinsäure, Apfelsäure, Bernsteinsäure, Wachs, Zucker und Mineralstoffe. Extrakte aus den Blättern wurden bereits früher gegen Venenerkrankungen und Durchblutungsstörungen der Beine eingesetzt. Die Blüten verwendete die Volksmedizin als Tee bei leichten Lähmungszuständen durch Probleme der Rückenmarksnerven. Die Trauben enthalten bis zu 25 % Zucker, Weinsäure (5 %) und andere Fruchtsäuren, biogene Amine, Vitamine; Mineralstoffe und Flavonoide mit antioxidativer Wirkung. Eine Traubenkur soll sehr heilsam für Verdauung und Stoffwechsel sein. Mittlerweile ist sogar wissenschaftlich erwiesen, dass mäßiger Weingenuss gesundheitsfördernd wirkt. Verantwortlich dafür sind vermutlich die enthaltenen Polyphenole, insbesondere das Resveratrol.

Ochsenzungen-Arten
Anchusa
Raublattgewächse (Boraginaceae)

Gewöhnliche Ochsenzunge
Anchusa officinalis

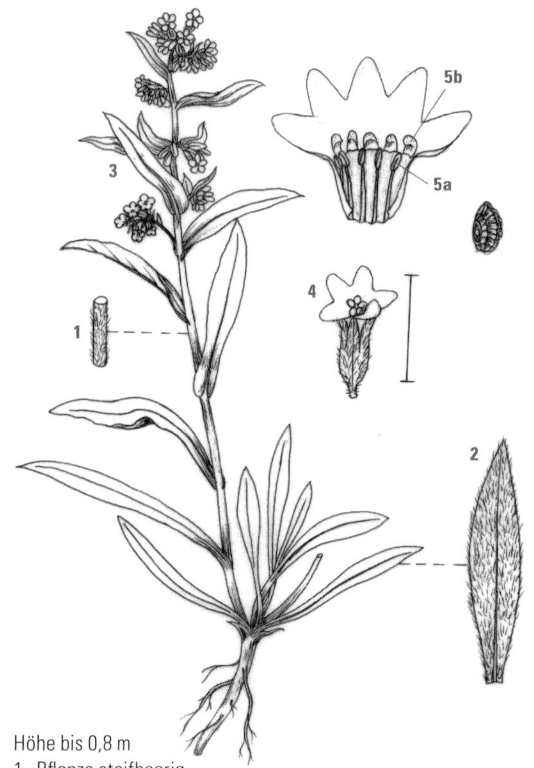

Höhe bis 0,8 m
1 Pflanze steifhaarig
2 Blätter lang, schmal, rau und spitz
3 Anordnung der Blüten sowohl an der Spitze der Pflanze, als auch an langen Stielen den Blattachseln entspringend
4 Rot- bis blauviolette Blütenkronröhre bis 1 cm lang
5 Im Inneren der Blütenglocke 5 die Staubbeutel (a) überragende weiße, samtige Schuppen (Schlundschuppen) (b)

Gefahrenstufe bei der Verwendung: *
Verbreitungsschwerpunkt: Ruderalgesellschaften, Acker- und Gartenunkrautgesellschaften
Hauptblütezeit: Mai bis September
Verwendung in der Ernährung: Das bisher geschätzte Wildgemüse enthält Alkaloide (etwa halb so viel wie die

Symphytum-Arten), die mittlerweile als lebertoxisch eingestuft werden, siehe unten. Die gurken-aromatischen jungen Blätter wurden in Ausbackteig [8.4] gebacken, in Salate [1] fein geschnitten, zu Spinaten [9.1] zu Saucen [14] und Suppen [3.1] hinzugefügt sowie generell zu Gemüsegerichten. Bei älteren Blättern werden im späteren Jahr die Blatthärchen zu dominant. Getrocknet nutzte man auch die älteren Blätter von April bis September als Rauchtabakbeimischung [25]. Die Blüten wurden von Mai bis September vorsichtig ausgezupft und frisch oder getrocknet als essbare Dekoration verwendet, auch in Frischkäse oder Kräuterquark [15.5] und als Brotbelag [15.1] sowie zu Trockenteemischungen [22.1]. Die Wurzeln wurden im Herbst oder im Frühjahr als Aromageber [18] in Wein [18.5] und Spirituosen [18.6] genutzt.

Die Pflanzenfamilie der Raublattgewächse *(Boraginaceae)* ist aufgrund des Gehaltes an leberbeeinträchtigenden Pyrrolizidinalkaloiden in Misskredit geraten. Wir schätzen den gelegentlichen Verzehr kleiner Mengen im Jahr als unbedenklich ein, dennoch können und wollen wir dem Leser die Entscheidung zur Verwendung für den persönlichen Gebrauch nicht abnehmen. Bitte lesen Sie dazu Seite 25.

Inhaltsstoffe und Wirkung: Die Gewöhnliche Ochsenzunge enthält Alkaloide; Allantoin, Schleim- und Gerbstoffe, Cholin und Pyrrolizidine. Volkstümlich setzte man sie bei Husten und Durchfall ein. Die äußerliche Anwendung ist ähnlich wie beim Beinwell. Wegen der Pyrrolizidinalkaloide sollte die Anwendung eingeschränkt werden. Die gelegentliche Anwendung ist vermutlich unbedenklich.

Acker-Krummhals

Anchusa arvensis

Art zerstreut bis selten

Gefahrenstufe bei der Verwendung: *

Verbreitungsschwerpunkt: Sandige Äcker

Hauptblütezeit: Mai bis Juli

Verwendung in der Ernährung: In ganz jungem Zustand weit vor der Blütezeit benutzte man die Blätter nach Machatschek 2010 in geringen Mengen als Kochgemüse [9]. Laut Marzell 1958 hatte sie früher auch den Pflanzennamen »Eier und Speck«.

Inhaltsstoffe und Wirkung: Die kleine, weißliche, geschmack- und geruchlose Wurzel war früher offizinell (also Bestandteil des Arzneischatzes). Sie wurde vermutlich wegen ihres Schleimstoffgehaltes bei Husten und Erkältungskrankheiten verwendet. Siehe auch *A. officinalis.* Die Pflanze enthält leberschädliche Pyrrolizidinalkaloide.

Vitis vinifera

Anchusa officinalis

Meerrettiche
Armoracia
Kreuzblütengewächse (Brassicaceae)

Meerrettich, Kren, Bauernsenf
Armoracia rusticana

Höhe bis 1,5 m
1 Verzweigte Pfahlwurzel
2 Untere Blätter unterschiedlich gestaltet, lang gestielt und bis 1 m lang
3 Blattrand unregelmäßig gezähnt
4 Blütenstand aus zahlreichen Trauben weißer Blüten gebildet
5 Frucht ein kugeliges Schötchen

Verbreitungsschwerpunkt: Nährstoffreiche Krautfluren
Hauptblütezeit: Mai bis Juli
Verwendung in der Ernährung: Meerrettich ist eine scharf-aromatische Pflanze für Gewürze. Mit ihrer Schärfe, die bis in die Nase steigt, erinnert sie an Kresse, allerdings ist sie wesentlich intensiver und schärfer. Besonders von März bis Mai eignen sich ihre jungen Blätter als frisch gehackte, sehr scharfe Würze zu allerlei Speisen; doch auch später im Jahr kann man die dann etwas derberen Blätter noch verwenden. Die Blütenknospen ergeben im Frühjahr roh oder kapernartig eingelegt [16.11] ebenfalls ein scharf schmeckendes Gewürz. Von Mai bis Juli wirken die Blüten als intensiv-aromatische, essbare Dekoration. Vor allem aber bieten sich von September bis in den Winter die scharfen Wurzeln als Würze an. Sie sind frisch gerieben roh oder zusammen mit Sauerrahm eine weithin bekannte Spezialität. Roh nutzt man sie auch gerne zum Einlegen [13], in Quark-/Joghurtdips und Saucen [14]. Früher wurden sie außerdem Mischgemüsegerichten [11] beigemengt. Im August kann man die Samen als Trockengewürz [16.2] oder – ebenso wie die senfölhaltigen Blütenknospen im Frühjahr – als senfartige Paste [16.8] verarbeiten.
Inhaltsstoffe und Wirkung: Der Meerrettich enthält Glucosinolate (Sinigrin), Vitamine – besonders reich ist die Pflanze an Vitamin C (circa 0,6 %) –, Flavonoide und flüchtige, antibiotisch wirksame Inhaltsstoffe. Die scharf schmeckenden Inhaltsstoffe des Meerrettichs regen die Ausschüttung von Verdauungssäften an. Die Glucosinolate wirken antimikrobiell und bedingen den Einsatz der Pflanze als pflanzliches Antibiotikum bei Infektionen der Atemwege und der ableitenden Harnwege. Äußerlich nutzt man die hautreizende und durchblutungsfördernde Wirkung bei infizierten Wunden, Kopfschmerzen, Rheuma und Insektenstichen. Die Homöopathie wendet die Pflanze bei Bauchkrämpfen und Entzündungen der Augen und Atemwege an.

Kastanien
Castanea
Buchengewächse (Fagaceae)

Echte Kastanie, Edel-Kastanie, Ess-Kastanie
Castanea sativa

Verbreitungsschwerpunkt: Laubwälder und Gebüsche
Hauptblütezeit: Anfang Juni bis Ende Juli
Verwendung in der Ernährung: Stärkereiche, süßliche Baumfrüchte für Gemüse, Süßspeisen, Mehl und Kaffee. Der Grundgeschmack der Kastanien ist nussig, süß.

Die bekannten echten Kastanien erntet man ausgereift von August bis September. Man löst die glatten, braunen Früchte aus dem stacheligen Mantel, ritzt die braune Schale an und röstet sie über dem Feuer oder im Backofen als warme Nascherei. Man kann sie auch geschält als gedünstetes oder gedämpftes Gemüse [7] erwärmen oder kochen und Püree [9.3] beigeben. Die gebackenen oder gekochten Früchte kann man dann in Mischgemüsegerichten (etwa in Eintopf [11.1]), Ofengemüsegerichten, wie z. B. Lasagne [12.1], oder in Bratlingen [4] weiterverarbeiten. Auch als Chutneyzutat [16.9] wären sie verwendbar. Weiterhin kann man sie einlegen und marinieren [13] oder als Mus einfrieren. Dieses Mus kann man frisch oder aufgetaut gut als Grundlage für Gemüsesuppen [3.1] oder als nussige Beigabe zu Backwaren oder Süßspeisen verwen-

den, z. B. für eine Süße Sauce [17.2], Pudding [17.3] und Schokolade [17.6], oder als Beigabe in Milchspeiseeis oder Fruchtschnitten [19.6].

Die Esskastanien lassen sich auch klein hacken und stark rösten. Dieses Röstgut kann man als Kaffeesurrogat [23] aufbrühen.

Getrocknete Esskastanien kann man zu Mehl vermahlen. Das Mehl verwendet man zum Eindicken von Suppen und Desserts oder auch als Streckmehl für Gebäck [20] und als Brotteigbeigabe in Hausbrot [21.1]. Durch Extraktion lässt sich aus den Früchten auch Stärke und Zucker gewinnen. Der Zucker kann ggf. weiter zu Alkohol verarbeitet werden. Zuweilen wird die reife, geschälte Frucht auch als Aroma in Spirituosen [18.6] eingelegt.

Inhaltsstoffe und Wirkung: Die Blätter der Edelkastanie enthalten Gerbstoffe (überwiegend Ellagitannine), Flavonoide, Triterpene, Fett; viel Stärke; Harz, Pektin und Vitamin C (frische Blätter). Volksheilkundlich werden sie bei Husten und Keuchhusten eingesetzt, außerdem wegen der enthaltenen Gerbstoffe bei Durchfall und als Gurgelmittel bei entzündlichen Prozessen in Mund und Hals. Homöopathische Zubereitungen werden bei Krampfhusten und Enddarmentzündung verwendet. Die Kastanien sind reich an Kohlenhydraten, Mineralien (Kalium und Magnesium) und Spurenelementen (vor allem Mangan und Kupfer), außerdem enthalten sie wertvolle ungesättigte Fettsäuren, viele wichtige Vitamine (B1, B2, B5, B6 und E) und Phytosterine. Maronen sind ein ausgezeichnetes und vollwertiges Nahrungsmittel, das man früher auch gegen Durchfall verwendete. Hildegard von Bingen ist voll des Lobes über die Esskastanie, die sie als »nützlich gegen jede Form von Schwäche« ansah.

Armoracia rusticana

Castanea sativa

Flockenblumen
Centaurea
Korbblütengewächse (Asteraceae)

Grundlegende Merkmale: Die Blätter dieser Gattung sind wechselständig am Stängel angeordnet und unterschiedlich gestaltet. Die Blüten sind zu kugeligen Blütenköpfen vereinigt, die von Hüllblättern umgeben sind.

Wiesen-Flockenblume
Centaurea jacea

Unterart *C. jacea* ssp. *angustifolia* im Bestand gefährdet

Verbreitungsschwerpunkt: Von Mensch und Tier beeinflusste Heiden und Rasen
Hauptblütezeit: Juni bis Oktober
Verwendung in der Ernährung: Von Juni bis Oktober kommen ihre eleganten, geschmacklich neutralen Blüten am besten zur Geltung, wenn man sie vorsichtig auszupft und frisch oder getrocknet als essbare Dekoration über diverse Speisen streut. Sehr hübsche, violette Farbakzente setzen sie vor allem in grünen Blattsalaten [1]. Eine besondere Empfehlung: Frischkäse oder Gewürzbutter ummantelt mit den Blüten der Wiesen-Flockenblume. Die getrockneten Blüten sind außerdem eine beliebte dekorative Beigabe zu Trockenteemischungen [22.1], früher wurden sie auch als Zusatz in Rauchtabak [25] genutzt.

Die sonnengereiften, im Geschmack hopfenähnlich bitteren Blätter und Triebe wurden von August bis September in Spirituosen [18.6] und als eine Art Hopfenersatz bei der Bierherstellung [18.7] eingesetzt. Im September und Oktober nutzt man die Wurzel als Bitteraroma in Spirituosen [18.6].
Inhaltsstoffe und Wirkung: Die Pflanzen enthalten Gerbstoffe und Flavonoide. Die medizinische Verwendung ist vermutlich ähnlich wie bei *Centaurea cyanus.* Aus den Blättern der Wiesenflockenblume *(C. jacea)* kann ein Auszug destilliert werden, der bei Augen- und Lidrandentzündung hilft. Die Wurzel enthält Bitterstoffe, wirkt harntreibend, verdauungsfördernd und allgemein stärkend. Sie kann außerdem zur Fiebersenkung verwendet werden. Die Homöopathie nutzt sie bei Erkrankungen des Rachens.

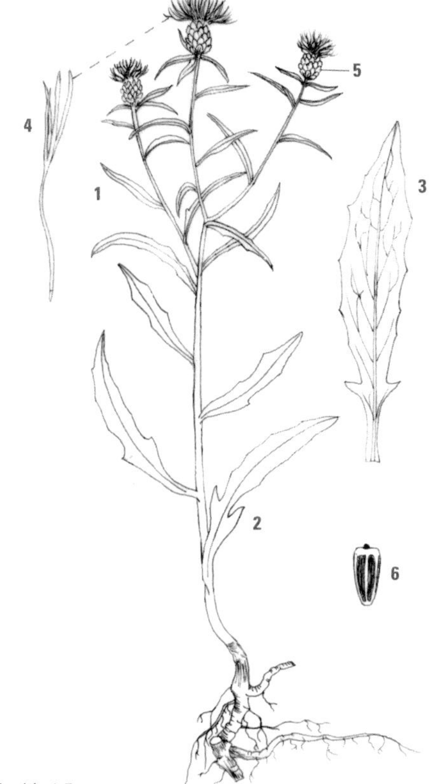

Höhe bis 1,5m
Grundlegende Merkmale der Pflanzengattung siehe linke Spalte
1 Obere Stängelblätter länglich und meist ungeteilt
2 Untere Blätter länglich, jedoch häufig mit randlichen Lappen
3 Blattrand aller Blätter meist fein gezähnt
4 Die purpurroten Blütenblätter sind tief eingeschnitten
5 Hüllblätter schuppenförmig angeordnet
6 Frucht ohne Haarkranz (Pappus)

Foto S. 162

Stern-Flockenblume
Centaurea calcitrapa
Art im Bestand gefährdet
Verbreitungsschwerpunkt: Häufig betretene Rasen
Hauptblütezeit: Juli bis September
Verwendung in der Ernährung: Das noch junge Triebzentrum der Stern-Flockenblume wurde von April bis Juni geschält und von stacheligen Blättern befreit als Stängelgemüse [7.2] oder in Gemüsesuppen [3.1] verarbeitet. Die ausgezupften Zungenblüten dienten im Sommer als essbare Dekoration in Salat- und Rohkostspeisen [1] sowie als Beigabe in Wildpflanzensalz [16.1]. Laut Marzell 1958 wurde sie früher auch Gewürz-Flockenblume genannt.
Inhaltsstoffe und Wirkung: Siehe *Centaurea jacea.*

Kornblume, Blaue Flockenblume
Centaurea cyanus
Art in Österreich im Bestand gefährdet
Verbreitungsschwerpunkt: Getreideunkrautfluren
Hauptblütezeit: Juni bis Oktober
Verwendung in der Ernährung: Dekorative, milde Blüten für Gewürze, Tee und Rauchtabak.

Wenn das Getreide auf den Feldern reif ist, blüht auch die Kornblume, und wie bei der verwandten Wiesen-Flockenblume *(Centaurea jacea)* können auch ihre Blüten von Juni bis Oktober z. B. als dekorative Beigabe verschiedenen Trockenteemischungen [22.1] und als Zusatz dem Rauchtabak beigegeben werden. Die filigranen, leuchtend blauen Blüten sind geschmacksneutral und behalten auch getrocknet ihre schöne Farbe. Vorsichtig ausgezupft kann man sie frisch oder getrocknet als essbare Dekoration abschließend über Hackkräutermischungen [15], in Salat- und Rohkostspeisen [1] sowie in eine Vielzahl von weiteren Gerichten streuen. Sie ergeben hübsche blaue Farbtupfer in Wildpflanzensalz [16.1] oder Aromazucker [18.2] und machen aus Eierspeisen, z. B. Rührei [6.3], und jedem Brotteig etwas Besonderes [21]. Wer sie kandiert [17.4], kann auch im Winter noch Süßspeisen mit Blüten verzieren. Eine besondere Empfehlung sind Gewürzmischungen mit Kornblumenblüten. Ihr Grundgeschmack ist neutral, nur in großen Mengen erinnert er etwas an Grüntee. Die rauen, zähen, aber milden Blätter sind vermutlich ebenfalls essbar. Eigene Essversuche zeigten in kleinen Mengen keinerlei Unverträglichkeiten. Über Giftstoffe liegen uns keine Hinweise vor. Eine Verwendung in Hackkräutermischungen [15] wäre denkbar.
Inhaltsstoffe und Wirkung: Die Blüten enthalten Anthocyane, die zusammen mit dem Flavon Apigenin für die blaue Färbung verantwortlich sind, außerdem Polyacetylene und Bitterstoffe. Sie werden ausschließlich volksheilkundlich bei Fieber, Menstruationsstörungen, Weißfluss und Verstopfung verwendet. Weiterhin wird die Pflanze als schleimlösendes und harntreibendes Mittel und zur Anregung der Leber- und Gallenfunktion eingesetzt. Äußerlich nutzt man einen Aufguss aus den Kornblumenblüten bei Entzündungen des Auges und der Bindehaut, ferner für Waschungen des Haarbodens bei Kopfgrind und Schuppenbildung. Die Pflanze wird wegen der auch im trockenen Zustand schön blau gefärbten Blüten gerne in Teemischungen als »Schönungsdroge« verwendet. Anwendung innerlich und äußerlich als Tee.

Berg-Flockenblume
Centaurea montana
Art im Bestand gefährdet
Verbreitungsschwerpunkt: Waldlichtungen, Hochstaudenfluren
Hauptblütezeit: Mai bis Juli
Verwendung in der Ernährung: Vergleichbar mit *Centaurea scabiosa.*
Inhaltsstoffe und Wirkung: Die seltene Pflanze kann vermutlich ähnlich verwendet werden wie *Centaurea jacea.* Sie enthält offenbar geringe Mengen Blausäureglykoside und Indolalkaloide.

Skabiosen-Flockenblume
Centaurea scabiosa
Art zerstreut bis selten
Verbreitungsschwerpunkt: Waldränder, Trockenrasen, Bergwiesen
Hauptblütezeit: Juni bis Oktober
Verwendung in der Ernährung: Die Blütenknospen nutzte man nach Machatschek 2010 gemüseartig bzw. eingelegt [13].
Inhaltsstoffe und Wirkung: Aus der Pflanze konnten eine Vielzahl von Polyinen und das Flavonoid Apigenin isoliert werden. Die Samen enthalten Lignane. Die Wurzel soll gegen Hautausschläge und Flechten wirksam sein.

Katzenschweif-Arten
Erigeron
Korbblütengewächse (Asteraceae)

Grundlegende Merkmale: Die Blätter sind wechselweise am Stängel angeordnet. Die Blüten sind zu zahlreichen kleinen Köpfchen vereinigt, die durch Röhrenblüten und Hüllblätter gebildet werden. Zungenblüten nicht vorhanden oder unscheinbar. Frucht mit borstigem Haarkranz.

Katzenschweif, Kanadisches Berufkraut
Erigeron canadensis

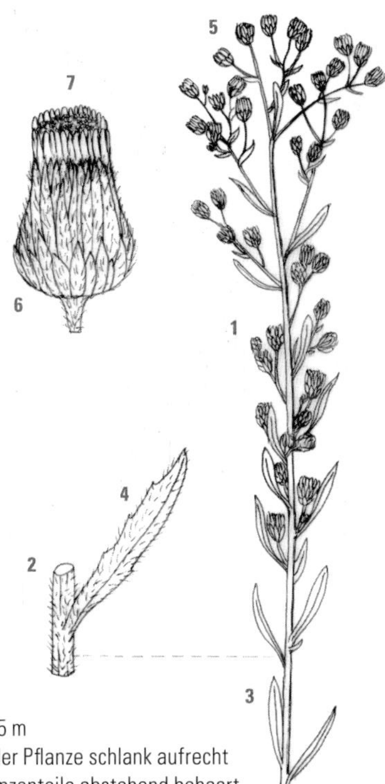

Höhe bis 1,5 m
1 Wuchs der Pflanze schlank aufrecht
2 Alle Pflanzenteile abstehend behaart
3 Form der Blätter überwiegend länglich
4 Blattrand deutlich bis schwach gezähnt
5 Bis zu 100 Blütenköpfchen bilden den Blütenstand
6 Blütenhülle zylindrisch geformt
7 Weiße Zungenblüten am Rand kaum länger als die gelblichen Röhrenblüten im Zentrum des Teilblütenstandes

Foto S. 162

Verbreitungsschwerpunkt: Ruderalgesellschaften, Acker- und Gartenunkrautgesellschaften
Hauptblütezeit: Juli bis September
Verwendung in der Ernährung: Der Grundgeschmack der Pflanze ist schärflich-würzig, somit eignet sie sich als Beigabe kräftiger Würzmischungen. Aus ganz jungen, noch zarten

Centaurea jacea

Erigeron canadensis

Blättern und Triebspitzen lässt sich von April bis Juli (vor der Blüte) – gehackt und in Mischung mit Blättern und Blüten anderer Wildpflanzen – Kräuterbutter [15.3] oder -salz [16.1] herstellen. Weiterhin eignen sie sich als Würze zu verschiedenen Salatsaucen [1] und Kräuterkartoffeln [15.2]. Denkbar sind sie auch als Würzbeigabe im Kräuterquark [15.5] und zu Holzfeuer- und Ofenkartoffeln. Wem sie zu bitter erscheinen, der sollte sie vor der Verarbeitung in Streifen geschnitten blanchieren oder in etwas Wasser und Salz ziehen lassen. Danach eignen sie sich selbst als Beigabe zu kräftigen Salaten [1]. Zur Bevorratung kann man die Blätter auch würzig mariniert einlegen. Die Blütenknospen im Juni könnte man unseres Erachtens kapernartig einlegen [16.11] oder als Gewürzbeigabe in Chutney [16.9] verwenden.
Inhaltsstoffe und Wirkung: Die Pflanze enthält ätherisches Öl (mit Citronellal und Linalol), Cholin, Beta-Sitosterol, Kaffeesäure, Flavonoide und Gerbstoffe. Sie war ursprünglich in Nordamerika beheimatet und verbreitete sich erst im 17. Jahrhundert über Europa. Der Name »Berufkraut« weist auf den rituellen Einsatz der Pflanze gegen böse Geister hin. Diese Geister pflegten vorzugsweise Neugeborene heimzusuchen, was sich unter anderem darin zeigte, dass die Säuglinge ausgiebig schrien. Indem man den Säugling in einem Absud der Pflanze badete oder ihm einfach ein paar Zweiglein in die Wiege legte, konnte man diesem Treiben ein Ende setzen.

In der Volksmedizin Nordamerikas verwendet man einen Teeaufguss bei Durchfallerkrankungen und bei Frauenleiden. Die Pflanze soll ausgleichend auf die Menstruation wirken. Das enthaltene Beta-Sitosterin hat östrogenartige Wirkungen und ist hilfreich bei Wechseljahrsbeschwerden. Aufgrund des Gerbstoffgehaltes besitzt die Pflanze sowohl innerlich als auch äußerlich blutstillende Eigenschaften und kann vielfältig gegen Entzündungen der Schleimhäute eingesetzt werden. Homöopathisch wird das Kraut bei Entzündungen des Magens, der Leber und der Gallenblase eingesetzt.

Weißliches Berufkraut
Erigeron sumatrensis
Art neuartig in Ansiedlung
Verbreitungsschwerpunkt: Ruderalstellen
Hauptblütezeit: Juni bis Oktober
Verwendung in der Ernährung: Junge Blätter und Sprosse kann man für Püree [9.3], Spinat [9.1], Eintopf [11.1] und Suppen [3.1] verwenden.
Inhaltsstoffe und Wirkung: Die Pflanze enthält Saponine, Gerbstoffe (Tannine), Flavonoide, Alkaloide und ätherisches Öl (Limonen). Ein Tee aus dem Weißlichen Berufkraut dient in Afrika als mildes Abführmittel für Babys und Kinder. Es wird außerdem äußerlich angewendet zur Behandlung von Pickeln und Ausschlägen bei Windpocken und Pocken. Schmerzlindernde und entzündungshemmende Wirkungen konnten mittlerweile wissenschaftlich untermauert werden (Asongalem et al. 2004). Das Trinken des Tees soll auch gegen Schlangenbisse wirken.

Natternkopf-Arten
Echium

Raublattgewächse (Boraginaceae)

Gewöhnlicher Natternkopf, Stolzer Heinrich
Echium vulgare

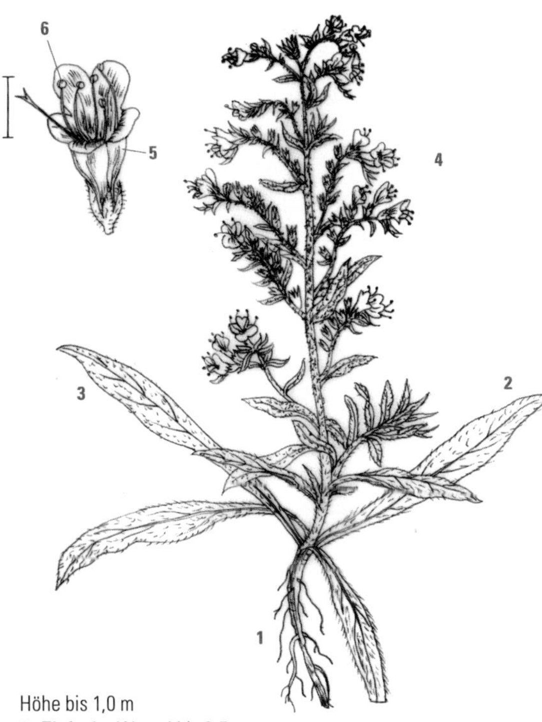

Höhe bis 1,0 m
1 Tiefe der Wurzel bis 2,5 m
2 Stängel und Blätter rau behaart (Fraßschutz!)
3 Form der Blätter lang und schmal
4 Blütenstand bis 50 cm lang, zylindrisch
5 Die erst rosafarbene, dann blaue, bisweilen rötliche Blütenkrone wird bis 2 cm lang
6 Staubblätter weit aus der Blüte herausragend

Foto S. 164

Gefahrenstufe bei der Verwendung: *
Verbreitungsschwerpunkt: Ruderalgesellschaften, Acker- und Gartenunkrautgesellschaften
Hauptblütezeit: Juni bis September
Verwendung in der Ernährung: Von alters her geschätzte Nahrungspflanze. Sie enthält Alkaloide, die mittlerweile als lebertoxisch eingestuft werden, siehe rechte Spalte.

Der Natternkopf bietet im zeitigen Frühjahr circa ab April Blätter, die gut als Grundlage verschiedener Frühjahrssalate [1] eingesetzt werden können. Der Geschmackseindruck der Blätter und Triebe ist etwas rau, aber frisch aromatisch ähnlich der Gurkenschale. Weiche Blätter ergeben mit flüssigem, leicht gesalzenem Teig ummantelt und frittiert [8.4] leckere Knusperstangen zum Dippen in diverse Saucen. Auf den haarigen Blättern haftet der Teig sehr gut. Die Blätter, die sich von Mai bis Juni entwickeln, eignen sich zusammen mit zarten Stängelspitzen gut zu Spinaten [9.1] und üblichen Gemüsegerichten, Suppen [3.1] und Saucen [14]. Während der Blütezeit werden die Blätter zu trocken und die Blatthärchen zu dominant.

Von Juni bis September kommen am schönsten die eleganten Blüten zur Geltung, wenn man sie vorsichtig auszupft und frisch oder getrocknet als essbare Dekoration abschließend über diverse Speisen gibt. Eine besondere Empfehlung: Kräuterbutter [15.3] mit Salz und mit den Blüten des Natternkopfes gemischt. Zuweilen nutzt man auch die getrockneten Blüten als dekorative Beigabe zu Trockenteemischungen [22.1].
Inhaltsstoffe und Wirkung: Der Natternkopf enthält Anthocyane, Pflanzenschleim Allantoin, Consolidin und Heliosupin. Der Tee wirkt harntreibend, schweißtreibend und hustenstillend. Äußerlich können die Wurzeln ähnlich wie der Beinwell verwendet werden, beispielsweise als Salbe oder Breiumschlag bei Hautproblemen und Verletzungen des Bewegungsapparates. Die Pflanzenfamilie der Raublattgewächse (Boraginaceae) ist aufgrund des Gehaltes an leberbeeinträchtigenden Pyrrolizidinalkaloiden in Misskredit geraten. Wir schätzen den gelegentlichen Verzehr kleiner Mengen im Jahr als unbedenklich ein, dennoch können und wollen wir dem Leser die Entscheidung zur Verwendung für den persönlichen Gebrauch nicht abnehmen. Bitte lesen sie dazu Seite 25.

Sanddorne
Hippophae

Ölweidengewächse (Elaeagnaceae)

Sanddorn
Hippophae rhamnoides

Verbreitungsschwerpunkt: Waldmantelgebüsche und Hecken
Hauptblütezeit: Anfang März bis Ende April
Verwendung in der Ernährung: Eine bekannte Wildfrucht für Fruchtspeisen und Getränke. Von September bis Oktober entwickelt der Sanddorn seine aromatischen Früchte. In Russland werden sie z. T. erst gefroren aus den Sträuchern herausgeklopft. Die Früchte werden gerne entsaftet und gesüßt oder ungesüßt mit Mineralwasser als erfrischende Limonade [22.2] aufgegossen. Sie können auch in Wasser oder Sirup erwärmt und anschließend anderen

Echium vulgare

Hippophae rhamnoides

Linaria vulgaris

Lycium barbarum

Fruchtgetränken beigegeben oder zu Fruchtaufstrichen [19.3], Speiseeis, Sorbet [17.7], Kompott [17.5], Obstquark [19.5] und zu Saucen für Obstsalate [19.4] und dergleichen verarbeitet werden. Dazu trennt man in einem Sieb durch Passieren die Kerne ab. Werden die Früchte roh gepresst, so gewinnt man Fruchtmus und einen gesunden Fruchtsaft, den man direkt trinken [22.4] kann. Das Fruchtmus ist denkbar auch als Würzmus [16.10]. Getrocknete Früchte eignen sich als Trockenobst [19.7] oder zur Teegetränkbereitung [22.1]. Der Grundgeschmack der Früchte ist sehr sauer, saftig-breiig.

Inhaltsstoffe und Wirkung: Die Früchte des Sanddorns enthalten reichlich Vitamin C (1 TL der Früchte deckt bereits den Tagesbedarf), außerdem B-Vitamine und die Vitamine E und F, Calcium, Magnesium und Flavonoide. Weitere Inhaltsstoffe sind Zuckeralkohole, Farbstoffe (Lycopin, Carotinoide) und organische Säuren. Die Samen enthalten fettes Öl. Der Sanddorn ist aufgrund seines hohen Vitamingehaltes ein altbewährtes Mittel bei Erschöpfungszuständen und Anfälligkeit gegen Erkältungskrankheiten. Außerdem nutzt man ihn bei Konzentrationsschwäche, Kopfschmerzen und Kreislaufproblemen. Das aus den Samen gewonnene Öl fördert die Wundheilung und wird auch mit Erfolg bei Sonnenbrand und Schäden durch Röntgenbestrahlung eingesetzt.

Leinkräuter, Leinblätter
Linaria

Wegerichgewächse (Plantaginaceae)

Grundlegende Merkmale: Die Blätter sind ganzrandig und im oberen Bereich der Pflanze wechselständig angeordnet. Die Blüten sind auffällig gespornt und in endständigen Trauben angeordnet.

Verwendung in der Ernährung: Die Kapselfrüchte der hier unten aufgeführten mitteleuropäischen Linaria-Arten besitzen alle nussaromatische Samen, die man im Herbst dem Brotteig für Hausbrot [21.1] oder auch Knäckebrot [21.2] beigeben kann. Geröstet sind sie eine feine Zugabe in Salaten [1].

Da die ausgereiften Samenkörner als ölhaltig gelten, kann man eventuell auch Pressöl [16.3] daraus gewinnen.

Inhaltsstoffe und Wirkung: Die Pflanzen enthalten Flavonoide (Linarin), Gerbstoffe und Vitamin C. Medizinisch erwähnt wird lediglich das Gewöhnliche Leinkraut *(Linaria vulgaris)*, siehe dort.

Gewöhnliches Leinkraut, Frauenflachs
Linaria vulgaris

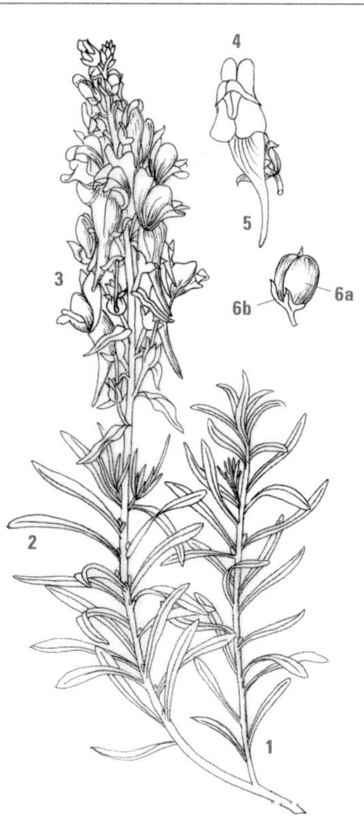

Höhe bis 0,8 m
Grundlegende Merkmale der Pflanzengattung siehe linke Spalte
1 Pflanze mehr- bis vielstängelig, bläulich überlaufen
2 Blätter schmal und lang
3 Blütenstand dicht
4 Obere Blütenlippe gespalten, aufrecht
5 Blütensporn etwa 1,0 cm lang, gerade oder gebogen
6 Fruchtkapsel (a) viel länger als der Kelch (b)

Verbreitungsschwerpunkt: Ruderalgesellschaften, Acker- und Gartenunkrautgesellschaften

Hauptblütezeit: Juni bis September

Zusätzliche Hinweise zur Verwendung: Die Blüten schmecken süßlich erbsenaromatisch, die Triebe trocken und adstringierend-herb. Von April bis Juni wurden früher die jungen, zarten Frühjahrs-Triebe geschält, gedünstet und dann zusammen mit Gewürzen in Bratgemüse [8.2], Bratlingen [4] oder als Bittergemüse [9.2] verarbeitet. Die Blätter gab man, ebenfalls von April bis Juni, gewürzartig in Gemüse [7-9] und Hackkräutermischungen [15].

Inhaltsstoffe und Wirkung: Das Gewöhnliche Leinkraut ist eine alte Heilpflanze. Ein Tee davon wirkt entzündungshemmend und wurde bei Erkrankungen von Niere, Leber und Bauchspeicheldrüse verwendet, außerdem bei Gicht, Rheuma, Bauchwassersucht und als Abführmittel. Gerne nutzte man die Pflanze zusammen mit anderen Kräutern in Mischungen. Verwendet für Waschungen ist das Lein-

kraut ein gutes Mittel bei den unterschiedlichsten Hauterkrankungen. In der Homöopathie nutzt man die Pflanze bei Dickdarmentzündung und spastischer Bronchitis.

Alpen-Leinkraut
Linaria alpina
Art zerstreut bis selten
Unterarten *Linaria alpina* ssp. *alpina, arvensis, petraea* und *repens* im Bestand gefährdet
Verbreitungsschwerpunkt: Steinschutt- und Geröllfluren
Hauptblütezeit: April bis August

Ginsterblättriges Leinkraut, Ginster-Leinblatt
Linaria genistifolia (Artengruppe)
Art ist selten
Verbreitungsschwerpunkt: Pioniergesellschaften trockener Böden, Ruderalgesellschaften, Acker- und Gartenunkrautgesellschaften
Hauptblütezeit: Juni bis Oktober

Ruten-Leinblatt
Linaria spartea
Art ist selten
Verbreitungsschwerpunkt: Getreideunkrautfluren
Hauptblütezeit: Mai bis August

Gestreiftes Leinkraut
Linaria repens
Art in der Schweiz und in Teilen Österreichs im Bestand gefährdet
Verbreitungsschwerpunkt: Steinschutt- und Geröllfluren
Hauptblütezeit: Juni bis September

Bocksdorn-Arten, Goji
Lycium
Nachtschattengewächse (Solanaceae)

Verwendung in der Ernährung: Die Pflanzen wurden zuweilen als giftig eingestuft (vgl. Roth et al. 1994). Andere Berichte sprechen stark für die Essbarkeit (nach Lindstrom 2011). Unter dem Namen »Goji-Beere« werden beide hier erwähnten Lycium-Arten in großen Mengen als gesundheitsförderliche Saft-Beere vermarktet. Reife Früchte werden dazu im September getrocknet, pulverisiert und zu Saft verdünnt. Früher hat man die Früchte auch erhitzt genutzt, vermutlich als Beigabe in Früchtesuppen [3.2], Fruchtaufläufe [19.1] und Marmeladen [19.3]. Denkbar auch als Chutney-Zutat [16.9] oder zu Fruchtessig [16.8]. Auch die säuerlich bis minzaromatischen Blätter wurden angeblich von April bis Juni getrocknet als sparsames Aroma verwendet. Aufgrund der wenigen Belege über eine Verwendung der Blätter bitte Vorsicht walten lassen!
Inhaltsstoffe und Wirkung: Wie oben angedeutet ist die Behauptung, die Pflanzen und insbesondere die Beeren enthalten Giftstoffe, vor allem das stark giftige Alkaloid Hyoscyamin, nicht haltbar. Es gibt keine wissenschaftlichen Belege dafür, dass die reifen Beeren giftige Alkaloide enthalten. In der Traditionellen Chinesischen Medizin werden die Beeren (Goji-Beeren) seit Jahrhunderten verwendet. Als Wirkkomponenten enthalten sie spezielle Polysaccharide, Terpene und Steroide. Mittlerweile bestätigt auch eine unübersehbare Zahl an wissenschaftlichen Untersuchungen einige der überlieferten Einsatzgebiete. Die TCM nutzt die getrockneten Beeren zur Vorbeugung und Behandlung von chronischen Erkrankungen und Infektionen, bei Diabetes, Krebserkrankungen, hohen Blutfettwerten, hohem Blutdruck, Hepatitis und bei Augenerkrankungen (Glaukom). Sie wirken krebshemmend, immunmodulierend und stark antioxidativ und sind mittlerweile auch bei uns erhältlich.

Gewöhnlicher Bocksdorn
Lycium barbarum

Höhe bis 3,0 m
1 Zweige überhängend, im unteren Teil dornig
2 Blätter länglich, matt blau-graugrün gefärbt, kurz gestielt
3 Blütenkrone sternförmig fünfteilig, rotviolett gefärbt, am Schlund geadert
4 Staubbeutel aus der Krone herausragend
5 Frucht eine meist längliche, leuchtend rote, selten gelbe Beere

Foto S. 164

Verbreitungsschwerpunkt: Saure Eichenmischwälder
Hauptblütezeit: Anfang Mai bis Ende September

Chinesischer Bocksdorn
Lycium chinense
Art selten verwildert
Verbreitungsschwerpunkt: Waldmantelgebüsche und Hecken
Hauptblütezeit: Juni bis September

Vergissmeinnicht-Arten
Myosotis
Raublattgewächse (Boraginaceae)

Gefahrenstufe bei der Verwendung: *
Grundlegende Merkmale: Die länglichen, ganzrandigen Blätter dieser Gattung sind wechselständig am Stängel angeordnet. Die häufig blau bis violett gefärbte Blüte ist fünfzählig. Sie ist am Grunde verwachsen und teilt sich in 5 Kronzipfel. In ihrem Inneren befinden sich 5 Einstülpungen, die sogenannten Schlundschuppen. Die Frucht zerfällt in 4 kantige Teilfrüchte (Klausen).
Verwendung in der Ernährung: Die aufgeführten mitteleuropäischen Vergissmeinnicht-Arten erkennt man schnell an ihren charakteristisch blauen Blüten. Der Geruch der Pflanzen ist angenehm leicht würzig. Die Blüten lassen sich von Frühjahr bis Sommer hervorragend als essbare Dekoration einsetzen. Am schönsten kommen die geschmacklich sehr milden Blüten zur Geltung, wenn man sie vorsichtig abschneidet und frisch abschließend über warme und kalte Speisen gibt. Eine besondere Empfehlung: Kerbelspitzensalat mit Vergissmeinnichtblüten, oder ein würziger Kräuterquark [15.5] damit. Gerne nutzt man auch die getrockneten Blüten als dekorative Beigabe zu Trockenteemischungen [22.1] oder als hellblaue Speisendekoration für klassische Maibowlen [22.3]. Der Grundgeschmack der Blüten ist neutral bis teeartig.

Zur Verwendung der Blätter ist leider nur wenig überliefert. In ganz jungem Zustand weit vor der Blütezeit wurden die Blätter in geringen Mengen Kochgemüse [9] untergemischt. Aktuelle Berichte aus der Rohkostbewegung beschreiben die Blätter mit einem sehr milden Geschmack. Sie werden von April bis Oktober gesammelt und als Frischkräuter-Speisenbeigabe [15] verwendet. Wie die anderen geschilderten Vertreter der Raublattgewächse (Boraginaceae) ist auch diese Gattung wegen des möglichen Gehaltes an leberbeeinträchtigenden Pyrrolizidinalkaloiden in Misskredit geraten. Wir schätzen den gelegentlichen Verzehr kleiner Mengen im Jahr als unbedenklich ein, dennoch können und wollen wir dem Leser die Entscheidung zur Verwendung für den persönlichen Gebrauch nicht abnehmen. Bitte lesen Sie dazu Seite 25.
Inhaltsstoffe und Wirkung: Die Pflanzen enthalten Rosmarinsäure, Gerbstoffe und Alkaloide, möglicherweise auch geringe Mengen an Pyrrolizidinalkaloiden. Schulmedizinisch besitzen die Pflanzen keine Bedeutung, können aber als Tee bei Lungenbeschwerden und Erkältungskrankheiten eingesetzt werden. Äußerlich nutzt man einen Teeaufguss bei Hautquetschungen oder für Augenbäder. Die Homöopathie verwendet das Vergissmeinnicht bei chronischen Atemwegsinfektionen, Lungentuberkulose und Nachtschweiß.

Acker-Vergissmeinnicht
Myosotis arvensis

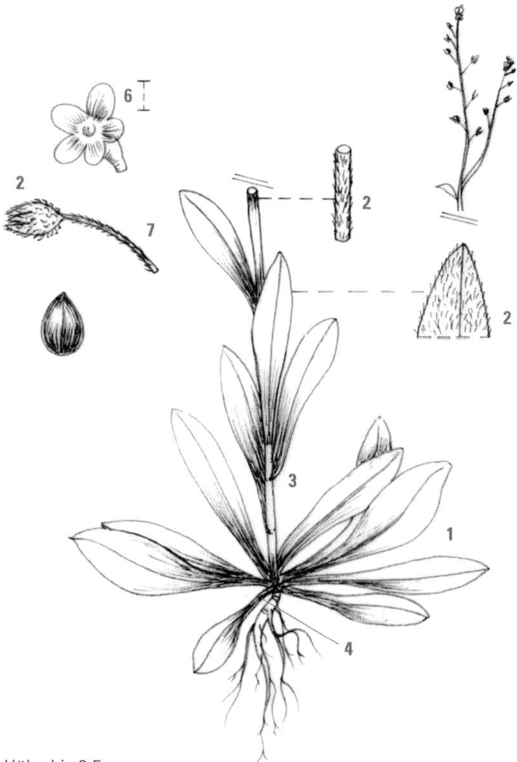

Höhe bis 0,5 m
Grundlegende Merkmale der Pflanzengattung siehe linke Spalte
1 Pflanze mit Grundblattrosette
2 Stängel, Blätter und Kelch grau behaart
3 Obere Blätter sitzend am Stängel angeordnet
4 Untere Blätter verschmälern sich in einen Stiel
5 Blütenstand blattlos
6 Durchmesser der hellblauen Blüte nur ca. 3 mm
7 Kelchstiel deutlich länger als der Kelch

Foto S. 169

Gefahrenstufe bei der Verwendung: *
Verbreitungsschwerpunkt: Getreideunkrautfluren
Hauptblütezeit: April bis Oktober

Verzweigtes Vergissmeinnicht, Hügel-Vergissmeinnicht

Myosotis ramosissima

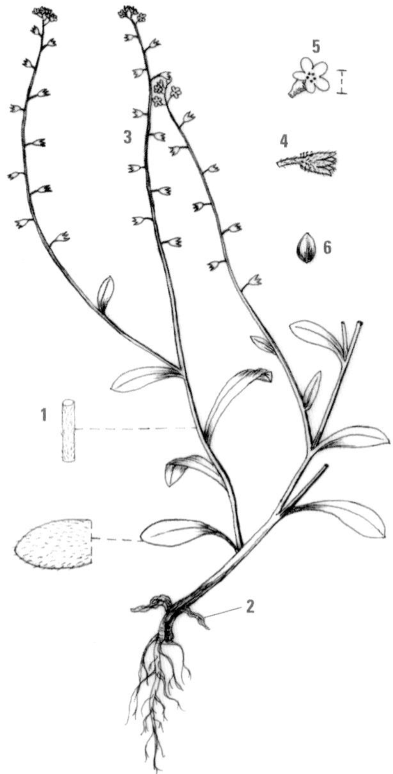

Höhe bis 0,25 m

Grundlegende Merkmale der Pflanzengattung auf S. 167

1 Pflanze verzweigt, dicht grau behaart
2 Bodenständige Blätter zur Blütezeit häufig schon abgestorben
3 Blütenstand ähnlich dem Acker-Vergissmeinnicht *(Myosotis arvensis)* ohne Blätter
4 Kelchstiel so lang oder kürzer als der Kelch
5 Durchmesser der Blüte nur 1–2 mm
6 Reife Teilfrüchte hell gefärbt

Gefahrenstufe bei der Verwendung: *
Verbreitungsschwerpunkt: Lockere Sand- und Felsrasen
Hauptblütezeit: April bis Juni

Sumpf-Vergissmeinnicht

Myosotis scorpioides (Artengruppe)

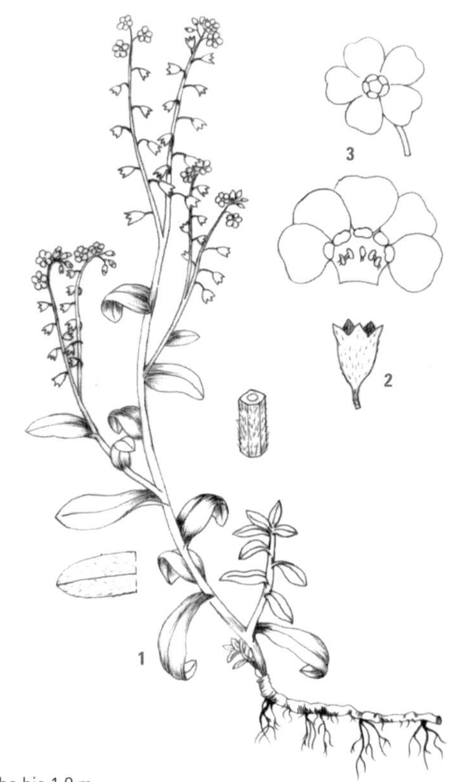

Höhe bis 1,0 m

Grundlegende Merkmale der Pflanzengattung auf S. 167

1 Blätter lang und schmal
2 Kelch im Unterschied zu anderen Myosotis-Arten kahl oder anliegend behaart
3 Blütenkrone ähnlich dem Wald-Vergissmeinnicht *(Myosotis sylvatica)* flach ausgebreitet. Sie erreicht jedoch einen noch höheren Durchmesser von bis zu 8 mm

In der Artengruppe ist die Art *M. rehsteineri* in der Schweiz im Bestand gefährdet

Gefahrenstufe bei der Verwendung: *
Verbreitungsschwerpunkt: Gedüngte Feuchtwiesen
Hauptblütezeit: April bis Oktober

Myosotis arvensis

Myosotis ramosissima

Myosotis scorpioides

Myosotis stricta

Aufrechtes Vergissmeinnicht

Myosotis stricta

Höhe bis 0,2 m
Grundlegende Merkmale der Pflanzengattung auf S. 167
Art ähnelt dem Hügel-Vergissmeinnicht *(Myosotis ramosissima)* mit den beiden folgenden augenscheinlichen Unterschieden:

1 Blütenstand im unteren Teil häufig mit Blättern
2 Reife Teilfrüchte dunkelbraun gefärbt

Foto S. 169

Gefahrenstufe bei der Verwendung: *
Verbreitungsschwerpunkt: Lockere Sand- und Felsrasen
Hauptblütezeit: März bis Juni

Wald-Vergissmeinnicht

Myosotis sylvatica (Artengruppe)

Höhe bis 0,5 m
Grundlegende Merkmale der Pflanzengattung auf S. 167

1 Pflanze behaart, im Unterschied zu anderen Myosotis-Arten Behaarung jedoch nicht grau
2 Blütenstand unbeblättert
3 Kelchstiele bis 1,5-mal so lang wie der Kelch
4 Blütenkrone verhältnismäßig groß, bis 5 mm im Durchmesser, radförmig ausgebreitet
5 Teilfrüchte spitz

Gefahrenstufe bei der Verwendung: *
Verbreitungsschwerpunkt: Waldlichtungsfluren, Gebüsche
Hauptblütezeit: Mai bis Juli

Armblütiges Vergissmeinnicht, Lockerblütiges Vergissmeinnicht

Myosotis sparsiflora
Art ist selten
Gefahrenstufe bei der Verwendung: *
Verbreitungsschwerpunkt: Schleiergesellschaften und Ufersäume
Hauptblütezeit: April bis Juni

Buntes Vergissmeinnicht

Myosotis discolor
Art im Bestand gefährdet
Gefahrenstufe bei der Verwendung: *
Verbreitungsschwerpunkt: Lockere Sand- und Felsrasen
Hauptblütezeit: April bis Juni

Knöteriche
Persicaria
Knöterichgewächse (Polygonaceae)

Grundlegende Merkmale: Die Blätter dieser Gattung sind wechselständig am Stängel angeordnet. Am Übergang von Stängel zu Blatt findet sich eine charakteristische Blattscheide (Ochrea). Die Blüte besteht aus einer 4–5-blättrigen Blütenhülle (Perigon) mit 4–8 Staubblättern. Bei der Frucht handelt es sich um eine meist kantige Nuss.

Wasser-Knöterich
Persicaria amphibia

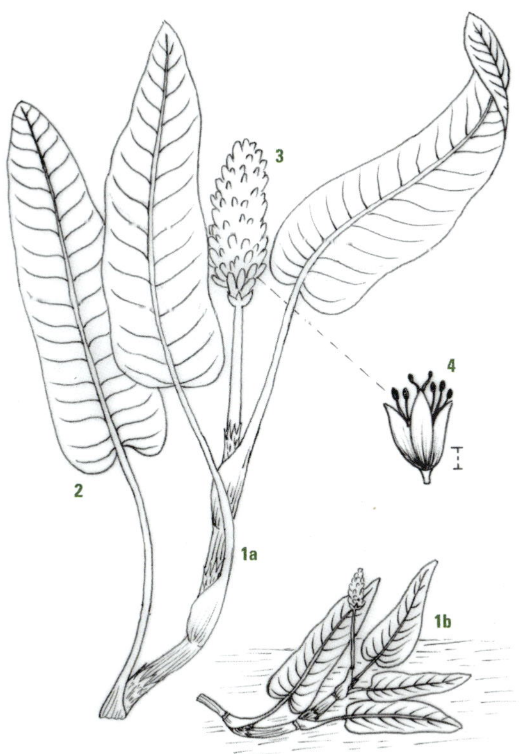

Höhe bis 0,6 m oder Länge von mehreren Metern (Wasserform)
Pflanze vielgestaltig, Wasser- und Landformen unterschiedlich
1 Stark verzweigter Stängel bogig aufsteigend (Landform a) oder auf der Wasseroberfläche schwimmend (b)
2 Blätter gestielt, glatt, 5–25 cm lang
3 Zylindrische, endständige Blütenstände
4 Staubblätter aus dem Perigon herausragend
5 Kleine, glänzende, scharfkantige Nussfrüchte (ohne Abb.)

Myosotis sylvatica

Persicaria amphibia

Verbreitungsschwerpunkt: Wurzelnde Schwimmblattdecken
Hauptblütezeit: Ende Juni bis Mitte September
Verwendung in der Ernährung: Bissfeste, nussig-aromatische Wasserpflanze. Junge, möglichst weiche Blätter erntete man aus dem Gewässer von April bis Juni und gab sie fein geschnitten in Salate [1]. Man kann sie ebenso in Kräuterquark [15.5] geben, bzw. als gedünstetes Gemüse [7] [7.1][7.3] verarbeiten. Man kann auch Gemüsechips [8.5] aus ihnen herstellen oder sie als Sauerkraut einlegen [13.4]. Vor der Verarbeitung sollten sie gut gewaschen werden.
Inhaltsstoffe und Wirkung: Siehe *Persicaria lapathifolia.*

Milder Knöterich

Persicaria dubia

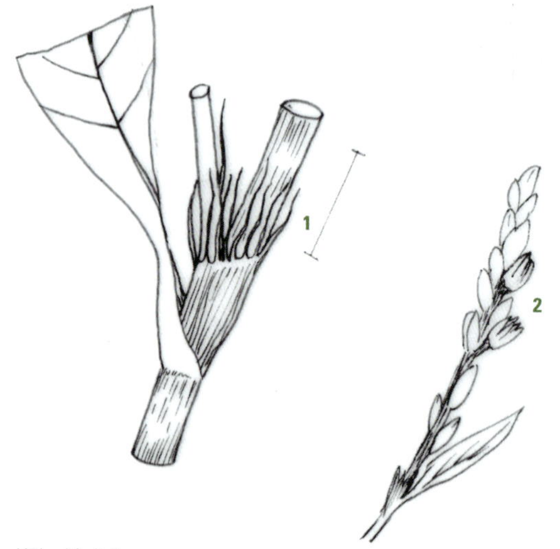

Höhe bis 0,6 m
Grundlegende Merkmale der Pflanzengattung auf S. 171
Art ähnelt dem Wasserpfeffer *(Persicaria hydropiper)* mit folgenden Unterschieden:
Schmeckt mild, ohne pfefferartigen Geschmack
1 Blattscheiden mit bis zu 7 mm langen Wimpern
2 Blütenstand nicht oder nur wenig überhängend

Verbreitungsschwerpunkt: Krautige Vegetation oft gestörter Plätze
Hauptblütezeit: Juli bis September
Verwendung in der Ernährung: Bissfeste, im Vergleich zum Pfeffer-Knöterich *(Persicaria hydropiper)* eher milde Pflanze für Salate und Gemüse. Man kann die jugendlichen Blätter und Triebspitzen von April bis Juni ernten und sie in Salaten und Rohkost [1] verwenden, oder man bereitet sie als gedünstetes/gedämpftes [7] bzw. kurz gebratenes [8.2] Gemüse zu. Fein gehackt können sie Bratlingen [4] und Brotteig [21.1][21.2] beigemengt und auch zu Kräuterkartoffeln [15.2] gegeben werden.
Inhaltsstoffe und Wirkung: Siehe *Persicaria lapathifolia.*

Pfeffer-Knöterich, Wasserpfeffer

Persicaria hydropiper

Gefahrenstufe bei der Verwendung: *–**
Verbreitungsschwerpunkt: Krautige Vegetation oft gestörter Plätze
Hauptblütezeit: Juli bis September
Verwendung in der Ernährung: Diese bissfeste Pflanze mit scharfem, pfefferartigem und herbem Grundgeschmack wurde früher oft als Gewürzkraut genutzt. Die jungen Blätter und Triebspitzen können von März bis Juni geerntet werden. Sie eignen sich frisch und getrocknet als Beigaben zu diversen Speisen, z. B. Pesto [16.6] oder Hackkräutermischungen wie Kräuterquark [15.5]. Sie würzen Saucen [14] und diverse Gemüsegerichte [7–12]. Auch Triebe, die bereits Blütenknospen und Blüten entwickelt haben, lassen sich noch fein gewiegt als Gewürz nutzen. Die kleinen, spitzkugeligen Samen können im September gesammelt und ebenso als Gewürz den Speisen beigegeben werden. In den Zeiten, als der indische Pfeffer noch ein Luxusgut war, stellten sie als Trockengewürz [16.2] einen wertvollen Pfefferersatz dar. Man braucht nur eine kleine Menge da-

Persicaria dubia

von, den Rest kann man im Winter als scharfe Keimsaat [2] auf der Fensterbank versuchen.

Hinweis: Die ätherischen Öle und seine Säuren können auf Schleimhäute und Harnwege reizend wirken.

Inhaltsstoffe und Wirkung: Für den scharfen Geschmack des Wasserpfeffers ist das Sesquiterpen Polygodial verantwortlich. Der bittere Geschmack beruht auf dem Gehalt an Rutin. Die Pflanze enthält auch ein ätherisches Öl, das überwiegend aus Mono- und Sesquiterpenen besteht. Der Wasserpfeffer wurde lange Zeit in der Volksheilkunde eingesetzt. Sie verwendete die Pflanze bei zu starken Monatsblutungen. Die Samen wirken entblähend und wassertreibend. Das enthaltene Rutin stärkt die Gefäßwände und hilft bei Venenbeschwerden. Offenbar wirkt die Pflanze empfängnishemmend. Die Homöopathie verwendet die Pflanze bei Menstruationsbeschwerden. Schwangere Frauen sollten die Pflanze nicht konsumieren.

Höhe bis 0,8 m

1 Stängel von gezähnten Blattscheiden umfasst
2 Blattansatz im unteren Bereich der Blattscheide
3 Blätter scharf nach Pfeffer schmeckend, länglich, kurz gestielt
4 Blütenstand locker, häufig herabgebogen
5 Frucht warzig, bis zu 0,5 cm lang

Persicaria hydropiper

Persicaria lapathifolia

Persicaria maculosa

Persicaria minor

Ampfer-Knöterich
Persicaria lapathifolia

Höhe bis 0,8 m
Grundlegende Merkmale der Pflanzengattung auf S. 171
Art ähnelt dem Floh-Knöterich *(Persicaria maculosa)* mit den beiden folgenden augenscheinlichen Unterschieden:
1 Blatt deutlich, bis 3 cm lang gestielt
2 Blattscheiden auf der Fläche kahl

Foto S. 173

2

1

Unterart *P. lapathifolia* ssp. *brittingeri* in der Schweiz im Bestand gefährdet

Verbreitungsschwerpunkt: Krautige Vegetation oft gestörter Plätze
Hauptblütezeit: Juli bis Oktober
Verwendung in der Ernährung: Von April bis Juli kann man die jugendlichen, bissfesten, nussig-aromatischen Blätter und Triebspitzen für Salate und Rohkost [1], Hackkräutermischungen [15], verschiedene Gemüsegerichte [7] [8.2] und Bratlinge [4] nutzen. Die ausgereiften Samen kann man im September und Oktober ernten und getrocknet als Keimsaat im Winter [2] versuchen. Auch vermahlte man sie zu Streckmehl für Gebäck [20]. Denkbar wären sie auch als Kaffeesurrogat [23].
Inhaltsstoffe und Wirkung: Vermutlich enthalten alle hier genannten Persicaria-Arten Oxalsäure und Gerbstoffe. Die Pflanzen und insbesondere deren Wurzeln wurden früher wegen ihrer zusammenziehenden und reinigenden Wirkungen verwendet, beispielsweise zur Behandlung von Magenschmerzen, Durchfall und Fieber. Die getrockneten und zerstoßenen Wurzeln wurden zur Behandlung von Bronchitis eingesetzt. Der frisch gepresste Saft aus den Wurzeln kann direkt auf Bläschen im Mund oder zur Behandlung von Hautinfektionen aufgetragen werden. Aus dem Ampfer-Knöterich *(P. lapathifolia)*, vermutlich ebenfalls aus der

Wurzel, lässt sich eine weiße, seifenartige Masse gewinnen, die sich zum Waschen eignet.

Floh-Knöterich

Persicaria maculosa

Höhe bis 0,8 m
Grundlegende Merkmale der Pflanzengattung auf S. 171
1 Stängel liegend, steigend oder aufrecht
2 Blätter länglich, bis 12 cm lang, oberseits häufig schwarz gefleckt
3 Blattscheiden mit borstigen Wimpern
4 Rosa überlaufene Blütenstände, 1–4 cm lang
5 Nussfrüchte schwarz und glänzend, bis 3 mm lang

Verbreitungsschwerpunkt: Nährstoffreiche Acker- und Gartenunkrautfluren
Hauptblütezeit: Juli bis Oktober
Verwendung in der Ernährung: Die bissfesten, leicht schärflich schmeckenden, jungen Blätter und Triebspitzen bilden von April bis August eine feine Ergänzung zu gedünstetem oder gedämpftem Gemüse [7] und Spinat [9.1] sowie in Saucen [14] oder Gemüsesuppen [3.1]. Sie können in Wein, Salzlake bzw. Essig eingelegt werden [13.1–3] und eignen sich als Würze in Kräuteröl [16.4] und -essig [16.7]. Außerdem sind sie eine gute Beigabe in Salaten und Rohkost [1]. Im September und Oktober nutzte man die reifen Samen als Beigabe in Brotteig [21.1] oder vermahlte sie zu Streckmehl für Gebäck [20].
Inhaltsstoffe und Wirkung: Siehe *Persicaria lapathifolia.*

Kleiner Knöterich

Persicaria minor

Höhe bis 0,5 m
Grundlegende Merkmale der Pflanzengattung auf S. 171
1 Blätter länglich, sehr schmal
2 Blattscheide mit borstigen Wimpern
3 Blütenstand meist aufrecht
4 Samen schwarz glänzend, abgeflacht, bis 2 mm lang

Verbreitungsschwerpunkt: Krautige Vegetation oft gestörter Plätze
Hauptblütezeit: Juli bis September
Verwendung in der Ernährung: Die jugendlichen, bissfesten, aber mild-nussigen Blätter und Triebspitzen des Kleinen Knöterichs kann man von April bis Juni als Beigabe in Salaten und Rohkost [1], zur Kräuterbrotzeit [15.1] und zu Kräuterkartoffeln [15.2] verwenden. Man kann sie auch als gedünstetes, gedämpftes [7] oder kurz gebratenes [8.2] Gemüse verarbeiten oder in Salzlake [13.1] einlegen. Fein geschnitten bilden sie eine Zutat in Brotteig [21] bzw. in Bratlingen [4]. Die Wurzeln wurden zur Stärkegewinnung herangezogen.
Inhaltsstoffe und Wirkung: Siehe *Persicaria lapathifolia.*

Laichkräuter
Potamogeton
Laichkrautgewächse (Potamogetonaceae)

Verwendung in der Ernährung: Am Gewässerrand erntet man sie am besten mit hohen Gummistiefeln, sonst ggf. von einem Boot aus. Man sollte den Wuchsort gut kennen, denn die Pflanzen stehen gerne in sauberen, aber auch in verschmutzten Gewässern. Auf jeden Fall müssen sie, wie bei Wasserpflanzen üblich, vor der Verarbeitung gut gereinigt werden. Die dickliche, stärkehaltige Wurzel der hier aufgeführten mitteleuropäischen Arten besitzt einen nussigen Geschmack. Man erntet im Herbst oder Frühjahr die Teile, die noch zart sind. Früher wurden sie in dünne Scheiben geschnitten und in Rohkostspeisen gegeben [1] oder weich gekocht und anschließend mit Gewürzen, Salz und Öl zu einem Bratgemüse [8] verarbeitet. Die äußere Wurzelhaut sollte aus geschmacklichen Gründen entfernt werden, es sei denn, man verwertet sie getrocknet als Streckmehl für Gebäck [20].

Ihre jungen Triebe, die aus dem Rhizom entspringen sowie junge Blätter und Blattstiele der Arten *Potamogeton crispus* und *Potamogeton pectinatus* ergeben im Frühjahr und Frühsommer ein gutes gedünstetes Gemüse [7.1] oder nach dem Dünsten auch Salat [1]. Der Grundgeschmack der gedünsteten weichen Blätter erinnert an eine Art »Seetangsalat«, dem einen oder anderen bekannt aus asiatischen Menüs. Klein geschnitten in Gemüsesuppen [3.1] oder gebacken als salzige Gemüsechips [8.5] wären sie auch geeignet. Die jungen Blätter und Triebe der anderen mitteleuropäischen Potamogeton-Arten sind vermutlich ebenfalls essbar. Über Giftstoffe liegen uns keine Erkenntnisse vor. Eine Verwendung klein geschnitten in Suppen [3.1] oder Bittergemüse [9.2] oder als Beigabe zu Knäckebrot [21.2] wäre denkbar. Marzell 1958 überliefert auch den deutschen Namen »Teeblatt« für die Laichkräuter, was wahrscheinlich von der damaligen Nutzung berichtet und ebenfalls auf die Verwendbarkeit hindeutet.

Inhaltsstoffe und Wirkung: Nur wenige Laichkräuter wurden bisher bezüglich ihrer Inhaltsstoffe untersucht. Die Rhizome einiger Arten enthalten Stärke. Offenbar enthalten viele Arten Polyphenole. *Potamogeton crispus* enthält Gerbstoffe, Flavonoide und das rote Pigment Rhodoxantin. In der Tibetischen Medizin wird die Pflanze bei Sehnenverletzungen eingesetzt. Rhodoxantin ist ebenfalls in *P. natans* enthalten. Die Pflanze soll fiebersenkend wirken. *P. pusillus* enthält wenig ätherisches Öl. Über eine medizinische Anwendung der einzelnen Arten ist uns nichts bekannt.

Krauses Laichkraut
Potamogeton crispus

Länge bis 2,0 m, Wasserpflanze
1 Stängel kantig, meist reich verzweigt
2 Blätter am Stängel sitzend angeordnet
3 Form der Blätter schmal, wellig. Blattrand fein gezähnt (a)
4 Blütenähre kurz
5 Stiele der Blütenähre bis 10 cm lang
6 Blüte mit 4 Blütenkronblättern
7 Früchte an der Basis mit kurzem Schnabel

Verbreitungsschwerpunkt: Wurzelnde Wasserpflanzengesellschaften

Hauptblütezeit: Mitte Juni bis Mitte September

Schwimmendes Laichkraut

Potamogeton natans

Länge bis 1,5 m

1 Blätter und Blütenstände an langen Stielen
2 Schwimmende Blätter derb, oval, oben zugespitzt, bis 10 cm lang, kreuz und quer auf dem Wasser liegend
3 Farbe der Blätter dunkelgrün bis bräunlich, Beschaffenheit lederig
4 Blattgrund meist herzförmig
5 Blütenstand eine reichblühende, bis 8 cm lange Ähre
6 Teilfrüchte kurz gestielt, bis 5 mm lang, am Rande schwach gekielt

Verbreitungsschwerpunkt: Wurzelnde Schwimmblattdecken
Hauptblütezeit: Mitte Mai bis Mitte August

Potamogeton crispus

Potamogeton natans

Zwerg-Laichkraut, Palermo-Laichkraut, Kamm-Laichkraut

Potamogeton pectinatus (Artengruppe)

Länge bis 3 m, Wasserpflanze

1 Stängel stark gabelig verzweigt, fadenförmig
2 Blätter schmal länglich, bis 15 cm lang und nur bis 2 mm breit
3 Am Grunde der Blätter bis zu 5 cm lange Blattscheiden
4 Blüten- bzw. Fruchtähre bis 5 cm lang, unterbrochen
5 Gelbraunes Früchtchen schief eiförmig, bis 4 mm lang

In der Artengruppe ist die Art *P. helveticus* in der Schweiz im Bestand gefährdet

Verbreitungsschwerpunkt: Wurzelnde Wasserpflanzengesellschaften
Hauptblütezeit: Mitte Juni bis Mitte Juli

Potamogeton pectinatus

!

Glänzendes Laichkraut

Potamogeton lucens

Art ist selten

Verbreitungsschwerpunkt: Wurzelnde Wasserpflanzengesellschaften
Hauptblütezeit: Juni bis August

Durchwachsenes Laichkraut

Potamogeton perfoliatus

Art ist selten

Verbreitungsschwerpunkt: Wurzelnde Wasserpflanzengesellschaften
Hauptblütezeit: Juni bis September

Täuschendes Laichkraut

Potamogeton × salicifolius

Art gekreuzt aus *P. lucens* und *P. perfoliatus*

Verbreitungsschwerpunkt: Wurzelnde Wasserpflanzengesellschaften
Hauptblütezeit: Juni bis August

Spitzblättriges Laichkraut

Potamogeton acutifolius

Art im Bestand gefährdet

Verbreitungsschwerpunkt: Wurzelnde Wasserpflanzengesellschaften
Hauptblütezeit: Juni bis August

 **Alpen-Laichkraut**
Potamogeton alpinus
Art im Bestand gefährdet
Verbreitungsschwerpunkt: Wurzelnde Wasserpflanzengesellschaften
Hauptblütezeit: Juni bis August

 **Gefärbtes Laichkraut**
Potamogeton coloratus
Art im Bestand gefährdet
Verbreitungsschwerpunkt: Wurzelnde Wasserpflanzengesellschaften
Hauptblütezeit: Juni bis September

 **Flachstängeliges Laichkraut**
Potamogeton compressus
Art im Bestand gefährdet
Verbreitungsschwerpunkt: Wurzelnde Wasserpflanzengesellschaften
Hauptblütezeit: Juni bis August

 **Fadenblättriges Laichkraut**
Potamogeton filiformis
Art im Bestand gefährdet
Verbreitungsschwerpunkt: Wurzelnde Wasserpflanzengesellschaften
Hauptblütezeit: Juni bis Juli

 **Stachelspitziges Laichkraut**
Potamogeton friesii
Art im Bestand gefährdet
Verbreitungsschwerpunkt: Wurzelnde Wasserpflanzengesellschaften
Hauptblütezeit: Juni bis August

 **Grasartiges Laichkraut**
Potamogeton gramineus
Art im Bestand gefährdet
Verbreitungsschwerpunkt: Wurzelnde Wasserpflanzengesellschaften
Hauptblütezeit: Juni bis Juli

 **Stumpfblättriges Laichkraut**
Potamogeton obtusifolius
Art im Bestand gefährdet
Verbreitungsschwerpunkt: Wurzelnde Wasserpflanzengesellschaften
Hauptblütezeit: Juni bis August

 **Knöterich-Laichkraut**
Potamogeton polygonifolius
Art im Bestand gefährdet
Verbreitungsschwerpunkt: Rasen in Flachwasser
Hauptblütezeit: Juni bis Juli

 **Langblättriges Laichkraut**
Potamogeton praelongus
Art im Bestand gefährdet
Verbreitungsschwerpunkt: Wurzelnde Wasserpflanzengesellschaften
Hauptblütezeit: Juni bis Juli

 **Rötliches Laichkraut**
Potamogeton rutilus
Art im Bestand gefährdet
Verbreitungsschwerpunkt: Wurzelnde Wasserpflanzengesellschaften
Hauptblütezeit: Juli bis August

 **Haarförmiges Laichkraut**
Potamogeton trichoides
Art im Bestand gefährdet
Verbreitungsschwerpunkt: Wurzelnde Wasserpflanzengesellschaften
Hauptblütezeit: Juni bis Juli

 **Schmalblättriges Laichkraut**
Potamogeton × angustifolius
Art im Bestand gefährdet
Verbreitungsschwerpunkt: Wurzelnde Wasserpflanzengesellschaften
Hauptblütezeit: Juni bis August

 **Schimmerndes Laichkraut**
Potamogeton × nitens
Art im Bestand gefährdet
Verbreitungsschwerpunkt: Wurzelnde Wasserpflanzengesellschaften
Hauptblütezeit: Juni bis September

 **Flutendes Laichkraut, Knoten-Laichkraut**
Potamogeton nodosus
Art in der Schweiz und in Teilen Österreichs im Bestand gefährdet
Verbreitungsschwerpunkt: Rasen in Flachwasser
Hauptblütezeit: Juni bis September

Kleines Laichkraut
Potamogeton pusillus (Artengruppe)
Art in der Schweiz und in Teilen Österreichs im Bestand gefährdet
Verbreitungsschwerpunkt: Wurzelnde Wasserpflanzengesellschaften
Hauptblütezeit: Juni bis September

Mastkräuter
Sagina
Nelkengewächse (Caryophyllaceae)

Grundlegende Merkmale: Die Blätter sind einfach gestaltet, länglich, ganzrandig, gegenständig und am Grunde paarweise verwachsen. Die Blüten sind vier- oder fünfzählig, die Kronblätter meist klein und unscheinbar oder fehlend. Die Frucht ist eine Kapsel.
Verwendung in der Ernährung: Frisch austreibende Pflänzchen der folgenden Arten wurden laut MACHATSCHEK 2010 als Salat und Rohkost [1] verwendet.

Niederliegendes Mastkraut
Sagina procumbens

Höhe bis 0,05 m
1 Pflanze flach ausgebreitet mit zahlreichen, aufsteigenden Stängeln
2 Blätter schmal länglich, bis 15 mm lang, am Ende zugespitzt
3 Kelchblätter grünlich mit schmalem, häutigem Rand
4 Kronblätter teils fehlend, sonst weiß und kürzer als der Kelch
5 Frucht eine 3 mm lange, sich mit 4 Zähnen öffnende Kapsel

Verbreitungsschwerpunkt: Feuchte Äcker, Wegränder, Pflasterfugen
Hauptblütezeit: Mai bis September

Kronblattloses Mastkraut
Sagina apetala
Art im Bestand gefährdet
Verbreitungsschwerpunkt: Äcker, Pflasterfugen
Hauptblütezeit: Mai bis September

Strand-Mastkraut
Sagina maritima
Art zerstreut bis selten
Verbreitungsschwerpunkt: Dünen, Salzwiesen
Hauptblütezeit: Mai bis August

Knotiges Mastkraut
Sagina nodosa
Art im Bestand gefährdet
Verbreitungsschwerpunkt: Moorwiesen
Hauptblütezeit: Juni bis August

Alpen-Mastkraut
Sagina saginoides
Art im Bestand gefährdet
Verbreitungsschwerpunkt: Feuchte Felsspalten, Schutt
Hauptblütezeit: Juni bis August

Weiden
Salix
Weidengewächse (Salicaceae)

Folgende Arten im Bestand gefährdet: *S. alpina, S. bicolor, S. caesia, S. daphnoides, S. glabra, S. hegetsschweileri, S. myrsinifolia, S. myrtilloides, S. petandra, S. repens, S. starkeana.*

Gefahrenstufe bei der Verwendung: *
Verwendung in der Ernährung: Die Pflanzengattung ist mit vielen Dutzend Arten und Bastarden in Mitteleuropa botanisch sehr komplex und mitunter schwer zu unterscheiden. Es befinden sich viele geschützte Arten darunter. Zur genauen Bestimmung benötigt es fachliche Angaben, die den Rahmen hier sprengen würden. Darum folgt hier die Nennung einer verbreiteten Beispielpflanze *(Salix alba).* Verwenden lassen sich alle gegenwärtig in Mitteleuropa beheimateten Arten adäquat:

Im April, wenn die Blätter aus den Knospen treiben und solange die Blattfasern wenig zäh sind, kann man diese roh knabbern oder als Beigabe mit in Salate [1] verarbeiten. *S. alba* hat dabei die mildesten, nussig-aromatischsten Blätter. Die anderen Arten sind bitterlicher. Gegart schmecken die Blätter aller Arten ziemlich derb. Am besten ist es, sie mit anderen würzigen Kräutern zu mischen, z. B. in Spinat [9.1] oder Gemüsefüllungen [10]. Etwas später im Jahr, circa von April bis Juli, wurden sie vormals getrocknet und als Tee [22.1] aufgebrüht (gut zusammen mit Zimt für Gewürzteemischungen) oder mit in Rauchtabakmischungen [25] gegeben. Das innere Rindenkambium kann man von März bis April in Streifen schneiden und gemüseartig kochen. In Notzeiten diente es getrocknet und vermahlen auch zur Streckung von Getreidemehl [20]. (Rindenverletzungen können den Pflanzen erheblich schaden. Bitte nur bei ernsthaftem Nutzungsbedarf in Notsituation!)

Hinweis: Die Blätter nur in kleinen Mengen essen! Das in den Blättern und der Rinde enthaltene Salicin kann bei Übermengen den Organismus schädigen.

Inhaltsstoffe und Wirkung: Weidenrinde enthält bis 11 % Salicylate (pflanzliches Aspirin; die höchsten Gehalte zeigt die Pflanze im Frühjahr), etwa 6 % Salicin, Flavonoide (Quercetin und Luteolin) und bis 20 % Gerbstoffe, außerdem sind Harze und Oxalate enthalten. Weiden sind alte Heilpflanzen, die schon Jahrhunderte vor Christi Geburt gegen Entzündungen eingesetzt wurden. Im frühen 19. Jh. isolierte man erste wirksame Inhaltsstoffe. Das heute jedem bekannte »Aspirin« (Acetylsalicylsäure) ist lediglich eine chemische Modifikation der natürlich in der Weide vorkommenden entzündungshemmenden Salicylate mit dem Ziel einer besseren Magenverträglichkeit. Ein Rindenaufguss kann bei leichten fieberhaften Erkältungs- und Infektionskrankheiten und akuten und chronischen Schmerzen mit Erfolg eingesetzt werden. Er wirkt darüber hinaus entzündungshemmend und antioxidativ. Während und nach den beiden Weltkriegen, als Arzneimittel äußerst knapp waren, gelangte die Weidenrinde zu neuen Ehren. Die gute Verträglichkeit ist hervorzuheben, lediglich Menschen mit empfindlichem Magen sollten eine gewisse Vorsicht walten und die Anwendung nie auf leeren Magen erfolgen lassen. Heute wird »Aspirin« außerdem zur Vorbeugung gegen Herzinfarkte empfohlen. Man nutzt hier neben der entzündungshemmenden Wirkung auch den blutverdünnenden Effekt der Salicylsäure.

Silber-Weide, Weiß-Weide

Salix alba

Gefahrenstufe bei der Verwendung: *
Verbreitungsschwerpunkt: Weiden-Auengehölze
Hauptblütezeit: Anfang April bis Ende April

Sagina procumbens

Salix alba

Knäuel
Scleranthus
Nelkengewächse (Caryophyllaceae)

Grundlegende Merkmale: Die Blätter sind einfach gestaltet, länglich, ganzrandig, gegenständig und am Grunde paarweise verwachsen. Die grünlichen Blüten sind fünfzählig, Kronblätter sind nicht vorhanden. Die Frucht ist eine Kapsel.
Verwendung in der Ernährung: Frisch austreibende Pflänzchen der hier aufgeführten mitteleuropäischen Arten wurden laut MACHATSCHEK 2010 als Salat und Rohkost [1] genutzt.

Einjähriger Knäuel
Scleranthus annuus (Artengruppe)

Höhe bis 0,2 m
1 Pflanze am Grunde stark verzweigt
2 Blätter steif, schmal länglich, bis 2 cm lang
3 Blätter am Grunde häutig miteinander verbunden
4 Blütenstand in mehrblütigen Knäueln
5 Blüten grünlich, klein, ohne Kronblätter
6 Kelchzähne spitz dreieckig, mit häutigem Rand

Verbreitungsschwerpunkt: Äcker
Hauptblütezeit: April bis Oktober

Ausdauernder Knäuel
Scleranthus perennis
Art zerstreut bis selten
Verbreitungsschwerpunkt: Silikatfelsen, Dünen
Hauptblütezeit: Mai bis September
Inhaltsstoffe und Wirkung: In alten Arzneibüchern wird *S. perennis* als Krebskraut bezeichnet. An den Wurzeln parasitieren kleine Insektenlarven. Diese Larven verwachsen förmlich mit der Wurzel und wurden ähnlich den Cochenilleläusen zur Gewinnung eines intensiv rot färbenden Farbstoffes (Polnisches Cochenille) verwendet. Aus diesem Grund nannte man die Pflanze auch »Blutkraut« oder »Knäbelkraut«.

Goldruten
Solidago
Korbblütengewächse (Asteraceae)

Grundlegende Merkmale: Die Blätter dieser Gattung sind meist länglich, einfach gestaltet und wechselständig am Stängel angeordnet. Die Blüten sind zu zahlreichen gelben Köpfchen vereinigt, die durch Zungenblüten, Röhrenblüten und umgebende Hüllblätter gebildet werden. Die Früchte haben einen Haarkranz (Pappus).
Verwendung in der Ernährung: Man erntet bei den hier genannten mitteleuropäischen Arten von April bis Juni, noch vor der Blütezeit, die oberen 20 cm der jungen, elastischen Goldrutentriebspitzen und nutzt dann das hellgrüne Innere z. B. zu kräftigen Salaten [1], gedünstetem Stängelgemüse [7.2] oder kurz gebratenem Gemüse [8.2]. Sie sind geschmacklich mild-aromatisch und erinnern zubereitet an grüne Bohnen. Als feine Gemüsedelikatesse gelten die Triebspitzen leicht gesalzen und in Öl kurz gebraten. Gerne werden sie auch mit Wurzelgemüse zusammen in Aufläufe (z. B. Gemüselasagne [12.1]) gegeben. Genauso lassen sie sich sauer oder salzig einlegen [13.2][13.1]. Wichtig ist es aber immer, die Stängel zu schälen, denn die Haut und die Blätter schmecken bitter. Bei ganz jungen Pflanzen kann man die bitterlichen Blätter von April bis Juli frisch oder getrocknet als Tee [22.1] aufbrühen. Denkbar sind sie bis Juni auch als Bittergemüse [9.2].

Die großen, gelben Blüten sind im Geschmack aromatisch herb und etwas honigartig. Sie ergeben von Juli bis Oktober frisch aufgebrüht einen köstlichen Haustee. [22.1].

Kanadische Goldrute
Solidago canadensis

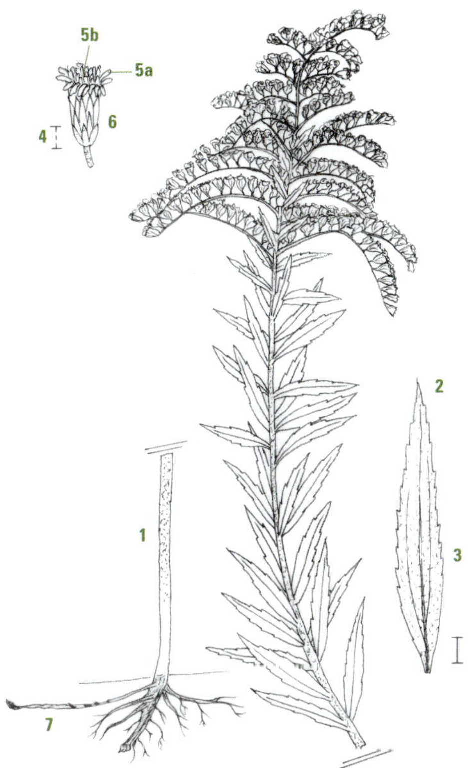

Höhe bis 2,5 m
Grundlegende Merkmale der Pflanzengattung auf S. 182

1 Stängel fein behaart
2 Blatt länglich, oben zugespitzt
3 Blattrand fein gezähnt, Blattunterseite behaart
4 Blütenköpfchen im Durchmesser nur bis 0,5 cm groß
5 Randliche Zungenblüten (a) im Gegensatz zu anderen Goldruten-Arten nur wenig länger als die Röhrenblüten im Zentrum des Köpfchens (b)
6 Hüllblätter schmal, lang, anliegend und zugespitzt
7 An der Wurzel bilden sich Ausläufer, über die sich die Kanadische Goldrute herdenartig vermehrt

Verbreitungsschwerpunkt: Nährstoffreiche Krautfluren
Hauptblütezeit: Juli bis Oktober
Inhaltsstoffe und Wirkung: Die Kanadische Goldrute enthält circa 2,5 % Flavonoide, Saponine, Gerbsäure und bis zu 0,6 % ätherisches Öl. Das Kraut wird arzneilich verwendet. Anwendungsgebiete des Tees sind Erkrankungen der Harnwege und der Niere, beispielsweise Nieren- und Blasensteine. Darüber hinaus wirkt das Kraut entzündungshemmend, harntreibend, steigert die Harnmenge und kann so der Steinbildung vorbeugen. Die Pflanze hilft dem Körper bei der Ausleitung von Stoffwechselabbauprodukten. Äußerlich kann die frische, gequetschte Pflanze bei Geschwüren angewandt werden. Der Tee ist als Mundspülung bei Zahnfleischentzündungen sinnvoll.

Scleranthus annuus

Solidago canadensis

Riesen-Goldrute, Späte Goldrute

Solidago gigantea

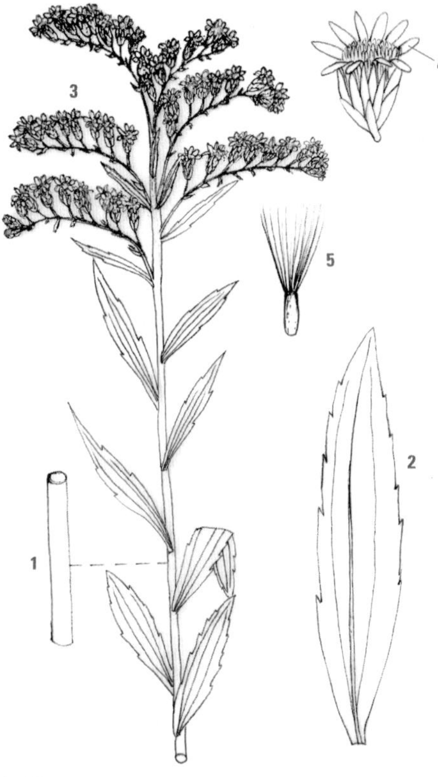

Höhe bis 2,5 m

Grundlegende Merkmale der Pflanzengattung auf S. 182

1 Stängel aufrecht, bereift, im Unterschied zur sehr ähnlichen Kanadischen Goldrute *(Solidago canadensis)* nicht behaart
2 Blätter länglich, bis 12 cm lang, deutlich dreinervig
3 Gesamtblütenstand eine Rispe mit gebogenen Ästen
4 Blüten goldgelb, Zungenblüten die Hülle deutlich überragend
5 Früchte mit weißem Haarkranz

Foto S. 186

Verbreitungsschwerpunkt: Auwälder und Schuttplätze
Hauptblütezeit: September
Inhaltsstoffe und Wirkung: Vermutlich vergleichbar mit *S. canadensis.* Die Arten stehen manchmal zusammen und werden oft verwechselt.

Gewöhnliche Goldrute

Solidago virgaurea

Höhe bis 1,0 m

Grundlegende Merkmale der Pflanzengattung auf S. 182

1 Im Unterschied zu den anderen Goldruten-Arten verbreitern sich die gestielten unteren Blätter im unteren Drittel der Pflanze (eiförmige Blattform)
2 Blattrand gesägt
3 Gelbe Blütenköpfchen in schmalen Trauben oder Rispen
4 Die randlichen Zungenblüten sind länglich, flach ausgebreitet und länger als die inneren Röhrenblüten

Foto S. 186

Verbreitungsschwerpunkt: Waldnahe Staudenfluren und Gebüsche
Hauptblütezeit: Juli bis Oktober
Inhaltsstoffe und Wirkung: Die Inhaltsstoffe der getrockneten, oberirdischen Teile sind Triterpensaponine, etwa 1,5 % Flavonoide (Quercetin, Kämpferol und Isorhamnetin; Hauptglykosid mit einem Gehalt von circa 0,8 % ist Rutin) und Kaffeesäurederivate. Charakteristische Inhaltsstoffe sind die Salicylbenzoatderivate Leiocarposid und Virgaureosid, ätherisches Öl (bis 0,5 %). Bemerkenswert aufgrund der ungewöhnlichen Struktur sind die Solidagolactone. Außerdem sind Polysaccharide enthalten. Wissenschaftlich bestätigt ist die harntreibende, schwach entkrampfende und entzündungshemmende Wirkung. Neuere pharma-

kologische Untersuchungen weisen auf eine Wirkung gegen Pilze und eine Aktivierung des Immunsystems hin. Volkstümlich wird die Pflanze seit Jahrhunderten bei Rheuma, Gicht, nervösem Bronchialasthma und Leberschwellung verwendet. Mundspülungen wirken lindernd bei Entzündungen der Mund- und Rachenhöhle.

Grasblättrige Goldrute
Solidago graminifolia
Art ist selten
Verbreitungsschwerpunkt: Staudensäume an Gehölzen im Halbschatten
Hauptblütezeit: Juli bis Oktober
Inhaltsstoffe und Wirkung: Die Pflanze enthält Flavonoide, Phenolcarbonsäuren und ätherisches Öl. Sie wirkt antiseptisch und fiebersenkend. Die nordamerikanischen Ureinwohner verwendeten die Wurzel bei Brustschmerzen und Lungenerkrankungen. Offenbar wurde die Pflanze auch in Rauchmischungen verwendet.

Teufelsabbisse
Succisa
Kardengewächse (Dipsacaceae)

Gewöhnlicher Teufelsabbiss
Succisa pratensis

Verbreitungsschwerpunkt: Streuwiesen
Hauptblütezeit: Juli bis September
Verwendung in der Ernährung: Die mild-aromatisch bis bitterlich schmeckenden, zarten jungen Blätter des Teufelsabbisses kann man von April bis Juni fein geschnitten Hackkräutermischungen [15], Salaten und Rohkost [1] sowie Saucen [14] und Gemüsesuppen [3.1], aber auch Bratlingen [4] und dem Brotteig für Hausbrotmischungen [21.1] beigeben. Früher verarbeitete man sie auch gerne in gedünstetem oder gedämpftem Gemüse [7]. Denkbar wären sie außerdem als Zutat in Wildpflanzensalz [16.1] oder als Gemüsechips [8.5] zubereitet. Die milden, dekorativen Blüten kann man von Juli bis September über Pfannengerichte und Eierspeisen [6], Gemüsegerichte [7–12] sowie über Salate und Rohkost [1] streuen. Dazu werden sie vorsichtig ausgezupft und trocken gereinigt.
Inhaltsstoffe und Wirkung: Medizinisch verwendet wurden die Wurzel und das Kraut. Die Pflanze enthält Iridoide, Flavonoide, Saponine, Gerbstoffe, und Triterpene. Die Pflanze gilt als fiebersenkend, wassertreibend, menstruationsfördernd und wurmtreibend. Die Volksheilkunde nutzt den Gewöhnlichen Teufelsabbiss zur Blutreinigung, bei Husten und Atemwegserkrankungen. Die äußerliche Anwendung hilft bei Ekzemen, Geschwüren, und Blutergüssen, außerdem zur Behandlung von Aphten im Mund.

Höhe bis 0,8 m
1 Blätter länglich bis oval, ganzrandig oder mit wenigen Zähnen
2 Obere Blätter paarweise am Stängel angeordnet
3 Farbe der Grundblätter dunkelgrün, meist mit hellem Mittelstreif
4 Blütenköpfe kugelig, bis 3 cm im Durchmesser
5 Einzelblüte lila bis blauviolett, kleiner 1 cm

Foto S. 186

Solidago gigantea

Solidago virgaurea

Succisa pratensis

Bistorta officinalis

Wiesenknöteriche
Bistorta
Knöterichgewächse (Polygonaceae)

Schlangenwurz, Schlangen-Wiesenknöterich
Bistorta officinalis

Höhe bis 1,0 m
1 Stängel unverzweigt
2 Untere Blätter lang gestielt
3 Blattfläche bis 20 cm lang
4 Blattrand stellenweise umgebogen
5 Stängelblätter wenige, kurz gestielt
6 Blütenstand zylindrisch, endständig
7 Früchte dreikantig, im Durchmesser bis 0,5 cm groß

Verbreitungsschwerpunkt: Gedüngte Feuchtwiesen
Hauptblütezeit: Anfang Mai bis Ende August
Verwendung in der Ernährung: Säuerliche, stärkereiche Pflanze für Gemüse und als Salatbeigabe. Die großen Blätter und Blattstängel sollten beim Ernten noch so weich sein, dass sie sich leicht zerreiben lassen. Sie gleichen im Geschmack dem gwohnten Blattspinat und ergeben von April bis Ende August eine delikate Grundlage für bissfeste Salate [1], Spinate [9.1] oder andere Blattgemüsegerichte, insbesondere auch für Gemüsepürees [9.3]. Sie passen gut in Hackkräutermischungen [15], Nussgemüse [7.3] bzw. verschiedene Gemüsefüllungen [10] und geben Gemüsesuppen [3.1] oder Saucen [14] eine feine Note. Ein besonderer Leckerbissen sind die sauren Blätter frisch in Grießknödelteig eingearbeitet und in Suppen gekocht. Klein geschnitten kann man sie auch Bratlingen [4] und Eierspeisen [6.3] [6.1] bzw. Brotteig [21.1] beigeben oder sie als Sauerkraut [13.4] und in Wein [13.3] einlegen. Als Aroma nutzt man sie in Saft- und Vitalgetränken [22.4], Sirup [18.4] oder Aromazucker [18.2].

Die nussig schmeckenden Samen kann man ab August roh knabbern oder als Keimsaat [2] im Winter versuchen. Die Wurzel des Schlangen-Wiesenknöterichs lässt im Geschmack den hohen Gehalt an Stärke, Gerbstoffen und Säure erkennen und wirkt daher etwas adstringierend. Sie ist sehr ergiebig und lässt sich von September bis in den Winter hinein in der Küche verarbeiten, indem man sie in feine Scheiben schneidet, über Nacht in reichlich Wasser legt und sie dann, evtl. mit anderem Gemüse kombiniert, als eine Art Gemüseauflauf zubereitet. Getrocknet und vermahlen ergibt sie ein Stärkemehl für Gebäck [20].
Inhaltsstoffe und Wirkung: Kraut und Wurzeln enthalten Eiweiß, Gerbstoffe, Emodin (ein Anthrachinon), Vitamin C, Zucker, Stärke, organische Säuren und Oxalsäure. Der Wurzelstock enthält insbesondere reichlich Gerbstoffe (15–20 %) und Stärke (30 %). Aus diesem Grund wird er vorzugsweise bei Diarrhoe, Magen und Darmkatarrhen, bei inneren Blutungen und zur Wundheilung angewandt. Volksheilkundlich wird ein Tee zur Verdauungsförderung und zur allgemeinen Stärkung eingesetzt. Der Absud eignet sich aber auch für äußerliche Waschungen und als Gurgelwasser bei lockeren Zähnen, Mundfäule und gegen Entzündungen im Hals. Man sollte die Pflanze wegen der enthaltenen Oxalsäure nicht mit Eisen in Kontakt bringen oder gleichzeitig mit Chinarinde oder der Kolanuss anwenden. Bei Menschen mit empfindlichem Magen kann es wegen des hohen Gerbstoffgehaltes zu Beschwerden kommen.

Knöllchen-Knöterich, Lebendgebärender Wiesenknöterich
Bistorta vivipara

Verbreitungsschwerpunkt: Steinfluren und alpine Rasen
Hauptblütezeit: Mai bis August
Verwendung in der Ernährung: Milde, kleine Gemüsepflanze. Die grundständigen Blätter werden von April bis Mai noch möglichst faserarm geerntet und können fein geschnitten Salaten und Rohkost [1], Kräuterbroten [15.1] oder -quark [15.5] zugegeben werden. Sie werden in Gemüsesuppen [3.1], Bratlingen [4] und Eierspeisen [6] eingearbeitet oder auch als kurz gebratenes Gemüse [8.2],

Nussgemüse [7.3], Spinat [9.1] oder Gemüsechips [8.5] zubereitet. Außerdem finden sie Verwendung als Brotteigbeigabe in Hausbrotmischungen [21.1].

Von Mai bis Juni empfehlen sich ausgezupfte kleine Blüten als essbare Speisenstreu.

Die jungen Samen genießt man von Juni bis August frisch als Knabberei oder versucht sie als Keimsaat [2]. Vor allem die an der Mutterpflanze bereits auskeimenden Samen sind eine vitaminreiche Knabberei und Spezialität für den Wanderer.

Die Wurzel wurde im Frühjahr geerntet und getrocknet als Proviant verwendet.

Inhaltsstoffe und Wirkung: Über Inhaltsstoffe und medizinische Wirkungen ist nichts bekannt.

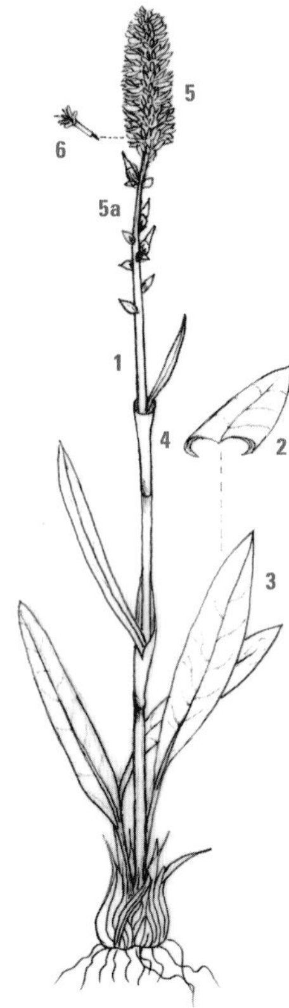

Höhe bis 0,3 m
1 Stängel aufrecht, unverzweigt
2 Blätter schmal länglich, am Rande umgerollt
3 Blattunterseite bläulichgrün
4 Röhrenförmige, bräunliche Blattscheiden
5 Schmal-zylindrischer Blütenstand mit Brutknospen (Bulbillen) (a), die häufig schon auf der Mutterpflanze Blätter entwickeln
6 Blüten weiß, kurz gestielt

Weidenröschen
Epilobium
Nachtkerzengewächse (Onagraceae)

Grundlegende Merkmale: Die Blätter dieser Gattung sind wechsel- oder gegenständig am Stängel angeordnet, selten quirlständig. Sie sind einfach gestaltet und ungeteilt. Die rötliche oder weißliche Blüte ist vierzählig, sie besitzt 4 Kron-, 4 Kelch- sowie 8 Staubblätter.

Verwendung in der Ernährung: Der Grundgeschmack der Wurzeln ist süßlich bis schärflich. Oberirdische Pflanzenteile schmecken im zarten Zustand etwa wie Feldsalat. Alle Pflanzenteile hinterlassen aber roh und unverarbeitet einen etwas stumpf-rauen Belag im Gaumen. Dieser Effekt kann z. B. durch Einlegen der klein geschnittenen Pflanzenteile über Nacht in etwas Zitronen- oder Essigsäure gut gemildert werden. Die Blüten und Blütenknospen der hier aufgeführten mitteleuropäischen Epilobium-Arten können direkt roh gegessen werden oder über die unterschiedlichsten Salate [1] gestreut werden. Auch über warme Speisen kann man die bunten Blüten gut als Dekoration geben. Die Blütenknospen eignen sich nach unserem Ermessen ebenfalls gegart als Gemüse in Eierspeisen [6], kurz gebraten [8.2] in Bratlingen [4] oder als eingelegtes Gemüse [13]. Die Blütenknospen sind frisch gesalzen und in Nussöl eingelegt eine feine Speise. Genauso erachten wir sie geeignet als säuerlich gedünstetes Gemüse [7.1], in Misch- [11] oder Ofengemüsegerichten [12] und Gemüsesuppen [3.1] sowie als Beigabe in Chutney [16.9].

Junge, noch elastische Stängel kann man schälen und roh essen oder als eine Art Stängelgemüse [7.2] zubereiten.

Auch die Wurzeln wurden im Frühjahr gesäubert oder geschält roh [1] gegessen. Sie lassen sich aber auch getrocknet zu Mehl [20] verarbeiten. Das Mehl nutzte man früher zum Eindicken von Saucen oder zur Streckung von Getreidemehl. Aus gerösteten Wurzelstücken kann man einen Kaffeeersatz aufbrühen [23] oder sie in dünnen Spänen als Gemüsechips [8.5] backen. Weiterhin erachten wir junge, klein geschnittene Wurzeln auch geeignet als Beigabe zu Bratlingen [4], in Wurzelgemüse [8.1], Suppen [3.1] oder Mischgemüsegerichten [11.1].

Junge, zarte Blätter und Triebspitzen werden von April bis Juli fein gewiegt Kräutermischungen [15] beigegeben und roh genutzt oder als Beigabe in Füllungen von Gemüsestrudel [10.1] und Gemüsetaschen [10.2] verwendet oder als Spinat [9.1] erhitzt. Herbere Blätter sind auch als Bittergemüse [9.2] denkbar.

Aus Blättern und Blütenknospen bereitet man von Mai bis Juli auch eine Art Grüntee [22.1]. Zusammen mit wenigen Fenchelsamen z. B. erhält man ein geschmackvolles Getränk.

Inhaltsstoffe und Wirkung: Verwendet wird das ganze Kraut der Pflanzen. Es enthält Flavonoide (u. a. Myricetin und Quercetin), Tannine, Beta-Sitosterin und Anthocyane. Volksheilkundlich wurden die Weidenröschen nur wenig verwendet. Als wirkungsvollste Art wird *E. parviflorum* beschrieben. Weidenröschen wirken entzündungshemmend und antimikrobiell. Sie können bei Beschwerden infolge der gutartigen Vergrößerung der Prostatadrüse und den damit verbundenen Schwierigkeiten beim Wasserlassen angewendet werden. Außerdem bringt der Tee bei Magen-, Nieren- und Darmentzündungen und bei Menstruationsbeschwerden Linderung. Äußerlich kann er zur Wundbehandlung genutzt werden.

Bistorta vivipara

Schmalblättriges Weidenröschen, Staudenfeuerkraut, Wald-Weidenröschen

Epilobium angustifolium

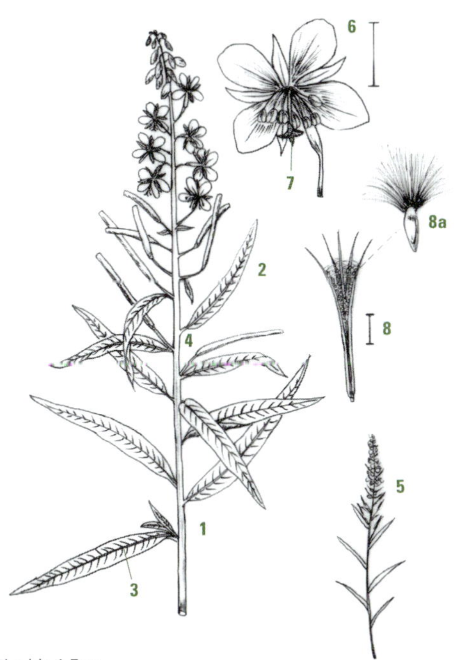

Höhe bis 1,5 m

Grundlegende Merkmale der Pflanzengattung auf S. 188

1 Stängel meist unverzweigt und rötlich überlaufen
2 Form der Blätter schmal, lang und oben zugespitzt, Blattunterseite bläulich-grün
3 In der Blattmitte befinden sich helle, markante Blattnerven
4 Blätter ohne oder nur mit sehr kurzen Stielen
5 Blütenstand bis halb so hoch als die ganze Pflanze
6 Blütenkronblätter bis 1 cm lang
7 Abwärts geneigte Griffel
8 Fruchtkapseln bis ca. 6 cm lang. Beim Aufplatzen erscheint eine Vielzahl von Samen (a) mit federigem Anhängsel

Verbreitungsschwerpunkt: Waldlichtungsfluren und Gebüsche

Hauptblütezeit: Juli bis August

Zusätzliche Hinweise zur Verwendung: Die Wurzeln der Pflanze wurden zur Gemüsenutzung in Ostpolen kultiviert.

Epilobium angustifolium

Hügel-Weidenröschen

Epilobium collinum

Höhe bis 0,4 m
Grundlegende Merkmale der Pflanzengattung auf S. 188
Die Pflanze ähnelt dem Berg-Weidenröschen *(Epilobium montanum)* mit folgenden gut erkennbaren Unterschieden:

1 Stängel meist bereits von unten ästig, Wuchs dadurch büschelig
2 Blätter meist nicht über 3 cm lang
3 Blattrand stärker gezähnt
4 Blüten mit bis zu 6 mm nur etwa halb so lang

Foto S. 192

Verbreitungsschwerpunkt: Felsspalten- und Mauerfugengesellschaften
Hauptblütezeit: Juni bis September

Zottiges Weidenröschen

Epilobium hirsutum

Höhe bis 1,5 m
Grundlegende Merkmale der Pflanzengattung auf S. 188

1 Pflanze aufrecht, oben verzweigt
2 Stängel meist rund, stark behaart
3 Blätter ohne Stiel, untere Blätter den Stängel halb umfassend
4 Blattrand mit deutlichen, nach vorne gerichteten Zähnen
5 Kronblätter mit bis zu 2 cm sehr groß, tiefrosa bis rot gefärbt

Foto S. 192

Verbreitungsschwerpunkt: Feuchte Stellen in Wälder und Gräben
Hauptblütezeit: Juli bis August

Berg-Weidenröschen
Epilobium montanum

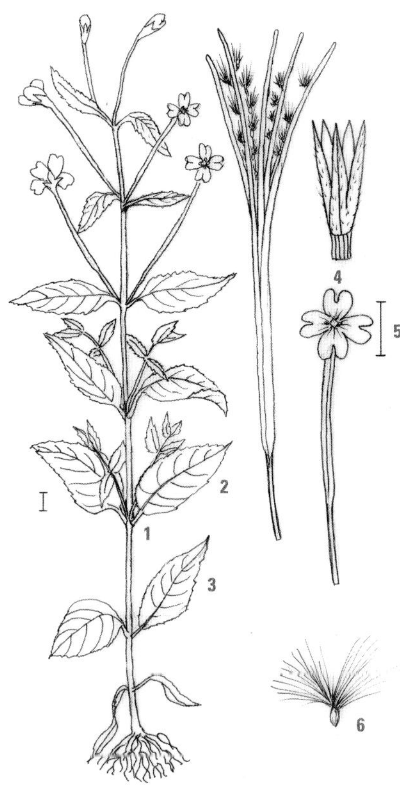

Höhe bis 1,0 m
Grundlegende Merkmale der Pflanzengattung auf S. 188

1 Stängel und Blätter an besonnten Stellen oft rot überlaufen
2 Blätter länglich eiförmig, bis 10 cm lang, kurz gestielt
3 Blattrand fein gezähnt
4 Kronblätter außen gespalten (ausgerandet)
5 Blüte bis über 1 cm lang
6 Same eiförmig, behaart

Foto S. 192

Verbreitungsschwerpunkt: Laubwälder und Gebüsche
Hauptblütezeit: Juli bis September
Zusätzliche Hinweise zur Verwendung: Laut Marzell 1958 ist ein alter Pflanzenname dafür auch »Wilde Kresse«.

Rosmarin-Weidenröschen, Sumpf-Weidenröschen
Epilobium palustre

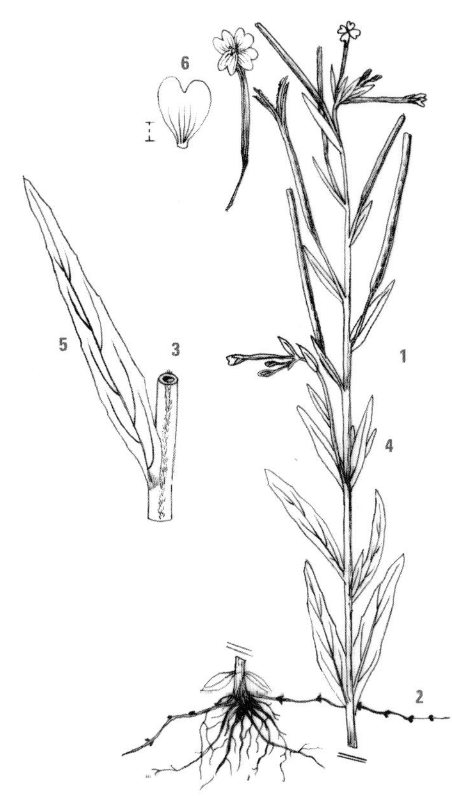

Höhe bis 0,7 m
Grundlegende Merkmale der Pflanzengattung auf S. 188

1 Wuchs aufrecht, kaum verzweigt
2 Pflanze bildet lange Ausläufer
3 Stängel rund oder gelegentlich mit 2 Haarlinien
4 Blätter sitzend am Stängel angeordnet
5 Blattform länglich
6 Blütenkronblätter kleiner 1 cm

Foto S. 192

Verbreitungsschwerpunkt: Großseggensümpfe, gedüngte Feuchtwiesen
Hauptblütezeit: Juli bis September

Epilobium collinum
Epilobium hirsutum
Epilobium montanum
Epilobium palustre

Epilobium parviflorum

Epilobium roseum

Kleinblütiges Weidenröschen, Bach-Weidenröschen

Epilobium parviflorum

Höhe bis 0,8 m

Grundlegende Merkmale der Pflanzengattung auf S. 188

1 Stängel rund, abstehend bis zottig behaart
2 Blätter ohne deutlichen Stiel
3 Blattrand fein und unregelmäßig gezähnt
4 Blüten kürzer 1 cm
5 Frucht bis 9 cm lang, flaumig behaart
6 Narbe sternartig aufgespalten

Verbreitungsschwerpunkt: Staudensäume an Gehölzen im Halbschatten
Hauptblütezeit: Juli bis September

Rosenrotes Weidenröschen
Epilobium roseum

Höhe bis 0,8 m
Grundlegende Merkmale der Pflanzengattung auf S. 188
1 Pflanze meist reich verzweigt
2 Stängel durch herablaufende Leisten kantig
3 Blattgrund deutlich gestielt
4 Blattform schmal oval
5 Blattrand scharf gezähnt
6 Kronblätter nahezu weiß bis rosa gefärbt, deutlich kleiner 1 cm

Foto S. 193

Verbreitungsschwerpunkt: Bachröhrichte
Hauptblütezeit: Juli bis Oktober

Quirlblättriges Weidenröschen
Epilobium alpestre
Art zerstreut bis selten
Verbreitungsschwerpunkt: Hochstaudenfluren und Gebüsche
Hauptblütezeit: Juli bis September

Mierenblättriges Weidenröschen
Epilobium alsinifolium
Art ist selten
Verbreitungsschwerpunkt: Quellfluren
Hauptblütezeit: Juli bis August

Alpen-Weidenröschen
Epilobium anagallidifolium
Art ist selten
Verbreitungsschwerpunkt: Gesellschaften auf zumeist schneebedeckten Böden
Hauptblütezeit: Juli bis August

Drüsiges Weidenröschen
Epilobium ciliatum
Art neuartig in Ansiedlung
Verbreitungsschwerpunkt: Krautige Vegetation oft gestörter Plätze
Hauptblütezeit: Juni bis September

Dunkelgrünes Weidenröschen
Epilobium obscurum
Art zerstreut bis selten
Verbreitungsschwerpunkt: Quellfluren
Hauptblütezeit: Juni bis September

Kies-Weidenröschen, Fleischers Weidenröschen
Epilobium fleischeri
Art im Bestand gefährdet
Verbreitungsschwerpunkt: Flusskiese und feuchte Schuttfluren des Gebirges
Hauptblütezeit: Juli bis September

Nickendes Weidenröschen
Epilobium nutans
Art im Bestand gefährdet
Verbreitungsschwerpunkt: Quellfluren
Hauptblütezeit: Juli bis September

Westliches Weidenröschen, Durieus Weidenröschen
Epilobium duriaei
Art in der Schweiz und in Teilen Österreichs im Bestand gefährdet
Verbreitungsschwerpunkt: Hochstaudenfluren und Gebüsche
Hauptblütezeit: Juli

Lanzettliches Weidenröschen
Epilobium lanceolatum
Art in der Schweiz und in Teilen Österreichs im Bestand gefährdet
Verbreitungsschwerpunkt: Steinschutt- und Geröllfluren
Hauptblütezeit: Mai bis August

Vierkantiges Weidenröschen
Epilobium tetragonum (Artengruppe)
Art in Österreich und in der Schweiz im Bestand gefährdet
Verbreitungsschwerpunkt: Krautige Vegetation oft gestörter Plätze
Hauptblütezeit: Juli bis August

Weideriche
Lythrum
Weiderichgewächse (Lythraceae)

Blut-Weiderich, Rosen-Weiderich
Lythrum salicaria

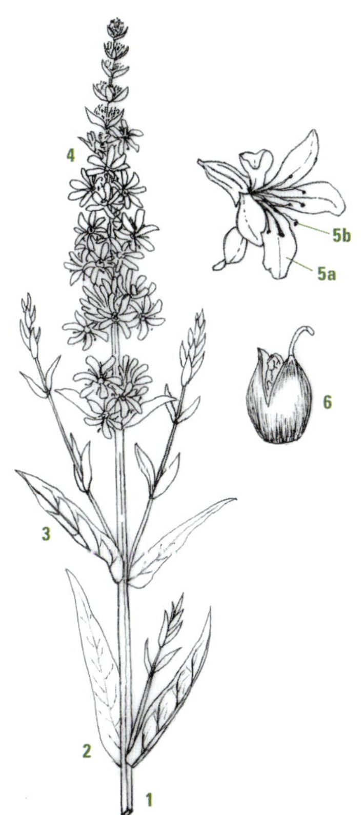

Höhe bis 1,5 m
1 Aufrechte, kantige Stängel
2 Blätter länglich geformt, am Stängel paarweise (gegenständig) und sitzend angeordnet
3 Blattnerven auf der Blattunterseite deutlich hervortretend
4 Purpurrote Blütenkerzen
5 Blüte mit 6 Blütenkronblättern (a) und 12 Staubblättern (b)
6 Die Frucht ist eine Kapsel

Verbreitungsschwerpunkt: Feuchtwiesen und Bachuferfluren
Hauptblütezeit: Ende Juni bis Anfang September
Verwendung in der Ernährung: Die obstartig aromatischen Blüten des Blut-Weiderichs nutzt man von Ende Juni bis Anfang September ausgekocht zur Herstellung von rötlichen Süßspeisen, indem man den Blütensaft zu Sirup [18.4] einkocht oder ihn unter Zucker mischt. Man kann die Blüten aber auch in kleinen Mengen roh als essbare Dekoration über Dessertgerichte und Aufstriche geben. Sie sind eine willkommene Beigabe in Fruchtsalaten [19.4]. Die jungen Triebe und zarten Blätter im April und Mai ergeben eine akzeptable Salat-[1] und Gemüsebeigabe. Im Mai gesammelte junge Stängel kann man schälen und als Pfannengemüse [7] zubereiten. Gesalzen und kurz in Butter gebräunt passen sie gut zu Kartoffelgerichten. Später im Jahr wird das Kraut der Pflanze zu hart. In Spirituosen [18.6] und süßen Limonaden [22.2] eingelegt geben die Triebe des Blut-Weiderichs den Getränken eine obstartige Note.
Inhaltsstoffe und Wirkung: Der Blutweiderich enthält bis zu 12 % Gerbstoffe (vorwiegend Gallotannine), Cholin, Flavonoide (vor allem Glykosylflavone), Salicarin, Pektin, Harz und ätherisches Öl. Das getrocknete Kraut wird als Tee arzneilich verwendet und gerne gegen Durchfall eingesetzt. Volksmedizinisch nutzt man es bei entzündlichen Erkrankungen der Magen- und Darmschleimhaut. In der Antike wurde der Blutweiderich sogar bei Ruhr und Typhus verwendet. Äußerlich kann er bei Hämorrhoiden, Ekzemen und zur Wundheilung genutzt werden.
Verwechslungsgefahr: Gottes-Gnadenkraut *(Gratiola officinalis)* vor der Blütenentwicklung, S. 610.

Lythrum salicaria

Beinwell-Arten
Symphytum
Raublattgewächse (Boraginaceae)

Grundlegende Merkmale: Die einfach gestalteten, ganzrandigen Blätter dieser Gattung sind wechselständig am Stängel angeordnet. Die Blüte ist fünfzählig, sie ist am Grunde verwachsen und teilt sich in 5 Kronzipfel. In ihrem Inneren befinden sich 5 Einstülpungen, die sogenannten Schlundschuppen. Die Frucht zerfällt in 4 kantige Teilfrüchte (Klausen).
Gefahrenstufe bei der Verwendung: **
Verwendung in der Ernährung: Die hier aufgeführten mitteleuropäischen Beinwell-Arten sind meist von alters her geschätzte Nahrungspflanzen. In ganz jungem Zustand, weit vor der Blütezeit, wurden die Blätter der folgenden Arten in geringen Mengen Kochgemüse beigegeben [9].

Hinweis: Die Pflanzenfamilie der Raublattgewächse (Boraginaceae) und insbesondere die Beinwell-Arten sind aufgrund des Gehaltes an leberbeeinträchtigenden Pyrrolizidinalkaloiden in Misskredit geraten. Die Autoren schätzen den gelegentlichen Verzehr kleiner Mengen im Jahr als unbedenklich ein, dennoch können und wollen wir dem Leser die Entscheidung zur Verwendung für den persönlichen Gebrauch nicht abnehmen. Bitte lesen Sie zu Pyrrolizidinalkaloiden Seite 25.
Inhaltsstoffe und Wirkung: Die Pflanzen enthalten Allantoin, Gerbstoffe (bis 6 %), Schleimstoffe, Stärke, Triterpensaponine, Asparagin, Phytosterine, B-Vitamine (darunter das in Pflanzen sehr seltene B12), Kieselsäure, Cholin und bis zu 0,6 % Pyrrolizidine. Bereits in der Antike nutzte man die verschiedenen Beinwell-Arten bei Wunden, Entzündungen und Knochenbrüchen. Verwendet werden Wurzeln und Kraut der Pflanze. Noch immer ist Beinwell ein verbreiteter und wirkungsvoller Bestandteil in Salben und Einreibemitteln zur äußerlichen Anwendung bei Gelenkbeschwerden, Sehnenscheidenentzündungen, Gicht und Knochenbrüchen. Weitere Indikationen sind Prellungen, Zerrungen, Verstauchungen, Blutergüsse, Venenentzündungen, Drüsenschwellungen und Brustdrüsenentzündung. Volksmedizinisch wurde der Beinwell auch innerlich bei Rheuma, Bronchitis, Bauchfellentzündung und Parodontose eingesetzt. Die Pflanzen sind, wie oben erwähnt, aufgrund des Gehaltes an Pyrrolizidinalkaloiden, wie andere Mitglieder der Pflanzenfamilie der Raublattgewächse *(Boraginaceae)* auch, in Misskredit geraten und werden nicht mehr innerlich genutzt.
Verwechslungsgefahr: Fingerhut-Arten *(Digitalis)* vor der Blütenentwicklung, S. 605.

Symphytum officinale

Gewöhnlicher Beinwell, Wallwurz
Symphytum officinale

Gefahrenstufe bei der Verwendung: **
Verbreitungsschwerpunkt: Grünlandgesellschaften, Schleier- und Krautgesellschaften im Halbschatten
Hauptblütezeit: Mitte Mai bis Mitte Juli
Zusätzliche Hinweise zur Verwendung: Bitte die Hinweise zu den Inhaltsstoffen bei der Pflanzengattung (oben)beachten! Von Frühsommer bis Sommer zeigen sich die Blütenknospen und Blüten. Diese wurden direkt roh gegessen oder über die unterschiedlichsten Salate [1] gestreut. Die Blütenknospen wurden gegart auch als Gemüse genutzt [8.2].

Junge, noch elastische Stängel und Triebspitzen verwendete man geschält und von Fasern befreit, um sie roh in Salate [1] zu schneiden oder als Stängelgemüse [7.2] zuzubereiten.

Die Wurzeln wurden von September bis ins Frühjahr bei ungefrorenem Boden geerntet, gesäubert und geschält und zuweilen in geringen Mengen roh gegessen. Gerne schnitt man sie auch in Würfel und hat sie dunkel geröstet, anschließend vermahlen und als Röstgetränk gekocht, wo-

bei sie ein Kaffeesurrogat [23] mit sehr weichem Geschmack ergaben. Die Wurzeln wurden aber auch mehrfach ausgekocht zu Wurzelgemüse [8.1] verarbeitet.

Weiche Blätter wurden Kräutermischungen [15] beigemengt. Man gebrauchte sie des Weiteren als Blattgemüse oder für Blattrouladen [5], gerne auch in Teig ausgebacken [8.4] oder als milderndes Gemüse zu anderen strengeren Gerichten. Aus den getrockneten Blättern stellte man eine Rauchtabakmischung [25] her.

Der Grundgeschmack der Wurzeln ist schwarzwurzelähnlich. Oberirdische Pflanzenteile schmecken im zarten Zustand gurkenartig, unverarbeitet sind sie etwas haarig.

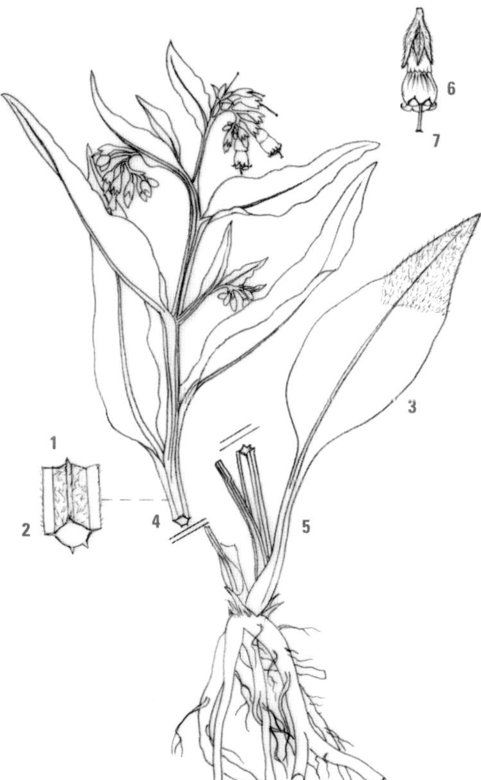

Höhe bis 1,2 m
Grundlegende Merkmale der Pflanzengattung auf S. 196

1 Ganze Pflanze rau behaart
2 Stängel kantig und am Rande geflügelt
3 Blätter hellgrün, bis 25 cm lang
4 Stängelblätter mit herablaufenden Flügeln
5 Untere Blätter lang gestielt
6 1–2 cm lange Blüte röhren- bis glockenförmig, rötlichviolett oder gelblich
7 Griffel die Blütenkrone überragend

Comfrey, Rauer Beinwell
Symphytum asperum (Artengruppe)
Art selten verwildert
Gefahrenstufe bei der Verwendung: **
Verbreitungsschwerpunkt: Nährstoffreiche Krautfluren
Hauptblütezeit: Juni bis Juli
Zusätzliche Hinweise zur Verwendung: Die Wurzeln wurden von September bis ins Frühjahr hinein geröstet und vermahlen als Kaffeeersatz [23] gebraucht. Bitte Inhaltsstoffhinweise bei der Gattungsbeschreibung beachten!

Knolliger Beinwell
Symphytum bulbosum
Art selten verwildert
Gefahrenstufe bei der Verwendung: **
Verbreitungsschwerpunkt: Staudensäume an Gehölzen im Halbschatten
Hauptblütezeit: Mai bis Juni
Zusätzliche Hinweise zur Verwendung: Die Wurzeln wurden von September bis ins Frühjahr mehrfach ausgekocht in geringen Mengen als Gemüsebeigabe verwendet. Bitte Inhaltsstoffhinweise bei der Gattungsbeschreibung beachten!

Knotiger Beinwell
Symphytum tuberosum
Art ist selten
Gefahrenstufe bei der Verwendung: **
Verbreitungsschwerpunkt: Laubwälder und Gebüsche
Hauptblütezeit: Juni bis Juli
Zusätzliche Hinweise zur Verwendung: Die Wurzeln wurden von September bis ins Frühjahr geröstet und vermahlen als Kaffeesurrogat [23] verwendet oder mehrfach ausgekocht in geringen Mengen auch als Gemüsebeigabe. Bitte Inhaltsstoffhinweise bei der Gattungsbeschreibung beachten!

Froschlöffel-Arten

Alisma

Froschlöffelgewächse (Alismataceae)

Gewöhnlicher Froschlöffel

Alisma plantago-aquatica (Artengruppe)

Höhe bis 1,0 m

1 Breite, ganzrandige Blätter mit langem Stiel
2 Alle Blätter stehen am Grunde in einer Rosette zusammen
3 Blüte mit drei kleinen, grünen Blättern (a) und drei größeren (b). Diese sind weiß/rosa und mehr als doppelt so lang wie die kleineren
4 6 Staubblätter
5 Narbe (a) länger als der Fruchtknoten (b)
6 Blüten gestielt (a), in einer quirlständigen Rispe (b)

Gefahrenstufe bei der Verwendung: **
Verbreitungsschwerpunkt: Röhrichte und Großseggen-Sümpfe
Hauptblütezeit: Anfang Juni bis Ende August
Verwendung in der Ernährung: Man verarbeitete früher vermutlich in Notzeiten die junge, hellgrün bis weißliche Blätterbasis, nachdem man sie gut gereinigt hatte, zu Kochgemüse. Vorsicht! Die Pflanze enthält giftige Inhaltsstoffe, siehe im Folgenden. Entscheidend zur Verwendbarkeit ist hier sicher der Erntezeitpunkt, die Dosierung und die Verarbeitung, denn es ist bekannt, dass z. B. beim Trocknen der Pflanze die giftigen Stoffe weitestgehend abgebaut werden; vgl. ROTH et al. 1994.
Inhaltsstoffe und Wirkung: Die Blätter und das Rhizom des Froschlöffels enthalten scharf schmeckende, giftige Inhaltsstoffe. Der Milchsaft verursacht auf der Haut und den Schleimhäuten Reizungen. Die Wurzel enthält ätherisches Öl und Bitterstoffe. In den Blättern sind Flavonoide enthalten. Beim Weidevieh kann der Verzehr der Pflanze zu tödlichen Vergiftungen führen. Seltsamerweise vertragen Ziegen die Pflanze ohne jegliche Beschwerden. Früher nutzte man Wurzel und Blätter volksheilkundlich als Abführmittel. Außerdem wirken die Blätter und Wurzeln antibakteriell, cholesterinsenkend, harntreibend, blutzucker- und blutdrucksenkend. Die getrockneten Stängelschäfte wurden zur Behandlung von Darmgrippe und Krämpfen gegessen. Außerdem wurden der Pflanze empfängnisfördernde Eigenschaften nachgesagt. Umschläge mit dem Pflanzensaft legte man in Schwaben zur Behandlung von Kopfschmerzen auf die Stirn. In Russland setzte man den Froschlöffel zur Behandlung von Tollwut ein.
Verwechslungsgefahr: Schlangenwurz *(Calla palustris)*, S. 526.

Grasblättriger Froschlöffel

Alisma gramineum
Art im Bestand gefährdet
Gefahrenstufe bei der Verwendung: **
Verbreitungsschwerpunkt: Seen, Ufer
Hauptblütezeit: Juni bis September
Verwendung in der Ernährung: Vergleichbar mit *Alisma lanceolatum.*
Inhaltsstoffe und Wirkung: Verwendung mit Bedacht! Andere, eng verwandte Arten der Gattung enthalten giftige bzw. hautreizende Inhaltsstoffe, siehe oben.

Lanzettblättriger Froschlöffel

Alisma lanceolatum
Art zerstreut bis selten
Gefahrenstufe bei der Verwendung: **
Verbreitungsschwerpunkt: Seen, Ufer, Teiche
Hauptblütezeit: Juni bis August
Verwendung in der Ernährung: Laut MACHATSCHEK 2010 wurden die Wurzeln durch Trocknung entgiftet und anschließend als Streckmehl vermahlen.
Inhaltsstoffe und Wirkung: Verwendung mit Bedacht! Andere, eng verwandte Arten der Gattung enthalten giftige bzw. hautreizende Inhaltsstoffe, siehe oben.

Kletten
Arctium
Korbblütengewächse (Asteraceae)

Grundlegende Merkmale: Die Blätter dieser Gattung sind wechselständig am Stängel angeordnet.

Die Blüten sind zu kugeligen Blütenköpfen vereinigt, die durch Röhrenblüten und umgebende Hüllblätter mit Widerhaken gebildet werden.

Verwendung in der Ernährung: Alle hier aufgeführten mitteleuropäischen Arctium-Arten sind ergiebige Gemüsepflanzen. Vor dem Verzehr sollten jedoch die Blätter und die Stängelhaut entfernt werden, da diese sehr bitter sind. Die langen Blattstängel kann man als festes Gemüse zubereiten. Am besten eignen sie sich dazu von April bis August, solange sie noch nicht zu viele zähe Fasern und noch kein hohles, trockenes Mark im Stängelkern entwickelt haben. Zur Verarbeitung zieht man die dicksten Fasern längs aus dem Stängel heraus und reibt den Haarpelz, die Stängelhaut, ab. Die geschälten Triebe und Stängel erinnern – in Salzwasser gedämpft [7.2] – im Geschmack ein wenig an Artischockengemüse. Sehr delikat schmecken sie auch kurz gebraten [8.2]. Außerdem sind sie eine gute Zutat in Bratlingen [4], in Omeletts [6.1], diversen Ofengemüsegerichten (z. B. [12.1][12.2]) sowie in Eintopfgerichten [11.1] und Gemüsesuppen [3.1] oder roh in Salaten [1]. Zum Bevorraten werden sie in Salzlake [13.1] oder Essig [13.2] eingelegt. Ab Juni sind bereits manchmal markige Stängel zu finden. Für ein zartes Stängelgemüse ist es dann schon zu spät, man kann aber noch das Mark herausschaben und als Gemüsebrei oder Püree [9.3] zubereiten. Die großen Blätter der Pflanze schmecken für eine Verwendung als Gemüse zu bitter. Junge Triebspitzen jedoch lassen sich nach unserer Empfehlung in Maßen z. B. für Bittergemüse [9.2], Pesto [16.6] oder als Hackkräuterbeigabe [15] nutzen. Geschälte, ganz junge Blütenstängel, lange vor der Blüte, können ähnlich wie die oben erwähnten Blattstängel zubereitet und auch roh geknabbert [1] werden. Aus den Samen gewinnt man ein relativ geschmacksneutrales Speiseöl, indem man sie schrotet und in einer Ölmühle auspresst [16.3]. Gegebenenfalls kann man den Schrot auch in heißes Wasser legen und das Öl dann oben abschöpfen. Am besten im ersten Lebensjahr der Pflanzen erntet man im Herbst und Winter ihre großen Wurzeln. Sie sind dann noch weich und unverholzt und können roh in einen Salat geraspelt [1] oder als Misch- und Backgemüse [11.1][12.3] zu-

Alisma plantago-aquatica

Arctium lappa

bereitet werden. In feine Scheiben geschnitten sind sie eine herzhafte Spezialität mit etwas Salz auf nussigem Butterbrot. Ihr Geschmack erinnert etwas an Schwarzwurzeln.

Die Große Klette *(Arctium lappa)* wird in Asien sogar als Wurzelgemüsespezialität angebaut.

Inhaltsstoffe und Wirkung: Die Wurzeln enthalten reichlich Inulin (bis 45 %), Schleimstoffe, ätherisches Öl, Bitterstoffe (Sesquiterpenlactone), Polyine, Phytosterine, Flavonoide, Phosphorsäure, Kaffeesäurederivate und fettes Öl. Die Wurzeln wurden arzneilich verwendet. Wurzelextrakte wirken antibiotisch und blutzuckerreduzierend. Volksmedizinisch wird sie eingesetzt als Blutreinigungsmittel, bei Blasen- und Gallensteinleiden und Erkrankungen der Leber, außerdem bei Gicht, Rheuma und Diabetes. Gegen Haarausfall und bei Schuppen ist Öl aus den Wurzeln recht bekannt. Die Wurzeln helfen als Salbe auch gegen vielerlei Hauterkrankungen wie Flechten, Furunkel, Abszesse, Brandwunden, Hautunreinheiten, Kopfschuppen und unterstützt die Wundheilung. Statt Salbe kann man für Hautprobleme auch den frisch ausgepressten Saft verwenden. Die Homöopathie verwendet die Klette bei nässenden Hautausschlägen, Gebärmuttersenkung und rheumatischen Schmerzen.

Große Klette
Arctium lappa

Verbreitungsschwerpunkt: Nährstoffreiche Krautfluren
Hauptblütezeit: Juli bis August

Höhe bis 1,5 m
Grundlegende Merkmale der Pflanzengattung auf S. 199

1 Kräftiger Stängel, ebenso wie die Blattstiele mit Mark gefüllt
2 Blattfläche dreieckig bis schmal herzförmig, nahezu so breit als lang, unterste Blätter bis 50 cm messend
3 Blütenköpfe bis 7 cm lang gestielt, die Stiele länger als der Kopf
4 Durchmesser der purpurn gefärbten Blütenköpfe bis 5 cm
5 Hüllblätter an der Spitze mit gelblichen Widerhaken
6 Frucht etwas runzelig, bis 7 mm lang, dunkel gefärbt

Foto S. 199

Kleine Klette
Arctium minus

Höhe bis 1,2 m
Grundlegende Merkmale der Pflanzengattung auf S. 199

1 Blatt breit eiförmig, bis 50 cm lang
2 Blattstiele mit Rinne, innen hohl, außen gerieft
3 Blütenstand locker verzweigt
4 Purpurrote, meist kurz gestielte Blütenköpfe, nur bis 2,5 cm im Durchmesser
5 Hüllblätter schmal, mit hakenförmiger Spitze
6 Früchte dunkel gefleckt, bis 7 mm lang

Verbreitungsschwerpunkt: Nährstoffreiche Krautfluren
Hauptblütezeit: Juli bis August

Filzige Klette

Arctium tomentosum

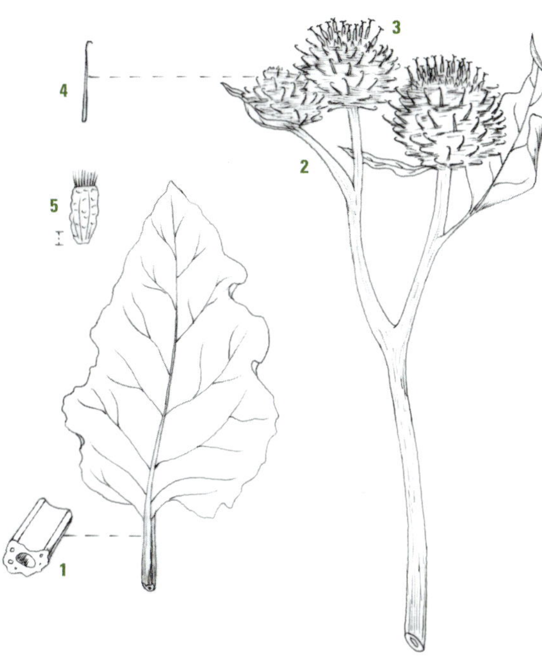

Höhe bis 1,2 m

Grundlegende Merkmale der Pflanzengattung auf S. 199

1 Blattstiele hohl
2 Blütenstiele meist deutlich länger als die Blütenköpfe
3 Blütenhülle dicht spinnwebig behaart
4 Hüllblätter gerade, mit rötlicher Spitze
5 Früchte schwach runzelig, 5–6 mm lang

Verbreitungsschwerpunkt: Nährstoffreiche Krautfluren
Hauptblütezeit: Juni bis September

Hain-Klette

Arctium nemorosum

Art zerstreut bis selten
Verbreitungsschwerpunkt: Waldlichtungsfluren und -gebüsche
Hauptblütezeit: Juli bis September

Arctium minus

Arctium tomentosum

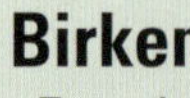

Birken
Betula
Birkengewächse (Betulaceae)

Verwendung in der Ernährung: Die hier aufgeführten mitteleuropäischen Arten sind wichtige, milde Speiselaubbäume für Salate, Gemüse und Getränke.

Der Geschmack der Blätter ist matt-neutral, der Stammsaft schmeckt wässrig-süß und die Blüten mehlartig-streng. Die Hänge-Birke *(Betula pendula)* ist die verbreitetste und am häufigsten genutzte Birke. Im Geschmack sind sich jedoch alle Birken sehr ähnlich.

Nutzt man das zarte hellgrüne Frühjahrs-Laub, sollten die Stiele noch so weich sein, dass sie mit den Fingern zerrieben werden können. Die faserarmen und eiweißreichen Blätter schmecken in Salaten [1] und können auch als Sauerkraut [13.4] eingelegt werden. Sie eignen sich als Beigabe in Bratlingen [4] und Hausbrotmischungen [21.1] sowie Knäckebrot [21.2]. Fein vermahlen geben sie in Vollkornbrotteig eingearbeitet einen feinen Geschmack ab.

Klein gehackt verarbeitet man sie in Kräutermischungen [15], Rührei [6.3], Omelett [6.1] und Saucen [14]. Auch für Saft- und Vitalgetränke [22.4] sind sie empfehlenswert. Getrocknet finden sie Verwendung als Gewürz [16.2], Tee [22.1] oder als Rauchtabakbeimischung [25].

Die Leitungsbahnen der Birke enthalten einen zuckerhaltigen Saft, der von März bis April durch Anbohren der Rinde bis ins Holz geerntet werden kann.

Wichtig: Übermäßige Rindenverletzungen können dem Baum erheblichen Schaden zufügen! Deshalb bitte nur eingeschränkt und in Absprache mit dem Baumbesitzer durchführen.

Der so gewonnene süßliche Stammsaft ist mineralienreich und eignet sich frisch insbesondere als Baumsaft-Mineraldrink [22.5]. Er kann aber auch köchelnd zu Sirup [22.5] einreduziert und dieser dann weiterverarbeitet werden zu Birkenwein und -essig.

Ein erwachsener Baum kann mehrere Liter Saft am Tag abgeben. Dies wird in Osteuropa teilweise professionell betrieben.

Die zarte, innensitzende Rindenschicht unter der weiß-schwarzen Borke kann vor allem von März bis Mai als Streckmehl für Gebäck [20] und als Brotteigbeigabe zu Hausbrot [21.1] oder Knäckebrot [21.2] genutzt werden. Früher diente sie Soldaten in Sibirien als lebensrettende Notnahrung.

Betula pendula

Betula × aurata

Zu beachten: Die Nutzung der Rinde ist ebenfalls eine schwerwiegende Gehölzverletzung! Als Laie bitte nur bei gefällten oder abgeschnittenen Baumteilen durchführen, z. B. anfallende Äste bei Baumschnittarbeiten.

Die länglichen, gelben, männlichen Blütenstände erntet man im April und kann sie mitunter als Aroma in Spirituosen [18.6], als Brotteigbeigabe im Hausbrot [21.1] oder auch kandiert [17.4] einsetzen. Sie eignen sich unseres Erachtens auch als Würze in Wildpflanzensalz [16.1], Kräuteröl [16.4] und Kräuteressig [16.7].

Noch knospige, männliche Blütenstände kann man im Winter in Bratlingen [4] oder Gemüsesuppen [3.1] einarbeiten, oder auch in Salzlake [13.1] bzw. Essig [13.2] einlegen. Als Würze eignen sie sich durchaus in chutneyartigen Verarbeitungen [16.9].

Junge, noch einigermaßen weiche Früchte kann man im Mai kandieren [17.4] oder in Schokolade [17.6] tauchen. Sie schmecken wesentlich milder als die Blüten. Sie eignen sich als Tee [22.1], Wildpflanzenlimonade [22.2] und in Bowle [22.3].

Es ist auch möglich, sie als kurz gebratenes Gemüse [8.2], in Bratlingen [4] sowie Gemüsesuppen [3.1] und als eingelegtes Gemüse [13] zu verarbeiten.

Inhaltsstoffe und Wirkung: Arzneilich werden die getrockneten Blätter verwendet. Sie enthalten bis zu 3 % Flavonoide (Hyperosid, Quercetin u. a.), Gerbstoffe, ätherische Öle, Bitterstoffe, Vitamin C, Harz und Saponine. Die Anwendung erfolgt in Form eines Teeaufgusses zur Entwässerung bei entzündlichen Erkrankungen der Niere und Blase. Volksmedizinische Anwendung bei Gicht, Rheuma und anderen Stoffwechselerkrankungen. In Einzelfällen kann es durch eine Teekur mit Birkenblättern sogar zur Auflösung von Nierensteinen kommen. Bei hartnäckigen Hauterkrankungen kann man den Aufguss sowohl trinken als auch für Waschungen und Bäder verwenden. Abkochungen aus der Birkenrinde eignen sich ebenfalls ausgezeichnet für die äußerliche Anwendung bei schweren Hauterkrankungen. Neben den Blättern und der Rinde ist auch der im Frühjahr gewonnene Saft in vielerlei Hinsicht innerlich und äußerlich wirksam und wird z. B. für Frühjahrskuren und zur Behandlung der Haare eingesetzt. Birkenkohle ist bei Durchfall hilfreich, weil sie Flüssigkeit und Schadstoffe im Darm bindet. Birkenteer, der aus Birkenholz, Rinde und Wurzeln destillativ gewonnen wird, hilft gegen chronische Hauterkrankungen. Er darf aber nur verdünnt und in kleinen Mengen angewandt werden.

Hänge-Birke, Silber-Birke, Sand-Birke, Gewöhnliche Birke
Betula pendula

Grundlegende Merkmale: Zweige überhängend, pendelnd. Blätter rautenförmig bis dreieckig.
Verbreitungsschwerpunkt: Waldschläge, lichte Laub- und Nadelwälder, Moore, Magerweiden, Heiden, Steinbrüche
Hauptblütezeit: Anfang April bis Ende Mai

Bastard-Birke
Betula × aurata

Grundlegende Merkmale: Blätter eiförmig gerundet.
Verbreitungsschwerpunkt: Waldschläge, lichte Laub- und Nadelwälder, Moore, Heiden
Hauptblütezeit: Anfang April bis Ende Mai

Niedrige Birke, Strauch-Birke
Betula humilis
Art im Bestand gefährdet
Verbreitungsschwerpunkt: Lichte Weiden- und Birkenpioniergehölze
Hauptblütezeit: April bis Mai

Zwerg-Birke
Betula nana
Art im Bestand gefährdet
Verbreitungsschwerpunkt: Hochmoore und Moorheiden
Hauptblütezeit: Anfang April bis Ende April

Moor-Birke
Betula pubescens
Art in Österreich im Bestand gefährdet
Verbreitungsschwerpunkt: Birken-Kiefern-Bruchwälder
Hauptblütezeit: Anfang April bis Ende Mai

Calamintha nepeta

Centranthus ruber

Bergminzen
Calamintha
Lippenblütengewächse (Lamiaceae)

Kleine Bergminze, Kleinblütige Bergminze
Calamintha nepeta (Artengruppe)

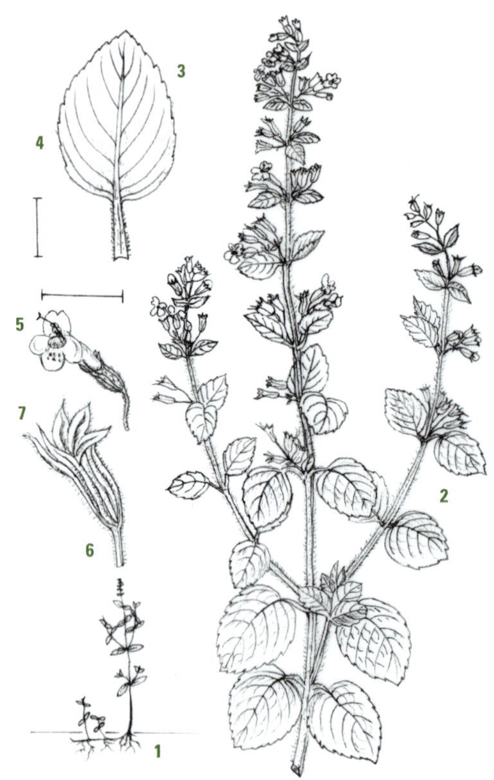

Höhe bis 0,8 m

1 Die aromatisch riechende Pflanze vermehrt sich über unterirdische Ausläufer
2 Stängel aufrecht, in der oberen Hälfte verzweigt, behaart
3 Blätter eiförmig, zugespitzt, bis 4 cm lang
4 Blattrand gekerbt oder gezähnt
5 Blassviolette Blüten bis ca. 1 cm lang
6 Blütenkelche gestielt
7 Die 2 unteren Zähne des Kelches zumeist etwas länger als die 3 oberen

Verbreitungsschwerpunkt: Trockenheit ertragende Eichenmischwälder, sonnige Staudensäume an Gehölzen, Laubwälder und Gebüsche
Hauptblütezeit: Juli bis Oktober
Verwendung in der Ernährung: Man nutzt die basilikum- bis minzartig schmeckenden Blätter von April bis August zur Teegetränkbereitung [22.1] oder als aromatische Würze in diversen Speisen [16.2]. Man kann sie Zucker zum

Aromatisieren beimischen [18.2], oder man kocht sie aus und geliert den Saft gezuckert als süßen Aufstrich ein [18.1]. Weiterhin lassen sie sich als Geschmacksgeber verschiedener Süßspeisen [17], Getränke [22.2][22.3] oder Spirituosen [18.6] und als essbare Dekoration verwenden. Auch die Triebspitzen samt der Blütenköpfe können mit zur Teebereitung und Aromatisierung eingesetzt werden. Die Blüten ergeben eine schöne essbare Dekoration. Spezialität: frische hausgemachte Bandnudeln mit Rahmsauce und feingeschnittenen Blättern getrockneter Bergminze.
Inhaltsstoffe und Wirkung: Die Pflanze enthält kampferartiges ätherisches Öl. Sie gilt als verdauungsfördernd und regt nachweislich die Gebärmuttertätigkeit an. Die Inhaltsstoffe helfen außerdem bei nervösen Verspannungen, Verdauungsproblemen und Menstruationsbeschwerden. Äußerlich wirkt das Öl kühlend und erfrischend und gleichzeitig durchblutungsfördernd. Schwangere sollten die Pflanze nicht verwenden.

Spornblumen
Centranthus
Baldriangewächse (Valerianaceae)

Rote Spornblume, Spornbaldrian
Centranthus ruber

Verbreitungsschwerpunkt: Wärmeliebende Unkrautgesellschaften auf Mauern
Hauptblütezeit: Mai bis Juni
Verwendung in der Ernährung: Würzig-aromatische Pflanze. Die Blütenknospen dienen von April bis Juni und die Blüten ab Mai als Aroma, z. B. in Gelee [18.1] oder auch Aromazucker [18.2]. Sie können schätzungsweise auch zu Knäckebrot [21.2] verarbeitet werden und wirken als farbige Dekoration in Salat- und Rohkostspeisen [1].

Ganze Blütenstände kann man in Ausbackteig [8.4] getaucht frittieren. Knospige Blütenstände eignen sich für Bratlinge [4] oder einfach als kurz gebratenes Gemüse [8.2]. Frisch geerntet, bzw. in Salzlake [13.1] oder Essig [13.2] eingelegt, können sie Mischgemüsegerichten [11] ebenso beigefügt werden wie Gemüsesuppen [3.1]. Die Blüten der Roten Spornblume eignen sich auch als Zutat für Teemischungen [22.1] und Wildpflanzenlimonade [22.2].

Man erntet von März bis April die zarten Blätter am Grund, vor dem Emporwachsen des Haupttriebes, wenn die Blattnerven noch ganz weich sind, und fügt sie roh Salaten [1] bei. Sie sind in kurz gebratenem Gemüse [8.2] ebenso eine gute Zugabe wie zu Eierspeisen [6]. Gedünstet oder gedämpft [7] ergeben sie zusammen mit anderen Kräutern würzige Füllungen für Gemüsestrudel [10.1], Gemüsetaschen [10.2] oder Lasagne [12.1]. Auch als Kochgemüse kann man sie verarbeiten, insbesondere in Püree [9.3] oder als Spinat [9.1]. Klein gehackt kann man sie Kräutermischungen beifügen, z. B. für eine Brotzeit [15.1], in Käse [15.4] oder zu Quark [15.5]. Man kann sie in Saucen [14] und Gemüsesuppen [3.1] einarbeiten oder in Streifen geschnitten als Sauerkraut [13.4] einlegen.
Inhaltsstoffe und Wirkung: Medizinisch verwendet werden die Wurzeln der Roten Spornblume. Sie enthalten Valepotriate in noch größerer Menge als im Echten Baldrian *(Valeriana officinalis)*, S. 464. Die Pflanze wird ebenso wie dieser bei innerer Unruhe, Angst- und Spannungszuständen und zur Konzentrationssteigerung verwendet.

Höhe bis 0,8 m
1 Stängel aufrecht
2 Die spitz zulaufenden Blätter sind blaugrün gefärbt
3 Vielblütiger, rispiger Blütenstand
4 Purpurn gefärbte Blüten mit langer Kronröhre (a) und dünnem Sporn (b)
5 Früchte mit Haarkranz

Gänsefuß-Arten

Chenopodium

Fuchsschwanzgewächse (Amaranthaceae)

Grundlegende Merkmale: Die Blätter dieser Gattung sind meist wechselständig am Stängel angeordnet, selten gegenständig.

Die Blattform variiert stark. Die Blüten sind zu knäueligen Teilblütenständen zusammengefasst. Die Frucht ist von der Blütenhülle wenigstens teilweise umschlossen.

Verwendung in der Ernährung: Der Bitterstoffgehalt in den hier aufgeführten mitteleuropäischen Arten schwankt teilweise enorm. Der Grundgeschmack ist spinatartig, nussig-herb bis bitter. Am meisten genutzt wurden die einst verbreiteten Arten Guter Heinrich *(Chenopodium bonus-henricus)*, Unechter Gänsefuß *(Chenopodium hybridum)* und Weißer Gänsefuß *(Chenopodium album)*. Sie werden auch heute noch in einigen Ländern Europas als Küchenkraut angebaut. Der Stinkende Gänsefuß *(Chenopodium vulvaria)* schmeckt, wie sein Name schon vermuten lässt, sehr eigen. Er enthält in geringen Mengen das toxische Trimethylamin. Aufgrund des geringen Gehalts ist bei sparsamer Verwendung eine Unverträglichkeit jedoch unwahrscheinlich. Vgl. Roth et al. 1994.

Etwa im April kann man die Arten komplett sammeln. Bis oberhalb des Erdbodens sind sie in dieser Zeit noch zart genug, um sie für einen festen, nussigen Salat [1] zu verwenden. Zum Teil, je nach Gehalt an bitteren Seifenstoffen (Saponinen), ist es auch möglich, sie in Saft- und Vitalgetränke [22.4] zu mixen. Tipp: Vor der Zubereitung können die Seifenstoffe durch Blanchieren etwas ausgespült werden.

Zarte Blätter und Blattsprosse isst man im Frühjahr bis Frühsommer fein geschnitten frisch zur Kräuterbrotzeit [15.1] bzw. verarbeitet sie in Bratlingen [4] und Eierspeisen [6] sowie als Brotteigbeigabe in Hausbrotmischungen [21.1] oder oft auch als Knäckebrot [21.2]. Gedünstet oder gedämpft [7] schmecken sie besonders gut, wenn man sie wie Nussgemüse [7.3] zubereitet. Eine Delikatesse ist auch der aus ihnen gekochte Spinat [9.1], ebenso wie die feinen Gemüsefüllungen [10] und Ofengemüsegerichte [12.1][12.2], die man aus ihnen zubereiten kann.

Weitere Verwendungsmöglichkeiten sind z. B. Gemüsesuppen [3.1], Gemüseeinlagen in Wein [13.3] und Sauerkraut [13.4].

Chenopodium album

Chenopodium hybridum

Dicke, jedoch noch elastische Stängel kann man im Frühling, vor der Blütenbildung, geschält in Salate geben und als Rohkost [1] verzehren. Erhitzt bereitet man aus ihnen schmackhaftes Brat- [8.2] bzw. Backgemüse [12.3] zu. Nur sehr zarte Triebe eignen sich als Stängelgemüse [7.2].

Die knospigen Blütenstände kann man im Frühsommer paniert [8.3] oder in Ausbackteig [8.4] zubereiten. Sie finden ebenso Verwendung als kurz gebratenes Gemüse [8.2], in Bratlingen [4], Misch- [11] oder Ofengemüsegerichten [12] sowie in Gemüsesuppen [3.1].

Die gereiften Samenkörner erntet man im August und September. Man kocht sie in viel Wasser auf, schüttet dann das Wasser ab und verrührt die Samen zu Brei, den man gesüßt oder herzhaft gewürzt verwenden kann. Getrocknet und vermahlen nutzt man sie als Brotteigbeigabe [21.1] bzw. als Streckmehl für Gebäck [20]. Eine frische Vitaminquelle sind sie auch im Winter, wenn man sie als Keimsaat [2] treiben lässt.

Die weichen Wurzeln noch sehr junger Gänsefuß-Arten wurden früher vermutlich gemüseartig [8.1] verwendet.

Inhaltsstoffe und Wirkung: Man darf davon ausgehen, dass die unten aufgeführten Arten, zu denen wir nichts explizit gefunden haben, ähnliche Inhaltsstoffe und Wirkungsprofile wie die am besten untersuchten Arten *Ch. album* und *Ch. bonus-henricus*.

Verwechslungsgefahr: Stechapfel *(Datura stramonium)* vor der Blütenentwicklung, S. 604.

Weißer Gänsefuß

Chenopodium album (Artengruppe)

In der Artengruppe sind die Arten *C. opulifolium* und *C. strictum* in der Schweiz und in Teilen Österreichs im Bestand gefährdet.

Verbreitungsschwerpunkt: Ruderalgesellschaften, Acker- und Gartenunkrautgesellschaften

Hauptblütezeit: Juli bis Oktober

Inhaltsstoffe und Wirkung: Der Weiße Gänsefuß weist bezüglich seiner Inhaltsstoffe und Verwendung große Ähnlichkeit mit der Spreizenden Melde *(Atriplex patula)* auf. Er enthält Saponine, Campesterol, Phenylalanin, Stigmasterol, Betain, Oleanolsäure, Oxalsäure, Sitosterol, Tryptophan, Tyrosin und Xanthotoxin. Außerdem ist er reich an Mineralstoffen (Kalium, Eisen, Zink und Phosphor) und Spurenelementen. Im Vergleich zum Kopfsalat enthält er beispielsweise etwa 18-mal so viel Vitamin C und 7-mal so viel Eisen. Seine Samen sind ebenfalls sehr mineralstoffreich und enthalten darüber hinaus Vitamin B3. Der Gänsefuß wird nur selten als Heilpflanze eingesetzt, hat dabei aber durchaus interessante Wirkungen. Der Tee wirkt innerlich leicht abführend und entzündungshemmend. Aufgrund seines Gehaltes an Stigmasterol ist eine den Eisprung fördernde Wirkung wahrscheinlich. Er enthält zudem östrogenähnliche Substanzen, was auf eine mögliche Wirkung gegen Wechseljahrsbeschwerden hindeutet. Die Samen können zur Linderung von Blasenproblemen gekaut werden. Die Naturheilkunde nutzt ihn wegen der enthaltenen Saponine zur Behandlung von Atemwegserkrankungen. Falls die Saponinwirkung unerwünscht ist, kann man den Gehalt mindern, indem man die Pflanze trocknet oder gekocht als Wildgemüse verwendet. Äußerlich soll ein Aufguss bei Insektenstichen, Ekzemen, Sonnenbrand, Gelenkentzündungen und geschwollenen Füßen helfen.

Höhe bis 1,5 m

Grundlegende Merkmale der Pflanzengattung auf S. 206

1 Gesamte Pflanze mit Mehlstaub belegt, die Farbe schwankt zwischen blau-, weiß- und graugrün
2 Stängel teils rot überlaufen, Wuchs überwiegend aufrecht
3 Blätter formenreich: von oval über rhombisch bis annähernd dreieckig
4 Blattrand gezähnt
5 Blütenstände entspringen den Blattwinkeln oder stehen an der Triebspitze
6 Die Blüten (a) werden nur wenig mehr als 0,5 cm groß und wirken durch ihre Anordnung wie kleine Knäuel (b)
7 Same kaum größer als 1 mm

Unechter Gänsefuß

Chenopodium hybridum

Höhe bis 1,0 m
Grundlegende Merkmale der Pflanzengattung auf S. 206

1 Pflanze aufrecht, einfach oder verzweigt
2 Großflächige, nicht mehlig bestäubte Blätter, im Umriss sieben- bis neuneckig mit lang zulaufender Spitze
3 Blütenstand eine pyramidenförmige Rispe
4 Same mit kraterförmigen Grübchen

Foto S. 206

Verbreitungsschwerpunkt: Ruderalgesellschaften, Acker- und Gartenunkrautgesellschaften
Hauptblütezeit: Mai bis August

Vielsamiger Gänsefuß

Chenopodium polyspermum

Verbreitungsschwerpunkt: Nährstoffreiche Acker- und Gartenunkrautfluren
Hauptblütezeit: Juli bis September

Höhe bis 0,6 m
Grundlegende Merkmale der Pflanzengattung auf S. 206

1 Pflanze aufrecht, verzweigt
2 Stängel vierkantig, oft rot überlaufen
3 Blattform oval, Blatt mit bis zu 5 cm Länge verhältnismäßig klein
4 Blattrand glatt, im Gegensatz zu vielen anderen Gänsefuß-Arten ohne Spitzen und Buchten
5 Pflanze reichblütig
6 Frucht linsenförmig, fein punktiert

Guter Heinrich

Chenopodium bonus-henricus

Art im Bestand gefährdet

Verbreitungsschwerpunkt: Nährstoffreiche Krautfluren
Hauptblütezeit: April bis Oktober
Inhaltsstoffe und Wirkung: Der Gute Heinrich enthält Saponine, Oxalsäure, reichlich Mineralien (vor allem Eisen) und Vitamin C (schon 50 g der Pflanze decken den Tagesbedarf). Da der Gehalt an Vitamin C beim Trocknen abnimmt, sollte nur die frische Pflanze verwendet werden. Zur Nutzung der Inhaltsstoffe kann man auch einen Saft pressen. Schon unsere steinzeitlichen Vorfahren machten reichlichen Gebrauch von der schmackhaften Pflanze, nicht nur als Nahrungsbestandteil. Die heute noch relativ häufige Verbreitung in der Nähe dörflicher Siedlungen zeigt, dass er früher eine gern genutzte Gemüsepflanze war. Der Gute Heinrich wirkt leicht abführend und beruhigt entzündete Schleimhäute. Außerdem ist er bei Blutarmut hilfreich. Bei Gicht oder Nierenerkrankungen sollte man den Verzehr wegen des Gehaltes an Oxalsäure eher einschränken. Äußerlich kann man die frischen Blätter als Umschläge bei Abszessen und entzündlichen Hauterkrankungen einsetzen. Das Kraut kann zum Färben verwendet werden und liefert goldene und grüne Farbtöne.

Chenopodium polyspermum

Echter Erdbeerspinat
Chenopodium foliosum
Art ist selten vewildert
Verbreitungsschwerpunkt: Ruderalgesellschaften, Acker- und Gartenunkrautgesellschaften
Hauptblütezeit: Juni bis August

Australischer Gänsefuß
Chenopodium pumilio
Art ist selten verwildert
Verbreitungsschwerpunkt: Ruderalgesellschaften, Acker- und Gartenunkrautgesellschaften
Hauptblütezeit: Juni bis September

Roter Gänsefuß
Chenopodium rubrum (Artengruppe)
Art ist selten
Verbreitungsschwerpunkt: Krautige Vegetation oft gestörter Plätze
Hauptblütezeit: Juli bis September

Grüner Gänsefuß
Chenopodium suecicum
Art ist selten
Verbreitungsschwerpunkt: Ruderalgesellschaften, Acker- und Gartenunkrautgesellschaften
Hauptblütezeit: Juli bis Oktober

Mauer-Gänsefuß
Chenopodium murale
Art im Bestand gefährdet
Verbreitungsschwerpunkt: Ruderalgesellschaften, Acker- und Gartenunkrautgesellschaften
Hauptblütezeit: Juni bis Oktober

Stadt-Gänsefuß, Straßen-Gänsefuß
Chenopodium urbicum
Art im Bestand gefährdet
Verbreitungsschwerpunkt: Ruderalgesellschaften, Acker- und Gartenunkrautgesellschaften
Hauptblütezeit: Juli bis September

Stinkender Gänsefuß
Chenopodium vulvaria
Art im Bestand gefährdet
Verbreitungsschwerpunkt: Nährstoffreiche Acker- und Gartenunkrautfluren
Hauptblütezeit: Juli bis September
Inhaltsstoffe und Wirkung: Für den unangenehmen Geruch nach Heringslake ist das Trimethylamin verantwortlich. Volksmedizinisch wurde die Pflanze bei ausbleibender Menstruation, Krämpfen und weiteren Frauenleiden eingesetzt, außerdem bei Nervosität. Die Homöopathie nutzt die Pflanze vor allem bei Rückenbeschwerden.

Klebriger Gänsefuß
Chenopodium botrys
Art in der Schweiz und in Teilen Österreichs im Bestand gefährdet
Verbreitungsschwerpunkt: Ruderalgesellschaften, Acker- und Gartenunkrautgesellschaften
Hauptblütezeit: Juli bis August

Feigenblättriger Gänsefuß
Chenopodium ficifolium
Art in der Schweiz und in Teilen Österreichs im Bestand gefährdet
Verbreitungsschwerpunkt: Krautige Vegetation oft gestörter Plätze
Hauptblütezeit: Juli bis September

Graugrüner Gänsefuß
Chenopodium glaucum
Art in der Schweiz und in Teilen Österreichs im Bestand gefährdet
Verbreitungsschwerpunkt: Krautige Vegetation oft gestörter Plätze
Hauptblütezeit: Juli bis Oktober

Wirbeldoste
Clinopodium
Lippenblütengewächse (Lamiaceae)

Wirbeldost
Clinopodium vulgare

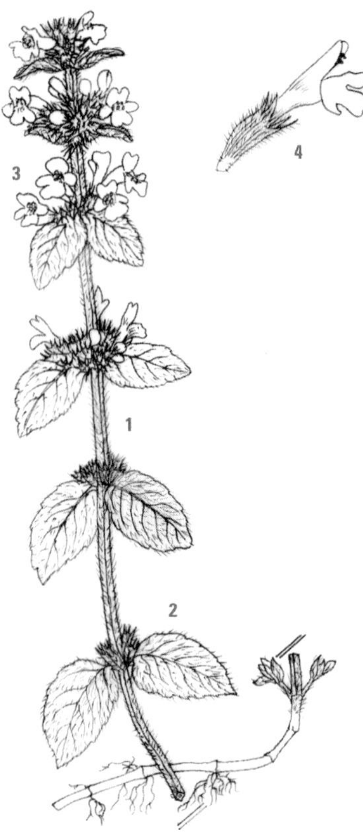

Höhe bis 0,6 m
1 Pflanze aufrecht, zottig behaart
2 Blätter eiförmig, kurz gestielt
3 Knäuelförmige Blütenstände
4 Behaarter Blütenkelch mit grannenartigen Zähnen

Verbreitungsschwerpunkt: Sonnige Staudensäume an Gehölzen
Hauptblütezeit: Juli bis Oktober
Verwendung in der Ernährung: Leicht schärfliche basilikum-minz-aromatische Pflanze für Gewürze und als Salatbeigabe.

Zarte Blätter, faserarme Triebspitzen und knospige Blütenstände dienen von April bis Juli als würzende Zutat in Saucen [14], Bratgemüse [8.2], Ofengemüse [12], gedünstetem oder gedämpftem Gemüse [7] und in Füllungen [10] sowie in Bratlingen [4] und Omelett [6.1], oder auch als Brotteigbeigabe für Hausbrotmischungen [21.1] und Knäckebrot [21.2]. Roh verfeinern sie Kräutermischungen [15], Salate bzw. Rohkost [1] und bereichern mit ihrem Aroma Wildpflanzensalz [16.1], Kräuteröl [16.4] und -essig [16.7], Tee [22.1], Wildpflanzenlimonade [22.2] sowie Spirituosen [18.6] oder Bier [18.7]. Man kann sie auch als Trockengewürz [16.2] verwenden. Die Blüten können von Juli bis Oktober frisch ausgezupft und kandiert [17.4] oder als Aroma v. a. zu Gelee [18.1], Zucker [18.2] und Sirup [18.4] genutzt werden. Ebenso sind sie eine würzige Dekoration in Salat- und Rohkostspeisen [1]. Tipp: Fein gehackte Blätter und ausgezupfte Blüten bereichern mit ihrem Aroma sehr gut ein Senfdressing für Salate.
Inhaltsstoffe und Wirkung: Die Pflanze enthält das Triterpen Betulin. Der Stoff wirkt cholesterinsenkend, entzündungshemmend, antiviral, antibakteriell und schützt die Leber. Eine tumorhemmende Wirkung ist wahrscheinlich. Einige dieser Eigenschaften stehen in engem Zusammenhang zur volksheilkundlichen Verwendung zur Wundheilung und als herzstärkendes und schweißtreibendes Mittel. Außerdem wirkt Wirbeldost schleimlösend und entblähend.

Karden
Dipsacus
Kardengewächse (Dipsacaceae)

Wilde Karde
Dipsacus fullonum

Verbreitungsschwerpunkt: Wegränder, Ruderalstellen, Ufer
Hauptblütezeit: Juli bis August
Verwendung in der Ernährung: Die Blätter und Wurzeln können laut Fischer 2007 roh, gekocht oder getrocknet verwendet werden. Sie sind extrem bitter.
Inhaltsstoffe und Wirkung: Medizinisch wird die Wurzel der Wilden Karde verwendet. Die Pflanze enthält Inulin, Iridoide, Kaffeesäurederivate, Saponine und Scabiosid. Seit alters her nutzt man die Karde als Salbe bei kleineren Wunden, rissiger Haut, Afterfisteln und Geschwüren. In der Volksheilkunde gilt sie außerdem als hilfreich bei der Behandlung von Krebserkrankungen. Innerlich wirkt sie verdauungsfördernd und wassertreibend und wird bei Hautleiden und rheumatischen Beschwerden eingesetzt. Seit einigen Jahren verwendet man die Kardentinktur in Kombination mit der herkömmlichen Antibiotikatherapie zur Behandlung der durch Zecken übertragenen Borreliose. Auch die Homöopathie empfiehlt die Pflanze bei chronischen Hautleiden.

Höhe bis 2,5 m
1 Pflanze im oberen Teil verzweigt
2 Stängel mit kräftigen Stacheln
3 Stängelblätter an der Basis breit verwachsen
4 Hüllblätter schmal, spitz, ungleich lang
5 Eiförmige Blütenköpfe bis 8 cm lang
6 Blüten oft in zwei Bereichen an den Blütenköpfen angeordnet
7 Blütenkrone violett, gelegentlich weiß

Clinopodium vulgare

Dipsacus fullonum

Hohlzahn-Arten
Galeopsis
Lippenblütengewächse (Lamiaceae)

Grundlegende Merkmale: Die Stängel dieser Gattung sind vierkantig, die Blätter gegenständig am Stängel angeordnet, die Form der Blätter einfach, ungeteilt. Die Blütenkrone ist lippenförmig, auf der Unterlippe finden sich 2 zahnförmige, hohle Höcker. Die Frucht ist eine Spaltfrucht, sie zerfällt in 4 Teilfrüchte (Klausen).
Verwendung in der Ernährung: Der Grundgeschmack der z. T. leicht behaarten, unten aufgeführten mitteleuropäischen Arten ist sehr mild und kaum würzig. Sie können daher gut als milderndes Gemüse zu anderem strengeren Gemüse gemischt werden.

Die Blätter werden von Mai bis Oktober in der Küche roh als Grundlage verschiedener Salate [1] oder auch im Kräuterquark [15.5] verwendet. Erwärmt kann man sie als Gemüsefüllungen [10], als Beigabe zu lasagneartigen Aufläufen [12.1], in Suppen [3.1] sowie zu weiteren Gemüsegerichten [7] und Kräuterpüree [9.3] nutzen. Ebenso wurden sie verarbeitet in Eintopfgerichten [11.1], Bratlingen [4], Krautgemüsebroten [21.1] und Eierspeisen [6]. Pflückt man die Blätter, wenn sie noch weich und zart sind, so hat man mit ihnen eine feine Spinatgrundlage [9.1], die man hervorragend mit Taubnesselblättern kombinieren kann.

Die bunten Blüten sind neutral bis süßlich im Geschmack und können von Juni bis Oktober gut als schmückende, essbare Dekoration genutzt werden. Sie können trocken gereinigt und z. B. über Feld- und Pflücksalate gegeben [1] werden. Aus den im Oktober gesammelten Samen gewann man früher ein relativ zartbitteres Speiseöl [16.3], indem man sie schrotete und in einer Ölmühle auspresste. Ggf. kann man den Schrot auch in heißes Wasser legen und das Öl oben abschöpfen. Aus getrockneten Samen lassen sich zu Hause auf der Fensterbank junge Keimlinge ziehen [2].

Auch die Wurzeln sind vermutlich genießbar. Es deutet nichts auf unverträgliche Stoffe hin. Eine Nutzung als Streckmehl für Gebäck [20] oder als Kaffeesurrogat [23] wäre im Frühjahr denkbar.
Inhaltsstoffe und Wirkung: Die Pflanzen enthalten Kieselsäure, Saponine, Gerb- und Bitterstoffe (Iridoide). Frisch zerquetschte Blätter eignen sich äußerlich als Kompresse bei Schwellungen und Hautkrankheiten. Der Hohlzahn wirkt adstringierend, schleimlösend und wird bei leichtem Husten oder Bronchitis eingesetzt; früher aufgrund des Kieselsäuregehaltes bei Lungentuberkulose. Die Homöopathie nutzt den Gelben Hohlzahn *(G. segetum)* bei Milzerkrankungen.

Gewöhnlicher Hohlzahn, Stechender Hohlzahn
Galeopsis tetrahit

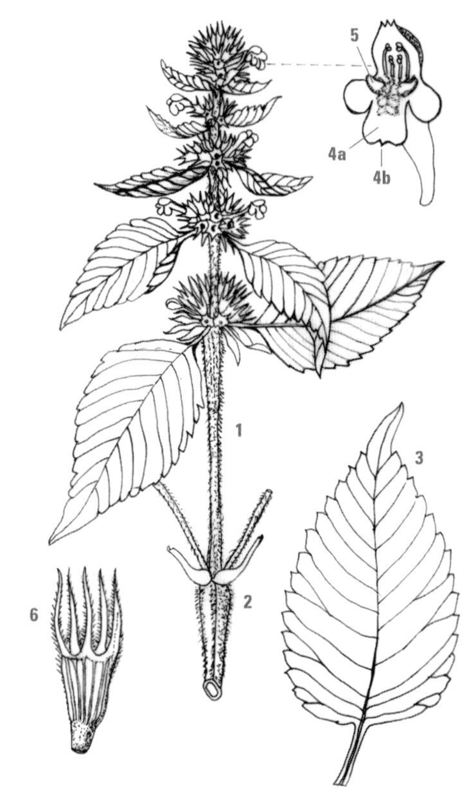

Höhe bis 1,0 m
Grundlegende Merkmale der Pflanzengattung siehe linke Spalte
1 Ganze Pflanze rau behaart
2 Auf Höhe der Blattansätze Stängel deutlich verdickt
3 Blatt eiförmig, oben zugespitzt
4 Unterlippe der Blüte quadratisch geformt (a) mit spitzem Zähnchen (b) an der Unterseite
5 Zahnförmige Ausstülpung der Unterlippe
6 Blütenkelch fünfzipfelig stachelig begrannt

Verbreitungsschwerpunkt: Krautige Vegetation oft gestörter Plätze
Hauptblütezeit: Juni bis Oktober

Zweispaltiger Hohlzahn, Kleinblütiger Hohlzahn
Galeopsis bifida
Art zerstreut bis selten
Verbreitungsschwerpunkt: Schleier- und Krautgesellschaften im Halbschatten
Hauptblütezeit: Juni bis Oktober

Breitblättriger Hohlzahn, Acker-Hohlzahn
Galeopsis ladanum (Artengruppe)
Art zerstreut bis selten
Verbreitungsschwerpunkt: Steinschutt- und Geröllfluren
Hauptblütezeit: Juni bis Oktober

Weichhaariger Hohlzahn, Weicher Hohlzahn
Galeopsis pubescens
Art zerstreut bis selten
Verbreitungsschwerpunkt: Krautige Vegetation oft gestörter Plätze
Hauptblütezeit: Juli bis Oktober

Bunter Hohlzahn
Galeopsis speciosa
Art zerstreut bis selten
Verbreitungsschwerpunkt: Nährstoffreiche Acker- und Gartenunkrautfluren
Hauptblütezeit: Juli bis September

Gelber Hohlzahn
Galeopsis segetum
Art in der Schweiz und in Teilen Österreichs im Bestand gefährdet
Verbreitungsschwerpunkt: Steinschutt- und Geröllfluren
Hauptblütezeit: Juni bis September

Knopfkräuter, Franzosenkräuter

Galinsoga

Korbblütengewächse (Asteraceae)

Verwendung in der Ernährung: Sehr milde, aromatische, zum Teil behaarte Pflanzen für Salate, Gemüse, Getränke und Öl. Das Knopfkraut wird seit langer Zeit als wichtiges Spinat- und Suppengemüse in traditionellen südamerikanischen Gerichten geschätzt. Zarte Blätter, Triebspitzen, Blütenknospen und Blüten erinnern geschmacklich an frischen grünen Salat und ergeben roh von Mai bis September eine hervorragende Salatgrundlage [1]. Besonders zu empfehlen sind sie zubereitet als frischer Blattsalat mit Avocadodressing. Sehr fein schmecken sie auch gewürzt und einfach kurz in Öl gebraten [8.2] sowie als Zutat in Eierspeisen [6], Hackkräutermischungen [15] und Saucen [14]. Außerdem lässt sich leckeres Pesto [16.6] aus ihnen herstellen. Aus dem frischen Kraut kann man – gemischt mit anderem Gemüse – gut Gemüsesaft [22.4] gewinnen. Getrocknet [16.2] wird es als Suppenbeigabe in Gläsern bevorratet. Die ganze Pflanze, außer zu zähe Stängel, verarbeitet man von Juli bis September zu Spinat [9.1], in Eintopfgerichten [11.1]

Galeopsis tetrahit

Galinsoga quadriradiata

und anderen, üblichen Gemüsegerichten [7][10] oder Kräutersuppen [3.1]. Von Juli bis Oktober bilden die Pflanzen immer wieder neue Blüten und Samen. Man kann die Samen roh essen. Sie lassen sich auch zu Speiseöl pressen [16.3] (allerdings benötigt man dazu große Mengen) oder man trocknet sie an der Sonne und nutzt sie im Winter auf der warmen Fensterbank als vitaminreiche Keimsaat [2].
Inhaltsstoffe und Wirkung: Die Pflanzen sind reich an Kalium, Calcium, Eisen und Magnesium und den Vitaminen A und C. Hervorzuheben ist außerdem ihr hoher Mangangehalt. Mangan ist Bestandteil vieler Enzyme und spielt eine wichtige Rolle im Kohlenhydrat- und Fettstoffwechsel. In der Phytotherapie wird die Tinktur gegen Krebsleiden eingesetzt. Der Pflanzensaft kann äußerlich zur Wundbehandlung genutzt werden. Die Homöopathie nutzt die Pflanze gegen grippale Infekte.

Verbreitungsschwerpunkt: Nährstoffreiche Acker- und Gartenunkrautfluren
Hauptblütezeit: Mai bis Oktober

Raues Knopfkraut, Zottiges Franzosenkraut
Galinsoga quadriradiata

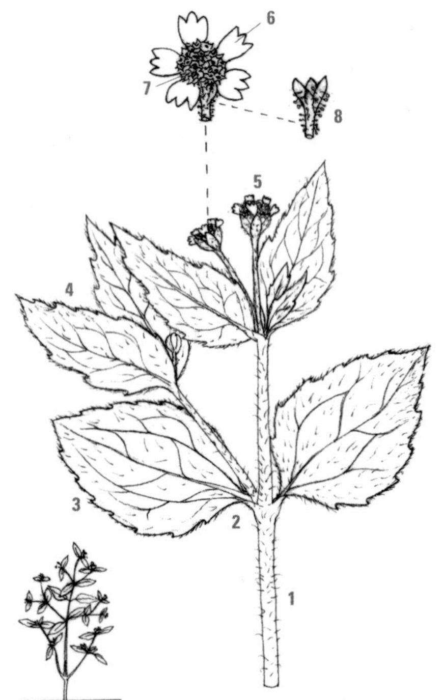

Höhe bis 0,8 m
1 Stängel abstehend behaart
2 Jeweils 2 Blätter stehen sich paarweise (gegenständig) gegenüber
3 Blattrand spitz gezähnt und behaart
4 Blatt auf beiden Seiten schwach behaart
5 Blütenköpfchen an den Triebspitzen angeordnet
6 5 weiße Randblüten (Zungenblüten) umrahmen die Blütenköpfchen
7 Gelbe Röhrenblüten im Zentrum der Blütenköpfchen
8 Hülle der Blüte drüsig behaart

Foto S. 213

Kleinblütiges Knopfkraut, Kleinblütiges Franzosenkraut
Galinsoga parviflora

Höhe bis 0,6 m
1 Stängel aufrecht, nach oben hin verzweigt, fast kahl
2 Blätter am Rande schwach gezähnt und behaart
3 Blütenköpfe klein, etwa 5 mm im Durchmesser
4 Meist 5 weiße Randblüten

Verbreitungsschwerpunkt: Nährstoffreiche Acker- und Gartenunkrautfluren
Hauptblütezeit: April bis Oktober

Sonnenblumen, Topinambur
Helianthus
Korbblütengewächse (Asteraceae)

Gewöhnliche Sonnenblume
Helianthus annuus

Verbreitungsschwerpunkt: Schuttunkrautfluren
Hauptblütezeit: Juli bis September
Verwendung in der Ernährung: Eine ergiebige, milde Pflanze für Salate, Gemüse und Öl. Die jungen, weichen Blätter der Gewöhnlichen Sonnenblume können von April bis Juni fein geschnitten Salaten [1], Bratlingen [4], Eierspeisen [6] und Gemüsesuppen [3.1] beigegeben sowie im Brotteig für Hausbrotmischungen [21.1] und Knäckebrot [21.2] verwendet werden. Ihre großen Blätter eignen sich hervorragend als Mantelgemüse für Krautwickelgerichte bzw. Blattrouladen [5].

Junge Blütenknospen eignen sich von April bis Mai im Ganzen als Gemüse in Salzwasser gekocht. Die gelben Randblüten finden von Juli bis August vor allem als dekorative Zutat Verwendung in Teemischungen, in Aromazucker [18.2], Hackkräutermischungen [15] sowie in Salat- und Rohkostspeisen [1] oder auch kandiert [17.4] zur Verzierung von Backwaren und Süßspeisen.

Die bekannten ausgereiften Samenkörner genießt man im September frisch oder geröstet als Knabberei. Man kann sie als Keimsaat [2] nutzen bzw. zu Pressöl [16.3] oder Kaffeesurrogat [23] verarbeiten.

Inhaltsstoffe und Wirkung: Die Blütenblätter und das Öl der Sonnenblume werden medizinisch verwendet. Die amerikanischen Ureinwohner nutzen die Pflanze bereits seit mehr als 4000 Jahren. Erst im 16. Jh. gelangte sie mit den spanischen Seefahrern nach Europa. Die Blätter enthalten Sesquiterpene (Helinnuole), Flavonoide (Luteolin, Nepedin) und Phenolcarbonsäuren. Die farbigen Blütenblätter enthalten Diterpene, Flavonoide, Anthocyane und Carotinoide (Xanthophyllin). Das Öl enthält hauptsächlich Vitamine (A, B, E und Folsäure), Linol- und Ölsäure, außerdem Carotinoide und Lecithin. Ein Tee aus den Blütenblättern wirkt adstringierend, wassertreibend und auswurffördernd. Die zerdrückten Blätter wurden als Umschläge auf Geschwüre, Schwellungen und Bisse gelegt. Den Extrakt aus den Blütenblättern setzt man in Fertigarz-

Galinsoga parviflora

Helianthus annuus

neimitteln gegen Venenerkrankungen ein. Es gibt Berichte, nach denen er außerdem fiebersenkende Eigenschaften bei Malaria und Lungentuberkulose besitzt. Die nordamerikanischen Ureinwohner nutzten einen warmen Absud der Wurzel äußerlich zur Linderung von rheumatischen Schmerzen oder kauten sie zur Linderung von Zahnschmerzen. Der Verzehr der ölhaltigen Samen wirkt harntreibend und auswurffördernd und hilft bei Lungenproblemen. Sonnenblumenöl ist ein wertvolles Speiseöl, wirkt leicht abführend und beugt Arteriosklerose vor. Insbesondere in Russland wird es zum Entgiften in Form von Mundspülungen (Ölziehkur) verwendet. Die enthaltene Linolsäure kann der menschliche Körper nicht selbst herstellen. Ölsäure reduziert die Aktivität von Brustkrebs in Zellkultur. Gerne wird das Öl außerdem in Hautpflegemitteln verwendet. Die Homöopathie nutzt es zur Behandlung von Wunden. Mittlerweile dient es außerdem als nachwachsender Rohstoff für Schmier- und Treibstoffe.

Topinambur, Erdbirne

Helianthus tuberosus

Verbreitungsschwerpunkt: Schleiergesellschaften und Ufersäume und Schuttplätze
Hauptblütezeit: August bis Oktober
Verwendung in der Ernährung: Die langen, strahlendgelben Blütenblätter am Rand sind im Geschmack neutral und können von August bis Oktober als schmuckhafte, essbare Dekoration genutzt werden, dazu zupft man sie vorsichtig aus und streut sie frisch oder getrocknet [16.2] über diverse Speisen. Besonders gut lassen sich mit den Blüten des Topinamburs Salate abschließend verzieren oder verschiedene Aufstriche ummanteln. Gerne nutzt man auch die getrockneten Blüten als dekorative Beigabe zu Trockenteemischungen [22.1].

Ab Mitte Oktober können die milden, kohlehydratreichen Wurzelknollen des Topinamburs aus der Erde geerntet werden. Ihr Geschmack ist kartoffelähnlich, nur wesentlich süßer. Man nutzt sie erhitzt zu Backgemüse [12.3], Mischgemüsegerichten [11] sowie Bratgemüse [8] und selten zu verschiedenen Rohkostgerichten [1]. Oder man schneidet sie in kleine Würfel, die dann kurz frittiert und gesalzen werden, um eine delikate, herzhafte Knabberei zu erhalten.

Weitere Verwendungsmöglichkeiten: getrocknet und geröstet als Kaffee [23], als in Essig bzw. Salz eingelegtes Gemüse [13.1][13.2] oder zu Alkohol vergoren. Unverarbeitet lassen sich die Wurzeln nicht lange lagern!

Die milden Blätter und die Blütenknospen sind vermutlich aufgrund der engen Verwandtschaft zur Gewöhnlichen Sonnenblume *(Helianthus annuus)* ebenfalls essbar. Topinambur ist eine weltweit kultivierte und sehr gebräuchliche Pflanze, es liegen uns keine Hinweise über mögliche Giftstoffe vor. Eine Verwendung der Blätter in Hackkräutermischungen [15] oder als Beigabe zu Spinat [9.1] wäre denkbar, ebenso die Knospe als Gemüse gekocht.
Inhaltsstoffe und Wirkung: Die Knollen enthalten reichlich Mineralien, insbesondere Kalium und Eisen, außerdem B-Vitamine, Inulin (bis 18 %), Salicylsäure und andere Polyphenole. Topinambur ist hervorragend als Diabetikernahrung und bei Problemen mit der Bauchspeicheldrüse geeignet. Das in der Pflanze reichlich vorhandene Inulin fördert die Darmgesundheit, indem es das Wachstum körpereigener Bifidobakterien im Dickdarm anregt. Die Darmgesundheit ist für ein reibungsloses Funktionieren des Immunsystems und für das allgemeine Wohlbefinden von größter Bedeutung. Die Inhaltsstoffe der Knolle neutralisieren Darmgifte und schützen so vor Erkrankungen bis hin zu krebsartigen Veränderungen. Aufgrund des Gehaltes an Polyphenolen ist eine antioxidative Wirkung der Knolle wahrscheinlich. Der Verzehr größerer Mengen kann zu Blähungen führen.

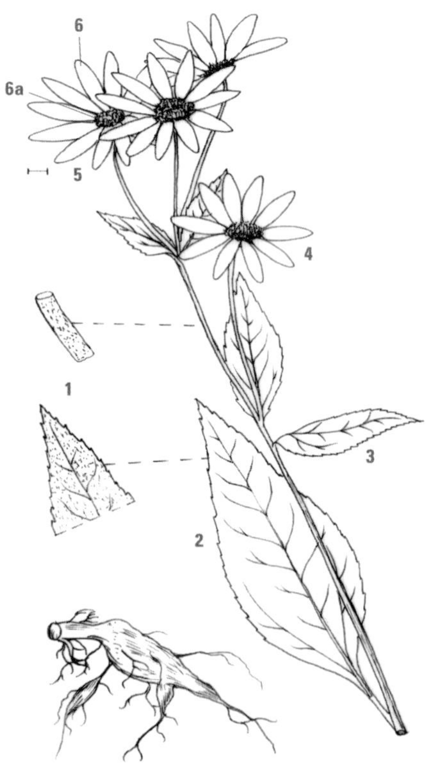

Höhe bis 3,0 m
1 Ganze Pflanze rauhaarig
2 Blätter in etwa doppelt so lang wie breit und vorne zugespitzt
3 Blattrand gezähnt
4 Lang gestielte Blütenköpfe den Blattachseln entspringend
5 Die gelben Blütenköpfe werden im Durchmesser bis 10 cm
6 Gelbe Zungenblüten länger als die von ihnen umschlossene Blütenscheibe (a)

Foto S. 218

Nachtviolen
Hesperis
Kreuzblütengewächse (Brassicaceae)

Grundlegende Merkmale: Die Blätter dieser Gattung sind wechselständig am Stängel angeordnet und überwiegend ungeteilt. Wie bei den meisten Vertretern der Kreuzblütlergewächse finden sich 4 Kelch-, 4 Kron-, sowie 6 Staubblätter. Die Frucht ist eine Schote.

Verwendung in der Ernährung: Die jungen Blätter dieser schärflich aromatischen Pflanzen können im Frühjahr fein geschnitten und so Bratlingen [4], Omelett [6.1] und Gemüsefüllungen [10.1] zugegeben werden. Auch zart-säuerlichem und nussigem Gemüse [7.1][7.3] sowie diversen Hackkräutermischungen [15.1][15.4][15.5] und Pesto [16.6] geben sie eine pikante Note.

Ihre gedrängt stehenden Blüten und Knospen sind besonders geeignet als leuchtende Beigabe zu Kräutersalaten [1] oder zu anderen herzhaften Speisen.

Vor allem die Samenkörner schmecken ähnlich wie Brunnenkresse. Sie können von Juli bis September geerntet und dann in Kräuteröl [16.4] bzw. -essig [16.7] oder im jungen Stadium kapernartig [16.11] eingelegt werden. Außerdem kann man sie zu einer senfartigen Paste [16.8] vermaischen oder als Keimsaat [2] nutzen. Auch Pressöl [16.3] lässt sich aus ihnen gewinnen, das man allerdings nur in Maßen verwenden sollte. Die Wurzeln können, solange sie unverholzt sind, als schärfliches Gewürz fein geschnitten werden.

Zu beachten: Bei Aufnahme übermäßiger Mengen wirken die Pflanzen unverträglich! Vgl. Roth et al.1994.

Inhaltsstoffe und Wirkung: Die Pflanzen enthalten Cardenolide und Glucosinolate. Sie wirken schweiß- und harntreibend.

Höhe bis 1,0 m
Grundlegende Merkmale der Pflanzengattung siehe linke Spalte

1 Stängel aufrecht
2 Blätter bis 15 cm lang
3 Alle Blätter kurz gestielt
4 Blattrand gezähnt
5 Reichhaltige Blütentrauben, mit violetten, lila, oder weißen Blüten
6 Kronblätter zwei- bis dreimal so lang wie die Kelchblätter
7 Aufrechte Schotenfrüchte, bis 10 cm lang, relativ kurz gestielt

Foto S. 218

Gewöhnliche Nachtviole
Hesperis matronalis

Gefahrenstufe bei der Verwendung: *
Verbreitungsschwerpunkt: Erlen- und Edellaub-Auenwälder
Hauptblütezeit: Mai bis Juli

Wald-Nachtviole
Hesperis sylvestris
Art selten verwildert
Verbreitungsschwerpunkt: Waldlichtungsfluren und Gebüsche
Hauptblütezeit: Mai bis Juli

!! Trübe Nachtviole
Hesperis tristis
Art in Österreich im Bestand gefährdet
Verbreitungsschwerpunkt: Ruderalgesellschaften, Acker- und Gartenunkrautgesellschaften
Hauptblütezeit: Mai bis Juni

Helianthus tuberosus

Hesperis matronalis

Lamium album

Lamium amplexicaule

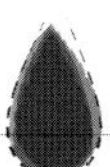

Taubnesseln
Lamium
Lippenblütengewächse (Lamiaceae)

Grundlegende Merkmale: Die nesselartigen, ungeteilten Blätter sind am Stängel gegenständig angeordnet. Die scheinbar quirlig stehenden Blüten sind lippenförmig gestaltet. Die Frucht ist eine Spaltfrucht, sie zerfällt in 4 Teilfrüchte (Klausen).
Verwendung in der Ernährung: Das Kraut der unten aufgeführten mitteleuropäischen Taubnesseln (weiche Triebspitzen und zarte Blätter) ist uns nahezu die ganze Vegetationsperiode über als hervorragende Grundlage für schmackhafte, aromatische Hausteemischungen [22.1] bekannt. Besonders junge Blätter und Triebspitzen bieten sich vor der Blüte ab Februar und noch während der Hauptblüte im April als Salate und Rohkost [1] an. Die Triebspitzen mit den üppigen Blüten sind z. B. eine ausgezeichnete Grundlage für Vorspeisensalate mit Gurkenwürfeln und Schafskäse. Die Behaarung an zarten Pflanzenteilen ist hierbei nicht störend. Mit ihrer feinwürzigen Pilznote schmecken sie auch hervorragend als Gemüselasagne [12.1] mit gerösteten Nüssen und Ziegenkäse. Sie ergeben leckere Gemüsechips [8.5] und sind eine ausgezeichnete Beigabe in Bratlingen [4] und im Brotteig für Hausbrotmischungen [21.1]. Joghurt mit frisch entsaftetem Kraut und Honig ist ein Vitalgetränketipp [22.4]. Als Gemüse gekocht sind die Blätter und Triebspitzen relativ mild und gut als Suppengemüse [3.1] geeignet. Sie können auch als spinatähnliches Gemüse [9.1] oder in Eierspeisen [6] zubereitet werden.

Die Blüten eignen sich von April bis Oktober für süße Dessert-Gerichte [17] oder aber zusammen mit den Blättern für herzhaft bunte Kräuterbutter [15.3] und v. a. als Beigabe zu Salaten.

Die neuen, steinpilzaromatischen Wurzeln der Triebausläufer verwendet man v. a. im Herbst als rohe Knabberei, in Salaten [1] oder klein geschnitten in Gemüsesuppen [3.1] oder zu Pesto [16.6] sowie geröstet als Kaffeesurrogat [23].

Ab Ende Mai bis September findet man die Samen. Sie können, zu Hause nachgetrocknet, im Winter auf der Fensterbank als frische Keimlinge für Salate genutzt werden [2].
Inhaltsstoffe und Wirkung: Blüten und Kraut einiger Arten *(L. album, L. galeobdolon, L. maculatum)* werden arzneilich verwendet. Sie enthalten Mineralien, ätherisches Öl, Iridoide, Flavonoide (0,4 %), Glykoside, Saponine sowie Schleim- und Gerbstoffe. In der Naturheilkunde gelten die Pflanzen als belebend, entzündungshemmend, wirksam gegen Bakterien, schleimhautschützend, blutstillend, verdauungsfördernd und harntreibend. Entsprechend vielseitig ist ihre Anwendung, beispielsweise zur Schleimlösung bei Katarrhen und Bronchitis, bei Beschwerden im Magen-Darmbereich, bei Gicht, Rheuma und Fieber. Äußerlich werden sie für Umschläge bei Hautschwellungen, Juckreiz, Nagelbettentzündungen, Beulen und Krampfadern verwendet.

Weiße Taubnessel
Lamium album

Verbreitungsschwerpunkt: Nährstoffreiche Krautfluren
Hauptblütezeit: April bis Oktober

Stängelumfassende Taubnessel
Lamium amplexicaule

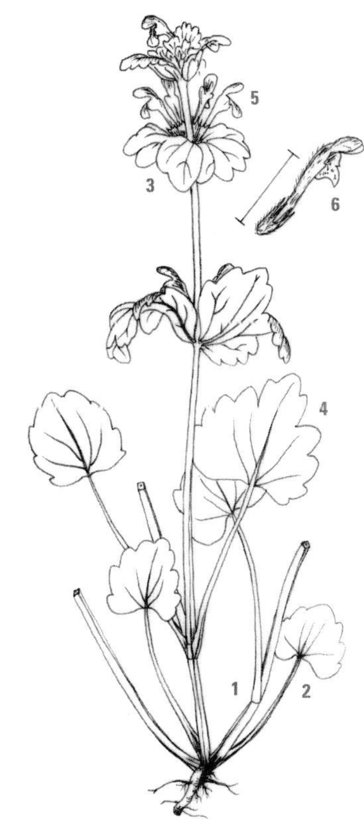

Höhe bis 0,3 m
Grundlegende Merkmale der Pflanzengattung siehe linke Spalte
1 Pflanze am Grunde verzweigt
2 Untere Blätter gestielt, rundlich
3 Obere Blätter sitzend, den Stängel umfassend, rundlich bis nierenförmig
4 Blattrand stumpf gezähnt bis gekerbt
5 Blüten zu 8–16 oberhalb der Stängelblätter scheinbar quirlig angeordnet
6 Lippenblüte 1–2 cm lang

Verbreitungsschwerpunkt: Nährstoffreiche Acker- und Gartenunkrautfluren
Hauptblütezeit: März bis Mai

Goldnessel, Gelbe Taubnessel
Lamium galeobdolon (Artengruppe)

Verbreitungsschwerpunkt: Laubwälder und Gebüsche
Hauptblütezeit: April bis Juli

Gefleckte Taubnessel
Lamium maculatum

Verbreitungsschwerpunkt: Staudensäume an Gehölzen im Halbschatten
Hauptblütezeit: Anfang Mai bis Ende Juni

Rote Taubnessel
Lamium purpureum

Höhe bis 0,3 m
Grundlegende Merkmale der Pflanzengattung auf S. 219

1 Stängel häufig am Grunde verzweigt
2 Im Gegensatz zur Stängelumfassenden Taubnessel *(Lamium amplexicaule)* sind auch die oberen Blätter (kurz) gestielt
3 Blattform variabel, herz-, nieren- bis eiförmig
4 Blattrand schwach gekerbt oder stumpf gezähnt
5 Blüten im oberen Bereich der Stängel zu 6–10 in gedrängten Knäueln angeordnet
6 Blütenkrone im Unterschied zur Gefleckten Taubnessel *(Lamium maculatum)* kleiner 2 cm

Verbreitungsschwerpunkt: Nährstoffreiche Acker- und Gartenunkrautfluren
Hauptblütezeit: März bis Mai

Großblütige Taubnessel, Nesselkönig
Lamium orvala
Art ist selten
Verbreitungsschwerpunkt: Schleier- und Krautgesellschaften im Halbschatten
Hauptblütezeit: April bis Juni

Wolfstrapp-Arten
Lycopus
Lippenblütengewächse (Lamiaceae)

Verwendung in der Ernährung: Die weichen, unverholzten Wurzeln der jungen Pflanzen von September bis März eignen sich klein geschnitten, weich gekocht und sauersalzig eingelegt [13.1][13.2] als delikate Beigabe zu Bratgerichten. Als Zutat kann man sie auch zu Wurzelgemüse [8.1] oder Eintopfgerichten [11.1] und frisch gerieben in kleinen Mengen in Salate und Rohkost [1] geben. Die balsamisch bitter-herben Blätter und Triebe beinhalten ein flüchtiges Öl und haben einen süßlichen Duft. Sie könnten nach unserer Einschätzung von April bis September in kleinen Mengen gewürzartig benutzt werden. Dabei sollte man sie jedoch vorsichtig dosieren: Sie enthalten Cumarin sowie Alkaloide und können ggf. bei Überdosierung Kopfschmerzen erzeugen.
Inhaltsstoffe und Wirkung: Die Pflanzen enthalten des Weiteren Zimt- und Kaffeesäurederivate, außerdem Flavonoide und Diterpene. Sie wirken bei leichten Fällen von Schilddrüsenüberfunktion, die sich durch Nervosität, Herz- und Kreislaufstörungen äußern. Weitere Anwendungen betreffen die Frauenheilkunde. Man verwendet sie bei Brustschmerzen und prämenstruellem Syndrom. Volksheilkundlich nutzte man sie früher bei nervösen Herzerkrankungen und als Fiebermittel.

Gewöhnlicher Wolfstrapp, Ufer-Wolfstrapp
Lycopus europaeus

Unterarten *L. europaeus* ssp. *exaltatus* und *mollis* im Bestand gefährdet

Verbreitungsschwerpunkt: Röhrichte, Großseggensümpfe
Hauptblütezeit: Mitte Juli bis Mitte August
Verwechslungsgefahr: Bilsenkraut *(Hyoscyamus niger)* vor der Blütenentwicklung, S. 612.

Lamium galeobdolon

Lamium maculatum

Lamium purpureum

Lycopus europaeus

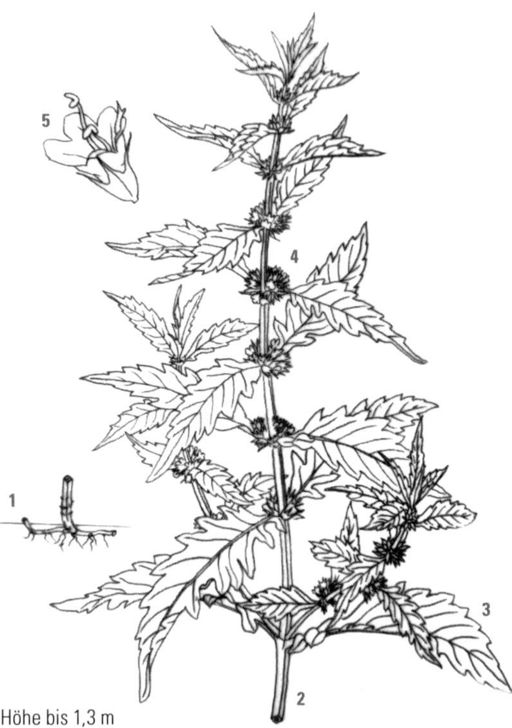

Höhe bis 1,3 m
1 Pflanze mit Ausläufern
2 Stängel aufrecht
3 Blätter am Rande grob gezähnt
4 Blütenkelch meist stechend
5 Unscheinbare weiße Blüten quirlig in den Achseln der oberen Blattpaare angeordnet

Hoher Wolfstrapp
Lycopus exaltatus
Art im Bestand gefährdet
Verbreitungsschwerpunkt: Weiden-Auengehölze
Hauptblütezeit: Juli bis August

Gilbweideriche, Pfennigkräuter
Lysimachia
Primelgewächse (Primulaceae)

Grundlegende Merkmale: Die Blätter dieser Gattung sind ungeteilt und gegenständig oder quirlartig am Stängel angeordnet. Die meist fünfzählige Blüte besteht in der Regel aus 5 Kelch-, 5 Kron- und 5 Staubblättern. Die Frucht ist eine Kapsel.
Inhaltsstoffe und Wirkung: Die Pflanzen enthalten Benzochinon, Saponine, Gerbstoffe und Flavonoide. Sie spielen schulmedizinisch keine Rolle. Die Volksmedizin verwendet sie bei Magen- und Darmbeschwerden, Durchfall, Rheuma, zur Wundbehandlung und in Form von Spülungen bei Zahnfleischproblemen. Der Pflanzenextrakt soll antibiotische Wirkung haben.

Hain-Gilbweiderich, Hain-Gelbweiderich
Lysimachia nemorum

Verbreitungsschwerpunkt: Erlen- und Edellaub-Auenwälder
Hauptblütezeit: Mai bis August
Verwendung in der Ernährung: Die Pflanze wird ähnlich wie das Pfennigkraut *(Lysimachia nummularia)* eingesetzt. Die milden Blätter und Triebe sind das ganze Jahr über recht zart und können Hackkräutermischungen [15] oder Püree [9.3], Spinat [9.1], Mischgemüsegerichten [11] und Salaten [1] beigegeben werden. Das Kraut mit den Blüten zusammen wurde als Tee genutzt [22.1]. Die Blüten von Mai bis August können als essbare Dekoration z. B. in Hackkräutermischungen [15] und Rohkostspeisen [1] sowie als Aroma in Gelee [18.1], Sorbets [17.7] und Blütencremes [17.1] dienen. Man kann sie auch kandieren [17.4].

Höhe bis 0,3 m
Grundlegende Merkmale der Pflanzengattung siehe linke Spalte
1 Im unteren Teil der Pflanze wurzelt diese an den Blattansätzen
2 Blätter paarig angeordnet (gegenständige Blattstellung)
3 Blätter eiförmig, zugespitzt, durchscheinend punktiert
4 Lang gestielte Blüten einzeln in den oberen Blattwinkeln

Pfennigkraut
Lysimachia nummularia

Verbreitungsschwerpunkt: Pioniergesellschaften auf feuchten und überfluteten Rasen, Grünlandgesellschaften, Schleier- und Krautgesellschaften im Halbschatten, Erlen- und Edellaub-Auenwälder

Hauptblütezeit: Anfang Mai bis Ende Juli

Verwendung in der Ernährung: Das Pfennigkraut bleibt nahezu das ganze Jahr über zart, bis zum ersten Frost kann man die kleinen, runden Blätter abzupfen oder sie samt der vordersten Triebspitzen sammeln und Hackkräutermischungen beigeben. Die Form der einzelnen Blätter ist sehr dekorativ, sodass sie auch direkt einzeln auf ein Butterbrot gelegt werden können. Genauso sollte man auch die Blüten von Anfang Mai bis Ende Juli als essbare Dekoration einsetzen, z. B. in Hackkräutermischungen [15] oder in Salat- und Rohkostspeisen [1]. Seine rundlichen Blätter sind eine erfrischende Bereicherung für Bohnensalate und als Aroma in Speisen. Auch kandiert [17.4] eignen sie sich als Nascherei. Als Gemüse gibt die Pflanze meistens nicht genug Masse ab, man kann sie aber gut gedünstetem Gemüse [7], Püree [9.3] Spinat [9.1], Saucen [14] und Gemüsesuppen [3.1] beimischen. Frisch hackt man sie in Salate [1] oder in Kräuterrühreier [6.3]. Blätter und Blüten zusammen ergeben einen schmackhaften Haustee [22.1]. Der Grundgeschmack der Pflanze ist spargelartig, etwas säuerlich.

Länge bis 0,5 m

Grundlegende Merkmale der Pflanzengattung auf S. 222

1 Die Pflanze wächst flach am Boden
2 An den Verzweigungen bildet das Pfennigkraut neue Wurzeln
3 Das kurzgestielte, ganzrandige Blatt ist rundlich oder elliptisch bis herzförmig
4 Blüten einzeln und gestielt in den mittleren Blattwinkeln
5 5 gelbe Blütenkronblätter, die sich auf der Innenseite häufig rötlich verfärben und 5 Staubblätter

Lysimachia nemorum

Lysimachia nummularia

Gewöhnlicher Gilbweiderich
Lysimachia vulgaris

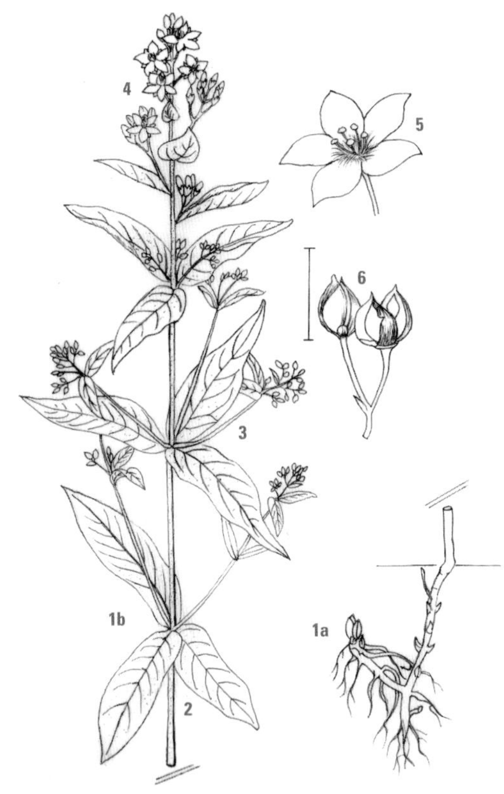

Höhe bis 1,5 m
Grundlegende Merkmale der Pflanzengattung auf S. 222
1 Pflanze mit Ausläufern (a), aufrecht wachsend, im oberen Drittel verzweigt (b)
2 Stängel und Blätter kurz behaart
3 Blätter häufig zu dreien angeordnet, ganzrandig, drei- bis viermal so lang wie breit
4 Blüten im oberen Drittel der Pflanze angeordnet
5 Blüte mit 5 gelben, am Grunde teils rötlichen Blütenkronblättern und 5 Staubblättern
6 Fruchtkapsel bis 5 mm lang

Verbreitungsschwerpunkt: Feuchtwiesen und Bachuferfluren
Hauptblütezeit: Juni bis August
Verwendung in der Ernährung: Junge Blätter des Gewöhnlichen Gilbweiderichs können im April fein gehackt als Bestandteil von Frühjahrssuppen [3.1] genutzt werden. Man kann sie aber auch unter Gemüse- und Spinatgerichte [11][9.1] geben oder abbrühen und zum Kräuterquark [15.5] mischen. Mit anderen Kräutern zusammen eignen sie sich auch gut als Füllgemüse von Teigtaschen [10.2]. Der Grundgeschmack der Blätter erinnert etwas an rauherben Feldsalat. Die Blüten erntet man von Juni bis August und streut sie in kleinen Mengen gerne gemischt mit anders farbigen Wildblüten über würzige Brotaufstriche [15.1]. Man kann sie auch in Sirup [18.4] und Süßspeisen [17] oder als farbige Würze in Wildpflanzensalz [16.1] sowie in Salat- und Rohkostspeisen [1] nutzen. Werden seine von den Blättern befreiten Triebe von Frühjahr bis Sommer mit einer Saftpresse entsaftet, erhält man einen erfrischend, sauer-fruchtigen Saft, der sich gut als Dressing für Obstsalate [19.4], z. B. mit Rosinen, eignet oder in Saft- und Vitalgetränken [22.4] eingemischt werden kann. Marzell 1958 überliefert für die Pflanze auch den alten Pflanzennamen »Esswurzel«, was sicherlich auf eine Nahrungsverwendung der Wurzel hindeutet.

Straußblütiger Gilbweiderich
Lysimachia thyrsiflora
Art im Bestand gefährdet
Verbreitungsschwerpunkt: Teiche, Gräben, Moore
Hauptblütezeit: Mai bis Juli
Verwendung in der Ernährung: Junge Sposse und junge Blätter kann man als Gemüsebrei verarbeiten.

Melissen, Zitronenmelissen
Melissa
Lippenblütengewächse (Lamiaceae)

Melisse, Zitronenmelisse
Melissa officinalis

Verbreitungsschwerpunkt: Nährstoffreiche Krautfluren
Hauptblütezeit: Juni bis August
Verwendung in der Ernährung: Die delikaten, zarten, zitrus-minz-aromatischen Blätter und Triebe verarbeitet man von April bis Juni gewürzartig in Crêpes [6.2], Bratlingen [4], Rührei [6.3] oder Omelett [6.1] bzw. als eingelegtes Gemüse in Wein [13.3] oder als Beigabe zu gedünstetem oder gedämpftem Gemüse [7]. Eine exzellente Zutat sind sie in Gemüsefüllungen [10], Spinat [9.1], Gemüsesuppen [3.1] und Saucen [14] sowie in Hackkräutermischungen [15], Salaten und Rohkost [1]. Auch dem Rauchtabak [25] kann man sie beimengen. Außerdem verfeinert die Melisse mit ihren fein geschnittenen Blättern Waldpilzgerichte. Weitere Verwendungsmöglichkeiten: als Würze und Würzbeigabe insbesondere in Wildpflanzensalz [16.1], Kräuteröl [16.4] und -essig [16.7], als Würzmus [16.10], Pesto [16.6] oder als Trockengewürz [16.2]. Mit ihren ätherischen Ölen eignet sie sich sehr gut für die Gewinnung von Mazerationsöl [16.5] oder als Aroma in Gelee [18.1], Gewürzschokolade [18.3][17.6], Sirup [18.4], Aromazucker [18.2], Tee [22.1], Wildpflanzenlimonaden [22.2],

Lysimachia vulgaris

Melissa officinalis

Bowlen [22.3] und Spirituosen [18.6] sowie in Saft- und Vitalgetränken [22.4]. Auch kandiert [17.4] sind sie schmackhaft.

Die Blüten und knospige Blütenstände verwendet man von Juni bis August ähnlich wie die Blätter als Aroma [18], aber auch in Kräuteröl [16.4] oder in einer Blütencreme [17.1] bzw. als essbarer Speisendekor. Die Samen dienen im Herbst als Keimsaat [2].

Inhaltsstoffe und Wirkung: Die Melisse enthält ätherisches Öl (Thymol), Gerb- und Bitterstoffe, Gerbsäure, Harz, Schleimstoffe, Glykoside und Saponine. Bereits seit dem Mittelalter ist die Melisse aufgrund ihres großen Wirkungsspektrums und ihres angenehmen Zitronenaromas eine geschätzte Heil- und Teepflanze und ein Hauptbestandteil des allseits bekannten »Melissengeistes«. Die Melisse wirkt allgemein beruhigend und ist bei nahezu allen nervös bedingten Beschwerden angezeigt. Sie ist äußerst hilfreich bei nervösen Herzbeschwerden, Schlafstörungen, Krämpfen, Menstruationsbeschwerden, Migräne, Unruhe nervösem Magen und Reizbarkeit. Sie wirkt bei allerlei Beschwerden des Magen- und Darmtraktes, aber auch bei Gicht und Rheuma. Ein Tee davon hemmt Bakterien, Viren und Pilze in ihrem Wachstum und kann bei Grippe,

Höhe bis 1,0 m

1 Verzweigte (a), nach Zitrone riechende Pflanze mit Ausläufern (b)
2 Ganze Pflanze behaart
3 Blätter eiförmig, gestielt
4 Blattrand grob gezähnt
5 Drei- bis zwölfblütige Blütenstände

Bronchitis und anderen fiebrigen Infektionskrankheiten eingesetzt werden. Äußerlich hilft sie bei Insektenstichen, Wunden, Geschwüren, Blutergüssen, Quetschungen, Ohren- und Zahnschmerzen. Das reine ätherische Öl der Pflanze ist zwar sehr teuer, hat sich aber als ausgezeichnetes Mittel gegen Lippenherpes bewährt.

Minzen
Mentha
Lippenblütengewächse (Lamiaceae)

Grundlegende Merkmale: Die stark duftenden, ungeteilten Blätter sind am Stängel gegenständig angeordnet. Die scheinbar quirlig angeordneten, lippenförmig gestalteten Blüten, bei denen Staubbeutel und Griffel aus der Krone herausragen, stehen in vielblütigen, dichten Blütenständen. Die Frucht ist eine Spaltfrucht, sie zerfällt in 4 kugelige Teilfrüchte (Klausen).

Verwendung in der Ernährung: Bekannte, typisch aromatische Pflanzen für Salate, Süßspeisen, Tee und Gewürze. Man sollte sie nur gewürzartig verwenden, dann sind sie gesundheitsförderlich. Ihre ätherischen Öle sind ansonsten in hoher Dosis giftig, besonders bei *Mentha pulegium*. Die hier aufgeführten Mentha-Arten haben von April bis August aromatische, weiche Blätter und Triebe. Man nutzt sie direkt als Munderfrischung und frisch oder getrocknet zur Teegetränkbereitung [22.1] sowie als bekannte Würze zu allerlei Speisen, v. a. Süßspeisen [17], aber auch zu Salaten [1] und Gemüsegerichten [7–12]. Man verwendet sie zur Herstellung von Kräuteröl [16.4], -essig [16.7] und Mazerationsöl [16.5] und verfeinert mit ihnen verschiedene Speisen wie Bratlinge [4], Rührei [6.3], Kräuterkartoffeln [15.2] oder -quark [15.5] sowie Saucen [14] und Gemüsesuppen [3.1]. Des Weiteren finden sie als Aroma Verwendung in Gelee [18.1], Gewürzschokolade [18.3], Sirup [18.4] oder Aromazucker [18.2], in Wildpflanzenlimonade [22.2] und Bowle [22.3] sowie in Wein [18.5], Spirituosen [18.6] oder Bier [18.7]. Ihre getrockneten und gerebelten Blätter eignen sich für viele Desserts. Getrocknetes Kraut hat man früher auch zum Aromatisieren von Rauchtabak [25] verwendet.

Im Sommer und Spätsommer nutzt man die Blüten als dekorativ-aromatische Beigabe zum Abschluss vor dem Servieren, z. B. auf Salaten, insbesondere Obstsalaten und auf Schokodesserts.

Mentha aquatica

Mentha arvensis

Inhaltsstoffe und Wirkung: Die Minzen enthalten bis 3 % ätherisches Öl (je nach Art mit etwas unterschiedlicher Zusammensetzung), Gerbstoffe und Flavonoide. Die Minzen wirken als Tee beruhigend auf Magen, Darm und Psyche. Außerdem steigern sie die Produktion des Gallensaftes. Das ätherische Öl wirkt antibakteriell und wird für Inhalationen bei Erkrankungen der Atemwege oder äußerlich in Salben bei rheumatischen Beschwerden appliziert. Das Öl der Grünen Minze *(M. spicata)* wird in großen Mengen für Zahnpasten und bei der Kaugummiherstellung verwendet.

Wasser-Minze

Mentha aquatica

Höhe bis 0,8 m
Grundlegende Merkmale der Pflanzengattung auf S. 226
1 Stark aromatische Pflanze mit Ausläufern
2 Stängel oft verzweigt, abstehend behaart
3 Blätter eiförmig, gestielt
4 Blütenstand überwiegend köpfchenförmig an den Zweigenden
5 Blütenkelch meist locker abstehend behaart

Verbreitungsschwerpunkt: Röhrichte und Großseggensümpfe
Hauptblütezeit: Mitte Juli bis Ende September
Zusätzliche Hinweise zur Verwendung: Die Wasser-Minze riecht balsamisch-chemisch und schmeckt aromatisch bitterlich-scharf. Sie wird als Aromagewürz seltener als die anderen Minzen verwendet. Sie kreuzt sich oft mit der Acker-Minze *(Mentha arvensis)*.

Acker-Minze

Mentha arvensis

Höhe bis 0,4 m
Grundlegende Merkmale der Pflanzengattung auf S. 226
Art ähnelt der Wasser-Minze *(Mentha aquatica)* mit den beiden folgenden augenscheinlichen Unterschieden:
1 Blattzähne nur schwach ausgeprägt
2 Blüten in den Achseln der oberen Blattpaare angeordnet. Anordnung quirlig, nicht köpfchenförmig

Verbreitungsschwerpunkt: Getreideunkrautfluren, nährstoffreiche Acker- und Gartenunkrautfluren
Hauptblütezeit: Juli bis September
Zusätzliche Hinweise: Die Pflanze kreuzt sich oft mit der Wasser-Minze *(Mentha aquatica)*.

Ähren-Minze, Krauseminze, Grüne Rossminze, Spearmint

Mentha spicata (Artengruppe)

Höhe bis 1,0 m
Grundlegende Merkmale der Pflanzengattung auf S. 226
1 Stängel vierkantig und zuweilen behaart
2 Blätter ohne oder nur mit sehr kurzen Stielen
3 In der Form sind die Blätter länglich
4 Blattrand gesägt
5 Blüten an der Spitze der Zweige angeordnet
6 Blütenkelch mit 5 Spitzen

Verbreitungsschwerpunkt: Krautige Vegetation oft gestörter Plätze, nährstoffreiche Krautfluren
Hauptblütezeit: August bis September

Polei-Minze, Frauen-Minze

Mentha pulegium
Art im Bestand gefährdet
Gefahrenstufe bei der Verwendung: **
Verbreitungsschwerpunkt: Pioniergesellschaften auf feuchten und überfluteten Rasen
Hauptblütezeit: Juli bis September
Inhaltsstoffe und Wirkung: Das ätherische Öl der Pflanze enthält das giftige Pulegon und Menthol. Früher wurde es volksheilkundlich ähnlich verwendet wie die Pfefferminze. Außerdem wirkt es menstruationsfördernd und insektenabwehrend, insbesondere auf Flöhe (pulex, der Floh). Die Einnahme größerer Mengen für Abtreibungen führte zu tödlichen Vergiftungen durch Atemlähmung.

Rundblättrige Minze

Mentha suaveolens
Art im Bestand gefährdet
Verbreitungsschwerpunkt: Pioniergesellschaften auf feuchten und überfluteten Rasen
Hauptblütezeit: Juli bis September

Mentha spicata

Dost, Oregano
Origanum
Lippenblütengewächse (Lamiaceae)

Dost, Oregano, Wilder Majoran
Origanum vulgare

Verbreitungsschwerpunkt: Sonnige Staudensäume an Gehölzen
Hauptblütezeit: Anfang Juli bis Ende September
Verwendung in der Ernährung: Bekannt aromatische Pflanze für Gewürze, Tee, Spirituosen und als Salatbeigabe. Der Dost ist ein bekanntes Wildpflanzen-Gewürz für die italienische Küche und gleicht im Grundgeschmack einer Mischung aus Majoran und einer milden Minze. Die Blätter riechen weniger aromatisch als die blühenden Triebspitzen. Verwenden kann man sie beide von April bis September getrocknet oder frisch. Man nutzt sie z. B. zum Aromatisieren von Sorbets [17.7] oder kaltgezogenen Tees [22.1]. Früher wurden auch Biere [18.7] damit gebraut und andere Spirituosen [18.6] aromatisiert. Am gebräuchlichsten ist aber die Verwendung als Salat- [1], Saucen- [14], Pizza- [12.2] und Gemüsegewürz [7–12]. Des Weiteren eignen sie sich in Bratlingen [4], Omelett [6.1], zu Kräuterkartoffeln [15.2], in Kräuterbutter [15.3], -käse (Schnittkäse) [15.4], in Wildpflanzensalz [16.1], in Kräuteröl [16.4] und -essig [16.7]. Außerdem kann man Mazerationsöl [16.5] aus Dost gewinnen, ihn als Gewürz trocknen [16.2] oder dem Rauchtabak beimischen [25]. Die Stängel verholzen beim Reifen der Pflanze und können so gut von Juli bis Oktober als aromaspendende Spieße in Rouladen [5] gesteckt oder in Suppen [3.1] mitgekocht werden.
Inhaltsstoffe und Wirkung: Oregano enthält bis zu 4 % ätherisches Öl mit den Hauptkomponenten Carvacrol, Terpinen und Thymol, außerdem Flavonoide, Gerbstoffe, Triterpene und Rosmarinsäure. Die Anwendung erfolgt ähnlich wie beim echten Majoran bei Verdauungsstörungen, Blähungen und zur Förderung der Gallensekretion. Die Pflanze wirkt ferner krampflösend und wird bei Husten und Unterleibsbeschwerden angewendet. Das ätherische Öl ist stark antimikrobiell wirksam und wird gerne Gurgelwässern und Badezusätzen beigefügt. In der Homöopathie nutzt man die Pflanze bei Nervosität und sexueller Übererregbarkeit.

Origanum vulgare

Physalis alkekengi

Höhe bis 0,9 m
1 Stängel der aromatisch duftenden Pflanze, behaart, im oberen Drittel verzweigt
2 Blätter paarweise (gegenständig) angeordnet, kurz gestielt, eiförmig, derb, bis 4 cm lang
3 Hellrosa Lippenblüte, bis 1 cm lang
4 Unterlippe dreiteilig

Blasenkirschen
Physalis
Nachtschattengewächse (Solanaceae)

Blasenkirsche, Judenkirsche, Lampionblume, Schlute
Physalis alkekengi

Verbreitungsschwerpunkt: Erlen- und Edellaub-Auenwälder
Hauptblütezeit: Mai bis August
Verwendung in der Ernährung: Die Blasenkirsche versteckt in ihrem wunderschönen roten Fruchtballon kirschenartige Beeren. Diese saftigen Früchte können gut geviertelt, nach Belieben etwas gesüßt, mit Zitronensaft beträufelt und in Obstsalate [19.4] gegeben werden. Von September bis Oktober, wenn sich die Beeren im ausgereiften Zustand befinden, kann man sie am besten ernten. Des Weiteren ist es möglich, sie in Fruchtspeisen, zu Obstkuchen [19.2], Obstquark [19.5] sowie in Fruchtschnitten [19.6] zu geben. Ihre Fruchtballons werden mit anderen verwandten Arten heutzutage auch manchmal als Obst auf den Märkten angeboten. Die meisten kennen sie als krönendes Haupt und rohe Nascherei auf diversen Dessert-Gerichten. Man kann sie aber auch entsaften oder in Spirituosen einlegen, z. B. in Liköre und Weine [18.5][18.6]. Da man lange sammeln muss, um die Menge zum Marmeladekochen [19.3] zusammenzubekommen, ergibt es sich meistens, dass die Frucht nur als Beigabe in Fruchtaufstrichen landet. Wie anderes Obst kann man sie auch als Kompott [17.5] einlegen oder in Süßgebäck verarbeiten. Der Grundgeschmack der Beeren ist wenig süß, säuerlich, erfrischend, saftig, fruchtig.
Inhaltsstoffe und Wirkung: Die Früchte enthalten Vitamin C, organische Säuren (Citronensäure, Apfelsäure), Carotinoide, Zucker und Spuren von Alkaloiden. Die Blasenkirsche ist mit der aus dem Gemüseladen ebenso bekannten Kapstachelbeere *(Physalis peruviana)* verwandt. Beide weisen die gleiche Lampionform der Blütenkelche auf. Früher wurde ein alkoholischer Auszug der Blasenkirsche besonders bei Nieren- und Blasensteinen verwendet, wohl weil nach der Signaturenlehre aus der Form der Bee-

Höhe bis 0,6 m
1 Pflanze kurz behaart
2 Blätter breit eiförmig
3 Blüten einzeln an kurzen Stielen
4 Orangeroter Blütenkelch zur Fruchtzeit lampionartig geformt

Foto S. 229

ren eine Wirkung auf die ähnlich aussehenden Steine dieser Organe abgeleitet wurde. Aus dem Kraut der Pflanze wurde ein harntreibender Wein zubereitet, der auch zur Fiebersenkung, bei Rheuma und zur Blutreinigung eingesetzt wurde. Die Homöopathie verwendet die Pflanze ebenfalls bei Nierensteinen.

Pappeln
Populus
Weidengewächse (Salicaceae)

Verwendung in der Ernährung: Sobald im Frühjahr bei den hier aufgeführten mitteleuropäischen Arten die ersten Blätter entstehen, kann man diese abzupfen und in der Küche roh oder gekocht verwerten. Sie schmecken etwas streng. Solange die Blattfasern wenig zäh sind, kann man die Blätter durch Milchsäuregärung z. B. zu Sauerkraut [13.4] verarbeiten. Später im Jahr wurden sie getrocknet und zu Mehl [20] pulverisiert. Dieses nutzte man zur Streckung von Backmehl oder als gewürzartige Beigabe zu Suppen und Fonds.

Das innere Rindenkambium kann man von März bis April in Streifen schneiden und gekocht zubereiten. In Notzeiten diente es getrocknet und vermahlen auch zur Streckung von Getreidemehl [20]. (Bitte nur bei ernsthaftem Nutzungsbedarf in Not oder bei bereits gefällten Bäumen die Rinde abnehmen. Rindenverletzungen können dem Baum erheblich schaden.). Bei der Verletzung der Rinde wird der Blutungssaft des Holzes frei. Dieser kann durch langes Köcheln zu Sirup [18.4] eingedickt oder auch gesüßt zu Wein vergoren und zu Essig weiterverarbeitet werden.

Ein Sud aus den Knospen ist bitter, duftet aber meist angenehm süßlich und wurde auch in Spirituosen verarbeitet. Beste Knospennutzung siehe *P. nigra*. Ganz junge Blüten wurden allem Anschein nach auch als Beigabe in anderen, festen Gemüsen mitgekocht.

Inhaltsstoffe und Wirkung: Die heilkundliche Verwendung der Pappel reicht bis in die Antike zurück. Die Pappelknospen enthalten Phenolglykoside, die denen der Weidenrinde sehr ähnlich sind – mit Salicin als Hauptkomponente, außerdem ätherisches Öl (0,3 %), Gerbstoffe und Flavonoide. Die Knospen und die Rinde der Pappel werden auf der ganzen Welt medizinisch verwendet. Zubereitungen aus der Pappel wirken antibakteriell, entzündungshemmend und fördern die Wundheilung. Die Wirk-

Populus × canadensis

Populus alba

samkeit bei innerlicher Anwendung beruht insbesondere auf dem Gehalt an Salicin und Salicinderivaten (pflanzliches »Aspirin«). Anwendungsgebiete einer aus der Pappel hergestellten Salbe sind oberflächliche Hautverletzungen, Hämorrhoiden, Frostbeulen, Hautjucken und Sonnenbrand. Volkstümlich wird die Pflanze als Tee bei Rheuma, Erkrankungen der Harnwege, chronischer Bronchitis und Husten sowie zur Entwässerung verwendet, außerdem bei Erkrankungen der Gebärmutter und Prostata. Die zerriebene Holzasche soll innerlich bei verdorbenem Magen und Sodbrennen helfen.

Bastard-Pappel
Populus × canadensis

Grundlegende Merkmale: Blätter kahl und bis 10 cm lang, dreieckig bis rautenförmig.
Verbreitungsschwerpunkt: Auwälder
Hauptblütezeit: April
Zusätzliche Hinweise zur Verwendung: Siehe *P. nigra.*

Silber-Pappel, Weiß-Pappel
Populus alba

Verbreitungsschwerpunkt: Erlen- und Edellaub-Auenwälder
Hauptblütezeit: Anfang März bis Ende April

Zitter-Pappel, Espe, Aspe
Populus tremula

Verbreitungsschwerpunkt: Waldmantelgebüsche und Hecken, Waldlichtungsgebüsche
Hauptblütezeit: März bis April

Schwarz-Pappel
Populus nigra
Art im Bestand gefährdet
Verbreitungsschwerpunkt: Weiden-Auengehölze
Hauptblütezeit: März bis April
Zusätzliche Hinweise zur Verwendung: Die geschützte Rein-Art *Populus nigra* bastardierte oft mit nordamerikanischen Pappeln zu sog. Bastard-Schwarz-Pappeln *(Populus × cana-*

Populus tremula

Prunella vulgaris

densis). Diese nicht geschützten Kreuzungen haben die ursprüngliche Art hier fast verdrängt. Sie können genauso in der Ernährung verwendet werden. Die Knospen all dieser Sorten ergeben ein sehr gutes Vanille-Aroma z. B. in erwärmter Milch, die dann weiter zu Pudding [17.3] oder dergleichen verarbeitet werden kann. Man sollte dabei das Aroma der Knospen nur zart einsetzen, sonst wird die Süßspeise zu bitter. Siehe im Weiteren die zusammenfassende Beschreibung der Gattung Populus.

Brunellen, Braunellen

Prunella

Lippenblütengewächse (Lamiaceae)

Verwendung in der Ernährung: Die jungen, bitter-aromatischen Blätter und Triebspitzen mit Blütenknospen der hier aufgeführten mitteleuropäischen Arten ergeben von April bis Mai fein geschnitten ein herbes Gewürz für Kräuterbutter [15.3], Salatsaucen [14] und eine kleine Salatbeigabe [1]. Wichtig bei der Salatsaucenbereitung ist der Einsatz scharfer Gewürze, um den stark herben Geschmack etwas aufzufangen. Fein gewiegt nutzt man sie auch in Kräutermischungen [15], insbesondere als Belag auf herzhaften Brotspeisen [15.1]. Gegart eignen sich die Blätter und Triebspitzen als Beigabe zu Eintopfgerichten [11.1], Spinat [9.1] oder Suppen [3.1]. Getrocknete Blätter nutzte man früher als Aroma in Kaltauszügen wie z. B. für Wildpflanzenlimonade [22.2] oder in Spirituosen [18.6] sowie in Rauchtabak [25].

Die leuchtenden Blüten können von Mai bis September jedes Gericht verzieren und eignen sich auch als Beigabe in Teemischungen [22.1] und Bowlen [22.3]. Sie können ausgezupft und dann als Zugabe in Blütenmischungen für das Ummanteln von Frischkäsekugeln verwendet werden. Die hier beschriebene gewürzartige Verwendung ist nur von der Kleinen Brunelle *(Prunella vulgaris)* und der Großen Brunelle *(Prunella grandiflora)* überliefert. Wir gehen davon aus, dass die andere heimische Art *Prunella laciniata* ähnlich nutzbar ist und genutzt wurde, denn die Arten der Gattung kreuzen sich oft untereinander. Über Giftstoffe liegen uns keine Erkenntnisse vor.

Kleine Brunelle, Kleine Braunelle

Prunella vulgaris

Verbreitungsschwerpunkt: Grünlandgesellschaften
Hauptblütezeit: Anfang Mai bis Ende September
Inhaltsstoffe und Wirkung: Die Kleine Brunelle enthält reichlich Gerbstoffe, Bitterstoffe, Saponine, Flavonoide und Harze. Volksheilkundlich wird sie aufgrund der Gerbstoffwirkung bei Magen- und Darmerkrankungen eingesetzt. Die Pflanze wirkt antibiotisch und wurde früher bei Diphtherie und allen entzündlichen Erkrankungen von Rachen und Hals angewendet. Neuere Forschungen, insbesondere in China, beschreiben eine Wirksamkeit der Pflanze gegen Herpesviren. Diese Viren können an Lippen und Genitalien unangenehme, nässende Blasen verursachen. Äußerlich kann die frische Pflanze bei Augenleiden und Wunden genutzt werden. Die Traditionelle Chinesische Medizin verwendet die Pflanze bei schweren Erkrankungen wie Krebs, Tuberkulose und AIDS, aber auch als Gewürz. Die Großblütige Brunelle *(Prunella grandiflora)* dürfte ähnlich verwendbar sein.

Höhe bis 0,4 m
1 Die gemeine Brunelle vermehrt sich über oberirdische Ausläufer
2 Stängel aufrecht oder aufsteigend
3 Immer 2 Blätter stehen sich paarweise gegenüber (gegenständige Blattstellung)
4 Blatt länglich und spärlich behaart
5 Blattrand schwach gekerbt
6 Oberstes Blattpaar umgibt den Blütenstand
7 Blüten zu mehreren in einem zylindrischen Köpfchen angeordnet
8 Blauviolette Einzelblüte etwa 1,5 cm lang

Große Brunelle, Großblütige Brunelle, Große Braunelle
Prunella grandiflora
Art zerstreut bis selten
Verbreitungsschwerpunkt: Kalk-Magerrasen
Hauptblütezeit: Anfang Juli bis Ende September
Inhaltsstoffe und Wirkung: Siehe *Prunella vulgaris.*

Lungenkräuter
Pulmonaria
Raublattgewächse (Boraginaceae)

Gefahrenstufe bei der Verwendung: *
Verwendung in der Ernährung: Auch in den Lungenkräutern sind geringfügig leberbeeinträchtigende Pyrrolizidinalkaloide enthalten. Der gelegentliche Verzehr kleiner Mengen dürfte jedoch unbedenklich sein. Bitte lesen Sie dazu Seite 25.

Die Pflanzen bieten im zeitigen Frühjahr zarte Blätter, die gut als Beigabe verschiedener Frühjahrssalate [1] eingesetzt werden können. Sie sind außen etwas flaumbehaftet, aber dennoch recht saftig, und ergeben fein gehackt mit Dill und etwas Öl, Salz und Essig eine frische Beigabe auf Brotzeitplatten. Bis in den August hinein eignen sich die Blätter immer noch gut zu Spinat [9.1] und üblichen Gemüsegerichten, Suppen [3.1] und Saucen [14]. Man kann sie auch mit Teig ummanteln und frittieren [8.3][8.4].

Auch aus den auffällig gefärbten Blüten lässt sich eine Speisenbeigabe bereiten, wenn man sie auszupft und z. B. klein geschnitten in Kräuterquark [15.5] einrührt oder sie getrocknet in Teemischungen [22.1] gibt. Der Geschmackseindruck der Pflanzen ist zunächst rau, verliert sich aber im Mund. Der Geschmack ist gurkenaromatisch mild.
Inhaltsstoffe und Wirkung: Das Echte Lungenkraut *(P. officinalis)* enthält Flavonoide (hauptsächlich Kämpferol und Quercetin), bis 15 % Mineralstoffe, darunter bis zu 3 % Kieselsäure, Schleimstoffe, Gerbstoffe (überwiegend Catechine und Gallotannine), Allantoin, Pyrrolizidinalkaloide und Vitamin C. In der Volksmedizin schätzte man das Echte Lungenkraut als auswurfförderndes Hustenmittel und schrieb ihm Heilwirkungen gegen viele Lungenkrankheiten bis hin zur Tuberkulose zu. Von den genannten Indikationen ist lediglich die Anwendung bei leichteren Erkrankungen der Atemwege haltbar. Das getrocknete Kraut wird auch heute noch arzneilich verwendet. Man kann die Pflanze außerdem bei Beschwerden in Magen und Darm einsetzen. Auch die Traditionelle Chinesische Medizin nutzt die Pflanze für Lunge und Dickdarm. Die getrockneten Blätter des Echten Lungenkrautes können auf kleine Wunden gegeben werden und sollen die Wundheilung beschleunigen. Zur medizinischen Verwendung der beiden Arten *P. angustifolia* und *P. mollis* fanden wir keine Angaben.

Echtes Lungenkraut, Geflecktes Lungenkraut
Pulmonaria officinalis (Artengruppe)

Höhe bis 0,4 m
1 Blätter weiß gefleckt, borstig behaart
2 Grundblätter annähernd herzförmig
3 Stängelblätter länglich
4 Blattstiel bis 15 cm lang, häufig mit schmalen Flügeln
5 Blütenkelch borstig und trichterförmig

Gefahrenstufe bei der Verwendung: *
Verbreitungsschwerpunkt: Laubwälder und Gebüsche
Hauptblütezeit: Anfang März bis Ende April

Schmalblättriges Lungenkraut
Pulmonaria angustifolia
Art im Bestand gefährdet
Gefahrenstufe bei der Verwendung: *
Verbreitungsschwerpunkt: Trockenheit ertragende Eichenmischwälder
Hauptblütezeit: März bis Mai

Weiches Lungenkraut
Pulmonaria mollis
Art im Bestand gefährdet
Gefahrenstufe bei der Verwendung: *
Verbreitungsschwerpunkt: Waldmantelgebüsche und Hecken, sonnige Staudensäume an Gehölzen
Hauptblütezeit: April bis Mai

Salbei-Arten
Salvia
Lippenblütengewächse (Lamiaceae)

Grundlegende Merkmale: Die ungeteilten Blätter sind am Stängel gegenständig angeordnet. Die scheinbar quirlig stehenden Blüten sind lippenförmig gestaltet. Die Frucht ist eine Spaltfrucht, sie zerfällt in 4 Teilfrüchte (Klausen).
Verwendung in der Ernährung: Die Blüten der hier aufgelisteten mitteleuropäischen Arten lassen sich nicht immer leicht zupfen, da sie v. a. beim Klebrigen Salbei *(Salvia glutinosa)* an den Fingern haften. Sie können im Sommer jedoch gut als essbare Dekoration zu verschiedenen Salaten [1], Aufstrichen oder als Aroma für Gemüse und Speiseöl verwendet werden. Des Weiteren dienen sie als farbige, aromatische Beigabe in Suppen [3.1], Kartoffelpüree [9.3] oder Kräuterbutter [15.3].

Die Blätter der Pflanzen duften beim Zerreiben sehr wohlaromatisch, appetitanregend. Ihr Geschmack ist fruchtig-frisch, süßwürzig bis schärflich. Besonders junge Blätter und zarte Triebspitzen können von circa April bis Juni als hervorragende Grundlage für schmackhafte, aromatische Hausteemischungen eingesetzt werden [22.1]. Sie bieten sich auch an als feines Gewürzkraut in Salaten [1], Würzölen [16.4], Suppen [3.1] und Eintopfgerichten [11.1], zur Herstellung von Kräuterbutter [15.3] oder -quark [15.5] sowie zum Verfeinern von Saucen [14] und als Trockengewürz [16.2]. Man kann sie zum Aromatisieren von Gelee [18.1], Gewürzschokolade [18.3], Sirup [18.4] oder Zucker [18.2] ebenso einsetzen wie für Bowle [22.3], Saft- und Vitalgetränke [22.4] oder auch für Süßspeisen [17]. Verwendbar sind sie zudem als Würze z. B. für Kräuterlikör, Kräuterwein [18.5] oder Schnaps, und auch Mazerationsöl [16.5] kann aus ihnen gewonnen werden. Für ein besonderes Aroma empfehlen sich die Blätter als Einlage in Weißwein [18.5]. Nur sehr große Blätter eignen sich zum Panieren [8.3] oder um sie in Ausbackteig zuzubereiten [8.4].

Das getrocknete Kraut nutzte man v. a. als Aroma oft zu Spirituosen [18.6] und zuweilen in Kräutertabak [25].
Inhaltsstoffe und Wirkung: Salbei enthält ätherisches Öl (Thujon), Triterpene, Phytosterine (Sitosterol), Gerb- und Bitterstoffe, Rosmarinsäure, Flavonoide, Harze, östrogenartige Stoffe und Saponine. Arzneilich verwendet wird der Garten-Salbei *(S. officinalis)* und der Muskateller-Salbei *(S. sclarea)*. Das Wirkungsprofil des Wiesen-Salbeis *(S. pratensis)* ist ähnlich, aber deutlich schwächer. Salbeigewächse wirken

Pulmonaria officinalis

Salvia pratensis

adstringierend, antibakteriell, desinfizierend und hemmen Viren und Pilze. Außerdem haben sie antioxidative Eigenschaften und sind entzündungshemmend. Ihre Haupteinsatzgebiete sind infektiöse Erkrankungen der Atemwege und die Hemmung der Schweißbildung. Die östrogenartigen Inhaltsstoffe lindern Menstruationsbeschwerden und wirken ausgleichend. Zusammen mit den schweißhemmenden Eigenschaften der Pflanze macht dies ihren Einsatz bei Beschwerden in den Wechseljahren sinnvoll. Außerdem wirkt die Pflanze entkrampfend, entblähend, milchsekretionshemmend und senkt in geringem Umfang den Blutzuckerspiegel. Äußerlich kann man den Wiesen-Salbei *(S. pratensis)* für Waschungen und Bäder bei Hauterkrankungen, Insektenstichen, Ekzemen und übermäßigem Fußschweiß einsetzen. Auch zum Gurgeln bei Entzündungen im Mund- und Rachenraum ist er aufgrund seiner entzündungshemmenden Eigenschaften geeignet. Die Blätter helfen gekaut gegen Zahnfleischentzündungen und Mundgeruch und reinigen die Zähne, falls unterwegs keine Möglichkeit zum Zähneputzen besteht. Die anderen aufgeführten Arten können vermutlich ähnlich verwendet werden. Die Pflanzen zeichnen sich dabei durch gute Verträglichkeit aus. Lediglich Schwangere und Menschen, die zu epileptischen Anfällen neigen, sollten Zubereitungen mit Salbei mit Vorsicht genießen.

Wiesen-Salbei

Salvia pratensis

Verbreitungsschwerpunkt: Kalk-Magerrasen
Hauptblütezeit: Anfang Juni bis Ende Juli
Zusätzliche Hinweise zur Verwendung: Die Stängel des Wiesen-Salbeis sind bis Juni recht saftig und ergeben ausgepresst einen köstlich süßen Saft für Vitalgetränke [22.4]. Ein alter Pflanzenname lautet passend dazu auch »Süßle«.

Höhe bis 0,6 m
Grundlegende Merkmale der Pflanzengattung auf S. 235

1 Stängel aufrecht und im Querschnitt vierkantig
2 Vor der Blüte erscheint eine bodennahe Blattrosette mit langen, unregelmäßig gezähnten, runzligen und lang gestielten Blättern
3 Farbe des runzeligen Blattes hellgrün. Beim Zerreiben riecht es deutlich würzig nach Salbei
4 Blattstiel ebenso wie die Nervatur auf der Unterseite des Blattes deutlich behaart
5 Dunkelviolette Blüte bis zu 2 cm lang

Foto S. 235

Klebriger Salbei

Salvia glutinosa
Art ist selten
Verbreitungsschwerpunkt: Laubwälder und Gebüsche
Hauptblütezeit: Anfang Juni bis Ende September

Steppen-Salbei, Hain-Salbei

Salvia nemorosa
Art ist selten
Verbreitungsschwerpunkt: Ruderalgesellschaften, Acker- und Gartenunkrautgesellschaften
Hauptblütezeit: Juni bis Juli

Echter Salbei

Salvia officinalis
Art selten verwildert
Verbreitungsschwerpunkt: Kalk-Magerrasen
Hauptblütezeit: Anfang Juni bis Ende Juli

Quirlblättriger Salbei
Salvia verticillata
Art zerstreut bis selten
Verbreitungsschwerpunkt: Ruderalgesellschaften, Acker- und Gartenunkrautgesellschaften
Hauptblütezeit: Juni bis September

Mohren-Salbei
Salvia aethiopis
Art im Bestand gefährdet
Verbreitungsschwerpunkt: Trockenrasen
Hauptblütezeit: Juni bis August
Inhaltsstoffe und Wirkung: Der Mohren-Salbei war früher offizinell (in Apotheken erhältlich) und wurde als Hustensirup zur Behandlung von Lungenkrankheiten (Tuberkulose) eingesetzt. Die Pflanze enthält Phytosterine, Terpene, wie das blumig riechende Phytol, und ätherisches Öl (Alpha Pinen u. a.). Das ätherische Öl wirkt antimikrobiell, beispielsweise gegen Staphylococcus aureus und Candida albicans. In den Wurzeln wurde ein neues Orthochinon-Diterpen (Aethiopinon) entdeckt. Untersuchungen zufolge wirkt es schmerzlindernd, entzündungshemmend und beeinflusst die Blutbildung.

Österreichischer Salbei
Salvia austriaca
Art im Bestand gefährdet
Verbreitungsschwerpunkt: Trockenrasen, Steppenwiesen
Hauptblütezeit: Mai bis September
Inhaltsstoffe und Wirkung: Auch in den Wurzeln des Österreichischen Salbeis sind Diterpene enthalten. Die Inhaltsstoffe (z. B. Taxodionverbindungen) der Pflanze werden derzeit intensiv untersucht. Möglicherweise eignen sie sich zur Behandlung bakterieller Biofilme. Biofilme stellen ein großes Problem nach chirurgischen Eingriffen dar. Etliche berüchtigte Krankenhauskeime schützen sich durch die Bildung derartiger Biofilme vor antibiotisch wirksamen Substanzen. Über eine spezielle volksmedizinische Verwendung ist uns nichts bekannt.

Muskat-Salbei, Muskateller-Salbei
Salvia sclarea
Art in der Schweiz und in Teilen Österreichs im Bestand gefährdet
Verbreitungsschwerpunkt: Ruderalgesellschaften, Acker- und Gartenunkrautgesellschaften
Hauptblütezeit: Juni bis Juli

Braunwurz-Arten
Scrophularia
Braunwurzgewächse (Scrophulariaceae)

Knotige Braunwurz
Scrophularia nodosa

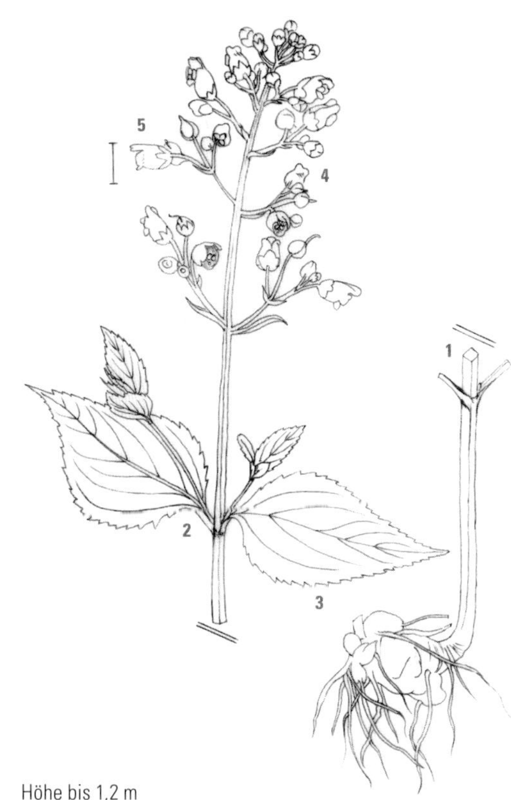

Höhe bis 1,2 m
1 Stängel aufrecht vierkantig, ungeflügelt
2 Blätter paarweise (gegenständig) am Stängel angeordnet
3 Form der Blätter eiförmig zugespitzt
4 Weit verzweigte Blütenrispe
5 Bräunliche Blütenkrone bis 1 cm lang

Foto S. 239

Gefahrenstufe bei der Verwendung: *
Verbreitungsschwerpunkt: Laub-Nadel-Mischwälder
Hauptblütezeit: Juni bis August
Verwendung in der Ernährung: Die Pflanze hat einen strengen Geruch. Die würzigen Blätter, die Blüten im Frühjahr und Sommer und die Wurzeln im Herbst wurden angeblich in kleiner Dosis genutzt. Allerdings wird wie bei den anderen Braunwurz-Arten auch hier ab einer bestimmten Dosis eine toxische Wirkung vermutet. Wir gehen davon aus, dass sie vorsichtig in Notzeiten und wohl nur gewürzartig verwendet wurde. Die getrocknete und

pulverisierte Wurzel wurde wohl in geringer Menge dem Brotmehl beigemischt.
Inhaltsstoffe und Wirkung: Die Pflanze wird volksheilkundlich gegen Lymphdrüsenschwellungen eingesetzt und als blutreinigend, harntreibend und wundheilend erwähnt. Zudem soll sie Haut- und Augenleiden lindern.

Geflügelte Braunwurz
Scrophularia umbrosa

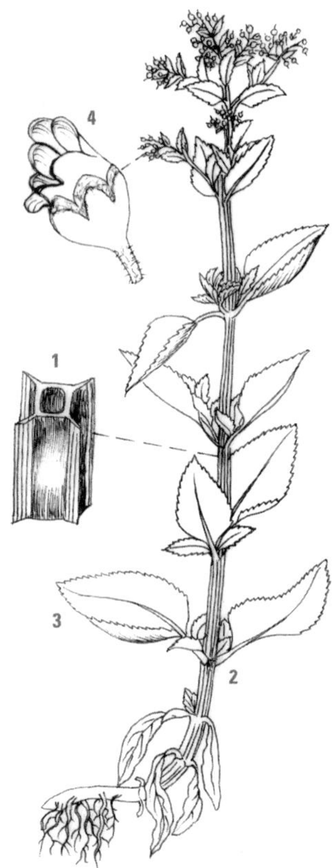

Höhe bis 1,3 m
1 Stängel vierkantig, breit geflügelt
2 Blätter paarweise (gegenständig) am Stängel angeordnet
3 Form der Blätter schmal eiförmig
4 Blüte rostbraun

Gefahrenstufe bei der Verwendung: *
Verbreitungsschwerpunkt: Feuchte schattige Böden am Wald
Hauptblütezeit: Juni bis September
Verwendung in der Ernährung: Siehe *S. auriculata.* Wir gehen davon aus, dass auch diese Pflanze vorsichtig und wohl nur gewürzartig verwendet wurde.
Inhaltsstoffe und Wirkung: Ihre Blätter wurden als Wundheilmittel erwähnt. Sie werden zur Blütezeit geerntet und können frisch oder getrocknet als Umschlag oder Abkochung verwendet werden. Sie wurden in Salben bei verschiedenen Arten von chronischen Hauterkrankungen wie z. B. Ekzemen und Flechten eingesetzt. Sie wirken durchblutungsfördernd, sollten aber nicht bei Patienten mit Herzerkrankungen angewandt werden.

Wasser-Braunwurz
Scrophularia auriculata
Art im Bestand gefährdet
Gefahrenstufe bei der Verwendung: *
Verbreitungsschwerpunkt: Schleiergesellschaften und Ufersäume
Hauptblütezeit: Juni bis August
Verwendung in der Ernährung: Die Wurzel wurde angeblich in Notzeiten in kleinen Mengen von September bis ins Frühjahr erhitzt verzehrt. Allerdings wird ab einer bestimmten Dosis eine toxische Wirkung vermutet. Wir gehen davon aus, dass sie vorsichtig und wohl nur gewürzartig verwendet wurde.
Inhaltsstoffe und Wirkung: Die Pflanze enthält Terpenoide, Iridoide (Scropoliosid), Saponine (Verbascosaponin) und Flavonoide (Diosmin). Nach neueren wissenschaftlichen Untersuchungen wirken einige der Saponine und Iridoide entzündungshemmend. Es finden sich einige Hinweise auf eine frühere, äußerliche Verwendung von Wurzelpräparationen bei Geschwüren, Verbrennungen, Wunden, Hämorrhoiden und allen Arten von Hauterkrankungen.

Ziest-Arten
Stachys
Lippenblütengewächse (Lamiaceae)

Grundlegende Merkmale: Die nesselartigen, ungeteilten Blätter sind am Stängel gegenständig angeordnet. Die scheinbar quirlig stehenden Blüten sind lippenförmig gestaltet. Die Frucht ist eine Spaltfrucht, sie zerfällt in 4 dreikantige Teilfrüchte (Klausen).
Verwendung in der Ernährung: Die hier aufgeführten mitteleuropäischen Stachys-Arten duften meist sehr aromatisch-gewürzartig und haben einen herb-würzigen, zum Teil pilzaromatischen Geschmack. Sie eignen sich für Gewürze, Gemüse, Mehlbeimischungen und als Speisendekor.

Hauptsächlich von April bis Juni erntet man bei *S. palustris* und *S. sylvatica* junge Blätter, die gerne gehackt in Kräutermischungen [15] (speziell für Kräuterkäse [15.4]), Salate [1] und Saucen [14] gegeben werden. Man kennt sie aber auch als Beigabe in Kräuterpüree [9.3] und als Beilage zu Bratgerichten. Außerdem kann man sehr gute Gewürzchips [8.5] aus den Blättern backen. Dazu werden sie mit Öl und Salz benetzt und im Backofen getrocknet. Eine besondere Spezialität ist ihre Verwendung in Bouillons oder Suppen [3.1]. Zur Bevorratung trocknet man sie als eine Art Grillgewürz [16.2] oder legt sie mariniert in Öl ein [13.5].

Scrophularia nodosa
Scrophularia umbrosa
Stachys palustris
Stachys sylvatica

Die Stängelbasis am Ansatz zur Wurzel wird im April geschält als würziges Stängelgemüse [7.2] zubereitet. Von September bis ins Frühjahr kann man bei nichtgefrorenem Boden weiche Wurzelteile ernten und diese als ein feinwürziges Gemüse weich kochen oder backen (z. B. [8.1] [8.2]). Getrocknet und vermahlen werden sie zu einer Art Streckmehl [20] für Breie und Brote.

Die Blüten dienen im Sommer als farbige Speisenbeigabe z. B. in Hackkräutermischungen [15], Wildpflanzensalz [16.1] sowie in Salat- und Rohkostspeisen [1]. Man genießt sie auch kandiert [17.4] oder als Sorbet [17.7].

Von *S. alpina, S. germanica, S. recta* ist uns nur die Nutzung der Blätter als gewürzartige Beimischung in Gemüsegerichten überliefert.

Sumpf-Ziest

Stachys palustris

Höhe bis 1,0 m

1 Pflanze mit unterirdischen Ausläufern
2 Stängel aufrecht, vierkantig, meist kurz behaart
3 Blätter in der Form länglich bis schmal dreieckig, ohne oder nur mit kurzem Stiel
4 Blüten in quirlartigen, vier- bis sechsblütigen Teilblütenständen
5 Purpurfarbene Einzelblüte bis annähernd 2 cm lang

Foto S. 239

Verbreitungsschwerpunkt: Feuchtwiesen, Bachuferfluren
Hauptblütezeit: Mitte Juni bis Mitte August
Zusätzliche Hinweise zur Verwendung: Der Sumpf-Ziest hat ergiebige Wurzelknollen. Am weichsten sind sie an den Pflanzen im ersten Jahr. Von September bis in den Winter erntet man diese und kocht oder backt sie weich.
Inhaltsstoffe und Wirkung: Siehe *S. sylvatica.*

Wald-Ziest

Stachys sylvatica

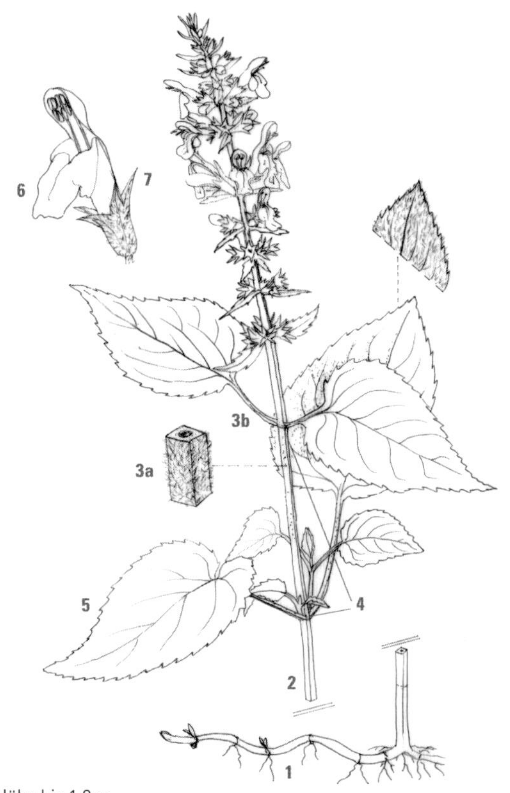

Höhe bis 1,0 m
Pflanze riecht streng

1 Bildung von unterirdischen Ausläufern
2 Stängel aufrecht, vierkantig
3 Stängel (a) und Blattstiele (b) behaart
4 Die paarig angeordneten Blätter stehen sich kreuzweise gegenüber
5 Blattrand grob gezähnt
6 Untere Blütenlippe mit herabneigendem Lappen
7 Behaarter Kelch mit 5 spitzen Zähnen

Foto S. 239

Verbreitungsschwerpunkt: Erlen- und Edellaub-Auenwälder
Hauptblütezeit: Juni bis September
Inhaltsstoffe und Wirkung: Wald- und Sumpf-Ziest enthalten ätherisches Öl, Betaine (Stachydrin, Turicin), Gerb-

und Bitterstoffe. In der Knolle des Sumpf-Ziests *(S. palustris)* ist ein spezieller Zucker (Stachyose) enthalten. Heilkundlich verwendet wurden die blühenden Sprossspitzen. Heute werden in der Heilkunde beide Arten kaum mehr angewandt, obwohl sie krampflösende Eigenschaften besitzen. Der Wald-Ziest *(S. sylvatica)* kann zur Regulation der Menstruation eingesetzt werden. Beide Pflanzen wirken nervenstärkend und helfen bei Neuralgien. Des Weiteren helfen sie bei Störungen der Schilddrüse und der Milz, bei Rheuma, Gicht und Erkrankungen der Atemwege. Sumpf-Ziest wirkt außerdem harntreibend. Äußerlich ist ein Absud zum Reinigen von Wunden geeignet, außerdem beeinflusst er die Wundheilung und Vernarbung günstig. Die Zubereitung der Pflanzen erfolgt meist in Form eines Tees. Die Pflanzen wurden aber auch in Wein oder Essig angesetzt und derart für Heilanwendungen verwendet.

Alpen-Ziest
Stachys alpina
Art im Bestand gefährdet
Verbreitungsschwerpunkt: Wälder, Hochstaudenfluren, Kahlschläge
Hauptblütezeit: Juli bis September

Deutscher Ziest
Stachys germanica (Artengruppe)
Art im Bestand gefährdet
Verbreitungsschwerpunkt: Trockenrasen, Waldränder, Gebüsche
Hauptblütezeit: Juni bis August
Inhaltsstoffe und Wirkung: Die filzig behaarten Blätter wurden früher als weiche, antiseptische Wundauflage verwendet. Über Inhaltsstoffe ist uns nichts bekannt.

Aufrechter Ziest
Stachys recta (Artengruppe)
Art zerstreut bis selten
Verbreitungsschwerpunkt: Trockenrasen, Weinberg, Sandfluren
Hauptblütezeit: Juni bis Oktober
Inhaltsstoffe und Wirkung: Über Inhaltsstoffe ist uns nichts bekannt. Früher galt das Kraut der Pflanze als wirksames Mittel gegen Zauberei. In Österreich nutzte man den Pflanzensud zur Behandlung von Muskelkrämpfen. Außerdem wurde die Pflanze zur Behandlung der Schwindsucht (Tuberkulose) eingesetzt. Des Weiteren wohl verwendet wie der Heilziest *(Betonica officinalis)*, S. 100.

Sternmieren
Stellaria
Nelkengewächse (Caryophyllaceae)

Grundlegende Merkmale: Die Blätter sind einfach gestaltet, ganzrandig und gegenständig am Stängel angeordnet. Die Blüten werden aus 5 Kron-, 5 Kelch- und einer unterschiedlichen Anzahl von Staubblättern gebildet. Die Frucht ist eine Kapsel.

Verwendung in der Ernährung: Die hier aufgeführten Stellaria-Arten Mitteleuropas gelten alle als guter Wildsalat [1]. Sie sind das ganze Jahr über relativ zart, und man kann ihre Triebspitzen wie einen Schnittsalat immer wieder abernten. Die Pflanzen wachsen in Gruppen und lassen sich kaum in einzelne Pflanzen unterscheiden. Meistens erntet man sie als Büschel und sortiert dann härtere Stängel aus. Sie sind komplett samt ihrer Stängel, Blüten und jungen Früchte verwendbar.

Die Stängel lassen sich nur an den Triebspitzen mitverwenden, dort, wo sie noch zart genug sind. Sie ergeben ein hervorragend aromatisches, saftiges Feinschnittgemüse für die Zubereitung von Pesto [16.6], Frischkäse und Quark [15.5]. Mit ihrem milden Geschmack lassen sie sich gut als spinatartiges Gemüse [9.1] zubereiten oder auch leicht mit etlichem anderem Gemüse oder anderen Beigaben kombinieren. Beliebt ist auch die Gemüsefüllung für Teigtaschen [10.2], z. B. mit Ei und Frischkäse. Natürlich eignen sie sich auch vorzüglich in Salatsaucen [14].

Die gesammelten Samen keimen auf jeder frischen Erde sehr leicht, z. B. zu Hause in einem Blumenkasten als Keimsaat [2]. So hat man einen ständig verfügbaren Salat griffbereit.

Der Grundgeschmack der Pflanzen ist wie ein feiner Kopfsalat, aber viel aromatischer und maissüßlich. Die leicht störende, dünne Behaarung bei manchen Arten fällt kaum auf, wenn man die Triebe klein schneidet. Am meisten verwendet wurden die Bach-Sternmiere *(Stellaria alsine)*, der Wasserdarm *(Stellaria aquatica)*, die Große Sternmiere *(Stellaria holostea)*, natürlich die verbreitete Vogelmiere *(Stellaria media)* und die Wald-Sternmiere *(Stellaria nemorum)*.

Inhaltsstoffe und Wirkung: Der Wasserdarm *(S. aquatica)* enthält Polyphenole mit antioxidativer und krebshemmender Wirkung. Angaben zu Inhaltsstoffen der anderen Arten liegen uns nicht vor. Die Bachsternmiere *(S. alsine)* und *S. aquatica* wirken entblähend, milchfördernd, entzündungshemmend und blutreinigend. Ein Tee davon wurde bei Erkältungskrankheiten und zur Behandlung von Wunden und Pickeln verwendet. *S. nemorum* gelangte ebenfalls zur Behandlung von Hauterkrankungen zum Einsatz. Der Saft von *S. holostea* wurde in der Volksheilkunde bei Augenentzündungen genutzt.

Bach-Sternmiere
Stellaria alsine

Höhe bis 0,4 m
Grundlegende Merkmale der Pflanzengattung auf S. 241
Blattform abweichend von Blattschlüsseleinteilung S. 42
1 Pflanze bläulich-grün, verzweigt
2 Stängel vierkantig, kahl
3 Blätter länglich oval, am Grunde bewimpert
4 Weiße Kronblätter kürzer als die Kelchblätter

Foto S. 244

Verbreitungsschwerpunkt: Quellfluren
Hauptblütezeit: Juni bis Juli
Zusätzliche Hinweise zur Verwendung: Sie ist groß, gemüseartig und dadurch bei der Verwendung sehr ergiebig.

Wasserdarm, Wassermiere
Stellaria aquatica

Höhe bis 0,5 m
Grundlegende Merkmale der Pflanzengattung auf S. 241
1 Stängel unten kantig und glatt (a), in der oberen Hälfte rund und behaart (b)
2 Blätter ei- bis schmal herzförmig, zugespitzt
3 Obere Blätter sitzend (a), nur die unteren zumeist kurz gestielt (b)
4 Blütenkronblätter bis fast zum Grunde eingeschnitten
5 Blüte im Unterschied zu anderen Sternmiere-Arten mit 5 Griffeln

Foto S. 244

Verbreitungsschwerpunkt: Schleiergesellschaften und Ufersäume
Hauptblütezeit: Juni bis Oktober
Zusätzliche Hinweise zur Verwendung: Sie ist breitblättrig und im Geschmack saftig süßlich.

Gras-Sternmiere

Stellaria graminea

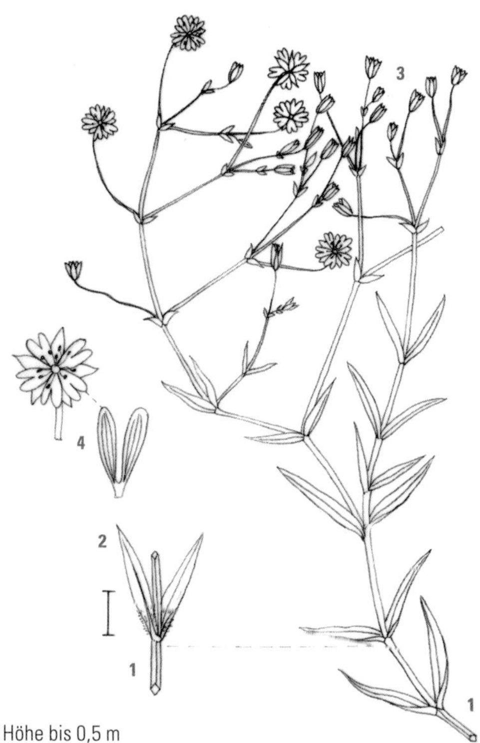

Höhe bis 0,5 m
Grundlegende Merkmale der Pflanzengattung auf S. 241
Blattform abweichend von Blattschlüsseleinteilung S. 42

1 Stängel vierkantig, glatt
2 Blätter schmal länglich, im Unterschied zur Großen Sternmiere *(Stellaria holostea)* jedoch nur bis 4 cm Länge erreichend
3 Bis zu 60 Blüten im Blütenstand
4 Kronblätter tief zweiteilig, im Unterschied zur Bach-Sternmiere *(Stellaria alsine)* diese länger oder gleich lang wie der Kelch

Foto S. 244

Verbreitungsschwerpunkt: Gedüngte Frischwiesen und -weiden
Hauptblütezeit: April bis Juni

Große Sternmiere

Stellaria holostea

Höhe bis 0,6 m
Grundlegende Merkmale der Pflanzengattung auf S. 241
Blattform abweichend von Blattschlüsseleinteilung S. 42

1 Pflanze mit zahlreichen vierkantigen, zerbrechlichen Stängeln
2 Blätter sehr schmal, spitz, bis 8 cm lang
3 Blattrand rau
4 Weiße Blüte mit 2 cm im Durchmesser grösser als die Blüten anderer Sternmiere-Arten
5 Kronblätter bis zur Mitte gespalten, doppelt so lang wie der Kelch

Foto S. 244

Verbreitungsschwerpunkt: (Hainbuchen-)Mischwälder
Hauptblütezeit: April bis Juni
Zusätzliche Hinweise zur Verwendung: Sie ist im Wuchs groß und hat auch schöne essbare Blüten, die für die Gattung sehr groß sind und sich hervorragend zur Speisendekoration eignen.
Verwechslungsgefahr: Kornrade *(Agrostemma githago)* vor der Blütenentwicklung, S. 590.

Stellaria alsine
Stellaria aquatica
Stellaria graminea
Stellaria holostea

Vogelmiere, Hühnerdarm

Stellaria media (Artengruppe)

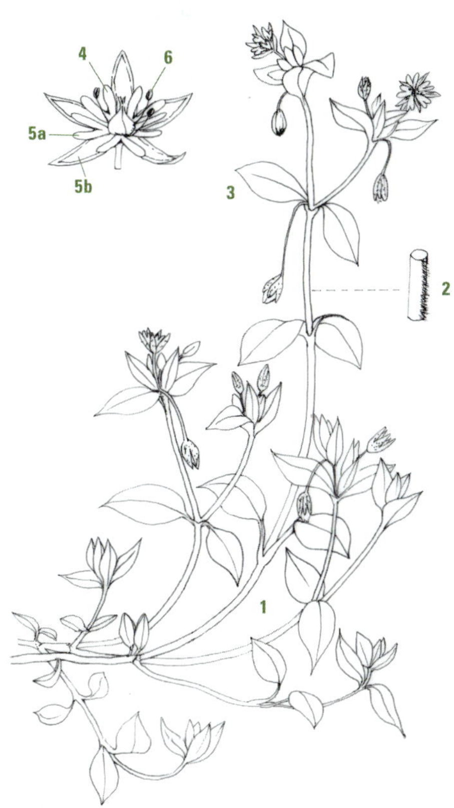

Höhe bis 0,8 m

Grundlegende Merkmale der Pflanzengattung auf S. 241

1 Wuchs flach bis aufsteigend
2 Stängel meist einreihig behaart
3 Laubblätter kurz, eiförmig, ganzrandig und zugespitzt
4 Weiße Blütenkronblätter bis fast zum Grunde zweiteilig
5 Blütenkronblätter (a) je nach Unterart auch fehlend, kürzer oder wenig länger als der Kelch (b)
6 3 Staubbeutel, diese violett

Stellaria media

Stellaria nemorum

Verbreitungsschwerpunkt: Ruderalgesellschaften, Acker- und Gartenunkrautgesellschaften

Hauptblütezeit: März bis Oktober

Zusätzliche Hinweise zur Verwendung oben: Sie ist die verbreitetste, saftigste und am meisten verwendete in dieser Gattung.

Inhaltsstoffe und Wirkung: Die Vogelmiere ist reich an Mineralien und enthält doppelt so viel Calcium, dreimal so viel Kalium und Magnesium und siebenmal so viel Eisen wie der Kopfsalat. Auch im Gehalt an Vitamin A und C ist die Vogelmiere dem Kopfsalat mit dem 2- bzw. 8-fachen Gehalt deutlich überlegen. Sie enthält außerdem die Vitamine B1, B2 und B3 und das Spurenelement Selen, ferner Schleimstoffe, Saponine, Flavonoide (Rutin), Kieselsäure und Gamma-Linolensäure. In der Volksheilkunde wird die Vogelmiere bei Husten, Asthma und Lungenerkrankungen eingesetzt, außerdem zur Reinigung und Kräftigung des ganzen Organismus. Die Pflanze hat eine kühlende, entzündungshemmende, schmerzlindernde, verdauungsfördernde und leicht abführende Wirkung. Sie hilft bei Krämpfen, Leberbeschwerden, übermüdeten oder entzündeten Augen, Rheuma und Blasenkrankheiten. Äußerlich kann sie bei Hautausschlägen, Verbrennungen, Schürfwunden und kleineren Verletzungen eingesetzt werden. Die Homöopathie verwendet sie bei Rheumatismus, Gelenkentzündungen, Bronchitis und Schuppenflechte.

Wald-Sternmiere
Stellaria nemorum

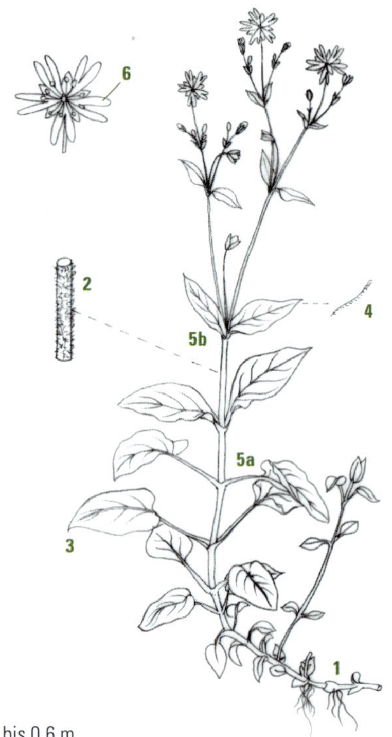

Höhe bis 0,6 m
Grundlegende Merkmale der Pflanzengattung auf S. 241
1 Pflanze mit oberirdischen Ausläufern
2 Stängel rund, behaart
3 Blätter eiförmig, oben zugespitzt
4 Blattrand mit Wimpern
5 Mittlere und untere Blätter im Gegensatz zum ähnlichen Wasserdarm *(Stellaria aquatica)* lang gestielt (a), nur die Oberen sitzend (b)
6 Weiße Blütenkronblätter bis fast zum Grunde zweiteilig

Foto S. 245

Verbreitungsschwerpunkt: Erlen-, Edellaub-Auenwälder
Hauptblütezeit: Mai bis Juni
Zusätzliche Hinweise zur Verwendung: Sie hat dick-saftige Blätter.

Dickblättrige Sternmiere
Stellaria crassifolia
Art im Bestand gefährdet
Verbreitungsschwerpunkt: Zwischenmoore und Schlenken
Hauptblütezeit: Juli bis August

Langblättrige Sternmiere
Stellaria longifolia
Art im Bestand gefährdet
Verbreitungsschwerpunkt: Fichtenwälder
Hauptblütezeit: Juni bis August

Sumpf-Sternmiere
Stellaria palustris
Art im Bestand gefährdet
Verbreitungsschwerpunkt: Zwischenmoore und Schlenken
Hauptblütezeit: Juni bis Juli

Gamander
Teucrium
Lippenblütengewächse (Lamiaceae)

Salbei-Gamander
Teucrium scorodonia

Verbreitungsschwerpunkt: Saure Eichenmischwälder
Hauptblütezeit: Juli bis August
Verwendung in der Ernährung: Man erntet die Blätter und Triebspitzen des Salbei-Gamanders von April bis Juli. Sie ähneln im Aroma dem Hopfen und wurden früher zur Bierherstellung genutzt [18.7]. Es wird berichtet, dass sich das Bier schneller als beim Hopfen klärt, aber dunkler färbt. Frisch oder getrocknet können sie als edelbitter-aromatisches Gewürz z. B. auch in Hausbrotmischungen [21.1], zu Kräuterkartoffeln [15.2], in Salaten und Rohkost [1], zu Saucen [14], in Wildpflanzensalz [16.1] oder als Trockengewürz [16.2] sowie in Kräuteröl [16.4] oder als Aroma [18] in Wein [18.5] und Spirituosen [18.6] verwendet werden.
Inhaltsstoffe und Wirkung: Der Salbei-Gamander enthält ätherisches Öl, Gerb- und Bitterstoffe (Diterpene), Flavonoide, Iridoide, Anthrachinonverbindungen und Phenylpropane. Das getrocknete Kraut wird heute nur noch selten bei Bronchitis und Magen-Darm-Erkrankungen verwendet. Äußerlich wird es bei Knochenbrüchen und schlecht heilenden Wunden, zur Hautpflege, aber auch als entzündungshemmendes Gurgelmittel eingesetzt. Die Homöopathie nutzt die Pflanze bei Tuberkulose und chronischer Bronchitis.

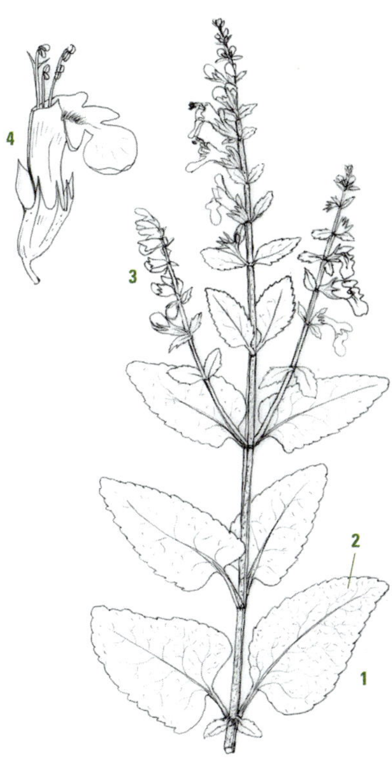

Höhe bis 0,7 m

1 Blätter gestielt, fest, an Salbei erinnernd
2 Blattfläche stark runzelig
3 Blütenstand ährig, Blüten nach einer Seite ausgerichtet (einseitswendig)
4 Bis etwa 1 cm lange Blüte, Farbe gelbgrün bis gelbweiß

Foto S. 248

Echter Gamander
Teucrium chamaedrys
Art zerstreut bis selten
Verbreitungsschwerpunkt: Trockenwälder, Trockenrasen, Hänge
Hauptblütezeit: Juli bis September
Verwendung in der Ernährung: Die Blüten wurden nach Fischer 2007 als essbare Dekoration genutzt; die Blätter wurden für Magenbitter verwendet und angeblich von April bis Juni durch Zerkleinern und Ausspülen entbittert roh und gekocht in der Ernährung verwendet.
Inhaltsstoffe und Wirkung: Der Echte Gamander enthält ätherisches Öl, Flavonoide, Phenylpropanverbindungen, Iridoide und eine Vielzahl von Di- und Triterpenen, die als Gerb- und Bitterstoffe wirken. Die Pflanze wirkt entzündungshemmend, antirheumatisch, wassertreibend und allgemein stärkend. Außerdem gehört sie zu den anitviral wirksamen Pflanzen. In der Volksheilkunde wurde der Echte Gamander bei Verdauungsbeschwerden und Appetitlosigkeit, aber auch bei Gicht und Gallenleiden eingesetzt. Des Weiteren wirkt er günstig bei Flechten und Hautausschlägen und ist wehenfördernd. Die innerliche Anwendung muss mit Bedacht erfolgen, da die Pflanze die Funktion der Leber beeinträchtigen kann. Äußerlich wurde ein Tee bei schlecht heilenden Wunden und Hämorrhoiden angewendet.

Knoblauch-Gamander
Teucrium scordium (Artengruppe)
Art im Bestand gefährdet
Verbreitungsschwerpunkt: Nasse Wiesen, Gräben, Ufer
Hauptblütezeit: Juli bis August
Verwendung in der Ernährung: Vergleichbar mit *Teucrium chamaedrys.*
Inhaltsstoffe und Wirkung: Der Knoblauch-Gamander war früher eine hochgeschätzte Heilpflanze. Er wirkt wurmtreibend, antiseptisch, fördert die Wasserausscheidung und wirkt allgemein kräftigend. Außerdem hemmt er das Wachstum pathogener Pilze. Früher nutzte man die Pflanze bei Vergiftungen, Durchfällen und wegen ihrer antiseptischen und wurmtreibenden Wirkung. Hauptanwendungsgebiete sind alle Erkrankungen der Atemwege, bis hin zur Tuberkulose. Weitere Indikationen siehe *T. chamaedrys.* Kühe fressen das Kraut gerne und geben dann eine nach Knoblauch riechende Milch.

Brennnesseln
Urtica
Brennnesselgewächse (Urticaceae)

Grundlegende Merkmale: Die Stängel dieser Gattung sind meist vierkantig mit Brennhaaren. Die Blätter sind in der Regel paarweise versetzt (kreuzgegenständig) am Stängel angeordnet. Sie sind ungeteilt und ebenfalls mit Brennhaaren versehen. Die reichhaltigen Blütenstände entspringen den Blattachseln.
Verwendung in der Ernährung: Die hier genannten mitteleuropäischen Brennnesseln sind alte Gemüsepflanzen, deren Blätter meistens wie Spinat zubereitet gegessen wurden. Darüber hinaus nutzte man diese auch für Eierspeisen und Teigmantelgerichte, als Würzkraut sowie als Grundlage für Gemüsesäfte und Saucen und nicht zuletzt als Aroma von Getränken. Ihr Grundgeschmack ist spinatartig, aber viel aromatischer und würziger als echter Spinat. Die Samen haben einen leeren bis nussigen Geschmack.

Die jungen, frisch austreibenden, elastischen Triebspitzen und delikaten Blätter erntet man von April bis Juni, wobei die Stiele noch möglichst weich sein sollten. Ihre Verwendungsmöglichkeiten sind vielfältig: als Gemüsechips [8.5], eingearbeitet in Bratlingen [4], als Teigbeigabe in Hausbrotmischungen [21.1], fein geschnitten in Eierspeisen [6], Hackkräutermischungen [15] und Saucen [14] oder auch eingelegt in Wein [13.3], bzw. als Sauerkraut [13.4], bis hin zu Süßspeisen wie nussigen Cremes oder Schokolade [17.6], und sogar als Rauchtabakbeimischung [25].

Paniert oder in Ausbackteig getaucht und knusprig ausgebacken [8.3][8.4] werden sie zu einer herzhaften Vorspeise. Man kann sie gut als Gemüse dünsten, dämpfen und kochen, z. B. als zart-säuerliches Gemüse [7.1], Nussgemüse [7.3], Püree [9.3] oder als Suppeneinlage [3.1] nutzen. Sehr lecker sind neben Brennnessel-Spinat [9.1] auch Füllungen für Lasagne, Gemüsestrudel und -taschen [12.1][10.1]10.2], die aus den Brennnesselblättern zubereitet werden. Wer möchte, kann sie auch auf eine Pizza legen [12.2].

Wenn man die Triebspitzen und zarten Blätter für circa 3 Sekunden blanchiert, fein wiegt oder abwalzt, verlieren sie ihre Brennhaare, sodass man sie dann roh zu Salaten [1] geben kann.

Brennnesselblätter lassen sich an einem luftigen Platz gut trocknen und vermahlen und dann während des Winters als Mineralstofflieferant nutzen. Getrocknet eignen sie sich zudem als Würze und Würzbeigabe, insbesondere in Wildpflanzensalz [16.1], als Trockengewürz [16.2], in Kräuteröl [16.4] und -essig [16.7], als Würzmus [16.10] oder Pesto [16.6].

Als heilendes Getränk bekannt ist vor allem der Tee [22.1], aber auch für Saft- und Vitalgetränke [22.4] ist die Brennnessel eine wertvolle Ergänzung. Außerdem aromatisiert sie Wein [18.5], Spirituosen [18.6] oder auch Bier [18.7].

Später im Jahr werden die festeren Blätter nur noch ausgekocht, getrocknet oder sehr fein gehackt verwendet. Früher hat man Brennnesselblätter abgekocht, in Salz eingelegt und als Milchgerinnungsmittel bei der Käseherstellung benutzt.

Die ausgereifte wie auch die noch unreife Saat der Brennnesseln kann von Juli bis Oktober als Brotteigbeigabe [21.1], als Aufstrich in Frischkäse gerührt oder als Keimsaat [2] verwendet werden. Getrocknet eignen sich die Samen als Würzbeigabe in Trockengewürzen [16.2] und sehr gut auch zu Wildpflanzensalz [16.1]. Sie aromatisieren Wein [18.5] und Spirituosen [18.6] und können geröstet als Kaffeesurrogat [23] verwendet werden.

Blüten und knospige Blütenstände nutzt man im Sommer ebenfalls als Brotteigbeigabe [21.1] [21.2] oder auch in Eierspeisen [6]. Blanchiert können sie Hackkräutermischungen [15] sowie Salat- und Rohkostspeisen [1] beigegeben werden. Sie eignen sich als kurz gebratenes Gemüse [8.2], in Bratlingen [4] und in Gemüsefüllungen [10] genauso wie als Zugabe in Mischgemüsegerichten [11] oder Ofengemüsegerichten [12] und natürlich Gemüsesuppen [3.1]. Etwas Besonderes sind sie auch in dünnem Ausbackteig gebacken [8.4] oder als Nascherei in Schokolade [17.6] getaucht. Man kann sie als Aroma in Wein [18.5] und Spirituosen [18.6] sowie bei der Bierherstellung [18.7] oder auch in Kräuteröl [16.4] und -essig [16.7] nutzen. Als Würze nutzte man sie getrocknet [16.2] oder in Salz [16.1] sowie in Chutney [16.9]. Man kann sie auch als Tee [22.1] aufbrühen.

Teucrium scorodonia

Urtica dioica

Inhaltsstoffe und Wirkung: Die Brennnesseln wurden bereits im Altertum vielfältig medizinisch genutzt. Sie enthalten Phenolcarbonsäuren, Flavonoide (überwiegend Quercetin, Kämpferol und Isorhamnetin), Fett und Kohlenhydrate. Außerdem ist die frische Pflanze sehr mineralstoffreich und enthält insbesondere viel Magnesium, Kalium, Eisen und Silizium in Form der löslichen Kieselsäure, ist reich an Eiweiß und enthält die Vitamine A, C, E. Bezüglich des Mineralstoff- und Vitamingehalts übertrifft die Brennnessel den Kopfsalat bei Weitem. Die Wurzel enthält Lektine, Sterole, Cumarine, Lignane und Fettsäuren. Die ganze Pflanze einschließlich der Samen wird arzneilich verwendet. Traditionell nutzt man sie zur Behandlung von rheumatischen Beschwerden und Verdauungsleiden. Die leicht harntreibenden Effekte der Pflanze wirken positiv bei Nierenleiden. Volksmedizinisch belegt ist der innerliche Einsatz zur Blutbildung und Erhöhung der Enzymproduktion der Bauchspeicheldrüse. Außerdem wird die Brennnessel bei Gallenerkrankungen eingesetzt. Äußerlich hilft sie bei Kopfschuppen und fettigem Haar. Die blutreinigende und entgiftende Wirkung macht man sich seit Urzeiten für Frühjahrskuren zunutze. Die Pflanze enthält Enzyme und pflanzliche Hormone (Phytohormone), die eine krebsvorbeugende Wirkung haben. Sie senkt den Blutzuckerspiegel, hemmt Entzündungen und lindert Prostatabeschwerden. Die Samen enthalten circa 30 % fettes Öl (besonders Linolsäure), Schleimstoffe, Carotinoide und weisen einen hohen Vitamin-E Gehalt (bis zu 0,1 %) auf. Die zerstoßenen Früchte werden volksmedizinisch als Auflage bei Rheuma und Hautleiden verwendet. Innerlich kann man sie auch als Tonikum und Biostimulanz nutzen. Die Wurzel findet Einsatz bei Prostatabeschwerden und den damit verbundenen Schwierigkeiten beim Wasserlassen.

Große Brennnessel
Urtica dioica

Verbreitungsschwerpunkt: Nährstoffreiche Krautfluren
Hauptblütezeit: Juni bis Oktober

Sumpf-Brennnessel, Röhricht-Brennnessel
Urtica kioviensis
Art ist selten
Verbreitungsschwerpunkt: Röhrichte und Großseggensümpfe
Hauptblütezeit: Juli bis September

Kleine Brennnessel
Urtica urens
Art zerstreut bis selten
Verbreitungsschwerpunkt: Ruderalgesellschaften, Acker- und Gartenunkrautgesellschaften
Hauptblütezeit: Mai bis November

Ehrenpreise
Veronica
Wegerichgewächse (Plantaginaceae)

Grundlegende Merkmale: Die vierteiligen Blüten besitzen 4 ungleiche Kronzipfel und nur 2 Staubblätter. Die Frucht ist meist flach und an der Spitze häufig herzförmig geformt. Die einzelnen Ehrenpreis-Arten mit ihren filigranen, blauen Blüten sind sich äußerlich ziemlich ähnlich.
Verwendung in der Ernährung: Die milden Blütenknospen und bunten Kronblätter der hier aufgeführten mitteleuropäischen Arten dienen von Frühjahr und z. T. bis in den Sommer hinein als Dekor und hübsche Farbtupfer, indem man sie z. B. über fertige Gemüsegerichte streut. Schön anzusehen und oft eine geschmackliche Bereicherung sind sie auch in Salatspeisen [1], kandiert [17.4], als Beigabe in einer Blütencreme [17.1], als Sorbet [17.7], in Bowlen [22.3] und in Aromazucker [18.2]. Um die empfindlichen Blüten beim Ernten nicht zu zerquetschen, schneidet man sie am besten vorsichtig mit einer Schere ab. Die Knospen halten wir auch zusätzlich geeignet zur Verwendung z. B. in Bratlingen [4] oder als eingelegtes Gemüse [13.1][13.2]. Die weiß-blauen Blüten behalten auch getrocknet ihre schöne Farbe.

Trocknet man das herb bittere Kraut der Ehrenpreise, kann man es als Würze insbesondere in Wildpflanzensalz [16.1] verwenden. Früher wurde es auch als Tee [22.1] aufgebrüht. Der Grundgeschmack ist dann herb-aromatisch und ähnelt Schwarztee. Die zarten, frisch austreibenden Blätter und Triebspitzen von Frühjahr bis Sommer sind sehr eiweißreich und können in Hackkräutermischungen [15] verarbeitet werden. Kleine Mengen lassen sich fein geschnitten auch Salaten [1] und Saucen [14] beigeben. Die Stiele sollten dabei noch so weich sein, dass sie sich mit den Fingern zerreiben lassen, dann sind die Pflanzen noch milder. Denkbar sind die Blätter auch als Bittergemüse [9.2] oder als Aroma in Wein [18.5] und Spirituosen [18.6]. Man könnte sie sicher auch als Zugabe in Bratgemüse [8.2], Spinat [9.1] und Gemüsesuppen [3.1] verwenden. Am meisten genutzt wurden ursprünglich die Blätter und Triebspitzen von Wasser-Ehrenpreis *(Veronica anagallis-aquatica)*, Bachbunge *(Veronica beccabunga)*, Gamander-Ehrenpreis *(Veronica chamaedrys)*, Echtem Ehrenpreis *(Veronica officinalis)*, Persischem Ehrenpreis *(Veronica persica)* und Schild-Ehrenpreis *(Veronica scutellata)*. Die restlichen mitteleuropäischen Veronica-Arten fanden weniger Verwendung. Keine Art ist als giftig bekannt.
Inhaltsstoffe und Wirkung: Vermutlich enthalten alle Ehrenpreis-Arten in geringem Umfang die bitter schmeckenden Iridoide. Alle Arten sind mild heilkräftig, allerdings in geringerem Umfang als der Echte Ehrenpreis *(V. officinalis)*.

Feld-Ehrenpreis
Veronica arvensis

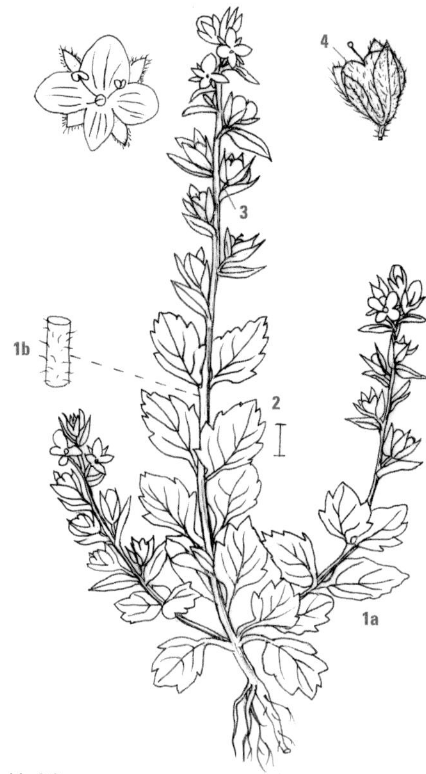

Höhe bis 0,3 m
Grundlegende Merkmale der Pflanzengattung auf S. 249
1 Stängel verzweigt (a) und behaart (b)
2 Blätter eiförmig, bis 2 cm lang
3 Blüten einzeln in den Achseln der oberen, sehr schmalen Blätter (Tragblätter)
4 Frucht breit herzförmig und abgeflacht

Foto S. 252

Verbreitungsschwerpunkt: Lockere Sand- und Felsrasen
Hauptblütezeit: März bis September
Inhaltsstoffe und Wirkung: Siehe *Veronica officinalis.*

Bachbunge, Bachbungen-Ehrenpreis
Veronica beccabunga

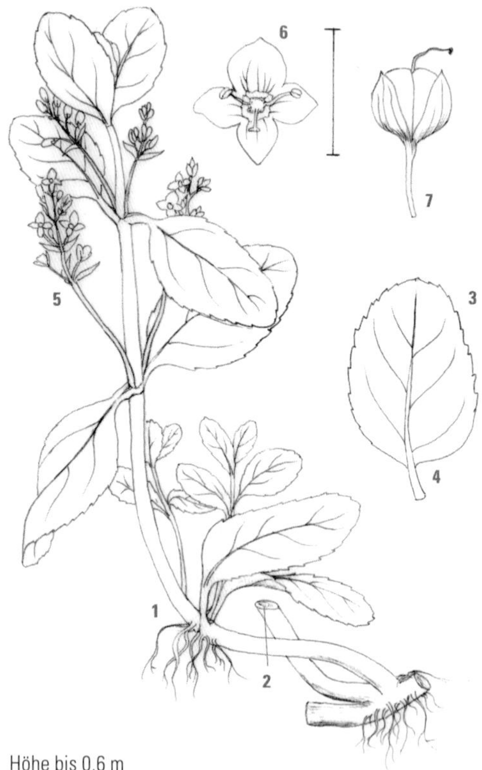

Höhe bis 0,6 m
Grundlegende Merkmale der Pflanzengattung auf S. 249
1 Pflanze mit wurzelnden Ausläufern
2 Stängel im Querschnitt rund
3 Form der Blätter oval bis rundlich
4 Blätter glatt und glänzend, kurz gestielt
5 Vielblütige, gestielte Blütenstände, den Blattachseln entspringend
6 Einzelblüte im Durchmesser nur knapp 1 cm
7 Frucht lang gestielt

Foto S. 252

Verbreitungsschwerpunkt: Bachröhrichte
Hauptblütezeit: Anfang Mai bis Ende August
Inhaltsstoffe und Wirkung: Die blühenden Sprossspitzen und der frische Saft enthalten Flavonoide, Iridoide (Aucubin), Glykoside, Gerb- und Bitterstoffe und reichlich Vitamin C. Die Bachbunge wirkt innerlich und äußerlich als blutreinigendes und harntreibendes Mittel. Außerdem stimuliert sie den Stoffwechsel und kann den Cholesterinspiegel senken. Volksheilkundlich wurde sie bei Leber- und Gallenleiden und bei Verstopfung angewendet. Äußerlich kann der Tee oder Breiumschlag zur Wundreinigung herangezogen werden und bei Ausschlägen und Geschwüren gute Dienste leisten.

Gamander-Ehrenpreis

Veronica chamaedrys

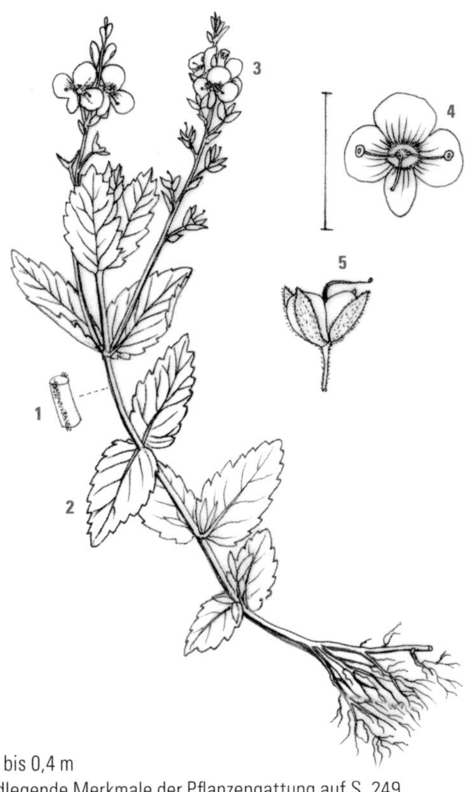

Höhe bis 0,4 m
Grundlegende Merkmale der Pflanzengattung auf S. 249
1 Stängel mit 2 Haarleisten
2 Blätter eiförmig, am Rande grob gezähnt
3 Blüten in lockeren Trauben
4 Blütenkrone bis 1 cm im Durchmesser, blau, in der Mitte weiß
5 Griffel etwa so lang wie die abgeflachte Frucht

Foto S. 252

Verbreitungsschwerpunkt: Krautige Vegetation oft gestörter Plätze, waldnahe Staudenfluren und Gebüsche, von Mensch und Tier beeinflusste Heiden und Rasen, Wälder mit überwiegend Laubbäumen
Hauptblütezeit: März bis Juli
Inhaltsstoffe und Wirkung: Siehe *Veronica officinalis.*

Efeu-Ehrenpreis

Veronica hederifolia

Höhe bis 0,1 m, Länge bis 0,5 m
Grundlegende Merkmale der Pflanzengattung auf S. 249
Blattform abweichend von Blattschlüsseleinteilung S. 42
1 Pflanze schwach behaart
2 Stängel verzweigt, niederliegend
3 Blätter drei- bis fünflappig, breiter als lang, an Efeu erinnernd
4 Blüten und Früchte einzeln an langen Stielen, die den Blattachseln entspringen
5 Kelchblätter herzförmig

Foto S. 252

Verbreitungsschwerpunkt: Getreideunkrautfluren, nährstoffreiche Acker- und Gartenunkrautfluren
Hauptblütezeit: März bis Mai
Inhaltsstoffe und Wirkung: Siehe *Veronica officinalis.*

Veronica arvensis
Veronica beccabunga
Veronica chamaedrys
Veronica hederifolia

Echter Ehrenpreis, Wald-Ehrenpreis
Veronica officinalis

Höhe bis 0,3 m
Grundlegende Merkmale der Pflanzengattung auf S. 249
1 Pflanze graugrün gefärbt und weich behaart
2 Stängel niederliegend, wurzelnd, mit aufrechten Ästen und Blütentrieben
3 Blätter kurz gestielt, eiförmig, bis 5 cm lang
4 Blattrand fein gesägt
5 Stiele der ährigen Blütenstände dicht abstehend behaart
6 Blütenkrone blassviolett, dunkel geadert
7 Frucht herzförmig, flach, mit langem Griffel

Foto S. 255

Verbreitungsschwerpunkt: Saure Eichenmischwälder, Laubwälder und Gebüsche, Waldlichtungsfluren und Gebüsche, Borstgrastriften und Zwergstrauchheiden
Hauptblütezeit: Juni bis August
Inhaltsstoffe und Wirkung: Der Echte Ehrenpreis *(V. officinalis)* genoss bereits im Mittelalter hohes Ansehen. Man nannte die Pflanze auch »Allerweltsheil« und sprach ihr sogar eine Heilwirkung gegen Pest und Aussatz zu. Das medizinisch verwendete Kraut enthält geringe Mengen an bitter schmeckenden Iridoiden (Aucubin, Catalpol), Flavonoiden (Luteolin), Kaffeesäurederivaten, Gerbstoffen, Triterpensaponinen und ätherischem Öl. Aufgrund des leicht bitteren Geschmackes verwendet man die Pflanze heute gerne in Teemischungen. Ehrenpreis wirkt verdauungsfördernd, regt den Stoffwechsel an und ist hilfreich bei Atemwegserkrankungen. Die blutreinigenden Eigenschaften macht man sich auch bei der Behandlung chronischer Hauterkrankungen zunutze. Die Pflanze wird innerlich und äußerlich zur Vorbeugung und Behandlung von Geschwüren und Entzündungen eingesetzt. Zu diesem Zweck kann man einen Teeaufguss aus der Pflanze einnehmen und sich gleichzeitig damit waschen. Derart verwendet lindert der Echte Ehrenpreis Juckreiz unterschiedlichster Ursache und wird auch bei Neurodermitis und Verbrennungen eingesetzt. Innerlich dient er als schleimlösendes Mittel bei Bronchitis und Asthma. Außerdem gelangt er bei Magen-Darm-Beschwerden, Gicht, Rheuma und Erkrankungen von Leber, Niere und Blase zur Anwendung. Ähnlich verwendbar sind *V. anagallis-aquatica, V. arvensis, V. chamaedrys, V. hederifolia* und *V. persica.* Der Berg-Ehrenpreis *(V. montana)* gilt als durchblutungsfördernd und hilfreich bei Gedächtnisstörungen im Alter. Aus dem Persischen Ehrenpreis *(V. persica)* und dem Gamander-Ehrenpreis *(V. chamaedrys)* lässt sich ein nervenstärkender Tee brühen.

Persischer Ehrenpreis
Veronica persica

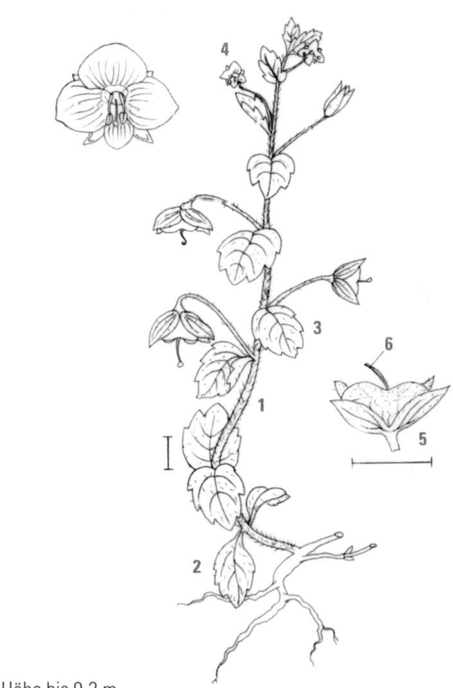

Höhe bis 0,3 m
Grundlegende Merkmale der Pflanzengattung auf S. 249
1 Stängel behaart
2 Blätter eiförmig, deutlich länger als breit, bis ca. 2 cm lang, matt
3 Blattrand grob gezähnt oder deutlich gekerbt
4 Lang gestielte Blüten einzeln den Blattwinkeln entspringend
5 Frucht im Durchmesser bis 1 cm, herzförmig und in Kelchblätter eingebettet
6 An der Spitze der Frucht bis 3 mm langer Griffel

Foto S. 255

Verbreitungsschwerpunkt: Ruderalgesellschaften, Acker- und Gartenunkrautgesellschaften
Hauptblütezeit: Februar bis September
Inhaltsstoffe und Wirkung: Siehe *Veronica officinalis.*

Glänzender Ehrenpreis
Veronica polita

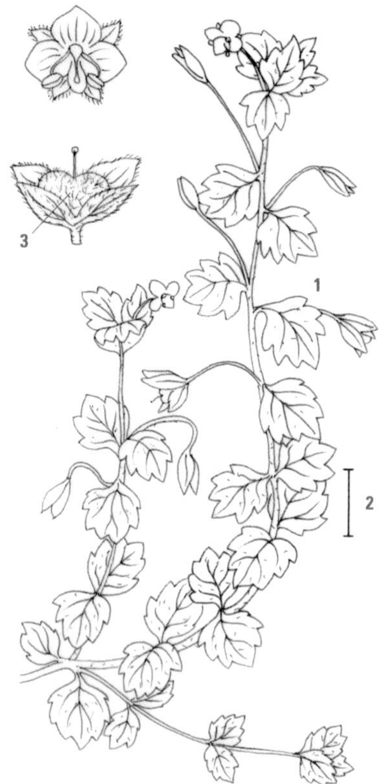

Höhe bis 0,2 m
Grundlegende Merkmale der Pflanzengattung auf S. 249
Art erinnert an den Persischen Ehrenpreis *(Veronica persica)*, mit folgenden Unterschieden:
1 Blatt dunkelgrün glänzend
2 Blattlänge nur ca. 1 cm (*Veronica persica:* 2 cm)
3 Frucht dicht behaart (*Veronica persica:* spärlich behaart)

Verbreitungsschwerpunkt: Ruderalgesellschaften, Acker- und Gartenunkrautgesellschaften
Hauptblütezeit: März bis September
Inhaltsstoffe und Wirkung: Diese Art wird im Zusammenhang mit Menstruationsbeschwerden und Blutungen genannt. Über Inhaltsstoffe liegen uns keine Informationen vor.

Thymianblättriger Ehrenpreis, Quendel-Ehrenpreis
Veronica serpyllifolia

Höhe bis 0,25 m
Grundlegende Merkmale der Pflanzengattung auf S. 249
1 Stängel aufrecht, schwach behaart
2 Blätter eiförmig, bis ca. 2,5 cm lang
3 Blattstiel sehr kurz oder fehlend
4 Blütenkrone weiß mit blauen Adern, ca. 5 mm im Durchmesser
5 Frucht abgeflacht, locker behaart

Verbreitungsschwerpunkt: Gedüngte Frischwiesen und -weiden
Hauptblütezeit: April bis September

Veronica officinalis
Veronica persica
Veronica polita
Veronica serpyllifolia

Acker-Ehrenpreis
Veronica agrestis
Art zerstreut bis selten
Verbreitungsschwerpunkt: Nährstoffreiche Acker- und Gartenunkrautfluren
Hauptblütezeit: März bis Oktober
Inhaltsstoffe und Wirkung: Diese Art wird im Zusammenhang mit Menstruationsbeschwerden und Blutungen genannt. Über Inhaltsstoffe liegen uns keine Informationen vor.

Wasser-Ehrenpreis, Gauchheil-Ehrenpreis
Veronica anagallis-aquatica (Artengruppe)
Art zerstreut bis selten
Verbreitungsschwerpunkt: Bachröhrichte
Hauptblütezeit: Anfang Mai bis Ende August
Inhaltsstoffe und Wirkung: Siehe *Veronica officinalis.*

Blattloser Ehrenpreis
Veronica aphylla
Art zerstreut bis selten
Verbreitungsschwerpunkt: Steinfluren und alpine Rasen
Hauptblütezeit: Juni bis August

Österreichischer Ehrenpreis
Veronica austriaca (Artengruppe)
Art ist selten
Verbreitungsschwerpunkt: Kalk-Magerrasen
Hauptblütezeit: Juni bis Juli
Inhaltsstoffe und Wirkung: Marzell 1958 überliefert für sie den alten Namen »Brustteekraut«, der womöglich einen heilkundlichen Einsatz der Pflanze benennt.

Maßliebchen-Ehrenpreis, Rosetten-Ehrenpreis
Veronica bellidioides
Art zerstreut bis selten
Verbreitungsschwerpunkt: Steinfluren und alpine Rasen
Hauptblütezeit: Juni bis Juli

Faden-Ehrenpreis
Veronica filiformis
Art zerstreut bis selten
Verbreitungsschwerpunkt: Gedüngte Frischwiesen und -weiden
Hauptblütezeit: April bis Mai

Felsen-Ehrenpreis
Veronica fruticans
Art ist selten
Verbreitungsschwerpunkt: Borstgrastriften und Zwergstrauchheiden
Hauptblütezeit: Juni bis August

Berg-Ehrenpreis
Veronica montana
Art zerstreut bis selten
Verbreitungsschwerpunkt: Erlen- und Edellaub-Auenwälder
Hauptblütezeit: Mai bis Juni

Fremder Ehrenpreis
Veronica peregrina
Art ist selten
Verbreitungsschwerpunkt: Krautige Vegetation oft gestörter Plätze
Hauptblütezeit: April bis Juni
Inhaltsstoffe und Wirkung: Diese Art wird im Zusammenhang mit Menstruationsbeschwerden und Blutungen genannt. Über Inhaltsstoffe liegen uns keine Informationen vor.

Früher Ehrenpreis
Veronica praecox
Art ist selten
Verbreitungsschwerpunkt: Lockere Sand- und Felsrasen
Hauptblütezeit: März bis Mai

Nesselblättriger Ehrenpreis
Veronica urticifolia
Art zerstreut bis selten
Verbreitungsschwerpunkt: Rotbuchen-Mischwälder
Hauptblütezeit: Mai bis Juli

Frühlings-Ehrenpreis
Veronica verna (Artengruppe)
Art ist selten
Verbreitungsschwerpunkt: Lockere Sand- und Felsrasen
Hauptblütezeit: April bis Mai

Drüsiger Ehrenpreis
Veronica acinifolia
Art im Bestand gefährdet
Verbreitungsschwerpunkt: Wechselnasse Zwergpflanzenfluren
Hauptblütezeit: April bis Mai

Halbstrauchiger Ehrenpreis
Veronica fruticulosa
Art im Bestand gefährdet
Verbreitungsschwerpunkt: Steinschutt- und Geröllfluren
Hauptblütezeit: Juni bis Juli

Gelber Ehrenpreis
Veronica lutea
Art im Bestand gefährdet
Verbreitungsschwerpunkt: Felsspalten- und Mauerfugengesellschaften
Hauptblütezeit: Juni bis August

Glanzloser Ehrenpreis, Matter Ehrenpreis
Veronica opaca
Art im Bestand gefährdet
Verbreitungsschwerpunkt: Ruderalgesellschaften, Acker- und Gartenunkrautgesellschaften
Hauptblütezeit: März bis Oktober

Schild-Ehrenpreis
Veronica scutellata
Art in der Schweiz und in Teilen Österreichs im Bestand gefährdet
Verbreitungsschwerpunkt: Rasen in Flachwasser
Hauptblütezeit: Juni bis September

Dreiblättriger Ehrenpreis
Veronica triphyllos
Art in der Schweiz und in Teilen Österreichs im Bestand gefährdet
Verbreitungsschwerpunkt: Getreideunkrautfluren
Hauptblütezeit: März bis Mai

Milzkräuter

Chrysosplenium

Steinbrechgewächse (Saxifragaceae)

Verwendung in der Ernährung: Die Pflanzen haben zuweilen milde, aber auch recht bittere, fleischige Blätter. Bei trockener Hitze werden sie bitterer. Fein geschnittene Blätter können Salaten [1] beigegeben werden oder passen nach unserem Erachten zusammen mit anderen Kräutern gut zu Füllungen für Teigtaschen [10.2] sowie zu eingelegtem Gemüse in Salzlake [13.1], in Hackkräutermischungen [15], zu Kräuterkartoffeln [15.2], als Würzbeigabe in Wildpflanzensalz [16.1] oder als Trockengewürz [16.2].

Wechselblättriges Milzkraut

Chrysosplenium alternifolium

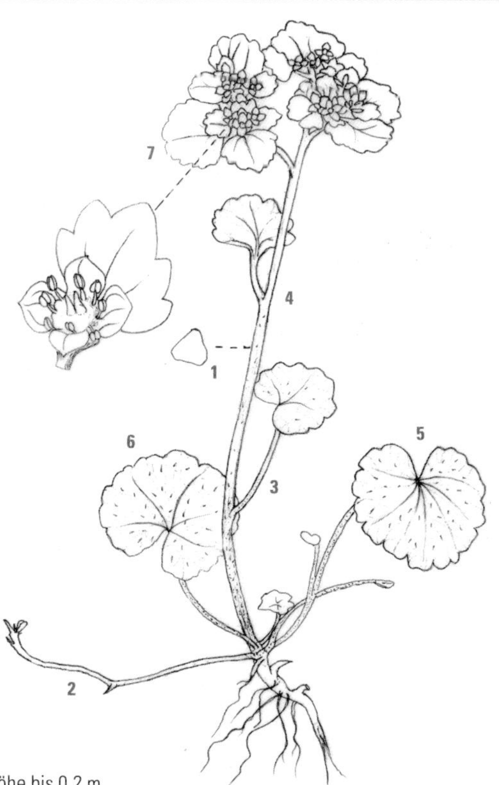

Höhe bis 0,2 m

1 Stängel aufrecht, im Querschnitt dreikantig
2 Pflanze bildet unterirdische Ausläufer
3 Blätter langgestielt
4 Blätter wechselweise (wechselständig) am Spross angeordnet
5 Blattform herz- bis nierenförmig
6 Blattrand breit und kurz gelappt
7 Unscheinbare Blüte, umrahmt von gelbgrünen, leuchtenden Hochblättern

Foto S. 258

Verbreitungsschwerpunkt: Erlen- und Edellaub-Auenwälder
Hauptblütezeit: März bis Mai
Inhaltsstoffe und Wirkung: Über Inhaltsstoffe ist uns nichts bekannt. Die Ärzte des Mittelalters verwendeten die Milzkräuter wegen ihrer milzförmigen Blätter nach der Signaturenlehre bei Erkrankungen der Milz. Die Homöopathie nutzt sie zur Blutbildung und bei Leukämie.

Gegenblättriges Milzkraut

Chrysosplenium oppositifolium

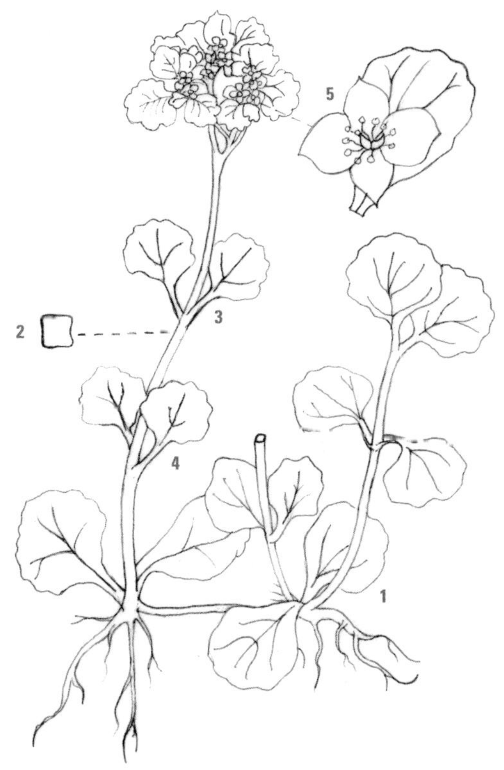

Höhe bis 0,2 m

1 Stängel aufrecht oder herabgebogen, dann an den Verzweigungen Wurzeln bildend
2 Im Querschnitt ist der Stängel vierkantig
3 Immer 2 Blätter stehen sich gegenüber (gegenständige Blattstellung)
4 Blatt gestielt, Blattfläche rundlich bis rautenförmig
5 Blüte ähnlich dem Wechselblättrigen Milzkraut *(Chrysosplenium alternifolium)* unscheinbar, umrahmt von gelbgrünen, leuchtenden Hochblättern

Foto S. 258

Verbreitungsschwerpunkt: Quellfluren
Hauptblütezeit: April bis Mai
Inhaltsstoffe und Wirkung: Siehe *Chrysosplenium alternifolium.*

Steinquendel
Acinos
Lippenblütengewächse (Lamiaceae)

Verwendung in der Ernährung: Die hier aufgeführten mitteleuropäischen Arten sind dekorative, thymian-minz-aromatische Pflanzen. Die Blätter und Triebspitzen verwendete man von Frühjahr bis Sommer als Würze und Würzbeigaben insbesondere in Wildpflanzensalz [16.1], Kräuteröl [16.4] und Kräuteressig [16.7] sowie als Trockengewürz [16.2] oder als Aroma in Gelee [18.1], Sirup [18.4], Tee [22.1], Bowle [22.3] und Spirituosen [18.6]. Eine würzende Zutat sind sie ebenso für Bratgemüse oder Bratlinge [4], Eierspeisen [6], Hausbrotmischungen [21.1] oder auch Knäckebrot [21.2], wie für Salate und Rohkost [1], diverse Hackkräutermischungen [15.1–3], Ofengemüsegerichte [12], Gemüsesuppen [3.1] und Saucen [14]. Auch als Rauchtabakbeimischung [25] fanden sie Verwendung. Im Sommer wurden die schönen Blüten und Blütenknospen zusammen mit zarten Triebspitzen von Alpbauern gerne feingeschnitten und mit etwas Salz und Quark zu einem herzhaften Brotaufstrich verarbeitet [15.5]. Man kann sie gut für die Herstellung von Tee [22.1], Wildpflanzenlimonade [22.2], Aromazucker [18.2] und Hackkräutermischungen [15] nutzen oder als Dekoration über Salat- und Rohkostspeisen [1] streuen. Eine weitere Möglichkeit ist es, sie zu kandieren [17.4].

Alpen-Steinquendel
Acinos alpinus

Verbreitungsschwerpunkt: Steinfluren und alpine Rasen
Hauptblütezeit: Anfang Juni bis Ende August
Inhaltsstoffe und Wirkung: *A. alpinus* ist eng mit dem Bohnenkraut verwandt und enthält wie dieses ätherisches Öl (Carvacrol, Gamma-Terpinen und Para-Cymen) und Hydroxyzimtsäurederivate. Außerdem Flavonoide (Luteolin), Triterpene, Sterole, Gerb- und Schleimstoffe. Die Wirkung ist allerdings schwächer. Die Alpenbewohner verwendeten die Pflanze früher als Tee bei Unruhe und nervösen Magenbeschwerden (Gastritis), Darmkoliken und Durchfall. Ferner zum Gurgeln bei Entzündungen im Mund. Eine ähnliche Anwendung ist auch für *A. arvensis* denkbar.

Chrysosplenium alternifolium

Chrysosplenium oppositifolium

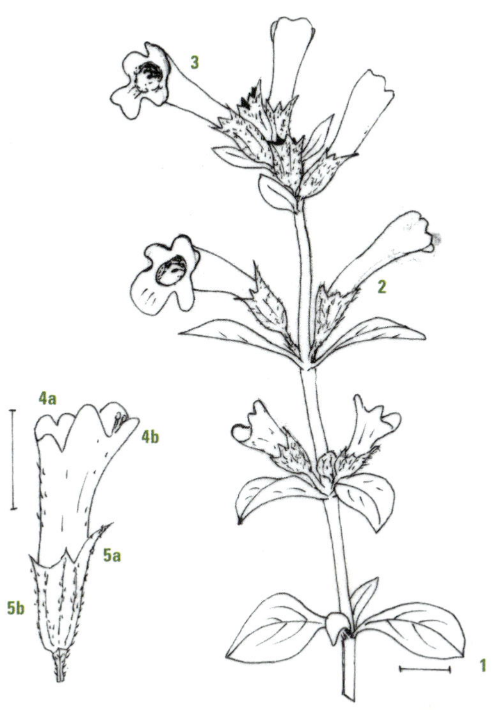

Höhe bis 0,2 m

1 Blätter 1–2 cm lang, am Rand nicht eingerollt
2 Blüten sitzen in den oberen Blattachseln
3 Blütenkrone ca. 2 cm lang, violett
4 Oberlippe der Blüte gerade (a), Unterlippe dreilappig und etwas gebogen (b)
5 Zwei Kelchspitzen an der Seite der Blüten-Unterlippe (a) biegen sich nach außen und sind deutlich länger als die drei übrigen (b)

Acker-Steinquendel
Acinos arvensis
Art in Österreich im Bestand gefährdet
Verbreitungsschwerpunkt: Lockere Sand- und Felsrasen
Hauptblütezeit: Juni bis September
Inhaltsstoffe und Wirkung: Siehe *Acinos alpinus.*

Erlen
Alnus
Birkengewächse (Betulaceae)

Verwendung in der Ernährung: Die hier aufgeführten mitteleuropäischen Arten sind gerbstoffhaltige, bittere Pflanzen, die sich nur in geringen Mengen als Beigabe für Gemüse und Feinschnittkräutermischungen eignen.

Man erntet von März bis Mai das zarte, junge Laub, wenn die Blattstiele noch so weich sind, dass man sie zwischen den Fingern zerreiben kann.

Die herben Blätter lassen sich auch zu Gemüsechips [8.5], in Bratlingen [4] sowie Nuss- und Bittergemüse [7.3] [9.2] verarbeiten oder getrocknet und vermahlen Hausbrotmischungen [21.1] beimengen.

Sie eignen sich als Bitterwürze in Kräuteröl [16.4] oder Würzmus [16.10] und besonders hervorragend in Kräutersalz [16.1] bzw. getrocknet als Vorratsgewürz [16.2]. Auch Spirituosen [18.6] und Bier [18.7] könnte man nach unserer Einschätzung mit Erlen-Aroma versetzen.

Die unreifen, noch weichen Früchte wurden im Mai geerntet und in Kräuteröl [16.4] oder Kräuteressig [16.7]

Acinos alpinus

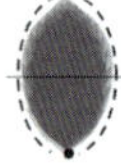

eingelegt sowie als Aroma für Wein [18.5] und Spirituosen [18.6] genutzt.

Getrocknet und fein vermahlen sind sie eine exzellente Würze in Wildpflanzensalz [16.1] und alleine als Trockengewürz [16.2] geeignet.

Inhaltsstoffe und Wirkung: Die Rinde enthält viele Gerbstoffe, Flavonoide (Hyperosid) und Steroide (Sitosterin). Rinde und Blätter verwendete man früher zum Gerben. Der Gerbstoffgehalt der Blätter verändert sich mit der Jahreszeit und ist im Frühjahr am geringsten. Medizinisch verwendet wird die Abkochung der Rinde als Gurgelwasser bei Entzündungen in Hals- und Rachen. Die Schnittflächen des Holzes färben sich durch den roten Farbstoff Alnulin. Homöopathisch verwendet man die frische Rinde der Erle bei Hauterkrankungen.

Grün-Erle
Alnus alnobetula

Grundlegende Merkmale: Wächst nur strauchförmig.
Verbreitungsschwerpunkt: Hochstaudenfluren und Gebüsche
Hauptblütezeit: Anfang April bis Ende Mai

Schwarz-Erle, Rot-Erle
Alnus glutinosa

Grundlegende Merkmale: Baum bis 20 m. Blattspitze stumpf bis ausgerandet.
Verbreitungsschwerpunkt: Erlenbruchwälder
Hauptblütezeit: März bis April

Grau-Erle, Weiß-Erle
Alnus incana

Grundlegende Merkmale: Baum bis 20 m. Blätter eiförmig, vorne spitz.
Verbreitungsschwerpunkt: Erlen- und Edellaub-Auenwälder
Hauptblütezeit: März bis April

Alnus alnobetula

Alnus glutinosa

Fuchsschwanz-Arten

Amaranthus

Fuchsschwanzgewächse (Amaranthaceae)

Grundlegende Merkmale: Die Blätter dieser Gattung sind wechselständig am Stängel angeordnet. Der Blütenstand ist ährenartig mit einer Vielzahl knäueliger Teilblütenstände.

Verwendung in der Ernährung: Die hier aufgeführten mitteleuropäischen Arten sind stärkereiche Pflanzen für getreideartige Verwendungen, Salate und Gemüse. Der Grundgeschmack ist sehr mild, kaum würzig und Anfang des Jahres auch kaum bitter. Sie sind daher als Hauptgrundlage vieler Gerichte nutzbar. Ältere Blätter bekommen hingegen einen etwas seifigen Beigeschmack.

Die zarten, feinen sowie eiweißreichen Blätter und Blattsprosse ergeben von Frühjahr bis Sommer hervorragende Salate [1] und Gemüsegerichte. Dazu kann man sie einfach nur kurz in Öl anbraten [8.2] bzw. sie als gedünstetes/gedämpftes Gemüse [7] oder als Gemüsechips [8.5] zur Beilage servieren. Vor allem jedoch kocht man aus ihnen köstlichen Spinat [9.1] und Püree [9.3], sie ergeben leckere Füllungen für Gemüsestrudel [10.1] und -taschen [10.2], Crêpes [6.2] oder auch Ofengemüsegerichte wie Lasagne [12.1] und Pizza [12.2]. Klein geschnitten sind sie eine feine Zutat für Bratlinge [4], Saucen [14] und Gemüsesuppen [3.1] oder auch im Brotteig [21.1][21.2]. Als Hauptbestandteil in Hackkräutermischungen isst man sie beispielsweise zur Kräuterbrotzeit [15.1] und zu Kräuterkartoffeln [15.2]. Auch als eingelegtes Gemüse in Wein [13.3] und als Sauerkraut [13.4] finden sie in der Küche Verwendung. Die jungen, elastischen Triebspitzen erntet man im Frühsommer noch vor der Blüte, wenn sie noch nicht von innen her vermarkt sind. Vor der Verarbeitung werden sie geschält und ergeben so mit etwas Öl und Salz z. B. ein hervorragendes, kurz gebratenes Wokgemüse. Weitere Verwendungsmöglichkeiten sind in diversen Gemüsegerichten [11][8.2][7.2][12] und in Gemüsesuppen [3.1]. In kleine Stücke geschnitten nutzt man sie als Zugabe in Bratlingen [4] und Eierspeisen [6] oder auch in Salaten und als Rohkost [1].

In erster Linie eignen sich die jungen knospigen Blütenstände von Frühjahr bis Frühsommer, wenn sie noch ganz zart und kaum spelzig sind, als Zutat in Salat- und Rohkostspeisen [1] oder kleingehackt in Kräutermischungen [15]. Sie sind eine delikate Beigabe in verschiedenen Gemüsegerichten. Man kann sie so auch sehr gut in Eier-

Alnus incana

Amaranthus albus

speisen ([6.1-6.3]), Bratlinge [4] und Brotteige [21.1][21.2] einarbeiten oder sie als Gemüse einlegen [13]. Paniert [8.3] oder in Ausbackteig [8.4] getaucht und frittiert genießt man sie z. B. als herzhaften Snack.

Im Herbst kann man dann die ausgereiften Samenkörner aus den Samenständen herausschütteln, bzw. -dreschen. Die Samen schmecken mais-getreideartig. Diese knabbert man einfach roh oder röstet sie. So kann man sie Bratlingen [4] beimengen, in Salate [1] streuen oder sie trocknen und zu Kaffeesurrogat [23] weiterverarbeiten. Nachdem man sie getrocknet hat, kann man die Samen auch schroten und als Brotteigbeigabe [21.1] bzw. als Streckmehl [20] für Gebäck verwenden; eine andere Möglichkeit wäre, mit Wasser oder Milch einen Brei daraus zu kochen. Aus den getrockneten Samen lassen sich außerdem zu Hause, in einem Keimgefäß auf der Fensterbank, junge Keimlinge ziehen [2].

Inhaltsstoffe und Wirkung: Die Pflanzen enthalten Farbstoffe aus der Gruppe der Betacyane und sind reich an Vitamin C, B1 und Betacarotin (100 g der Körner decken bereits den Tagesbedarf). Amaranth hat mit 18 % einen weit höheren Eiweiß- und Mineralstoffgehalt als die weltweit traditionell angebauten Getreidesorten. Außerdem ist er glutenfrei. Die Proteine bestehen aus vielen essenziellen Aminosäuren, der Gehalt an Calcium, Magnesium, Eisen und Zink ist sehr hoch! Darüber hinaus sind bis zu 60 % Kohlenhydrate, vor allem Stärke, enthalten. Das enthaltene Fett (9 %) ist reich an wertvollen, ungesättigten Fettsäuren. Die Amaranth-Arten zeichnen sich nicht nur durch hohe Gehalte an Nährstoffen aus, sondern auch dadurch, dass diese in einem für die menschliche Ernährung sehr günstigen Verhältnis vorliegen. Allerdings enthält Amaranth auch geringe Mengen unbekömmlicher Gerbstoffe.

Medizinisch wird die ganze Pflanze verwendet. Aufgrund des hohen Eisengehaltes nutzt man sie gegen Blutarmut und Blutungen aller Art. Gleichzeitig wirkt sie entzündungshemmend, allgemein stärkend, senkt die Drüsensekretion und wird bei Vitamin C-Mangel eingesetzt. Die zerstoßenen Blütenstände können zur Blutstillung und äußerlich bei Arthritis genutzt werden.

Weißer Fuchsschwanz

Amaranthus albus

Höhe bis 0,7 m

Grundlegende Merkmale der Pflanzengattung auf S. 261

1 Alle Blüten büschelig in den Blattwinkeln angeordnet
2 Blüten hellgrün
3 Blütenvorblätter (a) etwa doppelt so lang wie die Hüllblätter (b)
4 Blätter mit stachelartiger Spitze
5 Blattrand etwas gewellt
6 Pflanzenstängel grün-weißlich, meist unbehaart
7 Wuchs der Pflanze breit verzweigt

Foto S. 261

Verbreitungsschwerpunkt: Ruderalgesellschaften, Acker- und Gartenunkrautgesellschaften
Hauptblütezeit: Juli bis Oktober

Westamerikanischer Fuchsschwanz

Amaranthus blitoides

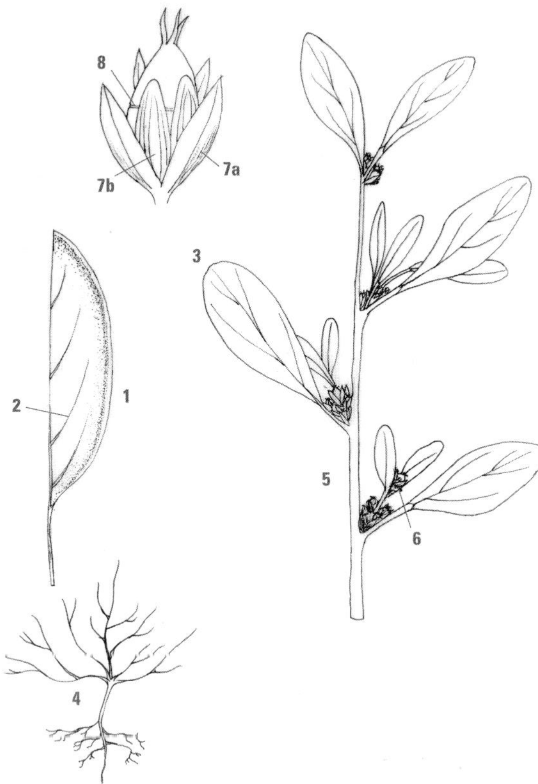

Höhe bis 0,5 m

Grundlegende Merkmale der Pflanzengattung auf S. 261

1 Blattrand hell
2 Nerven auf Blattunterseite weißlich
3 Blattspitze stumpf
4 Wuchs der Pflanze breit verzweigt
5 Pflanzenstängel weißlich
6 Grünliche Blüten knäuelig gehäuft in den Blattachseln sitzend
7 Blütenvorblätter (a) etwa so lang wie die Hüllblätter (b)
8 Frucht mit Teilung in der Mitte

Foto S. 264

Verbreitungsschwerpunkt: Ruderalgesellschaften, Acker- und Gartenunkrautgesellschaften
Hauptblütezeit: Juli bis Oktober

Ausgebreiteter Fuchsschwanz

Amaranthus hybridus (Artengruppe)

Höhe bis 2,0 m

Grundlegende Merkmale der Pflanzengattung auf S. 261

Wuchs der Pflanze aufrecht, wenig verzweigt

1 Pflanzenstängel grün-weißlich, meist im oberen Bereich kurz behaart
2 Grünlicher Blütenstand als lockere Ähre
3 Hüllblätter (a) der weiblichen Blüte vorne stachelig zugespitzt, fast genauso lang wie die Frucht (b)
4 Blütenvorblätter länger als Hüllblätter

Foto S. 264

Verbreitungsschwerpunkt: Ruderalgesellschaften, Acker- und Gartenunkrautgesellschaften
Hauptblütezeit: Ende Juni bis Ende September

Amaranthus blitoides
Amaranthus hybridus
Amaranthus retroflexus
Amelanchier lamarckii

Rauhaariger Fuchsschwanz, Krummer Fuchsschwanz
Amaranthus retroflexus

Höhe bis 1,2 m
Grundlegende Merkmale der Pflanzengattung auf S. 261
1 Stängel behaart, häufig mit rötlichen Streifen
2 Blätter lang gestielt, länglich und rauten- bis eiförmig
3 Reichhaltige, hellgrüne Blütenstände an der Spitze der Triebe und den Blattachseln entspringend
4 Blütenhüllblätter mit aufgesetzter Spitze

Verbreitungsschwerpunkt: Ruderalgesellschaften, Acker- und Gartenunkrautgesellschaften
Hauptblütezeit: Juni bis September

Aufsteigender Fuchsschwanz, Bläulichgrauer Fuchsschwanz
Amaranthus blitum
Art ist selten
Verbreitungsschwerpunkt: Nährstoffreiche Acker- und Gartenunkrautfluren
Hauptblütezeit: Juli bis September

Griechischer Fuchsschwanz
Amaranthus graecizans
Art in der Schweiz im Bestand gefährdet
Verbreitungsschwerpunkt: Ruderalgesellschaften, Acker- und Gartenunkrautgesellschaften
Hauptblütezeit: Juli bis Oktober

Felsenbirnen
Amelanchier
Rosengewächse (Rosaceae)

Gefahrenstufe bei der Verwendung: *
Grundlegende Merkmale: Die Gewöhnliche Felsenbirne hat mit 2–4 cm die kleinsten Blätter unter den drei Arten. Die Blätter der Kupfer-Felsenbirne werden 4–8 cm lang. Die Ährige Felsenbirne ist im Gegensatz zu den anderen beiden Arten im Wuchs schmal, stark aufrecht.
Verwendung in der Ernährung: Die frisch-süßen Früchte der hier aufgeführten mitteleuropäischen Arten bieten im Herbst die Grundlage für eine sehr feine Eissauce [17.2]. Sie werden mit etwas Wasser kurz erhitzt, ggf. gesüßt und heiß über Joghurteis serviert. Diese Sauce eignet sich auch für Sorbets [17.7]. Man kann die Früchte zudem zu Süßspeisen kandieren [17.4], als Kompott [17.5], Marmelade [19.3] oder Sirup [18.4] einkochen sowie als Fruchtschnitten [19.6] backen. Wir erachten sie auch geeignet als Früchteauflauf [19.1], zu Obstkuchen [19.2], Obstsalaten [19.4] und Obstquark [19.5].

Im Weiteren nutzt man die Früchte als Trockenobst [19.7], zu Tee [22.1], zu Saft- und Limonadengetränken [22.4][22.2] oder als Bowle [22.3], Fruchtwein [24] und -essig [19.8]. Denkbar wären sie auch in Früchtesuppen [3.2] und Chutney [16.9].

Die Blätter nutzt man von April bis Juni als Tee [22.1] oder als Aroma in Spirituosen [18.6]. Vorsicht! Fruchtkerne und Blätter enthalten etwas Blausäure und können in großen Mengen gesondert eingenommen unbekömmlich wirken. Im Rahmen der beschriebenen Verwendungen besteht keine Gefahr.

Kupfer-Felsenbirne
Amelanchier lamarckii

Gefahrenstufe bei der Verwendung: *
Verbreitungsschwerpunkt: Saure Eichenmischwälder
Hauptblütezeit: Anfang April bis Ende Mai
Inhaltsstoffe und Wirkung: Siehe *Amelanchier ovalis.*

Gewöhnliche Felsenbirne
Amelanchier ovalis

Gefahrenstufe bei der Verwendung: *
Verbreitungsschwerpunkt: Felsengebüsche
Hauptblütezeit: Anfang Mai bis Ende Mai

Amelanchier ovalis

Amelanchier spicata

Inhaltsstoffe und Wirkung: Die Früchte sind reich an Zucker, Pektin und Gerbstoffen, außerdem enthalten sie Leucoanthocyane und hohe Kalium- und Zinkgehalte. Der bittere Geschmack der Gerbstoffe vermindert sich durch Einfrieren. Die Früchte fördern die Verdauung, haben antibakterielle Wirkung, wirken antioxidativ, blutverdünnend und regulieren Blutdruck und Blutzucker.

Ährige Felsenbirne
Amelanchier spicata

Gefahrenstufe bei der Verwendung: *
Verbreitungsschwerpunkt: Laubwälder und Gebüsche
Hauptblütezeit: April bis Mai
Inhaltsstoffe und Wirkung: Siehe *Amelanchier ovalis.*

Sandkräuter
Arenaria
Nelkengewächse (Caryophyllaceae)

Quendel-Sandkraut
Arenaria serpyllifolia (Artengruppe)

Verbreitungsschwerpunkt: Lockere Sand- und Felsrasen
Hauptblütezeit: Mai bis September
Verwendung in der Ernährung: Feine, geschmacksmilde Blätter und Triebe samt den nach und nach entstehenden Blüten und Blütenknospen können circa von März bis Juni in Bratlingen [4], fein geschnitten zu Eierspeisen [6], als Brotteigbeigabe [21.1], in säuerlichem Gemüse [7.1], Nussgemüse [7.3], als Beigabe zu Gemüsefüllungen [10] sowie in Hackkräutermischungen (beispielsweise zur Kräuterbrotzeit [15.1], zu Kräuterkartoffeln [15.2] oder Kräuterquark [15.5]) verwendet werden. Mitpüriert eignen sie sich unseres Erachtens in Kochgemüse [9.3], in Saft- und Vitalgetränken [22.4] oder in Mischung mit Spinat [9.1] und fein geschnitten zu Saucen [14] und Gemüsesuppen [3.1], als Auflage auf Pizza [12.2] und in Salaten [1].

Inhaltsstoffe und Wirkung: Über Inhaltsstoffe ist nichts bekannt. Offenbar kann die Pflanze als Tee bei fieberhaften Erkrankungen mit Husten und bei Erkrankungen der Blase eingesetzt werden.

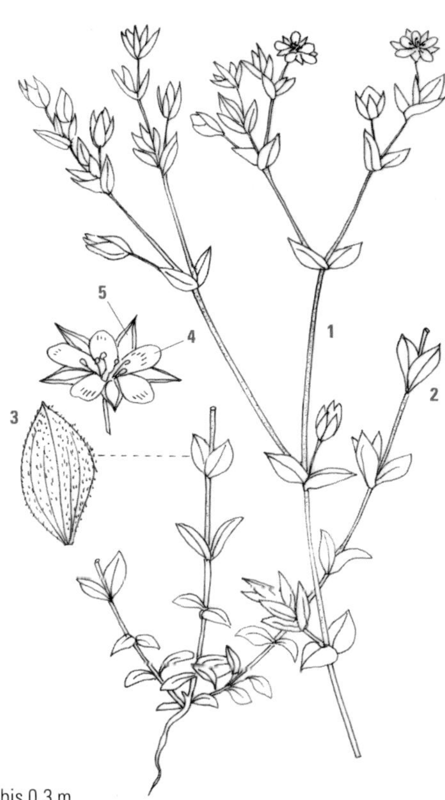

Höhe bis 0,3 m

1 Pflanze von aufsteigendem Wuchse, ästig, wenig bis flaumig behaart
2 Blätter ohne Stil am Stängel ansitzend
3 Blatt oben zugespitzt, sonst eiförmig
4 Blütenkronblätter kürzer als die Kelchblätter
5 Kelchblätter lang zugespitzt

Foto S. 268

Borretsch, Gurkenkräuter
Borago
Raublattgewächse (Boraginaceae)

Borretsch, Boretsch, Gurkenkraut
Borago officinalis

Höhe bis 0,8 m

1 Der fleischige Stängel wächst aufrecht
2 Stängel dicht abstehend behaart
3 Die unteren Blätter sind gestielt
4 Die oberen Blätter sind sitzend (ohne Stiel) angeordnet
5 Der Blütenkelch ist fast bis zum Grunde geteilt
6 Die blaue Blütenkrone lässt sich leicht vom Kelch abziehen

Foto S. 268

Gefahrenstufe bei der Verwendung: *
Verbreitungsschwerpunkt: Ruderalgesellschaften, Acker- und Gartenunkrautgesellschaften
Hauptblütezeit: Mai bis September
Verwendung in der Ernährung: Ein sehr bekanntes Garten- und Wildkraut. Es enthält jedoch Alkaloide, die mittlerweile als lebertoxisch eingestuft werden, siehe S. 268. Die Blätter und Triebspitzen nutzte man bisher von April bis August kurz gebraten [8.2], in Bratlingen [4], als Würze zu Eierspeisen, insbesondere zu Rührei [6.3] oder Omelett

[6.1], als gedünstetes oder gedämpftes Gemüse [7], als Füllung in Gemüsetaschen [10.2], in Hackkräutermischungen [15], klein geschnitten in Salaten [1], zu Saucen [14], Gemüsesuppen [3.1] und in Ausbackteig [8.4] sowie als Aroma in Wein [18.5] und Limonaden [22.2].

Die Blüten wurden von Mai bis September in Salat- und Rohkostspeisen [1] serviert bzw. auch kandiert [17.4], oder in Süßspeisen als Sorbet [17.7] und in Blütencremes [17.1] genutzt. Sie eignen sich als farblich interessante Würze in Salzen [16.1], Kräuteröl [16.4] und -essig [16.7] sowie auch mit Frischkäse als Brotbelag oder als essbare Deko.

Die Pflanzenfamilie der Raublattgewächse (Boraginaceae) ist aufgrund des Gehaltes an leberbeeinträchtigenden Pyrrolizidinalkaloiden in Misskredit geraten. Wir schätzen den gelegentlichen Verzehr kleiner Mengen im Jahr als unbedenklich ein, dennoch können und wollen wir dem Leser die Entscheidung zur Verwendung für den persönlichen Gebrauch nicht abnehmen. Bitte lesen Sie dazu Seite 25.

Inhaltsstoffe und Wirkung: Medizinisch verwendet wird heute das Öl aus den Samen. Es weist einen hohen Anteil an ungesättigten Fettsäuren auf, enthält Gerb- und Schleimstoffe und wird innerlich bei Neurodermitis eingesetzt. Außerdem hilft es bei Gelenkerkrankungen, bei Erkältungskrankheiten und bei Erkrankungen der Niere und Blase. Das Kraut enthält Kieselsäure, Schleim- und Gerbstoffe und geringe Mengen Pyrrolizidinalkaloide (etwa 1/100 der Menge im Beinwell). Daher wird es heute nicht mehr medizinisch eingesetzt. In der Volksheilkunde verwendete man die Pflanze bei entzündlichen Prozessen in den Venen, bei Erkrankungen der Brust und des Bauchfells.

Hainbuchen

Carpinus

Birkengewächse (Betulaceae)

Hainbuche, Weißbuche

Carpinus betulus

Verbreitungsschwerpunkt: Wärmeliebende Mischwälder

Hauptblütezeit: April bis Mai

Verwendung in der Ernährung: Herb und säuerlich schmeckende Pflanze als Beigabe für Gemüse, Öl und Eingelegtes. Sie ist der gern gepflanzte typische Kletterbaum

Arenaria serpyllifolia

Borago officinalis

an Spielplätzen, aber auch wild wachsend. Der Grundgeschmack der Pflanze ist unverarbeitet leicht bitter, stellt dadurch aber eine Bereicherung intensiver Würzmischungen dar. Nur ganz im Frühjahr sind die Blätter milder und etwas säuerlich, bzw. zuweilen ist die Bitterstoffkonzentration auch standörtlich verschieden stark.

Die ganz jungen, gerade aus den Knospen entspringenden, noch zarten Blätter lassen sich im April als Beigabe in Hausbrotmischungen [21.1] oder auch Eierspeisen, insbesondere Rührei [6.3], verwenden. Man kann sie als Sauerkraut [13.4] einlegen oder Hackkräutermischungen [15] untermischen und z. B. mit Blättern anderer Wildpflanzen zusammen Kräuterquark [15.5] oder -butter [15.3] beimengen. Es ist auch möglich, sie als Spinat [9.1] oder gedünstetes/gedämpftes Gemüse [7] zuzubereiten. Erwärmt schmeckt man die adstringierenden Gerbstoffe jedoch stärker.

Roh gibt man die Blätter zu Salaten [1] oder mischt sie als Würze und Würzbeigabe in Kräuteröl [16.4] und -essig [16.7]. In getrocknetem Zustand mengt man sie insbesondere in Wildpflanzensalz [16.1] oder nutzt sie als Trockengewürz [16.2]. Die herberen Blätter im Sommer eignen sich als Aroma in Spirituosen [18.6] oder Bier [18.7].

Bereits im Mai, kurz nach der Blütezeit, entstehen an dem Baum die ersten Samen mit Tragflügeln. Man kann aus den Flügeln die Samen herausschälen und diese als Gemüsebeigabe mitkochen. Nur zarteste, junge Samen werden als Würzbeigabe kapernartig eingelegt [16.11]. Danach eignen sie sich auch als Beigabe zu kräftigen Salaten. Die geschälten Samen sind, weich gekocht und über drei Monate salzig eingelegt, eine passende aromatische Zutat in knusprigen Teigfladen. Es ist auch möglich, sie als Brotteigbeigabe, meistens in Hausbrot [21.1] zu nutzen. Denkbar wären sie auch als Kaffeesurrogat [23].

Von Juli bis September werden die ausgereiften Früchte samt Tragflügel geerntet und zu Öl [16.3] ausgepresst. Theoretisch möglich, jedoch praktisch ohne professionelle Anlagen schwer umzusetzen, da viele faserige Bestandteile das Öl beim Pressen binden.

Inhaltsstoffe und Wirkung: Über Inhaltsstoffe ist uns nichts bekannt. Die Hainbuche wird als Bachblütentinktur bei Übermüdung und Erschöpfung eingesetzt. Hildegard von Bingen legte erwärmte Hainbuchenspäne zur Behandlung weißer Hautflecken (Vitiligo) auf. Aufgelegte Blätter sollen blutstillend wirken. Ein Destillat aus den Blättern soll eine ausgezeichnete Augenlotion abgeben.

Carpinus betulus

Hartriegel, Kornelkirschen

Cornus

Hartriegelgewächse (Cornaceae)

Kornelkirsche

Cornus mas

Verbreitungsschwerpunkt: Trockenheit ertragende Eichenmischwälder, gepflanzt in vielen Hecken
Hauptblütezeit: Anfang Februar bis Ende März
Verwendung in der Ernährung: Von Februar bis März verwendet man die Blüten als Aroma für Spirituosen [18.6] oder als Tee [22.1]. Auch aus den Blättern der Pflanze kann man von März bis April, mit anderen Kräutern gemischt, einen milden Tee [22.1] herstellen. Denkbar wären sie auch als Würze in Wildpflanzensalz [16.1], Kräuteröl [16.4] und -essig [16.7]. Die Blüten und Blätter erzeugen einen fruchtigen Geschmack. Von Juli bis Oktober bietet die Kornelkirsche einen auffallend roten Fruchtschmuck. Die zuerst sauren, später in der Überreife aber süßen, saftigen Wildfrüchte lassen sich wie Kirschen direkt roh vom Baum naschen. Man sollte nur die ernten, die sich nahezu von alleine vom Strauch lösen oder durch Schütteln herabfallen. Dies sind die Früchte, die ausgereift sind und reichlich Süße besitzen. Ihre Farbe ist tiefdunkelrot, der Geschmack sauer johannisbeerartig bis kirschartig, erfrischend süß.

Cornus mas

Cornus sanguinea

Man verarbeitet sie gerne zu Saft- und Vitalgetränken [22.4], als Wildpflanzenlimonade [22.2] oder Bowle [22.3] und natürlich zu Sirup [18.4] bzw. Marmelade [19.3]. Als Süßspeise genießt man sie hauptsächlich in süßer Sauce [17.2], Pudding [17.3] oder als Kompott [17.5] und oft auch als Sorbet [17.7]. In Fruchtspeisen schmecken sie sehr gut als Früchteauflauf [19.1] oder im Obstkuchen [19.2] sowie in Obstsalaten [19.4], -quark [19.5] und Fruchtschnitten [19.6]. Eine Delikatesse sind die Früchte, wenn sie entkernt, püriert, gesüßt und mit etwas Chili gekocht als Würzsauce zu Weichkäse gereicht werden. Den Saft verwertet man zu Fruchtwein [24], Schnaps und zu Fruchtessig [19.8] oder man setzt mit den Früchten Liköre und andere Spirituosen [18.6] an. Zuweilen zuckert man die Früchte auch ein [17.4] oder trocknet sie zur Bevorratung bzw. zur Teegetränkbereitung [22.1]. Sowohl die reifen als auch die unreifen Früchte eignen sich von Juli bis August zum Einlegen als eine Art Oliven in Essig oder Öl [16.12].

Aus den gerösteten Samen kann man von Juli bis Oktober eine Art röstbitteres Kaffeesurrogat [23] mahlen. Meist bleibt der Kaffee aber recht wässrig im Geschmack.

Inhaltsstoffe und Wirkung: Die Früchte enthalten verschiedene Zucker, Gerbstoffe, Anthocyane, organische Säuren, B-Vitamine, Vitamine (C und E) und Flavonoide (Rutin). Früchte und Rinde wirken fiebersenkend und adstringierend. Früher erfolgte die Anwendung bei chronischen Darmerkrankungen und Durchfall. In gleicher Weise kann auch ein Tee aus den übrigen Pflanzenteilen (Blätter und Rinde) angewandt werden. Diese können auch äußerlich zur Herstellung einer wundheilenden Salbe, die auch bei Krampfadern hilft, gebraucht werden.

Roter Hartriegel, Roter Hornstrauch

Cornus sanguinea

Gefahrenstufe bei der Verwendung: *

Verbreitungsschwerpunkt: Waldmantelgebüsche und Hecken

Hauptblütezeit: Anfang Mai bis Ende Juni

Verwendung in der Ernährung: Der Rote Hartriegel befindet sich häufig in Hecken. Deshalb hat man sich über seine Verarbeitung schon immer gerne Gedanken gemacht. Die schwarzen Früchte erntet man von Juli bis Oktober, indem man die Fruchtstände am besten mit einer Schere direkt in einen Korb schneidet. Der Gedanke, sie roh zu essen, verfliegt einem gleich beim ersten Versuch, denn hinter der schwarzen Haut verbirgt sich ein gelbes, sehr bitter-saures Fruchtfleisch und ein zur Fruchtgröße relativ großer Kern. Die Früchte eignen sich fast nur gekocht als Aroma in Gelee [18.1], Bitterspirituosen [18.6]

Corylus avellana

und Gewürzpasten [16.10] bzw. in Kombination mit anderen Wildfrüchten zu Chutney [16.9] sowie in Fruchtschnitten [19.6] oder zu Fruchtsirup [18.4] und als Marmelade [19.3]. In wohldosierten Mengen sind die bitterlichen Früchte – entkernt und gekocht – z. B. eine feine Beigabe zu Orangenmarmeladen. Aus den getrockneten Früchten lässt sich angeblich nach Erhitzen und Pressung ein gelbliches Speiseöl [16.3] gewinnen.

Aus den Fruchtkernen, die bei den beschriebenen Verarbeitungsformen zurückbleiben, kann man durch Schroten und Rösten eine Art Kaffee [23] herstellen.

Alle Pflanzenteile sollten vor dem Verzehr erhitzt werden, denn roh gelten sie als unbekömmlich.

Inhaltsstoffe und Wirkung: Der Rote Hartriegel enthält Gerbstoffe (Tannine), Harze, Flavonoide wie Quercetin (Rinde), Pektine und organische Säuren (Früchte). Eingesetzt werden die Rinde und die Früchte. Die adstringierende und entzündungshemmende Wirkung macht man sich bei der Herstellung von Gurgelwasser zunutze. Die Pflanze wirkt schmerzstillend und fördert die Narbenbildung. Das Öl der Kerne kann für kosmetische Produkte verwendet werden.

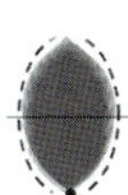

!! Schwedischer Hartriegel

Cornus suecica

Art im Bestand gefährdet

Verbreitungsschwerpunkt: Saure Nadelwälder
Hauptblütezeit: Mai bis Oktober
Verwendung in der Ernährung: Diese kleine Hartriegelart streckt seine roten runden Früchte nach oben. Diese gelten im September als essbar, wurden aber selten von den Menschen gesammelt, da sie mehlig bis leicht fade schmecken. Denkbar wären die Früchte in Fruchtschnitten [19.6] und Trockenobst [19.7] oder als Beigabe zu Früchtesuppen [3.2] bzw. Marmelade [19.3].
Inhaltsstoffe und Wirkung: Siehe *Cornus sanguinea.*

Haseln

Corylus

Birkengewächse (Betulaceae)

Haselnuss, Gewöhnliche Hasel

Corylus avellana

Verbreitungsschwerpunkt: Laubwälder und Gebüsche
Hauptblütezeit: Anfang Februar bis Ende April
Verwendung in der Ernährung: Die Haselnuss ist eine hochwertige, aromatische Wildnusspflanze für Öl, Gebäck, Spinat- und als Mehlbeigabe sowie als Rauchtabakbeimischung. Der Grundgeschmack der Blätter und Blüten ist stumpf-erdig, der der Früchte bekannt nussig.

Aus ganz jungen, gerade aus den Knospen sprießenden, zarten Blättern lässt sich von März bis April, z. B. mit Blättern anderer Wildpflanzen gemischt, Kochgemüse (insbesondere Püree [9.3] oder Spinat [9.1]) zubereiten. Sie können gebacken als Gemüsechips [8.5], beigemengt in Bratlingen [4] und Hausbrotmischungen [21.1] verwendet werden oder auch als Bittergemüse [9.2] bzw. Bratgemüse, das man am besten nur kurz brät [8.2]. Als herb-bitterliche Würzbeigabe mischt man sie am besten in Wildpflanzensalz [16.1] oder stellt daraus ein Trockengewürz [16.2] her. Denkbar sind sie auch als Aroma [18] für Spirituosen [18.6] oder Bier [18.7].

Früher nutzte man von April bis August die getrockneten Blätter der Haselnuss zur Streckung von Rauchtabakmischungen [25].

Die männlichen Blütenkätzchen, die zuweilen schon im Winter blühen, nutzte man mit ihrem proteinreichen leuchtendgelben Blütenstaub circa von Februar bis April getrocknet und gemahlen zu Wildpflanzensalz [16.1], als Streckmehl für Gebäck [20] oder als Brotteigbeigabe [21.1] [21.2]. Eingekocht mit scharfwürzigem Gemüse kann man sie als Chutney [16.9] verarbeiten.

Knospige Blütenstände finden Verwendung in Mischgemüsegerichten [11] oder in eingelegtem Gemüse [13.1]. In Notsituationen könnten sie als Bittergemüse [9.2] verwendet werden.

Zuletzt bietet die Pflanze im September natürlich noch ihre Nüsse. Am besten isst man sie geschält direkt roh oder verarbeitet sie z. B. geröstet als Beigabe zu Salaten und Gebäck, Schokolade, Eisspeisen etc. Als Brotteigbeigabe finden sie meistens Verwendung im Hausbrot [21.1].

Neben vielen Verwendungsformen, die der Strauch bietet, ist eine wertvolle Spezialität das Speiseöl aus seinen Früchten. Man kann aus der sehr ölreichen Nuss ein hochwertiges Pressöl [16.3] quetschen oder sie als Aroma in Spirituosen [18.6] einlegen. Junge, unreife Nüsse wurden früher geschält und kapernartig eingelegt [16.11].

Inhaltsstoffe und Wirkung: Die Blätter der Haselnuss enthalten geringe Mengen ätherisches Öl und Sitosterin. Volkstümlich verwendet man sie bei Leber- und Gallenerkrankungen, äußerlich für Waschungen oder Umschläge bei Venenerkrankungen und Blutungen. Die im Frühjahr gesammelten Kätzchen haben als Tee zubereitet schweißtreibende Wirkung. Die Nüsse enthalten Phytosterine, fettes Öl (reich an essenziellen Fettsäuren), Zucker (bis 5 %), Eiweiß (20 %), Vitamine (B1, B2 und E) und reichlich Mineralstoffe (Calcium, Magnesium, Mangan, Silizium, Phosphor und Kalium) und Spurenelemente. Die Haselnuss spielte als Nahrungsmittel bereits in der Steinzeit eine wichtige Rolle. Sie ist sehr nährstoffreich und lässt sich gut lagern. Die Nüsse sind gut für Gehirn und Nerven und können bei Gleichgewichtsstörungen Linderung bringen. Ferner sollen sie gut für das Immunsystem sein und die Lebensgeister wecken. Aus den Nüssen kann ein hervorragendes Speiseöl gewonnen werden, das sich auch gut für die Hautpflege eignet. Ein Brei aus geriebenen Nüssen äußerlich angewendet, hilft bei entzündeten Augen und eiternden Wunden.

Zwergmispeln
Cotoneaster
Rosengewächse (Rosaceae)

Gefahrenstufe bei der Verwendung: *
Verwendung in der Ernährung: Die vollreifen, mehligweichen Früchte der hier erwähnten Arten in Mitteleuropa können von August bis September erhitzt und passiert und dabei die Kerne ausgesiebt werden. Das entstandene Fruchtmus kann als kleine, herbfruchtige Beigabe zu Hausbrotteigen [21.1], Sorbets [17.7], Obstkuchen [19.2], Marmeladen [19.3] sowie in Fruchtschnitten [19.6] und Fruchtweinen [24] unter andere Früchte zugemischt werden.

Hinweis: Vor allem der Samen enthält Blausäure. Die Früchte können daher unverarbeitet in größeren Mengen samt Kerne eingenommen unbekömmlich wirken. Vgl. Roth et al. 1994. Blausäure entweicht größtenteils beim Kochen ohne Deckel.

Filzige Zwergmispel
Cotoneaster tomentosus

Gefahrenstufe bei der Verwendung: *
Grundlegende Merkmale: Blattoberseite locker behaart und Blütenstiele filzig.
Verbreitungsschwerpunkt: Gebüsche und Hecken
Hauptblütezeit: April bis Mai

Gewöhnliche Zwergmispel, Ungeteilte Zwergmispel
Cotoneaster integerrimus
Art im Bestand gefährdet
Gefahrenstufe bei der Verwendung: *
Grundlegende Merkmale: Blattoberseite und Blütenstiele fast kahl.
Verbreitungsschwerpunkt: Gebüsche und Hecken
Hauptblütezeit: April bis Mai

Quitten
Cydonia
Rosengewächse (Rosaceae)

Gewöhnliche Quitte
Cydonia oblonga

Gefahrenstufe bei der Verwendung: *
Verbreitungsschwerpunkt: Gebüsche und Hecken
Hauptblütezeit: Anfang Mai bis Ende Juni
Verwendung in der Ernährung: Vollreife, sauersüße, sehr harte Früchte können im September erhitzt und passiert werden. Dabei sollte man die Kerne entfernen. Anschließend verarbeitet man sie zu Saft- und Vitalgetränken [22.4], Wildpflanzenlimonade [22.2], Bowle [22.3], Fruchtwein [24] oder gibt sie in Spirituosen [18.6]. Man kann sie auch als Chutney [16.9], süße Sauce [17.2], Pudding [17.3], Kompott [17.5], Sorbet [17.7], als Sirup [18.4] oder zu Gelee [18.1] und Marmelade [19.3] verarbeiten sowie als Früchteauflauf [19.1], Fruchtschnitten [19.6] oder Fruchtessig [19.8].

Blüten kandiert oder als Tee [22.1].

Hinweis: Zerkaute oder zermahlene Fruchtkerne können aufgrund von Blausäure leicht giftig wirken. Vgl. Roth et al. 1994. Blausäure entweicht weitestgehend beim Kochen ohne Deckel.

Cotoneaster integerrimus

Cotoneaster tomentosus

Cydonia oblonga

Fagus sylvatica

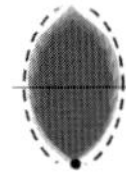

Inhaltsstoffe und Wirkung: Die Quittenfrucht enthält reichlich Vitamin C, Mineralstoffe und Pektin, außerdem Gerbstoffe, organische Säuren und Schleimstoffe. In den Samen sind giftige Blausäureglykoside enthalten. Die Quitte wurde schon in der Antike medizinisch verwendet, beispielsweise bei Entzündungen im Hals und bei Darmstörungen. Der Schleim aus den Samen wirkt mild abführend, leistet aber auch gute Dienste bei Magenschleimhautentzündung, Reizhusten und Bronchitis.

Buchen
Fagus
Buchengewächse (Fagaceae)

Rot-Buche
Fagus sylvatica

Foto S. 273

Gefahrenstufe bei der Verwendung: *
Verbreitungsschwerpunkt: Laubwälder und Gebüsche
Hauptblütezeit: Anfang Mai bis Ende Mai
Verwendung in der Ernährung: Ergiebiger Speiselaubbaum für Salate, Gemüse, Getränke, Kaffee oder als Tabakbeigabe.

Die Bucheckern schmecken typisch nussartig. Die Buchenkeimlinge sind fest und etwas trocken im Geschmack, die Blätter erinnern leicht an Sauerampfer.

Zarte hellgrüne Laubblätter, die gerade aus ihren Knospen schlüpfen, erntet man im April. Die Blattstiele sollten hierbei noch so weich sein, dass sie sich mit den Fingern leicht zerdrücken lassen. Sehr gut kann man sie als Grundlage in Salaten [1] verwenden oder ganz gewöhnliche Gemüsegerichte daraus anfertigen, wie z. B. gedünstetes oder gedämpftes Gemüse [7] und Spinat [9.1]. Natürlich eignen sie sich auch als Beigabe in Bratlingen [4] (oft zusammen mit anderem Gemüse) sowie Eierspeisen (insbesondere Rührei [6.3] oder Omelett [6.1]). Sie bereichern Saucen [14] und Gemüsesuppen [3.1] und sind als eingelegtes Gemüse in Wein [13.3] und auch als Sauerkraut [13.4] etwas Besonderes. Fein gehackt gibt man sie in Kräuterbutter [15.3], Kräuterkäse (Schnittkäse) [15.4] oder Kräuterquark [15.5] oder verarbeitet sie zu Würzmus [16.10] oder Pesto [16.6]. Sie lassen sich als Aroma in Limonaden [22.2], Wein [18.5] und Likören verwenden [18.6]. Früher gab man die getrockneten Blätter der Rot-Buche im Juli zur Streckung dem Rauchtabak bei [25].

Ihre im September gereiften Samen sind geschält und mit etwas Salz in der Pfanne geröstet eine gehaltvolle, einfache, aber sehr geschmackvolle, nussige Knabberei. Man verwendete die Samen als Beigabe zu Salaten oder auch als Aroma in Spirituosen [18.6], geröstet als Kaffeeersatz [23] und gekocht als Gemüsebeigabe [7]. Als Brotteigbeigabe bereichern sie vor allem Hausbrot [21.1]. Man kann sie zu Pressöl [16.3] verarbeiten und sie z. B. im Winter als Keimsaat [2] nutzen. Weichgekochte Eckern können auch kapernartig eingelegt [16.11] werden.

Rohe Bucheckern können aufgrund der Oxalsäure und der Saponine auch etwas unbekömmlich wirken. Nach dem Genuss von circa 50 Samen traten bei empfindlichen Personen Magen- und Darmbeschwerden auf. Die beiden genannten Pflanzenstoffe sind aber wasserlöslich und können durch Abkochen und Abgießen des Kochwassers entfernt werden. Das Öl der Bucheckern ist ungefährlich. Vgl. Roth et al. 1994. Das erhitzte Öl der Eckern und auch die gerösteten Bucheckern sind sehr gut zum Verzehr geeignet.

Bei gefällten Buchen nutzte man von März bis April die innere weiche Rinde unter der derben Borke. Sie kann – in Streifen abgeschabt und übereinander gelegt – zu Knäckebrot [21.2] verarbeitet oder getrocknet und pulverisiert als Streckmehl für Gebäck [20] verwendet werden. Achtung: Die Rindennutzung ist eine schwerwiegende Gehölzverletzung, d. h. sie ist nur bei Baumteilen durchzuführen, die bei Baumpflegearbeiten gefällt oder abgeschnitten wurden!

Die frischen Holzspäne werden als Räucheraroma oder zum Würzen von Essig genutzt.

Die auffälligen Buchenkeimlinge im März und April eignen sich, würzig eingelegt, als Antipasti oder fein gehackt und in Salz etwas ziehen gelassen als rohe Zugabe für einen Salat.

Als Notnahrung könnten die Knospen im Winter gemahlen und zu Streckmehl verarbeitet werden [20].

Inhaltsstoffe und Wirkung: Die rohen Nüsse (Bucheckern) enthalten bis zu 45 % fettes Öl, 40 % Stärke, viel Eiweiß (25 %) und die Vitamine B6 und C; außerdem Alkaloide und die Substanz Fagin. Die beiden letztgenannten Stoffe sind wahrscheinlich dafür verantwortlich, dass der Verzehr bei empfindlichen Personen zu Unverträglichkeiten wie Kopf- und Magenschmerzen führt. Kleine Mengen der Früchte sind jedoch unbedenklich. Beim Rösten werden die problematischen Substanzen abgebaut. In der Naturheilkunde nutzt man die Buchenrinde zur Teebereitung. Dieser wirkt fiebersenkend und antiseptisch und bringt insbesondere bei Erkrankungen der Atemwege Linderung. Die Buche liefert ferner Buchenholzteer, den man früher in bestimmten Zubereitungen zum Juckreizstillen und zum Entzündungshemmen bei Hauterkrankungen einsetzte. Aus dem Holz kann ein als Kreosotum bezeichnetes Öl destilliert werden, das in der Homöopathie innerlich gegen eine Vielzahl entzündlicher Beschwerden eingesetzt wird. Die Holzkohle dient in verschiedenen Präparationen

als Mittel gegen Verdauungsschwäche, Krampfadern sowie bei Herz- und Kreislaufschwäche. Sogar der Rauch des Buchenholzes kann therapeutisch genutzt werden, man sagt ihm eine desinfizierende Wirkung nach.

Sonnenröschen
Helianthemum

Zistrosengewächse (Cistaceae)

Gewöhnliches Sonnenröschen
Helianthemum nummularium

Höhe bis 0,5 m
1 Pflanze an der Basis verholzt (Halbstrauch), im oberen Teil behaart
2 Stängel liegend oder steigend
3 Blätter gegenständig, länglich, bis 4 cm lang
4 Kurze, längliche Nebenblätter
5 (Meist) goldgelbe Blüte mit 5 Kron- und vielen Staubblättern
6 Frucht eine behaarte Kapsel

Foto S. 276

Verbreitungsschwerpunkt: Halbtrockenrasen, Alpenmatten
Hauptblütezeit: Mai bis September
Verwendung in der Ernährung: Die Blütenblätter wurden nach Machatschek 2010 als Dekoration und Würze in Speisen verwendet.
Inhaltsstoffe und Wirkung: Über Inhaltsstoffe und Wirkungen dieser Art ist uns nichts bekannt. Aus ethnobotanischen Untersuchungen in Südamerika weiß man, dass die Art *(H. glomeratum)* in der Mayakultur verbreitet zur Behandlung bakterieller oder parasitärer Darminfektionen eingesetzt wurde. Wissenschaftliche Untersuchungen konnten zeigen, dass die Pflanze Wirkstoffe enthält, die hocheffizient gegen Shigellen, Salmonellen und den Erreger der Cholera *(Vibrio cholerae)* wirken (Meckes et al. 1998).

Alpen-Sonnenröschen
Helianthemum alpestre
Art zerstreut bis selten
Verbreitungsschwerpunkt: Steinfluren und alpine Rasen
Hauptblütezeit: Juni bis August
Verwendung in der Ernährung: Die milden, gelben Blüten dienten von Juni bis August als farbige Speisendekoration. Dementsprechend sind sie sicherlich auch kandiert [17.4] zu essen oder als farbige Würze in Wildpflanzensalzen [16.1] verwendbar.

Apenninen-Sonnenröschen
Helianthemum apenninum
Art im Bestand gefährdet
Verbreitungsschwerpunkt: Trockenrasen
Hauptblütezeit: Mai bis Juli
Verwendung in der Ernährung: Vergleichbar mit *Helianthemum nummularium.*

Spurren
Holosteum

Nelkengewächse (Caryophyllaceae)

Spurre
Holosteum umbellatum

Verbreitungsschwerpunkt: Lockere Sand- und Felsrasen
Hauptblütezeit: März bis Mai
Verwendung in der Ernährung: Eine kleine, milde Pflanze, deren Stängel, Blätter und Blütenstände von März bis Mai fein geschnitten werden können, solange sie noch weich sind. Sie eignen sich als Krautspinat [9.1], zu Spiegelei, zu Saucen [14] und Gemüsesuppen oder als Beigabe zu

Helianthemum nummularium

Holosteum umbellatum

kurzem Bratgemüse [8.2] sowie in Bratlingen [4]. Frisch lassen sie sich in Salaten und Rohkost [1], zu Kräuterkartoffeln [15.2], in Kräuterbutter [15.3] oder Pesto [16.6] verarbeiten. Die kleinen Blüten von März bis Mai sind unseres Erachtens eine hübsche essbare Dekoration zu sämtlichen salzigen und auch süßen Speisen.

Inhaltsstoffe und Wirkung: Über Inhaltsstoffe und Wirkungen ist uns nichts bekannt.

Höhe bis 0,4 m

1 Stängel behaart, mit 1–4 bläulich überlaufenen Blattpaaren
2 Bodenständige Blattrosette
3 Lang gestielte Blüten in Form einer Dolde zu 3–12 an der Spitze des Stängels
4 Weiße Kronblätter vorn gezähnt

Johanniskräuter
Hypericum
Johanniskrautgewächse (Hypericaceae)

Verwendung in der Ernährung: Bekannt ist nur eine Verwendung vom Echten Johanniskraut *(Hypericum perforatum)*. Aufgrund der Ähnlichkeit zu den anderen Arten der Hypericum-Gattung kann man davon ausgehen, dass es oft innerhalb der Gattung zu Verwechslungen kam und vermutlich die anderen mitteleuropäischen Arten ebenso genutzt wurden.

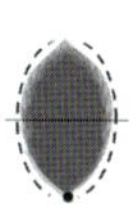

Echtes Johanniskraut, Tüpfel-Hartheu

Hypericum perforatum

Höhe bis 0,8 m
1 Stängel mit 2 Längskanten
2 Blätter am Stängel sitzend angeordnet (a), länglich und durchscheinend punktiert (b)
3 Gelbe Blütenblätter einseitig (schwach) gezähnt
4 Kelchblätter gefleckt, bis 5 mm lang, zugespitzt
5 Samenkapsel dreiteilig

Verbreitungsschwerpunkt: Sonnige Staudensäume an Gehölzen
Hauptblütezeit: Ende Juni bis Mitte August
Verwendung in der Ernährung: Der Grundgeschmack des Johanniskrauts ist herb-aromatisch, dem Schwarztee ähnlich. Seine Blätter nutzt man von April bis Juli v. a. als Aroma und Würze in Tee, Wein [18.5], Spirituosen [18.6] oder Bier [18.7] sowie in Würzölen [16.4]. Sie können auch als feinherbes Gewürz fermentiert werden, indem man sie antrocknen lässt, dann zerreibt und wieder anfeuchtet, und anschließend bei Raumtemperatur in dunklen, nicht ganz verschlossenen Gefäßen lagert. Zarte Blätter und Triebspitzen ergeben von März bis Mai eine gesunde Beigabe zu verschiedenen Salat- und Rohkostspeisen [1] sowie in Gemüsesuppen [3.1], Eierspeisen [6] und Eintopfgerichten [11.1] oder auch zu Kräuterkartoffeln [15.2], in Kräuterbutter [15.3], -käse (Schnittkäse) [15.4] oder -quark [15.5].

Die Blüten sind zart herb-süßlich. Sie können gut roh als essbare Dekoration zu verschiedenen Salaten und Aufstrichen oder als Aroma und Farbe für Gemüse und Speiseöl [16.4] verwendet werden. Man muss sie vorsichtig mit einer Schere ernten, da sie leicht zerquetschen (und dabei dunkelrot verfärben).
Inhaltsstoffe und Wirkung: Johanniskraut enthält Flavonoide (Hypericin und Hyperforin), Gerbstoffe, ätherisches Öl und Anthocyane. Mittlerweile werden gut wirksame Präparate mit hochdosierten Pflanzenextrakten aus dem Johanniskraut hergestellt und mit einigem Erfolg bei Depressionen, Nervosität und Angstzuständen eingesetzt. Volksmedizinisch wird die Pflanze als Tee auch bei Magenbeschwerden und Erkrankungen der Leber und Gallenblase eingesetzt. Johanniskrautöl (Auszug des Krautes in Pflanzenöl) unterstützt die Erneuerung des Gewebes, weshalb es äußerlich bei Verbrennungen, Wunden, Zahn- und Gelenkschmerzen und innerlich bei Magengeschwüren hilft. Auch bei Neurodermitis kann eine Anwendung versucht werden. Man sollte beachten, dass durch innerlichen und äußerlichen Einsatz von Johanniskraut die Empfindlichkeit gegenüber Sonnenlicht erhöht wird. Bei intensiver Sonnenbestrahlung und entsprechender Empfindlichkeit kann es zu Hautrötungen kommen. Die Inhaltsstoffe der Pflanze führen darüber hinaus zur Wirkungsabschwächung etlicher Arzneistoffe. Das in der Pflanze enthaltene Hypericin wirkt antiviral und wurde aus diesem Grund bereits gegen HIV eingesetzt.

Hypericum perforatum

Springkräuter
Impatiens
Springkrautgewächse (Balsaminaceae)

Gefahrenstufe bei der Verwendung: *-**
Grundlegende Merkmale: Die Blätter dieser Gattung sind wechselständig oder gegenständig am Stängel angeordnet, groß und einfach gestaltet. Die Früchte sind Kapseln, die bei Berührung aufspringen und die Samen weit herauskatapultieren. *Impatiens noli-tangere* ist die bei uns älteste Vertreterin dieser Gattung.
Verwendung in der Ernährung: Die hier folgenden mitteleuropäischen Arten bieten uns im Herbst ein überraschend gutes Nussaroma in ihren Samen. Die kleinen runden Samen erinnern im Geschmack an Walnuss und können roh genossen werden. Die jüngeren, noch weißen Samen und ausgereiftere schwarze können gleichermaßen benutzt werden. Man kann sie als Nussbasis für Würzpasten [16.10], Pesto [16.6], als Beigabe zu Aufläufen [12.1], Bratlingen [4], Gebäck oder süß geröstet als nussige Delikatesse verarbeiten oder sie zu Speiseöl pressen [16.3]. Nach unserem Erachten können sie sicher auch als Brotteigbeigabe [21.1], Kaffeesurrogat [23] und entsprechend der unten genannten Verwendung der Keimlinge auch als Keimsaat [2] genutzt werden.

Ihre stark duftenden Blüten sind mild süßlich im Geschmack und lassen sich in kleinen Mengen als essbare Dekoration einsetzen, ggf. in feine Streifen geschnitten, und über Salate gestreut [1]. Auch Kräuteressig [16.7] wird mit den Blüten aromatisiert, dementsprechend würden sich die Blüten auch sicher als Aroma in Wein [18.5] und Spirituosen [18.6] eignen sowie als Aromazucker [18.2].

Junge Blätter und weiche Triebspitzen lassen sich von April bis Juli mit ein- bis zweimal ausgewechseltem Kochwasser als Gemüse kochen. Jedoch bleibt das Gemüse selbst nach Wechsel des Kochwassers wenig schmackhaft, stumpf und rau im Nachgeschmack.

Hinweis: Die grünen Pflanzenteile sollte man nicht roh und in großen Mengen konsumieren, denn dann wirken sie stark abführend und harntreibend. Allenfalls die Keimlinge im Frühjahr können entsprechend vieler mündlicher Berichte gegessen werden.
Inhaltsstoffe und Wirkung: Sie enthalten Gerb- und Bitterstoffe, Glykoside, Öl, Tannine und Säure. Die Samen enthalten eine besondere Fettsäure (Parinarsäure). Medizinisch sind die Springkräuter ohne Bedeutung. Lediglich die äußerliche Anwendung eines starken Teeaufgusses zum Säubern von Wunden erscheint erwähnenswert. Angeblich soll diese Behandlung die Vernarbung begünstigen. Innerlich kann sie als harntreibendes Mittel genutzt werden. Dem Kleinen Springkraut *(I. parviflora)* wird eine Wirkung gegen Parasiten zugesprochen.

Indisches Springkraut, Drüsiges Springkraut
Impatiens glandulifera

Gefahrenstufe bei der Verwendung: *–**
Grundlegende Merkmale: Höhe bis 2,5 m. Stängel häufig rötlich überlaufen. Blätter bis zu 25 cm lang. Blattrand mit scharfen Zähnen. Rosa Einzelblüte bis 4 cm lang mit abwärts gekrümmtem Sporn.
Verbreitungsschwerpunkt: Schleiergesellschaften, Ufersäume
Hauptblütezeit: Juli bis Oktober
Zusätzliche Hinweise zur Verwendung: Die Pflanze ist seit Mitte des 20. Jahrhunderts eingebürgert. Sie wird in der Bach-Blütentherapie verwendet bei Ungeduld, Reizbarkeit und extremer psychischer Anspannung.
Verwechslungsgefahr: Hain-Greiskraut *(Senecio nemorensis)*, vor der Blütenentwicklung, S. 621f.

Rühr-mich-nicht-an, Wald-Springkraut
Impatiens noli-tangere

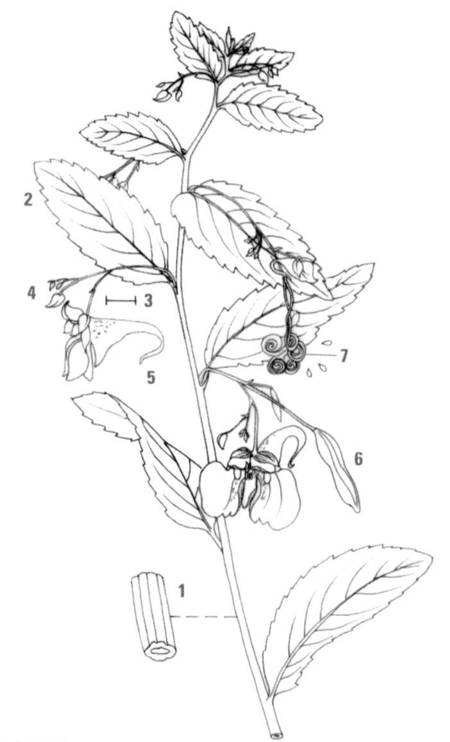

Höhe bis 1,0 m
Grundlegende Merkmale der Pflanzengattung siehe linke Spalte
1 Stängel aufrecht, gefurcht
2 Blätter eiförmig, grob gezähnt und kurz gestielt
3 Gelbe Blüte bis 4 cm lang
4 Blütenstand ein- oder wenigblütig
5 Das schmale Ende der Blüte – auch Sporn genannt – ist gekrümmt
6 Fruchtkapsel etwas kantig
7 Reife Samenkapseln springen bei Berührung auf

Gefahrenstufe bei der Verwendung: *–**
Verbreitungsschwerpunkt: Laubwälder und Gebüsche
Hauptblütezeit: Juli bis August

Kleinblütiges Springkraut
Impatiens parviflora

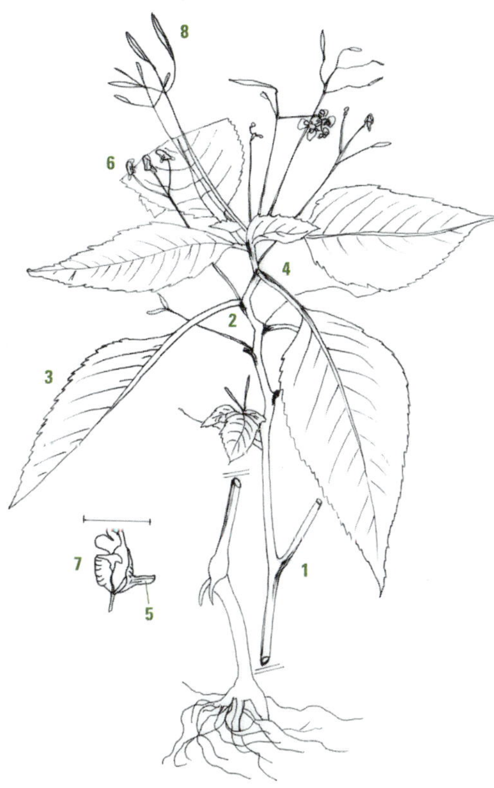

Höhe bis 0,6 m
Grundlegende Merkmale der Pflanzengattung auf S. 278

1 Stängel im oberen Drittel verzweigt
2 Blätter wechselweise (wechselständig) am Stängel angeordnet
3 Blattrand sägeförmig gezähnt
4 Am Grunde läuft das Blatt in den ca. 2 cm langen Stiel aus
5 Blütensporn geradlinig ausgebildet
6 Blütenstand mehrblütig
7 Blüten mit ca. 1 cm Länge wesentlich kleiner als diejenigen von Rühr-mich-nicht-an *(Impatiens noli-tangere)*
8 Frucht keulenförmig, bis 2 cm lang

Foto S. 280

Gefahrenstufe bei der Verwendung: *–**
Verbreitungsschwerpunkt: Schleier- und Krautgesellschaften im Halbschatten
Hauptblütezeit: Mai bis November
Grundlegende Merkmale: Ein Neophyt in unserer Flora seit circa 200 Jahren.
Inhaltsstoffe und Wirkung: Siehe *Impatiens glandulifera.*

Impatiens glandulifera

Impatiens noli-tangere

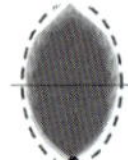

Balfours Springkraut
Impatiens balfourii
Art neuartig in Ansiedlung
Gefahrenstufe bei der Verwendung: *–**
Verbreitungsschwerpunkt: Verwildert im Wald
Hauptblütezeit: Juli bis August
Verwendung in der Ernährung: Die Samen roh, gekocht und zu Speiseöl.
Inhaltsstoffe und Wirkung: Das Balfours Springkraut enthält eine ganze Reihe von Phenolcarbonsäuren (Para-Hydroxybenzoesäure, Ferulasäure, Kaffeesäure). Über eine heilkundliche Verwendung ist uns nichts bekannt.

Alante
Inula
Korbblütengewächse (Asteraceae)

Grundlegende Merkmale: Die Blätter dieser Gattung sind ungeteilt, sie sind wechselständig am Stängel angeordnet, außerdem bilden sie häufig grundständige Blattrosetten. Die Blüten sind zu gelben Köpfen unterschiedlicher Größe vereinigt, die durch auffällige (z. B. *Inula helenium*) oder auch sehr unscheinbare Zungenblüten *(Inula conyzae)* am Rand und Röhrenblüten im Zentrum der Blütenköpfe, gebildet werden. Die Frucht bildet einen Haarkranz.

Echter Alant
Inula helenium

Gefahrenstufe bei der Verwendung: *
Verbreitungsschwerpunkt: Nährstoffreiche Krautfluren
Hauptblütezeit: Juli bis August
Verwendung in der Ernährung: Der echte Alant bietet von April bis Juli aromatisch duftende, herb-würzige Blätter, von denen man möglichst die hellgrünen Exemplare, die noch am weichsten sind, verwendet. Man nutzt sie als kleine Zutat in Gemüsesuppen [3.1] oder anderem Kochgemüse [9]. Ihr Geschmack ist streng, und wem er zu bitter ist, der kann die Pflanze zuvor etwas in warmem Wasser ziehen lassen. Später, während der Blütezeit von Juli bis August, sind die Blätter in der Regel jedem zu bitter, wurden aber womöglich gewürzartig noch genutzt. Der von Marzell 1958 überlieferte alte Pflanzenname »Kuchenkraut« deutet darauf hin.

Impatiens parviflora

Inula helenium

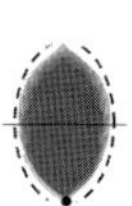

Höhe bis 2,5 m
Grundlegende Merkmale der Pflanzengattung auf S. 280
1 Stängel meist dicht behaart
2 Blätter bis 80 cm lang (a), Blattunterseite filzig (b)
3 Blattrand unregelmässig gezähnt
4 Blütenköpfe im Durchmesser bis 7 cm
5 Strahlenblüten (Zungenblüten) bis 3 cm lang und nur bis 2 mm breit
6 Same bis 5 mm, sein Haarkranz bis 10 mm lang

Im Weiteren verzieren oder ummanteln die ausgezupften Strahlenblüten die Speisen als herrliche, essbare Dekoration.

Von September bis ins Frühjahr hinein kann man die Wurzel ernten. Die bekannteste Verwendung dazu ist als süßes Kompott [17.5]. Doch man kann sie auch als Back- [12.3] und Wurzelgemüse [8.1] nutzen oder sie in Salzlake [13.1], Essig [13.2] bzw. Wein [13.3] einlegen. Dazu schält man sie, schneidet sie klein und wässert sie vor der Zubereitung für circa zwei Stunden.

Hinweis: Die Wurzel sollte man zunächst in kleinen Mengen dosiert kennenlernen! Sie wirkt antibiotisch und kann bei empfindlichen Menschen allergische Reaktionen hervorrufen.

Inhaltsstoffe und Wirkung: Der Echte Alant enthält Sterole, Bitterstoffe (Sesquiterpenlactone) und bis zu 5 % ätherisches Öl (überwiegend Alantolactone). In der Wurzel ist bis zu 44 % Inulin enthalten. Der Alant war früher eine geschätzte Heilpflanze. Er wirkt desinfizierend auf die Atemwege und erleichtert das Abhusten bei Bronchitis. Volksmedizinisch wurde er wegen der Bitterstoffe bei Magenbeschwerden, bei Infektionen der ableitenden Harnwege, gegen Wurmbefall und bei Menstruationsbeschwerden eingesetzt. Die Wurzel wird noch immer arzneilich verwendet, jedoch kommt die Schulmedizin mehr und mehr von ihrem Gebrauch ab, da die enthaltenen Alantolactone in höheren Dosen zu Durchfall und Erbrechen führen und allergische Reaktionen nicht ausgeschlossen werden können. Zur äußerlichen Anwendung bei infektiösen Hauterkrankungen kann man die leicht desinfizierende Wirkung der Pflanze nutzen.

Verwechslungsgefahr: Tollkirsche *(Atropa bella-donna)* vor der Blütenentwicklung, S. 596; Virginischer Tabak *(Nicotiana tabacum)* vor der Blütenentwicklung, S. 617.

!! **Wiesen-Alant**
Inula britannica
Art im Bestand gefährdet
Gefahrenstufe bei der Verwendung: *
Verbreitungsschwerpunkt: Feuchte Wiesen, Flussufer
Hauptblütezeit: Juni bis September
Verwendung in der Ernährung: Die Wurzeln wurden laut Machatschek 2010 in der Ernährung genutzt. Verarbeitungsweisen und Angaben zur Dosierung sind uns nicht überliefert.
Inhaltsstoffe und Wirkung: Der Wiesen-Alant enthält Flavonoide, Sesquiterpenlactone (Ergolid), Phenolcarbonsäuren, ätherisches Öl und eine Vielzahl von Terpenen (Taraxasterol). Die Blüten und Sprosse werden in der Traditionellen Chinesischen Medizin zur Behandlung von Husten und Erkältungskrankheiten eingesetzt, außerdem zur Stärkung der Verdauungsorgane. Die Pflanze wirkt schleimlösend, ausleitend und wundheilungsfördernd. Die Blüten haben antibakterielle, verdauungsfördernde und gallensekretionsfördernde Eigenschaften, außerdem gelten sie als wassertreibend, abführend und stärkend. Die Anwendung soll Schluckauf und Erbrechen beenden. Auch in der ayurvedischen Medizin genießt der Wiesen-Alant große Wertschätzung. Normalerweise werden die Blüten verwendet. Bei harmlosen Erkrankungen bevorzugt man allerdings die Blätter der Pflanze. Es gibt Hinweise zu positiven Resultaten bei der Behandlung von Speiseröhrenkrebs. Seit einigen Jahren werden die Pflanze und deren Inhaltsstoffe intensiv wissenschaftlich untersucht.

! **Dürrwurz**
Inula conyzae
Art zerstreut bis selten
Gefahrenstufe bei der Verwendung: *
Verbreitungsschwerpunkt: Trockenrasen, Waldränder
Hauptblütezeit: Juli bis September
Verwendung in der Ernährung: Die Wurzel wurde nach Machatschek 2010 als Notzeitenspeise genutzt. Verarbeitungsweisen und Angaben zur Dosierung sind uns nicht überliefert.
Inhaltsstoffe und Wirkung: Das Kraut der Dürrwurz wirkt wundheilungsfördernd, menstruationsfördernd und wurde zur Behandlung der Skrofulose eingesetzt. Unter Skrofulose versteht man ein früher oft mit der Tuberkulose einhergehendes Krankheitsbild, das durch geschwürige Veränderungen im Gesicht, an der Nase, den Augenlidern und an den Halslymphknoten gekennzeichnet ist. Offenbar wurde die Pflanze früher gern äußerlich zur Behandlung von Entzün-

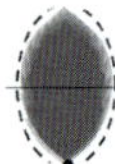

dungen, Wunden und juckenden Hautstellen (Krätze) eingesetzt. Auch eine innerliche Anwendung bei Gelbsucht wird beschrieben. Der Rauch soll Flöhe, Mücken und Wanzen vertreiben (»Flöhkraut«).

Weidenblättriger Alant
Inula salicina
Art zerstreut bis selten
Gefahrenstufe bei der Verwendung: *
Verbreitungsschwerpunkt: Trockenrasen, Waldränder, Flussufer
Hauptblütezeit: Juni bis Oktober
Verwendung in der Ernährung: Die Wurzeln wurden laut Machatschek 2010 in der Ernährung genutzt. Verarbeitungsweisen und Angaben zur Dosierung sind uns nicht überliefert. Weiche Blätter nutzte man angeblich abgekocht oder verkocht als Gemüsebeigabe.
Inhaltsstoffe und Wirkung: Der Weidenblättrige Alant enthält ebenso wie der Echte Alant *(I. helenium)* Verbindungen aus der Gruppe der Sesquiterpenlactone und ätherisches Öl. Die medizinische Verwendbarkeit dürfte ähnlich sein.

Wasserlinsen
Lemna
Aronstabgewächse (Araceae)

Grundlegende Merkmale: Es handelt sich um frei schwimmende Wasserpflanzen. Die Sprosse sind 1- bis vielgliederig, die Glieder länglich, rundlich oder eiförmig mit 1–5 Nerven. An der Unterseite des blattartigen Sprosses hängt eine untergetauchte, verhältnismäßig lange Wurzel.
Verwendung in der Ernährung: Die aufgeführten Wasserlinsen Mitteleuropas sind eiweißreiche, milde Schwimmpflanzen. Sie leben an der Oberfläche von stehenden Gewässern. Die Verwendung ist kaum in einzelne Pflanzenteile zu unterscheiden. Sie sind komplett verwendbar, samt ihrer schwimmenden Wurzeln. Der Grundgeschmack ist sehr mild, wie ein fein geschnittener Kopfsalat. Die ganze Pflanze ist jeweils über die frostfreie Jahreszeit, v. a. jedoch im Frühjahr bis in den Sommer als spinatartiges Gemüse oder zarter Salat zuzubereiten. Sie ist weich und mild und lässt sich leicht mit einem Schaumsieb von der Wasseroberfläche ernten. Gut gesäubert ergeben die vom Gewässer abgeschöpften ganzen Pflänzchen zusammen mit Oliven in Öl und etwas Salz püriert z. B. ein gutes Pesto [16.6]. Des Weiteren halten wir sie gut geeignet in Salaten [1], in Hackkräutermischungen [15], in Bratlingen [4], als Brotteigbeigabe [21.1][21.2], zu Eierspeisen [6], als Sauerkraut [13.4], als Gemüsefüllung [10], in Spinat [9.1] und in Gemüsesuppen [3.1]. Man sollte das Erntegewässer gut kennen, denn sie stehen auch gerne in verschmutzten Gewässern.
Inhaltsstoffe und Wirkung: Wasserlinsen sind die am schnellsten wachsenden höheren Pflanzen überhaupt. Bei günstigen Umweltbedingungen vermehren sie sich massenhaft und lassen sich auch großtechnisch in Tanks züchten. Sie produzieren auf kleinem Raum große Mengen an Biomasse und binden dabei große Mengen an Nitrat (Wasserreinigung!). Wasserlinsen sind sehr nährstoffreich. Sie enthalten im Trockengewicht beispielweise über 40 % Proteine (inkl. aller essenziellen Aminosäuren), ca. 6 % Fett und 18 % Kohlenhydrate, außerdem Flavonoide, Schleimstoffe, Mineralien und Vitamine. Diese Eigenschaften machen sie als Nahrungs- und Energiepflanze der Zukunft äußerst interessant, deswegen ist sie Gegenstand vieler Forschungsarbeiten. Beim Sammeln von Wasserlinsen sollte man wegen ihres Bindevermögens für (Schwer-)metalle darauf achten, dass das Gewässer sauber und unbelastet ist. Früher verwendete man die Wasserlinse in der Volksheilkunde als harntreibendes Mittel und bei Augenleiden. Schulmedizinisch spielt die Wasserlinse keine Rolle. Die Homöopathie nutzt sie bei Schwellungen in der Nase und bei Schleimhautpolypen.

Kleine Wasserlinse
Lemna minor

Länge bis 6 mm
Grundlegende Merkmale der Pflanzengattung siehe linke Spalte
1 Sprosse zu 2–6 aneinanderhängend
2 Blattartiger Spross, flach, bis 6 mm lang
3 Wurzel bis 10 cm lang

Verbreitungsschwerpunkt: Freischwimmende Stillwassergesellschaften
Hauptblütezeit: April bis Juni

Kleinste Wasserlinse

Lemna minuta

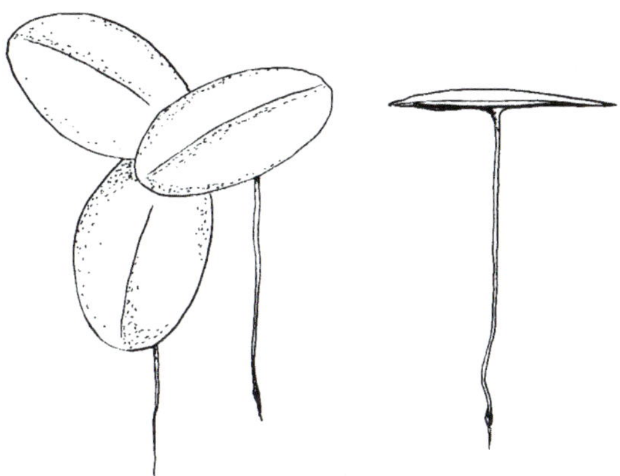

Höhe bis 0,3 mm
Grundlegende Merkmale der Pflanzengattung auf S. 282
Art ähnelt der Kleinen Wasserlinse *(Lemna minor)* mit dem Unterschied, dass die Sprosse einnervig und dicklich beschaffen sind

Verbreitungsschwerpunkt: Schwimmpflanzengesellschaften mehr oder minder nährstoffreicher Gewässer
Hauptblütezeit: April bis Mai

Rote Wasserlinse
Lemna turionifera
Art zerstreut bis selten
Verbreitungsschwerpunkt: Schwimmpflanzengesellschaften mehr oder minder nährstoffreicher Gewässer
Hauptblütezeit: April bis Mai

Bucklige Wasserlinse, Buckelige Wasserlinse
Lemna gibba
Art in der Schweiz und in Teilen Österreichs im Bestand gefährdet
Verbreitungsschwerpunkt: Schwimmpflanzengesellschaften mehr oder minder nährstoffreicher Gewässer
Hauptblütezeit: April bis Mai

Dreifurchige Wasserlinse

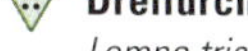

Lemna trisulca
Art in der Schweiz und in Teilen Österreichs im Bestand gefährdet
Verbreitungsschwerpunkt: Schwimmpflanzengesellschaften mehr oder minder nährstoffreicher Gewässer
Hauptblütezeit: Mai bis Juni

Lemna minor

Lemna minuta

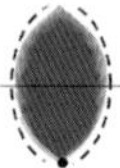

Heckenkirschen, Geißblätter
Lonicera
Geißblattgewächse (Caprifoliaceae)

Gefahrenstufe bei der Verwendung: *–**
Verwendung in der Ernährung: Die frisch aufgegangenen Blüten der unten aufgeführten mitteleuropäischen Arten besitzen von Frühsommer bis Sommer ein blumig-süßliches Aroma. Dieses ist intensiver, solange sie noch Nektar tragen. Früher aromatisierte man mit ihnen Zucker [18.2] und Kräuteressig [16.7], kandierte sie [17.4] oder gab sie als Einlage in Sirup [18.4] und Spirituosen [18.6]. Vorstellbar wäre es auch, sie zur Herstellung von Gewürzschokolade [18.3], Wildpflanzenlimonade [22.2] und Bowle [22.3] zu nutzen. Die Früchte der Lonicera-Arten gelten als unbekömmlich bzw. leicht giftig, sie können bei Einnahme größerer Mengen zu Schwindel und Erbrechen führen; vgl. Roth et al. 1994.
Inhaltsstoffe und Wirkung: Die Beeren aller hier aufgeführter Arten enthalten Bitterstoffe (Xylostein), Iridoide, Triterpensaponine und cyanogene Alkaloide. Die Angaben über die Giftigkeit der Beeren sind allerdings selbst in der Fachliteratur sehr widersprüchlich und vermutlich stark standortabhängig. Je nach Art können 10 rohe Beeren deutliche Vergiftungserscheinungen mit Durchfall, Erbrechen, Herzrhythmusstörungen und Kreislaufstörungen auslösen. Volksheilkundlich wurden sie nur selten als starkes Abführmittel oder zum Herbeiführen von Erbrechen eingesetzt. Verwendet wurden die Blätter und Blüten zur Bereitung eines schweiß- und harntreibenden Tees, der auch bei Husten, Erkältungskrankheiten und Mandelentzündung einsetzbar ist. Neuere Untersuchungen weisen auf eine ausgezeichnete Wirkung bei Dickdarmentzündung hin. Der Tee wirkt adstringierend und eignet sich auch zur äußerlichen Anwendung bei Wunden und als Gurgelmittel. Die Blüten einiger Arten verströmen einen herrlichen Duft.

Schwarze Heckenkirsche
Lonicera nigra

Gefahrenstufe bei der Verwendung: *–**
Grundlegende Merkmale: Früchte schwarz. Blütenstiele dreimal länger als die Blüten. Blätter spitz, lanzettlich.
Verbreitungsschwerpunkt: Rot-Buchen-Mischwälder
Hauptblütezeit: Mai bis Juni

Rote Heckenkirsche
Lonicera xylosteum

Gefahrenstufe bei der Verwendung: *–**
Grundlegende Merkmale: Früchte rot. Blütenstiel ein- bis zweimal so lang wie die Blüte. Blätter breit eiförmig, vorne spitz.
Verbreitungsschwerpunkt: Laubwälder und Gebüsche
Hauptblütezeit: April bis Mai

Alpen-Heckenkirsche
Lonicera alpigena
Art ist selten
Gefahrenstufe bei der Verwendung: *–**
Verbreitungsschwerpunkt: Edellaub-Mischwälder
Hauptblütezeit: Mai bis Juni

Blaue Heckenkirsche
Lonicera caerulea
Art ist selten
Gefahrenstufe bei der Verwendung: *–**
Verbreitungsschwerpunkt: Saure Nadelwälder
Hauptblütezeit: Anfang April bis Ende Mai
Zusätzliche Hinweise zur Verwendung: Obwohl die Früchte als leicht giftig gelten, wurden sie früher zuweilen in kleinen Mengen Fruchtmarmeladen beigegeben. Sie sollen bitter schmecken. Die Verträglichkeit hängt hier sicher mit der Dosierung zusammen.

Tatarische Heckenkirsche
Lonicera tatarica
Art selten verwildert
Gefahrenstufe bei der Verwendung: *–**
Verbreitungsschwerpunkt: Umfeld von Gärten und Parkanlagen
Hauptblütezeit: Mai bis Juni

Etruskisches Geißblatt
Lonicera etrusca
Art in der Schweiz und in Teilen Österreichs im Bestand gefährdet
Gefahrenstufe bei der Verwendung: *–**
Verbreitungsschwerpunkt: Trockenheit ertragende Eichenmischwälder
Hauptblütezeit: Mai bis Juni

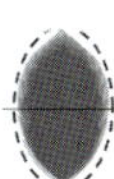

Echtes Geißblatt, Jelängerjelieber
Lonicera caprifolium
Art in Österreich im Bestand gefährdet
Gefahrenstufe bei der Verwendung: *–**
Verbreitungsschwerpunkt: Waldmantelgebüsche und Hecken
Hauptblütezeit: Anfang Juli bis Ende August
Zusätzliche Hinweise zur Verwendung: Die feinaromatischen Blüten nutzte man hier auch roh als Beigabe zu Obstsalat [19.4]. Obwohl die Früchte als leicht giftig gelten, wurden sie laut Überlieferungen früher vereinzelt roh gegessen. Die Verträglichkeit hängt sicherlich mit der Menge zusammen, die gegessen wurde.

Wald-Geißblatt
Lonicera periclymenum
Art in Österreich im Bestand gefährdet
Gefahrenstufe bei der Verwendung: *–**
Verbreitungsschwerpunkt: Saure Eichenmischwälder
Hauptblütezeit: Anfang Juni bis Ende August
Zusätzliche Hinweise zur Verwendung: Der alte Pflanzenname »Sugblume« nach Marzel 1958 lässt vermuten, dass die Blüten auch als Nascherei ausgesaugt wurden.

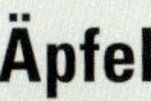

Äpfel
Malus
Rosengewächse (Rosaceae)

Gefahrenstufe bei der Verwendung: *
Verwendung in der Ernährung: Die jungen, herbfruchtigen Blätter der hier aufgeführten Arten lassen sich im April ernten, solange die Stiele noch so weich sind, dass man sie mit den Fingern zerreiben kann. Man verarbeitet sie in Hackkräutermischungen [15], zu Saucen [14] und getrocknet als Tee [22.1]. Vollreife Früchte können im September getrocknet zu Tee [22.1] und am besten nach dem ersten Frost zu Saft- und Vitalgetränken [22.4] genutzt werden. Weitere Einsatzmöglichkeiten: in Wildpflanzenlimonade [22.2], als Bowle [22.3], in Fruchtschnitten [19.6], als Fruchtwein [24], in Chutney [16.9], in süßer Sauce [17.2], in Pudding [17.3], als Kompott [17.5], als Sorbet [17.7], und da die Wildformen meist gut gelieren, auch zu Gelee [18.1], als Früchteauflauf [19.1] und Marmelade [19.3].

Die fruchtigen Blüten sind von April bis Mai als farbiger Speisendekor und als Aroma zu Gelee [18.1], Aromazucker [18.2] und Tee [22.1] verwendbar. Ebenfalls kann man

Lonicera nigra

Lonicera xylosteum

sie in Kräutermischungen [15] geben und kandiert [17.4] nutzen.

Hinweis: Die Fruchtkerne enthalten Blausäure. Sie sollten nicht in großen Mengen zerkaut werden.

Inhaltsstoffe und Wirkung: Weltweit existieren noch viele Tausend Kulturformen des Apfels, die alle Kreuzungen aus wenigen Urformen (z. B. *Malus sylvestris*) sind. Wirtschaftliche Bedeutung haben mittlerweile leider nur noch wenige Arten, obwohl unglaublich wohlschmeckende und wohlriechende Schätze in den Saatgutbanken lagern und darauf warten, angebaut und veredelt zu werden. Der Apfel ist bereits seit biblischen Zeiten ein Symbol für Fruchtbarkeit und Leben. Äpfel können unreif gepflückt werden, weil sie nachreifen und sich sortenabhängig gut lagern lassen. Prinzipiell können Äpfel komplett verzehrt werden, da der Blausäuregehalt in den Samen nur sehr gering ist. Seit alters her gilt der Apfel als gesundheitsfördernd. Wirksame Bestandteile sind das Pektin und Polyphenole, die sich insbesondere in den Schalen befinden. Sie wirken adstringierend, leicht abführend, keimtötend und sind gut für den Magen. Regelmäßiger Apfelverzehr reduziert das Risiko für zahlreiche chronische Erkrankungen (Herz-Kreislauf, Diabetes, Lungenfunktionsstörungen und Krebs).

Garten-Apfel
Malus domestica

Gefahrenstufe bei der Verwendung: *
Verbreitungsschwerpunkt: Waldmantelgebüsche und Hecken
Hauptblütezeit: April bis Mai

Holz-Apfel, Wilder Apfelbaum, Wild-Apfel
Malus sylvestris

Gefahrenstufe bei der Verwendung: *
Verbreitungsschwerpunkt: Laubwälder und Gebüsche
Hauptblütezeit: Anfang April bis Ende Mai

Zwerg-Apfel, Paradies-Apfel
Malus pumila
Art selten verwildert
Gefahrenstufe bei der Verwendung: *
Verbreitungsschwerpunkt: Waldmantelgebüsche und Hecken
Hauptblütezeit: April bis Mai

Malus domestica

Malus sylvestris

Bingelkräuter
Mercurialis
Wolfsmilchgewächse (Euphorbiaceae)

Einjähriges Bingelkraut
Mercurialis annua

Höhe bis 0,4 m
1 Spross verzweigt, mit zahlreichen gegenständig gestellten Ästen
2 Blätter gegenständig angeordnet, bis 10 cm lang
3 Blattrand stumpf gezähnt
4 Blüten in dichten Knäueln entlang von langen Ästen angeordnet
5 Frucht borstig behaart, zweiteilig
6 Fruchtstiel kürzer als die Frucht

Foto S. 288

Gefahrenstufe bei der Verwendung: *
Verbreitungsschwerpunkt: Ruderalgesellschaften, Acker- und Gartenunkrautgesellschaften
Hauptblütezeit: Mai bis Oktober
Verwendung in der Ernährung: Die würzigen Blätter wurden früher öfter als Spinatbeigabe genutzt. Ausdauerndes Kochen mit wechselndem Kochwasser sollte sie verträglich gemacht haben. Gewürzartige Verwendungen bei den Menschen früher sind anzunehmen. Marzell 1958 überliefert für die Pflanze u. a. die Namen »Wilder Basilikum« und »Speckmelde«. Verwendung mit Bedacht, siehe rechte Spalte.
Inhaltsstoffe und Wirkung: Die Pflanze enthält Saponine und Alkylamine. In der Wurzel zusätzlich Blausäureglykoside. Nur das vor der Blüte geerntete, unverarbeitete Kraut soll harntreibend und stark abführend wirken. Die getrocknete Pflanze wurde bei Frauenleiden und Verdauungsproblemen eingesetzt. Überliefert ist auch die äußerliche Anwendung bei Ohren- und Augenbeschwerden, Warzen und Wunden. Die Homöopathie nutzt die Pflanze bei Rheuma und Entzündungen der Mundschleimhaut.

Wald-Bingelkraut
Mercurialis perennis (Artengruppe)

Höhe bis 0,4 m
1 Pflanze aufrecht wachsend, unverzweigt
2 Anordnung der Blätter im oberen Bereich des Stängels
3 Blätter dunkelgrün, länglich, bis 12 cm lang
4 Blattrand häufig nach unten gebogen
5 Blüten an der Triebspitze, unscheinbar, grünlich, langgestielt
6 Zweiteilige Frucht an langen Stielen

Foto S. 288

Gefahrenstufe bei der Verwendung: *
Verbreitungsschwerpunkt: Schattige Wälder
Hauptblütezeit: April bis Mai
Verwendung in der Ernährung: Die Pflanze gilt nach Machatschek 2010 als sehr altes Kochgemüse [9] und Suppeneinlage [3]. Verwendung mit Bedacht, siehe unten.
Inhaltsstoffe und Wirkung: Die frisch geerntete Pflanze ist giftig. Die Wurzel enthält Blausäureglykoside, Saponine

Mercurialis annua
Mercurialis perennis
Mespilus germanica
Mimulus guttatus

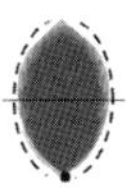

und einen blauen Farbstoff. Trocknung und Erhitzen sollen die Giftwirkung der Pflanze aufheben. Der Pflanzensaft wirkt wurmtreibend und stark abführend. Er wurde äußerlich zur Behandlung von Augenerkrankungen verwendet. Bereits Hippokrates nutze das Wald-Bingelkraut zur Behandlung von Frauenleiden. Früher verwendete man sie zur Behandlung von Menstruationsbeschwerden und zum Austreiben der Nachgeburt. Äußerliche Anwendung des Saftes oder einer Salbe bei Warzen, Ausschlägen, Entzündungen und Ohrenschmerzen, mit antiseptischer Wirkung. Die Homöopathie nutzt die Pflanze zur Behandlung von Mundtrockenheit, Schwindel und Kopfschmerzen.

Mispeln
Mespilus
Rosengewächse (Rosaceae)

Echte Mispel, Deutsche Mispel
Mespilus germanica

Verbreitungsschwerpunkt: Waldmantelgebüsche und Hecken
Hauptblütezeit: Anfang Mai bis Ende Juni
Verwendung in der Ernährung: Die Mispel ist eine steinfleischige, vielfach vergessene Wildfrucht. Ihre Früchte sammelt man am besten nach dem ersten Frost im Oktober, oder man lässt sie vor der Verwendung circa zwei Wochen draußen ruhen. Sie lassen sich roh naschen, sind dann aber etwas holzig. Gerne wurde ihr Saft für Spirituosen [18.6] (Schnäpse und Liköre) genutzt. Wenn man sie auskocht und passiert, erhält man ein hervorragendes Mus. Dieses lässt sich scharfwürzig einmachen als Chutney [16.9] oder süß, dann erinnert es im Geschmack an Aprikosenmus. Das passierte, aprikosen-aromatische Fruchtfleisch wird gesüßt auch gerne als delikate Einlage in Mürbeteiggebäck verwendet. Die Frucht eignet sich des Weiteren für Getränke wie Tee [22.1] Saft [22.4] und Bowle [22.3] sowie für eine süße Sauce [17.2], Kompott [17.5], Gelee [18.1], Marmelade [19.3], Früchteauflauf [19.1] und Fruchtschnitten [19.6]. Sie wirkt mit ihrem Pektingehalt sehr stark eindickend in den Zubereitungen. Die Mispel eignet sich ferner für Fruchtessig [16.8], Fruchtwein [24] und auch als Fruchtbeigabe in Gebäck.

Die Blüten können von Mai bis Juni als farbiger Speisendekor kandiert [17.4] oder in Süßspeisen [17] verwendet werden.
Inhaltsstoffe und Wirkung: Die Mispel enthält Gerbstoffe, organische Säuren, Pektine, Zucker und Vitamin C. Die Früchte werden seit dem Mittelalter bei Fieber und Durchfall eingesetzt, sind harntreibend und reinigen das Blut. Durch die Mischung von Gerbstoffen, organischen Säuren und Pektin sind sie ein wertvolles Mittel zur Regulierung der Darmtätigkeit und werden auch von Menschen mit empfindlichem Magen vertragen. Ein Absud aus den Blättern kann für Mundspülungen, als Gurgelmittel und für Waschungen bei Entzündungen genutzt werden.

Gauklerblumen
Mimulus
Gauklerblumengewächse (Phrymaceae)

Gelbe Gauklerblume
Mimulus guttatus

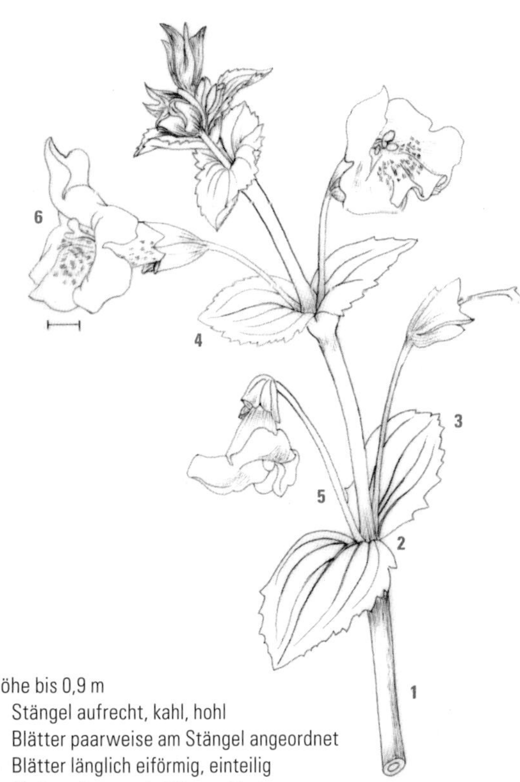

Höhe bis 0,9 m
1 Stängel aufrecht, kahl, hohl
2 Blätter paarweise am Stängel angeordnet
3 Blätter länglich eiförmig, einteilig
4 Blattrand unregelmäßig gezähnt
5 Blüten einzeln den oberen Blattwinkeln entspringend
6 Dottergelbe Blütenkrone häufig rot gepunktet, bis 5 cm lang

Verbreitungsschwerpunkt: Quellfluren
Hauptblütezeit: Juli bis August
Verwendung in der Ernährung: Früher verbrannte man ihre getrockneten Blätter auf der Holzofenplatte und erhielt eine salzig-würzige Asche, die man zum Würzen nutzte. Von März bis April gab man das frische, zarte, hellgrüne, herbwürzige Laub als Beigabe in Hackkräutermischungen z. B. zu Kräuterkartoffeln [15.2] oder Kräuter-

quark [15.5]. Fein geschnitten kann man sie angeblich als kleine Beigabe in Salaten [1] verwenden. Sie wurde wohl auch in Wildpflanzensalz [16.1], Kräuteröl [16.4] und -essig [16.7] bzw. als Aroma in Spirituosen [18.6] oder Bier [18.7] gegeben und auch als Trockengewürz [16.2] verwendet.

Inhaltsstoffe und Wirkung: Über Inhaltsstoffe ist uns nichts bekannt. Offenbar besitzt die Pflanze adstringierende Eigenschaften und wurde deshalb äußerlich als Umschlag zur Wundheilung verwendet. Einige nordamerikanische Indianerstämme nutzten die Kräuterabkochung in der Schwitzhütte bei Brust- und Rückenschmerzen. Die Pflanze wird als Bachblüte bei Ängsten verwendet.

Nabelmiere

Moehringia

Nelkengewächse (Caryophyllaceae)

Grundlegende Merkmale: Die Blätter sind einfach gestaltet, ganzrandig und gegenständig. Die Blüten sind 4- oder fünfzählig, mit 8 oder 10 Staubblättern. Die Frucht ist eine Kapsel mit 4 oder 6 Zähnen.

Moehringia trinervia

Verwendung in der Ernährung: Frisch austreibende Pflänzchen verwendete man nach Machatschek 2010 als Salat, Rohkost und Gemüse.

Dreinervige Nabelmiere

Moehringia trinervia

Verbreitungsschwerpunkt: Wälder, Gebüsche
Hauptblütezeit: Mai bis Juli

Höhe bis 0,25 m
Grundlegende Merkmale der Pflanzengattung siehe linke Spalte

1 Pflanze am Grunde kriechend, einige Triebe aufsteigend
2 Blätter eiförmig, oben zugespitzt
3 Im Unterschied zur ähnlichen Vogelmiere (*Stellaria media* agg.) zeigt die Blattfläche 3 (bis 5) bogig verlaufende Nerven (Vogelmiere nur mit Mittelnerv)
4 Blüten lang gestielt
5 Kelchblätter mit grünem Mittelstreif und häutigem Rand
6 Die weißen Kronblätter etwa halb so lang wie der Kelch
7 Frucht eine kugelige Kapsel

Gewimperte Nabelmiere
Moehringia ciliata
Art zerstreut bis selten
Verbreitungsschwerpunkt: Geröll, steinige Weiden
Hauptblütezeit: Juni bis August

Moos-Nabelmiere
Moehringia muscosa
Art zerstreut bis selten
Verbreitungsschwerpunkt: Feuchte, schattige Stellen
Hauptblütezeit: Mai bis September

Bayerische Nabelmiere
Moehringia bavarica
Art im Bestand gefährdet
Verbreitungsschwerpunkt: Kalkfelsen
Hauptblütezeit: Juni bis August

Wegeriche
Plantago
Wegerichgewächse (Plantaginaceae)

Grundlegende Merkmale: Die Blätter dieser Gattung sind meist grundständig. Die unscheinbaren Einzelblüten mit ihren aus der Krone herausragenden Staubbeuteln sammeln sich zu einer länglichen oder kugeligen Ähre. Bei der Frucht handelt es sich um eine mehrsamige Kapsel.
Verwendung in der Ernährung: Die hier aufgeführten mitteleuropäischen Arten bieten recht feste, nussig-pilzaromatische Blätter. Man sollte darauf achten, die zarteren Blätter der Rosettenmitte zu ernten. Sie haben meist starke Längsfasern und empfehlen sich daher quer zur Faser in Streifen geschnitten. Sie lassen sich gut als Grundlage verschiedener Salat- und Gemüsezubereitungen einsetzen. Gerne kocht man damit spinatartige Gerichte [9.1] oder arbeitet sie in Eierspeisen wie z. B. Omeletts [6.1] oder Rühreier [6.3] ein. Des Weiteren eignen sie sich auch als Brotbelag [15.1], Dekorationsstreu, zum Entsaften [22.4] und selbst zum Verarbeiten in Teegetränken [22.1] und Spirituosen [18.6].

Die noch ganz weichen, knospenden Blütenstände sind im Aroma ähnlich wie die Blätter. Man nutzt sie zum Knabbern und Stärken auf einer Wanderung, gibt sie in Salate und Rohkost [1], dünstet sie in der Pfanne [7] oder legt sie in Öl [13.5], manchmal auch in Essigwasser [13.2] ein. Sie sind eine kleine Delikatesse. Die großblättrigen Arten, wie *P. major*, nutzte man auch als Sauerkraut [13.4] oder getrocknet zur Streckung von Rauchtabak [25]. Ihnen wird eine rauchentwöhnende Wirkung nachgesagt.

Ab Sommer bilden sich dann die Samen. Diese enthalten etwas Öl und Schleimstoffe. Sie können als Beigabe andere Gemüsegerichte verfeinern, aber auch als Streckmehl für Gebäck [20] und als Brotteigbeigabe [21] dienen. Die Wurzel ist feinästig, sie muss also aufwendig gewaschen werden. Doch dann kann man sie gut klein geschnitten z. B. in Bratlingen [4] zusammen mit eingeweichtem Getreideschrot benutzen.

Inhaltsstoffe und Wirkung: Vermutlich können alle Arten ähnlich wie der Spitz-Wegerich *(P. lanceolata)* medizinisch verwendet werden.

Spitz-Wegerich
Plantago lanceolata

Foto S. 293
Blattform abweichend von Blattschlüsseleinteilung S. 42

Grundlegende Merkmale: Stängel kantig gefurcht. Blätter schmal länglich, sie verschmälern sich deutlich zum Grunde hin.
Verbreitungsschwerpunkt: Grünlandgesellschaften
Hauptblütezeit: Juni bis Oktober
Zusätzliche Hinweise zur Verwendung: Der Spitz-Wegerich ist sehr verbreitet und wird häufig genutzt.
Inhaltsstoffe und Wirkung: Der Spitz-Wegerich enthält circa 2–3 % Iridoide (Aucubin), Schleimstoffe, Saponine, Flavonoide (Hauptkomponenten Apigenin und Luteolin), Kieselsäure (über 1 %), Mineralstoffe mit hohem Zink- und Kaliumanteil und viel Vitamin C und B. Seit der Antike ist der Spitz-Wegerich eine der meistverwendeten Heilpflanzen. Dies liegt wohl auch daran, dass die Pflanze außerordentlich robust und überall verbreitet ist. Auch heute noch werden das getrocknete Kraut und die Blätter arzneilich verwendet. Alle Wegericharten sind antibakteriell und wirken erfrischend und reinigend. Äußerlich nutzt man sie bei Verletzungen, Hautentzündungen, Verbrennungen, Schwellungen und Insektenstichen. Der Extrakt gilt als ausgezeichnetes Heilmittel bei Augenentzündungen. Innerlich verwendet man ihn zur Reizlinderung bei allen Erkrankungen der oberen Luftwege und bei entzündlichen Erkrankungen in Mund und Rachen, außerdem bei Magenschleimhautentzündung, Reizdarm und Erkrankungen der ableitenden Harnwege. Die Volksmedizin nutzt den Spitz-Wegerich auch zur Blutstillung. Die frischen, gequetschten Blätter können im Freien bei kleinen Wunden und Insektenstichen zur Erstversorgung genutzt werden.

Breit-Wegerich, Großer Wegerich
Plantago major

Unterart *P. major* ssp. *winteri* im Bestand gefährdet

Grundlegende Merkmale: Stiel der Blütenähre kürzer als die Blätter. Gestielte, breit eiförmige Blätter, fünf- bis neunnervig. Blütenähre länglich zylindrisch. Staubblätter gelblich.

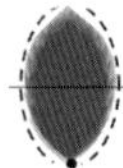

Verbreitungsschwerpunkt: Häufig betretene und überflutete Rasen
Hauptblütezeit: Juni bis Oktober
Zusätzliche Hinweise zur Verwendung: Der Breit-Wegerich ist sehr verbreitet und wird häufig genutzt. Er ist die großblättrigste der hiesigen Arten.
Inhaltsstoffe und Wirkung: Wie *Plantago lanceolata.*

Mittlerer Wegerich
Plantago media

Verbreitungsschwerpunkt: Kalk-Magerrasen
Hauptblütezeit: Mai bis Oktober
Zusätzliche Hinweise zur Verwendung: Er ist zwar recht häufig, wird aber wegen seiner Behaarung deutlich weniger genutzt als *P. major.*

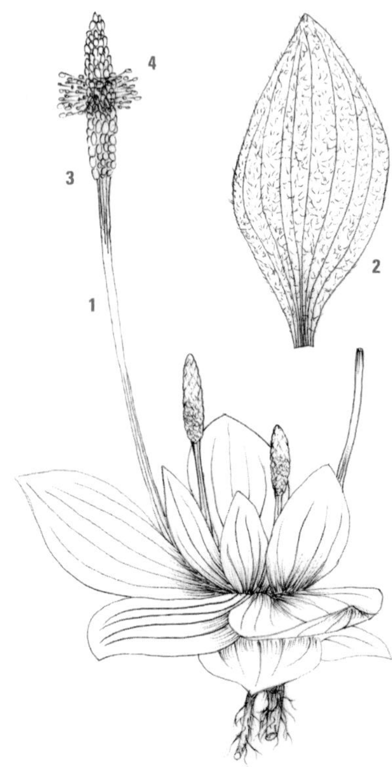

Höhe bis 0,5 m
Grundlegende Merkmale der Pflanzengattung auf S. 291
1 Stiel der Blütenähre mit bis zu 50 cm Länge mehrfach länger als die Blätter
2 Blätter behaart, schmal eiförmig, spitz, dem Boden meist anliegend
3 Die zylindrische, erst kurze Blütenähre verlängert sich zur Fruchtzeit bis auf 15 cm
4 Staubblätter lila, weit aus der Blüte herausragend

Berg-Wegerich
Plantago atrata
Art ist selten
Verbreitungsschwerpunkt: Gesellschaften auf zumeist schneebedeckten Böden
Hauptblütezeit: Mai bis August

Schlitzblatt-Wegerich, Krähenfuß-Wegerich
Plantago coronopus
Art ist selten
Verbreitungsschwerpunkt: Salzwasser- und Meeresstrandvegetation
Hauptblütezeit: Juni bis September
Zusätzliche Hinweise zur Verwendung: Ein recht edles Gemüse sind seine Blätter. Sie sind zart und fein bitterlich. Sie werden gerne als Salatmischung in Italien genutzt.

Strauch-Wegerich
Plantago sempervirens
Art ist selten
Verbreitungsschwerpunkt: Pioniergesellschaften trockener Böden
Hauptblütezeit: Mai bis Juni
Zusätzliche Hinweise zur Verwendung: Er wurde kaum in der Nahrung verwendet. Seine Form mit nadelförmigen Blättern, festen hart werdenden Trieben machen ihn als Nahrung weniger attraktiv. Wenngleich ihm eine Essbarkeit zugesprochen wird.

Strand-Wegerich
Plantago maritima (Artengruppe)
Art im Bestand gefährdet
Verbreitungsschwerpunkt: Salzwasser- und Meeresstrandvegetation
Hauptblütezeit: Mai bis August
Zusätzliche Hinweise zur Verwendung: Er hat angeblich ein köstliches Aroma und ist faserarm. Die Blätter gibt es im Winter in Alaska eingelegt in Dosen.

Weißwurzen, Salomonssiegel
Polygonatum
Spargelgewächse (Asparagaceae)

Gefahrenstufe bei der Verwendung: **
Inhaltsstoffe und Wirkung: Alle Pflanzenteile der hier aufgeführten mitteleuropäischen Arten, insbesondere aber die Beeren, sind wahrscheinlich wegen der enthaltenen Steroidsaponine (Diosgenin) giftig. Der Widerspruch zur unten geschilderten Verwendung hängt wohl entscheidend mit der Verarbeitung und Dosierung wie auch mit den richtigen Erntezeitpunkten zusammen.

Medizinisch verwendet wurden die Wurzeln. Alle drei hier aufgeführten Pflanzen enthalten außerdem Schleim- und Gerbstoffe. Die Pflanzen wirken entzündungshemmend, schmerzstillend und zusammenziehend. Deshalb wurde die gepulverte Wurzel als Breiumschlag bei entzünd-

Plantago lanceolata

Plantago major

Plantago media

Polygonatum multiflorum

lichen Hauterkrankungen, Hämorrhoiden, Prellungen, Blutergüssen und sogar bei geschwollenen Augenlidern äußerlich angewendet. Früher benutzte man sie in der Volksheilkunde als harntreibendes Mittel, bei inneren Blutungen und zur Behandlung der Ruhr. In Asien macht man sich die blutzuckersenkende Wirkung der Pflanzen zunutze.

Vielblütige Weißwurz, Vielblütiges Salomonssiegel
Polygonatum multiflorum

Gefahrenstufe bei der Verwendung: **
Verbreitungsschwerpunkt: Laubwälder und Gebüsche
Hauptblütezeit: Anfang Mai bis Ende Juni
Verwendung in der Ernährung: Die überlieferte Verwendung sollte man mit Vorsicht betrachten (siehe oben).

Die geschälten und von groben Fasern befreiten Stängelzentren wurden von April bis Mai mehrfach ausgekocht und so angeblich als kleine Beigabe zu Stängelgemüse [7.2] genutzt (das Kochwasser wurde dabei gewechselt). Die Wurzel wurde fein geschnitten und ebenfalls mehrfach ausgekocht. Danach gab man sie gewürzartig zu Speisen wie Wurzelgemüse [8.1], Bratgemüse [8.2] oder zu Saucen [14].

Höhe bis 0,8 m
1 Stängel rund, überhängend, unverzweigt
2 Bis zur Spitze stehen die Blätter in 2 Reihen (zweizeilig) am Stängel
3 Blätter oval, oben zugespitzt
4 Blattnerven bogenförmig angeordnet
5 Blüten und Früchte in zwei- bis fünfteiligen, hängenden Trauben
6 Frucht eine dunkelblaue Beere

Foto S. 296

Duftendes Salomonssiegel
Polygonatum odoratum
Art zerstreut bis selten
Gefahrenstufe bei der Verwendung: **
Verbreitungsschwerpunkt: Sonnige Staudensäume an Gehölzen
Hauptblütezeit: Mai bis Juni
Verwendung in der Ernährung: Die überlieferte Verwendung sollte man, wie oben angedeutet, mit Vorsicht betrachten. Die Pflanze wurde angeblich ähnlich verwendet wie die Vielblütige Weißwurz *(Polygonatum multiflorum)*. Des Weiteren wurde die im Herbst getrocknete und vermahlene Wurzel als Streckmehl für Gebäck [20] genutzt.

Quirlblättrige Weißwurz, Quirlblättriges Salomonssiegel
Polygonatum verticillatum
Art zerstreut bis selten
Gefahrenstufe bei der Verwendung: **
Verbreitungsschwerpunkt: Hochstaudenfluren und Gebüsche
Hauptblütezeit: Mai bis Juni
Verwendung in der Ernährung: Die überlieferte Verwendung sollte man, wie oben angedeutet, mit Vorsicht betrachten. Die Pflanze wurde angeblich ähnlich verwendet wie die Vielblütige Weißwurz *(Polygonatum multiflorum)*.

Knöteriche
Polygonum
Knöterichgewächse (Polygonaceae)

Vogel-Knöterich
Polygonum aviculare (Artengruppe)

Verbreitungsschwerpunkt: Ruderalgesellschaften, Acker- und Gartenunkrautgesellschaften, Getreideunkrautfluren, häufig betretene Rasen
Hauptblütezeit: Mai bis September
Verwendung in der Ernährung: Der Grundgeschmack der Pflanze ist mild-salatartig, nur bissfester. In der Küche nutzt man die jungen Vogel-Knöterichblätter von Mai bis Juni z. B. zu kräftigen Salaten [1], zu Kräuterpüree [9.3], Spinat [9.1], Suppen [3.1] und anderen üblichen Gemüsegerichten [7]. Weiche Triebe ergeben fein geschnitten auch eine gute Frischkräuterbeigabe für Saucen [14] zu Bratgerichten. Man kann die Blätter in dieser Zeit auch gut in einen elektrischen Entsafter geben und den so gewonnenen Saft als gesundes Vitalgetränk [22.4] mit Wasser oder Joghurt mischen. Bei ganz jungen Pflanzen ist es auch möglich, die Stiele und Triebe zu verwenden, sofern diese noch nicht zu faserig sind. Bis September kann man die Blätter noch zum Trocknen sammeln, um sie als Tee [22.1] aufzubrühen. Die Samen können von August bis Oktober als

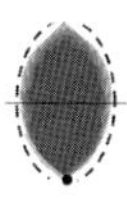

eine Art Getreide genutzt werden: z. B. kann man sie in eine Mahlzeit streuen oder mit Mehl gemischt zu Bratlingen [4] backen.
Inhaltsstoffe und Wirkung: Der Vogel-Knöterich enthält bis zu 1 % Flavonoide (Abkömmlinge des Kämpferols, Quercetins und Myricetins), circa 1 % Kieselsäure, Mineralstoffe, Schleim- und Bitterstoffe, Gerbstoffe (Gallotannine) und Cumarinderivate. Die Pflanze wird sowohl in der Schuldmedizin als auch volksmedizinisch verwendet. Die Hauptanwendungsgebiete des getrockneten Krautes in Form eines Tees sind wegen der auswurffördernden Wirkung entzündliche Erkrankungen der Luftwege. Die enthaltenen Gerb- und Bitterstoffe wirken aber auch günstig bei Magen- und Darmbeschwerden, Durchfällen und Erkrankungen von Niere und Blase. Die äußerliche Anwendung erfolgt bei schlecht heilenden Wunden, Hämorrhoiden und in Form von Gurgelwässern. Die Traditionelle Chinesische Medizin setzt die Pflanze bei Parasitenbefall der Haut, bei Harnverhalten und bei Beschwerden der Galle ein.

Höhe bis 0,5 m
1 Erscheinungsbild des Vogel-Knöterichs sehr vielgestaltig
2 Stängel bis zur Spitze beblättert
3 Blätter in der Form schmal-oval und kurz gestielt
4 Blatt läuft am Stängel in auffälligen Blattscheiden aus
5 Kleine Blüten zu 1–3 in den Blattwinkeln
6 Frucht dreikantig und oben zugespitzt

Foto S. 296

Kirschen, Pflaumen, Schlehen
Prunus
Rosengewächse (Rosaceae)

Gefahrenstufe bei der Verwendung: *
Verwendung in der Ernährung: Die zarten, jungen Blätter der hier aufgeführten Arten Mitteleuropas können im Frühjahr in kleinen Mengen fein geschnitten Hackkräutermischungen [15] und Saucen [14] beigegeben oder als Tee [22.1] bzw. als Aroma in Spirituosen [18.6] genutzt werden. Vollreife Früchte werden im Sommer und z. T. im Herbst geerntet. Sie lassen sich direkt roh vom Baum naschen oder entkernt zur Herstellung von Saft- und Vitalgetränken [22.4], Wildpflanzenlimonade [22.2], Bowlen [22.3] oder Sirup [18.4] verwenden. Für Süßspeisen verarbeitet man sie in süßer Sauce [17.2] und Pudding [17.3], als Kompott [17.5], als Sorbet [17.7] und getrocknet in Schokolade [17.6]. Man kann sie außerdem gut kandieren [17.4] oder für Tee trocknen [22.1]. Die zuckerhaltigen Früchte nimmt man gerne für Früchteauflauf [19.1], Obstkuchen [19.2], Marmelade [19.3] und Obstquark [19.5]. Auch für Fruchtessig [16.8] und Fruchtwein [24] sind sie geeignet. Die geschroteten Fruchtkerne dienen als Kaffeesurrogat [23]. Die Blüten kann man im April und Mai kandieren [17.4] oder als Tee überbrühen [22.1] bzw. für Blütencreme [17.1] und Aromazucker [18.2] verwenden.

Hinweis: Die zerkleinerten Fruchtkerne und ein wenig auch die Blätter und Blüten enthalten Blausäure. Von der Verwendung großer Mengen dieser Pflanzenteile ist abzuraten.

Süß-Kirsche, Süßkirsche, Vogel-Kirsche
Prunus avium

Gefahrenstufe bei der Verwendung: *
Verbreitungsschwerpunkt: Laubwälder und Gebüsche
Hauptblütezeit: Anfang April bis Ende Mai
Zusätzliche Hinweise zur Verwendung: Von Juni bis Juli erntet man die Früchte. Die Kirschkerne kann man nach der Verarbeitung des Fruchtfleisches sammeln. Häufig wurden sie für Wärmekissen verwendet. Die jüngsten Blätter nutzt man im April in kleinsten Mengen als Aroma. Von April bis Mai erstrahlen die hellen Blüten. Der Geschmack der Früchte ist fruchtig sauer und süß, die Blätter und Blüten erinnern etwas an Mandel. Vorsicht! Blätter, Blüten und Samen enthalten etwas Blausäure.
Inhaltsstoffe und Wirkung: Die Kirschen *(Prunus avium – P. cerasus – P. fruticosa)* enthalten Mineralstoffe (Kalium, Calcium), Vitamin C, Provitamin A, organische Säuren, Gerbstoffe, ätherisches Öl, Pektin, Zucker und Enzyme, au-

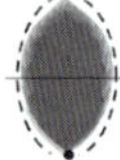

ßerdem farbige Anthocyane, Alantoin, Asparagin, Cyanidin und Methylsalicylat. Zu heilkundlichen Zwecken wurden früher Rinde, Blätter, Blüten, Kerne und das Harz genutzt. Rinde und Blätter sind gerbstoffreich und enthalten Blausäureglykoside. Der größte Gehalt an giftigen Blausäureglykosiden (Amygdalin) befindet sich in den Kernen. Die Stiele als Tee zubereitet lindern hartnäckigen Husten und wirken außerdem harntreibend. Eine ähnliche Wirkung wird auch dem in Wein gelösten Harz nachgesagt. Die gemahlenen Kerne verwendete man früher mit Wein gemischt als steinlösendes Mittel. Alkoholhaltiges Kirschwasser gilt als magenwirksam. Der Verzehr der Früchte wirkt adstringierend, blutbildend und harntreibend. Außerdem helfen sie gegen Husten, Fieber, Durchfall, Ödeme und bei Nervosität.

Gewöhnliche Traubenkirsche

Prunus padus

Gefahrenstufe bei der Verwendung: *
Verbreitungsschwerpunkt: Erlen- und Edellaub-Auenwälder
Hauptblütezeit: April bis Mai

Zusätzliche Hinweise zur Verwendung: Die Verwendung in der Küche ist der Gattungsbeschreibung *(Prunus)* entsprechend. Von Juni bis September sammelt man die kleinen Kirschen, die einen großen Kern haben. Eine besondere Delikatesse: die Kirschen in Salz und Gewürzen eingelegt. Der Grundgeschmack der Kirschen ist säuerlich, fruchtig-saftig-süß. Traditionell wurde der Saft ihrer süßen Früchte vergoren und anschließend in einen hochwertigen Essig umgewandelt. Die Traubenkirsche hat von April bis Mai zarte, in Trauben angeordnete weiße Blüten. Man erntet die ganze Traube und trennt erst in der Küche die einzelnen Blüten ab. Zarte Blätter dienen von April bis Mai fein gehackt gut als Gewürzbeigabe. Die inneren Samen püriert man mit Wasser auch zu einer Art Mandelmus (wegen der Blausäure nur in kleinen gewürzartigen Mengen verwenden). Die Blüten, Blätter und Samen erinnern im Geschmack an Bittermandel.
Inhaltsstoffe und Wirkung: In den Kernen und den übrigen Pflanzenteilen sind Blausäureglykoside enthalten, außerdem Gerbstoffe. Das Fruchtmark soll fiebersenkend wirken und bei Rheuma hilfreich sein. Ein aus der Rinde bereiteter Tee kann bei juckenden Hauterkrankungen und Ekzemen innerlich und äußerlich genutzt werden. Die Verwendung sollte aber wegen der enthaltenen Blausäure-

Polygonum aviculare

Prunus avium

glykoside nur mit Vorsicht und kurzzeitig erfolgen. Die Homöopathie verwendet Potenzierungen bei Schwächegefühl und Schmerzen im Bauchraum.

Spätblühende Traubenkirsche, Virginische Kirsche, Herbstkirsche
Prunus serotina

Gefahrenstufe bei der Verwendung: *

Grundlegende Merkmale: Unterscheidet sich von der Gewöhnlichen Traubenkirsche v. a. durch die oberseits lackartig glänzenden Blätter.
Verbreitungsschwerpunkt: Saure Eichenmischwälder
Hauptblütezeit: Anfang Mai bis Ende Juni
Zusätzliche Hinweise zur Verwendung: Die Verwendung in der Küche ist vergleichbar mit der der Gewöhnlichen Traubenkirsche *(Prunus padus)*.
Inhaltsstoffe und Wirkung: Die ganze Pflanze, vor allem aber Rinde und Samen enthalten giftige Blausäureglykoside (Prunasin). Das Fruchtfleisch ist ungiftig. Medizinisch verwendet wurden Rinde und Blätter. Siehe bei *Prunus avium*.

Schlehe, Schwarzdorn
Prunus spinosa (Artengruppe)

Gefahrenstufe bei der Verwendung: *

Verbreitungsschwerpunkt: Waldmantelgebüsche und Hecken
Hauptblütezeit: Anfang April bis Ende Mai
Zusätzliche Hinweise zur Verwendung: Säuerliche, adstringierende Wildfrucht. Die Früchte gelten als schmackhafte Oliven des Nordens. Dazu werden sie über Wochen in Salzlake [13.1] und anschließend in Ölmarinade [13.5] eingelegt. Sie sind durch die Einwirkung der ersten Fröste noch am Strauch weniger sauer und können dann roh gegessen oder zu Mus passiert werden. Bekannt ist meistens der Schlehenwein, der aus den Früchten gewonnen wird [24]. Von April bis Mai erntet man bei der Schlehe die weichen, weißen Blüten. Die zarten Blätter im Mai verwendet man frisch gehackt oder getrocknet und vermahlen. Sie wurden auch getrocknet Rauchtabakmischungen [25] beigemengt. Die Blüten und junge Blätter sind im Geschmack sauer und mandelartig.
Inhaltsstoffe und Wirkung: Die Blüten enthalten Flavonoide (Quercitrin, Rutin und Hyperosid) und in Spuren

Prunus padus

Prunus serotina

Prunus spinosa

Pyrus communis

Blausäureglykoside. Die Früchte enthalten Anthocyane, Gerbstoffe, Zucker, Vitamin C und Fruchtsäuren. Die Samen enthalten Blausäureglykoside, die wohl auch in geringen Mengen in den Schlehenwein übergehen. Volksmedizinisch, aber auch in arzneilichen Präparationen werden die Blüten als mildes Abführmittel zur Entwässerung und als Hustenmittel verwendet. Die Homöopathie setzt die Schlehe bei Herzschwäche und Nervenschmerzen im Kopfbereich ein. Der durch Vergärung der Früchte gewonnene Wein soll blutreinigend wirken, die Abwehrkräfte steigern und bei rheumatischen Beschwerden helfen. Der frische, verdünnte Saft ist bei Schleimhautentzündungen im Mund hilfreich.

Sauer-Kirsche, Sauerkirsche, Glas-Kirsche, Echter Weichselbaum

Prunus cerasus (Artengruppe)

Art selten verwildert

Gefahrenstufe bei der Verwendung: *

Verbreitungsschwerpunkt: Waldmantelgebüsche und Hecken

Hauptblütezeit: April bis Mai

Zusätzliche Hinweise zur Verwendung: Das ist die bekannteste und meist genutzte Art unter den Kirschen.

Inhaltsstoffe und Wirkung: Siehe *Prunus avium.*

Zwetschge, Pflaume

Prunus domestica

Art selten verwildert

Gefahrenstufe bei der Verwendung: *

Verbreitungsschwerpunkt: Waldmantelgebüsche und Hecken

Hauptblütezeit: April bis Mai

Zusätzliche Hinweise zur Verwendung: Bekannte, stark süße Obstfrucht. Die Verwendung in der Küche ist der Gattungsbeschreibung *(Prunus)* entsprechend, wobei die Kompott-, Kuchen- und Spirituosenverwendung aufgrund des hohen Zuckergehaltes dominieren.

Inhaltsstoffe und Wirkung: Medizinisch verwendet werden vor allem die getrockneten Pflaumen als mild abführendes Mittel. Sie wirken wohltuend auf Leber und Nieren und senken Fieber. Bei nervöser Unruhe und depressiven Verstimmungen soll eine einwöchige Pflaumenkur wirksam sein. Die Früchte enthalten verschiedene Zucker, Fruchtsäuren, Pektin, Flavonoide, Mineralstoffe (Calcium, Eisen, Kalium und Zink) und Vitamine (A, B1, B2, C und E). In den Kernen sind Blausäureglykoside enthalten.

Weichselkirsche, Steinweichsel, Felsen-Kirsche

Prunus mahaleb

Art ist selten

Gefahrenstufe bei der Verwendung: *

Verbreitungsschwerpunkt: Waldmantelgebüsche und Hecken

Hauptblütezeit: Anfang Mai bis Ende Mai

Zusätzliche Hinweise zur Verwendung: Die Verwendung in der Küche ist der Gattungsbeschreibung *(Prunus)* entsprechend. Die Steinweichsel bietet von Juli bis August einen auffallend

roten und schwarzen Fruchtschmuck. Die ausgereiften schwarzen Früchte sind süß. Der Geschmack der roten, noch nicht ausgereiften Früchte ist sauer bis kirsch-erfrischend süß.
Die Blätter nutzt man von April bis Mai. In den Weichselkernen sitzen im Innern die Samen. Diese wurden getrocknet und in kleinen Mengen als mandelartige Beigabe genutzt. Die Blüten, Blätter und Samen erinnern im Geschmack etwas an Mandel.
Inhaltsstoffe und Wirkung: Die Kerne enthalten Cumarinderivate, Blausäureglykoside und fettes Öl mit besonderen, mehrfach ungesättigten Fettsäuren. Über eine medizinische Anwendung ist uns nichts bekannt. Der Saft der Früchte kann zum Färben verwendet werden.

Zwerg-Kirsche, Strauch-Kirsche, Steppen-Kirsche
Prunus fruticosa
Art in Österreich im Bestand gefährdet
Gefahrenstufe bei der Verwendung: *
Verbreitungsschwerpunkt: Waldmantelgebüsche und Hecken
Hauptblütezeit: Anfang April bis Ende Mai
Inhaltsstoffe und Wirkung: Siehe *Prunus avium*.

Birnen
Pyrus
Rosengewächse (Rosaceae)

Verwendung in der Ernährung: Die Birnen-Arten in Mitteleuropa sind bekannt aromatische Pflanzen, deren sonnenreife Früchte man im Herbst auf vielfältige Art und Weise verarbeiten kann: als Trockenobst [19.7], getrocknet für Tee [22.1], in Schokolade getaucht [17.6], zu Marmelade [19.3], Gelee [18.1] oder Fruchtmus-Chutney [16.9] sowie in diversen Fruchtspeisen wie Früchteauflauf [19.1], Obstkuchen [19.2], Obstsalaten [19.4], Obstquark [19.5] und in Fruchtschnitten [19.6]. Sehr gut eignen sie sich ebenfalls zur Zubereitung von Süßspeisen, etwa für süße Sauce [17.2], Sorbet [17.7] oder Kompott [17.5]. Aus den zuckersüßen Früchten kann man außerdem guten Fruchtessig [16.8] machen.

Auch verschiedene Getränke werden aus ihnen hergestellt wie z. B. frische Saftgetränke [22.4], Sirup [18.4] oder Fruchtwein [24].

Die Kronblätter der Blüten kann man im Frühjahr ausgezeichnet in einer Blütencreme [17.1] verarbeiten. Des Weiteren verwendet man sie für Getränke, beispielsweise als Tee [22.1] überbrüht, in Wildpflanzenlimonade [22.2] und in Bowle [22.3] oder mit Zuckerwasser besprüht und auf Backpapier im Ofen kandiert.
Inhaltsstoffe und Wirkung: Die ersten Birnenarten kamen bereits vor 4000 Jahren aus Persien nach Europa. Früher verwendete man getrocknete Birnen bei Durchfall. Volksheilkundlich nutzt man außerdem die frischen Blätter. Sie enthalten das harndesinfizierende Arbutin, Gerbstoffe und Flavonoide (Phloretin) und wurden bei Verdauungsbeschwerden und bei Infektionen der Harnwege verwendet. Die Früchte enthalten Flavonoide, Vitamine, Mineralstoffe und Pektin.

Garten-Birne, Gewöhnliche Birne, Holz-Birne
Pyrus communis (Artengruppe)

Verbreitungsschwerpunkt: Nährstoffreiche tiefgründige Lehmböden in Siedlungsnähe
Hauptblütezeit: Anfang April bis Ende Mai

Fetthennen, Mauerpfeffer
Sedum
Dickblattgewächse (Crassulaceae)

Grundlegende Merkmale: Die Blätter sind ungeteilt, fleischig und gegenständig oder wechselständig an den Trieben angeordnet. Die Blüten sind fünf- bis neunzählig, mit meist doppelt so vielen Staub- als Kronblättern.
Verwendung in der Ernährung: Die hier beschriebenen mitteleuropäischen Sedum-Arten sind saftige, milde bis scharfe Pflanzen, die man nur in geringen Mengen als Beigabe zu Gemüse und Salaten nutzt. Der scharf schmeckende Scharfe Mauerpfeffer *(Sedum acre)* sollte nur in geringem Maße gebraucht werden.

Scharfer Mauerpfeffer
Sedum acre

Gefahrenstufe bei der Verwendung: **
Verbreitungsschwerpunkt: Lockere Sand- und Felsrasen
Hauptblütezeit: Anfang Juni bis Ende Juli
Verwendung in der Ernährung: Die Blätter wurden früher angeblich als sehr vorsichtiges Gewürz genutzt. Vorsicht: Alle Pflanzenteile können in entsprechender Dosis Reizungen, Erbrechen und Krämpfe verursachen. Ihre Schärfe wirkt stark unverträglich, sie geht allerdings beim Trocknen verloren.
Inhaltsstoffe und Wirkung: Die frische Pflanze enthält pfefferartig scharf schmeckende Piperidinalkaloide (Sedamin), Flavonoide und Gerbstoffe. Die Pflanze wirkt adstringierend, blutdrucksenkend, abführend, wurmtreibend und durchblutungsfördernd. Auf die Schleimhäute in Mund und Magen wirkt die Pflanze stark reizend und kann eingenommen zu Erbrechen und Vergiftungen führen. Auch die äußerliche Anwendung bei Verbrennungen

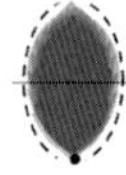

und Wunden muss vorsichtig erfolgen, da es zu Hautirritationen kommen kann. Die Homöopathie nutzt die Pflanze bei Hämorrhoiden und Fissuren am After.

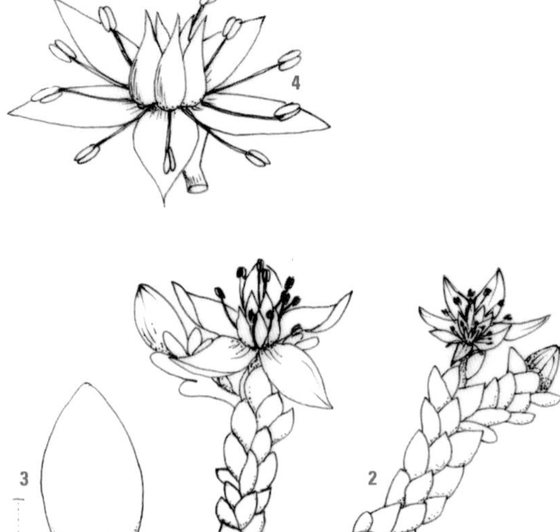

Höhe bis 0,15 m
Grundlegende Merkmale der Pflanzengattung auf S. 299
1 Pflanze reich verzweigt, rasenbildend
2 Stängel bogig aufsteigend und dicht beblättert
3 Blätter eiförmig, fleischig, dick, etwa 5 mm lang, scharf schmeckend
4 Goldgelbe Blüten fünfzählig, mit 5 spitzen Kron- und 10 Staubblättern

Foto S. 302

Weiße Fetthenne
Sedum album

Verbreitungsschwerpunkt: Lockere Sand- und Felsrasen
Hauptblütezeit: Juni bis Juli
Verwendung in der Ernährung: Der Grundgeschmack der Pflanze erinnert an grünen, saftigen Paprika. Das ganze Jahr über findet man an der Weißen Fetthenne immer wieder Triebe, die nicht blühen – auch während der eigentlichen Blütezeit. An diesen isst man die dickrundlichen Blätter einfach roh oder sammelt die oberen 5 cm der Triebe vorsichtig ab. Sie sind die ganze frostfreie Vegetationsperiode über zart und saftig, sodass sie gut zu verwenden sind.

Saftig-weiche Blätter und Triebe kann man vor der Blüte von April bis Mai als Beigabe zu kurz gebratenem

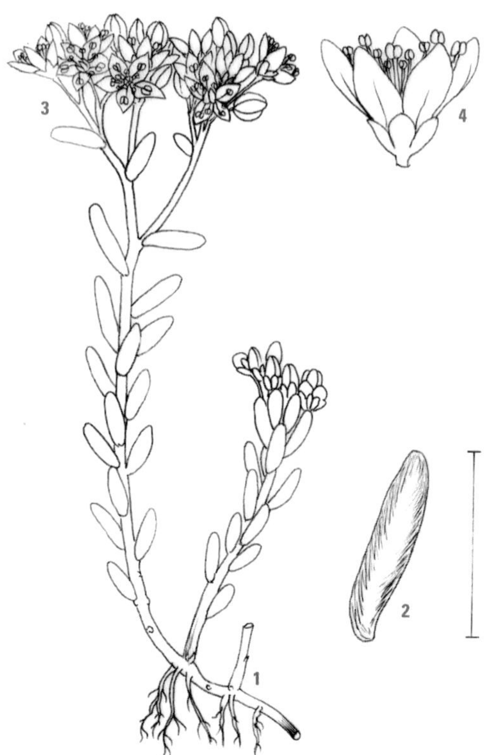

Höhe bis 0,2 m
Grundlegende Merkmale der Pflanzengattung auf S. 299
1 Bildung von Ausläufern, die an den Verzweigungen wurzeln
2 Blättchen etwa 1cm lang, keulenförmig und dunkelgrün
3 Im oberen Drittel verzweigt sich die Art und bildet lockere Blütenstände aus
4 Blüte mit 5 weißen Kronblättern und 10 Staubblättern

Foto S. 302

[8.2]), gedünstetem oder gedämpftem Gemüse [7] oder auch Gemüsesuppen [3.1] bzw. als Füllung in Frühlingsrollen nutzen. Man kann sie Eierspeisen (insbesondere Rührei [6.3] oder Omelett [6.1]) und Spinat [9.1] zugeben bzw. als Pizzabelag [12.2] verwenden. Zusammen mit Knoblauch, Gurke und Quark in einen Kräuterquark [15.5] gemischt, ergeben sie ein gutes Zaziki. Seltener werden sie in Salaten und Rohkost [1] verarbeitet, denkbar wären sie jedoch als geringe Beigabe in Blattsalaten, Gurkensalaten oder auch Obstsalaten.
Inhaltsstoffe und Wirkung: Die Blätter enthalten geringe Mengen von Alkaloiden des Piperidintyps (Sedacrin und Sedinin), Flavonoide, Gerbstoffe, organische Säuren, Vitamin C, Schleimstoffe, Arbutin und Hydrochinon. In der Volksheilkunde werden die frischen Blätter oder der enthaltene gelartige Saft zum Heilen von Wunden, Hautausschlägen, Verbrennungen und Sonnenbrand verwendet, außerdem zur Stillung innerer und äußerer Blutungen und unterstützend bei Krebserkrankungen. Als weiteres Anwendungsgebiet betrachtete die Volksheilkunde die Wassersucht (Ödeme) als Folge von Herz- und Nierenerkrankungen, außerdem galt die Pflanze als schmerzstillend.

Gewöhnliche Felsen-Fetthenne, Tripmadam

Sedum rupestre (Artengruppe)

Höhe bis 0,4 m
Grundlegende Merkmale der Pflanzengattung auf S. 299
Blattform abweichend von Blattschlüsseleinteilung S. 42
1 Pflanze am Grunde meist verholzend
2 Blätter länglich, spitz zulaufend, graugrün bis blaugrün bereift
3 Blütenstand doldenartig, dichtblütig
4 Weißlichgelbe, spitze Blütenkronblätter
5 Kelchblätter nur halb so lang wie die Kronblätter

Foto S. 302

Verbreitungsschwerpunkt: Lockere Sand- und Felsrasen
Hauptblütezeit: Anfang Juli bis Ende August
Verwendung in der Ernährung: Der Grundgeschmack der Pflanze ist pikant bis saftig-säuerlich. Gesammelt werden die saftig-weichen Blätter und Triebspitzen vor der Blütezeit, von April bis Juli. Sie können als Beigabe zu Bratgemüse [8.2], gedünstetem oder gedämpftem Gemüse [7] sowie Gemüsesuppen [3.1] und Rührei [6.3] genutzt werden. Auch Kräuterquark [15.5] können sie zugegeben werden. Seltener ist ihre Verwendung in Salaten und Rohkost [1], denkbar wären sie jedoch als geringe Beigabe in Blatt-, Gurken- oder auch Obstsalaten.
Inhaltsstoffe und Wirkung: *Sedum rupestre* enthält Alkaloide. Über weitere Inhaltsstoffe und eine medizinische Nutzung liegen uns keine Informationen vor.

Milder Mauerpfeffer

Sedum sexangulare

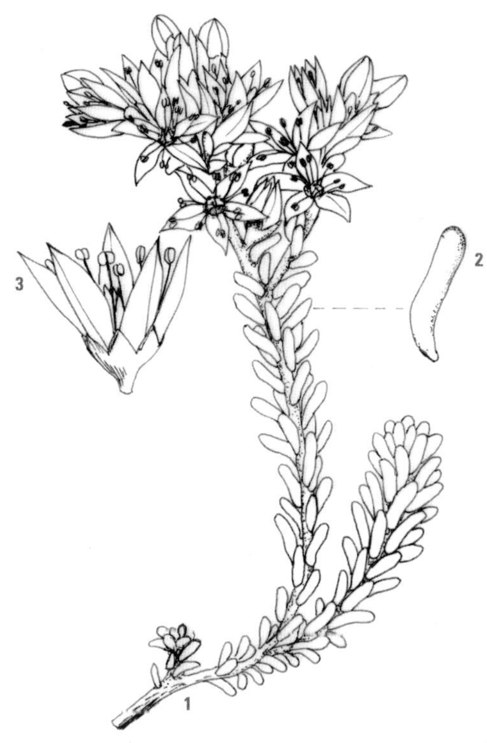

Höhe bis 0,15 m
Grundlegende Merkmale der Pflanzengattung auf S. 299
1 Pflanze am Grunde reich verzweigt
2 Blätter länglich keulenförmig, vorne abgerundet
3 5 spitz zulaufende gelbe Blütenkronblätter

Foto S. 302

Verbreitungsschwerpunkt: Lockere Sand- und Felsrasen
Hauptblütezeit: Anfang Juli bis Ende August
Verwendung in der Ernährung: Die saftig-weichen Blätter und Triebe nutzte man vor der Blüte, von April bis Juni, als Beigabe in kurz gebratenem, gedünstetem oder gedämpftem Gemüse [8.2][7] sowie in Gemüsesuppen [3.1]. Man kann sie zusammen mit Knoblauch, Gurke und Quark in Kräuterquark [15.5] mischen. In geringen Mengen können sie Rohkost und Salaten [1] (insbesondere Blatt-, Gurken- oder auch Obstsalaten) beigegeben werden.
Inhaltsstoffe und Wirkung: Über Inhaltsstoffe und eine medizinische Nutzung liegen uns keine Informationen vor.

Sedum acre
Sedum album
Sedum rupestre
Sedum sexangulare

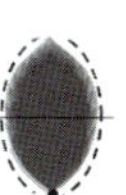

Unechte Fetthenne, Kaukasus-Fetthenne

Sedum spurium

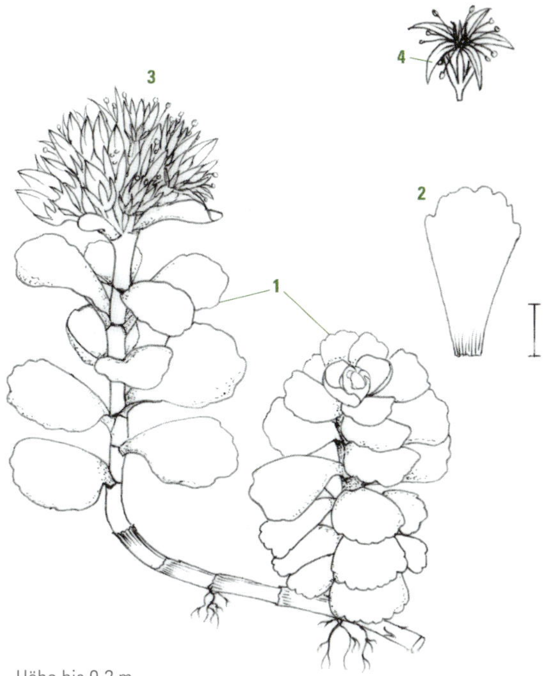

Höhe bis 0,2 m

Grundlegende Merkmale der Pflanzengattung auf S. 299

1 Pflanze reich verzweigt
2 Blätter bis 4 cm lang, abgeflacht, verkehrt eiförmig, an der Spitze mehrmals eingekerbt
3 Blütenstand in Form einer Dolde
4 Rötliche Blütenkronblätter zugespitzt, gut doppelt so lang wie die schmalen Kelchblätter

Verbreitungsschwerpunkt: Krautige Vegetation oft gestörter Plätze

Hauptblütezeit: Juli bis August

Verwendung in der Ernährung: Die saftig-weichen Blätter und Triebe wurden vor der Blüte, von April bis Juni, als Beigabe in kurz gebratenem, gedünstetem oder gedämpftem Gemüse [8.2][7] sowie in Gemüsesuppen [3.1] verwendet. Man kann sie auch den Füllungen von Frühlingsrollen, Eierspeisen [6] oder auch einem Spinat [9.1] beimengen. In Kräuterquark [15.5] ergeben sie, mit Knoblauch, Gurke und Quark gemischt, ein gutes Zaziki. Es wäre auch denkbar, sie Rohkost und Salaten [1], z. B. Blatt- und Gurkensalaten, beizugeben.

Inhaltsstoffe und Wirkung: *S. spurium* enthält Alkaloide. Über weitere Inhaltsstoffe und eine medizinische Nutzung liegen uns keine Informationen vor.

Purpur-Fetthenne

Sedum telephium (Artengruppe)

Höhe bis 0,8 m
Grundlegende Merkmale der Pflanzengattung auf S. 299
1 Aufrechter Wuchs
2 Blätter dicklich
3 Blatt am Grunde verschmälert
4 Blütenstand aus mehreren doldenartigen Teilblütenständen zusammengesetzt
5 Blüte mit 5 Kronblättern und 10 Staubblättern
6 Samenkapsel an der Außenseite eingeschnitten

Foto S. 303

Verbreitungsschwerpunkt: Steinschutt- und Geröllfluren, sonnige Staudensäume an Gehölzen, Getreideunkrautfluren
Hauptblütezeit: Juli bis September
Verwendung in der Ernährung: Der Grundgeschmack, v. a. der geschälten Blätter, erinnert etwas an eine Mischung aus Kiwi und grüner Paprika. Sie sind auch genauso saftig. Weiche Triebspitzen und große dicke Blätter der Purpur-Fetthenne sammelt man hauptsächlich von April bis Juni. Doch auch während der Blüte kann man immer noch saftige Blätter ernten. Um den Geschmack zu verbessern, lohnt es sich, die transparente, dünne Blattschale abzuziehen. Man nutzt die Blätter als Beigabe zu kurz gebratenem [8.2], gedünstetem und gedämpftem Gemüse [7] sowie in Gemüsesuppen [3.1]. Fein geschnitten verarbeitet man sie in Eierspeisen (insbesondere Rührei [6.3] und Omelett [6.1]), Frühlingsrollen oder auch Spinat [9.1]. Zusammen mit Knoblauch und Gurke passen sie gut in Kräuterquark [15.5], seltener werden sie in Salaten und Rohkost [1] verwendet, denkbar wären sie jedoch als geringe Beigabe in Blatt- und Gurkensalaten. Bei dieser großblättrigen Sedum-Art wurden zuweilen auch die Blätter als Sauerkraut [13.4] vergoren. Ab September bis ins Frühjahr nutzt man hier auch die Wurzeln gegart als Brat- und Kochgemüse [8][9].
Inhaltsstoffe und Wirkung: Siehe *Sedum album.*

Dunkle Fetthenne

Sedum atratum
Art zerstreut bis selten
Verbreitungsschwerpunkt: Steinfluren und alpine Rasen
Hauptblütezeit: Juli bis August
Verwendung in der Ernährung: Die Triebe nutzte man vor der Blüte, von April bis Juli, als geringfügige Beigabe zu Gemüse [7–12] und Salaten [1].
Inhaltsstoffe und Wirkung: Über Inhaltsstoffe und eine medizinische Nutzung liegen uns keine Informationen vor.

Spanische Fetthenne

Sedum hispanicum
Art ist selten
Verbreitungsschwerpunkt: Steinfluren und alpine Rasen
Hauptblütezeit: Juni bis Juli
Verwendung in der Ernährung: Man verwendete die Triebe vor der Blüte, von April bis Juni, als geringfügige Beigabe zu Gemüse [7–12] und Salaten [1].
Inhaltsstoffe und Wirkung: Über Inhaltsstoffe und eine medizinische Nutzung liegen uns keine Informationen vor.

Alpen-Fetthenne

Sedum alpestre
Art im Bestand gefährdet
Verbreitungsschwerpunkt: Steinschutt- und Geröllfluren
Hauptblütezeit: Juni bis August
Verwendung in der Ernährung: Die Triebe verwendete man vor der Blüte, von April bis Juni, als geringfügige Beigabe zu Gemüse [7–12] und Salaten [1].
Inhaltsstoffe und Wirkung: Siehe *Sedum album.*

Einjährige Fetthenne

Sedum annuum
Art im Bestand gefährdet
Verbreitungsschwerpunkt: Lockere Sand- und Felsrasen
Hauptblütezeit: Juni bis Juli
Verwendung in der Ernährung: Die Triebe verwendete man vor der Blüte, von April bis Juni, als geringfügige Beigabe zu Gemüse [7–12] und Salaten [1].
Inhaltsstoffe und Wirkung: Über Inhaltsstoffe und eine medizinische Nutzung liegen uns keine Informationen vor.

Rispiger Mauerpfeffer
Sedum cepaea
Art im Bestand gefährdet
Verbreitungsschwerpunkt: Schleier- und Krautgesellschaften im Halbschatten
Hauptblütezeit: Juni bis Juli
Verwendung in der Ernährung: Die Triebe verwendete man vor der Blüte, von April bis Juni, als geringfügige Beigabe zu Gemüse [7–12] und Salaten [1].
Inhaltsstoffe und Wirkung: In *S. cepaea* wurde das cyanogene Sarmentosinepoxid gefunden. Über weitere Inhaltsstoffe und eine medizinische Nutzung liegen uns keine Informationen vor.

Bereifte Fetthenne, Dickblättrige Fetthenne, Buckel-Mauerpfeffer
Sedum dasyphyllum
Art im Bestand gefährdet
Verbreitungsschwerpunkt: Felsspalten- und Mauerfugengesellschaften
Hauptblütezeit: Juni bis Juli
Verwendung in der Ernährung: Die Triebe verwendete man vor der Blüte, von April bis Juni, als geringfügige Beigabe zu Gemüse [7–12] und Salaten [1].
Inhaltsstoffe und Wirkung: Über Inhaltsstoffe und eine medizinische Nutzung liegen uns keine Informationen vor.

Rötliches Dickblatt
Sedum rubens
Art im Bestand gefährdet
Verbreitungsschwerpunkt: Lockere Sand- und Felsrasen
Hauptblütezeit: Juni bis Juli
Verwendung in der Ernährung: Die Triebe nutzte man vor der Blüte, von April bis Juni, als geringfügige Beigabe zu Gemüse [7–12] und Salaten [1].
Inhaltsstoffe und Wirkung: Über Inhaltsstoffe und eine medizinische Nutzung liegen uns keine Informationen vor.

Drüsenhaarige Fetthenne, Sumpf-Fetthenne
Sedum villosum
Art im Bestand gefährdet
Verbreitungsschwerpunkt: Quellfluren
Hauptblütezeit: Juni bis August
Verwendung in der Ernährung: Die Triebe verwendete man vor der Blüte, von April bis Juni, als geringfügige Beigabe zu Gemüse [7–12] und Salaten [1].
Inhaltsstoffe und Wirkung: Über Inhaltsstoffe und eine medizinische Nutzung liegen uns keine Informationen vor.

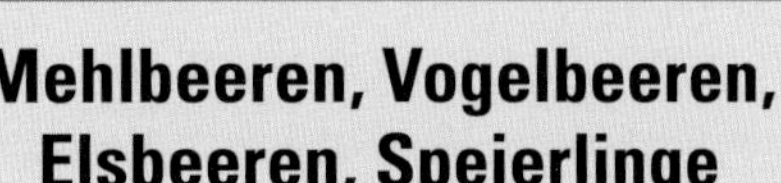

Mehlbeeren, Vogelbeeren, Elsbeeren, Speierlinge
Sorbus
Rosengewächse (Rosaceae)

Verwendung in der Ernährung: Die Früchte der hier gelisteten mitteleuropäischen Arten sind eine willkommene Beigabe zu Fruchtbreien, Fruchtbrotteigen [21.1] oder Mischfrucht-Marmeladen [19.3]. Die Sammelzeit zieht sich von August bis November, am besten sollte man den ersten Frost abwarten. Wenn man sie auskocht und passiert, erhält man ein geeignetes Mus für Früchtesuppen [3.2] und Saucen, [17.2], aber auch für Obstkuchen, Fruchtschnitten [19.6] und scharfwürzige Chutneys [16.9]. Getrocknet und fein zerkleinert wird aus dem Mus eine Art Mehl [20], das gemischt mit Getreidemehl zum Backen genutzt wurde. Die Früchte werden auch sehr gerne zur Herstellung von Wein [18.5] und Spirituosen [18.6] genutzt. Die Fruchtkerne ergeben geschrotet und geröstet einen Kaffeeersatz [23]. Die Blüten werden im Frühsommer als Tee überbrüht [22.1], kandiert [17.4] oder in Süßspeisen zu einer Blütencreme [17.1] verarbeitet.

Die Vogelbeere *(Sorbus aucuparia)* ist innerhalb dieser Gattung die deutlich bitterste und sollte bei all den genannten Zubereitungen vorsichtig dosiert und erhitzt werden, siehe Beschreibung dort.

Echte Mehlbeere
Sorbus aria (Artengruppe)

Verbreitungsschwerpunkt: Laubwälder und Gebüsche
Hauptblütezeit: Anfang Mai bis Ende Mai
Zusätzliche Hinweise zur Verwendung: Eine zu Unrecht oft unbeachtete Wildfrucht ist die Echte Mehlbeere. Ihre Früchte schmecken mehlig-mildsüß. Man sammelt sie von August bis November, am besten jedoch nach dem ersten Frost, oder man lässt sie vor der Verwendung circa zwei Wochen draußen ruhen. Für das Frosterlebnis kann man sie auch eine Nacht in die Gefriertruhe geben und dann wieder herausnehmen und etwas ruhen lassen. Die Früchte lassen sich roh oder auch getrocknet naschen. Die weitere Verwendung ist der zusammenfassenden Beschreibung oben entsprechend.
Inhaltsstoffe und Wirkung: Die Inhaltsstoffe in den Beeren sind wahrscheinlich ähnlich wie bei der Eberesche (*Sorbus aucuparia* S. 306). Die Früchte und ein aus diesen gebrühter Tee können bei Durchfall, aber auch bei Darmträgheit hilfreich sein, zudem kann man ihn bei Reizdarmbeschwerden und Menstruationsbeschwerden versuchen. Weitere Anwendungsgebiete sind Husten und Nierenbe-

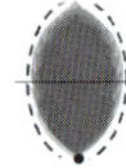

schwerden. Die bitter schmeckenden Samen enthalten wie bei den anderen hier behandelten Sorbus-Arten Blausäureglykoside in geringen Mengen. In der Alternativmedizin mehren sich die Hinweise, dass diese Stoffe in geringen Dosen bei der begleitenden Behandlung und der Nachsorge von Krebserkrankungen positiv wirken.

Vogelbeere, Vogelbeerbaum, Eberesche

Sorbus aucuparia

Gefahrenstufe bei der Verwendung: *
Verbreitungsschwerpunkt: Laubwälder und Gebüsche, Saure Eichenmischwälder, Waldlichtungsgebüsche
Hauptblütezeit: Anfang Mai bis Ende Mai
Zusätzliche Hinweise zur Verwendung: Nur wenige dieser pektinreichen Beeren reichen aus, um diverse Fruchtsäfte zu Gelee zu binden.

Man erntet bei der Eberesche ab Anfang Mai die weichen, weißen Blüten und nutzt sie als Gewürz in Süßspeisen. Aus den sauer und mandelartig schmeckenden Blüten und den Blättern stellt man im Frühjahr, v. a. im Mai, einen Tee [22.1] her.

Kurz nach der ersten Frostnacht im Oktober erntet man die mehlig-saftigen, recht sauer-bitteren Wildfrüchte, die durch die Einwirkung der Kälte am Strauch noch etwas milder werden. Wer bitter-saure Getränke liebt, der wird auch hin und wieder mal eine Beere roh naschen. Ein Entbittern der Früchte ist fast nicht möglich, eher sollte man sich das geschmacklich intensive und schön orangefarbige Erlebnis in der Küche als Akzent zunutze machen, und ggf. verdünnen. Gesüßt bekommt man einen grapefruitartigen Geschmack. Die weitere Verwendung ist der zusammenfassenden Beschreibung S. 305 entsprechend.

Hinweis: Rohe Früchte können in großen Mengen unbekömmlich wirken. Eine Überdosierung ist aber durch den intensiven Geschmack fast ausgeschlossen.
Inhaltsstoffe und Wirkung: Bereits bei den Kelten wurde die Vogelbeere medizinisch und rituell verwendet. Die Beeren enthalten (Para-)Sorbinsäure, Fruchtsäuren (Citronensäure und Apfelsäure), Gerbstoffe, Sorbit, Pektin, Carotinoide und viel Vitamin C. Die frischen Beeren sind nur in kleiner Menge verzehrbar. Eine größere Menge führt zu Erbrechen und Durchfall. Die Beeren sollten vor der Verwendung gekocht werden, da dadurch die unbekömmlichen Inhaltsstoffe zerstört werden. Die gekochten Beeren wirken mild abführend und harntreibend. Sie werden seit alters

Sorbus aria

Sorbus aucuparia

her wegen ihres hohen Vitamin-C-Gehalts gegen Skorbut und Erkältungskrankheiten eingesetzt. Darüber hinaus ist die volksheilkundliche Anwendung der Beeren bei Rheuma und Gicht belegt. Früher wurde aus den Beeren der Zuckeraustauschstoff Sorbit gewonnen, der für Diabetiker geeignet ist. Die in den Beeren natürlich vorkommende Sorbinsäure hat konservierende Wirkungen insbesondere gegen Pilze und Bakterien. Auch die Blätter können zu einem Tee gebrüht werden, der bei Beschwerden des Magens hilft, blutreinigend wirkt und die Harnwege reinigt.

Schwedische Mehlbeere

Sorbus intermedia

Verbreitungsschwerpunkt: Laubwälder und Gebüsche
Hauptblütezeit: Anfang Mai bis Ende Mai
Inhaltsstoffe und Wirkung: Über Inhaltsstoffe und eine medizinische Nutzung liegen uns keine exakten Informationen vor, vermutlich verhält sich beides ähnlich wie bei den anderen Sorbus-Arten.

Elsbeere, Elsbeerbaum, Altasbeerbaum

Sorbus torminalis

Verbreitungsschwerpunkt: Trockenheit ertragende Eichenmischwälder
Hauptblütezeit: Anfang Mai bis Ende Juni
Zusätzliche Hinweise zur Verwendung: Die Früchte der Elsbeere erntet man circa von September bis Oktober, wenn sie richtig weich sind, und isst sie direkt roh. Man kann sie auch samt der Fruchthaut getrocknet naschen. Auch hier sollte man die richtige Reife und wenn möglich später im Jahr den ersten Frost abwarten, ehe man sie erntet. Die Früchte sind zunächst im Geschmack astringierend (zusammenziehend), werden aber durch die Reife schön süß-birnen-aromatisch. Die weitere Verwendung ist der zusammenfassenden Beschreibung S. 305 entsprechend.
Inhaltsstoffe und Wirkung: Die Früchte der Elsbeere und des Speierlings *(Sorbus domestica)* enthalten reichlich Gerbstoffe, Zucker und Vitamin C. Aus beiden Arten wird ein kostbarer Schnaps gebrannt. Die reifen, teigigen Früchte der Elsbeere wurden bereits von den Römern aufgrund ihres hohen Gerbstoffgehaltes bei Cholera, Ruhr und anderen Durchfallerkrankungen verwendet. Gleichartig ver-

Sorbus intermedia

Sorbus torminalis

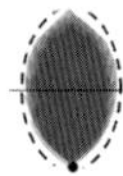

wendet wurden auch die Speierlingsfrüchte. Mittlerweile werden Präparationen aus der Elsbeere in der Kosmetik eingesetzt. Sie sollen die Alterungsprozesse der Haut verlangsamen. Das Holz beider Arten ist hart, besitzt herausragende mechanische Eigenschaften und ist teuer.

Zwerg-Mehlbeere, Zwergmispel
Sorbus chamaemespilus
Art ist selten
Verbreitungsschwerpunkt: Kalk-Kiefernwälder
Hauptblütezeit: Juni bis Juli
Inhaltsstoffe und Wirkung: Über Inhaltsstoffe und eine medizinische Nutzung liegen uns keine exakten Informationen vor. Vermutlich verhält sich beides aber ähnlich wie bei den anderen Sorbus-Arten.

Breitblättrige Mehlbeere
Sorbus latifolia (Artengruppe)
Art zerstreut bis selten
Verbreitungsschwerpunkt: Trockenheit ertragende Eichenmischwälder, Rot-Buchen-Mischwälder
Hauptblütezeit: Mai bis Juni
Inhaltsstoffe und Wirkung: Über Inhaltsstoffe und eine medizinische Nutzung liegen uns keine exakten Informationen vor. Vermutlich aber verhält sich beides ähnlich wie bei den anderen Sorbus-Arten.

Speierling
Sorbus domestica
Art in der Schweiz und in Österreich im Bestand gefährdet
Verbreitungsschwerpunkt: Trockenheit ertragende Eichenmischwälder
Hauptblütezeit: Anfang Mai bis Ende Juni
Inhaltsstoffe und Wirkung: Siehe *Sorbus torminalis.*

Mougeot-Mehlbeere, Vogesen-Mehlbeere, Berg-Mehlbeere
Sorbus mougeotii (Artengruppe)
Art in Österreich im Bestand gefährdet
Verbreitungsschwerpunkt: Laubwälder und Gebüsche
Hauptblütezeit: Anfang Mai bis Ende Mai
Inhaltsstoffe und Wirkung: Über Inhaltsstoffe und eine medizinische Nutzung liegen uns keine exakten Informationen vor, vermutlich ähnlich wie die anderen Sorbus-Arten.

Thymian-Arten
Thymus
Lippenblütengewächse (Lamiaceae)

Grundlegende Merkmale: Die Stängel sind vierkantig, die stark duftenden, ungeteilten Blätter stehen am Stängel gegenständig. Die scheinbar quirlig angeordneten, lippenförmig gestalteten Blüten stehen häufig in köpfchenförmigen Blütenständen.

Verwendung in der Ernährung: Die aufgeführten mitteleuropäischen Arten duften beim Zerreiben sehr wohlaromatisch und appetitanregend. Der Geschmack ist bekannt schärflich. Die Blüten sind ähnlich aromatisch, jedoch etwas milder.

Zarte Blätter benutzt man von Frühsommer bis Herbst v. a. als Aroma. Sie können auch roh z. B. direkt auf Butterbrot [15.1] gegessen werden oder man verarbeitet sie als Würze z. B. bei der Teegetränkbereitung [22.1], in Kräuterlikör oder -schnaps [18.6], in Kräuterwein [18.5], für Bier [18.7] oder als Aroma zu Würzölen [16.4]. Die getrockneten Blätter nutzte man als Aromabeigabe zu Rauchtabak [25]. Zarte Triebspitzen samt der noch weichen Stängel ergeben von März bis Mai eine gute Beigabe zu verschiedenen Salatdressings [14] (insbesondere für Tomatensalate), Suppen [3.1], Eierspeisen [6] (Omelett, Rührei), Bratlingen [4] und Eintopfgerichten [11.1] sowie in Kräuterkäse [15.4], Kräuterbutter [15.3] oder Kräuterquark [15.5]. Des Weiteren verarbeitet man sie als würzende Zutat in Hausbrotmischungen [21.1], Knäckebrot [21.2] und Wildpflanzensalz [16.1], als Trockengewürz [16.2] oder auch als Mazerationsöl [16.5].

Die Blüten können von Juni bis August als essbare Dekoration zu verschiedenen Speisen oder zum Aromatisieren von Speiseöl [16.4] verwendet werden. Nicht nur ein optischer Genuss sind die ausgezupften Blüten über aufgeschnittene Tomaten gestreut, mit etwas Salz und Pfeffer.

Inhaltsstoffe und Wirkung: Alle hier genannten Thymian-Arten enthalten ätherisches Öl, Flavonoide und Polyphenole. Viele Arten werden bereits seit Jahrhunderten angebaut. Nicht nur die alten Ägypter nutzten die Pflanzen für die rituelle Räucherung und wegen ihres Wohlgeruchs als Kosmetikum oder als Balsam. Die Pflanzen wirken desinfizierend, wurmtreibend und beruhigend. Schon seit alters her wurden sie auch als heilsame Gewürze eingesetzt. Aller Wahrscheinlichkeit nach lassen sich die meisten Arten wie oben beschrieben nutzen. Offenbar enthält *T. longicaulis* Inhaltsstoffe, die sich zum Dicklegen von Milch eignen.

Feld-Thymian, Arznei-Thymian

Thymus pulegioides (Artengruppe)

Höhe bis 0,3 m
Grundlegende Merkmale der Pflanzengattung auf S. 308
1 Bodendeckender Zwergstrauch, Pflanze am Grunde verholzend
2 Stängel im Querschnitt scharf vierkantig, häufig nur an den Kanten behaart
3 Blatt eiförmig, bis 2 cm lang
4 Blütenstände endständig an Haupt- und Seitentrieben angeordnet
5 Blütenkelch behaart
6 Zähne des Blütenkelches – obere Zähne schmal, dreieckig

Foto S. 310

Verbreitungsschwerpunkt: Kalk-Magerrasen, Borstgrastriften und Zwergstrauchheiden, Grünlandgesellschaften, Kalk-Kiefernwälder
Hauptblütezeit: Juni bis August
Inhaltsstoffe und Wirkung: Der Feld-Thymian enthält bis 0,6 % ätherisches Öl, Flavonoide und Triterpene. Die Anwendung erfolgt ähnlich wie beim Echten Thymian gegen Husten und Erkältungskrankheiten. Dabei kommen vor allem die antiseptischen und antibakteriellen Effekte zum Tragen. Äußerlich wird die Pflanze als Gurgelmittel eingesetzt. Die Volksmedizin gebraucht sie außerdem gegen Blähungen, Blasen- und Nierenerkrankungen und für Kräuterkuren und Bäder. Alkoholische Auszüge können für Einreibemittel bei Rheuma und Verstauchungen genutzt werden.

Langstängeliger Thymian

Thymus longicaulis
Art zerstreut bis selten
Verbreitungsschwerpunkt: Kalk-Magerrasen
Hauptblütezeit: Juni bis August

Steppen-Thymian

Thymus pannonicus
Art ist selten
Verbreitungsschwerpunkt: Kalk-Magerrasen
Hauptblütezeit: Juni bis August

Frühblühender Thymian

Thymus praecox (Artengruppe)
Art ist selten
Verbreitungsschwerpunkt: Lockere Sand- und Felsrasen
Hauptblütezeit: Mai bis August

Echter Thymian

Thymus vulgaris
Art selten verwildert
Verbreitungsschwerpunkt: Kalk-Magerrasen
Hauptblütezeit: Juni bis Oktober
Inhaltsstoffe und Wirkung: Die uralte Heilpflanze ist seit dem 11. Jh. in Mitteleuropa bekannt. Der Echte Thymian enthält etwa doppelt so viel ätherisches Öl (bis zu 2,5 %, Hauptwirkstoffe: Thymol und Carvacrol) wie die anderen Thymian-Arten. Weitere Inhaltsstoffe sind Gerbstoffe, Triterpene, Flavonoide (Luteolin, Apigenin) und antioxidativ wirkende Biphenyle. Die Anwendungsgebiete beziehen sich wie beim Quendel *(Thymus serpyllum)* vor allem auf die Atemwege und den Magen-Darm-Trakt, allerdings ist die Wirkung stärker. Weitere Indikationen sind Vergiftungen und Menstruationsbeschwerden. Die Pflanze wirkt außerdem entzündungshemmend, antiviral und hemmt das Wachstum des pathogenen Magenbakteriums *Helicobacter pylori.* Von der heilenden Wirkung auf die Atmungsorgane profitieren selbst Asthmatiker und Keuchhustenkranke. Gute Dienste leisten Mundspülungen bei Mundfäule, Aphten und anderen Entzündungen im Mund- und Rachenraum.

Österreichischer Thymian

Thymus oenipontanus
Art in der Schweiz und in Teilen Österreichs im Bestand gefährdet
Verbreitungsschwerpunkt: Kalk-Magerrasen
Hauptblütezeit: Juni bis August

Wilder Thymian, Sand-Thymian, Quendel

Thymus serpyllum
Art in Österreich im Bestand gefährdet
Verbreitungsschwerpunkt: Lockere Sand- und Felsrasen
Hauptblütezeit: Mai bis September
Inhaltsstoffe und Wirkung: Bereits in der Antike stellte man aus der Pflanze wohlriechende Körperessenzen her. Die Pflanze enthält Gerb- und Bitterstoffe, Flavonoide (Scutellarenin) und ätherisches Öl. Die Verwendung ist ganz ähnlich wie beim Echten Thymian *(T. vulgaris).* Das medizinisch verwendete Kraut wirkt antibakteriell, entkrampfend auf die Bronchien und fördert die Sekretion und den Transport des Bronchialschleims. Darüber hinaus besitzt es antihormonale und schilddrüsenhormonähnliche Wirkungen. Der Quendel

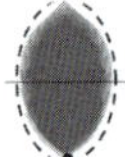

wird zur Behandlung von Erkrankungen der Lunge, aber auch bei Beschwerden im Magen und Darm eingesetzt. Eine äußerliche Anwendung erfolgt in Form von Kräuterbädern oder als alkoholischer Auszug bei Verstauchungen und Quetschungen.

Beersträucher
Vaccinium
Heidekrautgewächse (Ericaceae)

Grundlegende Merkmale: Es handelt sich um Zwergsträucher mit wechselständig am Spross angeordneten, einfach gestalteten und ganzrandigen Blättern. Die Blüte ist krugförmig bis glockig, die Frucht ist eine Beere.

Verwendung in der Ernährung: Die hier aufgeführten Vaccinium-Arten in Mitteleuropa haben alle sehr aromatische, sauer-süße Wildfrüchte für Fruchtspeisen und Getränke sowie Blätter für Teezubereitungen. Der Geschmack der meisten Blätter ist leicht schwarzteeartig. Von April bis Mai bieten sich diese kleinen, festen Blätter zur Ernte an. Man nutzte sie überbrüht in Teegetränken [22.1] oder zerkleinert als Trockengewürz [16.2] sowie als Zutat in Saucen und Aufläufen. Nur bei *Vaccinium microcarpum* haben wir keine Hinweise zur Nutzung der Blätter gefunden.

Von Spätsommer bis Herbst sammelt man die kleinen Früchte der hier aufgeführten Beerenarten und isst sie unterwegs gleich roh oder verarbeitet sie in der Küche. Meistens nutzt man sie aufgrund ihres starken Aromas für die Zubereitung von Sirup [18.4], Saft- und Vitalgetränken [22.4], in Früchtesuppen [3.2] und Süßspeisen [17.2][17.3][17.4][17.7] sowie in Früchteaufläufen [19.1], für Obstkuchen [19.2], -quark [19.5] und Fruchtschnitten [19.6]. Man stellt aus ihnen leckere Marmelade her [19.3] oder kocht sie nur gewaschen und sonst unverarbeitet in ggf. leicht gesüßtem Wasser ein, um sie das ganze Jahr über als Kompott [17.5] zu nutzen. Des Weiteren verarbeitet man sie zu Fruchtwein [24], -spirituosen [18.6] und -essig [16.8] oder zu Trockenobst [19.7]. Getrocknet sind sie auch eine Beigabe zu Hausteemischungen [22.1] sowie in Schokolade [17.6]. Man sollte jedoch mit einem übermäßigen Gebrauch der Pflanzen vorsichtig sein. Siehe dazu insbesondere die Hinweise zur Rauschbeere *(Vaccinium uliginosum)* und den Blättern der Wilden Heidelbeere *(Vaccinium myrtillus)*.

Thymus pulegioides

Vaccinium myrtillus

Wilde Heidelbeere, Blaubeere, Schwarzbeere

Vaccinium myrtillus

Gefahrenstufe bei der Verwendung: *

Grundlegende Merkmale: Triebe kantig, grün. Blätter kurz gestielt, eiförmig. Blattrand fein gezähnt. Blüten nickend, rosa gefärbt. Blaue Früchte.

Verbreitungsschwerpunkt: Hochmoore und Moorheiden, saure Eichenmischwälder, Wälder mit überwiegend Nadelbäumen, Borstgrastriften und Zwergstrauchheiden

Hauptblütezeit: Anfang Mai bis Ende Mai

Zusätzliche Hinweise zur Verwendung: Auch die Blüten der Wilden Heidelbeere wurden früher im Mai als Beigabe zu Teemischungen verwendet. Der Geschmack der Früchte ist angenehm süß, harmonisch. Die Blüten und Blätter sind herber und bitterlich. Vorsicht bei Langzeitgebrauch!

Inhaltsstoffe und Wirkung: Die Wilden Heidelbeeren enthalten bis 6,7 % Gerbstoffe (Catechine), Alkaloide (Myrtin), Phenolcarbonsäuren (Chlorogensäure) und Flavonoide (Hyperosid), außerdem viel Mangan und Chrom. Weitere Inhaltsstoffe sind Pektin, Zucker, Vitamine und Fruchtsäuren. Die Blätter enthalten Iridoide. Aufgrund des hohen Gerbstoffgehalts und der leicht antibakteriellen Wirkung werden Blätter und Früchte auch schulmedizinisch bei Durchfallerkrankungen eingesetzt. Außerdem hilft die Pflanze bei Kreislaufbeschwerden und verbessert das Sehen bei Nacht. Vorsicht bei einer Langzeitanwendung der Blätter. In Einzelfällen wurde dabei Gewichtsabnahme und eine Verminderung des Hämoglobingehaltes im Blut beobachtet (vgl. Roth et al. 1994). Des Weiteren können die Früchte der Heidelbeere die Gewebsheilung unterstützen. Ihre Blätter werden bei Harnwegsinfektionen und Blasenentzündungen angewendet. Volksmedizinisch wird die Heidelbeere auch zur Unterstützung bei Diabetes empfohlen. Wilde Heidelbeeren sind besonders reich an Ballaststoffen und Pflanzenfarbstoffen. Sie unterstützen die Verdauung und fördern den Abtransport schädlicher Schlackenstoffe. Die rot-violette Farbe der Beeren weist auf einen hohen Gehalt an gesundheitsfördernden Pflanzenfarbstoffen (Anthocyanen) hin. Sie wirken als Antioxidantien und sind aufgrund ihrer Eigenschaften als Radikalfänger von besonderer Bedeutung. Zusammen mit anderen Flavonoiden wirken die Beeren stärkend auf das Immunsystem und unterstützen den Körper bei der Abwehr von Bakterien, Viren und Pilzen.

Vaccinium vitis-idaea

Preiselbeere, Kronsbeere

Vaccinium vitis-idaea

Grundlegende Merkmale: Blätter schmal, verkehrt-eiförmig, dunkelgrün glänzend, derb, am Rande eingerollt. Weisslich-rötliche Blüten. Griffel aus der Blüte herausragend. Erst weiße, später rote Früchte.

Verbreitungsschwerpunkt: Saure Nadelwälder

Hauptblütezeit: Anfang Mai bis Ende Mai

Inhaltsstoffe und Wirkung: Die Früchte der Preiselbeere enthalten Arbutin, Triterpene (Urolsäure), reichlich Vitamin C und E, Fruchtsäuren, Gerbstoffe und viele wichtige Spurenelemente (Mangan, Eisen, Kupfer, Zink und Molybdän). Die Preiselbeere fand erst in neuerer Zeit Eingang in die Volksheilkunde. Wegen des bedeutsamen Gehaltes an Vitamin C wird der Saft aus den Beeren vor allem im Winter gerne genutzt. Die blutreinigenden und desinfizierenden Inhaltsstoffe der Beeren haben eine leicht harntreibende Wirkung. Sie schützen vor Blasenentzündung und werden auch gegen Durchfall, Blähungen und Nierenbeckenentzündungen eingesetzt. In der Volksmedizin wurden auch die getrockneten Blätter, ähnlich wie die der stärker wirksamen Bärentraube (*Arctostaphylos,* S. 519, – höherer Arbutin-Gehalt) zur Zubereitung von Tee bei Erkrankungen der Harnorgane genutzt. Dieser Tee eignet sich auch vorzüglich zur Fiebersenkung. Die harntreibende Wirkung spielt auch beim Einsatz der Beeren und Blätter gegen Gicht und Rheuma eine wichtige Rolle.

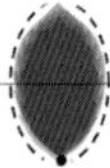

Großfrüchtige Moosbeere, Krannbeere, Kranbeere
Vaccinium macrocarpon
Art ist selten
Verbreitungsschwerpunkt: Hochmoore und Moorheiden
Hauptblütezeit: Mai bis Juli
Zusätzliche Hinweise zur Verwendung: Die Großfrüchtige Moosbeere, oft bekannt unter dem englischen Namen Cranberry, hat stark säuerliche Früchte.
Inhaltsstoffe und Wirkung: Die Pflanze enthält Fructose, Flavonoide (Proanthocyanidine, kondensierte Tannine) und Oxalsäure. Sie ist reich an Vitamin C, Phosphor und Kalium und enthält ferner die konservierend wirkende Benzoesäure. Die enthaltenen Proanthocyanidine wirken antioxidativ und antikanzerogen. Die Indianer Nordamerikas schätzten die Pflanze wegen ihrer heilsamen Eigenschaften. Mit dem Saft der Beeren wurden Wunden ausgewaschen. Heute wird die Beere insbesondere wegen ihrer vorbeugenden und heilenden Wirkung bei Harnwegsinfektionen eingesetzt. Die Inhaltsstoffe hemmen die Anheftung von Bakterien an die Schleimhäute des Harntraktes. Infolgedessen lassen sich die Bakterien leichter ausschwemmen. Ein ähnlicher Mechanismus verhindert auch die Bildung von Zahnbelägen (Plaques). Weitere Einsatzgebiete der Beeren betreffen infektiöse Durchfälle, bakterielle Hauterkrankungen und Magenschleimhautentzündungen infolge eines Befalls durch das Bakterium *Helicobacter pylori.*
Verwechslungsgefahr: Kahle Rosmarinheide *(Andromeda polifolia)*, S. 590–592.

Rauschbeere, Trunkelbeere, Moor-Heidelbeere
Vaccinium uliginosum
Art zerstreut bis selten
Gefahrenstufe bei der Verwendung: **
Verbreitungsschwerpunkt: Saure Nadelwälder
Hauptblütezeit: Mitte Mai bis Mitte Juni
Zusätzliche Hinweise zur Verwendung oben: Es gab auch Fälle, in denen die Beeren nach Aufnahme großer Mengen Erbrechen, Schwindel und Rausch bewirkten, was zur Namensgebung führte. Da dies jedoch selten vorkam und neuerdings nicht wiederholt auftrat, geht man davon aus, dass die Wirkung möglicherweise durch einen den Beeren zuweilen anhaftenden schmarotzenden Pilz ausgelöst wird. Eine Verwendung empfiehlt sich daher nur in geringer Dosierung.
Inhaltsstoffe und Wirkung: Die Rauschbeere enthält farbige Anthocyane. Die Blätter enthalten Flavonoide (Hyperosid), Triterpenoide (Urolsäure), Gerbstoffe (Catechin) und organische Säuren. Volksheilkundlich wird die Rauschbeere bei Durchfällen und Blasenleiden eingesetzt. Außerdem wirkt sie antiseptisch, adstringierend, beruhigend und blutzuckersenkend und wird auch zur Behandlung von Entzündungen im Mund verwendet.

Gewöhnliche Moosbeere
Vaccinium oxycoccus
Art im Bestand gefährdet
Verbreitungsschwerpunkt: Hochmoore und Moorheiden
Hauptblütezeit: Mai bis Juli
Inhaltsstoffe und Wirkung: Die Gewöhnliche Moosbeere enthält reichlich Vitamin C, Pektin und organische Säuren (Citronensäure), Polyphenole (Chlorogensäure), Benzoesäure und Zucker. Man verwendete sie ähnlich wie *Vaccinium macrocarpon* zur Behandlung von Harnwegsinfektionen und Skorbut. Offenbar lindert eine Abkochung der Pflanze wegen der Gerbstoffe der Blätter Brechreiz.

Kleinfrüchtige Moosbeere
Vaccinium microcarpum
Art im Bestand gefährdet
Verbreitungsschwerpunkt: Hochmoore
Hauptblütezeit: Mai bis Juli
Verwendung in der Ernährung: Nach dem ersten Frost kann man von dieser Pflanze gemäß Machatschek 2010 wohlschmeckende Beeren für Mischmarmeladen ernten.
Inhaltsstoffe und Wirkung: Die Beeren enthalten Carotinoide und Triterpensäuren. Die Verwendung ist vermutlich ähnlich wie bei der Gewöhnlichen Moosbeere *(V. oxycoccus).*

Portulake
Portulaca
Portulakgewächse (Portulacaceae)

Portulak, Gemüse-Portulak, Postelein
Portulaca oleracea

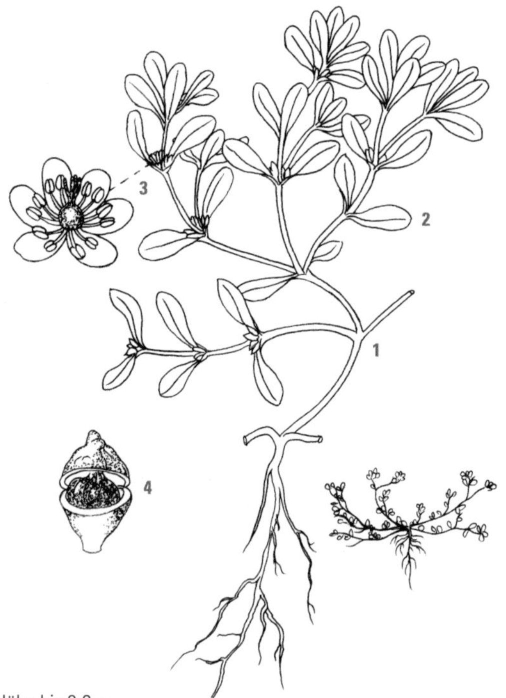

Höhe bis 0,3 m

1 Pflanze niederliegend, verzweigt, häufig mit rot überlaufenen Stängeln
2 Blätter fleischig, in der Form oval bis verkehrt eiförmig
3 Ungestielte gelbe Blüten zu wenigen in kopfigem Blütenstand
4 Frucht eine bis 1 cm lange Kapsel mit zahlreichen schwarzen Samen

Portulaca oleracea

Ulmus glabra

Verbreitungsschwerpunkt: Ruderalgesellschaften, Acker- und Gartenunkrautgesellschaften
Hauptblütezeit: Juni bis September
Verwendung in der Ernährung: Junge, säuerliche Blätter und zarte, mildsaftige Triebe des Portulaks nutzt man vor der Blüte von circa April bis Mai roh als bissfesten Salat [1], erhitzt zu Spinat [9.1] und gekocht zu Gemüsesuppen [3.1]. Als Würze finden sie außerdem Verwendung in Kräuterquark [15.5] oder Kräutersauce [14] sowie in Gemüsefüllungen, z. B. von Teigtaschen [10.2]. In Kochgemüse zeigt sich eine leicht andickende Wirkung des Krautes. Weitere Zubereitungsmöglichkeiten: in Bratlingen [4], Omeletts [6.1], Hackkräutermischungen [15] sowie in Saft- und Vitalgetränken [22.4]. Die knospigen Blüten nutzte man von Mai bis Juni in Gewürzessig oder Salz eingelegt [13]. Die kleinen nussigen Samen lassen sich von August bis Oktober mahlen und als Streckmehl [20] nutzen. Getrocknet kann man die Samen bevorraten und sie im Winter als Keimsaat [2] auf der Fensterbank treiben lassen.
Inhaltsstoffe und Wirkung: Der Portulak enthält Vitamine (insbesondere Vitamin C), Mineralien (vor allem Magnesium, Calcium, Kalium und Eisen), Schleim- und Bitterstoffe und Oxalsäure, außerdem herzschützende Omega-3-Fettsäuren. (Portulak ist das Salatkraut mit den meisten Omega-3-Fettsäuren.) Die Pflanze ist bei Sodbrennen wirksam und eignet sich zur Blutreinigung. Das Kraut wirkt fiebersenkend, harntreibend und gegen viele Mikroorganismen. Die innerliche Anwendung als Tee regt den Stoffwechsel und die Verdauung an und hilft bei Nierenbeschwerden, Blasenleiden und Kopfschmerzen. In der Traditionellen Chinesischen Medizin verwendet man den Portulak bei Leber- und Magenbeschwerden und bei Blasenentzündung.

Ulmen, Rüster-Arten
Ulmus
Ulmengewächse (Ulmaceae)

Verwendung in der Ernährung: Die jungen, mild-aromatischen Blätter der hier genannten mitteleuropäischen Arten wurden im Frühjahr in Salaten und Rohkost [1] sowie gemüseartig verwendet. Gegart schmecken sie erst, wenn man sie zuvor fein wiegt und ggf. mit anderen würzigen Kräutern mischt. Unserem Empfinden nach eignen sie sich zudem gut als Brotteigbeigabe [21.1], zu Eierspeisen [6], fein geschnitten in Suppen [3.1] und in Nussgemüse [7.3], als Füllungen [10], in Püree [9.3] oder Spinat [9.1] sowie zur Kräuterbrotzeit [15.1]. Auch als Sauerkraut [13.4] wären sie denkbar. Sehr große Blätter dienten womöglich

früher zur Herstellung von Blattrouladen [5]. Getrocknet verwendete man sie als Rauchtabakbeimischung [25] oder im Tee [22.1].

Unreife junge Früchte im Frühjahr werden roh genascht, wenn sie noch weich sind. Sie haben wenig Aroma, bilden aber aufgrund ihrer Form eine interessante Speisenbeigabe. Sie dürften früher wohl auch als Gemüsebeigabe genutzt worden sein, z. B. als feine Chips, gewaschen, mit Öl und Salz benetzt und im Backofen kurz gebacken.

Überliefert ist ferner die Nutzung der Früchte und Blätter sowie der inneren Rinde als Streckmehl [20]. (Die innere Rindenschicht bitte nur bei durch Baumschnittarbeiten abgeschnittenen Ästen und bei ernsthaftem Bedarf nutzen, um dem Baum nicht unnötig zu schaden.)

Inhaltsstoffe und Wirkung: Die innere Schicht der Rinde ist reich an Schleim- und Gerbstoffen und enthält außerdem Flavonoide. Sie wirkt adstringierend und mild harntreibend. Die Anwendung erfolgt nur noch selten volksheilkundlich bei Durchfall und Entzündungen in den Verdauungsorganen. Früher nutzte man sie äußerlich bei rheumatischen Beschwerden, Hämorrhoiden, zur Wundheilung und bei Ekzemen. Auch die Anwendung als Gurgelwasser bei Infektionen in Mund und Rachen ist belegt. In der Homöopathie verwendet man die Ulme bei Schmerzen in den Hand- und Fußgelenken.

Berg-Ulme, Weißrüster-Ulme, Berg-Rüster

Ulmus glabra

Foto S. 313

Verbreitungsschwerpunkt: Ahorn-Mischwälder und Ahorn-Buchen-Wälder

Hauptblütezeit: Anfang März bis Ende April

Flatter-Ulme

Ulmus laevis

Art in der Schweiz und in Teilen Österreichs im Bestand gefährdet

Verbreitungsschwerpunkt: Erlen- und Edellaub-Auenwälder

Hauptblütezeit: März bis April

Feld-Ulme

Ulmus minor

Art im Bestand gefährdet

Verbreitungsschwerpunkt: Laubwälder und Hecken

Hauptblütezeit: Anfang Februar bis Ende April

Günsel

Ajuga

Lippenblütengewächse (Lamiaceae)

Verwendung in der Ernährung: Die jungen Blätter und auch die knospenden und blühenden Blütentriebe der im Folgenden aufgeführten mitteleuropäischen Arten können von März bis Juli als frische Würze diversen Speisen beigemischt werden. Die Blüten sind fein herb im Geschmack, man kann sie gut als essbare Dekoration verwenden. So kann man sie z. B. vor dem Servieren frisch über scharfgeröstete Bratkartoffeln mit Zwiebeln streuen. Der Grundgeschmack der Pflanzen ist ansonsten sehr streng und chicoréeartig-bitter. Daher ist das direkte rohe Verzehren, z. B. in Salaten und Kräuterquark, nur als gering dosiertes Gewürz geeignet. Erwärmten Gerichten kann etwas mehr beigegeben werden: z. B. Suppen [3.1], Kräuterpüree [9.3], Eintopfgerichten [11.1], Gemüsefüllungen [10], Bratlingen [4], Krautgemüsebroten [21.1], Pizza [12.2] oder Eierspeisen [6]. Auch Würzmus [16.10] kann aus ihnen hergestellt werden. Eine gewürzartige Verwendung wie oben aufgeführt ist nur vom Genfer Günsel *(Ajuga genevensis)* und Kriechenden Günsel *(Ajuga reptans)* überliefert. Für die anderen beiden Arten *A. chamaepitys* und *A. pyramidalis* ist nur bekannt, dass ihre Blüten als Gewürz z. B. in Butter geknetet [15.3] wurden. Wir gehen davon aus, dass ihre Blätter ebenfalls essbar sind, denn in der Volksmedizin wurden alle Arten gleichsam genutzt, und über Giftstoffe liegen uns keine Erkenntnisse vor.

Inhaltsstoffe und Wirkung: Günsel enthalten Gerbstoffe (Tannine), Saponine und Iridoidglykoside. Aufgrund des hohen Gerbstoffgehaltes hat ein Teeaufguss der Pflanzen eine zusammenziehende (adstringierende) Wirkung, die im Verbund mit den entzündungshemmenden Eigenschaften ihren Einsatz bei Erkrankungen im Mund und Rachenraum, als Wundheilmittel und zum Verschließen von Wunden erklärt. Von Bedeutung hierbei sind auch die antibakterielle und antivirale Wirkung und die Fähigkeit zur Neutralisation von Giften. Als Breiumschlag sollen Günsel Linderung bei Quetschungen bringen. Der Tee wurde früher bei Rheuma, Magengeschwüren und Gallenerkrankungen eingesetzt und soll außerdem eine leicht abführende und blutdrucksenkende Wirkung besitzen.

Genfer Günsel

Ajuga genevensis

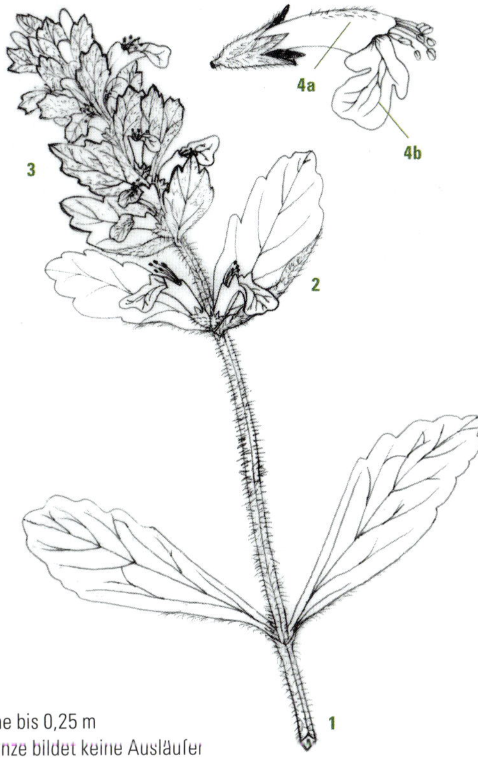

Höhe bis 0,25 m
Pflanze bildet keine Ausläufer

1 Stängel vierkantig und rundum zottig behaart
2 Blätter auch etwas zottig behaart
3 Blätter im Blütenstand vorne stark gezähnt
4 Blaue Blüte mit kurzer Oberlippe (a) und langer dreilappiger Unterlippe (b)

Foto S. 316

Verbreitungsschwerpunkt: Kalk-Magerrasen
Hauptblütezeit: April bis Juni

Kriechender Günsel

Ajuga reptans

Höhe bis 0,3 m

1 Pflanze mit oberirdischen Ausläufern
2 Blätter lang gestielt und spatelförmig
3 Hochblätter mit glattem Rand und flaumiger Behaarung
4 Anordnung der Blätter kreuzgegenständig
5 Lippen der Blüte blau bis blau-weiß, in Ausnahmefällen auch rosa gemustert
6 2–6 Blüten in den Achseln der Hochblätter

Foto S. 316

Verbreitungsschwerpunkt: Grünlandgesellschaften, Laubwälder und Gebüsche
Hauptblütezeit: Anfang April bis Anfang Juli

Gelber Günsel

Ajuga chamaepitys
Art im Bestand gefährdet
Verbreitungsschwerpunkt: Äcker, Wegränder
Hauptblütezeit: Mai bis September

Pyramiden-Günsel

Ajuga pyramidalis
Art im Bestand gefährdet
Verbreitungsschwerpunkt: Zwergstrauchheiden, Magerweiden
Hauptblütezeit: Mai bis Juli

Ajuga genevensis
Ajuga reptans
Alyssum alyssoides
Arabis alpina

Steinkräuter
Alyssum
Kreuzblütengewächse (Brassicaceae)

Verwendung in der Ernährung: Die hier aufgeführten mitteleuropäischen Steinkraut-Arten sind allesamt schärflich-würzige, leicht behaarte Pflanzen, die sich ausgezeichnet für diverse Gemüsegerichte und Feinschnittkräutermischungen eignen. Ihre Verwendung ist vergleichbar mit der der Gattung *Aethionema* S. 516. Insbesondere die Blüten und zarten Triebspitzen können feingehackt und zusammen mit vermahlener, scharfer Senfsaat, Essig, Salz und Öl zu einer exzellenten Senfpaste [16.8] verarbeitet werden.

Kelch-Steinkraut
Alyssum alyssoides

Höhe bis 0,3 m
1 Blüte mit vier hellgelben Kronblättern
2 Blütendurchmesser 3–4 mm
3 Blätter ganzrandig
4 Ganze Pflanze graufilzig mit Sternhaaren behaart
5 Früchte rund und flach, ca. 3 mm lang
6 Fruchtstiel etwa 3 mm lang
7 Zur Reifezeit der Frucht bleibt der Kelch erhalten

Verbreitungsschwerpunkt: Lockere Sand- und Felsrasen
Hauptblütezeit: April bis Mai

Berg-Steinkraut
Alyssum montanum
Art im Bestand gefährdet
Verbreitungsschwerpunkt: Lockere Sand- und Felsrasen
Hauptblütezeit: März bis Mai

Gänsekressen
Arabis
Kreuzblütengewächse (Brassicaceae)

Grundlegende Merkmale: Die Blätter dieser Gattung sind einfach gestaltet und wechselständig am Stängel angeordnet. Außerdem sind häufig grundständige Blattrosetten vorhanden. Wie bei den meisten Vertretern der Kreuzblütengewächse finden sich 4 Kelch-, 4 Kron- sowie 6 Staubblätter. Die Frucht ist eine Schote.
Verwendung in der Ernährung: Die hier aufgeführten mitteleuropäischen Arabis-Arten sind kresse-aromatische Pflanzen, die sich sehr gut für Salate, Gemüse, Hackkräutermischungen und als exzellentes Würzmittel eignen. Die jungen, kleinen, weichen Blätter und jungen Triebe erntet man samt Blütenknospen und Blüten von März bis Mai und nutzt sie als würzende Beigabe zu kurz gebratenem [8.2], gedünstetem oder gedämpftem Gemüse [7] sowie in Bratlingen [4], Saucen [14] und Gemüsesuppen [3.1]. Eine schmackhafte Zutat sind sie auch in Hackkräutermischungen [15], Salaten und Rohkost [1] bzw. getrocknet in Wildpflanzensalz [16.1]. Die Blütenknospen werden kapernartig eingelegt [16.11] oder als senfartige Paste vermaischt [16.8]. Ihre üppigen weißen Blüten eignen sich im Frühsommer sehr gut als würzige Dekorationsstreu. Sehr empfehlenswert sind sie in Kraut- und Rübensalaten, aber auch auf Hackkräutermischungen [15], anderen Rohkostspeisen [1] und diversen Gemüsegerichten [7-12]. Die Samen im Sommer dienen als schärfliches Gewürz und nach unserer Einschätzung ebenso die jungen, feinen Wurzeln.

Alpen-Gänsekresse

Arabis alpina (Artengruppe)

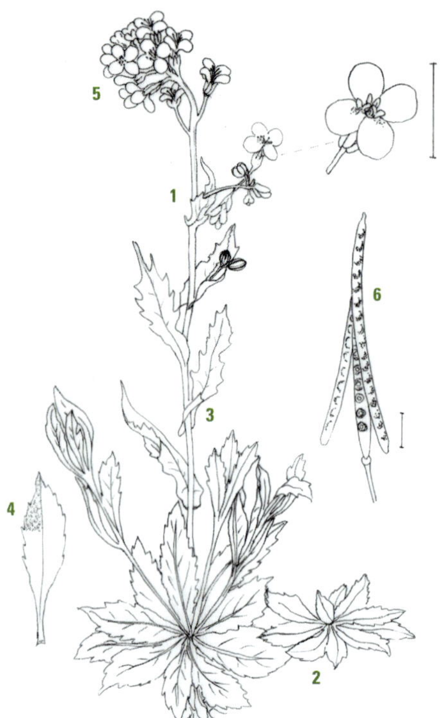

Höhe bis 0,4 m

Grundlegende Merkmale der Pflanzengattung auf S. 317

1 Stängel meist verzweigt
2 Zahlreiche grundständige Blattrosetten
3 Stängelblätter sitzend, den Stängel mit kurzen Lappen (Öhrchen) umfassend
4 Grundblätter gestielt, grob gezähnt, behaart
5 Blütentraube mit 10–20 weißen Blüten
6 Fruchtschoten bis 6 cm lang

Foto S. 316

Verbreitungsschwerpunkt: Steinschutt- und Geröllfluren
Hauptblütezeit: April bis Mai

Raue Gänsekresse

Arabis hirsuta (Artengruppe)

Höhe bis 1,0 m

Grundlegende Merkmale der Pflanzengattung auf S. 317

1 Stängel aufrecht, behaart, reich beblättert
2 Bodennahe (grundständige) Blattrosette
3 Blattrand gezähnt
4 Blütenstand mit bis zu 50, kleiner 1 cm bleibenden, weißen Blüten
5 Kurz gestielte Fruchtschoten, bis 5 cm lang

Verbreitungsschwerpunkt: Kalk-Magerrasen
Hauptblütezeit: Mai bis Juli

Zwerg-Gänsekresse

Arabis bellidifolia

Art zerstreut bis selten

Verbreitungsschwerpunkt: Quellfluren
Hauptblütezeit: Juni bis Juli

Blaue Gänsekresse

Arabis caerulea

Art zerstreut bis selten

Verbreitungsschwerpunkt: Gesellschaften auf zumeist schneebedeckten Böden
Hauptblütezeit: Juli bis August

Doldige Gänsekresse

Arabis ciliata

Art zerstreut bis selten

Verbreitungsschwerpunkt: Steinfluren und alpine Rasen
Hauptblütezeit: Mai bis Juli

 **Turmkraut, Kahle Gänsekresse**
Arabis glabra
Art zerstreut bis selten
Verbreitungsschwerpunkt: Sonnige Staudensäume an Gehölzen
Hauptblütezeit: Juni bis Juli

 **Armblütige Gänsekresse**
Arabis pauciflora
Art zerstreut bis selten
Verbreitungsschwerpunkt: Trockenheit ertragende Eichenmischwälder
Hauptblütezeit: Mai bis Juni

 **Glänzende Gänsekresse, Glanz-Gänsekresse, Maßlieb-Gänsekresse**
Arabis soyeri
Art zerstreut bis selten
Verbreitungsschwerpunkt: Quellfluren
Hauptblütezeit: Juni bis Juli

 **Turm-Gänsekresse**
Arabis turrita
Art zerstreut bis selten
Verbreitungsschwerpunkt: Trockenheit ertragende Eichenmischwälder
Hauptblütezeit: April bis Juni

 **Öhrchen-Gänsekresse, Geöhrte Gänsekresse**
Arabis auriculata
Art im Bestand gefährdet
Verbreitungsschwerpunkt: Lockere Sand- und Felsrasen
Hauptblütezeit: April bis Mai

Arabis hirsuta

Gänseblümchen

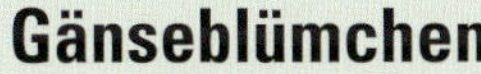

Bellis
Korbblütengewächse (Asteraceae)

Gänseblümchen
Bellis perennis

Verbreitungsschwerpunkt: Grünlandgesellschaften
Hauptblütezeit: Ende März bis Mitte Juni
Verwendung in der Ernährung: Der Grundgeschmack des Gänseblümchens ist nussig und erinnert etwas an Feldsalat. Bei manchen erzeugt die Pflanze einen anhaltend rau-stechenden Nachgeschmack. Gänseblümchenblätter sind ein wichtiger Wildsalat [1] und Kräuterbestandteil von etlichen traditionellen Frühjahrssuppen [3.1]. Man kann die jungen Blätter ebenso gut unter Gemüse- und Spinatgerichte [7.1][7.3][10–11][9.1] geben, oder sie zur Brotzeit [15.1], in Kräuterquark [15.5] und Kräuterkäse [15.4] mischen. Sie eignen sich außerdem als Würze in

Bellis perennis

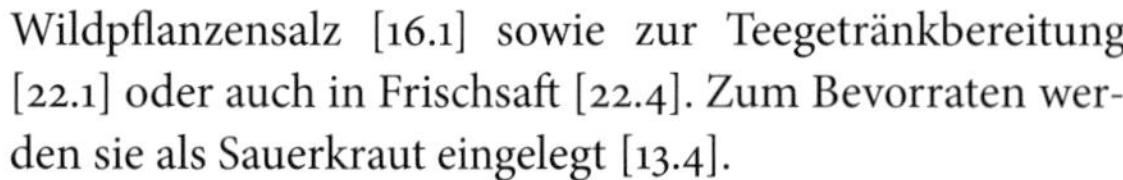

Wildpflanzensalz [16.1] sowie zur Teegetränkbereitung [22.1] oder auch in Frischsaft [22.4]. Zum Bevorraten werden sie als Sauerkraut eingelegt [13.4].

Ihre noch stängellosen, jungen Blütenknospen aus der Blattrosettenmitte sind im zeitigen Frühjahr (etwa März) als Beigabe im Salat eine Spezialität [1]. Die weiter entwickelten Blütenknospen des Gänseblümchens sind manchem für den Salat zu intensiv, können aber von April bis Juni gut zu falschen Kapern [16.11] oder in Salzlake [13.1] eingelegt werden. Sie sind auch eine willkommene Beigabe in Bratlingen [4] und im Omelett [6.1]. Die Blüte ist allgemein von Ende März bis Mitte Juni eine hübsche, essbare Dekoration in Salaten und Rohkost [1], in Kräuteröl [16.4], Wildpflanzenlimonade [22.2] und Kräuterbowle [22.3]. Blüten mit Stielen kann man paniert [8.3] oder in Ausbackteig [8.4] getaucht backen.

Die unscheinbaren, hellen Samen kann man ab Ende August bis September für einen Salat sammeln und roh oder geröstet mit dazugeben. Der Sammelaufwand für eine kleine Menge ist jedoch hoch. Im Winter kann man sie auch als Keimsaat [2] auf der Fensterbank versuchen.

Inhaltsstoffe und Wirkung: Das Gänseblümchen ist reich an Mineralstoffen wie Kalium, Calcium, Magnesium und Eisen, Vitamin A und C und übertrifft Kopfsalat hierin bei Weitem; außerdem enthält es ätherisches Öl, Gerbstoffe, Saponine, Bitterstoffe, Schleimstoffe, fettes Öl und Inulin. Früher wurde es volkstümlich bei Katarrhen, Hauterkrankungen und Leberleiden verwendet. Gänseblümchen wirken stoffwechselanregend, fördern die Blutbildung und unterstützen die ableitenden Harnwege. Äußerlich kann es zur Behandlung von Akne und zur Wundbehandlung eingesetzt werden. Die Homöopathie verwendet es bei Verstauchungen, Prellungen, Furunkel und Ekzemen.

Berberitzen
Berberis
Berberitzengewächse (Berberidaceae)

Gewöhnliche Berberitze, Sauerdorn
Berberis vulgaris

Gefahrenstufe bei der Verwendung: *

Verbreitungsschwerpunkt: Waldmantel-Gebüsche und Hecken

Hauptblütezeit: Mai bis Juni

Verwendung in der Ernährung: Eine erfrischend saure Pflanze, die sich sehr vielseitig verwenden lässt und vielen Speisen den »besonderen Pfiff« verleiht. Der Geschmack der Früchte ist zitronenartig, die Blätter erinnern an Sauerampfer.

Die frisch austreibenden kleinen Blätter mengt man von März bis Mai fein geschnitten z. B. Hackkräutermischungen [15], Bratlingen [4] oder auch Brotteig [21.1] bei. Man kann sie als Zugabe sowohl in Eierspeisen [6] und Gemüsesuppen [3.1] als auch zu Kochgemüse (v. a. in Püree [9.3]) oder Sauerkraut [13.4] verarbeiten. Sie verfeinern Saucen [14] ebenso wie Salate und Süßspeisen (z. B. Sorbets [17.7]) und verleihen verschiedenen Würzmitteln und angeblich auch Rauchtabak eine frische Note [16.1][16.2][16.4][16.6][16.7][16.10][18.2][25]. Wegen ihres säuerlichen Geschmacks lassen sich mit den Blättern außerdem erfrischende Getränke [22.4], Sirup [18.4], Wildpflanzenlimonade [22.2], Bowle [22.3] und Tee [22.1] aromatisieren. Vorsicht! Es werden Fälle beschrieben, in denen zu viele Blätter auch zu Übelkeit und Durchfall führten. Ernstere Vergiftungen sind jedoch nicht bekannt; vgl. Roth et al. 1994.

Die vollreifen, aromatischen, dunkelroten Beeren der gewöhnlichen Berberitze erntet man von August bis September. Getrocknet sind sie in Nordafrika eine Spezialität als saure Würzbeigabe zu Reisgerichten. Aber auch in Europa sind sie z. B. als Trockenobst [19.7] oder in Teemischungen [22.1] sehr geschätzt. Die frischen Früchte eignen sich hervorragend zur Herstellung von Saft, Vitalgetränken [22.4] und Sirup [18.4] oder auch in Wildpflanzenlimonaden [22.2] bzw. als Bowle [22.3]. Sie wirken als Aroma speziell in Wein [18.5] und Spirituosen [18.6], aber auch in Kräuteröl [16.4] oder -essig [16.7]. Sie bereichern verschiedenste Fruchtspeisen, z. B. [19.1][19.2][19.3][19.4][19.6] und lassen sich zu leckeren Naschereien verarbeiten, z. B. [17.4][17.5][17.6][17.7]. Als süße Sauce [17.2] kann man sie zu Süßspeisen servieren. Besonders gut eignen sie sich auch für Chutney [16.9] und in Früchtesuppen [3.2].

Inhaltsstoffe und Wirkung: Die Früchte enthalten Carotinoide, Fruchtsäuren, Oxalsäure, reichlich Vitamin C, Zucker und Pektin. Die Berberitze wird ähnlich wie die Hagebutte als Vitamin-C-Lieferant und leichtes Abführmittel verwendet. Sie wirkt darüber hinaus bei Gelbsucht, Cholera, Amöbenruhr und anderen Erkrankungen des Magen-Darm-Traktes sowie bei chronischen Hautbeschwerden lindernd. Auch in der Homöopathie wird die Berberitze bei Beschwerden der Nieren, der Leber, der Gallenblase sowie der ableitenden Harnwege eingesetzt. Die frischen Früchte sollten nicht während der Schwangerschaft angewendet werden. Die Rinde enthält giftige Isochinolinalkaloide (Berberin und Berbamin). Diese haben eine wachstumshemmende Wirkung auf Mikroorganismen und regen die Gallensekretion an. Zudem wird ihnen eine krebshemmende Wirkung nachgesagt. Die reifen Früchte sind nahezu alkaloidfrei. Bei den Blättern ist der Alkaloidgehalt nicht bekannt. Er dürfte aber wesentlich geringer als in der Rinde sein. Dennoch empfehlen wir die Blätter sparsam zu verwenden.

Hasenohr-Arten
Bupleurum
Doldengewächse (Apiaceae)

Sichel-Hasenohr, Sichelblättriges Hasenohr
Bupleurum falcatum

Verbreitungsschwerpunkt: Sonnige Staudensäume an Gehölzen
Hauptblütezeit: Juni bis September
Verwendung in der Ernährung: Die jungen, weichen Blätter und Triebe des Sichel-Hasenohrs kann man von April bis Mai frisch in Salaten, Rohkost [1] und Hackkräutermischungen [15] verwenden.

Feingeschnitten sind sie auch eine gute Zutat für Bratlinge [4], Eierspeisen (wie z. B. Rührei [6.3] und Omelett [6.1]), für verschiedene gedünstete bzw. gedämpfte Gemüsegerichte [7] oder auch für Lasagne [12.1] und Pizza [12.2]. Man kann sie dem Brotteig für Hausbrotmischungen [21.1] beigeben, Saucen [14] und Gemüsesuppen [3.1] mit ihnen verfeinern oder sie als Gemüse in Wein einlegen [13.3]. Als Würze und Würzbeigabe eignen sie sich insbesondere in Wildpflanzensalz [16.1], als Trockengewürz [16.2], in Kräuteröl [16.4] und -essig [16.7], als Würzmus [16.10] oder Pesto [16.6].

Aus den ganzen Blättern kann man gut Gemüsechips [8.5] herstellen, die man dann z. B. als Vorspeise serviert.

Die Blüten bilden von Juli bis September eine hübsche farbige Dekoration z. B. in Hackkräutermischungen [15]. Dazu trennt man sie vorsichtig mit einer Schere von den Stängeln. Man kann sie auch als Würze in Wildpflanzensalz [16.1] mischen.

Ganze Blütenstände werden paniert [8.3] oder in Ausbackteig [8.4] getaucht und anschließend frittiert. So zubereitet kann man sie z. B. gut als Vorspeise servieren.

Knospige Blütenstände eignen sich als kurz gebratenes Gemüse [8.2], in Mischgemüsegerichten [11] und Gemüsesuppen [3.1] oder sie werden in Salzlake [13.1] eingelegt. Als Würze nutzt man sie besonders in Chutney [16.9] oder kapernartig verarbeitet [16.11].
Inhaltsstoffe und Wirkung: Das Sichelblättrige Hasenohr ist eng verwandt mit dem Chinesischen Hasenohr *(B. chinense)*, dessen Wurzel seit alters her in der Traditionellen Chinesischen Medizin verwendet wird. Auch unter mo-

Berberis vulgaris

Bupleurum falcatum

dernen, medizinischen Gesichtspunkten sind die enthaltenen Triterpensaponine (Saikoside) interessant. Sie wirken entzündungshemmend und leberschützend. Eingesetzt wird der Wurzelextrakt bei Erkrankungen der Leber, zur Kräftigung und bei Fieber.

Höhe bis über 1,0 m

1 Stängel zickzack-förmig gebogen, reich beblättert
2 Die Blätter sind schmal, teils sichelförmig gebogen
3 Blattstiel am Grunde geflügelt
4 Sowohl schmale Hüll- (a), als auch Hüllchenblätter (b) vorhanden
5 Die braunen, leicht gerippten Früchte werden 3–4 mm lang

Rundblättriges Hasenohr, Acker-Hasenohr
Bupleurum rotundifolia
Art im Bestand gefährdet
Verbreitungsschwerpunkt: Getreideunkrautfluren
Hauptblütezeit: Juni bis August
Verwendung in der Ernährung: Junge weiche Blätter und Triebe erntete man von April bis Mai und aß sie feingeschnitten in Eierspeisen wie Rührei [6.3] oder Omelett [6.1]. Verarbeitbar wären sie auch in Bratlingen [4], verschiedenen Gemüsegerichten [7-12] oder als in Wein eingelegtes Gemüse [13.3]. Sie galten als eine gute Beigabe in Salaten, Rohkost [1] und Hackkräutermischungen, wie z. B. zu Kräuterbrotzeit [15.1], -kartoffeln [15.2], -quark [15.5], -käse [15.4] und -butter [15.3]. Außerdem könnte man sie als Würze und Würzbeigabe in Wildpflanzensalz [16.1], Kräuteröl [16.4] und -essig [16.7], als Trockengewürz [16.2], oder auch im Brotteig [21.1] sowie als Würzmus [16.10] oder Pesto [16.6] nutzen.
Mit den geschnittenen Blättern ließen sich Saucen [14] und Gemüsesuppen [3.1] verfeinern, ganze Blätter könnten zu Gemüsechips [8.5] verarbeitet werden.

Die Blüten wurden von Juli bis September Hackkräutermischungen [15] oder als Würze Wildpflanzensalz [16.1] zugegeben. Denkbar auch, dass ganze Blütenstände in Ausbackteig [8.4] getaucht frittiert werden können.
Knospige Blütenstände nutzte man als Zutat in Mischgemüsegerichten [11], Gemüsesuppen [3.1] und kurz gebraten [8.2]. Man legte sie in Salzlake [13.1] bzw. kapernartig [16.11] ein oder würzte damit.

Glockenblumen
Campanula
Glockenblumengewächse (Campanulaceae)

Grundlegende Merkmale: Die Blätter dieser Gattung sind wechselständig am Stängel angeordnet und ungeteilt. Die Blüten sind fünfzählig, sie bestehen aus 5 miteinander verwachsenen Blütenkronblättern, 5 Kelchblättern sowie 5 Staubblättern.
Verwendung in der Ernährung: Die schön geformten Blüten der hier aufgeführten mitteleuropäischen Glockenblumen ergeben von Mai bis Juli in der Küche eine nette essbare Dekoration, man kann sie aber auch unter einen

Campanula glomerata

Salat mischen oder zu anderen Rohkostspeisen [1] geben. Durch ihre blaue Färbung fallen sie optisch auf, geschmacklich sind sie ganz mild und wenig auffällig. Als Dekoration finden sie zudem Verwendung in Aromazucker [18.2], Bowle [22.3] oder Süßspeisen [17] sowie in Hackkräutermischungen [15] und als Schönungsdroge in Teemischungen [22.1]. Sehr hübsch sind sie kandiert in Puderzucker [17.4]. Eine Dessert-Spezialität sind große frische Glockenblumenblüten gefüllt mit kaltem Zitronenquark. Noch knospige Blüten kann man als kurz gebratenes Gemüse [8.2] zubereiten, denkbar wäre es auch, sie in Bratlingen [4], Omelett [6.1] und Gemüsefüllungen [10], in Mischgemüsegerichten [11] oder Ofengemüsegerichten [12] sowie in Gemüsesuppen [3.1] einzuarbeiten. Die zarten, jungen Triebe und Blätter sind von April bis Mai roh eine milde Grundlage zu verschiedenen Salaten [1] sowie in Saft- und Vitalgetränken [22.4]. In Streifen geschnitten geben sie auch Suppen [3.1] ein gutes Aroma. Zur empfehlenswerten Vorspeise werden sie, wenn man sie, zusammen mit den ansitzenden zarten Blättern, wie dünnen grünen Spargel zubereitet. Im Geschmack sind sie süßlich, ähnlich wie Blattspinat, aber noch aromatischer, sodass sie eine Bereicherung sind für vielerlei Gerichte: z. B. für gedünstetes oder gedämpftes Gemüse [7], als kurz gebratenes [8.2] und gekochtes Gemüse [9] sowie für Füllungen in Gemüsestrudel [10.1] oder -taschen [10.2]. Außerdem ergeben sie ein zartes Stängelgemüse, feine Gemüsechips [8.5] und sind eine gute Beigabe sowohl in Bratlingen [4] als auch in Eierspeisen [6] sowie roh in Kräutermischungen [15]. Früher hat man sie auch als Gemüse in Wein [13.3] oder als Sauerkraut [13.4] eingelegt. Knackige, unverholzte Wurzeln können frisch oder getrocknet verwendet werden. Man erntet sie im Frühjahr oder Herbst und kocht sehr junge, klein geschnittene Wurzeln zumeist in Gemüsesuppen [3.1] und Mischgemüsegerichten [11.1] mit oder mariniert sie zur Bevorratung. Sie haben ein nussigsüßliches Aroma und ergeben so auch ein schmackhaftes Brat- [8.2] oder Wurzelgemüse [8.1] sowie Gemüsechips [8.5]. Festere Wurzeln und Wurzelteile nutzte man früher vermahlen als Streckmehl für Gebäck [20] und als Brotteigbeigabe [21] sowie in Bratlingen [4]. Man kann die Wurzeln auch frisch Salat- und Rohkostspeisen [1] zugeben.

Zum Schutz des Artenbestandes bitte keine einzel stehenden Pflanzen mit Wurzel entnehmen!

Inhaltsstoffe und Wirkung: Die Pflanzen enthalten Vitamin C. In der Wurzel findet sich Inulin. Die Glockenblumen spielen in der Heilkunde vermutlich keine große Rolle, da ihre Wirkungen nur schwach ausgeprägt sind. Man kann

Campanula patula

Campanula persicifolia

sie innerlich und äußerlich als adstringierendes, leicht antiseptisches und erfrischendes Mittel einsetzen. Die Pflanzen galten früher als hilfreich gegen Halsschmerzen.

Knäuel-Glockenblume, Büschel-Glockenblume

Campanula glomerata

Höhe bis 0,6 m
Grundlegende Merkmale der Pflanzengattung auf S. 322
1 Stängel aufrecht, unverzweigt
2 Untere Blätter gestielt
3 Blatt eiförmig
4 Blüten an der Stängelspitze in Knäueln angeordnet und von Hochblättern umfasst. Weitere Blüten in den oberen Blattwinkeln
5 Blüte bis 3 cm lang

Foto S. 322

Unterart *C. glomerata* ssp. *farinosa* im Bestand gefährdet

Verbreitungsschwerpunkt: Kalk-Magerrasen
Hauptblütezeit: Anfang Juni bis Ende August

Wiesen-Glockenblume

Campanula patula

Höhe bis 0,8 m
Grundlegende Merkmale der Pflanzengattung auf S. 322
1 Stängel kantig, im unteren Bereich kurzhaarig
2 Blattrand der gestielten, bodennahen Blätter leicht gekerbt
3 Stängelblätter sitzend angeordnet
4 Blattrand der Stängelblätter gezähnt
5 Blütenstand breiter ausladend, als der schmale Blütenstand der sonst ähnlichen Rapunzel-Glockenblume *(Campanula rapunculus)*
6 Am Ansatz der gestielten Blüten finden sich kleine Hochblätter
7 Blütenkrone bis 2,5 cm lang und etwa bis zur Mitte eingeschnitten

Foto S. 323

Verbreitungsschwerpunkt: Grünlandgesellschaften
Hauptblütezeit: Mai bis Juli

Pfirsichblättrige Glockenblume

Campanula persicifolia

Höhe bis 0,8 m

Grundlegende Merkmale der Pflanzengattung auf S. 322

1 Stängel aufrecht
2 Grundblätter länglich, nach oben hin immer schmaler werdend
3 Am Grunde der Blütenstiele 2 Hochblätter
4 Blütenstand aus 3–8 Blüten gebildet
5 Blüte auffällig, bis 4 cm lang
6 Kelchblätter schmal

Foto S. 323

Verbreitungsschwerpunkt: Trockenheit ertragende Eichenmischwälder

Hauptblütezeit: Anfang Juni bis Ende August

Acker-Glockenblume

Campanula rapunculoides

Höhe bis 0,8 m

Grundlegende Merkmale der Pflanzengattung auf S. 322

1 Pflanze aufrecht
2 Stängel kantig, gelegentlich behaart
3 Grundblätter gestielt
4 (Nahezu) alle Blüten an der gleichen Seite des Stängels angeordnet (einseitswendige Blütentraube)
5 Abstehende, teils zurückgebogene Kelchblätter

Foto S. 326

Verbreitungsschwerpunkt: Sonnige Staudensäume an Gehölzen

Hauptblütezeit: Anfang Juli bis Ende August

Campanula rapunculoides
Campanula rapunculus
Campanula rotundifolia
Campanula trachelium

Rapunzel-Glockenblume
Campanula rapunculus

Höhe bis 0,8 m
Grundlegende Merkmale der Pflanzengattung auf S. 322

1. Wuchs aufrecht
2. Rübenförmige Wurzel
3. Stängel kantig
4. Stängelblätter sehr schmal (lanzettlich)
5. Grundblätter zur Blütezeit meist vertrocknet (ohne Abb.)
6. Schlanker, aufrechter Blütenstand. Die Blüten sind im Ggs. zu *C. rapunculoides* nach unterschiedlichen Seiten ausgerichtet (allseitswendig)
7. Am Grunde der langgestielten Blüten finden sich Hochblätter
8. Lange, schmale, aufrechte Kelchzipfel

Verbreitungsschwerpunkt: Sonnige Staudensäume an Gehölzen
Hauptblütezeit: Mai bis August

Rundblättrige Glockenblume
Campanula rotundifolia (Artengruppe)

Höhe bis 0,4 m
Grundlegende Merkmale der Pflanzengattung auf S. 322
Art sehr variabel

1. Stängel aufsteigend, meist behaart
2. Lang gestielte, rundliche bis herz- oder nierenförmige Grundblätter, zur Blütezeit meist vertrocknet
3. Stängelblätter sehr schmal
4. Blüten einzeln auf dünnen Stielen, in ihrer Gesamtheit eine verzweigte Rispe bildend
5. Blütenknospen überwiegend aufrecht

Verbreitungsschwerpunkt: Borstgrastriften und Zwergstrauchheiden, Kalk-Magerrasen, sonnige Staudensäume an Gehölzen, saure Eichenmischwälder
Hauptblütezeit: Juli bis August

Nesselblättrige Glockenblume

Campanula trachelium

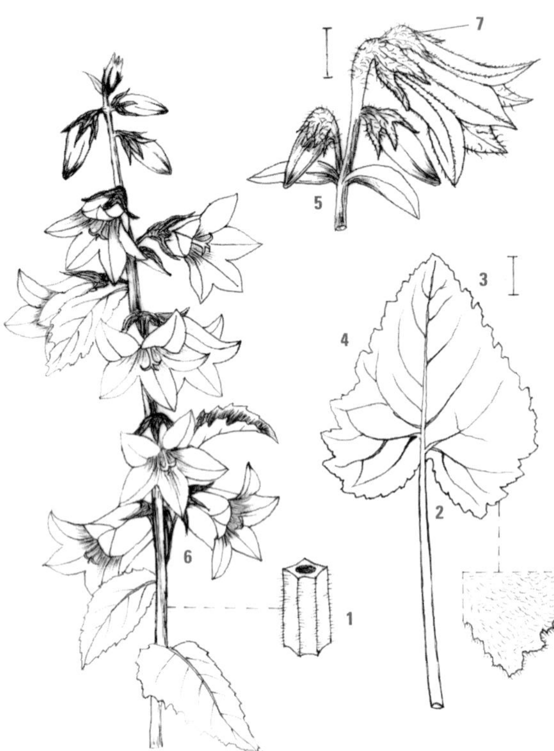

Höhe bis 1,0 m
Grundlegende Merkmale der Pflanzengattung auf S. 322
Blattform abweichend von Blattschlüsseleinteilung S. 42

1 Aufrechter, kantiger, behaarter Stängel
2 Untere Blätter herzförmig, gestielt
3 Blatt nesselartig
4 Blattrand gesägt
5 Jeweils 2 Hochblätter am Grunde der Blütenstiele
6 Blütentraube mit 1–3 Blüten je Blattachsel
7 Kelchblätter behaart

Foto S. 326

Verbreitungsschwerpunkt: Laubwälder und Gebüsche
Hauptblütezeit: Anfang Juli bis Ende September

 **Alpen-Glockenblume**
Campanula alpina
Art ist selten
Verbreitungsschwerpunkt: Borstgrastriften und Zwergstrauchheiden
Hauptblütezeit: Juli bis August

 **Bärtige Glockenblume**
Campanula barbata
Art zerstreut bis selten
Verbreitungsschwerpunkt: Borstgrastriften und Zwergstrauchheiden
Hauptblütezeit: Juni bis August

 **Mont-Cenis-Glockenblume**
Campanula cenisia
Art ist selten
Verbreitungsschwerpunkt: Steinschutt- und Geröllfluren
Hauptblütezeit: Juli bis August

 **Zwerg-Glockenblume**
Campanula cochleariifolia
Art zerstreut bis selten
Verbreitungsschwerpunkt: Felsspalten- und Mauerfugengesellschaften
Hauptblütezeit: Juni bis August

Marien-Glockenblume
Campanula medium
Art ist selten verwildert und unbeständig
Verbreitungsschwerpunkt: Schuttunkrautfluren
Hauptblütezeit: Juni bis September

Rautenblättrige Glockenblume
Campanula rhomboidalis
Art ist selten verwildert
Verbreitungsschwerpunkt: Grünlandgesellschaften
Hauptblütezeit: Juni bis August

 **Filzige Glockenblume, Bologneser Glockenblume**
Campanula bononiensis
Art im Bestand gefährdet
Verbreitungsschwerpunkt: Sonnige Staudensäume an Gehölzen
Hauptblütezeit: Juli bis Oktober

 **Borstige Glockenblume**
Campanula cervicaria
Art im Bestand gefährdet
Verbreitungsschwerpunkt: Streuwiesen
Hauptblütezeit: Juni bis August

 **Breitblättrige Glockenblume, Riesen-Glockenblume, Wald-Glockenblume**
Campanula latifolia
Art im Bestand gefährdet
Verbreitungsschwerpunkt: Ahorn-Mischwälder und Ahorn-Buchenwälder
Hauptblütezeit: Juni bis August

 **Sibirische Glockenblume**
Campanula sibirica
Art im Bestand gefährdet
Verbreitungsschwerpunkt: Kalk-Magerrasen
Hauptblütezeit: Juni bis August

 **Strauß-Glockenblume**
Campanula thyrsoides
Art im Bestand gefährdet
Verbreitungsschwerpunkt: Steinfluren und alpine Rasen
Hauptblütezeit: Juli bis August

Pfeilkressen
Cardaria
Kreuzblütengewächse (Brassicaceae)

Gewöhnliche Pfeilkresse
Cardaria draba

Höhe bis 0,6 m
1 Wuchs aufrecht, oben verzweigt
2 Pflanze grauhaarig (a), unterirdische Ausläufer bildend (b)
3 Blätter mit pfeilförmigen, stängelumfassenden Zipfeln
4 Blütenkronblätter etwa doppelt so lang wie der Kelch
5 Frucht ein herz- bis nierenförmiges Schötchen

Foto S. 331

Verbreitungsschwerpunkt: Pioniergesellschaften trockener Böden
Hauptblütezeit: Mai bis Juni
Verwendung in der Ernährung: Die kressig-scharfen, jungen Blätter und Triebe der Pfeilkresse geben genauso wie die Blütenknospen von März bis Mai verschiedenen Gerichten eine würzige Note: z. B. Hackkräutermischungen [15], Salaten und Rohkost [1], kurz gebratenem Gemüse [8.2], Bratlingen [4] sowie Gemüsesuppen [3.1] und Saucen [14]. Getrocknet sind sie zudem eine feine Beigabe in Wildpflanzensalz [16.1]. Besonders die Blütenknospen werden auch kapernartig eingelegt [16.11] oder als senfartige Paste [16.8] vermaischt. Die Blüten im Frühsommer eignen sich sehr gut als würzige Dekorationsstreu in Gemüsegerichten [7-12], Hackkräutermischungen [15] oder anderen Rohkostspeisen [1]. Die pfeffrig-scharfen Samen werden im Sommer gesammelt und als Keimsaat [2] für den Winter bevorratet. Getrocknet sind sie auch eine wertvolle Zugabe zu Pfeffer- und Grillgewürzmischungen. Auch die jungen feinen Wurzeln dienen klein gewiegt als schärfliches Gewürz.
Inhaltsstoffe und Wirkung: Offenbar enthält die Pflanze neben den scharf schmeckenden Glucosinolaten auch Vitamin C und wurde deshalb gegen Skorbut eingesetzt. Die Samen verwendete man bei Blähungen und zur Behandlung von Vergiftungen durch verdorbenen Fisch.

Hornkräuter
Cerastium
Nelkengewächse (Caryophyllaceae)

Grundlegende Merkmale: Die Blätter sind einfach gestaltet, ganzrandig und gegenständig am Stängel angeordnet. Die Blüten sind 5-zählig, sie werden aus 5 Kron- und meist 10 Staubblättern gebildet. Die Frucht ist eine zylindrisch geformte Kapsel.
Verwendung in der Ernährung: Vermutlich sind neben den hier aufgeführten noch andere in Mitteleuropa vorkommende Arten für die Ernährung genutzt worden. Anzunehmen ist das v. a. bei den Acker-Hornkräutern (*Cerastium arvense* in Unterarten). Bedenkliche Inhaltsstoffe sind nicht bekannt.

Quell-Hornkraut
Cerastium fontanum (Artengruppe)

Verbreitungsschwerpunkt: Grünlandgesellschaften
Hauptblütezeit: März bis Juni
Verwendung in der Ernährung: Zart herbe Pflanze mit etwas haarigen Blättern. Die Blätter und Triebe verwendet man, solange sie so weich sind, dass sie sich mit den Fingern gut zerreiben lassen, circa von März bis Mai als Beigabe in Salaten und Rohkost [1], für Hackkräutermischungen zur Brotzeit [15.1], für Kräuterkartoffeln [15.2], in Butter [15.3], Schnittkäse [15.4] oder für Kräuterquark [15.5]. Auch als Brotteigbeigabe [21.1] und in Ausbackteig [8.4] wurden sie genutzt. Gemüseartig wurden sie ebenfalls verwendet. Wir erachten sie geeignet als kurz gebratenes Gemüse [8.2], zu Saucen [14] und Gemüsesuppen [3.1]. Ältere Blätter können auch als Aroma in Spirituosen [18.6], Bier [18.7], Kräuteröl [16.4] und Kräuteressig [16.7] dienen.

Die Blüten erntet man von April bis Juni und verwendet sie als essbare Dekoration auf Gemüsesuppen [3.1], Eierspeisen [6] oder Salat- und Rohkostspeisen [1] sowie auch auf Saft- und Vitalgetränken [22.4], Blütencremes [17.1] und Bowlen [22.3]. Überbrüht können sie zu Tee [22.1] genutzt werden und eingelegt auch zu Kräuteröl [16.4] und -essig [16.7]. Die Blütenknospen wurden kapernartig eingelegt [16.11].

Inhaltsstoffe und Wirkung: Über Inhaltsstoffe ist uns nichts bekannt.

Höhe bis 0,5 m
Grundlegende Merkmale der Pflanzengattung auf S. 329
1 Pflanze hell- bis dunkelgrün, verzweigt, mit aufsteigenden Blütentrieben
2 Stängel und Blätter behaart
3 Blätter länglich
4 Kronblätter mittig tief geteilt

Sand-Hornkraut
Cerastium semidecandrum

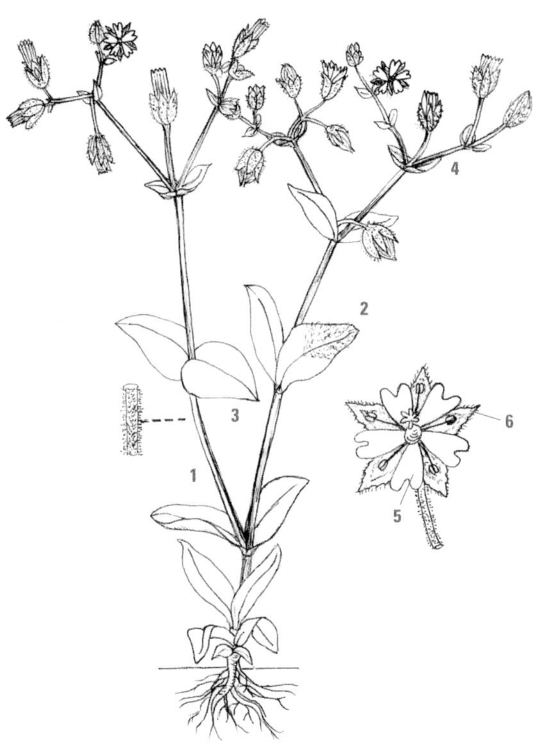

Höhe bis 0,3 m
Grundlegende Merkmale der Pflanzengattung auf S. 329
1 Wuchs aufrecht oder niederliegend
2 Pflanze gelbgrün gefärbt, behaart
3 Blattform eiförmig bis länglich
4 Blütenstand mit doldenartig verzweigten Ästen
5 Blütenkronblätter an der Spitze kurz gespalten
6 Kelchblätter etwas länger als die Kronblätter

Verbreitungsschwerpunkt: Lockere Sand- und Felsrasen
Hauptblütezeit: März bis Mai
Verwendung in der Ernährung: Die Verwendung ist vergleichbar mit der des Quell-Hornkrauts *(Cerastium fontanum)*.

Cardaria draba

Cerastium fontanum (Artengruppe)

Cerastium semidecandrum

Cerastium glomeratum

Knäuel-Hornkraut
Cerastium glomeratum

Höhe bis 0,5 m
Grundlegende Merkmale der Pflanzengattung auf S. 329
1 Pflanze gelbgrün, abstehend behaart
2 Blätter länglich eiförmig, zugespitzt
3 Blütenstände knäuelförmig
4 Kelchblätter spitz, behaart, mit hellem Rand
5 Weiße, gespaltene Kronblätter etwa so lang wie der Kelch
6 Blüte mit 10 Staubblättern

Foto S. 331

Verbreitungsschwerpunkt: Feuchte Wegränder und Gebüsche, Ufer
Hauptblütezeit: März bis September
Verwendung in der Ernährung: Nach Machatschek 2010 ist die Pflanze potenziell als Salat und Rohkost [1] nutzbar.
Inhaltsstoffe und Wirkung: Über Inhaltsstoffe und Wirkungen ist uns nichts bekannt. Der Saft der Pflanzen soll auf die Stirn aufgetragen Kopfschmerzen lindern. In die Nase geträufelt verwendet zur Behandlung von Nasenbluten.

Bleiches Hornkraut
Cerastium glutinosum
Art im Bestand gefährdet
Verbreitungsschwerpunkt: Äcker, Bahnanlagen, Trockenrasen
Hauptblütezeit: März bis Mai
Verwendung in der Ernährung: Vergleichbar mit *Cerastium glomeratum*.
Inhaltsstoffe und Wirkung: Vergleichbar mit *Cerastium glomeratum*.

Wald-Hornkraut
Cerastium sylvaticum
Art im Bestand gefährdet
Verbreitungsschwerpunkt: Feuchte Wälder
Hauptblütezeit: Juni bis August
Verwendung in der Ernährung: Vergleichbar mit *Cerastium glomeratum*.
Inhaltsstoffe und Wirkung: Vergleichbar mit *Cerastium glomeratum*.

Hungerblümchen
Erophila
Kreuzblütengewächse (Brassicaceae)

Verwendung in der Ernährung: Die hier aufgeführten Erophila-Arten in Mitteleuropa sind kleine, bescheidene und sehr selten vorkommende Arten. Sie gelten als essbar, wurden aber schon früher wohl nur selten verwendet. Vermutlich wurden sie mit allen Pflanzenteilen ähnlich wie die eng verwandten Draba-Arten (S. 532) in der Ernährung genutzt.

Frühlings-Hungerblümchen
Erophila verna (Artengruppe)

Unterarten *E. verna* ssp. *praecox* in Österreich und *E. verna* ssp. *verna* in der Schweiz im Bestand gefährdet

Verbreitungsschwerpunkt: Lockere Sand- und Felsrasen
Hauptblütezeit: Februar bis April
Inhaltsstoffe und Wirkung: Über Inhaltsstoffe ist uns nichts bekannt. Die Pflanze wirkt adstringierend und wundheilend und wurde zum Beispiel bei Nagelbettentzündung eingesetzt.

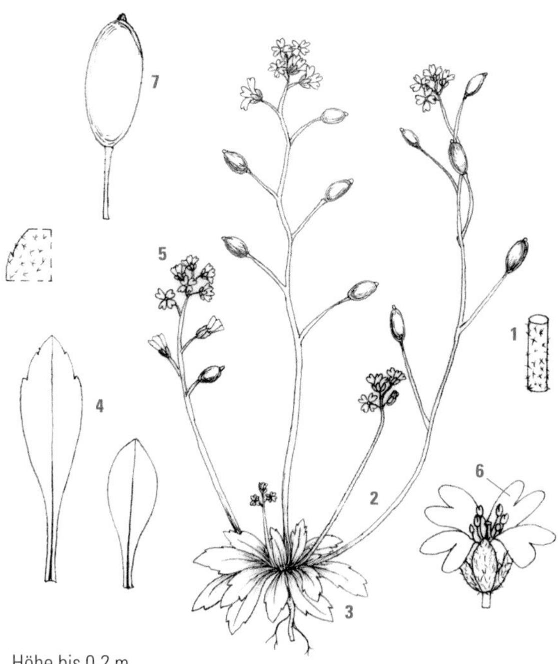

Höhe bis 0,2 m
1 Pflanze behaart
2 Ein oder mehrere aufrechte, unverzweigte Stängel
3 Bodenständiger Blattkranz (Blattrosette)
4 Blätter spatelförmig, ganzrandig oder schwach gezähnt
5 Blüten und Früchte in lockeren Trauben
6 Weiße Blütenblätter an der Spitze geteilt
7 Frucht ein rundliches bis längliches Schötchen

Foto S. 334

Labkräuter und Waldmeister

Galium

Rötegewächse (Rubiaceae)

Grundlegende Merkmale: Die Blätter dieser Gattung sind in mehrblättrigen Quirlen angeordnet. Die Blütenkrone ist meist klein, weiß und 4-blättrig. Bei der Frucht handelt es sich um eine 2-teilige Spaltfrucht.
Verwendung in der Ernährung: Die Samen und Wurzeln der hier aufgeführten mitteleuropäischen Arten sind laut Fischer 2007 geröstet oder gekocht, die Blätter und Blüten auch roh in der Nahrung verwertbar.

Kletten-Labkraut, Klebkraut

Galium aparine (Artengruppe)

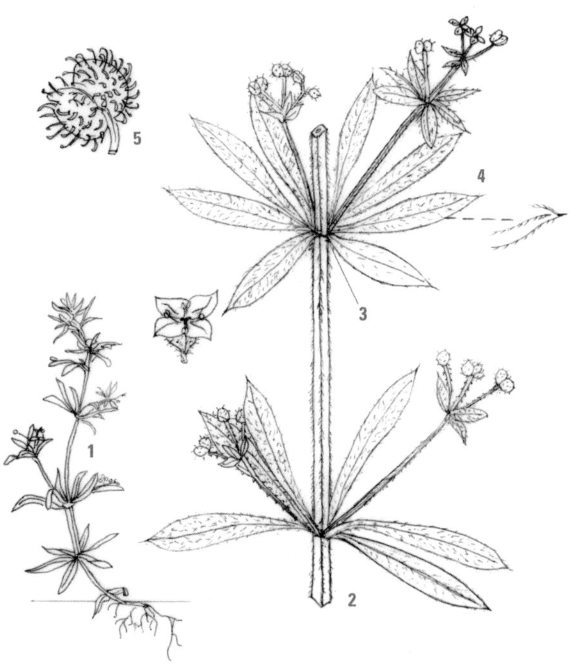

Höhe bis 2,0 m
Grundlegende Merkmale der Pflanzengattung siehe linke Spalte
1 Pflanze niederliegend oder kletternd, schlaff
2 Stängel kantig, mit Borsten
3 Blätter in einem sechs- bis achtblättrigen Quirl angeordnet
4 An der Spitze der Blätter eine lange Stachelspitze
5 Früchte mit hakigen Borsten

Foto S. 334

Verbreitungsschwerpunkt: Schleier- und Krautgesellschaften im Halbschatten
Hauptblütezeit: Mai bis November
Zusätzliche Hinweise zur Verwendung: Die milden, aber haarigen Blätter und Triebspitzen des Kletten-Labkrauts können von Mai bis August entsaftet werden. Entweder gibt man sie roh in einen elektrischen Entsafter oder dünstet sie in Wasser und passiert sie durch ein Sieb. Der Saft bildet die Grundlage zu Suppen [3.1], Fonds oder Vitamingetränken [22.4]. Trennt man den Blätterquirl vom faserigen Stängel, so kann man sie in der Küche auch fein geschnitten zu gedämpftem Gemüse zubereiten. So vorbereitet und erwärmt nutzt man sie des Weiteren zu Gemüsefüllungen [10], als Beigabe zu Aufläufen, Suppen [3.1], Bratlingen [4], Krautgemüsebroten [21.1], Eierspeisen [6] (Omelett, Rührei) oder Kräuterquark [15.5].

Frisch und getrocknet eignet sich die ganze Pflanze zur Teegetränkbereitung [22.1].

Die Blüten sind mild im Geschmack und können gut von Mai bis Oktober als essbare Dekorationsstreu benutzt werden. Die Pflanze hat eine botanische Verwandtschaft zum Kaffee. Ein Aufbrühgetränk aus stark gerösteten Samen liegt nahe und schmeckt auch. Man kann die Samen von September bis Oktober trocknen und dann im Backofen oder in der Pfanne etwas rösten und als Kaffee [23] aufbrühen. Man kann sie auch geröstet als Snack anbieten.

Der Grundgeschmack der krautigen Pflanzenteile ist mild, salatartig. Störend sind nur die Blatthaare, die aber bei beschriebener Verarbeitung weich werden.

Inhaltsstoffe und Wirkung: Das Kletten-Labkraut enthält Glykoside wie Asperulosid, geringe Mengen Alkaloide; Gerbstoffe und ätherisches Öl. Volksmedizinisch wird es als harntreibendes Mittel, bei Nierensteinleiden und Geschwüren eingesetzt. Die Pflanze soll den Lymphfluss anregen und blutreinigend wirken. Früher galt sie als krebswirksam. Die Homöopathie nutzt die Pflanze bei Drüsenschwellungen und Geschwülsten. Das Kraut wird auch in der Traditionellen Chinesischen Medizin verwendet und ist dort der Leber, Galle und Blase zugeordnet.

Wiesen-Labkraut

Galium mollugo (Artengruppe)

Verbreitungsschwerpunkt: Gedüngte Frischwiesen und -weiden

Hauptblütezeit: Mai bis September

Zusätzliche Hinweise zur Verwendung: Die im Frühjahr gerade austreibenden, dicken, saftigen, sehr milden Triebe des verbreiteten Wiesen-Labkrauts können als Hauptbestandteil und als Beigabe zu jeglichen Blattgemüsegerichten z. B. [11] oder als Spinat [9.1] verwendet werden. Die zart-saftigen Triebspitzen haben breite Stängel und noch kleine, weiche Blätter im Quirl. Sie ergeben eine ausgezeichnete nussige Salatgrundlage auch nur mit einem Dressing aus Sauerrahm und etwas Salz. Des Weiteren gibt man sie in Hackkräutermischungen [15], Pesto [16.6] und in Saft- und Vitalgetränke [22.4]. Noch im Winter findet man kleine, saftige Wiesen-Labkrauttriebe unter der Schneedecke.

Auch die Blüten und Blütenknospen kann man von Mai bis September über Salate [1] streuen. Aus dem Saft ausgekochter Blüten kann ein süßer Blütenpudding [17.3] bereitet werden. Man nutzt die Blüten auch generell als

Erophila verna

Galium aparine

Aroma z. B. für Kräuterlimonade [22.2] und andere Getränke.

Im August und September findet man am Wiesen-Labkraut die kleinen Samen. Sie können, in dunklen Gefäßen aufbewahrt, im Winter mit etwas Geduld als frische Keimsaat [2] oder geröstet als Kaffeeersatz [23] genutzt werden. Der Grundgeschmack der Pflanze erinnert im Frühjahr an eine Mischung aus mildem Kopfsalat und Grünkohl.

Inhaltsstoffe und Wirkung: Die Naturheilkunde verwendet das Wiesen-Labkraut zur Anregung der Nierentätigkeit und zur Entschlackung über die Lymphe. Darüber hinaus soll die Pflanze die Lebensgeister wecken. Inhaltsstoffe und weitere Einsatzmöglichkeiten siehe *Galium aparine*.

Höhe bis 1,5 m
Grundlegende Merkmale der Pflanzengattung auf S. 333
1 Vierkantiger Stängel
2 Blätter zu 6–9 im Quirl angeordnet
3 Blatt rau, mit stacheliger Spitze, etwa fünfmal so lang wie breit
4 Reichhaltiger, rispiger Blütenstand

Foto S. 336

Waldmeister

Galium odoratum

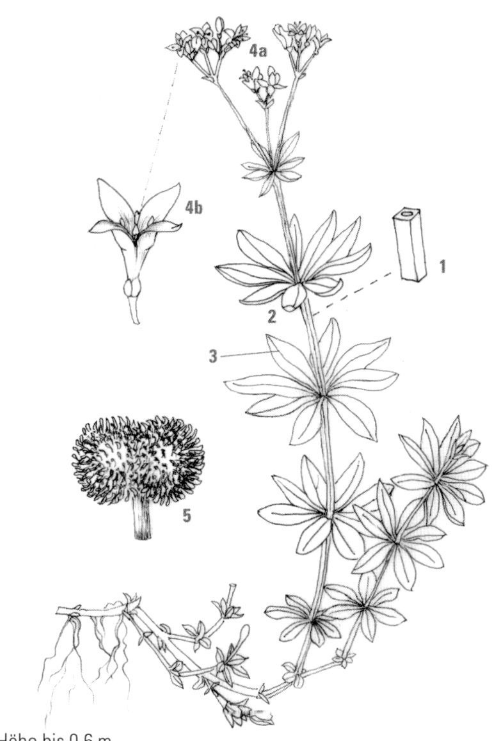

Höhe bis 0,6 m
Grundlegende Merkmale der Pflanzengattung auf S. 333
1 Stängel der nach Cumarin duftenden Pflanze aufrecht, vierkantig
2 Blätter zu 6–10 im Quirl
3 Einzelblätter schmal, bis 4 cm lang, am Rande und am Mittelnerv rau, oben zugespitzt
4 Blüten doldenartig angeordnet (a), weiß und trichterförmig, mit 4 zugespitzten Lappen (b)
5 Mit hakigen Borsten verbreitet sich die rundliche Doppel-Frucht

Foto S. 336

Gefahrenstufe bei der Verwendung: *

Verbreitungsschwerpunkt: Laubwälder und Gebüsche

Hauptblütezeit: Anfang Mai bis Ende Juni

Zusätzliche Hinweise zur Verwendung: Die frischen, grünen Blätter des Waldmeisters werden von April bis Juni gesammelt. Man pflückt die oberen drei bis vier Blattetagen von Pflanzen, die noch nicht blühen. Dann lässt man die Blätter zu Hause 1–2 Tage anwelken und kann sie dann als Geschmacksgeber von Kräuterbowlen [22.3] oder Tees [22.1] nutzen. Aus angewelkten Blättern tritt das Aroma besonders hervor und macht aus einem Sorbet [17.7] eine Delikatesse. Auch als Aroma für weitere Spirituosen [18.6] und Süßspeisen (Cremes, Puddings [17.3] oder Eis) werden die getrockneten Triebe genutzt und zuweilen auch als Gewürz für Gemüsegerichte verwendet.

Die Blüten legt man von Mai bis Juni in Kräuterweinen [18.5] ein. Aroma und Duft sind vanille-grasartig süß.

Galium mollugo

Galium odoratum

Galium palustre

Galium sylvaticum

Hinweis: Wegen Cumarin, siehe unten, nur ca. 3 g pro Liter zu aromatisierende Flüssigkeit einsetzen.
Inhaltsstoffe und Wirkung: Der Waldmeister enthält Cumarine, die beim Trocknen entstehen und für den Geruch verantwortlich sind, außerdem Flavonoide, Gerb- und Bitterstoffe, Asperulosid und weitere Glykoside. Er ist enthalten in Fertigpräparaten gegen Venenerkrankungen und Durchblutungsstörungen. Ein Tee davon dient volksmedizinisch als krampflösendes Mittel bei Leibschmerzen und zur Stärkung der Leber. Aus der Pflanze kann ein heilkräftiger Wein angesetzt werden, der schlafördernd ist, stimmungsaufhellend wirkt und bei Herzbeschwerden hilft. Das getrocknete Kraut eignet sich zusammen mit anderen Kräutern (Lavendel, Melisse) auch zur Füllung von schlaffördernden Kräuterkissen. Äußerlich können die frischen, zerquetschten Blättchen bei kleineren Wunden und Insektenstichen hilfreich sein. Cumarin kann bei reichlichem Genuss des Waldmeisters zu Kopfschmerzen führen.

Gewöhnliches Sumpf-Labkraut

Galium palustre

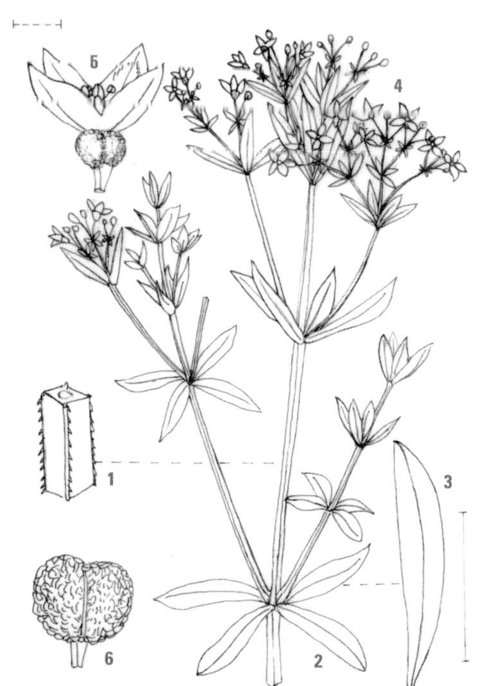

Höhe bis 0,6 m
Grundlegende Merkmale der Pflanzengattung auf S. 333

1 Stängel vierkantig, rau, verzweigt, niederliegend oder steigend
2 Blätter (meist) zu 4 quirlständig angeordnet
3 Einzelblatt einnervig, länglich, bis 15 mm lang
4 Blüten in doldenartigen end- und seitenständigen Blütenständen
5 Durchmesser der weißen Blütenkrone bis etwa 3 mm, Staubbeutel rot
6 Frucht mit feinkörnig rauer Oberfläche

Verbreitungsschwerpunkt: Nasse Wiesen, Gräben
Hauptblütezeit: Mai bis August
Zusätzliche Hinweise zur Verwendung: Die Samen wurden nach Machatschek 2010 kurz vor der Reife im Sommer zur Kaffeenutzung [23] und zur Haltbarmachung geröstet.

Wald-Labkraut

Galium sylvaticum (Artengruppe)

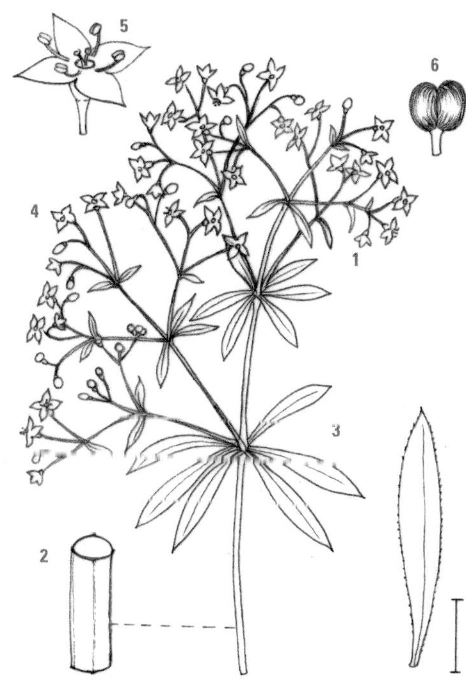

Höhe bis 1,2 m
Grundlegende Merkmale der Pflanzengattung auf S. 333
Pflanze blaugrün bereift

1 Wuchs aufrecht bis leicht überhängend
2 Stängel rundlich
3 Schmale, zugespitzte Blätter in sechs- bis achtzähligen Quirlen
4 Blütenstand weit verzweigt
5 Durchmesser Einzelblüte ca. 2 mm
6 Frucht nur wenig größer als 1 mm

Verbreitungsschwerpunkt: (Hainbuchen-)Mischwälder
Hauptblütezeit: Juli bis September
Zusätzliche Hinweise zur Verwendung: Die Verwendung ist vergleichbar mit der des Wiesen-Labkrauts *(Galium mollugo)*.
Inhaltsstoffe und Wirkung: Über Inhaltsstoffe und medizinische Wirkungen ist uns nichts bekannt, vermutlich aber sind sie ähnlich wie *G. mollugo*.

Moor-Labkraut

Galium uliginosum

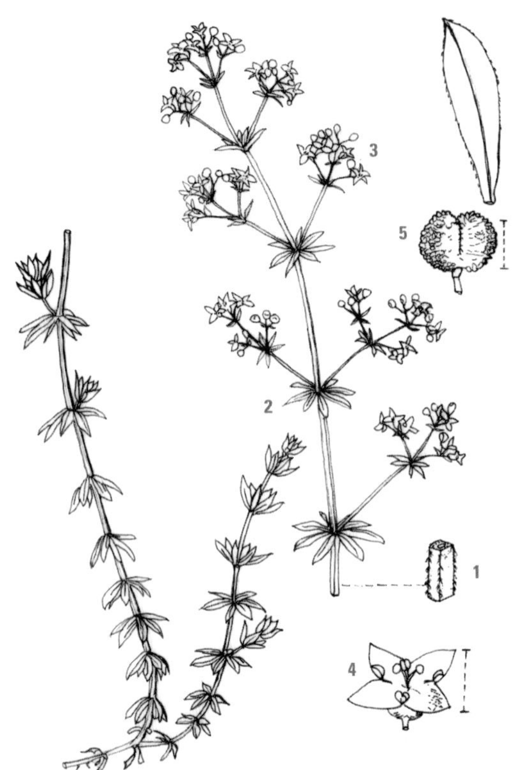

Höhe bis 0,6 m
Grundlegende Merkmale der Pflanzengattung auf S. 333
1 Stängel vierkantig, dünn und rau
2 Blätter zu 5–8 im Quirl, länglich, vorne zugespitzt
3 Blütenstand locker doldenartig
4 Blütenkrone weiß mit gelben Staubbeuteln, Durchmesser der Krone bis höchstens 2 mm
5 Frucht rau, nur etwa 1 mm groß

Verbreitungsschwerpunkt: Flachmoore, Ufer, nasse Wiesen
Hauptblütezeit: Mai bis September

Echtes Labkraut

Galium verum (Artengruppe)

Verbreitungsschwerpunkt: Sonnige Staudensäume an Gehölzen
Hauptblütezeit: Juni bis September
Zusätzliche Hinweise zur Verwendung: Milde Pflanze für Salate, Gemüse, Kaffee. Die Verwendung ist vergleichbar mit der des Wiesen-Labkrauts *(Galium mollugo).*

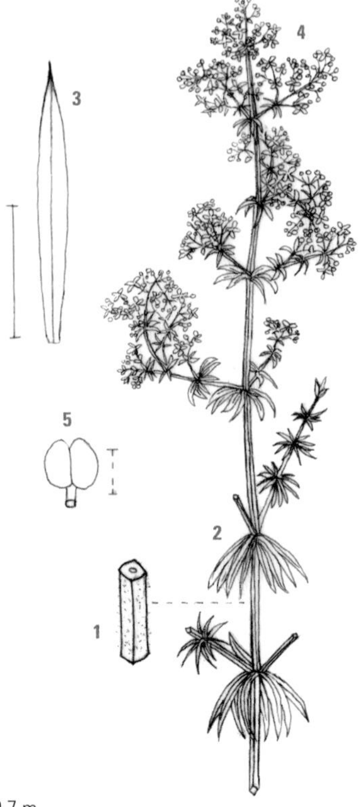

Höhe bis 0,7 m
Grundlegende Merkmale der Pflanzengattung auf S. 333
1 Aufsteigende, etwas kantige, kurz behaarte Stängel
2 Anordnung der Blätter in acht- bis zwölfzähligen Quirlen
3 Blätter zugespitzt nadelförmig
4 Gelbe Blüten in reichhaltigen, endständigen Rispen
5 Frucht kleiner 1,5 mm

Inhaltsstoffe und Wirkung: Das Echte Labkraut enthält circa 2 % Flavonoide, viel Kieselsäure und Kaffeesäurederivate. Außerdem Enzyme wie z. B. das Labenzym Chymosin. Letzteres ist der Grund, warum die Pflanze zum Dicklegen von Milch (Käseherstellung) verwendet wurde. Nach Angaben einer Käserei gestaltet sich das Dicklegen schwierig. Aus anderen zuverlässigen Quellen wissen wir, dass dieser Vorgang mit Ziegenmilch und einem kräftigen, wässrigen Kochauszug der Pflanze zufriedenstellend funktioniert. Der Auszug kann im Kühlschrank problemlos gelagert werden. Etwa 2 EL davon werden auf 5 l Milch verwendet. Insbesondere die Herstellung von Frischkäse sei damit recht einfach. Echtes Labkraut wirkt entwässernd, blutreinigend und bindegewebsfestigend und ist ein gutes Mittel bei Nierenerkrankungen. Früher setzte man es bei Epilepsie und Hysterie (psychische Störung) ein, äußerlich bei schlecht heilenden Wunden und Sonnenbrand. Das Kraut kann auch zum Färben verwendet werden.

Zierliches Labkraut
Galium pusillum (Artengruppe)
Art ist selten
Verbreitungsschwerpunkt: Steinschuttfluren
Hauptblütezeit: Juli bis September

Harzer Labkraut
Galium saxatile
Art zerstreut bis selten
Verbreitungsschwerpunkt: Lichte Wälder, Heiden
Hauptblütezeit: Juni bis August

Kleinfrüchtiges Kletten-Labkraut, Saat-Labkraut
Galium spurium
Art in Österreich im Bestand gefährdet
Verbreitungsschwerpunkt: Getreideunkrautfluren
Hauptblütezeit: Mai bis September
Zusätzliche Hinweise zur Verwendung: Die Verwendung reifer Samen von September bis Oktober geröstet und vermahlen als Kaffeeersatz [23] ist überliefert. Vermutlich kann die Pflanze aber auch ähnlich wie das andere Kletten-Labkraut *(Galium aparine)* zubereitet werden.

Nordisches Labkraut
Galium boreale (Artengruppe)
Art zerstreut bis selten
Verbreitungsschwerpunkt: Feuchte Wiesen, Flachmoore
Hauptblütezeit: Juni bis August

Blaugrünes Labkraut
Galium glaucum
Art im Bestand gefährdet
Verbreitungsschwerpunkt: Trockenrasen, Gebüsche
Hauptblütezeit: Mai bis Juli

Schweizer Labkraut
Galium megalospermum
Art zerstreut bis selten
Verbreitungsschwerpunkt: Kalk-Felsschutt
Hauptblütezeit: Juli bis August
Zusätzliche Hinweise zur Verwendung: Die Samen wurden nach Machatschek 2010 kurz vor der Reife im Sommer zur Kaffeenutzung [23] und zur Haltbarmachung geröstet.

Norisches Labkraut
Galium noricum
Art im Bestand gefährdet
Verbreitungsschwerpunkt: Felsen, Schutt
Hauptblütezeit: Juli bis September

Dreihörniges Labkraut
Galium tricornutum
Art zerstreut bis selten
Verbreitungsschwerpunkt: Äcker, Schuttplätze
Hauptblütezeit: Juni bis Oktober
Zusätzliche Hinweise zur Verwendung: Die Samen wurden nach Machatschek 2010 kurz vor der Reife im Sommer zur Kaffeenutzung [23] und zur Haltbarmachung geröstet.

Rundblättriges Labkraut
Galium rotundifolium
Art zerstreut bis selten
Verbreitungsschwerpunkt: Nadelwälder
Hauptblütezeit: Juni bis Juli

Galium uliginosum

Galium verum

Hieracium pilosella

Hieracium aurantiacum

Habichtskräuter
Hieracium
Korbblütengewächse (Asteraceae)

Folgende Arten sind im Bestand gefährdet: *H. alpicola, H. angustifolium, H. bauhinii, H. caespitosum, H. bupleuroides, H. caesium, H. caespitosum, H. canescens, H. cymosum, H. dollineri, H. echioides, H. fallax, H. franconicum, H. fusam, H. fuscocinereum, H. harzianum, H. humile, H. inlybaceum, H. inuloides, H. iseranum, H. lactucella, H. longistolonosum, H. lycopifolium, H. macranthum, H. peleterianum, H. piliferum, H. schneidii.*

Verwendung in der Ernährung: Die Pflanzengattung ist mit weit über hundert Arten und Unterarten in Mitteleuropa botanisch sehr komplex und mitunter schwer zu unterscheiden. Es befinden sich viele geschützte Arten darunter. Zur genauen Bestimmung benötigt es fachliche Angaben, die den Rahmen hier sprengen würden. Darum folgt hier nur die Vorstellung von zwei verbreiteten Beispielpflanzen (*H. pilosella* und *H. aurantiacum*). Verwenden lassen sich alle gegenwärtig in Mitteleuropa beheimateten Habichtskräuter vergleichbar.

Der Grundgeschmack ist herb-salatartig. Die etwas bitterlichen Blätter können im Frühjahr von April bis Mai entsaftet werden. Entweder gibt man sie dazu roh in einen elektrischen Entsafter oder dünstet sie in Wasser und passiert sie dann durch ein Sieb. Der so gewonnene Saft bildet eine herbe Beigabe zu Suppen [3.1], Saucen [14] oder Gemüsesäften [22.4]. Eine weitere Möglichkeit ist, die Blätter mit einem flüssigen, leicht salzigen Teig zu benetzen und in Öl auszubacken [8.4]. So erhält man leckere, knusprige, kleine Gemüsefladen. Man kann sie aber auch in feine Streifen schneiden und roh Salaten [1] oder Kräuterquark [15.5] beigeben, bzw. sie als Gemüse dämpfen [7] sowie in Füllungen [10], Bratlingen [4], Krautgemüsebroten [21.1] und dergleichen verarbeiten. Störend sind manchmal die Blatthaare, die aber bei beschriebener Verarbeitung wenig auffallen.

Ebenfalls findet man im Frühjahr die ersten Blütenknospen. Diese können roh oder gekocht in Salate [1] und Gemüsegerichte gegeben oder kapernähnlich eingelegt werden [16.11]. Die schönen Blüten sind milder im Geschmack und eignen sich von Mai bis Oktober gut als essbare Dekorationsstreu für Salate, Aufstriche, Gemüsegerichte oder Suppen.

Inhaltsstoffe und Wirkung: Habichtskräuter enthalten Schleimstoffe, Cumarine (Umbelliferon), Flavonoide, Gerb- und Bitterstoffe. Volksheilkundlich werden sie meist als

Tee aufgrund der entzündungshemmenden und leicht harntreibenden Wirkung bei Erkrankungen der Atemwege, der Blase und der Niere eingesetzt. Die krampflösenden Eigenschaften macht man sich bei Darmerkrankungen und leichtem Durchfall zunutze.

Kleines Habichtskraut
Hieracium pilosella

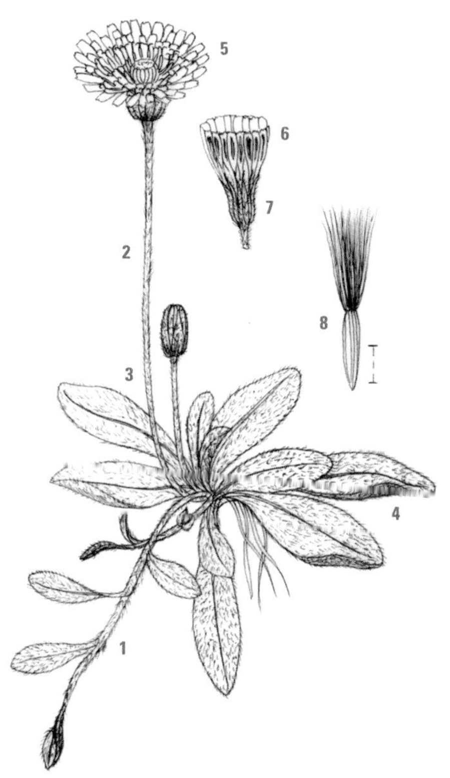

Höhe bis 0,3 m
1 Lange, beblätterte Ausläufer
2 Stängel blattlos
3 Stängel und Blattoberseiten behaart
4 Blattunterseite filzig behaart
5 Nur eine endständige Blüte je Stängel
6 Blüten auf der Unterseite meist rotstreifig
7 Hüllblätter behaart
8 Frucht mit Haarkranz

Verbreitungsschwerpunkt: Lichte Wälder und kalkarme Heiden
Hauptblütezeit: Mai bis Oktober

Orangerotes Habichtskraut
Hieracium aurantiacum

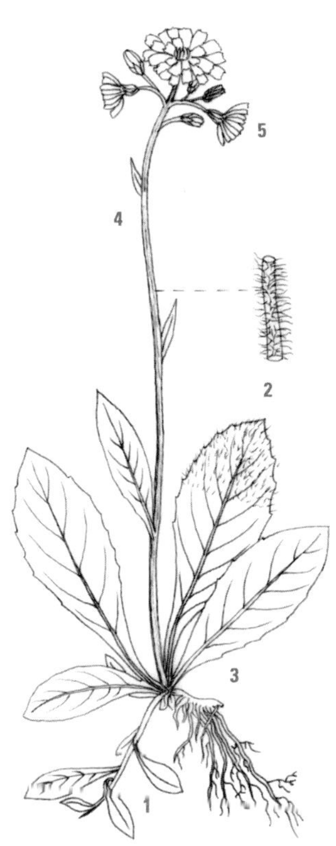

Höhe bis 0,5 m
1 Pflanze mit Ausläufern
2 Stängel und Blätter dicht behaart
3 Bodenständige Blattrosette aus länglichen Grundblättern
4 1–4 Stängelblätter
5 2–12 orangerote, flach erscheinende Blütenköpfe

Verbreitungsschwerpunkt: Wege, Magerweiden, Parkrasen
Hauptblütezeit: Juni bis August

Kressen
Lepidium
Kreuzblütengewächse (Brassicaceae)

Grundlegende Merkmale: Die Blätter dieser Gattung sind einfach gestaltet und wechselständig am Stängel und/oder in einer Grundblattrosette angeordnet. Die Blüte besteht aus 4 Kelch-, 4 Kron- und 2–6 Staubblättern. Die Frucht ist ein Schötchen.

Verwendung in der Ernährung: Die zarten Blätter der unten aufgeführten mitteleuropäischen Arten sind von März bis Mai frisch gehackt eine sehr gute Gewürzgrundlage für den bekannten Frühlingsquark [15.5]. Ebenfalls sehr schmackhaft sind sie in Streifen geschnitten als Grundlage verschiedener Salate [1] oder eingearbeitet in gedämpfte Gemüsegerichte [7.1][7.3], Gemüsefüllungen [10] und Suppen [3], zu Kräuterkartoffeln [15.2], in Kräuterbutter [15.3] oder Pesto [16.6].

Die noch knospigen Blütenstände mitsamt dem oberen Teil des Blütenstängels ergeben von April bis Mai z. B. ein zartes Butter-Pfannengemüse [7.2] oder eine würzige Salatbeigabe [1]. Im Sommer finden die Blüten Verwendung als würzige essbare Deko.

Die jungen grünen, noch zarten Samenhülsen verwertet man von Ende Juni bis Anfang August als herbkresse- bis senfartiges Frischgewürz zu diversen Speisen. Die ausgereiften Samen kann man von Juli bis August mit etwas Essig und Salz zu Senf vermaischen [16.8] oder zu Kräuteröl [16.4] bzw. -essig [16.7] verarbeiten.

Die Wurzeln kann man, solange sie elastisch und etwas saftig sind, als schärfliches Gewürz nutzen, indem man sie z. B. sehr fein geschnitten in Öl einlegt [13.5]. In Späne geschnitten sind sie auch eine feine Beigabe zu salzigen Brotaufstrichen oder zur Kräuterbrotzeit [15.1].

Inhaltsstoffe und Wirkung: Die Kressen enthalten scharf schmeckende Glucosinolate, ätherisches Öl, antibiotisch wirksames Benzylsenföl, reichlich Vitamin C und weitere Vitamine. In der Volksheilkunde werden sie ähnlich wie die Brunnenkresse zur Blutreinigung, bei Zahnfleischerkrankungen, zur Verdauungsförderung, bei Skorbut und zum Austreiben von Würmern eingesetzt. Außerdem besitzen die Pflanzen antibakterielle Wirkung. Alle Kressen wirken harndesinfizierend und regen die Nierenfunktion an. Einige Arten *(L. latifolium, L. virginicum)* wirken auch auf das Herz oder werden bei Erkrankungen der Lunge *(L. apelatum, L. virginicum)* verwendet. Eine äußerliche Verwendung der geriebenen Wurzeln und Pflanzenteile scharf schmeckender Arten wird ähnlich wie der Senf als Umschlag bzw. als »Pflaster« beschrieben.

Feld-Kresse

Lepidium campestre

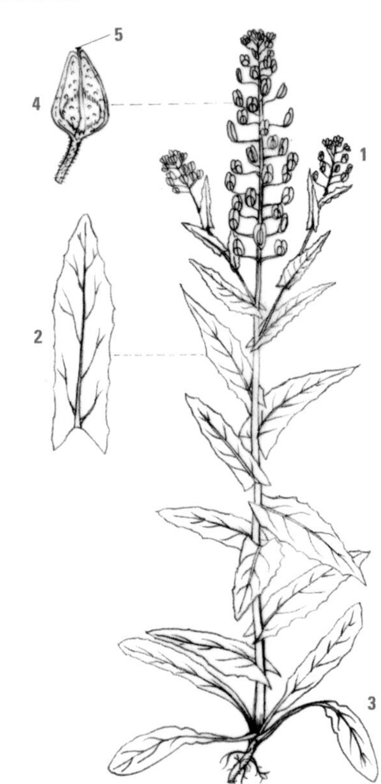

Höhe bis 0,6 m

Grundlegende Merkmale der Pflanzengattung auf S. 341

1 Stängel aufrecht, oben verzweigt
2 Blätter der oberen Stängelhälfte länglich, am Grunde pfeilförmig
3 Blätter an der Basis gestielt, in der Form länglich, fiederteilig bis ungeteilt
4 Frucht dicht mit Bläschen bedeckt
5 An der Spitze der Frucht ein kurzer Griffel

Foto S. 345

Verbreitungsschwerpunkt: Ruderalgesellschaften, Acker- und Gartenunkrautgesellschaften

Hauptblütezeit: Mai bis Juli

Schutt-Kresse, Weg-Kresse

Lepidium ruderale

Höhe bis 0,3 m

Grundlegende Merkmale der Pflanzengattung auf S. 341

Meist unangenehm riechende Pflanze

1 Pflanze aufrecht, oben verzweigt
2 Untere Blätter in schmale Abschnitte geteilt
3 Obere Blätter schmal länglich
4 Kronblätter fehlen – 4 Kelchblätter sichtbar
5 Schötchen eiförmig

Foto S. 345

Verbreitungsschwerpunkt: Häufig betretene Rasen
Hauptblütezeit: Mai bis Juli

Dichtblütige Kresse

Lepidium densiflorum
Art ist selten
Verbreitungsschwerpunkt: Nährstoffreiche Acker- und Gartenunkrautfluren
Hauptblütezeit: Mai bis August

Verschiedenblättrige Kresse

Lepidium heterophyllum
Art ist selten
Verbreitungsschwerpunkt: Krautige Vegetation oft gestörter Plätze
Hauptblütezeit: Juni bis Juli

Virginische Kresse

Lepidium virginicum

Höhe bis 0,5 m

Grundlegende Merkmale der Pflanzengattung auf S. 341

1 Stängel oben verzweigt
2 Blätter länglich, in der Gestalt variabel
3 Weiße Blütenkronblätter klein, die Kelchblätter nur wenig überragend
4 Same mit Flügelrand

Foto S. 345

Verbreitungsschwerpunkt: Nährstoffreiche Acker- und Gartenunkrautfluren
Hauptblütezeit: Mai bis August

Breitblättrige Kresse, Pfefferkraut

Lepidium latifolium
Art ist selten
Verbreitungsschwerpunkt: Pioniergesellschaften auf feuchten und überfluteten Rasen
Hauptblütezeit: Mai bis Juli

Grasblättrige Kresse

Lepidium graminifolium
Art in der Schweiz und in Teilen Österreichs im Bestand gefährdet
Verbreitungsschwerpunkt: Nährstoffreiche Acker- und Gartenunkrautfluren
Hauptblütezeit: Juni bis September

Margeriten, Wucherblumen

Leucanthemum, Leucanthemella, Leucanthemopsis

Korbblütengewächse (Asteraceae)

Verwendung in der Ernährung: Die ananas-aromatischen Blütenknospen können von Mai bis Juli roh als eine einfache, nahrhafte Delikatesse für den Wanderer oder als Beigabe in Salaten, Rohkostspeisen [1] und Hackkräutermischungen [15] sowie erwärmt als kurz gebratenes Gemüse [8.2] oder als Zutat in Bratlingen [4] dienen. Als Würze wurden sie kapern- [16.11] bzw. olivenartig eingelegt [16.12]. Die aufgegangenen Blütenköpfchen bilden im Juli und August frisch geerntet eine hübsche, fruchtig-aromatische Beigabe in Salat- und Rohkostspeisen [1] sowie in Mischgemüsegerichten [11] und Gemüsesuppen [3.1] oder auch fein geschnitten im Brotteig für Hausbrot [21.1]. Sie sind auch dann zu Getränken, beispielsweise als Tee [22.1] und Wildpflanzenlimonade [22.2], nutzbar oder ausgezupft zum Bestreuen von Desserts, würzigen Aufstrichen etc. geeignet.

Höhe bis 0,7 m
1 Bodennahe Blätter in einen Stiel verschmälert
2 Stängelblätter sitzend angeordnet
3 Blattrand aller Blätter gezähnt
4 Stängel meist verzweigt
5 Blüte endständig am Stängel
6 Zungenblüten bis 2,5 cm lang
7 Hüllblätter mit dunklem Rand

Margerite, Gewöhnliche Wucherblume

Leucanthemum vulgare (Artengruppe)

Verbreitungsschwerpunkt: Grünlandgesellschaften
Hauptblütezeit: Anfang Mai bis Ende Juni
Weitere Hinweise zur Verwendung: Die Margerite überwintert in einer kompakten Blattrosette. Diese kann man im Frühjahr ernten und roh naschen oder als Gemüsepüree [9.3] zubereiten. Im März und April nutzt man die neuen, milden Blätter mit ihrem spinatartigen Geschmack gerne für Salate [1], Frühjahrskräutermischungen [15], Crêpes [6.2], Rührei [6.3] oder Omelett [6.1] sowie als Beigabe in Füllungen für Gemüsestrudel [10.1] oder -taschen [10.2]. Aus ganz jungen Blütentrieben lässt sich von April bis Mai ein feines, gebratenes Gemüse [8.2] zubereiten. Die Wurzeln wurden früher als Wurzel- [8.1] und Backgemüse [12.3] verwendet.
Inhaltsstoffe und Wirkung: Die Margerite enthält ätherisches Öl, Tannine, Harze und Polyacetylene. In der Volksmedizin ist sie wenig gebräuchlich. Man kann einen Tee aus den Blütenköpfen herstellen, der entkrampfend wirkt und bei Menstruationsbeschwerden und Darmkoliken einsetzbar ist. Er wirkt ferner adstringierend und hustenlindernd. Bei empfindlichen Personen können Margeriten leicht eine Kontaktallergie auslösen.

Hallers Wucherblume
Leucanthemum halleri
Art zerstreut bis selten
Verbreitungsschwerpunkt: Steinschutt- und Geröllfluren
Hauptblütezeit: Juli bis August
Inhaltsstoffe und Wirkung: Siehe *Leucanthemum vulgare.*

Alpen-Wucherblume
Leucanthemopsis alpina
Art zerstreut bis selten
Verbreitungsschwerpunkt: Gesellschaften auf zumeist schneebedeckten Böden
Hauptblütezeit: Juli bis August
Inhaltsstoffe und Wirkung: Die Pflanze enthält Flavonoide und Wachsstoffe. Über eine medizinische Verwendung ist uns nichts bekannt.

Spätblühende Wucherblume
Leucanthemella serotina
Art ist selten
Verbreitungsschwerpunkt: Röhrichte und Großseggensümpfe
Hauptblütezeit: Juni bis August

Lepidium campestre
Lepidium ruderale
Lepidium virginicum
Leucanthemum vulgare

Oenothera biennis

Oenothera parviflora

Nachtkerzen

Oenothera

Nachtkerzengewächse (Onagraceae)

Verwendung in der Ernährung: Bei den hier aufgeführten mitteleuropäischen Arten kann man, solange die Jungpflanzen als Rosetten am Boden stehen und sich noch keine Blütentriebe entwickelt haben, im Herbst ab September und im April die Wurzeln ernten. Es ist möglich, sie direkt roh zu knabbern, in Salate [1] zu raspeln oder auch wie Kartoffeln, z. B. als Backgemüse [12.3], zuzubereiten oder weich zu kochen und dann als Salat [1] anzumachen. Unverarbeitet haben sie einen rauen Nachgeschmack, der lange anhält.

Die Blätter der noch nicht in die Blüte gehenden Pflanzen kann man von April bis Juni in feinen Streifen roh in Salate [1], zu Kräuterkartoffeln [15.2] und in Kräuterbutter [15.3] geben oder zu Spinat [9.1], Saucen [14] und Gemüsesuppen [3.1] und dergleichen verarbeiten.

Wenn sich erste Blütenstängel recken, kann man diese von April bis Juni geschält roh essen oder als kurz gebratenes Pfannengemüse [8.2] zubereiten.

Auch die noch jungen, grünen Früchte lassen sich im August und September, bevor sie zäh werden, so verarbeiten.

Eine Delikatesse sind die milden Blütenknospen von Juni bis September z. B. als Salatbeilage [1], Karpernersatz [16.11], Chutneyzutat [16.9] oder mit etwas Knoblauch und Salz in Öl [13.5] eingelegt als Antipasti. Gemüseartig können sie ebenso zu Eierspeisen wie z. B. in Omelett [6.1], Crêpes [6.2] und Rührei [6.3] dienen, aber auch gebraten [8.2] und in Gemüsesuppen [3.1] verarbeitet werden.

Die Blüten selbst sind essbar und sehr dekorativ für Salate, Rohkostspeisen [1] und andere Gerichte. Auch kandiert [17.4] können sie verwendet werden. Zudem lassen sie sich in Getränken wie Tee [22.1], Bowle [22.3], Sirup [18.4] und in Süßspeisen wie süßer Sauce [17.2], Pudding [17.3], Sorbet [17.7], Blütencreme [17.1], Gelee [18.1] und Aromazucker [18.2] verwenden.

Die ausgereiften Samen ab September sind ölhaltig und lassen sich wie Sesam getrocknet [16.2] in Gebäck verarbeiten.

Der Grundgeschmack der Pflanze ist mild, mangoldartig. Alle Pflanzenteile hinterlassen ähnlich wie bei den xrauen Belag im Gaumen. Dieser Effekt kann z. B. durch Einlegen der klein geschnittenen Pflanzenteile über Nacht in etwas Zitronen- oder Essigsäure gemildert werden. Die Wurzeln erinnern nach dem Einlegen an Schwarzwurzelgemüse. Auf Kochwasser wirken alle Pflanzenteile eindickend.

Inhaltsstoffe und Wirkung: Die Nachtkerzen enthalten Flavonoide, Oenotherin, Schleim- und Gerbstoffe, Zucker, Harz und Phytosterine. Das aus den Samen gewonnene Nachtkerzenöl ist reich an speziellen Fettsäuren, darunter auch Gamma-Linolensäure. Diese essenzielle, mehrfach ungesättigte

Fettsäure ist in Pflanzen nur selten zu finden und für den Menschen von großer Bedeutung. Das Samenöl hilft innerlich und äußerlich gegen Neurodermitis, bei Ekzemen, Akne, Arthritis und Leberschäden. Außerdem bei Bluthochdruck und zur Senkung erhöhter Cholesterinwerte. Aus der Nachtkerze werden neben dem Öl auch flüssige Extrakte hergestellt. Die innerliche Anwendung wirkt blutreinigend und krampflösend. Der Blütensirup und die Blätter werden bei Keuchhusten, Asthma und Magen-Darm-Leiden angewendet.

Gewöhnliche Nachtkerze
Oenothera biennis

Verbreitungsschwerpunkt: Ruderalgesellschaften, Acker- und Gartenunkrautgesellschaften
Hauptblütezeit: Juni bis September

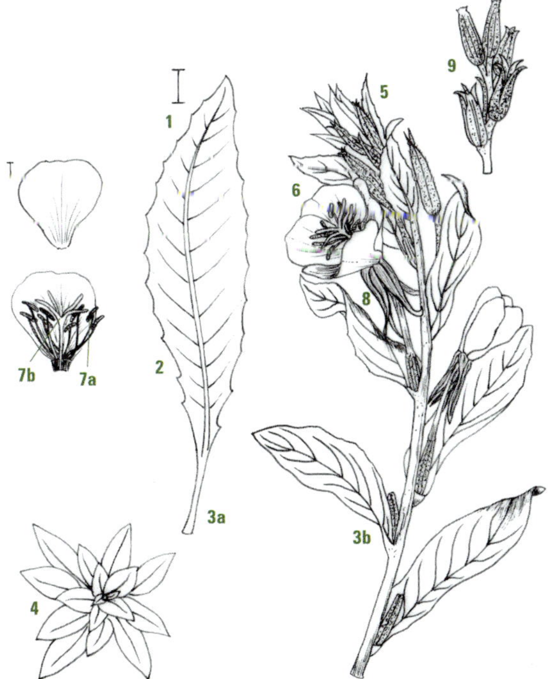

Höhe bis 2,0 m

1 Form der Blätter länglich, drei- bis sechsmal so lang wie breit, bis 15 cm lang
2 Farbe hellgrün, mit weißen Blattnerven und deutlichen Zähnen am Blattrand
3 Untere Blätter in einen Stiel verschmälert (a), die oberen sitzend angeordnet (b)
4 Pflanze zweijährig, im 1. Jahr bildet sich eine grundständige Blattrosette
5 Blütenknospen büschelig angeordnet
6 4 leuchtend gelbe Blütenkronblätter, bis ca. 5 cm lang
7 8 Staubblätter (a) und eine vierteilige Narbe (b)
8 Kelchblätter zurückgeschlagen
9 Raue, längliche Samenkapsel, bis 4 cm lang, mit zahlreichen kleinen, schwarzen, rundlichen, an Mohn erinnernden Samen

Kleinblütige Nachtkerze
Oenothera parviflora

Höhe bis 2,0 m
Ähnlich *Oenothera biennis* mit den beiden folgenden gut ersichtlichen Unterschieden:

1 Blätter schmäler, fünf- bis zehnmal so lang wie breit
2 Blütenkronblätter kürzer oder nur wenig länger als die Staubblätter, höchstens 1,5 cm lang

Verbreitungsschwerpunkt: Ruderalgesellschaften, Acker- und Gartenunkrautgesellschaften
Hauptblütezeit: Juni bis September

Bitterkräuter
Picris
Korbblütengewächse (Asteraceae)

Gewöhnliches Bitterkraut
Picris hieracioides

Verbreitungsschwerpunkt: Ruderalgesellschaften, Acker- und Gartenunkrautgesellschaften
Hauptblütezeit: Juni bis September
Verwendung in der Ernährung: Seine bitterlichen Blätter können Spinat [9.1] und Kräuterkartoffeln [15.2] beigegeben werden. Auch eine Verarbeitung als gedünstetes Gemüse [7] sowie als Bittergemüse [9.2] ist möglich. Denkbar wären die Blätter auch als Zutat in Saucen [14] und Gemüsesuppen [3.1] oder als Aroma in Spirituosen [18.6]. Die Blätter und die gelben Blütenblättchen werden von Juni bis September getrocknet und fein gerebelt. So sind sie eine gute, herbwürzige Zutat in jeglichem Kräutersalz [16.1].

Höhe bis 0,9 m
1 Pflanze borstig behaart
2 Stängel aufrecht, oben verzweigt
3 Laubblätter ungeteilt
4 Blütenköpfe in lockerer Rispe angeordnet
5 Hüllblätter von länglichen Außenhüllblättern umgeben
6 Blüten außen häufig rot überlaufen, bis etwa doppelt so lang wie die Hülle
7 Haarkranz (Pappus) der Frucht fransig

Inhaltsstoffe und Wirkung: Die Pflanzen enthalten Bitterstoffe, die ihnen zur Abwehr von Fressfeinden dienen. Früher wurde das Natternkopf-Bitterkraut *(P. echioides)* als wurmtreibendes und fiebersenkendes Mittel verwendet. In der italienischen Volksmedizin gilt die Pflanze als blutstillend und entzündungshemmend. Eine gleichartige Verwendung des Gewöhnlichen Bitterkrautes *(P. hieracioides)* darf angenommen werden.

Natternkopf-Bitterkraut
Picris echioides
Art in der Schweiz und in Teilen Österreichs im Bestand gefährdet
Verbreitungsschwerpunkt: Krautige Vegetation oft gestörter Plätze
Hauptblütezeit: Juni bis Oktober
Verwendung in der Ernährung: Bitter-herbe Pflanze, deren Blätter man von April bis Juni als Beigabe in Bratlingen [4] und Kräutermischungen [15] sowie für die Zubereitung von Bittergemüse [9.2] nutzt. Durch Wässern und Auswechseln des Kochwassers werden sie geschmacklich etwas abgemildert. Von Juni bis Oktober wirken ihre gelben Strahlenblüten ausgezupft als essbarer Speisendekor.

Hasenlattiche
Prenanthes
Korbblütengewächse (Asteraceae)

Hasenlattich
Prenanthes purpurea

Verbreitungsschwerpunkt: Schattige Wälder, Hochstaudenfluren
Hauptblütezeit: Juli bis September
Verwendung in der Ernährung: Die jungen, bitteren Blätter wurden nach Machatschek 2010 geschnitten und mit Wasser länger gespült als Salatbeigabe bzw. abgekocht oder verkocht als Gemüsebeigabe verwendet. Nach eigenen Erfahrungen sind die Blätter der Pflanze im Sommer kaum bitter. 3–4 Blätter wurden von uns auch roh gut vertragen.
Inhaltsstoffe und Wirkung: Hierzu wurden keine Informationen gefunden.

Picris hieracioides

Prenanthes purpurea

Höhe bis 1,8 m

1 Blätter länglich, dünn, graugrün gefärbt
2 Blattrand gezähnt
3 Blattbasis den Stängel öhrchen- bis pfeilförmig umfassend
4 Nickende Blütenköpfe zu reichhaltigen, jedoch lockeren Rispen angeordnet
5 Meist 5 zungenförmige, violett gefärbte Blüten je Köpfchen
6 Frucht mit weißem Haarkranz

Leimkräuter
Silene
Nelkengewächse (Caryophyllaceae)

Grundlegende Merkmale: Die Blätter sind einfach gestaltet, ganzrandig und gegenständig am Stängel angeordnet. Die Blüten werden aus 5 Kron- und 10 Staubblättern gebildet, der Blütenkelch ist 5-zähnig. Die Frucht ist eine Kapsel.
Verwendung in der Ernährung: Im April und Mai vor der Blüte findet man bei den hier erwähnten mitteleuropäischen Arten die ersten kurzen Erdtriebe und zarten Blätter. Sie sollten noch zarte Stängel haben, die man mitessen kann. Man zwickt die Ernte mit den Fingerspitzen ab und nutzt sie roh und in Streifen geschnitten als Beigabe zu verschiedenen Salaten [1], auf einem Butterbrot [15.1] oder in Kräuterquark [15.5] und -butter [15.3]. Als wichtiges, saftiges Frühjahrsgemüse werden ihre zarten Triebe noch heute gerne in den Alpen gesammelt (v. a. *Silene vulgaris*). Milder werden die Blätter, wenn man sie fein geschnitten

mit Salz ziehen lässt oder kurz mit Wasser überbrüht. Mit anderem Gemüse und anderen Kräutern gemischt ergeben die Blätter und Triebspitzen eine schmackhafte Füllung [10] für Teigtaschen oder Aufläufe und schmecken auch gut als gedünstetes oder gedämpftes Gemüse [7]. Natürlich kann man sie auch in einer Kartoffelsuppe [3.1] mit pürieren oder einfach als Spinatbeigabe [9.1] zubereiten. Sie haben einen erbsenartigen, süß bis herben Grundgeschmack, der im Laufe des Jahres bitterer und seifiger wird. Sommer-Blätter kann man immer noch als Bittergemüse [9.2] zubereiten.

Ihre Blüten sind von Frühsommer bis Frühherbst ausgezupft eine feine, essbare Dekoration. Sie werden trocken gereinigt und vor dem Servieren über die einzelnen Portionen gestreut. Beliebt sind sie in Salat- und Rohkostspeisen [1] oder Quark [15.5]. Am besten bleibt die schöne Form der Blütenblätter erhalten, wenn man sie vorsichtig auszupft und in einer Dose oder Schachtel mit Deckel sammelt. Gerne nutzt man auch die getrockneten Blüten als Beigabe zu Trockenteemischungen [22.1]. Der Grundgeschmack der Blüten ist neutral, etwas süßlich bis teeartig. Am beliebtesten zur Dekoration ist die Blüte der Kuckucks-Lichtnelke *(Silene flos-cuculi).*

Inhaltsstoffe und Wirkung: Das Aufgeblasene Leimkraut *(S. vulgaris)* enthält Schleimstoffe, Zucker (Lactosin), Vitamin C und Saponine (vor allem in den Wurzeln). Die medizinische Verwendung ist eher bedeutungslos. Beschrieben wird sie zur Stoffwechselanregung. Der Saft hilft bei entzündeten Augen und Ohren. Aus der saponinhaltigen Wurzel kann eine mild pflegende Seifenlauge hergestellt werden, die bei Hauterkrankungen hilft. Das Stängellose Leimkraut *(S. acaulis)* wurde zur Behandlung von Koliken bei Kindern eingesetzt. Aller Wahrscheinlichkeit nach enthalten auch die anderen Arten Saponine. Die Pflanze (insbesondere die Blüten) nicht konsumieren während medizinischer Behandlungen, weil die Saponine die Stoffaufnahme verbessern, wodurch Überdosierungen auftreten können.

Verwechslungsgefahr: Gottes-Gnadenkraut *(Gratiola officinalis)* vor der Blütenentwicklung, S. 610.

Stängelloses Leimkraut

Silene acaulis

Höhe bis 0,05 m

Grundlegende Merkmale der Pflanzengattung auf S. 349

1 Pflanze flache Polster bildend
2 Stängel dicht beblättert
3 Blätter schmal länglich, am Rande bewimpert
4 Blüten einzeln am Ende der Stiele
5 Fruchtkapsel bis doppelt so lang wie der Kelch

Foto S. 352

Verbreitungsschwerpunkt: Steinfluren und alpine Rasen

Hauptblütezeit: Juni bis September

Rote Waldnelke

Silene dioica

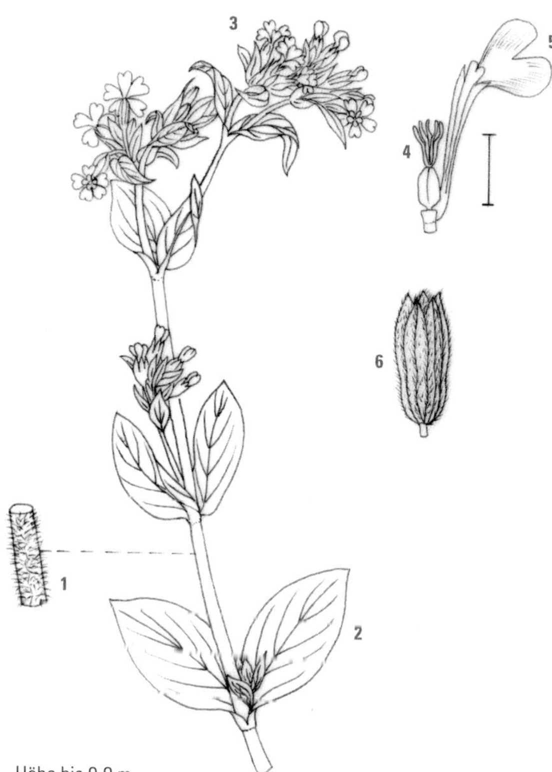

Höhe bis 0,9 m

Grundlegende Merkmale der Pflanzengattung auf S. 349

1 Stängel dicht behaart
2 Blätter fest, eiförmig oder oval geformt
3 Blütenstand eine lockere Rispe
4 Blüte mit 5 Griffeln
5 Die roten Kronblätter bis 2,5 cm lang, von oben tief eingeschnitten
6 Der behaarte Blütenkelch meist rötlich gefärbt

Foto S. 352

Verbreitungsschwerpunkt: Staudenfluren und feuchte Wiesen

Hauptblütezeit: April bis September

Kuckucks-Lichtnelke

Silene flos-cuculi

Höhe bis 0,9 m

Grundlegende Merkmale der Pflanzengattung auf S. 349

1 Stängel gerade, kurz behaart, oft rötlich
2 Stängelblätter paarweise am Spross angeordnet (gegenständige Blattstellung)
3 Bodennahe Blätter in Büscheln
4 Einzelblatt schmal, länglich und etwas rau
5 Blüte mit 5 rosa Blütenkronblättern
6 Blütenkronblatt aus 4 schmalen Abschnitten gebildet
7 Fruchtkapsel mit 5 Zähnen

Foto S. 352

Verbreitungsschwerpunkt: Feuchtwiesen und Bachuferfluren

Hauptblütezeit: Mai bis Juli

Silene acaulis
Silene dioica
Silene flos-cuculi
Silene nutans

Nickendes Leimkraut
Silene nutans

Höhe bis 0,8 m
Grundlegende Merkmale der Pflanzengattung auf S. 349
1 Aufrechte Stängel kurz behaart
2 Blätter schmal, bis 10 cm lang, kurz behaart
3 Blüten nickend, weiß oder rötlich
4 Kronblätter tief zweiteilig
5 Fruchtkapsel etwa gleich lang wie der umgebende Kelch

Verbreitungsschwerpunkt: Sonnige Staudensäume an Gehölzen
Hauptblütezeit: Juni bis August

Aufgeblasenes Leimkraut, Taubenkropf-Leimkraut, Klatsch-Leimkraut
Silene vulgaris

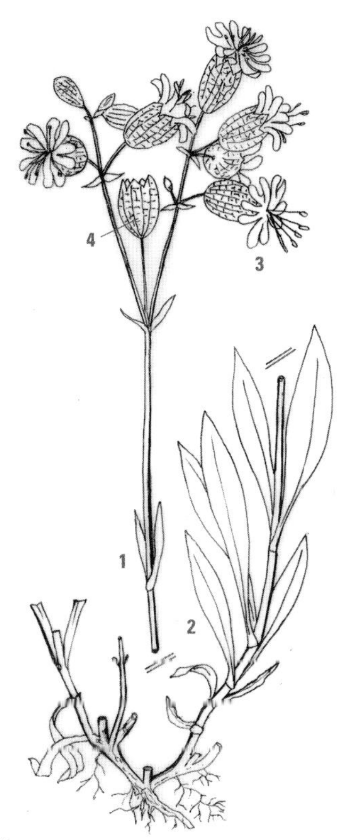

Höhe bis 0,5 m
Grundlegende Merkmale der Pflanzengattung auf S. 349
1 Laubblätter paarweise angeordnet (gegenständige Blattstellung)
2 Form der Blätter schmal-länglich, Farbe blaugrün
3 Weißes Blütenblatt am Rande deutlich gespalten
4 Blütenkelch aufgeblasen, an der Spitze mit 5 Zähnen

Foto S. 354

Verbreitungsschwerpunkt: Magerwiesen
Hauptblütezeit: Mai bis September

Felsen-Leimkraut
Silene rupestris
Art ist selten
Verbreitungsschwerpunkt: Lockere Sand- und Felsrasen
Hauptblütezeit: Juli bis September

Grünblütiges Leimkraut, Grünliches Leimkraut
Silene chlorantha
Art im Bestand gefährdet
Verbreitungsschwerpunkt: Lockere Sand- und Felsrasen
Hauptblütezeit: Juni bis August

 **Kegelfrüchtiges Leimkraut**
Silene conica
Art im Bestand gefährdet
Verbreitungsschwerpunkt: Lockere Sand- und Felsrasen
Hauptblütezeit: Mai bis Juli

 **Flachs-Leimkraut, Flachsnelke**
Silene linicola
Art im Bestand gefährdet
Verbreitungsschwerpunkt: Getreideunkrautfluren
Hauptblütezeit: Juni bis Juli

 **Ohrlöffel-Leimkraut**
Silene otites
Art im Bestand gefährdet
Verbreitungsschwerpunkt: Kalk-Magerrasen
Hauptblütezeit: Juni bis Juli

!! **Tataren-Leimkraut**
Silene tatarica
Art im Bestand gefährdet
Verbreitungsschwerpunkt: Trocken- und Halbtrockenrasen
Hauptblütezeit: Juli bis September

 **Garten-Leimkraut, Nelken-Leimkraut**
Silene armeria
Art in der Schweiz und in Teilen Österreichs im Bestand gefährdet
Verbreitungsschwerpunkt: Lockere Sand- und Felsrasen
Hauptblütezeit: Juni bis September

Feldsalate
Valerianella
Baldriangewächse (Valerianaceae)

Verwendung in der Ernährung: Die hier erwähnten mitteleuropäischen Valerianella-Arten sind bekannt als nussig aromatische Pflanzen, die sich sehr gut für delikate Salate und Gemüse eignen. Ihr Grundgeschmack ist mild, jedoch kräftiger als beim kultivierten Feldsalat.

Im Frühjahr und Herbst isst man die zarten, eiweißreichen Triebe und Blattsprosse in Salaten und Rohkost [1], in Eierspeisen [6] oder einfach nur kurz angebraten [8.2]. Gedünstet oder gedämpft [7] genießt man sie z. B. als säuerliches Gemüse [7.1] oder Nussgemüse [7.3], füllt damit

Silene vulgaris

Valerianella carinata

Gemüsestrudel [10.1], Gemüsetaschen [10.2] und Lasagne [12.1] oder belegt damit eine Pizza [12.2]. Sie wirken geschmacksmildernd in Gemüse- und Kräutermischungen [15] und eignen sich sehr gut als Kochgemüse, besonders in Püree [9.3] oder als Spinat [9.1]. Die vielfältigen Verarbeitungsmöglichkeiten des Feldsalats reichen außerdem über Saucen [14] und Gemüsesuppen [3.1] bis hin zu Saft- und Vitalgetränken [22.4]. Um ihn haltbar zu machen, kann er auch als Sauerkraut [13.4] eingelegt werden.

Von Frühjahr bis Sommer bilden die Blütenbüschel, über Salate oder Brotzeitplatten gestreut, eine hübsche, essbare Dekoration. Man kann sie außerdem verarbeiten in Rohkost [1] und Eierspeisen [6], oder sie verwenden als kurz gebratenes Gemüse [8.2], in Würzmus [16.10] und in Gemüsesuppen [3.1]. Sie aromatisieren Gelee [18.1], Wildpflanzenlimonade [22.2] und Bowlen [22.3] und eignen sich ebenso für Saft- und Vitalgetränke [22.4].

Übrigens: Die im Juli und August gesammelten Samen des Feldsalates keimen auf jeder frischen Erde sehr leicht, z. B. zu Hause auf der Fensterbank [2]. So erhält man einen herrlichen Wintersalat.

Inhaltsstoffe und Wirkung: Bereits die Menschen der Jungsteinzeit aßen die auf den abgeernteten Feldern reichlich vorkommenden Feldsalate. Sie enthalten Flavonoide (Luteolin, Diosmin), Carotinoide (Beta-Carotin, Lutein), Chlorogensäure, reichlich Vitamin C und andere Vitamine (B1, B2, B3, B6, Folsäure und E). Im Vergleich zu anderen Blattsalaten enthält er außerdem viel Kalium, und auch der Gehalt an Eisen, Calcium, Magnesium, Zink und Kupfer ist beachtenswert. Feldsalate aus dem Gewächshaus haben leider oft auch reichlich Nitrat. Die Wurzeln der Feldsalatarten enthalten die vom Baldrian bekannten Valepotriate. Es findet sich zwar keine heilkundliche Verwendung des Feldsalates, allerdings dürfte er als frostresistenter Vitaminlieferant doch eine wichtige Rolle, insbesondere zur Abwehr von Skorbut, gespielt haben. Er wirkt blutreinigend und hat einen positiven Effekt auf die Verdauung. Er vertreibt die Frühjahrsmüdigkeit und stärkt den Körper gegen Infektionen.

Valerianella locusta

Gekielter Feldsalat

Valerianella carinata

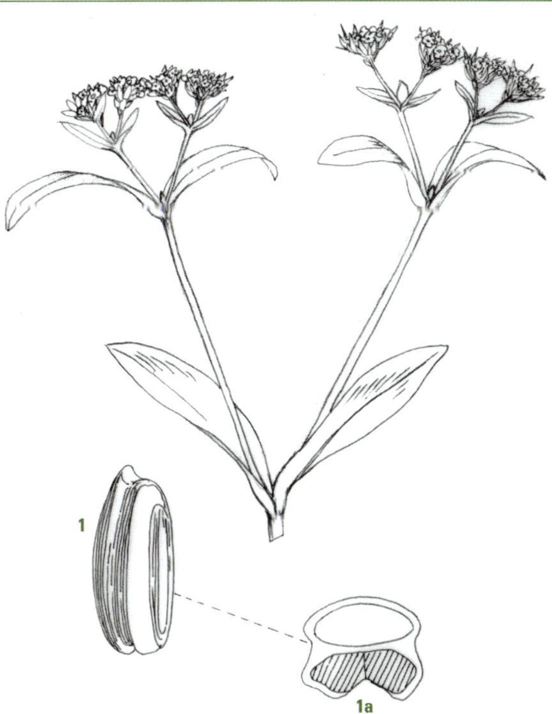

Höhe bis 0,4 m

1 Pflanze ähnelt dem Gewöhnlichen Feldsalat *(Valerianella locusta)* mit dem Unterschied, dass die Früchte länglich, nicht rundlich, sind und eine tiefe Furche (a) haben

Verbreitungsschwerpunkt: Lockere Sand- und Felsrasen
Hauptblütezeit: April bis Mai

Gewöhnlicher Feldsalat, Rapunzel
Valerianella locusta

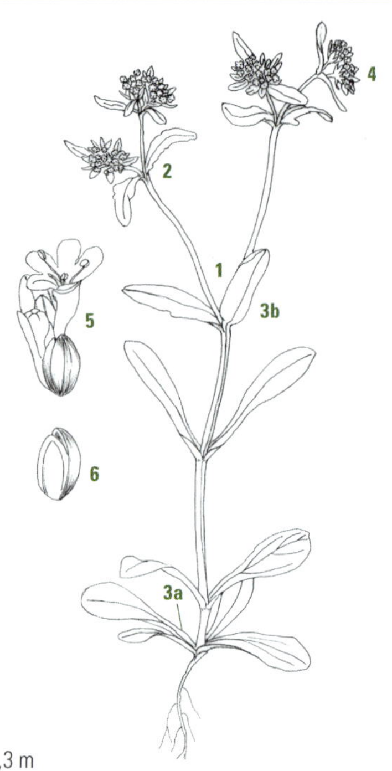

Höhe bis 0,3 m
1 Stängel mehrfach gabelig verzweigt
2 Unter jeder Verzweigung 2 Hochblätter
3 Bodennahe Blätter in einen Stiel verschmälert (a), Hochblätter sitzend angeordnet (b)
4 Blütenstände gestielt
5 Blassblaue Blüten klein und unscheinbar
6 Form der Frucht rundlich bis eiförmig

Foto S. 355

Verbreitungsschwerpunkt: Getreideunkrautfluren
Hauptblütezeit: April bis Mai

Wollfrüchtiger Feldsalat
Valerianella eriocarpa
Art im Bestand gefährdet
Verbreitungsschwerpunkt: Getreideunkrautfluren
Hauptblütezeit: Juni bis Juli

Gefurchter Feldsalat
Valerianella rimosa
Art im Bestand gefährdet
Verbreitungsschwerpunkt: Getreideunkrautfluren
Hauptblütezeit: April bis Mai

Gezähnter Feldsalat
Valerianella dentata
Art in der Schweiz und in Teilen Österreichs im Bestand gefährdet
Verbreitungsschwerpunkt: Lockere Sand- und Felsrasen
Hauptblütezeit: Juni bis August

Königskerzen
Verbascum

Braunwurzgewächse (Scrophulariaceae)

Grundlegende Merkmale: Die Blätter sind ungeteilt und häufig filzig behaart. Sie besitzen eine grundständige Blattrosette und sind am Stängel wechselständig angeordnet. Die Blütenkrone ist 5-teilig, mit 4 oder 5 Staubblättern, die Frucht ist eine Kapsel.

Verwendung in der Ernährung: Alle hier erwähnten mitteleuropäischen Verbascum-Arten besitzen behaarte, leicht trocken-sauer bis süßlich schmeckende Blüten, die sich im Sommer als Speisendekor, für Tee und als Aroma nutzen lassen.

Die Blüten ähneln im Geschmack getrockneten Apfelringen – fruchtig, aber etwas strenger – und verfeinern z. B. Gelee [18.1] und Aromazucker [18.2]. Bekannt bei vielen Almbauern ist ein goldfarbener Sirup [18.4], der aus diesen aromatischen Blüten gekocht wird und als Süßungsmittel dient. Frisch geerntet kann man sie auch hervorragend zur Herstellung von verschiedenen Getränken, z. B. Wildpflanzenlimonade [22.2], Bowle [22.3] und Spirituosen [18.6] ver-

Verbascum densiflorum

wenden. Man siebt sie danach aus dem fertigen Getränk meistens wieder ab. Sehr empfehlenswert sind die Blüten auch als Brotteigbeigabe im Knäckebrot [21.2] oder in Eierspeisen [6]. Frisch in Salatspeisen [1] sind sie zwar denkbar, jedoch weniger geeignet, da oftmals die kratzig-wolligen Härchen auf der Blütenoberfläche stören können. Die getrockneten Blüten eignen sich außerdem für Hausteemischungen[22.1], als Würze in Wildpflanzensalz [16.1] sowie als Trockengewürz [16.2]. Auch in Kräuteröl [16.4] und -essig [16.7] können sie eingelegt werden. Möchte man eine Süßspeise aus ihnen herstellen, kann man sie kandieren [17.4] oder sie in Pudding [17.3], als Sorbet [17.7] bzw. in einer leckeren Blütencreme [17.1] verarbeiten, oder man nutzt sie in einer süßen Sauce [17.2].

Großblütige Königskerze

Verbascum densiflorum

Verbreitungsschwerpunkt: Ruderalgesellschaften, Acker- und Gartenunkrautgesellschaften
Hauptblütezeit: Juli bis September
Zusätzliche Hinweise zur Verwendung: Über die Verwendung der Blätter ist wenig bekannt. Man verwendete sie angeblich von April bis Juni, noch vor der Blüte, frisch oder getrocknet als Beigabe zu einem aromatischen Haustee [22.1]. Geschmacklich sind sie adstringierend-bitter und für den Rohkostverzehr meist – ebenso wie die Blüten – zu behaart. Im Tee hingegen schmecken sie etwas fruchtig.

Zu den Wurzeln ist uns nur die Beimischung getrocknet zu Brotmehl überliefert. Sie können zum Teil sehr groß werden und schmecken geschält bei jungen Pflanzen kohlrabiähnlich. Eigene Essversuche geringer Mengen roh zeigten keine Unverträglichkeiten – woraus aber keine allgemeingültigen Hinweise gezogen werden sollten.

Inhaltsstoffe und Wirkung: Die Blüten enthalten bis zu 3 % Schleimstoffe, Saponine, Iridoide (Aucubin), bis 4 % Flavonoide (Apigenin, Hesperidin und Luteolin), Phytosterine, etwa 11 % Zucker und die Vitamine B2, B5, B12 und D. Wahrscheinlich enthalten die Blätter außerdem Cumarine und das insektizid wirkende Rotenon. Die getrockneten Blüten werden arzneilich, meist zusammen mit anderen Kräutern, verwendet. Alle Präparationen aus der Pflanze müssen gut gefiltert werden, da sie feine Härchen besitzt, die reizend wirken können. Die Pflanze wirkt entzündungshemmend, erweichend, schmerzlindernd, adstringierend, schleimlösend, antibakteriell und antiviral. Man setzt sie bei Erkältungskrankheiten, Husten und Entzün-

Verbascum lychnitis

Verbascum nigrum

Höhe bis 2,5 m
Grundlegende Merkmale der Pflanzengattung auf S. 356
1 Die Großblütige Königskerze beeindruckt durch ihren bis 2,5 m hohen, aufrechten Wuchs
2 Stängel im Querschnitt rundlich
3 Blätter filzig, am Rande gekerbt
4 Blütenstand kerzenförmig
5 Gelbe Einzelblüte, bis 5 cm im Durchmesser
6 5 Blütenkronblätter und 5 deutlich sichtbare Staubbeutel bilden die auffällige Blüte

Foto S. 356

dungen im Mund- und Rachenraum ein. Außerdem wirkt sie allgemein beruhigend und schlaffördernd. Die Volksmedizin nutzt die Königskerze und auch deren Wurzel als harntreibendes Mittel bei Blasen- und Nierenerkrankungen, gegen Rheuma und bei Neuralgien. Die Indianer Nordamerikas rauchten die getrockneten Blätter zusammen mit anderen Heilpflanzen zur Behandlung von Asthma, Bronchitis und anderen Lungenproblemen. Zerquetschte und mit Olivenöl vermischte Blätter wirken äußerlich angewendet durchblutungs- und wundheilungsfördernd. Dieses Öl soll auch gute Dienste bei Ohrenschmerzen, Geschwüren im Gehörgang, Neuralgien und Hämorrhoiden leisten. Vielfach ist in den alten Quellen immer nur von »Königskerze« die Rede, ohne eine genaue Art anzugeben. Aufgrund heute bekannter Inhaltsstoffzusammensetzungen ist anzunehmen, dass es sich hierbei um die Großblütige Königskerze gehandelt hat. Die Homöopathie verwendet die Großblütige Königskerze bei Atemwegserkrankungen und Neuralgien. Der Saft der Pflanze hilft äußerlich angewendet bei Warzen und entzündeten Augen. Die Pflanze kann auch zum Färben verwendet werden, dabei reichen die Farbtöne je nach dem Säuregehalt der Färbelösung von hellgelb über grün bis braun.

Mehlige Königskerze

Verbascum lychnitis

Höhe bis 1,5 m
Grundlegende Merkmale der Pflanzengattung auf S. 356
1 Kantiger Stängel, im oberen Teil verzweigt
2 Blatt unterseits weißfilzig, bis 30 cm lang
3 Blüten zu 2–7 in den Achseln kleiner Hochblätter
4 Gelbe oder weiße Blütenkrone, bis 2 cm im Durchmesser
5 Weißwollige Staubfäden

Foto S. 357

Verbreitungsschwerpunkt: Sonnige Staudensäume an Gehölzen

Hauptblütezeit: Juni bis August

Zusätzliche Hinweise zur Verwendung: Zu den Wurzeln ist uns nur die Beimischung getrocknet zu Brotmehl überliefert.

Inhaltsstoffe und Wirkung: Zu dieser Königskerzenart liegen uns keine Informationen vor. Vermutlich enthält sie aber vergleichbare Inhaltsstoffe und ist ähnlich verwendbar wie *Verbascum densiflorum*.

Schwarze Königskerze

Verbascum nigrum

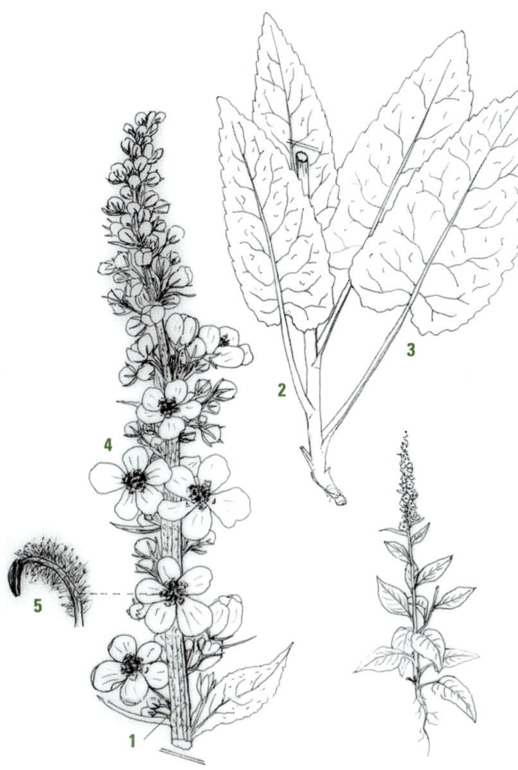

Höhe bis 1,2 m

Grundlegende Merkmale der Pflanzengattung auf S. 356

Blattform abweichend von Blattschlüsseleinteilung S. 42

1 Stängel vor allem im oberen Teil behaart, häufig braunviolett überlaufen
2 Blätter lang gestielt
3 Form der Blätter länglich dreieckig, mit herzförmigem Grund
4 Dunkelgelbe Blütenkrone, bis 2,5 cm im Durchmesser, am Grunde häufig rot gefleckt
5 Wollig behaarte, violett gefärbte Staubfäden

Foto S. 357

Verbreitungsschwerpunkt: Waldlichtungsfluren und -gebüsche

Hauptblütezeit: Juni bis August

Zusätzliche Hinweise zur Verwendung: Die Pflanze enthält im Kraut (Blätter und Triebe) das Iridoid Aucubin, das entzündungshemmend und reizmildernd wirkt. Es sorgt auch für den bitteren Geschmack. Zu den Wurzeln ist uns nur die Beimischung getrocknet zu Brotmehl überliefert.

Inhaltsstoffe und Wirkung: Siehe Großblütige Königskerze *(Verbascum densiflorum).*

Kleinblütige Königskerze

Verbascum thapsus

Höhe bis 2,0 m

Grundlegende Merkmale der Pflanzengattung auf S. 356

1 Pflanze aufrecht, wenig verzweigt, filzig behaart
2 Untere Blätter bis 40 cm lang
3 Blütenstand eine dichte Ähre
4 Gelbe Blütenkrone, im Unterschied zur ähnlichen Großblütigen Königskerze *(Verbascum densiflorum)* nur bis 3 cm im Durchmesser

Foto S. 360

Unterart *V. thapsus* ssp. *crassifolium* im Bestand gefährdet

Verbreitungsschwerpunkt: Waldlichtungsfluren und -gebüsche

Hauptblütezeit: Juni bis August

Zusätzliche Hinweise zur Verwendung oben: Auch bei der Kleinblütigen Königskerze ist über die Verwendung der Blätter wenig bekannt. Ähnlich wie bei der Großblütigen Königskerze *(Verbascum densiflorum)* verwendete man die Blätter angeblich vor der Blüte als Beigabe zu Hausteemischungen [22.1]. Zu den Wurzeln ist uns nur die Beimischung getrocknet zu Brotmehl überliefert.

Inhaltsstoffe und Wirkung: Siehe Großblütige Königskerze *(Verbascum densiflorum).*

Schabenkraut, Motten-Königskerze
Verbascum blattaria
Art im Bestand gefährdet
Verbreitungsschwerpunkt: Ruderalgesellschaften, Acker- und Gartenunkrautgesellschaften
Hauptblütezeit: Juni bis August
Inhaltsstoffe und Wirkung: Zu dieser Königskerzenart liegen uns keine Informationen vor. Vermutlich enthält sie aber vergleichbare Inhaltsstoffe und ist ähnlich verwendbar wie die oben genannten Arten.

Violette Königskerze
Verbascum phoeniceum
Art im Bestand gefährdet
Verbreitungsschwerpunkt: Kalk-Magerrasen
Hauptblütezeit: Mai bis Juli
Inhaltsstoffe und Wirkung: Zu dieser Königskerzenart liegen uns keine Informationen vor. Vermutlich enthält sie aber vergleichbare Inhaltsstoffe und ist ähnlich verwendbar wie die oben genannten Arten.

Flockige Königskerze
Verbascum pulverulentum
Art im Bestand gefährdet
Verbreitungsschwerpunkt: Ruderalgesellschaften, Acker- und Gartenunkrautgesellschaften
Hauptblütezeit: Juli bis September
Zusätzliche Hinweise zur Verwendung: Zu den Wurzeln ist uns nur die Beimischung getrocknet zu Brotmehl überliefert.
Inhaltsstoffe und Wirkung: Zu dieser Königskerzenart liegen uns keine Informationen vor. Vermutlich enthält sie aber vergleichbare Inhaltsstoffe und ist ähnlich verwendbar wie die oben genannten Arten.

Filzige Königskerze, Windblumen-Königskerze
Verbascum phlomoides
Art in der Schweiz und in Teilen Österreichs im Bestand gefährdet
Verbreitungsschwerpunkt: Ruderalgesellschaften, Acker- und Gartenunkrautgesellschaften
Hauptblütezeit: Juli bis September
Zusätzliche Hinweise zur Verwendung: Zu den Wurzeln ist uns nur die Beimischung getrocknet zu Brotmehl überliefert.
Inhaltsstoffe und Wirkung: Siehe Großblütige Königskerze *(Verbascum densiflorum)*.

Disteln
Carduus
Korbblütengewächse (Asteraceae)

Grundlegende Merkmale: Die Blätter dieser Gattung sind wechselständig am Stängel angeordnet und unterschiedlich gestaltet. Am Blattrand sind sie dornig gezähnt.

Die Blüten sind zu kugeligen Blütenköpfen vereinigt, die durch Röhrenblüten und umgebende, spitz zulaufende Hüllblätter gebildet werden. Früchte mit Haarkranz (Pappus).

Verbascum thapsus

Carduus crispus

Verwendung in der Ernährung: Alle hier aufgeführten mitteleuropäischen Carduus-Arten sind mild schmeckende Pflanzen für Gemüse, Salate, Mehl und Öl.

Vor der Verarbeitung müssen die Pflanzen von ihren Stacheln befreit werden. Wer sich dazu mit festen Lederhandschuhen, Schere oder einem scharfen Messer heranwagt, wird ein mildes Gemüse ernten können, dessen zarte Blätter und geschälte Stängel ein wenig an Kohlgemüse erinnern. Der Aufwand ist allerdings recht groß. Am besten tut man sich bei der Zubereitung mit mehreren Helfern zusammen und nutzt die Zeit auch für Gespräche. Die zarten Blätter und Triebspitzen der Disteln lassen sich von April bis Juni roh in Salaten [1] und Kräutermischungen, v. a. zur Kräuterbrotzeit [15.1] oder in Kräuterbutter [15.3] verwenden. Man kann sie auch Spinat [9.1] und Mischgemüsegerichten [11] sowie Gemüsefüllungen [10], lasagneartigen Aufläufen [12.1] und Suppen [3.1] beigeben. Auch zu Knäckebrot [21.2] oder als Sauerkraut [13.4] werden sie verarbeitet. Vor der Verwendung schneidet man am besten mit einer Schere die Stacheln der Blattränder ab oder nutzt nur den geschälten Blattstiel. Die oberen 20 cm der eiweißreichen jungen Stängel kann man von April bis Juni abzwicken und vorsichtig mit dem Messer schälen, wobei sich die Blätter mit der Stängelschale ablösen. Dann lassen sie sich roh knabbern, in Salate [1] geben oder zu Koch-, Pfannen- und Backgemüse[11.1][7][12.3] verarbeiten. Durch Auspressen oder Pürieren wird aus den weichen Pflanzenteilen ein vitaminreicher Saft gewonnen [22.4]. Wenn im Sommer die Blütenköpfchen vollständig aufgeblüht sind, werden die ausgezupften, intensiv gefärbten, zarten Zungenblüten zur dekorativen Beigabe in Wildpflanzensalz [16.1], Hackkräutermischungen [15], Salat- und Rohkostspeisen [1] verwendet oder auch in Süßspeisen, z. B. als Beigabe zu Sorbet [17.7]. Als Schmuckblüten dienen sie zudem in Gelee [18.1], Aromazucker [18.2] oder auf Torten sowie in diversen Getränken [22.1–3]. Wer die Blütenböden ausschneidet und dünstet, erlebt einen kleinen, aber edlen Gemüsegenuss. Ebenso kann man sie Mischgemüsegerichten [11] beimengen oder sie einfach roh genießen. Aus den reifen Distelsamen wird im September ein wertvolles Öl [16.3] gepresst. Außerdem kann man sie als Keimsaat [2] verwenden oder als Nascherei rösten. Am besten im Herbst und Winter ihres ersten Lebensjahres erntet man die Wurzel der Pflanze. Sie ist dann noch weich und nicht verholzt. Gewaschen und abgeschabt wird sie roh in Salate geraspelt [1] bzw. als Koch- und Backgemüse [11.1][8.1][12.3] zubereitet. Des Weiteren kann man Gemüsechips [8.5] daraus herstellen oder sie als Gemüse in Salzlake einlegen [13.1]. Getrocknet und vermahlen werden die Wurzeln zu Streckmehl für Gebäck [20].

Inhaltsstoffe und Wirkung: Die Pflanzen enthalten Isoquinolinalkaloide (Crispine), Flavonoide, Cumarine und Beta-Sitosterol. Im europäischen Raum wird die Krause Distel offensichtlich nicht medizinisch verwendet. Die enthaltenen Crispine wirken hemmend auf das Wachstum von Krebszellkulturen (in vitro). Die Wurzel wird offenbar in der Chinesischen Medizin (Chinese Materia Medica) zum Schmerzstillen und zur Beruhigung verwendet. Aus China stammen auch zahlreiche wissenschaftliche Publikationen, die sich mit der Pflanze befassen. Die Blüten wurden offenbar früher zur Blutreinigung und als fiebersenkendes Mittel eingesetzt.

Krause Distel

Carduus crispus

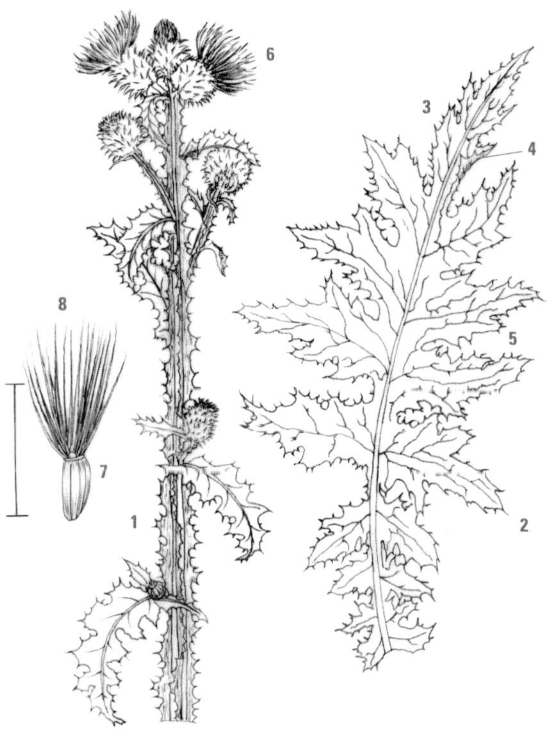

Höhe bis 1,8 m

Grundlegende Merkmale der Pflanzengattung auf S. 360

1 Stängel durchgehend kraus und stachelig geflügelt
2 Stacheln bis 5 mm lang und nur wenig stechend
3 Blätter weich
4 Blatt-Unterseite filzig
5 Alle Blätter bis über die Mitte eingeschnitten (fiederteilig) oder stark gelappt
6 Blütenköpfchen zu 3–5 an der Spitze der Stängel angeordnet
7 Frucht bis 4 mm lang
8 Bis 1,5 cm langer Haarkranz (Pappus), der Verbreitung des Samens dienend

Verbreitungsschwerpunkt: Staudensäume an Gehölzen im Halbschatten

Hauptblütezeit: Juni bis August

Nickende Distel
Carduus nutans

Höhe bis 1,0 m.
Grundlegende Merkmale der Pflanzengattung auf S. 360
1 Aufrechter Stängel mit stacheligen Leisten (Flügeln) (a), bis oben beblättert, mit neigenden (nickenden), stets einzeln stehenden Blütenköpfen (b)
2 Blätter im Umriss länglich
3 Kräftige Dornen

Verbreitungsschwerpunkt: Ruderalgesellschaften, Acker- und Gartenunkrautgesellschaften
Hauptblütezeit: Mai bis August

Alpen-Distel, Berg-Distel
Carduus defloratus
Art zerstreut bis selten
Verbreitungsschwerpunkt: Steinfluren und alpine Rasen
Hauptblütezeit: Juni bis August

Kletten-Distel
Carduus personata
Art ist selten
Verbreitungsschwerpunkt: Schleiergesellschaften und Ufersäume
Hauptblütezeit: Juli bis August

Stachel-Distel, Weg-Distel
Carduus acanthoides
Art in der Schweiz und in Teilen Österreichs im Bestand gefährdet
Verbreitungsschwerpunkt: Ruderalgesellschaften, Acker- und Gartenunkrautgesellschaften
Hauptblütezeit: Juni bis August

Eberwurz-Arten
Carlina
Korbblütengewächse (Asteraceae)

Verwendung in der Ernährung: Die jungen, noch weichen Blätter aller hier aufgeführten Carlina-Arten in Mitteleuropa können von April bis Juni ausgekocht und passiert zu Saucen [14] und Gemüsesuppen [3.1] verarbeitet werden. Mithilfe eines Entsafters können außerdem mild schmeckende Saft- und Vitalgetränke [22.4] daraus hergestellt werden. Das zum Teil sehr mager oder auch nur sehr kurz ausgebildete Stängelzentrum kann, solange es noch weich, faserarm und beweglich ist, im Frühjahr geschält roh [1] oder erwärmt als Stängelgemüse [7.2] bzw. in Bratlingen [4] gegessen werden. Der Köpfchenboden noch junger Blüten kann in Salat- und Rohkostspeisen [1] oder als nussiges Gemüse [8.2] zubereitet werden. Das Entfernen der stacheligen Schuppen bedeutet jedoch eine Menge Arbeit. Die Eberwurzen wurden früher auch als Wilde Artischocken bezeichnet.

Theoretisch wäre es auch möglich, die ausgereifte Saat im Herbst als Keimsaat [2] oder geröstet als nussige Streuzugabe auf allerlei Speisen zu nutzen. Sie als Öl [16.3] zu pressen, ist aufgrund der benötigten Menge wenig praktikabel. Die jüngsten, möglichst unverholzten, elastischen Pfahlwurzeln werden von September bis März zu Streckmehl für Gebäck vermahlen [20] oder fein gehackt als Brotteigbeigabe im Hausbrot [21.1], in Bratlingen [4], als Wurzelgemüse [8.1] und in Mischgemüsegerichten [11] verarbeitet. Man kann auch feine Gemüsechips daraus backen[8.5]. Abgerieben und gereinigt isst man sie als Rohkostknabberei [1].

Inhaltsstoffe und Wirkung: Die getrockneten Wurzeln von *C. acaulis* werden medizinisch verwendet. Sie enthalten ein scharf und bitter schmeckendes, antibakterielles Öl mit dem Inhaltsstoff Carlinaoxid. Die Volksheilkunde empfiehlt die Pflanze als harn- und schweißtreibendes Mittel, außerdem bei Verdauungsstörungen. Äußerliche Verwendung bei Wunden und Entzündungen der Haut. Höhere Dosierungen wirken abführend und erzeugen Erbrechen. Ähnlich verwendbar ist aller Wahrscheinlichkeit nach auch *C. vulgaris*.

Gewöhnliche Eberwurz, Kleine Wetterdistel, Golddistel

Carlina vulgaris (Artengruppe)

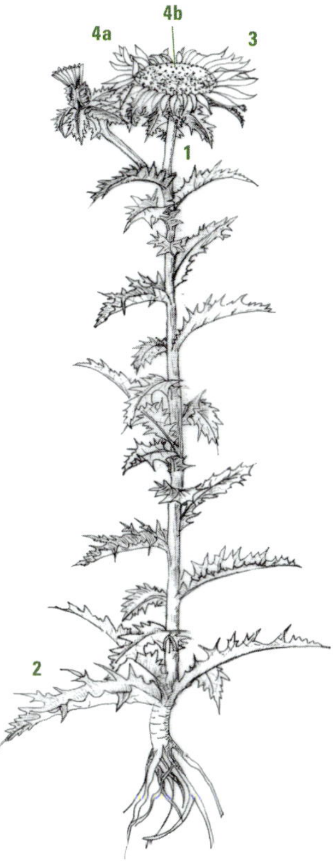

Höhe bis 0,6 m

1 Stängel aufrecht, ohne Stacheln, oben verzweigt
2 Blätter meist ungeteilt, am Rande stachelig gezähnt
3 Blütenköpfe einzeln am Ende der Zweige
4 Ein strohgelber Kranz aus inneren Hüllblättern (a) umrahmt die ringförmig angeordneten Röhrenblüten (b)

Verbreitungsschwerpunkt: Kalk-Magerrasen
Hauptblütezeit: Juli bis September

Stängellose Eberwurz, Große Wetterdistel, Silberdistel
Carlina acaulis
Art im Bestand gefährdet
Verbreitungsschwerpunkt: Kalk-Magerrasen
Hauptblütezeit: Juli bis September

Carduus nutans

Carlina vulgaris

Kratzdisteln
Cirsium
Korbblütengewächse (Asteraceae)

Grundlegende Merkmale: Die Blätter dieser Gattung sind wechselständig am Stängel angeordnet und unterschiedlich gestaltet. Am Blattrand sind sie dornig gezähnt.

Die Blüten sind zu kugeligen Blütenköpfen vereinigt, die durch Röhrenblüten und umgebende, spitz zulaufende Hüllblätter gebildet werden. Die Früchte haben einen Haarkranz (Pappus).

Verwendung in der Ernährung: Der Grundgeschmack der hier aufgeführten mitteleuropäischen Arten erinnert an herben Kopfsalat. Wenn man bei großblättrigen Arten, wie z. B. der Kohl-Kratzdistel *(Cirsium oleraceum),* die zackigen Ränder mit der Schere abschneidet, kann man die Blätter von April bis Juni in Rohkost [1] oder Kochgemüse [9] nutzen. Aus stacheligen Blättern, bei denen es zu mühsam ist, die Stacheln abzuschneiden, können im Entsafter Vitalgetränke [22.4] hergestellt werden oder man kocht sie aus und passiert den Sud als Gemüsefond.

Ein feines, grünspargelartiges Gemüse ergeben in dieser Zeit auch die geschälten (!), zartweichen jungen Triebe, die man noch vor der Blüte sammelt. Man kann sie nach dem Schälen direkt roh naschen oder zu gedünstetem, bzw. gedämpftem Gemüse [7] verarbeiten. Später im Jahr werden die Triebe und Blätter sehr faserig.

Die ausgezupften, feinen Blütenblätter verwendet man von Juni bis September als Farbakzent auf verschiedenen Salaten [1] und Fruchtsalaten, sowie als Beigabe zur Kräuterbrotzeit [15.1] oder generell als essbare Dekoration.

Am Grund der Blütenköpfe sitzt ein kleiner Blütenboden. Dieser erinnert geschmacklich an Artischocken und lässt sich, ebenfalls von Juni bis September, kapernartig einlegen [16.11] oder als Backgemüse [12.3] zubereiten. Es ist jedoch recht aufwendig, ihn zu schälen.

Alle Kratzdistel-Arten in Mitteleuropa haben im ersten Jahr ergiebige, zarte Wurzeln, die man von September bis in den Winter hinein erntet, trocknet und mahlt, um sie zu dann zu einer Art Gemüsemehl für Breie oder zur Streckung von Getreidemehl [20] zu nutzen. Man kann sie aber auch frisch zubereiten: Nachdem man sie gereinigt und geschält hat, verarbeitet man sie zu Misch- [11] und Backgemüsegerichten [12.3]. Quer zur Faser in dünne Scheiben geschnitten und kurz in etwas Öl angebraten, erhält man ein akzeptables Wurzelgemüse [8.1].

Acker-Distel, Acker-Kratzdistel
Cirsium arvense

Höhe bis 1,8 m
Grundlegende Merkmale der Pflanzengattung siehe linke Spalte
1 Pflanze aufrecht, aus dem Wurzelstock (Rhizom) zahlreiche Stängel treibend
2 Stängel teils glatt, nicht stachelig
3 Blätter vielgestaltig, meist steif
4 Blattrand dornig gezähnt
5 Zahlreiche Blütenköpfe in doldenartiger Rispe

Foto S. 366

Verbreitungsschwerpunkt: Krautige Vegetation oft gestörter Plätze

Hauptblütezeit: Juli bis September

Inhaltsstoffe und Wirkung: Offenbar enthält die Wurzel das Sesquiterpenlacton Cnicin. Die Wurzel soll kräftigend, adstringierend und entzündungshemmend wirken und gut für die Leber sein. Gekaut soll sie Zahnschmerzen lindern.

Kohl-Kratzdistel, Kohldistel

Cirsium oleraceum

Höhe bis 1,5 m

Grundlegende Merkmale der Pflanzengattung auf S. 364

1 Ganze Pflanze weichdornig und wenig stechend
2 Aufrechter Wuchs
3 Mehrzahl der Blätter tief eingeschnitten
4 Blattrand gezähnt
5 Ungeteilte, eiförmige, bleich gefärbte Hochblätter mit scharf gesägtem Blattrand
6 Blütenköpfe in Büscheln an der Spitze der Pflanze
7 Früchte mit langem Haarkranz

Foto S. 366

Verbreitungsschwerpunkt: Gedüngte Feuchtwiesen
Hauptblütezeit: Juni bis September
Inhaltsstoffe und Wirkung: Die Pflanze enthält Gerbstoffe, Alkaloide, ätherisches Öl, Fette, Flavonoide und Inulin (Wurzel). Volksheilkundlich wird sie nur selten verwendet. Offenbar gab es für die Anwendungsgebiete besser wirkende Pflanzen. Als heißer Aufguss kann die Kohldistel innerlich bei Verdauungsschwäche, Kopfschmerzen, Gicht und Rheuma eingesetzt werden. Darüber hinaus wird auch eine beruhigende Wirkung bei schmerzhaften Krämpfen der Muskulatur und bei Zahnschmerzen beschrieben.

Sumpf-Kratzdistel

Cirsium palustre

Höhe bis 2,0 m

Grundlegende Merkmale der Pflanzengattung auf S. 364

1 Stängel aufrecht, besonders an der Basis dicht behaart
2 Dornige Blattbasis umschließt den Stängel
3 Blätter schmal, steif, unterseits weißfilzig behaart
4 Blattränder gelbdornig gezähnt
5 Blütenköpfe verhältnismäßig klein, bis 2 cm, in Büscheln angeordnet
6 Same mit auffälligem, bis 1 cm langem, federigem Haarkranz

Foto S. 366

Verbreitungsschwerpunkt: Feuchtwiesen und Bachuferfluren
Hauptblütezeit: August bis Oktober
Inhaltsstoffe und Wirkung: Siehe *Cirsium canum.*

Cirsium arvense

Cirsium oleraceum

Cirsium palustre

Cirsium vulgare

Echte Kratzdistel, Lanzett-Kratzdistel

Cirsium vulgare

Höhe bis 1 m, in Ausnahmefällen auch höher
Grundlegende Merkmale der Pflanzengattung auf S. 364

1 Stängel aufrecht, durch herablaufende Blattränder dornig geflügelt
2 Blatt in Abschnitte geteilt (fiederteilig), steif, Oberseite dornig behaart (a), Unterseite weißfilzig (b)
3 Blattabschnitte in kräftige, gelbliche Dornen auslaufend
4 Blütenköpfe groß (bis ca. 5 cm), einzeln oder zu zweien am Zweigende

Verbreitungsschwerpunkt: Ruderalgesellschaften, Acker- und Gartenunkrautgesellschaften
Hauptblütezeit: Juni bis September
Inhaltsstoffe und Wirkung: Siehe *Cirsium canum.*

Stängellose Kratzdistel

Cirsium acaule
Art ist selten
Verbreitungsschwerpunkt: Kalk-Magerrasen
Hauptblütezeit: Juli bis September
Inhaltsstoffe und Wirkung: Diese Pflanze wurde im Mittelalter bei Krampfadern innerlich als Tee und äußerlich als Breiumschlag verwendet. Die Wurzel wurde bei Zahnschmerzen gekaut.

Wollköpfige Kratzdistel

Cirsium eriophorum
Art zerstreut bis selten
Verbreitungsschwerpunkt: Ruderalgesellschaften, Acker- und Gartenunkrautgesellschaften
Hauptblütezeit: Juni bis September
Inhaltsstoffe und Wirkung: Siehe *Cirsium canum.*

Zitronengelbe Kratzdistel, Klebrige Kratzdistel

Cirsium erisithales
Art ist selten
Verbreitungsschwerpunkt: Kalk-Kiefernwälder
Hauptblütezeit: Juli bis August
Inhaltsstoffe und Wirkung: Siehe *Cirsium canum.*

Verschiedenblättrige Kratzdistel

Cirsium heterophyllum
Art ist selten
Verbreitungsschwerpunkt: Gedüngte Feuchtwiesen
Hauptblütezeit: Juli bis August
Inhaltsstoffe und Wirkung: Siehe *Cirsium canum.*

Bach-Kratzdistel

Cirsium rivulare
Art ist selten
Verbreitungsschwerpunkt: Gedüngte Feuchtwiesen
Hauptblütezeit: Mai bis Juli
Inhaltsstoffe und Wirkung: Siehe *Cirsium canum.*

Alpen-Kratzdistel, Stacheligste Kratzdistel

Cirsium spinosissimum
Art ist selten
Verbreitungsschwerpunkt: Nährstoffreiche Krautfluren
Hauptblütezeit: Juli bis September
Inhaltsstoffe und Wirkung: Siehe *Cirsium canum.*

Graue Kratzdistel

Cirsium canum
Art im Bestand gefährdet
Verbreitungsschwerpunkt: Gedüngte Feuchtwiesen
Hauptblütezeit: Juli bis Oktober
Inhaltsstoffe und Wirkung: Bei der Untersuchung von 92 Cirsium-Arten wurde eine ganze Reihe von Flavonoiden, Triterpenen, Alkaloiden, Polyacetylenen und viele weitere auch medizinisch interessante Inhaltsstoffe gefunden (Jordon-Thaden et al. 2003). Die medizinische Verwendung spielt wie bei den anderen Distelarten auch eine wohl eher untergeordnete Rolle.

Englische Kratzdistel

Cirsium dissectum
Art im Bestand gefährdet
Verbreitungsschwerpunkt: Feuchtwiesen und Bachuferfluren
Hauptblütezeit: Juni bis Juli
Inhaltsstoffe und Wirkung: Siehe *Cirsium canum.*

Knollen-Kratzdistel

Cirsium tuberosum
Art in der Schweiz und in Österreich im Bestand gefährdet
Verbreitungsschwerpunkt: Streuwiesen
Hauptblütezeit: Juni bis Juli
Inhaltsstoffe und Wirkung: Siehe *Cirsium canum.*

Witwenblumen, Knautien
Knautia
Kardengewächse (Dipsacaceae)

Acker-Witwenblume, Wiesen-Knautie
Knautia arvensis (Artengruppe)

Höhe bis 0,8 m
1 Ganze Pflanze behaart
2 Untere Blätter häufig ungeteilt (a), nach oben hin stärker eingeschnitten (b)
3 Blütenköpfe flach
4 Randblüten größer als die inneren Blüten
5 Einzelblüten im Unterschied zur ähnlichen Tauben-Skabiose (*Scabiosa columbaria*, S. 489) vierteilig, jene fünfteilig
6 Früchte bis etwa 0,5 cm groß

Verbreitungsschwerpunkt: Gedüngte Frischwiesen und -weiden
Hauptblütezeit: Juli bis August
Verwendung in der Ernährung: Vor allem vor der Blüte von April bis Juli können die jungen Blätter in kleinen Mengen Salaten und Rohkost [1] beigegeben werden. Sie sind etwas bitter, können aber gemildert werden. Dazu legt man sie in rohem Zustand klein geschnitten für circa 2 Stunden in handwarmes Wasser. So bilden sie dann auch eine herbe Beigabe zu Hackkräutermischungen ([15.1][15.2][15.5]) und sind sehr zu empfehlen in Kartoffelsalat. Des Weiteren sind sie eine gute Zutat für Gemüsesuppen [3.1], Fonds oder gedünstetes bzw. gedämpftes Gemüse [7] sowie in Bratlingen [4] oder Krautgemüsebroten [21.1]. Laut Marzell 1958 nannte man sie früher auch »Spinatblume«, was sicher mit ihrer Verwendung zu tun hatte.

Die eleganten, geschmacklich milden Blüten kann man von Juli bis August als essbare Dekoration nutzen. Sie werden aus dem Blütenstand gezupft und trocken gereinigt. Anschließend streut man sie über diverse Gemüsegerichte, Salate [1], Butterbrote [15.1] oder auch Süßspeisen [17].

Inhaltsstoffe und Wirkung: Die Pflanze enthält ätherisches Öl, Flavonoide, Bitterstoffe, Gerbstoffe und Glykoside. Die Acker-Witwenblume wird heute in Kräuterbüchern nur noch selten erwähnt. Früher war sie eine angesehene Heilpflanze, deren Einsatz man sogar bei Pest und Epilepsie versuchte. Das frische Kraut kann zu einer alkoholischen Tinktur oder einem Tee verarbeitet und zur Blutreinigung oder als harntreibendes Mittel verwendet werden. Des Weiteren wirkt sie lindernd bei Halsentzündungen, Husten und anderen Infektionen. Äußerlich wurde die Pflanze zur Wundheilung und zur Behandlung von Flechten und Furunkeln verwendet. Die homöopathische Urtinktur soll die Redelust wecken.

Ungarische Witwenblume
Knautia drymeia
Art im Bestand gefährdet
Verbreitungsschwerpunkt: Bergmischwälder, Waldränder
Hauptblütezeit: Mai bis September
Verwendung in der Ernährung: Die Blütenknospen kann man als Gemüse verwenden.

Melden
Atriplex
Fuchsschwanzgewächse (Amaranthaceae)

Grundlegende Merkmale: Die Blätter dieser Gattung sind meist wechselständig am Stängel angeordnet, selten gegenständig.

Die Blattform variiert stark. Die Blüten sind zu knäueligen Teilblütenständen zusammengefasst. Die Frucht ist von 2 Vorblättern umschlossen.

Verwendung in der Ernährung: Alle unten aufgeführten mitteleuropäischen Melde-Arten sind im Grundgeschmack spinatig bis nussig, milde Pflanzen, die in der Küche in vielerlei Gemüsegerichten und als Mehlbeimischungen Verwendung finden. So wurden sie schon immer gerne als Zweiternte neben den Kulturpflanzen von den Feldern geholt und zu einer Spinatspezialität verarbeitet. In Mischgemüsezubereitungen setzt man die Melden gerne als mildernden Akzent zu anderen strengeren und sauren Aromen. Nur die Portulak-Salzmelde *(Atriplex portulacoides)* ist etwas strenger im Geschmack.

Die zarten, faserarmen, jungen Blätter und Blattsprosse der Melde nutzt man von April bis Juni als feste Grundlage in Salatspeisen [1] oder gekocht wie Mangold und Spinat [9.1] sowie als gedämpftes Gemüse [7]. Sie ergeben außerdem hervorragende Gemüsesuppen [3.1] und -füllungen [10]. Die Blattstiele sollten dabei am besten noch so weich sein, dass sie sich mit den Fingern zerreiben lassen. Im Frühsommer kann man die geschälten Triebspitzen im Ganzen spargelartig oder als Stängelgemüse [7.2] zubereiten bzw. in Salaten und als Rohkost [1] genießen. Man sollte beim Ernten darauf achten, dass die Triebe gut beugbar und im Zentrum noch nicht vermarkt sind. Ganz oder in kleine Stücke geschnitten ergeben sie ein delikates Bratgemüse [8.2] und sind eine exzellente Zutat in Misch- [11] und Ofengemüsegerichten [12] sowie in Bratlingen [4], Eierspeisen [6] und in Gemüsesuppen [3.1]. Von Juli bis August nutzt man die Blütenknospen und weichen jungen Blüten als rohe Knabberei oder reicht sie zu Salaten [1] bzw. rührt sie in Saucen [14] oder Frischkäse/Quark [15.5]. Man verarbeitet sie als Kochgemüse (besonders in Püree [9.3] oder Spinat [9.1]) sowie in Ofengemüsegerichten wie Lasagne [12.1] oder Pizza [12.2]. Eine feine Beigabe sind sie auch in Hackkräutermischungen (z. B. zur Kräuterbrotzeit [15.1] oder in Kräuterbutter [15.3]). Ab September bis Oktober findet man die stärkereichen, ausgereiften Samen der Melde und drischt sie aus der Pflanze. Eine besondere Empfehlung ist Brotmehl zu großen Anteilen gemischt mit ihren Samen [21]. Dafür werden sie zuvor getrocknet und vermahlen [20]. Verwendet werden können sie auch zum Anreichern von Mischgemüsegerichten [11] und Grützen. Im Winter kann man sie als Keimsaat [2] versuchen. Es wird auch vermutet, dass früher die weichen Wurzeln der ganz jungen Pflanzen zu Wurzelgemüse [8.1] o. ä. verarbeitet wurden.

Inhaltsstoffe und Wirkung: Melden enthalten Saponine, Flavonoide, Betalaine, Vitamin C und viele Mineralstoffe. Die allermeisten Arten werden seit Urzeiten als Nahrungsmittel verwendet. Die Volksmedizin verwendet einen Tee aus dem getrockneten Kraut bei Stoffwechselstörungen und zur Blutreinigung, außerdem bei Blasen-, Leber- und Nierenbeschwerden.

Verwechslungsgefahr: Stechapfel *(Datura stramonium)* vor der Blütenentwicklung, S. 604.

Knautia arvensis

Atriplex hortensis

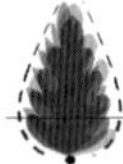

Garten-Melde
Atriplex hortensis

Höhe bis 2,5 m
Grundlegende Merkmale der Pflanzengattung auf S. 368
1 Pflanze aufrecht, oft rot überlaufen
2 Blätter ei- oder spießförmig-dreieckig, bis über 10 cm lang
3 Blattrand mit einzelnen Zähnen und seichten Buchten
4 Vorblätter der Frucht rundlich, bis 15 mm lang

Foto S. 369

Verbreitungsschwerpunkt: Ruderalgesellschaften, Acker- und Gartenunkrautgesellschaften
Hauptblütezeit: Anfang Juli bis Mitte September

Ausgebreitete Melde, Ruten-Melde
Atriplex patula

Höhe bis 1,2 m
Grundlegende Merkmale der Pflanzengattung auf S. 368
1 Pflanze reich verzweigt, die unteren Äste abstehend
2 Form der Blätter länglich bis spießförmig
3 Untere Blätter beiderseits mit je einem herausragenden Zahn im unteren Drittel
4 Blütenstände am Ende der Triebe oder in den Blattachseln angeordnet
5 Vorblätter der Frucht rhombisch, beiderseits mit 1 (bis 3) Zähnen in der unteren Hälfte

Foto S. 372

Verbreitungsschwerpunkt: Nährstoffreiche Acker- und Gartenunkrautfluren
Hauptblütezeit: Juli bis Oktober
Inhaltsstoffe und Wirkung: Neben der zusammenfassenden Beschreibung S. 269 sind die Inhaltsstoffe auch vergleichbar mit denen des Weißen Gänsefußes (*Chenopodium album* S. 207).

Verschiedensamige Melde
Atriplex micrantha
Art neuartig in Ansiedlung
Verbreitungsschwerpunkt: Ruderalgesellschaften, Acker- und Gartenunkrautgesellschaften
Hauptblütezeit: Juni bis September

Langblättrige Melde
Atriplex oblongifolia
Art zerstreut bis selten
Verbreitungsschwerpunkt: Ruderalgesellschaften, Acker- und Gartenunkrautgesellschaften
Hauptblütezeit: Juli bis September

Portulak-Salzmelde, Portulak-Steinmelde, Strand-Salzmelde
Atriplex portulacoides
Art ist selten
Verbreitungsschwerpunkt: Salzwasser- und Meeresstrandvegetation
Hauptblütezeit: Juli bis September

Glanz-Melde
Atriplex sagittata
Art zerstreut bis selten
Verbreitungsschwerpunkt: Ruderalgesellschaften, Acker- und Gartenunkrautgesellschaften
Hauptblütezeit: Juli bis September

Tatarische Melde
Atriplex tatarica
Art ist selten
Verbreitungsschwerpunkt: Ruderalgesellschaften, Acker- und Gartenunkrautgesellschaften
Hauptblütezeit: Juli bis Oktober

Lappige Melde
Atriplex laciniata
Art im Bestand gefährdet
Verbreitungsschwerpunkt: Meeresspülsäume
Hauptblütezeit: Juli bis Oktober

Spießblättrige Melde, Spieß-Melde
Atriplex prostrata (Artengruppe)
Art in der Schweiz und in Teilen Österreichs im Bestand gefährdet
Verbreitungsschwerpunkt: Krautige Vegetation oft gestörter Plätze
Hauptblütezeit: Juni bis September

Strand-Melde
Atriplex littoralis
Art in Österreich im Bestand gefährdet
Verbreitungsschwerpunkt: Meeresspülsäume
Hauptblütezeit: Juli bis August

Rosen-Melde
Atriplex rosea
Art in Österreich im Bestand gefährdet
Verbreitungsschwerpunkt: Ruderalgesellschaften, Acker- und Gartenunkrautgesellschaften
Hauptblütezeit: Juli bis September

Eisenkräuter
Verbena
Eisenkrautgewächse (Verbenaceae)

Gewöhnliches Eisenkraut
Verbena officinalis

1 Stängel vierkantig, im unteren Bereich verholzend
2 Grundform der unteren Blätter annähernd dreieckig
3 Blattrand stark eingeschnitten
4 Unscheinbare Blüte mit 5 Blütenkronblättern
5 Frucht nur etwa 2 mm groß werdend

Foto S. 372

Verbreitungsschwerpunkt: Häufig betretene und überflutete Rasen
Hauptblütezeit: Juli bis September
Verwendung in der Ernährung: Eine bitter-zitrus-aromatische Pflanze als Salatbeigabe, Tee und als Speisendekor. Der Esseindruck der Pflanze ist fest, beim Kauen geschmeidig, aber bitterlich. Die Blätter des Gewöhnlichen Eisenkrauts werden von April bis August als Beigabe zur Teegetränkbereitung eingesetzt. Der Teeaufguss aus frischen Eisenkrautblättern ist eine bekannte Heißgetränk-Spezialität. Wer sie essen möchte, sollte sie geschmacklich

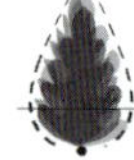

mildern, indem er sie in Streifen geschnitten circa 1 Stunde in warmem Wasser liegen lässt. Zartes, junges Kraut kann man von April bis Juni gut Bittergemüse [9.2], gedünstetem Gemüse [7] sowie Gemüsesuppen [3.1], Saucen [14] oder in kleinen Mengen auch Salaten [1] zugeben. Es ist ebenso möglich, Kräuterkartoffeln [15.2] bzw. Kräuterschnittkäse [15.4] damit zu verfeinern oder sie Wildpflanzensalz [16.1] beizumengen. Ausgereiftere Blätter werden ab Juni zum Verzehr zu bitter, sie eignen sich allenfalls noch als Aroma [18] in Wein [18.5], Spirituosen [18.6] oder Bier [18.7].

Die Blüten dienen von Juli bis September vor allem als essbare, herbwürzige Dekoration in Salat-, Rohkostspeisen [1] oder Hackkräutermischungen [15] sowie als Aroma in Spirituosen [18.6].

Inhaltsstoffe und Wirkung: Das Gewöhnliche Eisenkraut enthält ätherisches Öl, Kaffeesäurederivate (Verbascosid), Alkaloide, Iridoide (Aucubin, Catalpol, Verbenalin), Bitterstoffe, Phytosterine (Beta-Sitosterol), Gerbstoffe, Kieselsäure, Schleimstoffe und Flavonoide. Früher war das Gewöhnliche Eisenkraut eine wichtige Heilpflanze, die innerlich gegen Erkältungskrankheiten und zum Ausgleichen des Immunsystems (Immunmodulation) angewendet wurde. Heute wird sie vor allem volksmedizinisch zur Stärkung der Verdauungsorgane und des Stoffwechsels verschrieben, darüber hinaus als harntreibendes Mittel, gegen Rheuma und zur Blutreinigung. Die Pflanze kann Migräne lindern und man sagt ihr eine nervenstärkende Wirkung nach. In der volkstümlichen Frauenheilkunde wird sie außerdem zur Regulierung des Periodenzyklus eingesetzt und soll zudem Menstruationsbeschwerden und Beschwerden in den Wechseljahren lindern. Äußerlich wird das Eisenkraut traditionell zur Wundbehandlung eingesetzt. Außer zur Behandlung von Verletzungen kann man es auch bei Ekzemen und Geschwüren verwenden.

Atriplex patula

Verbena officinalis

Ackerfrauenmantel-Arten
Aphanes
Rosengewächse (Rosaceae)

Gewöhnlicher Ackerfrauenmantel
Aphanes arvensis

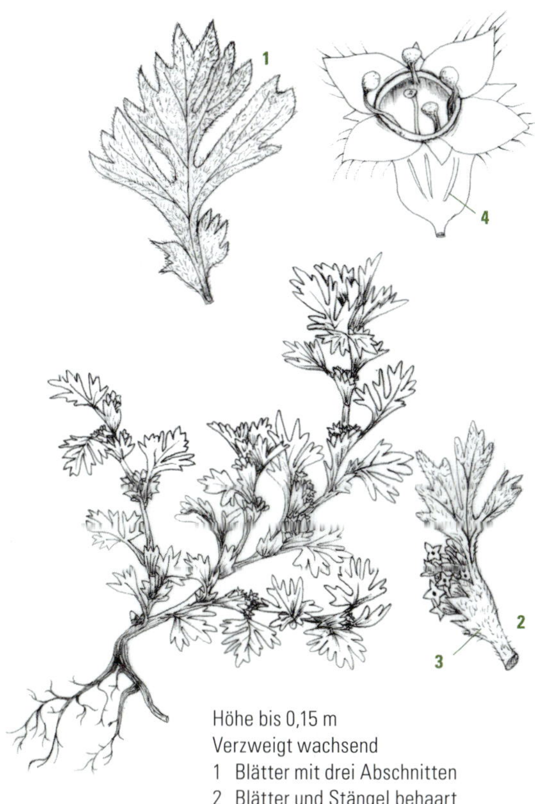

Höhe bis 0,15 m
Verzweigt wachsend
1 Blätter mit drei Abschnitten
2 Blätter und Stängel behaart
3 Nebenblätter am Blattstielansatz umfassen die gelbgrünen Blütenbüschel
4 Blütenkelch mit deutlichen Nerven

Verbreitungsschwerpunkt: Getreideunkrautfluren
Hauptblütezeit: Mai bis September
Verwendung in der Ernährung: Der Gewöhnliche Ackerfrauenmantel ist eine milde, leicht behaarte Pflanze. Man nutzte sie wie die eng verwandten Alchemilla-Arten (S. 72) für Gemüse und Feinschnittkräutermischungen. Zusätzlich wurde diese Art insbesondere gerne für den Winter eingelegt [13].
Inhaltsstoffe und Wirkung: Medizinische Verwendung wie die Alchemilla-Arten (S. 75). Außerdem bei Nieren- und Gallensteinen.

Aphanes arvensis

Weißdorn-Arten
Crataegus
Rosengewächse (Rosaceae)

Grundlegende Merkmale: Beim Großkelchigen Weißdorn sind die Blätter bis fast zum Blattzentrum eingeschnitten, beim Eingriffligen Weißdorn knapp über die Mitte und beim Gewöhnlichen Weißdorn nur im äußeren Drittel. Der Großkelchige Weißdorn hat als Besonderheit spitze, lange Kelchblätter.
Verwendung in der Ernährung: Die Früchte der hier aufgeführten mitteleuropäischen Weißdorn-Arten und deren Kreuzungen untereinander erntet man von August bis September. Sie schmecken mehlig-fruchtsüß. Man isst sie direkt roh oder nutzt sie als Zusatz zu Kompotten [17.5], Fruchtmarmeladen [19.3] oder Weinen [24]. Frisch mit Mehl gemischt und erwärmt bereitete man sie auch zu Brei. Die entkernten Fruchtschalen mit dem anhaftenden weichen Fruchtfleisch sind gesüßt, mit etwas Mehl vermischt und in der Pfanne geröstet ein Süßspeisengenuss. Die getrockneten Früchte samt der Fruchthaut brüht man als Tee [22.1] auf oder vermahlt sie zur Streckung von Getreidemehl [20]. Wenn man den Samen der Früchte schrotet und röstet, dann lässt sich daraus eine Art Kaffee [23] aufbrühen.

Crataegus laevigata (Blüten)
Crataegus laevigata (Früchte)
Crataegus monogyna (Blüten)
Crataegus monogyna (Früchte)

Mit ganz jungen, gerade aus den Knospen sprießenden, zarten Blättern, die man im April erntet, lassen sich Spirituosen aromatisieren [18.6]. Man kann sie aber auch direkt roh naschen oder als Beigabe zu verschiedenen Salaten [1] einsetzen. Die jungen Blätter und Blüten besitzen einen nuss-mandelartigen Geschmack. Ausgereiftere Blätter im Sommer nutzt man zur Teebereitung [22.1] oder zur Herstellung von Kräuterwein (herzwirksam!) [18.5].

Die stark duftenden Blüten verarbeitet man von Mai bis Juni zu süßen Dessert-Gerichten, oder man mischt sie in Zucker, um diesen zu aromatisieren [18.2]. Man kann sie auch über Salate streuen oder ihr Aroma in Sorbets [17.7] und Likören [18.6] nutzen. Im April, wenn die Blüten noch ungeöffnet sind, nutzt man die Blütenknospen als Gemüsebeigabe oder legt sie ähnlich wie Kapern [16.11] ein.
Inhaltsstoffe und Wirkung: Die Pflanzen enthalten Flavonoide (hauptsächlich Procyanidine, Hyperosid und Rutosid), diese sind in den Früchten in deutlich niedrigerer Konzentration enthalten. Außerdem enthalten sie biogene Amine. Die Wirkstoffe besitzen keine Ähnlichkeit mit den Alkaloiden des ebenfalls herzwirksamen Fingerhutes. Die Blüten enthalten bis zu 0,15 % ätherisches Öl. Arzneilich werden Blätter, Blüten und Früchte von *C. monogyna* und *C. laevigata* verwendet. Die medizinischen Wirkungen wurden erst in der Neuzeit entdeckt. Klinisch untermauert ist die durchblutungsfördernde Wirkung auf die Herzkranzgefäße, die Blutdruckregulation (insbesondere Blutdrucksenkung) sowie der Einsatz bei Herzbeschwerden verschiedenster Ausprägung, sofern diese nicht organisch bedingt sind. Die Pflanze eignet sich ebenfalls zur Nachbehandlung von Herzinfarkten. Die positiven Wirkungen treten jedoch erst nach längerfristigem Gebrauch ein. Die Arten *C. monogyna* und *C. laevigata* zeichnen sich dabei durch eine ausgezeichnete Verträglichkeit und das Fehlen von Nebenwirkungen aus. Es darf angenommen werden, dass auch *C. rhipidophylla* über ähnliche Inhaltsstoffe und Wirkungen verfügt.

Gewöhnlicher Weißdorn, Zweigriffliger Weißdorn
Crataegus laevigata

Verbreitungsschwerpunkt: Laubwälder und Gebüsche
Hauptblütezeit: Anfang Mai bis Ende Mai

Eingriffliger Weißdorn, Hagedorn, Hagdorn
Crataegus monogyna

Verbreitungsschwerpunkt: Gebüsche und Hecken
Hauptblütezeit: Anfang Mai bis Ende Juni

Großkelchiger Weißdorn
Crataegus rhipidophylla

Foto S. 376

Varietät *C. rhipidophylla* var. *lindmannii* in Österreich im Bestand gefährdet

Verbreitungsschwerpunkt: (Hainbuchen-)Mischwälder, Waldmantelgebüsche und Hecken
Hauptblütezeit: Juni

Schneeball-Arten
Viburnum
Moschuskrautgewächse (Adoxaceae)

Gewöhnlicher Schneeball
Viburnum opulus

Gefahrenstufe bei der Verwendung: **
Verbreitungsschwerpunkt: Laubwälder und Gebüsche
Hauptblütezeit: Anfang Mai bis Ende Juni
Verwendung in der Ernährung: Die Früchte des Gewöhnlichen Schneeballs erntet man im September, wenn sie reif, aber nicht überreif sind, denn Überreife erzeugt einen unangenehmen bis üblen Geschmack. In kleinen Mengen kann man die Früchte so als bitter-saure Beigabe in süße Sauce [17.2] mengen. Früher nutzte man sie auch als Aroma in Gelee [18.1], Sirup [18.4] und Marmelade [19.3] bzw. als Trockengewürz [16.2] oder Würze in Kräuteröl [16.4]. Denkbar wären die Früchte auch als Würzbeigabe in Chutney [16.9] oder Würzmus [16.10] bzw. als Aroma speziell in Spirituosen [18.6].

Luftgetrocknete Blätter wurden angeblich von April bis August als Rauchtabakbeimischung [25] verwendet (Vorsicht, siehe im Folgenden).
Inhaltsstoffe und Wirkung: Blätter und Rinde gelten als leicht giftig und können Übelkeit sowie eine Entzündung der Verdauungsorgane bewirken. Die Früchte sind in Maßen essbar; unreif und in großen Mengen eingenommen können jedoch auch sie zu Erbrechen und Durchfall führen. Vgl. Roth et al. 1994. Ähnliches gilt auch für den Wolligen Schneeball *(Viburnum lantana)*.

Medizinisch verwendet wird die frische Rinde. Sie enthält krampflösend wirkende Bitterstoffe (Viburnin), Glykoside (Astralagin), Flavonoide, Cumarine (Scopoletin), Triterpene und Oxalate. In den Früchten außerdem Saponine, Gerbstoffe und Pektin. Der Rinde wird eine ent-

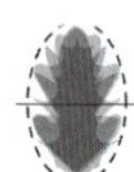

krampfende Wirkung auf die Gebärmutter nachgesagt. Früher nutzte man sie vor allem in der Frauenheilkunde, bei Menstruations- und Wechseljahrsbeschwerden und zur Erleichterung der Geburt. Während der Schwangerschaft sollte man sie allerdings nicht anwenden. Die Rinde wird heute nur noch in der Homöopathie bei Menstruationskrämpfen eingesetzt.

Wolliger Schneeball
Viburnum lantana
Art zerstreut bis selten
Gefahrenstufe bei der Verwendung: **
Verbreitungsschwerpunkt: Kalkwälder, Waldränder, Gebüsche
Hauptblütezeit: April bis Mai
Verwendung in der Ernährung: MACHATSCHEK 2010 vermutet, dass die Früchte früher ausgereift in der Nahrung genutzt wurden. In Bayern ließ man sie laut Angaben in den Scheunen nachreifen. Genaue Informationen zur Verarbeitung liegen uns nicht vor. Im osteuropäischen Raum gibt es Hinweise, dass die Beeren ausgereift gelutscht wurden.
Inhaltsstoffe und Wirkung: In der Rinde des Wolligen Schneeballs finden sich giftige Triterpene (Amyrine). Die Blätter enthalten Leucoanthocyane. Bzgl. der Giftwirkung siehe Gewöhnlicher Schneeball *(Viburnum opulus)*. Wegen der enthaltenen Gerbstoffe nutzte man die Pflanze früher zum Gurgeln bei Entzündungen im Mund und am Zahnfleisch. Offenbar wirkt die Pflanze stärkend und entkrampfend auf die Gebärmutter. In der amerikanischen Volksmedizin verwendete man einige nicht eindeutig definierte Schneeballarten zur Behandlung einer Vielzahl von Beschwerden im Zusammenhang mit der Menstruation oder der Geburt. Die Pflanze genoss diesbezüglich einige Wertschätzung. So setzte man sie zur Vorbeugung von Missgeburten und zur Behandlung von nervösen Begleiterscheinungen der Schwangerschaft ein. Die Äste des Strauches eignen sich wegen ihrer Elastizität bei gleichzeitig bestehender Bruchfestigkeit gut zur Herstellung von Pfeilschäften. Dies wusste auch der Gletschermann Ötzi, bei dem man entsprechende Pfeile fand.

Lattiche
Lactuca
Korbblütengewächse (Asteraceae)

Inhaltsstoffe und Wirkung: Der Milchsaft aller hier folgenden mitteleuropäischen Lactuca-Arten kann Kontaktallergien auslösen, er wurde aber auch zur Behandlung von Warzen eingesetzt. Die Pflanze und insbesondere der Milchsaft enthalten Bitterstoffe (Sesquiterpenlactone), Tri-

Crataegus rhipidophylla

Viburnum opulus

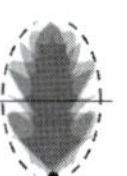

terpene, Flavonoide, Cumarin und pilzabtötende Phytoalexine. Die Pflanze liefert Eisen und Vitamine. Früher wurde der eingedickte Milchsaft als beruhigendes und hustenreizstillendes Mittel verwendet. Vorsicht wegen o.g. Kontaktallergien! Neueren Forschungen zufolge sind einzelne Bitterkomponenten gegen den Malariaerreger *(Plasmodium falciparum)* wirksam.

Wilder Lattich, Kompass-Lattich, Stachel-Lattich

Lactuca serriola

Verbreitungsschwerpunkt: Krautige Vegetation oft gestörter Plätze
Hauptblütezeit: Juli bis September
Verwendung in der Ernährung: Die Pflanze schmeckt streng wie der Strunk eines Kopfsalates und wird mit der Reife im Laufe des Jahres bitterer. Der Kompass-Lattich hat von April bis Juli weiche, junge Blätter. Diese sind ein feinherbes Gewürzkraut für Kartoffel-Eierkuchen (Tortilla) und können auch sehr gut roh als bitterherbe Beigabe in Salat- und Kräuterhackgerichten [15] oder in Frischkäse als Brotbelag genutzt werden. Erwärmt dienen sie als Zutat in Spinat [9.1], Gemüsesuppen [3.1], Gemüsefüllungen [10] oder gedünstetem Gemüse [7]. Bevor im Juli die Blüte beginnt, kann man die geschälten, zartweichen Stängelspitzen als leicht bittere, rohe Knabberei [1], als Stängel- [7.2] oder Bittergemüse [9.2] verwenden. Zur Rohkostverwendung spült man den Saft aus den fein geschnittenen Blättern und Stängeln gerne heraus, um den Geschmack zu mildern.

Von Juli bis September können die Zungenblüten ausgezupft und kandiert [17.4] oder als farbliche Bereicherung in Wildpflanzensalz [16.1] sowie als getrocknetes Schmuckgewürz [16.2] zu vielerlei Gerichten genutzt werden. Die Wurzeln sind sehr faserreich, können aber von September bis ins Frühjahr hinein geerntet und fein geschnitten als herbes Gewürz verwendet werden. Der weiße Saft wurde getrocknet in kleinen Mengen genascht. – Siehe auch »Inhaltsstoffe und Wirkung«.

Lactuca serriola

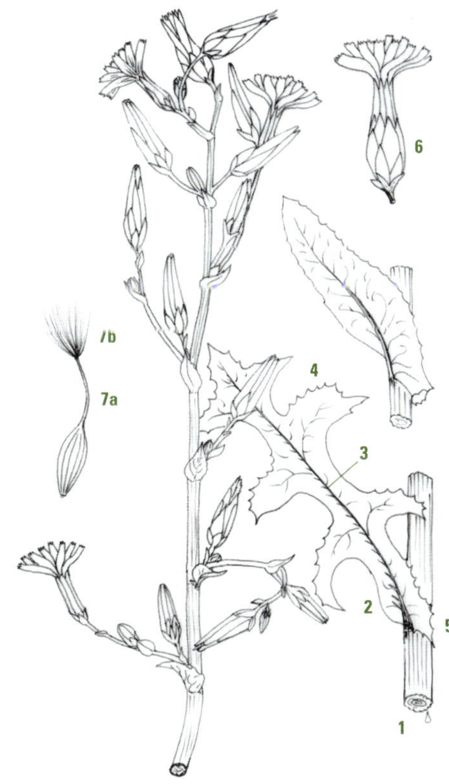

Höhe bis 1,5 m

1 Blätter und Stängel enthalten einen dickflüssigen, weißen Milchsaft
2 Blätter blaugrün und steif
3 Blattmittelnerv stark borstig
4 Blattrand gezähnt, mit tiefen Buchten
5 Blattbasis mit umfassenden Zipfeln
6 Hüllblätter ziegelartig angeordnet
7 Früchte graubraun, behaart, mit weißem Schnabel (a) und Haarkranz (b)

Blauer Lattich
Lactuca perennis
Art ist selten
Verbreitungsschwerpunkt: Kalk-Magerrasen
Hauptblütezeit: Mai bis Juli
Verwendung in der Ernährung: Eine bitterliche Pflanze für Gemüse und Salate. Von MARZELL 1958 wurde auch der Name »Bergsalat« überliefert. Die helleren, jungen, gezähnten Blätter kann man im April und Mai ernten, kurz in heißem Öl braten und anschließend salzen und trocknen. So ergeben sie feinherbe, strukturreiche Blattchips [8.5], die sich hervorragend für Quark-Dipsaucen eignen. Des Weiteren fanden sie Verwendung als Beigabe zu gedünstetem oder gedämpftem Gemüse [7] und Bittergemüse [9.2]. Fein geschnitten sind sie außerdem eine herbe Zutat zu Kräuterkartoffeln [15.2] oder -quark [15.5] bzw. in Salat- und Rohkostspeisen [1]. Die farblich schönen Zungenblüten können von Mai bis Juli ausgezupft und kandiert [17.4] werden. Man verwendet sie außerdem als Beigabe zu Sorbet [17.7] oder in einer Blütencreme [17.1] sowie als farbliche Bereicherung in Wildpflanzensalz [16.1] oder auch als getrocknetes Schmuckgewürz [16.2] zu vielerlei Gerichten.

Eichen-Lattich
Lactuca quercina
Art im Bestand gefährdet
Gefahrenstufe bei der Verwendung: *
Verbreitungsschwerpunkt: Trockenheit ertragende Eichenmischwälder
Hauptblütezeit: Juni bis September
Verwendung in der Ernährung: Die jungen Blätter des Eichen-Lattichs wurden in kleinen Mengen Hackkräutermischungen [15] oder Gemüse beigegeben. Zur Blütezeit hin könnten sich unverträgliche Wirkstoffe bilden.

Tataren-Lattich
Lactuca tatarica
Art im Bestand gefährdet
Verbreitungsschwerpunkt: Dünen, Strandheiden
Hauptblütezeit: Juli bis August
Verwendung in der Ernährung: Die jungen, bitteren Blätter wurden laut MACHATSCHEK 2010 geschnitten und mit Wasser gründlich gespült als Salatbeigabe bzw. abgekocht oder verkocht als Gemüsebeigabe verwendet.

Ruten-Lattich
Lactuca viminea
Art im Bestand gefährdet
Verbreitungsschwerpunkt: Lichte Wälder, steinige Hänge
Hauptblütezeit: Juli bis August
Verwendung in der Ernährung: Vergleichbar mit *Lactuca tatarica*.

Rainkohl
Lapsana
Korbblütengewächse (Asteraceae)

Rainkohl
Lapsana communis

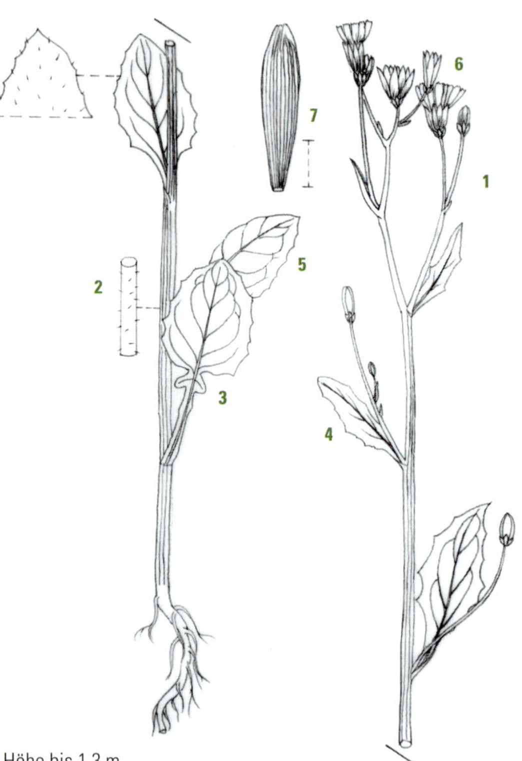

Höhe bis 1,3 m
1 Der Rainkohl ist in der oberen Hälfte reich verzweigt
2 Blatt und Stängel enthalten Milchsaft und sind meist spärlich behaart
3 Die tiefer sitzenden Blätter sind mehrteilig und bestehen aus kleinen paarigen Blattlappen und einem großen Endabschnitt
4 Die oberen Blätter sind eiförmig oder länglich
5 Blattrand gezähnt
6 Zahlreiche, gelbe Blütenköpfchen
7 Früchte gerippt, etwa 4 mm lang

Foto S. 380

Verbreitungsschwerpunkt: Schleier- und Krautgesellschaften im Halbschatten
Hauptblütezeit: Juni bis August
Verwendung in der Ernährung: Der Grundgeschmack der herben Pflanze erinnert an Chicorée und Kohl. Die jungen, weichen Triebspitzen und Sprosse lassen sich von April bis Mai als zartes Stängelgemüse [7.2] oder auch als Salat [1] zubereiten. Zarte, weiche Blätter des Rainkohls

nutzt man von April bis Juni als Beigabe zu verschiedenen Kräutersalaten [1]. In Streifen geschnitten geben sie Suppen [3.1] oder gedünstetem Spinat [9.1] etwas Fülle. Gut können sie auch in Quiche und Omelette [6.1] eingearbeitet oder einer frischen Hackkräutermischung [15] beigemengt werden. Die feinherben Rainkohlblätter, in Streifen geschnitten und in den Belag von Lauchkuchen gemischt, füllen bzw. bereichern das Laucharoma sehr gut. Die kleinen Blüten ergeben ausgezupft eine feine gelbe, essbare Dekoration. Man kann sie aber auch in frisch aufgeblühtem oder knospigem Zustand unter einen Salat [1] mischen.

Inhaltsstoffe und Wirkung: Die Pflanze enthält Mineralstoffe, Schleim und Bitterstoffe und Inulin (insbesondere in der Wurzel). Blätter und Milchsaft finden sich in medizinischen Zubereitungen. Ein Breiumschlag hilft bei Entzündungen. Die Pflanze beruhigt Haut und Schleimhäute. Der Milchsaft beschleunigt die Wundheilung. Aus den in Öl eingelegten Blüten kann ein wundheilendes Mittel hergestellt werden. Der Flüssigextrakt aus dem Kraut der Pflanze trägt zur Blutzuckersenkung bei. Als Tee hilft der Rainkohl gegen Lymphknotenschwellungen und Verstopfung.

Mauerlattiche
Mycelis
Korbblütengewächse (Asteraceae)

Mauerlattich
Mycelis muralis

Verbreitungsschwerpunkt: Schleiergesellschaften und Ufersäume

Hauptblütezeit: Juli bis August

Verwendung in der Ernährung: Bitterliche Pflanze als Beigabe für Gemüse, Salate und Feinschnittkräutermischungen. Die jungen Blätter des Mauerlattichs können von April bis Juli Salaten [1] beigegeben oder aufs Brot gelegt werden. Auch in Salatsaucen für Kopfsalatzubereitungen werden sie gerne verwendet. Sie sind recht bitter, gemildert werden kann das, wenn sie roh und klein geschnitten für circa 2 Stunden in handwarmem Wasser ziehen. Fein gewiegt können sie roh zudem als Würze zu Kräuterquark [15.5], in Bratlingen [4], Krautgemüsebroten [21.1] und dergleichen verarbeitet werden. Auch bilden sie eine herbe Beigabe zu Suppen [3.1], Saucen [14] oder anderen herzhaften Gemüsegerichten. Im Juni kann man die Blütenknospen kapernähnlich einlegen [16.11]. Von Juli bis August eignen sich die gelben Blütenzungen als essbare Dekorationsstreu z. B. von würzigen Aufstrichen.

Inhaltsstoffe und Wirkung: Über Inhaltsstoffe ist uns nichts bekannt. Eine günstige Wirkung bei Husten und Erkältungskrankheiten ist wahrscheinlich.

Höhe bis 1,0 m

1 Stängel in der oberen Hälfte verzweigt
2 Das Blatt teilt sich in mehrere Abschnitte, der Endabschnitt ist deutlich größer und meist drei- bis fünfeckig
3 Blattrand grob gezähnt
4 Blätter langgestielt oder geflügelt
5 Lockerer Blütenstand mit zahlreichen Blütenköpfchen, diese erreichen eine Grösse von nur etwa 1 cm
6 5 gelbe Zungenblüten je Köpfchen
7 Samen bis 4 mm lang, mit kurzem Schnabel und weißem Haarkranz

Foto S. 380

Eichen
Quercus
Buchengewächse (Fagaceae)

Verwendung in der Ernährung: Die leicht bitterlichen Wildfrüchte der Eichen sind geeignet für Getränke, Mehl und Kaffee, die Blätter für Gewürze und Mehl. Alle hier aufgeführten mitteleuropäischen Eichen-Arten können gleichartig verwendet werden. Der Grundgeschmack verarbeiteter Eicheln ist zusammenziehend bis herb-nussig. Die Blätter und Schalen sind recht bitter.

Sowohl die jungreifen, als auch die ausgereiften Samen der Eiche ergeben im September ein gutes Nussmus. Dafür werden sie zuerst überbrüht und geschält und anschließend in einem Mixer püriert. Das Püree spült man dann mit etwas Wasser in einem Tuch aus. Es eignet sich zum Verfeinern von Dessert-Gerichten und Saucen, als Grundlage für Bratlinge [4] und Gebäck. Ausgereifte Früchte nutzt man im September auch als Aroma in Spirituosen [18.6].

Gibt man die Früchte mit Schale für circa drei bis vier Tage alleine in Wasser, erhält man ein bitter-erfrischendes Getränk, das man am besten eiskalt trinkt. Fein gehobelt verwendet man sie als Brotteigbeigabe (meistens in Hausbrot [21.1]), in Schokolade [17.6] und als Beigabe in Fruchtschnitten [19.6]. Wenn man sie nach dem Hobeln in reichlich warmem Wasser spült, werden dadurch die Bitterstoffe etwas verringert. Zuweilen findet man mildere Eicheln, die man z. B. zur Kräuterbrotzeit [15.1] direkt auf ein Butterbrot hobeln kann. Geröstet und vermahlen kann man aus den Früchten den bekannten Eichelkaffee aufbrühen [23]. Wenn man sie extrem fein pulverisiert und mit Puderzucker und Fett mischt, kann man daraus sogar Eichelschokolade herstellen. Gemahlen eignen sie sich auch als Streckmehl für Gebäck [20]. Aus den geschälten, fein vermahlenen und anschließend im Tuch mit Wasser gespülten Samen wird z. B. gerne zusammen mit Getreidemehl ein nussiger Plätzchenteig hergestellt.

Früher wurden auch die Fruchtschalen der jungreifen, noch grünen Eicheln getrocknet und zu Streckmehl [20] pulverisiert. Die jungen Frühjahrs-Blätter, mit noch weichen Blattstielen, lassen sich von März bis April getrocknet und vermahlen allenfalls Wildpflanzensalz [16.1] beimengen, da sie sehr bitter sind. Evtl. kann man sie als Aroma in Wein [18.5], Spirituosen [18.6] oder Bier [18.7] geben. In Notzeiten wäre es möglich, sie fein geschnitten als Bittergemüse [9.2] zu verarbeiten. Die getrockneten Blätter aus

Lapsana communis

Mycelis muralis

dieser Jahreszeit eignen sich als Beimischung zu Rauchtabak [25] oder pulverisiert als herbes Streckmehl [20].
Inhaltsstoffe und Wirkung: Eichenrinde enthält bis zu 20 % Gerbstoffe, Flavonoide und Triterpene. Sie wird arzneilich bei juckenden und entzündlichen Hauterkrankungen und zum Gurgeln verwendet. Die Anwendung erfolgt vorwiegend in Form von Waschungen oder Bädern. Diese sind auch bei Hämorrhoiden, Gebärmutterentzündung, übermäßigem Fußschweiß und zur Schlafförderung hilfreich. Innerlich kann die Rinde bei Durchfall eingesetzt werden. Die (gerösteten) Eicheln enthalten vermutlich Vitamin A. Der daraus bereitete Kaffee wurde früher rachitischen Kindern verabreicht. Er soll aber auch bei Melancholie, Gicht und schwacher Verdauung hilfreich sein. Die Eicheln sind reich an Proteinen und Kohlenhydraten. Ihr Gerbstoffgehalt unterliegt starken Schwankungen.

Trauben-Eiche, Winter-Eiche, Pyramiden-Eiche

Quercus petraea

Verbreitungsschwerpunkt: Eichen-Mischwälder
Hauptblütezeit: Anfang Mai bis Ende Juni

Stiel-Eiche, Sommer-Eiche

Quercus robur

Grundlegende Merkmale: Fruchtstiele sind viel länger als die Blattstiele, dadurch unterscheidet sie sich deutlich von der Trauben-Eiche, deren Früchtestiele kaum gestielt sind.
Verbreitungsschwerpunkt: Eichen-Mischwälder
Hauptblütezeit: April bis Juni

Zerr-Eiche

Quercus cerris
Art ist selten
Verbreitungsschwerpunkt: Trockenheit ertragende Eichenmischwälder
Hauptblütezeit: Mai bis Juni

Flaum-Eiche

Quercus pubescens
Art im Bestand gefährdet
Verbreitungsschwerpunkt: Trockenheit ertragende Eichenmischwälder
Hauptblütezeit: April bis Mai

Quercus petraea

Quercus robur

Senfe
Sinapis
Kreuzblütengewächse (Brassicaceae)

Verwendung in der Ernährung: Der Grundgeschmack der hier erwähnten mitteleuropäischen Arten ist natürlich senfartig. Die scharfen Blätter, jungen Triebe und Stängel gebraucht man von April bis Juni als Küchengewürz in verschiedenen Salaten [1] und Suppen [3.1], zu Kräuterquark, Kräuterbutter [15.5][15.3] oder Pesto [16.6] sowie in Aufläufen wie Lasagne [12.1], Gemüsegerichten [7–9] und Gemüsefüllungen [10]. Möchte man größere Mengen als Gemüse nutzen, sollte man die Schärfe zuvor etwas auskochen.

Die knospigen Blütenstände kann man zum Mildern kurz dünsten und als Gemüse oder als Beigabe in Salaten [1], Rührei [6.3] und Omelett [6.1], für eingelegtes Gemüse in Wein [13.3] und auch als Sauerkraut [13.4] nutzen. Die offenen Blütenstände eignen sich als würzige Speisendekoration.

Die jungen grünen, noch zarten Samenhülsen verwertet man meistens im Juni, aber auch noch bis in den August als scharfes Frischgewürz zu diversen Speisen. Die ausgereiften Samen kann man von September bis Oktober mit etwas Essig und Salz zu Senf vermaischen [16.8] oder zu einem Würzöl [16.3] auspressen. Bekannt sind sie als Keimsaat [2] auf der Fensterbank: Sie liefern frische Würze und Vitamine im Winter.

Die rettich-schärflichen Wurzeln können im Frühjahr fein gewiegt in Joghurtdips und dergleichen als Gewürz verwendet werden.

Inhaltsstoffe und Wirkung: Senf wird seit dem Altertum als Heil- und Nahrungspflanze verwendet. Die Samen enthalten fettes Öl, Glucosinolate (Sinalbin), Schleimstoffe, Phenylpropanderivate (Sinapin) und Triterpene. Der Acker-Senf ist milder als der Weiße Senf. Aus den zerstampften Samen können Breiumschläge gemacht werden, die hautreizend wirken und dadurch die Durchblutung fördern. Sie bringen bei Gelenkserkrankungen und Rheuma Linderung. Eine derartige Anwendung senkt außerdem Fieber und wird bei Husten und Bronchitis eingesetzt. Um die Hautreizung in Grenzen zu halten, sollte man vor dem Auftragen der Senfmasse unbedingt eine fetthaltige Salbe auftragen. Das Senfpflaster darf nicht länger als eine halbe Stunde auf der Haut bleiben. Als Gewürz hilft der Senf bei Verdauungsschwäche und ist stoffwechselanregend. Die Traditionelle Chinesische Medizin ordnet die Pflanze der Lunge zu und setzt sie bei allen Erkrankungen der Lunge ein.

Acker-Senf, Wilder Senf
Sinapis arvensis

Höhe bis 0,6 m

1 Blätter in der oberen Stängelhälfte länglich geformt und sitzend angeordnet
2 Bodennahe Blätter aus 1–3 Teilblattpaaren und einem großen Endblatt zusammengesetzt
3 Kelchblätter zur Blütezeit abstehend
4 Frucht mit langem Schnabel (a), am Rande gewellt (b)

Verbreitungsschwerpunkt: Getreideunkrautfluren
Hauptblütezeit: April bis Oktober

Weißer Senf, Gelber Senf
Sinapis alba
Art in Österreich im Bestand gefährdet
Verbreitungsschwerpunkt: Ruderalgesellschaften, Acker- und Gartenunkrautgesellschaften
Hauptblütezeit: Juni bis September

Hirtentäschel

Capsella

Kreuzblütengewächse (Brassicaceae)

Echtes Hirtentäschel

Capsella bursa-pastoris

Höhe bis 0,7 m

1 Bodennahe Blätter gestielt
2 Obere Blätter umfassen den Stängel mit spitzen Öhrchen
3 Blüte nur bis ca. 3 mm lang
4 Kelchblätter zur Zeit der Blüte anliegend
5 Frucht ein dreieckiges namengebendes Schötchen (»Hirtentäschel«)
6 Schötchen vom Stängel abstehend angeordnet

Verbreitungsschwerpunkt: Ruderalgesellschaften, Acker- und Gartenunkrautgesellschaften

Hauptblütezeit: Januar bis Dezember

Verwendung in der Ernährung: Man kann im Frühjahr an noch nicht blühenden Pflanzen die schärflich würzige Wurzel ernten, solange diese noch zart ist. Gesäubert wird sie in der Küche zu einem guten Frisch- oder Trockengewürz [16.2] oder fein zerschnitten zu Würzmus verarbeitet [16.10]. Zarte Blätter von März bis September schmecken rucolaaromatisch und lassen sich als Gemüse gut dämpfen

Sinapis arvensis

Capsella bursa-pastoris

oder als Spinat [9.1], in Omelett [6.1], zu Saucen [14] und in Gemüsesuppen [3.1] zubereiten. Genauso kann man sie jedoch auch in Salate [1] schneiden oder roh auf Brote [15.1] und Pizzen sowie in Kräuterkartoffeln [15.2] servieren. Zur Bevorratung werden die Blätter zuweilen auch getrocknet. Von April bis Juli ergeben die noch knospigen Blütenstände samt dem oberen Teil des Blütenstängels ein zartes, kurz gebratenes Pfannengemüse [8.2] sowie gedünstetes Gemüse [7]. Sie sind eine würzige Beigabe in Mischgemüsegerichten [11] oder Salaten [1], können aber auch mariniert und eingelegt [13] oder zu Pesto verarbeitet werden [16.6]. Die Blüten und Samen eignen sich ab Mai bis in den Herbst hinein gut als dezent würzige, essbare Dekoration auf Salaten [1] oder Suppen [3.1]. Aus den Samen gewinnt man von Juni bis September eine Art Senf, indem man sie schrotet, presst und mit Essig und Salz abschmeckt [16.8]. Schon früher wurden die jungen, herzförmigen Samentäschel als spezielles, nach Senfsaat schmeckendes Gewürz auch zu sauer Eingelegtem [13.2] verwendet.
Inhaltsstoffe und Wirkung: Das Hirtentäschel enthält Aminosäuren, insbesondere Prolin, Saponine, geringe Mengen an Flavonoiden, u. a. Rutin und Luteolin, organische Säuren, Glucosinolate und Kaffeesäurederivate. Die Pflanze ist reich an Calcium und Kalium; 100 g Blätter enthalten bis zu 177 mg Vitamin C. Volksmedizinisch wurde die Pflanze zur Blutstillung bei oberflächlichen Wunden, Nasen- und Monatsblutungen verwendet. Früher nutzte man sie als Ersatz für das Mutterkorn bei Blutungen der Gebärmutter. In der Homöopathie wird das Hirtentäschel bei Blutungen, Gallen- und Nierenerkrankungen eingesetzt.

Schaumkressen
Cardaminopsis
Kreuzblütengewächse (Brassicaceae)

Verwendung in der Ernährung: Die Grundrosettenblätter der hier aufgeführten mitteleuropäischen Arten haben einen ausgeprägten Kressegeschmack. Sie finden im Frühjahr gerne Verwendung in verschiedenen Gerichten, z. B. in gedünstetem Gemüse [7], in Gemüsefüllungen [10], Ofengemüsegerichten [12] und Suppen [3.1] oder frisch als Küchengewürz sowie als Beigabe in verschiedenen Salaten [1], Kräuterquark [15.5], Kräuterbutter [15.3] oder Pesto [16.6]. Eine reiche Vitaminquelle sind sie frisch geerntet und fein gehackt auch in einer Kräuterbrotzeit [15.1]. Die Blüten und Knospen samt der zarten Blütenstängel eignen sich von Frühjahr bis Sommer als schärflich-würzige, essbare Dekoration. Man genießt sie auch kurz gebraten [8.2], in Bratlingen eingearbeitet [4] oder als eingelegtes Gemüse [13] und gibt sie außerdem gerne in Salate, Rohkostspeisen [1] und Saucen [14]. Die Samen im Sommer eignen sich gut als Gewürz z. B. für Salatsaucen. Sie können aber auch bevorratet und im Winter als Keimsaat auf der Fensterbank [2] genutzt werden. In größeren Mengen ließe sich aus ihnen auch ein Öl pressen [16.3]. Die jungen, fein geschnittenen Wurzeln dienen als Würzbeigabe zu herzhaften Gerichten und getrocknet als scharfes Gewürz [16.2].

Sand-Schaumkresse, Sandkresse
Cardaminopsis arenosa

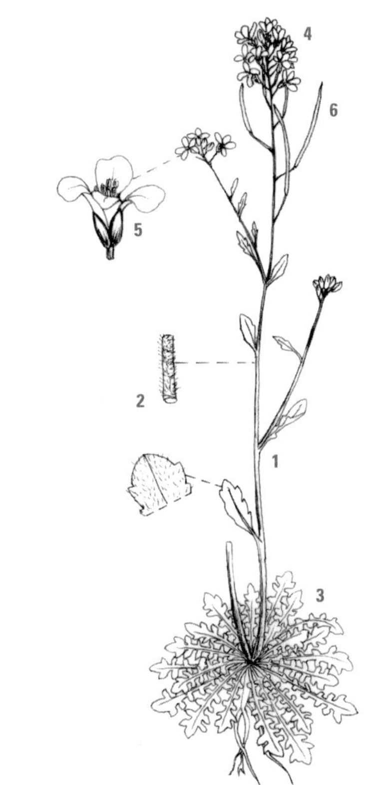

Höhe bis 0,4 m
1 Wuchs aufrecht, oft mehrstängelig
2 Pflanze behaart
3 Die Grundblätter sind am Rande unterschiedlich stark eingeschnitten
4 Blüten in lockeren bis dichten Trauben
5 Kelchblätter in etwa halb so lang wie die Kronblätter
6 Früchte aufrecht, wesentlich länger als ihre Stiele

Verbreitungsschwerpunkt: Lockere Sand- und Felsrasen, Ruderalgesellschaften, Acker- und Gartenunkrautgesellschaften
Hauptblütezeit: April bis August
Inhaltsstoffe und Wirkung: Siehe *Cardaminopsis halleri.*

Hallers Schaumkresse, Wiesen-Schaumkresse
Cardaminopsis halleri
Art ist selten
Verbreitungsschwerpunkt: Gedüngte Frischwiesen und -weiden
Hauptblütezeit: April bis Juni
Inhaltsstoffe und Wirkung: Über spezielle Inhaltsstoffe und medizinische Wirkungen ist uns nichts bekannt. Die Eigenschaft, Schwermetalle aus dem Boden in ihren Blättern abzulagern, wird zur Reinigung kontaminierter Böden genutzt. Beim Sammeln sollte man auf diesbezüglich ungünstige Standorte achten.

Felsen-Schaumkresse
Cardaminopsis petraea
Art ist selten
Verbreitungsschwerpunkt: Felsspalten- und Mauerfugengesellschaften
Hauptblütezeit: Mai bis Juli
Inhaltsstoffe und Wirkung: Siehe *Cardaminopsis halleri.*

Wegwarten
Cichorium
Korbblütengewächse (Asteraceae)

Wegwarte, Blauwarte
Cichorium intybus

Verbreitungsschwerpunkt: Ruderalgesellschaften, Acker- und Gartenunkrautgesellschaften
Hauptblütezeit: Juli bis September
Verwendung in der Ernährung: Fein-bittere, chicorée-aromatische Pflanze für Salate, Gemüse, Kaffee oder Rauchtabak.

Die Wegwarte bietet im zeitigen Frühjahr (circa April) sehr zarte Blätter, die als Grundlage für verschiedene Winter- und Frühjahrssalate [1] eingesetzt werden können. Die Blätter, die sich von April bis Juli entwickeln, eignen sich dann immer noch gut zu Spinaten [9.1], üblichen Gemüsegerichten, Suppen [3.1] und Saucen [14]. Später während der Blütezeit, von Juli bis September, sind die Blätter bitter. Insbesondere für Salate empfiehlt es sich nun, sie vor der

Cardaminopsis arenosa

Cichorium intybus

Höhe bis 1,5 m
1 Stängel vor allem in der oberen Hälfte sparrig verzweigt
2 Blätter tief eingeschnitten (a), Unterseite borstig behaart (b)
3 Zahlreiche Blütenköpfe, den Achseln kleiner Hochblätter entspringend
4 Blütenköpfe mit blauen Zungenblüten, Durchmesser bis zu 5 cm
5 Früchte bis 2,5 mm lang, mit kurzen Schuppen an der Spitze

Zubereitung zu wässern oder zu blanchieren. Getrocknet verwendete man sie von April bis September auch als Tabakersatz [25].

Zarte junge Pflanzenstängel können von April bis Juli als Gemüse [7] gedünstet oder gedämpft bzw. mit Teig ummantelt gebraten [8.4] werden. Die ausgezupften blauen Blüten verwendet man von Juli bis September als blauen Farbakzent auf verschiedenen Salaten und Fruchtsalaten, als Beigabe zu Brotbelägen [15.1] und auch als kandierte Leckerei [17.4]. Von September bis ins Frühjahr kann man die saftigen Wurzeln ernten. Die bekannteste Verwendung dazu ist der Cichorien-Kaffee. Hierfür werden sie fein geschnitten, getrocknet, dunkel geröstet, vermahlen und als Kaffee [23] aufgebrüht. Man kann jedoch auch Mischgemüsegerichte [11], Backgemüse [12.3] oder Bratgemüse [8] aus ihnen bereiten. Dazu schält man sie, schneidet sie klein und wässert sie vor der Zubereitung für circa zwei Stunden. Das in der Wurzel enthaltene Inulin verleiht ihr einen geschmeidigen Geschmack. Es ist eine Stärkeform, die zur Alkoholgewinnung dienen kann.

Inhaltsstoffe und Wirkung: Das Kraut und die Wurzel der Wegwarte enthalten Bitterstoffe, reichlich Inulin (bis 58 % in der Wurzel), bitter schmeckende Sesquiterpenlactone, Glykoside; Zimtsäurederivate, Cumarine und Kalium. Volkstümlich wird ein Tee zur Kräftigung, zur Stoffwechselanregung und als harn- und gallentreibendes Mittel angewandt, außerdem zur Förderung der Verdauungstätigkeit. Der Pflanze werden hervorragende Eigenschaften bei Beschwerden der Milz, die mit einer gedrückten Gemütsverfassung einhergehen, zugeschrieben. Äußerlich helfen Teeumschläge aus der Wurzel bei Hautunreinheiten und erfrischen überlastete und gerötete Augen. Die Homöopathie verwendet die Wegwarte ebenfalls bei Verdauungsschwäche.

Pippau-Arten
Crepis
Korbblütengewächse (Asteraceae)

Grundlegende Merkmale: Die Blätter dieser Gattung sind wechselständig am Stängel angeordnet und unterschiedlich gestaltet. Die Blüten sind zu Blütenköpfen vereinigt, die durch meist gelbe Zungen- und Röhrenblüten sowie einem Kranz von Hüllblättern gebildet werden. Früchte mit Haarkranz (Pappus).

Verwendung in der Ernährung: Nach Einschätzung von Machatschek 2010 wurden bei den hier erwähnten Arten aus Mitteleuropa vermutlich die jungen Blätter nach Anbraten in Fett gemüseartig als Speisenbeigabe genutzt.

Wiesen-Pippau, Zweijähriger Pippau
Crepis biennis

Verbreitungsschwerpunkt: Gedüngte Frischwiesen und -weiden

Hauptblütezeit: Mai bis Juni

Zusätzliche Hinweise zur Verwendung: Bitter-herbe Pflanze als Beigabe für Gemüse und Salate. Die jungen Blätter des Wiesen-Pippaus können im Frühjahr (von April bis Mai) Salaten [1] beigegeben werden. Dafür schneidet man sie klein und legt sie zum allfälligen Entbittern roh für circa 2 Stunden in handwarmes Wasser. Weiterhin bilden sie eine herbe Beigabe in Saucen [14] und Gemüsesuppen [3.1] oder Kochgemüse [9]. Laut Marzell 1958 wurde die Pflanze früher auch »Wilder Spinat« genannt. Man kann die Blätter in Streifen schneiden und ebenfalls roh als Würze Kräuterquark [15.5], Bratlingen, [4], Krautgemüsebroten [21.1] und dergleichen beigeben.

Ende April findet man die ersten Blütenknospen. Diese werden circa eine Stunde in Salzwasser entbittert und dann in Salate [1] und Gemüsegerichte gegeben oder kapernähnlich [16.11] bzw. in Salzlake [13.1] oder Essig [13.2]

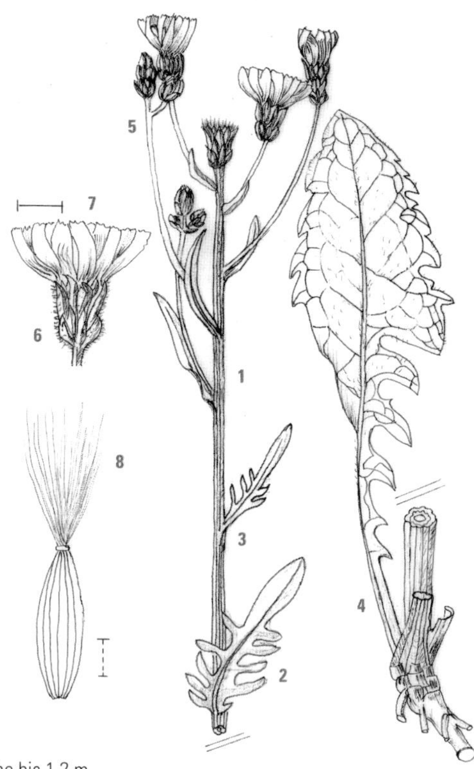

Höhe bis 1,2 m
Grundlegende Merkmale der Pflanzengattung auf S. 386
1 Wuchs aufrecht, in der oberen Hälfte verzweigt
2 Blätter stark geteilt
3 Obere Blätter sitzend angeordnet
4 Untere Blätter in einen Stiel verschmälert
5 Blütenköpfe zu mehreren am Zweigende
6 Hüllblätter außen abstehend behaart
7 Blütenköpfchen im Durchmesser bis 4 cm groß
8 Frucht mit weißem Haarkranz (Pappus), an einen Rasierpinsel erinnernd

Foto S. 389

eingelegt. Die schönen Zungenblüten von Mai bis Juni sind milder im Geschmack. Sie werden vorsichtig ausgezupft und sind eine willkommene, leicht herbe Zugabe in Dessertgerichten, z. B. in Orange-Eiscreme. Man setzt sie ebenso gut als essbare Dekorationsstreu zu Salaten [1], Kräuterbroten [15.1], Gemüsegerichten [7–12] oder Suppen [3.1] ein.
Inhaltsstoffe und Wirkung: Über Inhaltsstoffe und medizinische Wirkungen ist uns nichts bekannt.

Gold-Pippau
Crepis aurea

Höhe bis 0,3 m
Grundlegende Merkmale der Pflanzengattung auf S. 386
1 Stängel blattlos oder mit bis zu 2 unscheinbaren schuppenförmigen Blättern (a) und unverzweigt
2 Grundblätter in einer Rosette angeordnet, am Rande gezähnt und mehr oder weniger gebuchtet
3 Hüllblätter und Stängelspitzen schwarz behaart
4 Endständige, meist allein stehende Blütenköpfe orangerot gefärbt

Foto S. 389

Verbreitungsschwerpunkt: Bergwiesen, Matten
Hauptblütezeit: Juni bis September

Grüner Pippau, Kleinköpfiger Pippau

Crepis capillaris

Höhe bis 1,0 m
Grundlegende Merkmale der Pflanzengattung auf S. 386

1 Aufrechter, oben verzweigter Stängel
2 Laubblätter formenreich, unterschiedlich stark eingeschnitten
3 Stängelblätter mit pfeil- oder spießförmiger Basis
4 Blütenköpfe mit weniger als 2 cm Durchmesser verhältnismäßig klein
5 Blütenhülle flaumig behaart
6 Früchte mit schneeweißem Haarkranz

Verbreitungsschwerpunkt: Gedüngte Frischwiesen und -weiden
Hauptblütezeit: Juni bis September
Verwendung in der Ernährung: Die Verwendung entspricht der des Wiesen-Pippaus *(Crepis biennis).*
Inhaltsstoffe und Wirkung: Über Inhaltsstoffe und medizinische Wirkungen ist uns nichts bekannt.

Weichhaariger Pippau

Crepis mollis

Höhe bis 0,8 m
Grundlegende Merkmale der Pflanzengattung auf S. 386
Blattform abweichend von Blattschlüsseleinteilung S. 42

1 Pflanze mit Grundblattrosette, oben verzweigt
2 Blätter länglich eiförmig
3 Blattrand fein gezähnt bis ganzrandig
4 Stängelblätter sitzend, oben zugespitzt, Basis im Unterschied zum Sumpf-Pippau *(Crepis paludosa)* abgerundet
5 Hüllblätter kurz behaart
6 Blütenköpfe in lockerer Rispe

Verbreitungsschwerpunkt: Feuchte Wiesen, Flachmoore, Ufer
Hauptblütezeit: Juni bis August

Crepis biennis

Crepis aurea

Crepis capillaris

Crepis mollis

Sumpf-Pippau
Crepis paludosa

Höhe bis 1,2 m
Grundlegende Merkmale der Pflanzengattung auf S. 386
1 Art an der Spitze locker verzweigt
2 Grundständige Blätter eiförmig bis breit länglich, oben zugespitzt
3 Blattrand unregelmäßig gezähnt
4 Stängelblätter sitzend, an der Basis pfeilförmig
5 Hülle mit dunklen Drüsenhaaren
6 Früchte mit gelblich-weißem, brüchigem Haarkranz

Verbreitungsschwerpunkt: Feuchte Wiesen, Flachmoore
Hauptblütezeit: Mai bis August

Löwenzahn-Pippau
Crepis vesicaria
Art zerstreut bis selten
Verbreitungsschwerpunkt: Ruderalgesellschaften, Acker- und Gartenunkrautgesellschaften
Hauptblütezeit: Mai bis Juni
Zusätzliche Hinweise zur Verwendung: Die Verwendung entspricht der des Wiesen-Pippaus *(Crepis biennis)*. Des Weiteren werden zarte junge, eiweißreiche Frühjahrs-Triebe von den Blättern getrennt und leicht abgeschabt. So bereitet man sie von April bis Mai als kurz gebratenes [8.2], gedünstetes sowie gedämpftes Gemüse [7] zu oder mengt sie Bratlingen [4], Eierspeisen [6.1] und Krautbroten [21.1] bei. Zur Bevorratung legt man sie in Wein ein [13.3].
Inhaltsstoffe und Wirkung: Über Inhaltsstoffe und medizinische Wirkungen ist uns nichts bekannt.

Alpen-Pippau
Crepis alpestris
Art im Bestand gefährdet
Verbreitungsschwerpunkt: Trockenwiesen, lichte Kiefernwälder, Schutt
Hauptblütezeit: Mai bis August

Berg-Pippau
Crepis bocconi
Art zerstreut bis selten
Verbreitungsschwerpunkt: Hochstaudenfluren, Matten
Hauptblütezeit: Juni bis August

Großköpfiger Pippau
Crepis conyzifolia
Art zerstreut bis selten
Verbreitungsschwerpunkt: Bergwiesen, Matten
Hauptblütezeit: Juli bis September

Felsen-Pippau
Crepis jacquinii
Art im Bestand gefährdet
Verbreitungsschwerpunkt: Felsschutt, steinige Hänge
Hauptblütezeit: Juni bis August

Abgebissener Pippau
Crepis praemorsa
Art zerstreut bis selten
Verbreitungsschwerpunkt: Wiesen, Waldränder, Gebüsche
Hauptblütezeit: Mai bis Juni

Schabenkraut-Pippau
Crepis pyrenaica
Art zerstreut bis selten
Verbreitungsschwerpunkt: Hochstaudenfluren, Bergwiesen
Hauptblütezeit: Juni bis August

Borsten-Pippau
Crepis setosa
Art im Bestand gefährdet
Verbreitungsschwerpunkt: Wiesen, Äcker
Hauptblütezeit: Juli bis September

Dach-Pippau
Crepis tectorum
Art zerstreut bis selten
Verbreitungsschwerpunkt: Ruderalstellen, Äcker
Hauptblütezeit: Juni bis Oktober

Triglav-Pippau
Crepis terglouensis
Art im Bestand gefährdet
Verbreitungsschwerpunkt: Kalk-Felsschutt
Hauptblütezeit: Juli bis August

Crepis paludosa

Diplotaxis muralis

Doppelsame-Arten
Diplotaxis
Kreuzblütengewächse (Brassicaceae)

Verwendung in der Ernährung: Die Blätter der Grundrosette der hier angeführten mitteleuropäischen Arten haben von März bis Sommer den typischen bekannten Rucola-Kresse-Geschmack. Sie sind fein gehackt und frisch aufgestreut eine reiche Vitaminquelle und wohlschmeckende Würze in Kräuterbrotzeiten [15.1] sowie für jegliche Art von Aufschnitt- und Brotzeitplatten. Eine besonders gute Ergänzung sind sie zu Feld-Salaten. Aber auch in diversen anderen Salaten [1] sind sie eine willkommene Zutat. Sie eignen sich außerdem als frisches Küchengewürz oder als Beigabe zu verschiedenen gedünsteten Gemüsegerichten [7], -füllungen [10], Ofengemüsegerichten wie Lasagne [12.1] oder Pizza [12.2], Suppen [3.1], Kräuterbutter [15.3], -quark [15.5] sowie in Pesto [16.6].

Die Blüten und Blütenknospen sind von Frühjahr bis Sommer samt der zarten Blütenstängel eine dezent würzige, essbare Dekoration in Salaten und Rohkost [1]. Des Weiteren gibt man sie in Saucen [14], Bratlinge [4] und kurz gebratenes Gemüse [8.2] oder legt sie zum Bevorraten ein [13].

Im Sommer kann man die Samen gut als Gewürz z. B. für Salatsaucen nutzen. Sie können aber auch bevorratet und dann im Winter als Keimsaat [2] genutzt werden. Außerdem sind sie eine delikate Brotteigbeigabe in Hausbrotrezepten [21.1]. In größeren Mengen ließe sich außerdem ein Öl daraus pressen [16.3] oder eine senfartige Paste [16.8] herstellen.

Auch die kleinen, würzigen Wurzeln können gesäubert und dann verzehrt werden. Sie werden fein geschnitten als scharfe Würzbeigabe zu herzhaften Gerichten oder getrocknet [16.2] verwendet.

Inhaltsstoffe und Wirkung: Die beiden erwähnten Arten sind reich an Glucosinolaten. Über eine medizinische Nutzung ist uns nichts bekannt.

Mauer-Doppelsame, Mauersenf
Diplotaxis muralis

Höhe bis 0,6 m
1 Pflanze mehrstängelig
2 Bodennahe Blätter bilden eine Blattrosette
3 Blätter in Abschnitte geteilt, Endabschnitt vergrößert
4 Kelchblätter halb so lang wie die Kronblätter
5 Aufrecht abstehende Schotenfrucht mit kurzem, unscheinbarem Schnabel

Foto S. 391

Verbreitungsschwerpunkt: Ruderalgesellschaften, Acker- und Gartenunkrautgesellschaften
Hauptblütezeit: Mai bis August

Schmalblättriger Doppelsame, Stinkrauke
Diplotaxis tenuifolia

Höhe bis 0,7 m
1 Pflanze blaugrün, riecht beim Zerreiben unangenehm
2 Aufrechte Pflanze mit ein bis mehreren, am Grunde verholzenden Stängeln
3 Blätter stärker geteilt als diejenigen des Mauer-Doppelsamens *(Diplotaxis muralis)*, bis annähernd an die Mittelachse eingeschnitten (fiederschnittig)
4 Blütenkronblätter mit bis zu 1,5 cm wesentlich länger als diejenigen des Mauer-Doppelsamens (*Diplotaxis muralis*, bis 8 mm)
5 Aufrecht abstehende Schotenfrucht mit kurzem, unscheinbaren Schnabel und Verschmälerung an der Basis

Foto S. 394

Verbreitungsschwerpunkt: Pioniergesellschaften trockener Böden
Hauptblütezeit: Mai bis Juli
Zusätzliche Hinweise zur Verwendung: Diese Pflanze wird genauso wie auch die verwandte Garten-Senfrauke *(Eruca sativa)* als Schnittsalat mit Namen »Rucola« in den Märkten vertrieben.

Ferkelkräuter
Hypochaeris
Korbblütengewächse (Asteraceae)

Verwendung in der Ernährung: Der Grundgeschmack der hier aufgeführten mitteleuropäischen Arten ist salatartig, knackig herb. Die jungen Blätter können von April bis Mai, bevor sich der Blütenstängel entwickelt, sehr gut als Beigabe für Salate [1] genutzt werden. Wem sie zu streng erscheinen, der kann sie fein geschnitten und in handwarmem Wasser gespült abmildern. Sie bilden außerdem eine gute Zutat in Gemüsesuppen [3.1], zart-säuerlichem [7.1] oder Nussgemüse [7.3] sowie in Bratlingen [4], Brotteigmischungen für Hausbrot [21.1] und dergleichen.

Im Mai findet man die ersten Blütenknospen. Diese werden in Salate [1] und Gemüsegerichte wie etwa Backgemüse [12.3] und Bittergemüse [9.2] gegeben, oder in Salzlake [13.1], Essig [13.2] bzw. Wein [13.3] eingelegt. Die schönen Blüten sind mild im Geschmack. Vorsichtig zupft man die Blütenstrahlen heraus und dekoriert mit ihnen Desserts, Salate, Gemüsegerichte, würzige Aufstriche oder Suppen.

Die gereinigten Wurzeln verarbeitet man im März und April zu Back- [12.3] und Bratgemüse [8]. Schon früher wurden sie das ganze Jahr über getrocknet und geröstet gerne als Kaffee genutzt [23]. Dazu wurden kleine Wurzelstücke über der Flamme dunkel gebräunt, vermahlen und überbrüht.

Inhaltsstoffe und Wirkung: Über Inhaltsstoffe ist nichts bekannt. Kraut und Wurzel können bei Beschwerden der Leber und Galle und zur Verdauungsförderung verwendet werden. Man benutzt die Ferkelkräuter ähnlich wie den Löwenzahn (*Taracacum*, S. 401).

Gewöhnliches Ferkelkraut
Hypochaeris radicata

Verbreitungsschwerpunkt: Gedüngte Frischwiesen und -weiden
Hauptblütezeit: Mai bis September

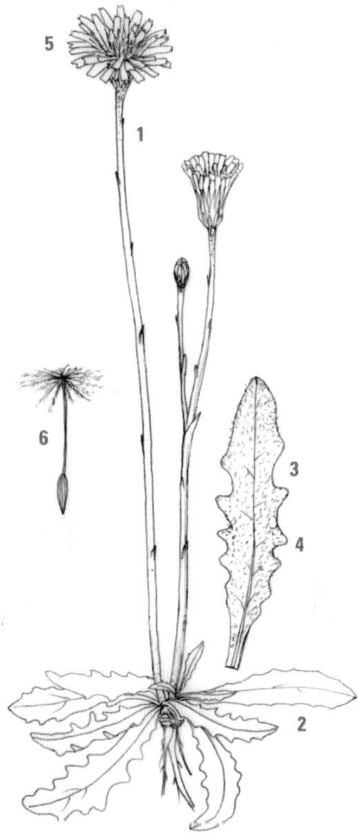

Höhe bis 0,6 m
1 Stängel nahezu unbeblättert, blaugrün und meist kahl oder fein behaart
2 Blätter flach dem Erdboden anliegend
3 Blaugrüne Blätter länglich, etwas fleischig, rauhaarig
4 Blattrand gebuchtet
5 Blütenköpfe einzeln am Ende der Stängel
6 Frucht mit schirmförmigem Haarkranz

Foto S. 394

Einköpfiges Ferkelkraut, Maibombel
Hypochaeris uniflora
Art zerstreut bis selten
Verbreitungsschwerpunkt: Borstgrastriften und Zwergstrauchheiden
Hauptblütezeit: Mai bis August

Sand-Ferkelkraut, Kahles Ferkelkraut
Hypochaeris glabra
Art im Bestand gefährdet
Verbreitungsschwerpunkt: Lockere Sand- und Felsrasen
Hauptblütezeit: Juli bis September

Geflecktes Ferkelkraut
Hypochaeris maculata
Art im Bestand gefährdet
Verbreitungsschwerpunkt: Trockenheit ertragende Eichenmischwälder
Hauptblütezeit: Juni bis August

Diplotaxis tenuifolia

Hypochaeris radicata

Leontodon autumnalis

Leontodon helveticus

Milchkräuter
Leontodon
Korbblütengewächse (Asteraceae)

Grundlegende Merkmale: Die länglichen Blätter dieser Gattung bilden eine grundständige Rosette. An den Stängeln finden sich meist einige kleinere Blätter, welche wechselständig am Stängel angeordnet sind. Die Blüten sind zu gelblichen Köpfen vereinigt, die durch Zungenblüten und umgebende Hüllblätter gebildet werden.
Verwendung in der Ernährung: Die folgenden Leontodon-Arten in Mitteleuropa sind geschmacklich bitterwürzige Pflanzen. Die jungen Blätter können von April bis Juni Salaten [1] beigegeben werden. Sie sind recht bitter, können aber im Frühjahr zwei Wochen vor der Ernte als Straußbündel hochgebunden werden. Dadurch werden sie gebleicht und sind somit weniger herb. Ansonsten kann man sie zum Mildern auch roh und klein geschnitten für ca. 2 Stunden in handwarmem Wasser ziehen lassen. Die Blätter bilden außerdem eine herbe Beigabe zu Suppen [3.1], Saucen [14] oder Gemüsegerichten [7]. Roh kann man sie, in feine Streifen geschnitten, als Würze in Kräuterquark [15.5], Bratlingen [4], Krautgemüsebroten [vergleichbar mit Rezept 21.1] und dergleichen verarbeiten.

Die Blütenknospen erntet man von Frühjahr bis Sommer, läßt sie in Salz und etwas Wasser ca. 1 Stunde ziehen und gibt sie dann in Salate und Gemüsegerichte oder legt sie kapernähnlich ein [16.11]. Die gelben Blüten im Sommer sind milder im Geschmack. Man kann die Blütenstrahlen herauszupfen und sie als essbare Dekorationsstreu zu Salaten [1], würzigen Aufstrichen, Gemüsegerichten oder Suppen [3] einsetzen.

Von September bis in den Winter nutzte man die geschälten Wurzeln für die Zubereitung von Back- [12.3] und Wurzelgemüse [8.1] sowie für in Salzlake [13.1] eingelegtes Gemüse. Sie gelten auch als gutes Röstgetränk. Dazu werden sie gereinigt, getrocknet, klein gehackt und vermahlen, dann im Backofen dunkelbraun geröstet und anschließend überbrüht [23].
Inhaltsstoffe und Wirkung: Die Wurzel ist bitterstoff- und inulinhaltig. Der Steifhaarige Löwenzahn *(L. hispidus)* wird als leicht harntreibendes Mittel bei Gelbsucht und Bauchwassersucht erwähnt. Gleichartige Verwendung vermutlich auch bei den anderen Arten.

Herbst-Milchkraut, Herbst-Löwenzahn
Leontodon autumnalis

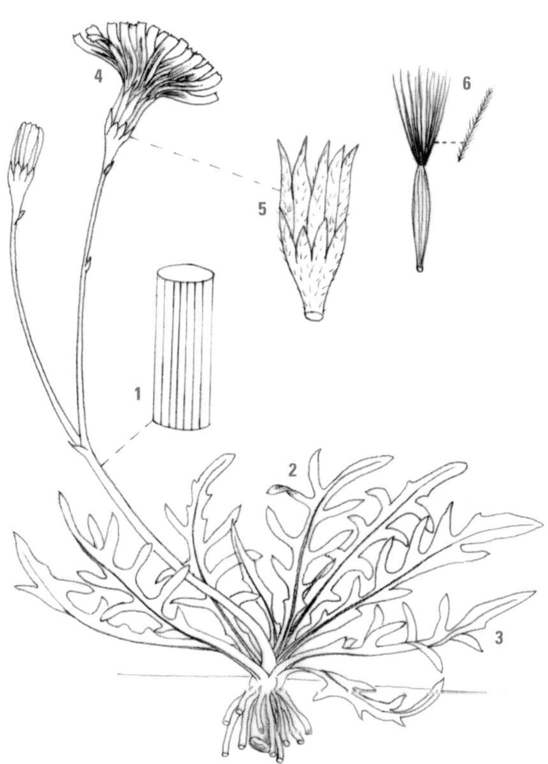

Höhe bis 0,5 m
Grundlegende Merkmale der Pflanzengattung siehe linke Spalte
1 Nahezu blattloser, gefurchter und ästiger Stängel, Milchsaft enthaltend
2 Schmale Blätter mit seitlichen Ausbuchtungen
3 Bodennahe Blattrosette
4 Gelbe Blütenkronblätter, unterseits häufig rotgestreift
5 Hüllblätter dachziegelig angeordnet
6 Same mit Haarkranz (Pappus) zur Windverbreitung

Verbreitungsschwerpunkt: Grünlandgesellschaften
Hauptblütezeit: Juni bis September

Gewöhnliches Milchkraut, Schweizer Löwenzahn

Leontodon helveticus

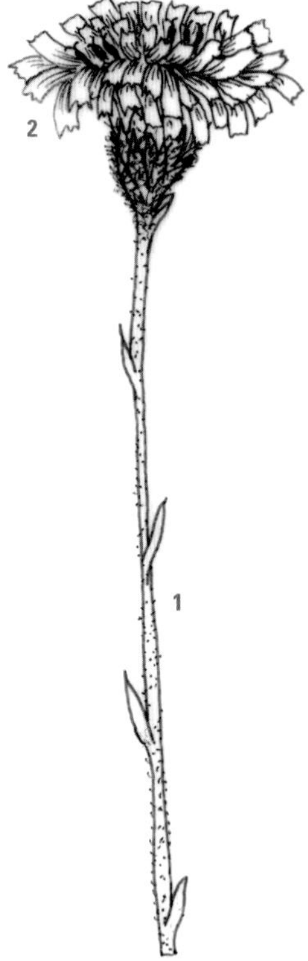

Höhe bis 0,3 m
Grundlegende Merkmale der Pflanzengattung auf S. 395
Art ähnelt dem Rauen Löwenzahn *(Leontodon hispidus)* mit den folgenden beiden gut ersichtlichen Unterschieden:

1 Stängel mit mehreren schuppenförmigen Blättern
2 Blütenhülle dunkel kraushaarig

Foto S. 394

Verbreitungsschwerpunkt: Borstgrastriften und Zwergstrauchheiden
Hauptblütezeit: Juli bis September

Raues Milchkraut, Rauer Löwenzahn

Leontodon hispidus

Höhe bis 0,6 m
Grundlegende Merkmale der Pflanzengattung auf S. 395

1 Stängel einzeln oder zu mehreren, unverzweigt
2 Laubblätter in bodenständiger Blattrosette
3 Blatt länglich, vielgestaltig, nicht graufilzig
4 Ein Blütenkorb je Stängelspitze
5 Blütenköpfe vor dem Erblühen nickend
6 Blüten deutlich länger als die Hülle
7 Blütenhülle kurz behaart

Verbreitungsschwerpunkt: Von Mensch und Tier beeinflusste Heiden und Rasen
Hauptblütezeit: Juni bis September

Berg-Milchkraut, Berg-Löwenzahn

Leontodon montanus

Höhe bis 0,1 m

Grundlegende Merkmale der Pflanzengattung auf S. 395

1 Stängel behaart, ähnlich lang wie die bodennahen Blätter
2 Stängel unter dem Blütenköpfchen keulig verdickt
3 Blätter wenig geteilt und kaum behaart
4 Blütenköpfe vor dem Aufblühen aufrecht
5 Blütenhülle abstehend schwarz behaart

Verbreitungsschwerpunkt: Steinschutt- und Geröllfluren
Hauptblütezeit: Juli bis August

Graues Milchkraut, Grauer Löwenzahn
Leontodon incanus
Art ist selten
Verbreitungsschwerpunkt: Kalk-Kiefernwälder
Hauptblütezeit: Juni bis Oktober

Felsen-Milchkraut, Salz-Löwenzahn
Leontodon saxatilis
Art im Bestand gefährdet
Verbreitungsschwerpunkt: Pioniergesellschaften auf feuchten und überfluteten Rasen, Grünlandgesellschaften, Salzwasser- und Meeresstrandvegetation
Hauptblütezeit: Juni bis Oktober

Leontodon hispidus

Leontodon montanus

Gänsedisteln
Sonchus
Korbblütengewächse (Asteraceae)

Grundlegende Merkmale: Die Pflanzen dieser Gattung enthalten reichlich Milchsaft. Die Blätter sind unterschiedlich gestaltet, am Blattrand häufig bedornt und wechselständig am Stängel angeordnet. Die Blüten sind zu gelben Blütenköpfen vereinigt, die durch Zungenblüten und umgebende Hüllblätter gebildet werden. Die Früchte haben einen schneeweißen Haarkranz (Pappus).

Verwendung in der Ernährung: Der Grundgeschmack der hier aufgeführten mitteleuropäischen Arten ist kopfsalatartig, zart-bitterlich. Die Blätter und Triebe bleiben oft bis spät ins Jahr noch weich. Die Stängel stellen ein sehr gutes Wildgemüse dar. Man kann sie von April an fast die ganze frostfreie Periode lang ernten. Dazu zieht man am Trieb die Blätter ab, schneidet den Stängel etwas klein und spült die Stücke in Wasser, sodass der weißliche Saft etwas herausgeht. Dann dünstet man die Stängel mit Salz und Gewürzen in der Pfanne und erhält so ein delikates Distelstängelgemüse [7.2], das ganz weich wird. Die wie zuvor bearbeiteten Stängel ergeben roh auch eine knackige Salatbeigabe[1].

Zarte Blätter findet man von April bis September. Man trennt sie mit der Schere von ihren Stacheln oder nutzt die jungen Blätter, die noch keine festen Stacheln entwickelt haben, und bereitet sie als Grundlage verschiedener Salate [1] zu. Man nutzt sie aber auch zur Zubereitung von feinen Saucen [14], Suppen [3.1], Backgemüse [12.3], Eintopfgerichten [11.1] und Risotto [11.2]. Sie bereichern Kräuterhackmischungen [15], im Speziellen, wenn sie zusammen mit Knoblauch dem Kräuterquark [15.5] zugegeben werden. Fein gehackt eignen sie sich zusammen mit Basilikum gut für Pesto-Spezialitäten [16.6].

Die gelben Zungenblüten können von Juni bis Oktober oben mit der Schere abgeschnitten werden und als essbare Dekoration Verwendung in sämtlichen Speisen finden. Wenn man die haarigen Blüten auszupft, bleibt ein kleiner Blütenboden übrig. Von Juni bis Oktober lässt sich dieser am besten draußen in der Natur roh knabbern oder in Salate [1] einarbeiten. Für einen weiteren Einsatz in der Küche ist die Ernte zu gering.

Weiche Wurzelabschnitte können im Laufe der ganzen Vegetationsperiode klein geschnitten roh geknabbert oder als Wurzelgemüse [8.1] gegart werden. Meistens fin-

Sonchus arvensis

Sonchus asper

det man sie jedoch recht faserig vor. Dann eignen sie sich noch als Kaffeesurrogat [23].

Inhaltsstoffe und Wirkung: Die Pflanzen enthalten Bitterstoffe, organische Säuren, Sesquiterpenlactone (Lactucopicrin), fettes Öl, Kautschuk, Taraxasterol, Cholin, Eisen und Vitamin C. Früher galten die Gänsedisteln als wertvolle Heilpflanzen. Der Milchsaft der Stängel und Blattadern ist der heilkräftigste Teil der Pflanzen. Man kann ihn verdünnt einnehmen. Er soll gegen Kurzatmigkeit, Leberschwäche und Magenbrennen helfen. Auch gegen Fieber wurde er früher eingesetzt. Darüber hinaus nutzte man ihn zur Förderung der Menstruation. Äußerlich kann er unverdünnt bei Warzen angewendet werden; verdünnt als Umschlag soll er bei Entzündungen, Ausschlägen und Hämorrhoiden helfen. Zusammen mit Pflanzenöl und etwas Salz wurde der Milchsaft der Gänsedistel früher gegen Ohrenentzündungen und sogar gegen Taubheit verwendet. Dazu wurde die Mischung auf einen Wattebausch geträufelt und ins Ohr gesteckt. Der Tee aus der Wurzel wurde zur Behandlung von Asthma, Husten und anderen Erkrankungen der Atemwege eingesetzt. Der weiße Milchsaft galt als milchtreibend. Der Tee aus den Blättern soll beruhigend wirken. Alle Arten der Gattung der Gänsedisteln *(Sonchus)*, haben die gleichen Heilwirkungen.

Sonchus oleraceus

Acker-Gänsedistel

Sonchus arvensis

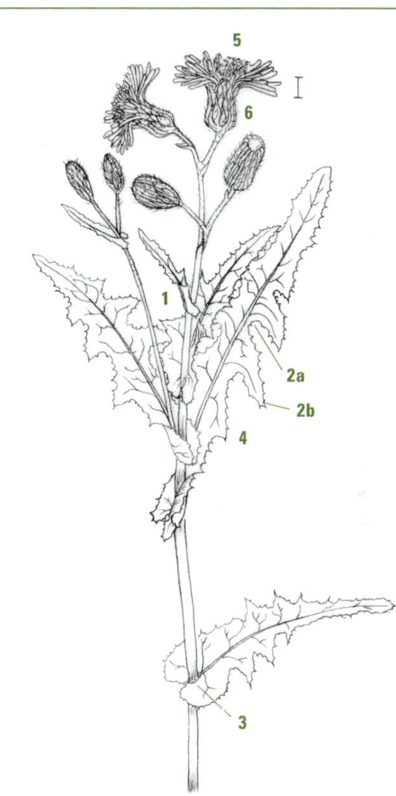

Höhe bis 1,5 m

Grundlegende Merkmale der Pflanzengattung auf S. 398

1 Stängel nur oben verzweigt
2 Glänzend grüne Blätter am Rande mit Buchten (a) und Lappen (b)
3 Blattgrund mit öhrchenförmigen Lappen, diese im Unterschied zur Rauen Gänsedistel nicht eingerollt
4 Blattrand fein stachelig gezähnt
5 Blütenköpfchen bis 5 cm im Durchmesser
6 Blütenhülle behaart

Unterart *S. arvensis* ssp. *uligonosus* in der Schweiz im Bestand gefährdet

Verbreitungsschwerpunkt: Nährstoffreiche Acker- und Gartenunkrautfluren

Hauptblütezeit: Juni bis Oktober

Raue Gänsedistel

Sonchus asper

Höhe bis 1,0 m

Grundlegende Merkmale der Pflanzengattung auf S. 398

1 Wuchs aufrecht und verzweigt
2 Stängel kantig
3 Blätter in der Farbe glänzend dunkelgrün
4 Blattrand dornig gezähnt
5 Blatt am Blattgrund eingerollt
6 Blütenköpfchen bauchig verdickt
7 Frucht mit kurzem, büscheligem Haarkranz (Pappus)

Foto S. 398

Verbreitungsschwerpunkt: Ruderalgesellschaften, Acker- und Gartenunkrautgesellschaften
Hauptblütezeit: Juni bis Oktober

Gewöhnliche Gänsedistel, Kohl-Gänsedistel

Sonchus oleraceus

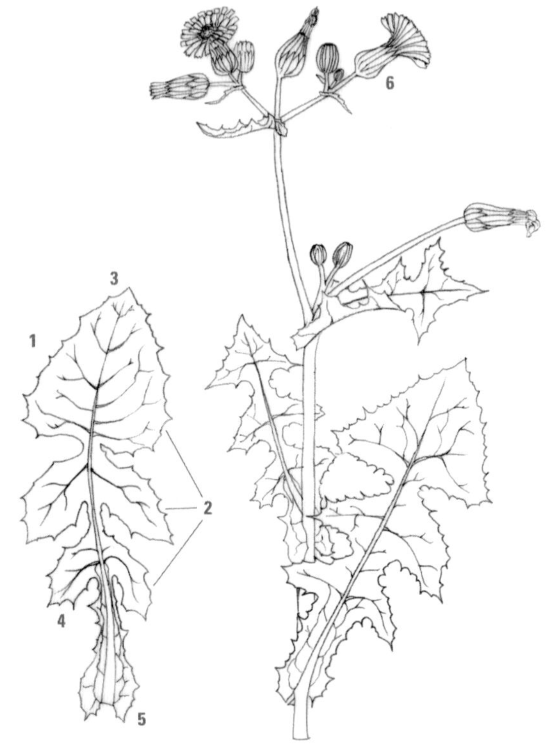

Höhe bis 1,0 m

Grundlegende Merkmale der Pflanzengattung auf S. 398

1 Blätter dünn, weich, glanzlos, dunkel blaugrün
2 Blätter in Abschnitte geteilt
3 Endabschnitt dreieckig, größer als die Seitenabschnitte
4 Blattrand gezähnt, aber nicht dornig
5 Blattzipfel am Grunde der Blätter zugespitzt
6 Blütenhülle kahl oder nur wenig behaart

Foto S. 399

Verbreitungsschwerpunkt: Ruderalgesellschaften, Acker- und Gartenunkrautgesellschaften
Hauptblütezeit: Juni bis Oktober

Sumpf-Gänsedistel
Sonchus palustris
Art in der Schweiz und in Teilen Österreichs im Bestand gefährdet
Verbreitungsschwerpunkt: Feuchtwiesen und Bachuferfluren
Hauptblütezeit: Juli bis September

Löwenzahn-Arten, Kuhblumen, Pusteblumen

Taraxacum

Korbblütengewächse (Asteraceae)

Folgende Arten sind im Bestand gefährdet: *T. sect. Celtica, sect. Palustria, T. ceratophorum aggr., T. dissectum.*

Wiesen-Löwenzahn, Gewöhnlicher Löwenzahn

Taraxacum officinale (Artengruppe)

Verbreitungsschwerpunkt: Gedüngte Frischwiesen und -weiden, häufig betretene und überflutete Rasen, nährstoffreiche Krautfluren, Pioniergesellschaften trockener Böden
Hauptblütezeit: März bis September
Verwendung in der Ernährung: Der Grundgeschmack ist chicoreeartig. Die Blüten sind süßer und schmecken verarbeitet honigartig. Die jungen, frischen Blätter sind von März bis Juni eine Rohkost- und Salat-Delikatesse [1]. Wenn man sie fein schneidet und mit Salz oder Wasser eine Stunde ziehen lässt, werden ihnen die Bitterstoffe etwas entzogen. Zuweilen bleichte man sie im Frühjahr durch Zusammenbinden der Blattrosetten, um sie milder zu machen. Die Blätter eignen sich auch sehr gut als Chiffonade auf Suppen [3.1]. Ihre Verwendungsmöglichkeiten sind außerordentlich vielfältig: als Zutat in Salaten, Rohkost [1] und diversen Hackkräutermischungen [15], in Bratlingen [4], Eierspeisen [6] oder auch Saucen [14] sowie im Brotteig für Hausbrotmischungen [21.1]. Man bereitet mit ihnen hervorragende Gemüsegerichte zu, wie z. B. Bittergemüse [9.2], Nussgemüse [7.3] oder Kochgemüse (besonders Gemüsepüree [9.3] oder Spinat [9.1]), außerdem ergeben sie leckere Gemüsechips [8.5]. Zum Bevorraten können sie eingelegt werden [13]. Getrocknet dienen sie als Würze und Würzbeigabe insbesondere in Wildpflanzensalz [16.1], oder als Trockengewürz [16.2], in Würzmus [16.10] oder Pesto [16.6].

Aus den Blütenknospen, die man im März und April noch ganz unten in der Blattrosette findet, lässt sich ein delikates Chutney [16.9] herstellen. Sie schmecken als Nascherei auch roh sehr lecker. Des Weiteren kann man sie als Gemüse braten [8.2] oder kapernartig in Essig einlegen [16.11].

Die entkelchten Blüten nutzt man von März bis September (v. a. im Mai) zur Herstellung von Gelee [18.1], Sirup [18.4] oder Wein [18.5], als Beigabe zu Gemüse und zur Teegetränkbereitung [22.1]. Die abgeschnittenen gelben Blütenspitzen sind eine hübsche abschließende Dekoration auf Salaten und Desserts.

Die Blütenstängel eignen sich längs geschnitten von April bis September auch als Salatbeigabe und Gemüse. Zuvor sollte man sie wie die Blätter mit Salz oder Wasser ziehen lassen. Dabei rollen sie sich auf.

Die Wurzeln kann man von September bis März geschnitten als Salat anrichten [1]. Eine herzhafte Spezialität ist z. B. ein Salatsnack aus seinen in Späne geschnittenen jungen Wurzeln, den man mit Salz einige Zeit ziehen lässt. Man kann die Wurzeln auch als Gemüse verwenden [8.1], wenn man sie, der Bitterkeit wegen, je nach Belieben zuvor etwas wässert. Getrocknet lassen sie sich gut bevorraten [16.2] oder zu einem gerösteten Kaffee-Ersatz [23] verarbeiten.
Inhaltsstoffe und Wirkung: Der Löwenzahn enthält Bitterstoffe, Flavonoide, Cumarine, Phytosterine, Schleimstoffe, im Frühjahr circa 18 % Zucker (Fructose), Inulin 2 bis 40 % (im Herbst!), reichlich Kalium (circa 4,5 % im Kraut und 2,5 % in der Wurzel). Außerdem 5-mal so viel Eiweiß, 8-mal so viel Vitamin C und doppelt so viel Kalium, Magnesium und Phosphor wie Kopfsalat. Der Löwenzahn ist eine alte und gern genutzte Pflanze der Volksmedizin, bei der sich der Einsatz als Heil- und Nahrungsmittel überschneidet. Sie ist ein mildes Mittel zur Steigerung der Gallensekretion. Die ganze Pflanze einschließlich der Wurzel

Taraxacum officinale

wirkt harntreibend und ist außerdem förderlich bei Leberbeschwerden, Gicht und rheumatischen Erkrankungen. Volksmedizinisch wird sie auch als Blutreinigungsmittel, bei Verdauungsbeschwerden und als mildes Abführmittel empfohlen. Äußerlich wird sie bei Ekzemen und anderen Hauterkrankungen angewendet. Der milchige Saft kann auf Warzen aufgetragen werden, sollte aber nicht in die Augen gelangen. Die Homöopathie verwendet die Pflanze bei Magenentzündungen und Erkrankungen der Leber.

Rippenfarne
Blechnum
Rippenfarngewächse (Blechnaceae)

Rippenfarn
Blechnum spicant

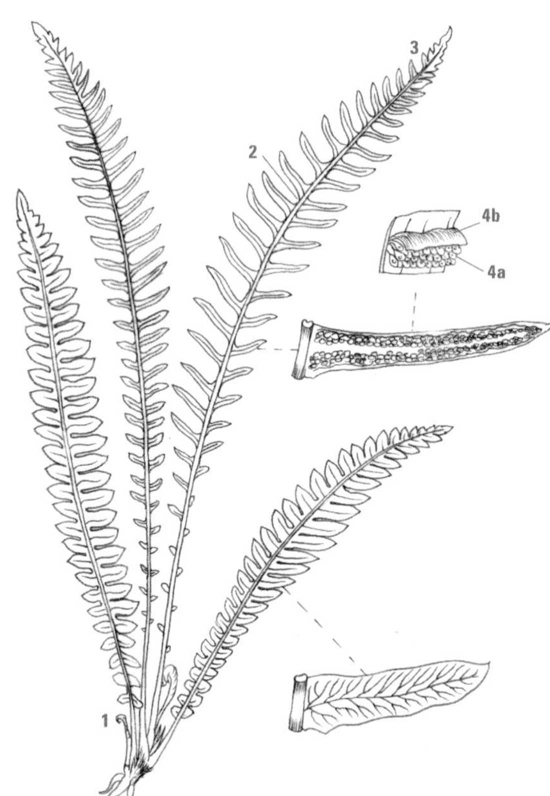

Höhe bis 0,5 m
Blattoberseite dunkelgrün
1 Blätter in einer Rosette angeordnet
2 Blattrand bis annähernd an die Mittelachse eingeschnitten
3 Fruchtbare Blätter in der Mitte der Rosette, aufrecht und länger als die äußeren, unfruchtbaren Blätter
4 Die Sporen (4a) sind von einem Schleier (4b) bedeckt

Verbreitungsschwerpunkt: Fichtenwälder
Hauptblütezeit: Juli bis August
Verwendung in der Ernährung: Es ist eine stärkereiche, bittere Pflanze. Sie lagert ihre Nährstoffe vor allem in der oberen Wurzel ein. Die Wurzeln wurden von September bis ins Frühjahr geerntet und erhitzt, pulverisiert und leicht geröstet. So nutzte man sie als eine Art Streckmehl [20]. Die ersten Austriebe von April bis Juni reinigte man von den braunen Härchen und nutzte sie gemüseartig erhitzt. Eine Reihe von Farnen enthalten giftige Kanzerogene. Auch wenn uns bei dieser Farnart dazu nichts bekannt ist, sollte doch eine gewisse Vorsicht bei der Dosierung geboten sein.
Inhaltsstoffe und Wirkung: Die Pflanze enthält neben Gerb- und Bitterstoffen das Enzym Thiaminase, das zu einem Abbau von Vitamin B1 (Thiamin) führt. Aus diesem Grund entweder gekocht oder roh nur in kleinen Mengen verwenden. Der Rippenfarn wurde bei Durchfall, zur Stärkung des Magens und äußerlich zur Pflege der Haut verwendet.

Reiherschnabel-Arten
Erodium
Storchschnabelgewächse (Geraniaceae)

Schierlings-Reiherschnabel, Gewöhnlicher Reiherschnabel
Erodium cicutarium (Artengruppe)

Verbreitungsschwerpunkt: Lockere Sand- und Felsrasen
Hauptblütezeit: April bis September
Verwendung in der Ernährung: Junge schmackhafte und nahrhafte Blätter lassen sich von März bis Mai gut Salaten und Rohkost [1] sowie Gemüsesuppen [3.1], Spinat [9.1] oder einer Kräuterbrotzeit [15.1] hinzufügen. Auch als Sauerkraut [13.4] wurden die Blätter eingelegt. Weiterhin denkbar wären Verwendungen in Omeletts [6.1], in zart-säuerlichem Gemüse [7.1], Gemüsefüllungen [10] oder in Pesto [16.6]. Junge Stiele wurden von Kindern anscheinend gerne geknabbert.
Inhaltsstoffe und Wirkung: Über Inhaltsstoffe ist uns nichts bekannt. Das Kraut wird zur Blutreinigung verwendet. Die Volksmedizin empfiehlt die Einnahme des Krautes und der Wurzel zur Anregung der Milchsekretion bei Wöchnerinnen. Äußerlich nutzte man die Pflanze als blutstillenden Umschlag bei frischen Wunden.

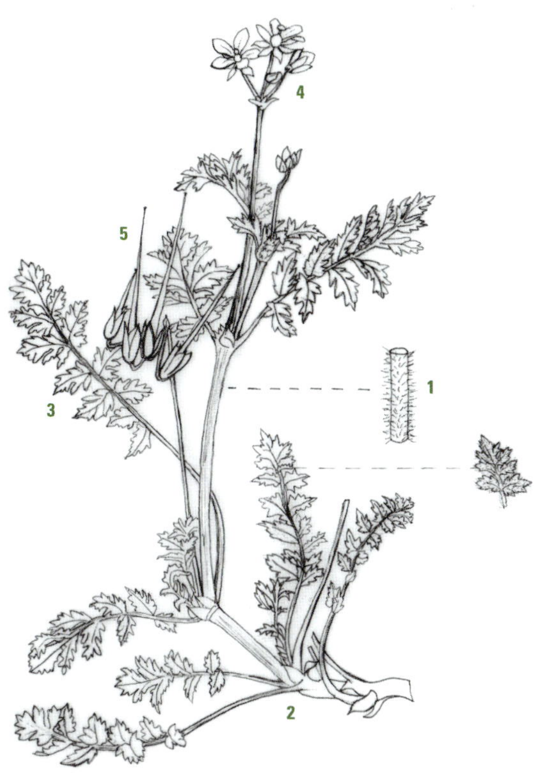

Höhe bis 0,4 m

1 Pflanze behaart
2 Stängel liegend oder steigend
3 Blätter zusammengesetzt, Teilblätter bis nahe dem Mittelnerv geteilt
4 Doldenartige Blütenstände aus 2–8 Blüten
5 Frucht mit 3–4 cm langem, auffälligem Schnabel

Blechnum spicant

Erodium cicutarium

Hufeisenklee
Hippocrepis
Schmetterlingsblütengewächse (Fabaceae)

Schopf-Hufeisenklee
Hippocrepis comosa

Höhe bis 0,3 m
1 Stängel flach verzweigt, am Grunde verholzend
2 Blätter mit bis zu 15 bis 2 cm langen, kurz bespitzten Teilblättern
3 Endteilblatt unterscheidet sich nicht von den übrigen Teilblättern
4 Blütenstand doldig, fünf- bis zwölfblütig
5 Bizarr anmutender Fruchtstand
6 Namensgebende Frucht aus hufeisenartigen Gliedern zusammengesetzt

Verbreitungsschwerpunkt: Kalk-Magerrasen
Hauptblütezeit: Mai bis Juli
Verwendung in der Ernährung: Zarte, junge, süß-herbe Blätter und Triebspitzen wurden von März bis Mai und die Blüten von Mai bis Juli so verwendet wie beim Alpen-Süßklee (*Hedysarum hedysaroides,* S. 540). U. a. werden die Blüten und Blütenknospen getrocknet und zu einem hellgelben Mehl vermahlen. Es eignet sich dann gut als Mehlbeigabe für dünne, knusprige Brotfladen. Über die Wurzel gibt es keine Verwendungshinweise. Nach unserer Einschätzung könnte sie auch zur Ernährung der Menschen früher beigetragen haben.

Esparsetten
Onobrychis
Schmetterlingsblütengewächse (Fabaceae)

Futter-Esparsette, Saat-Esparsette
Onobrychis viciifolia

Höhe bis 0,7 m
1 Blätter mit einer ungeraden Anzahl (13–25) an länglich-ovalen Teilblättchen (unpaarig gefiedert)
2 Teilblättchen kurz bespitzt
3 Blüten in aufrechten, langgestielten, scheinbar endständigen Trauben
4 Meist einsamige Hülsenfrüchte (ca. 7 mm lang), diese mit 6 bis 8 kurzen Stacheln

Verbreitungsschwerpunkt: Kalk-Magerrasen
Hauptblütezeit: Mai bis Juli
Verwendung in der Ernährung: Die herb-aromatischen jungen Blätter wurden früher im Sommer gesammelt und getrocknet als Tee verwendet. Gerebelt und wieder leicht angefeuchtet kann man diesen auch fermentieren [22.1]. Die Pflanze wird ferner auch als essbarer »Süßklee« und als »sehr eiweißreich« in den Literaturquellen erwähnt. Nach unserem Ermessen schätzen wir ihre weitere Verwendbarkeit ähnlich wie die Trifolium-Arten (S. 429) ein.
Inhaltsstoffe und Wirkung: Die Pflanze enthält Flavonoide, Gerbstoffe (Tannine) und Lectine. Offenbar vermindert

Hippocrepis comosa

Onobrychis viciifolia

die Pflanze als Futtermittel die bakterieninduzierte Methangasproduktion bei Rindern, Schafen und Ziegen und verhilft zu einem gewissen Schutz vor parasitischen Würmern (Nematoden). Über eine humanmedizinische Verwendung liegen uns keine Quellen vor.

Wicken
Vicia
Schmetterlingsblütengewächse (Fabaceae)

Gefahrenstufe bei der Verwendung: *–**

Grundlegende Merkmale: Die Blätter dieser Gattung sind wechselständig am Stängel angeordnet. Die Blätter sind meist aus einer geraden Anzahl an Teilblättern zusammengesetzt [paarig gefiedert]. An der Spitze weisen sie eine Ranke oder ein grannenartiges Spitzchen auf. Die Blütenkrone ist schmetterlingsförmig, die Frucht ist eine Hülse.

Verwendung in der Ernährung: Von den Vicia-Arten ist bekannt, dass sie schon in der Vorzeit als Nahrung genutzt wurden. Dennoch sollte man bei der Zubereitung achtgeben. Erst nach entsprechender Verarbeitung werden sie über den gewürzartigen Einsatz hinaus genießbar. Man sollte alle Pflanzenteile am besten über Nacht einweichen, das Einweichwasser wegschütten und sie anschließend kochen.

Die jungen Triebe und Blätter können im Frühjahr gegart genutzt werden. Sie bilden eine herbe Beigabe zu Suppen [3.1], Fonds oder Mischgemüsegerichten [11]. Man kann die Blätter in Streifen fein geschnitten als sparsame Würze einsetzen. Getrocknet wurden sie auch als kleine Beigabe zu Teemischungen [22.1] verwendet.

Die Blüten und Blütenknospen wurden frisch mit Mehl bzw. Getreideschrot gemischt und als Fladen oder Bratlinge [4] gebacken. Leider geht ihre schöne Farbe beim Erhitzen verloren. Vermutlich wurden die Blüten auch getrocknet und zu Backmehl vermahlen [20].

Im Sommer kann man aus den jungen, noch zarten Samenschoten ein festes Pfannengemüse [8.2] bereiten. Ab September sollte man die zu fest gewordene Schote abschälen und die innen liegenden Samen nach Wässerung als Gemüse lange weich kochen. Auch zu Kaffee können die Samen geröstet werden [23]. Überliefert wurde die Röstverwendung der Arten *V. tetrasperma* und *V. tenuissima*, aber unserer Einschätzung nach – aufgrund der uns vorliegenden Inhaltsstoffzusammensetzungen – können dazu auch die anderen aufgeführten Arten benutzt werden. Der Geschmack der grünen Pflanzenteile ist würzig, bohnenartig, die Blüten sind süßlicher.

Inhaltsstoffe und Wirkung: Die Wicken sind wissenschaftlich gut untersucht, da in der Gattung einige wichtige Futterpflanzen zu finden sind. Sie enthalten Flavonoide (Kämpferol, Quercetin), Gerbstoffe, Aspargin, Vitamine und Spurenelemente. Die Samen enthalten reichlich Eiweiß. In den Samen und den jungen Keimlingen vieler Arten finden sich außerdem von Art zu Art schwankende Gehalte an toxischen Inhaltsstoffen, die als Fraßschutz dienen, beispielsweise flüchtige Blausäureglykoside, Pyrimidinderivate (Vicin), nicht proteinogene Aminosäuren (Canavanin, Lathyrogene) und hitzelabile Lektine. Weitere Inhaltsstoffe sind Phytoalexine und Triterpensaponine. Die Pyrimidinderivate können einen als Favismus bezeichneten fatalen Krankheitszustand hervorrufen, der zur Zersetzung der roten Blutkörperchen und Blutarmut führt. Bekannt ist Favismus auch u. a. von der als Lebensmittel erhältlichen Saubohne *(Vicia faba)*. Voraussetzung ist ein genetisch bedingter Enzymmangel, der allerdings häufig ist und den Betroffenen eine gewisse Resistenz gegenüber dem Malariaerreger verschafft. Etwa 8 % der Weltbevölkerung sind davon betroffen. Nach oben erwähnter Verarbeitung sind die Samen essbar. Die Pflanzen haben keine besonderen Heilwirkungen. Gemäß der Chinesischen Medizin soll der Verzehr der gekochten Vogelwicke *(V. cracca)* die Milchbildung anregen. Wicken waren schon in der Steinzeit als Nahrungsmittel bekannt und regen den Stoffwechsel an.

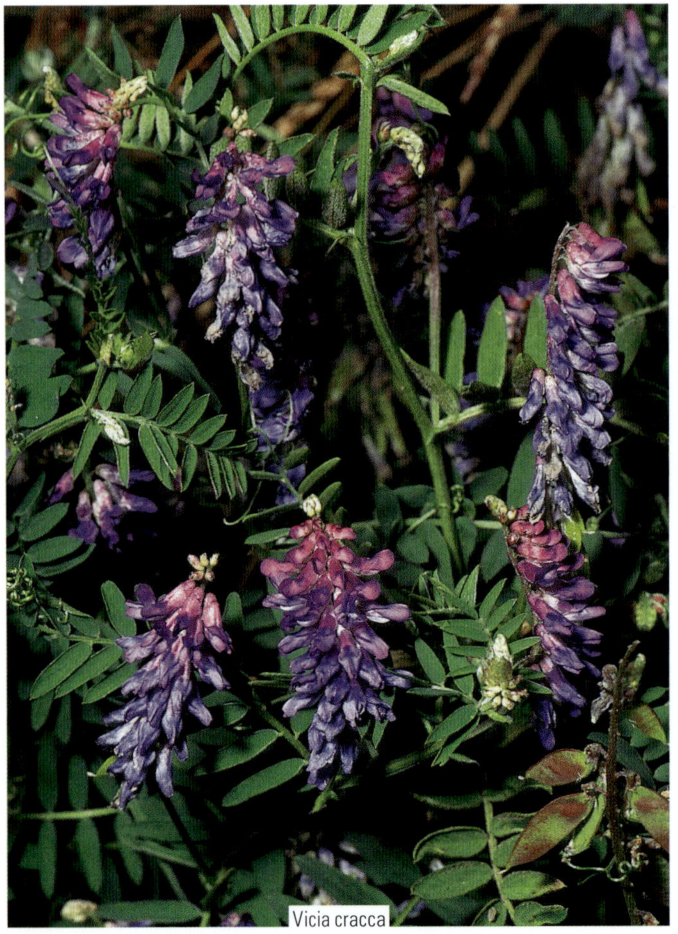
Vicia cracca

Vogel-Wicke

Vicia cracca (Artengruppe)

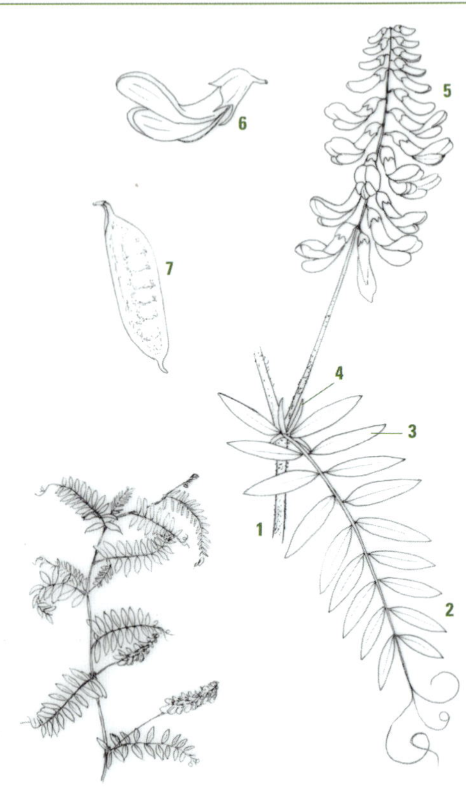

Höhe bis 0,6 m

Grundlegende Merkmale der Pflanzengattung auf S. 405

1 Stängel weichhaarig, niederliegend, aufsteigend oder kletternd
2 Blätter mit einer Ranke an der Spitze und 5–15 Teilblatt-Paaren
3 Teilblätter schmal oval bis länglich
4 Am Blattgrund geweihförmige Nebenblätter
5 Blütentrauben mit 5–40 violetten Einzelblüten
6 Blütenkelch mit spitzen Zähnen
7 Frucht eine mehrsamige, flache Hülse

Gefahrenstufe bei der Verwendung: *–**

Verbreitungsschwerpunkt: Grünlandgesellschaften

Hauptblütezeit: Juni bis Juli

Zusätzliche Hinweise zur Verwendung: Eine sehr verbreitete und die am meisten verwendete Art.

Rauhaarige Wicke, Zitterlinse
Vicia hirsuta

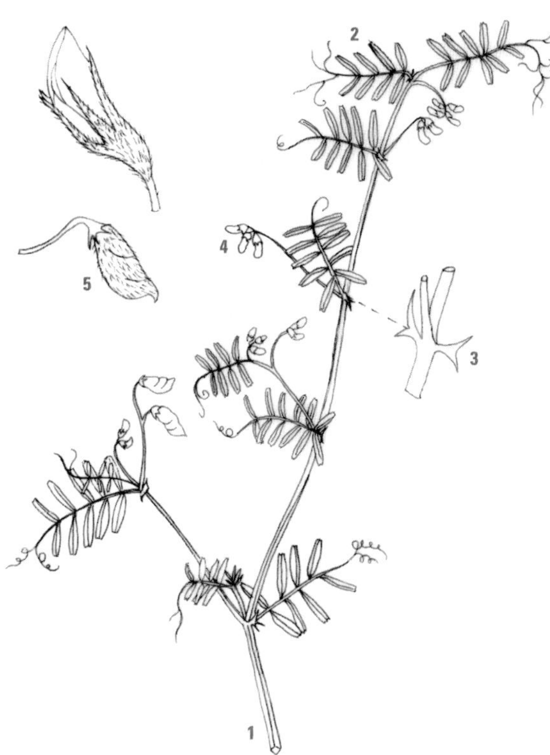

Höhe bis 0,6 m
Grundlegende Merkmale der Pflanzengattung auf S. 405

1 Stängel verzweigt, vierkantig, liegend oder kletternd
2 Blätter mit einer geraden Anzahl an Teilblättern und einer Ranke an der Spitze
3 Nebenblätter schmal und spitz
4 3–4 mm lange, helle Blüten, zu 2–5 im Blütenstand
5 Fruchthülsen behaart, zweisamig

Foto S. 408

Gefahrenstufe bei der Verwendung: *–**
Verbreitungsschwerpunkt: Getreideunkrautfluren
Hauptblütezeit: Juni bis Juli

Zaun-Wicke
Vicia sepium

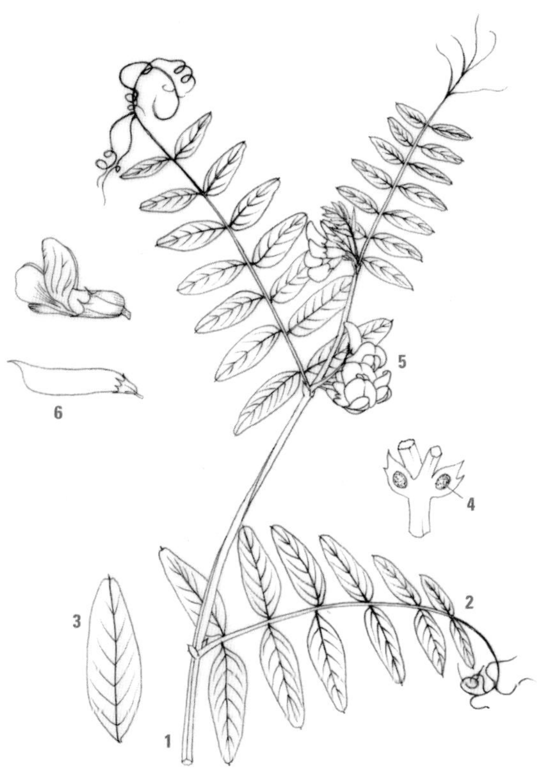

Höhe bis 0,6 m
Grundlegende Merkmale der Pflanzengattung auf S. 405

1 Stängel kantig, aufrecht oder kletternd
2 Blätter mit einer Ranke an der Spitze und 4–8 Teilblatt-Paaren
3 Teilblätter eiförmig mit kurzem Spitzchen
4 Nebenblätter auf der Unterseite mit dunklem Fleck
5 Violette Blüten zu 2–4 im Blütenstand
6 Fruchthülse schwarz und glänzend, drei- bis sechssamig

Foto S. 408

Gefahrenstufe bei der Verwendung: *–**
Verbreitungsschwerpunkt: Staudensäume an Gehölzen im Halbschatten, Grünlandgesellschaften, sonnige Staudensäume an Gehölzen
Hauptblütezeit: Mai bis Juni

Vicia hirsuta

Vicia sepium

Vicia tetrasperma

Polypodium vulgare

Viersamige Wicke
Vicia tetrasperma (Artengruppe)

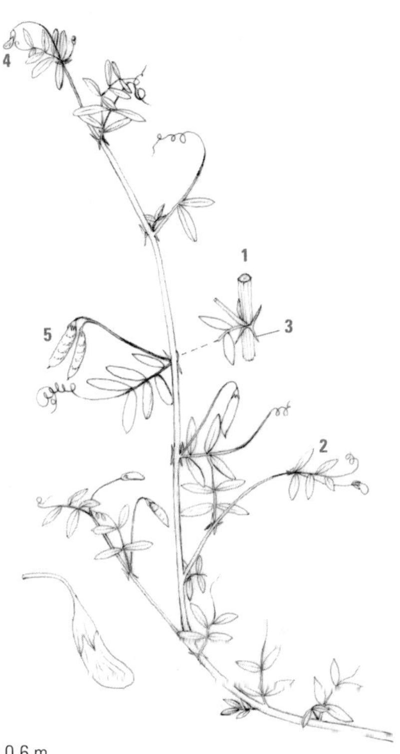

Höhe bis 0,6 m
Grundlegende Merkmale der Pflanzengattung auf S. 405
1 Stängel kantig, niederliegend oder kletternd
2 Zusammengesetzte Blätter mit einer geraden Anzahl an länglichen Teilblättern und einer Ranke an der Spitze
3 Nebenblätter schmal und spitz
4 Hell gefärbte Blüten, einzeln oder zu zweien
5 Fruchthülsen meist viersamig

Gefahrenstufe bei der Verwendung: *–**
Verbreitungsschwerpunkt: Getreideunkrautfluren
Hauptblütezeit: Mai bis Juli

Maus-Wicke
Vicia johannis
Art ist selten
Gefahrenstufe bei der Verwendung: *–**
Verbreitungsschwerpunkt: Nährstoffreiche Acker- und Gartenunkrautfluren
Hauptblütezeit: Mai bis Juli

Futter-Wicke, Saat-Wicke, Sommer-Wicke
Vicia sativa (Artengruppe)
Art selten verwildert
Gefahrenstufe bei der Verwendung: *–**
Verbreitungsschwerpunkt: Schuttunkrautfluren
Hauptblütezeit: Mai bis Juli

! Zierliche Wicke
Vicia tenuissima
Art zerstreut bis selten
Gefahrenstufe bei der Verwendung: *–**
Verbreitungsschwerpunkt: Getreideunkrautfluren
Hauptblütezeit: Juni bis August

!! Erbsen-Wicke
Vicia pisiformis
Art in der Schweiz und in Teilen Österreichs im Bestand gefährdet
Gefahrenstufe bei der Verwendung: *–**
Verbreitungsschwerpunkt: Sonnige Staudensäume an Gehölzen
Hauptblütezeit: Juni bis August

Tüpfelfarne
Polypodium
Tüpfelfarngewächse (Polypodiaceae)

Gewöhnlicher Tüpfelfarn, Engelsüß
Polypodium vulgare (Artengruppe)

Verbreitungsschwerpunkt: Felsspalten- und Mauerfugengesellschaften
Zeit der Sporenreife: August bis September
Verwendung in der Ernährung: Von April bis Mai erntete man die jungen, elastischen, noch eingerollten Triebe des Gewöhnlichen Tüpfelfarns als Nahrung. Vor der Verarbeitung rieb man die Haare auf der Oberfläche ab. Die Triebe sind sehr streng im Geschmack und eignen sich womöglich als Beigabe in Bittergemüse [9.2] oder Knäckebrot [21.2]. Von September bis März nutzt man auch heute noch die süßholz-aromatische Wurzel als Würze in Kräuteröl [16.4] oder -essig [16.7] bzw. für Wein [18.5] oder Spirituosen [18.6] sowie Aromazucker [18.2]. Als Spezialität gilt der ausgekochte süßliche Sud der Wurzeln. Man reduziert ihn durch Köcheln ein und verarbeitet ihn zusammen mit Karamell zu Bonbons. Diese schmecken dann lakritzähnlich. Die Pflanze trägt auch den Namen »Bärenzucker« oder »Süßfarn«.

Über bedenkliche Inhaltsstoffe liegen uns keine Informationen vor, da jedoch eine Reihe von Farnen Kanzerogene enthalten, sollte man hier immer eine gewisse Vorsicht bei der Dosierung walten lassen.
Inhaltsstoffe und Wirkung: Medizinisch verwendet wurde der Wurzelstock. Er enthält Schleim- und Gerbstoffe, ätherisches Öl, Saponine und das süß schmeckende Osladin. Die Volksheilkunde verwendet die Pflanze als schleim-

lösendes und auswurfförderndes Mittel bei Erkrankungen der Luftwege. Früher nutzte man sie auch zur Behandlung von Erkrankungen der Leber und der Gallenwege, außerdem bei Eingeweidewürmern und als mildes Abführmittel.

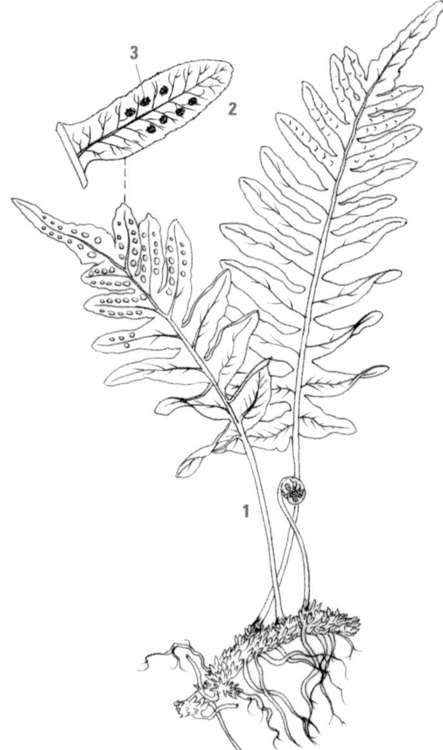

Höhe bis 0,5 m
1 Lang gestielte Blätter graugrün, fest, kahl
2 Blattabschnitte länglich, ganzrandig oder mit feinen Zähnen
3 Vermehrungsorgane (Sporen) auf der Blattunterseite in rundlicher Anordnung

Foto S. 408

Waldreben
Clematis
Hahnenfußgewächse (Ranunculaceae)

Gefahrenstufe bei der Verwendung: **

Verwendung in der Ernährung: Die hier aufgeführten Arten Mitteleuropas gelten als leicht giftig. Die überlieferte Verwendung ist kritisch zu betrachten und hängt wohl entscheidend mit der Zubereitung bzw. der Anwendungsart zusammen. Ganz junge elastische Triebe und Triebspitzen haben einen herben Geschmack. Man verwendete sie früher von März bis April ausgekocht als kleine Beigabe in Mischgemüsegerichten [11] und legte sie ausgekocht als Gemüse in Essig ein [13.2]. Später im Jahr bzw. unverarbeitet sind sie als unbekömmlich bekannt. Die langen Triebe wurden früher von Juli bis September getrocknet und in kleinen Mengen als »Glimmstängel« geraucht. Es wird auch ein Fall beschrieben, bei dem nach dem Rauchen der Stängel starke Leibschmerzen und Durchfall beobachtet wurden. Im frischen Zustand wirkt die Pflanze hautreizend; vgl. Roth et al. 1994.

Inhaltsstoffe und Wirkung: Die hier genannten Waldreben enthalten Giftstoffe wie das Protoanemonin. Die Aufrechte Waldrebe *(C. recta)* und die Gewöhnliche Waldrebe *(C. vitalba)* werden vor allem homöopathisch verwendet. Die Homöopathie nutzt sie bei Hautausschlägen, Rheuma, Nervenschmerzen, Hodenentzündung und Prostatitis. Als Bachblüte wird sie bei Verträumtheit angewendet. Eine Abkochung aus der Wurzel und den Stängeln soll bei Hautausschlägen und schmerzenden Gelenken helfen.

Gewöhnliche Waldrebe
Clematis vitalba

Triebe bis 10 m lang
1 Pflanze (links-)windend oder kletternd
2 Stängel verholzt, geriffelt, elastisch, im Alter faserig
3 Blatt gestielt, aus 3–7 gestielten Teilblättern zusammengesetzt
4 Teilblätter am Grunde herzförmig
5 Blattrand leicht gewellt, mit einzelnen Zähnen
6 Rispiger Blütenstand, bisweilen doldenartig erscheinend
7 Perückenartiger, behaarter Fruchtstand

Gefahrenstufe bei der Verwendung: **
Verbreitungsschwerpunkt: Waldmantelgebüsche und Hecken
Hauptblütezeit: Anfang Juni bis Ende September

Alpen-Waldrebe, Alpenrebe
Clematis alpina
Art im Bestand gefährdet
Gefahrenstufe bei der Verwendung: **
Verbreitungsschwerpunkt: Fichtenwälder
Hauptblütezeit: Mai bis Juli

Aufrechte Waldrebe
Clematis recta
Art im Bestand gefährdet
Gefahrenstufe bei der Verwendung: **
Verbreitungsschwerpunkt: Sonnige Staudensäume an Gehölzen
Hauptblütezeit: Mai bis Juli

Eschen
Fraxinus
Ölbaumgewächse (Oleaceae)

Verwendung in der Ernährung: Von Juni bis Juli findet man bei den hier angeführten mitteleuropäischen Eschen unreife, noch grüne, geflügelte Früchte. Solange das grüne Flügelchen noch weich und nicht zu faserreich ist, kann man die gesamten Früchte weich kochen und dabei das Kochwasser mehrfach austauschen. Dadurch spülen sich die meisten Bitterstoffe heraus. Zurück bleibt ein festes Gemüse, das nun weiter zu Füllungen und als Gemüsebeigaben eingesetzt oder Kapern ähnlich eingelegt [16.11] werden kann. Trocknet und mahlt man die jungen Früchte, so kann man das Mehl direkt als Bitterstofflieferant einsetzen, z. B. in Getränken und Gewürzgebäck.

Im Inneren der ausgereiften, trockenen Früchte findet man im August die Samen. Sie werden getrocknet und gemahlen als Backgewürz [16.2] verwendet, gerne mit Muskat zusammen in der Weihnachtsbäckerei.

Junge Schösslinge und zarte Blätter im April können als bittere Beigabe zu verschiedenen Salaten [1] oder Ge-

Clematis vitalba

Fraxinus excelsior

müsegerichten wie z. B. Bittergemüse [9.2] oder Nussgemüse [7.3] genutzt werden. Von Mai bis August nutzt man die reifen Blätter zur Beigabe von Teebereitungen [22.1].

Der Grundgeschmack der Blätter und Samen ist bitter, und man spürt bei den Samen die ätherischen Öle. Die Pflanzen sollten daher gezielt da eingesetzt werden, wo man dem Gericht eine Strenge mitgeben will, und sie sollten auch nicht im Übermaß eingesetzt werden.

Gewöhnliche Esche
Fraxinus excelsior

Foto S. 411

Verbreitungsschwerpunkt: Laubwälder und Gebüsche
Hauptblütezeit: Anfang Mai bis Ende Mai
Inhaltsstoffe und Wirkung: Blätter und Rinde enthalten Flavonoide, Sterole, Gerbstoffe, Cumarine, Iridoide, ätherisches Öl, Mannitol, Apfelsäure und Schleimstoffe. Volkstümlich wird eine Zubereitung aus Blättern als leicht harntreibendes Mittel bei Rheuma und zur Fiebersenkung eingesetzt. Außerdem wird den Blättern eine leicht abführende Wirkung nachgesagt. Die frische Rinde hat entzündungshemmende und schmerzstillende Eigenschaften. Die Homöopathie nutzt die Esche bei Asthma, Gallenerkrankungen und Schilddrüsenüberfunktion.

Manna-Esche, Blumen-Esche, Himmelsbrot, Manna
Fraxinus ornus
Art selten verwildert
Verbreitungsschwerpunkt: Trockenheit ertragende Eichenmischwälder
Hauptblütezeit: April bis Mai
Inhaltsstoffe und Wirkung: Die Manna-Esche verdankt ihren Namen dem schnell aushärtenden, süßen Saft, der an Schnittstellen austritt. Neben verschiedenen Zuckern und Harzen enthält dieser in großen Mengen den Zuckeralkohol Mannitol (circa 80 %). Manna wird als mildes Abführmittel besonders bei Kindern eingesetzt. Mannitol wird auch intravenös als Diuretikum verabreicht.

Bärenklau-Arten
Heracleum
Doldengewächse (Apiaceae)

Gewöhnlicher Bärenklau, Wiesen-Bärenklau
Heracleum sphondylium

Höhe bis 1,5 m
1 Stängel kantig gefurcht und dicht borstig behaart
2 Blätter mattgrün und in ihrer Form vielgestaltig
3 An der Oberfläche Blätter rau behaart
4 Blattstiele behaart und zum Teil rötlich gefärbt
5 An den Blattachseln bauchige Blattscheiden
6 Bis zu 30 Blütenzweige (Strahlen) bilden den doldigen Blütenstand
7 Äußere Blüten einseitig vergrößert
8 Oval geformte Frucht bis 1 cm lang und ringsum breit geflügelt

Foto S. 414

Gefahrenstufe bei der Verwendung: **
Verbreitungsschwerpunkt: Grünlandgesellschaften
Hauptblütezeit: Mai bis Oktober
Verwendung in der Ernährung: Wichtiger Hinweis vor dem Ernten! Messungen haben ergeben, dass die Pflanze einen ähnlich hohen Gehalt an Furocumarinen enthält wie der verwandte Riesen-Bärenklau (*Heracleum mantegazzianum* S. 630. Diese photosensibilisierenden Substanzen setzen bei Berührung mit der Haut den natürlichen UV-

Schutz der Haut außer Kraft. Somit kann es an Kontaktstellen zu punktuellen Sonnenbränden kommen. Die Gefahr ist beim Riesen-Bärenklau aufgrund seiner Wuchsmächtigkeit natürlich wesentlich größer. Bei starker Sonneneinstrahlung sollte man den Kontakt mit empfindlicher Haut vermeiden. In den Samen ist der Furocumaringehalt am höchsten. Einzelne Personen haben leichte allergische Reaktionen beim Verzehr roher Blattstängel, die bei geschälten oder gekochten Stängeln jedoch unterbleibt. Mit diesen Vorsichtsmaßnahmen ist das Verarbeiten oder der Verzehr ansonsten kein Problem.

Die Pflanze ist eine ergiebige, selleriearomatische Pflanze für Gemüse, Salate und Gewürze. Die Samen sind stechend-aromatisch, kardamonähnlich, die Stängel sehr saftig, die Wurzel schärflich.

Die zarten jungen Blätter und weichen Frühjahrs-Triebe im April und Mai sind leider etwas behaart, dennoch lassen sich auf vielfältigste Art und Weise köstliche Gerichte daraus zubereiten: Gemüsechips [8.5], Nussgemüse [7.3] und Füllungen für Gemüsestrudel [10.1] oder -taschen [10.2] sowie Lasagne [12.1], Würzmus [16.10] und Pesto [16.6], Sauerkraut [13.4], aber auch verschiedene Süßspeisen [17] (z. B. Süße Sauce [17.2], Pudding [17.3] oder Sorbet [17.7] sowie kandierte [17.4] oder in Schokolade getauchte [17.6] Naschereien). Als Bratgemüse nutzt man sie meistens paniert [8.3] oder in Ausbackteig [8.4] getaucht und ausgebacken bzw. frittiert. Sie sind klein geschnitten eine feine Zutat in Kochgemüse [9] und Bratlingen [4] sowie in Hackkräutermischungen [15], Salaten und Rohkost [1], Saucen [14], Omelett [6.1] und Gemüsesuppen [3.1]. Sehr gut eignen sie sich auch als Brotteigbeigabe in Knäckebrot [21.2] sowie in Saft- und Vitalgetränken [22.4]. Größere Blätter lassen sich zu Blattrouladen [5] verarbeiten. Auch als Rauchtabakbeimischung [25] fanden sie Verwendung.

Ausgereifte, aber auch schon grüne, unreife Früchte dienen von August bis Oktober als Gewürz besonders in Süßspeisen wie Schokolade [17.6], aber auch als Aroma in Wein [18.5] und Spirituosen [18.6] sowie zur Herstellung von Bier. Als Würze und Würzbeigabe nutzt man sie gerne in Wildpflanzensalz [16.1], Kräuteröl [16.4] oder -essig [16.7] und als Trockengewürz [16.2].

Auch die weißen, rettich-ähnlichen Wurzeln finden von September bis März in der Küche Verwendung. Man erntet möglichst faserarme Wurzeln und verarbeitet sie u. a. zu diversen Gemüsebeilagen, z. B. als Bratgemüse ([8.2][8.3][8.5]) oder eingelegt in Salzlake [13.1]. Als Würze eignen sie sich in Kräuteröl [16.4], -essig [16.7] und Pesto [16.6] oder gerieben in Wildpflanzensalz [16.1] und als Trockengewürz [16.2]. Sie aromatisieren sowohl Wein [18.5] als auch Spirituosen [18.6] und eignen sich zur Herstellung von Mazerationsöl [16.5] sowie als Kaffeesurrogat [23]. Für Gemüsesuppen [3.1], Eintopfgerichte [11.1] und Würzmus [16.10] eignen sich am besten nur sehr junge, klein geschnittene Wurzeln. Getrocknet und pulverisiert verwendet man sie als Streckmehl für Gebäck [20]. Bitte keine einzeln stehenden Pflanzen mit Wurzel entnehmen, sondern nur Wurzeln aus großem Pflanzenbestand ernten!

Die großen, aromatischen Blütenknospen verwendet man von Mai bis August als zarte Gemüse-Delikatesse oder schneidet sie roh in verschiedene Salat- und Rohkostspeisen [1]. Sie ergeben intensiv schmeckende Füllungen für Gemüsetaschen [10.2] oder Ofengemüsegerichte [12] und sind eine Bereicherung in Eierspeisen [6], gehackten Kräutern [15], Mischgemüsegerichten [11], Gemüsesuppen [3.1] sowie säuerlich gedünstetem Gemüse [7.1] und Bratlingen [4]. Ganze knospige Blütenstände kann man sehr gut gedämpft sowie als kurz gebratenes Gemüse [8.2] zubereiten oder sie würzen und als Gemüse [13] bzw. Antipasti einlegen. Als Würze und Würzbeigaben eignen sie sich besonders in Chutney [16.9], aber auch in Kräuteröl [16.4] und -essig [16.7]. Im Sommer aromatisieren die Blüten des Gewöhnlichen Bärenklaus Zucker [18.2], Sirup [18.4] und Spirituosen [18.6], aber auch Kräuteröl [16.4], und -essig [16.7]. Sie sind würzige Beigaben in Knäckebrot [21.2] und dekorieren zudem Salat- und Rohkostspeisen [1]. Als Süßspeise kann man sie kandieren [17.4] oder zu Sorbet [17.7] verarbeiten. Aufgrund ihres intensiven Aromas eignen sie sich auch zur Gewinnung von Mazerationsöl [16.5]. Ganze Blütenstände kann man in Ausbackteig [8.4] tauchen und frittieren.

Die dicken saftigen Blattstiele schält man oder reibt sie vor der Verwendung z. B. mit einem Spiralschwamm ab und befreit sie von groben Fasern, indem man diese der Länge nach herauszieht. Von Mai bis Juni sind sie so eine gute Zugabe in Salaten und Rohkost [1]. Als Salatspezialität kann man die Stängel in dünne Scheiben geschnitten, mit etwas Salz, Öl und Zitrone beträufelt servieren. Quer zur Faser klein geschnitten, können sie auch als kurz erhitztes Bratgemüse [8.2], halbgares Gemüse oder zu Gemüsechips [8.5] sowie in Bratlingen [4], Eintöpfen [11.1] und Eierspeisen [6.1][6.3] verarbeitet werden. Man kann sie Gemüsesuppen [3.1] und Ofengemüsegerichten ([12.1] [12.2]) zugeben oder sie in Essig einlegen [13.2]. Oft werden sie auch kandiert [17.4] oder als Kompott [17.5] zubereitet bzw. Chutneyvariationen [16.9] beigemengt. Nur sehr zarte Blattstiele eignen sich als gedünstetes oder gedämpftes Gemüse [7].

Inhaltsstoffe und Wirkung: Der Gewöhnliche Bärenklau enthält wie oben erwähnt ein ätherisches Öl mit Furocumarinen (diese können eine Photosensibilisierung der Haut bewirken), bis zu 10 % Zucker, verschiedene Fettsäuren (Linol-, Palmitin- und Ölsäure), Bitterstoffe, Provitamin A (Beta-Carotin), Eiweiß, Eisen und Kalium. Im Vergleich mit Kopfsalat enthält er mehr als sechsmal so viel Magnesium, achtmal so viel Calcium und etwa 20-mal mehr Vitamin C. Volkstümlich und homöopathisch nutzte man den Gewöhnlichen Bärenklau bei Verdauungsbeschwerden,

Heracleum sphondylium

Pastinaca sativa

zur Blutdrucksenkung und bei Husten und Heiserkeit. Die Naturheilkunde verwendet die Pflanze bei Störungen des zentralen Nervensystems, Multipler Sklerose und Entzündungen im Rachenraum, aber auch bei Antriebsmangel, Lethargie und Kopfschmerzen. Die Wurzel wurde ähnlich wie der Ginseng als Verjüngungsmittel und Aphrodisiakum benutzt.

Verwechslungsgefahr: Herkulesstaude, Riesen-Bärenklau *(Heracleum mantegazzianum)*, S. 630.

Österreichischer Bärenklau
Heracleum austriacum
Art zerstreut bis selten
Gefahrenstufe bei der Verwendung: **
Verbreitungsschwerpunkt: Alpenmatten
Hauptblütezeit: Juli bis August
Verwendung in der Ernährung: Vorsicht! Photosensibilisierend bei Hautkontakt ähnlich wie *H. sphondylium*, siehe dort. Laut Machatschek 2010 wurde die Wurzel als Beigabe in Suppen genutzt. Anzunehmen ist auch, dass junge Sprossaustriebe gekocht mitunter in der Nahrung verwendet wurden.
Inhaltsstoffe und Wirkung: Siehe *H. sphondylium*.

Pastinaken, Hammelmöhren
Pastinaca
Doldengewächse (Apiaceae)

Pastinak, Hammelmöhre, Moorwurzel
Pastinaca sativa

Verbreitungsschwerpunkt: Ruderalgesellschaften, Acker- und Gartenunkrautgesellschaften
Hauptblütezeit: Juli bis August
Verwendung in der Ernährung: Die Pflanze eignet sich für Gemüse, Salate und Gewürze. Die Wurzel und der Geruch allgemein ist süßlich. Das Kraut und die Samen schmecken möhrig-anisartig.

Die Samen verwendet man von August bis September kümmelähnlich als Trockengewürz [16.2], für Salate [1], Würzmus [16.10], Sauerkraut [13.4] und Backkartoffeln sowie in Kräuteröl [16.4] oder -essig [16.7], aber auch als Aroma in Wein [18.5] und Spirituosen [18.6]. Außerdem kann man sie als Brotteigbeigabe [21.1] und Keimsaat [2] versuchen.

Weiche Blätter, Triebspitzen und Stiele eignen sich von April bis Juli roh als delikate Zutat in Salat- und Rohkost-

speisen [1] bzw. Hackkräutermischungen, z. B. zu Kräuterkartoffeln [15.2] oder in Kräuterschnittkäse [15.4]. Sie verfeinern Saucen [14], Gemüsesuppen [3.1] und Bratlinge [4] sowie Eierspeisen [6] und stellen in vielerlei Gemüsegerichten eine geschmackliche Bereicherung dar [7][10][9.1]. Als Würze und Würzbeigabe verwendet man sie insbesondere in Wildpflanzensalz [16.1], als Trockengewürz [16.2], in Kräuteröl [16.4] und -essig [16.7] oder als Pesto [16.6]. Solange die Triebe so weich sind, dass sie sich mit den Fingern noch leicht zerreiben lassen, schmecken sie auch sehr fein, wenn man sie als Gewürz einfach aufs Butterbrot legt [15.1] oder sie in Kräuterbutter und -quark [15.3][15.5] gibt. Zur Beilage werden sie z. B. als Gemüsechips [8.5] oder als Sauerkraut [13.4]. Ihre vielfältigen Verwendungsmöglichkeiten reichen von der Beigabe in Saft- und Vitalgetränken [22.4] bis hin zum Aromatisieren von Likören [18.6].

Die Wurzel der Pastinake lagert im ersten Herbst wichtige Inhaltsstoffe ein. Von September bis in das Frühjahr des zweiten Jahres kann man sie dann am besten ernten. Nach Frosteinwirkung ist sie weicher. Sie eignet sich roh fein geschnitten in Salaten, aber auch nach dem Kochen ergeben die Wurzeln eine schmackhafte Speise, die an Kartoffelsalat erinnert. Eine von alther beliebte Spezialität sind die Wurzeln zusammen mit Kartoffeln gerieben, mit frischem Koriander, Salz und Pfeffer abgeschmeckt und als Bratlinge ausgebacken. [4]. Getrocknet und vermahlen werden sie als Streckmehl für Gebäck [20] und Hausbrote [21.1] sowie als Kaffeesurrogat [23] genutzt. Auch exzellente Bratgemüse [8.1][8.2][8.3], Mischgemüsegerichte [11.1] oder auch Gemüsechips [8.5] lassen sich mit ihnen zubereiten. Sehr junge, klein geschnittene Wurzeln kann man hervorragend in Gemüsesuppen [3.1] und zu Würzmus [16.10] verarbeiten.

Die hellgelben Blüten und Blütenknospen sind von Juli bis August eine intensivaromatische, schmuckhafte Gemüseeinlage oder essbare Dekoration. Die Blütenstielknospen und Blattstiele finden Verwendung bei der Zubereitung von Ofengemüsegerichten wie Lasagne [12.1] oder Pizza [12.2] sowie in Gemüsesuppen [3.1] und als Stängelgemüse [7.2]. Fein geschnitten isst man sie in Salaten und als Rohkost [1].

Inhaltsstoffe und Wirkung: Die Pflanze enthält ätherisches Öl, Inulin, Alkaloide, Furocumarine (photosensibilisierende Wirkung), Vitamine (A, B und C), fettes Öl und Mineralstoffe, insbesondere Kalium. Die ganze Pflanze (Blätter, Wurzel und Samen) wird volksheilkundlich in Form eines Tees als harntreibendes und verdauungsförderndes Mittel eingesetzt. Der Tee wirkt ferner schmerzlindernd und fördert den Schlaf. Die Pastinakenwurzel ist ein wertvolles Nahrungsmittel und wegen des enthaltenen Inulins auch für Diabetiker geeignet. Sie liefert reichlich Eiweiß, Vitamine und Mineralien und stärkt so den ganzen Organismus.

Höhe bis 1,8 m

1 Stängel kantig gefurcht und leicht behaart
2 Das Blatt besteht aus bis zu 15 Teilblättern
3 Gelbe Doldenblüte mit 7–20 Strahlen zusammen, an deren Ende jeweils ein Döldchen sitzt
4 Frucht 5–7 mm lang, oval, flach und am Rande zu beiden Seiten durch flache Flügel (a) gekennzeichnet

Meisterwurzen, Haarstränge

Peucedanum

Doldengewächse (Apiaceae)

Meisterwurz

Peucedanum ostruthium

Verbreitungsschwerpunkt: Hochstaudenfluren und -gebüsche

Hauptblütezeit: Juli bis August

Verwendung in der Ernährung: Zarte junge Blätter und Triebspitzen kann man von April bis Juni fein geschnitten in Salate, Rohkost [1] und Hackkräutermischungen [15] geben. Sie dienen ebenso als aromatische Zutat in Gemüsesuppen [3.1], Saucen [14] und verschiedenen Gemüsegerichten [7] sowie in Bratlingen [4] oder auch in Knäckebrotteig [21.2]. In Ausbackteig [8.4] oder als Gemüsechips [8.5] gebacken sind sie eine herzhafte Beilage. Aufgrund

Höhe bis 1,0 m
Pflanze würzig nach Möhren und Sellerie riechend
1 Blätter aus 3 gestielten Teilblättern (a) zusammengesetzt, die wiederum jeweils aus drei Lappen (b) bestehen
2 Blattrand unregelmäßig gesägt
3 Blütendolde mit zahlreichen Zweigen (Strahlen)
4 Breit geflügelte (a) Frucht, ca. 5 mm lang

ihrer intensiven ätherischen Öle eignen sich die Blätter auch hervorragend als Würzbeigabe in Wildpflanzensalz [16.1], Kräuteröl [16.4], -essig [16.7] und Mazerationsöl [16.5] sowie als Trockengewürz [16.2], Würzmus [16.10] oder Pesto [16.6].

Ähnlich wie die Blätter eignen sich die Blüten von Juli bis August als aromatische Beigabe in Hackkräutermischungen [15], Knäckebrot [21.2], Wildpflanzensalz [16.1], Kräuteröl [16.4] und -essig [16.7] sowie als Trockengewürz [16.2] oder zur Herstellung von Mazerationsöl [16.5]. Zusätzlich aromatisieren sie auch Wein [18.5] und Spirituosen [18.6]. In Salat- und Rohkostspeisen [1] wirken sie außerdem als zarte Deko. Knospige Blütenstände kann man auch gut in Gemüsesuppen [3.1], Chutney [16.9] oder zu Würzmus [16.10] verarbeiten.

Die einjährigen, faserarmen, scharf bis herben Wurzeln der Meisterwurz mengt man von September bis März Gemüsesuppen [3.1] und Mischgemüsegerichten [11] bei oder bäckt sie als Gemüsechips [8.5]. Sie sind bekannt als Aromageber in Wein [18.5] oder Spirituosen [18.6] und können, wie alle anderen Pflanzenteile, zur Gewinnung von Mazerationsöl [16.5] eingesetzt werden.

Inhaltsstoffe und Wirkung: Der Wurzelstock der Meisterwurz galt als Allheilmittel. Die Pflanze genoss in Nordeuropa seit dem Altertum auch als Kultpflanze große Wertschätzung. Sie enthält ätherisches Öl mit den Hauptkomponenten Alpha-Pinen und Phellandren, außerdem Furocumarine (Imperatorin), Flavonoide (Hesperidin), Gerb- und Bitterstoffe, Harze und Gummi. Verwendet wurde sie ähnlich wie die ebenfalls bittere Angelikawurzel bei Magen- und Darmerkrankungen. Volksmedizinisch gilt sie als stark stoffwechselanregend, immunstimulierend und wurde außerdem bei Rheuma und Fieber eingesetzt. Beschrieben wird auch die Inhalationsanwendung bei Bronchitis und Asthma.

Sumpf-Haarstrang

Peucedanum palustre

Art in Deutschland zum Teil im Bestand gefährdet

Verbreitungsschwerpunkt: Großseggensümpfe

Hauptblütezeit: Juli bis August

Verwendung in der Ernährung: Die fruchtig-scharfen, unverholzten Wurzeln des Sumpf-Haarstrangs kann man von September bis März als Würzbeigabe in Kräuteröl [16.4] und -essig [16.7], als Trockengewürz [16.2] und zur Gewinnung von Mazerationsöl [16.5] sowie zum Aromatisieren von Wein [18.5] oder Spirituosen [18.6] nutzen. Es ist auch möglich, sie als Gemüse in Salzlake einzulegen [13.1] oder verschiedenen Bratgemüse- [8] bzw. Mischgemüsegerichten beizumengen [11]. Sehr junge, klein geschnittene Wurzeln sind auch eine besondere Zutat in Gemüsesuppen [3.1]. Getrocknet und vermahlen lassen sich die Wurzeln allgemein als Streckmehl für Gebäck [20] verwenden, fein gerieben sind sie ein hervorragendes Gewürz für herbstliche, wärmende Kürbissuppen. Vermutlich können die Blätter und Blüten ähnlich wie die der Meisterwurz *(Peucedanum ostruthium)* verwendet werden. Über Unverträglichkeiten der Blätter und Blüten liegen uns keine Hinweise vor.

Inhaltsstoffe und Wirkung: Der Sumpf-Haarstrang enthält ätherisches Öl, Flavonoide, Gummi, Harze und Furocumarine. Die Wurzel und Früchte schmecken stechend scharf. Beschrieben wurde die heilkundliche Verwendung der Wurzel und der Samen bei Magen- und Darmbeschwerden und Menstruationsbeschwerden. In Russland wurde die Wurzel offenbar durchaus erfolgreich zur Behandlung der Epilepsie eingesetzt (HERPIN 1860). Zugesprochen wird ihr ferner eine abführende Wirkung.

Österreichischer Haarstrang

Peucedanum austriacum

Art im Bestand gefährdet

Verbreitungsschwerpunkt: Wegränder

Hauptblütezeit: Juli bis August

Verwendung in der Ernährung: Vergleichbar mit *Peucedanum oreoselinum.*

Inhaltsstoffe und Wirkung: Die Pflanze enthält Polyine. In den Wurzeln finden sich Dihydropyranocumarine (Deltoin, Secorin, Zosimin) und Chlorogensäure. Über eine medizinische Verwendung ist uns nichts bekannt.

Peucedanum ostruthium

Reseda lutea

Kümmelblättriger Haarstrang

Peucedanum carvifolia

Art im Bestand gefährdet

Verbreitungsschwerpunkt: Waldränder

Hauptblütezeit: Juli bis September

Verwendung in der Ernährung: Vergleichbar mit *Peucedanum oreoselinum*.

Hirschwurz

Peucedanum cervaria

Art zerstreut bis selten

Verbreitungsschwerpunkt: Trockenhänge, lichte Wälder

Hauptblütezeit: Juli bis September

Verwendung in der Ernährung: Vergleichbar mit *Peucedanum oreoselinum*.

Inhaltsstoffe und Wirkung: Die Hirschwurz soll wassertreibend, menstruationsfördernd und fiebersenkend wirken und gut für den Magen sein. Man verwendete sie außerdem bei chronischen Katarrhen der Luftwege. Früher war die Wurzel und der Samen offizinell, d. h. arzneilich anerkannt. Der Geruch und Geschmack der Pflanze wird als stark aromatisch harzig beschrieben. Sie enthält ätherisches Öl, Phenolcarbonsäuren (Ferulasäure, Chlorogensäure, Kaffeesäure), Cumarine und Bitterstoffe.

Berg-Haarstrang

Peucedanum oreoselinum

Art zerstreut bis selten

Verbreitungsschwerpunkt: Trockene Wiesen und Wälder

Hauptblütezeit: Juli bis September

Verwendung in der Ernährung: Die z. T. sehr scharfen Wurzeln wurden nach MACHATSCHEK 2010 gemüseartig verwendet, offenbar ausgekocht. Die ölreichen, intensivaromatischen Samen sowie Blätter und Triebe wurden angeblich ebenfalls in der Ernährung genutzt. Genauere Angaben dazu sind uns leider nicht bekannt.

Inhaltsstoffe und Wirkung: Beschrieben wird die Anwendung der Pflanze als harntreibendes Mittel zur Behandlung von Ödemen (Bauchwassersucht). Sie enthält ätherisches Öl und Bitterstoffe.

Reseden, Wau-Arten
Reseda

Resedengewächse (Resedaceae)

Verwendung in der Ernährung: Bei allen hier aufgeführten mitteleuropäischen Reseda-Arten kann aus den Blüten ätherisches Öl gewonnen werden. Am aromatischsten ist es bei der Wohlriechenden Reseda *(Reseda odorata)*, deren

Öl man auch in der Parfümherstellung nutzte. Die Blüten können außerdem zum Aromatisieren von Sorbets [17.7], Mazerationsölen [16.5] und Spirituosen [18.6] verwendet werden und als pikante Würze in Fruchtweinbowlen [22.3]. Nur bei der Art Rapunzel-Wau *(Reseda phyteuma)* konnten wir keine Hinweise über die Blütenverwendung finden.

Inhaltsstoffe und Wirkung: Die Pflanzen enthalten Senföle, nichtproteinogene Aminosäuren und die farbigen Flavonoide Luteolin und Apigenin, außerdem Lignane. Das ganze Kraut wirkt beruhigend und schmerzstillend und wird bei Schlaflosigkeit und Unruhe eingesetzt. Äußerlich ist die Anwendung bei Quetschungen und Blutergüssen hilfreich. Die Wurzeln sind harn- und schweißtreibend. Die Art Färber-Wau *(R. luteola)* wurde früher zum Färben (gelbe Farbtöne) von Wolle und Seide gebraucht.

Gelbe Reseda, Wilde Resede

Reseda lutea

Höhe bis 0,7 m
1 Pflanze bereits von unten verzweigt
2 Blätter in längliche Abschnitte geteilt
3 Kerzenförmiger Blütenstand
4 Die 2 oberen Blütenblätter sind mehrteilig, mit Seitenflügeln und Mittelzipfel
5 Frucht eine eiförmige Kapsel

Foto S. 417

Verbreitungsschwerpunkt: Ruderalgesellschaften, Acker- und Gartenunkrautgesellschaften
Hauptblütezeit: Juni bis September
Zusätzliche Hinweise zur Verwendung: Die jungen Blätter und zarten Triebe der Gelben Reseda eignen sich vor der Blüte, von circa April bis Juni, roh als bissfester Salat [1] oder können gedämpft Spinat [9.1] und gekocht Gemüsesuppen [3.1] beigemengt werden. Sie sind auch einsetzbar als Würze zu Kräuterquark [15.5] oder Kräutersauce [14] sowie in Gemüsefüllungen (z. B. von Teigtaschen [10.2] und Frühlingsrollen).

Die knospigen Blüten ergeben von Mai bis Juni in Gewürzessig ein gutes eingelegtes Gemüse [13.2]. Man kann sie auch roh als Würze in Salatsaucen schneiden. Die hellgelben Blüten können von Juni bis September gut in Frischkäse gerührt werden und so als Brotaufstrich dienen. Der Grundgeschmack der Pflanze ist leicht säuerlich-senfig.

Wohlriechende Reseda, Garten-Resede

Reseda odorata
Art selten verwildert
Verbreitungsschwerpunkt: Schuttunkrautfluren
Hauptblütezeit: Juli bis September

Rapunzel-Wau

Reseda phyteuma
Art im Bestand gefährdet
Verbreitungsschwerpunkt: Wegränder, Weinberge
Hauptblütezeit: Juni bis September
Zusätzliche Hinweise zur Verwendung: Die Blätter eignen sich für Salat [1] und Kochgemüse [9].
Inhaltsstoffe und Wirkung: Die Pflanze enthält Phenylcarbonsäuren (Cumarsäure, Ferulasäure) und Flavonoide. Über eine medizinische Verwendung ist uns nichts bekannt.

Färber-Wau, Färber-Resede

Reseda luteola
Art in Österreich und in der Schweiz im Bestand gefährdet
Verbreitungsschwerpunkt: Ruderalgesellschaften, Acker- und Gartenunkrautgesellschaften
Hauptblütezeit: Juni bis September
Zusätzliche Hinweise zur Verwendung: Ab September kann man aus den Samen ein herbwürziges, essbares Öl gewinnen.

Zweizahn-Arten

Bidens

Korbblütengewächse (Asteraceae)

Grundlegende Merkmale: Die Blätter sind im Gegensatz zu den meisten anderen Vertretern der Familie gegenständig. Die körbchenförmigen Blütenstände bestehen in der Regel aus Röhrenblüten und Zungenblüten. Die Blüten sind meist gelblich, aber auch Arten mit weißen oder rötlichen Blüten kommen vor. Früchte mit zwei bis sechs zahnartigen Grannen (Name!).

Dreiteiliger Zweizahn

Bidens tripartita

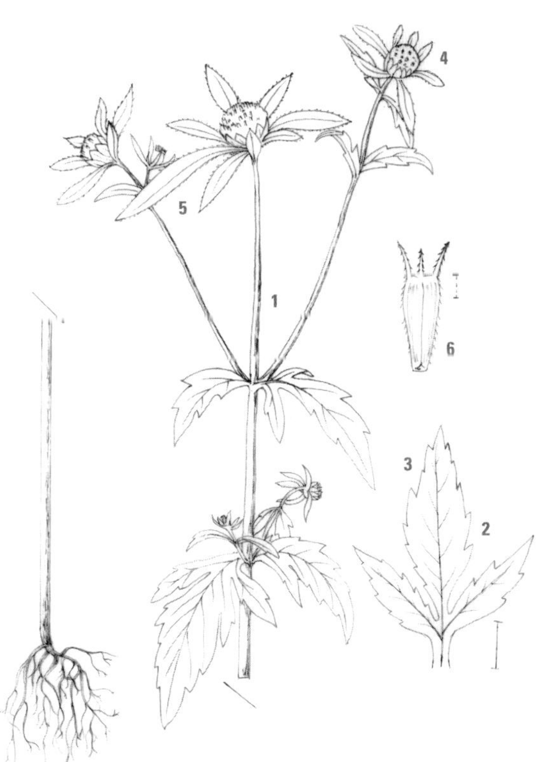

Höhe bis 1,0 m
Grundlegende Merkmale der Pflanzengattung siehe oben

1 Stängel aufrecht, oben verzweigt
2 Blatt häufig dreiteilig, mit verlängertem Endlappen
3 Blattrand sägeförmig gezähnt
4 Blütenköpfe einzeln
5 Auffällige, längliche Hüllblätter
6 Abgeflachte Frucht mit 2–4 Grannen

Foto S. 421

Verbreitungsschwerpunkt: Krautige Vegetation oft gestörter Plätze
Hauptblütezeit: Juli bis Oktober
Verwendung in der Ernährung: Die jungen, weichfaserigen Blätter und kleinen Frühjahrs-Triebe sind sehr eiweißreich und schmecken im Jugendzustand noch nicht so bitter wie im Sommer. Von April bis Juni verarbeitet man sie als Beigabe zu Kräuterkartoffeln [15.2], in Bratlingen [4] oder Hausbrotmischungen [21.1]. In kleinen Mengen eignen sie sich auch als bitter-würzige Zutat in Salaten und Rohkost [1] sowie in Saucen [14] und Gemüsesuppen [3.1]. Außerdem kann man sie als Bittergemüse [9.2] zubereiten oder in Wein einlegen [13.3]. Als Würze findet der Dreiteilige Zweizahn insbesondere in Wildpflanzensalz [16.1] oder in Spirituosen [18.6] Verwendung.
Inhaltsstoffe und Wirkung: Die Pflanze enthält ätherisches Öl, Gerbstoffe, Xanthophylle, Flavonoide und Sterine. In früherer Zeit genoss sie große Wertschätzung. Sie wurde bei Gebärmutterblutungen und bei blutigem Urin eingesetzt. Die adstringierende Wirkung nutzte man bei entzündlichen Darmerkrankungen und Durchfall. Außerdem wirkt sie harntreibend, was ihren Einsatz bei Blasen- und Nierenerkrankungen sinnvoll macht.

Nickender Zweizahn

Bidens cernua

Art im Bestand gefährdet
Verbreitungsschwerpunkt: Ufer, Gräben, Moore
Hauptblütezeit: Juli bis September
Verwendung in der Ernährung: Die Blätter wurden zur Kochgemüsenutzung gesammelt [9].
Inhaltsstoffe und Wirkung: Die Pflanze enthält Schleimstoffe und ein scharfes ätherisches Öl mit eigentümlichen Geruch, außerdem einen extrahierbaren gelben Farbstoff (Flavonoide). Offenbar verwendete man die Pflanze gelegentlich zur Wundreinigung und zum Färben. Eine allgemeine medizinische Anwendung wird selbst in alten Kräuterbüchern verneint. In der Wurzel und dem ätherischen Öl von *B. cernua* wurden Polyine nachgewiesen (Jensen et al. 1961), diese wirken antibiotisch.

Wasserdoste
Eupatorium
Korbblütengewächse (Asteraceae)

Wasserdost
Eupatorium cannabinum

Höhe bis über 1,5 m
1 Stängel dicht beblättert, oben verzweigt
2 Blätter drei- bis fünfteilig, selten einfach
3 Blütenstand eine doldenartig wirkende Rispe
4 Blütenköpfchen mit 4–6 Röhrenblüten, von länglichen Hüllblättern umrahmt
5 Frucht mit Haarkranz

Gefahrenstufe bei der Verwendung: *
Verbreitungsschwerpunkt: Feuchte, sonnige Waldstellen, Ufer
Hauptblütezeit: Juli bis September
Verwendung in der Ernährung: Zarte Blätter eignen sich nach MACHATSCHEK 2010 in kleinen Mengen als Speisenbeimischung.
Inhaltsstoffe und Wirkung: Die Pflanze gilt als leicht giftig, also nicht in größeren Mengen verwenden! Sie enthält Sesquiterpenlactone (Euperfolin), Flavonoide (Rutin, Eupatorin), Gerbstoffe, ätherisches Öl und spezielle Polysaccharide (Heteroxylane). Der Wasserdost wirkt immunstimulierend, entzündungshemmend, harntreibend und gallensekretionsfördernd. Früher wurde das getrocknete Kraut der Pflanze zur Behandlung von Fieber, Erkältungen und Rheuma eingesetzt. Da die Pflanze leberschädliche Pyrrolizidine enthält, wird sie heute nicht mehr medizinisch verwendet. Die enthaltenen Sesquiterpenlactone können hautreizend wirken.

Hornklee-Arten
Lotus
Schmetterlingsblütengewächse (Fabaceae)

Gefahrenstufe bei der Verwendung: *
Verwendung in der Ernährung: Die Pflanzen haben von März bis April junge Triebspitzen und zarte Blätter, die als strenge Zutat zu Mischgemüse [11] (ohne Deckel gekocht, s. unten) verarbeitet werden können. Es empfiehlt sich, den Hornklee stark zu würzen, um dem strengen Geschmack zu begegnen. In Kräutersalaten [1] genutzt, sollte man die Blätter nur in kleinen Mengen gewürzartig beigeben und z. B. geschmacklich mit Nüssen kombinieren. Ab Juni bis Juli findet man junge Samenschoten, die in Maßen wie kleine Bohnenschoten zubereitet werden können (ohne Deckel gekocht, s. unten). Die gelben Blüten erntet man von Mai bis August, streut sie als würzende Dekoration fein gewiegt über angerichtete Brote, oder trocknet und vermahlt sie als Beigabe zu Backmehl [20]. Sie sind mitunter eine willkommene, würzige Zutat in süßem Gebäck. Der Grundgeschmack der grünen Pflanzenteile ist streng, jedoch nicht bitter, die Blüten schmecken etwas erbsen- bis mandelartig.
Inhaltsstoffe und Wirkung: Die Pflanzen enthalten Tannine, Flavonoide, Cyanwasserstoffe und sind reich an der Aminosäure Lysin. Ein Tee aus den Blüten wirkt krampflösend und beruhigend. Er kann auch bei Schlafstörungen und nervösen Störungen angewendet werden. Äußerlich nützt eine Anwendung bei Bindehautentzündung und als Gurgelwasser bei Zahnfleischentzündungen. Ein Extrakt aus den Pflanzen wirkt hautschützend. Die frische Pflanze enthält giftige Cyanwasserstoffe. Sie entweichen beim Kochen ohne Deckel. Die beim Würzen verwendeten geringen Mengen der frischen Pflanze können hinsichtlich der Cyanwasserstoffe als unbedenklich angesehen werden. Die in den Pflanzen enthaltenen Tannine haben offenbar eine eindämmende Wirkung auf parasitäre Würmer bei Weidetieren (Schafen), die Hornklee als Futter aufnehmen.

Bidens tripartita

Eupatorium cannabinum

Lotus corniculatus

Lotus pendunculatus

Gewöhnlicher Hornklee, Hornschotenklee

Lotus corniculatus (Artengruppe)

Höhe bis 0,5 m

1 Stängel im Durchmesser viereckig
2 Blatt fünfteilig
3 Teilblätter etwa doppelt so lang wie breit
4 Alle Blätter am Rande und an den Nerven mit feinen Wimpern
5 Blüten vor dem Aufblühen oft rot überlaufen
6 Blüten zu mehreren an einem langen Stiel sitzend
7 Blütenkelch ca. 5 mm lang

Foto S. 421

Gefahrenstufe bei der Verwendung: *

Verbreitungsschwerpunkt: Von Mensch und Tier beeinflusste Heiden und Rasen

Hauptblütezeit: Mai bis August

Sumpf-Hornklee

Lotus pendunculatus

Höhe bis 0,5 m

Art ähnelt dem Gewöhnlichen Hornklee *(Lotus corniculatus)* mit folgenden gut ersichtlichen Unterschieden:

1 Stängel rundlich, hohl
2 Blütenköpfchen mehrblütig, 8–14 Blüten enthaltend
3 Zähne des Blütenkelchs vor dem Erblühen zurückgebogen, beim Gewöhnlichen Hornklee neigen diese vor dem Aufblühen zusammen

Foto S. 421

Gefahrenstufe bei der Verwendung: *

Verbreitungsschwerpunkt: Gedüngte Feuchtwiesen

Hauptblütezeit: Mai bis Juli

!! Salz-Hornklee

Lotus tenuis

Art im Bestand gefährdet

Gefahrenstufe bei der Verwendung: *

Verbreitungsschwerpunkt: Salzwiesen, feuchte Ruderalstellen

Hauptblütezeit: Mai bis Juli

Schneckenklee-Arten, Luzerne

Medicago

Schmetterlingsblütengewächse (Fabaceae)

Verwendung in der Ernährung: Die aufgeführten mitteleuropäischen Arten sind bohnenaromatische bis bitterliche Pflanzen, die man zum Entbittern ggf. mehrfach überbrühen sollte. Die Blätter schmecken streng, fest, die Blüten etwas erbsenartig. Zarte junge Blätter wurden von März bis Mai noch vor ihrer Blütenbildung als kleine Zugabe in Salaten und Rohkost [1] genutzt. Geschmacklich passen sie z. B. in Möhren- oder Selleriesalate, sicherlich aber auch als Beigabe zu Gemüsegerichten wie Spinat [9.1], Suppen [3.1] und dergleichen. Der strenge Geschmack kann durch Einlegen bzw. Spülen in Wasser etwas gemildert werden. Die Blüten wurden im Sommer gesammelt, getrocknet und vermahlen als Streckmehl für Gebäck [20] genutzt. Denkbar sind sie auch als frische, essbare Dekoration oder mit Rotkleeblüten zusammen, etwas Mehl und Salz zu Knäckebrot [21.2] gebacken. Die Samen wurden roh genascht, womöglich auch als Brotbeigabe [21], Streckmehl [20] und Keimsaat [2] sowie auch geröstet als Gratinierung verschiedener Gerichte verwendet. Nach unserem Erachten kann man die Pflanzen im Weiteren vergleichbar wie die Trifolium-Arten (s. S. 429) nutzen.

Hopfen-Schneckenklee, Gelbklee

Medicago lupulina

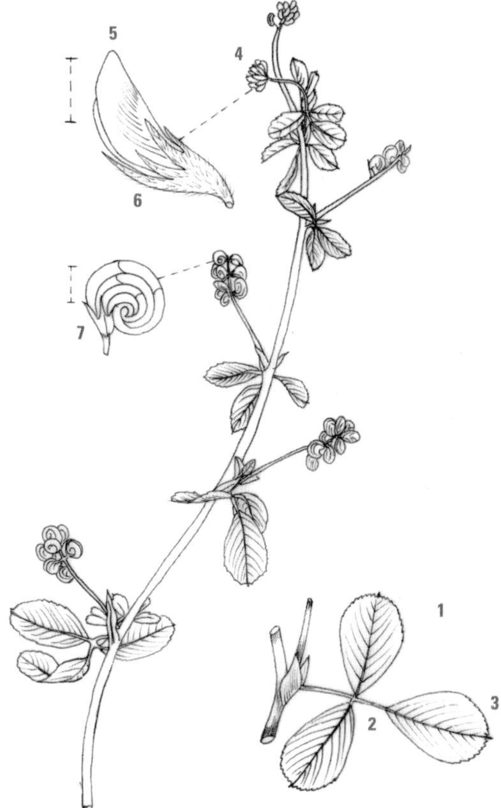

Höhe bis 0,6 m
1 Blätter dreizählig
2 Teilblätter verkehrt eiförmig, das mittlere gestielt
3 Blattrand an der Blattspitze schwach gezähnt mit einem längeren Zahn mittig
4 Blütenstände mit bis zu 50 Einzelblüten
5 Gelbe Blüte bis 3 mm lang, Kronblätter fallen im Gegensatz zu ähnlichen Kleearten nach dem Verblühen ab
6 Blütenkelch mit 5 Zähnen
7 Die bis 3 mm lange Frucht ist nierenförmig

Foto S. 424

Verbreitungsschwerpunkt: Kalk-Magerrasen
Hauptblütezeit: Mai bis September
Inhaltsstoffe und Wirkung: Die Pflanze enthält Phytoöstrogene, Flavonoide, Saponine und photosensibilisierende Stoffe. Verwendung vermutlich ähnlich wie *Medicago sativa.*

Saat-Luzerne

Medicago sativa (Artengruppe)

Verbreitungsschwerpunkt: Kalk-Magerrasen, Grünlandgesellschaften, Ruderalgesellschaften, Acker- und Gartenunkrautgesellschaften, nährstoffreiche Krautfluren
Hauptblütezeit: Juni bis September
Zusätzliche Hinweise zur Verwendung: Im Vergleich mit anderen Arten der Gattung schmeckt die Saat-Luzerne am strengsten. Um sie gut nutzen zu können, kann man die geernteten Teile fein schneiden, überbrühen und evtl. mit etwas Salz ziehen lassen. So lassen sich die jungen Triebe von April bis Juni gut als Würze zu verschiedenen Speisen nutzen. Die ausgezupften farbigen Blüten sind eine wunderschöne, essbare Dekoration.

Medicago lupulina

Medicago sativa

Höhe bis 0,9 m
1 Pflanze aufrecht wachsend
2 Blätter dreiteilig
3 Teilblatt länglich, bis 3 cm lang
4 Blütenstand mit bis zu 25 blauen oder violetten Einzelblüten
5 Bläuliche Blüten bis zu 1 cm lang
6 Frucht spiralförmig

Inhaltsstoffe und Wirkung: Die Saat-Luzerne enthält wie der Hopfen-Schneckenklee *(Medicago lupulina)* Phytoöstrogene, Flavonoide, Saponine und photosensibilisierende Stoffe. Die Pflanze enthält des Weiteren vergleichsweise viel Protein und ist reich an Vitaminen (v. a. Vitamin K und Carotin), außerdem enthält sie viel Calcium und Chlorophyll. Vor allem im arabischen Raum hat sie eine jahrhundertelange Tradition als Heilmittel bei Magenbeschwerden, Geschwüren, Appetitlosigkeit und Blähungen. Sie wirkt mild abführend und harntreibend. Aufgrund ihrer östrogenen Wirkstoffe könnte die Pflanze möglicherweise auch bei Menstruations- und Wechseljahrsbeschwerden helfen.

Zwerg-Schneckenklee
Medicago minima
Art im Bestand gefährdet
Verbreitungsschwerpunkt: Lockere Sand- und Felsrasen
Hauptblütezeit: April bis Juli
Inhaltsstoffe und Wirkung: Vermutlich ähnlich wie *Medicago sativa.* Über eine medizinische Verwendung ist uns nichts bekannt.

Arabischer Schneckenklee
Medicago arabica
Art in der Schweiz und in Teilen Österreichs im Bestand gefährdet
Verbreitungsschwerpunkt: Ruderalgesellschaften, Acker- und Gartenunkrautgesellschaften
Hauptblütezeit: April bis September
Inhaltsstoffe und Wirkung: Vermutlich ähnlich wie *Medicago sativa.* Über eine medizinische Verwendung ist uns nichts bekannt.

Steinklee, Honigklee
Melilotus
Schmetterlingsblütengewächse (Fabaceae)

Gefahrenstufe bei der Verwendung: *
Grundlegende Merkmale: Die Blätter dieser Gattung sind wechselständig am Stängel angeordnet. Sie sind dreiteilig, das mittlere Teilblatt ist länger gestielt als die beiden seitlichen. Die Blüten wachsen in vielblütigen, ährenförmigen Blütentrauben. Die gelb oder weiß gefärbte Einzelblüte ist schmetterlingsförmig, die Frucht eine meist runzlige Hülse.
Verwendung in der Ernährung: Der Duft der aufgeführten mitteleuropäischen Arten ist süß-aromatisch, waldmeister-vanilleartig, wenn man ihre Blätter zerreibt oder trocknet. Die getrockneten und vermahlenen Blüten dieser Arten wurden in der Küche wie Zimt eingesetzt.

Hinweis: Alle Pflanzenteile, v. a. getrocknete, enthalten Cumarin, das, über das Gewürzmaß hinaus benutzt, Kopfweh erzeugen kann. Der Cumaringehalt ist stark schwankend, sodass die Dosierung achtsam zu tätigen ist. Frische Pflanzen duften weniger, da das wohlaromatische, aber kritische Cumarin erst durch Zersetzung bzw. bei der Trocknung der Pflanze entsteht.

Man erntet die jungen Triebe von April bis Juni und lässt sie zu Hause 1–2 Tage anwelken. Dann gibt man sie als Aroma an Gemüsegerichte, zu Milchspeise-Desserts, zu Weinen [18.5], Limonaden [22.2] und Bowlen [22.3]. Wenn man es pulverisiert, so erhält man ein Süßgewürz z. B. zum Backen oder für Desserts. In kleinen Mengen kann man die Blätter auch frisch vor der Blüte im April zu Salatsaucen mischen. Das leicht schärfliche Kraut und die Blüten können frisch mitgekocht von Mai bis September als Würze z. B. von Marmeladen [19.3] oder Kompotten [17.5] dienen oder auch als Würze zu Bratgerichten (z. B. [8]). Angeblich kann man das Kraut auch einsäuern [13.4].

Getrocknete Wurzeln kann man wohl ebenso in kleinen Mengen als Gewürz einsetzen. Die noch zarten Früchte wurden im Spätsommer Hackkräutermischungen [15] beigegeben, die Samen wurden als Gewürz genutzt – offenbar bei der Käseherstellung.
Inhaltsstoffe und Wirkung: Der Echte Steinklee *(Melilotus officinalis)* enthält Cumarin, Flavonoide, Gerb- und Schleimstoffe. Das getrocknete Kraut wird arzneilich als Venenmittel und bei Hämorrhoiden verwendet. Die enthaltenen Cumarine wirken blutverdünnend, durchblutungsfördernd, entzündungshemmend, regen die Lymphtätigkeit an und fördern die Wundheilung, ihr Gehalt ist stark schwankend, sodass die Dosierungsempfehlung schwierig ist. Hinweis! Cumarine können überdosiert zu Schwindel und Kopfschmerzen führen. Auch sollte man sie nicht konsumieren, wenn man blutverdünnende oder durchblutungsfördernde Mittel gebraucht. Die Volksmedizin schreibt dem Steinklee eine harntreibende Wirkung zu. Äußerlich wird die Pflanze als Umschlag oder in Salbenform gegen Blutergüsse und Prellungen eingesetzt. Die anderen aufgeführten Arten sind vermutlich aufgrund ähnlicher Inhaltsstoffe ähnlich verwendbar wie der Echte Steinklee.

Weißer Steinklee, Weißer Honigklee
Melilotus albus

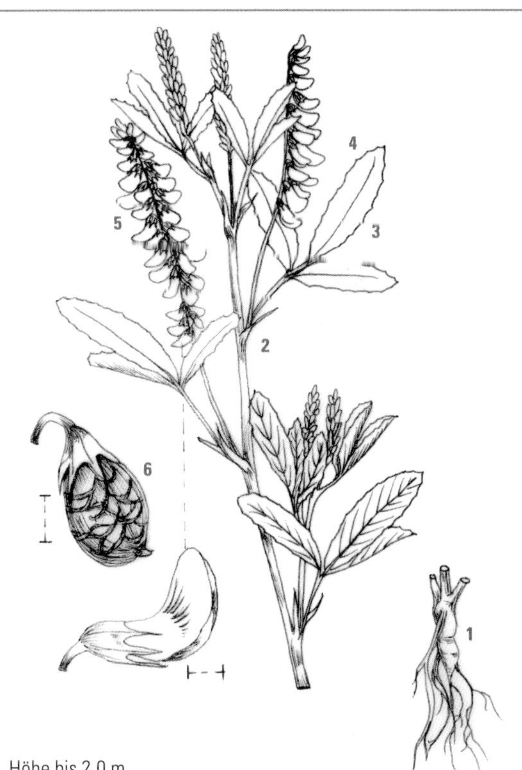

Höhe bis 2,0 m
Grundlegende Merkmale der Pflanzengattung siehe linke Spalte
1 Rübenförmige, gelbliche Pfahlwurzel
2 Pflanze aufrecht, verzweigt
3 Blätter dreizählig
4 Teilblättchen gestielt, oval bis verkehrt herum eiförmig, am Rande schwach gezähnt
5 Weiße Blüten an lang gestielten, reichhaltigen, aber schmalen Blütentrauben
6 Frucht eiförmig, kleiner 0,5 cm

Foto S. 428

Gefahrenstufe bei der Verwendung: *
Verbreitungsschwerpunkt: Ruderalgesellschaften, Acker- und Gartenunkrautgesellschaften
Hauptblütezeit: Mai bis August

Echter Steinklee
Melilotus officinalis

Höhe bis 1,0 m
Grundlegende Merkmale der Pflanzengattung auf S. 425

1 Blätter dreizählig
2 Teilblätter oval bis länglich-oval und gestielt
3 Blattrand in der oberen Hälfte schwach gezähnt
4 Reichhaltige Blütenstände bis 10 cm lang
5 Gelbe Blüten hängend am Blütenstiel angeordnet
6 Blütenkelch mit 5 etwa gleich langen Zähnen
7 Frucht unbehaart, bis 5 mm lang, durch Querrippen gekennzeichnet. Sie enthält 5–8 Samen

Foto S. 428

Gefahrenstufe bei der Verwendung: *
Verbreitungsschwerpunkt: Ruderalgesellschaften, Acker- und Gartenunkrautgesellschaften
Hauptblütezeit: Mai bis September

Hoher Steinklee
Melilotus altissimus
Art ist selten
Gefahrenstufe bei der Verwendung: *
Verbreitungsschwerpunkt: Schleiergesellschaften und Ufersäume
Hauptblütezeit: Juli bis September

Indischer Steinklee, Kleinblütiger Steinklee
Melilotus indicus
Art ist selten
Gefahrenstufe bei der Verwendung: *
Verbreitungsschwerpunkt: Pioniergesellschaften auf feuchten und überfluteten Rasen
Hauptblütezeit: Juni bis August

Gezähnter Steinklee
Melilotus dentatus
Art im Bestand gefährdet
Gefahrenstufe bei der Verwendung: *
Verbreitungsschwerpunkt: Pioniergesellschaften auf feuchten und überfluteten Rasen
Hauptblütezeit: Juli bis September

Hauhechel
Ononis
Schmetterlingsblütengewächse (Fabaceae)

Grundlegende Merkmale: Die Blätter dieser Gattung sind 3-zählig und wechselständig. Die Blüten stehen einzeln oder zu wenigen in den Blattachseln. Die Blütenkrone ist schmetterlingsförmig, die Frucht eine Hülse.

Dornige Hauhechel
Ononis spinosa (Artengruppe)

Verbreitungsschwerpunkt: Kalk-Magerrasen
Hauptblütezeit: Juni bis September
Verwendung in der Ernährung: Die ganz jungen, schärflich-würzigen Austriebe der Dornigen Hauhechel werden im April, wenn sie gerade entstehen und noch keine störenden Dornen entwickelt haben, gewürzartig Salaten [1] und fein gewiegt Salatsaucen, Spinat [9.1] oder Kräutersalz [16.1] beigegeben. Man kann sie als Trockengewürz [16.2] nutzen oder auch salzig sowie in Öl [13.1][13.5] einlegen. Genauso eignen sich weiche Triebspitzen und die Blüten. Diese sind dekorativ auf Broten [15.1] oder Salaten [1]. Die lange Pfahlwurzel sammelt man im Herbst von September an und verarbeitet sie in Spirituosen [18.6]. Der Grundgeschmack der Pflanze ist delikat scharf. Sie riecht ätherisch, süßholzartig. Die Wurzel hat einen süßlich herb-kratzenden Geschmack.
Inhaltsstoffe und Wirkung: Die Dornige Hauhechel enthält Flavonoide (vor allem Formononetin und Genistein), Phytosterine, Triterpene, kleine Mengen ätherisches Öl (Anethol, Menthol), Citronensäure, fettes Öl, Zucker und Eiweiß. Die Pflanze und insbesondere die Wurzel werden

Höhe bis 0,6 m
Grundlegende Merkmale der Pflanzengattung auf S. 426
1 Halbstrauch, im unteren Bereich verholzt
2 Stängel ein- bis zweiseitig behaart
3 Zweige mit spitzen Dornen bewehrt
4 Blätter dreiteilig, Teilblätter oval
5 Blattrand der Teilblätter sägeartig gezähnt
6 Violette oder rosa Blüten meist einzeln in den Blattachseln
7 Blüte mit schnabelartiger Verlängerung
8 Frucht rundlich, behaart

Foto S. 428

von der Schulmedizin wegen ihrer milden harntreibenden Wirkung verwendet. Die Volksmedizin nutzt sie bei Gicht und rheumatischen Beschwerden. In früherer Zeit wurde die Pflanze gegen Feigwarzen, eine durch Viren (HPV) verursachte Krankheit, eingesetzt. Als Gurgelmittel ist die Hauhechel eine wirksame Arznei bei Entzündungen des Zahnfleisches und des Mund- und Rachenraums. Die Homöopathie setzt die Pflanze bei Wassersucht ein.

Kriechende Hauhechel

Ononis repens

Verbreitungsschwerpunkt: Magerweiden, Böschungen
Hauptblütezeit: Juni bis August
Verwendung in der Ernährung: Junge Blätter und Triebe eignen sich als Beigabe zu Salaten [1], Spinat [[9.1] und anderen üblichen Gemüsegerichten, sowie eingesalzen als Vorrat (Kräuterfeinschnitt und Salz schichtweise in Gläser gefüllt). Die Wurzeln verwendet man als Süßaroma.
Inhaltsstoffe und Wirkung: Der Samen der Kriechenden Hauhhechel enthält eine spezielle, giftige Aminosäure (Canavanin), die nicht in Proteinen vorkommt und vermutlich als Fraßschutz dient. Außerdem enthält die Pflanze Blausäureglykoside (Linamarin), Saponine und Alkaloide. Die Hauhhechel, insbesondere aber die Wurzelrinde, wurde zur Behandlung von Gallensteinen und als wassertreibendes Mittel bei Bauchwassersucht eingesetzt. Außerdem existieren Informationen, dass sie hilfreich bei der Behandlung von Wahnvorstellungen ist. Die Pflanzenasche soll sehr kaliumreich sein. Im Mund gehalten soll die Wurzel Zahnweh stillen. Der Teeaufguss der oberirdischen Pflanzenteile wird bei Ekzemen und Hautjucken angewandt.

Höhe bis 0,6 m
Grundlegende Merkmale der Pflanzengattung auf S. 426
Art ähnelt der Dornigen Hauhechel *(Ononis spinosa)*, mit folgenden gut ersichtlichen Unterschieden:
1 Pflanze mehr in die Breite wachsend
2 Stängel rundum behaart
3 Dornen, falls vorhanden, weicher (ohne Abb.)

Foto S. 428

Bocks-Hauhechel

Ononis arvensis

Art im Bestand gefährdet
Verbreitungsschwerpunkt: Magerrasen, Wegränder
Hauptblütezeit: Juni bis August
Verwendung in der Ernährung: Vergleichbar mit *Ononis repens.*
Inhaltsstoffe und Wirkung: Verwendung ähnlich wie *O. repens.*

Melilotus albus
Melilotus officinalis
Ononis spinosa
Ononis repens

Klee-Arten

Trifolium

Schmetterlingsblütengewächse (Fabaceae)

Grundlegende Merkmale: Die Blätter dieser Gattung sind wechselständig am Stängel angeordnet und dreiteilig. Die Blüten wachsen in reichhaltigen Ähren oder Trauben. Die gelb, rot oder weiß gefärbte Einzelblüte ist schmetterlingsförmig, die Frucht ist eine Hülse.

Verwendung in der Ernährung: Die hier aufgeführten mitteleuropäischen Arten sind mit ihren Blättern und jungen Triebspitzen oft erwähnt als Bestandteil von Frühjahrssuppen [3.1] und Hackkräutermischungen [15.1] sowie als kleine Feinschnittbeigabe in Kräutersalaten [1]. Man kann sie mitunter aber auch in Gemüse- und Spinatgerichte [9.1] bzw. in würzige Marinaden mischen.

Ausgezupfte Blüten können von Mai bis September abschließend über Salate [1] und Gemüsegerichte gestreut werden. Man kann sie aber auch in Teig einkneten und braten [4] oder als Aroma in Spirituosen [18.6] und Tees [22.1] verwenden. Die ganzen Blütenköpfchen können gewaschen, mit etwas Salz und Mehl gestampft und dann auf einem Blech im Ofen zu einen geschmackvollen Knäckebrot [21.2] gebacken werden. Am aromatischsten schmeckt hier der Rot-Klee *(T. pratense)*. Die Samen und getrockneten Blütenköpfchen nutzte man in Notzeiten von August bis September vermahlen zu Mehl [20]. Wir gehen davon aus, dass die unverarbeiteten Samen als Keimsaat [2] zu nutzen sind.

Auch als Sauerkraut [13.4] wurden viele Arten, insbesondere der Rot-Klee, verwendet. Bei den anderen Arten dürfte nach unserem Ermessen aufgrund der engen Verwandtschaft und ähnlicher Inhaltsstoffzusammensetzungen die Verwendung ähnlich gewesen sein bzw. genauso möglich sein.

Der Grundgeschmack der Blätter erinnert etwas an strenges Erbsengemüse, zuweilen auch an Feldsalat. Die ausgezupften Blüten sind süßlicher.

Zur Verwendung der Wurzeln ist uns nur beim Rot-Klee *(T. pratense)* eine Streckmehlverarbeitung [20] überliefert, wobei wir davon ausgehen, dass die Wurzeln der anderen Trifolium-Arten in Notzeiten genauso als Streckmehl Verwendung fanden wie viele andere Wurzeln auch. Durch Backhitze dürften auch etwaige bedenkliche Stoffe dieser Pflanzengattung unschädlich werden.

Inhaltsstoffe und Wirkung: Vermutlich enthalten alle hier aufgeführten Klee-Arten Gerb- und Schleimstoffe, Cumarine und Flavonoide. Angaben zu einer gemeinsamen medizinischen Nutzung der Arten liegen uns nicht vor.

Hasen-Klee

Trifolium arvense

Höhe bis 0,6 m

Grundlegende Merkmale der Pflanzengattung siehe linke Spalte

1 Stängel verzweigt, häufig rötlich überlaufen
2 Blätter fein behaart
3 Teilblätter der dreizähligen Blätter schmal oval, bis 2,5 cm lang
4 Zahlreiche zylindrisch geformte, flaumig wirkende Blütenstände mit weißen bis rötlichen Einzelblüten
5 Blütenkelch zottig behaart, mit rötlichen Kelchzähnen

Foto S. 431

Verbreitungsschwerpunkt: Lockere Sand- und Felsrasen
Hauptblütezeit: Mai bis Juli
Inhaltsstoffe und Wirkung: Die Pflanze enthält Gerbstoffe, Harze, Schleimstoffe, Vitamin C und wenig ätherisches Öl. Medizinisch wird sie heutzutage nur wenig verwendet. Früher nutzte man sie bei Bronchitis und chronischen Durchfällen, außerdem als Gurgelmittel bei Entzündungen im Mund- und Rachenraum, für Umschläge bei Gicht und Rheuma und zur Behandlung von Schweißfüßen.

Alpen-Braun-Klee
Trifolium badium

Höhe bis 0,3 m
Grundlegende Merkmale der Pflanzengattung auf S. 429
1 Teilblätter oval, am Rande fein gezähnt
2 Kugeliger Blütenstand, einzeln an der Spitze langer Stiele
3 Blütenköpfe häufig zweifarbig, mit goldgelben Blüten, die nach dem Verblühen dunkelbraun werden

Verbreitungsschwerpunkt: Grünlandgesellschaften
Hauptblütezeit: Juni bis August

Feld-Klee
Trifolium campestre

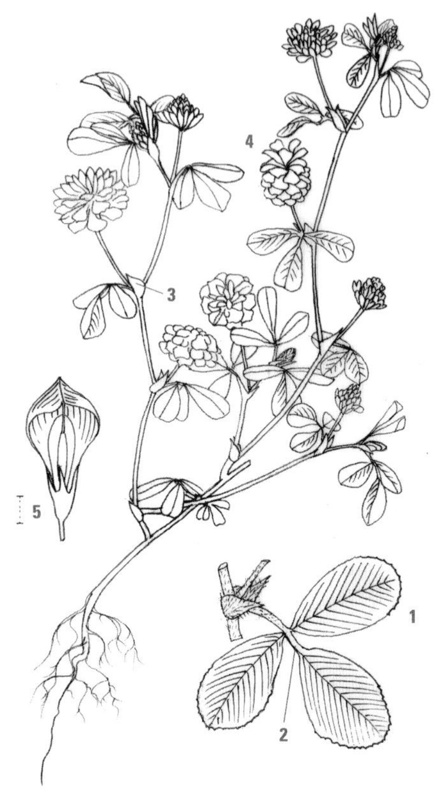

Höhe bis 0,4 m
Grundlegende Merkmale der Pflanzengattung auf S. 429
1 Teilblätter bis 2 cm lang, in der oberen Hälfte gezähnt
2 Mittleres Teilblatt deutlich gestielt
3 Nebenblätter eirund, oben zugespitzt
4 Rundliche bis eiförmige Blütenstände mit 20–30 Einzelblüten
5 Goldgelbe Einzelblüten, größer als 4 mm, die nach dem Verblühen hellbraun werden

Foto S. 432

Verbreitungsschwerpunkt: Lockere Sand- und Felsrasen
Hauptblütezeit: Juni bis September

Kleiner Klee, Faden-Klee
Trifolium dubium s. str.

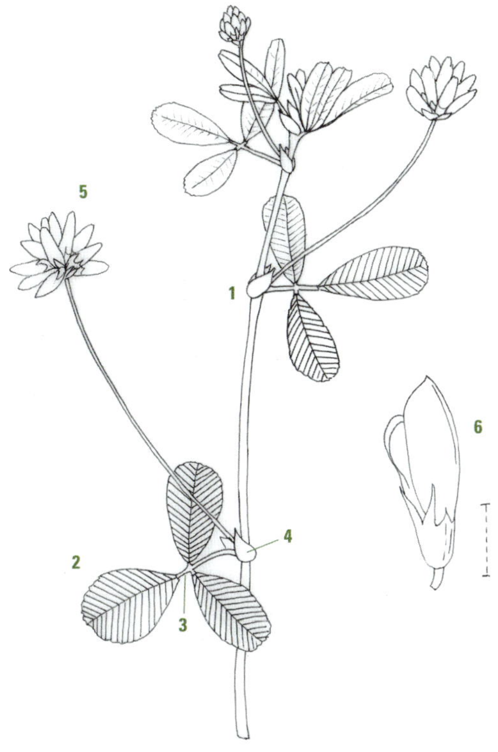

Höhe bis 0,4 m
Grundlegende Merkmale der Pflanzengattung auf S. 429

1 Pflanze verzweigt
2 Blätter mit 3 bläulich grünen, gestielten Teilblättern
3 Mittleres Teilblatt länger gestielt
4 Nebenblätter eiförmig, zugespitzt
5 Erst gelbe, später bräunliche, rundliche Blütenköpfchen, lockerblütig mit weniger als 20 Einzelblüten
6 Einzelblüten kleiner als 4 mm

Foto S. 432

Verbreitungsschwerpunkt: Grünlandgesellschaften
Hauptblütezeit: Juni bis August

Trifolium arvense

Trifolium badium

Trifolium campestre
Trifolium dubium
Trifolium medium
Trifolium pratense

Mittlerer Klee, Zickzack-Klee
Trifolium medium

Höhe bis 0,5 m
Grundlegende Merkmale der Pflanzengattung auf S. 429

1 Stängel hin- und hergebogen
2 Teilblätter länglich, bis 6 cm lang, mit heller Zeichnung
3 Nebenblätter schmal länglich, zugespitzt
4 Purpur-rötlicher Blütenstand einzeln am Ende des Stängels, rundlich oder eiförmig
5 Kelchzähne ungleich lang

Verbreitungsschwerpunkt: Sonnige Staudensäume an Gehölzen
Hauptblütezeit: Mai bis Juli

Rot-Klee, Wiesen-Klee, Roter Wiesen-Klee
Trifolium pratense

Grundlegende Merkmale: Untere Blätter lang gestielt. Nebenblätter mit grannenartiger Spitze. Eiförmige Teilblätter bis 4 cm lang, mit heller Zeichnung. Rote Blütenköpfe. Kelchzähne ungleich lang.
Verbreitungsschwerpunkt: Grünlandgesellschaften
Hauptblütezeit: Mai bis September
Inhaltsstoffe und Wirkung: Der Rot-Klee enthält Gerbstoffe, Cumarin, ätherisches Öl (Methylsalicylat), Isoflavone (Genistein), Stilbene (Resveratrol), Harz, Vitamin C und geringe Mengen Blausäureglykoside. Volksheilkundlich wird er bei Durchfällen, Husten und chronisch, entzündlichen Hauterkrankungen benutzt. Eine wachsende Rolle spielt die Anwendung von Extrakten des Rot-Klees bei weiblichen Wechseljahrsbeschwerden, wegen der auch in der Sojapflanze enthaltenen Soflavone. Diese Phytoöstrogene spielen darüber hinaus eine Rolle bei der Vorbeugung hormonabhängiger Krebserkrankungen, insbesondere der Brust, Gebärmutter und Prostata. Der Tee wirkt blutreinigend und kann auch zum Erfrischen übermüdeter Augen angewandt werden. Eine Tinktur davon dient zur Behandlung von Gicht und Rheuma. Eine ähnliche Verwendung wird vom Weiß-Klee *(T. repens)* beschrieben.

Weiß-Klee, Kriechender Klee
Trifolium repens

Foto S. 434

Grundlegende Merkmale: Stängel kriechend, an den Verzweigungen wurzelnd. Blätter und Blütenköpfe lang gestielt. Teilblätter mit V-förmiger Zeichnung. Weiße Blütenköpfe. Verblühte Teile des Blütenkopfes herabgeschlagen.
Verbreitungsschwerpunkt: Grünlandgesellschaften
Hauptblütezeit: Mai bis September
Inhaltsstoffe und Wirkung: Siehe *Trifolium pratense*

Rasiger Klee, Thals Klee
Trifolium thalii
Art zerstreut bis selten
Verbreitungsschwerpunkt: Grünlandgesellschaften
Hauptblütezeit: Juli bis August

Wald-Klee, Hügel-Klee
Trifolium alpestre
Art ist selten
Verbreitungsschwerpunkt: Sonnige Staudensäume an Gehölzen
Hauptblütezeit: Juni bis August

Alpen-Klee
Trifolium alpinum
Art zerstreut bis selten
Verbreitungsschwerpunkt: Steinfluren und alpine Rasen
Hauptblütezeit: Juni bis August

Gold-Klee
Trifolium aureum
Art zerstreut bis selten
Verbreitungsschwerpunkt: Lockere Sand- und Felsrasen
Hauptblütezeit: Juni bis September

Bastard-Klee, Schweden-Klee
Trifolium hybridum
Art zerstreut bis selten
Verbreitungsschwerpunkt: Pioniergesellschaften auf feuchten und überfluteten Rasen
Hauptblütezeit: Juni bis Oktober
Inhaltsstoffe und Wirkung: Ein Tee aus diesem Klee soll die Milchbildung anregen.

Inkarnat-Klee
Trifolium incarnatum
Art selten verwildert
Verbreitungsschwerpunkt: Nährstoffreiche Acker- und Gartenunkrautfluren
Hauptblütezeit: Mai bis Juni

Berg-Klee
Trifolium montanum
Art ist selten
Verbreitungsschwerpunkt: Kalk-Magerrasen
Hauptblütezeit: Mai bis August

Bleicher Klee, Moränen-Klee
Trifolium pallescens
Art zerstreut bis selten
Verbreitungsschwerpunkt: Flusskiese und feuchte Schuttfluren des Gebirges
Hauptblütezeit: Juni bis August

Trifolium repens

Blassgelber Klee
Trifolium ochroleucon
Art im Bestand gefährdet
Verbreitungsschwerpunkt: Kalk-Magerrasen
Hauptblütezeit: Juni bis Juli

Vogelfuß-Klee
Trifolium ornithopodioides
Art im Bestand gefährdet
Verbreitungsschwerpunkt: Kalk-Magerrasen
Hauptblütezeit: Mai bis Oktober

Kleinblütiger Klee
Trifolium retusum
Art im Bestand gefährdet
Verbreitungsschwerpunkt: Kalk-Magerrasen
Hauptblütezeit: Mai bis Juli

Rotköpfiger Klee, Purpur-Klee, Fuchsschwanz-Klee
Trifolium rubens
Art im Bestand gefährdet
Verbreitungsschwerpunkt: Sonnige Staudensäume an Gehölzen
Hauptblütezeit: Juni bis Juli

Rauer Klee
Trifolium scabrum
Art im Bestand gefährdet
Verbreitungsschwerpunkt: Lockere Sand- und Felsrasen
Hauptblütezeit: Mai bis Juli

Moor-Klee, Schwarzbrauner Klee
Trifolium spadiceum
Art im Bestand gefährdet
Verbreitungsschwerpunkt: Feuchtwiesen und Bachuferfluren
Hauptblütezeit: Juni bis August

Gestreifter Klee
Trifolium striatum
Art im Bestand gefährdet
Verbreitungsschwerpunkt: Lockere Sand- und Felsrasen
Hauptblütezeit: Mai bis August

Erdbeer-Klee
Trifolium fragiferum
Art in der Schweiz und in Teilen Österreichs im Bestand gefährdet
Verbreitungsschwerpunkt: Pioniergesellschaften auf feuchten und überfluteten Rasen
Hauptblütezeit: Juni bis September

Ausgebreiteter Klee, Spreiz-Klee
Trifolium patens
Art in der Schweiz und in Teilen Österreichs im Bestand gefährdet
Verbreitungsschwerpunkt: Gedüngte Frischwiesen und -weiden
Hauptblütezeit: Juni bis September

Wundklee-Arten
Anthyllis
Schmetterlingsblütengewächse (Fabaceae)

Gewöhnlicher Wundklee
Anthyllis vulneraria

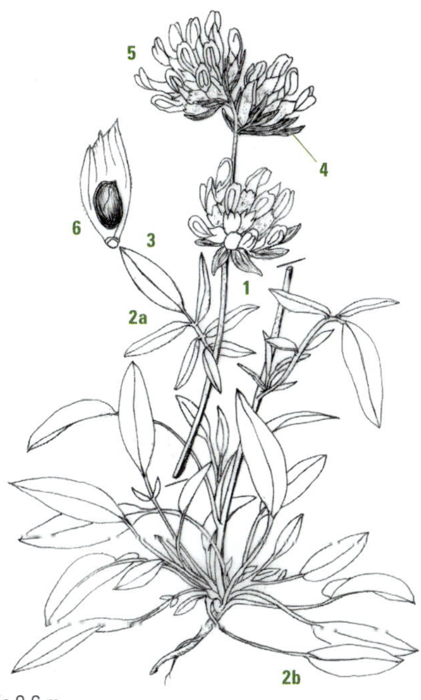

Höhe bis 0,6 m
1 Pflanze blaugrün, behaart
2 Blätter unpaarig gefiedert (a) oder einteilig (b)
3 Die zusammengesetzten Blätter mit großem Endabschnitt
4 Handförmig gelappte Hochblätter
5 Gelb-weiße Blüten in dichten, kopfigen Blütenständen
6 Einsamige Fruchthülse

Foto S. 436

Unterart *A. vulneraria* ssp. *polyphylla* im Bestand gefährdet

Verbreitungsschwerpunkt: Kalk-Magerrasen
Hauptblütezeit: Mai bis Juni
Verwendung in der Ernährung: Weiche, junge, bitterlich und auch etwas eigen schmeckende Triebspitzen können hauptsächlich von März bis Mai erhitzt in Bratlingen [4] oder als Beigabe in Mischgemüsegerichten [11] verwendet werden.
Inhaltsstoffe und Wirkung: Die Pflanze enthält Saponine, Gerbstoffe und Xanthophylle. Ein Teeaufguss wird äußerlich bei Hautleiden und zum Gurgeln bei Entzündungen im Mund und Rachen verwendet, das frische, zerquetschte Kraut fördert die Wundheilung.

Wermute, Beifuß-Arten
Artemisia
Korbblütengewächse (Asteraceae)

Grundlegende Merkmale: Die Blätter dieser Gattung sind wechselständig am Stängel angeordnet.

Die Blüten sind zu kleinen Köpfchen vereinigt, die durch Röhrenblüten und umgebende Hüllblätter gebildet werden.
Verwendung in der Ernährung: Die Blätter der hier aufgeführten mitteleuropäischen Arten sind laut Fischer 2007 roh und getrocknet als Gewürz in der Ernährung verwertbar.

Wermut
Artemisia absinthium

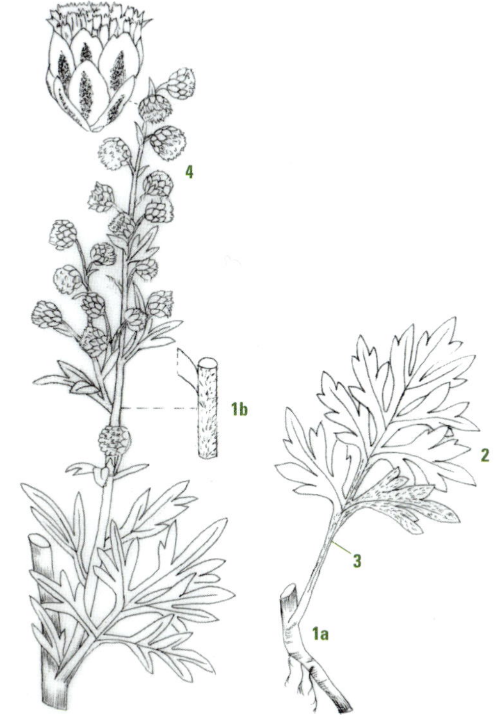

Höhe bis 1,2 m
Grundlegende Merkmale der Pflanzengattung siehe oben
1 Stängel an der Basis verholzt (a), oben filzig behaart (b)
2 Blätter graufilzig, in unterschiedliche Abschnitte geteilt
3 Untere Blätter lang gestielt
4 Blütenstand mit zahlreichen gelblichen Blütenköpfchen

Gefahrenstufe bei der Verwendung: **
Verbreitungsschwerpunkt: Ruderalgesellschaften, Acker- und Gartenunkrautgesellschaften

Hauptblütezeit: Anfang Juli bis Ende September
Verwendung in der Ernährung: Stark ätherisch duftende Pflanze. Die Blätter des Wermuts nutzt man von April bis August in kleinen Mengen v. a. als Aroma, das heißt, man verarbeitet sie als Würze z. B. in Aromazucker [18.2], Kräuterlikör [18.6], -wein[18.5] und -schnaps [18.6], als Bierwürze [18.7] oder als Aroma zu Speiseöl [16.4] und Kräuteressig [16.7] sowie pulverisiert auch als Trockengewürz [16.2]. Wichtig ist, dass man das Kraut nur in kleinen Mengen dosiert. Zubereitungen in großen Dosen können Kopfschmerzen verursachen und in hohen Dosen gefährlich giftig wirken. Die Pflanze duftet beim Zerreiben sehr wohlaromatisch, appetitanregend. Der Geschmack ist äußerst bitter.
Inhaltsstoffe und Wirkung: Getrocknetes Wermutkraut enthält bis zu 0,4 % Bitterstoffe (Absinthin), 0,2–1,5 % ätherisches Öl (Thujon und Chamazulen), Flavonoide; Cumarine und Gerbstoffe. Wermut ist eine der ältesten bekannten Heilpflanzen überhaupt und wird auch heute noch arzneilich verwendet. Die heilige Hildegard von Bingen erwähnt die Pflanze zur Appetitanregung, bei Störungen im Verdauungstrakt, bei chronischer Magenschleimhautentzündung. Ferner bei Blähungen und krampfartigen Störungen im Darm- und Gallenwegsbereich und bei Wurmbefall. Außerdem hat das Kraut eine wohltuende Wirkung auf die Bauchspeicheldrüse. Volksmedizinisch wird es bei Menstruationsbeschwerden und Blutarmut verwendet, äußerlich bei schlecht heilenden Wunden. Das enthaltene ätherische Öl wirkt entkrampfend, desinfizierend und hemmt die Schweißsekretion. Der bittere Geschmack kann durch Beimischen von Pfefferminzblättern und Tausendgüldenkraut abgemildert werden. Die Bitterstoffe fördern die Speichel- und Magensaftsekretion. Die Pflanze ist Bestandteil von Magenbitter.

Feld-Beifuß, Feld-Wermut
Artemisia campestris

Verbreitungsschwerpunkt: Lockere Sand- und Felsrasen
Hauptblütezeit: August bis September
Verwendung in der Ernährung: Eine beliebte Pflanze, die vor allem als (Brat-)gewürz bei fetthaltigen Speisen genutzt wird. Die erblühten Spitzen des Feld-Beifuß werden im August und September von Blättern befreit und getrocknet. Sie dienen dann als Gewürzeinlage in Saucen [14] oder Ofengemüsegerichten [12] und aromatisieren, zu

Anthyllis vulneraria

Artemisia absinthium

Höhe bis 0,8 m
Grundlegende Merkmale der Pflanzengattung auf S. 435
1 Pflanze schon von Grunde an verzweigt
2 Äste rötlich, an der Basis verholzt, dünn
3 Blätter in feine Zipfel geteilt
4 Untere Blätter lang gestielt
5 Winzige, kugelige, gelbliche oder rötliche Blütenköpfchen

Foto S. 438

Pulver vermahlen, Zucker [18.2], Gewürzschokolade [18.3] sowie Wildpflanzensalz [16.1]. Als Aroma verwendet man sie auch in Wein [18.5], Spirituosen [18.6] oder Bier [18.7].
Inhaltsstoffe und Wirkung: Siehe *Artemisia vulgaris.*

Gewöhnlicher Beifuß
Artemisia vulgaris (Artengruppe)

Verbreitungsschwerpunkt: Nährstoffreiche Krautfluren
Hauptblütezeit: Juli bis Oktober
Verwendung in der Ernährung: Bei uns stark verbreitete, aromatische Pflanze für Gewürze, Spirituosen und Tee. Sie ist um einiges milder als die Edelrauten *(Artemisia umbelliformis, Artemisia genipi)* und der Wermut *(Artemisia absinthium).* Von April bis Mai können vor der Blütenbildung die obersten 10 cm der Haupttriebe gut in der Küche verarbeitet werden. Dazu werden sie geschält und dann z. B. zusammen mit Zucchinistreifen als besonders aromatisches Rahmgemüse gegart. Man kann sie auch als gedünstetes oder gedämpftes Gemüse [7] zubereiten oder in Bratlingen [4] einarbeiten. Auch die ganz jungen Triebe und Blätter des Gewöhnlichen Beifuß' sind von April bis Mai noch mildaromatisch und wenig bitter. Sie eignen sich ganz fein geschnitten als kräftige Beigabe zu verschiedenen Salaten [1] und als Würze zu allerlei Speisen, z. B. grob gehackt zu Eierspeisen [6] wie Omelett oder Quiche. Auch zum Ansetzen von Likören und Spirituosen [18.6] sowie in Wein [18.5] und zur Teegetränkbereitung [22.1] lassen sie sich verwenden. Im reiferen Zustand ist der Grundgeschmack der Pflanze aromatisch süßlich bis bitterwürzig. Daher eignet sie sich besonders für fette Speisen. Die entblätterten, zum Teil auch schon verholzten Stängel, mitsamt den Blütenköpfen, lassen sich von Juli bis Oktober als Gewürz in Saucen [14] und Gemüsesuppen [3.1] mitkochen. Beim Servieren nimmt man die Stängel dann wieder heraus. Beifußblätter kann man die ganze Vegetationsperiode über, solange sie noch saftreich sind, als Gewürz trocknen und rebeln. Sie werden dann Wildpflanzensalz [16.1], Aromazucker [18.2] oder auch Gewürzschokolade [18.3] zugesetzt oder einfach als Trockengewürz [16.2] verwendet.
Inhaltsstoffe und Wirkung: Die Pflanzen enthalten Gerbstoffe, Bitterstoffe (Sesquiterpenlactone), Flavonoide, Cumarine, Triterpene, ätherisches Öl (bis 0,3 % – mit Cineol und Thujon, das auch dem Wermut den stark bitteren Ge-

Höhe bis 2,0 m
Grundlegende Merkmale der Pflanzengattung auf S. 435
1 Stängel aufrecht, kantig, rötlich-braun
2 Blattoberseite einfarbig grün (a), Unterseite weißfilzig (b)
3 Blätter in Abschnitte geteilt, diese zugespitzt und gezähnt
4 Reichhaltige, verzweigte Blütenstände
5 Blütenköpfchen 2–3 mm im Durchmesser, gelb oder rotbraun

Artemisia campestris

Artemisia vulgaris

schmack verleiht). Früher war der Beifuß eine wichtige Heilpflanze. Als Tee besitzt er eine entspannende Wirkung auf das Nervensystem und lindert Nervosität und Schlafstörungen. Der Beifuß wird auch gerne in der Frauenheilkunde eingesetzt. Er wirkt anregend und menstruationsfördend bei schwacher Periode. Da er entkrampfend wirkt, hilft er auch gut bei schmerzhafter Periode. Er wirkt außerdem anregend auf die Verdauung und unterstützt die Bauchspeicheldrüse (daher wohl der Einsatz bei fetten Speisen). Äußerlich verwendet am besten als warmes Fußbad wegen seiner wärmenden Eigenschaften bei Unterleibs- und Blasenkatarrhen, chronischen Eierstockentzündungen und Ausfluss. Ein mit der Pflanze angesetztes Öl wirkt bei müden Füßen und Rheumatismus. In der frühen Phase einer Schwangerschaft sollte man den Beifuß nicht verwenden, da er Fehlgeburten auslösen kann.

Einjähriger Beifuß
Artemisia annua
Art ist selten
Verbreitungsschwerpunkt: Nährstoffreiche Acker- und Gartenunkrautfluren
Hauptblütezeit: Juli bis September
Verwendung in der Ernährung: Ätherisch duftende Pflanze, die vor allem als Aroma in diversen Speisen dient. Ihre Verwendung ist seltener, kann jedoch mit der des Wermuts *(Artemisia absinthium)* verglichen werden.
Inhaltsstoffe und Wirkung: Die Pflanze enthält ätherisches Öl und Flavonoide. Von besonderer Bedeutung ist das enthaltene, stark bittere Artemisin, ein Sesquiterpenlacton. In der Chinesischen Medizin wird die Pflanze seit alters her gegen Malaria eingesetzt. Die Weltgesundheitsorganisation empfiehlt derzeit eine Kombinationstherapie mit diesem Wirkstoff. Ein besonderer Vorteil für Drittweltländer ist die Tatsache, dass sie sich damit selbst versorgen können. Neuere Forschungen deuten darauf hin, dass Artemisinderivate auch gegen Krebszellen wirksam sind. Der Hautkontakt mit der Pflanze kann bei empfindlichen Personen Allergien auslösen.

Strand-Beifuß, Salz-Beifuß
Artemisia maritima
Art zerstreut bis selten
Verbreitungsschwerpunkt: Salzwasser- und Meeresstrandvegetation
Hauptblütezeit: September bis Oktober
Verwendung in der Ernährung: Beim Zerreiben mit den Fingern duftet die Pflanze ätherisch. Sie hat filzige Haare. Die aufgeblühten Triebspitzen werden von April bis August getrocknet als Gewürz [16.2] verwendet, z. B. als Einlage in Saucen [14] oder pulverisiert in Kräutersalz [16.1] gemischt. Ihr Aroma nutzt man in Wein [18.5], Spirituosen [18.6] sowie bei der Bierherstellung [18.7].
Inhaltsstoffe und Wirkung: Siehe *Artemisia vulgaris.*

Schwarze Edelraute, Ährige Edelraute
Artemisia genipi
Art im Bestand gefährdet
Verbreitungsschwerpunkt: Steinschutt- und Geröllfluren
Hauptblütezeit: Juli bis September
Verwendung in der Ernährung: Die Verwendung der ätherisch duftenden Schwarzen Edelraute als Aroma ist in den westlichen Alpen, v. a. in Frankreich gebräuchlich. Der aus der Pflanze gewonnene Kräuterlikör ist dort als »Génépi« bekannt und kann vergleichbar mit Wermut *(Artemisia absinthium)* mit leicht anderen Geschmacksnuancen genutzt werden.
Inhaltsstoffe und Wirkung: siehe *Artemisia vulgaris*

Echte Edelraute
Artemisia umbelliformis
Art im Bestand gefährdet
Verbreitungsschwerpunkt: Felsspalten- und Mauerfugengesellschaften
Hauptblütezeit: Juli bis September
Verwendung in der Ernährung: Ätherisch duftende Pflanze, die – wie viele andere Artemisia-Arten – vor allem beliebt ist als Aroma für Likör und Spirituosen [18.6]. Von Bergbauern wurde sie gerne dazu gesammelt, leider ist sie unter anderem dadurch mittlerweile gefährdet.
Inhaltsstoffe und Wirkung: Siehe *Artemisia vulgaris.*

Österreichischer Beifuß
Artemisia austriaca
Art im Bestand gefährdet
Verbreitungsschwerpunkt: Ruderalstellen, sandige Trockenrasen
Hauptblütezeit: Juli bis September

Römischer Wermut, Pontischer Beifuß
Artemisia pontica
Art im Bestand gefährdet
Gefahrenstufe bei der Verwendung: **
Verbreitungsschwerpunkt: Trockenrasen
Hauptblütezeit: August bis Oktober
Verwendung in der Ernährung: Der Römische Wermut ist eine v. a. als Aroma für Spirituosen beliebte, würzige Pflanze. Seine Verwendung ist seltener, jedoch vergleichbar mit der des Wermuts *(Artemisia absinthium).*
Inhaltsstoffe und Wirkung: Siehe *Artemisia vulgaris* bzw. auch *Artemisia absinthium.*

Felsen-Beifuß
Artemisia rupestris
Art im Bestand gefährdet
Verbreitungsschwerpunkt: Salzstellen
Hauptblütezeit: September bis Oktober

Armenischer Beifuß
Artemisia tournefortiana
Art neuartig in Ansiedlung
Verbreitungsschwerpunkt: Ruderalstellen
Hauptblütezeit: Juli bis September

Tragante, Bärenschoten
Astragalus
Schmetterlingsblütengewächse (Fabaceae)

Verwendung in der Ernährung: Nach MACHATSCHEK 2010 wurden die Früchte der hier aufgeführten mitteleuropäischen Arten zuweilen zur Speisenbereitung genutzt.

Süßer Tragant, Bärenschote
Astragalus glycyphyllos

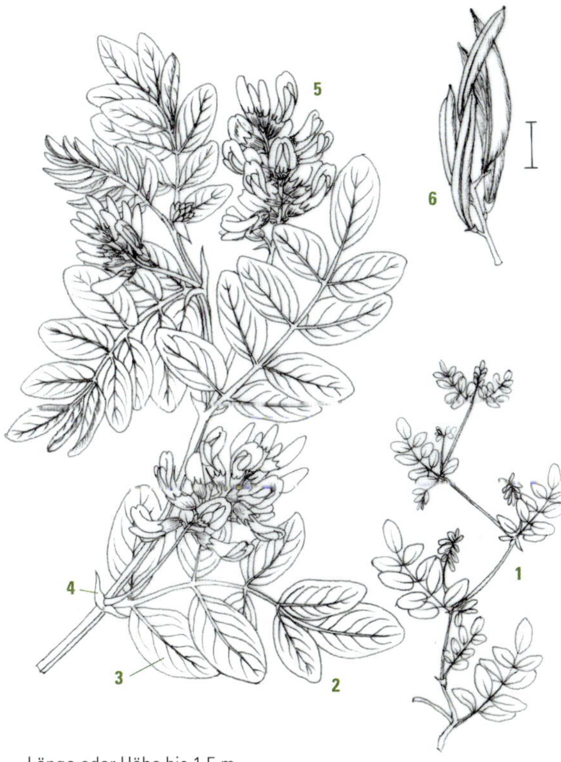

Länge oder Höhe bis 1,5 m
1 Stängel niederliegend oder klimmend, hin und her gebogen
2 Blätter aus einer ungeraden Anzahl an Teilblättern zusammengesetzt (unpaarig gefiedert)
3 Teilblättchen eiförmig
4 Nebenblätter bis 2 cm lang, zugespitzt
5 Blütenstand mit 8–30 hellen, gelblichen Blüten
6 Fruchthülse länglich, am Ende aufwärts gekrümmt, 3–4 cm lang

Foto S. 441

Verbreitungsschwerpunkt: Staudensäume an Gehölzen
Hauptblütezeit: Mai bis Juni
Zusätzliche Hinweise zur Verwendung: Seine süßaromatischen Blätter geben von April bis Juni in kleinen Mengen getrocknet und ggf. auch fermentiert Teemischungen

[22.1], z. B. mit Schwarztee, eine besondere Note. Die Früchte und fein gehackte Blätter können im August in kleinen Mengen erhitzt Eintopfgerichten [11.1] und Gemüsesuppen [3.1] beigegeben werden. Vermutlich wurden die Samen auch als Kaffee [23] genutzt. Die Wurzel im Frühjahr soll angeblich etwas lakritzartig – eher herb – schmecken und wurde als Gewürz [16.2] verwendet. Hohe Dosen können harntreibend wirken, siehe unten.
Inhaltsstoffe und Wirkung: Die Pflanze enthält Glykoside, B-Vitamine, Kaffeesäurederivate und Cumarine. Sie ist eng verwandt mit *A. membranaceus,* der auch als »Mongolischer Tragant« bezeichnet wird. Diese Pflanze ist ein wichtiges Heilmittel der Traditionellen Chinesischen Medizin. Sie wirkt immunstimulierend, allgemein kräftigend (wie Ginseng), gefäßerweiternd, harntreibend und antiviral. Verwendet wird die Wurzel.

Alpen-Tragant
Astragalus alpinus
Art zerstreut bis selten
Verbreitungsschwerpunkt: Alpen-Magerwiesen
Hauptblütezeit: Juni bis August

Sand-Tragant
Astragalus arenarius
Art im Bestand gefährdet
Verbreitungsschwerpunkt: Heiden, Kiefernwälder
Hauptblütezeit: Juni bis Juli

Südlicher Tragant
Astragalus australis
Art zerstreut bis selten
Verbreitungsschwerpunkt: Alpen-Magerwiesen
Hauptblütezeit: Mai bis Juni
Zusätzliche Hinweise zur Verwendung: Machatschek 2010 vermutet des Weiteren, dass aus den Wurzeln dieser Art durch Auskochen und Eindicken des Sudes lakritzartige Süßungsmittel hergestellt wurden.

Kicher-Tragant
Astragalus cicer
Art im Bestand gefährdet
Verbreitungsschwerpunkt: Trockenrasen, Gebüsche
Hauptblütezeit: Mai bis August
Zusätzliche Hinweise zur Verwendung: Die Verwendung der Wurzel ist vergleichbar mit *Astragalus australis.*

Dänischer Tragant
Astragalus danicus
Art im Bestand gefährdet
Verbreitungsschwerpunkt: Steppenrasen, Waldränder
Hauptblütezeit: Mai bis Juni

Stängelloser Tragant
Astragalus exscapus
Art im Bestand gefährdet
Verbreitungsschwerpunkt: Kalk-Trockenrasen
Hauptblütezeit: Mai bis Juli

Gletscher-Tragant
Astragalus frigidus
Art zerstreut bis selten
Verbreitungsschwerpunkt: Alpen-Magerwiesen
Hauptblütezeit: Juli bis August

Esparsetten-Tragant
Astragalus onobrychis
Art im Bestand gefährdet
Verbreitungsschwerpunkt: Steppen-Hänge
Hauptblütezeit: Juni bis Juli
Zusätzliche Hinweise zur Verwendung: Die Verwendung der Wurzel ist vergleichbar mit *Astragalus australis.*

Blasen-Tragant
Astragalus penduliflorus
Art im Bestand gefährdet
Verbreitungsschwerpunkt: Felsschutt, Trockenwiesen
Hauptblütezeit: Juli bis August

Erbsensträucher
Caragana
Schmetterlingsblütengewächse (Fabaceae)

Erbsenstrauch
Caragana arborescens

Verbreitungsschwerpunkt: Waldmantelgebüsche und Hecken
Hauptblütezeit: Mai bis Juni
Verwendung in der Ernährung: Die Pflanze ist recht neu in Mitteleuropa. Die Samen wurden in Asien von Juli bis September als Tierfutter verwendet, ebenso wurde von einer Nutzung in der menschlichen Ernährung berichtet. Allerdings ist anzunehmen, dass die Pflanzenteile erst erhitzt werden müssen, um verträglich zu sein (ähnlich wie das bei vielen Schmetterlingsblütlern der Fall ist). Die rohe Einnahme der Erbsenstrauchsamen hat bei Schulkindern angeblich zu Erbrechen und Übelkeit geführt. Genauere Forschungen zum Einsatz der Pflanze sind noch nicht bekannt.
Inhaltsstoffe und Wirkung: Die Pflanze enthält Terpenoide und Flavonoide, die Samen vermutlich hitzeinstabile Lectine. Die Traditionelle Chinesische Medizin kennt die Pflanze unter dem Namen »Ning Tiao«. Offenbar wird sie bei Brustkrebs, Menstruationsbeschwerden und anderen gynäkologischen Problemen eingesetzt. Einige Studien deuten auch auf eine Wirkung bei sexuell übertragbaren Krankheiten wie HIV hin (Meng et al. 2009). Der Erbsenstrauch gibt Stoffe in die Umgebung ab, die das Wachstum anderer Pflanzen hemmen.

Astragalus glycyphyllos

Caragana arborescens

Schaumkräuter, Zahnwurz-Arten

Cardamine

Kreuzblütengewächse (Brassicaceae)

Grundlegende Merkmale: Die Blätter dieser Gattung sind meist wechselständig am Stängel angeordnet, selten gegenständig und unterschiedlich geformt. Wie bei den meisten Vertretern der Kreuzblütengewächse finden sich 4 Kelch-, 4 Kron- sowie 6 Staubblätter. Die Frucht ist eine Schote.
Verwendung in der Ernährung: Die hier erwähnten mitteleuropäischen Cardamine-Arten sind sehr vielgestaltig, ähneln sich aber in ihrer Verwendung und im Geschmack sehr. Die aufgeführten Arten enthalten alle Senföle und schmecken mal sehr fein wie Gartenkresse, mal bitter-schärflich. Sie eignen sich für Salate, Gemüse, Öl, Senf und Gewürze. Pflanzenarten dieser Gattung, die in ihrer Nahrungsverwendung gleich sind, verweisen im Folgenden aufeinander.

Wald-Schaumkraut

Cardamine flexuosa

Höhe bis 0,5 m

Grundlegende Merkmale der Pflanzengattung siehe oben

1 Stängel aufrecht
2 Die Grundblätter sind behaart, mit 3–6 Blattpaaren
3 Endabschnitt etwas vergrößert
4 Stängelblätter mit bis zu 10 Blattpaaren
5 Bis zu 25 Blüten in einer Blütentraube
6 Aufrechte Schotenfrucht auf abstehenden Stielen

Foto S. 443

Verbreitungsschwerpunkt: Quellfluren
Hauptblütezeit: April bis Juni
Verwendung in der Ernährung: Vergleichbar mit der des Behaarten Schaumkrautes *(Cardamine hirsuta)*, siehe unten.

Behaartes Schaumkraut, Vielstängeliges Schaumkraut

Cardamine hirsuta

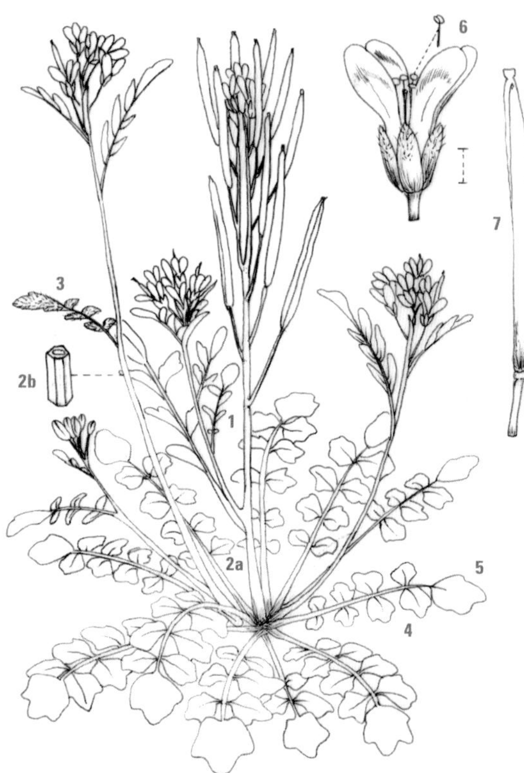

Höhe bis 0,3 m
Grundlegende Merkmale der Pflanzengattung auf S. 441
1 Ganze Pflanze häufig violett überlaufen
2 Mehrere (a), am Grunde verzweigte, kantige (b) Stängel
3 3–4 behaarte Blätter je Stängel
4 Jedes Blatt besteht aus bis zu 9 Teilblättern
5 Das endständige Teilblatt ist deutlich größer als die seitlichen Teilblätter
6 Staubbeutel gelb
7 Aufrecht stehende, gestielte, bis 2,5 cm lange Schoten

Verbreitungsschwerpunkt: Schleier- und Krautgesellschaften im Halbschatten
Hauptblütezeit: März bis Mai
Verwendung in der Ernährung: Die Blätter der Grundrosette besitzen einen ausgeprägten Kressegeschmack. Sie werden von März bis Mai in der Küche zu verschiedenen Salaten [1], als frisches Gewürz oder als Beigabe in verschiedenen gedünsteten Gemüsegerichten [7], Gemüsefüllungen [10], Ofengemüsegerichten [12.1][12.2], Suppen [3.1] oder für Pesto [16.6] verwendet. Frisch geerntet sind sie eine außergewöhnlich reiche Vitaminquelle und werden fein gehackt auf Butter- oder Käsebroten genossen oder auch zu Kräuterquark [15.5] und in Kräuterbutter [15.3] verarbeitet. Sollten beim Ernten der kleinen Pflanzen die würzigen Wurzeln mit herausgehen, so können diese gesäubert und mitverzehrt werden. Als scharfe, feingeschnittene Würzbeigabe gibt man sie auch zu herzhaften Gerichten oder trocknet sie als Gewürz [16.2]. Der Geschmack lässt allerdings nach.

Von Frühjahr bis Sommer eignen sich die Blüten und Blütenknospen samt der zarten Blütenstängel als dezent würzige, essbare Dekoration in Salaten, Rohkost [1] und Saucen [14]. Des Weiteren werden sie als Gemüse eingelegt [13], kurz gebraten [8.2] oder Bratlingen beigegeben [4]. Die Samen sind im Sommer ein gutes Gewürz z. B. für Salatsaucen. Sie können aber auch bevorratet und im Winter als Keimsaat [2] genutzt werden. In größeren Mengen ließen sie sich auch zu Öl pressen [16.3].
Inhaltsstoffe und Wirkung: Siehe *Cardamine pratensis.*

Wiesen-Schaumkraut

Cardamine pratensis (Artengruppe)

Verbreitungsschwerpunkt: Grünlandgesellschaften, Staudensäume an Gehölzen im Halbschatten, Erlen- und Edellaub-Auenwälder
Hauptblütezeit: Anfang Mai bis Ende Juni
Verwendung in der Ernährung: Die zarten, jungen Blätter und weichen Pflanzenteile des Wiesen-Schaumkrauts sind im Geschmack kresseartig bis bitter. Sie werden vor der Blüte von April bis Mai sehr gerne als würzige Zutat zu verschiedenen Salaten [1], Kräutersuppen [3.1] und Mischgemüsegerichten [11] verwendet. Später werden die ausgereifteren Blätter recht bitter. Früher mischte man diese von Juni bis August mit Blättern anderer raucharomatischer Pflanzen zusammen in Tabak. Junge, noch elastische Wurzeln nutzt man im Frühjahr als schärfliches Gewürz. Die Blütenknospen sind von April bis Mai eine aromatische Beigabe in Kräuterquark [15.5], Kräuterbutter [15.3], Pesto [16.6] und dergleichen. Die Blüten eignen sich als hübsche, zart »senfschärfliche« essbare Dekoration. Von April bis Juni werden die Blütenstängel und weichen Triebspitzen, solange sie noch weich und biegsam sind, als würzige Beigabe den üblichen Gemüsegerichten, z. B. kurz gebratenem Gemüse [8.2], Lasagne [12.1], Pizza [12.2] und Suppen [3.1] zugegeben. Auch zum Aromatisieren von Kräuteröl [16.4] oder -essig [16.7] werden sie verwendet. Die scharfen Samen eignen sich von August bis September getrocknet als annähernd guter Ersatz für Pfeffer [16.2]. Sie sind frisch ein ausgezeichneter Brotbelag [15.1] und geben auch dem Brotteig [21.1] ein herzhaft-würziges Aroma. Eine andere Möglichkeit ist es, die Samen zu schroten, pressen

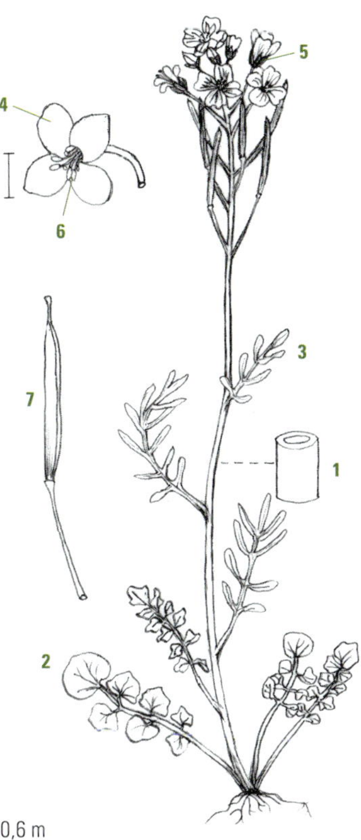

Höhe bis 0,6 m
Grundlegende Merkmale der Pflanzengattung auf S. 441

1 Stängel rund, kahl und hohl
2 Das grundständige Laubblatt besteht aus 7–15 rundlichen Teilblättern und einem deutlich vergrößerten, endständigen Teilblatt
3 Stängelblätter zierlich, mit länglichen Teilblättern
4 Blütenkronblätter ca. 1 cm lang, weiß bis violett gefärbt
5 Kelchblätter nur halb so lang wie die Blütenkronblätter
6 Staubbeutel gelb
7 Frucht eine aufrechte, lang gestielte Schote

Foto S. 445

und mit Essig und Salz abzuschmecken, um eine Art Senf zu erhalten. Als Keimsaat werden sie zur wertvollen Vitaminquelle im Winter [2].

Inhaltsstoffe und Wirkung: Die Pflanzen enthalten scharf schmeckende Glucosinolate, Mineral- und Bitterstoffe, reichlich Vitamin C (teilweise enthalten bereits 100 g des Krautes das Mehrfache des täglichen Tagesbedarfs). Die Glucosinolate regen die Leber und Gallentätigkeit an. Die Pflanzen wirken blutreinigend, krampflösend, verdauungsfördernd und können auch gegen rheumatische Beschwerden eingesetzt werden. Dem Extrakt werden positive Wirkungen bei Husten und Asthma nachgesagt. Volksmedizinisch verwendet als Blutreinigungsmittel. Die Homöopathie nutzt das Schaumkraut bei Magenkrämpfen.

Cardamine flexuosa

Cardamine hirsuta

Alpen-Schaumkraut
Cardamine alpina
Art ist selten
Verbreitungsschwerpunkt: Gesellschaften auf zumeist schneebedeckten Böden
Hauptblütezeit: Juli bis August
Verwendung in der Ernährung: Vergleichbar mit der des Behaarten Schaumkrautes *(Cardamine hirsuta)*, S. 442.

Bitteres Schaumkraut
Cardamine amara
Art zerstreut
Verbreitungsschwerpunkt: Quellfluren
Hauptblütezeit: April bis Juni
Verwendung in der Ernährung: Vergleichbar mit der des Wiesen-Schaumkrautes *(Cardamine pratensis)*, S. 442.
Inhaltsstoffe und Wirkung: Siehe *Cardamine pratensis.*

Zwiebeltragende Zahnwurz
Cardamine bulbifera
Art ist selten
Verbreitungsschwerpunkt: Rot-Buchen-Mischwälder
Hauptblütezeit: April bis Mai
Verwendung in der Ernährung: Die Blattachsel-Zwiebeln im Sommer sind ein feiner Genuss als frisches, scharfes Gewürz oder als eine Art Pesto mit gerösteten Nüssen und Salz in Öl zubereitet. Die weitere Verwendung ist vergleichbar mit der der Gefingerten Zahnwurz *(Cardamine pentaphyllos)*, siehe rechte Spalte.
Verwechslungsgefahr: Christrosen *(Helleborus)* vor der Blütenentwicklung, S. 612.

Neunblättrige Zahnwurz, Nickende Zahnwurz, Quirlblättrige Zahnwurz
Cardamine enneaphyllos
Art ist selten
Verbreitungsschwerpunkt: Hochstaudenfluren und Gebüsche der Gebirge, Laub- und Tannenwälder
Hauptblütezeit: April bis Mai
Verwendung in der Ernährung: Die Verwendung ist vergleichbar mit der der Gefingerten Zahnwurz *(Cardamine pentaphyllos)*, siehe rechte Spalte.
Inhaltsstoffe und Wirkung: Die Pflanze enthält Alkaloide, ätherisches Öl und Tannine und wirkt zusammenziehend und wundheilend. Äußerliche Anwendung bei Leisten- und Nabelbruch und bei Schwangerschaftsstreifen. Der Tee wird volksheilkundlich bei Bindegewebsschwäche, inneren Blutungen und Durchfall verwendet. Der Name Zahnwurz hat nichts mit einer Heilanwendung bei Zahnproblemen zu tun, sondern bezieht sich auf das mit zahnförmigen Schuppen besetzten Rhizom.

Fieder-Zahnwurz
Cardamine heptaphylla
Art ist selten
Verbreitungsschwerpunkt: Laub- und Tannenwälder
Hauptblütezeit: April bis Mai
Verwendung in der Ernährung: Vergleichbar mit der der Gefingerten Zahnwurz *(Cardamine pentaphyllos)*, siehe rechte Spalte.
Verwechslungsgefahr: Christrosen *(Helleborus)* vor der Blütenentwicklung, S. 612.

Spring-Schaumkraut
Cardamine impatiens
Art ist selten
Verbreitungsschwerpunkt: Schleier- und Krautgesellschaften im Halbschatten
Hauptblütezeit: Mai bis Juli
Verwendung in der Ernährung: Vergleichbar mit der des Behaarten Schaumkrautes *(Cardamine hirsuta)*, S. 442.

Gefingerte Zahnwurz
Cardamine pentaphyllos
Art ist selten
Verbreitungsschwerpunkt: Laub- und Tannenwälder
Hauptblütezeit: April bis Mai
Verwendung in der Ernährung: Die würzigen jungen Blätter der Gefingerten Zahnwurz pflückt man von März bis Mai und genießt sie fein geschnitten in Salaten, Rohkost [1] und Kräutermischungen [15]. Sie sind aber auch erhitzt eine willkommene Beigabe in Bratlingen [4], Rührei [6.3] oder Omelett [6.1] sowie in säuerlich zubereitetem [7.1], Nuss- [7.3] oder Bittergemüse [9.2] und zu Ofengemüsegerichten wie Lasagne [12.1] oder Pizza [12.2]. Sie geben Saucen [14] und Gemüsesuppen [3.1] eine feine Würze und eignen sich ausgezeichnet für die Aromatisierung von Wildpflanzensalz [16.1], Kräuteröl [16.4] und -essig [16.7] oder von Pesto [16.6]. Sowohl die Knospen als auch die Blüten bereichern im Frühjahr und Sommer Hackkräuter [15], Salat- und Rohkostspeisen [1] sowie kurz gebratenes Gemüse [8.2] und Würzmus [16.10]. Die jungen, noch elastischen Wurzeln dienen ebenfalls im Frühjahr als schärfliches Gewürz. Im Juli bereitet man unreife junge Samen als senfartige Paste zu [16.8] oder legt sie kapernartig ein [16.11]. Von Juli bis September kann man dann die ausgereiften Samen ernten und als Trockengewürz [16.2] oder Keimsaat [2] verwenden. Auch Pressöl lässt sich aus ihnen herstellen [16.3].
Verwechslungsgefahr: Christrosen *(Helleborus)* vor der Blütenentwicklung, S. 612.

Resedablättriges Schaumkraut, Resedenblättriges Schaumkraut
Cardamine resedifolia
Art ist selten
Verbreitungsschwerpunkt: Steinschutt- und Geröllfluren
Hauptblütezeit: Mai bis August
Verwendung in der Ernährung: Vergleichbar mit der des Behaarten Schaumkrautes *(Cardamine hirsuta)*, S. 442.

Kleinblütiges Schaumkraut
Cardamine parviflora
Art im Bestand gefährdet
Verbreitungsschwerpunkt: Pioniergesellschaften auf feuchten und überfluteten Rasen
Hauptblütezeit: Mai bis Juli
Verwendung in der Ernährung: Vergleichbar mit der des Behaarten Schaumkrautes *(Cardamine hirsuta)*, S. 442.

Dreiblättriges Schaumkraut, Kleeblättriges Schaumkraut
Cardamine trifolia
Art in der Schweiz und in Teilen Österreichs im Bestand gefährdet
Verbreitungsschwerpunkt: Rot-Buchen-Mischwälder
Hauptblütezeit: April bis Juni
Verwendung in der Ernährung: Vergleichbar mit der des

Behaarten Schaumkrautes *(Cardamine hirsuta)*, S. 442.

Walnüsse, Baumnüsse
Juglans
Walnussgewächse (Juglandaceae)

Walnuss, Baumnuss
Juglans regia

Verbreitungsschwerpunkt: Erlen- und Edellaub-Auenwälder, Ahorn-Mischwälder und Ahorn-Buchenwälder
Hauptblütezeit: Anfang April bis Ende Mai
Verwendung in der Ernährung: Die großen reifen Blätter der Walnuss wurden früher von April bis August als Beigabe zu Rauchtabak [25] verarbeitet. Man nutzte sie auch getrocknet und überbrüht als eine der besten heimischen Teespezialitäten [22.1]. Im April lässt sich auch der Saft des angeritzten Stammes als Sirup [18.4] nutzen. (Bitte nur bei ernsthaftem Nutzungsbedarf und in Absprache mit dem Baumbesitzer. Rindenverletzungen können dem Baum erheblich schaden.) Man kann den Saft durch langes Köcheln eindicken. Der Sirup hat eine herbe Süße.

Die bekannten Samen presst man im September zu hochwertigem, nussaromatischem Speiseöl [16.3]. Es ist ein hervorragendes Salatöl. Weiterhin verwendet man die Samen auch als Zutaten zu Dessertgerichten, zu Saucen, als rohe Nascherei oder zu kräftigen Salaten [1]. Geröstet entfalten die Samen ein besonderes Aroma, z. B. in Brot, Kuchen oder Gebäck.

Die grüne, runde Samenschale gebrauchte man von Juli bis August zur Herstellung von Bitterlikören [18.6]. Zu dieser Jahreszeit kann man auch die in Scheiben geschnittenen, weichen, unreifen Walnüsse samt der Schale als »Pickles« in Essig scharf-sauer einlegen [13.2]. Das Einlegen über Wochen immer wieder mit frischer Essiglösung wiederholen. Grüne Teile der Pflanzen schmecken gerbstoffhaltig-scharf-bitter, die Samen bekannt nussig.
Inhaltsstoffe und Wirkung: Die getrockneten Blätter der Walnuss enthalten circa 10 % Gerbstoffe (hauptsächlich Ellagitannine), bis 4 % Flavonoide (Hyperosid und Quercetin) und färbende Glykoside (Juglon). Besonders erwähnenswert ist der hohe Vitamin-C-Gehalt von etwa 1 %. Die Anwendung erfolgt vor allem äußerlich für Bäder; Spülungen und Umschläge bei Hautleiden. Die Inhaltsstoffe sind wirksam gegen

Cardamine pratensis

Juglans regia

Lathyrus laevigatus

Lathyrus linifolius

Pilze und Bakterien und hemmen die Schweißsekretion. Die Volksmedizin verwendet die Pflanze auch innerlich bei Hautleiden, als Wurmmittel und bei Magen- und Darmkatarrhen. Die getrockneten Fruchtschalen kann man zum Färben von Wolle und der Haare verwenden (Braunton). Die Nüsse enthalten fettes Öl mit einem hohen Gehalt an wertvollen ungesättigten Fettsäuren und das Hormon Melatonin, außerdem reichlich Mineralstoffe (insbesondere Magnesium, Kalium, Calcium und Kupfer) und viele Vitamine in weit höherer Konzentration als viele Obst- und Gemüsearten. Hervorzuheben ist der Gehalt an Vitamin E. Die Walnuss ist ein wertvolles Nahrungsmittel für Gicht und Nierenkranke, stärkt die Gehirnfunktion und wirkt cholesterinsenkend. Neuere Meldungen sprechen der Walnuss krebshemmende Wirkungen zu.

Platterbsen

Lathyrus

Schmetterlingsblütengewächse (Fabaceae)

Gefahrenstufe bei der Verwendung: * – **

Grundlegende Merkmale: Die Blätter dieser Gattung sind wechselständig am Stängel angeordnet. Die Blätter sind aus einer geraden Anzahl an Teilblättern zusammengesetzt (paarig gefiedert). An der Spitze weisen sie eine Ranke oder ein grannenartiges Spitzchen auf. Die Blütenkrone ist schmetterlingsförmig, die Frucht eine Hülse.

Verwendung in der Ernährung: Die hier folgenden mitteleuropäischen Platterbsen sind mit den Erbsen verwandt und bieten im Frühjahr ein wohlschmeckendes Gemüse. Allerdings sollte man sie nicht übermäßig konsumieren und auf die richtige Zubereitung achten, siehe unten. Sie enthalten neben Stärke und Zucker auch etliche Mineralstoffe und Vitamine. Die jungen Triebspitzen und zarte Blätter wurden im Frühjahr offenbar als Beigabe zu Mischgemüsegerichten [11] oder Gemüsefüllungen [10] verarbeitet. Auch gedünstet als Spinat [9.1] sind sie erwähnt. Roh sollte man sie nicht essen. Ab Juli findet man junge Samenschoten, die in Maßen wie grüne Bohnen (z. B. in Gemüsesuppen [3.1]) zubereitet werden können. Ab August werden die Schoten zu zäh, dann kann man die inneren Samen wie Erbsengemüse verwenden oder sie trocknen und vermahlen [20]. Aus dem Mehl, gemischt mit Getreidemehl, lassen sich Bratlinge [4] und salziges Gebäck herstellen. Geröstet wurden die Samen auch als Kaffeeersatz genutzt [23]. Der Grundgeschmack der Früchte ist erbsenartig süß. Das Kraut ist herber.

Inhaltsstoffe und Wirkung: Einige Platterbsenarten spielen als trockenresistente Nahrungspflanzen (verzehrt werden die Samen) eine nicht unerhebliche Rolle. Vermutlich enthalten die allermeisten Lathyrus-Arten insbesondere in ihren Samen und Keimlingen pilzwachstumshemmende Phytoalexine und bakterienhemmende Hydroxychalkone. Außerdem nichtproteinogene giftige Aminosäuren, die Lathyrogene. Sie können bei übermäßigem Verzehr, falls die Samenschoten über längere Zeit regelmäßig als Hauptnahrungsmittel gegessen werden, und bei unsachgemäßer Zubereitung eine besondere Form von fataler Nahrungsmittelvergiftung, den sogenannten »Lathyrismus« verursachen. Durch Einweichen der Bohnen über Nacht können diese Verbindungen weitgehend entfernt werden. In größeren Mengen kommen sie in *L. odoratus*, *L. sativus* und *L. maritimus* vor (ausführliche Untersuchung zu Inhaltsstoffen siehe Hegnauer et al. 2001). Geringe Mengen finden sich aber auch in den anderen Arten. Offenbar fehlen sie bei *L. heterophyllus*, *L. sylvestris*, *L. tuberosus*, *L. vernus*. Vergiftungen führen zu bleibenden Lähmungen, Krämpfen, Bewegungsstörungen und Veränderungen an Knochen und Blutgefäßen. Die medizinische Verwendung spielt nach unserem Wissen keine Rolle. Lediglich die Saat-Platterbse *(L. sativus)* wird homöopathisch bei Schüttellähmung und Multipler Sklerose verwendet.

Höhe bis 0,6 m
Grundlegende Merkmale der Pflanzengattung auf S. 446

1 Stängel und Blattstiel ohne seitliche Leisten (Flügel)
2 3–5 Blattpaare
3 An der Blattspitze findet sich statt einer Ranke ein grannenartiges Spitzchen
4 Teilblätter schmal eiförmig
5 Eine lang gestielte Blütentraube mit einer stark variierenden Anzahl an gelblichen Einzelblüten
6 Die Fruchthülse wird bis 7 cm lang

Gelbe Platterbse

Lathyrus laevigatus

Gefahrenstufe bei der Verwendung: * – **
Verbreitungsschwerpunkt: Sonnige Hochstaudenfluren und Rasenhänge
Hauptblütezeit: Juni bis August

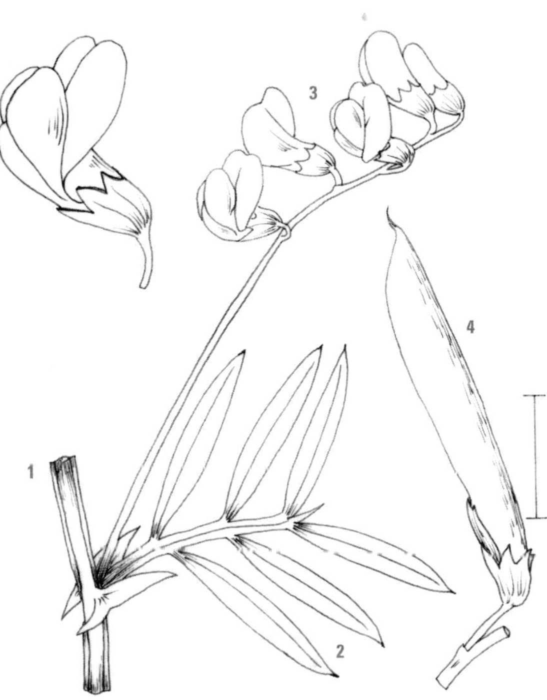

Höhe oder Länge bis 0,3 m
Grundlegende Merkmale der Pflanzengattung auf S. 446

1 Stängel mit schmalen Leisten (Flügeln)
2 Das Blatt besteht aus 2–3 Blattpaaren sowie einem grannenartigen Spitzchen an der Blattspitze
3 Lang gestielte Blütentraube mit 3–6 Blüten
4 Die Frucht bleibt mit 3–4 cm Länge vergleichsweise kurz

Berg-Platterbse

Lathyrus linifolius

Gefahrenstufe bei der Verwendung: * – **
Verbreitungsschwerpunkt: Saure Eichenmischwälder
Hauptblütezeit: April bis Juni
Zusätzliche Hinweise zur Verwendung: Die knolligen, kastanienartig, aber auch zusammenziehend schmeckenden Rhizomknollen wurden von Mai bis Juli roh, trocken oder geröstet als Proviant gegessen oder ausgepresst und zu Spirituosen vergoren.

Wiesen-Platterbse

Lathyrus pratensis

Höhe bis 1,0 m

Grundlegende Merkmale der Pflanzengattung auf S. 446

1 Stängel vierkantig, weichhaarig
2 Blätter mit nur einem Blattpaar und einer verzweigten Ranke
3 Teilblätter ca. dreimal so lang wie breit
4 Nebenblätter oben zugespitzt und mit 1–2 spitzen Zähnen an der Basis
5 Blüten in mehrblütigen Trauben angeordnet
6 Gelbe Schmetterlingsblüte
7 Blütenkelch mit 5 spitzen, ungleich lange Zipfeln
8 Frucht eine behaarte Schote mit bis zu 12 Samen

Foto S. 450

Gefahrenstufe bei der Verwendung: * – **
Verbreitungsschwerpunkt: Grünlandgesellschaften
Hauptblütezeit: Juni bis Juli

Wald-Platterbse

Lathyrus sylvestris

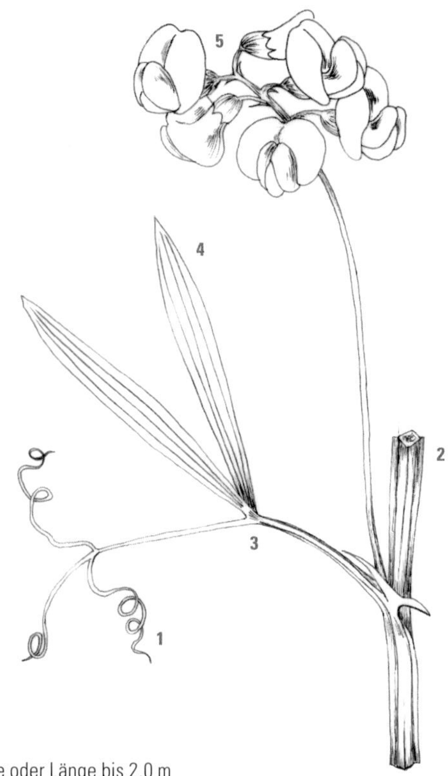

Höhe oder Länge bis 2,0 m

Grundlegende Merkmale der Pflanzengattung auf S. 446

1 Wuchsform kletternd oder liegend
2 Stängel vierkantig, gerillt, mit seitlichen Leisten (Flügeln)
3 Blätter mit nur einem Blattpaar und einer endständigen Ranke
4 Blattform länglich, Blatt fest, mit deutlichen Nerven
5 Blütenstand nach einer Seite ausgerichtet (einseitswendig), drei- bis siebenblütig

Foto S. 450

Gefahrenstufe bei der Verwendung: * – **
Verbreitungsschwerpunkt: Sonnige Staudensäume an Gehölzen
Hauptblütezeit: Juli bis August

Frühlings-Platterbse

Lathyrus vernus

Höhe bis 0,4 m

Grundlegende Merkmale der Pflanzengattung auf S. 446

1 Stängel gefurcht, im unteren Teil von Schuppen bedeckt, ohne Flügelleisten
2 2–4 Teilblattpaare (Fiederpaare)
3 Teilblatt eiförmig, oben zugespitzt
4 An der Blattspitze statt Ranke oder Teilblatt ein kleines, grannenartiges Spitzchen
5 Blütenstand drei- bis siebenblütig
6 Blüte bis 2 cm lang, in Blau- und Rottönen gefärbt

Foto S. 450

Gefahrenstufe bei der Verwendung: * – **
Verbreitungsschwerpunkt: Edellaub-Mischwälder
Hauptblütezeit: März bis Mai

Verschiedenblättrige Platterbse

Lathyrus heterophyllus
Art ist selten
Gefahrenstufe bei der Verwendung: * – **
Verbreitungsschwerpunkt: Sonnige Staudensäume an Gehölzen
Hauptblütezeit: Juli bis August

Breitblättrige Platterbse, Garten-Platterbse

Lathyrus latifolius
Art ist selten
Gefahrenstufe bei der Verwendung: * – **
Verbreitungsschwerpunkt: Sonnige Staudensäume an Gehölzen
Hauptblütezeit: Juni bis Juli

Schwarze Platterbse

Lathyrus niger
Art ist selten
Gefahrenstufe bei der Verwendung: * – **
Verbreitungsschwerpunkt: Trockenheit ertragende Eichen-mischwälder
Hauptblütezeit: Mai bis Juli

Gartenwicke

Lathyrus odoratus
Art selten verwildert
Gefahrenstufe bei der Verwendung: * – **
Verbreitungsschwerpunkt: Schuttunkrautfluren
Hauptblütezeit: Juni bis August

Saat-Platterbse, Futter-Platterbse

Lathyrus sativus
Art selten verwildert
Gefahrenstufe bei der Verwendung: * – **
Verbreitungsschwerpunkt: Schuttunkrautfluren
Hauptblütezeit: Juni bis Juli

Ranken-Platterbse, Spieß-Platterbse

Lathyrus aphaca
Art im Bestand gefährdet
Gefahrenstufe bei der Verwendung: * – **
Verbreitungsschwerpunkt: Getreideunkrautfluren
Hauptblütezeit: Mai bis Juli

Schwert-Platterbse, Faden-Platterbse

Lathyrus bauhini
Art im Bestand gefährdet
Gefahrenstufe bei der Verwendung: * – **
Verbreitungsschwerpunkt: Kalk-Kiefernwälder
Hauptblütezeit: Mai bis Juli

Strand-Platterbse

Lathyrus maritimus
Art im Bestand gefährdet
Gefahrenstufe bei der Verwendung: * – **
Verbreitungsschwerpunkt: Salzwasser- und Meeresstrand-vegetation
Hauptblütezeit: Juni bis August

Sumpf-Platterbse

Lathyrus palustris
Art im Bestand gefährdet
Gefahrenstufe bei der Verwendung: * – **
Verbreitungsschwerpunkt: Feuchtwiesen und Bachuferfluren
Hauptblütezeit: Juni bis August

Ungarische Platterbse

Lathyrus pannonicus
Art im Bestand gefährdet
Gefahrenstufe bei der Verwendung: * – **
Verbreitungsschwerpunkt: Streuwiesen
Hauptblütezeit: Mai bis Juni

Lathyrus pratensis
Lathyrus sylvestris
Lathyrus vernus
Mahonia aquifolium

Erdnuss-Platterbse, Knollige Platterbse
Lathyrus tuberosus
Art in der Schweiz und in Teilen Österreichs im Bestand gefährdet
Gefahrenstufe bei der Verwendung: * – **
Verbreitungsschwerpunkt: Getreideunkrautfluren
Hauptblütezeit: Juni bis Juli
Zusätzliche Hinweise zur Verwendung: Die Wurzelknollen können wie Kartoffeln weich gekocht [11.1] oder geröstet [12.3] genutzt werden. Oft wurden sie auch als Kaffeeersatz [23] genutzt oder zur Speiseölgewinnung verwendet, schätzungsweise gepresst.

Mahonien
Mahonia
Berberitzengewächse (Berberidaceae)

Gewöhnliche Mahonie
Mahonia aquifolium

Gefahrenstufe bei der Verwendung: *
Verbreitungsschwerpunkt: Nährstoffreiche Mullböden in Siedlungsnähe
Hauptblütezeit: Anfang April bis Ende Mai
Verwendung in der Ernährung: Die saueraromatischen, reifen Beeren kann man von August bis September in Marmeladen [19.3], Fruchtschnitten [19.6] und Früchtesuppen [3.2], aber auch in Chutney [16.9] oder Würzmus [16.10] verarbeiten. Aufgrund ihres zitronigen Aromas sind sie außerdem eine willkommene Beigabe in verschiedenen Getränken wie z. B. in Säften, Vitalgetränken [22.4], Tee [22.1], Wildpflanzenlimonaden [22.2] oder Bowlen [22.3]. Man kann mit ihnen speziell Wein [18.5], aber auch Gelee [18.1] und Sirup [18.4] aromatisieren oder dörrt sie als Trockenobst [19.7].

Möchte man sie für Süßspeisen nutzen, dann sind sie unseres Erachtens in süßer Sauce [17.2] geeignet. Möglich ist es aber auch, die Beeren zu kandieren [17.4] oder sie als Kompott [17.5], in Schokolade [17.6] bzw. zu Sorbet [17.7] zu verarbeiten.

Hinweis: Die Beeren wirken sanft abführend. Es wird beschrieben, dass bei empfindlichen Personen größere Mengen der Beeren Magenbeschwerden u. a. mit Erbrechen erzeugt haben. Die Beeren gelten aber nicht als gefährlich. Es bleibt ein Frage der Dosierung. Alle anderen Pflanzenteile, besonders die Wurzelrinde, enthalten arzneilich wirksame Bestandteile mit starken Schwankungen innerhalb des Jahreslaufs und eignen sich nicht als Nahrung. Vgl. ROTH et al. 1994.

Inhaltsstoffe und Wirkung: Medizinisch wird vor allem die Wurzelrinde der Mahonie verwendet. Sie enthält Alkaloide (bis zu 5 % Berberin), Gerbsäure und Harze, in den Früchten darüber hinaus Vitamin C. Die Rinde wirkt gegen Bakterien und Pilze, ist entzündungshemmend und senkt die Talgproduktion. Die Pflanze wurde bei den Indianern Nordamerikas traditionell bei Fieber, chronischer Syphillis, Diarrhöe, Hauterkrankungen (Schuppenflechte), Harn- und Gallenwegserkrankungen verwendet.
Verwechslungsgefahr: Stechpalme *(Ilex aquifolium)*, S. 613

Tausendblätter
Myriophyllum
Tausendblattgewächse (Haloragaceae)

Inhaltsstoffe und Wirkung: Die Pflanzen enthalten Catechine. Sie geben Stoffe ins Wasser ab, die Algen und Cyanobakterien töten. Sie sollen entzündete Hautstellen beruhigen und fiebersenkend wirken.

Ährenblütiges Tausendblatt, Ähriges Tausendblatt
Myriophyllum spicatum

Länge bis 3,0 m
Wasserpflanze, rötlich oder bräunlich
Art ähnelt dem Quirligen Tausendblatt *(Myriophyllum verticillatum)* mit dem augenscheinlichen Unterschied, dass die Blattquirle nur aus 4 Blättern bestehen

Myriophyllum spicatum

Myriophyllum verticillatum

Verbreitungsschwerpunkt: Wurzelnde Wasserpflanzengesellschaften
Hauptblütezeit: Ende Juni bis Mitte August
Verwendung in der Ernährung: Dies ist eine bei uns selten genutzte Pflanze. Die nordamerikanischen Indianer nutzen sie hingegen häufig. Die Wurzeln sind nach Moerman 1998 roh und gekocht essbar. Sie soll süß und knackig schmecken.

Quirlblütiges Tausendblatt
Myriophyllum verticillatum

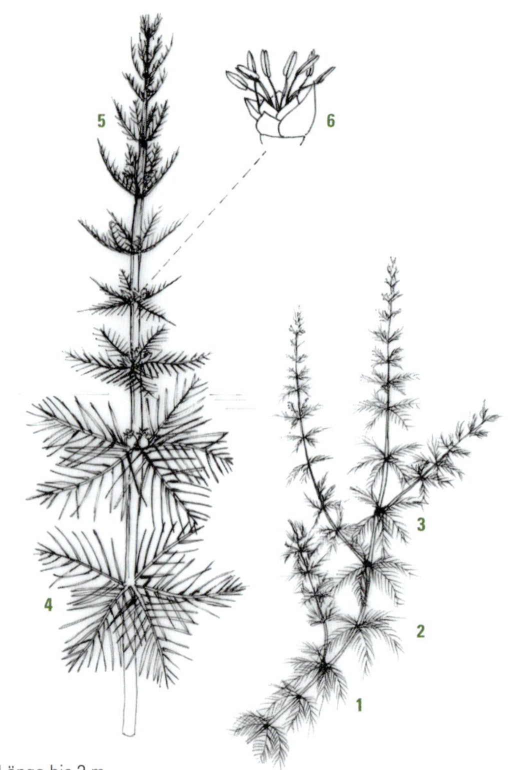

Länge bis 3 m
Wasserpflanze, hellgrün
1 Untergetauchte, bis 3 m lange Stängel
2 Quirlige Anordnung der Blätter am Stängel
3 Blattquirl aus 5–6 Blättern bestehend
4 Kammartiges Aussehen der Blätter
5 Blütenstand aufrecht aus dem Wasser ragend
6 Männliche Blüten meist rötlich

Verbreitungsschwerpunkt: Wurzelnde Schwimmblattgesellschaften
Hauptblütezeit: Mitte Juni bis Mitte August
Verwendung in der Ernährung: Die Blätter und Triebe wurden etwa von April bis Juni gesammelt und als Würze den Speisen beigegeben. Offenbar wurden sie auch sauerkrautartig eingesäuert [13.4].

 **Wechselblütiges Tausendblatt**
Myriophyllum alterniflorum
Art im Bestand gefährdet
Verbreitungsschwerpunkt: Kalkarme Seen und Tümpel
Hauptblütezeit: Juli bis September
Verwendung in der Ernährung: Die jungen Triebe und Blätter wurden als Gemüsebeigabe verwendet.

Mohn
Papaver
Mohngewächse (Papaveraceae)

Gefahrenstufe bei der Verwendung: *–**
Grundlegende Merkmale: Die Pflanzen führen einen weißen oder gelben Milchsaft. Die Blätter sind wechselständig angeordnet. Die Blüten stehen meist einzeln oder selten in traubigen Blütenständen. Die Farbe der meist vier Kronblätter variiert je nach Art von Rot über Orangerot bis Gelb, selten Weiß oder Lila. Es werden Kapselfrüchte gebildet, die viele Samenkörner enthalten.
Verwendung in der Ernährung: Die Blütenblätter der hier aufgeführten Arten verwendete man nach MACHATSCHEK 2010 als Dekoration und Würze in Speisen.

Klatsch-Mohn, Klatschmohn
Papaver rhoeas

Höhe bis 0,9 m
1 Blätter in Abschnitte geteilt, diese grob gezähnt und borstig behaart
2 Blütenstiele meist mit abstehenden Haaren
3 Blütenknospe nickend, behaart
4 Blütenkronblätter bis 4 cm lang, am Grunde mit dunklem Fleck
5 Fruchtkapsel dick eiförmig, am Grunde abgerundet

Foto S. 454

Gefahrenstufe bei der Verwendung: *–**
Verbreitungsschwerpunkt: Getreideunkrautfluren
Hauptblütezeit: Mai bis Juli
Zusätzliche Hinweise zur Verwendung: Die Samen vom Klatsch-Mohn ergaben im August ein gutes Backgewürz [16.2] oder ausgepresst auch ein feines Öl [16.3]. Die etwas haarigen Blattrosetten nutzte man im Frühjahr fein geschnitten als kleine Salatbeigabe [1] oder man dünstete sie kurz als Zutat in spinatartigem Gemüse [9.1]. Nach dem Dünsten schmeckte man es mit Salz, Pfeffer und Öl ab. Die leuchtenden Blüten können jedes Gericht verzieren. Als feine Speisendekoration können die Blütenblätter z. B. in Streifen geschnitten und auf dünne getrocknete Brotscheiben mit Frischkäse gelegt werden. Sie eignen sich auch als Beigabe in Tee [22.1], Wildpflanzenlimonade [22.2] oder Bowle [22.3]. Der Grundgeschmack der Blätter und Blüten ist süßlich-mild, der der Samen nussig.

Vorsicht ist geboten! Beachten Sie bitte die Hinweise unten. Besonders der Milchsaft enthält Alkaloide, die Erbrechen und Krämpfe auslösen können. Vgl. ROTH et al. 1994.
Inhaltsstoffe und Wirkung: Der Klatschmohn enthält Anthocyanglykoside, Alkaloide (Rhoeadin), außerdem Schleim- und Bitterstoffe. Volksmedizinisch wurde er bei Husten und Heiserkeit angewendet, außerdem bei Schmerzen und zur Beruhigung. Die getrockneten Blüten nutzt man wegen ihrer schönen roten Farbe als sogenannte Schönungsdroge zum Färben von Teemischungen und früher auch zum Färben von Zuckerwaren. Diese Anwendungen sind gefahrlos. Offenbar kam es früher beim Einsatz der frischen Pflanze oder der Samenkapseln häufiger zu Vergiftungen mit Krämpfen, insbesondere bei Kindern.
Verwechslungsgefahr: Schlaf-Mohn *(Papaver somniferum)*, S. 618

 **Saat-Mohn**
Papaver dubium
Art zerstreut bis selten
Gefahrenstufe bei der Verwendung: *–**
Verbreitungsschwerpunkt: Getreideunkrautfluren
Hauptblütezeit: Mai bis Juli
Verwendung in der Ernährung: Die Verwendungsüberlieferungen und Gefahren sind vergleichbar mit denen des Sand-Mohns *(Papaver argemone)*.
Inhaltsstoffe und Wirkung: Siehe *Papaver argemone*.
Verwechslungsgefahr: Schlaf-Mohn *(Papaver somniferum)*, S. 618

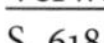

Alpen-Mohn

Papaver alpinum (Artengruppe)

Art im Bestand gefährdet

Gefahrenstufe bei der Verwendung: *–**

Verbreitungsschwerpunkt: Alpen-Schuttfluren

Hauptblütezeit: Juli bis August

Inhaltsstoffe und Wirkung: Vermutlich ähnlich wie die anderen genannten Arten.

Krummborstiger Mohn, Bastard-Mohn

Papaver hybridum

Art im Bestand gefährdet

Gefahrenstufe bei der Verwendung: *–**

Verbreitungsschwerpunkt: Getreideunkrautfluren

Hauptblütezeit: Mai bis Juni

Verwendung in der Ernährung: Die Verwendungsüberlieferungen und Gefahren sind vergleichbar mit denen des Sand-Mohns *(Papaver argemone)*. Im Weiteren nutzte man die Samen auch als nussige Beigabe zu Gebäck.

Inhaltsstoffe und Wirkung: Siehe *Papaver argemone.*

Sand-Mohn

Papaver argemone

Art in der Schweiz und in Teilen Österreichs im Bestand gefährdet

Gefahrenstufe bei der Verwendung: *–**

Verbreitungsschwerpunkt: Getreideunkrautfluren

Hauptblütezeit: Mai bis Juli

Zusätzliche Hinweise zur Verwendung: Die milden, aber behaarten Blätter nutzte man früher vor der Blüte von circa April bis Mai als kleine Zutat zu Gemüse [7][9.1] oder als geringe Salatbeigabe [1]. Die Samen eignen sich zur Ölgewinnung [16.3]. Verwendung mit Bedacht, siehe unten.

Inhaltsstoffe und Wirkung: *Papaver argemone, P. dubium* und *P. hybridum* enthalten im Kraut, insbesondere aber in den Samenkapseln, bis zu 0,2 % giftige Alkaloide (Protopin und Rhoeadin, siehe *Papaver rhoeas*). Der Sand-Mohn wird ähnlich medizinisch verwendet wie der Klatschmohn *(Papaver rhoeas)*. Die indische Medizin schreibt dem Tee aus dem Kraut bzw. den roten Blütenblättern schweißtreibende Wirkung zu.

Bibernellen, Pimpinellen

Pimpinella

Doldengewächse (Apiaceae)

Verwendung in der Ernährung: Alle hier aufgeführten Bibernellen-Arten in Mitteleuropa sind aromatische Pflanzen für Gemüse, Salate und Gewürze. Das Grundaroma und der Duft der Blüten und Samen ist intensiv herbsüß und erfrischend. Die Blätter schmecken gurkenähnlich. Diese aromatischen Blätter und jugendlichen Triebspitzen sind von März bis Mai eine gute Beigabe in Salaten und Rohkost [1] sowie in gehackten Kräutermischungen [15]. Man kann die jungen Stängel auch einfach als Erfrischung roh knabbern. Eine geeignete Zugabe sind

Papaver rhoeas

Pimpinella major

sie ebenso in Eierspeisen wie Rührei [6.3] oder Omelett [6.1], in Saucen [14] und Gemüsesuppen [3.1] sowie in gedünstetem oder gedämpftem Gemüse [7] und Spinat [9.1]. Man kann sie als Gemüse in Wein einlegen [13.3], ein feines Würzmus [16.10] daraus herstellen oder sie dem Brotteig für Hausbrotmischungen [21.1] oder Knäckebrot [21.2] beigeben. Sie geben außerdem Wildpflanzenlimonade [22.2], Bowle [22.3] oder Sorbet [17.7] ein erfrischendes Aroma.

Noch unverholzte Wurzeln verarbeitet man von September bis März zu Bratgemüse [8.1], Chips [8.5] oder eingelegtem Gemüse [13]. Sehr junge, klein geschnittene Wurzeln können auch Suppen [3.1] oder Mischgemüsegerichten [11] beigegeben werden. Getrocknet und vermahlen dienen sie als Streckmehl für Gebäck [20], als Brotteigbeigabe [21.1] und als Kaffeesurrogat [23].

Von Juli bis Oktober aromatisieren die vollreifen Früchte verschiedene Getränke [22.1][22.2][22.3][18.4][18.5][18.6][18.7], Süßspeisen [17.2][17.4][17.5][17.6][18.3][17.7], Fruchtschnitten [19.6] und Bonbons. Als Würze kann man sie auch dem Brotteig zugeben [21.1] oder Mazerationsöl [16.5] daraus herstellen.

Sowohl die Blätter, als auch die Wurzeln und Früchte der Bibernelle dienen als Würzbeigabe insbesondere in Wildpflanzensalz [16.1], Kräuteröl [16.4] und -essig [16.7] bzw. als Trockengewürz [16.2].

Die Blüten geben von Sommer bis Herbst Gelee [18.1], Zucker [18.2], Gewürzschokolade [18.3] und Sirup [18.4] sowie diversen Getränken [22.1][22.2][22.3][18.5][18.6][18.7] ein feines Aroma. Sie eignen sich auch als Brotteigbeigabe für Hausbrot [21.1] und Knäckebrot [21.2] sowie zur Aromatisierung von Öl [16.5]. Eine hübsche Dekoration sind sie v. a. in Salat- und Rohkostspeisen [1], aber auch in Hackkräutermischungen [15]. Als Süßspeise kann man sie kandiert [17.4] oder für eine Blütencreme [17.1] nutzen oder verarbeitet sie in süßer Sauce [17.2], die man dann zum Dessert reicht.

Große Bibernelle

Pimpinella major

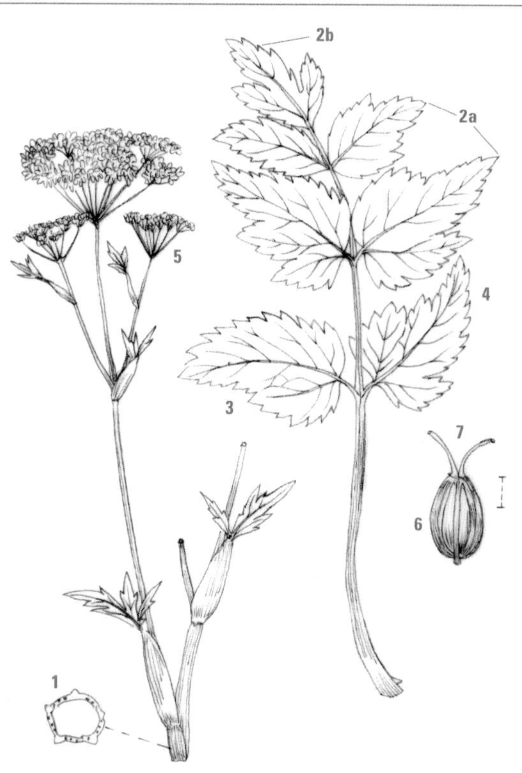

Höhe bis 1,0 m

1 Stängel kantig gerillt, meist hohl
2 Blätter mit 1–4 Teilblattpaaren (a) und einem mehr oder weniger dreiteiligen Endteilblatt (b)
3 Die Teilblätter sind eiförmig, die unteren meist asymmetrisch
4 Blattrand der Teilblätter grob gesägt
5 Blütendolde ohne Hüll- und Hüllchenblätter
6 Frucht rundlich, bis 3 mm lang
7 Die beiden Griffel mit bis zu 2 mm verhältnismäßig lang

Verbreitungsschwerpunkt: Grünlandgesellschaften
Hauptblütezeit: Juni bis Oktober
Inhaltsstoffe und Wirkung: Siehe *Pimpinella saxifraga.*

Kleine Bibernelle

Pimpinella saxifraga (Artengruppe)

Verbreitungsschwerpunkt: Kalk-Magerrasen
Hauptblütezeit: Juni bis Oktober
Inhaltsstoffe und Wirkung: Im getrockneten Kraut sind bis zu 0,6 % ätherisches Öl, Cumarine, Flavonoide und etwa 1 % Saponine enthalten. Die Wurzel wird arzneilich verwendet. Die kleine Bibernelle kann als auswurfförderndes Mittel bei Husten und Katarrhen gute Dienste leisten. Aufgüsse und Extrakte eignen sich als Gurgelmittel bei

Höhe bis 0,6 m
1 Stängel im Querschnitt rund, in der oberen Hälfte fast blattlos
2 Blätter in Abschnitte ungerader Anzahl geteilt
3 Teilblättchen ungestielt, Blattrand gesägt
4 In der oberen Stängelhälfte Blätter oft unvollständig ausgebildet
5 Blütendolde meist ohne Hülle und Hüllchen

entzündlichen Erkrankungen von Mund und Rachen. Die Volksmedizin spricht der Pflanze einen positiven Einfluss auf Magen und Darm zu. Außerdem steigert sie die Harnproduktion. Die Homöopathie nutzt die Pflanze bei Kopfschmerzen, Nasenbluten, steifem Nacken und Wirbelsäulenbeschwerden.

Anis

Pimpinella anisum

Art selten verwildert

Verbreitungsschwerpunkt: Schuttunkrautfluren
Hauptblütezeit: Juli bis August
Inhaltsstoffe und Wirkung: Medizinisch werden die Früchte und das daraus gewonnene ätherische Öl verwendet. Hauptbestandteil und Geruchsträger dieses Öls sind Anethol und Estragol. Die Früchte enthalten außerdem Flavonoide, Cholin- und Cumarinderivate und Furocumarine. Das Öl wird als Bestandteil vieler Hustenpräparate verwendet. Es ist antibakteriell, insektizid, fungizid und wirkt schleimlösend und auswurffördernd. Seine krampflösende und blähungstreibende Wirkung nutzt man bei Verdauungsbeschwerden und Darmkoliken. Darüber hinaus fördert der Anis die Milchsekretion.

Essigbäume
Rhus
Sumachgewächse (Anacardiaceae)

Essigbaum, Kolben-Sumach
Rhus hirta

Gefahrenstufe bei der Verwendung: *
Verbreitungsschwerpunkt: Schuttunkrautfluren, Hecken
Hauptblütezeit: Juni bis Juli
Verwendung in der Ernährung: Der Essigbaum verwildert häufig aus Gärten. Er hat rote, pelzige, saueraromatische Wildfrüchte, die man gerne als Aroma und Gewürz einsetzt. Wenn man sie über Nacht in kaltem Wasser ziehen lässt, erhält man eine sauer-erfrischende Limonade [22.2]. Man sollte sie nicht aufkochen, da sonst sehr viele Bitterstoffe frei werden. Es gibt die Früchte auch als Trockengewürz [16.2], vor allem für die türkische Küche. Hier wird das Gewürz gerne in Kuchen und Gebäck verarbeitet.

Pimpinella saxifraga

Inhaltsstoffe und Wirkung: Der Essigbaum enthält reichlich Gerbstoffe, Flavonoide, Triterpene und stark saure Verbindungen. Die ganze Pflanze, insbesondere aber der Milchsaft, gilt vage als etwas giftig. Er soll Hautreizungen und bei Kontakt mit den Augen Entzündungen der Bindehaut und der Hornhaut hervorrufen. Der Blätterextrakt wirkt insektizid. Der Verzehr der Blätter führt zu Magen-Darm-Beschwerden. Über eine medizinische Verwendung ist uns nichts bekannt.

Sumpfkressen
Rorippa
Kreuzblütengewächse (Brassicaceae)

Grundlegende Merkmale: Die Blätter dieser Gattung sind wechselständig am Stängel angeordnet und ungeteilt oder fiederteilig. Die Blüte wird aus 4 Kelch-, 4 Kron- sowie 4–6 Staubblättern gebildet. Die Frucht ist eine Schote oder ein Schötchen.

Verwendung in der Ernährung: Von April bis Juni lassen sich bei den hier aufgeführten mitteleuropäischen Arten die schärflich-würzigen Blätter in Streifen geschnitten als Beigabe zu verschiedenen Salaten und Rohkost [1] oder als Grundlage gedämpfter Gemüsegerichte [7] und Gemüsefüllungen [10] nutzen. Man kann sie auch zur Zubereitung von Aufläufen ähnlich wie Lasagne [12.1] und für die Herstellung von Pesto [16.6] verwenden. Fein gehackt gibt man sie zu Saucen [14] und Gemüsesuppen [3.1] oder roh zur Kräuterbrotzeit [15.1], zu Kräuterkartoffeln [15.2], -butter [15.3], -käse [15.4] oder -quark [15.5].

Besonders delikat sind die noch knospigen, herb kresse- bis senfartig schmeckenden Blütenstände, samt dem oberen Teil des Blütenstängels, solange dieser noch zart genug ist. Sie ergeben im Mai ein zartes Pfannen-Stängelgemüse [7.2] oder eine würzige Salatbeigabe [1].

Die jungen grünen, noch zarten Früchte kann man im Juli und August roh unterwegs als Knabberei sammeln. Die ausgereiften Samen werden von August bis Ende September mit etwas Essig und Salz zu Senf vermaischt [16.8] oder auf der Fensterbank als »Kressesaat« gekeimt [2]. Die rettichartige Wurzel ergibt im Frühjahr, wenn sie noch einigermaßen faserarm ist, eine würzige Zugabe zu allerlei kräftigen Speisen. Sie ist mit ihrem scharfen Aroma auch

Rhus hirta

Rorippa amphibia

später im Jahr als Gewürz denkbar. Die wenig auffallenden Blüten sind ebenfalls essbar und schmücken gelegentlich Salate und Suppen.
Inhaltsstoffe und Wirkung: Die Wurzeln enthalten das Senföl Hirsutin. Einige Quellen erwähnen Vitamin C als Inhaltsstoff. Über sonstige Inhaltsstoffe und eine medizinische Anwendung ist uns nichts bekannt.

Wasser-Sumpfkresse, Wasserkresse

Rorippa amphibia

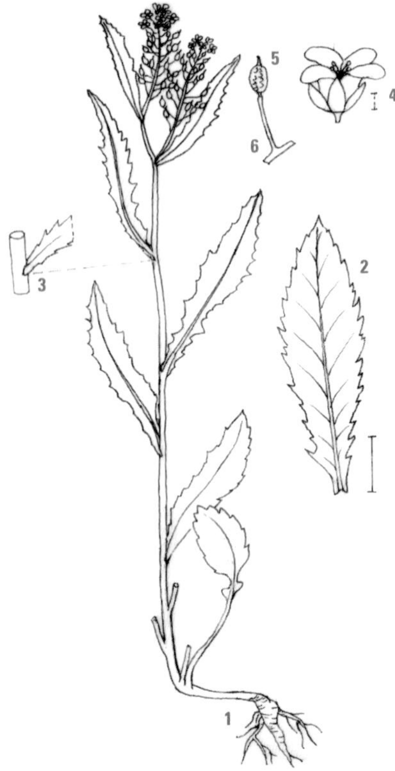

Höhe bis 1,50 m
Grundlegende Merkmale der Pflanzengattung auf S. 457

1 Stängel bisweilen am Grunde kriechend, später meist aufsteigend
2 Blätter überwiegend ungeteilt, jedoch sehr veränderlich
3 Stängelblätter ohne oder nur mit unscheinbaren Öhrchen
4 Blütenkronblätter knapp doppelt so lang wie die Kelchblätter
5 Frucht ein eiförmiges Schötchen
6 Fruchtstiel ca. doppelt so lang wie die Frucht

Foto S. 457

Verbreitungsschwerpunkt: Röhrichte wenig bewegter Gewässer
Hauptblütezeit: Mai bis August

Österreichische Sumpfkresse

Rorippa austriaca

Höhe bis 0,9 m
Grundlegende Merkmale der Pflanzengattung auf S. 457

1 Aufrechter Wuchs
2 Die Pflanze bildet Ausläufer
3 Blattform länglich, variabel, die Blätter am Grund sind bisweilen tief eingeschnitten (fiederteilig)
4 Blattrand unregelmäßig gezähnt
5 Blattgrund mit stängelumfassenden Öhrchen
6 Blütenkronblätter länger als der Kelch
7 Im Unterschied zu anderen Sumpfkresse-Arten ist die Frucht fast kugelig
8 Abstehender Fruchtstiel, drei- fünfmal so lang wie die Frucht

Verbreitungsschwerpunkt: Pioniergesellschaften auf feuchten und überfluteten Rasen
Hauptblütezeit: Juni bis August

Gewöhnliche Sumpfkresse
Rorippa palustris

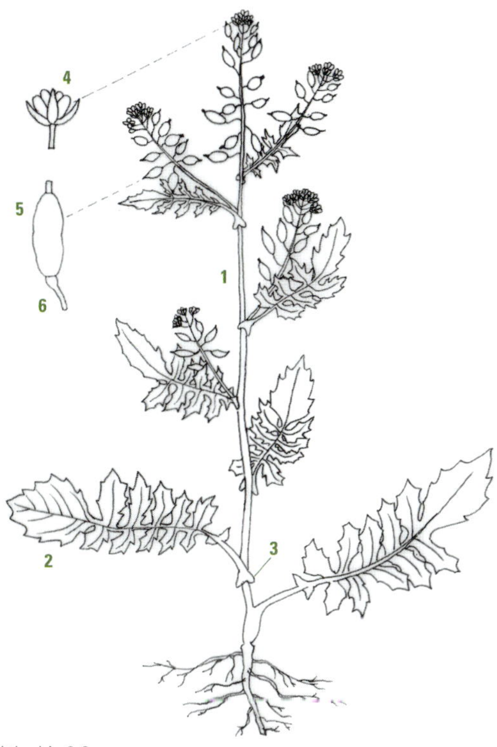

Höhe bis 0,6 m
Grundlegende Merkmale der Pflanzengattung auf S. 457

1 Aufrechter Wuchs
2 Alle Blätter in Abschnitte geteilt (fiederteilig), mit 3–7 ungleichen Abschnitten jederseits und einem vergrößerten Endabschnitt
3 Blattgrund geöhrt
4 Im Unterschied zu anderen Winterkresse-Arten sind die Kronblätter gleich oder weniger lang als die Kelchblätter
5 Frucht von gedrungener Gestalt
6 Fruchtstiele kürzer oder gleich lang wie die Frucht

Verbreitungsschwerpunkt: Krautige Vegetation oft gestörter Plätze
Hauptblütezeit: Juni bis September

Rorippa austriaca

Rorippa palustris

Wilde Sumpfkresse, Wildkresse
Rorippa sylvestris

Höhe bis 0,6 m
Grundlegende Merkmale der Pflanzengattung auf S. 457
1 Die Art bildet Ausläufer
2 Alle Blätter mit bis zu 7 Blattpaaren gefiedert
3 Endfieder unwesentlich vergrößert
4 Blätter ohne stängelumfassende Öhrchen
5 Kelchblätter abstehend, halb so lang wie die Kronblätter
6 Schotenfrucht länger als ihr Stiel

Verbreitungsschwerpunkt: Pioniergesellschaften auf feuchten und überfluteten Rasen
Hauptblütezeit: Juni bis September

Niederliegende Sumpfkresse
Rorippa anceps
Art ist selten
Verbreitungsschwerpunkt: Großseggensümpfe
Hauptblütezeit: Juni bis August

Pyrenäen-Sumpfkresse
Rorippa pyrenaica
Art ist selten
Verbreitungsschwerpunkt: Gedüngte Frischwiesen und -weiden
Hauptblütezeit: Mai bis Juni

Holunder
Sambucus
Moschuskrautgewächse (Adoxaceae)

Schwarzer Holunder, Holder, Holderbusch, Holler
Sambucus nigra

Gefahrenstufe bei der Verwendung: *
Verbreitungsschwerpunkt: Waldlichtungsgebüsche
Hauptblütezeit: Anfang Mai bis Ende Juni
Verwendung in der Ernährung: Der schwarze Holunder hat im April junge Blattaustriebe, die früher getrocknet Kräutertabakmischungen [25] beigegeben wurden. Auch dienten sie in Ölen und Fetten als grüner Farbstoff. Zu jungen Wurzeln ist uns nur die Beimischung getrocknet zu Brotmehl überliefert.

Von April bis Mai wurden aus den abgekochten Blütenknospen sauer und salzig eingelegte »Pickles« [13.1] [13.2], die man als Würzbeigabe nutzte. Auch eine Verwendung in Chutney wäre denkbar [16.9]. Die Blüten selbst verbreiten von Mai bis Juni einen intensiv süßlichen, ananasartigen Duft. So werden sie gerne verwendet als Aroma v. a. in Sirup [18.4], Gelee [18.1], Zucker [18.2] und Gewürzschokolade [18.3], aber auch in Wein [18.5] und Spirituosen [18.6]. Oder man streut die kleinen Einzelblüten roh über Salate [1], nachdem man sie mit der Schere von den Stielen abgetrennt hat. Als Brotteigbeigabe kann man sie im Hausbrot [21.1] und zu Knäckebrot [21.2] verarbeiten. Sie eignen sich auch zur Herstellung von exzellenten Süßspeisen: kandiert [17.4] oder in süßer Sauce [17.2], zu Pudding [17.3] und Sorbet [17.7] verarbeitet oder in einer Blütencreme [17.1]. Als bekannte Spezialität gilt das süßliche Aroma der Blüten gezogen in heißer Schokolade [17.6]. Die Blüten des Schwarzen Holunders aromatisieren auch Kräuteröl [16.4] und -essig [16.7]. Man könnte sie ebenso zur Gewinnung von Mazerationsöl [16.5] einsetzen. Auch Getränke, z. B. Tee [22.1], Wildpflanzenlimonade [22.2] und Bowle [22.3], bereichern sie mit ihrem typischen feinen Geschmack. Ganze Blütenstände backt man z. B. dünn in Mehlteig zu Küchlein aus [8.4].

Früher wurden die noch nicht ausgereiften, grünen Früchte im Juli in kleinen Mengen erhitzt und ähnlich wie die Blütenknospen eingelegt. Die bekannten, vollreifen, süßen, schwarzen Früchte kann man von August bis September in kleinen (!) Mengen roh naschen oder in größeren Mengen gekocht entsaften. Einige Überlieferungen empfehlen zweimaliges Kochen. Aus dem Saft wird durch langes Köcheln eine ungesüßte Vorratswürze, oder er wird gesüßt zu Sirup [18.4] und Gelee [18.1]. Oft werden die Früchte auch zu Sorbet [17.7], süßer Sauce [17.2] oder Pudding [17.3] ver-

arbeitet. Holunderbeeren schmecken intensiv aromatisch, fruchtig und finden deshalb ebenso gerne in diversen Fruchtspeisen Verwendung: in Früchteauflauf [19.1], Obstkuchen [19.2] und verschiedenen Fruchtaufstrichen [19.3], aber auch in Obstquark [19.5] sowie in Fruchtschnitten [19.6]. Ferner macht man aus dem Beerensaft auch Fruchtwein [24] und Fruchtessig [19.8]. Eine hervorragende Zutat sind die Beeren auch in Früchtesuppen [3.2] und als Würzbeigabe besonders in Chutney [16.9]. Getrocknet [19.7] kann man sie als Nascherei genießen, als Tee [22.1] aufbrühen oder als Sauergewürz in der Küche aufbewahren.

Hinweis: Unreife und rohe reife Früchte nur in geringen Mengen verwenden, da sie zuweilen unverträglich wirken. Gekochte Früchte und die Blüten sind jedoch unbedenklich.

Inhaltsstoffe und Wirkung: Die Blüten enthalten ätherisches Öl, hohe Anteile an freien Fettsäuren, bis 3,5 % Flavonoide (vor allem Rutin), Gerbstoffe und Schleime. Bemerkenswert ist der Gehalt an Kaliumsalzen (4–9 %). Blüten und Früchte werden arzneilich verwendet. Die Blüten wirken schweißtreibend und werden häufig zusammen mit Lindenblüten bei Erkältungskrankheiten angewendet. Außerdem fördern sie die Bronchialsekretion. Volksmedizinisch verwendet man sie zur Herstellung von Gurgelwasser.

Die Früchte enthalten ätherisches Öl, Flavonoide, Anthocyane, Iridoide, Zucker (7,5 %), Fruchtsäuren und Vitamine (in 100 g der frischen Beeren circa 65 mg Vitamin B2; 18 mg Vitamin C und 17 mg Folsäure). Die Beeren und der daraus gewonnene Saft wirken insbesondere aufgrund des Gehalts an Anthocyanen antioxidativ und stärken das Immunsystem. Die Volksmedizin setzt sie bei Ischias und Nervenschmerzen ein. Wegen der intensiven Färbekraft der Inhaltsstoffe dienen die Beeren auch als Quelle für Lebensmittelfarben. Blätter, Rinde und Samen enthalten Blausäureglykoside. Volksheilkundlich wurden Zubereitungen daraus bei Wassereinlagerungen, Verstopfung und bei Rheuma verwendet. Davon ist aber abzuraten.

Verwechslungsgefahr: Zwerg-Holunder (*Sambucus ebulus*, S. 621)

Trauben-Holunder, Roter Holunder, Roter Holler

Sambucus racemosa

Gefahrenstufe bei der Verwendung: **

Verbreitungsschwerpunkt: Waldlichtungsgebüsche

Hauptblütezeit: Anfang April bis Ende Mai

Rorippa sylvestris

Sambucus nigra

Verwendung in der Ernährung: Man sollte von August bis September ausschließlich die ausgereiften, karminroten Früchte des Roten Holunders – und diese nur ausgekocht – verwenden. Während des Köchelns bildet sich ein dünner Ölfilm auf der Oberfläche. Dieses Öl stammt aus den Fruchtkernen. Es kann Brechreiz erzeugen und sollte daher vor der Weiterverwendung des Saftes mit einem Löffel gründlich abgeschöpft werden. Den mildaromatischen Fruchtsaft verarbeitet man zu Gelee [18.1], Sirup [18.4] oder Marmelade [19.3]. Man könnte außerdem süße Sauce [17.2] daraus herstellen. Denkbar wäre auch ein aus den gekochten Früchten gewonnener Wein [24]. Zu jungen Wurzeln ist uns nur die Beimischung getrocknet zu Brotmehl überliefert. Luftgetrocknete Blätter wurden von April bis August dem Rauchtabak beigemischt [25]. Vorsicht! Die roh gegessenen Blätter sowie unreife und unverarbeitete Früchte oder auch frische Rinde können zu Erbrechen führen (vgl. Roth et al. 1994).

Inhaltsstoffe und Wirkung: Die Früchte enthalten Vitamine (B1 und C), Pektin, Gerbstoffe, Iridoide und fettes Öl. In der Rinde befinden sich Gerbstoffe, Lignane, Betulin und Sitosterin. Die Samen enthalten schleimhautreizende, harzartige Stoffe und sollten vor der Verwendung des Fruchtfleisches ebenso entfernt werden wie das oben erwähnte aufschwimmende, gelbliche Öl. Volksheilkundlich verwendet wurden die Blüten, Beeren und die Wurzel. Der Blütentee wirkt harn- und schweißtreibend. Die rohen Beeren wurden als Brech- und Abführmittel verwendet, die zerkleinerten Wurzeln als Umschlag bei entzündlichen Hauterkrankungen und zur Behandlung von Warzen.

Wucherblumen
Tanacetum
Korbblütengewächse (Asteraceae)

Grundlegende Merkmale: Die unterschiedlich gestalteten Blätter dieser Gattung sind wechselständig am Stängel angeordnet. Der Blütenstand setzt sich aus korb- oder köpfchenförmigen Teilblütenständen zusammen, die durch Zungenblüten am Rand und Röhrenblüten im Zentrum gebildet werden. Zungenblüten zuweilen fehlend.

Sambucus racemosa

Tanacetum vulgare

Rainfarn

Tanacetum vulgare

Höhe bis 1,5 m
Grundlegende Merkmale der Pflanzengattung auf S. 462

1 Art nur oben verzweigt
2 Blätter in längliche Abschnitte geteilt
3 Blattabschnitte randlich eingeschnitten (a), die daraus entstehenden Lappen (b) gezähnt
4 Blütenstand eine meist dichte, doldenartige Rispe
5 Goldgelbe Blütenköpfchen ca. 1 cm breit, ohne oder mit sehr kurzen Zungenblüten

Gefahrenstufe bei der Verwendung: **
Verbreitungsschwerpunkt: Ruderalgesellschaften, Acker- und Gartenunkrautgesellschaften
Hauptblütezeit: Anfang Juli bis Ende September
Verwendung in der Ernährung: Eine citrus-zimt-aromatische Pflanze, deren Blätter und Blüten man früher in kleinsten Mengen als Aroma in Teemischungen [22.1], Spirituosen [18.6] oder Bier [18.7] sowie in Gemüsesuppen [3.1] und Salatsaucen verwendete. Die Blätter, die man im Frühjahr erntete, wurden vor der Verarbeitung meist überbrüht und das Wasser dann weggegossen. Die Blüten kann man von Anfang Juli bis Ende September ernten und sie, ebenfalls überbrüht, in kleinsten Mengen auch als Aroma für Süßspeisen wie Gewürzschokolade [18.3] oder Limonaden [22.2] nutzen.

Hinweis: Alle Pflanzenteile sollte man nur sehr gering dosieren. Die überlieferten Verwendungen hängen wohl entscheidend mit der Dosierung zusammen.

Inhaltsstoffe und Wirkung: Das ätherische Öl der Pflanze (Thujon) kann in größeren Mengen Übelkeit erzeugen und in übermäßigen Mengen auch gefährlich giftig wirken. Thujon war der Aromastoff, wegen dem »Absinth« einige Zeit in Deutschland verboten war. Mittlerweile ist Absinth mit Mengenbegrenzungen an Thujon wieder auf dem Markt erlaubt. Die überlieferten Verwendungen auch beim Rainfarn hängen somit entscheidend mit der Dosierung zusammen. Der Rainfarn enthält im Weiteren Flavonoide, Bitterstoffe (Tanacetin), Terpene und Polyine. Die Pflanze wirkt insektizid und wurde gegen Motten, Flöhe, Mücken und Läuse eingesetzt. Früher nutzte man sie volksmedizinisch bei Eingeweidewürmern, Verdauungsbeschwerden und Menstruationsbeschwerden. Aufgrund des Thujongehaltes ist die Anwendung nicht ungefährlich.

Marienblatt, Frauenminze, Balsamkraut

Tanacetum balsamita
Art selten verwildert
Gefahrenstufe bei der Verwendung: **
Verbreitungsschwerpunkt: Schuttunkrautfluren
Hauptblütezeit: August bis Oktober
Verwendung in der Ernährung: Man nutzte die minz-zimt-aromatischen Blätter ab Frühjahr und die Blüten von August bis Ende September in kleinsten Mengen als gewürzartige Beigabe zu Getränken, Süßspeisen und Gemüsegerichten. Laut MARZELL 1958 nannte man sie früher auch »Kuchenblatt«, was sicherlich der Nutzung zuzuschreiben ist.
Hinweis: Alle Pflanzenteile sollte man nur sehr gering dosieren. Die ätherischen Öle der Pflanze können in entsprechender Menge ähnlich bedenklich wie beim verwandten Rainfarn (*Tanacetum vulgare*) sein. Es empfiehlt sich, die Pflanzenteile vor der Verwendung zu überbrühen und das Wasser wegzugießen.
Inhaltsstoffe und Wirkung: Verantwortlich für den aromatischen Duft der Tanacetum-Arten sind ätherische Öle (Borneol, Thujon) mit unterschiedlichen Gehalten an flüchtigen Terpenen. Die Pflanzen enthalten ferner Sesquiterpenlactone, Flavonoide, Gerb- und Bitterstoffe. Das Kraut von *T. balsamita* wird offenbar schon seit Jahrhunderten medizinisch verwendet. Eingesetzt wurde die Pflanze früher bei Verdauungsbeschwerden und Frauenleiden. Sie wirkt außerdem harntreibend, entkrampfend und fördert die Menstruation. Nach neueren Erkenntnissen wirkt die Pflanze wohltuend bei Gallenleiden. Äußerlich wurde sie zur Förderung der Wundheilung, bei Insektenstichen und zur Bekämpfung von Haarläusen genutzt. Heute wird sie kaum mehr verwendet.

Ebensträußige Wucherblume

Tanacetum corymbosum
Art zerstreut bis selten
Gefahrenstufe bei der Verwendung: **
Verbreitungsschwerpunkt: Trockenheit ertragende Eichenmischwälder
Hauptblütezeit: Juni bis August
Verwendung in der Ernährung: Die herb-würzigen Blätter wurden ab dem Frühjahr, die aromatischen Blüten von Juni

bis August in kleinsten Mengen als gewürzartige Beigabe zu Süßspeisen [17], Getränken [22] und Gemüsegerichten genutzt. *Hinweis:* Alle Pflanzenteile sollte man sehr gering dosieren. Die ätherischen Öle der Pflanze können in entsprechender Menge ähnlich bedenklich wie beim verwandten Rainfarn *(Tanacetum vulgare)* sein. Es empfiehlt sich, alle Pflanzenteile vor der Verwendung zu überbrühen und das Wasser wegzugießen.
Inhaltsstoffe und Wirkung: Vermutlich ähnliche Inhaltsstoffe, insbesondere ätherisches Öl und Sesquiterpenlactone, wie bei den anderen Tanacetum-Arten. Über eine medizinische Verwendung ist uns nichts bekannt.

Großblättrige Wucherblume
Tanacetum macrophyllum
Art selten verwildert
Gefahrenstufe bei der Verwendung: **
Verbreitungsschwerpunkt: Nährstoffreiche Krautfluren
Hauptblütezeit: Juni bis August
Verwendung in der Ernährung: Die Blätter wurden ab dem Frühjahr, die Blüten von Juni bis August in kleinsten Mengen als herbe, würzig-aromatische Beigabe zu Getränken [22], Süßspeisen [17] und Gemüsegerichten genutzt. Die Blüten der Großblättrigen Wucherblume waren fein geschnitten und überbrüht zudem als sparsames Gewürz für Salate [1] und Saucen [14] in Gebrauch.
Hinweis: Alle Pflanzenteile sollte man nur sehr gering dosieren. Die ätherischen Öle können in entsprechender Menge ähnlich bedenklich sein wie beim verwandten Rainfarn *(Tanacetum vulgare)*. Es empfiehlt sich, alle Pflanzenteile vor der Verwendung zu überbrühen und das Wasser wegzugießen.
Inhaltsstoffe und Wirkung: Vermutlich ähnliche Inhaltsstoffe, inbesondere ätherisches Öl und Sesquiterpenlactone, wie bei den anderen Tanacetum-Arten. Über eine medizinische Verwendung ist uns nichts bekannt.

Mutterkraut, Römische Kamille
Tanacetum parthenium
Art selten verwildert
Gefahrenstufe bei der Verwendung: **
Verbreitungsschwerpunkt: Nährstoffreiche Krautfluren
Hauptblütezeit: Juni bis August
Verwendung in der Ernährung: Eine herb-ätherisch-aromatische Pflanze. Sie wurde früher geringfügig als gewürzartige Zutat in Saucen [14] und Gemüsegerichten sowie als Aroma in Getränken [22] und Süßspeisen [17] genutzt. Die Blätter erntete man ab Frühjahr, die Blüten von Juni bis August.
Hinweis: Alle Pflanzenteile sollte man nur sehr gering dosieren. Die ätherischen Öle der Pflanze können in entsprechender Menge ähnlich bedenklich sein wie beim verwandten Rainfarn *(Tanacetum vulgare)*. Es empfiehlt sich, alle Pflanzenteile vor der Verwendung zu überbrühen und das Wasser wegzugießen.
Inhaltsstoffe und Wirkung: Ähnliche Inhaltsstoffe und Verwendung wie *T. balsamita*. Seit der Antike verwendet bei vielen Frauenleiden und zur Erleichterung der Geburt. Das enthaltene Parthenolid, ein Sesquiterpenlacton, erhöht die Empfindlichkeit von Krebszellen gegenüber Chemotherapeutika und besitzt einen nachweisbaren Einfluss bei Migräneanfällen. Weitere Einsatzmöglichkeiten betreffen die Behandlung von Rheuma, Arthritis, Allergien und ihre fiebersenkende Wirkung.

Baldrian-Arten
Valeriana
Baldriangewächse (Valerianaceae)

Grundlegende Merkmale: Die Blätter dieser Gattung sind gegenständig angeordnet, am Grunde bilden sie eine Rosette. Die weiß oder rosa gefärbten Blüten sind 3- bis 5-zählig, am Grunde sind sie verwachsen. Jede Blüte hat nur drei Staubblätter.

Sumpf-Baldrian
Valeriana dioica

Verbreitungsschwerpunkt: Feuchtwiesen und Bachuferfluren
Hauptblütezeit: Mai bis Juni
Verwendung in der Ernährung: Im Frühjahr können die jungen Blätter Hackkräutermischungen [15] oder auch Wildpflanzensalz [16.1] beigemengt werden.

Von September bis März nutzte man vor allem die zarten, faserarmen, noch unverholzten Wurzeln aus den meist feuchten Böden als herbwürziges Streckmehl für Gebäck [20] und als Brotteigbeigabe [21.1]. Marzell 1958 überlieferte den altdeutschen Pflanzennamen »Brotlaib« für diese Pflanze, was sicher mit dieser Verwendung zu tun hatte. Auch zu Bratlingen wurde es vermutlich verarbeitet[4]. Fein geschnitten und erhitzt eignen sich die Wurzeln zudem als Wurzelgemüse [8.1] oder gebacken als Gemüsechips [8.5]. Auch als Würze und Würzbeigabe, insbesondere in Wildpflanzensalz [16.1], als Trockengewürz [16.2], in Kräuteröl [16.4] oder Kräuteressig [16.7] können die aromatischen Wurzeln verwendet werden. Möchte man sie als Gemüse einlegen, eignet sich hierzu am besten Salzlake [13.1]. Sehr junge, klein geschnittene Wurzeln kann man gut in Gemüsesuppen [3.1] und Eintopfgerichte [11.1] einarbeiten.

Um ein nachhaltiges Sammeln der Wurzeln zu gewährleisten, sollte man keine einzeln stehenden Pflanzen entnehmen, sondern nur aus großem Pflanzenbestand ernten.
Inhaltsstoffe und Wirkung: Inhaltsstoffe und Heilwirkungen sind ähnlich dem Echten Baldrian *(Valeriana officinalis)*.

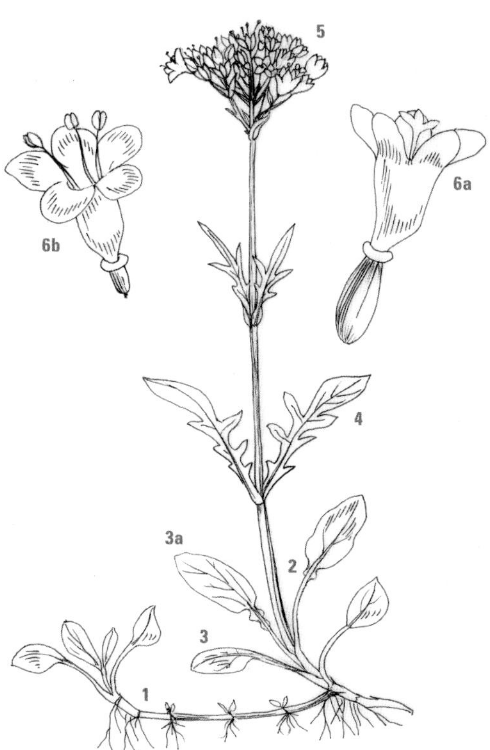

Höhe bis 0,7 m
Grundlegende Merkmale der Pflanzengattung auf S. 464
1 Pflanze mit Ausläufern und Blattrosetten
2 Stängel kantig
3 Grundblätter lang gestielt, ungeteilt oder geteilt mit größerem Endabschnitt (a)
4 Stängelblätter in längliche Abschnitte geteilt
5 Blütenstand schirmförmig
6 Weibliche (a) und männliche (b) Blüten auf unterschiedlichen Pflanzen (Pflanze zweihäusig)

Foto S. 466

Echter Baldrian, Katzenkraut

Valeriana officinalis (Artengruppe)

Gefahrenstufe bei der Verwendung: *
Verbreitungsschwerpunkt: Feuchtwiesen, Bachuferfluren
Hauptblütezeit: Anfang Mai bis Ende Juni
Verwendung in der Ernährung: Eine säuerlich herbe Pflanze für Salatbeigaben oder auch als Aroma bzw. Gewürz. Der Grundgeschmack der Pflanze, einschließlich der faserigen Wurzel, ist etwas bitter und der Geruch sehr eigen. Wir empfehlen eine Dosierung in kleinen Mengen auch wegen der auf S. 466 beschriebenen Wirkungen.

Von April bis Mai kann man die jungen, hellgrünen Blätter und Blattsprosse Hackkräutermischungen [15] beimengen, z. B. für eine Kräuterbrotzeit [15.1] oder Kräuterquark [15.5]. Klein gehackt sind sie auch eine abwechslungsreiche Zutat in Bratlingen [4], in Füllungen von Gemüsetaschen [10.2] kombiniert mit anderem Gemüse, in Hausbrotmischungen [21.1] oder in Knäckebrot [21.2]. Man kann sie in Wein einlegen [13.3] oder zu Suppen [3.1], Saucen [14] und Bittergemüse [9.2] verarbeiten. Die aromatischen Blätter des Echten Baldrians eignen sich auch als Würzbeigabe, insbesondere in Wildpflanzensalz [16.1], als Trockengewürz [16.2], in Kräuteröl und -essig [16.4][16.7], als Würzmus [16.10] oder auch zum Aromatisieren von Wein [18.5], Spirituosen [18.6], Bier [18.7] oder Rauchtabakbeimischungen [25].

Von Mai bis Juni kann man die vollständig aufgeblühten und knospigen Blütenstände vorsichtig mit der Schere abschneiden und als Aroma, z. B. in Gelee [18.1], Aromazucker [18.2], Gewürzschokolade [18.3], Sirup [18.4], Wein [18.5] und Spirituosen [18.6] sowie bei der Bierherstellung [18.7] verwenden. Auch Rauchtabakmischungen [25] wurden damit aromatisiert. Als Bestandteil verschiedener Getränke wie z. B. Tee [22.1], Wildpflanzenlimonade [22.2]

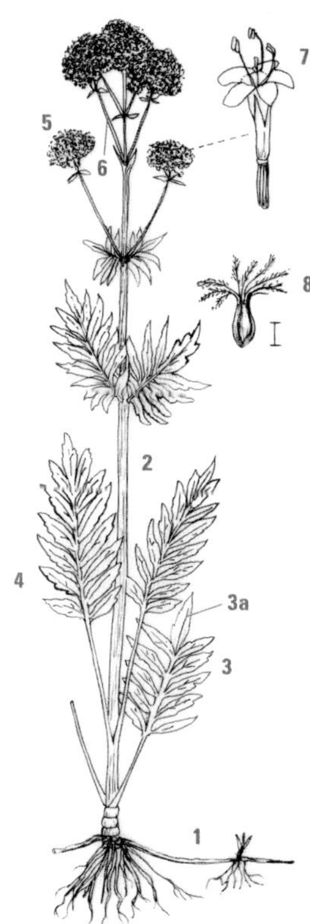

Höhe bis 1,5 m
Grundlegende Merkmale der Pflanzengattung auf S. 464
1 Pflanze mit Ausläufern
2 Wuchs hoch und aufrecht
3 Die Blätter bestehen aus unpaarig angeordneten länglichen Abschnitten und einem ähnlich gestalteten Endabschnitt (a)
4 Teilblätter am Rande gekerbt
5 Blütenstände aus einer ungeraden Anzahl an Teilblütenständen zusammengesetzt
6 Teilblütenstände gestielt, mit Hochblättern an der Basis
7 Einzelblüten mit fünfteiliger Blütenkrone
8 Frucht bis zu 0,5 cm lang mit büscheliger Haarkrone an der Oberseite

Valeriana dioica

Valeriana officinalis

und Bowle [22.3] können sie ebenso genutzt werden. Ganze Blütenstände kann man panieren [8.3] oder in Ausbackteig [8.4] wenden und dann frittieren. Knospige Blütenstände eignen sich für Bratlinge [4], lassen sich als säuerliches Gemüse dünsten [7.1] bzw. in Salzlake [13.1] oder Essig [13.2] einlegen. Des Weiteren halten wir sie geeignet zur Verwendung in Chutney [16.9] oder Würzmus [16.10].

Im Frühjahr verarbeitete man das elastische, saftige Wurzelwerk junger Pflanzen vermahlen zu Streckmehl für Gebäck [20] und Hausbrot [21.1] oder auch als Trockengewürz [16.2] und sparsam zu verwendende Würze in Wildpflanzensalz [16.1], Kräuteröl [16.4] oder Kräuteressig [16.7]. Aufgrund ihres hohen Anteils an ätherischen Ölen eignen sich die Wurzeln sehr gut zur Herstellung eines Mazerationsöls [16.5] ebenso wie zur Aromatisierung von Wein [18.5] oder Spirituosen [18.6]. Sehr junge, klein geschnittene Wurzeln können Mischgemüsegerichten, insbesondere Eintöpfen beigemengt werden [11.1]. Um den Pflanzenbestand zu erhalten, bitte keine einzeln stehenden Pflanzen mit Wurzel entnehmen. Vorsicht! In hohen Dosen verursacht vor allem die Wurzel eine Hemmung der Herztätigkeit und leichte Betäubung. Diese Wirkung kann aber auch örtlich aufgrund von Inhaltsstoffschwankungen ausbleiben. Vgl. Roth et al. 1994.

Inhaltsstoffe und Wirkung: Der Baldrian galt im Altertum als Allheilmittel. Vielfach ist in alten Quellen immer nur von »Baldrian« die Rede, ohne eine genaue Art anzugeben. Aufgrund heute bekannter Inhaltsstoffzusammensetzungen ist anzunehmen, dass es sich hierbei in der Regel um den Echten Baldrian gehandelt hat. Er enthält etwa 0,5 % ätherisches Öl (Haupkomponenten: Valeranon, Camphen und Bornylacetat), Iridoide (Valepotriate), Sesquiterpene (Valerensäure), Lignane und geringe Mengen Alkaloide (Valerianin). Die Wurzel ist in vielen arzneilichen Präparaten gegen Unruhe, Angstzustände und Einschlafstörungen enthalten. Die positiven Effekte werden ohne die bei chemischen Beruhigungsmitteln auftretenden Nebenwirkungen, wie Müdigkeit, Teilnahmslosigkeit und auch nahezu ohne Suchtgefahr erreicht. Verantwortlich für die beruhigende Wirkung sind aller Wahrscheinlichkeit nach die Valepotriate, Lignane und die Valerensäure. Baldrian macht ruhig und gelassen und stärkt gleichzeitig die Konzentration. In der Chinesischen Medizin wird er ähnlich wie der Ginseng zur allgemeinen Kräftigung angewendet und verhilft zu einem langen Leben. Man setzt ihn außerdem bei Herzbeschwerden und Bluthochdruck ein, wenn diese Beschwerden ihre Ursache in zentralnervösen Störungen haben. Darüber hinaus zeigt die Pflanze hervorragende Eigenschaften bei Krämpfen im Magen- und Darmtrakt und bei Menstruationsbeschwerden. Die beruhigende Wirkung des Baldrians tritt auch zutage, wenn man aus der Wurzel oder einer daraus hergestellten alkoholischen Tinktur ein Bad bereitet. Bei Muskelschmerzen, Verspannungen und Neuralgien können mit einem starken Teeauszug getränkte Umschläge Linderung bringen. In ähnlicher Weise kann auch der Sumpf-Baldrian *(V. dioica)* verwendet werden. Die Homöopathie nutzt den Baldrian ebenfalls bei Schlafstörungen, daneben aber auch bei Rückenschmerzen.

Berg-Baldrian
Valeriana montana
Art zerstreut bis selten
Verbreitungsschwerpunkt: Schattige, steinige Wälder, Schuttfluren
Hauptblütezeit: Mai bis Juli
Verwendung in der Ernährung: Die ganz jungen Frühjahrsblattrosetten eignen sich als Salat und Gemüse. Dies wurde nach Machatschek 2010 in Versuchen erwiesen.
Inhaltsstoffe und Wirkung: *Valeriana montana* wurde zur Behandlung der Hysterie und Epilepsie eingesetzt. *V. saxatilis* und *V. tripteris* wurden sehr wahrscheinlich ebenfalls heilkundlich verwendet. Über Inhaltsstoffe liegen uns keine Informationen vor.

Dreiblättriger Baldrian
Valeriana tripteris
Art zerstreut bis selten
Verbreitungsschwerpunkt: Schluchtwälder, felsige Abhänge
Hauptblütezeit: April bis Juli
Verwendung in der Ernährung: Vergleichbar mit *Valeriana montana.*

Felsen-Baldrian
Valeriana saxatilis
Art im Bestand gefährdet
Verbreitungsschwerpunkt: Felsspalten, Schutt
Hauptblütezeit: Juni bis August
Verwendung in der Ernährung: Vergleichbar mit *Valeriana montana.*

Mädesüß-Arten
Filipendula
Rosengewächse (Rosaceae)

Verwendung in der Ernährung: Die jungen Früchte der hier aufgeführten mitteleuropäischen Arten eignen sich im Spätsommer, wie auch die Blüten und Blütenknospen im Sommer, als Aroma für süße Dessert-Gerichte [17], Spirituosen [18.6], Biere [18.7] oder Limonaden [22.2] und Tees [22.1].

Die markant duftenden Blütenstände und Blütenknospen verfeinern, wenn man sie z. B. in Rahmsaucen mitkocht und abschließend wieder herausnimmt, die Speisen mit einem hervorragenden Nuss-Aroma.

Ganz junge, weiche Blätter kann man im April auch Gemüsegerichten, z. B. Spinat [9.1], beigeben, oder sie zum Würzen verschiedener Salatsaucen verwenden. Zur Bevorratung kann man sie trocknen [16.2] und auch als Tee [22.1] bereiten.

Auch die Wurzeln finden ab Ende März und im April Verwendung. Man nutzt sie in geringen Mengen als Beigabe zu Gemüse [8] und Suppen [3.1]. Der intensive, unverwechselbare Duft aller Pflanzenteile beim Zerreiben wirkt beinahe synthetisch, erinnert an zahnmedizinische Stoffe, v. a. bei *Filipendula ulmaria.*

Echtes Mädesüß, Wiesen-Spierstrauch, Wiesen-Spierstaude
Filipendula ulmaria

Verbreitungsschwerpunkt: Feuchtwiesen und Bachuferfluren
Hauptblütezeit: Anfang Juni bis Ende August
Inhaltsstoffe und Wirkung: Das Echte Mädesüß enthält bis zu 5 % Flavonoide, Heliotropin, ätherisches Öl (Haupt-

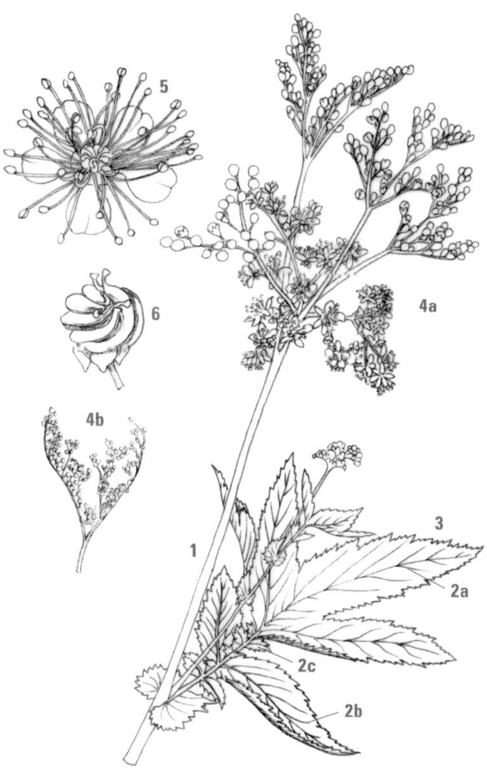

Höhe bis 1,8 m
1 Stängel häufig rötlich gefärbt
2 Blatt aus einem 3-lappigen Endteilblatt (a), 2–5 Paaren größerer Teilblätter (b) und 2–5 Paaren kleiner Teilblätter (c) zusammengesetzt
3 Blattrand gesägt
4 Reichhaltige, zur Fruchtzeit trichterförmige Blütenstände (a) mit zahlreichen gelblichweißen Blüten (b)
5 Blüte mit 5–6 Blütenkronblättern und zahlreichen Staubbeuteln
6 Frucht spiralig gedreht

wirkstoff Salicylaldehyd), Vanillin, Salizylsäureverbindungen (Gaultherin), Spiraein (Farbstoff), Gerb- und Schleimstoffe; Kieselsäure und Citronensäure. Die Pflanze galt bei den Kelten als heilig. Arzneiliche Verwendung finden Blüten und Kraut. Ein Tee daraus wird als schweißtreibendes Mittel bei Erkältungskrankheiten angewendet. In einer russischen Veröffentlichung werden eine Wirkung gegen Tumore und ein immunmodulierender Effekt beschrieben. Volksmedizinisch wird die Pflanze zur Anregung der Harnfunktion bei Nierenproblemen, Ödemen und Stoffwechselstörungen genutzt, außerdem bei Muskel- und Gelenkrheumatismus und Gicht. Die Homöopathie verwendet Potenzierungen bei Rheuma, Wasseransammlungen und Akne. Bei grippalen Infekten kann man sich die fiebersenkende und schmerzlindernde Wirkung der Pflanze zunutze machen. Sie enthält wie die Weide (*Salix* spp.) Salicylsäureverbindungen! Auch aus der Wurzel kann ein wirksamer Tee angesetzt werden. Hierzu lässt man die Wurzelstücke mehrere Stunden in kaltem Wasser einweichen, kocht kurz auf und trinkt den Tee über den Tag verteilt.

Knolliges Mädesüß, Kleines Mädesüß, Knolliger Spierstrauch, Steppen-Spierstaude
Filipendula vulgaris
Art im Bestand gefährdet
Verbreitungsschwerpunkt: Kalk-Magerrasen
Hauptblütezeit: Mai bis Juli
Inhaltsstoffe und Wirkung: Siehe *Filipendula ulmaria*. Nach Nicolas Culpeper (engl. Heilkundiger des 17. Jh.) soll das Wurzelpulver des Kleinen Mädesüß in Wein gelöst ein gutes Mittel bei Nierenbeschwerden und Atemwegserkrankungen sein.

Höhe bis 0,6 m
1 Ein Kranz aus grundständigen Blättern, diese in ungleiche Abschnitte mit stark vergrößertem Endlappen, geteilt
2 Blätter formenreich
3 Blütenstand zwei- bis fünfblütig
4 Blüten nickend, mit rot-bräunlich überlaufenen Kelchblättern
5 Frucht mit langem, hakigem Schnabel

Nelkenwurzen
Geum
Rosengewächse (Rosaceae)

Bach-Nelkenwurz
Geum rivale

Verbreitungsschwerpunkt: Feuchtwiesen und Bachuferfluren
Hauptblütezeit: April bis Juni
Verwendung in der Ernährung: Wird wie die Echte Nelkenwurz *(Geum urbanum)* verwendet.
Inhaltsstoffe und Wirkung: Siehe *Geum urbanum*.

Echte Nelkenwurz, Benediktenkraut, Stadt-Nelkenwurz
Geum urbanum

Verbreitungsschwerpunkt: Schleier- und Krautgesellschaften im Halbschatten
Hauptblütezeit: Mai bis Oktober
Verwendung in der Ernährung: Die noch weichen, jungen, bitter-herben Blätter können von März bis April als Beigabe verschiedener Salatvariationen [1], in Mischgemüsegerichten [11] und Gemüsefüllungen (z. B. gefüllte Teigtaschen [10.2]) genutzt werden. Ihre zarten Blätter ergeben eine gute Ergänzung mit anderem Blattgemüse und Feta in Blätterteig eingebacken. Manche mischen sie auch in Kräuterquark [15.5] oder Pesto [16.6]. Die etwas derberen Blätter gebraucht man als Beigabe getrocknet in Wildpflanzensalz [16.1].

Blüten und Blütenknospen können direkt roh gegessen werden oder über die unterschiedlichsten Salate [1] und warme Speisen gestreut werden. Die Blütenknospen eignen sich gegart auch als Gemüse [8.2].

Filipendula ulmaria
Geum rivale
Geum urbanum
Nasturtium officinale

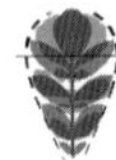

Die Wurzeln kann man von September bis in den Winter ernten und säubern. Sie eignen sich als Trockengewürz [16.2], gerieben oder frisch mitgekocht in Gemüsesuppen [3.1] oder als Würze für Biere [18.7], Limonaden [22.2], Spirituosen [18.6] oder andere Getränke, wie z. B. Gewürztee mit Milch. Der Grundgeschmack der Wurzeln wird dominiert von herb-süßlichem Gewürznelkenaroma. **Inhaltsstoffe und Wirkung:** Die Echte Nelkenwurz enthält bis zu 18 % Gerbstoffe (Gallotannine), Zucker und ätherisches Öl (überwiegend Eugenol). Die Wurzeln werden arzneilich verwendet. Volksmedizinisch kann der Tee gegen Durchfall, Gicht, Blutungen und bei Schleimhaut- und Zahnfleischentzündungen eingesetzt werden, außerdem zur Fiebersenkung, Regulation von Leber und Galle und bei nervösen Befindlichkeitsstörungen. Die Pflanze verspricht ferner Linderung bei Verstimmungen im Magen-Darm-Bereich. Das in der Wurzel enthaltene ätherische Öl wirkt antiseptisch. Teezubereitungen können auch äußerlich bei Krampfadern und Hämorrhoiden angewendet werden. Die Homöopathie nutzt die Nelkenwurz bei übermäßiger Schweißabsonderung.

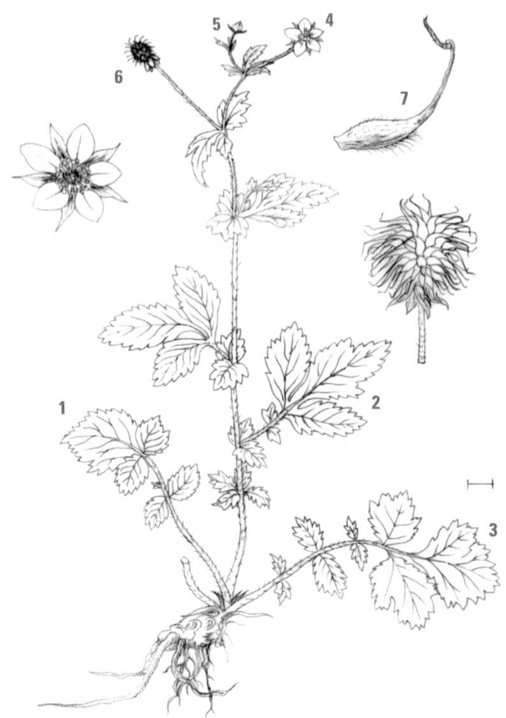

Höhe bis 0,9 m
1 Blattrand gezähnt
2 Blätter unterschiedlich geformt, Stängelblätter mit dreiteiligem Endteilblatt
3 Das gesamte Blatt bis zu 20 cm lang
4 5 gelbe Blütenkronblätter
5 Blüten einzeln und aufrecht am Ende des Blütenstängels
6 Abstehende Kelchblätter, zuletzt herabgebogen
7 Frucht mit gekrümmtem Fortsatz

Foto S. 467

Berg-Nelkenwurz
Geum montanum
Art zerstreut bis selten
Verbreitungsschwerpunkt: Bergwiesen
Hauptblütezeit: Mai bis August
Zusätzliche Hinweise zur Verwendung: Blätter und Triebe sind nach Machatschek 2010 als Spinat und die Wurzel gewürzartig verwendbar.
Inhaltsstoffe und Wirkung: Aufgrund ähnlicher Inhaltsstoffe entspricht die kulinarische und volksheilkundliche Verwendung der der Echten Nelkenwurz *(G. urbanum)*.

Kriechende Nelkenwurz
Geum reptans
Art im Bestand gefährdet
Verbreitungsschwerpunkt: Steinschuttfluren
Hauptblütezeit: Juni bis August
Verwendung in der Ernährung: Die Blätter und Wurzeln sind laut Fischer 2007 roh und getrocknet in der Ernährung verwertbar.

Brunnenkressen
Nasturtium
Kreuzblütengewächse (Brassicaceae)

Echte Brunnenkresse
Nasturtium officinale (Artengruppe)

In der Artengruppe ist die Art *N. microphyllum* in der Schweiz und in Teilen Österreichs im Bestand gefährdet.

Verbreitungsschwerpunkt: Bachröhrichte
Hauptblütezeit: Mitte Mai bis Mitte Oktober
Verwendung in der Ernährung: Die kresseartig-scharfen Blätter, Triebe und knospigen Blütenstände der Brunnenkresse sind von April bis August eine exzellente Beigabe zu allerlei Salaten und Rohkostspeisen [1]. Auch als Dekoration sind die Triebspitzen und Blätter sehr ansehnlich. Erwärmt werden sie gerne püriert für Suppen [3.1] eingesetzt: Brunnenkresse-Suppe mit pürierten Kartoffeln gilt als beliebte Delikatesse. Doch auch eine Vielzahl weiterer Gerichte entsteht aus der beliebten Pflanze, z. B. Spinat [9.1], Pesto [16.6], Kräutersaucen [14], -butter [15.3] und -käse [15.4] oder auch Eingelegtes [13]. Nicht zuletzt verfeinern sie außerdem eine Kräuterbrotzeit [15.1] und Eierspeisen wie z. B. Omelett [6.1]. Aus getrockneten Trieben wurden früher Rauchtabakmischungen [25] hergestellt.

Die weißen Blüten von Mai bis Oktober sind ebenso würzig und essbar und z. B. zur Verwendung in Salaten [1] geeignet. Von September an findet man die kleinen Samen an der Brunnenkresse. Sie wurden mit in Brote gebacken

[21.1], als Pfefferersatz [16.2] genutzt oder auch zu Senf vermahlen [16.8].

Die Wurzeln sitzen oft locker im Gewässergrund. Sie sind scharf und können frisch und fein geschnitten den Speisen gewürzartig zugegeben werden. Doch lohnt es sich, zum Erhalt des Bestandes die Wurzeln möglichst zu schonen.

Inhaltsstoffe und Wirkung: Die Echte Brunnenkresse enthält Glucosinolate (verantwortlich für den scharfen Geschmack) und Flavonoide. Die frische Pflanze ist reich an Vitamin C (ca. 0,1 %). Schon 100 g decken den Tagesbedarf eines Erwachsenen. Die frische Pflanze wirkt harntreibend und fördert die Verdauung. Die Brunnenkresse wird volksheilkundlich zur Behandlung von Katarrhen, bei Harnwegserkrankungen und zur Förderung der Gallesekretion eingesetzt. Darüber hinaus wirkt sie auch positiv bei Hauterkrankungen und entzündlichen Prozessen in Mund und Rachen. Es gibt Anhaltspunkte für eine krebshemmende Wirkung.

Höhe bis 0,8 m
1 Blatt aus 1–4 Teilblattpaaren und einem größeren Endteilblatt zusammengesetzt
2 Blattrand schwach gekerbt
3 Blüte bis zu 0,5 cm groß
4 Staubblätter gelb
5 Frucht eine kurze, deutlich gestielte Schote
6 Samen zweireihig in der Frucht angeordnet

Foto S. 469

Rettiche
Raphanus
Kreuzblütengewächse (Brassicaceae)

Acker-Rettich, Hederich
Raphanus raphanistrum

Höhe bis 0,6 m
1 Pflanze mit aufrechtem Wuchs
2 Blätter aus schräg versetzten Blattabschnitten und einem größeren Endabschnitt zusammengesetzt
3 Blüte mit 4 weißen oder blassgelben Blütenkronblättern
4 Blütenkelch schmal, lang und aufrecht
5 Schote gegliedert, zugespitzt und gestielt

Foto S. 472

Verbreitungsschwerpunkt: Getreideunkrautfluren
Hauptblütezeit: Juni bis August
Verwendung in der Ernährung: Eine scharfaromatische Pflanze für Salate, Gemüse, Speisendekor und Öl. Der Hederich bietet von April bis Juni junge Blätter und Triebspitzen, die geschnitten in Salaten, Rohkost [1], Saucen [14] und Gemüsesuppen [3.1] oder gehackt Kräutermischungen [15], Spinat [9.1] und Eintopfgerichten [11.1] zugegeben werden. Die knospigen Blütenstände, die noch zarte Stängel haben, ergeben im Juni ein würziges Stängelgemüse [7.2] oder eine knackige Salatbeigabe [1]. Von Juni bis Au-

gust steht der Hederich in Blüte. Die Blüten eignen sich als leicht würzende, essbare Dekoration sowie in Kräuteröl [16.4] oder -essig [16.7] eingelegt. Auf der Wanderung nascht man im Juni und Juli einfach die grünen, noch zarten Fruchtschoten oder gibt sie in die Pfanne, um sie kurz zu braten [8.2]. Die reifen Samen schmecken kresse-senfartig. Man sammelt sie von September bis Oktober und gewinnt aus ihnen Senf [16.8] oder durch Pressung Speiseöl [16.3]. Auf der Fensterbank gekeimt kann man sie im Winter wie Kresse verwenden. Auch die Wurzel hat im Frühjahr einen Rettichgeschmack und kann klein geschnitten als geschmackskräftige Beigabe diverse Speisen schärfen.

Inhaltsstoffe und Wirkung: Die Pflanze enthält Glucosinolate, schwefelhaltiges ätherisches Öl, Raphanol, reichlich Mineralstoffe und Vitamin C. Ihr Verzehr regt den Stoffwechsel und die Verdauung an, wirkt antibakteriell und blutreinigend. Durch Zugabe von Zucker zu geriebenem Rettich kann man einen Sirup herstellen, der bei Husten und bei Nierensteinen gute Dienste leistet. Aus den zerkleinerten Samen lässt sich ein hautreizendes Pflaster herstellen. Eine mehrtägige Rettichsaftkur hilft bei Rheuma, Gicht, Verdauungsschwäche und Husten und regt die Gallensekretion an.

Rosen
Rosa
Rosengewächse (Rosaceae)

Verwendung in der Ernährung: Bei den hier aufgeführten mitteleuropäischen Arten können zarte junge, noch weiche Blätter, deren Stiele so weich sein sollten, dass auch die sich dort bildenden Dornen weich sind, von April bis Juni fein geschnitten Bratlingen [4] und Eierspeisen [6], diversen Gemüsefüllungen [10], gedünstetem bzw. gedämpftem Gemüse [7] sowie Spinat [9.1] beigemengt werden. Sie sind außerdem verwendbar als Brotteigbeigabe in Hausbrotmischungen [21.1] oder Knäckebrot [21.2], als Beigabe in Hackkräutermischungen [15] sowie in Salaten und Rohkost [1], Saucen [14] oder auch als Tee [22.1]. Sie schmecken gerbstoffreicher, wenn sie reifer sind.

Die ausgezupften Kronblätter der Blüten geben im Sommer v. a. Gelee [18.1], Zucker [18.2], Gewürzschokolade [18.3] und Sirup [18.4], aber auch Wein [18.5] und Spirituosen [18.6] ein edles Aroma. Sie schmücken Salate [1], werden kandiert [17.4] oder in Süßspeisen zu süßer Sauce [17.2], Pudding [17.3] und als Sorbet [17.7] bzw. in einer

Raphanus raphanistrum

Rosa arvensis

Blütencreme [17.1] verarbeitet. Gerne werden sie in Kräuteröl [16.4] und -essig eingelegt [16.7] oder zur Herstellung von Getränken wie z. B. Tee [22.1], Wildpflanzenlimonade [22.2] und Bowle [22.3] genutzt. Nur sehr aromatische Blüten eignen sich zur Gewinnung von Mazerationsöl [16.5]. Die Kronblätter wurden im Juni auch als Rauchtabakbeimischung [25] oder pulverisiert als Beigabe zu Schnupftabak genutzt.

Die reifen Früchte im Herbst werden getrocknet zu aromatischem Tee [22.1] überbrüht. Frisch und von den haarigen Kernen befreit stellt man aus ihnen delikate Saft- und Vitalgetränke [22.4], Marmelade [19.3] und Würzmus [16.10] her. Sie lassen sich zudem sehr gut in Früchtesuppen [3.2], Fruchtschnitten [19.6], Früchteauflauf [19.1] oder als Sorbet [17.7] verarbeiten. Des Weiteren kann man Fruchtwein [24], Fruchtessig [16.8] und Sirup [18.4] daraus herstellen. Erhitzt und passiert dienen sie als Fruchtwürze in süßscharfen Pasten [16.9], als Zutat in süßer Sauce [17.2] oder Pudding [17.3] und auch als Tomatenmarkersatz.

Die bei obiger Verarbeitung anfallenden Samenkörner lassen sich zu Tee überbrühen [22.1], als Kaffeesurrogat rösten [23] oder in Notzeiten auch zu einem spröden Streckmehl [20] vermahlen. Das aufgebrühte Kaffeesurrogat schmeckt sehr »dünn«.

Kriechende Rose, Feld-Rose

Rosa arvensis

Verbreitungsschwerpunkt: (Hainbuchen-)Mischwälder
Hauptblütezeit: Anfang Juni bis Ende Juni
Inhaltsstoffe und Wirkung: Die Hagebutten dieser Art gelten verglichen mit anderen dieser Gattung als vitaminarm. Genauere Angaben zu Inhaltsstoffen und medizinischer Verwendung liegen uns nicht vor.

Leder-Rose

Rosa caesia

Verbreitungsschwerpunkt: Waldmantelgebüsche und Hecken
Hauptblütezeit: Juni bis Juli
Inhaltsstoffe und Wirkung: Genauere Angaben zu Inhaltsstoffen und medizinischer Verwendung liegen uns nicht vor.

Rosa caesia

Rosa canina

Rosa dumalis
Rosa inodora
Rosa mollis
Rosa pendulina

Hunds-Rose, Hagebutte, Gewöhnliche Hecken-Rose
Rosa canina

Foto S. 473

Verbreitungsschwerpunkt: Waldmantelgebüsche, Hecken
Hauptblütezeit: Anfang Juni bis Ende Juni
Inhaltsstoffe und Wirkung: Die Fruchtschalen der Hagebutten weisen einen sehr hohen Vitamin-C-Gehalt (Ascorbinsäure) auf. Nur der Sanddorn hat einen ähnlich hohen Gehalt. Schon 25 g decken den Tagesbedarf eines Erwachsenen. Weitere Inhaltsstoffe sind außerdem die Vitamine A, K, P und B-Vitamine, bis 15 % Pektine, Zucker, Fruchtsäuren und Gerbstoffe, wenig ätherisches Öl, essenzielle Fettsäuren und farbige Flavonoide, außerdem Carotinoide (Beta Carotin, Lycopin).

Die fein behaarten Nüsschen der Hagebuttenfrüchte können auf der Haut heftigen Juckreiz erzeugen (Juckpulver). Die Hagebuttenschalen werden zur Geschmacksverbesserung in Teemischungen eingesetzt. Arzneilich werden die getrockneten Fruchtschalen bei Entzündungen im Rachen empfohlen. Volksmedizinisch nutzt man sie wegen des hohen Vitamin-C-Gehaltes zur Steigerung der Abwehrkräfte und Vorbeugung bei Erkältungskrankheiten. Sie wirken mild abführend und harntreibend. Hagebutten betrachtete man früher außerdem als Stärkungsmittel für stillende Mütter und geschwächte Personen. Zusammen mit den Früchten können auch die Blüten verwendet werden. Die Blüten enthalten schwankende Mengen eines ätherischen Öls und wirken günstig auf Leber und Milz. Wegen ihres zuckerreichen Nektars werden sie gerne von Bienen angeflogen. Die äußerliche Anwendung des angenehm duftenden Tees in Form von Umschlägen wirkt belebend und ausgleichend auf die Haut. Die enthaarten Nüsschen können als Tee genossen bei der Behandlung von Blasen- und Nierensteinen hilfreich sein. Aus den Nüsschen lässt sich ein empfindliches Öl pressen, das reich an essenziellen Fettsäuren und Vitamin E ist und sich zur Wundbehandlung eignet. Aus den Blättern kann ein fiebersenkender Tee gebrüht werden. Die Wurzel wurde zur Behandlung von Erkältungen verwendet. Es gibt Hinweise auf eine krebsschützende Wirkung der Hagebutte.

Vogesen-Rose
Rosa dumalis

Verbreitungsschwerpunkt: Waldmantelgebüsche, Hecken
Hauptblütezeit: Juni
Inhaltsstoffe und Wirkung: Vergleichbar mit *Rosa canina.*

Duftarme Rose
Rosa inodora

Verbreitungsschwerpunkt: Waldmantelgebüsche, Hecken
Hauptblütezeit: Juni bis Juli
Inhaltsstoffe und Wirkung: Genauere Angaben zu Inhaltsstoffen und medizinischer Verwendung liegen uns nicht vor.

Weiche Rose
Rosa mollis

Verbreitungsschwerpunkt: Waldmantelgebüsche, Hecken
Hauptblütezeit: Juni bis Juli
Inhaltsstoffe und Wirkung: Genauere Angaben zu Inhaltsstoffen und medizinischer Verwendung liegen uns nicht vor.

Alpen-Rose, Alpen-Hagrose, Alpen-Hecken-Rose
Rosa pendulina

Verbreitungsschwerpunkt: Hochstaudenfluren und Gebüsche
Hauptblütezeit: Anfang Juni bis Ende Juni
Inhaltsstoffe und Wirkung: Vergleichbar mit *Rosa canina.*

Wein-Rose
Rosa rubiginosa

Foto S. 477

Verbreitungsschwerpunkt: Waldmantelgebüsche, Hecken
Hauptblütezeit: Anfang Juni bis Ende Juni
Inhaltsstoffe und Wirkung: Vergleichbar mit *Rosa canina.*

Kartoffel-Rose
Rosa rugosa

Foto S. 477

Verbreitungsschwerpunkt: Siedlungsnahe Hecken
Hauptblütezeit: Anfang Juni bis Mitte September
Zusätzliche Hinweise zur Verwendung: Ihre Blüten haben einen intensiven Duft. Diese Pflanze ist von allen Arten am ergiebigsten, wenn man das Fruchtfleisch ernten möchte.
Inhaltsstoffe und Wirkung: Vergleichbar mit *Rosa canina.*

Bibernell-Rose
Rosa spinosissima

Verbreitungsschwerpunkt: Sonnige Staudensäume an Gehölzen
Hauptblütezeit: Anfang Juni bis Ende Juni
Inhaltsstoffe und Wirkung: Genauere Angaben zu Inhaltsstoffen und medizinischer Verwendung liegen uns nicht vor.

Filzige Rose
Rosa tomentosa

Verbreitungsschwerpunkt: Waldmantelgebüsche und Hecken
Hauptblütezeit: Juni bis Juli
Inhaltsstoffe und Wirkung: Vergleichbar mit *Rosa canina.*

Apfel-Rose
Rosa villosa

Foto S. 478

Verbreitungsschwerpunkt: Waldmantelgebüsche und Hecken
Hauptblütezeit: Juni bis Juli
Inhaltsstoffe und Wirkung: Vergleichbar mit *Rosa canina.*

Tannen-Rose
Rosa abietina
Art im Bestand gefährdet
Verbreitungsschwerpunkt: Waldmantelgebüsche und Hecken
Hauptblütezeit: Juni
Inhaltsstoffe und Wirkung: Genauere Angaben zu Inhaltsstoffen und medizinischer Verwendung liegen uns nicht vor.

Keilblättrige Rose, Elliptische Rose
Rosa elliptica
Art im Bestand gefährdet
Verbreitungsschwerpunkt: Waldmantelgebüsche und Hecken
Hauptblütezeit: Juni bis Juli
Inhaltsstoffe und Wirkung: Genauere Angaben zu Inhaltsstoffen und medizinischer Verwendung liegen uns nicht vor.

Essig-Rose, Französische Rose
Rosa gallica
Art im Bestand gefährdet
Verbreitungsschwerpunkt: Wälder mit überwiegend Laubbäumen
Hauptblütezeit: Anfang Juni bis Ende Juni
Inhaltsstoffe und Wirkung: Vermutlich wurden die ersten Rosen schon 2700 v. Chr. in chinesischen Gärten angebaut. Auf Kreta galt die Rose schon vor fast 3000 Jahren als »Königin der Blumen«. *Rosa gallica* gilt als die Ausgangsform für die meisten Kulturrosen. Die Blütenblätter enthalten ein wundervolles, duftendes, ätherisches Öl (Geraniol, Nerol und Citronellol), Gerbstoff, Gerbsäure und Saponine. Aus den Blüten kann ein Tee gebrüht werden. »Rosentee« wirkt blutreinigend und stärkend auf Herz und Nerven. Ferner bringt er bei Durchfall, Kopfschmerzen und Schwindel und bei zu starker Periodenblutung Linderung. Das in der Pflanze enthaltene Öl wirkt entzündungshemmend und antibakteriell. Äußerlich kann man den Tee in Form von Umschlägen oder für Bäder gegen hartnäckige Wunden und leichte Verbrennungen verwenden. Als Mundspülung hilft er gegen Entzündungen im Mund und am Zahnfleisch. Rosenöl wird wegen des angenehmen Geruchs und der hautfreundlichen Eigenschaften auch gerne Salben und Cremes beigegeben.

Bereifte Rose, Rotblättrige Rose
Rosa glauca
Art im Bestand gefährdet
Verbreitungsschwerpunkt: Waldmantelgebüsche und Hecken
Hauptblütezeit: Anfang Juni bis Ende Juni
Inhaltsstoffe und Wirkung: Vergleichbar mit *Rosa canina.*

Kleinblütige Rose
Rosa micrantha
Art im Bestand gefährdet
Verbreitungsschwerpunkt: Waldmantelgebüsche und Hecken
Hauptblütezeit: Juni bis Juli
Inhaltsstoffe und Wirkung: Vergleichbar mit *Rosa canina.*

Griffel-Rose
Rosa stylosa
Art im Bestand gefährdet
Verbreitungsschwerpunkt: Waldmantelgebüsche und Hecken
Hauptblütezeit: Juni bis Juli
Inhaltsstoffe und Wirkung: Genauere Angaben zu Inhaltsstoffen und medizinischer Verwendung liegen uns nicht vor.

Stumpfblättrige Rose
Rosa tomentella
Art im Bestand gefährdet
Verbreitungsschwerpunkt: Laubwälder und Gebüsche
Hauptblütezeit: Juni bis Juli
Inhaltsstoffe und Wirkung: Genauere Angaben zu Inhaltsstoffen und medizinischer Verwendung liegen uns nicht vor.

Feld-Rose, Acker-Rose
Rosa agrestis
Art in Österreich im Bestand gefährdet
Verbreitungsschwerpunkt: Waldmantelgebüsche und Hecken
Hauptblütezeit: Juni bis Juli
Inhaltsstoffe und Wirkung: Die Hagebutten dieser Art gelten als vitaminarm. Genauere Angaben zu Inhaltsstoffen und medizinischer Verwendung liegen uns nicht vor.

Hecken-Rose
Rosa corymbifera
Art in Österreich im Bestand gefährdet
Verbreitungsschwerpunkt: Waldmantelgebüsche und Hecken
Hauptblütezeit: Juni bis Juli
Inhaltsstoffe und Wirkung: Vergleichbar mit *Rosa canina.*

Rosa rubiginosa

Rosa rugosa

Rosa spinosissima

Rosa tomentosa

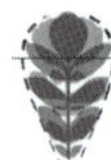

Raublättrige Rose
Rosa jundzillii
Art in Österreich im Bestand gefährdet
Verbreitungsschwerpunkt: Laubwälder und Gebüsche
Hauptblütezeit: Anfang Juni bis Ende Juli
Inhaltsstoffe und Wirkung: Vergleichbar mit *Rosa canina.*

Zimt-Rose, Mai-Rose
Rosa majalis
Art in Österreich im Bestand gefährdet
Verbreitungsschwerpunkt: Waldmantelgebüsche und Hecken
Hauptblütezeit: Mai bis Juli
Inhaltsstoffe und Wirkung: Vergleichbar mit *Rosa canina.*

Sammet-Rose, Sherard-Rose
Rosa sherardii
Art in Österreich im Bestand gefährdet
Verbreitungsschwerpunkt: Waldmantelgebüsche und Hecken
Hauptblütezeit: Juni bis Juli
Inhaltsstoffe und Wirkung: Vergleichbar mit *Rosa canina.*

Wiesenknopf-Arten
Sanguisorba
Rosengewächse (Rosaceae)

Verwendung in der Ernährung: Im Herbst, Winter und Frühjahr des ersten Jahres kann man die Wurzeln der hier aufgeführten mitteleuropäischen Arten trocknen und zu einer Art Würzmehl für Gemüsebreie oder Brotteig [20] vermahlen. Für eine Verwendung als Gemüse reinigt und schält man sie und raspelt sie über Salate [1] oder nutzt sie als Misch- und Backgemüse [11.1][12.3]. Die getrocknete Wurzel ist auch zum Aromatisieren von Spirituosen einsetzbar [18.6].

Die gurkenschalenaromatischen Blätter, Triebspitzen und knospigen Blütenstände eignen sich von April bis Juni roh ausgezeichnet zu verschiedenen bissfesten Salaten [1] oder gegart in Suppen [3.1], den üblichen Blattgemüsegerichten, Eierspeisen [6], Gemüsepürees [9.3] sowie als milderndes Gemüse zu anderem strengerem Gemüse. Auch eine Kräuterlimonade [22.2] lässt sich daraus herstellen. Bei einer Wanderung kann man sie einfach roh knabbern oder aufs Butterbrot [15.1] legen. In der Küche verwendet

Rosa villosa

Sanguisorba minor

man sie außerdem gerne für Kräuterbutter [15.3], Kräuterkäse [15.4] oder entsaftet als Frischsaftgetränk. Für die Teebereitung [22.1] kann man die Blätter auch noch bis September sammeln und trocknen. Die jungen, weichen Triebspitzen können von April bis Juni auch als Antipasti sauer-würzig eingelegt [13] werden.

Kleiner Wiesenknopf
Sanguisorba minor

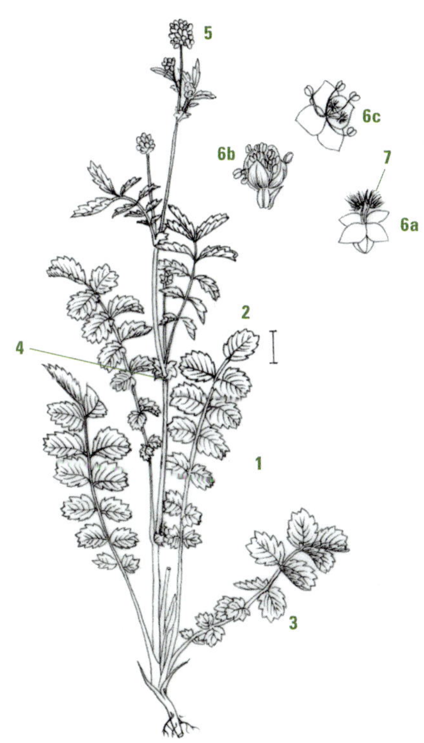

Höhe bis 0,5 m
1 Blatt aus einer ungeraden Anzahl an Teilblättern zusammengesetzt (unpaarig gefiedert)
2 Teilblättchen etwa 1 cm lang, unterseits graugrün
3 Blattrand sägeartig gezähnt
4 An den Schnittstellen von Stängel und Blatt bilden sich stark gezähnte Nebenblätter
5 Blütenköpfe rundlich bis zylindrisch
6 Blütenstand mit weiblichen (a), männlichen (b) und zwittrigen (c) Blüten
7 Griffel büschelig behaart

Unterart *S. minor* ssp. *polygama* in der Schweiz im Bestand gefährdet

Verbreitungsschwerpunkt: Kalk-Magerrasen
Hauptblütezeit: Anfang Mai bis Ende Juli
Zusätzliche Hinweise zur Verwendung oben: Der Grundgeschmack der Blätter gleicht im Aroma einem reifen, nussigen Sommerspinat, ist jedoch etwas würziger. Am besten gibt man die Blätter zum Schluss roh den Speisen bei. Durch langsames Trocknen (damit das Aroma erhalten bleibt) kann man die Blätter haltbar machen und als Haustee aufbrühen.
Inhaltsstoffe und Wirkung: Der Kleine Wiesenknopf enthält circa 10 % Gerbstoffe, Saponine, circa 3 % Flavonoide (Rutin), außerdem Triterpene und Vitamin C. Aufgrund des Gerbstoffgehaltes wurde er volksheilkundlich gegen Durchfall und innere Blutungen verwendet. Daher auch der lateinische Name, der sich aus *sanguis* (Blut) und *sorbere* (aufsaugen) zusammensetzt. Auch bei Durchfall und Weißfluß wurde er verwendet. Aus dem Kleinen Wiesenknopf lässt sich ein ausgezeichneter Verdauungstee bereiten. Die Homöopathie nutzt die Pflanze bei Stauungen im Venensystem. Die frisch geschälte Wurzel wirkt entzündungshemmend und kann bei leichten Verbrennungen, auf die Brandwunde gelegt, die Heilung beschleunigen.

Großer Wiesenknopf
Sanguisorba officinalis

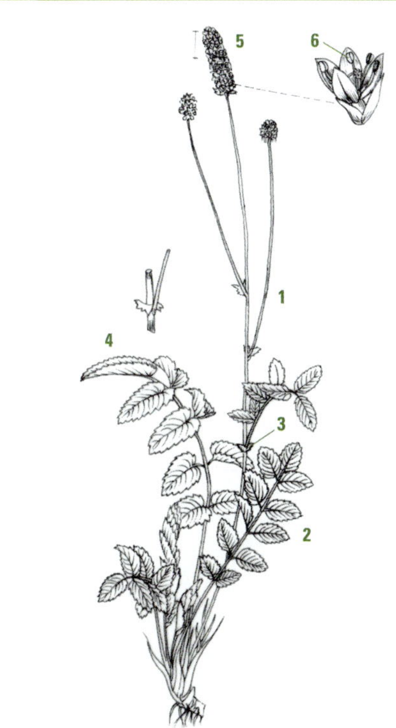

Höhe bis 1,5 m
1 Wuchs aufrecht und im oberen Drittel verzweigt
2 Blatt aus einer ungeraden Anzahl an Teilblättern zusammengesetzt (unpaarig gefiedert)
3 An der Basis der Blätter befinden sich stark gezähnte Nebenblätter
4 Blattrand gesägt
5 Der zylindrisch geformte, braunrote Blütenstand wird bis zu 3 cm lang und 1 cm breit
6 Blüte mit 4 Staubblättern

Verbreitungsschwerpunkt: Feuchtwiesen und Bachuferfluren
Hauptblütezeit: Juni bis Oktober
Zusätzliche Hinweise zur Verwendung: Der Grundgeschmack der Blätter und Triebspitzen ist etwas fester und weniger würzig als der vom Kleinen Wiesenknopf *(Sanguisorba minor).*
Inhaltsstoffe und Wirkung: Der Große Wiesenknopf enthält Saponine, Flavonoide, Gerbstoffe (Tannine), Triterpene (Pormolsäure), Steroide (Beta Sitosterol) und Vitamin C. Früher nutzte man ihn gerne als Hausmittel. Man verwendete das ganze Kraut, die Wurzel, aber auch den frisch gepressten Saft. In der roten Farbe der Blüten sah man früher ein Indiz für ihre Wirksamkeit bei Blutungen (Signaturenlehre). Diese Eigenschaft hat die Pflanze aufgrund ihres Gerbstoffgehaltes tatsächlich. Die Pflanze wirkt darüber hinaus antibakteriell, blutstillend, schmerzlindernd, hemmt Entzündungen und wirkt allgemein kräftigend. Man setzte sie erfolgreich bei Schleimhautentzündungen von Mund, Rachen, Magen und Darm ein. Aus dem Großen Wiesenknopf lässt sich ein ausgezeichneter Verdauungstee brühen, der auch bei Durchfall hilfreich ist. Äußerlich kann man die frische Wurzel oder zerstoßene Blätter bei leichten Verbrennungen und bei Blutungen anwenden. Sie beschleunigen die Heilung, wirken einer Entzündung entgegen und verhindern Infektionen.

Rauken
Sisymbrium
Kreuzblütengewächse (Brassicaceae)

Gefahrenstufe bei der Verwendung: *
Grundlegende Merkmale: Die Blätter dieser Gattung sind einfach gestaltet oder in meist ungleiche Abschnitte geteilt und wechselständig am Stängel angeordnet. Die Blüte besteht aus 4 Kelch-, 4 Kron- und 6 Staubblättern. Die Frucht ist eine Schote.
Verwendung in der Ernährung: Die schärflichen Wurzeln der hier aufgeführten Arten Mitteleuropas können im Frühjahr fein geschnitten zur Kräuterbrotzeit [15.1] oder als Gewürz verwendet werden. Getrocknet und pulverisiert empfehlen sie sich für Gewürzmischungen mit gemahlenem Schwarzem Pfeffer oder Salz.

Die feinen, bissfesten, bitter-kresseartig schmeckenden Blätter und jungen Triebspitzen erntet man kurz vor

Sanguisorba officinalis

Sisymbrium officinale

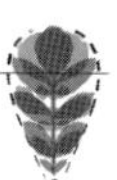

und noch während der Blüte von circa April bis Juni. Sie ergeben eine besondere Beigabe zu Salaten [1], da sie eine angenehme Würze haben. Alleine eignen sie sich aufgrund der Schärfe nicht als Salatgrundlage. Getrocknet und pulverisiert wurden die Blätter früher als eine Art Senfpulver und zu Saucen [14] genutzt. Gekocht ergeben Triebe und Blätter, unter viel anderes Blattgemüse gemischt, auch einen guten Spinat [9.1]. Gegebenenfalls muss man bei sehr strengem Geschmack das Kochwasser wechseln, das macht den Geschmack dem sensiblen Gaumen etwas zuträglicher, es verlieren sich aber dabei viele wertvolle Inhaltsstoffe im Kochwasser. Das würzige Kraut lässt sich insbesondere als Beigabe in Gemüsepürees [9.3] oder in Mischung mit anderen Hackkräutern gut einsetzen [15]. Unterwegs, aber auch in der Küche kann man sie einfach roh auf Butterbrot schneiden [15.1]. Weitere Verwendungsmöglichkeiten: gebacken als Gemüsechips [8.5], eingelegt als Sauerkraut [13.4] oder als Zutat in Bratlingen [4], Hausbrotmischungen [21.1], Eintopfgerichten [11.1] und Gemüselasagne [12.1].

Im Sommer können die gelben Blüten und Blütenknospen als Würze in Wildpflanzensalz [16.1] oder zu Würzmus [16.10] verarbeitet sowie kapernartig eingelegt [16.11] werden. Im Herbst sollte man die feinen Samen direkt als Gewürz zum Einlegen [13], als Trockengewürz [16.2] oder zum Aromatisieren von Kräuteröl [16.4] und -essig [16.7] einsetzen. Ausgereift und zermaischt ergeben sie eine Grundlage für Senf [16.8].

Hinweis: Die Pflanzen eignen sich wie viele andere Gewürze (z. B. der verwandte Speisesenf) nur in kleinen Mengen. Bei Aufnahme übermäßiger Mengen können sie schädlich wirken. Sie gelten als stark herzwirksam. (Vgl. Roth et al. 1994)

Inhaltsstoffe und Wirkung: Die Rauken enthalten Glucosinolate (Glucobrassicin), Gerbstoffe, Flavonoide (Kämpferol, Quercetin), herzwirksame Steroidglykoside, Cardenolide und Vitamin C. In den Samen vieler Arten sind Phenylpropanderivate (Sinapin) und reichlich fette Öle enthalten. Im Öl dominieren ungesättigte Fettsäuren (Linolensäure). Allerdings kommt auch die ernährungstechnisch problematische Erucasäure vor. Volksheilkundlich verwendet wird in erster Linie die Weg-Rauke *(S. officinale).* Seit alters her wird sie bei Entzündungen von Rachen, Hals und Atmungsorganen verwendet. Außerdem sah man in ihr ein hervorragendes Mittel bei Heiserkeit. Diese Wirkung beruht wohl auf ihrem Gehalt an Glucosinolaten. Die Pflanze sollte möglichst frisch angewendet werden, doch ist sie auch getrocknet wirksam. Die enthaltenen Glykoside wirken ähnlich wie beim Roten Fingerhut (*Digitalis purpurea,* doch hat sich ihre Verwendung nicht eingebürgert. Obwohl sie ähnlich wirken, heißt es nicht automatisch dass die Pflanze gleich giftig ist wie der Rote Fingerhut. Wenn die Glykoside wie in den Rauken in geringeren Konzentrationen vorkommen, haben sie eine herzstärkende Wirkung. Allenfalls bei Überdosierungen wirken sie giftig. Die Homöopathie nutzt die Pflanze bei Heiserkeit. Die Samen der Glanz-Rauke *(S. irio)* gelten als auswurffördernd und stärkend. In Indien nutzt man sie zur Behandlung von Asthma, indem man den Rauch der brennenden Pflanze inhaliert. Offenbar ist der Rauch außerdem ein wirksames Mittel zum Vertreiben von Fliegen. Der Tee aus den Blättern wird bei Hals- und Brustbeschwerden eingesetzt. Immer wieder werden Rauken außerdem zur Behandlung von Skorbut erwähnt.

Weg-Rauke

Sisymbrium officinale

Höhe bis 0,7 m

Grundlegende Merkmale der Pflanzengattung auf S. 480

1 Zweige starr, den Blattachseln entspringend
2 Stängel, Frucht und Blütenkelch behaart
3 Blatt aus mehreren Blattpaaren und einem Endteilblatt zusammengesetzt
4 Fruchtstand durch angedrückte Schoten rutenförmig
5 Blütenkronblätter blassgelb, nur bis 3 mm lang
6 Frucht schmal, dem Stängel anliegend, oben zugespitzt

Verbreitungsschwerpunkt: Ruderalgesellschaften, Acker- und Gartenunkrautgesellschaften
Hauptblütezeit: Mai bis Oktober

Ungarische Rauke, Riesen-Rauke
Sisymbrium altissimum
Art zerstreut bis selten
Verbreitungsschwerpunkt: Ruderalgesellschaften, Acker- und Gartenunkrautgesellschaften
Hauptblütezeit: Mai bis Juli

Österreichische Rauke
Sisymbrium austriacum
Art ist selten
Verbreitungsschwerpunkt: Nährstoffreiche Acker- und Gartenunkrautfluren
Hauptblütezeit: Mai bis Juni

Glanz-Rauke
Sisymbrium irio
Art ist selten
Verbreitungsschwerpunkt: Nährstoffreiche Acker- und Gartenunkrautfluren
Hauptblütezeit: Mai bis August

Steife Rauke
Sisymbrium strictissimum
Art ist selten
Verbreitungsschwerpunkt: Schleier- und Krautgesellschaften im Halbschatten
Hauptblütezeit: Juni bis Juli

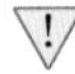
Wolga-Rauke
Sisymbrium volgense
Art ist selten
Verbreitungsschwerpunkt: Ruderalgesellschaften, Acker- und Gartenunkrautgesellschaften
Hauptblütezeit: Mai bis August

Loesels Rauke
Sisymbrium loeselii
Art in der Schweiz und in Teilen Österreichs im Bestand gefährdet
Verbreitungsschwerpunkt: Nährstoffreiche Acker- und Gartenunkrautfluren
Hauptblütezeit: Mai bis August

Niedrige Rauke
Sisymbrium supinum
Art in der Schweiz und in Teilen Österreichs im Bestand gefährdet
Verbreitungsschwerpunkt: Krautige Vegetation oft gestörter Plätze
Hauptblütezeit: Juni bis September

Odermennige
Agrimonia
Rosengewächse (Rosaceae)

Gewöhnlicher Odermennig
Agrimonia eupatoria

Höhe bis 0,9 m
1 Blätter sitzen nicht am Pflanzengrund, nur am Stängel
2 Blätter in große (a) und kleinere Abschnitte (b) geteilt
3 Blattunterseite grau behaart (ohne Abb.)
4 Fünf gelbe Kronblätter mit stumpfer Spitze
5 Viele Staubblätter im Blütenquerschnitt
6 Kelchbecher nach der Blütezeit fast so breit wie hoch, mit Hakenborsten (a) und Furchen (b)

Verbreitungsschwerpunkt: Sonnige Staudensäume an Gehölzen
Hauptblütezeit: Juni bis September
Verwendung in der Ernährung: Der Odermennig hat bitter-würzige Blätter und Triebe. Eine feine Getränkespezialität ist ein Tee [22.1] aus seinen getrockneten Blättern von April bis Juni, zusammen mit getrockneten Brombeer- und Melisseblättern. Sie sind des Weiteren geeignet als Würze insbesondere in Wildpflanzensalz [16.1], in Kräuteröl [16.4], als Aroma [18], in Wein [18.5], Spirituosen

[18.6] oder Bier [18.7] Auch die Blüten können von Juni bis September als Aroma genutzt werden.

Inhaltsstoffe und Wirkung: Die Pflanze enthält bis zu 10 % Gerbstoffe (Catechine), Triterpene, Kieselsäure und Flavonoide (Apigenin, Luteolin). Tee und Tinktur werden verwendet als mild wirkende Mittel bei Darmbeschwerden und bei Entzündungen der Mund- und Rachenschleimhaut. Enthalten in Fertigarzneimitteln bei Leber- und Gallenleiden. Äußerlich bei Entzündungen, Verletzungen und schlecht heilenden Wunden. Traditionell zur Pflege der Stimmbänder bei Sängern.

Großer Odermennig
Agrimonia procera
Art zerstreut bis selten
Verbreitungsschwerpunkt: Hecken, Waldränder
Hauptblütezeit: Juni bis August
Verwendung in der Ernährung: Die Blätter sind laut Fischer 2007 roh und getrocknet in der Ernährung verwertbar und wurden nach Machatschek 2010 auch als Heilgewürz in Gemüsespeisen verwendet.
Inhaltsstoffe und Wirkung: Wegen seiner adstringierenden Wirkung ähnlich verwendet wie der Gewöhnliche Odermennig *(A. eupatoria).* Die Extrakte beider Pflanzen hemmen fast vollständig das Wachstum vieler, teilweise auch als gefährliche Krankheitserreger bekannter Mikroorganismen, z. B. *Klebsiella pneumoniae, Pseudomonas aeruginosa, Staphylococcus aureus* und verschiedene Shigellen-Arten. Es gibt Untersuchungen, nach denen beide Pflanzen außerdem blutzuckersenkend wirken.

Barbarakräuter, Barbenkräuter, Winterkressen
Barbarea
Kreuzblütengewächse (Brassicaceae)

Grundlegende Merkmale: Die Blätter dieser Gattung sind wechselständig am Stängel angeordnet und überwiegend fiederteilig. Außerdem sind grundständige Blattrosetten vorhanden. Wie bei den meisten Vertretern der Kreuzblütengewächse finden sich 4 Kelch-, 4 Kron- sowie 6 Staubblätter. Die Frucht ist eine Schote.

Verwendung in der Ernährung: Die jungen kresseartig und recht bitter schmeckenden Blätter der hier aufgeführten mitteleuropäischen Arten lassen sich von April bis in

Agrimonia eupatoria

Barbarea intermedia

den Winter hinein als Beigabe zu verschiedenen Salaten [1] und Spinatgerichten [9.1], in Bratlingen [4], als Gemüsechips [8.5], zu Kräuterkartoffeln [15.2] oder Kräuterquark [15.5] und getrocknet auch als Würzbeigabe in Wildpflanzensalz [16.1] verarbeiten. Die Pflanzen behalten ihre saftiggrünen Blätter bis in den Winter, und es lohnt sich bei jeglicher Zubereitung, den strengen Geschmack der Blätter durch Blanchieren etwas zu mildern.

Die Blütenknospen samt noch zartem Stängel erntet man kurz vor und die Blüten unmittelbar nach dem Erblühen von April bis Juni. Sie lassen sich wie Broccoli als Stängelgemüse [7.2] oder kurz gebraten [8.2] zubereiten, und können (zuvor ebenfalls blanchiert) genauso anderen Gemüsegerichten beigefügt werden. Die gelben Blüten selbst dienen als essbare würzige Dekoration. Ab Juli bis in den Herbst reifen die Samen, die ein gutes Trockengewürz [16.2] ergeben; sie können aber auch zu Würzöl [16.4] verarbeitet werden, indem man sie schrotet und in einer Ölmühle auspresst. Gegebenenfalls kann man den Schrot auch in heißes Wasser legen und das Öl oben abschöpfen. Als scharf-delikate Vorratswürze wurde es früher filtriert und mit etwas Salz verfeinert. Im Frühjahr können die quer zur Faser klein geschnittenen Wurzeln als schärfliche Würze zerrieben oder als Würzmus [16.10] zubereitet werden.
Inhaltsstoffe und Wirkung: Die Pflanzen enthalten Glucosinolate und reichlich Vitamin C. Die Blätter sind wegen dieses hohen Vitamin-C-Gehaltes medizinisch wertvoll. Die Samen, zerdrückt und in Wein angesetzt, liefern ein harntreibendes Mittel. Innerlich und äußerlich wirkt die Pflanze appetitanregend, blutreinigend und unterstützt die Wundheilung. Ein Tee davon ist bei einer Übersäuerung des Magens hilfreich. Man sollte unbedingt die frische Pflanze verwenden, da sich beim Trocknen die Wirkung vermindert.

Mittleres Barbenkraut

Barbarea intermedia

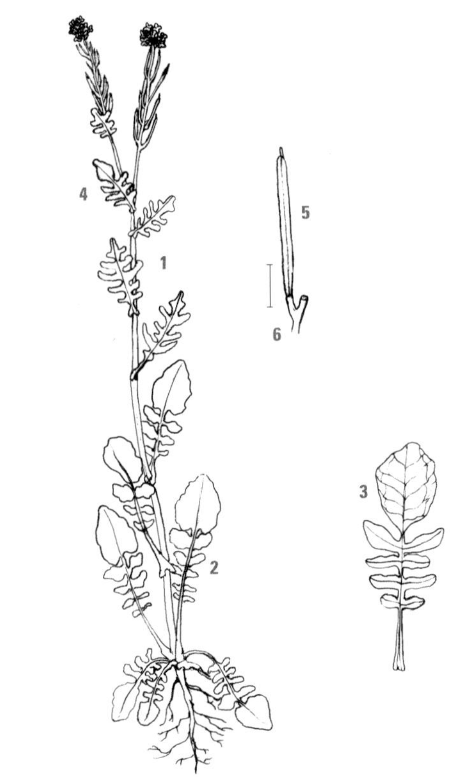

Höhe bis 0,6 m
Grundlegende Merkmale der Pflanzengattung auf S. 483

1 Aufrechter Wuchs
2 Grundständige Blätter im Gegensatz zum Steifen Barbarakraut *(Barbarea stricta)* und zum Gewöhnlichen Barbarakraut *(Barbarea vulgaris)* mit 3–5 Blattpaaren
3 Der Blatt-Endabschnitt ist ähnlich zu anderen Barbarea-Arten stark vergrößert
4 Obere Stängelblätter im Gegensatz zum Steifen Barbarakraut *(Barbarea stricta)* und zum Gewöhnlichen Barbarakraut *(Barbarea vulgaris)* stark geteilt (fiederteilig)
5 Früchte bis 4 cm lang
6 Der Fruchtstiel ist im Gegensatz zum Gewöhnlichen Barbarakraut *(Barbarea vulgaris)* nur wenig dünner als die Frucht. (*Barbarea vulgaris:* Fruchtstiel etwa halb so dick wie die Frucht)

Foto S. 483

Verbreitungsschwerpunkt: Krautige Vegetation oft gestörter Plätze
Hauptblütezeit: April bis Mai

Steifes Barbenkraut, Steifes Barbarakraut

Barbarea stricta

Höhe bis 1,00 m

Grundlegende Merkmale der Pflanzengattung auf S. 483

Die Art ist dem Gewöhnlichen Barbarakraut *(Barbarea vulgaris)* sehr ähnlich. Ein hauptsächlicher Unterschied findet sich in Punkt 5

1 Aufrechter Wuchs (ähnlich andere Barbarea-Arten)
2 Stängel mit steil gestellten Ästen
3 Obere Blätter ungeteilt
4 Grundblätter mit sehr großem, länglichem Endabschnitt (größer als bei *Barbarea vulgaris*), sowie mit 1–2 Blattpaaren (*Barbarea intermedia:* 3–5 Blattpaare)
5 Schoten steif aufrecht, im Unterschied zum Gewöhnlichen Barbarakraut *(Barbarea vulgaris)* dem Stängel angedrückt

Foto S. 486

Verbreitungsschwerpunkt: Staudensäume an Gehölzen im Halbschatten

Hauptblütezeit: April bis Juni

Gewöhnliches Barbarakraut, Echte Winterkresse

Barbarea vulgaris

Höhe bis 1,0 m

Grundlegende Merkmale der Pflanzengattung auf S. 483

1 Grundblätter gestielt
2 Blatt aus 2–4 Blattpaaren und einem deutlich größeren Endabschnitt zusammengesetzt
3 Oberste Stängelblätter meist un- oder nur wenig geteilt
4 Kelchblätter 3–4 mm lang
5 Schotenfrüchte bis 2,5 cm lang, im Gegensatz zum Steifen Barbarakraut *(Barbarea stricta)* abstehend vom Stängel angeordnet
6 Fruchtstiel etwa halb so dick wie die Frucht

Foto S. 486

Verbreitungsschwerpunkt: Pioniergesellschaften auf feuchten und überfluteten Rasen

Hauptblütezeit: April bis Juli

Frühlings-Barbenkraut

Barbarea verna

Art ist selten

Verbreitungsschwerpunkt: Ruderalgesellschaften, Acker- und Gartenunkrautgesellschaften

Hauptblütezeit: März bis August

Barbarea stricta
Barbarea vulgaris
Brassica napus
Brassica rapa

Brassica-Arten

Brassica

Kreuzblütengewächse (Brassicaceae)

Grundlegende Merkmale: Sie sind häufig blaugrün bereift. Die Blätter dieser Gattung sind wechselständig am Stängel angeordnet und häufig fiederteilig. Außerdem sind grundständige Blattrosetten vorhanden. Wie bei den meisten Vertretern der Kreuzblütengewächse finden sich 4 Kelch-, 4 Kron- sowie 6 Staubblätter. Die Frucht ist eine Schote.
Verwendung in der Ernährung: Man nutzt von den hier aufgeführten mitteleuropäischen Arten im Frühjahr die möglichst unverholzten Wurzeln noch nicht blühender Pflanzen und verarbeitet sie gesäubert und z. T. geschält zu Wurzelgemüse [8.1], Eintopf [11.1] und Backgemüse [12.3]. Die noch knospigen Blütenstände wie auch zarte Blätter und Triebe ergeben von März bis Mai ein leckeres kurz gebratenes bzw. gedünstetes oder gedämpftes Gemüse [8.2] [7]. Sie schmecken kohl- bis mild senfartig und sind auch eine ausgezeichnete, herzhafte Beigabe in Salaten [1], Eierspeisen [6], Saucen [14] und Gemüsesuppen [3.1]. Wer möchte, kann sie außerdem als Gemüse bzw. Sauerkraut einlegen [13][13.4]. Ein feine Gemüsedelikatesse sind die jungen Blätter mit feinen Hackzwiebeln als Rahmgemüse zubereitet. Dazu passt gut Reis. Die Blüten sind im Frühsommer eine dezent würzige essbare Dekoration. Sehr delikat sind die jungen, noch zart-weichen Samenschoten im Sommer, wenn man sie in etwas Öl kurz gebraten und gesalzen zur Vorspeise oder als Beilage reicht. Aus dem Samenschrot gewinnt man von August bis September durch Pressung senfölhaltiges Speiseöl [16.3].

Raps

Brassica napus

Gefahrenstufe bei der Verwendung: *
Verbreitungsschwerpunkt: Schuttunkrautfluren
Hauptblütezeit: April bis Mai
Verwendung in der Ernährung: Die Aufnahme übermäßiger Mengen der wildwachsenden Art ist zu vermeiden.
Inhaltsstoffe und Wirkung: Der Raps enthält Linolensäure und weitere ungesättigte Fettsäuren. Des Weiteren Sterine und scharf schmeckende Glucosinolate. Die Wildform des Rapses enthält außerdem eine für den Menschen gesundheitsschädliche, ungesättigte Fettsäure, die sogenannte Erucasäure, in großen Mengen. Erst durch die Züchtung erucasäurefreier Sorten konnten die Pflanzen als Tierfutter und das Öl für die menschliche Ernährung zugänglich gemacht werden. Rapsöl ist ein ausgezeichnetes Speiseöl und dient außerdem als Salbengrundlage. Mittlerweile wird es auch als Schmier- und Kraftstoff eingesetzt. Medizinisch verwendet wird der Raps bei Frostbeulen und bei Erkältungskrankheiten.

Höhe bis 1,4 m
Grundlegende Merkmale der Pflanzengattung siehe linke Spalte

1. Bläulich bereifte Blätter mit stängelumfassenden Öhrchen, diese weniger stark ausgeprägt als bei der Saatrübe *(Brassica rapa)*
2. Ähnlich zu anderen Arten der Gattung und Familie ist der obere Abschnitt des Blattes vergrößert
3. Kronblätter fast doppelt so lang wie der Kelch
4. Kelchblätter aufrecht abstehend, bis 9 mm lang
5. Schoten bis 9 cm lang, mit 20–40 Samen
6. Wurzel rübenförmig

Gemüse-Kohl

Brassica oleracea

Art sehr selten wildwachsend
Verbreitungsschwerpunkt: Ruderalgesellschaften, Acker- und Gartenunkrautgesellschaften
Hauptblütezeit: April bis September
Inhaltsstoffe und Wirkung: Der Weißkohl ist eine der ältesten Gemüsepflanzen der Welt. Er ist reich an Vitaminen (A, B1, B2 und viel C) und Mineralstoffen und gesundheitlich interessanten sekundären Pflanzeninhaltsstoffen (Methylmethioninsulfoniumbromid). Die ganze Pflanze, ob gekocht, milchsauer vergoren oder als Presssaft verwendet, ist ein hervorragendes Mittel zur Gesunderhaltung des Verdauungssystems. Der Weißkohl unterstützt die Verdauung und fördert den Abbau von Giften in der Leber. Bekannt und hilfreich ist auch die äußerliche Anwendung des Kohls bei Schwellungen und schmerzenden Gelenken.

Weiße Rübe, Saatrübe, Herbstrübe, Mairübe, Rübsen
Brassica rapa

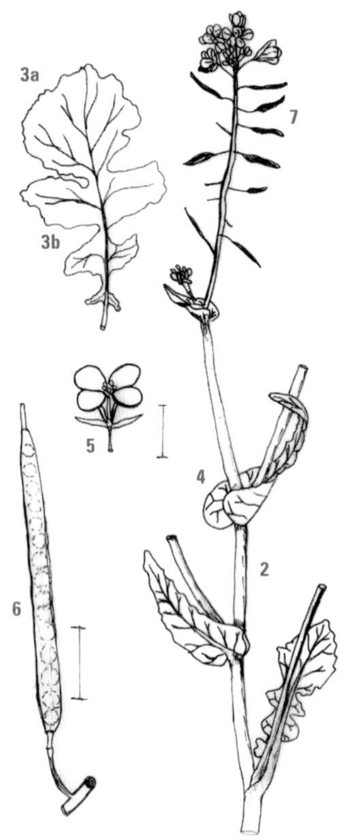

Höhe bis 1,0 m
Grundlegende Merkmale der Pflanzengattung auf S. 487
1 Die Wurzel verdickt sich bei einigen Unterarten zu einer Rübe (ohne Abb.)
2 Der Stängel wächst aufrecht
3 Untere Blätter hellgrün, mit vergrößertem Endteilblatt (a) und 2–3 Teilblattpaaren (b)
4 Obere Blätter blaugrün, den Stängel mit runden Öhrchen umfassend
5 Kelchblätter abstehend, bis über 6 mm lang
6 Frucht eine Schote, die bis 10 cm lang werden kann
7 Schoten gestielt und abstehend vom Zweig angeordnet

Foto S. 486

Verbreitungsschwerpunkt: Nährstoffreiche Lehmböden
Hauptblütezeit: Mai bis September
Inhaltsstoffe und Wirkung: Die Pflanze enthält ähnliche Inhaltsstoffe wie die anderen hier aufgeführten Kreuzblütengewächse (Kohl, Senf, Raps und Rüben), beispielsweise Mineralstoffe (Kalium, Calcium, Magnesium und das Spurenelement Eisen), Vitamine, insbesondere B6 und C, und Glucosinolate. Sie wirkt blutreinigend, hilft bei Magen- und Zwölffingerdarmgeschwüren und regt den Stoffwechsel an. Außerdem kann sie bei Gicht und Verstopfung eingesetzt werden.

Schwarzer Senf
Brassica nigra
Art in der Schweiz im Bestand gefährdet
Verbreitungsschwerpunkt: Krautige Vegetation oft gestörter Plätze
Hauptblütezeit: Juni bis September
Zusätzliche Hinweise zur Verwendung: Aufnahme übermäßiger Mengen vermeiden (wie das auch bei normalem Speisesenf der Fall ist); vgl. Roth et al. 1994.
Inhaltsstoffe und Wirkung: Schwarzer Senf hat bis zu 30 % fettes Öl, das ein- und mehrfach ungesättigte Fettsäuren enthält, außerdem Glucosinolate, Eiweiß (bis 25 %) und 20 % Schleimstoffe. Die Samen dienen auch der arzneilichen Verwendung: Der schwarze Senf eignet sich für Senfwickel und Senfpflaster zur Behandlung akuter Bronchitis und Lungenentzündung. Hierzu bereitet man aus 3–4 EL Senfmehl mit heißem oder kochendem Wasser einen dicken Brei und lässt ihn einige Minuten ziehen. Die Masse gibt man auf ein Handtuch, legt es auf die Brust und deckt mit einem weiteren Handtuch ab. Empfindliche Hautstellen wie Brustwarzen schützt man mit Vaseline. Nach circa 5 Min. oder falls starkes Brennen auftritt, sollte der Wickel entfernt werden. Die Wickel sind auch wirksam bei Gelenkentzündungen, Ischias, Muskelschmerzen und Rheuma. Die Wickel sollten wegen der reizenden Wirkung nur wenige Minuten auf der Haut bleiben. Die enthaltenen Glucosinolate wirken bakterizid. Die Volksmedizin setzt den schwarzen Senf auch bei grippalen Infekten und als appetit- und verdauungsförderndes Gewürz an. Eine krebsschützende Wirkung ist wahrscheinlich.

Schnabelsenfe
Coincya
Kreuzblütengewächse (Brassicaceae)

Gewöhnlicher Schnabelsenf
Coincya monensis

Unterart *C. monensis* ssp. *cheiranthos* in der Schweiz im Bestand gefährdet

Verbreitungsschwerpunkt: Schuttunkrautfluren und lockere Sand- und Felsrasen
Hauptblütezeit: Juni bis Oktober
Verwendung in der Ernährung: Die jungen Blätter sowie die weichen Blütenstängel und Triebspitzen des Schnabelsenfs schmecken raps- bzw. senfaromatisch. Sie sind vor der Blüte von April bis Mai eine delikate Beigabe zu verschiedenen Salaten [1.1], Kräutersuppen [3.1], Misch- und Bratgemüsegerichten [11][8.2] sowie in Lasagne [12.1] oder auf Pizza [12.2]. Auch zum Aromatisieren von Kräuteröl [16.4] oder -essig [16.7] kann man sie verwenden. Ab Juli werden die ausgereifteren Blätter dann strenger im Geschmack.

Von Mai bis Juni werden die Blütenknospen gepflückt. Sie sind als Kapern eingelegt eine geschätzte Delikatesse [16.11], können aber auch Kräuterquark [15.5], -butter [15.3], Pesto [16.6] und dergleichen als würzende Zutat beigemengt werden. Später sind die Blüten eine zart »senfige«, essbare Dekoration auf vielen Gerichten.

Die scharfen Samen sind im August und September eine herzhafte Brotteigbeigabe für Hausbrotmischungen [21.1]. Sie sind ein geeigneter Brotbelag [15.1], ein feines Trockengewürz [16.2] und finden im Winter auch als Keimsaat Verwendung [2]. Indem man die trockenen Samen vermahlt und mit Öl, Essig und Salz abschmeckt, kann man auch eine Art Senf daraus zubereiten.

Die jungen Wurzeln werden im Frühjahr geerntet und als schärfliches Gewürz verwendet.

Höhe bis 0,6 m

1 Wuchs aufrecht, ein- oder mehrstängelig
2 Pflanze borstig behaart
3 Blatt in tiefe Abschnitte geteilt (fiederschnittig) mit 3–6 Blattpaaren und einem kaum vergrößertem Endabschnitt
4 Blütenkronblätter bis doppelt so lang wie der Kelch
5 Fruchtschoten mit bis zu 7 cm sehr lang
6 Schnabelartige Verlängerung der Frucht

Foto S. 490

Skabiosen
Scabiosa

Kardengewächse (Dipsacaceae)

Grundlegende Merkmale: Die Blätter sind gegenständig, ungeteilt oder gefiedert. Die Blüten sind in flachen, lang gestielten Köpfchen angeordnet. Die Krone ist ungleichmäßig fünfzipfelig, die Randblüten sind vergrößert. Am Kelch finden sich meist vier bis fünf Borsten oder Zähne. Die Früchte sind nussartig, zylindrisch und einsamig, mit acht Furchen.

Tauben-Skabiose
Scabiosa columbaria

Höhe bis 0,8 m

1 Stängel häufig verzweigt
2 Die Mehrzahl der Blätter in schmale Abschnitte geteilt
3 Violette, flache Blütenköpfe, bis annähernd 4 cm breit, 70–80 Blüten enthaltend
4 Einzelblüte im Unterschied zur ähnlichen Acker-Witwenblume (*Knautia arvensis*, S. 368) fünfteilig, jene vierteilig
5 Randblüten vergrößert
6 Kelch mit bis zu 0,5 mm langen dunklen Borsten

Foto S. 490

Verbreitungsschwerpunkt: Kalk-Magerrasen
Hauptblütezeit: Juni bis Oktober
Verwendung in der Ernährung: Die mild-aromatischen, zarten jungen Blätter der Tauben-Skabiose gab man von April bis Juni roh in Hackkräutermischungen [15] oder Salat- und Rohkostspeisen [1]. Man kann sie als Beigabe in gedünstetem oder gedämpftem Gemüse [7], für Bratlinge [4] oder für den Brotteig [21.1] nutzen und mit ihnen Saucen [14] oder Gemüsesuppen [3.1] würzen. Denkbar sind sie auch als Gemüsechips [8.5] oder vermahlen in Wildpflanzensalz [16.1]. Vollständig aufgeblühte Blüten bilden von Juni bis Oktober frisch ausgezupft eine essbare Dekoration in Salaten und Rohkost [1] sowie in Eierspeisen [6] und Gemüsegerichten [7–12].
Inhaltsstoffe und Wirkung: Die Pflanzen enthalten Flavonoide (Leucanthosid, Luteolosid) und Bitterstoffe (Scabiosid). Früher nutzte man sie als Mittel gegen Hautausschläge und Krätze.

Graue Skabiose
Scabiosa canescens
Art im Bestand gefährdet
Verbreitungsschwerpunkt: Lichte Kiefernwälder, trockene Wiesen
Hauptblütezeit: Juli bis September
Verwendung in der Ernährung: Blätter, junge Triebe und Blütenknospen wurden als Gemüse verwendet, vermutlich gekocht [9].

Glänzende Skabiose
Scabiosa lucida
Art zerstreut bis selten
Verbreitungsschwerpunkt: Steinfluren und alpine Rasen
Hauptblütezeit: Anfang Juni bis Ende September
Verwendung in der Ernährung: Die Glänzende Skabiose besitzt recht milde bis bitterliche Blätter, die man von April bis Juni frisch oder erhitzt als Beigabe zu gedünstetem Nussgemüse [7.3], zur Kräuterbrotzeit [15.1], zu Kräuterkartoffeln [15.2], in Salaten und Rohkost [1] oder auch als Würze in Saucen [14] und Gemüsesuppen [3.1] verwenden kann. Bittere Blätter können in Form von Bittergemüsezubereitungen abgemildert werden [9.2]. Ihre Blüten sind frisch von Juni bis September eine aparte, essbare Dekoration in Gemüsesuppen [3.1] oder auf Blattsalaten [1]. Sie werden vor dem Servieren über die einzelnen Portionen gestreut.

Gelbe Skabiose
Scabiosa ochroleuca
Art im Bestand gefährdet
Verbreitungsschwerpunkt: Steppenrasen, Waldränder
Hauptblütezeit: Juli bis September
Verwendung in der Ernährung: Vergleichbar mit *Scabiosa canescens.*
Inhaltsstoffe und Wirkung: In den Blüten finden sich Flavonoide (Luteolin, Quercetin). Über eine heilkundliche Verwendung ist uns nichts bekannt.

Coincya monensis

Scabiosa columbaria

Schafgarben
Achillea
Korbblütengewächse (Asteraceae)

Grundlegende Merkmale: Die Blätter dieser Gattung sind wechselständig am Stängel angeordnet.

Der Blütenstand ist ein reichhaltiges Körbchen, welches durch Zungenblüten am Rand- und Röhrenblüten im Zentrum des Blütenkorbes gebildet wird.

Inhaltsstoffe und Wirkung: Das Kraut aller hier genannten mitteleuropäischen Achillea-Arten enthält bis zu 1 % ätherisches Öl (Cineol und Azulene), Sesquiterpenlactone (Achillicin und Matricin), Gerb- und Bitterstoffe (Ivain, Betonicin); Flavonoide (Apigenin, Luteolin und Rutin); Cumarine, Polyacetylene, organische Säuren (Essig- und Äpfelsäure), Schleimstoffe, Vitamine und Mineralstoffe, insbesondere Kupfer und Kalium.

Gewöhnliche Schafgarbe
Achillea millefolium (Artengruppe)

Verbreitungsschwerpunkt: Grünlandgesellschaften
Hauptblütezeit: Juni bis Oktober
Verwendung in der Ernährung: Der Grundgeschmack der aromatisch duftenden Schafgarbe ist herb-schärflich bis muskatnussartig. Als würzige Beigabe zu den üblichen Gemüsegerichten [7-12] oder Salaten [1] nutzt man die zarten, frischen Grundblätter der Schafgarbe von März bis April, die Blütenknospen von Mai bis Juni sowie die weichen Blätter unterhalb des Blütenstandes noch bis in den September hinein. Weiterhin kann man sie als frisches Gewürz bei der Herstellung von diversen Hackkräutermischungen [15] bzw. getrocknet auch in Kräutersalzen [16.1] und dergleichen verwenden. Fein gehackt sind sie zudem eine gute Beigabe in frischen Nudelteigen, Bratlingen [4], Rührei [6.3] oder Omelett [6.1] sowie in Brotteig [21.1]. Außerdem ergeben sie leckere Gemüsechips [8.5]. Sie aromatisieren Kräuteröl [16.4], Kräuteressig [16.7] und Saft-/Vitalgetränke [22.4] oder werden als Tee [22.1] aufgebrüht. Die würzigen Blüten von Juni bis Oktober kann man dem Zucker zum Aromatisieren beimischen [18.2] oder man kocht sie aus und geliert den Saft gezuckert als süßen Aufstrich ein [18.4]. Weiterhin lassen sie sich als Geschmacksgeber verschiedener Getränke wie Tees [22.1], Wildpflanzenlimonade [22.2], Bowle [22.3] oder Spirituosen [18.6] verwenden sowie als essbare Dekoration und als Würze v. a. zu Eingelegtem [13]. Junge und ältere Blätter kann man auch zum Aufbewahren trocknen [16.2]. Sie lassen sich das ganze Jahr über als Gewürz für Spirituosen, Tees und auch Rauchtabakbeimischung [25] einsetzen.

Inhaltsstoffe und Wirkung: In China wird die Schafgarbe *(A. millefolium)* schon seit 4000 Jahren als Heilpflanze verwendet. In der Volksheilkunde gehörte sie früher zu den Liebespflanzen und wurde auch rituell verwendet. Aufgrund ähnlicher Inhaltsstoffe wie die Kamille hat sie die gleiche medizinische Anwendung, ist allerdings schwächer wirksam. Sie wirkt entzündungshemmend bei Magen- und Darmproblemen, beruhigend, blutreinigend und allgemein kräftigend. Ferner wird die Schafgarbe bei Nierenerkrankungen, Durchblutungsstörungen des Herzens und bei Nerven-, Kopf- und Zahnschmerzen eingesetzt. Die enthaltenen Bitterstoffe fördern die Gallesekretion und lindern chronische Lebererkrankungen. Äußerlich anwendbar zur Blutstillung, bei Gelenkentzündungen und unreiner Haut. Auch heute noch wird das ganze Kraut, als Tee oder alkoholische Tinktur arzneilich verwendet. Volksmedizinisch bei Hämorrhoiden und Menstruationsbeschwerden. In der Homöopathie bei Blutungen. Bei empfindlichen Menschen können die enthaltenen Sesquiterpenlactone, insbesondere bei wiederholtem Kontakt mit der Haut, allergische Ausschläge auslösen.

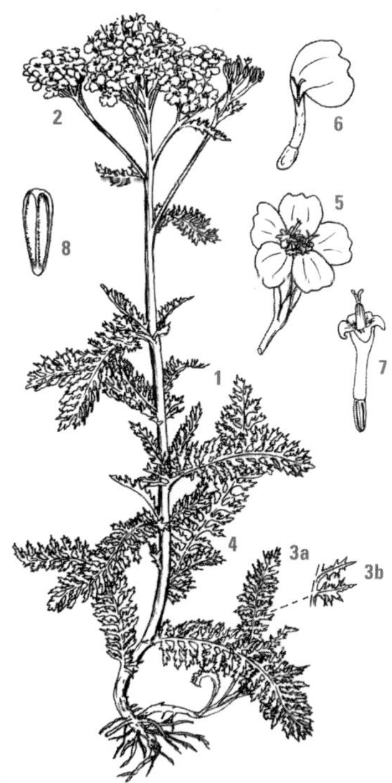

Höhe bis 0,7 m
Grundlegende Merkmale der Pflanzengattung auf S. 464
1 Stängel und Blätter zerstreut behaart
2 Blütenstand rispig verzweigt, einen flachen Blütenteller bildend
3 Blattumriss lanzettlich (a), zwei- bis dreifach gefiedert (b)
4 Blattfiedern bis nahe an den Mittelnerv eingeschnitten
5 Blütenköpfe ca. 5 mm
6 Blütenköpfe mit 4–6 weiß-rosa Zungenblüten, die wie Kronblätter erscheinen
7 Mehrere bräunlichweiße Röhrenblüten in der Mitte der Blütenköpfchen
8 Früchte eiförmig-länglich, ohne Haarkranz

Foto S. 494

Sumpf-Schafgarbe

Achillea ptarmica (Artengruppe)

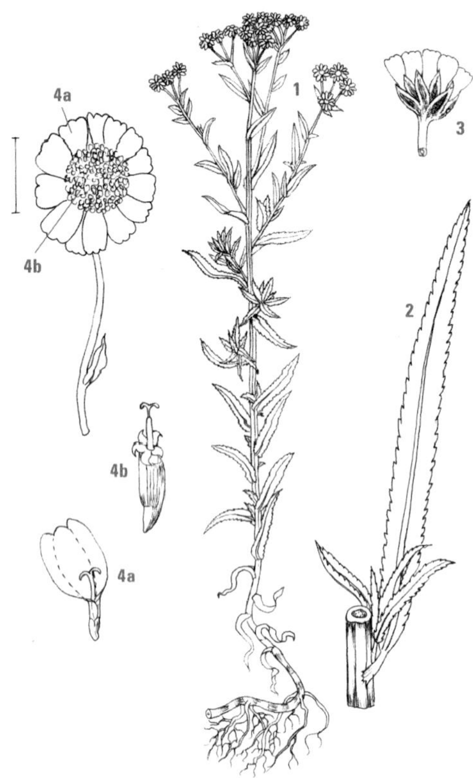

Höhe bis 0,8 m
Grundlegende Merkmale der Pflanzengattung auf S. 491
Blattform abweichend von Blattschlüsseleinteilung S. 42

1 Verzweigt sich erst im oberen Drittel
2 Blätter ohne Einschnitte, mit feinen Zähnchen
3 Hüllblätter schuppig angeordnet
4 8–13 weiße Zungenblüten (a) und viele hellbräunliche Röhrenblüten (b)

Foto S. 494

Verbreitungsschwerpunkt: Feuchtwiesen und Bachuferfluren
Hauptblütezeit: Juni bis Oktober
Verwendung in der Ernährung: Die zarten jungen Blätter der Sumpf-Schafgarbe finden von März bis Juni auf vielfältige Art und Weise frisch oder erhitzt in der Küche Verwendung: z. B. in Hackkräutermischungen [15] und Gemüsesuppen [3.1], als Spinat gekocht [9.1] oder als Gemüsechips [8.5] bzw. in Ausbackteig [8.4] gebacken. Sie aromatisieren Wildpflanzensalz [16.1], Trockengewürz [16.2], Kräuteröl [16.4] und Kräuteressig [16.7] oder werden zu Würzmus [16.10] verarbeitet. Auch Rauchtabak [25] werden sie beigemischt. Vor allem ganz junge Blätter, bei denen sich der Mittelnerv noch leicht zerreiben lässt, eignen sich sehr gut als Beigabe in Salaten [1], Saucen [14] und Gemüsesuppen [3.1]. Die Blütenstände werden als Aroma für Wein [18.5] und Spirituosen [18.6] verwendet. Sie können auch ausgekocht werden: Der Sud wird dann mit Zucker oder Honig etwas eingedickt und abgekühlt. Zusammen mit kühlem Sprudelwasser ergibt das eine leckere Limonade (s .Wildpflanzenlimonade [22.2]).
Inhaltsstoffe und Wirkung: Siehe *Achillea millefolium.*

Ungarische Wiesen-Schafgarbe

Achillea pannonica
Art ist selten
Verbreitungsschwerpunkt: Lockere Sand- und Felsrasen, sonnige Staudensäume an Gehölzen
Hauptblütezeit: Juni bis August
Verwendung in der Ernährung: Junge Blätter kann man fein gehackt in Kräutermischungen [15] nutzen. Dafür sollten sie noch so zart sein, dass sich der Mittelnerv leicht zerreiben lässt. Gereifte, herb-aromatische Blätter können als Gemüsechips [8.5] verarbeitet werden. Auch eine Verwendung als Rauchtabakbeimischung [25] ist möglich. Zudem sind die Blüten laut Fischer 2007 roh und getrocknet in der Ernährung verwertbar.
Inhaltsstoffe und Wirkung: Siehe *Achillea millefolium.*

Schwarze Schafgarbe

Achillea atrata
Art im Bestand gefährdet
Verbreitungsschwerpunkt: Steinschutt- und Geröllfluren
Hauptblütezeit: Juli bis August
Verwendung in der Ernährung: Blätter und Triebe frisch oder getrocknet in Teemischungen [22.1] und als Aroma [18] in Wein [18.5] oder Spirituosen [18.6] (insbesondere zu Likör).
Inhaltsstoffe und Wirkung: Siehe *Achillea millefolium.*

Meerfenchelblättrige Schafgarbe

Achillea crithmifolia
Art im Bestand gefährdet
Verbreitungsschwerpunkt: Ruderalstellen, Häfen
Hauptblütezeit: Juli bis September
Verwendung in der Ernährung: Die Blätter und Blüten sind laut Fischer 2007 roh und getrocknet in der Ernährung verwertbar.

Großblättrige Schafgarbe

Achillea macrophylla
Art im Bestand gefährdet
Verbreitungsschwerpunkt: Hochstaudenfluren, feuchte Schluchten, Grünerlengebüsch
Hauptblütezeit: Juli bis September
Verwendung in der Ernährung: Die Blätter und Blüten sind laut Fischer 2007 roh und getrocknet in der Ernährung verwertbar.

Frauenfarne
Athyrium
Wimpernfarngewächse (Woodsiaceae)

Wald-Frauenfarn
Athyrium filix-femina

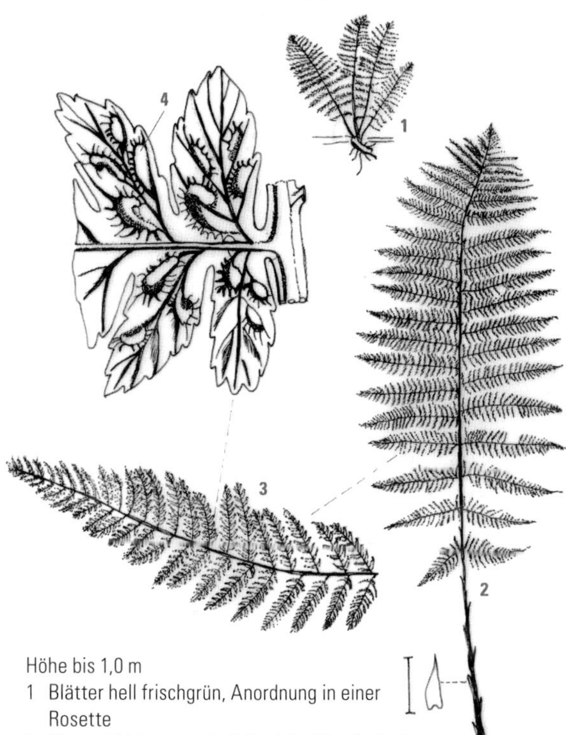

Höhe bis 1,0 m
1 Blätter hell frischgrün, Anordnung in einer Rosette
2 Blattstiel bis etwa ein Drittel der Blattfläche lang, am Grunde mit schuppenförmigen Blättchen (Spreuschuppen)
3 Blätter aus Teilblättern mindestens 2-er Ordnungen zusammengesetzt
4 An der Blattunterseite befindliche Fruchtstände (Sori) im Gegensatz zu ähnlichen aussehenden Farnen, länglich geformt

Foto S. 494

Gefahrenstufe bei der Verwendung: *
Verbreitungsschwerpunkt: Edellaub-Mischwälder
Hauptblütezeit: Juli bis September
Verwendung in der Ernährung: Wald-Frauenfarn ist eine selten genutzte, herbe Farnpflanze. Die jungen Blätter können von April bis Mai geerntet werden, bevor sie sich entfalten. Sie dürfen nur gekocht gegessen werden, siehe unten. Die Verarbeitung schätzen wir etwa ein wie bei Bittergemüse [9.2] beschrieben. Auch als Hopfenersatz beim Bierbrauen sollen sie Verwendung gefunden haben [18.7]. Berichte, die besagen, die Wurzel sei von nordamerikanischen Indianern gegessen worden, sind nicht genauer ausgeführt. Die Verwendbarkeit der Pflanze ist sicher abhängig von einer entsprechenden Verarbeitung, dem richtigen Erntezeitpunkt und der Dosierung. Über weitere bedenkliche Inhaltsstoffe, neben den unten erwähnten, liegen uns keine Informationen vor; da jedoch eine Reihe von Farnen Kanzerogene enthalten, ist hier immer Vorsicht geboten.
Inhaltsstoffe und Wirkung: Offenbar enthalten die jungen Pflanzentriebe das Enzym Thiaminase. Dieses bewirkt einen Abbau von Vitamin B1 (Thiamin) und führt über längere Zeit oder in größeren Mengen aufgenommen zu Mangelerscheinungen. Durch Kochen wird Thiaminase zerstört. Amerikanische Quellen sprechen von einer Verwendung der gekochten Stängel bei Geburtswehen. Die Wurzel wurde zur Entwässerung, als Mittel gegen Wurmbefall und zur Behandlung von Leib- und Brustschmerzen und zur Förderung des Milchflusses bei Wöchnerinnen eingesetzt.
Verwechslungsgefahr: Wurmfarne S. 607.

Kamillen
Matricaria
Korbblütengewächse (Asteraceae)

Strahlenlose Kamille
Matricaria discoidea

Verbreitungsschwerpunkt: Häufig betretene Rasen
Hauptblütezeit: Juni bis August
Verwendung in der Ernährung: Die Strahlenlose Kamille bietet von April bis Mai zarte, fiedrige Blätter, die in Kräuterhackmischungen [15] gegeben werden können. Sie schmecken leicht herb und eignen sich mit ihrer feinen Form auch prächtig als essbare Dekoration auf jedem Brotzeitteller oder als Gemüsechips [8.5]. Ihre Triebspitzen lassen sich fein gehackt sehr gut als Einlage in Reisgerichten verwenden. Der Grundgeschmack ähnelt dem der Echten Kamille, ist jedoch deutlich weniger aromatisch. Im Sommer bilden sich von Juni bis August die charakteristischen Blüten. Sie sind im Geschmack fruchtig-ananas-artig und können in Saucen [14] gemischt oder kandiert [17.4] benutzt werden. Man kann aus ihnen auch Tee [22.1], Weine [18.5] oder, durch Auskochen, sirupartige Aufstriche [18.4] zubereiten. Fein gewiegt kann man sie in Süßspeisen geben oder die ganzen Köpfchen mit kochendem Wasser blanchieren und zu Obstsalaten mischen [19.4].
Inhaltsstoffe und Wirkung: Die Strahlenlose Kamille enthält ätherisches Öl, Flavonoide und Cumarinderivate. Volksheilkundlich wird sie gelegentlich wie die Echte Kamille verwendet, jedoch fehlt ihr die entzündungshemmende Wirkung. Sie wirkt wahrscheinlich krampflösend und kann auch gegen Wurmbefall eingesetzt werden.

Achillea millefolium
Achillea ptarmica
Athyrium filix-femina
Matricaria discoidea

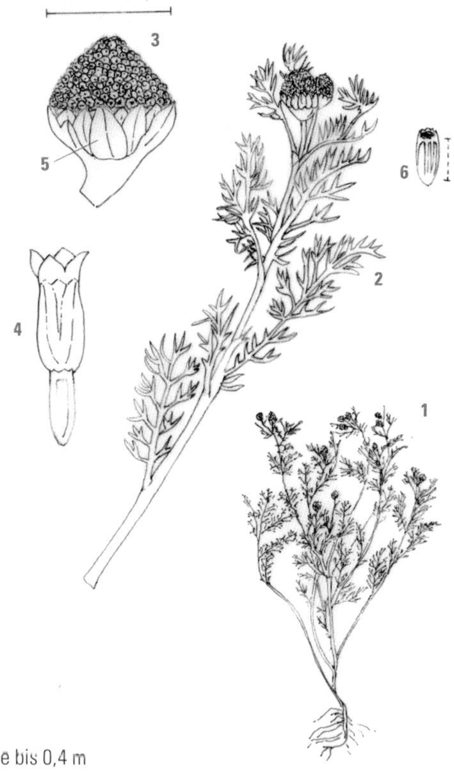

Höhe bis 0,4 m
1 Ganze Pflanze stark nach Kamille riechend
2 Blätter fein gefiedert
3 Durchmesser des kegelförmigen Blütenkopfes etwa 1 cm
4 Vierzähnige, grünliche Röhrenblüten, keine Zungenblüten
5 Die Blütenhülle aus mehreren, gleich langen Blättern gebildet
6 Same nur wenig mehr als 1 mm groß

Echte Kamille

Matricaria recutita

Verbreitungsschwerpunkt: Getreideunkrautfluren
Hauptblütezeit: Mai bis Juli
Verwendung in der Ernährung: Die Blüten der Echten Kamille aromatisieren nicht nur gute Haus- und Heilteemischungen [22.1], man setzt sie auch gerne zur Herstellung von Kräuterlimonaden [22.2] und -bowlen [22.3] ein. Ihr bekanntes fruchtig-süßliches Aroma verleiht außerdem Zitronensorbets [17.7] einen ausgezeichneten Geschmack. Man sammelt die Blüten von Mai bis Juli und kann sie, wenn man sie nicht gleich frisch verarbeiten möchte, gut an einem sonnengeschützten Ort zur Bevorratung lufttrocknen [16.2]. Aromatisch sind vor allem die gelben inneren Blüten. So kann man die weißen Strahlenblüten vor der Verarbeitung abzupfen und damit viele Süßspeisen kurz vor dem Servieren dekorieren.

Die milden, kaum bitteren, weichen Blätter und jungen Blütenknospen eignen sich in kleinen Mengen als Gewürz zu allerlei Speisen sowie in Salaten und Rohkost [1]. Man erntet die Blütenknospen von April bis Mai und gibt sie fein gewiegt in Kräutermischungen [15]. Sie ergeben zudem mit kleinen Zwiebeln der Laucharten zusammen ein gutes Gewürz zum Einlegen von Sauer- [13.2] oder Salzgemüse [13.1]. Die schöne Form der Blätter eignet sich weiterhin gut als essbare Dekoration.
Inhaltsstoffe und Wirkung: Die Echte Kamille enthält bis 1,5 % blaues ätherisches Öl (Bisabolol, Chamazulen), Flavonoide (Apigenin), Cumarine, Schleimstoffe und Polysaccharide. Die Kamille ist eine der bekanntesten Heilpflanzen überhaupt. In den arzneilich verwendeten Blüten ist der Wirkstoffgehalt am höchsten. Sie wirken entzündungshemmend, antibakteriell und gegen Pilze. Die Pflanze wird vor allem bei Magen- und Darmbeschwerden eingesetzt, aber auch bei Menstruationsbeschwerden, als leichtes Beruhigungsmittel und als Schlaftrunk. Kamille wird selbst von Kindern gut vertragen. Äußerliche Anwendungen in Form von Umschlägen, Salben oder Waschungen helfen bei entzündlichen Erkrankungen der Haut- und Schleimhäute im Mund, Hals und Rachen, aber auch der Genitalien und des Anus. Aus der Pflanze kann ein alkoholischer Auszug zur innerlichen Einnahme hergestellt werden.

Höhe bis 0,5 m
1 Ganze Pflanze stark nach Kamille riechend
2 Blätter fein verästelt
3 Blütenköpfchen hohl (a), Blütenboden kegelförmig (b)
4 Zungenblüten zurückgeschlagen
5 Früchte bis 2 mm lang

Foto S. 496

Möhren
Daucus
Doldengewächse (Apiaceae)

Wilde Möhre
Daucus carota

Verbreitungsschwerpunkt: Ruderalgesellschaften, Acker- und Gartenunkrautgesellschaften, sonnige Säume
Hauptblütezeit: Juni bis September
Verwendung in der Ernährung: Süßwürzige Pflanze für Gemüse, Salate, Gewürze und Eingelegtes.

Der Grundgeschmack der Wurzel ähnelt dem der bekannten Möhre, ist aber süßer und nicht so wässrig. Das Kraut und die Samen schmecken petersilienartig.

Die wilde Möhre reichert im ersten Jahr ihre Wurzel mit Zucker an. Von September bis in das Frühjahr des zweiten Jahres kann man sie ernten. Zu diesem Zeitpunkt ist sie noch weich und kann gut roh gegessen werden. Doch kann man sie ebenso gut als als Wurzel- [8.1], kurz gebratenes [8.2] bzw. paniertes [8.3] Gemüse oder als Gemüsechips [8.5] zubereiten. Auch als eingelegtes Gemüse [13] sind sie eine würzige Beilage.

Die weißen, stark aromatischen Wurzeln der jüngsten Pflanzen sind ein Feinschmeckergenuss, wenn man sie grob aufschneidet und leicht mit mildem Käse überbäckt. Eine schmackhafte Zutat sind sie zudem klein geschnitten in Gemüsesuppen [3.1] und Mischgemüsegerichten (insbesondere als Eintopf [11.1]).

Getrocknet und vermahlen nutzt man sie als Streckmehl für Gebäck [20] oder als Brotteigbeigabe, insbesondere im Hausbrot [21.1] sowie zu Bratlingen [4] und als Kaffeesurrogat [23].

Aufgrund ihres starken Aromas eignen sie sich gut zur Gewinnung von Mazerationsöl [16.5].

Zarte junge Blätter und Triebe verarbeitet man von April bis Juni zu aromatischen Salaten und Rohkost [1] sowie in diversen Gemüsegerichten ([7.1][7.3][9.1]), Bratlingen [4], als Eingelegtes [13.3] und als Würze in Suppen [3.1]. Fein geschnitten gibt man sie Hackkräutermischungen [15], Saucen [14] oder Pesto [16.6] bei. Man nutzt sie zur Herstellung von Kräuteröl [16.4] und -essig [16.7] sowie in Saft- und Vitalgetränken [22.4] oder Teemischungen [22.1].

Matricaria recutita

Daucus carota

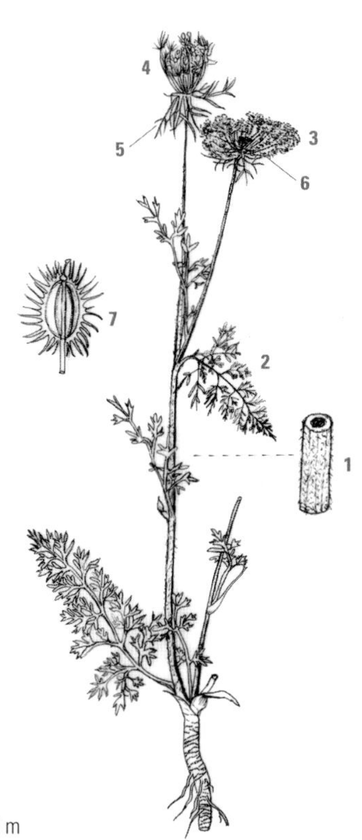

Höhe bis 1,0 m
1 Stängel behaart, gefurcht, hohl
2 Blätter im Umriss spitz dreieckig
3 Blütendolde anfänglich flach
4 Zur Fruchtzeit ziehen sich die Strahlen des Blütenstandes zusammen und die Dolde vertieft sich in der Mitte vogelnestartig
5 Hüllblätter im Verhältnis zur Größe des Blütenstandes ungewöhnlich lang
6 In der Mitte der Blütendolde befindet sich eine dunkelviolette bis fast schwarze Einzelblüte
7 Frucht länglich und mit Stacheln bewehrt

Die weichen, kleinen, hellen Blüten der Wilden Möhre verwendet man von Juni bis September als essbare Dekoration von Salaten [1] oder anderen Gerichten. Ganze Blütenstände kann man paniert [8.3] oder in Ausbackteig getaucht [8.4] frittieren. Sie geben Gelee [18.1], Zucker [18.2] sowie Sirup [18.4] ein feines Aroma und verfeinern Teemischungen [22.1], Wildpflanzenlimonade [22.2] und Bowlen [22.3]. Nur knospige Blütenstände finden zusätzlich Verwendung als kurz gebratenes Gemüse [8.2] und in Mischgemüsegerichten [11].

Eine weitere Ernte erhalten wir von September bis Oktober. Jetzt bilden sich an der Pflanze die Früchte aus. Diese können als Aroma in Wein [18.5] und Spirituosen [18.6], Kräuteröl [16.4] oder -essig [16.7], als Brotteigbeigabe v. a. für Hausbrot [21.1], als Keimsaat [2] oder auch als Trockengewürz [16.2] eingesetzt werden.

Inhaltsstoffe und Wirkung: Die Wurzel enthält ätherisches Öl, Polyine (Falcarinol), Flavonoide, Lycopin, Pektin, reichlich Mineralstoffe, insbesondere Kalium, Carotinoide und Vitamine (B1, B2 und C). Die wilde Möhre kann ebenso wie ihre Verwandte im Garten bei Durchfallerkrankungen und als leicht wurmtreibendes Mittel eingesetzt werden. Das enthaltene Carotin wird im Körper in das für den Sehvorgang wichtige Vitamin A umgewandelt. Carotinoide schützen die Zellen vor schädlichen Radikalen. Das reichlich vorhandene Kalium fördert die Harnausscheidung. Auch die Samen wirken harntreibend und können bei Nieren- und Blasenleiden hilfreich sein.

Verwechslungsgefahr: Gemeine Hundspetersilie *(Aethusa cynapium)*, S. 590f.; Wasser-Schierling *(Cicuta virosa)*, S. 598; Gefleckter Schierling *(Conium maculatum)*, S. 600.

Engelwurz-Arten
Angelica
Doldengewächse (Apiaceae)

Verwendung in der Ernährung: Der Grundgeschmack der unten aufgeführten mitteleuropäischen Angelica-Arten ist edelbitter und versteckt süßlich. Der Duft, v. a. der Blüten, ist süßlich.

Schon früher wurden – meist im Juni – ihre großen Blattstängel geschält, dicke Fasern längs herausgezogen, in Würfel geschnitten und abschließend mehrfach in Zuckerlösung gekocht als hervorragende Süßigkeit kandiert [17.4]. Auch in Schokolade getaucht sind sie eine besondere Nascherei [17.6]. Für eine herzhafte Beilage kocht man sie als Bittergemüse [9.2] oder legt sie in Salzlake ein [13.1].

In feine Streifen geschnitten bereichern sie Salate und Rohkost [1] (sehr empfehlenswert sind sie in Möhrensalaten und sogar in Obstsalaten).

Sowohl die frisch austreibenden jugendlichen Blätter und Triebspitzen als auch kleine, weiche Blattstängel, die noch recht faserarm sind, nutzt man vor der Blüte ebenso roh als Beigabe in Salaten [1] etc. Doch ihre Verwendungsmöglichkeiten sind vielfältig: als unterschiedlich zubereitetes Gemüse [7][9.2] und Gemüsesuppen [3.1], fein gehackt in Hackkräutermischungen [15] oder auch in Saucen [14], aufgebrüht als Tee [22.1], als kandierte Blattchips [17.4] und sogar als Rauchtabakbeimischung [25].

Aufgrund ihres starken Aromas eignen sie sich nach unserer Einschätzung hervorragend als Würze und Würzbeigabe insbesondere in Wildpflanzensalz [16.1], als Trockengewürz [16.2], in Kräuteröl [16.4] und -essig [16.7] und auch als Mazerationsöl [16.5]. Außerdem aromatisieren sie [18] Wein [18.5], Spirituosen [18.6] und Bier [18.7].

Früher wurden zur Bevorratung die Pflanzenteile klein geschnitten und in Wein [13.3] oder Salz [13.1] eingelegt. Denkbar wären sie auch als Sauerkraut [13.4].

Die noch ungeöffneten, großen Blütenknospen im Juni kann man als Gemüse (hauptsächlich in Salzlake [13.1]) einlegen oder als Süßspeise auch einzuckern [17.4].

Die Blüten allgemein eignen sich von Juli bis September zum Aromatisieren von Dessertgerichten [17] und Getränken [22.1][18.5][18.6][18.7].

Man gebraucht sie aber auch als Gewürz ähnlich wie die Blätter roh und eingelegt.

Möglichst unverholzte Wurzeln verarbeitet man von September bis ins Frühjahr hinein ebenfalls als Würze und Würzbeigabe [16.1][16.2][16.4][16.5][16.7] und aromatisiert mit ihnen Wein [18.5] und Spirituosen [18.6]. Früher gab man sie auch pulverisiert zu einer Art Schnupftabak.

Bitte keine einzel stehende Pflanze mit Wurzel entnehmen, sondern nur Wurzeln aus großem Pflanzenbestand ernten!

Die reifen Früchte nutzt man von August bis September getrocknet als Gewürz [16.2] und Aromageber in Wein [18.5], Spirituosen [18.6], Salz [16.1], Öl [16.4] und Essig [16.7]. Sie ergeben ein gutes Brotteiggewürz [21.1] und überbrüht ein gutes Teegetränk [22.1].

Um eine wertvolle Vitaminquelle zu erhalten, kann man z. B. im Winter versuchen, sie anzukeimen [2].

Inhaltsstoffe und Wirkung: Die Pflanzen enthalten ätherisches Öl, Bitterstoffe (Lactone), Gerbstoffe, Cumarine und Phenolcarbonsäuren. Die im Pflanzensaft enthaltenen Furocumarine erhöhen die Empfindlichkeit der Haut gegenüber Sonnenlicht (Photosensibilisierung), wodurch es bei empfindlichen Personen verstärkt zu Hautreizungen (Wiesendermatitis) kommen kann. Die Pflanzen werden seit Jahrhunderten geschätzt und galten als wichtige Heilpflanzen. Sie wirken antibakteriell, gegen Schimmelpilze im Darm und steigern die Abwehrkräfte. Arzneilich am wirksamsten sind die Wurzeln *(Rad. angelicae)*. Der Tee hilft bei Magen-Darm-Problemen, Rheuma und Bronchitis, aber auch bei Gicht und Menstruationsbeschwerden. Die Wurzel regt außerdem die Lebertätigkeit an. Ihre Wirkung bei Blähungen hat ihr in einigen Gegenden auch den spöttischen Namen »Engelpfurz« eingebracht. Angelikawurzel ist ein wichtiger Bestandteil von Magenlikören.

Echte Engelwurz, Erzengelwurz, Arznei-Engelwurz, Angelika

Angelica archangelica

Höhe bis 2,5 m

1 Stängel rundlich, aufrecht, am Grunde armdick
2 Blätter aus mehrteiligen Teilblättern (a) zusammengesetzt
3 Untere Blätter bis 90 cm in der Länge messend, o. Abb.
4 Blattrand grob gezähnt (a), Blattstiel rundlich (b)
5 Blütendolde grünlich-hell, bis 15 cm im Durchmesser, mit 20–40 Zweigen (Strahlen)
6 Blütenstrahlen zottig behaart
7 Frucht flach, mit deutlichen Rippen (a) und Flügeln (b)

Verbreitungsschwerpunkt: Schleiergesellschaften und Ufersäume

Hauptblütezeit: Juli bis August

Wald-Engelwurz, Wald-Brustwurz

Angelica sylvestris

Höhe bis 2,0 m

1 Stängel rinnig
2 Aus Teilblättern zusammengesetztes Blatt, bis über 50 cm lang, im Umriss dreieckig
3 Teilblätter 2. Ordnung eiförmig oder oval, bis über 10 cm lang
4 Blattrand gezähnt (a), Blattstiel oberseits mit breiter Rinne (b)
5 Blattscheiden bauchig aufgeblasen
6 Farbe der zusammengesetzten Blütenstände (Dolden) weiß bis rötlich
7 Samen mit breiten Flügeln (a), bis ca. 5 mm messend

Verbreitungsschwerpunkt: Feuchtwiesen und Bachuferfluren
Hauptblütezeit: Juni bis September

Angelica archangelica

Angelica sylvestris

Geißbart

Aruncus

Rosengewächse (Rosaceae)

Wald-Geißbart

Aruncus dioicus

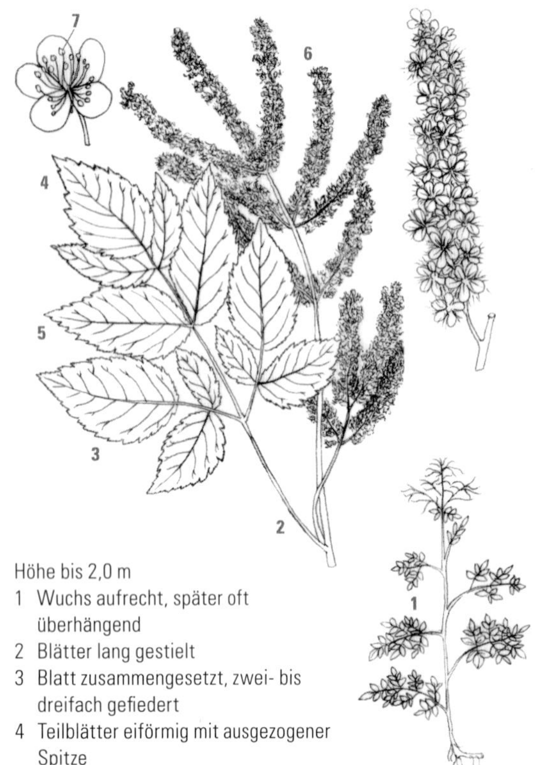

Höhe bis 2,0 m

1 Wuchs aufrecht, später oft überhängend
2 Blätter lang gestielt
3 Blatt zusammengesetzt, zwei- bis dreifach gefiedert
4 Teilblätter eiförmig mit ausgezogener Spitze
5 Blattrand mit scharfen Zähnen gesägt
6 Blütenstand eine reichhaltige, auffällige, bis 50 cm lange Rispe
7 Staubblätter aus der kleinen Einzelblüte herausragend

Foto S. 502

Verbreitungsschwerpunkt: Ahorn-Mischwälder und Ahorn-Buchen-Wälder
Hauptblütezeit: Juni bis Juli
Verwendung in der Ernährung: Die ganz jungen, bitteren Triebe galten von April bis Mai kandiert [17.4] als Spezialität. Dazu wurden sie geschält, gewürfelt und in Zuckerwasser gekocht, zuweilen bis es karamellisierte. Während des Sommers werden die Triebe noch bitterer. Das geschälte Triebinnere diente im Mai als Gemüse. Dazu wurden die Triebe und manchmal auch die Blätter zum Entbittern mehrmals in Natron- oder Essiglösung gekocht [9.2] und oft anschließend kurz gebraten [8.2]. Die Art ist gebietsweise seltener geworden. Bitte achten Sie seltene Vorkommen.
Inhaltsstoffe und Wirkung: Die Blätter enthalten vermutlich Blausäureglykoside, die aber beim Kochen entweichen. Frisch zerquetschte Blätter werden bei Insektenstichen verwendet. Der Tee wurde von den Ureinwohnern Nordamerikas offenbar zur Blutstillung nach einer Geburt angewandt. Zur Anwendung gelangte er außerdem bei Magenschmerzen, Durchfall, Fieber und inneren Blutungen. Äußerlich eingesetzt als Bad bei geschwollenen Füßen und rheumatischen Beschwerden, eine Salbe aus der Wurzelasche zum Einreiben von Geschwüren.

Kälberkropf-Arten

Chaerophyllum

Doldengewächse (Apiaceae)

Grundlegende Merkmale: Ihre gestielten Blätter sind zwei- oder dreifach gefiedert. Die Dolden sind zusammengesetzt, Hüllen fehlen oder sind wenigblättrig, die Hüllchen sind mehrblättrig. Die glatten Früchte sind schmal-oval bis länglich geformt.

Knolliger Kälberkropf, Kerbelrübe, Rüben-Kälberkropf

Chaerophyllum bulbosum

Gefahrenstufe bei der Verwendung: *
Verbreitungsschwerpunkt: Staudensäume an Gehölzen im Halbschatten
Hauptblütezeit: Juni bis August
Verwendung in der Ernährung: Die süß-kerbelaromatischen Wurzeln der ganz jungen Pflanzen wurden laut Überlieferungen nach dreimonatiger Lagerung längs in Späne geschnitten und in Öl mit etwas Salz als Gemüsebeigabe [8.1] gebraten bzw. getrocknet als Streckmehl für Gebäck [20] verwendet. Die größte Konzentration des offenbar süßlichen Aromas befindet sich nach alten Textquellen in der Außenschicht. Sie enthält circa 20 % Stärke und etwa 4 % Eiweiß.

Die Pflanze wurde und wird wegen ihrer sehr stärkehaltigen und alkaloidfreien Wurzeln sogar angebaut. Der nach Marzell 1958 überlieferte Pflanzenname »Brotkümmel« könnte auf eine gewürzartige Verwendung erhitzter/gebackener Samen hindeuten, jedoch mit Bedacht, s. unten.
Inhaltsstoffe und Wirkung: Kraut und Früchte enthalten giftige Inhaltsstoffe, z. B. Polyine (Falcarinol) und das vermutlich ebenfalls giftige Alkaloid Chaerophyllin, das Kopfschmerzen, Schwindel und Durchfall erzeugen kann. Es ist jedoch sehr flüchtig. Vergiftungen wurden bisher

nur beim Vieh beobachtet. Medizinische Verwendung in der Homöopathie; der genaue Einsatz ist konstitutionsgebunden.
Verwechslungsgefahr: Gemeine Hundspetersilie *(Aethusa cynapium)*, S. 590; Wasser-Schierling *(Cicuta virosa)*, S. 598; Gefleckter Schierling *(Conium maculatum)*, S. 600.

Höhe bis 2,0 m
Grundlegende Merkmale der Pflanzengattung auf S. 500
1 Knollig verdickte Wurzel
2 Stängel rund, unter den Verzweigungen verdickt, an der Basis rot gefleckt und zottig behaart
3 Blätter in Teilblätter mehrerer Ordnungen geteilt
4 5–6 ungleich lange Hüllchenblätter
5 Frucht mit hellen Rippen auf dunklem Grund

Foto S. 502

Rauhaariger Kälberkropf
Chaerophyllum hirsutum

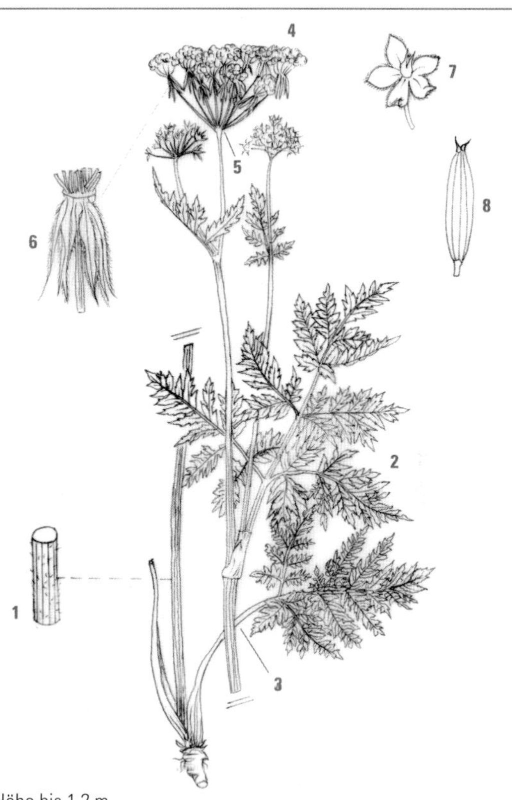

Höhe bis 1,2 m
Grundlegende Merkmale der Pflanzengattung auf S. 500
1 Stängel schwach gerillt oder glatt, behaart
2 Blätter gefiedert, im Umriss breit dreieckig
3 Grundblätter und untere Blätter lang gestielt
4 Dolde mit 10–20 Ästen (Strahlen), vor dem Aufblühen überhängend
5 Hülle meist fehlend
6 Hüllchenblätter zu 5–10, zottig bewimpert, länglich
7 Weiß oder rosa gefärbte Blütenkronblätter am Rand deutlich bewimpert
8 Frucht bis 2 cm lang, kahl, in reifem Zustand gelb bis dunkelbraun

Foto S. 502

Gefahrenstufe bei der Verwendung: *
Verbreitungsschwerpunkt: Feuchte Bergwälder
Hauptblütezeit: Mai bis August
Verwendung in der Ernährung: Bei der Unterart *Chaerophyllum hirsutum* ssp. *villarsii* kann laut MACHATSCHEK 2010 davon ausgegangen werden, dass die Blätter in undefinierter Dosis in Kochgemüse [9] Verwendung fanden. Laut MARZELL 1958 nannte man sie früher auch »Bergkörbel (-kerbel)«. Über eine Giftigkeit ist uns nichts bekannt.
Inhaltsstoffe und Wirkung: Die Pflanze enthält ätherisches Öl mit den Hauptinhaltsstoffen Beta Pinen und Sabinen. Neuere wissenschaftliche Untersuchungen konnten antioxidativ wirkende Substanzen in der Pflanze nachweisen. Die Wurzeln enthalten zellschädliche Inhaltsstoffe.

Aruncus dioicus
Chaerophyllum bulbosum
Chaerophyllum hirsutum
Chaerophyllum temulum

Hecken-Kälberkropf
Chaerophyllum temulum

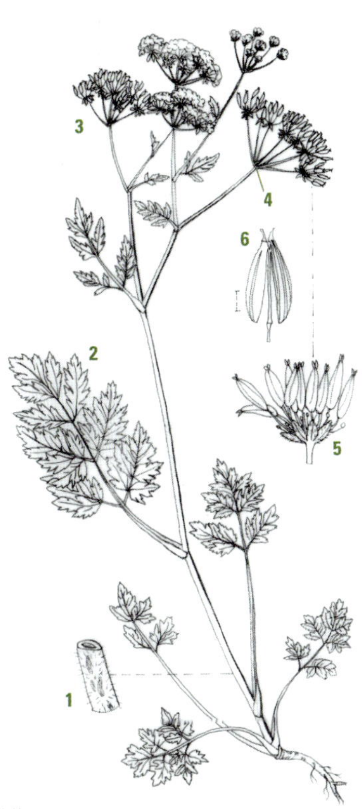

Höhe bis 1,0 m
Grundlegende Merkmale der Pflanzengattung auf S. 500

1 Stängel kurz borstenhaarig, an der Basis meist rot gefleckt oder violett
2 Teilblätter nur wenig gefiedert
3 Dolde mit 6–12 Zweigen (Strahlen)
4 Hülle meist fehlend
5 Hüllchenblätter zu 4–8, länglich, bewimpert
6 Frucht bis 7 mm lang, kahl, gelegentlich violett überlaufen

Gefahrenstufe bei der Verwendung: *
Verbreitungsschwerpunkt: Waldränder, Gebüsche
Hauptblütezeit: Mai bis Juli
Verwendung in der Ernährung: Die frisch als giftig geltende Wurzel wurde laut MACHATSCHEK 2010 gekocht und anschließend geschält als Nahrung genutzt.

Gold-Kälberkropf
Chaerophyllum aureum

Art zerstreut bis selten
Gefahrenstufe bei der Verwendung: *
Verbreitungsschwerpunkt: Wiesenraine, Dorfplätze
Hauptblütezeit: Juni bis Juli
Verwendung in der Ernährung: Es kann laut MACHATSCHEK 2010 davon ausgegangen werden, dass die Blätter in undefinierter Dosis in Kochgemüse Verwendung fanden [9]. Auch die Früchte wurden laut Quellenangaben gewürzartig verwendet. Die Wurzel wurde angeblich gekocht, anschließend geschält und salatartig zubereitet.
Inhaltsstoffe und Wirkung: Die Pflanze enthält Polyine (Falcarindiol), Lignane (Nemerosin), Flavonoide (ROLLINGER et al. 2003) und ätherisches Öl. Das ätherische Öl enthält Monoterpene mit dem Hauptwirkstoff Beta Phellandren. Es wirkt antimikrobiell und antioxidativ. Wegen ihres Petersilienaromas wurden die Blätter als Gewürz verwendet. In alten Pharmaziebüchern wird immer wieder erwähnt, dass der Gold-Kälberkropf in den Apotheken und Drogerien der damaligen Zeit vielfach fälschlicherweise anstatt des stark giftigen, aber arzneilich verwendeten Gefleckten Schierlings (*Conium maculatum*, S. 600) angeboten wurde. Als wesentliches Unterscheidungsmerkmal der Droge wird der Geruch nach Mäuse-Urin angegeben, der beim Kälberkropf fehlt.

Erdrauch
Fumaria
Erdrauchgewächse (Fumariaceae)

Gewöhnlicher Erdrauch
Fumaria officinalis

Verbreitungsschwerpunkt: Äcker, Weinberge, Schuttplätze
Hauptblütezeit: September bis Oktober
Verwendung in der Ernährung: Blätter und zarte Triebe wurden nach MACHATSCHEK 2010 ausgekocht und dann unter Salate und Gemüse gemischt; die Wurzel wurde als Streckmehl verarbeitet. Laut MARZELL 1958 nannte man die Pflanze früher auch »Butterbrödlein«, und »Wilde Möhre«.
Inhaltsstoffe und Wirkung: Erdrauch ist reich an Isochinolinalkaloiden (circa 1 %), z. B. Protopin, die auf die Gallenwege und den Magendarmtrakt entkrampfend wirken. Außerdem enthält die Pflanze Flavonoide (Rutin) und Hydroxyzimtsäurederivate, Schleimstoffe, Harze und organische Säuren (Fumarsäure). Letztere wirkt positiv gegen Schuppenflechte. Bereits die alten Griechen erwähnen den Erdrauch in ihren Schriften. Der Saft gelangte bei Augenerkrankungen zum Einsatz. Die Pflanze gilt seit alters her als blutreinigend und mild abführend. Weitere An-

wendungen sind rheumatische Erkrankungen, Arthritis und Arteriosklerose, früher auch angewendet zur Behandlung der Krätze (Grindkraut). Die Homöopathie verwendet die Pflanze bei juckenden Ekzemen infolge gestörter Leberfunktion.

Höhe bis 0,3 m
1 Stängel aufsteigend, verzweigt
2 Blätter blaugrün, in längliche Abschnitte geteilt
3 Rötlich-weiße Blüten in reichhaltigen Trauben
4 Fruchtstiele aufrecht abstehend
5 Frucht an der Oberseite etwas eingebuchtet, schwach runzelig, im Durchmesser 2–3 mm

Adlerfarne
Pteridium
Tüpfelfarngewächse (Polypodiaceae)

Adlerfarn
Pteridium aquilinum

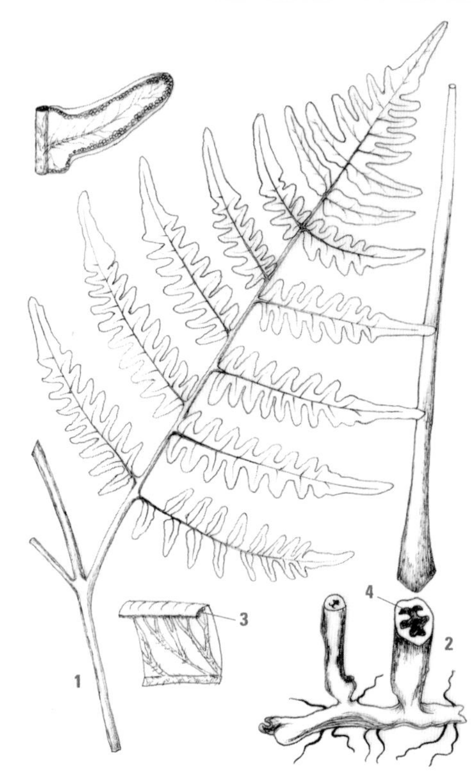

Höhe bis 3,0 m
1 Blätter lang gestielt, zwei- bis dreifach gefiedert
2 Wurzel dick und verzweigt
3 Die sporentragenden braunen Sori liegen unter dem umgerollten Blattrand, nicht jedes Jahr vorhanden
4 Muster im Stängelquerschnitt erinnert an einen doppelköpfigen Adler

Gefahrenstufe bei der Verwendung: **
Verbreitungsschwerpunkt: Waldmantelgebüsche und Hecken, Saure Eichenmischwälder, Laubwälder und Gebüsche
Hauptblütezeit: Juli bis September
Verwendung in der Ernährung: Die Wurzel der stärkereichen Farnpflanze wurde nach dem Kochen abgeschabt gegessen. Sie ist sehr faserig, früher wurde sie deshalb getrocknet und gebacken und anschließend zu einem Pulver zerstoßen. Sie enthält wohl circa 60 % Stärke. Ganz junge Triebe schmecken angeblich leicht bitterlich, später im Jahr steigert sich das noch. Diese jungen Triebe wurden

Fumaria officinalis

Pteridium aquilinum

und werden nach Angaben immer noch genutzt – roh (bedenklich, siehe unten) in kleinen Mengen und gekocht etwa wie Spargel. Zum Entbittern werden sie in kochendem Wasser blanchiert oder vor dem Kochen länger in eine heiße Natronlösung gelegt. In Japan werden sie sehr hoch geschätzt. Eine gelegentliche Nutzung wird als nicht bedenklich angesehen, aber vom regelmäßigen Verzehr sei abzuraten. In Teilen Nordamerikas und Japans wird die Pflanze am meisten konsumiert. Eine Häufung von Speiseröhrentumoren dort wird damit in Verbindung gebracht.

Inhaltsstoffe und Wirkung: Die ganze Pflanze ist giftig, selbst nach dem Trocknen. Den höchsten Wirkstoffgehalt haben junge Pflanzen. Der Adlerfarn enthält Thiaminase, ein Vitamin B1 zerstörendes Enzym, außerdem Blausäureglykoside, Saponine (Pteridin), Flavonoide und Gerbstoffe. Die Pflanze steht im Verdacht, Krebserkrankungen von Magen und Speiseröhre zu verursachen. Kochen soll die Giftstoffe zerstören. Früher wurde die Pflanze in Rheumatees und bei Störungen der Verdauung verwendet. Die Volksheilkunde nutzte sie darüber hinaus als harn- und wurmtreibendes Mittel, außerdem zur Behandlung von Tuberkulose. Ein Tee aus der Wurzel wurde bei Magenkrämpfen, Brustschmerzen, inneren Blutungen und Durchfällen eingesetzt. Umschläge und Waschungen mit der Wurzel nutzte man bei Geschwüren und Verbrennungen.

Klettenkerbel
Torilis
Doldengewächse (Apiaceae)

Gewöhnlicher Klettenkerbel
Torilis japonica

Verbreitungsschwerpunkt: Schleier- und Krautgesellschaften im Halbschatten

Hauptblütezeit: Juli bis August

Verwendung in der Ernährung: Eine kerbel-aromatische Pflanze als Beigabe für Salate und Gemüse.

Feine junge Blätter und Triebspitzen kann man von April bis Juni klein gehackt in Bratlinge [4], Eierspeisen [6] und gedünstetes oder gedämpftes Gemüse [7] einarbeiten. Man kann sie auch Salaten und Rohkost [1] sowie Hackkräutermischungen [15] beigeben. Hierbei sollten die Stiele allerdings noch so weich sein, dass sie sich mit den Fingern zerdrücken lassen. Sie eignen sich als aromatische Zutat in Hausbrotmischungen [21.1] zu in Wein [13.3] eingelegtem Gemüse sowie in Wildpflanzensalz [16.1], Würzmus [16.10] oder Pesto [16.6]. Auch Saucen [14] und Gemüsesuppen [3.1] runden sie geschmacklich ab und geben

Saftgetränken [22.4] eine frische Note. Paniert [8.3] oder in Ausbackteig [8.4] gebacken bilden sie auch eine feine Beilage. Ein alter Pflanzenname lautet nach MARZELL 1958 »Wildes Suppengrün«.

Die Wurzeln nutzt man allgemein von April bis Mai getrocknet und vermahlen als Streckmehl für Gebäck [20] oder Brotteig [21.1] und als Kaffeesurrogat [23] oder verarbeitet sie zu Gemüsechips [8.5]. Nur junge Wurzeln eignen sich klein geschnitten als Beigabe in Salaten und Rohkost [1] sowie in Gemüsesuppen [3.1] oder Mischgemüsegerichten [11].
Inhaltsstoffe und Wirkung: Die Samen des Gewöhnlichen Klettenkerbels enthalten Sesquiterpene (Torilin). Die Pflanze wirkt wurmtreibend, antiviral, schleimlösend, stärkend und gesundheitsfördernd. In Asien wird die Pflanze zur Behandlung von Juckreiz, Gedächtnisstörungen, Impotenz, Übersäuerung des Blutes und bei Krätze verwendet. Die Wurzel ist bei Verdauungsbeschwerden hilfreich. Neuere Forschungen beschäftigen sich die letzten Jahre insbesondere mit dem Torilin. Der Inhaltsstoff wirkt antibakteriell und hemmt die Resistenzentwicklung von Krebszellen gegenüber Chemotherapeutika. Offenbar besitzt er außerdem eine krebshemmende Wirkung.

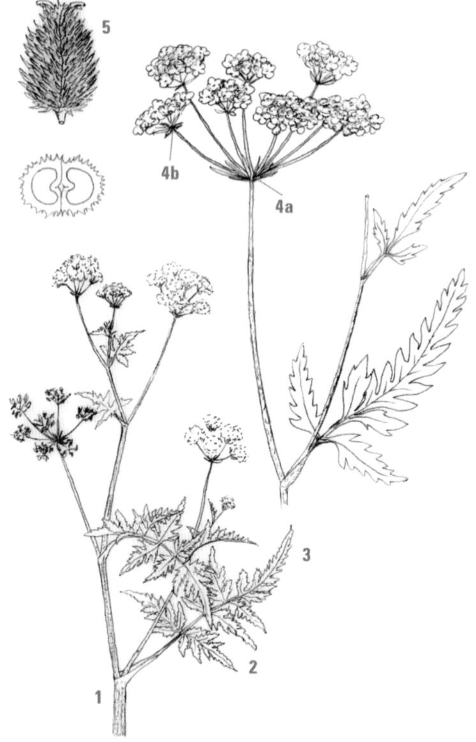

Höhe bis 1,3 m
1 Stängel aufrecht, behaart
2 Blätter zusammengesetzt
3 Endabschnitt länglich
4 Dolde mit schmalen, den Zweigen (Strahlen) der Dolden/Döldchen angedrückten, zugespitzten Hüllblättern (a) und Hüllchenblättern (b)
5 2–3 mm lange Frucht mit aufwärts gebogenen Borstenhaaren besetzt

Besenrauken
Descurainia
Kreuzblütengewächse (Brassicaceae)

Gewöhnliche Besenrauke, Sophienrauke
Descurainia sophia

Höhe bis 0,8 m
1 Stängel aufrecht, graugrün behaart
2 Blätter in schmale Abschnitte geteilt
3 Blassgelbe Blüten in langen Trauben
4 Staubblätter aus den Blüten herausragend
5 Schoten schmal länglich, bis 3 cm lang, auf aufrecht abstehenden Stielen

Verbreitungsschwerpunkt: Ruderalgesellschaften, Acker- und Gartenunkrautgesellschaften
Hauptblütezeit: Mai bis Juli
Verwendung in der Ernährung: Die Blätter werden im April und Mai geerntet. Sie haben einen bitteren bis rucolaaromatischen Geschmack und wurden als Sauerkraut [13.4] eingelegt bzw. Salaten [1] oder – zusammen mit den Blüten und jungen zarten Samenschoten – Hackkräutermischungen [15], Saucen [14] und Kochgemüse [9] beigegeben. Die eiweiß- und fettreichen Samen können zu einer senfartigen Paste [16.8] verarbeitet werden. Früher wurden

sie als leicht bindendes Gewürz für Saucen und Suppen oder, mit Maismehl gemischt, für Brotteig [21.1] verwendet. Wer möchte, kann sie auch als Zutat in Salaten und Rohkost [1] oder als Keimsaat [2] nutzen. Im Frühjahr sind die jungen, noch elastischen Wurzeln ein schärfliches Gewürz.

Inhaltsstoffe und Wirkung: Die Pflanze enthält Cumarine, Flavonoide und Terpenoide. Früher wurden Kraut und Samen äußerlich zur Reinigung von Wunden, Geschwüren und krebsartigen Hautveränderungen empfohlen, innerlich bei Krämpfen, Durchfällen, Eingeweidewürmern und gegen Skorbut. Die Samen sollen herzstärkend, schleimlösend, fiebersenkend, abführend und allgemein stärkend wirken. Offenbar wurde die Pflanze auch bei Erkrankungen der Lunge (Asthma, Bronchitis) mit Erfolg eingesetzt.

Kümmel
Carum
Doldengewächse (Apiaceae)

Echter Kümmel, Wilder Kümmel
Carum carvi

Verbreitungsschwerpunkt: Grünlandgesellschaften
Hauptblütezeit: Juni bis Juli
Verwendung in der Ernährung: Fein-würzige Pflanze für Salate, Gemüse, Gewürze und Spirituosen. Die Samen schmecken wie gewohnt nach Kümmel. Ein lange schon geschätztes Küchengewürz. Das Grundaroma zarter Pflanzenteile ist dem Samen im Geschmack ähnlich, jedoch wesentlich milder.

Die feinen, frisch austreibenden Triebspitzen und Blätter bilden von April bis Mai eine würzige Beigabe zu verschiedenen Salaten und Rohkost [1] bzw. sind eine mildernde Krautzugabe zu anderem strengerem Gemüse. Sie geben Bratlingen [4], Hausbrotmischungen [21.1], Knäcke-

Torilis japonica

Descurainia sophia

Höhe bis 0,6 m
1 Pflanze kahl, verzweigt
2 Blätter in längliche Teilblätter (a) gegliedert. Diese mit unregelmäßigen Abschnitten (b)
3 Stängelnahe Blattabschnitte ein Kreuz bildend
4 Blütenstand mit bis zu 15 Zweigen (Strahlen)
5 Hüllen (a) und Hüllchen (b) meist fehlend
6 Länglich oval geformte Frucht, bis 4 mm lang

brot [21.2] und Eierspeisen (insbesondere Crêpes [6.2], Rührei [6.3] oder Omelett [6.1]) sowie gedünstetem oder gedämpftem Gemüse [7] einen feinen aromatischen Geschmack und sind eine ausgezeichnete Würze in Hackkräutermischungen [15], Saucen [14] und Gemüsesuppen [3.1]. Sie eignen sich auch hervorragend als Würzbeigabe in Wildpflanzensalz [16.1], Kräuteröl [16.4] und -essig [16.7] bzw. als Trockengewürz [16.2], Würzmus [16.10] oder Pesto [16.6]. Ein besonderes Aroma geben sie Gelee [18.1], Gewürzschokolade [18.3], Sirup [18.4] und Aromazucker [18.2] sowie Wein [18.5] und Spirituosen [18.6]. Wer möchte, kann sie außerdem als Gemüse in Wein [13.3] einlegen oder sie Teemischungen [22.1], Wildpflanzenlimonade [22.2] und Bowle [22.3] zugeben. Auch später im Jahr findet man immer wieder zarte kleine Blätter, die sich genauso verwenden lassen.

Die ausgereiften Früchte sind von August bis September eine ausgezeichnete Würze, sowohl für Wein [18.5], Spirituosen [18.6] und Hausbrot [21.1], als auch für Kräuteröl [16.4] oder -essig [16.7] und Käse. Ihr Aroma ist so kräftig, dass sie sich zudem für die Herstellung von Mazerationsöl [16.5] eignen. Man kann sie auch als Gewürz trocknen [16.2] oder als Keimsaat [2] nutzen. Eine willkommene Bereicherung sind sie für Kartoffeln, die mit etwas Öl und Salz im Ofen gebacken werden.

Auch die Verwendungsmöglichkeiten der Blüten von Juni bis Juli sind vielfältig. Man trennt die kleinen Blüten von den Stielen und verwendet sie als roh essbare Dekoration in Salat- und Rohkostspeisen [1], als Aroma in Zucker [18.2], Sirup [18.4], Wein [18.5] und Spirituosen [18.6], als Brotteigbeigabe in Hausbrot [21.1] und zu Knäckebrot [21.2], für Süßspeisen wie Sorbet [17.7] und Schokolade [17.6] oder auch kandiert [17.4] und sogar zur Bierherstellung [18.7]. Sie geben Wildpflanzensalz [16.1], Kräuteröl [16.4], -essig [16.7] und Hackkräutermischungen [15] eine ebenso delikate Würze wie Eierspeisen, z. B. Rührei [6.3] oder auch Getränken wie Tee [22.1], Wildpflanzenlimonade [22.2] oder Bowle [22.3]). Ganze Blütenstände kann man panieren [8.3] oder in Ausbackteig tauchen [8.4] und ausbacken.

Die Blütenknospen ergeben von Juni bis Juli eine gute Beigabe zu Kräuter- und Gemüsesuppen [3.1] oder eingelegtem Gemüse in Salzlake [13.1] bzw. in Essig [13.2]. Sie würzen sowohl kurz gebratenes Gemüse [8.2], Bratlinge [4] und Omelett [6.1] als auch Mischgemüsegerichte [11] und insbesondere Chutneys [16.9].

Die faserarmen Wurzeln und Sprossansätze noch nicht blühender Pflanzen werden von September bis März geerntet. Man schneidet sie fein und verarbeitet sie z. B. als Wurzelgemüse [8.1], Gemüsechips [8.5] oder paniert sie und bäckt sie anschließend in Öl [8.3]. Für Gemüsesuppen [3.1], Eintopf [11.1] und eingelegtes Gemüse [13] sind nur sehr junge, zarte Wurzeln geeignet. Aus getrockneten und vermahlenen Wurzeln kann man Streckmehl herstellen, das man dann z. B. zur Brotteigherstellung [21.1], für Gebäck [20] oder Bratlinge [4] verwendet. Pulverisiert verwendet man sie als Würze in Wildpflanzensalz [16.1] und als Trockengewürz [16.2]. Sehr gut können mit ihnen auch Öl [16.4], Essig [16.7], Wein [18.5], Spirituosen [18.6] und Würzmus [16.10] aromatisiert oder Mazerationsöl [16.5] daraus gewonnen werden. Denkbar wären sie auch als Röstgetränk, ähnlich wie [23].

Um den Bestand zu erhalten, sollten keine einzeln stehenden Pflanzen mit Wurzel entnommen, sondern nur Wurzeln aus großem Pflanzenbestand geerntet werden.

Inhaltsstoffe und Wirkung: Der Kümmel gehört zu den ältesten Gewürzen der Menschheit. Funde in jungsteinzeitlichen Pfahlbauten und in ägyptischen Gräbern belegen dies eindrucksvoll. Er enthält Flavonoide, Cumarine, bis zu 7 % ätherisches Öl mit Carvon als Hauptbestandteil, außerdem Limonen und weitere Monoterpene, fettes Öl (bis 20 %), Eiweiß, Polysaccharide und Spuren von Furocumarinen. Die Samen werden arzneilich verwendet. Kümmel fördert die Sekretion des Magensaftes. Im Verbund mit seiner intensiv krampflösenden Wirkung eignet sich die Pflanze hervorragend bei Blähungen und Völlegefühl im gesamten Bauchraum. Deshalb würzt man mit dem Kümmel gerne blähungsfördernde Gerichte wie das Sauerkraut. Die Volksmedizin empfiehlt den Kümmel stillenden Müttern, weil er die Milchbildung fördert. Hinzu kommt seine starke Wirksamkeit gegen Darmpilze und schädliche Bakterien. Eine krebsschützende Wirkung wird vermutet. Bei schlechtem Atem können einige Kümmelfrüchte gekaut werden. Die antimikrobiellen Eigenschaften nutzt man darüber hinaus auch in Mund- und Gurgelwässern.

Verwechslungsgefahr: Gemeine Hundspetersilie *(Aethusa cynapium)*, S. 589f.; Wasser-Schierling *(Cicuta virosa)*, S. 598; Gefleckter Schierling *(Conium maculatum)*, S. 600.

Kerbel-Arten
Anthriscus
Doldengewächse (Apiaceae)

Verwendung in der Ernährung: Alle hier aufgeführten mitteleuropäischen Kerbel-Arten sind feinwürzige Pflanzen für Gemüse, Salate, Gewürze und Eingelegtes.

Ihr Grundgeschmack gleicht einer Mischung aus Möhre, Anis und Kümmel, die Wurzeln schmecken würzig-herb.

Bevor der Blütenstiel in die Höhe treibt, bildet sich am Pflanzenboden eine zarte, sehr aromatische Triebknolle. Als Spezialität wird sie in grobe Stücke geschnitten und mit Fenchelsamen und Käse überbacken. Man kann sie auch als Antipasti würzig einlegen.

Erste Blattsprosse gibt man von März bis April Salaten und Rohkost [1] sowie Wildpflanzenlimonaden [22.2] und Bowlen [22.3] zu. Zarte Blätter können nahezu das ganze Jahr über roh oder erwärmt zu Gemüsegerichten verarbeitet werden. Wir erachten sie als geeignet für gedämpftes oder kurz gebratenes Gemüse [8.2][7], Spinat [9.1] oder auch Gemüsechips [8.5].

Carum carvi

Anthriscus sylvestris

Sie sind eine würzige Beigabe in Gemüsestrudel [10.1] und -taschen [10.2], Ofengemüsegerichten [12], als auch für Hausbrotmischungen [21.1].

Fein gehackt geben sie Hackkräutermischungen [15], Gemüsesuppen [3.1], Saucen [14] und Eierspeisen [6], aber auch Bratlingen [4] einen feinen Geschmack.

Natürlich sind sie auch geeignet als Würze und Würzbeigabe [16], mitunter auch getrocknet [16.2].

Die vollständig aufgeblühten Blütenteller verwendet man von Juni bis August als roh essbare Dekoration in Salaten und Rohkost [1], als Aroma in verschiedenen Getränken und Speisen ([18][22.1][22.2][22.3]) oder auch als Brotteigbeigabe [21]. Hierbei werden vor der Verarbeitung die kleinen Blüten mit der Schere von den Stielen getrennt. Man gibt sie ebenfalls gerne in Hackkräutermischungen [15] bzw. als Würze in Wildpflanzensalz [16.1], Kräuteröl [16.4], und -essig [16.7]. Auch Mazerationsöl [16.5] kann aus den aromatischen Blüten des Kerbels gewonnen werden.

Eine weitere denkbare Möglichkeit ist es, eine Süßspeise daraus herzustellen, indem man sie kandiert [17.4], zu Gewürz-Sorbet [17.7] verarbeitet oder die ganzen Blütenstände in süßen Ausbackteig [8.4] taucht und ausbäckt.

Die noch knospigen Blütenstände im Mai tragen viel Aroma und sind dabei sehr weich. Sie eignen sich als kurz gebratenes Gemüse [8.2], in Bratlingen [4] oder im Omelett [6.1].

Man kann sie auch in säuerlich gedünstetes Gemüse [7.1], Gemüsefüllungen [10], Mischgemüsegerichten [11], Gemüsesuppen [3.1] und Würzpasten [16.9][16.10] einarbeiten.

Die ausgereiften Früchte ergeben von Juli bis September frisch oder getrocknet ein gutes Gewürz [16]. Sie aromatisieren Wein [18.5] und Spirituosen [18.6] und sind auch eine tolle Brotteigbeigabe [21.1].

Als Keimsaat [2] dienen sie z. B. im Winter als Vitaminquelle.

Die Wurzeln junger Kerbelpflanzen werden von September bis in den Winter geerntet. Man raspelt sie direkt in einen Salat [1] oder verarbeitet sie zu Gemüse [8–12].

Inhaltsstoffe und Wirkung: Die Pflanzen enthalten das Flavonglykosid Apiin, Bitterstoff, ätherisches Öl und Furocumarine. Sie haben harn- und schweißtreibende Eigenschaften und wirken verdauungsfördernd und blutreinigend. Die Bitterstoffe regen die Magen- und Gallensaftsekretion an. Außerdem wirken sie antioxidativ. Volkstümlich verwendet man sie für Frühjahrskuren. Ein Brei aus der frischen Pflanze kann äußerlich bei Ekzemen und Hautentzündungen angewandt werden. Die Früchte innerlich bei Lungentuberkulose.

Verwechslungsgefahr: Gemeine Hundspetersilie *(Aethusa cynapium)*, S. 590; Wasser-Schierling *(Cicuta virosa)*, S. 598; Gefleckter Schierling *(Conium maculatum)*, S. 600.

Wiesen-Kerbel

Anthriscus sylvestris

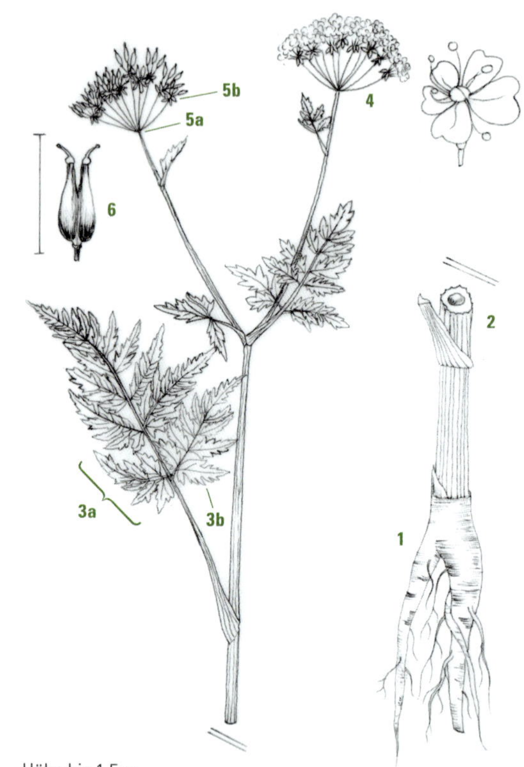

Höhe bis 1,5 m
1 Rübenförmige Wurzel
2 Stängel gefurcht, grün, nicht rotfleckig
3 Blätter aus Teilblättern 1. (a) und häufig 2. Ordnung (b), zusammengesetzt
4 Blütenstand mit 8–16 Zweigen (Strahlen)
5 Dolde ohne Hülle (a), dagegen mit 4–8 zugespitzten Hüllchenblättern (b)
6 Frucht bis 1 cm lang, dunkel gefärbt

Foto S. 509

Unterart *A. sylvestris* ssp. *stenophyllus* im Bestand gefährdet

Verbreitungsschwerpunkt: Grünlandgesellschaften
Hauptblütezeit: April bis August
Zusätzliche Hinweise zur Verwendung: Der Wiesen-Kerbel ist die verbreitetste und am häufigsten verwendete Art dieser Gattung.

Glänzender Kerbel
Anthriscus nitida
Art zerstreut bis selten
Verbreitungsschwerpunkt: Erlen- und Edellaub-Auenwälder
Hauptblütezeit: Juni bis August

Hunds-Kerbel
Anthriscus caucalis
Art in der Schweiz und in Österreich im Bestand gefährdet
Verbreitungsschwerpunkt: Schleiergesellschaften und Ufersäume
Hauptblütezeit: Mai bis Juni

Garten-Kerbel
Anthriscus cerefolium
Art in der Schweiz und in Teilen Österreichs im Bestand gefährdet
Verbreitungsschwerpunkt: Schleier- und Krautgesellschaften im Halbschatten
Hauptblütezeit: Mai bis August

Erdkastanien
Conopodium
Doldengewächse (Apiaceae)

Französische Erdkastanie
Conopodium majus

Verbreitungsschwerpunkt: Gedüngte Frischwiesen und -weiden
Hauptblütezeit: Mai bis Juni
Verwendung in der Ernährung: Süßliche, stärkereiche Wurzel für Salate und Gemüse.

Die verdickten, knackigen, unverholzten Wurzelknollen besitzen einen Durchmesser von circa 2 cm. Sie werden von September bis März, jedoch allgemein noch vor der Blütezeit geerntet und frisch in Salate geschnitten. Aus den sehr schmackhaften, klein geschnittenen Wurzeln lassen sich hervorragende Gemüsegerichte (z. B. Wurzelgemüse [8.1], Bratgemüse, v. a. kurz gebraten [8.2], Gemüsesuppen [3.1] und Eintopf [11.1]) zubereiten. Als Gemüsechips [8.5] frittiert sind sie ein herzhafter Snack für zwischendurch.

Getrocknet und vermahlen verwendete man sie als Streckmehl für Gebäck [20] und als Brotteigbeigabe, insbesondere in Hausbrot [21.1], zu Bratlingen [4] oder auch als Kaffeesurrogat [23].

Bitte keine einzeln stehenden Pflanzen mit Wurzel entnehmen, sondern nur Wurzeln aus großem Pflanzenvorkommen ernten!

Auch das Kraut und die Samen der Französischen Erdkastanie wurden früher vermutlich als Nahrung genutzt. Verwendungsüberlieferungen dazu gibt es jedoch kaum. Andererseits ist jedoch auch nichts über Unverträglichkeiten oder Unbekömmlichkeiten bekannt.

Inhaltsstoffe und Wirkung: Über Inhaltsstoffe ist uns nichts bekannt. Früher war sie als Gemüsepflanze im Anbau. Der berühmte engl. Heilkräuterkundige Nicolas Culpeper (17. Jh.) schreibt den Erdkastanien luststeigernde Wirkung zu. Sowohl Samen als auch Wurzelknollen sollen harntreibend wirken. Die gepulverte Wurzel empfahl er außerdem bei Blut im Harn.

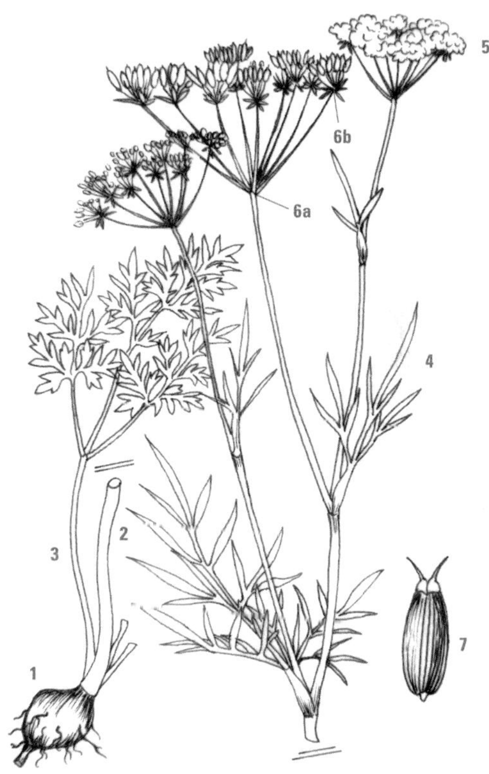

Höhe bis 0,6 m
1 Pflanze eine rundliche Wurzelknolle bildend
2 Stängel im unteren Bereich blattlos
3 Grundständige Blätter lang gestielt
4 Blätter in schmale Abschnitte geteilt
5 Dolde mit 8–12 Ästen (Strahlen)
6 Hülle meist fehlend (a), Hüllchenblätter 3–8 (b)
7 Reife Frucht schwarz, mit 2 verhältnismäßig langen Griffeln

Foto S. 512

Conopodium majus

Meum athamanticum

Bärwurzen, Bärenfenchel
Meum
Doldengewächse (Apiaceae)

Bärwurz, Bärenwurz, Bärenfenchel
Meum athamanticum

Verbreitungsschwerpunkt: Borstgrastriften und Zwergstrauchheiden
Hauptblütezeit: Anfang Mai bis Ende Juni
Verwendung in der Ernährung: Sellerie-, fenchel-aromatische Pflanze für Salate, Gemüse und Gewürze. Ihr Grundgeschmack ist aromatisch duftend. Bärwurz war ursprünglich die Grundlage vieler Gemüsegewürze, bevor dieses wunderbare Küchenkraut etwas in Vergessenheit geriet. Die feingliedrigen, schönen Blätter kann man von April bis Mai als Suppenbeigabe, z. B. [3], nutzen oder sie mit in Aufläufe, Kartoffelgerichte und Gemüsefüllungen [10] geben. Man sollte sie nicht braten, denn dabei verbrennen sie zu schnell, sondern besser dünsten oder dämpfen [7]. Klein gehackt geben sie Kräutermischungen [15] und Eierspeisen [6] einen exzellenten Geschmack. Sie runden Saucen [14] ab und verfeinern Salate und Rohkost [1] sowie Hausbrotmischungen [21.1] und auch Knäckebrot [21.2]. Noch weiche Blätter findet man auch während und nach der Blütezeit, bis in den September hinein und macht sie z. B. als Würzmus [16.10] oder Pesto [16.6] haltbar. Man kann sie zum Aufbewahren auch gut trocknen und verarbeitet sie dann z. B. in Gewürzmischungen [16.2] sowie als Würzbeigabe insbesondere in Wildpflanzensalz [16.1], Kräuteröl [16.4] und -essig [16.7]. Sie aromatisieren Tee [22.1], Wildpflanzenlimonade [22.2] und Bowle [22.3] sowie Gewürzschokolade [18.3], Sirup [18.4] oder Aromazucker [18.2] und auch Wein [18.5] bzw. Spirituosen [18.6]. Da sie besonders reich an ätherischen Ölen sind, kann man sie zudem für die Herstellung von Mazerationsöl [16.5] nutzen.

Die ausgereiften Früchte kann man ebenfalls als Aroma einsetzen, auch als Trockengewürz [16.2] oder Keimsaat [2] finden sie Verwendung. Ein pikantes, sellerieähnliches Kochgemüse liefert die Wurzel junger Pflanzen im Herbst und im Frühjahr vor der Blüte. Sie ist ausgekocht und passiert eine sehr gute Zutat für eine köstliche Gemüse-Bouillon [3.1]. Weich gekocht kann man sie wie Kartoffelsalat anrichten. Es lassen sich aus ihr auch herzhafte Brat- und Mischgemüsegerichte [8.1][8.2][11.1] zubereiten. Als Gemüsechips gebacken [8.5] oder in Salzlake eingelegt [13.1] reicht man sie gerne als Beilage. Getrocknet und vermah-

Beim Zerreiben riecht die ganze Pflanze stark würzig
1 Über der Wurzel befindet sich ein dunkler Haarschopf
2 An den Verzweigungen deutliche Blattscheiden
3 Blätter fein gefiedert, dunkelgrün, ab August sich gelborange verfärbend
4 Länge der Fruchtstiele (Strahlen) stark variierend
5 Anzahl der Hüllblätter 0–6
6 Zahlreiche schmale Hüllchenblätter
7 Same weniger 1 cm lang, gerippt

len finden sie Verwendung als Streckmehl für Gebäck [20] und als Brotteigbeigabe in Hausbrot [21.1] oder Bratlingen [4]. Sie eignen sich getrocknet zudem sehr gut als Gewürz [16.2] und zum Aromatisieren von Kräuter- [16.4] oder Mazerationsöl [16.5], Essig [16.7], Wein [18.5] und Spirituosen [18.6]. Um den Bestand zu erhalten, bitte keine einzeln stehenden Pflanzen mit Wurzel entnehmen, sondern nur Wurzeln aus großem Vorkommen ernten.

Die Blütenstände von Mai bis Juni und fleischige Blütenstielknospen im April bereichern mit ihrem pikanten Aroma Hackkräutermischungen [15] und Salatspeisen [1] genauso wie Kräuteröl [16.4] und -essig [16.7] oder auch verschiedene Getränke, beispielsweise Teemischungen [22.1], Wildpflanzenlimonade [22.2] und Bowle [22.3]. Sie geben Eierspeisen [6] und Knäckebrot [21.2] eine feine Würze und schmecken sehr gut paniert [8.3] oder in Ausbackteig [8.4] getaucht und gebacken. Als Süßspeise genießt man sie kandiert [17.4], in Schokolade getaucht [17.6] oder in einem Sorbet [17.7]. Knospige Blütenstände werden als gebratenes [8.2][4] oder eingelegtes Gemüse [13.1] [13.2] zubereitet oder Mischgemüsegerichten [11] und Gemüsesuppen [3.1] zugegeben. Als Würze und Würzbeigaben nutzt man sie besonders in Würzpasten [16.9][16.10].

Inhaltsstoffe und Wirkung: Die Bärwurz enthält ätherisches Öl, Harz, Gummi, Bitterstoffe, fettes Öl, Zucker und Stärke. Volksheilkundlich wurde sie zur Verdauungsförderung, bei Menstruationsbeschwerden, nervösen Herzbeschwerden und bei Altersschwäche eingesetzt. Aus der Wurzel kann ein Tee bereitet werden. Bekannt ist außerdem die Anwendung in Kräuterschnaps. Beide Darreichungsformen wirken auch auswurffördernd und sind bei Blasenbeschwerden hilfreich.

Süßdolden

Myrrhis

Doldengewächse (Apiaceae)

Süßdolde

Myrrhis odorata

Höhe bis 1,2 m
1 Die Süßdolde bildet eine markante Pfahlwurzel aus
2 Blattstiele der nach Anis duftenden Pflanze zottig behaart
3 An den Verzweigungen bilden sich auffällige Blattscheiden
4 Blatt aus Teilblättern 1. (a) und 2. Ordnung (b) zusammengesetzt
5 Blattrand gezähnt
6 Frucht bis 2 cm lang
7 An der Spitze der Frucht 2 kurze Griffel

Verbreitungsschwerpunkt: Nährstoffreiche Krautfluren
Hauptblütezeit: Mai bis Juli
Verwendung in der Ernährung: Der Grundgeschmack ist ihrem Namen gemäß süß bis anisartig. Von April bis in den September hinein bieten sich ihre aromatischen, weichhaarigen Blätter als gewürzartige Beigabe zu Koch- und Backgemüse oder zur Teegetränkbereitung. Die Verwendungsmöglichkeiten der fein geschnittenen zarten, jungen Blätter und Triebspitzen sind überaus vielfältig: Roh sind sie eine delikate Beigabe in Salaten [1] und Hackkräutermischungen [15], erhitzt kann man sie gut in Kochgemüse, besonders in Püree [9.3] oder Spinat [9.1], gedünstetem oder gedämpftem Gemüse [7] und in Füllungen für Gemüsestrudel [10.1] oder -taschen [10.2] verarbeiten. Sie runden Saucen [14] und Gemüsesuppen [3.1] geschmacklich ab und sind eine würzige Zutat in Brotteig für Hausbrotmischungen [21.1] oder Knäckebrot [21.2] sowie in Eierspeisen [6]. Im Ofen als Gemüsechips [8.5] gebacken werden sie zum pikanten Snack für zwischendurch. Eine exzellente Würzbeigabe sind sie auch in Wildpflanzensalz [16.1], als Trockengewürz [16.2], in Kräuteröl [16.4] und -essig [16.7]. Mit ihrem edlen, intensiven Aroma bereichern ihre Blätter nicht nur Gelee [18.1], Sirup [18.4], Zucker [18.2] oder Gewürzschokolade [18.3], sondern auch Tee [22.1] und Wildpflanzenlimonade [22.2] sowie Bowle [22.3], Wein [18.5], Spirituosen [18.6] oder Bier [18.7] und natürlich Mazerationsöl [16.5]. Als Süßspeise genießt man sie kandiert [17.4], in Schokolade [17.6] getaucht bzw. zu Sorbet [17.7] oder süßer Sauce [17.2] verarbeitet.

Myrrhis odorata

Die Blüten entwickeln von Mai bis Juli ihr Aroma, mit dem sie hervorragend zu Obstkuchen und Kompotten passen. Sie und die vermahlenen Samen sind ein beliebtes Gewürz im Teig von Apfelküchlein. Ansonsten ähneln ihre Verwendungsmöglichkeiten bzgl. des Aromas denen der Blätter [18.1–7][22.1–3][16.4][16.7]. Die kleinen Einzelblüten gibt man als pikante Beigabe in den Brotteig für Hausbrot [21.1] und Knäckebrot [21.2] oder in Hackkräutermischungen [15]. Man kann sie aber auch gut als essbare Dekoration von Salat- und Rohkostspeisen [1] nutzen. Kandiert [17.4], in süßer Sauce [17.2], als Sorbet [17.7] oder in einer Blütencreme [17.1] lassen sich auch feine Süßspeisen aus ihnen zubereiten. Ganze Blütenstände genießt man paniert [8.3] oder in Ausbackteig [8.4] gebacken. Knospige Blütenstände eignen sich als Einlage in Gemüsesuppen [3.1] und als Würzbeigabe in Chutney [16.9] oder als Würzmus [16.10].

Bevor die jungen Samen ausreifen, erntet man sie von Juli bis August und verwendet sie roh in Getreidegerichten, Fruchtspeisen oder als Würze von Gemüse- und Dessertgerichten. Auch aromatisieren sie Wein [18.5] und Spirituosen [18.6] sowie Kräuteröl und dergleichen. Sie ergeben ebenfalls ein gutes Trockengewürz [16.2].

Die aromatischen Wurzeln der jungen Pflanzen kocht man von September bis ins nächste Frühjahr, nachdem sie gesäubert wurden, wie ein würzendes Gemüse in Suppen mit, oder raspelt sie in diverse Gerichte. Sie eignen sich ausgezeichnet für Bratgemüse (v. a. als Wurzelgemüse [8.1]) sowie Eintopfgerichte [11.1] und ergeben feine Gemüsechips [8.5]. Pulverisiert nutzt man sie als Würze und Würzbeigabe, insbesondere in Wildpflanzensalz [16.1], als Trockengewürz [16.2], in Kräuteröl [16.4] oder -essig [16.7]. Auch Wein [18.5] und Spirituosen [18.6] geben sie ein besonderes Aroma.
Inhaltsstoffe und Wirkung: Die Süßdolde enthält bis 1,5 % ätherisches Öl (Hauptinhaltsstoffkomponente Trans-Anethol) und Flavonoide (u. a. Apigenin und Luteolin). Sie wirkt appetitanregend, verdauungsfördernd und antibakteriell. Früher wurde sie wegen ihrer schleimlösenden Wirkung auch bei Husten und Asthma angewendet, außerdem zur Blutreinigung. Heute wird sie hauptsächlich homöopathisch bei Hämorrhoiden und Krampfaderbeschwerden eingesetzt.
Verwechslungsgefahr: Gemeine Hundspetersilie *(Aethusa cynapium)*, S. 590; Wasser-Schierling *(Cicuta virosa)*, S. 598; Gefleckter Schierling *(Conium maculatum)*, S. 600.

Pflanzengattungen mit seltenen und gefährdeten Arten

(Pflanzenartenschutz und Sammelverbote beachten)

Tannen
Abies
Kieferngewächse (Pinaceae)

Weiß-Tanne, Edel-Tanne
Abies alba
Art im Bestand gefährdet
Verbreitungsschwerpunkt: Buchen-und Tannenwälder
Hauptblütezeit: Mai bis Juni
Verwendung in der Ernährung: Die Weiß-Tanne ist eine säuerliche, aromatische Pflanze für Salate, Süßspeisen und Gewürze und wurde genauso wie die eng verwandten Arten der Gattung *Pinus* (S. 62) in der Ernährung genutzt.
Inhaltsstoffe und Wirkung: Das Harz der Weiß-Tanne wurde bereits im Altertum medizinisch verwendet, beispielsweise als Kaugummi zur Festigung des Zahnfleisches und zum Schutz der Zähne. Aus den Nadeln lässt sich ein aromatisch duftendes ätherisches Öl destillieren. Dieses enthält beispielsweise die Terpene Pinen und Limonen. Die jungen Triebspitzen enthalten neben ätherischem Öl auch reichlich Vitamin C. Aus diesem Grund verzehrte man sie zur vorbeugenden Behandlung von Skorbut. Ein Tee daraus stärkt die Lungen und wirkt schleimlösend. Zubereitungen aus der Weiß-Tanne wurden und werden vor allem zur Inhalation bei Erkältungserkrankungen, aber auch zur Einreibung bei Rheuma, Neuralgien und zur Förderung der Durchblutung eingesetzt.
Verwechslungsgefahr: Eibe *(Taxus baccata)*, S. 634

Becherglocken, Drüsenglocken, Schellenblumen
Adenophora
Glockenblumengewächse (Campanulaceae)

Becherglocke, Drüsenglocke, Schellenblume
Adenophora liliifolia
Art im Bestand gefährdet
Verbreitungsschwerpunkt: Streuwiesen
Hauptblütezeit: Juli bis September
Verwendung in der Ernährung: Die milden, fast süßlichen Wurzeln der Becherglocke wurden früher von September bis ins Frühjahr als Gemüse verarbeitet. Nach unserem Erachten sind sie kurz gebraten [8.2], als Wurzelgemüse [8.1] oder als Gemüsechips [8.5] geeignet. Die Pflanze gilt nicht als giftig. Aufgrund ihrer nahen Verwandtschaft zu den Glockenblumen *(Campanula)* darf man davon ausgehen, dass auch die hübschen Blüten und Blätter gegessen wurden.
Inhaltsstoffe und Wirkung: In Gärten ist die Pflanze als Zierpflanze bekannt. Zu Inhaltsstoffen und medizinischer Verwendung fanden wir keine Angaben, vermutlich ähnlich wie bei anderen Glockenblumenarten (*Campanula*, S. 322).

Steintäschel
Aethionema
Kreuzblütengewächse (Brassicaceae)

Felsen-Steintäschel
Aethionema saxatile
Art in der Schweiz und in Teilen Österreichs im Bestand gefährdet
Verbreitungsschwerpunkt: Steinschutt- und Geröllfluren
Hauptblütezeit: Mai bis Juni
Verwendung in der Ernährung: Eine rapsähnlich schmeckende Pflanze. Junge kleine, weiche Blätter und Triebe verwendete man samt Blütenknospen von April bis Mai als Beigabe zu kurz gebratenem [8.2], gedünstetem oder gedämpftem Gemüse [7] sowie in Spinat [9.1], Bratlingen [4], Gemüsesuppen [3.1] und Saucen [14]. Sie wurden in Wein eingelegt [13.3] oder getrocknet als Würzbeigabe in Wildpflanzensalz [16.1] genutzt. Roh verfeinerten sie Salate und Rohkost [1] sowie Hackkräutermischungen [15]. Die Blütenknospen legte man auch kapernartig ein [16.11] oder vermaischte sie als senfartige Paste [16.8]. Die aufgegangenen Blüten waren im Mai und Juni ein dekoratives Gewürz in Hackkräutermischungen [15], Salat- und Rohkostspeisen [1] sowie in üblichen Gemüsegerichten [7–12]. Die Samen nutzte man im Sommer als schärfliches Gewürz. Nach unserem Erachten könnte man dazu ebenso die jungen, feinen Wurzeln verwenden.
Inhaltsstoffe und Wirkung: Dazu liegen uns keine Informationen vor.

Gauchheil-Arten
Anagallis
Primelgewächse (Primulaceae)

Gefahrenstufe bei der Verwendung:**
Verwendung in der Ernährung: Die unten aufgeführten mitteleuropäischen Arten sind seltene, meist in Notzeiten genutzte, seifig-bittere Pflanzen, die als geringfügige Beigabe für Gemüsegerichte verwendet wurden. Bei der Verwendung des Krautes von April bis Juni wurde das Kochwasser immer wieder gewechselt. Auch die Samen wurden ausgekocht in Speisen verwendet. Vorsicht, der hohe Saponingehalt in der Pflanze gilt unverarbeitet als giftig! Die meisten Saponine sind wasserlöslich und werden mit dem Kochwasser entfernt, wenn man es mehrmals wechselt; vgl. Roth et al. (1994: 121, 350, 919).
Inhaltsstoffe und Wirkung: Die Pflanzen und insbesondere die Wurzeln enthalten giftige Saponine, außerdem Flavonoide und Gerbstoffe. Volksmedizinisch wurden sie früher aufgrund der harntreibenden Wirkung eingesetzt. In der Homöopathie bei Leber- und Gallenleiden und damit verbundener Erschöpfung. Die Blätter können allergi-

sche Hautreaktionen hervorrufen. Der Acker-Gauchheil *(A. arvensis)* ist eine uralte Heilpflanze. Schon Hippokrates (geb. circa 460 v. Chr.) verwendete das gepulverte Kraut zum Bestreuen schlimmer Geschwüre. In der Pharmacopoea universalis von 1832 wird die Pflanze außerdem bei Nervenleiden wie Epilepsie, Lähmung, Manie und Wasserscheu empfohlen. Auf diese Anwendungen weist auch ihr deutscher Name Gauch = Tor, Narr hin. Der Gattungsname *Anagallis* leitet sich vom griechischen »nagelao = ich lache« ab und wurde gewählt, weil man der Pflanze zutraute, die Melancholie (Depression) zu vertreiben.

Acker-Gauchheil
Anagallis arvensis
Art zerstreut bis selten
Gefahrenstufe bei der Verwendung: **
Verbreitungsschwerpunkt: Getreideunkrautfluren
Hauptblütezeit: Juni bis Oktober

Blauer Gauchheil
Anagallis foemina
Art im Bestand gefährdet
Gefahrenstufe bei der Verwendung: **
Verbreitungsschwerpunkt: Getreideunkrautfluren
Hauptblütezeit: Juni bis September

Acker-Kleinling
Anagallis minima
Art im Bestand gefährdet
Gefahrenstufe bei der Verwendung: **
Verbreitungsschwerpunkt: Feuchte Äcker, Ödland, Ufer
Hauptblütezeit: Mai bis September

Hundskamillen
Anthemis
Korbblütengewächse (Asteraceae)

Färber-Hundskamille, Färberkamille
Anthemis tinctoria
Art in der Schweiz und in Teilen Österreichs im Bestand gefährdet
Verbreitungsschwerpunkt: Pioniergesellschaften trockener Böden
Hauptblütezeit: Juni bis September
Verwendung in der Ernährung: Von März bis Juni nutzt man die zarten, mattgrünen Blätter der Färber-Hundskamille fein geschnitten in Hackkräutermischungen zu Kräuterbrotzeit [15.1] und -kartoffeln [15.2], in Kräuterbutter [15.3] und -quark [15.5]. Als feines Würzkraut eignen sie sich insbesondere in Wildpflanzensalz [16.1], als Trockengewürz [16.2], in Kräuteröl [16.4] und -essig [16.7] sowie in Saucen [14]. Die gelbfärbenden Blüten sind von Juni bis Juli eine hübsche essbare Dekoration. Man kann sie in Kräuteröl [16.4], -essig und Spirituosen [18.6] einlegen oder für Gelee [18.1] und Sirup [18.4] auskochen bzw. sie zum Aromatisieren von Zucker [18.2] verwenden. Die Zungenblüten ergeben kandiert außerdem eine feine Nascherei [17.4]. Die Blütenknospen lassen sich als kurz gebratenes Gemüse [8.2] zubereiten oder in Gemüsesuppen einarbeiten [3.1] bzw. kapernartig einlegen [16.11].
Inhaltsstoffe und Wirkung: Die Färberkamille enthält ätherisches Öl, Farbstoffe und Flavonoide (Quercetin und Apigenin). Volksmedizinisch wurden früher die frischen zerquetschten Blüten zur Wundbehandlung verwendet. Nach der Signaturenlehre, wegen der intensiv gelben Farbe, gegen Gelbsucht.
Verwechslungsgefahr: Jakobs-Greiskraut *(Senecio jacobaea)*, S. 622.

Sellerie-Arten
Apium
Doldengewächse (Apiaceae)

Gefahrenstufe bei der Verwendung: *
Verwendung in der Ernährung: Die aufgeführten mitteleuropäischen Apium-Arten schmecken bekannt sellerieartig. Alle wildwachsenden Arten sind selten und geschützt. In der Regel nutzt man nur Arten aus dem Anbau.

Die Wurzeln junger Selleriepflanzen werden von September bis in den Winter hinein geerntet. Man raspelt sie direkt in einen Salat [1] oder bereitet sie als Gemüse zu [8–12].

Allgemein kann man die Blätter von März bis April roh sehr gut in Salaten und Rohkost [1], Hackkräutermischungen [15] und auch als Beigabe für Wildpflanzenlimonade [22.2] oder Bowle [22.3] nutzen.

Zarte Blätter kann man jedoch nahezu das ganze Jahr über roh oder erwärmt zu verschiedenen Gerichten verarbeiten, z. B. als kurz gebratenes [8.2], gedünstetes oder gedämpftes Gemüse [7], Spinat [9.1], in Ofengemüsegerichten [12], Gemüsesuppen [3.1], Gemüsefüllungen [10] und Gemüsechips [8.5]. Fein geschnitten gibt man sie in Bratlinge [4], Eierspeisen [6] und auch Saucen [14]. Als Würzbeigabe [16] nutzt man sie im Brotteig für Hausbrotmischungen [21.1] oder macht sie durch langsames Trocknen als Gewürz haltbar [16.2].

Eine Spezialität sind die würzigen Blattstiele, die man von Mai bis Juli mit einem leckeren Dip einfach roh oder in Salaten [1] isst. Quer zur Faser klein geschnitten kann man sie aber auch als Stängel- [7.2], kurz gebratenes [8.2] oder eingelegtes Gemüse (v. a. in Salzlake [13.1] bzw. Essig [13.2]) und natürlich sehr gut in Gemüsesuppen [3.1] verarbeiten. Sie würzen Misch- [11] und Ofengemüsegerichte, wie Lasagne [12.1] oder Pizza [12.2] genauso wie Bratlinge [4] und Eierspeisen [6]. Auch Teegetränken [22.1], Wildpflanzenlimonaden [22.2] und Bowlen [22.3] geben sie eine frische Note.

Die vollständig aufgeblühten Blütenteller verwendet man von Juni bis August als roh essbare Dekoration in Salaten, Rohkostspeisen [1] und Kräutermischungen [15], als

Aroma [18] oder auch als Brotteigbeigabe im Hausbrot [21.1] und Knäckebrot [21.2]. Vor der Verarbeitung trennt man dazu mit einer Schere die zarten Blüten von den Stängeln. Man kann sie auch kandieren [17.4] oder in Sorbet [17.7] und Getränken [22.1–22.3] verarbeiten. Aufgrund ihrer starken Würzkraft eignen sie sich auch in Wildpflanzensalz [16.1], Kräuteröl [16.4] und -essig [16.7] sowie vermutlich auch als Mazerationsöl [16.5].

Ganze Blütenstände können, in Ausbackteig [8.4] getaucht und gebraten, als Vorspeise serviert werden. Die noch knospigen Blütenstände im Mai tragen viel Aroma und sind dabei sehr weich, weshalb sie sich gut als würzige Beigabe in kurz gebratenem Gemüse [8.2], Bratlingen [4] und Omelett [6.1] eignen. Ebenso verarbeitet man sie in gedünstetem Gemüse [7.1], Gemüsefüllungen [10], Mischgemüsegerichten [11] und Gemüsesuppen [3.1]. Sie bereichern insbesondere auch ein Chutney [16.9] oder ein Würzmus [16.10].

Die ausgereiften Früchte ergeben von Juli bis September frisch oder getrocknet ein gutes Gewürz [16]. Als Aroma gibt man sie in Wein [18.5] und Spirituosen [18.6] oder als Brotteigbeigabe in Hausbrot [21.1].

Man kann auch versuchen, sie auf der Fensterbank keimen zu lassen, um vitaminreiche Sprossen zu erhalten [2]. Vorsicht! Furocumarine in den Pflanzen können bei Berührung an empfindlichen Hautstellen und in Verbindung mit Sonnenlicht Hautrötungen hervorrufen (sog. Wiesendermatitis). Dies ist ähnlich wie ein kleiner punktueller Sonnenbrand.

Echter Sellerie
Apium graveolens
Art im Bestand gefährdet
Gefahrenstufe bei der Verwendung: *
Verbreitungsschwerpunkt: Pioniergesellschaften auf feuchten und überfluteten Rasen
Hauptblütezeit: Juni bis August
Inhaltsstoffe und Wirkung: Die ganze Pflanze inklusive der Samen wird medizinisch verwendet. Sie enthält ätherisches Öl mit Limonen, Selinen und Butylphthalide. Die größten Wirkstoffgehalte finden sich in den Samen. Weitere wichtige Inhaltsstoffe sind Furocumarine (Psoralen und Bergapten). Deren Gehalt erhöht sich stark durch einen Pilzbefall der Wurzel. In der Wurzel finden sich außerdem Cholin, Asparagin, Schleim und Stärke. Die Pflanze regt die Nierentätigkeit an und wirkt entzündungshemmend. Offenbar wirkt sie auch beruhigend. Volkstümlich wurde sie bei rheumatischen Beschwerden sowie Blasen- und Nierenleiden benutzt. Mit Zucker eingekocht, dient sie als Hustenmittel. In der Volksmedizin gilt der Sellerie seit alters her als Aphrodisiakum (Liebesmittel).

Knotenblütiger Sellerie
Apium nodiflorum
Art im Bestand gefährdet
Gefahrenstufe bei der Verwendung: *
Verbreitungsschwerpunkt: Bachröhrichte
Hauptblütezeit: Juli bis September
Inhaltsstoffe und Wirkung: Siehe *Apium graveolens.*

Kriechender Sellerie
Apium repens
Art im Bestand gefährdet
Gefahrenstufe bei der Verwendung: *
Verbreitungsschwerpunkt: Ufer und Gräben
Hauptblütezeit: Juli bis September

Hainsalate
Aposeris
Korbblütengewächse (Asteraceae)

Stinkender Hainsalat
Aposeris foetida
Art zerstreut bis selten
Verbreitungsschwerpunkt: Edellaub-Mischwälder
Hauptblütezeit: Juni bis August
Verwendung in der Ernährung: Der Grundgeschmack der Pflanze ist herb, der Geruch erinnert deutlich an Bratkartoffeln. Die jungen, zarten Blätter eignen sich von April bis Juni gut als kräftige Salatgrundlage [1] oder als schmackhafte Salatbeilage zu anderen Gerichten. Feingeschnitten kann man sie auch zu Kräuterkartoffeln [15.2], in Kräuterbutter [15.3], Kräuterkäse [15.4] oder zu Kräuterquark [15.5] geben. Etwas ältere Blätter werden bitterer im Geschmack; sie können zum Entbittern circa 1–2 Stunden in Wasser gelegt und dann als Bittergemüse [9.2] oder zu Gemüsechips [8.5] verarbeitet werden. Ab September bis ins Frühjahr hinein kann man bei ungefrorenem Boden die Wurzel des Hainsalates ernten. Weiche, nicht verholzte Wurzeln reinigt man am besten mit einer Bürste in Wasser und kocht bzw. backt sie als Gemüse [12.3] oder schneidet sie in Suppen [3.1]. Man kann die Wurzel aber auch trocknen. So wurde sie schon früher gerne zu einem Röstgetränkepulver vermahlen und als Kaffeesurrogat [23] aufgebrüht. Zuvor wird sie gereinigt und im Backofen dunkelbraun geröstet.
Inhaltsstoffe und Wirkung: Die Pflanze enthält Vitamine, Mineralstoffe, Gerb- und Bitterstoffe. Wirkungen vermutlich ähnlich wie beim Löwenzahn S. 401.

Schmalwand-Arten
Arabidopsis
Kreuzblütengewächse (Brassicaceae)

Verwendung in der Ernährung: Die hier aufgeführten mitteleuropäischen Arten sind kresse-aromatische Pflanzen für Salate [1], Gemüse und Feinschnittkräutermischungen. Die Verwendung ist vergleichbar mit der des Echten Hirtentäschels *(Capsella bursa-pastoris)*, siehe S. 383.

Schwedische Schmalwand, Schwedische Schaumkresse
Arabidopsis suecica
Art ist selten
Verbreitungsschwerpunkt: Lockere Sand- und Felsrasen
Hauptblütezeit: April bis Mai

Acker-Schmalwand
Arabidopsis thaliana
Art ist selten
Verbreitungsschwerpunkt: Lockere Sand- und Felsrasen
Hauptblütezeit: April bis Mai
Zusätzliche Hinweise zur Verwendung: Zarte würzige Triebe und Blütenknospen der Acker-Schmalwand ergeben zusammen mit etwas Salz, Pfeffer und Butter eine delikate Grillbutter.
Inhaltsstoffe und Wirkung: Die Acker-Schmalwand dient in der (genetischen) Pflanzenforschung als Modellorganismus, da außerordentlich viele Pflanzen aus der Familie der Kreuzblütler (Brassicaceae) Nahrungs- oder Futterpflanzen sind. Keine Pflanze ist weltweit besser untersucht als dieses unscheinbare Kraut.

Bärentrauben
Arctostaphylos
Heidekrautgewächse (Ericaceae)

Verwendung in der Ernährung: Die hier aufgeführten mitteleuropäischen Arten haben Wildfrüchte mit wenig, evtl. etwas bitterlichem Eigengeschmack. Sie eignen sich aber dennoch gut für milde Fruchtsäfte und Vitalgetränke [22.4], denn sie sind saftreich und schmecken nach etwaigem Erhitzen sogar süßer. Die vollreifen Früchte im August kann man ebenso als Zutat für Hausbrote [21.1] oder Fruchtschnitten [19.6] nutzen, denkbar wären sie auch in Chutney [16.9] und Früchtesuppen [3.2]. Getrocknet isst man sie als Trockenobst [19.7] oder brüht sie als Tee auf [22.1].
Inhaltsstoffe und Wirkung: Die Blätter werden medizinisch bei bakteriellen Infektionen der Harnwege verwendet. Verantwortlich hierfür ist das Arbutin. Da Arbutin in kaltem Wasser gut löslich ist, müssen die Blätter zur Teebereitung nicht gekocht werden. Die Blätter weisen jedoch auch einen hohen Gehalt an Gerbstoffen auf und können bei hoher Dosierung die Magen- und Darmschleimhäute reizen. Sie enthalten ferner Flavonoide, Triterpene und Iridoide. Früher färbte man mit den Pflanzen Wolle. Den hohen Gerbstoffanteil machten sich die Gerber zunutze.

Alpen-Bärentraube
Arctostaphylos alpinus
Art zerstreut bis selten
Verbreitungsschwerpunkt: Fichtenwälder
Hauptblütezeit: Mai bis Juni

Gewöhnliche Bärentraube
Arctostaphylos uva-ursi
Art im Bestand gefährdet
Verbreitungsschwerpunkt: Saure Nadelwälder
Hauptblütezeit: Anfang April bis Ende Mai

Grasnelken, Sandglöckchen
Armeria
Grasnelkengewächse (Plumbaginaceae)

Wegerich-Grasnelke
Armeria arenaria
Art zerstreut bis selten
Gefahrenstufe bei der Verwendung: *
Verbreitungsschwerpunkt: Kiefernwälder, trockene Heiden
Hauptblütezeit: Juni bis Juli
Verwendung in der Ernährung: Die jungen Blätter wurden nach Machatschek 2010 als Gemüsebeigabe genutzt, die Blüten kandiert als essbare Dekoration.
Inhaltsstoffe und Wirkung: Vermutlich ähnliche Verwendung wie *A. maritima.*

Gewöhnliche Grasnelke, Sandglöckchen
Armeria maritima
Art im Bestand gefährdet
Gefahrenstufe bei der Verwendung: *
Verbreitungsschwerpunkt: Kalk-Magerrasen
Hauptblütezeit: April bis Oktober
Verwendung in der Ernährung: Salzig schmeckende Pflanze mit dekorativen Blüten. Verwendung mit Bedacht, siehe unten. Die schmalen Blätter verwendete man früher von März bis Juli sparsam als würzende Beigabe in Gemüsegerichten. Von April bis Oktober wurden die vollständig aufgeblühten Blüten ausgezupft und frisch als essbare Dekoration genutzt oder angeblich auch kandiert.
Inhaltsstoffe und Wirkung: Die Pflanze enthält das stark reizende Napthochinon Plumbagin und wurde früher gegen Epilepsie eingesetzt. Plumbagin wirkt auch antibakteriell und vermutlich antikanzerogen. Vermutlich hängt die Verwendungsmöglichkeit stark mit der Dosierung zusammen. Des Weiteren sollte man die Pflanze nicht auf schwermetall-

belasteten Böden ernten, da sich in den Blättern Schwermetalle akkumulieren.
Im Garten ist sie als Zierpflanze verbreitet, natürlicherweise bewohnt die Pflanze Küstenflächen. Sie ist salztolerant und scheidet das überschüssige Salz auf der Blattoberfläche aus.

Arnika
Arnica
Korbblütengewächse (Asteraceae)

Arnika, Bergwohlverleih
Arnica montana
Art im Bestand gefährdet
Gefahrenstufe bei der Verwendung: **
Verbreitungsschwerpunkt: Borstgrastriften und Zwergstrauchheiden
Hauptblütezeit: Mai bis September
Verwendung in der Ernährung: Eine Verwendung in der Ernährung der zumeist als Heilpflanze bekannten Arnika ist uns nicht bekannt. Es ist jedoch überliefert, dass ihre Blätter von April bis August Rauchtabakmischungen [25] oder pulverisiert Schnupftabak zugesetzt wurden.
Inhaltsstoffe und Wirkung: Die Pflanze (insbesondere deren Blüten) wurde vom Spätmittelalter bis in die heutige Zeit medizinisch verwendet. Sie enthält ätherisches Öl (Thymolderivate), Flavonoide, Phenylcarbonsäuren und Cumarine, außerdem bitter schmeckende Sesquiterpenlactone, darunter das Helenalin. Dieser Stoff ist von besonderer Bedeutung für die Wirksamkeit der Arnika. Er wirkt antibakteriell und entzündungshemmend und hilft bei Gelenkserkrankungen. In der alkoholischen Tinktur verstärken sich die Inhaltsstoffe gegenseitig in ihrer Wirkung. Die Anwendung erfolgt heute fast ausschließlich äußerlich. Arnika ist ein vorzügliches Wundheilmittel und hilft außerdem bei allen Arten von Muskel-, Gelenk- und Sehnenverletzungen. Innerlich angewendet wirkt Arnika auf die Herzkranzgefäße. Die äußerliche und innerliche Anwendung sollte wegen der Giftigkeit des Helenalins nur unter ärztlicher Anleitung erfolgen. Bei langandauernder und wiederholter Anwendung kommt es häufig zu allergischen Reaktionen.

Schlangenäuglein
Asperugo
Raublattgewächse (Boraginaceae)

Schlangenäuglein, Scharfkraut
Asperugo procumbens
Art im Bestand gefährdet
Verbreitungsschwerpunkt: Ödland, Mauern, Viehläger
Hauptblütezeit: Juni bis August
Verwendung in der Ernährung: In ganz jungem Zustand weit vor der Blütezeit wurden die Blätter nach MACHATSCHEK 2010 in geringen Mengen zu Kochgemüse [9] verarbeitet. Der Pflanzenname »Scharfkraut« lässt wahrscheinlich auf Gewürzeigenschaften schließen.
Inhaltsstoffe und Wirkung: Das Kraut der Pflanze war früher arzneilich anerkannt. Allerdings liegen uns keine Indikationen vor. Die Wurzel wurde mit Maispolenta vermischt und zur Behandlung von Tränensackerkrankungen aufgetragen. Auch aus dem alten Ägypten gibt es Hinweise auf eine Verwendung des Saftes bei Augenleiden (Triefauge).

Mauerrauten
Asplenium
Streifenfarngewächse (Aspleniaceae)

Mauerraute
Asplenium ruta-muraria
Art zerstreut bis selten
Gefahrenstufe bei der Verwendung: *
Verbreitungsschwerpunkt: Felsspalten- und Mauerfugengesellschaften
Hauptblütezeit: Juni bis Juli
Verwendung in der Ernährung: Ihre herb schmeckenden Blätter und Triebe wurden zur Teegetränkbereitung genutzt. Über bedenkliche Inhaltsstoffe liegen uns keine Informationen vor; da jedoch eine Reihe von Farnen Kanzerogene enthalten, sollte man hier immer eine gewisse Vorsicht bei der Dosierung walten lassen.
Inhaltsstoffe und Wirkung: Die Pflanze enthält Gerbstoffe. Sie wirkt schleimlösend und astringierend und wurde aus diesem Grund volksheilkundlich als Gurgelmittel bei Husten und Erkältungskrankheiten eingesetzt. Äußerlich angewendet soll sie auch hilfreich bei Augenkrankheiten sein und den Haarwuchs fördern. In einigen Gegenden Österreichs wurde die Pflanze als Mittel gegen das Verhexen des Viehs dem Futter beigemischt.

Hirschzunge

Asplenium scolopendrium

Art im Bestand gefährdet

Gefahrenstufe bei der Verwendung: *

Verbreitungsschwerpunkt: Felsige Schluchtwälder, Mauern

Hauptblütezeit: Juli bis September

Verwendung in der Ernährung: Die jungen Aufwüchse nach MACHATSCHEK 2010 als Beigabe in gekochten Speisen möglich. Evtl. wurde die Pflanze nur mit wechselndem Kochwasser ausgekocht verwendet.

Inhaltsstoffe und Wirkung: Da eine Reihe von Farnen Kanzerogene enthalten, sollte man hier immer eine gewisse Vorsicht bei der Dosierung walten lassen. Infolge ihres Gerbstoffgehaltes wirken die Wedel adstringierend, gallensekretionsfördernd, wassertreibend und wundheilungsfördernd. Offenbar wirkt die Pflanze außerdem schleimlösend. Die innerliche Anwendung wird bei Durchfällen, Blasensteinen und zur Behandlung von Leber und Milz beschrieben.

Augenwurz
Athamanta

Doldengewächse (Apiaceae)

Alpen-Augenwurz

Athamanta cretensis

Art ist selten

Verbreitungsschwerpunkt: Felsspalten- und Mauerfugengesellschaften

Hauptblütezeit: Mai bis Juli

Verwendung in der Ernährung: Kleine Dill-Petersilien-aromatische Pflanze für Gemüse, Gewürze und Spirituosen. Zarte, junge, noch hellgrüne Frühjahrsblätter mit ihren weichen Blattadern und -stielen nutzt man fein geschnitten und erhitzt als Beigabe zu Bratgemüse (meist kurz gebraten [8.2]), Hackkräutermischungen [15] und Saucen [14], in Bratlingen [4], als Brotteigbeigabe in Hausbrotmischungen [21.1], zu Rührei [6.3] und Omelett [6.1] oder als Kochgemüse und besonders in Püree [9.3].

Man kann sie zu Gemüsechips [8.5] backen oder in Wein [13.3] bzw. als Sauerkraut [13.4] einlegen und als Beilage servieren.

Denkbar sind sie sowohl als Würze auf Pizza [12.2] wie auch als würzende Beigabe in Salaten [1] und Gemüsesuppen [3.1]. Früher wurden die feinen Blätter der Alpen-Augenwurz als Spezialität gerne zum Würzen von Kartoffelsuppen genutzt, indem man sie fein hackte und frisch in die Suppe einstreute. Sie eignen sich außerdem in Kräutersalz [16.1], -öl [16.4], -essig [16.7], als Würzmus [16.10] und auch als Pesto [16.6]. Die gereiften Früchte kann man von Juli bis August dem Brotteig, v. a. für Hausbrot [21.1], zugeben.

Sie eignen sich eingelegt als Aroma für Wein [18.5] und Spirituosen [18.6] oder zu Wildpflanzensalz [16.1], als Trockengewürz [16.2], in Kräuteröl [16.4] oder Kräuteressig [16.7].

Man kann sie auch als Keimsaat [2] versuchen.

Inhaltsstoffe und Wirkung: Über Inhaltsstoffe und medizinische Wirkungen ist uns nichts bekannt.

Dornmelden, Radmelden
Bassia

Fuchsschwanzgewächse (Amaranthaceae)

Rauhaarige Dornmelde

Bassia hirsuta

Art im Bestand gefährdet

Verbreitungsschwerpunkt: Salzwasser- und Meeresstrandvegetation

Hauptblütezeit: August bis September

Verwendung in der Ernährung: Die frisch austreibenden, weichen Triebe der Rauhaarigen Dornmelde, samt ihrer Blätter, sind sehr eiweißreich, nussig, mild und faserarm. Man erntete sie von April bis Juni und genoss sie erhitzt als kurz gebratenes [8.2], gedünstetes Gemüse [7] oder als Kochgemüse (besonders in Püree [9.3] und als Spinat [9.1]), oder auch in Gemüsefüllungen [10] und Ofengemüsegerichten wie Lasagne [12.1] oder Pizza [12.2]. Fein geschnitten verarbeitete man sie in Eierspeisen [6], Bratlingen [4] und Gemüsesuppen [3.1] oder gab sie roh zur Kräuterbrotzeit [15.1] bzw. in Salat- und Rohkostspeisen [1]. Als in Wein eingelegtes Gemüse [13.3] und auch als Sauerkraut [13.4] sind sie eine würzige Beilage.

Reife Samenkörner wurden im September und Oktober getrocknet und zu Mehl [20] vermahlen. So wurden sie auch als Brotteigbeigabe in Hausbrot [21.1] oder zu Kaffeesurrogat [23] verarbeitet. Als Keimsaat [2] werden sie im Winter zu einer wertvollen Vitaminquelle. Früher wurden zarte unreife Samenstände auch gerne gemüseartig verarbeitet [7–12]. Auch die weichen Wurzeln junger Pflanzen wurden wahrscheinlich gemüseartig zubereitet.

Inhaltsstoffe und Wirkung: Über Inhaltsstoffe und medizinische Wirkungen ist uns nichts bekannt.

Sand-Radmelde

Bassia laniflora

Art im Bestand gefährdet

Verbreitungsschwerpunkt: Sandrasen

Hauptblütezeit: August bis Oktober

Verwendung in der Ernährung: Die jungen Blätter wurden als Kochgemüse [9] verwendet.

Besen-Radmelde

Bassia scoparia

Art neuartig in Ansiedlung

Verbreitungsschwerpunkt: Zierpflanze, selten verwildert

Hauptblütezeit: Juli bis September

Verwendung in der Ernährung: Die jungen Blätter wurden als Kochgemüse [9] verarbeitet.

Inhaltsstoffe und Wirkung: Die Pflanze enthält Saponine, Alkaloide (Harmin – vor allem in den Samen), Nitrat und Oxalsäure, deren Gehalte mit der Samenreifung ansteigen. Die getrockneten Blätter und die Samen sind sehr nährstoffreich. Sie enthalten reichlich Eiweiß, Fett und Mineralstoffe. Der aus Ernährungssicht ungünstige hohe Saponingehalt sollte sich durch Einweichen in Wasser (dieses anschließend wegschütten) mindern lassen. Die Pflanze wirkt antibakteriell und pilzhemmend. Blätter und Samen stärken das Herz und wirken wassertreibend. Außerdem wird von einer entzündungshemmenden und adstringierenden Wirkung berichtet. Das in den Samen enthaltene Harmin wirkt als MAO-Hemmer und beeinflusst hierdurch den Abbau von Neurotransmittern im Gehirn. Des Weiteren wurde ein Einfluss auf den Magen-Darm-Trakt beobachtet. Die volkskundliche Verwendung der Pflanze und insbesondere der Samen zur Behandlung von Hautinfektionen, Erkrankungen der Harnwege, bei rheumatischen Gelenkserkrankungen und Diabetes wird aus China und Korea beschrieben. Weitere Anwendungsgebiete betreffen Leber- und Gallenleiden.

Graukressen
Berteroa
Kreuzblütengewächse (Brassicaceae)

Graukresse
Berteroa incana

Art in der Schweiz und in Teilen Österreichs im Bestand gefährdet

Verbreitungsschwerpunkt: Ruderalgesellschaften, Acker- und Gartenunkrautgesellschaften

Hauptblütezeit: Juni bis August

Verwendung in der Ernährung: Von April bis Mai sind die jungen, kleinen, weichen Blätter und Triebe mitsamt den knospigen und blühenden Blütenständen eine würzende Beigabe in Bratlingen [4], Saucen [14] und Gemüsesuppen [3.1]. Sie bereichern mit ihrem kresseartigen Aroma außerdem Salate und Rohkost [1], Hackkräutermischungen [15] sowie verschiedene Gemüsegerichte [7] [8.2] und nicht zuletzt Wildpflanzensalz [16.1].

Die Blütenknospen im April werden als senfartige Paste [16.8] vermaischt oder kapernartig eingelegt [16.11]. Die weißen Blütenköpfe eignen sich schon knospig und erblüht von Mai bis Juli sehr gut als würzige Deko von diversen herzhaften Speisen. Empfehlenswert sind sie vor allem in Krautsalaten, Hackkräutermischungen [15], Rohkostspeisen [1] oder Gemüsegerichten [7–12].

Ab Juli wurden früher die Samen, und nach unserer Einschätzung auch die jungen feinen Wurzeln, klein geschnitten und als schärfliche Würze zerrieben oder zu Würzmus [16.10] verarbeitet.

Inhaltsstoffe und Wirkung: Über Inhaltsstoffe und medizinische Anwendungen ist uns nichts bekannt.

Rübe
Beta
Fuchsschwanzgewächse (Amaranthaceae)

Rübe, Wilde Runkelrübe
Beta vulgaris

Art im Bestand gefährdet

Verbreitungsschwerpunkt: Meeresspülsäume

Hauptblütezeit: Juni bis September

Verwendung in der Ernährung: Eine milde, kohlartig schmeckende Blatt- und Wurzelgemüsepflanze. In vielen Formen und Züchtungen im landwirtschaftlichen Anbau, wild ist sie nur selten zu finden.

Im Frühjahr kann man die flächigen, aber noch zarten Blätter und weichen Blattstiele ernten und gibt sie in Salate und Rohkost [1] oder genießt sie ganz einfach nur kurz gebraten [8.2] bzw. gedünstet oder gedämpft [7]. Sie ergeben auch ausgezeichnete Füllungen für Gemüsestrudel [10.1], -taschen [10.2] sowie Ofengemüsegerichte [12] und schmecken ebenso hervorragend in Püree [9.3] oder als Spinat [9.1]. Geschnitten sind sie eine Bereicherung in Gemüsesuppen [3.1], Bratlingen [4] und Eierspeisen, insbesondere in Crêpes [6.2], Rührei [6.3] oder Omelett [6.1]. Man kann sie in Wein [13.3] und als Sauerkraut [13.4] einlegen oder sie in Saft- und Vitalgetränke mixen [22.4]. Sehr gut schmecken sie auch in Ausbackteig gebacken [8.4]. Für die Zubereitung von Blattrouladen [5] eignen sich nur sehr große Blätter. Getrocknet können sie dem Rauchtabak beigemischt werden. [25]

Aus möglichst faserarmen, unverholzten Wurzeln bereitet man von Herbst bis ins Frühjahr ein delikates Wurzelgemüse [8.1] oder verarbeitet sie zu eingelegtem Gemüse [13], Bratlingen [4] oder Gemüsechips [8.5]. Getrocknet und pulverisiert werden sie zu Streckmehl für Gebäck [20]. Nur sehr junge, klein geschnittene Wurzeln eignen sich für Gemüsesuppen [3.1] und Eintopf [11.1].

Vermutlich wurden früher auch knospige Blütenstände gemüseartig [7–12], sowie die Samen getreideartig [20–21] verwendet.

Inhaltsstoffe und Wirkung: Die Rübe wurde bereits im 3. Jh. v. Chr. als Salat- und Gemüsepflanze angebaut. Bei den alten Griechen genoss die Pflanze große Wertschätzung. Erst 1780 entdeckte der Berliner Apotheker Markgraf ihren hohen Zuckergehalt (circa 6 %). Weitere Inhaltsstoffe sind Fruchtsäuren, Triterpensäuren und Betain. Die Rübe unterstützt die Regeneration der Leberzellen und schützt vor Leberverfettung. In Indien wird sie außerdem gegen Husten und fieberhafte Erkältungen eingesetzt.

Hohlsame
Bifora
Doldengewächse (Apiaceae)

Strahlen-Hohlsame
Bifora radians
Art in der Schweiz und in Teilen Österreichs im Bestand gefährdet
Verbreitungsschwerpunkt: Getreideunkrautfluren
Hauptblütezeit: Mai bis August
Verwendung in der Ernährung: Eine koriander-aromatische Pflanze für Gewürze und als Salatbeigabe. Möglichst faserarme elastische Wurzeln wurden von April bis August vermahlen als Trockengewürz [16.2], nach unserer Einschätzung auch in Kräuteröl [16.4] und -essig [16.7], verwendet. Sie sind auch ein besonderes Aroma für Wein [18.5], Spirituosen [18.6] und Würzpasten [16.10]. Die weiteren Verwendungen in der Küche sind vergleichbar mit denen der Alpen-Augenwurz *(Athamanta cretensis)*, S. 521.
Inhaltsstoffe und Wirkung: Informationen dazu sind uns nicht bekannt.

Brillenschötchen
Biscutella
Kreuzblütengewächse (Brassicaceae)

Gewöhnliches Brillenschötchen
Biscutella laevigata
Art im Bestand gefährdet
Verbreitungsschwerpunkt: Felsspalten- und Mauerfugengesellschaften
Hauptblütezeit: Mai bis August
Verwendung in der Ernährung: Die kleinen, weichen, kresseähnlich schmeckenden Blätter und Triebe sowie die Blütenknospen gab man im April und Mai roh als Beigabe in Salate, Rohkost [1] und Hackkräutermischungen [15]. Sie gaben diversen Gemüsegerichten eine delikate Würze, z. B. kurz gebratenem und gedünstetem Gemüse [8.2] [7] sowie Spinat [9.1], Saucen [14] und Gemüsesuppen [3.1]. Man legte sie in Wein ein [13.3] oder gab sie getrocknet in Kräutersalz [16.1]. Auch als aromatische Beigabe in Bratlingen [4] sind sie bestens geeignet.
Die Blütenknospen nutzte man außerdem als senfartige Paste [16.8] oder kapernartig eingelegt [16.11]. Von Mai bis August galten die gelben Blüten als ein dekoratives Gewürz in Hackkräutermischungen [15], Salat- und Rohkostspeisen [1] oder Gemüsegerichten [7–12].
Die brillenförmigen Samen verarbeitete man im Sommer als Trockengewürz [16.2].
Auch unverholzte Wurzeln wären denkbar als schärfliches Gewürz, sofern sie nicht auf belasteten Böden wachsen, siehe im Weiteren.
Inhaltsstoffe und Wirkung: Offenbar ist die Pflanze in der Lage, in ihrem Kraut und insbesondere in den Wurzeln Schwermetalle (z. B. Cadmium und Blei) zu sammeln, ohne selbst dabei Schaden zu nehmen. Diese Eigenschaft ermöglicht ihr die Besiedlung belasteter Böden.

Mondrauten
Botrychium
Natternzungengewächse (Ophioglossaceae)

Echte Mondraute
Botrychium lunaria
Art zerstreut bis selten
Gefahrenstufe bei der Verwendung: *
Verbreitungsschwerpunkt: Magerrasen, Bergwiesen
Zeit der Sporenreife: Mai bis Juli
Verwendung in der Ernährung: In Bergregionen nutzte man die jungen Aufwüchse nach MACHATSCHEK 2010 als Beigabe in gekochten Speisen.
Inhaltsstoffe und Wirkung: Die Pflanze enthält Gerbstoffe und Fruchtsäuren. Die medizinische Verwendung ist ähnlich wie bei der Virginischen Mondraute *(B. virginianum)* zur Wundbehandlung, innerlich und äußerlich, und blickt auf eine lange Tradition zurück. Außerdem wurde sie verwendet zur Behandlung von Brüchen und zur Behandlung der Ruhr, einer schweren, bakteriellen Durchfallerkrankung.

Ästige Mondraute
Botrychium matricariifolium
Art im Bestand gefährdet
Gefahrenstufe bei der Verwendung: *
Verbreitungsschwerpunkt: Magerrasen der Alpen
Zeit der Sporenreife: Juli bis August
Verwendung in der Ernährung: Vergleichbar mit *Botrychium lunaria.*
Inhaltsstoffe und Wirkung: Inhaltsstoffe und Verwendung sind vermutlich ähnlich wie bei *B. virginianum.*

Vielteilige Mondraute
Botrychium multifidum
Art im Bestand gefährdet
Gefahrenstufe bei der Verwendung: *
Verbreitungsschwerpunkt: Magerrasen, lichte Wälder
Zeit der Sporenreife: Juli bis September
Verwendung in der Ernährung: Vergleichbar mit *Botrychium lunaria.*
Inhaltsstoffe und Wirkung: Inhaltsstoffe und Verwendung sind vermutlich ähnlich wie bei *B. virginianum.*

Virginische Mondraute
Botrychium virginianum
Art im Bestand gefährdet
Gefahrenstufe bei der Verwendung: *
Verbreitungsschwerpunkt: Borstgrastriften und Zwergstrauchheiden
Zeit der Sporenreife: Juni bis August

Verwendung in der Ernährung: Die Pflanze wurde angeblich im Himalayagebiet gekocht in der Nahrung verwendet. Das Abkochen vor der Verwendung ist wichtig. Vermutlich nutzte man vor allem die Wurzel. Über bedenkliche Inhaltsstoffe liegen uns keine Informationen vor; da jedoch eine Reihe von Farnen Kanzerogene enthalten, sollte man hier immer eine gewisse Vorsicht bei der Dosierung walten lassen.
Inhaltsstoffe und Wirkung: Über Inhaltsstoffe ist uns nichts bekannt. Früher wurde ein Umschlag aus der Wurzel bei Quetschungen, Wunden und Schlangenbissen aufgelegt. Einen schweißtreibenden und auswurffördernden Tee aus den Wurzeln setzte man bei Erkrankungen der Lunge ein.

Knollenkümmel
Bunium
Doldengewächse (Apiaceae)

Knollenkümmel, Erdkastanie
Bunium bulbocastanum
Art ist selten
Verbreitungsschwerpunkt: Getreideunkrautfluren
Hauptblütezeit: Juni bis Juli
Verwendung in der Ernährung: Stärkereiche, aromatische Pflanze, ihr Grundgeschmack ist kümmelartig. Ihre zarten jungen Blätter und Triebe ergeben von April bis Juli ein gutes Gewürzkraut, indem man sie fein schneidet und roh Hackkräutermischungen [15], Saucen [14], Pesto [16.6] sowie Salaten und Rohkost [1] beigibt oder erhitzt in Bratlingen [4] einarbeitet. Man kann sie auch als gedünstetes bzw. gedämpftes Gemüse [7] oder als Füllung für Gemüsestrudel [10.1] und -taschen [10.2] zubereiten.
Ebenso ist es möglich, sie dem Brotteig für Hausbrotmischungen [21.1] zuzugeben, in Wein [13.3] und auch als Sauerkraut [13.4] einzulegen oder als Tee [22.1] aufzubrühen. Sie aromatisieren [18] nicht nur Spirituosen [18.6], sondern auch Wildpflanzensalz [16.1] und Kräuteröl [16.4].
Die Blattstängel können gut als Gewürz, z. B. in Suppen [3.1] mitgekocht werden.
Die ausgereiften harten Früchte erntet man von August bis September und nutzt sie frisch oder getrocknet als Würze zu allerlei Speisen, z. B. als Aroma in Spirituosen [18.6] oder als Brotteigbeigabe [21.1]. Getrocknet lassen sie sich auch gut bevorraten [16.2]. Aufgrund ihres kräftigen Aromas eignen sie sich sehr gut zur Herstellung von Kräuter- [16.4] und Mazerationsöl. Es ist auch möglich, sie als Keimsaat [2] zu nutzen.
Die Erdkastanie hat eine rundlich-dicke Knollenwurzel. Man erntet sie, möglichst unverholzt, an noch nicht blühenden Pflanzen von Herbst bis Frühjahr und gibt sie frisch gerieben in Salate [1]. Gesäubert und z. T. geschält wird sie in der Küche zu einer schmackhaften Speise, z. B. kurz gebraten [8.2], als Wurzelgemüse [8.1], paniert [8.3] oder als Gemüsechips [8.5]. Auch kann man sie in Bratlingen [4] einarbeiten oder als Gemüse (insbesondere in Salzlake [13.1]) einlegen.
Die in feine Scheiben geschnittenen Wurzeln sind eine Delikatesse, wenn sie mit anderen Wurzelgemüsescheiben gemischt im Ofen überbacken werden. Junge, kleingeschnittene Wurzeln verarbeitet man in Gemüsesuppen [3.1], Mischgemüsegerichten, insbesondere als Eintopf [11.1], und zu Würzmus [16.10].
Getrocknet nutzt man sie als Trockengewürz [16.2] und Streckmehl [20].
Um den Bestand zu erhalten, bitte nur Wurzeln aus großem Vorkommen ernten.
Inhaltsstoffe und Wirkung: Der Gewöhnliche Knollenkümmel enthält ätherisches Öl und Flavonoide. Die Verwendung und Anwendung ist ähnlich wie beim nicht heimischen Kreuzkümmel, insbesondere zur Verdauungsföderung.
Verwechslungsgefahr: Gemeine Hundspetersilie *(Aethusa cynapium)*, S. 590; Wasser-Schierling *(Cicuta virosa)*, S. 598; Gefleckter Schierling *(Conium maculatum)*, S. 600.

Schwanenblumen
Butomus
Schwanenblumengewächse (Butomaceae)

Doldige Schwanenblume
Butomus umbellatus
Art in der Schweiz und in Teilen Österreichs im Bestand gefährdet
Verbreitungsschwerpunkt: Röhrichte wenig bewegter Gewässer
Hauptblütezeit: Anfang Juni bis Ende August
Verwendung in der Ernährung: Die Pflanze enthält über 50 % Stärke in ihrem essbaren Rhizom. Man nutzte es vom Herbst bis ins Frühjahr als Wurzelgemüse [8.1] und Backgemüse [12.3] (bei einigen Volksstämmen in der Feuerasche gebacken), als Kaffeesurrogat [23], getrocknet und vermahlen zu Streckmehl für Gebäck [20] und als Brotteigbeigabe [21.1] sowie auch als Verdickungsmittel für Saucen. Mitunter wurde es auch zu Bratlingen [4], als Gemüsechips [8.5], und klein geschnitten in Gemüsesuppen [3.1] und Mischgemüsegerichten, insbesondere als Eintopf [11.1], verwendet. Das Rhizom sollte zur Verarbeitung geschält und die seitlichen Rhizomaustriebe entfernt werden.
Inhaltsstoffe und Wirkung: Offenbar wurde Wurzel und Samen der Pflanze früher innerlich bei Ödemen (Wasseransammlungen im Gewebe) eingenommen. Mittlerweile wird sie wegen ihrer schönen Blüten gerne in Gartenteichen angepflanzt. Über Inhaltsstoffe ist nichts bekannt.

Buchsbäume
Buxus
Buchsbaumgewächse (Buxaceae)

Immergrüner Buchsbaum, Buchs
Buxus sempervirens
Art im Bestand gefährdet
Gefahrenstufe bei der Verwendung: **
Verbreitungsschwerpunkt: Trockenheit ertragende Eichenmischwälder
Hauptblütezeit: März bis April
Verwendung in der Ernährung: Die Pflanze gilt mit einem hohen Anteil von Steroidalkaloiden als sehr giftig (Verdauungsstörungen, Lähmungserscheinungen). Angeblich nutzte man jedoch im Brauprozess für Bier [18.7] die immergrünen harten Blätter als Bittergewürz. Wichtig! Diese Überlieferung ist kritisch zu betrachten.
Inhaltsstoffe und Wirkung: Die Pflanze enthält Alkaloide (Cyclobuxin D), ätherisches Öl und Gerbstoffe. Früher wurden die Blätter volksmedizinisch als Chininersatz zur Behandlung von wiederkehrendem Fieber (Malaria) und bei Rheuma eingesetzt. Wegen ihrer Giftigkeit und der Schwierigkeit einer exakten Dosierung wird die Pflanze heute nicht mehr verwendet. Die Blätter können bei empfindlichen Menschen Kontaktallergien erzeugen. Der eingeatmete Holzstaub kann asthmatische Beschwerden hervorrufen.

Meersenfe
Cakile
Kreuzblütengewächse (Brassicaceae)

Europäischer Meersenf
Cakile maritima
Art zerstreut bis selten
Verbreitungsschwerpunkt: Meeresspülsäume
Hauptblütezeit: Juli bis Oktober
Verwendung in der Ernährung: Dies sind kresse- bzw. kohlartig schmeckende Pflanzen, deren junge Blätter, Triebe und Blütenknospen man von April bis August auf vielfältige Art und Weise in der Küche verwenden kann: als würzende Beigabe zu kurz erhitztem Bratgemüse [8.2], in gedünstetem oder gedämpftem Gemüse [7], in Bratlingen [4], Saucen [14] und Gemüsesuppen [3.1] sowie als Würzbeigabe in Wildpflanzensalz [16.1]. Sie verfeinern Salate und Rohkost [1] und bilden fein gehackt eine erstklassige, würzige Auflage auf Butterbrot [15.1]. Die Blütenknospen können außerdem kapernartig eingelegt [16.11] oder als senfartige Paste vermaischt [16.8] werden. Ihre weißen Blüten eignen sich im Sommer als würzige Dekorationsstreu in Kräutermischungen [15], anderen Rohkostspeisen [1] oder Gemüsegerichten [7–12]. Die Samen im Spätsommer und junge, noch elastische Wurzeln im Frühsommer nutzt man als schärfliches Gewürz.
Inhaltsstoffe und Wirkung: Die Pflanze enthält Glucosinolate und Vitamin C. Offenbar wurde sie früher gegen Skorbut und als mild harntreibend und abführendes Mittel genutzt. Bevor Kohlarten auf Feldern angebaut wurden, war der Meersenf eine typische Futterpflanze für die Raupen des Kohlweißlings.

Ringelblumen
Calendula
Korbblütengewächse (Asteraceae)

Verwendung in der Ernährung: In der Regel gibt es in Mitteleuropa nur eine heimische Art, nämlich die seltene Acker-Ringelblume *(Calendula arvensis).* Doch häufig finden sich auch – aus Gärten verwildert – andere Calendula-Arten. Allesamt sind sie milde Pflanzen mit dekorativen Blüten, die sich als farbige Beigabe zu diversen Speisen nutzen lassen.

Die vollständig geöffneten Blüten verarbeitet man von Mai bis Oktober z. B. mit Rotkleeblüten zu Knäckebrot [21.2]. Eine dekorative Beigabe sind sie in Kräutermischungen [15], Wildpflanzensalz [16.1] sowie in Salat- und Rohkostspeisen [1]. Als hübsche Nascherei genießt man sie kandiert [17.4] oder in Süßspeisen eingearbeitet, z. B. als Beigabe zu Sorbet [17.7]. Auch als Aroma, vor allem in Gelee, [18.1] oder als Schmuckdroge in Aromazucker [18.2] werden sie verwendet. Sehr gut kann man sie auch in diversen Getränken verarbeiten, wie z. B. als Tee [22.1], in Wildpflanzenlimonade [22.2] und in Bowle [22.3]. Knospige Blüten schmecken im April und Mai sehr gut, wenn sie paniert [8.3] oder in Ausbackteig [8.4] verarbeitet werden. Ebenso finden sie Verwendung als kurz gebratenes Gemüse [8.2], als Zutat in Bratlingen [4] und Mischgemüsegerichten [11] sowie kapernartig eingelegt [16.11] oder olivenartig verarbeitet [16.12].

Acker-Ringelblume
Calendula arvensis
Art im Bestand gefährdet
Verbreitungsschwerpunkt: Nährstoffreiche Acker- und Gartenunkrautfluren
Hauptblütezeit: Mai bis Oktober
Inhaltsstoffe und Wirkung: Medizinisch verwendet werden Salbenzubereitungen aus den Blüten bei schlecht heilenden Wunden und Entzündungen der Haut und Schleimhaut, außerdem Extrakte zum Gurgeln und Spülen bei Zahnfleischentzündungen. Die in der Pflanze enthaltenen Flavonoide (Quercetin und Isorhamnetinglykoside), Triterpensaponine, Carotinoide und Polysaccharide wirken entzündungshemmend, immunstimulierend und wundheilungsfördernd. Innerlich wird die Ringelblume bei Magen- und Darmgeschwüren eingesetzt, in Teemischungen häufig auch als Schönungsdroge wegen der leuchtend gelben Farbe.

Schlangenwurz-Arten
Calla
Aronstabgewächse (Araceae)

Schlangenwurz, Drachenwurz, Sumpf-Calla
Calla palustris
Art im Bestand gefährdet
Gefahrenstufe bei der Verwendung: **
Verbreitungsschwerpunkt: Röhrichte und Großseggensümpfe
Hauptblütezeit: Mitte Mai bis Mitte Juli
Verwendung in der Ernährung: Vorsicht! Alle Pflanzenteile, v. a. die Blätter und Früchte, können giftig wirken. Erste Anzeichen einer Vergiftung äußern sich in Durchfall. Dennoch nutzte man früher, laut ROTH et al. 1994, in Schweden den Wurzelstock vermahlen im Brotteig. Vermutlich werden durch den Erhitzungsprozess beim Backen die Giftstoffe unschädlich gemacht.
Inhaltsstoffe und Wirkung: Die Pflanze enthält vergleichbare Inhaltsstoffe wie der Aronstab *(Arum maculatum)*, siehe S. 595. Die Pflanze und insbesondere die Wurzel wirken hautreizend. Offenbar wurde in einigen Gegenden der USA ein Tee aus der getrockneten Wurzel bei grippalen Infekten getrunken.

Leindotter-Arten
Camelina
Kreuzblütengewächse (Brassicaceae)

Saat-Leindotter
Camelina sativa (Artengruppe)
Art ist selten
In der Artengruppe ist *C. microcarpa* ssp. *sylvestris* in der Schweiz im Bestand gefährdet
Verbreitungsschwerpunkt: Schuttunkrautfluren
Hauptblütezeit: Mai bis Juni
Verwendung in der Ernährung: Leindotter sind rucolaaromatische, würzige Pflanzen für Gemüse und Feinschnittkräutermischungen. Die ausgereiften, ölreichen Samen verarbeitete man von Juni bis September als Pressöl [16.3]. Sie werden heute, ähnlich wie Raps, extra zu diesem Zweck angebaut. Die Verwendung ist vergleichbar mit der des Echten Hirtentäschels *(Capsella bursa pastoris)*, S. 383.
Inhaltsstoffe und Wirkung: Die Pflanze enthält wenig Glucosinolate. Das aus dem Samen gewonnene Öl enthält große Mengen ungesättigter Fettsäuren (α-Linolenäure) und soll die Immunabwehr stärken. Eine äußerliche Anwendung soll die Wundheilung fördern und entzündliche Gelenkserkrankungen lindern.

Hanfe
Cannabis
Hanfgewächse (Cannabaceae)

Hanf, Marihuana
Cannabis sativa
Art ist selten verwildert
Gefahrenstufe bei der Verwendung: *
Verbreitungsschwerpunkt: Ruderalgesellschaften, Acker- und Gartenunkrautgesellschaften
Hauptblütezeit: Juli bis August
Verwendung in der Ernährung: Vom Geschmack her sind die frisch austreibenden Blätter und Triebspitzen sehr mild. Denkbar wäre es deshalb, sie von April bis Juni, solange die Blattstiele noch ganz weich sind, als Gemüsegericht zuzubereiten: als kurz gebratenes [8.2], gedünstetes oder gedämpftes Gemüse [7.3], in Bratlingen [4], als Brotteigbeigabe [21], in Eierspeisen [6] oder als Gemüsechips [8.5] sowie in diversen Füllungen [10], als Spinat [9.1] oder in Gemüsesuppen [3.1]. Früher wurden die klein gehackten Blätter Kräutermischungen [15], Saucen [14] oder auch Salaten und Rohkost [1] beigegeben. Sie fanden außerdem Verwendung als Aroma in Spirituosen [18.6] oder Bier [18.7]. Die reife, ausgebildete Saat gab man von August bis September getrocknet in Salatsaucen oder verarbeitete sie zu Pressöl [16.3]. Denkbar wären sie auch geröstet mit Salz oder Zucker als Nascherei, als Süßgebäckzutat und als Brotteigbeigabe in Hausbrot [21.1]. Man könnte sie außerdem als Keimsaat [2] nutzen. Vorsicht! Vor allem das Harz der weiblichen Pflanze von *Cannabis sativa* ssp. *indica* wirkt halluzinogen.
Inhaltsstoffe und Wirkung: *Cannabis sativa (non indica)* enthält in Mitteleuropa meist keine narkotischen Bestandteile. Beim Umgang mit der Pflanze in Europa sind die jeweils geltenden gesetzlichen Bestimmungen zu beachten. Vgl. ROTH et al. 1994 (Betäubungsmittelrecht). Hanf begleitet den Menschen seit Urzeiten. Die Pflanze dient als Nahrungs-, Faser-, Heil- und Rauschpflanze. Die Samen enthalten alle lebensnotwendigen Aminosäuren, sind reich an ungesättigten Fettsäuren, Vitaminen, Ballast- und Mineralstoffen und schmecken lecker. Aus ihnen lässt sich ein hochwertiges Speiseöl pressen, das zur unterstützenden Behandlung von Neurodermitis eingesetzt werden kann. Bedauerlicherweise ist die Pflanze aufgrund ihrer missbräuchlichen Verwendung als Rauschgift seit Jahrzehnten stigmatisiert. Mittlerweile erinnert sich die Medizin aber zunehmend der überlieferten Heilwirkungen und kann diese vielfach wissenschaftlich bestätigen. Material über die medizinischen Möglichkeiten der Heilpflanze Hanf füllt mittlerweile ganze Bücher und kann hier nur dürftig angeschnitten werden. Als Inhaltsstoffe spielen hierbei die sogenannten Cannabinoide, von denen einige rauscherzeugend sind, eine besondere Rolle. Mittlerweile wurde der Wirkstoff Tetrahydrocannabinol sogar als verschreibungspflichtiges Betäubungsmittel zugelassen. Das Mittel wird zur Behandlung von Nervenschmerzen und Krämpfen bei Multipler Sklerose, aber auch zur Linderung von Übelkeit und Erbrechen im Zusammenhang mit Krebserkrankungen und AIDS eingesetzt. Außerdem senkt es den Augeninnendruck beim Glaukom und reduziert wirksam die Anfälle beim Tourette-Syndrom.

Tausendgüldenkräuter
Centaurium
Enziangewächse (Gentianaceae)

Verwendung in der Ernährung: Kraut und Blüten der hier aufgeführten mitteleuropäischen Tausendgüldenkräuter wurden früher von April bis Juli als Trockengewürz [16.2] oder Biergewürz [18.7] genutzt, oder zur Herstellung von Magenlikör in Spirituosen [18.6] eingelegt. Es sind bitter-würzige Pflanzen.

Gewöhnliches Tausendgüldenkraut
Centaurium erythraea
Art im Bestand gefährdet
Verbreitungsschwerpunkt: Waldlichtungsfluren und -gebüsche
Hauptblütezeit: Juni bis September
Inhaltsstoffe und Wirkung: Die streng geschützte Pflanze wird zur medizinischen Verwendung angebaut. Genutzt wird die getrocknete, blühende Pflanze. Die Heilpflanze enthält bitter schmeckende Iridoide, Flavonoide und Pyridinalkaloide. Als Bittermittel unterstützt sie die Magensaftsekretion. Wahrscheinlich hilft sie auch bei nervöser Erschöpfung und wirkt positiv auf den Kreislauf. Sie wird bei Appetitlosigkeit (Magersucht) eingesetzt, hilfreich ist sie wegen ihrer entzündungshemmenden Wirkung auch bei Entzündungen in Mund und Rachen.

Strand-Tausendgüldenkraut
Centaurium littorale
Art im Bestand gefährdet
Verbreitungsschwerpunkt: Salzwasser- und Meeresstrandvegetation
Hauptblütezeit: Juli bis September
Inhaltsstoffe und Wirkung: Vermutlich ähnliches Wirkungsspektrum wie *C. erythraea.*

Zierliches Tausendgüldenkraut, Kleines Tausendgüldenkraut
Centaurium pulchellum
Art im Bestand gefährdet.
Verbreitungsschwerpunkt: Wechselnasse Zwergpflanzenfluren
Hauptblütezeit: Juli bis September
Inhaltsstoffe und Wirkung: Vermutlich ähnliches Wirkungsspektrum wie *C. erythraea.*

Winterlieb-Arten
Chimaphila
Heidekrautgewächse (Ericaceae)

Dolden-Winterlieb
Chimaphila umbellata
Art im Bestand gefährdet
Verbreitungsschwerpunkt: Saure Kiefernwälder
Hauptblütezeit: Juni bis August
Verwendung in der Ernährung: Das Dolden-Winterlieb hat recht bittere Rosettenblätter. Diese wurden früher von Mai bis August zur Teegetränkbereitung [22.1] und als Aroma in Spirituosen [18.6] oder Bier [18.7] verwendet.
Inhaltsstoffe und Wirkung: Das Dolden-Winterlieb enthält Hydrochinone (Arbutin), Methylsalicylate, Flavonoide, Gerbstoffe Sitosterol und Triterpene (Ursolsäure). Die Indianer Nordamerikas nutzten die schweißtreibende Wirkung der Pflanze bei Fieber und setzten sie darüber hinaus bei Typhus ein. Volksheilkundlich belegt und wegen der desinfizierenden Wirkung der Hydrochinone auf den Harntrakt durchaus sinnvoll, ist der Einsatz bei Nieren- und Blasenleiden. Ihre harntreibende Wirkung übt auch einen günstigen Einfluss bei Rheuma und Gicht aus. Die äußerliche Anwendung der Blätter lindert rheumatische Gelenksschmerzen, Blasen und Schwellungen. Im Tierversuch zeigt das Dolden-Winterlieb eine blutzuckersenkende Wirkung.

Knorpelsalate
Chondrilla
Korbblütengewächse (Asteraceae)

Verwendung in der Ernährung: Die heimischen Chondrilla-Arten sind allesamt sehr selten und sollten nicht gesammelt werden. Ihre jungen, noch hellgrünen Rosettenblätter wurden früher von April bis Mai als gedünstetes oder gedämpftes Gemüse [7], als Spinat [9.1] oder in Salaten und Rohkost [1] verarbeitet.

Alpen-Knorpelsalat
Chondrilla chondrilloides
Art im Bestand gefährdet
Verbreitungsschwerpunkt: Flusskiese und feuchte Schuttfluren des Gebirges
Hauptblütezeit: Juli bis August
Inhaltsstoffe und Wirkung: Siehe *Chondrilla juncea.*

Großer Knorpelsalat, Binsen-Knorpellattich
Chondrilla juncea
Art im Bestand gefährdet
Verbreitungsschwerpunkt: Pioniergesellschaften trockener Böden
Hauptblütezeit: Juni bis September
Inhaltsstoffe und Wirkung: Über Inhaltsstoffe ist uns nichts bekannt. Der Große Knorpellattich *(C. juncea)* wird als Magenmittel beschrieben.

Wucherblumen
Chrysanthemum
Korbblütengewächse (Asteraceae)

Saat-Wucherblume
Chrysanthemum segetum
Art zerstreut und unbeständig
Verbreitungsschwerpunkt: Nährstoffreiche Acker- und Gartenunkrautfluren
Hauptblütezeit: Mai bis Oktober
Verwendung in der Ernährung: Ihre herb-fruchtig schmeckenden Randblütenblättchen werden von Mai bis Oktober gepflückt und kurz blanchiert. Sie bereichern als hübsche Einlage klassische Gemüsesuppen [3.1] und Salate [1]. Junge, zarte Blätter nutzt man von April bis Mai in kleinen Mengen als Beigabe zu Spinat [9.1] oder in Bratlingen [4].
Inhaltsstoffe und Wirkung: Die Pflanze enthält ätherisches Öl und Cumarine. Sie wirkt antiseptisch und wurde bei Infektionen und als Wurm- und Magenmittel eingesetzt.

Milchlattiche
Cicerbita
Korbblütengewächse (Asteraceae)

Alpen-Milchlattich
Cicerbita alpina
Art zerstreut bis selten
Verbreitungsschwerpunkt: Hochstaudenfluren und Gebüsche
Hauptblütezeit: Juli bis September
Verwendung in der Ernährung: Leicht herbe Pflanze, deren zarte junge Blätter man z. B. als leicht bitterschmeckenden Salat zubereiten kann. Vorher sollte man sie ggf. blanchieren oder im Dressing ziehen lassen, um ihnen die Bitterstoffe zu entziehen. Man kann sie außerdem als Zutat in Hackkräutermischungen [15] geben oder in Bittergemüse [9.2] einarbeiten. Das junge knackige, saftige Stängelzentrum mit dem Wurzelansatz ohne die Blätter gilt in Italien als regionale Spezialität. Im März und April nutzt man die Wurzeln ebenfalls für Bittergemüse [9.2], Wurzelgemüse [8.1] oder kurz gebraten [8.2]. Man kann sie auch paniert [8.3] bzw. als Gemüsechips [8.5] zubereiten oder in Salzlake [13.1], Essig [13.2] sowie Marinade einlegen. Zudem finden sie Verwendung in Würzmus [16.10] und als Kaffeesurrogat [23]. Roh schmecken die Wurzeln des Alpen-Milchlattichs recht bitter; fein geschnitten, blanchiert und mit anderen Wurzeln (z. B. Kletten, Pastinaken) zusammen gebacken [12.3] und mit Nüssen gratiniert werden sie jedoch zu einer herzhaften Mahlzeit. Laut Marzell 1958 nannte man die Pflanze früher auch »Bergkohl«.
Inhaltsstoffe und Wirkung: Über Inhaltsstoffe ist uns nichts bekannt. Die Pflanze soll harntreibend wirken, äußerlich verwendet bei Entzündungen.

Löffelkraut-Arten
Cochlearia
Kreuzblütengewächse (Brassicaceae)

Verwendung in der Ernährung: Die zarten, jungen Blätter der hier aufgeführten Arten Mitteleuropas sind im Geschmack kresseartig bis salzig-bitter. Sie wurden im Frühjahr vor der Blüte zu Kräutersuppen [3.1], Mischgemüsegerichten [11] und Salaten [1] gegeben. Im Sommer werden die ausgereiften Blätter bitterer. Im Frühsommer eignen sich die Blütenknospen und Triebspitzen als würzige Zutat in Kräuterquark [15.5], Kräuterbutter [15.3] oder Pesto [16.6] sowie in kurz gebratenem Gemüse [8.2]. Außerdem aromatisieren sie Kräuteröl [16.4], -essig [16.7] und dergleichen. Die Blüten nutzte man als essbare Dekorationsstreu über herzhaften Gerichten. Früher wurde aus den scharfen, rundlichen Samen von August bis September Pressöl [16.3] hergestellt. Das flüchtige Öl wurde dann zu einem heilkräftigen Löffelkrautgeist weiterverarbeitet. Nutzbar sind die Samen aber auch als Keimsaat [2], Brotbelag [15.1] oder als eine Art Senf vermaischt [16.8]. Im Frühjahr wurden die jungen, noch elastischen Wurzeln als schärfliches Gewürz verwendet. Die Pflanzen bleiben unter der Schneedecke lange frisch und grün und wurden deshalb früher gerne angebaut, um vor Vitaminmangel im Winter zu schützen. Auch die Seeleute bevorrateten sie eingesalzen als Vitaminquelle. Möglich ist es ebenfalls, die Pflanzen zu trocknen, allerdings verlieren sie dabei ihren würzigen Geschmack.
Inhaltsstoffe und Wirkung: Die Pflanzen enthalten neben Senfölgykosiden Gerbstoffe, Bitterstoffe, viel Vitamin C und Mineralien. Sie wurden früher frisch, eingesalzen oder milchsauer vergoren erfolgreich gegen Vitamin-C-Mangel (Skorbut) eingesetzt. Gern nutzte man sie auch zur Entgiftung und Blutreinigung bei Frühjahrskuren. Der Presssaft aus dem Kraut ergibt ein antiseptisches Mundwasser und kann zur Behandlung von Geschwüren und Pickeln verwendet werden.

Englisches Löffelkraut
Cochlearia anglica
Art im Bestand gefährdet
Verbreitungsschwerpunkt: Salzwasser- und Meeresstrandvegetation
Hauptblütezeit: Mai bis Juli

Dänisches Löffelkraut
Cochlearia danica
Art im Bestand gefährdet
Verbreitungsschwerpunkt: Salzwasser- und Meeresstrandvegetation
Hauptblütezeit: Mai bis Juni

Echtes Löffelkraut, Löffelkresse
Cochlearia officinalis (Artengruppe)
Art im Bestand gefährdet
Verbreitungsschwerpunkt: Salzwasser- und Meeresstrandvegetation
Hauptblütezeit: Mai bis Juni

Ackerkohl-Arten
Conringia
Kreuzblütengewächse (Brassicaceae)

Ackerkohl
Conringia orientalis
Art im Bestand gefährdet
Verbreitungsschwerpunkt: Getreideunkrautfluren
Hauptblütezeit: Mai bis Juli
Verwendung in der Ernährung: An noch nicht blühenden Pflanzen erntete man im Frühjahr die möglichst unverholzten Wurzeln und verarbeitete sie gesäubert zu Wurzel-, Misch- und Backgemüse [8.1] [11.1] [12.3]. Die Blätter schmecken kohl- bis mild-senfartig. Man bereitete sie von April bis Juli als gedünstetes oder gedämpftes Gemüse [7] zu, gab sie als Zutat in Gemüsesuppen [3.1] und Saucen [14] oder legte sie als Sauerkraut ein [13.4]. Besonders als Rahmgemüse schätzte man die jungen Blätter.
Die noch knospigen Blütenstände sowie die zarten Blätter und Triebe galten als gutes kurz gebratenes [8.2] bzw. eingelegtes Gemüse [13]. Auch als würzige Zutat in Salaten [1] oder Eierspeisen [6] fanden sie Verwendung. Im Frühsommer eigneten sich die Blüten als dezent würzige, essbare Dekoration. Die jungen, noch zarten Samenschoten verwendet man im Sommer kurz in etwas Öl gebraten und gesalzen. Aus dem Samenschrot gewann man von August bis September durch Pressung ein senfölhaltiges Speiseöl [16.3].
Inhaltsstoffe und Wirkung: Informationen dazu sind uns nicht bekannt.

Krähenfuß-Arten
Coronopus
Kreuzblütengewächse (Brassicaceae)

Verwendung in der Ernährung: Die Blätter der hier erwähnten mitteleuropäischen Krähenfuß-Arten wurden früher von März bis Mai als frisches Küchengewürz oder als Beigabe zu Salaten [1], verschiedenen gedünsteten Gemüsegerichten [7], Gemüsefüllungen [10] und Suppen [3.1] sowie zu Kräuterquark [15.5] oder -butter [15.3] verwendet. Die unscheinbaren Blüten und Blütenknospen samt der zarten Blütenstängel eignen sich von Frühjahr bis Sommer als dezent würzige, essbare Dekoration. Sie sind ebenso nutzbar als würzige Beigabe in Salaten und Rohkost [1], in Saucen [14] und Bratlingen [4] oder als kurz gebratenes [8.2] bzw. eingelegtes Gemüse [13]. Die Samen wurden im Sommer als Gewürz verwendet oder als Keimsaat [2] für den Winter bevorratet. Die Wurzeln können fein geschnitten als scharfe Würzbeigabe zu herzhaften Gerichten oder als Trockengewürz [16.2] dienen.

Zweiknotiger Krähenfuß
Coronopus didymus
Art im Bestand gefährdet
Verbreitungsschwerpunkt: Häufig betretene Rasen
Hauptblütezeit: Juni bis August
Inhaltsstoffe und Wirkung: Die Pflanze enthält Glucosinolate, darunter Glucotropaeolin. Sobald die Pflanze verletzt wird, kommt es zur enzymatischen Spaltung der enthaltenen Verbindung, wodurch eine Vielzahl geruchsintensiver Substanzen (Sulfide, Mercaptane) freigesetzt wird. Fressen Kühe den Krähenfuß, so bewirken diese Stoffe einen unangenehmen Fehlgeschmack in der Milch. In Südafrika, woher die Pflanze ursprünglich stammt, wurde sie zur Verdauungsförderung, als schleimlösendes Mittel und bei Malaria eingesetzt. In Hawaii verwendete man die Pflanze bei Erkrankungen der Atmungsorgane.

Niederliegender Krähenfuß
Coronopus squamatus
Art im Bestand gefährdet
Verbreitungsschwerpunkt: Häufig betretene Rasen
Hauptblütezeit: Mai bis August
Inhaltsstoffe und Wirkung: Siehe *Coronopus didymus*.

Meerkohl-Arten
Crambe
Kreuzblütengewächse (Brassicaceae)

Echter Meerkohl, Seekohl
Crambe maritima
Art im Bestand gefährdet
Verbreitungsschwerpunkt: Meeresspülsäume
Hauptblütezeit: Mai bis Juni
Verwendung in der Ernährung: Der Echte Meerkohl ist eine leicht salzig-kohlaromatische Pflanze, die in England und Frankreich als Gemüse angebaut und ähnlich wie Brokkoli zubereitet wird. Ältere Triebe sind außen zunehmend hart. Man kann sie aber schälen, um an das weiterhin zarte Innere zu gelangen. Junge Blätter und Triebspitzen nutzt man im April und Mai in Salaten und Rohkost [1]. Größere Blätter mit den Blattstielen und knospige Blütenstände eignen sich im Sommer als Gemüse [4–11]. Die Blüten finden als Dekoration, die Samen als senfartig zubereitete Paste [16.8] Verwendung. Aus noch unverholzten Wurzeln kann man Wurzelgemüse [8.1] zubereiten.
Inhaltsstoffe und Wirkung: Die Pflanze enthält Glucosinolate, Vitamin C und Mineralstoffe. Das Öl aus den Samen enthält circa 50 % der für den Menschen problematischen Erucasäure. Als Rohstoff vom Acker gewinnen die Pflanze und das Öl zunehmend an Bedeutung. Über eine medizinische Verwendung ist uns nichts bekannt.

Kreuzlabkräuter
Cruciata
Krappgewächse (Rubiaceae)

Gewöhnliches Kreuzlabkraut
Cruciata laevipes
Art zerstreut
Verbreitungsschwerpunkt: Unkrautfluren
Hauptblütezeit: April bis Juni
Verwendung in der Ernährung: Dykeman erwähnt die Pflanze als essbar.

Hühnerbiss-Arten
Cucubalus
Nelkengewächse (Caryophyllaceae)

Hühnerbiss, Taubenkropf
Cucubalus baccifer
Art im Bestand gefährdet
Gefahrenstufe bei der Verwendung: * – **
Verbreitungsschwerpunkt: Schleiergesellschaften und Ufersäume
Hauptblütezeit: Juli bis September
Verwendung in der Ernährung: Bitterherbe Blätter junger Pflanzen wurden von April bis Mai v. a. in China fein geschnitten und erhitzt als Gemüsebeigabe verwendet, dabei wurde das Kochwasser mehrmals gewechselt.
Inhaltsstoffe und Wirkung: Die Pflanze und insbesondere deren Beeren werden unverarbeitet als giftig angesehen. Als Hauptwirkstoff wird das ätherische Öl angegeben. Der Genuss der Beeren kann Durchfall und Erbrechen auslösen. Eine Abkochung der Pflanze soll bei der Behandlung von Blutungen hilfreich sein. Die Pflanze ist reich an entzündungshemmenden Tanninen.

Hundszunge-Arten
Cynoglossum
Raublattgewächse (Boraginaceae)

Gewöhnliche Hundszunge
Cynoglossum officinale
Art in der Schweiz und in Teilen Österreichs im Bestand gefährdet
Gefahrenstufe bei der Verwendung: **
Verbreitungsschwerpunkt: Ruderalgesellschaften, Acker- und Gartenunkrautgesellschaften
Hauptblütezeit: Mai bis Juni
Verwendung in der Ernährung: Die Pflanze ist recht selten zu finden und gilt ähnlich wie die anderen Verwandten dieser Familie als lebertoxisch. Bei ihr vermutet man bedenkliche Mengen Pyrrolizidinalkaloide. Früher benutzte man die behaarten Blätter von April bis Mai als kleine Beigabe von Salat- und Rohkostspeisen [1], aber auch fein gehackt in Gemüsesuppen [3.1] und spinatartigen Gerichten [9.1]. Die ölhaltigen Samen wurden im August zu Pressöl [16.3] verarbeitet.
Inhaltsstoffe und Wirkung: Die ganze Pflanze enthält die familientypischen, leberschädigenden Pyrrolizidinalkaloide (Heliosupin). Weiteres dazu auf Seite 25. Außerdem enthält sie Schleim- und Gerbstoffe, Allantoin und Cholin. Medizinisch wurde die Pflanze früher in kleinen Mengen für beruhigende und narkotisierende Tees verwendet. Der frische Pflanzensaft lindert äußerlich angewendet Verbrennungen und Abschürfungen. Die Homoöpathie nutzt die Pflanze bei Krämpfen.

Deutsche Hundszunge
Cynoglossum germanicum
Art im Bestand gefährdet
Gefahrenstufe bei der Verwendung: *
Verbreitungsschwerpunkt: Schluchtwälder
Hauptblütezeit: Mai bis Juni
Verwendung in der Ernährung: In ganz jungem Zustand weit vor der Blütezeit wurden die Blätter nach Machatschek 2010 in geringen Mengen zu Kochgemüse verarbeitet und die Samen zu Öl gepresst.

Nelken
Dianthus
Nelkengewächse (Caryophyllaceae)

Verwendung in der Ernährung: Die dekorativen, milden Blüten der mitteleuropäischen Dianthus-Arten können im Sommer für Salate [1] und als farbige Speisebeigaben dienen, z. B. in Eierspeisen [6], in Hackkräutermischungen [15], als Beigabe zu Sorbets [17.7] oder einer Blütencreme [17.1], in Obstsalaten [19.4] und Obstquark [19.5] (aufgrund der Bestandsgefährdung nur aus Anbau möglich). Am meisten genutzt wurde die Feder-Nelke *(Dianthus plumarius)*. Ihre ausgezupften Blüten gelten als Delikatesse, wenn man sie etwas mit Puderzucker bestäubt und kurz im Backofen bei niedriger Temperatur trocknet [17.4] oder sie als Schmuckbeigabe in Getränken wie beispielsweise Tee [22.1] oder Wildpflanzenlimonade [22.2] nutzt.
Inhaltsstoffe und Wirkung: Viele Nelkenarten werden wegen ihrer Schönheit als Zierpflanzen angebaut. Ihre Blütenfarben werden durch farbige Anthocyane hervorgerufen. Die Pflanzen enthalten Flavonoide und Saponine, die auch für die medizinische Verwendung einiger Arten verantwortlich sind. *D. chinensis* und *D. superbus* werden in der Traditionellen Chinesischen Medizin (TCM) bei Nierensteinen und Harnwegsentzündungen verwendet. Sie wirken wurmtreibend, antibakteriell, entzündungshemmend, entwässernd, menstruationsfördernd, fiebersenkend und blutstillend. Außerdem sollen sie einer Empfängnis entgegenwirken. Die Blüten von *C. carthusianorum* können bei Zahnschmerzen gekaut werden. Der Pflanzensaft soll schmerzlindernd wirken.

Sand-Nelke
Dianthus arenarius
Art im Bestand gefährdet
Verbreitungsschwerpunkt: Lockere Sand- und Felsrasen
Hauptblütezeit: Juni bis September

Büschel-Nelke, Raue Nelke
Dianthus armeria
Art im Bestand gefährdet
Verbreitungsschwerpunkt: Waldmantelgebüsche, Hecken, sonnige Staudensäume an Gehölzen, Sand- und Felsrasen
Hauptblütezeit: Juni bis Juli

Bart-Nelke
Dianthus barbatus
Art im Bestand gefährdet
Verbreitungsschwerpunkt: Lockere Sand- und Felsrasen
Hauptblütezeit: Juni bis September

Karthäuser-Nelke
Dianthus carthusianorum
Art im Bestand gefährdet
Verbreitungsschwerpunkt: Kalk-Magerrasen
Hauptblütezeit: Juni bis September

Chinesische Nelke, Kaiser-Nelke
Dianthus chinensis
Art im Bestand gefährdet
Verbreitungsschwerpunkt: Lockere Sand- und Felsrasen
Hauptblütezeit: April bis Oktober

Heide-Nelke
Dianthus deltoides
Art im Bestand gefährdet
Verbreitungsschwerpunkt: Borstgrastriften und Zwergstrauchheiden
Hauptblütezeit: Juni bis September

Feder-Nelke
Dianthus plumarius
Art im Bestand gefährdet
Verbreitungsschwerpunkt: Kalk-Magerrasen
Hauptblütezeit: Juni bis August

Busch-Nelke
Dianthus seguieri
Art im Bestand gefährdet
Verbreitungsschwerpunkt: Borstgrastriften und Zwergstrauchheiden
Hauptblütezeit: Juni bis August

Pracht-Nelke
Dianthus superbus
Art im Bestand gefährdet
Verbreitungsschwerpunkt: Grünlandgesellschaften
Hauptblütezeit: Juni bis September

Stein-Nelke
Dianthus sylvestris
Art im Bestand gefährdet
Verbreitungsschwerpunkt: Steinfluren auf schwermetallhaltigen Böden
Hauptblütezeit: Juni bis August

Gletscher-Nelke
Dianthus glacialis
Art in der Schweiz im Bestand gefährdet
Verbreitungsschwerpunkt: Steinfluren und alpine Rasen
Hauptblütezeit: Juli bis August

Pfingst-Nelke
Dianthus gratianopolitanus
Art in der Schweiz und in Teilen Österreichs im Bestand gefährdet
Verbreitungsschwerpunkt: Kalk-Magerrasen
Hauptblütezeit: Mai bis Juni

Diptame
Dictamnus
Rautengewächse (Rutaceae)

 **Diptam, Brennender Busch**
Dictamnus albus
Art im Bestand gefährdet
Gefahrenstufe bei der Verwendung: **
Verbreitungsschwerpunkt: Sonnige Staudensäume an Gehölzen
Hauptblütezeit: Anfang Mai bis Ende Juni
Verwendung in der Ernährung: Dies ist eine säuerlich, aromatische Pflanze. Aufgrund ihrer Bestandgefährdung sollte sie nur im Anbau verwendet werden. Ihre Blätter und Triebspitzen wurden von April bis Juni getrocknet als sparsames Aroma in Gelee [18.1], Saucen [14] und Kräuteröl [16.4] genutzt. Sie geben auch Sirup [18.4], Tee [22.1], Wildpflanzenlimonade [22.2], Bowlen [22.3] und Spirituosen [18.6] einen feinen Geschmack. Natürlich lassen sie sich auch als Gewürz [16.2] trocknen. Am besten erntet man sie an heißen Tagen, da dann der Gehalt an Ölen zunimmt.
Vorsicht bei der Berührung der Pflanze mit empfindlichen Hautstellen wegen einer photosensibilisierenden Wirkung. Es könnte zu starken Hautreizungen kommen.
Inhaltsstoffe und Wirkung: Medizinisch werden die frischen Blätter und die Wurzel des Diptams verwendet. Wirksame Inhaltsstoffe sind Alkaloide (Dictamin und Fagarin), Bitterstoffe, Saponine, Furocumarine und ein wohlriechendes ätherisches Öl. Früher verwendete man ihn in der Volksheilkunde gegen Eingeweidewürmer, bei Nervenleiden und zur Entwässerung. Außerdem gilt er als Frauenmittel, das die Menstruation reguliert und zum Austreiben der Nachgeburt führt. Auch die Homöopathie nutzt die Pflanze bei starker und schmerzhafter Monatsblutung. Ein Hautkontakt mit der frischen Pflanze bei gleichzeitiger Sonnenexposition kann aufgrund der enthaltenen Furocumarine zur Blasenbildung führen.

Gemswurzen
Doronicum
Korbblütengewächse (Asteraceae)

Gefahrenstufe bei der Verwendung:**
Verwendung in der Ernährung: Bei den hier aufgeführten mitteleuropäischen Gemswurz-Arten wurden die herb-süßlichen Blätter früher von circa April bis August als Rauchtabakbeimischung [25] genutzt. In der Sennerei wurden Kraut und Wurzeln zum Würzen des Käses [15.4] verwendet.

Hinweis: Gemswurz-Arten enthalten leber- und erbgutschädigende Pyrrolizidinalkaloide, siehe dazu S. 25. Eine Verwendung ist kritisch zu betrachten.
Inhaltsstoffe und Wirkung: Informationen dazu liegen nicht vor.

 **Österreichische Gemswurz**
Doronicum austriacum
Art im Bestand gefährdet
Gefahrenstufe bei der Verwendung:**
Verbreitungsschwerpunkt: Hochstaudenfluren und Gebüsche
Hauptblütezeit: Juli bis August

 **Herzblättrige Gemswurz**
Doronicum columnae
Art im Bestand gefährdet
Gefahrenstufe bei der Verwendung:**
Verbreitungsschwerpunkt: Hochstaudenfluren und Gebüsche
Hauptblütezeit: Mai bis August

 **Großblütige Gemswurz**
Doronicum grandiflorum
Art zerstreut bis selten
Gefahrenstufe bei der Verwendung:**
Verbreitungsschwerpunkt: Steinschutt- und Geröllfluren
Hauptblütezeit: Juli bis August

 **Gletscher-Gemswurz**
Doronicum glaciale
Art im Bestand gefährdet
Gefahrenstufe bei der Verwendung:**
Verbreitungsschwerpunkt: Steinschutt- und Geröllfluren
Hauptblütezeit: Juli bis August

Felsenblümchen
Draba
Kreuzblütengewächse (Brassicaceae)

Verwendung in der Ernährung: Die hier aufgeführten mitteleuropäischen Draba-Arten sind sehr kleine, meist seltene Pflanzen, deren leicht kressearomatische Pflanzenteile man früher von Frühling bis Sommer gewürzartig Hackkräutermischungen [15], Salaten [1] und Gemüsegerichten [9] beigab. Verwendet wurden die Blätter, die Blütenstände mit Blüten, die Knospen sowie die jungen Samen, die beim Kauen schleimig werden. Auch die jungen Wurzeln gelten als essbar, wurden aber kaum genutzt, da sie zum Teil sehr stark verholzen.
Inhaltsstoffe und Wirkung: Die Pflanzen enthalten Glucosinolate, Flavonoide und Vitamin C. Offenbar wurden etliche Arten wegen der enthaltenen Ascorbinsäure (Vitamin C) zur Behandlung von Skorbut eingesetzt.

Immergrünes Felsenblümchen
Draba aizoides
Art im Bestand gefährdet
Verbreitungsschwerpunkt: Felsspalten- und Mauerfugengesellschaften
Hauptblütezeit: April bis August

Kälte-Felsenblümchen, Gletscher-Felsenblümchen, Eis-Felsenblümchen
Draba dubia
Art im Bestand gefährdet
Verbreitungsschwerpunkt: Felsspalten- und Mauerfugengesellschaften
Hauptblütezeit: Juli bis August

Fladnitzer Felsenblümchen
Draba fladnizensis
Art im Bestand gefährdet
Verbreitungsschwerpunkt: Steinschutt- und Geröllfluren
Hauptblütezeit: Juli bis August

Hoppes Felsenblümchen
Draba hoppeana
Art im Bestand gefährdet
Verbreitungsschwerpunkt: Steinschutt- und Geröllfluren
Hauptblütezeit: Juli bis August

Sauters Felsenblümchen
Draba sauteri
Art im Bestand gefährdet
Verbreitungsschwerpunkt: Felsspalten- und Mauerfugengesellschaften
Hauptblütezeit: Juni bis Juli

Kärntner Felsenblümchen
Draba siliquosa
Art im Bestand gefährdet
Verbreitungsschwerpunkt: Steinfluren und alpine Rasen
Hauptblütezeit: Juli bis August

Filziges Felsenblümchen
Draba tomentosa
Art im Bestand gefährdet
Verbreitungsschwerpunkt: Felsspalten- und Mauerfugengesellschaften
Hauptblütezeit: Juli bis August

Mauer-Felsenblümchen, Mauerblümchen
Draba muralis
Art in der Schweiz und in Teilen Österreichs im Bestand gefährdet
Verbreitungsschwerpunkt: Schleier- und Krautgesellschaften im Halbschatten
Hauptblütezeit: April bis Juni

Wald-Felsenblümchen
Draba nemorosa
Art in der Schweiz und in Teilen Österreichs im Bestand gefährdet
Verbreitungsschwerpunkt: Lockere Sand- und Felsrasen
Hauptblütezeit: Mai bis Juni
Inhaltsstoffe und Wirkung: Der Samen von *D. nemerosa* soll antiasthmatisch, schleimlösend und entwässernd wirken.

Silberwurz-Arten
Dryas
Rosengewächse (Rosaceae)

Silberwurz, Bergnymphe
Dryas octopetala
Art zerstreut bis selten
Verbreitungsschwerpunkt: Steinfluren und alpine Rasen
Hauptblütezeit: Juni bis August
Verwendung in der Ernährung: Derbe, aromatische Teekrautpflanze. Ihre Blätter und Triebe ergeben von April bis Juni getrocknet und überbrüht einen einfachen Bergtee [22.1].
Inhaltsstoffe und Wirkung: Medizinisch verwendet wird das Kraut der Pflanze. Es enthält Triterpensaponine (Tormentosid), Gerbstoffe und Flavonoide. Aufgrund des hohen Gerbstoffgehaltes nutzte man die Pflanze bei Durchfall. Außerdem soll der Tee nervenstärkend wirken und auch bei Erkältungen, viralen Infekten und inneren Blutungen helfen.

Krähenbeeren
Empetrum
Heidekrautgewächse (Ericaceae)

Krähenbeere
Empetrum nigrum (Artengruppe)
Art im Bestand gefährdet
Gefahrenstufe bei der Verwendung: *
Verbreitungsschwerpunkt: Borstgrastriften und Zwergstrauchheiden
Hauptblütezeit: Anfang April bis Ende Juni
Verwendung in der Ernährung: Eine saure Wildfruchtpflanze, die in Skandinavien und Sibirien oft genutzt wird. Die schwarzen Früchte der Krähenbeere werden erst nach Frosteinwirkung im späten Herbst geerntet und als Beigabe zu Fruchtsaft [22.4], Früchtesuppen [3.2] und Chutney [16.9] genutzt. Sie finden aber auch Verwendung in vielen Süßspeisen wie süßer Sauce [17.2], Sorbet [17.7], Gelee [18.1], Obstkuchen [19.2], Marmelade [19.3] und Fruchtschnitten [19.6]. Die nadelartigen Blätter wurden früher von April bis Mai geerntet und zum Trocknen ausgelegt. Anschließend wurden sie als Beigabe zu Teegetränken [22.1] oder in geringen Mengen gewürzartig [16.2] in Gemüsespeisen genutzt.
Hinweis: Die Blätter und Triebe können gebietsweise magenreizend wirken. (Vgl. Roth et al. 1994) Diese Aussage zur Unverträglichkeit wird aktuell zunehmend infrage gestellt.
Inhaltsstoffe und Wirkung: Die Pflanze und ihre Beeren enthalten Flavonoide (Quercetin), Gerbstoffe, Alkoloide und viel Vitamin C. Das Vorhandensein giftiger Inhaltsstoffe (Andromedotoxin) ist umstritten. Aufgrund des Gerbstoffgehalts wurde die Pflanze bei Durchfall eingesetzt. Die Beeren wurden als Stärkungsmittel bei Altersgebrechen verwendet.

Heide-Arten, Heidekräuter, Erika-Arten
Erica
Heidekrautgewächse (Ericaceae)

Verwendung in der Ernährung: Die hier aufgeführten mitteleuropäischen Erica-Arten sind kleine Nadelgehölze, deren Triebspitzen man von April bis September in Kräuteröl [16.4] und Kräuteressig [16.7] einlegte oder zum Aromatisieren von Gelee [18.1], Sirup [18.4] und Zucker [18.2], aber auch von Wein [18.5], Spirituosen [18.6] sowie Bier [18.7] nutzte. Getrocknet und pulverisiert verwendete man sie als Gewürz [16.2]. Die vitamin- und eiweißreichen Blütenpollen samt der Blütenhülle wurden getrocknet zu Streckmehl für Gebäck [20] verwendet.
Inhaltsstoffe und Wirkung: Kraut und Blüten enthalten Flavonoide, Gerbstoffe, Saponine und Urolsäure. Volksheilkundlich verwendet bei Husten und Bronchitis, allerdings wenig gebräuchlich. Die Pflanzen sollen entzündungshemmend wirken und bei Tumoren des Dickdarms hilfreich sein.

Schnee-Heide
Erica carnea
Art zerstreut bis selten
Verbreitungsschwerpunkt: Kalk-Kiefernwälder
Hauptblütezeit: Januar bis April

Grau-Heide, Graue Glocken-Heide
Erica cinerea
Art im Bestand gefährdet
Verbreitungsschwerpunkt: Borstgrastriften und Zwergstrauchheiden
Hauptblütezeit: Juni bis Juli

Echte Glocken-Heide, Moor-Glocken-Heide
Erica tetralix
Art in der Schweiz und in Teilen Österreichs im Bestand gefährdet
Verbreitungsschwerpunkt: Moorheiden
Hauptblütezeit: Juni bis September

Hundsrauken
Erucastrum
Kreuzblütengewächse (Brassicaceae)

Verwendung in der Ernährung: Die hier aufgeführten mitteleuropäischen Arten sind herb-rucola-aromatische Pflanzen für Salate und Gemüse. Aufgrund ihrer Seltenheit sollten sie nur im Anbau verwendet werden. Von März bis Sommer ergeben sie fein gehackt eine vitalstoffreiche Zutat zur Kräuterbrotzeit [15.1] und zu verschiedenen Salaten [1]. Weiterhin wurden sie früher als Beigabe zu Gemüsefüllungen [10], diversen gedünsteten Gemüsegerichten [7] und Lasagne [12.1] verwendet. Auch Rührei [6.3], Kräuterbutter [15.3], -quark [15.5], Gemüsesuppen [3.1] und Pesto [16.6] verleihen sie ein würziges Aroma.

Ihre Blüten und Blütenknospen sind von Frühjahr bis Sommer eine dekorative und würzige Zugabe in Salaten und Rohkost [1], in Kräuterkartoffeln [15.2], kurz gebratenem [8.2] oder eingelegtem Gemüse [13], in Saucen [14] und ebenfalls in Bratlingen [4]. Die knospigen Blütenstandspitzen sind zudem ein geeignetes Gewürz zum Einlegen von Essiggurken.

Die aromatischen Samen finden im Sommer in Salatsaucen und im Hausbrotteig [21.1] Verwendung, sie können aber auch bevorratet und im Winter als Keimsaat [2] genutzt werden. In größeren Mengen eignen sie sich zur Senfverarbeitung [16.8]; man könnte vermutlich auch ein Öl daraus pressen [16.3].

Die kleinen Wurzeln wurden gesäubert und als schärfliche fein geschnittene Würzbeigabe zu herzhaften Gerichten verwendet oder auch getrocknet bevorratet [16.2].

Stumpfzähnige Hundsrauke, Stumpfkantige Hundsrauke
Erucastrum nasturtiifolium
Art ist selten
Verbreitungsschwerpunkt: Flusskiese und feuchte Schuttfluren des Gebirges
Hauptblütezeit: Mai bis Juni

Französische Hundsrauke
Erucastrum gallicum
Art in der Schweiz und in Teilen Österreichs im Bestand gefährdet
Verbreitungsschwerpunkt: Nährstoffreiche Acker- und Gartenunkrautfluren
Hauptblütezeit: Mai bis September

Mannstreu-Arten
Eryngium
Doldengewächse (Apiaceae)

Verwendung in der Ernährung: Alle hier aufgeführten mitteleuropäischen Eryngium-Arten sind sehr seltene und daher geschützte Pflanzen. Früher fanden ihre jungen Triebe, geschält und von ihren Stacheln befreit, von April bis Juli in Salaten und Rohkost [1] Verwendung. Die geschälten Blattstiele, noch weich und elastisch, wurden als Spargelgemüse genutzt. Die Wurzel verwendete man von September bis in das Frühjahr hinein als Bratgemüse [8.1] oder eingelegtes Gemüse [13] bzw. mit Teilen anderer Wildpflanzen zusammen in Mischgemüsegerichten [11] oder getrocknet und vermahlen als Streckmehl für Gebäck [20] oder auch kandiert [17.4].
Inhaltsstoffe und Wirkung: Medizinisch verwendet werden Kraut und Wurzeln. Die Pflanzen enthalten Triterpensaponine, Flavonoide und Gerbstoffe. Die Mannstreu-Arten wurden bereits im Altertum als Heilpflanzen verwendet. In der Volksheilkunde gelten sie als gutes Mittel bei Keuchhusten und Bronchitis, außerdem bei Entzündungen und Steinen in Niere und Blase. Wurzelzubereitungen wurden zum Abstillen verwendet.

Alpen-Mannstreu
Eryngium alpinum
Art im Bestand gefährdet
Verbreitungsschwerpunkt: Alpine Grasfluren
Hauptblütezeit: Juli bis August

Feld-Mannstreu
Eryngium campestre
Art im Bestand gefährdet
Verbreitungsschwerpunkt: Kalk-Magerrasen
Hauptblütezeit: Juli bis September

Strand-Mannstreu, Stranddistel
Eryngium maritimum
Art im Bestand gefährdet
Verbreitungsschwerpunkt: Salzwasser- und Meeresstrandvegetation
Hauptblütezeit: Juli bis September

Flachblättriger Mannstreu
Eryngium planum
Art in Österreich im Bestand gefährdet
Verbreitungsschwerpunkt: Lockere Sand- und Felsrasen
Hauptblütezeit: Juli bis September

Goldmohn-Arten
Eschscholzia
Mohngewächse (Papaveraceae)

Goldmohn, Schlafmützchen, Kalifornischer Mohn
Eschscholzia californica
Art ist selten verwildert
Gefahrenstufe bei der Verwendung: *
Verbreitungsschwerpunkt: Schuttunkrautfluren
Hauptblütezeit: Juni bis Oktober
Verwendung in der Ernährung: Die recht herb-bitter schmeckenden Blätter wurden früher vor allem in Nordamerika von April bis Juni gekocht verwendet; vermutlich als vorsichtige Beigabe zu spinatartigen [9.1] Gerichten.
Hinweis: Wegen narkotisierenden Substanzen ist eine gewisse Vorsicht bei der Verwendung in der Ernährung ratsam.
Inhaltsstoffe und Wirkung: Die Indianer Nordamerikas verwendeten die heute bei uns als Gartenpflanze verbreitete Pflanze seit Urzeiten als Heil- und Rauschmittel (ähnlich Cannabis). Sie enthält Alkaloide (Californidin), die beruhigend, schlaffördernd und schmerzlindernd wirken. Außerdem Flavonoide (Rutin) und Blausäureglykoside (in der frischen Pflanze). Wegen der guten Verträglichkeit wurde die Pflanze sogar bei Kindern eingesetzt. Weitere Einsatzgebiete sind Leber- und Gallenwegserkrankungen.

Sichelmöhren
Falcaria
Doldengewächse (Apiaceae)

Gewöhnliche Sichelmöhre
Falcaria vulgaris
Art zerstreut bis selten
Gefahrenstufe bei der Verwendung: *
Verbreitungsschwerpunkt: Trockenrasen
Hauptblütezeit: Juli bis Oktober
Verwendung in der Ernährung: Die Wurzeln wurden nach Machatschek 2010 gemüseartig verwendet.
Inhaltsstoffe und Wirkung: Die Gewöhnliche Sichelmöhre enthält Polyine (Falcarinol, Falcarinon). Die Verbindungen dienen der Pflanze vermutlich zum Schutz gegen Insekten und Pilze und können Kontaktallergien hervorrufen. – Verwendung mit Bedacht. Falcarinol kommt auch im Roten Ginseng *(Panax ginseng)* vor. Im Iran wird die Pflanze volksheilkundlich zur Behandlung von Magenschleimhauterkrankungen, Lebererkrankungen sowie Steinen in Niere und Galle eingesetzt. Außerdem verwendet man sie zur Behandlung von Hautgeschwüren. Der magenschleimhautschützende Effekt des Pflanzenextraktes konnte mittlerweile im Tierversuch untermauert werden.

Fenchel
Foeniculum
Doldengewächse (Apiaceae)

Fenchel
Foeniculum vulgare
Art selten verwildert
Verbreitungsschwerpunkt: Ruderalgesellschaften, Acker- und Gartenunkrautgesellschaften
Hauptblütezeit: Juli bis August
Verwendung in der Ernährung: Eine aromatische Pflanze für Gemüse, Gewürze und Salate. Der Grundgeschmack des Fenchels ist recht bekannt. Die feinen Blätter und Blüten sowie die Samen sind intensiver im Geschmack als die fleischigen Stängel. Er wird meist angebaut, ist aber auch wild an warmen Ruderalstandorten zu finden.
Die feinen, dünnzerfiederten Blätter des Wilden Fenchels mitsamt ihren Stängeln und dem dickfleischigen Stängelgrund können roh von April bis Juli direkt in der Natur gegessen werden. In Salat- und Rohkostspeisen [1], z. B. als Rohkost-Sticks in Streifen geschnitten und mit leckeren Dip-Saucen angerichtet, sind sie eine Delikatesse. Weiterhin werden sie als Küchengewürz oder als Grundlage verschiedener Gemüsegerichte [7–12], Aufläufe und Suppen [3.1] genutzt.
Die Blüten können von Juli bis August als essbare Dekoration zu verschiedenen Salaten [1] und auch als Aroma in Gemüse, Kräuteröl [16.4] und -essig [16.7] verwendet werden.
Die Samen kann man von September bis Oktober ernten und zur Teegetränkbereitung [22.1] einsetzen. Sie eignen sich auch als Gewürze bei der Herstellung von Kräutersalzen [16.1], Essig [16.7], Wein [18.5], Spirituosen [18.6] und dergleichen.
Inhaltsstoffe und Wirkung: Die Blätter und Früchte enthalten bis zu 6 % ätherisches Öl mit Anethol, Fenchon, Limen und Estragol, Flavonoide und geringe Mengen an Cumarinen.
Die Früchte werden arzneilich bei Verdauungsbeschwerden, Blähungen, Krämpfen und Darmkoliken verwendet. Außerdem wirken sie blutdrucksenkend. Das enthaltene ätherische Öl wirkt antibakteriell, krampflösend, auswurffördernd und schleimlösend. Der Fenchel wird deshalb auch gerne in Hustensäften und Tees gegen Erkältungen eingesetzt. Die Volksheilkunde empfiehlt den Tee stillenden Frauen zur Milchbildung. Er wird auch von Säuglingen gut vertragen. Äußerlich angewendet soll der Fenchel in Augenwasser bei überlasteten Augen helfen.

Gelbsterne
Gagea
Liliengewächse (Lileaceae)

Gefahrenstufe bei der Verwendung: **
Inhaltsstoffe und Wirkung: Viele Arten der Gattung bilden in geringen Mengen das auf Pilze stark giftig wirkende *Lacton Tulipalin A*. In der Art *Gagea lutea* wurden in kleinen Mengen Tuliposide gefunden, die bei Hautkontakt zu Hautentzündungen und beim übermäßigen Verzehr zu Erbrechen führen können. Die Verwendung ist daher vorsichtig zu sehen und hängt sicher mit der Dosierung zusammen. Über eine heilkundliche Verwendung ist uns nichts bekannt.

Gewöhnlicher Gelbstern, Wald-Gelbstern
Gagea lutea
Art zerstreut bis selten
Gefahrenstufe bei der Verwendung: **
Verbreitungsschwerpunkt: Erlen- und Edellaub-Auenwälder
Hauptblütezeit: März bis April
Verwendung in der Ernährung: Die länglich-schmalen Blätter wurden eher in Notzeiten im April geschnitten und für Suppen [3.1] oder als kleine Beigabe in Salaten und Rohkost [1] genutzt, vermutlich auch in Hackkräutermischungen [15] oder im Brotteig [21.1]. Die unterirdische saftige Zwiebel samt Sprossansatz wurde von circa Juli bis März geerntet und angeblich als kleine Beigabe Salaten [1] und Gemüse [8.2], wahrscheinlich auch Mischgemüsegerichten [11] zugegeben. Getrocknet nutzte man sie als Streckmehl für Gebäck [20]. Verwendung mit Bedacht, siehe oben.

Felsen-Gelbstern
Gagea bohemica
Art im Bestand gefährdet
Gefahrenstufe bei der Verwendung: **
Verbreitungsschwerpunkt: Sandtrockenrasen
Hauptblütezeit: März bis Mai
Verwendung in der Ernährung: Wie *Gagea pratensis.*

Wiesen-Gelbstern
Gagea pratensis (Artengruppe)
Art im Bestand gefährdet
Gefahrenstufe bei der Verwendung: **
Verbreitungsschwerpunkt: Äcker, Grasplätze
Hauptblütezeit: März bis April
Verwendung in der Ernährung: Die Blätter und die Wurzeln sind nach MACHATSCHEK 2010 gekocht in Maßen als Speisenbeigabe möglich. Verwendung mit Bedacht, siehe oben.

Scheiden-Gelbstern
Gagea spathacea
Art im Bestand gefährdet
Gefahrenstufe bei der Verwendung: **
Verbreitungsschwerpunkt: Feuchte Wälder, Gebüsche
Hauptblütezeit: April bis Mai
Verwendung in der Ernährung: Wie *Gagea pratensis.*

Geißrauten
Galega
Schmetterlingsblütengewächse (Fabaceae)

Geißraute
Galega officinalis
Art selten verwildert
Gefahrenstufe bei der Verwendung: *
Verbreitungsschwerpunkt: Schleier- und Krautgesellschaften im Halbschatten
Hauptblütezeit: Juli bis August
Verwendung in der Ernährung: Junge, noch zarte, erbsenaromatische Blätter wurden von April bis Juli als kleine Beigabe in Salaten [1] verwendet. Vermutlich genauso in Hackkräutermischungen [15], Suppen [3.1] oder als Gemüsebeigabe. Die jungen Schoten wurden angeblich in Salzwasser ausgekocht und anschließend in Speisen verwendet. Vorsicht! Es wird berichtet, dass bei Weidetieren Unverträglichkeiten auftraten (Speichelfluss, Husten). Beim Menschen sind Unverträglichkeiten nicht auszuschließen.
Inhaltsstoffe und Wirkung: Die Medizin verwendet das Kraut der Pflanze. Inhaltsstoffe sind Guanidinderivate (Galegin), Flavonoide, Gerbstoffe, Saponine, Alkaloide und Steroide. Galegin bewirkt eine Senkung des Blutzuckerspiegels und wird gelegentlich zur unterstützenden Behandlung von Diabetes eingesetzt. Außerdem wirkt die Pflanze harntreibend und milchsekretionsfördernd.

Enziane
Gentiana
Enziangewächse (Gentianaceae)

Verwendung in der Ernährung: Alle hier aufgeführten mitteleuropäischen Enzian-Arten sind geschützt und dürfen nur unter strengen Auflagen oder aus Anbau geerntet werden. Die Wurzeln der Enzian-Arten *G. lutea, G. purpurea, G. punctata* und *G. pannonica* wurden gerne in Spirituosen [18.6], meist als Schnaps, vor allem zur Magenstärkung und Appetitanregung mit über 38 % Alkohol genutzt. Besonders beliebt dazu war der großwurzelige Gelbe Enzian *(G. lutea)*, der zu diesem Zweck mittlerweile angebaut wird. Alle Enziane enthalten hochbittere Inhaltsstoffe, die auch in hoher Verdünnung immer noch durchschmecken. Vom Gelben Enzian *(G. lutea)* ist auch bekannt, dass seine Blätter von April bis Juni zu einem Bitterlikör [18.6] angesetzt wurden. Die Blätter folgender Arten hat man Rauchtabakmischungen [25] beigegeben: Keulen-Enzian *(G. acaulis)*, Schwalbenwurz-Enzian *(G. asclepiadea)*, Bayerischer Enzian *(G. bavarica)*, Stängelloser Kalk-Enzian *(G. clusii)*, Kreuz-Enzian *(G. cruciata)*, Gelber Enzian *(G. lutea)*, Schnee-Enzian *(G. nivalis)*, Rundblättriger Glocken-Enzian *(G. orbicularis)*, Ungarischer Enzian *(G. pannonica)*, Lungen-Enzian *(G. pneumonanthe)*, Punktierter Enzian *(G. punctata)*, Purpur-Enzian *(G. purpurea)*, Frühlings-Enzian *(G. verna)*.
Inhaltsstoffe und Wirkung: Die großwüchsigen Arten *(G. lutea, G. pannonica G. punctata* und *G. purpurea)* waren früher als Arzneipflanzen anerkannt. Bei der zuvor genannten Schnapsherstellung werden die Wurzeln fermentiert. Bei der Fermentation werden die Bitterstoffe teilweise zersetzt und es entstehen Aromastoffe. Heute wird vor allem der Gelbe Enzian *(G. lutea)* angebaut und arzneilich verwendet. Alle Enzian-Arten enthalten Bitterstoffe in unterschiedlichen Konzentrationen. Der enthaltene Bitterstoff Amarogentin ist die bitterste bisher bekannte Substanz und noch in der D6-Verdünnung deutlich bitter. In vielen Arten sind außerdem Farbstoffe, wie Gentisin (gelb) und Anthocyane (blaublühende Arten), enthalten. Medizinisch verwendet werden die getrockneten Wurzeln. Die enthaltenen Bitterstoffe regen die Produktion von Speichel- und Magensaft an, weshalb der Enzian bei Verdauungsstörungen (auch entzündlichen) und Appetitlosigkeit eingesetzt wird, außerdem zur Anregung der Bauchspeicheldrüse und der Leber- und Gallenfunktion. Gute Erfolge werden wegen der entzündungshemmenden und immunstimulierenden Wirkung auch bei chronischen Schleimhautentzündungen im Mund- und Rachenbereich erzielt. Der wässrige Wurzelextrakt wirkt gegen Pilze. Volksheilkundlich wurde der Enzian früher bei Fieber eingesetzt.

Keulen-Enzian, Breitblättriger Enzian, Kochs Enzian
Gentiana acaulis
Art im Bestand gefährdet
Verbreitungsschwerpunkt: Borstgrastriften und Zwergstrauchheiden
Hauptblütezeit: Anfang Mai bis Ende Juni

Schwalbenwurz-Enzian
Gentiana asclepiadea
Art im Bestand gefährdet
Verbreitungsschwerpunkt: Streuwiesen
Hauptblütezeit: Anfang August bis Ende September

Bayerischer Enzian
Gentiana bavarica
Art im Bestand gefährdet
Verbreitungsschwerpunkt: Gesellschaften auf zumeist schneebedeckten Böden
Hauptblütezeit: Juli bis September

Stängelloser Kalk-Enzian, Kalk-Glocken-Enzian, Clusius Enzian
Gentiana clusii
Art im Bestand gefährdet
Verbreitungsschwerpunkt: Steinfluren und alpine Rasen
Hauptblütezeit: Mai bis August

Kreuz-Enzian
Gentiana cruciata
Art im Bestand gefährdet
Verbreitungsschwerpunkt: Kalk-Magerrasen
Hauptblütezeit: Anfang Juli bis Ende August

Gelber Enzian
Gentiana lutea
Art im Bestand gefährdet
Verbreitungsschwerpunkt: Borstgrastriften und Zwergstrauchheiden, Hochstaudenfluren und -gebüsche, Steinfluren und alpine Rasen, Kalk-Kiefernwälder, Kalk-Magerrasen, sonnige Staudensäume an Gehölzen
Hauptblütezeit: Anfang Juni bis Ende Juli
Verwechslungsgefahr: Weißer Germer *(Veratrum album)* vor der Blütenentwicklung, S. 625.

Schnee-Enzian
Gentiana nivalis
Art im Bestand gefährdet
Verbreitungsschwerpunkt: Steinfluren und alpine Rasen
Hauptblütezeit: Juli bis August

Rundblättriger Glockenenzian
Gentiana orbicularis
Art im Bestand gefährdet
Verbreitungsschwerpunkt: Rasen, Fels- und Geröllfluren des Hochgebirges
Hauptblütezeit: Juli bis August

Ungarischer Enzian, Pannonischer Enzian
Gentiana pannonica
Art im Bestand gefährdet
Verbreitungsschwerpunkt: Borstgrastriften und Zwergstrauchheiden
Hauptblütezeit: August bis September

Lungen-Enzian
Gentiana pneumonanthe
Art im Bestand gefährdet
Verbreitungsschwerpunkt: Streuwiesen
Hauptblütezeit: Mitte Juli bis Ende September

Punktierter Enzian
Gentiana punctata
Art im Bestand gefährdet
Verbreitungsschwerpunkt: Borstgrastriften und Zwergstrauchheiden
Hauptblütezeit: Juli bis September

Purpur-Enzian
Gentiana purpurea
Art im Bestand gefährdet
Verbreitungsschwerpunkt: Borstgrastriften und Zwergstrauchheiden
Hauptblütezeit: Juli bis September

Frühlings-Enzian
Gentiana verna
Art im Bestand gefährdet
Verbreitungsschwerpunkt: Steinfluren und alpine Rasen
Hauptblütezeit: April bis Juni

Fransenenziane
Gentianella
Enziangewächse (Gentianaceae)

Verwendung in der Ernährung: Alle hier aufgeführten mitteleuropäischen Fransenenzian-Arten sind geschützt und dürfen nur unter strengen Auflagen oder aus Anbau geerntet werden. Sie enthalten ebenso wie die Enzian-Arten hochbittere Inhaltsstoffe. Die Blätter des Feld-Fransenenzians *(Gentianella campestris)* nutzte man früher zur Herstellung von Spirituosen [18.6] und als Würze in Bier [18.7], in Notzeiten auch als Speisenbeigabe. Die Blätter aller folgender Arten wurden Rauchtabakmischungen [25] beigegeben.
Inhaltsstoffe und Wirkung: Die Fransenenziane enthalten Bitterstoffe. Eine volksheilkundliche Anwendung erfolgte vermutlich wie bei *Gentiana*, S. 537.

Feld-Fransenenzian, Feld-Enzian
Gentianella campestris
Art im Bestand gefährdet
Verbreitungsschwerpunkt: Borstgrastriften und Zwergstrauchheiden
Hauptblütezeit: Juli bis September

Gewöhnlicher Fransenenzian, Gefranster Enzian
Gentianella ciliata
Art im Bestand gefährdet
Verbreitungsschwerpunkt: Kalk-Magerrasen
Hauptblütezeit: Juli bis Oktober

Deutscher Fransenenzian, Deutscher Enzian
Gentianella germanica
Art im Bestand gefährdet
Verbreitungsschwerpunkt: Kalk-Magerrasen
Hauptblütezeit: August bis Oktober

Zarter Fransenenzian, Zarter Enzian
Gentianella tenella
Art im Bestand gefährdet
Verbreitungsschwerpunkt: Steinfluren und alpine Rasen, Weiden-Auengehölze
Hauptblütezeit: Juli bis September

Siegwurzen
Gladiolus
Schwertliliengewächse (Iridaceae)

Dachziegelige Siegwurz
Gladiolus imbricatus
Art im Bestand gefährdet
Verbreitungsschwerpunkt: Feuchte Wiesen
Hauptblütezeit: Juli
Verwendung in der Ernährung: Die Wurzelknollen wurden nach MACHATSCHEK 2010 ausgekocht in der Nahrung verwendet. Durch das Auskochen reduzierte sich angeblich der scharfe Geschmack.
Inhaltsstoffe und Wirkung: Die verwandte Gewöhnliche Siegwurz *(Gladiolus communis)* oder Allermannsharnisch war lange Zeit als Heil- und Zaubermittel bekannt. Man trug sie als Amulett gegen Verwundung und zum Schutz vor Schadzauber. In alten Kräuterbüchern findet man zwar Hinweise, dass die Wurzel heilkundlich genutzt wurde, allerdings fehlen Angaben zu Indikationen. Die Dachziegelige Siegwurz *(Gladiolus imbricatus)* wurde mit dieser oft verwechselt und zusammen mit ihr gesammelt. Eine ähnliche Anwendung ist anzunehmen. Die Wurzelknollen sind offenbar sehr stärkehaltig.

Sumpf-Siegwurz
Gladiolus palustris
Art im Bestand gefährdet
Verbreitungsschwerpunkt: Feuchtwiesen, Moorwälder
Hauptblütezeit: Mai bis Juli
Verwendung in der Ernährung: Die Wurzelknollen wurden nach MACHATSCHEK 2010 ausgekocht in der Nahrung verwendet. Durch das Auskochen reduzierte sich angeblich der scharfe Geschmack.
Inhaltsstoffe und Wirkung: Siehe *Gladiolus imbricatus.*

Hornmohn
Glaucium
Mohngewächse (Papaveraceae)

Gelber Hornmohn
Glaucium flavum
Art im Bestand gefährdet
Gefahrenstufe bei der Verwendung: **
Verbreitungsschwerpunkt: Meeresspülsäume
Hauptblütezeit: Juni bis Juli
Verwendung in der Ernährung: Aus den Samen kann von August bis September ein klares, gelbes Pressöl [16.3] gewonnen werden. Man nutzte es als Lampenöl und zur Seifenherstellung, aber vermutlich auch zu Speisezwecken. Vorsicht! Siehe Inhaltsstoffe.
Inhaltsstoffe und Wirkung: Die Pflanze enthält in Kraut, insbesondere im gelben Milchsaft, und in den Wurzeln giftige Alkaloide (Glaucin). Glaucin wirkt ähnlich wie Codein (betäubend), allerdings ohne die opiattypische Beeinflussung des Atemzentrums. In der Antike wurde eine Abkochung der Wurzel gegen Bakterien-Ruhr eingesetzt.

Strandmilchkräuter
Glaux
Primelgewächse (Primulaceae)

Strandmilchkraut
Glaux maritima
Art im Bestand gefährdet
Gefahrenstufe bei der Verwendung: *
Verbreitungsschwerpunkt: Salzwasser- und Meeresstrandvegetation
Hauptblütezeit: Juni bis August
Verwendung in der Ernährung: Die jungen Blätter und Triebe wurden von April bis Juni roh gewürzartig zu Salaten [1] gegeben oder ausgekocht, abgespült und anschließend in Suppen [3.1] oder spinatartige Gerichte [9.1] gegeben. Die Wurzeln der Unterart *G. maritima* ssp. *obtusifolia* wurden die ganze Vegetationsperiode über geerntet und lange ausgekocht und dann abgespült als Gemüse z. B. in Mischgemüsegerichten [11] genutzt.
Inhaltsstoffe und Wirkung: Über Inhaltsstoffe ist uns nichts bekannt. Bei einigen nordamerikanischen Stämmen galt der Verzehr der ausgekochten Wurzeln als schlaffördernd, ein Überkonsum kann Übelkeit erzeugend sein.

Süßhölzer
Glycyrrhiza
Schmetterlingsblütengewächse (Fabaceae)

Süßholz, Süßwurz, Lakritzeholz, Lakritzpflanze
Glycyrrhiza glabra
Art selten verwildert
Verbreitungsschwerpunkt: Schleier- und Krautgesellschaften im Halbschatten
Hauptblütezeit: Mai bis Juli
Verwendung in der Ernährung: Die Wurzeln wurden von September bis in den Winter getrocknet eingelagert, als Vorrat oder Notnahrung. Sie sind sehr faserig und werden oft roh als Nascherei zum Kauen verwendet, aber v. a. nutzt man ihr Aroma. Sie haben einen süßen Geschmack. Die Wurzeln enthalten Glycyrrhizin, eine Substanz, die der Lakritze ihren Geschmack verleiht. Es besitzt circa 50-mal so viel Süßkraft wie Rohrzucker. Man kocht die Wurzeln aus und dickt den Sud durch langes Köcheln ein. So kann man ihn als Süßungsmittel oder Sirup [18.4] verwenden. Mitunter nutzt man das

Wurzelaroma auch in Wildpflanzenlimonaden [22.2], Bowle [22.3] und Spirituosen [18.6]. Des Weiteren wird gerne ein Tee [22.1] aus den Wurzeln bereitet, oder sie werden pulverisiert als Süße für andere Zubereitungen verwendet. Auch die Blätter werden im Sommer v. a. in Asien als Tee [22.1] aufgebrüht.
Inhaltsstoffe und Wirkung: Süßholz enthält bis zu 15 % Triterpensaponine (Glycyrrhizin), bis 2 % Flavonoide, Cumarine (Umbelliferon), Phytosterine und Polysaccharide. Die Wurzel wirkt entzündungshemmend, auswurffördernd, krampflösend, leberschützend. Die schützende Wirkung auf die Schleimhäute des Magens und Zwölffingerdarms wird ebenfalls medizinisch genutzt. Bereits seit dem Altertum wurde es bei Husten und Erkältungskrankheiten, einschließlich Tuberkulose und Asthma genutzt. In neuerer Zeit wurde eine nachhaltige Wirkung auf die Gehirnleistung älterer Menschen nachgewiesen. Äußerlich verwendet man Süßholz als Salbe bei Hauterkrankungen und Herpes-simplex-Infektionen (Lippenbläschen).

Süßklee
Hedysarum
Schmetterlingsblütengewächse (Fabaceae)

Alpen-Süßklee
Hedysarum hedysaroides
Art zerstreut bis selten
Verbreitungsschwerpunkt: Steinfluren und alpine Rasen
Hauptblütezeit: Juli bis August
Verwendung in der Ernährung: Zarte, herb-aromatische junge Blätter können von März bis Mai fein geschnitten als geringe Beigabe zu Salaten und Rohkost [1] verwendet werden, möglich auch als Zutat zu gedünstetem oder gedämpftem Gemüse [7] und in Hackkräutermischungen [15].
Die Blütenstände nutzte man zu Knäckebrot [21.2] und getrocknet und vermahlen von Juli bis August als Streckmehl für Gebäck [20] und Brote.
Einjährige, möglichst unverholzte, süße und sehr nahrhafte Wurzeln wurden angeblich im Spätherbst gesammelt, da der Frost sie süßer machen soll. Sie wurden in kleinen Mengen roh genascht oder fein geschnitten und erhitzt in Wurzelgemüse [8.1] und dergleichen verwendet. Mitunter nutzte man sie auch im Frühjahr klein gewiegt als Brotteigbeigabe [21.1] und in Bratlingen [4]. Denkbar wären sie auch als Gemüsechips [8.5].

Tannenwedel
Hippuris
Wegerichgewächse (Plantaginaceae)

Tannenwedel
Hippuris vulgaris
Art im Bestand gefährdet
Verbreitungsschwerpunkt: Röhrichte wenig bewegter Gewässer, wurzelnde Wasserpflanzengesellschaften
Hauptblütezeit: Juni bis August
Verwendung in der Ernährung: Nur die jungen Wedel wurden angeblich roh und gekocht verwendet, mitunter in Suppen. Der Geschmack soll etwas säuerlich sein.
Inhaltsstoffe und Wirkung: Über Inhaltsstoffe und Wirkungen ist uns nichts bekannt (ggf. ein unsicherer Hinweis auf Oxalsäure). Nicolas CULPEPER (engl. Heilkundiger des 17. Jh.) empfahl die Pflanze innerlich und äußerlich angewendet als effektives Mittel zur Wundheilung und zur Blutstillung.

Grausenfe
Hirschfeldia
Kreuzblütengewächse (Brassicaceae)

Grausenf, Graukohl
Hirschfeldia incana
Art in der Schweiz und in Teilen Österreichs im Bestand gefährdet
Verbreitungsschwerpunkt: Nährstoffreiche Acker- und Gartenunkrautfluren
Hauptblütezeit: Mai bis Juli
Verwendung in der Ernährung: Im Frühjahr, vor der Blüte, wurden die zarten, jungen Blätter und weichen Pflanzenteile gepflückt und als würzige Zutat verschiedenen Salaten [1], Gemüsegerichten (z. B. [8.2][11]) und Kräutersuppen [3.1] beigegeben bzw. in Kräuteröl [16.4] oder -essig [16.7] verarbeitet. Kurz vor der Blütezeit hat man auch die Blütenknospen dieser kohl-raps-aromatischen Pflanze geerntet und in einer Essiglösung mit etwas Salz als Karpern eingelegt [16.11]. Genutzt wurden sie auch in Kräuterquark [15.5] oder Pesto [16.6] und dergleichen. Mitsamt des zarten Blütenstieles wurden sie broccoliartig als Stängelgemüse zubereitet [7.2]. Im April und Mai eignen sich die Blüten als zart »senfige«, essbare Dekoration. Die scharfwürzigen Samen waren im August und September ein herzhafter Brotbelag [15.1] und eine Brotteigbeigabe in Hausbrotmischungen [21.1]. Des Weiteren kann man sie als Keimsaat nutzen [2], als Gewürz trocknen [16.2] oder als senfartige Paste [16.8] zubereiten.
Junge, noch elastische Wurzeln dienten im Frühjahr als schärfliches Gewürz.
Inhaltsstoffe und Wirkung: Über Inhaltsstoffe und Wirkungen ist uns nichts bekannt.

Salzmiere
Honckenya
Nelkengewächse (Caryophyllaceae)

Salzmiere
Honckenya peploides
Art zerstreut bis selten
Verbreitungsschwerpunkt: Salzwasser- und Meeresstrandvegetation
Hauptblütezeit: Juni bis Juli
Verwendung in der Ernährung: Salzmieren sind milde, säuerliche Pflanzen mit fleischigen Blättern und einem köstlichen Aroma. Eine Spezialität sind angeblich ihre unter Luftabschluss eingesäuerten Blätter als eine Art Sauerkraut [13.4]. In Island fermentiert man das Kraut in Sauermolke.
Die Blätter und Triebspitzen erntet man von April bis Juli vor der Blüte. Sie eignen sich in Bratlingen [4], in Omelett [6.1], als gedünstetes oder gedämpftes Gemüse [7], zu Saucen [14], Gemüsesuppen [3.1] oder in Ausbackteig [8.4]. Sie lassen sich einlegen in Wein [13.3] oder roh zur Kräuterbrotzeit [15.1], Kräuterquark [15.5] oder in Salaten [1] verwenden.
Die kleinen Blütenknospen ab Mai und die Blüten ab Juni sind ebenfalls in Salatspeisen [1], Gemüsesuppen [3.1] und in Mischgemüsegerichten [11] sowie kapernartig eingelegt [16.11] brauchbar.
Die schwer zu erntenden kleinen Samen können von August bis September zu Streckmehl für Gebäck [20] vermahlen werden.
Inhaltsstoffe und Wirkung: Die jungen Triebe enthalten reichlich Vitamin A und C. Über weitere Inhaltsstoffe und medizinische Wirkungen ist uns nichts bekannt.

Gämskressen, Steinkressen
Hornungia
Kreuzblütengewächse (Brassicaceae)

Felsen-Gämskresse, Steinkresse
Hornungia petraea
Art im Bestand gefährdet
Verbreitungsschwerpunkt: Lockere Sand- und Felsrasen
Hauptblütezeit: April bis Mai
Verwendung in der Ernährung: Kleine, sehr seltene, kresse-aromatische Pflanze, die man früher als würzige Beigabe für Salate [1], Hackkräutermischungen [15] und herzhafte Gemüsegerichte nutzte. Verwendet wurden vor allem die Blätter, Blütenstände und Knospen im Frühsommer. Die Samen und jungen, noch weichen Wurzeln gelten als essbar und würzig, wurden aber kaum genutzt.
Inhaltsstoffe und Wirkung: Aufgrund der enthaltenen Glucosinolate wirkt die Pflanze gegen Bakterien und Pilze im Darm. Über weitere Inhaltsstoffe ist uns nichts bekannt.

Hasenglöckchen
Hyacinthoides
Spargelgewächse (Asparagaceae)

Hasenglöckchen
Hyacinthoides non-scripta
Art im Bestand gefährdet
Gefahrenstufe bei der Verwendung: **
Verbreitungsschwerpunkt: (Hainbuchen-)Mischwälder
Hauptblütezeit: April bis Mai
Verwendung in der Ernährung: In Notzeiten soll angeblich die Zwiebel von September bis in den Frühling ausgekocht gegessen worden sein. Das Kochwasser wurde dabei immer wieder gewechselt, vermutlich, um unverträgliche Stoffe, wie im Folgenden erwähnt, auszuspülen.
Inhaltsstoffe und Wirkung: In den Blättern wurden Pyrrolidine nachgewiesen. Offenbar enthalten die Blumenzwiebeln Inulin und Giftstoffe (Cardenolide). Aus den Zwiebeln wurde früher ein vielseitig verwendbarer Klebstoff gewonnen. Heilkundige nutzten die giftige Pflanze bei Erkrankungen der Lunge und Niere. Der Saft kann Kontaktallergien auslösen.

Salztäschel
Hymenolobus
Kreuzblütengewächse (Brassicaceae)

Salztäschel
Hymenolobus procumbens
Art im Bestand gefährdet
Verbreitungsschwerpunkt: Salzwasser- und Meeresstrandvegetation
Hauptblütezeit: April bis Mai
Verwendung in der Ernährung: Die Salztäschel sind kleine, sehr selten vorkommende Pflanzen, die man vor allem auf salzhaltigen Böden findet. Sie gelten als essbar mit kresseartigem Geschmack, die Nutzung ist jedoch wenig dokumentiert. Denkbar wäre unserer Einschätzung nach eine Verwendung der zarten Triebe, Blätter, Knospen und Blüten als Beigabe zu Salaten oder Gemüsegerichten. Samen und Wurzel sind wohl gewürzartig einsetzbar.

Ysop
Hyssopus
Lippenblütengewächse (Lamiaceae)

Ysop
Hyssopus officinalis
Art selten verwildert
Verbreitungsschwerpunkt: Kalk-Magerrasen
Hauptblütezeit: Juli bis September
Verwendung in der Ernährung: Bitterlich und minz-thymian-aromatische Pflanze für Gewürze und Spirituosen: Die Blätter und Triebspitzen des Ysops würzen von April bis Juli Bratgemüsegerichte [8], Bratlinge [4], den Brotteig für Hausbrotmischungen [21.1] oder Knäckebrot [21.2] und Hackkräutermischungen [15]. Sie ergeben schmackhafte Gemüsechips [8.5] und werden gerne auch als würzende Beigabe in Salaten, Rohkost [1], Saucen [14] und Gemüsesuppen [3.1] sowie in Wildpflanzensalz [16.1], Kräuteröl [16.4] und -essig [16.7] verwendet oder zu Würzmus [16.10] verarbeitet. Weitere Verwendungsmöglichkeiten: als Trockengewürz [16.2], zur Herstellung von Mazerationsöl [16.5] oder Sirup [18.4], mit Schokolade [17.6] überzogen oder als Aroma in Zucker [18.2], Tee [22.1], Wein [18.5], Spirituosen [18.6] oder Bier [18.7] sowie als Rauchtabakbeimischung [25].
Blüten und Blütenknospen dienen von Juli bis September als farbiger Speisendekor oder als Aroma v. a. in Gelee [18.1], Aromazucker [18.2] und Sirup [18.4], in Kräutermischungen und Salaten [15][1]. Man kann sie auch kandieren [17.4] bzw. in Süßspeisen zu Süßer Sauce [17.2], Pudding [17.3], als Sorbet [17.7] oder in einer Blütencreme [17.1] verarbeiten. Außerdem kann man sie in Speiseöl [16.4] einlegen.
Inhaltsstoffe und Wirkung: Die Pflanze enthält ätherisches Öl (Limonen), das gegen Bakterien und Viren wirksam ist. Außerdem Gerb- und Bitterstoffe und Flavonoide (Hesperidin). Volkstümlich angewendet wie der Salbei zum Gurgeln bei Hals- und Zahnfleischentzündungen, innerlich bei übermäßigem Schwitzen und bei Husten. In der Aromatherapie bei epileptischen Anfällen.

Schleifenblumen
Iberis
Kreuzblütengewächse (Brassicaceae)

Gefahrenstufe bei der Verwendung: *
Verwendung in der Ernährung: Diese hier aufgeführten mitteleuropäischen, sehr seltenen, bitter- bis kresse-aromatischen Arten gelten in gewürzartigen Mengen als essbar, zumeist ist jedoch nur die Verwendung der Samen als senfartige Paste [16.8] überliefert. Denkbar wäre auch eine Verarbeitung der zarten Triebe, Blätter und Blütenstände als Beigabe zu Salaten oder Gemüsegerichten. Die Wurzel könnte fein geschnitten als schärfliches Gewürz dienen. Bei Aufnahme übermäßiger Mengen wirken die Pflanzen unverträglich. Vgl. Roth et al. 1994.

Bittere Schleifenblume
Iberis amara
Art im Bestand gefährdet
Gefahrenstufe bei der Verwendung: *
Verbreitungsschwerpunkt: Getreideunkrautfluren
Hauptblütezeit: Mai bis August
Inhaltsstoffe und Wirkung: Die Bittere Schleifenblume enthält neben Glucosinolaten, Bitterstoffe (Cucurbitacine) und Flavonoide (Kämpferol, Quercetin). Medizinisch kommt die Pflanze bei Magen-Darm-Beschwerden und Blähungen, beispielsweise in einem bekannten Kombinationspräparat, zur Anwendung. Traditionell setzt man sie zur Behandlung von Gicht, Rheuma und Arthrose ein. Die Samen können bei Asthma, Bronchitis und Ödemen verwendet werden. Die Homöopathie nutzt die Pflanze bei Herzschwäche.

Leinblättrige Schleifenblume
Iberis linifolia
Gefahrenstufe bei der Verwendung: *
Art im Bestand gefährdet
Verbreitungsschwerpunkt: Steinschutt- und Geröllfluren
Hauptblütezeit: Juni bis Juli

Schwertlilien
Iris
Schwertliliengewächse (Iridaceae)

Gefahrenstufe bei der Verwendung: **
Verwendung in der Ernährung: Das Rhizom der folgenden mitteleuropäischen Arten wurde angeblich vom Herbst bis ins Frühjahr zu Genusszwecken geerntet und getrocknet. Nach mehreren Jahren Trocknung erreichte man daraus ein gereiftes Trockengewürz, dessen aromatisches ätherisches Öl in Spirituosen [18.6], Süß- und Backwaren eingesetzt wurde. Das untere Triebzentrum wurde angeblich ebenfalls gewürzartig mitverwendet. Die Herstellung und Gewinnung des kostbaren ätherischen Irisöls (auch »Veilchenwurzelöl« genannt, da es veilchenähnlich riecht) ist sehr zeitaufwendig und gehört zu den teuersten Naturprodukten. Vorsicht! Die Blätter und vor allem das frische Rhizom wirken stark reizend auf Haut und Schleimhäute und können bei manchen Menschen eine Allergie auslösen. Das Verschlucken von Pflanzenteilen kann unverträglich wirken.

Deutsche Schwertlilie
Iris germanica
Art im Bestand gefährdet
Gefahrenstufe bei der Verwendung: **
Verbreitungsschwerpunkt: Kalk-Magerrasen
Hauptblütezeit: Mai bis Juni
Inhaltsstoffe und Wirkung: Medizinisch verwendet werden Blätter und Wurzeln. Die Wurzeln enthalten ein ätherisches Öl, Flavonoide (Isoflavone) und Triterpene. Die Wurzel wirkt schleimlösend und entkrampfend und ist Bestandteil von Erkältungstees. Die Homöopathie verwendet Iris bei Migräne.

Gelbe Schwertlilie
Iris pseudacorus
Art im Bestand gefährdet
Gefahrenstufe bei der Verwendung: **
Verbreitungsschwerpunkt: Röhrichte und Großseggensümpfe
Hauptblütezeit: Ende Mai bis Ende Juni
Zusätzliche Hinweise zur Verwendung: Marzell 1958 überliefert der Pflanze den Namen »Backbrot«. Dies lässt eine Backnutzung des Rhizoms vermuten. Es sei auch ein Kaffeesurrogat [23] aus den Samen zu gewinnen, wobei hier Vorsicht gelten sollte, denn andere Quellen muten den Samen eine Giftigkeit zu. Wahrscheinlich ist auch hier wieder die Dosierung und Verarbeitung entscheidend.
Inhaltsstoffe und Wirkung: Die Gelbe Schwertlilie enthält das scharf schmeckende Irisin und Gerbstoffe. Früher wurde sie volkstümlich genutzt zur Wundbehandlung und zur Behandlung der »Wassersucht« (Ödeme) infolge von Herzmuskelschwäche.

Sibirische Schwertlilie, Wiesen-Schwertlilie
Iris sibirica
Art im Bestand gefährdet
Gefahrenstufe bei der Verwendung: **
Verbreitungsschwerpunkt: Streuwiesen
Hauptblütezeit: Anfang Juni bis Ende Juni
Zusätzliche Hinweise zur Verwendung: Es gibt Berichte darüber, dass aus der Wurzel Stärke extrahiert wurde. Wir nehmen an, dass dies zu Nahrungszwecken erfolgte, ohne die Details zu kennen.

Nacktstängelige Schwertlilie
Iris aphylla
Art im Bestand gefährdet
Gefahrenstufe bei der Verwendung: **
Verbreitungsschwerpunkt: Trockenrasen, Bergwiesen
Hauptblütezeit: April bis Mai
Inhaltsstoffe und Wirkung: In den Epidermiszellen der Blattbasis und der Griffel finden sich phytosterinhaltige Kugeln. Über eine heilkundliche Verwendung und weitere Inhaltsstoffe ist uns nichts bekannt.

Salzwiesen-Schwertlilie
Iris spuria
Art im Bestand gefährdet
Gefahrenstufe bei der Verwendung: **
Verbreitungsschwerpunkt: Moorwiesen
Hauptblütezeit: Mai bis Juni

Waid
Isatis
Kreuzblütengewächse (Brassicaceae)

Färber-Waid, Färberwaid
Isatis tinctoria (Artengruppe)
Art selten verwildert
Verbreitungsschwerpunkt: Ruderalgesellschaften, Acker- und Gartenunkrautgesellschaften
Hauptblütezeit: Mai bis Juni
Verwendung in der Ernährung: Die Färber-Waid ist im Geschmack herb-würzig. Ihre Blätter und knospigen Blütenstände können im April in Salate, Rohkost [1], Saucen [14] und Gemüsesuppen [3.1] eingearbeitet werden. Später, von Mai bis Juni, setzte man dann die Blüten als essbare Dekoration ein. Die ölreichen, jungen Samen wurden im August und September gerne mit etwas Essig und Salz als eine Art würziger Senf vermaischt [16.8] oder zu Pressöl verarbeitet [16.3]. Die Wurzeln werden auch heute noch im Herbst zur Herstellung des sogenannten »Waidbitterlikörs« verwendet [18.6].
Inhaltsstoffe und Wirkung: Die Blätter enthalten das zunächst farblose Glykosid Indican aus dem nach enzymatischer Spaltung der Indigofarbstoff entsteht, außerdem weitere Farb- und Gerbstoffe. Der Farbstoff wirkt pilzhemmend. Der Tee aus Wurzeln und Blättern wird zum Gurgeln bei Bakterien und Pilzen im Mund verwendet und äußerlich bei Hautkrankheiten, Schwellungen und kleineren Wunden angewendet. Die Pflanze wirkt gegen eine Vielzahl von Bakterien und Viren. Die Traditionelle Chinesische Medizin nutzt den Färberwaid in Kombination mit anderen Pflanzen (Ban Lan Gen). Innerlich kann die Pflanze bei Tumorerkrankungen und viralen und bakteriellen Infektionen verwendet werden.

Sandglöckchen
Jasione
Glockenblumengewächse (Campanulaceae)

Verwendung in der Ernährung: Hier sind Pflanzen aufgeführt, deren Nutzung in unseren Literaturquellen nur vermutet wurde. Sie sind unseres Wissens nach in keiner Weise als giftig bekannt. Aufgrund ihrer nahen Verwandtschaft zu den Glockenblumen *(Campanula)* darf man davon ausgehen, dass ihre stoffliche Zusammensetzung ihnen ähnlich ist. Junge, feine Blätter und Triebspitzen wurden vermutlich früher in kleinen Mengen für Salate [1], Gemüse [7–12], Suppen [3.1] und Hackkräutermischungen [15] genutzt. Zarte, faserarme Wurzeln von September bis März als Wurzelgemüse [8.1], in Gemüsesuppen [3.1] und Mischgemüsegerichten [11] zubereitet. Die Blüten dienten mitunter von Juni bis September als farbiger Speisendekor in Salat- und Rohkostspeisen.

Inhaltsstoffe und Wirkung: Die Wurzel des Berg-Sandglöckchens *(J. montana)* enthält Inulin. Offenbar setzte Nicolas Culpeper (engl. Heilkundiger des 17. Jh.) die Pflanze medizinisch ein. Er empfahl einen Tee bei allen Arten von Atemwegserkrankungen bis hin zum Asthma. Vermutlich kann auch *J. laevis* so verwendet werden.

Berg-Sandglöckchen, Berg-Jasione, Schlafrapunzel
Jasione montana
Art zerstreut bis selten
Verbreitungsschwerpunkt: Lockere Sand- und Felsrasen
Hauptblütezeit: Juni bis Oktober

Ausdauerndes Sandglöckchen, Ausdauerndes Sandrapunzel
Jasione laevis
Art im Bestand gefährdet
Verbreitungsschwerpunkt: Borstgrastriften und Zwergstrauchheiden
Hauptblütezeit: Juli bis September

Fransenhauswurz-Arten
Jovibarba
Dickblattgewächse (Crassulaceae)

Fransenhauswurz
Jovibarba globifera
Art im Bestand gefährdet
Verbreitungsschwerpunkt: Lockere Sand- und Felsrasen
Hauptblütezeit: Anfang Juni bis Ende August
Verwendung in der Ernährung: Feste, aber saftig milde Pflanze für Gemüse- und Salatzubereitungen. Man verwendete früher die festen, dickfleischigen Grundrosettenblätter der Fransenhauswurz vor der Bildung des Blütentriebes einzeln oder als zusammenstehende Rosette. Die Blattendstacheln schnitt man hierfür ab.
Die Blätter eignen sich für gedünstetes oder gedämpftes [7] sowie kurz gebratenes Gemüse [8.2]. Fein geschnitten gab man sie zu Kräutermischungen [15] oder in kleinen Mengen in Salate, Rohkost [1] und Saftgetränke [22.4].

Kugelschötchen
Kernera
Kreuzblütengewächse (Brassicaceae)

Felsen-Kugelschötchen, Kugelschötchen
Kernera saxatilis
Art zerstreut bis selten
Verbreitungsschwerpunkt: Felsspalten- und Mauerfugengesellschaften
Hauptblütezeit: Mai bis Juli
Verwendung in der Ernährung: Die Blätter der Grundrosette haben einen scharfen Kressegeschmack und eignen sich von April bis Mai als frisches Küchengewürz oder, ebenfalls frisch, als Beigabe zu verschiedenen Salaten [1], Kräuterbutter [15.3] oder Pesto [16.6]. Fein geschnitten und mit Creme fraîche verrührt [15.5] sind sie ein ausgezeichneter Dip für Rohkostgemüse [1]. Erhitzt können sie auch bei der Zubereitung von verschiedenen gedünsteten Gemüsegerichten [7], Gemüsefüllungen [10], Suppen [3.1] und Teig-Chips [8.4] verwendet werden.
Die Blüten und Blütenknospen samt der zarten Blütenstängel sind von Frühjahr bis Sommer eine essbare Dekoration und würzige Beigabe in Hackkräutermischungen [15], Salaten und Rohkost [1] sowie in Saucen [14], Bratlingen [4] oder kurz gebratenem Gemüse [8.2]. Die Samen im Sommer eignen sich gut als Gewürz, z. B. für Salatsaucen. Sie können auch bevorratet im Winter als Keimsaat [2] genutzt werden. In größeren Mengen ließen sie sich auch zu einer senfartigen Paste [16.8] verarbeiten.
Sollten beim Ernten der kleinen Pflanzen die würzigen Wurzeln mit herausgehen, so können diese gesäubert und als scharfe, fein geschnittene Würzbeigabe zu herzhaften Gerichten ebenfalls mitverzehrt oder als Gewürz getrocknet werden [16.2].

Rosskümmel
Laser
Doldengewächse (Apiaceae)

Rosskümmel
Laser trilobum
Art im Bestand gefährdet
Verbreitungsschwerpunkt: Sonnige Staudensäume an Gehölzen
Hauptblütezeit: Mai bis Juni
Verwendung in der Ernährung: Eine würzige Pflanze für Salate, Gewürze und Getränke. Zarte Blätter, Triebspitzen und Blattstiele können von April bis Mai als Gemüsechips [8.5], in Bratlingen [4], als Brotteigbeigabe in Hausbrotmischungen [21.1] und auch als Knäckebrot [21.2] verwendet werden. Sie fanden Anwendung in Hackkräutermischungen für Kräuterbrotzeiten [15.1], -kartoffeln [15.2], -butter [15.3], -käse

[15.4] und -quark [15.5] und waren fein geschnitten eine kleine Beigabe in Salaten und Rohkost [1]. Sie können insbesondere Wildpflanzensalz [16.1], aber auch Eierspeisen [6], Saucen [14] und Gemüsesuppen [3.1] eine feine Würze geben und nicht nur Kräuteröl [16.4], -essig [16.7], Würzmus [16.10] und Pesto [16.6] aromatisieren, sondern auch Getränke wie Tee [22.1], Wildpflanzenlimonade [22.2], Bowle [22.3], Wein [18.5] und Spirituosen [18.6]. Man kann sie auch als Gemüse in Wein einlegen [13.3].
Ebenso kann man die Früchte, sowohl die ausgereiften, als auch grüne, unreife, im August und September als Aroma für verschiedene Speisen, Getränke und Gewürze nutzen, z. B. in Hausbrot [21.1], Wein [18.5] und Spirituosen [18.6], in Kräuteröl [16.4] oder -essig [16.7], als Trockengewürz [16.2] und Mazerationsöl [16.5]. Auch als Keimsaat [2] kann man sie versuchen.
Inhaltsstoffe und Wirkung: Die Pflanze enthält bitter-scharf schmeckende Sesquiterpenlactone (Trilobolide), Flavonoide und ätherisches Öl. Neueren Forschungen zufolge wirken Trilobolide stark immunstimulierend. Die ganze Pflanze hat antibakterielle Eigenschaften.

Laserkräuter
Laserpitium
Doldengewächse (Apiaceae)

Breitblättriges Laserkraut
Laserpitium latifolium
Art zerstreut bis selten
Verbreitungsschwerpunkt: Sonnige Staudensäume an Gehölzen
Hauptblütezeit: Juli bis August
Verwendung in der Ernährung: Leicht bittere, kümmel-kerbelaromatische Pflanze für Gewürze. Zarte, frisch austreibende Blätter und Triebspitzen kann man von April bis Mai in kleinen Mengen als Gemüsechips [8.5], in Bratlingen [4] oder als Beigabe in Salaten [1], Hackkräuter- [15] und Hausbrotmischungen [21.1] sowie in Füllungen von Gemüsestrudel [10.1] oder -taschen [10.2] verwenden. Klein geschnitten gab man sie in Gemüsesuppen [3.1] und Saucen [14]. Als Würze lassen sie sich in Wildpflanzensalz [16.1] mischen oder in Wein einlegen [13.3]. Das eingelegte Gemüse kann man wiederum zum Verfeinern von verschiedenen Gerichten nutzen. Man kann damit verschiedene Getränke wie Wildpflanzenlimonade [22.2] und Bowle [22.3] sowie Bier [18.7] aromatisieren.
Die gereiften aromatischen Früchte können von August bis September dem Brotteig für Hausbrot beigegeben werden [21.1]. Die unverholzten Wurzeln erntete man von September bis März und nutzte sie in Scheiben gebacken [8.5]. Nur sehr junge, klein geschnittene Wurzeln eignen sich auch als Beigabe in Gemüsesuppen [3.1] und Mischgemüsegerichten [11]. Um den Bestand zu erhalten, bitte keine einzeln stehenden Pflanzen mit Wurzel entnehmen, sondern nur Wurzeln aus großem Pflanzenvorkommen ernten. Alle aufgeführten Teile des Breitblättrigen Laserkrauts kann man auch als Trockengewürz oder Aroma in Kräuteröl [16.4] und -essig [16.7] sowie in Wein [18.5] oder Spirituosen [18.6] nutzen.
Inhaltsstoffe und Wirkung: Die Wurzel enthält unter anderem Scharf- und Bitterstoffe. Aufgrund dessen nutzte man die Pflanze früher unter der Bezeichnung »Gentianae albae« als Magenstärkungsmittel, außerdem bei Zahnschmerzen.

Berg-Laserkraut
Laserpitium siler
Art ist selten
Verbreitungsschwerpunkt: Sonnige Staudensäume an Gehölzen
Hauptblütezeit: Juni bis August
Verwendung in der Ernährung: Kümmelaromatische Pflanze für Gewürze. Die jungen Blätter und Triebe kann man von April bis Mai in kleinen Mengen als pikante Zutat in Brotteig [21.1], in Füllungen [10.1] [10.2], Hackkräutermischungen [15], Salaten [1], Saucen [14] und Gemüsesuppen [3.1] sowie als Würzbeigabe in Wildpflanzensalz [16.1] verarbeiten. Im August und September würzte man mit den gereiften aromatischen Früchten gebackenes Ofengemüse und Hausbrot [21.1]. Unverholzte Wurzeln kann man von September bis März zu Gewürzchips [8.5] verarbeiten. Nur sehr junge, klein geschnittene Wurzeln eignen sich als Beigabe in Gemüsesuppen [3.1] und Mischgemüsegerichten [11]. Alle oben genannten Pflanzenteile eignen sich auch zur Herstellung von Trockengewürzen [16.2], als Würzbeigabe zu Kräuteröl [16.4] oder -essig [16.7] und als Aroma in Wein [18.5] oder Spirituosen [18.6]. Um den Bestand zu erhalten, sollten nur Wurzeln aus großem Pflanzenvorkommen und keine einzeln stehenden Pflanzen mit Wurzel entnommen werden.
Inhaltsstoffe und Wirkung: *Zu beachten:* In der ganzen Pflanze, v. a. in den Früchten und Wurzeln sind Sesquiterpenlactone enthalten, die bei allergieempfindlichen Menschen Reizungen auslösen können! Im Weiteren siehe *Laserpitium latifolium.*

Lavendel
Lavandula
Lippenblütengewächse (Lamiaceae)

Echter Lavendel
Lavandula angustifolia
Art ist selten
Verbreitungsschwerpunkt: Schuttunkrautfluren
Hauptblütezeit: Juli bis August
Verwendung in der Ernährung: Traditionell nutzt man für französisches Ratatouille gerne die feine, mediterrane Würze der blauen Lavendelblüten. Die bekannten aromatischen grauen Blätter werden von April bis Juli und die hübschen Blüten von Juli bis August als Würze und Würzbeigaben in folgenden Speisen verwendet: in Bratgerichten [8], gedünstetem oder gedämpftem Gemüse [7], in Kräuterkartoffeln [15.2], -käse [15.4], -quark [15.5] und in -butter [15.3], in Brotteigen [21.1] und Saucen [14] sowie in Kräuteröl [16.4]. Ebenso kann man sie zur Herstellung von Mazerationsöl [16.5] nutzen, als Gewürz trocknen [16.2] oder auch dem Rauchtabak beimischen [25]. Als Aroma dienen sie in Gelee [18.1], Sirup [18.4] oder Aromazucker [18.2] sowie in Tee [22.1], Sorbet [17.7], Wein [18.5] und Spirituosen [18.6].

Inhaltsstoffe und Wirkung: Seit dem Mittelalter wird die medizinische Verwendung der Blüten und des daraus gewonnenen, angenehm duftenden ätherischen Öls zur medizinischen Anwendung erwähnt. Lavendelöl besitzt ein weites Wirkungsspektrum (entzündungshemmend, antibakteriell, insektizid und pilztötend). Lavendelzubereitungen werden bei Unruhe, Nervosität, Schlafstörungen und psychosomatischen Beschwerden empfohlen, außerdem bei Oberbauchbeschwerden, Darmbeschwerden, Diarrhöe, Migräne, Krämpfen und Asthma. Daneben findet sich eine Vielzahl äußerlicher Anwendungen bei Hauterkrankungen. Neben seiner medizinischen Verwendung dienen die Blüten seit Langem auch zum Fernhalten von Motten und Ungeziefer in Kleiderschränken.

Strauchpappel
Lavatera
Malvengewächse (Malvaceae)

Thüringer Strauchpappel
Lavatera thuringiaca
Art selten verwildert
Verbreitungsschwerpunkt: Nährstoffreiche Krautfluren
Hauptblütezeit: Anfang Juli bis Ende September
Verwendung in der Ernährung: Junge Blätter nutzte man von April bis Mai frisch oder gekocht. Sie sind recht lecker, schleimstoffhaltig und haben ein mildes Aroma. Später im Jahr werden die Blätter härter und es lohnt sich nicht mehr so sehr, sie zu ernten. Man nutze sie in Streifen geschnitten als Bratgemüse [8] meistens kurz gebraten [8.2] oder in Bratlingen [4], als Brotteigbeigabe in Hausbrotmischungen [21.1] oder auch zu Eierspeisen wie Crêpes [6.2], Rührei [6.3] oder Omelett [6.1]. Denkbar wären sie auch eingelegt als Sauerkraut [13.4] oder erhitzt als zart-säuerliches Gemüse [7.1], Nussgemüse [7.3], Gemüsefüllung [10.1][10.2], Püree [9.3], Spinat [9.1], Gemüsesuppen [3.1] sowie zu Lasagne [12.1] oder Pizza [12.2]. Frisch kann man sie in Salaten und Rohkost [1] sowie in Kräutermischungen [15] verwenden.
Die sehr milden Blütenblätter können von Juli bis September in Eierspeisen [6], Hackkräutermischungen [15] oder Salat- und Rohkostspeisen [1] genutzt werden. Als essbare Dekoration lassen sie sich frisch oder auch kandiert [17.4] verwenden. Zu Getränken sind sie ebenfalls geeignet, beispielsweise als Tee [22.1] oder in Bowlen [22.3]. Die Blütenknospen können kapernartig eingelegt [16.11] werden.
Die jungen, noch zart grünen Samen im September und die Wurzeln an jungen Pflanzen im Frühjahr sind vermutlich aufgrund der engen Verwandtschaft zu den Malva-Arten ebenfalls gut essbar. Über Giftstoffe liegen uns keine Hinweise vor.
Inhaltsstoffe und Wirkung: Die Pflanze enthält Schleimstoffe. Erwähnt wird das Auflegen von eingeweichten Blättern der Baumförmigen Strauchpappel *(L. arborea)* bei Verstauchungen.

Frauenspiegel
Legousia
Glockenblumengewächse (Campanulaceae)

Gewöhnlicher Frauenspiegel
Legousia speculum-veneris
Art im Bestand gefährdet
Verbreitungsschwerpunkt: Getreideunkrautfluren
Hauptblütezeit: Juni bis August
Verwendung in der Ernährung: Von April bis Juni gab man früher die weichen, mild schmeckenden Blätter und Triebspitzen frisch in Salate und Rohkost [1], zur Kräuterbrotzeit [15.1] und zu Kräuterquark [15.5] oder erhitzt in Gemüsesuppen [3.1], Eierspeisen [6] und gedünstetem oder gedämpftem Gemüse [7]. Die Blüten verwendete man vermutlich von Juni bis August als farbigen Speisendekor.
Inhaltsstoffe und Wirkung: Die Wurzeln enthalten etwa 3 % Fructane (Inulin). Über medizinische Wirkungen ist uns nichts bekannt.

Herzgespanne
Leonurus
Lippenblütengewächse (Lamiaceae)

Echtes Herzgespann
Leonurus cardiaca
Art im Bestand gefährdet
Verbreitungsschwerpunkt: Zäune, Hecken, Wegränder
Hauptblütezeit: Juni bis September
Verwendung in der Ernährung: Eine gerb- und bitterstoffreiche Pflanze, die sich als Gewürz und Bieraroma eignet.
Inhaltsstoffe und Wirkung: Die medizinische Verwendung des Echten Herzgespanns bei Magendrücken, Herzkrämpfen und lahmen Gliedern ist bereits seit dem 15. Jh. belegt. Außerdem galt die Pflanze früher als probates Mittel gegen die Melancholie (Depression) und zur Stärkung des Herzens. Die Pflanze enthält Iridoide (Ajugol), Bitterstoffe, Flavonoide (Rutin, Hyperosid), Triterpene und Bufenolide, außerdem Kaffeesäureverbindungen, Gerbstoffe und wenig ätherisches Öl. Das Kraut wirkt beruhigend bei Nerven- und Herzstörungen. Darüber hinaus wirkt es blutdrucksenkend und verlangsamt den Herzschlag (negative Chronotropie). Auch heute noch wird es zur Behandlung von (nervösen) Herzbeschwerden verordnet. Eine Wirkung ist allerdings erst bei langfristiger Anwendung zu erwarten. Darüber hinaus kann die Pflanze zur begleitenden Behandlung einer Schilddrüsenüberfunktion verwendet werden. Die Volksheilkunde nutzt das Echte Herzgespann außerdem bei Verdauungsstörungen und Wechseljahrsbeschwerden mit Hitzewallungen, Angstzuständen und Nervosität.

Liebstöckel
Levisticum
Doldengewächse (Apiaceae)

Liebstöckel, Maggikraut
Levisticum officinale
Art selten verwildert
Verbreitungsschwerpunkt: Schuttunkrautfluren
Hauptblütezeit: Juli bis August
Verwendung in der Ernährung: Bekannte, aromatische Pflanze als Aroma für Gemüse, Spirituosen und Gewürze. Die Blätter und Triebspitzen geben von April bis Juli Speisen eine delikate Würze. Klein gehackt eignen sie sich hervorragend zur Verfeinerung von vielerlei Gerichten, z. B. Eierspeisen (insbesondere Crêpes [6.2], Rührei [6.3] oder Omelett [6.1]), Bratlingen [4], Ofengemüsegerichten wie Pizza [12.2] sowie kurz gebratenem [8.2], gedünstetem und gedämpftem Gemüse [7]. Sie sind eine herzhafte Beigabe in Salaten und Rohkost [1], Hackkräutermischungen [15], Saucen [14] und natürlich Gemüsesuppen [3.1]. Man kann sie auch zu Gemüsechips [8.5] verarbeiten oder als Gemüse in Wein [13.3] einlegen und z. B. als Beilage servieren. Das Aroma der Blätter ist sehr intensiv, weshalb sie sich sehr gut als Trockengewürz [16.2] und Beigabe in Wildpflanzensalz [16.1], Kräuteröl [16.4] und -essig [16.7], als Würzmus [16.10] oder Pesto [16.6] eignen. Es ist auch möglich, Mazerationsöl [16.5] aus ihnen zu gewinnen. Ihre vielfältigen Verwendungsmöglichkeiten reichen bis hin zur Verarbeitung in Gewürzschokolade [18.3] oder auch als Beigabe zu Rauchtabak [25].
Von Juli bis August sind die Blütenstände des Liebstöckels, von den Stielen getrennt, eine essbare Dekoration in Salaten [1] und Hackkräutermischungen [15]. Man nutzt sie außerdem als Aroma in Knäckebrot [21.2], Eierspeisen [6], Wildpflanzenlimonade [22.2] und Gewürzschokolade [18.3] sowie als Würze in Wildpflanzensalz [16.1], Kräuteröl [16.4] und -essig [16.7]. Genau wie bei den Blättern und Trieben ist es auch möglich, aus ihnen Trockengewürz [16.2] und Mazerationsöl [16.5] zu gewinnen [16.5]. Ganze Blütenstände kann man gut in Ausbackteig [8.4] frittieren, einzelne Knospen bereitet man als kurz gebratenes Gemüse [8.2], in Bratlingen [4] und Gemüsesuppen [3.1] zu oder nutzt sie als Würzmus [16.10] und Würzbeigabe in Chutney [16.9].
Die gereiften Früchte gibt man im August und September als Aroma in Spirituosen [18.6], Kräuteröl [16.4] und -essig [16.7] oder verwendet sie als Trockengewürz [16.2]. Auch eine Nutzung als Keimsaat [2] ist möglich.
Die Wurzeln erntet man von September bis März und verarbeitet sie fein geschnitten als Gewürz bzw. in dünnen Scheiben als Gemüsechips [8.5] oder eingelegtes Gemüse [13]. Getrocknet und vermahlen eignen sie sich als Streckmehl für Gebäck [20] und Bratlinge [4]. Auch als Würze und Würzbeigabe [16] bzw. als Aroma, insbesondere für Spirituosen [18.6], finden sie Verwendung.
Inhaltsstoffe und Wirkung: Kraut und Wurzeln enthalten ätherisches Öl, Bitterstoffe, Polyacetylene (Falcarindiol) und Furocumarine. Das ätherische Öl wirkt nachweislich gefäßentkrampfend und antimikrobiell. Die Pflanze regt die Ausscheidung von Harnstoff an und wirkt entwässernd. Auch wegen ihres angenehmen Geschmacks wird sie gerne bei entzündlichen Harnwegserkrankungen, Magenbeschwerden und Verdauungsschwäche eingesetzt. Volksheilkundlich verwendet man sie darüber hinaus bei Erkältungskrankheiten und Menstruationsbeschwerden. Äußerlich angewendet hilft sie bei schlecht heilenden Wunden.

Mutterwurzen
Ligusticum
Doldengewächse (Apiaceae)

Alpen-Mutterwurz
Ligusticum mutellina
Art ist selten
Verbreitungsschwerpunkt: Gesellschaften auf zumeist schneebedeckten Böden
Hauptblütezeit: Juni bis August
Verwendung in der Ernährung: Liebstöckel- und petersilienaromatische Pflanze für Gemüse, Tee und Aroma. Die feinen hellgrünen Frühjahrs-Triebe und -Blätter der Alpen-Mutterwurz verleihen von April bis Juli Bratlingen [4], Eierspeisen [6] und verschiedenen Gemüsegerichten [7.1][7.3][10.1][10.2][9.3] einen würzigen Geschmack. Sie sind eine exzellente Beigabe in Saucen [14] und Gemüsesuppen [3.1], aber auch in Salaten oder Rohkost [1], Hackkräutermischungen [15], in Brotteig für Hausbrotmischungen [21.1] oder Knäckebrot [21.2] sowie für in Wein eingelegtes Gemüse [13.3]. Aufgrund ihres intensiven Aromas eignen sie sich nicht nur sehr gut als Trockengewürz [16.2], Würzmus [16.10] und als Würze in Wildpflanzensalz [16.1] oder Pesto [16.6], sondern aromatisieren zudem verschiedene Getränke, wie z. B. Tee [22.1], Wildpflanzenlimonade [22.2], Bowle [22.3] und Wein [18.5]. Tipp: Ihre getrockneten Blätter ergeben zusammen mit Kamilleblüten eine feine Gewürzteemischung.
Die Einzelblüten der Dolde nutzt man von Juni bis August als Brotteigbeigabe für Knäckebrot [21.2], in Eierspeisen wie z. B. Crêpes [6.2] und Rührei [6.3] und als würzige Dekoration in Salat- und Rohkostspeisen [1]. Man kann mit ihnen auch außergewöhnliche Süßspeisen herstellen, indem man sie kandiert [17.4], mit Schokolade überzieht [17.6] oder sie zu Sorbet [17.7] und süßer Sauce [17.2] verarbeitet. Wie die Blätter und Triebe aromatisieren auch sie Getränke wie Tee [22.1] und Wildpflanzenlimonade [22.2]. Nur knospige Blütenstände und Blüten eignen sich als kurz gebratenes Gemüse [8.2], in Bratlingen [4] oder Omelett [6.1], in Mischgemüsegerichten [11], Ofengemüsegerichten [12] und Gemüsesuppen [3.1]. Als Würzbeigabe sind sie in Chutney besonders zu empfehlen [16.9].
Aus den zarten jüngsten Wurzeln bereitet man von September bis März schmackhaftes Wurzelgemüse [8.1] und Gemüsechips [8.5] oder verarbeitet sie klein geschnitten in Bratlingen [4], Gemüsesuppen [3.1] oder Mischgemüsegerichten [11.1] sowie zu eingelegtem Gemüse [13]. Getrocknet und vermahlen nutzt man sie als Streckmehl für Gebäck [20] und als Brotteigbeigabe, insbesondere in Hausbrot [21.1]. Eine hervorragende Würzbeigabe sind sie auch in Wildpflanzensalz [16.1] oder als Trockengewürz [16.2].

Die ganze Pflanze ist reich an ätherischen Ölen und eignet sich deshalb komplett zur Herstellung von Kräuteröl [16.4], -essig [16.7] und Mazerationsöl [16.5] sowie zum Aromatisieren von Spirituosen [18.6]. Bitte keine einzeln stehenden Pflanzen mit Wurzel entnehmen, sondern nur Wurzeln aus großem Pflanzenbestand ernten!
Inhaltsstoffe und Wirkung: Die Pflanze enthält ätherisches Öl, Harze, Kaffeesäuren und Phthalide. Die alte Heilpflanze der Kloster- und Volksmedizin ist ein gern gebrauchtes Würzmittel und Bestandteil im traditionellen Bärwurz-Magenschnaps. Außerdem ist sie ein wertvolles Viehfutter. Hauptanwendungsgebiete sind Magen- und Darmtrakt und die Gebärmutter. Äußerlich wird das frisch zerquetschte Kraut bei Hautkrankheiten und Gichtschmerzen eingesetzt.

Kleine Mutterwurz
Ligusticum mutellinoides
Art zerstreut bis selten
Verbreitungsschwerpunkt: Bergwiesen, Schuttfluren
Hauptblütezeit: Juli bis August
Verwendung in der Ernährung: Die Blätter wurden nach MACHATSCHEK 2010 als frisches und erhitztes Gemüse, die Früchte als Speisengewürz genutzt.

Lilien
Lilium
Liliengewächse (Lileaceae)

Verwendung in der Ernährung: Das sind seltene Pflanzen, die aber als nahrhafte Speise gelten. Vor allem die Zwiebeln schmecken gekocht süß und mehlig bzw. kartoffelartig. Sie wurden im Herbst oder Frühjahr als eine Art Kartoffelersatz in Eintopfgerichten [11.1], als Backgemüse [12.3] oder in Suppen [3.1] verwendet. Aber auch andere gemüseartige Pflanzenteile wurden angeblich roh und erhitzt gegessen. Vermutlich ist dabei die Rede von den mildschmeckenden Blättern, zarten jungen Trieben oder auch den üppigen Blütenknospen. Womöglich wurden sie von April bis Mai in Salaten [1] oder kurz gebraten [8.2] gegessen. Auch vom Blütenpollen als nahrhafte Essenszutat wurde berichtet, hier vermutlich als Brotteigbeigabe [21.1]. Über eine Verwendung der aufgeblühten Blüten ist uns nichts überliefert. Vermutlich sind diese ebenso essbar. Über eine Giftigkeit liegen uns keine Hinweise vor.

Feuer-Lilie
Lilium bulbiferum
Art im Bestand gefährdet
Verbreitungsschwerpunkt: Sonnige Staudensäume an Gehölzen
Hauptblütezeit: Anfang Juni bis Ende Juni
Zusätzliche Hinweise zur Verwendung zuvor: Früher wurde die Pflanze laut MARZELL 1958 u. a. auch als »Esslilie« bezeichnet.
Inhaltsstoffe und Wirkung: Vermutlich ähnlich wie *Lilium martagon.*

Türkenbund-Lilie
Lilium martagon
Art im Bestand gefährdet
Verbreitungsschwerpunkt: Waldmantelgebüsche und Hecken
Hauptblütezeit: Anfang Juni bis Ende Juli
Inhaltsstoffe und Wirkung: Über Inhaltsstoffe ist uns nichts bekannt. Die kleinen Knospenzwiebeln in den Blattachseln wurden zur Behandlung von Verbrennungen und Wunden verwendet. Der Zwiebel der Türkenbundlilie wird eine harntreibende, menstruationsfördernde und schleimlösende Wirkung nachgesagt. Außerdem wurde sie bei Erkrankungen des Herzens verwendet.
Verwechslungsgefahr: Vierblättrige Einbeere *(Paris quadrifolia)* vor der Blütenentwicklung, S. 619.

Strandflieder, Strandnelken
Limonium
Grasnelkengewächse (Plumbaginaceae)

Echter Strandflieder, Strandnelke
Limonium vulgare
Art im Bestand gefährdet
Verbreitungsschwerpunkt: Salzwasser- und Meeresstrandvegetation
Hauptblütezeit: August bis September
Verwendung in der Ernährung: Die salzig schmeckenden Blätter wurden circa von April bis Juli in kleinen Mengen als würzende Beigabe bei Gemüsezubereitungen eingesetzt.
Inhaltsstoffe und Wirkung: Über Inhaltsstoffe und medizinische Wirkungen ist uns nichts bekannt. Die Pflanze diente offenbar als Schutz vor Kleidermotten.

Tomaten
Lycopersicon
Nachtschattengewächse (Solanaceae)

Tomate
Lycopersicon esculentum
Art selten verwildert
Verbreitungsschwerpunkt: Schuttunkrautfluren
Hauptblütezeit: Juni bis Oktober
Verwendung in der Ernährung: Bekannte aromatische Pflanze für Salate, Gemüse, Saucen, Eingelegtes etc. Aufgrund ihres häufigen Gebrauchs in Mitteleuropa verwildert sie unbeständig, aber sehr häufig. Meist schaffen es die wilden Arten nicht bis zur roten Fruchtreife. Vollreife Tomaten werden bekanntlich zu jeder erdenklichen Art von Gemüse genutzt. Die Samen der reifen Früchte können von August bis Oktober angeblich zu Öl [16.3] gepresst werden.
Inhaltsstoffe und Wirkung: Die ganze Pflanze mit Ausnahme der uns allen wohlbekannten Tomatenfrüchte ist stark giftig und enthält Steroidalkaloide. Unreife grüne Tomaten (Ausnahme grüne Sorten) enthalten das giftige Alkaloid Solanin. Die reifen Früchte sind alkaloidfrei und enthalten farbige Carotinoide (Lycopin), Gammaaminobuttersäure (GABA) und Vitamine. Das insbesondere in den Tomatenschalen enthaltene Lycopin ist ein ausgezeichnetes Antioxidans. Studien deuten auf eine Schutzwirkung vor Herz- und Kreislauferkrankungen und bestimmten Krebserkrankungen hin. Tomaten haben offenbar auch eine positive Wirkung auf die Prostata, bei Erkältungserkrankungen und Blähungen. Zerquetschte Tomaten werden äußerlich als Erste Hilfe bei Verbrennungen und Sonnenbränden eingesetzt. Ein Tee aus der Wurzel soll Zahnschmerzen lindern. Die Homöopathie nutzt die Pflanze bei Rheuma und Kopfschmerzen.

Andorn
Marrubium
Lippenblütengewächse (Lamiaceae)

Gewöhnlicher Andorn
Marrubium vulgare
Art im Bestand gefährdet
Gefahrenstufe bei der Verwendung: *
Verbreitungsschwerpunkt: Ruderalgesellschaften, Acker- und Gartenunkrautgesellschaften
Hauptblütezeit: Juni bis August
Verwendung in der Ernährung: Die nach bitteren Gerbstoffen und ätherischen Ölen schmeckenden, sogar leicht schärflichen Blätter und Triebspitzen mit Blütenansätzen kann man von April bis Juli als Aroma [18] in Wein [18.5], Spirituosen [18.6] oder Bier [18.7] nutzen sowie als Gewürz [16.2] z. B. zu Salaten und Rohkost [1] geben. Sowohl aus den getrockneten, als auch aus den frischen Blättern kann man außerdem von April bis Juni Teegetränke bereiten [22.1]. Laut MARZELL 1958 nannte man die Pflanze auch »Berghopfen«.
Inhaltsstoffe und Wirkung: Der Andorn enthält Zimtsäurederivate, Cholin und Flavonoide. Die innerliche Anwendung der Pflanze wirkt infolge der enthaltenen Bitterstoffe anregend auf die Magen- und Gallensaftsekretion. Die Pflanze wird ferner als Gurgelmittel bei Atemwegserkrankungen eingesetzt. Die ganze Pflanze enthält den Bitterstoff Marrubiin, der in großen Mengen verabreicht zu Herzrhythmusstörungen führen kann (vgl. ROTH et al. 1994). Äußerlich hilft Andorn bei Hautausschlägen, Geschwüren und Wunden.

Straußfarne, Trichterfarne
Matteuccia
Waldfarngewächse (Athyriaceae)

Straußfarn, Trichterfarn
Matteuccia struthiopteris
Art im Bestand gefährdet
Verbreitungsschwerpunkt: Erlen- und Edellaub-Auenwälder
Zeit der Sporenreife: Juni bis Juli
Verwendung in der Ernährung: Die jungen Blätter können angeblich roh oder gekocht verwendet werden. Im April nutzte man sie als kleine Zutat zu Salaten und Rohkost [1] und gab sie Gemüsegerichten bei. Bevor sie sich vollständig entfalten, sind sie dicklich und saftig. Sie schmecken zubereitet spargelartig. Demzufolge liegt eine Verwendung als Beigabe zu Stängelgemüse [7.2] nahe. Der Wurzelstock wurde im Herbst und im Frühjahr geerntet, geschält und geröstet. Vermutlich danach dann auch zu Streckmehl [20] zerstoßen. Über bedenkliche Inhaltsstoffe liegen uns keine Informationen vor; da jedoch eine Reihe von Farnen Kanzerogene enthalten, sollte man hier immer eine gewisse Vorsicht bei der Dosierung walten lassen.
Inhaltsstoffe und Wirkung: Eine Abkochung der Blattschäfte wurde bei Rückenschmerzen und zum Austreiben der Nachgeburt verwendet.

Levkojen
Matthiola
Kreuzblütengewächse (Brassicaceae)

Weißlichgraue Levkoje, Garten-Levkoje
Matthiola incana
Art selten verwildert
Verbreitungsschwerpunkt: Schuttunkrautfluren
Hauptblütezeit: Mai bis September
Verwendung in der Ernährung: Die duftaromatischen Blüten der Levkoje wurden früher als dekorative, kleine Beigabe in Salaten, Rohkostspeisen [1] und Mischgemüsegerichten [11] sowie in Kräuteröl [16.4] und -essig [16.7] verwendet. Man gab sie auch kandiert [17.4] in süße Dessertgerichte. Im Spätsommer wurden die jungen, schärflich schmeckenden Samen in kleinen Mengen als Notnahrung gemüseartig gegessen, die jungen Wurzeln vermutlich gewürzartig genutzt. Die Blätter waren für eine Verwendung sicher zu filzig.
Inhaltsstoffe und Wirkung: Die Samen enthalten Schleimstoffe, Anthrachinone und ein fettes Öl mit einem hohen Gehalt an Erucasäure. Ihnen werden aphrodisierende, harntreibende, schleimlösende, magenanregende und kräftigende Eigenschaften nachgesagt. Ein Aufguss wurde zur Behandlung von Krebserkrankungen verwendet.

Immenblätter, Waldmelissen
Melittis
Lippenblütengewächse (Lamiaceae)

Immenblatt, Waldmelisse
Melittis melissophyllum
Art ist selten
Verbreitungsschwerpunkt: Trockenheit ertragende Eichenmischwälder
Hauptblütezeit: Anfang Mai bis Ende Juni
Verwendung in der Ernährung: Die vor allem getrocknet zitronig und stark nach Honig oder Zimt duftenden, aber bitter-aromatisch schmeckenden Blätter, Triebspitzen und Blütenansätze verwendet man im April und Mai für Kräuteröl [16.4], Aromazucker [18.2], Saucen [14] und Gemüsesuppen [3.1] sowie als Würze und Würzbeigabe in Salaten und Rohkost [1], in Kräutersalz [16.1] und als Trockengewürz [16.2]. Denkbar wären sie auch in Kräuterkäse (Schnittkäse) [15.4] oder als Aroma in Wein [18.5], Spirituosen [18.6], Bowle [22.3] oder Bier [18.7].
Inhaltsstoffe und Wirkung: Die Pflanze enthält Flavonoide, Triterpene, Phenolsäuren und geringe Mengen ätherisches Öl. Sie soll adstringierend, blutreinigend, harntreibend, menstruationsfördernd und beruhigend wirken.

Fieberklee
Menyanthes
Fieberkleegewächse (Menyanthaceae)

Fieberklee
Menyanthes trifoliata
Art im Bestand gefährdet
Gefahrenstufe bei der Verwendung: *
Verbreitungsschwerpunkt: Kleinseggen-Zwischenmoore und Sumpfrasen
Hauptblütezeit: Mitte Mai bis Mitte Juni
Verwendung in der Ernährung: Eine stark bittere, leicht giftige Pflanze. Die dreigeteilten, bitteren Blätter dieser Wasserpflanze nutzte man von April bis Mai für die Bierherstellung [18.7], ihre langen Wurzelstränge von September bis März getrocknet und vermahlen als Streckmehl [20]. Es heißt, die sehr fein geraspelte Wurzel wurde dazu lange unter fließendem Wasser gespült, etwa in einem Bachlauf, bevor sie getrocknet und vermahlen wurde. Vorsicht! Die ganze Pflanze soll in einzelnen Fällen und in großen Mengen eingenommen Übelkeit erzeugt haben (vgl. Roth et al. 1994). Die Möglichkeit zur Verwendung hängt wohl entscheidend von der Dosierung und Verarbeitungsweise ab, wie auch von regionalen Schwankungen der Pflanzeninhaltsstoffe und unterschiedlichen Verträglichkeiten einzelner Menschen.
Inhaltsstoffe und Wirkung: Die ganze Pflanze enthält bittere Alkaloide, die die Magen- und Speichelsekretion anregen, außerdem Cumarin, Flavonoide, Tannine und Saponine. Früher wurde sie ähnlich verwendet wie der Enzian. Ein Tee davon hilft bei Fieber, Darm-, Magen-, Gallen- und Leberproblemen und wirkt appetitanregend. Überdosierungen sind unbedingt zu meiden. Umschläge mit Tee oder frisch gepresstem Saft helfen bei Hauterkrankungen.

Goldmelissen, Indianernesseln
Monarda
Lippenblütengewächse (Lamiaceae)

Goldmelisse, Indianernessel, Monarde, Pferdeminze, Riesenbalsam
Monarda didyma
Art selten verwildert
Verbreitungsschwerpunkt: Weiden-Auengehölze
Hauptblütezeit: Juli bis September
Verwendung in der Ernährung: Aus Nordamerika stammende, hier verwilderte Pflanze für Gewürze und Tee. Die Blüten verwendete man von Juli bis September als attraktive Beilage zu Salaten und als kleines Gewürz zu Brat- und Backgerichten (z. B. [12.3]). Auch für Salate [1], Frucht- [19] und Süßspeisen [17] eigneten sie sich. Man kann sie als Gewürz [16.2] trocknen oder dem Rauchtabak beimischen [25]. Blätter und junge Triebspitzen sind eine minz-thymian-aromatische

Würze. Die Pflanze ergibt außerdem ein ausgezeichnet aromatisches Teegetränk mit Schwarztee-Geschmack. Dieser Tee wird aus den frischen oder getrockneten Blättern und Blüten von Frühjahr bis Spätsommer zubereitet.
Inhaltsstoffe und Wirkung: Die Pflanze enthält Flavonoide, Gerb- und Bitterstoffe, Phytosterine und farbige Anthocyane (Monardein), außerdem ein ätherisches Öl. Sie wird seit Jahrhunderten von den Indianern Nordamerikas bei Verdauungsproblemen und bei Beschwerden der Harnorgane als Tee getrunken. Blätter und Blüten wirken entwurmend, schleimlösend, schweißtreibend, fiebersenkend, entblähend, wassertreibend und kräftigend. Das ätherische Öl der Pflanze wirkt durchblutungsfördernd und kann für Einreibungen bei Rheuma oder in kosmetischen Zubereitungen verwendet werden.

Fichtenspargel
Monotropa
Heidekrautgewächse (Ericaceae)

Buchenspargel
Monotropa hypophegea
Art zerstreut bis selten
Verbreitungsschwerpunkt: Laubwälder
Hauptblütezeit: Juni bis August
Verwendung in der Ernährung: Man nutzte nach MACHATSCHEK 2010 die Pflanze als gekochtes Gemüse, wir vermuten ihre geschälten oberirdischen, noch weichen Pflanzenteile. Verarbeitungsweisen und Angaben zur Dosierung sind uns nicht überliefert.
Inhaltsstoffe und Wirkung: Über Inhaltsstoffe liegen uns keine Informationen vor. Offenbar nutzte man die getrocknete Pflanze wie den verwandten Fichtenspargel *(M. hypopytis)* in Schweden zur Behandlung von Husten bei Weidetieren (Schafe und Rinder).

Fichtenspargel
Monotropa hypopitys (Artengruppe)
Art zerstreut bis selten
Verbreitungsschwerpunkt: Saure Nadelwälder
Hauptblütezeit: Juni bis Juli
Verwendung in der Ernährung: Einzelne Textquellen erwähnen die Pflanze als Beigabe für Gemüse, dazu eigneten sich vermutlich ihre geschälten oberirdischen, weichen Pflanzenteile.
Inhaltsstoffe und Wirkung: Bezugnehmend auf eine Textquelle (Chem. Zentralblatt 1858), nach der sich aus der Pflanze ein ätherisches Öl ähnlich dem Wintergrünöl gewinnen lässt, enthält die Pflanze offenbar Methylsalicylat, was auf eine entzündungshemmende Wirkung schließen lässt. Die gepulverte Wurzel wurde zur Behandlung von Chorea (unwillkürliche Zuckungen) eingesetzt.

Quellkräuter
Montia
Portulakgewächse (Portulacaceae)

Quellkraut
Montia fontana
Art zerstreut bis selten
Unterarten *M. fontana* ssp. *amporitana* (nur in der Schweiz) und *M. fontana* ssp. *chondrosperma* im Bestand gefährdet
Verbreitungsschwerpunkt: Wechselnasse Zwergpflanzenfluren
Hauptblütezeit: Mitte Juni bis Mitte August
Verwendung in der Ernährung: Mild-saftige kleine Pflanze für Gemüse und Salate. Im Sommer werden die Blätter bitterlich, v. a. wenn der Boden trocken ist. Von April bis Juni können die weichen Triebe mit den Blättern und ersten Blüten zusammen in Bratlingen [4], Rührei [6.3] oder Omelett [6.1] verwendet werden. Eingelegt wurden sie in Wein [13.3] und auch als Sauerkraut [13.4] zubereitet. Zart-säuerliches Gemüse [7.1] und Füllungen für Gemüsestrudel [10.1] oder Gemüsetaschen [10.2] lassen sich ebenso aus den Blättern zubereiten wie Pürees [9.3], Spinat [9.1], Saucen [14] und Gemüsesuppen [3.1]. Frisch eignen sie sich in Salaten, Rohkost [1] und Vitalgetränken [22.4].
Inhaltsstoffe und Wirkung: Offenbar ist die Pflanze reich an Omega-3-Fettsäuren und Vitamin C. Außerdem enthält sie Oxalsäure. Über eine medizinische Verwendung ist uns nichts bekannt.

Traubenhyazinthen
Muscari
Spargelgewächse (Asparagaceae)

Verwendung in der Ernährung: Laut MARZELL 1958 nannte man die Muscari-Arten in Mitteleuropa früher wohl »Ackerzwiebel« und »Kohlröslein«, was mitunter auf eine Anbaunutzung bzw. Nahrungsnutzung hindeutet. Die Zwiebeln werden auch heute noch in vielen Gegenden Italiens ähnlich wie Knoblauch verwendet.
Inhaltsstoffe und Wirkung: Die Zwiebeln sollen harntreibend wirken und die Lust fördern. Beschrieben werden außerdem überaus vielfältige volksheilkundliche Anwendungen, die denen des Knoblauchs ähnlich sind, z. B. als blutzuckerreduzierendes, antiseptisches, blutfettreduzierendes, blutdrucksenkendes und entgiftendes Mittel, außerdem zur Behandlung bei Eingeweidewürmern. Der Schleim der geriebenen Zwiebel kann als Umschlag auf entzündete Hautstellen aufgebracht werden.

Schopf-Traubenhyazinthe

Muscari comosum
Art im Bestand gefährdet
Verbreitungsschwerpunkt: Lockere Sand- und Felsrasen
Hauptblütezeit: April bis Mai
Verwendung in der Ernährung: Die scharfe Zwiebel der Schopf-Traubenhyazinthe wurde vor allem in Südeuropa von September bis März regional als würzende Beigabe in Brat- [8.2] und Mischgemüse [11.1] verwendet oder auch in Salzlake eingelegt [13.1].

Übersehene Traubenhyazinthe

Muscari neglectum
Art im Bestand gefährdet
Gefahrenstufe bei der Verwendung: *
Verbreitungsschwerpunkt: Kalk-Magerrasen
Hauptblütezeit: April
Verwendung in der Ernährung: Die Zwiebel wird zuweilen als leicht giftig bezeichnet, dennoch gibt es auch Überlieferungen, die davon berichten, dass sie mehrfach ausgekocht als Beigabe zu Gemüse genutzt wurde. Die beste Erntezeit wäre von September bis ins Frühjahr.

Armenische Traubenhyazinthe

Muscari armeniacum
Art neuartig in Ansiedlung
Verbreitungsschwerpunkt: Aus Gärten verwildert
Hauptblütezeit: März bis Mai
Verwendung in der Ernährung: Machatschek 2010 geht davon aus, dass diese Muscari-Art nach Aufbereitung (wir vermuten auskochen, wässern oder/und backen) sicher in der Nahrung v. a. im Balkan genutzt wurde.
Inhaltsstoffe und Wirkung: Interessanterweise werden die Inhaltsstoffe der Pflanzenzwiebeln intensiv wissenschaftlich untersucht. Sie enthalten Polyhydroxypyrrolizidine (Hyacinthacine). Chemisch verwandte Verbindungen aus Leguminosen wirken unter anderem gegen das HI-Virus, ohne dabei zellgiftig zu sein. Des Weiteren finden sich in den Zwiebeln Oligoglykoside, also langkettige Zuckerverbindungen, die man als Muscaroside bezeichnet. Gefunden wurden außerdem Homoisoflavone und spezielle Enzyme (Musarmine), die die Eiweißsynthese in Zellen hemmen. Von den Homoisoflavonen weiß man, dass sie antimutagen und antikanzerogen, also krebshemmend wirken. Eine heilkundliche Verwendung ist uns nicht bekannt, allerdings sind etliche der genannten Inhaltsstoffe von medizinischem Interesse.

Kleine Traubenhyazinthe

Muscari botryoides
Art im Bestand gefährdet
Verbreitungsschwerpunkt: Trockene Hänge, Wiesen
Hauptblütezeit: April bis Mai
Verwendung in der Ernährung: Die Zwiebeln wurden nach Machatschek 2010 im Herbst gekocht genutzt.
Inhaltsstoffe und Wirkung: Die Blüten weisen einen moschus-artigen Geruch auf. Die Wurzelknollen enthalten Muscaroside und Saponine (Homoisoflavanone). Über weitere Inhaltsstoffe und eine medizinische Verwendung ist uns nichts bekannt.

Schmalblütige Traubenhyazinthe

Muscari tenuiflorum
Art im Bestand gefährdet
Verbreitungsschwerpunkt: Trockenrasen
Hauptblütezeit: Mai bis Juni
Verwendung in der Ernährung: Nach Machatschek 2010 wurden die Zwiebeln im Herbst gekocht v. a. im Balkan genutzt.
Inhaltsstoffe und Wirkung: Über Inhaltsstoffe ist uns nichts bekannt. Die Volksheilkunde schreibt den Zwiebeln eine appetitanregende und wassertreibende Wirkung zu.

Hohldotter
Myagrum
Kreuzblütengewächse (Brassicaceae)

Hohldotter

Myagrum perfoliatum
Art im Bestand gefährdet
Verbreitungsschwerpunkt: Getreideunkrautfluren
Hauptblütezeit: Mai bis Juni
Verwendung in der Ernährung: Die ganze Pflanze gilt als essbar, wurde aber aufgrund ihrer Seltenheit kaum genutzt. Denkbar wäre z. B. eine Verarbeitung vor allem der fleischigen Stängelblätter und knospigen Triebspitzen zu Salaten und Rohkost [1] oder zu Gemüsegerichten, Saucen [14] und Gemüsesuppen [3.1]. Die Blüten könnten von Mai bis Juni als würzige Speisendekoration dienen. Junge Wurzeln im Frühjahr und Samen im Spätsommer würden sich gewürzartig empfehlen.
Inhaltsstoffe und Wirkung: Die Pflanze enthält Flavonoide (Quercetin und Hyperin). Über eine medizinische Verwendung ist uns nichts bekannt.

Gagelsträucher
Myrica
Gagelstrauchgewächse (Myricaceae)

Gagelstrauch

Myrica gale
Art im Bestand gefährdet
Gefahrenstufe bei der Verwendung: **
Verbreitungsschwerpunkt: Moorweidengebüsche
Hauptblütezeit: Anfang März bis Ende April
Verwendung in der Ernährung: Die reifen Blätter des Gagelstrauchs nutzte man angeblich in Nordeuropa sogar noch im 20. Jh. von April bis Juni als Aroma in Bier [18.7] und Spirituosen [18.6] oder getrocknet in Gewürzmischungen [16.2] und Tee [22.1] sowie als Beigabe im Rauchtabak [25].

Die Früchte verwendete man von Juli bis September als Würze zu allerlei Speisen. Vorsicht! Alle Pflanzenteile können auch rauscherzeugend wirken. (Vgl. ROTH et al.1994)
Inhaltsstoffe und Wirkung: Die Blätter, Zweige und Blütenkätzchen enthalten ein schwerflüchtiges, giftiges ätherisches Öl mit aromatisch bitterem Geschmack, zudem Flavonoide, Gerbstoffe und Wachse (s. HEGNAUER et al. 2001). In den Blütenknospen befindet sich ein gelber Farbstoff (Färbepflanze). Die Pflanze wirkt fruchtaustreibend (Abtreibungsmittel), menstruationsfördernd, magenstärkend, adstringierend und wurde auch zur Abwehr von Insekten, Motten und Flöhen eingesetzt.

Nixenkräuter
Najas
Froschbissgewächse (Hydrocharitaceae)

Verwendung in der Ernährung: Die Blätter und weichen Triebe der aufgeführten mitteleuropäischen Arten nutzte man früher gut gesäubert und fein geschnitten von circa April bis Juni als Beigabe in Salaten und Rohkost [1], in Bratlingen [4], Hackkräutermischungen [15] und als Brotteigbeigabe [21.1] sowie als Würze in Wildpflanzensalz [16.1], Trockengewürz [16.2] und schätzungsweise auch in Saucen [14].
Inhaltsstoffe und Wirkung: Informationen dazu liegen uns nicht vor.

Biegsames Nixenkraut
Najas flexilis
Art im Bestand gefährdet
Verbreitungsschwerpunkt: Wurzelnde Wasserpflanzengesellschaften
Hauptblütezeit: Juli bis September

Großes Nixenkraut, Meer-Nixenkraut
Najas marina
Art im Bestand gefährdet
Verbreitungsschwerpunkt: Wurzelnde Wasserpflanzengesellschaften
Hauptblütezeit: Juni bis Juli

Kleines Nixenkraut
Najas minor
Art im Bestand gefährdet
Verbreitungsschwerpunkt: Wurzelnde Wasserpflanzengesellschaften
Hauptblütezeit: Juni bis September

Katzenminzen
Nepeta
Lippenblütengewächse (Lamiaceae)

Verwendung in der Ernährung: Leicht minz-aromatische Pflanzen, deren Kraut ähnlich wie die Goldmelisse (*Monarda didyma*, S. 552) für Gewürze [16.2], Tee [22.1], als Salatbeigabe [1] und als Aroma zu Süßspeisen [17] genutzt wird. Für den Tee werden die Blätter und Blüten von Juli bis August geerntet und anschließend getrocknet. Den Tee sollte man nur überbrühen und nicht aufkochen, da sich die ätherischen Öle sonst verflüchtigen.
Inhaltsstoffe und Wirkung: Die Pflanzen enthalten ätherisches Öl (Nepetalacton), Flavonoide und Bitterstoffe. Früher wurden sie als Heilpflanzen häufig verwendet. Man nutzte sie ähnlich wie die Melisse bei nervösen Störungen und zur Beruhigung, außerdem bei Durchfall, Erkältungskrankheiten, Zahn- und Kopfschmerzen. Offenbar wirkt Nepetalacton gut gegen Moskitos und weitere Insekten (Blattläuse).

Echte Katzenminze, Silberminze
Nepeta cataria
Art im Bestand gefährdet
Verbreitungsschwerpunkt: Ruderalgesellschaften, Acker- und Gartenunkrautgesellschaften
Hauptblütezeit: Juni bis November

Pannonische Katzenminze
Nepeta nuda
Art in der Schweiz und in Teilen Österreichs im Bestand gefährdet
Verbreitungsschwerpunkt: Ruderalgesellschaften, Acker- und Gartenunkrautgesellschaften, Kalk-Magerrasen
Hauptblütezeit: Juli bis August

Finkensame-Arten
Neslia
Kreuzblütengewächse (Brassicaceae)

Verwendung in der Ernährung: Die rapsaromatischen Pflanzen gelten als essbar, eine Verwendung wurde aber aufgrund ihrer Seltenheit wenig dokumentiert. Denkbar wäre z. B. eine Nutzung als Beigabe zu Salaten und Rohkost [1], Saucen [14] und Gemüsesuppen [3.1] oder allgemein zu Gemüsegerichten. Die rundlichen Samen sind ölhaltig und könnten als Gewürz [16.2] oder senfartige Paste [16.8] dienen. Theoretisch sind auch die jungen Wurzeln im Frühjahr sowie die Blüten von Mai bis Juli als Nahrung verwendbar.

Finkensame
Neslia paniculata
Art im Bestand gefährdet
Verbreitungsschwerpunkt: Getreideunkrautfluren
Hauptblütezeit: Mai bis Juli

Schwarzkümmel
Nigella
Hahnenfußgewächse (Ranunculaceae)

Verwendung in der Ernährung: Die hier aufgeführten bei uns vorkommenden Arten sind sehr eng verwandt mit dem bekannten Echten Schwarzkümmel *(N. sativa)*, der im asiatischen Raum häufig als Gewürz eingesetzt wird. Die stark würzigen Samen wurden von September bis Oktober vermahlen und als pfeffriges Trockengewürz [16.2] genutzt. Bei der Verwendung der aufgeführten Arten als Gewürz sollte man aufgrund der enthaltenen Alkaloide Maß halten.

Damaszener Schwarzkümmel, Jungfer im Grünen
Nigella damascena
Art selten verwildert
Verbreitungsschwerpunkt: Schuttunkrautfluren
Hauptblütezeit: Mai bis August
Inhaltsstoffe und Wirkung: Das ätherische Öl der Samen enthält das Alkaloid Damascenin. Das an Waldmeister und Erdbeeren erinnernde Aroma nutzt auch die Kosmetikindustrie. Die Pflanze besitzt ein ähnliches Indikationsprofil wie der bei uns nicht verbreitete Echte Schwarzkümmel *(N. sativa)*. Dieser wurde bereits im Altertum als Gewürz und Heilmittel kultiviert. Das Öl wirkt antioxidativ, blutzuckersenkend, leberschützend, entzündungshemmend, entkrampfend, schleimlösend und beugt Thrombosen vor. Es wirkt außerdem gallensekretionsfördernd, harntreibend, fördert die Milchbildung und hilft bei schmerzhafter Menstruation. Zur Anwendung gelangen die Samen als Tee oder das daraus gewonnene Öl. Die Volksmedizin setzt die Pflanze bei rheumatischen Beschwerden und bei Erkrankungen des Magen-Darm-Traktes ein. Eine wirkungsvolle Anwendung insbesondere bei Erkrankungen der Atemwege ist die Inhalation des Öls. In Indien wird es zum Austreiben von Bandwürmern verwendet. Äußerlich verwendet man eine Paste aus den Samen zur Behandlung von Abszessen, Hämorrhoiden und Hodenentzündungen.

Acker-Schwarzkümmel, Gretl in der Stauden
Nigella arvensis
Art im Bestand gefährdet
Verbreitungsschwerpunkt: Getreideunkrautfluren
Hauptblütezeit: Juli bis September
Inhaltsstoffe und Wirkung: Die ölhaltigen Samen, die reich an Linolsäure sind (bis zu 35 %), werden medizinisch verwendet. Sie enthalten außerdem ein aromatisches, ätherisches Öl, Flavonoide, Vitamin E und verschiedene sekundäre Pflanzeninhaltsstoffe, z. B. Nigellon, Nigellin und Hedrin.

Teichrosen, Mummel-Arten
Nuphar
Seerosengewächse (Nymphaeaceae)

Gefahrenstufe bei der Verwendung: **
Verwendung in der Ernährung: Junge Wurzeln wurden zum Entbittern geschält und in Wasser eingeweicht. Nach ausgedehntem Kochen und mehrmaligem Wässern hätten sie zwar immer noch einen zähen Geschmack, eigneten sich nun aber gemüseartig zum Essen. Auch die Blätter im Frühsommer wurden nach Auskochen als Gemüsebeigabe genutzt. Die Wurzel wurde auch getrocknet verwendet, vermutlich zuvor zubereitet wie oben. Getrocknet wurde sie zu einem Streckmehl für Gebäck [20] gemahlen, das auch in Suppen [3] und Brotteigen [21] genutzt wurde. Die Samen wurden gegrillt (angeblich poppen sie mitunter auf) und anschließend geschrotet. Danach hat man sie direkt genascht oder Suppen beigegeben. Auch geröstet als Kaffee-Ersatz wurden sie erwähnt. Unreife Samen von Juli bis Anfang August sollten offenbar auch roh genossen worden sein. Die Blüten nutzte man im Sommer als Aroma zu erfrischenden Getränken, schätzungsweise zu Tee [22.1] und Limonade [22.2]. Vorsicht! Die ganze Pflanze enthält besonders im Wurzelstock in geringen Mengen giftige, blutdruckwirksame Alkaloide. (Vgl. Roth et al. 1994) Die überlieferte Verwendung der Pflanzenteile ist mit Bedacht zu handhaben.
Inhaltsstoffe und Wirkung: Eine medizinische Verwendung findet der Wurzelstock. Die komplette Pflanze und insbesondere die Wurzeln enthalten eine ganze Reihe auch giftiger Alkaloide (Nupharidin), außerdem Gerbstoffe und Stärke. Früher wurden die Teichrosen volksheilkundlich zur Minderung der sexuellen Erregbarkeit und zur Verdauungsförderung eingesetzt. Äußerlich verwendet man die gepulverte Wurzel zur Blutstillung. Umschläge helfen bei Schwellungen, Tumoren und entzündeten Hautstellen. Die Homöopathie setzt die Pflanze bei Impotenz, Kopfschmerzen und Darmkatarrh ein.

Gelbe Teichrose, Mummel
Nuphar lutea
Art im Bestand gefährdet
Gefahrenstufe bei der Verwendung: **
Verbreitungsschwerpunkt: Wurzelnde Schwimmblattdecken
Hauptblütezeit: Mitte Juni bis Mitte August

Kleine Teichrose
Nuphar pumila
Art im Bestand gefährdet
Gefahrenstufe bei der Verwendung: **
Verbreitungsschwerpunkt: Wurzelnde Schwimmblattdecken
Hauptblütezeit: Juli bis September

Seerosen
Nymphaea
Seerosengewächse (Nymphaeaceae)

Gefahrenstufe bei der Verwendung: **
Verwendung in der Ernährung: Vorsicht! Die Pflanzen enthalten Alkaloide und ein herzwirksames Glycosid. Blütenknospen und Blütenblätter hat man im Sommer offenbar roh genutzt. Wir nehmen an, als gewürzartige Beigabe zu Salaten [1]. Die Samen wurden gekocht verwendet. Sie enthalten etwa 47 % Stärke. Denkbar sind sie nach dem Auskochen etwa für Bratlinge [4]. Die Wurzeln wurden allem Anschein nach erst gegessen, wenn sie mehrere Jahre alt waren. Sie enthalten viel Stärke (circa 40 %). Wahrscheinlich sollte man sie auch vor dem Verzehr kochen. Die überlieferte Verwendung der Pflanzenteile ist aufgrund der giftigen Alkaloide mit Bedacht zu handhaben.
Inhaltsstoffe und Wirkung: Die Seerosen haben ähnliche Inhaltsstoffe und wurden ähnlich medizinisch verwendet wie die Gelbe Teichrose *(Nuphar lutea)*. Die Seerosen enthalten außerdem herzwirksame Glykoside und Ellagsäure. Ein Teeaufguss wurde bei Durchfällen und Ruhr eingesetzt, außerdem bei Bronchitis und Nierenschmerzen. Äußerlich nutzte man ihn für Vaginalspülungen. Die Blüten wirken triebhemmend und beruhigend.

Weiße Seerose
Nymphaea alba
Art im Bestand gefährdet
Gefahrenstufe bei der Verwendung: **
Verbreitungsschwerpunkt: Wurzelnde Schwimmblattdecken
Hauptblütezeit: Mitte Juni bis Mitte August

Seekannen, Sumpfrosen
Nymphoides
Fieberkleegewächse (Menyanthaceae)

Seekanne, Sumpfrose
Nymphoides peltata
Art im Bestand gefährdet
Verbreitungsschwerpunkt: Wurzelnde Schwimmblattdecken
Hauptblütezeit: Ende Juni bis Anfang September
Verwendung in der Ernährung: Bitterlich schmeckende, geschützte Wasserpflanze. Die großen rundlichen, aber festen Blätter nutzte man von April bis Juni roh und fein gehackt als Gewürz, z. B. in Wildpflanzensalz [16.1] oder als Trockengewürz [16.2]. Die gefransten Blüten und Blütenknospen gebrauchte man von Juni bis September als Speisendekor für Salate und Rohkost [1]. Denkbar wären sie evtl. noch als Bittergemüse [9.2]. Vorsicht! Die nahe Verwandtschaft zum Fieberklee *(Menyanthes trifoliata)* könnte auf ähnlich unverträgliche Inhaltsstoffe hindeuten.
Inhaltsstoffe und Wirkung: Die Seekanne enthält Schleim und Bitterstoffe. Eine überlieferte medizinische Verwendung konnten wir nicht finden. Es gibt Untersuchungen zu einer Verwendung der Pflanze bei Ruhr.

Basilikum, Basilienkräuter
Ocimum
Lippenblütengewächse (Lamiaceae)

Basilikum, Basilienkraut
Ocimum basilicum
Art selten verwildert
Verbreitungsschwerpunkt: Kalk-Magerrasen
Hauptblütezeit: Juni bis September
Verwendung in der Ernährung: Die zarten, delikaten Blätter und Triebe des Basilikums werden von April bis Juni in Salaten, Rohkost [1], Saucen [14] und Gemüsesuppen [3.1] verwendet. Die fein geschnittenen Blätter verfeinern hervorragend Tomatengerichte und können auch sehr gut gewürzartig Hackkräutermischungen [15], Eierspeisen [6] und Bratlingen [4] sowie gedünstetem oder gedämpftem Gemüse [7], Spinat [9.1] und Gemüsefüllungen [10] beigemengt werden. Des Weiteren finden sie Verwendung als eingelegtes Gemüse in Wein [13.3] und als Würze bzw. Würzbeigabe insbesondere in Wildpflanzensalz [16.1], Kräuteröl [16.4] und -essig [16.7], als Würzmus [16.10], Pesto [16.6], in Mazerationsöl [16.5] und als Trockengewürz [16.2]. Als Aroma kann man sie außerdem in Fruchtmarmeladen [19.3] verwenden. Überliefert ist auch eine Beigabe in Rauchtabakmischungen [25].
Inhaltsstoffe und Wirkung: Medizinisch verwendet wird das frische und getrocknete Kraut des Basilikums. Es enthält ein aromatisches ätherisches Öl (Estragol), Gerbstoffe, Flavonoide, Phytosterine und Saponine. Die Pflanze als Tee zube-

reitet wirkt verdauungsfördernd, appetitanregend, lustfördernd und stärkt das Nervensystem. Außerdem fördert es die Milchsekretion, hilft bei Migräne und ist wegen der enthaltenen Phytosterine ein gutes Mittel bei Frauenleiden. Eine äußerliche Anwendung ist hilfreich bei schwer heilenden Wunden. Frisch zerriebene Blätter helfen bei Insektenstichen.

Nabelnüsschen
Omphalodes
Raublattgewächse (Boraginaceae)

Wald-Nabelnüsschen
Omphalodes scorpioides
Art im Bestand gefährdet
Verbreitungsschwerpunkt: Bergwälder, Gebüsche
Hauptblütezeit: April bis Juni
Verwendung in der Ernährung: In ganz jungem Zustand weit vor der Blütezeit nutzte man nach MACHATSCHEK 2010 die Blätter in geringen Mengen als Kochgemüse.
Inhaltsstoffe und Wirkung: Informationen dazu sind uns nicht bekannt.

Eselsdisteln
Onopordum
Korbblütengewächse (Asteraceae)

Große Eselsdistel
Onopordum acanthium
Art in Teilen der Schweiz im Bestand gefährdet
Verbreitungsschwerpunkt: Ruderalgesellschaften, Acker- und Gartenunkrautgesellschaften
Hauptblütezeit: Juli bis September
Verwendung in der Ernährung: Von April bis Juni werden die noch elastischen Triebspitzen gesammelt und von der stark stacheligen Haut befreit. Sie ergeben ein mildes, kurz gebratenes Gemüse [8.2], eignen sich als Pizzabelag [12.2] und können klein gewürfelt in Gemüsesuppen [3.1] oder als Stängelgemüse [7.2] verarbeitet werden.
Die aus den stacheligen Schuppen vorsichtig herausgeschälten Blütenböden sind im Geschmack ebenfalls mild und süßlich. Sie können im Juli und August als Misch- [11] und Backgemüse [12.3] zubereitet oder in Salzlake [13.1] bzw. Essig [13.2] eingelegt werden.
Die farbigen, geschmackszarten Blütenblätter der Großen Eselsdistel ergeben ausgezupft von Juli bis September eine schöne Dekoration zu vielerlei Speisen, wie Salaten, Suppen, aber auch Süßspeisen.
Reife Samenkörner können im September und Oktober zu einem geschmacksmilden Öl [16.3] gepresst werden. Die jüngsten, möglichst unverholzten Wurzeln eignen sich von September bis März als Streckmehl für Gebäck [20]. Sie sind in ihrer Beschaffenheit fest und schmecken etwas säuerlich. Fein gehackt können sie Bratlingen [4] und Gemüsesuppen [3.1] beigegeben oder als Wurzelgemüse [8.1] bzw. Gemüsechips [8.5] zubereitet werden.
Inhaltsstoffe und Wirkung: Medizinisch verwendet werden das blühende Kraut und die Wurzel. Die Pflanze enthält Flavonoide, Gerb- und Bitterstoffe. Die Volksheilkunde nutzt die Pflanze innerlich wegen seiner blutreinigenden, verdauungsfördernden Wirkung, außerdem bei Husten und Gallenleiden. In homöopathischen Kombinationspräparaten hilft sie gegen Herz- und Kreislaufstörungen. Äußerlich wird sie bei schlecht heilenden Wunden und Hautkrebs angewendet. Die in früherer Zeit immer wieder behauptete geschwulsthemmende Wirkung konnte bisher nicht wissenschaftlich bestätigt werden. Die Samen enthalten bis zu 25 % fettes Öl.

Orchideen
Orchidaceae
Mitteleuropäische Gattungen: *Aceras, Anacamptis, Cephalanthera, Chamorchis, Coeloglossum, Corallorrhiza, Cypripedium, Dactylorhiza, Epipactis, Epipogium, Goodyera, Gymnadenia, Hammarbya, Herminium, Himantoglossum, Limodorum, Liparis, Listera, Malaxis, Neottia, Nigritella, Ophrys, Orchis, Platanthera, Pseudorchis, Spiranthes, Traunsteinera*

Alle Arten im Bestand gefährdet und geschützt 

Grundlegende Merkmale: Die Pflanzenfamilie ist mit vielen Dutzend Arten in Mitteleuropa botanisch komplex, und insbesondere sind sämtliche Arten streng geschützt. Die Sammelnutzung ist verboten, weshalb wir hier nicht auf weitere Bestimmungsdetails eingehen. Verwenden lassen sich alle gegenwärtig in Mitteleuropa beheimateten Arten vergleichbar.
Verwendung in der Ernährung: Zur Blütezeit der Pflanzen im Frühsommer erntete man früher die jungen Knollen, die unter der Erde der blühenden Pflanze beisitzen und erst im folgenden Jahr blühen werden. Roh riechen sie etwas unangenehm. Sie wurden aus der Haut geschält, getrocknet und vermahlen zu einer Substanz, die hauptsächlich Bassorin (einen stark quellenden Schleimstoff), Stärke, wenig Eiweiß und Mineralstoffe enthält. Man nannte es »Salep«. Es soll sehr nahrhaft sein und wurde u. a. als Streckmehl für Gebäck [20] und als Brotteigbeigabe [21] genutzt. In der Türkei wird »Salep« als Verdickungsmittel für Speisen und Getränke verwendet. Aufgrund des Artenschutzes ist in Mitteleuropa der Handel mit »Salep« meist verboten. Alle mitteleuropäischen Orchidaceae-Arten können dieses stärkeartige Pulver liefern. Man erachtete »Salep« als allgemeines Stärkungsmittel, insbesondere aber im Hinblick auf die Zeugungskraft, was jedoch nicht belegt ist.

Bei den Arten der Gattung *Epipactis, Dactylorhiza sambucina, Gymnadenia conopsea, Gymnadenia odoratissima, Orchis purpurea, Dactylorhiza majalis* und *Platanthera chlorantha* ist bekannt, dass die Wurzeln auch gekocht oder gebraten wie Kastanien in der Nahrung verwendet wurden.
Inhaltsstoffe und Wirkung: Die Wurzeln aller Orchideen beinhalten viel Stärke, Eiweiß, Mineralien und wenig Zucker. Wegen der in den Wurzeln enthaltenen Schleimstoffe wurden sie zur Behandlung von entzündlichen Magen- und Darmerkrankungen verwendet.

Vogelfuß, Serradella-Arten, Mäusewicken
Ornithopus
Schmetterlingsblütengewächse (Fabaceae)

Verwendung in der Ernährung: Zarte junge Blätter und Triebspitzen wurden im Mai als kleine Beigabe in vitalstoffreiche Kräutersalate eingemischt [1]. Denkbar, dass sie auch als Zugabe in Fladen oder Bratlingen [4], Kräuterquark [15.5], Spinat [9.1] und dergleichen genutzt wurden. Die bohnen-aromatischen Blüten wurden im Sommer wegen ihres Eiweißgehalts mit anderen Blüten zusammen gesammelt, getrocknet und zum Strecken von Mehl gemahlen [20]. Anzunehmen ist auch eine Speisendekor-Verwendung der Blüten.
Inhaltsstoffe und Wirkung: Die Pflanzen enthalten Phytosterine und Triterpene (Lupeol). Über eine medizinische Verwendung ist uns nichts bekannt. Von wissenschaftlichem Interesse sind die enthaltenen Brassinosteroide, da sie die Pflanze offenbar resistent gegenüber vielen Pilzinfektionen machen.

Serradella
Ornithopus sativus
Art ist selten
Verbreitungsschwerpunkt: Lockere Sand- und Felsrasen
Hauptblütezeit: Juni bis August

Vogelfuß, Mäusewicke
Ornithopus perpusillus
Art in der Schweiz und in Teilen Österreichs im Bestand gefährdet
Verbreitungsschwerpunkt: Lockere Sand- und Felsrasen
Hauptblütezeit: Mai bis Juni

Sommerwurzen
Orobanche
Sommerwurzgewächse (Orobanchaceae)

Inhaltsstoffe und Wirkung: Die meisten Sommerwurz-Arten enthalten spezielle Gerbstoffe (Verbascosid, Orobanchin). Die beiden beispielhaft genannten Inhaltsstoffe wirken schmerzlindernd und blutdrucksenkend. Außerdem kommen in den Pflanzen Tocotrienole vor. Diese Verbindungen sind eng verwandt mit dem Vitamin E (Tocopherol) und wirken wie dieses antioxidativ, entzündungshemmend und steigern die Wirkung verschiedener Krebsmedikamente. Zudem wirken sie zellwachstumshemmend, cholesterinsenkend und schützen Nervenzellen. Interessant ist, dass sie gut über die Haut aufgenommen werden. Alle Arten parasitieren auf den Wurzeln anderer Pflanzen. Sie betreiben keine Photosynthese und können aus diesem Grund auf den grünen Pflanzenfarbstoff Chlorophyll verzichten. Vor allem Sommerwurzarten, die auf Ginsterarten der Gattung *Spartium* und *Genista* wuchsen, wurden früher arzneilich verwendet. Offenbar hat die Wirtspflanze einen Einfluss auf die medizinische Wirkung und nimmt von dieser nicht nur Nährstoffe, sondern auch sekundäre Pflanzeninhaltsstoffe auf.

Elsässer Sommerwurz
Orobanche alsatica
Art im Bestand gefährdet
Verbreitungsschwerpunkt: Trockenhänge
Hauptblütezeit: Juni bis Juli
Verwendung in der Ernährung: Vergleichbar mit *Orobanche reticulata.*

Große Sommerwurz
Orobanche elatior
Art im Bestand gefährdet
Verbreitungsschwerpunkt: Buschige Trockenrasen
Hauptblütezeit: Juni bis Juli
Verwendung in der Ernährung: Vergleichbar mit *Orobanche reticulata.*

Blutrote Sommerwurz
Orobanche gracilis
Art im Bestand gefährdet
Verbreitungsschwerpunkt: Magerwiesen, Trockenrasen
Hauptblütezeit: Juni bis August
Verwendung in der Ernährung: Vergleichbar mit *Orobanche reticulata.*

Distel-Sommerwurz
Orobanche reticulata
Art zerstreut bis selten
Verbreitungsschwerpunkt: Wiesen, Ruderalfluren
Hauptblütezeit: Juni bis September
Verwendung in der Ernährung: Der Spross wurde laut Machatschek 2010 als Spargelgemüse [7.2] verwendet.

Gamander-Sommerwurz
Orobanche teucrii
Art zerstreut bis selten
Verbreitungsschwerpunkt: Trockenrasen
Hauptblütezeit: Juni bis Juli
Verwendung in der Ernährung: Vergleichbar mit *Orobanche reticulata.*

Königsfarne
Osmunda
Rispenfarngewächse (Osmundaceae)

Königsfarn
Osmunda regalis
Art im Bestand gefährdet
Verbreitungsschwerpunkt: Erlenbruchwälder
Zeit der Sporenreife: Juni bis Juli
Verwendung in der Ernährung: Die Verwendung dieser bitteren Pflanze ist vergleichbar mit der des Rippenfarns (*Blechnum spicant*, S. 402). Auch hier wurden vor der Verwendung die störenden Härchen entfernt. Auch der dortige Hinweis zum bedachten Umgang gilt entsprechend.
Inhaltsstoffe und Wirkung: Die Pflanze enthält Flavonoide, Polyphenole und Steroide. Es gibt Nachweise für eine antibakterielle und krampflösende Wirkung. Früher waren die fruchttragenden Wedelspitzen und das Mark des Rhizoms als adstringierendes Wundmittel gebräuchlich. Innerlich wurden sie außerdem bei Bandwürmern, Gicht, Leberkrankheiten, Koliken und Rachitis verwendet (Winkler 1840). Es wird auch der Einsatz einer Tinktur aus der gepulverten Wurzel bei Eingeweidebrüchen (Hernien) beschrieben.

Säuerlinge
Oxyria
Knöterichgewächse (Polygonaceae)

Säuerling
Oxyria digyna
Art ist selten
Gefahrenstufe bei der Verwendung: *
Verbreitungsschwerpunkt: Steinschutt- und Geröllfluren
Hauptblütezeit: Juni bis Juli
Verwendung in der Ernährung: Seine sauer-fleischigen Blätter erntet man am besten von April bis Juni. Sie haben eine angenehme Säure und sind eine sehr schöne Ergänzung zu Salaten [1]. Die Blätter sind zudem eine frische Beigabe zu Füllungen von Gemüsestrudel [10.1] oder -taschen [10.2] und geben klein geschnitten Hackkräutermischungen [15], Eierspeisen (insbesondere Rührei [6.3] oder Omelett [6.1]) und Bratlingen [4], aber auch Saucen [14] und Gemüsesuppen [3.1] frisches Aroma. Sie aromatisieren Zucker [18.2], Teemischungen [22.1], Wildpflanzenlimonade [22.2], Bowle [22.3] oder Saft-/Vitalgetränke [22.4] und eignen sich auch als Zutat für eine süße Sauce [17.2] oder Sorbet [17.7]. Die Blätter können außerdem in Wein [13.3] eingelegt oder als Sauerkraut [13.4] für den Winter eingesäuert werden.
Hinweis: Enthält Oxalsäure. Beständig, über Monate eingenommen, kann es zu Calciumentzug im Körper kommen. Oxalsäure ist wasserlöslich und könnte durch Abkochen und Abgießen des Kochwassers entfernt werden.
Inhaltsstoffe und Wirkung: Die Pflanze enthält Oxalsäure und ist reich an Vitamin C. Früher verwendete man sie zur Behandlung von Bakterienruhr und Skorbut.

Fahnenwicken
Oxytropis
Schmetterlingsblütengewächse (Fabaceae)

Gefahrenstufe bei der Verwendung: **
Verwendung in der Ernährung: Die Wurzeln der hier aufgeführten mitteleuropäischen Arten wurden nach Machatschek 2010 zu Streckmehl [20] verarbeitet. Verwendung mit Bedacht, s. unten.
Inhaltsstoffe und Wirkung: Die Samen der Fahnenwicken enthalten Blausäureglykoside und circa 4 % fettes Öl. Außerdem wurden Chinolizidinalkaloide nachgewiesen. Von einigen Pflanzen der Gattung weiß man sicher, dass sie giftig auf Weidevieh wirken. Sie enthalten das Alkaloid Swainsonin und verursachen eine chronische, neurologische Erkrankung, die sich dadurch äußert, dass die Tiere völlig verwirrt sind. Im Englischen werden die verursachenden Arten als »crazyweed« bezeichnet. Über eine medizinische Verwendung ist uns nichts bekannt.

Gew. Fahnenwicke
Oxytropis campestris
Art im Bestand gefährdet
Gefahrenstufe bei der Verwendung: **
Verbreitungsschwerpunkt: Magerwiesen, Felsschutt
Hauptblütezeit: Juli bis August

Berg-Fahnenwicke
Oxytropis jacquinii
Art zerstreut bis selten
Gefahrenstufe bei der Verwendung: **
Verbreitungsschwerpunkt: Magerwiesen, Felsschutt
Hauptblütezeit: Juli bis August

 **Zottige Fahnenwicke**
Oxytropis pilosa
Art im Bestand gefährdet
Gefahrenstufe bei der Verwendung: **
Verbreitungsschwerpunkt: Steppenhänge
Hauptblütezeit: Juni bis August

Glaskräuter
Parietaria
Brennnesselgewächse (Urticaceae)

Verwendung in der Ernährung: Die hier aufgeführten mitteleuropäischen Parietaria-Arten sind spinatartig nussig-aromatische Pflanzen, die für Gemüse und Salate genutzt wurden. Brauchbare Überlieferungen sind jedoch nur vom Mauer-Glaskraut *(Parietaria judaica)* und vom geschützten Aufrechten Glaskraut *(Parietaria officinalis)* vorhanden. Bei allen Arten hier gibt es keine Hinweise auf eine Toxizität.

Die feinen, faserarmen Jungtriebe kann man von April bis Juni als Rohkost essen oder sie samt Blätter in Salate geben [1]. Zerkleinert lassen sie sich gut in Hackkräutermischungen [15] und Saucen [14] einbringen oder zu Pesto [16.6] verarbeiten. Auch in Eierspeisen [6] und in Gemüsesuppen [3.1] sind sie eine Bereicherung. Gekocht ergeben sie einen feinen Spinat [9.1], eine Beigabe in Püree [9.3] oder Füllungen für Gemüsestrudel [10.1] und -taschen [10.2]. Denkbar wäre das Kraut außerdem für Lasagne [12.1] oder Pizza [12.2]. Man kann das Glaskraut zudem als kurz gebratenes Gemüse [8.2] oder Nussgemüse [7.3] sowie als Brotteigbeigabe in Hausbrotmischungen [21.1] verarbeiten. Es ist auch möglich, es als Sauerkraut [13.4] oder in Wein [13.3] einzulegen.

Die ausgereiften Samenkörner kann man von Juli bis Oktober frisch oder erhitzt z. B. dem Teig für Hausbrot [21.1] zugeben. Geröstet eignen sie sich als Kaffeesurrogat [23]. Lässt man sie ankeimen [2], so erhält man z. B. im Winter wertvolle Vitamine.

Die unscheinbaren Blüten und Blütenknospen können von Mai bis Oktober als Brotteigbeigabe im Haus- [21.1] und Knäckebrot [21.2] oder auch in Eierspeisen wie z. B. Crêpes [6.2] und Rührei [6.3] verwendet werden. Man kann sie auch für kurz gebratenes Gemüse [8.2], Bratlinge [4] und Mischgemüsegerichte [11] nutzen oder sie in Salat- und Rohkostspeisen [1] streuen.

Inhaltsstoffe und Wirkung: Medizinisch verwendet wird die getrocknete Pflanze. Sie enthält Flavonoide, Gerb- und Bitterstoffe. Offenbar sind die Pflanzen stark nitrathaltig. Deshalb sollte man sie nicht von stark gedüngten Wuchsorten sammeln. Früher wurden sie als Heilpflanzen auch angebaut. Sie besitzen eine harntreibende Wirkung und wurden zur Behandlung von Harnwegsentzündungen, Leber- und Gallenleiden eingesetzt. Volkstümlich verwendete man sie außerdem bei Husten und Rheuma. Die äußerliche Anwendung bleicht Sommersprossen und hilft bei der Wundbehandlung und bei bakteriellen Hauterkrankungen (Impetigo).

 **Mauer-Glaskraut, Ästiges Glaskraut**
Parietaria judaica
Art ist selten
Verbreitungsschwerpunkt: Wärmeliebende Unkrautgesellschaften auf Mauern
Hauptblütezeit: Mai bis Oktober

Aufrechtes Glaskraut
Parietaria officinalis
Art im Bestand gefährdet
Verbreitungsschwerpunkt: Schleier- und Krautgesellschaften im Halbschatten
Hauptblütezeit: Juni bis September

Karlszepter
Pedicularis
Sommerwurzgewächse (Orobanchaceae)

Gefahrenstufe bei der Verwendung: **
Verwendung in der Ernährung: Die jungen Triebe und Blätter der hier aufgeführten mitteleuropäischen Arten dienten nach MACHATSCHEK 2010 als Gemüsebeigabe. Vorsicht! Es gibt auch Fälle, bei denen eine große Menge, vor allem der Samen, giftig wirkte. Erste Anzeichen: Magenentzündungen, Koliken.
Inhaltsstoffe und Wirkung: Pedicularis-Arten enthalten Phenylpropanglykoside (Acetosid, Echinacosid), Iridoide und Lignane. Die Verbindungen sind aus pharmakologischer Sicht interessant. Vor einigen Jahren hat man beispielsweise deren antioxidative Wirkung beschrieben. Insbesondere die Samen enthalten das Iridoid Aucubin und Bitterstoffe. Aucubin wirkt antibiotisch und entzündungshemmend und ist auch im Spitzwegerich enthalten. *Pedicularis sceptrum-carolinum* wurde früher als verdauungsförderndes und entblähendes Mittel eingesetzt. Offenbar wirken Pedicularis-Arten (es gibt mehrere hundert verschiedene Arten) gegen Ungeziefer. Man verwendete früher einen Absud gegen Läusebefall von Vieh und Mensch und reinigte damit auch die Kleidung und befallene Räume.

Karlszepter
Pedicularis sceptrum-carolinum
Art im Bestand gefährdet
Gefahrenstufe bei der Verwendung: **
Verbreitungsschwerpunkt: Kleinseggen-Zwischenmoore und Sumpfrasen
Hauptblütezeit: Juli bis August

Langähriges Läusekraut
Pedicularis elongata
Art im Bestand gefährdet
Gefahrenstufe bei der Verwendung: **
Verbreitungsschwerpunkt: Bergmatten
Hauptblütezeit: Juli bis August

Durchblättertes Läusekraut
Pedicularis foliosa
Art zerstreut bis selten
Gefahrenstufe bei der Verwendung: **
Verbreitungsschwerpunkt: Bergmatten, Hochstaudenfluren
Hauptblütezeit: Juni bis August

Buntes Läusekraut
Pedicularis oederi
Art im Bestand gefährdet
Gefahrenstufe bei der Verwendung: **
Verbreitungsschwerpunkt: Alpenmatten
Hauptblütezeit: Juli bis August

Sumpf-Läusekraut
Pedicularis palustris
Art im Bestand gefährdet
Gefahrenstufe bei der Verwendung: **
Verbreitungsschwerpunkt: Sumpfwiesen, Flachmoore
Hauptblütezeit: Mai bis Juni

Gestutztes Läusekraut
Pedicularis recutita
Art zerstreut bis selten
Gefahrenstufe bei der Verwendung: **
Verbreitungsschwerpunkt: Feuchte Weiden, Hochstaudenfluren
Hauptblütezeit: Juli bis August

Fleischrotes Läusekraut
Pedicularis rostratospicata
Art im Bestand gefährdet
Gefahrenstufe bei der Verwendung: **
Verbreitungsschwerpunkt: Matten, Magerrasen
Hauptblütezeit: Juli bis August

Quirlblättriges Läusekraut
Pedicularis verticillata
Art zerstreut bis selten
Gefahrenstufe bei der Verwendung: **
Verbreitungsschwerpunkt: Matten, Triften, Quellmoore
Hauptblütezeit: Juni bis August

Steinschmückel
Petrocallis
Kreuzblütengewächse (Brassicaceae)

Steinschmückel
Petrocallis pyrenaica
Art im Bestand gefährdet
Verbreitungsschwerpunkt: Felsspalten- und Mauerfugengesellschaften
Hauptblütezeit: Juni bis Juli
Verwendung in der Ernährung: Die polsterartige Pflanze gilt als essbar, kommt aber selten und nur in Gebirgsregionen vor und wurde daher kaum genutzt. Unserer Einschätzung nach wären im Juni ihre Blüten, Knospen und zarten grünen Triebspitzen vermutlich ein hübsches Gewürz z. B. in Salaten [1.9], diversen Gemüsegerichten oder auch in Hackkräutermischungen zur Kräuterbrotzeit [15.1]. Die Samen ab Juli könnten eventuell gewürzartig auf Brote oder in herzhafte Gerichte gestreut werden. Die Wurzeln verholzen stark und sind daher wohl weniger nutzbar.
Inhaltsstoffe und Wirkung: Hierzu liegen uns keine Informationen vor.

Felsennelken
Petrorhagia
Nelkengewächse (Caryophyllaceae)

Sprossende Felsennelke
Petrorhagia prolifera
Art im Bestand gefährdet
Verbreitungsschwerpunkt: Lockere Sand- und Felsrasen
Hauptblütezeit: Juni bis Oktober
Verwendung in der Ernährung: Die Pflanze hat mild-aromatische, sehr hübsche Blüten, die früher von Juni bis Oktober überbrüht als Beigabe zu Tee [22.1] und auch als Speisendekor in Salat- und Rohkostspeisen [1] genutzt wurden.
Inhaltsstoffe und Wirkung: Hierzu liegen uns keine Informationen vor.

Petersilien
Petroselinum
Doldengewächse (Apiaceae)

Garten-Petersilie, Krause Petersilie
Petroselinum crispum
Art selten verwildert
Verbreitungsschwerpunkt: Schuttunkrautfluren
Hauptblütezeit: Juni bis Juli
Verwendung in der Ernährung: Bekannte Gartenpflanze, selten auf Schuttplätzen verwildert. Verwendung ähnlich wie beim Wiesen-Kerbel *(Anthriscus silvestris)*, S. 510.
Inhaltsstoffe und Wirkung: Kraut, Wurzeln und Früchte der Petersilie wurden schon in der Antike medizinisch eingesetzt. Sie enthalten aromatisch riechendes, ätherisches Öl, vornehmlich mit Phenylpropanverbindungen (Apiol und Myristicin), außerdem Flavonglykoside (Apiin) und Furocumarine. Die Gehalte in den Früchten sind am größten. In der Wurzel sind Polyine (Falcarinon) enthalten. Das frische Kraut ist reich an Vitamin C. Die Verwendung der Pflanze bei Erkrankungen der Harnwege infolge seiner stark wassertreibenden Wirkung hat sich bis in die Moderne erhalten. Äußerlich wurde sie gegen Ungeziefer und Insektenstiche eingesetzt. Die Homöopathie nutzt die Pflanze bei Reizblase. Volksmedizinisch wurden die Petersilie und insbesondere ihre Früchte bei Menstruationsbeschwerden, Magenproblemen und zur Anregung des Milchflusses bei Wöchnerinnen verwendet. Die Früchte wirken kontrahierend auf die Gebärmutter und sind deshalb bei bestehender Schwangerschaft unbedingt zu meiden. Deshalb auch ihre gefährliche Anwendung als Abtreibungsmittel. Die in der Pflanze enthaltenen Furocumarine können im Verbund mit Sonnenlicht Hautreizungen hervorrufen.

Kermesbeeren
Phytolacca
Kermesbeerengewächse (Phytolaccaceae)

Amerikanische Kermesbeere
Phytolacca americana
Art ist selten
Gefahrenstufe bei der Verwendung: **
Verbreitungsschwerpunkt: Nährstoffreiche Krautfluren
Hauptblütezeit: Juni bis September
Verwendung in der Ernährung: Die Pflanze, hauptsächlich die Wurzel und die Samen, enthalten ein Toxin sowie Saponine, die zu Erbrechen und Krämpfen führen können (vgl. Roth et al. 1994). Überliefert ist allerdings auch, dass die ganz jungen, geschälten Schößlinge circa von März bis April gemüseartig verwendet wurden. Dabei wurde das Kochwasser des Öfteren gewechselt, vermutlich, um die problematischen Stoffe zu reduzieren. Moderne Köche nutzen sie vereinzelt auch wieder in dieser Weise. Die Verwendungen hingen und hängen wohl entscheidend mit einer geringen Dosierung und der Zubereitungsart zusammen. Saponine z. B. sind meist wasserlöslich.
Inhaltsstoffe und Wirkung: Alle Pflanzenteile gelten unverarbeitet als giftig. Der Gehalt an giftigen Inhaltsstoffen soll in den reifen Beeren am geringsten sein. Medizinisch verwendet wurde die frische Wurzel. Die Pflanze enthält wie zuvor erwähnt giftige Saponine (Phytolaccatoxin), Triterpene und Lectine. Früher verwendete man sie als Brech- und Abführmittel. Die Indianer nutzten die Pflanze als Narkotikum. Der schwarze Farbstoff der Beeren wurde früher als Lebensmittelfarbe oder zum Färben von Körben und Wolle verwendet. Die Homöopathie bedient sich der Pflanze bei Mandelentzündungen und Drüsenschwellungen.

Asiatische Kermesbeere
Phytolacca esculenta
Art selten verwildert
Gefahrenstufe bei der Verwendung: *
Verbreitungsschwerpunkt: Nährstoffreiche Krautfluren
Hauptblütezeit: Juni bis September
Verwendung in der Ernährung: Die jungen säuerlich-aromatischen Blätter und geschälten Triebe wurden laut sehr alter asiatischer Überlieferungen angeblich circa von April bis Juni gemüseartig und die Früchte im Herbst in kleinen Mengen sogar roh genutzt. Die Verwendungen sind kritisch zu betrachten. Sie wurden sicher nur in geringer Dosierung verwendet und ähnlich wie die Amerikanische Kermesbeere *(Phytolacca americana)* verarbeitet.
Inhaltsstoffe und Wirkung: Zwar enthalten auch die Beeren der Asiatischen Kermesbeere Giftstoffe, allerdings in geringerer Konzentration als bei *Phytolacca americana.* Traditionell wurde sie zur Behandlung von Krebserkrankungen, Wasseransammlungen im Gewebe (Ödeme) und bei Bronchitis eingesetzt. Sie wirkt entzündungshemmend und antirheumatisch. Umstritten ist die berauschende Wirkung der Wurzel.

Fettkräuter
Pinguicula
Fettkrautgewächse (Lentibulariaceae)

Alpen-Fettkraut
Pinguicula alpina
Art zerstreut bis selten
Verbreitungsschwerpunkt: Feuchte oder quellige Stellen
Hauptblütezeit: Mai bis Juni
Verwendung in der Ernährung: Die Blätter wurden nach Machatschek 2010 früher gedünstet als Gemüsebeigabe genutzt.
Inhaltsstoffe und Wirkung: Die Pflanze enthält Phenylpropane (Zimtsäure), Schleimstoffe, Gerbstoffe (Tannin), Benzoesäure, Harz und Enzyme. Die Blätter wurden in der Volksmedizin der Alpenländer zur Behandlung von Wunden und Geschwüren und zur Blutstillung verwendet. Außerdem behandelte man mit einem Tee oder einer Tinktur aus den Blättern Erkrankungen der Leber, des Magens und der Lunge

(Reizhusten, Tuberkulose). Die Pflanze wirkt entkrampfend, beruhigend, abführend und wassertreibend.

Gewöhnliches Fettkraut
Pinguicula vulgaris
Art im Bestand gefährdet
Verbreitungsschwerpunkt: Kleinseggen-Zwischenmoore und Sumpfrasen
Hauptblütezeit: Mai bis Juli
Verwendung in der Ernährung: Früher erntete man die dickfleischigen (insektenfressenden) Blätter des heute streng geschützten Gewöhnlichen Fettkrauts von April bis Mai und setzte sie zur Gerinnung von Milch bei der Käseproduktion ein.
Inhaltsstoffe und Wirkung: Die frischen Blätter enthalten Flavonoide (Apigenin, Scutellarin), Iridoide (Globularin), Zimtsäurederivate, Scharf- und Bitterstoffe. Medizinisch verwendet wurde das getrocknete Kraut. In der Volksmedizin wurde das Gewöhnliche Fettkraut bei Lungenerkrankungen mit krampfhaftem Husten eingesetzt, außerdem zur Schmerzlinderung bei Ischias, Magen-, Brust- und Lungenleiden. Auch von einer Anwendung bei Hautverletzungen und Geschwüren wird berichtet. Offenbar wirkt die Pflanze außerdem abführend.

Rippensamen
Pleurospermum
Doldengewächse (Apiaceae)

Österreichischer Rippensame
Pleurospermum austriacum
Art ist selten
Verbreitungsschwerpunkt: Sonnige Staudensäume an Gehölzen
Hauptblütezeit: Juni bis August
Verwendung in der Ernährung: Eine kerbel-aromatische Pflanze als Beigabe für Salate und Gemüse. Die jungen Blätter und elastischen Triebspitzen nutzte man von April bis Juni als Beigabe in Eierspeisen [6], Bratlingen [4], Hackkräutermischungen [15] sowie in Salaten und Rohkost [1]. Sie können in den Brotteig gegeben [21.1], als Gemüse gedünstet oder gedämpft [7] oder in Teig ausgebacken werden [8.4]. Auch in Saft- und Vitalgetränken [22.4] sind sie eine aromatische Zugabe. Fein geschnitten nutzte man sie ebenfalls zum Würzen von Saucen [14] und Gemüsesuppen [3.1]. Um einen guten Gemüsefond zu erhalten, kann man die großen Blätter samt Stiel mit Selleriewurzeln und Möhren lange auskochen und anschließend passieren. Als Würzbeigabe eignen sie sich auch hervorragend in Wildpflanzensalz [16.1], Kräuteröl [16.4] und -essig [16.7] sowie als Trockengewürz [16.2] oder Pesto [16.6]. Vermutlich können die Wurzeln, Blüten und Früchte ähnlich gewürzartig verwendet werden. Über Unverträglichkeiten liegen uns diesbezüglich keine Hinweise vor. Marzell 1958 überliefert für die Pflanze den alten Namen »Möhrenwurzel«.
Inhaltsstoffe und Wirkung: Blätter und Früchte enthalten ein ätherisches Öl und Cumarine. Hauptbestandteil des Öls sind Sesquiterpene (Germacran). Über eine medizinische Wirkung ist uns nichts bekannt, sie ist aber wahrscheinlich.

Knorpelkräuter
Polycnemum
Fuchsschwanzgewächse (Amaranthaceae)

Verwendung in der Ernährung: Alle hier aufgeführten Polycnemum-Arten Mitteleuropas sind sehr seltene und geschützte Pflanzen. Ihr Geschmack ist nussig, sie eignen sich für Mehl und Gemüse. Die sehr kleinen Pflanzen haben feste, fast nadelartig beblätterte Triebe. Früher pflückte man diese im Jugendstadium, d. h. im Frühjahr, solange sie noch weich waren, und nutzte sie als Beigabe zu Spinat [9.1] und Gemüsesuppen [3.1] bzw. fein geschnitten als gedünstetes oder gedämpftes Gemüse [7]. Im Herbst trocknete man die kleinen Samen und verwendete sie pulverisiert als Streckmehl für Gebäck [20].
Inhaltsstoffe und Wirkung: Informationen dazu sind uns nicht bekannt.

Acker-Knorpelkraut
Polycnemum arvense
Art im Bestand gefährdet
Verbreitungsschwerpunkt: Getreideunkrautfluren
Hauptblütezeit: Juli bis September

Großes Knorpelkraut
Polycnemum majus
Art im Bestand gefährdet
Verbreitungsschwerpunkt: Nährstoffreiche Acker- und Gartenunkrautfluren
Hauptblütezeit: Juli bis August

Warziges Knorpelkraut
Polycnemum verrucosum
Art im Bestand gefährdet
Verbreitungsschwerpunkt: Lockere Sand- und Felsrasen
Hauptblütezeit: August bis September

Kreuzblumen
Polygala
Kreuzblumengewächse (Polygalaceae)

Gewöhnliche Kreuzblume
Polygala vulgaris
Art im Bestand gefährdet
Verbreitungsschwerpunkt: Borstgrastriften und Zwergstrauchheiden
Hauptblütezeit: Mai bis August
Verwendung in der Ernährung: Die leicht herben, blauen Wildblüten wurden früher von Mai bis August als Beigabe für Tee [22.1] und kandiert [17.4] als Speisendekor genutzt.
Inhaltsstoffe und Wirkung: Früher genossen die Wurzeln der Bitteren Kreuzblume *(P. amara)* die Wertschätzung der Medizin. Da sie aber klein und teuer waren, wurden in den Apotheken wohl des Öfteren die Gewöhnliche Kreuzblume *(P. vulgaris)* und andere Kreuzblumenarten an ihrer Stelle oder zusammen mit ihr unter der Bezeichnung »Radix Polygalae hungariae« verkauft. Es darf mit einiger Berechtigung angenommen werden, dass auch die Gewöhnliche Kreuzblume Saponine (Senegin), Schleim- und Bitterstoffe in Blättern und Wurzeln enthält. Anwendung fand sie häufig auch in Kombination mit weiteren Heilpflanzen bei Husten, Erkältungskrankheiten und Asthma. Die Kreuzblume erhöht als »Einschleuserpflanze« die Aufnahme anderer Wirkstoffe.
In vielen Gegenden sagte man ihr nach, die Milchförderung bei Kühen zu steigern und schloss daraus auf eine ebensolche Wirkung bei stillenden Frauen. Diese Eigenschaft spiegelt sich schon im Gattungsnamen poly = viel; gala = Milch wider.

Schildfarne
Polystichum
Schildfarngewächse (Polystichaceae)

Verwendung in der Ernährung: Die Arten haben stärkereiche Wurzeln. Die Verwendungsberichte stammen meist aus Notzeiten und sind vergleichbar mit dem Rippenfarn (*Blechnum spicant,* S. 402). Eine Reihe von Farnen enthalten giftige Kanzerogene. Auch wenn uns bei diesen Farnarten dazu nichts bekannt ist, sollte doch eine gewisse Vorsicht bei der Dosierung geboten sein.
Inhaltsstoffe und Wirkung: Der Gelappte Schildfarn *(P. aculeatum)* enthält Leucoanthocyan und Flavonoide, die anderen Arten vermutlich ebenso. Über weitere Inhaltsstoffe und medizinische Wirkungen ist uns nichts bekannt.

Gelappter Schildfarn, Dorniger Schildfarn
Polystichum aculeatum
Art im Bestand gefährdet
Verbreitungsschwerpunkt: Edellaub-Mischwälder
Zeit der Sporenreife: Juli bis August

Brauns Schildfarn, Zarter Schildfarn
Polystichum braunii
Art im Bestand gefährdet
Verbreitungsschwerpunkt: Edellaub-Mischwälder
Zeit der Sporenreife: Juli bis August

Lanzen-Schildfarn, Lanzenfarn
Polystichum lonchitis
Art im Bestand gefährdet
Verbreitungsschwerpunkt: Steinschutt- und Geröllfluren
Zeit der Sporenreife: Juli bis September

Borstiger Schildfarn
Polystichum setiferum
Art im Bestand gefährdet
Verbreitungsschwerpunkt: Edellaub-Mischwälder
Zeit der Sporenreife: Juli bis August

Schlüsselblumen, Primeln
Primula
Primelgewächse (Primulaceae)

Verwendung in der Ernährung: Die Schlüsselblumen besitzen weiche, milde Blätter und honig-aromatische Blüten. Sie wurden gerne wegen ihrer Heilwirkung gesammelt, sodass sie nun im Großteil Mitteleuropas unter Schutz stehen, auch wenn sie regional häufig auftreten können. Ihre weichen Blätter nutzte man von März bis April als gebratenes [8.2], gedünstetes oder gedämpftes Gemüse [7], in Gemüsetaschen [10.2] und Gemüsesuppen [3.1] bzw. in Saucen [14], Hackkräutermischungen [15], Salaten und Rohkost [1]. Auch als Tee [22.1] oder Aroma in Wein [18.5] und in Spirituosen [18.6] fanden sie Verwendung.

Die Blüten von Frühsommer bis Sommer färbten nicht nur Ostereier, sie dienten auch als essbare Dekoration und als Aroma v. a. in Gelee [18.1], Aromazucker [18.2] oder Sirup [18.4] sowie in Salat- und Rohkostspeisen [1]. Des Weiteren wurden sie kandiert [17.4] oder bei der Herstellung von Süßspeisen [17], Kräuteröl [16.4] und -essig [16.7], Wildpflanzenlimonade [22.2], Bowle [22.3] und Spirituosen [18.6] eingesetzt oder als Tee aufgebrüht [22.1].
Inhaltsstoffe und Wirkung: Die hier erwähnten Primula-Arten verfügen über ähnliche Inhaltsstoffe wie *Primula veris,* insbesondere die medizinisch wirksamen Saponine, Flavonoide und Gerbstoffe. Schon von daher dürfte eine gleichartige Anwendung der oft seltenen Arten in der Volksheilkunde wahrscheinlich sein. Mit dem Rückgang

geeigneter, ungedüngter Wiesen wurden Primeln im Laufe der Zeit immer seltener; schon deshalb geriet ihre Verwendung zusehends in Vergessenheit.

Aurikel, Gamsblume
Primula auricula
Art im Bestand gefährdet
Verbreitungsschwerpunkt: Felsspalten- und Mauerfugengesellschaften
Hauptblütezeit: Anfang Mai bis Ende Juni

Clusius Schlüsselblume
Primula clusiana
Art im Bestand gefährdet
Verbreitungsschwerpunkt: Felsspalten- und Mauerfugengesellschaften
Hauptblütezeit: Anfang April bis Ende Mai

Hohe Schlüsselblume, Wald-Schlüsselblume
Primula elatior
Art im Bestand gefährdet
Gefahrenstufe bei der Verwendung: *
Verbreitungsschwerpunkt: Grünlandgesellschaften, Laubwälder und Gebüsche
Hauptblütezeit: Anfang März bis Ende April
Inhaltsstoffe und Wirkung: Siehe *Primula veris.*

Mehl-Primel
Primula farinosa
Art im Bestand gefährdet
Verbreitungsschwerpunkt: Kleinseggen-Zwischenmoore und Sumpfrasen
Hauptblütezeit: Anfang Mai bis Ende Juni

Klebrige Schlüsselblume. Ross-Speik, Blauer Speik
Primula glutinosa
Art im Bestand gefährdet
Verbreitungsschwerpunkt: Felsspalten- und Mauerfugengesellschaften
Hauptblütezeit: Juli bis August

Behaarte Primel, Drüsige Schlüsselblume
Primula hirsuta
Art im Bestand gefährdet
Verbreitungsschwerpunkt: Steinfluren und alpine Rasen
Hauptblütezeit: Anfang April bis Ende Mai

Ganzblättrige Primel
Primula integrifolia
Art im Bestand gefährdet
Verbreitungsschwerpunkt: Steinfluren und alpine Rasen
Hauptblütezeit: Juni bis Juli

Zwerg-Schlüsselblume, Habmichlieb
Primula minima
Art im Bestand gefährdet
Verbreitungsschwerpunkt: Steinfluren und alpine Rasen
Hauptblütezeit: Juni bis August

Echte Schlüsselblume, Frühlings-Schlüsselblume, Wiesen-Schlüsselblume, Arznei-Schlüsselblume, Himmelsschlüssel
Primula veris
Art im Bestand gefährdet
Gefahrenstufe bei der Verwendung: *
Verbreitungsschwerpunkt: Kalk-Magerrasen
Hauptblütezeit: Anfang April bis Ende Mai
Zusätzliche Hinweise zur Verwendung: Die Wurzeln und Blätter wurden früher getrocknet und vermahlen als Niespulver in Schnupftabak verwendet. Vorsicht! Die Wurzel enthält Saponine, die unbekömmlich wirken können. (Vgl. Roth et al. 1994) Die meisten Saponine sind wasserlöslich.
Inhaltsstoffe und Wirkung: Medizinisch verwendet werden die Blüten und die im Herbst gesammelten Wurzeln. Die Wurzeln enthalten bis zu 12 % Triterpensaponine (Primulasäure A), Phenylglykoside (Primulaverin), Kieselsäure, Gerbstoffe, ätherisches Öl und geringe Mengen Flavonoide. Die Blüten enthalten Flavonoide, Carotinoide und wenig Saponine. Offenbar sind die Schlüsselblumen außerdem reich an Magnesium. Die Wurzel wirkt schleimlösend und auswurffördernd und wird in Form von Extrakten auch heute noch in Fertigpräparaten bei Erkrankungen der Atemwege, insbesondere bei chronischem Husten und Bronchitis, eingesetzt. Die Blüten wirken harn- und schweißtreibend und beruhigen die Nerven. Die Volksmedizin nutzte die Pflanze außerdem bei Gicht, Rheuma, bei Schlaganfällen, Kopfschmerzen und zur Stärkung des Herzens. Man schrieb ihr außerdem die Fähigkeit zu, die Wirkstoffaufnahme aus anderen Heilpflanzen zu fördern.

Erd-Primel, Stängellose Primel, Kissen-Primel, Garten-Kissen-Primel
Primula vulgaris
Art im Bestand gefährdet
Gefahrenstufe bei der Verwendung: *
Verbreitungsschwerpunkt: Laubwälder und Gebüsche
Hauptblütezeit: Anfang März bis Ende April
Inhaltsstoffe und Wirkung: Siehe *Primula veris.*

Gemskressen
Pritzelago
Kreuzblütengewächse (Brassicaceae)

Alpen-Gemskresse
Pritzelago alpina
Art zerstreut bis selten
Verbreitungsschwerpunkt: Steinschutt- und Geröllfluren
Hauptblütezeit: Mai bis Juli
Verwendung in der Ernährung: Diese kleine Gebirgspflanze enthält Senföle in Blättern, Knospen und Samen. Die jungen, kresseartig schmeckenden Blätter lassen sich von April bis Mai in verschiedenen Salaten [1], Spinatgerichten [9.1] und als Gemüsechips [8.5] verarbeiten oder Bratlingen [4], Kräuterkartoffeln [15.2] und -quark [15.5] zugeben. Als Würzbeigabe kann man sie in Pesto [16.6] sowie getrocknet in Wildpflanzensalz [16.1] nutzen. Die Blüten und Blütenknospen samt

noch zarter Stängel erntet man im Frühsommer. Sie lassen sich kurz gebraten [8.2] zubereiten und können genauso anderen Gemüsegerichten beigefügt werden. Die hübschen weißen Blüten dienen als essbare, würzige Dekoration. Ihre weichen, knospigen Triebspitzen sind fein gehackt in Frischkäse geeignet. Ab Juli bis in den Herbst reifen die scharfen Samen. Sie können als Trockengewürz [16.2] genutzt und zu einem Würzöl [16.4] verwertet werden, indem man die Samen schrotet und in einer Ölmühle auspresst. Allerdings braucht man dazu eine ganze Menge. Auch die Wurzeln können im Frühjahr quer zur Faser klein geschnitten und als schärfliche Würze zerrieben sowie als Würzmus [16.10] verarbeitet werden. **Inhaltsstoffe und Wirkung:** Hierzu wurden keine Informationen gefunden.

Blauweideriche
Pseudolysimachion
Braunwurzgewächse (Scrophulariaceae)

Verwendung in der Ernährung: Früher gab man von April bis Juni die jungen, weichen Blätter der hier erwähnten mitteleuropäischen Arten roh zu Salaten [1] oder gegart zu gedünstetem Gemüse [7] oder Spinat [9.1], vermutlich auch zu Kräuterkartoffeln [15.2] oder Kräuterquark [15.5]. Beim Ährigen Blauweiderich *(Pseudolysimachion spicatum)* ist uns nur die erhitzte, nicht rohe Verwendung überliefert. **Inhaltsstoffe und Wirkung:** Die Pflanzen enthalten Flavonoide (Luteolin) und Iridoide vom Catalpoltyp. 2009 wurde ein Extrakt aus dem Blauweiderich patentiert und nachgewiesen, dass die enthaltenen Catalpole entzündungshemmend und antiallergen wirken, außerdem besitzen sie antiasthmatische Eigenschaften. Eine volksheilkundliche Verwendung ist uns nicht bekannt.

Langblättriger Ehrenpreis, Langblättriger Blauweiderich
Pseudolysimachion longifolium
Art im Bestand gefährdet
Verbreitungsschwerpunkt: Feuchtwiesen und Bachuferfluren
Hauptblütezeit: Anfang Juli bis Ende August

Ähriger Blauweiderich
Pseudolysimachion spicatum
Art im Bestand gefährdet
Verbreitungsschwerpunkt: Trockenrasen, Dünen
Hauptblütezeit: Juli bis September

Rispiger Ehrenpreis, Rispiger Blauweiderich
Pseudolysimachion spurium
Art im Bestand gefährdet
Verbreitungsschwerpunkt: Sonnige Staudensäume an Gehölzen
Hauptblütezeit: Juni bis August

Wintergrün-Arten
Pyrola
Heidekrautgewächse (Ericaceae)

Verwendung in der Ernährung: Angeblich können ihre Früchte in kleinen Mengen im Herbst roh gegessen werden. Auch kapernartig [16.11] wurden sie eingelegt. Die jungen, bitterlich schmeckenden Blätter wurden gering dosiert in Salate [1] gemischt.
Inhaltsstoffe und Wirkung: Die Pflanzen enthalten Arbutinderivate (Chimaphilin), Flavonoide, Gerb- und Bitterstoffe. Arbutin und andere Chinone wirken desinfizierend und harntreibend. Früher setzte man die adstringierenden und krampflösenden Pflanzen zur Behandlung von Harnwegsinfektionen und bei Durchfällen ein. Äußerlich erachtete man sie als brauchbares Mittel zur Behandlung von Wunden und Hämorrhoiden, außerdem zum Gurgeln bei Entzündungen in Mund und Rachen.

Kleines Wintergrün
Pyrola minor
Art zerstreut bis selten
Verbreitungsschwerpunkt: Saure Nadelwälder
Hauptblütezeit: Juni bis Juli

Grünblütiges Wintergrün
Pyrola chlorantha
Art im Bestand gefährdet
Verbreitungsschwerpunkt: Saure Kiefernwälder
Hauptblütezeit: Juni bis Juli

Mittleres Wintergrün
Pyrola media
Art im Bestand gefährdet
Verbreitungsschwerpunkt: Fichtenwälder
Hauptblütezeit: Juni bis Juli

Rundblättriges Wintergrün
Pyrola rotundifolia
Art im Bestand gefährdet
Verbreitungsschwerpunkt: Fichtenwälder
Hauptblütezeit: Juni bis Juli

Rapsdotter
Rapistrum
Kreuzblütengewächse (Brassicaceae)

Runzeliger Rapsdotter
Rapistrum rugosum
Art in der Schweiz und in Teilen Österreichs im Bestand gefährdet
Verbreitungsschwerpunkt: Getreideunkrautfluren
Hauptblütezeit: Juni bis Juli
Verwendung in der Ernährung: Kohl-kresse-aromatische Pflanze, deren Verwendung nur wenig überliefert ist. Sie gilt jedoch gewürzartig als komplett essbar und wurde vermutlich als würzende Beigabe zu herzhaften Salaten [1], Gemüsegerichten [7–12] und Hackkräutermischungen [15] genutzt. Die Samen schmecken senfartig. Im Englischen heißt die Pflanze auch »giant mustard«, »Riesiger Senf«. Die Wurzel wäre als Gewürz im Frühsommer denkbar.
Inhaltsstoffe und Wirkung: Der Runzelige Rapsdotter enthält Flavonoide (Quercetin), außerdem wurden Alkaloide in der Pflanze nachgewiesen. Die Blätter werden in Italien zur Behandlung schlecht heilender Furunkel verwendet.

Bergscharten
Rhaponticum
Korbblütengewächse (Asteraceae)

Alpen-Bergscharte, Alpenscharte
Rhaponticum scariosum
Art zerstreut bis selten
Verbreitungsschwerpunkt: Hochstaudenfluren und Gebüsche
Hauptblütezeit: Juli bis September
Verwendung in der Ernährung: Ihre jüngsten, herbschmeckenden Wurzeln kann man im Frühjahr zu Gemüsechips [8.5] und in Salzlake eingelegt [13.1] verarbeiten. Es ist auch möglich, sie als Streckmehl für Gebäck [20] zu verwenden, denkbar wären sie auch als Kaffeesurrogat [23]. Klein geschnitten gab man sie in Gemüsesuppen [3.1] und Mischgemüsegerichte (insbesondere in Eintopf [11.1]). Die ausgezupften Zungenblüten dienen von Juli bis September als lila Farbgewürz in Hackkräutermischungen [15], Wildpflanzensalz [16.1] sowie in Salat- und Rohkostspeisen [1].
Inhaltsstoffe und Wirkung: Die Pflanze enthält Gerbstoffe und Flavonoide. Vermutlich ähnlich wie bei der Wiesenflockenblume (*Centaurea jacea* S. 160) kann ein Auszug destilliert werden, der bei Augen- und Lidrandentzündung hilft; die Wurzel wirkt harntreibend und verdauungsfördernd.

Rosenwurzen
Rhodiola
Dickblattgewächse (Crassulaceae)

Rosenwurz
Rhodiola rosea
Art im Bestand gefährdet
Verbreitungsschwerpunkt: Felsspalten- und Mauerfugengesellschaften
Hauptblütezeit: Juni bis August
Verwendung in der Ernährung: Die weichen, saftigen, mildaromatischen Blätter und Triebspitzen kann man von April bis Juni als Kochgemüse, besonders in Püree [9.3] oder als Spinat [9.1] und zu Ofengemüsegerichten [12] verarbeiten. Elastische und unverholzte unterirdische Triebe (Rhizome) lassen sich von März bis April erhitzt als Bratgemüse [8.1] zubereiten. Für Gemüsesuppen [3.1] und Eintopfgerichte [11.1] sind nur sehr zarte fein geschnittene Wurzeln geeignet. Es ist auch möglich, sie einzusäuern [13.4]. Eine Verwendung in Salaten und Rohkost [1] ist nur selten überliefert. Wenn man das weiche Stängelzentrum von der äußeren Haut befreit, kann man es von April bis Juni dünsten oder dämpfen und als Stängelgemüse [7.2] essen.
Inhaltsstoffe und Wirkung: Die Pflanze enthält Flavonoide, Terpene, außerdem Glykoside des Zimtalkohols und Thyrosols (Salidrosid). Die Wurzel wird in der traditionellen Medizin Russlands seit mehr als 3000 Jahren als Stärkungsmittel für Körper und Geist eingesetzt, ist aber bei uns nur wenig bekannt. Sie stärkt das Herz-Kreislaufsystem, wirkt immunstimulierend, schützt die Leber und fördert Regenerationsprozesse im Körper. Bemerkenswert ist außerdem ihre adaptogene Wirkung. Sie hilft dem Körper bei der Bewältigung von Belastungssituationen und erhöht die Widerstandskraft gegen schädigende Faktoren. Interessant ist ihre Wirkung auf den Blutzuckerspiegel; sie kann sowohl zu hohe als auch zu niedrige Werte ausgleichen. Wahrscheinlich beeinflusst sie außerdem den Neurotransmittergehalt im Gehirn. Es gibt Studien zur Wirkung bei Depressionen und Angststörungen.

Sonnenhüte
Rudbeckia
Korbblütengewächse (Asteraceae)

Schlitzblättriger Sonnenhut
Rudbeckia laciniata
Art selten verwildert
Gefahrenstufe bei der Verwendung: *
Verbreitungsschwerpunkt: Schleier- und Krautgesellschaften im Halbschatten
Hauptblütezeit: Juli bis September
Verwendung in der Ernährung: Sehr junge, noch hellgrüne Blätter und Triebspitzen des Schlitzblättrigen Sonnenhutes

wurden früher im April in kleinen Mengen fein geschnitten und erhitzt als herbe Beigabe in verschiedenen Gemüsespeisen genutzt.
Hinweis: Die überlieferte Verwendung ist kritisch zu betrachten. Große Mengen könnten unverträglich wirken.
Inhaltsstoffe und Wirkung: Die Pflanze gilt als giftig für das Weidevieh. Für den Menschen wird sie nur als wenig giftig angesehen, allerdings gibt es dazu keine gesicherten Erkenntnisse. Sie enthält Sesquiterpenlactone (Rudbeckiolid), ätherisches Öl, Terpene (Alpha-Pinen, Limonen) und Sesquiterpene (Rudbeckianon). Verwendet werden das frische und getrocknete Kraut und die Wurzel. Es gibt Berichte über eine Verwendung der Wurzel in ähnlicher Weise wie den Saft der Pflanze *Echinacea purpurea.* Der Saft oder Extrakt der vorgenannte Pflanze wird wegen seiner immunstimulierenden Wirkung bei bakteriellen und viralen Infektionen, insbesondere bei Atemwegserkrankungen und Erkrankungen der Harnwege eingesetzt. Als Vorteil wird dabei beschrieben, dass die Pflanze außerdem die Entgiftung über die Haut, die Nieren und den Darmtrakt fördert. Des Weiteren nutzte man sie bei Eingeweidewürmern und bei Harnwegsinfektionen. Äußerlich kann sie als Umschlag bei Verbrennungen verwendet werden. Die Pflanze wurde außerdem zum Färben benutzt.

Rauten
Ruta
Rautengewächse (Rutaceae)

Wein-Raute, Garten-Raute
Ruta graveolens
Art in der Schweiz und in Teilen Österreichs im Bestand gefährdet
Gefahrenstufe bei der Verwendung: **
Verbreitungsschwerpunkt: Schuttunkrautfluren
Hauptblütezeit: Juni bis August
Verwendung in der Ernährung: Eine bitterlich schmeckende, aber stark aromatisch duftende Pflanze für Aroma und Gewürze. Vorsicht! Alle Pflanzenteile, insbesondere der frische Blättersaft, können die Schleimhaut reizen und narkotisierend wirken. (Vgl. Roth et al. 1994) Aufgrund abortiver Eigenschaften sollte das Gewürz in der Schwangerschaft gemieden werden, auch sollte man wegen der photosensibilisierenden Wirkung vorsichtig bei der Berührung der Pflanze mit empfindlichen Hautstellen sein.
Die Pflanze galt als typisches Gewürz der antiken römischen Küche. Reife Blätter können an heißen Tagen im Sommer gesammelt werden. Aufgrund der leicht giftigen Wirkung sollte man sie nur in geringen Mengen als Aroma und Gewürz verwenden! Genutzt wurden die Blätter früher z. B. in Salaten [1], Kräuterkäse (Schnittkäse) [15.4] und Kräuterbutter [15.3] sowie als Gewürz in Bratlingen [4], Spirituosen [18.6] (wie Grappa u. Ä.), Kräuteressig [16.7] und Tee [22.1]. Denkbar wären sie auch in Gewürzschokolade [18.3].
Inhaltsstoffe und Wirkung: Die Weinraute wird bereits seit der Antike medizinisch verwendet. Sie enthält ätherisches Öl, Alkaloide (Kokusagenin), Furocumarine und Flavonoide (Rutin). In der Volksmedizin wird die Raute wegen ihrer Wirkung auf die Gebärmutter als menstruationsförderndes Mittel eingesetzt. Darüber hinaus wirkt sie entkrampfend und mild beruhigend. Äußerlich nutzt man sie bei überanstrengten Augen und Bindehautentzündung und als Gurgelmittel bei Entzündungen in Mund und Rachen. Aufgrund des Rutingehalts wird sie in Präparaten gegen Venenerkrankungen und Arteriosklerose eingesetzt.

Pfeilkräuter
Sagittaria
Froschlöffelgewächse (Alismataceae)

Verwendung in der Ernährung: Die hier aufgeführten mitteleuropäischen Arten sind stärkereiche Wasserpflanzen für Gemüse und Mehl. Die Wurzelknollen schmecken nussartig. Zarte, junge Blätter und Triebe erntet man von März bis April. Gesäubert und fein geschnitten kann man sie als Kochgemüse [9], v. a. als Spinat [9.1], nutzen sowie als Zutat in Saucen [14] und Gemüsesuppen [3.1]. Die knackigen, saftigen, unverholzten Wurzeln sammelt man von September bis März. Sie wurden gekocht, geschält und anschließend zu Streckmehl [20] vermahlen oder geröstet als nussiges Mehl für Gebäck verwendet. Sie ergeben ein schmackhaftes Bratgemüse [8.2] [8.1], feine Gemüsechips [8.5] und sind auch in Eintöpfen [11.1] eine geeignete Zutat. Kandiert [17.4] sind sie eine außergewöhnliche Nascherei.
Inhaltsstoffe und Wirkung: Die Knollen sind sehr stärkereich (circa 50 %) und enthalten außerdem Zucker. Umschläge aus dem Wurzelbrei wurden zur Behandlung von Wunden und Geschwüren eingesetzt. Außerdem gibt es Berichte zu einer wehenfördernden Wirkung der rohen Wurzel. Die Blätter enthalten Flavonoide und Bitterstoffe. Sie wirken adstringierend, wassertreibend und verdauungsfördernd und sollen äußerlich angewendet bei Hautproblemen und beim Abstillen helfen.

Breitblättriges Pfeilkraut
Sagittaria latifolia
Art im Bestand gefährdet
Verbreitungsschwerpunkt: Röhrichte wenig bewegter Gewässer
Hauptblütezeit: Juni bis August

Gewöhnliches Pfeilkraut
Sagittaria sagittifolia
Art in der Schweiz und in Teilen Österreichs im Bestand gefährdet
Verbreitungsschwerpunkt: Röhrichte und Großseggensümpfe
Hauptblütezeit: Anfang Juni bis Ende Juli

Queller
Salicornia
Fuchsschwanzgewächse (Amaranthaceae)

Verwendung in der Ernährung: Alle Salicornia-Arten in Mitteleuropa sind geschützte Meeresstrandpflanzen. Sie wurden zur unten genannten Artengruppe zusammengefasst. Man benutzt sie für Eingelegtes, Salate und Gemüse. Die Stängel sind dickfleischig-saftig, der Grundgeschmack ist leicht salzig-würzig. Die jungen, elastischen Triebe und vor allem Triebspitzen kann man von April bis August zu kurz gebratenem [8.2], gedünstetem/gedämpftem [7] sowie zu Kochgemüse [9] verarbeiten. Ebenso ist es möglich, sie in Wein [13.3] oder als Sauerkraut [13.4] einzulegen. Fein geschnitten können sie auch Eierspeisen (insbesondere Rührei [6.3] oder Omelett [6.1]) und Gemüsesuppen [3.1] oder frisch Salaten und Rohkost [1] sowie Kräuterquark [15.5] zugegeben werden. Junge, unreife Samen werden von Juli bis August als Würzbeigabe kapernartig eingelegt [16.11]. Die ausgereiften Samenkörner werden von September bis Oktober geerntet, getrocknet und als Streckmehl für Gebäck [20] vermahlen.
Inhaltsstoffe und Wirkung: Der Queller ist eine gute Jodquelle und wird aus diesem Grund getrocknet als Pulver in Apotheken verkauft. Über weitere Inhaltsstoffe und eine medizinische Verwendung ist uns nichts bekannt. Früher gewann man aus der Pflanzenasche Soda.

Gewöhnlicher Queller, Glasschmalz
Salicornia europaea (Artengruppe)
Art im Bestand gefährdet
Verbreitungsschwerpunkt: Salzwasser- und Meeresstrandvegetation
Hauptblütezeit: August bis September

Salzkräuter
Salsola
Fuchsschwanzgewächse (Amaranthaceae)

Kali-Salzkraut
Salsola kali
Art zerstreut bis selten
Gefahrenstufe bei der Verwendung: **
Verbreitungsschwerpunkt: Meeresspülsäume
Hauptblütezeit: Juli bis September
Verwendung in der Ernährung: Eine salzig-aromatische Pflanze, die Salsolin enthält und dadurch in größeren Mengen giftig bzw. unverträglich wirkt! Die vom Geschmack her sehr attraktiven, aber meist stachelig ausgebildeten Triebe des Kali-Salzkrautes werden im April geerntet, wenn sie noch weich und nicht stechend sind. Nur jüngste Triebe wurden fein geschnitten und nur in geringen Mengen in Salaten [1], Hackkräutermischungen [15] sowie in Saucen [14] verwendet. Man hat sie auch in gedünstetes oder gedämpftes Gemüse [7] eingearbeitet. Die überlieferte Verwendung ist kritisch zu betrachten.
Inhaltsstoffe und Wirkung: Die Pflanze enthält Tetrahydroisochinolinalkaloide (Salsolin) und reichlich Oxalsäure. Salsolin wirkt wassertreibend und gefäßentspannend, was zu einer starken Blutdrucksenkung führt. Außerdem wirkt es auf die Gebärmutter. Volksheilkundlich wurde die Pflanze bei Wassersucht (Ödemen) und Wucherungen eingesetzt.

Bungen
Samolus
Primelgewächse (Primulaceae)

Salz-Bunge
Samolus valerandi
Art im Bestand gefährdet
Verbreitungsschwerpunkt: Brackwasser-Röhrichte
Hauptblütezeit: Juni bis September
Verwendung in der Ernährung: Die weichen, aber eher bitter schmeckenden Blätter der Salz-Bunge nutzte man früher von April bis Juni in Salaten und Rohkost [1] oder auch als gebratenes [8.2], gedünstetes oder gedämpftes Gemüse [7] sowie zu Saucen [14] und in Hackkräutermischungen [15].
Inhaltsstoffe und Wirkung: Offenbar enthalten die Blätter Bitterstoffe und Vitamin C. Früher verwendete man sie zur Behandlung von Skorbut und äußerlich zur Linderung von Augenleiden.

Steinbrech-Arten
Saxifraga
Steinbrechgewächse (Saxifragaceae)

Fetthennen-Steinbrech
Saxifraga aizoides
Art ist selten
Verbreitungsschwerpunkt: Quellfluren, Bachufer
Hauptblütezeit: Juni bis Oktober
Verwendung in der Ernährung: Die beblätterten Triebe und Blätter verwendete man gemäß MACHATSCHEK 2010 als Rohkost- und Salatbeigabe [1].

Trauben-Steinbrech
Saxifraga paniculata
Art zerstreut bis selten
Verbreitungsschwerpunkt: Felsen, Schutt
Hauptblütezeit: Mai bis August
Verwendung in der Ernährung: Vergleichbar mit *Saxifraga aizoides.*

Rundblättriger Steinbrech
Saxifraga rotundifolia
Art zerstreut bis selten
Verbreitungsschwerpunkt: Feuchte, schattige Stellen
Hauptblütezeit: Juni bis Oktober
Verwendung in der Ernährung: Vergleichbar mit *Saxifraga aizoides.*
Inhaltsstoffe und Wirkung: Der Rundblättrige Steinbrech wurde in gleicher Weise wie *S. granulata* als Heilkraut bei Steinleiden eingesetzt. In der Schweiz wird er außerdem volksheilkundlich bei Erkrankungen der Lunge genutzt. In den Stängeln und Blättern der Pflanze ist Cholin enthalten, dem unter anderem eine wichtige Funktion beim Transport und der Verarbeitung von Fettmolekülen im Körper zukommt.

Körner-Steinbrech, Knollen-Steinbrech
Saxifraga granulata
Art im Bestand gefährdet
Verbreitungsschwerpunkt: Gedüngte Frischwiesen und -weiden
Hauptblütezeit: Mai bis Juni
Verwendung in der Ernährung: Die kleinen Blätter gab man von April bis Mai zu Teegetränken [22.1].
Inhaltsstoffe und Wirkung: Im Mittelalter war die Pflanze ein beliebtes harntreibendes Heilmittel bei Steinleiden (»Steinbrech«) der Niere und Blase, außerdem zur Fiebersenkung. Die Homöopathie verwendet sie noch heute in dieser Weise. Die Pflanzen enthalten Flavonoide, Gerbstoffe und Vitamin C. Möglicherweise auch schmerzlindernde und immunstimulierende Inhaltsstoffe (Bergenin).

Kies-Steinbrech
Saxifraga mutata
Art im Bestand gefährdet
Verbreitungsschwerpunkt: Felsspalten
Hauptblütezeit: Juni bis August
Verwendung in der Ernährung: Vergleichbar mit *Saxifraga aizoides.*

Dreifinger-Steinbrech
Saxifraga tridactylites
Art in Österreich im Bestand gefährdet
Verbreitungsschwerpunkt: Lockere Sand- und Felsrasen
Hauptblütezeit: Juni bis September
Verwendung in der Ernährung: Die jungen saftigen Triebe wurden zuweilen vor der Blüte zum Verfeinern in Kräuterhackmischungen [15], Salate [1] und zu Spinat [9.1] gegeben.
Inhaltsstoffe und Wirkung: Über Inhaltsstoffe ist uns nichts bekannt. Früher nutzte man die Pflanze innerlich und äußerlich bei Drüsenverhärtungen und bei Erkrankungen der Leber.

Venuskämme
Scandix
Doldengewächse (Apiaceae)

Echter Venuskamm
Scandix pecten-veneris
Art im Bestand gefährdet
Verbreitungsschwerpunkt: Getreideunkrautfluren
Hauptblütezeit: Mai bis Juni
Verwendung in der Ernährung: Eine würzig kerbel-aromatische Pflanze als Beigabe für Gemüse und Salate. Die Blätter und Triebspitzen kann man im April und Mai Salaten und Rohkost [1] sowie gedünstetem oder gedämpftem Gemüse [7] zugeben. In Ausbackteig [8.4] zubereitet können sie ein pikanter Snack sein. Fein gehackt eignen sie sich als Würze für Hackkräutermischungen [15], Eierspeisen [6], Bratlinge [4] und den Brotteig für Hausbrotmischungen [21.1] sowie für Wildpflanzensalz [16.1], Kräuteröl [16.4] oder -essig [16.7] und Pesto [16.6]. Sie waren als feines Trockengewürz [16.2] für Saucen [14] und Gemüsesuppen [3.1] in Gebrauch.
Von Mai bis Juni eignen sich die Blüten als Brotteigbeigabe zu Knäckebrot [21.2], als Dekoration von Salaten, für Rohkostspeisen [1], Hackkräutermischungen [15], Würzsalze [16.1], Kräuteröle [16.4] und -essige [16.7] sowie als Trockengewürz [16.2] oder zur Herstellung von Mazerationsöl [16.5]. Eine feine Beigabe sind sie auch in Chutney [16.9] oder Würzmus [16.10]. Knospige Blütenstände verwendete man als Zugabe in Gemüsesuppen [3.1] und als Aroma für Wein [18.5] und Spirituosen [18.6].
Früher nutzte man auch die Früchte von Juli bis August als Trockengewürz [16.2] für Salate, Würzmuse, Sauerkraut und Backgemüse sowie in Kräuteröl [16.4] oder Kräuteressig [16.7], aber auch als Aroma in Wein [18.5] und Spirituosen [18.6]. Sie fanden Verwendung als Brotteigbeigabe [21.1] bzw. als Keimsaat [2].
Vermutlich können die Wurzeln gewürzartig verwendet werden. Über Unverträglichkeiten liegen uns diesbezüglich keine Hinweise vor.
Inhaltsstoffe und Wirkung: Die Pflanze enthält verhältnismäßig viel Vitamin E. Über weitere Inhaltsstoffe ist uns nichts bekannt. Sie wirkt antioxidativ und wurde offenbar gegen Zahnschmerzen eingesetzt.

Schwarzwurzeln

Scorzonera

Korbblütengewächse (Asteraceae)

Verwendung in der Ernährung: Die jungen Triebe und Blätter der hier angeführten mitteleuropäischen Schwarzwurzeln sind von April bis Juni eine exzellente, mild-aromatische Zutat in Salaten und Rohkost [1], in Hackkräutermischungen [15], verschiedenen Gemüsegerichten [7.1] [7.3][10][9.1][9.3][8.4] und Gemüsesuppen [3.1]. Als Beigabe kann man sie außerdem sehr gut Hausbrotmischungen [21.1] und Eierspeisen [6] zufügen. Auch eine Verarbeitung zu Sauerkraut [13.4] ist möglich. Knospige Blütenstände werden im Frühsommer Salat- und Rohkostspeisen [1], Mischgemüse- [11] und Ofengemüsegerichten [12] beigegeben oder kapern- bzw. olivenartig eingelegt [16.11][16.12]. Faserarme, süßlich schmeckende Wurzeln kann man im Herbst ihres ersten Jahres entnehmen und als stärkereiche Zutat in Bratlingen [4], Eintopfgerichten [11.1] und Gemüsesuppen [3.1] verwenden. Sie ergeben vor allem auch ein schmackhaftes Bratgemüse [8.1] [8.2] [8.3] [8.5] und werden außerdem zu Streckmehl für Gebäck [20] oder Kaffeesurrogat [23] verarbeitet.
Inhaltsstoffe und Wirkung: Die Garten-Schwarzwurzel *(S. hispanica)* enthält Chlorogensäure, Allantoin, Inulin (circa 10 %), Zuckeralkohol (Mannitol), Schleimstoffe, Vitamine und viel Calcium. Der weiße Milchsaft enthält Lactucerole, Phthalate, Sesquiterpene (Longicyclen, Alpha-Copaen) und Sesquiterpenlactone. In der Volksmedizin wird das Kraut als schleimlösendes Mittel bei Erkältungskrankheiten und Asthma verwendet, außerdem zur Behandlung von Übelkeit. Wegen des enthaltenen Inulins eignet sich die Schwarzwurzel gut als Diabetikernahrung. Sie wirkt außerdem immunstärkend und wassertreibend. Äußerlich wirkt eine Abkochung der Wurzel erweichend bei Hautflechten und unterstützt aufgrund des enthaltenen Allantoins die Wundheilung. Zu einer medizinischen Verwendung der Schwarzwurzel-Arten *(S. austriaca, S. humilis, S. parviflora, S. purpurea)* konnten wir keine Hinweise finden, allerdings scheint eine ähnliche Anwendung nicht abwegig.

Österreichische Schwarzwurzel
Scorzonera austriaca
Art im Bestand gefährdet
Verbreitungsschwerpunkt: Kalk-Magerrasen
Hauptblütezeit: April bis Mai

Garten-Schwarzwurzel
Scorzonera hispanica
Art im Bestand gefährdet
Verbreitungsschwerpunkt: Kalk-Magerrasen
Hauptblütezeit: Juni bis August

Niedrige Schwarzwurzel
Scorzonera humilis
Art in der Schweiz und in Teilen Österreichs im Bestand gefährdet
Verbreitungsschwerpunkt: Feuchtwiesen und Bachuferfluren
Hauptblütezeit: Mai bis Juni

Kleinblütige Schwarzwurzel
Scorzonera parviflora
Art im Bestand gefährdet
Verbreitungsschwerpunkt: Salzwasser- und Meeresstrandvegetation
Hauptblütezeit: Mai bis August

Rote Schwarzwurzel
Scorzonera purpurea
Art im Bestand gefährdet
Verbreitungsschwerpunkt: Kalk-Magerrasen
Hauptblütezeit: Mai bis Juni

Hauswurzen

Sempervivum

Dickblattgewächse (Crassulaceae)

Spinnweben-Hauswurz
Sempervivum arachnoideum
Art zerstreut bis selten
Verbreitungsschwerpunkt: Felsen und Mauern
Hauptblütezeit: Juli bis September
Verwendung in der Ernährung: Die dickfleischigen Rosetten verwendete man zerkleinert als Beigabe in Salaten [1], vermutlich auch gemüseartig.
Inhaltsstoffe und Wirkung: Die Blätter der Spinnweben-Hauswurz wirken weichmachend, blutstillend, beruhigend und lindern Entzündungen am Auge. Die zerdrückte Pflanze kann äußerlich auf Wunden, Hautgeschwüre und Sonnenbrand aufgetragen werden und wurde zum Stoppen von Nasenbluten verwendet. Der leicht angewärmte Pflanzensaft lindert Entzündungen im Ohr. Bei Zahnschmerzen gilt das Kauen der Blätter als hilfreich. Eine Tinktur aus in Essig eingelegten Blättern nützt durch seine weichmachende Wirkung gut bei Warzen und Hühneraugen. Zur Anwendung gelangt vorzugsweise die frische Pflanze. In Italien gilt die Pflanze als wassertreibend.

Berg-Hauswurz
Sempervivum montanum
Art im Bestand gefährdet
Verbreitungsschwerpunkt: Magermatten, Schutt
Hauptblütezeit: Juli bis September
Verwendung in der Ernährung: Vergleichbar mit *Sempervivum arachnoideum.*
Inhaltsstoffe und Wirkung: Seit Langem ist bekannt, dass alle Hauswurzgewächse nicht nur einen von anderen Pflanzen abweichenden Säurestoffwechsel, sondern auch einen anderen Kohlenhydratstoffwechsel aufweisen. Als Folge davon sammeln sich in ihrem Gewebe organische Säuren (Isocitronen-

säure, Äpfelsäure) an. Der Gehalt weist zudem große tägliche Schwankungen auf. In der Nacht sind die Pflanzen sehr sauer und entsäuern sich im Tagesverlauf. Die Berg-Hauswurz weist einen Gehalt an organischen Säuren bis zu 13 % auf. Aufgrund des besonderen Kohlenhydratstoffwechsels bilden die Pflanzen besondere Zuckerverbindungen (Sedoheptulosen).

Echte Hauswurz

Sempervivum tectorum

Art im Bestand gefährdet

Verbreitungsschwerpunkt: Lockere Sand- und Felsrasen
Hauptblütezeit: Anfang Juni bis Ende Juli
Verwendung in der Ernährung: Man nutzt von April bis Juni die festen, dickfleischigen, saftig-milden Blätter der Echten Hauswurz einzeln oder als zusammenstehende Rosette, wobei man die stechenden Blattspitzen mit dem Messer abschneidet. Verwendet werden nur die Grundrosetten vor der Bildung des Blütentriebes. Sie können als kurz gebratenes [8.2], gedünstetes oder gedämpftes Gemüse [7] oder in der Rosette artischockenähnlich zubereitet werden. Fein geschnitten gibt man sie zu Kräuterquark [15.5] oder in kleinen Mengen in Salate, Rohkost [1] sowie Saft- und Vitalgetränke [22.4].
Inhaltsstoffe und Wirkung: Die dickfleischigen Blätter enthalten Flavonoide (Kämpferol und Quercetin), Cumarine, Fruchtsäuren, Gerb- und Schleimstoffe. Sie gelten als adstringierend und antiseptisch. Wissenschaftliche Untersuchungen belegen die antioxidative und leberschützende Wirkung. Volksheilkundlich wurde die Dach-Hauswurz seit alters in Form von Umschlägen bei Verbrennungen, Wunden, Hautausschlägen, Hämorrhoiden, Hühneraugen und bei Gürtelrose verwendet. Außerdem nutzte man sie zur Behandlung von Aphthen und anderen Geschwüren im Mund und bei Zahnfleischbluten. Bei Zahnschmerzen wurde das Kauen der Blätter empfohlen. Bei Mittelohreiterung träufelte man den Pflanzensaft vermischt mit Mandelöl ins Ohr. Der Verzehr der Blätter sollte gegen Impotenz helfen. Frische Blätter in kaltes Wasser eingelegt, ergeben ein erfrischendes Getränk bei fiebrigen Erkältungen.

Heilwurze, Steppenfenchel

Seseli

Doldengewächse (Apiaceae)

Heilwurz

Seseli libanotis

Art ist selten

Verbreitungsschwerpunkt: Lockere Sand- und Felsrasen
Hauptblütezeit: Juli bis September
Verwendung in der Ernährung: Fenchelaromatische Pflanze für Gemüse und Gewürze. Die jungen Blätter und Triebspitzen der Heilwurz geben von April bis Juli Salat- und Rohkostspeisen [1] sowie Hackkräutermischungen [15] (z. B. Kräuterschnittkäse [15.4] oder -quark [15.5]) eine pikante Note. Sie würzen gedünstetes oder gedämpftes Gemüse [7], Füllungen für Gemüsestrudel [10.1] oder Gemüsetaschen [10.2] sowie Spinat [9.1], Bratlinge [4] und den Teig für Knäckebrot [21.2]. Ein frisches Aroma verleihen sie auch Saucen [14] und Gemüsesuppen [3.1] sowie Pesto [16.6], Kräuteröl [16.4] bzw. -essig [16.7] und Saft-/Vitalgetränken [22.4]. Man kann sie ebenso als eingelegtes Sauerkraut [13.4] oder zu Gemüsechips [8.5] verarbeiten. Der in der Mitte der Pflanzenrosette treibende Blütenstiel im Mai bildet zunächst eine zarte, sehr aromatische Knolle. Sie empfiehlt sich als Spezialität in Reisgemüsegerichten. Die Wurzeln wurden laut Machatschek 2010 auch in Suppen [3.1] verwendet. Vermutlich konnen die anderen Pflanzenteile gewürzartig verwendet werden. Über Unverträglichkeiten liegen uns keine Hinweise vor.
Inhaltsstoffe und Wirkung: Die Pflanze und insbesondere die Früchte enthalten ein ätherisches Öl (Caryophyllen, Spathulenol), das antibakteriell wirkt, außerdem Cumarine (Samidin) und Flavonoide (Diosmin). Das Kraut wirkt entblähend. Die Wurzel wurde offenbar innerlich bei schweren Erkältungen eingesetzt. Aus den Wurzeln gewann man ein Gummiharz *(Gummi Opapanacis)*, das bei entzündlichen Gelenkserkrankungen (Gicht) innerlich und äußerlich angewendet wurde.

Steppenfenchel

Seseli annuum (Artengruppe)

Im Bestand gefährdet

Verbreitungsschwerpunkt: Kalkmagerrasen
Hauptblütezeit: Juli bis Oktober
Verwendung in der Ernährung: Junge Blätter und Triebe wurden als gedünstete Speise, die Wurzeln in Suppen [3.1] verwendet.
Inhaltsstoffe und Wirkung: Die Pflanze enthält Lignane (Eudesmin, Magnon A) und ätherisches Öl mit den Hauptinhaltsstoffen Germacren und Sabinen. Das ätherische Öl besitzt eine pilzhemmende Wirkung. In der Wurzel finden sich Polyine (Falcarinol) und Flavonoide (Seselinonol). Obwohl diese Inhaltsstoffe pharmakologisch interessante Wirkungen besitzen, ist uns nichts über eine heilkundliche Verwendung der Pflanze bekannt.

Wiesensilgen
Silaum
Doldengewächse (Apiaceae)

Wiesensilge, Wiesen-Silau
Silaum silaus
Art im Bestand zurückgehend
Verbreitungsschwerpunkt: Feucht- und Frischwiesen
Hauptblütezeit: Juni bis September
Verwendung in der Ernährung: Würzige Pflanze für Gewürze und Gemüse. Das Grundaroma zarter Pflanzenteile ist säuerlich-petersilienartig. Die jungen, weichen Blätter und Triebspitzen der Wiesensilge werden von April bis Mai gerne als Beigabe für Bratlinge [4], Eierspeisen [6], Hackkräutermischungen [15] oder Brotteig [21.1] verwendet. Sie bereichern Salate und Rohkost [1] und sind sehr zu empfehlen als erfrischendes Gewürz im Salatdressing mit Sauerrahm. Sie verfeinern verschiedene Gemüsegerichte, wie z. B. Füllungen für Gemüsestrudel [10.1] oder Gemüsetaschen [10.2], Püree [9.3] oder Spinat [9.1] sowie gedünstetes oder gedämpftes Gemüse [7]. Man gab die Kräuter am besten zum Schluss roh dazu, um das feine Aroma beim Kochen nicht zu mildern. Auch Saucen [14] und Gemüsesuppen [3.1] werden durch sie geschmacklich abgerundet. Als Würze nutzte man die Blätter und Triebe zudem gerne in Wildpflanzensalz [16.1], Kräuteröl [16.4] und -essig [16.7], als Würzmus [16.10] oder in Pesto [16.6] sowie als Trockengewürz [16.2] und zur Herstellung von Mazerationsöl [16.5]. Sie geben außerdem Gelee [18.1] und Gewürzschokolade [18.3] bzw. Tee [22.1], Saft- und Vitalgetränken [22.4] oder auch Spirituosen [18.6] ein feines Aroma. Die Blüten verwendete man von Mai bis September als roh essbare Dekoration oder als aromatische Beigabe in Wein [18.5], Spirituosen [18.6] und Wildpflanzensalz [16.1] sowie als Trockengewürz [16.2], in Kräuteröl [16.4] und -essig [16.7] oder als Mazerationsöl [16.5]. Die zarten knospigen Blütenstände ergeben von April bis August ein gutes Gewürz für Salatsaucen oder Pürees [9.3]. Vermutlich können die anderen Pflanzenteile gewürzartig verwendet werden. Über Unverträglichkeiten liegen uns diesbezüglich keine Hinweise vor.
Inhaltsstoffe und Wirkung: Die Wurzel enthält Phthalide (Ligustilide). Über eine medizinische Verwendung ist nichts bekannt.
Verwechslungsgefahr: Gemeine Hundspetersilie *(Aethusa cynapium)*, S. 590; Wasser-Schierling *(Cicuta virosa)*, S. 598; Gefleckter Schierling *(Conium maculatum)*, S. 600.

Mariendisteln
Silybum
Korbblütengewächse (Asteraceae)

Mariendistel
Silybum marianum
Art in der Schweiz und in Teilen Österreichs im Bestand gefährdet
Verbreitungsschwerpunkt: Ruderalgesellschaften, Acker- und Gartenunkrautgesellschaften
Hauptblütezeit: Juni bis August
Verwendung in der Ernährung: Eine bitterlich bis artischocken-aromatische Pflanze für Tee, Salate und Gemüse. Die noch jungen Triebe wurden weit vor der Blütezeit von April bis Mai geerntet. Zu dieser Zeit ist das Triebinnere noch biegsam und kann, geschält und dabei von den Stacheln befreit, als Bratgemüse [8.2], Stängelgemüse [7.2] sowie als Pizzabelag [12.2] und auch in Salaten [1] bzw. Gemüsesuppen [3.1] Verwendung finden.
Die frische Blütenknospe wurde im April und Mai in Salzwasser gekocht und wie Artischockengemüse zubereitet. Dabei ist zu beachten, dass auch sie stachelig ist.
Die jungen, weißgemaserten Frühjahrs-Blätter können, nachdem man sie mit der Schere vorsichtig von den Stachelrändern befreit hat, von April bis Juni als Beigabe zu zartsäuerlichem Gemüse [7.1], Kräuterkartoffeln [15.2] und zur Kräuterbrotzeit [15.1] oder als Zutat in Salaten und Rohkost [1] genutzt werden. Generell ist es das ganze Jahr über möglich, die Blätter als Tee aufzubrühen [22.1].
Im Sommer sind die violetten, geschmackszarten Blütenblätter eine hübsche Dekorationsstreu über diverse Gemüse, Salat- und Süßspeisengerichte.
Die jüngsten, wenn möglich noch wenig verholzten Wurzeln entnimmt man von September bis März, um aus ihnen z. B. Brat- [8.2] und Wurzelgemüse [8.1] zuzubereiten. Man kann sie auch panieren [8.3], als Gemüsechips [8.5] backen oder in Salzlake einlegen [13.1]. Getrocknet und vermahlen nutzte man sie als Streckmehl für Gebäck [20] oder als Kaffeesurrogat [23]. Nur sehr junge Wurzeln eignen sich klein geschnitten in Gemüsesuppen [3.1] und Mischgemüsegerichten [11].
Inhaltsstoffe und Wirkung: Die Mariendistel wird seit dem Altertum als Heilpflanze genutzt. Früher verwendete man sie bei Sehnenproblemen und als galletreibendes Mittel, außerdem bei Menstruationsbeschwerden, Gebärmutterleiden und Erkrankungen der Milz. Die leberschützende und leberregenerative Wirkung alkoholischer Extrakte aus den Samen wurde erst im 18. Jh. entdeckt. Der Extrakt leistet hervorragende Dienste bei toxischen Lebererkrankungen, Leberzirrhose und bei Hepatitis, wobei er sogar prophylaktisch eingesetzt werden kann. Ein weiteres Anwendungsgebiet sind Verdauungsbeschwerden, er soll auch eine Schutzwirkung auf die Magenschleimhaut haben. Wirksame Bestandteile der Samen sind Flavonoide (Silybinin, Silydianin und Silychristin). Außerdem enthalten sie Steroide (Beta-Sitosterol), Bitterstoffe und fettes Öl mit einem hohen Anteil an Linol- und Linolensäure (Omega-3- und Omega-6-Fettsäuren).

Merk
Sium
Doldengewächse (Apiaceae)

Breitblättriger Merk, Großer Merk
Sium latifolium
Art im Bestand gefährdet
Gefahrenstufe bei der Verwendung: **
Verbreitungsschwerpunkt: Röhrichte und Großseggensümpfe
Hauptblütezeit: Juli bis August
Verwendung in der Ernährung: Die Blätter und Triebe wurden von April bis Juli angeblich in kleinen Mengen zu Gemüse verarbeitet. Aus den Wurzeln wurden laut Machatschek 2010 nicht weiter definierte Wurzelspeisen und ein Süßstoff gewonnen. Vorsicht: Die überlieferte Verwendung ist kritisch zu betrachten. In den Wurzeln und Samen sind unverträgliche Wirkstoffe nachgewiesen, die zu Übelkeit, Erbrechen und Lähmungserscheinungen führen können. (Vgl. Roth et al. 1994) Die Widersprüche hängen sicher mit Verarbeitung und Dosierung zusammen.
Inhaltsstoffe und Wirkung: Wurzel und Samen enthalten geringe Menge giftiger Polyine (Falcarinol, Falcarinon) und ätherisches Öl (Limonen). Zu einer medizinischen Nutzung konnten wir keine Informationen finden.

Pferdeeppiche, Gelbdolden
Smyrnium
Doldengewächse (Apiaceae)

Pferdeeppich, Gespenst-Gelbdolde, Alisander
Smyrnium olusatrum
Art ist selten
Verbreitungsschwerpunkt: Gebüsche und Ruderalfluren nahe der Küste
Hauptblütezeit: Mai bis Juni
Verwendung in der Ernährung: Früher wurde der Pferdeeppich häufig an der Küste genutzt. Er wird in Südeuropa als Gemüse angebaut. Die Wurzeln, Blätter und junge Triebe werden als Salatzubereitungen [1] oder Gemüsespeisen (z. B. [7–12]) verarbeitet.

Gelbdolde
Smyrnium perfoliatum
Art selten verwildert
Verbreitungsschwerpunkt: Waldlichtungsfluren und -gebüsche
Hauptblütezeit: Juni bis Juli
Verwendung in der Ernährung: Eine leicht bitterlich bis myrrhen-aromatische Pflanze für Gemüse und Salate. Zarte junge Blätter und Triebe kann man von April bis Juni zusammen mit anderen Wildpflanzen kurz braten [8.2] oder als gedünstetes Gemüse [7.1][7.3], Spinat [9.1] oder auch als Gemüsechips [8.5] zubereiten. Fein geschnitten sind sie nach unserem Empfinden eine gute Beigabe in Salaten, Rohkost [1] und Hackkräutermischungen [15] (v. a. zu Kräuterkartoffeln [15.2]) sowie in Saucen [14] und Gemüsesuppen [3.1]. Sie können Trockengewürze [16.2], Kräuteröl [16.4] und -essig [16.7] sowie Wein [18.5], Spirituosen [18.6] oder auch Bier [18.7] aromatisieren und eignen sich mitunter als Zutat in Knäckebrot [21.2].
Die Blüten kann man von Juni bis Juli als Aroma in Teemischungen [22.1], Gewürzschokolade [18.3], Sirup [18.4], Wein [18.5] und Spirituosen [18.6] geben. Ebenso würzen sie Eierspeisen [6], Kräuteröl [16.4] oder -essig [16.7] und Trockengewürzmischungen [16.2]. Die Einzelblüten kann man kandiert [17.4] genießen oder streut sie als roh essbare Dekoration über Salat- und Rohkostspeisen [1]. Knospige Blütenstände kann man in Bratlingen [4], Ofengemüsegerichten [12] und Gemüsesuppen [3.1] einarbeiten.
Die Wurzeln ergeben von September bis März ein schmackhaftes Gemüse [8.1], z. B. als Gemüsechips [8.5]. Getrocknet und vermahlen dienen sie als Streckmehl für Gebäck [20], Brotteig [21.1] und Bratlinge [4]. Nur sehr junge, klein geschnittene Wurzeln eignen sich für Gemüsesuppen [3.1] und Mischgemüsegerichte [11.1] bzw. fein geschnitten zur Verarbeitung in Würzmus [16.10].
Inhaltsstoffe und Wirkung: Die Pflanze enthält Cumarine. Die Wurzel gilt als harntreibend und blutreinigend.

Spörgel
Spergula
Nelkengewächse (Caryophyllaceae)

Acker-Spörgel, Acker-Spark
Spergula arvensis
Art in Österreich und in der Schweiz im Bestand gefährdet
Verbreitungsschwerpunkt: Nährstoffreiche Acker- und Gartenunkrautfluren
Hauptblütezeit: Juni bis Oktober
Verwendung in der Ernährung: Junge, noch mild schmeckende Blätter und Triebe wurden von circa April bis Juni als Gemüsebeigabe kurz gebraten [8.2] bzw. in Hackkräutermischungen [15] oder als kleinere Beigabe zu Spinat [9.1] oder Salat [1] genutzt. Im Verlauf des Jahres entstehen dann mehr bitterliche Stoffe in der Pflanze. Die ölreichen Samen kann man von September bis Oktober roh und getrocknet als Knabberei genießen oder sie als Zutat in Hausbrotmischungen [21.1] geben.
Inhaltsstoffe und Wirkung: Die Pflanze und insbesondere die Samen enthalten Saponine. In alten Kräuterbüchern wurde die Verwendung des zerquetschten Krautes zur Behandlung von Schnitten und Wunden erwähnt. In Indien wird es als Würzkraut und wegen seiner wassertreibenden und blutstillenden Wirkung verwendet. Traditionelle Heiler nutzten es zur Behandlung von Nierengrieß.

Frühlings-Spark

Spergula morisonii
Art im Bestand gefährdet
Verbreitungsschwerpunkt: Brachäcker, Sandhügel
Hauptblütezeit: April bis Juni
Verwendung in der Ernährung: Die Samen wurden für Mehl [20] verwendet, die Blätter für Spinat [9.1].

Fünfmänniger Spark

Spergula pentandra
Art im Bestand gefährdet
Verbreitungsschwerpunkt: Dünen, Heiden
Hauptblütezeit: April bis Mai
Verwendung in der Ernährung: Die Samen wurden für Mehl [20] verwendet, die Blätter für Spinat [9.1].

Spiersträucher
Spiraea
Rosengewächse (Rosaceae)

Billards Spierstrauch

Spiraea billardii
Art ist selten
Verbreitungsschwerpunkt: Weiden-Auengehölze
Hauptblütezeit: Juni bis Juli
Verwendung in der Ernährung: Eine in Mitteleuropa recht neu verbreitete Art, die selten genutzt wurde. Sie hat leicht herb schmeckende Blätter, die einen der Teepflanze ähnlichen Aufguss ergeben. Zarte junge Blätter können von April bis Juni aber auch als kleine Beigabe in Mischgemüsegerichten [11] und Kochgemüse [9] dienen. Die attraktiven Blüten wurden sicher auch als farbige Speisendekoration genutzt.
Inhaltsstoffe und Wirkung: Die Pflanze enthält Salicylate (Methylsalicylat – pflanzliches Aspirin), wie sie auch in der Weide vorkommen. Die Verbindungen wirken schmerzhemmend, entzündungshemmend, fiebersenkend und blutverdünnend. Anders als »Aspirin« kann der Spierstrauch auch zur Behandlung von Magenbeschwerden eingesetzt werden. Bei den Indianern Nordamerikas wird er wegen seiner bakterienhemmenden Wirkung als Abkochung in Form eines Klistiers bei Darmbeschwerden und zur Reinigung der Vagina verwendet. Darüber hinaus wird auch seine Anwendung als Kräutertee beschrieben.

Teichlinsen
Spirodela
Aronstabgewächse (Araceae)

Vielwurzelige Teichlinse

Spirodela polyrhiza
Art in der Schweiz und in Teilen Österreichs im Bestand gefährdet
Verbreitungsschwerpunkt: Schwimmpflanzengesellschaften mehr oder minder nährstoffreicher Gewässer
Hauptblütezeit: Mai bis Juni
Verwendung in der Ernährung: Eine eiweißreiche Schwimmpflanze, die laut vieler Überlieferungen für Nahrungszwecke genutzt wurde. Wir erachten sie in der Verwendung genauso geeignet für Salate und Gemüse wie die Lemna-Arten, S. 282.
Inhaltsstoffe und Wirkung: Die Pflanze enthält Flavonoide (Vitexin, Orientin), die die Bildung von Fettzellen hemmen, außerdem den Zuckeralkohol Inositol. Die Pflanze wirkt fiebersenkend, entblähend, harntreibend, schweißtreibend und herzstärkend. Sie besitzt einen positiven Einfluss auf Ekzeme. In China setzt man sie zur Behandlung von Erkältungskrankheiten, Masern, Ödemen und Schwierigkeiten beim Wasserlassen ein.

Pimpernüsse
Staphylea
Pimpernussgewächse (Staphyleaceae)

Gewöhnliche Pimpernuss

Staphylea pinnata
Art im Bestand gefährdet
Verbreitungsschwerpunkt: Waldmantelgebüsche und Hecken
Hauptblütezeit: Ende Mai bis Ende Juni
Verwendung in der Ernährung: Die Blüten wurden von circa Mai bis Ende Juni kandiert [17.4] verarbeitet. Denkbar wäre auch eine Nutzung als Aroma zu Gelee [18.1] und Sirup [18.4] sowie eine Zubereitung in Ausbackteig [8.4].
Die großen Früchte tragen von August bis September innen reife, haselnussartige Samen, die süßlich-würzig, ähnlich wie Pistazien schmecken und einfach roh genascht werden können. In Süddeutschland kennt man noch Pimpernusslikör, der durch Einlegen der Nüsse entsteht [18.6]. Möglich wäre es auch, die Nuss als Brotteigbeigabe im Hausbrot [21.1] und als Streckmehl für Gebäck [20], in Ofengemüsegerichten [12] und Bratlingen [4] sowie weich gekocht in Mischgemüsegerichten [11] zu verwenden.
Inhaltsstoffe und Wirkung: Über Inhaltsstoffe und eine medizinische Verwendung ist uns nichts bekannt. Der Pflanze und insbesondere den Samen wird im Volksmund eine aphrodisierende Wirkung nachgesagt.

Knotenfuß
Streptopus
Spargelgewächse (Asparagaceae)

Knotenfuß
Streptopus amplexifolius
Art ist selten
Gefahrenstufe bei der Verwendung: *
Verbreitungsschwerpunkt: Hochstaudenfluren und Gebüsche
Hauptblütezeit: Juni bis August
Verwendung in der Ernährung: Die Blätter und Triebe, gesammelt von April bis Juni, haben einen gurkenähnlichen Geschmack und wurden dem Salat [1] beigegeben, genauso wie die gekochten Wurzeln. Junge Stängel ergeben, ohne die Blätter in Salzwasser weich gekocht, eine dekorative Gemüsebeilage z. B. in Gemüsesuppen [3.1]. Die reifen, saftig-süßen Beeren wurden im September mit Bedacht genascht. Hier ist eine abführende Wirkung überliefert. Auch in Gemüsespeisen wurden sie mitgekocht.
Inhaltsstoffe und Wirkung: Die Pflanze wurde als Medizin- und als Futterpflanze von den Indianern Nord-Amerikas verwendet. Über Inhaltsstoffe ist uns nichts bekannt. Die Früchte wirken stark abführend und reinigend. Die Pflanze wurde zur Behandlung von Schwächezuständen, zur allgemeinen Stärkung und bei Magenproblemen und Appetitlosigkeit eingesetzt. Zusammen mit anderen Pflanzen verwendete man sie bei inneren Blutungen, Nierenbeschwerden und Gonorrhö. Die Wurzel wurde zur Anregung der Wehen gekaut und wirkt schmerzlindernd.

Soden
Suaeda
Fuchsschwanzgewächse (Amaranthaceae)

Strand-Sode
Suaeda maritima
Art ist selten
Verbreitungsschwerpunkt: Salzwasser- und Meeresstrandvegetation
Hauptblütezeit: Juli bis Oktober
Verwendung in der Ernährung: Eine bitterwürzige Pflanze mit dickfleischigen, rundlichen, fast nadelartigen Blättern. Als Beigabe für Gemüse, Salate, Eingelegtes oder Mehlbeimischungen.
Die jungen saftigen Blätter und Triebspitzen der Strand-Sode verarbeitete man von April bis Mai blanchiert bzw. mehrmals ausgekocht zu Bittergemüse [9.2] oder zu in Wein eingelegtem Gemüse [13]. Roh gab man sie in Hackkräutermischungen [15], Salate [1] oder als Aroma in Spirituosen [18.6]. Unreife Samen können im Frühsommer als Würzbeigabe kapernartig [16.11] oder auch in Salzlake [13.1] bzw. in Wein [13.3] eingelegt werden. Ausgereifte Samenkörner dienten von August bis Oktober getrocknet und vermahlen als Streckmehl für Gebäck [20]. Denkbar wären sie auch als Kaffeesurrogat [23].
Inhaltsstoffe und Wirkung: Die Strand-Sode ist eine typische Salzpflanze. Sie enthält Betalaine, Phytostererole und Triterpenalkohole (Alpha-Amyrin und Lupeol). Über eine medizinische Nutzung ist uns nichts bekannt. Früher wurde die getrocknete Pflanze verbrannt und aus der Asche Soda (Na_2CO_3) und Pottasche (K_2CO_3) zum Wäschewaschen und für die Glasherstellung gewonnen.

Pfriemenkressen
Subularia
Kreuzblütengewächse (Brassicaceae)

Pfriemenkresse
Subularia aquatica
Art im Bestand gefährdet
Verbreitungsschwerpunkt: Rasen in Flachwasser
Hauptblütezeit: Juni bis Juli
Verwendung in der Ernährung: Eine sehr seltene Pflanzenart, die bei uns fast verschollen ist. Alle Pflanzenteile gelten wie die Cardamine-Arten – als gewurz- bzw. kresseartig essbar. (S. 441) Zu ihrer Verwendung ist fast nichts mehr überliefert.
Inhaltsstoffe und Wirkung: Informationen dazu liegen uns nicht vor.

Flieder
Syringa
Ölbaumgewächse (Oleaceae)

Gewöhnlicher Flieder
Syringa vulgaris
Art neuartig in Ansiedlung
Verbreitungsschwerpunkt: Gelegentlich in Gebüschen verwildert
Hauptblütezeit: Mai bis Juni
Verwendung in der Ernährung: Die Blüten wurden roh und frittiert in der Nahrung verwendet. MARZELL 1958 überliefert für die Pflanze auch den alten Pflanzennamen »Essnägeli«, was sicher auf die Blüten bezogen ist.
Inhaltsstoffe und Wirkung: Informationen dazu liegen nicht vor.

Schmerwurzen
Tamus
Yamswurzgewächse (Dioscoreaceae)

Schmerwurz
Tamus communis
Art zerstreut bis selten
Gefahrenstufe bei der Verwendung: **
Verbreitungsschwerpunkt: Waldmantelgebüsche und Hecken
Hauptblütezeit: Mai bis Juli
Verwendung in der Ernährung: Die jungen, bitterlich schmeckenden Pflanzentriebe wurden angeblich bereits in der Antike als Nahrung genutzt. Man bereitete sie spargelartig zu, wobei man das Kochwasser wechselte. Roh sollte man sie wegen kritischer Inhaltsstoffe nicht konsumieren. Die ganze Pflanze, besonders die Wurzeln und Beeren, können roh ein Brennen im Mund und Erbrechen verursachen. Inwieweit durch das Auskochen die unverträglichen Stoffe zerstört bzw. reduziert werden, ist uns nicht bekannt.
Inhaltsstoffe und Wirkung: Die ganze Pflanze, insbesondere aber die rohe Wurzel und die Beeren sind unverarbeitet giftig. Medizinisch verwendet wurde die Wurzel. Die Schmerwurz enthält histaminartig wirkende, stark hautreizende Phenanthrenverbindungen, Calciumoxalat, außerdem Schleimstoffe, Diosgenin und Saponine (Gracillin, Dioscin). Beim Essen der Beeren kommt es durch das Calciumoxalat zu starkem Brennen im Mund und zu Durchfall und Erbrechen. Früher wurde volksheilkundlich die Wurzelknolle zur Bereitung durchblutungsfördernder Einreibemittel gegen Rheuma und Prellungen genutzt. Homöopathisch wurde die Pflanze bei Sonnenbrand und Leberflecken verwendet.

Bauernsenfe
Teesdalia
Kreuzblütengewächse (Brassicaceae)

Bauernsenf
Teesdalia nudicaulis
Art in der Schweiz und in Teilen Österreichs im Bestand gefährdet
Verbreitungsschwerpunkt: Lockere Sand- und Felsrasen
Hauptblütezeit: April bis Mai
Verwendung in der Ernährung: Laut MARZELL 1958 wurde die Pflanze auch »Bergkresse« genannt. Die Blätter besitzen einen ausgeprägten Kressegeschmack. Sie wurden zu verschiedenen Salaten [1], als frisches Gewürz oder als Gemüsebeigabe verwendet. Die kleinen Wurzeln dienten als scharfe, fein geschnittene Würzbeigabe. Die Blüten und Blütenknospen benutzte man samt der zarten Blütenstängel als dezent würzige, essbare Dekoration und die Samen im Sommer als gutes Gewürz z. B. für Salatsaucen.
Inhaltsstoffe und Wirkung: Hierzu liegen uns keine Informationen vor.

Spargelbohnen, Spargelschoten
Tetragonolobus
Schmetterlingsblütengewächse (Fabaceae)

Wilde Spargelbohne, Spargelschote
Tetragonolobus maritimus
Art im Bestand gefährdet
Gefahrenstufe bei der Verwendung: *
Verbreitungsschwerpunkt: Streuwiesen
Hauptblütezeit: Mai bis August
Verwendung in der Ernährung: Die jungen, unreifen Schoten der Wilden Spargelbohne wurden früher wohl als erbsen- oder spargelaromatisches Gemüse zubereitet. Genaue Dosierungen und Zubereitungen sind uns nicht bekannt. Wichtiger Hinweis im Folgenden!
Inhaltsstoffe und Wirkung: Die Pflanze enthält die nichtproteinogene, giftige Aminosäure Canavanin und Phytoalexine mit pilzabwehrender Wirkung. Über eine medizinische Nutzung ist uns nichts bekannt.

Wiesenrauten
Thalictrum
Hahnenfußgewächse (Ranunculaceae)

Akeleiblättrige Wiesenraute
Thalictrum aquilegiifolium
Art im Bestand gefährdet
Gefahrenstufe bei der Verwendung: **
Verbreitungsschwerpunkt: Feuchte Wälder, Hecken und Almen
Hauptblütezeit: Mai bis Juli
Verwendung in der Ernährung: Die Wurzel wurde geröstet und junge Blätter ausgekocht in der Nahrung verwendet. Laut MARZELL 1958 nannte man die Art früher »Brusttee« und »Süßklee«. Genaue Angaben zur Aufbereitung sind leider nicht überliefert. Vorsicht ist geboten, denn die Pflanzen und besonders die Wurzel gilt unverarbeitet als giftig. Sie enthält zahlreiche Alkaloide, darunter Magnoflorin. Die Verwendung hat sicher etwas mit der Dosierung und Zubereitung zu tun.
Verwechslungsgefahr: Gewöhnliche Akelei *(Aquilegia vulgaris)* vor der Blütenentwicklung, S. 593.

Gelbe Wiesenraute

Thalictrum flavum

Art in der Schweiz und in Teilen Österreichs im Bestand gefährdet

Gefahrenstufe bei der Verwendung: *

Verbreitungsschwerpunkt: Feuchtwiesen und Bachuferfluren

Hauptblütezeit: Anfang Juli bis Ende August

Verwendung in der Ernährung: Junge und auch reifere Blätter wurden früher von April bis August frisch oder getrocknet als bitterwürziges Aroma in Spirituosen oder Bier [18.7] gegeben.

Inhaltsstoffe und Wirkung: Die Pflanze enthält unverträgliche Alkaloide, Farb- und Bitterstoffe. Früher verwendete man sie zur Wundbehandlung und bei Lungen-, Leber- und Gallenbeschwerden, außerdem bei Gelbsucht und Wechselfieber. Äußerlich nutzte man sie zur Behandlung von Rückenschmerzen. Der frisch gepresste Saft galt als hervorragendes Mittel zur Heilung von Wunden und Geschwüren. Die Wurzeln und Blätter enthalten gelbe Farbstoffe (Berberin), weswegen man sie früher zum Färben von Wolle verwendet hat.

Verwechslungsgefahr: Gewöhnliche Akelei *(Aquilegia vulgaris)* vor der Blütenentwicklung, S. 593.

Lappenfarne, Sumpffarne

Thelypteris

Sumpffarngewächse (Thelypteridaceae)

Sumpf-Lappenfarn, Sumpffarn

Thelypteris palustris

Art im Bestand gefährdet

Verbreitungsschwerpunkt: Erlenbruchwälder

Zeit der Sporenreife: Juli bis September

Verwendung in der Ernährung: Die leicht herben, sich spät im Frühjahr entfaltenden Blatttriebe wurden in der Nahrung gemüseartig genutzt. Genauere Zubereitungsangaben konnten wir nicht finden, vermutlich handelte es sich um Kochgemüseverwendungen. Über bedenkliche Inhaltsstoffe liegen uns ebenfalls keine Informationen vor, da jedoch eine Reihe von Farnen Kanzerogene enthalten, sollte man hier immer eine gewisse Vorsicht bei der Dosierung walten lassen.

Inhaltsstoffe und Wirkung: Offenbar setzte man früher die Wurzel zur Behandlung von Frauenleiden ein.

Wassernüsse

Trapa

Weiderichgewächse (Lythraceae)

Wassernuss

Trapa natans

Art im Bestand gefährdet

Gefahrenstufe bei der Verwendung: *

Verbreitungsschwerpunkt: Wurzelnde Schwimmblattdecken

Hauptblütezeit: Mitte Juni bis Mitte August

Verwendung in der Ernährung: Die großen Samen der Wassernuss wurden von September bis Oktober wie Maronen gekocht. Sie haben anschließend einen süßen, mehligen Geschmack. Getrocknet hat man sie zu Streckmehl für Gebäck [20] zerstoßen. Vielen Berichten zufolge wurde der Samen auch roh genutzt, wenige Beiträge sprechen ihm eine gewisse Toxizität zu, die beim Erhitzen jedoch zerstört wird.

Inhaltsstoffe und Wirkung: Wie Funde belegen, wurde die Wassernuss bereits in der Jungsteinzeit als Nahrungsmittel genutzt. Die Nuss enthält reichlich Eiweiß (circa 10 %) und Stärke (50 %). Die Fruchtschalen enthalten Gerbstoffe, die Blätter Flavonoide (Cyanidin, Quercetin). Die frischen Früchte setzte man gegen Steinleiden ein. Der ausgepresste Saft wurde bei Augenleiden und bei Geschwüren im Mund und am Zahnfleisch verwendet.

Dreizacke, Sechszacke

Triglochin

Dreizackgewächse (Juncaginaceae)

Sechszack, Salz-Dreizack

Triglochin maritimum

Art im Bestand gefährdet

Gefahrenstufe bei der Verwendung: *

Verbreitungsschwerpunkt: Salzwasser- und Meeresstrandvegetation

Hauptblütezeit: Juni bis August

Verwendung in der Ernährung: Eine stark riechende Pflanze für Gemüse, Gewürze und Kaffee. Die grasartigen Blätter kann man von Mai bis Juli, solange sie noch zart sind, in kleinen Mengen kurz gebratenem [8.2] oder gedämpftem Gemüse [7], v. a. Nussgemüse [7.3], sowie Füllungen für Gemüsestrudel [10.1] oder -taschen [10.2], Spinat [9.1] und auch Gemüsesuppen [3.1] beigeben. Beim Kochen verschwindet der starke Eigengeruch etwas. Fein gehackt gibt man sie auch Bratlingen [4] oder Hausbrotmischungen [21.1] zu. Möchte man sie zu Knäckebrot [21.2] verarbeiten, werden die Blätter geflechtartig übereinander gelegt und mit Mehl gebunden. Die Samen erntete man von August bis September und nutzte sie als Würze für Gemüse [7–12] und Suppen [3.1] oder als Kaffeesurrogat [23]. Vorsicht! Die ganze Pflanze, vor allem die Keimlinge, enthalten geringe, wechselnde Mengen

Blausäure. Blausäure entweicht beim Kochen ohne Deckel (Siedepunkt 26 °C). Kleinere Mengen können als unbedenklich angesehen werden. (Vgl. ROTH et al. 1994)
Inhaltsstoffe und Wirkung: *T. maritinum* enthält zur Blütezeit Triglochinin, eine nach Chlor riechende Blausäureverbindung, außerdem Schleim-, Bitterstoffe und Oxalate. Aus der Pflanzenasche wurde früher Soda gewonnen. Offenbar wirkt die Pflanze beim Vieh milchfördernd. Beschrieben werden außerdem eine wassertreibende Wirkung und die erfolgreiche Anwendung bei Nieren- und Blasenproblemen. In *T. palustre* finden sich ebenfalls Blausäureverbindungen. Über eine Verwendung ist uns nichts bekannt.

Sumpf-Dreizack

Triglochin palustre
Art im Bestand gefährdet
Gefahrenstufe bei der Verwendung: *
Verbreitungsschwerpunkt: Kleinseggen-Zwischenmoore und Sumpfrasen
Hauptblütezeit: Juni bis August
Verwendung in der Ernährung: Eine stark riechende Pflanze für Gemüse und Kaffee. Feine, hellgrüne bis weißliche Blattsprosse kann man von Mai bis Juli in kleinen Mengen in Spinat [9.1], gedünstetem Nussgemüse [7.3], Gemüsesuppen [3.1] und in Gemüsefüllungen [10] verarbeiten. Beim Kochen verschwindet der starke Eigengeruch etwas. Die Samen erntete man von August bis September und nutzte sie als Kaffeesurrogat [23]. Vorsicht! Die ganze Pflanze enthält geringe, wechselnde Mengen an Blausäure. Blausäure entweicht beim Kochen ohne Deckel (Siedepunkt 26 °C). Kleinere Mengen können als unbedenklich angesehen werden. (Vgl. ROTH et al. 1994)
Inhaltsstoffe und Wirkung: Siehe *Triglochin maritinum.*

Kapuzinerkressen
Tropaeolum
Kapuzinerkressengewächse (Tropaeolaceae)

Große Kapuzinerkresse

Tropaeolum majus
Art selten verwildert
Gefahrenstufe bei der Verwendung: *
Verbreitungsschwerpunkt: Schuttunkrautfluren
Hauptblütezeit: Juni bis Oktober
Verwendung in der Ernährung: Eine typisch kresse-scharfe Pflanze. Von April bis September bieten sich die Blätter der Großen Kapuzinerkresse als würzige Beigabe z. B. in Bratlingen [4] und Salaten [1], aber auch in Wildpflanzensalz [16.1], Würzmus [16.10] oder Pesto [16.6] an. Sie ergeben leckere Gemüsechips [8.5], schmecken delikat zur Kräuterbrotzeit [15.1] und verfeinern Kräuterquark [15.5], -kartoffeln [15.2] oder Kräuterbutter [15.3] ebenso wie Saucen [14] und Gemüsesuppen [3.1].
Unreife, junge Früchte werden im August und September noch weich geerntet und – wie die Blütenknospen von Mai bis August – kapernartig [16.11] bzw. in Kräuteröl [16.4], oder -essig [16.7] eingelegt oder zu einer senfartigen Paste verarbeitet [16.8]. Getrocknet und pulverisiert mischt man sie in Wildpflanzensalz [16.1]. Die großen bunten Blüten stellen von Juni bis Oktober eine hübsche Dekorwürze in Eierspeisen [6] und Hackkräutermischungen [15] dar. Als Frischkraut in Streifen geschnitten sind sie ein optischer und pikant-feiner Genuss auf belegten Broten oder in Salat- und Rohkostspeisen [1]. Des Weiteren mengt man sie gerne Bratlingen [4], Gemüsesuppen [3.1] oder auch Wildpflanzensalz [16.1] bei. Vorsicht! Es wird auch berichtet, dass besonders die Samen, in übermäßigen Mengen konsumiert, zu Magen-Darm-beschwerden geführt haben. Diese Wirkung ist (wie auch bei Speisesenf) vor allem dem ätherischen Senföl zuzuschreiben und hängt wohl entscheidend mit der Dosierung zusammen. (Vgl. ROTH et al. 1994)
Inhaltsstoffe und Wirkung: Die Kapuzinerkresse enthält Glucosinolate (Benzylsenföl), Flavonoide (Quercetin) und reichlich Vitamin C. In den Blüten finden sich Carotinoide, Anthocyanidine und weitere Polyphenole. Die Samen enthalten Erucasäure. Die enthaltenen Glucosinolate hemmen schädliche Bakterien, Pilze und Viren und steigern vermutlich die Immunabwehr. Man wendet die Pflanze bei Harnwegsinfektionen, Infektionen der Lunge und bei grippalen Infekten an. Äußerlich hilft sie bei Prellungen und Muskelschmerzen, schlecht heilenden Wunden und Haarausfall.

Tulpen
Tulipa
Liliengewächse (Liliaceae)

Wilde Tulpe, Wildtulpe, Wald-Tulpe

Tulipa sylvestris
Art im Bestand gefährdet
Gefahrenstufe bei der Verwendung: **
Verbreitungsschwerpunkt: Nährstoffreiche Acker- und Gartenunkrautfluren
Hauptblütezeit: April bis Mai
Verwendung in der Ernährung: Die ganze Pflanze, einschließlich der Zwiebeln, enthält hautreizende, giftige Substanzen. Diese als Tuliposide bezeichneten Inhaltsstoffe wirken antibakteriell und können zu Vergiftungserscheinungen mit Durchfall, Erbrechen und Schläfrigkeit führen. Auf die Haut wirken sie schädigend und reizend. Da es trotzdem zahlreiche Berichte zur Verzehrbarkeit dieser Tulpen gibt, kann man nur mutmaßen, dass evtl. die Wirkstoffgehalte Schwankungen aufweisen und die Dosierung ggf. minimal war. Möglicherweise sind manche Pflanzenteile (z. B. die Blüten) weniger giftig und auch die Art der Zubereitung könnte eine Rolle spielen.
Es ist überliefert, dass die Blüten und Zwiebeln in der Ernährung verwendet wurden; die Zwiebeln nur ausgekocht. Es gibt in Asien womöglich eine Art, die sehr wenige der giftigen Inhaltsstoffe enthält: *Tulipa edulis.* »Edulis« heißt »essbar«.
Inhaltsstoffe und Wirkung: Hinweise zu einer medizinischen Nutzung existieren beispielsweise von o. g. *Tulipa edulis.* Die Zwiebel wirkt fiebersenkend, schleimlösend, abführend und reinigend. Umschläge aus der Wurzel und den Blättern wurden bei Abszessen, Geschwüren, geschwollenen

Lymphknoten und Brustentzündungen verwendet. Offenbar wurde die Pflanze in China zur Behandlung von Krebserkrankungen eingesetzt. Die Blüten verwendete man bei Harnblasenentleerungsstörungen.

Kuhkräuter, Kuhnelken
Vaccaria
Nelkengewächse (Caryophyllaceae)

Kuhkraut, Saat-Kuhnelke
Vaccaria hispanica
Art in der Schweiz und in Teilen Österreichs im Bestand gefährdet
Verbreitungsschwerpunkt: Getreideunkrautfluren
Hauptblütezeit: Juni
Verwendung in der Ernährung: Die Blätter wurden von April bis Juni als Trockengewürz [16.2], die Blüten im Juni als Speisendekoration verwendet. Die stärkereichen und eiweißreichen Samen nutzte man von Juli bis August als nahrhafte Speisenzugabe, denkbar wären sie als Brotteigbeigabe [21.1], als Kaffeesurrogat [23] oder als Keimsaat [2].
Inhaltsstoffe und Wirkung: Das Kuhkraut und seine Samen enthalten Saponine. Traditionell wird der Samen in der Chinesischen Medizin genutzt, beispielsweise bei fehlender Regelblutung, Infektionen der Brust und um die Milchbildung zu fördern. Er wirkt außerdem schmerzlindernd, harntreibend, blutstillend und wundheilungsfördernd. Blüten und Blätter können in gleicher Weise verwendet werden. Dem Pflanzensaft werden fiebersenkende und stärkende Eigenschaften zugesprochen. Äußerlich kann das Kuhkraut bei juckenden Hautstellen genutzt werden.

Wasserschrauben
Vallisneria
Froschbissgewächse (Hydrocharitaceae)

Wasserschraube, Schraubenvallisnerie
Vallisneria spiralis
Art in der Schweiz und in Teilen Österreichs im Bestand gefährdet
Verbreitungsschwerpunkt: Wurzelnde Wasserpflanzengesellschaften
Hauptblütezeit: Juni bis September
Verwendung in der Ernährung: Eine saftige Wasserpflanze für Salate und Gemüse. Die zarten jungen, grasartig im Wasser stehenden Blätter und Blattsprosse wurden von April bis Juni geerntet und – wie bei Wasserpflanzen üblich – gut gesäubert. Danach kann man sie zu Gemüsechips [8.5] und Knäckebrot [21.2] verarbeiten oder sie fein schneiden und Omeletts [6.1], gedünstetem Gemüse [7], Hackkräutermischungen zur Kräuterbrotzeit [15] und Salate und Rohkost [1] beigeben. Auch eine Verwendung als Sauerkraut [13.4] ist möglich.
Inhaltsstoffe und Wirkung: Die Wasserschraube enthält die nichtproteinogene Aminosäure Citrullin. Die Pflanze wirkt kühlend, appetitanregend und hat einen günstigen Einfluss auf den Magen. Offenbar nutzte man sie außerdem zur Behandlung von Frauenleiden.

Misteln
Viscum
Sandelholzgewächse (Santalaceae)

Laubholz-Mistel
Viscum album (Artengruppe)
Art zerstreut bis selten
Verbreitungsschwerpunkt: Halbparasit auf Laubbäumen, Tannen, Kiefern
Hauptblütezeit: Februar bis Mai
Verwendung in der Ernährung: Die Beeren nutzte man wohl nach Machatschek 2010 in Polen und Moldawien in geringer Beimischung zu Marmeladen.
Inhaltsstoffe und Wirkung: Die medizinische und rituelle Verwendung der Pflanze reicht bis weit in die Vorzeit zurück. Zusammen mit der Alraune gehört die Mistel zu den ältesten Zauberpflanzen. Unsere keltischen Vorfahren sahen in der Pflanze eine Art Allheilmittel. Die Druiden schnitten sie mit einer goldenen Sichel von den Bäumen. Seit alters her wurden Schwindel und Epilepsie mit der Pflanze behandelt. Hildegard von Bingen nutzte Mistelschleim gegen Leberleiden. Heute wird die Mistel vor allem zur Behandlung von Tumorerkrankungen eingesetzt. Die dafür relevanten Inhaltsstoffe sind Mistellektine, Viskotoxine, spezielle Polysaccharide, basische Proteine und Flavonoide (Rhamnazin, Quercetin). Außerdem enthält die Pflanze eine Vielzahl weiterer interessanter Inhaltsstoffe, wie Phenylpropanverbindungen (Kaffeesäure, Anissäure), Phytosterine, Lignane, biogene Amine und Triterpene. Die Mistellektine wirken immunmodulierend und hemmen das Zellwachstum. Die Anwendung in der Tumortherapie erfolgt meist durch Einspritzen des Extraktes. Mistelextrakte wirken außerdem blutdrucksenkend. In der Volksheilkunde nutzt man die Pflanze darüber hinaus zur Vorbeugung der Arteriosklerose, zur Stabilisierung des Immunsystems und zur Behandlung von Unruhezuständen und körperlicher und geistiger Erschöpfung. Weitere Indikationen sind entzündliche degenerative Gelenkserkrankungen.

Zwergwasserlinsen, Zwerglinsen
Wolffia
Aronstabgewächse (Araceae)

Zwergwasserlinse, Zwerglinse
Wolffia arrhiza
Art im Bestand gefährdet
Verbreitungsschwerpunkt: Schwimmpflanzengesellschaften mehr oder minder nährstoffreicher Gewässer
Hauptblütezeit: Sie blühen in Europa nicht.
Verwendung in der Ernährung: Die Blätter gelten als sehr nahrhaft. Sie wurden als Gemüse gekocht verwendet und sollen ausgezeichnet süßlich schmecken. Wir erachten sie in der Verwendung genauso geeignet für Salate und Gemüse wie die Lemna-Arten, S. 282.
Inhaltsstoffe und Wirkung: Die Pflanze enthält circa 20 % Eiweiß, 44 % Kohlenhydrate. 5 % Fett. Sie werden als Vitamin-A-B2-B6-C-reich und nikotinsäurehaltig beschrieben.

Seegräser
Zostera
Seegrasgewächse (Zosteraceae)

Gewöhnliches Seegras
Zostera marina
Art im Bestand gefährdet
Verbreitungsschwerpunkt: Salzwasser- und Meeresstrandvegetation
Hauptblütezeit: Juni bis September
Verwendung in der Küche: Das Gewöhnliche Seegras wächst das ganze Jahr über unter Wasser im Küstenwasser. Die jüngsten, noch hellen Blätter können roh oder gekocht verwendet werden.
Die weißliche Sprossbasis mit der Wurzel ist zuckerreich, süßlich und knackig. Sie war bei den Indianern Nordamerikas eine festliche Nascherei und wurde auch als Wintervorrat getrocknet. Angenommen wird außerdem eine Verwendung als Streckmehl für Gebäck [20], eine Beigabe in Getränken wie Tee [22.1] oder eine Zubereitung als Stängelgemüse [7.2]. Nach unserer Einschätzung wäre es auch möglich, eingelegtes Gemüse [13], Gemüsechips [8.5] und ein Kaffeesurrogat [23] daraus herzustellen.
Auch die durchs Wasser verbreiteten Samen wurden genutzt – womöglich ebenfalls als Streckmehl [20].
Inhaltsstoffe und Wirkung: Die Pflanze ist offenbar reich an Mineralstoffen (Mangan, Bor, Magnesium). Die Chinesen empfahlen bereits vor mehreren Tausend Jahren das Seegras wegen seines Jodgehaltes zur Behandlung des Kropfes. Außerdem wurde sie bei Ödemen und Frauenleiden verwendet. Bereits seit Jahrhunderten wird die getrocknete Pflanze als Verpackungsmaterial, Füllmaterial, Dämmstoff und für weitere technische Anwendungen verwendet.

Zwerg-Seegras
Zostera noltii
Art im Bestand gefährdet
Verbreitungsschwerpunkt: Flache Küstengewässer an Nord- und Ostsee
Hauptblütezeit: Juni bis August
Verwendung in der Ernährung: Die Wurzeln nutzte man von Herbst bis Frühjahr als geröstetes Gemüse [8.1].

Giftpflanzen und Gefahren
Die Giftpflanzen von A–Z

Giftpflanzen und Gefahren

Giftige Inhaltsstoffe in Wildpflanzen

Praktisch alle Pflanzen enthalten potenziell giftige Inhaltsstoffe. Die Tatsache an sich ist zunächst ohne Bedeutung, denn bereits Paracelsus erkannte, dass allein die Dosis aus einem Stoff ein Gift macht. Darüber hinaus sind aber noch weitere Faktoren für eine Giftwirkung von Bedeutung. Hier wären zu nennen die Empfindlichkeit der betreffenden Person und vor allem die Art der Aufnahme (über die Haut, den Mund, die Schleimhäute oder über die Blutbahn). Um dem Leser eine gewisse Hilfestellung zu diesem Thema zu geben, haben wir uns für eine Einteilung mit Sternchen entschieden. Ein * bedeutet nur eine geringfügige Gefahr. Beispiele für derartige Pflanzen sind die Schlüsselblume *(Primula veris)* oder der Sauerampfer *(Rumex acetosa)*. Vier **** bedeuten höchste Vorsicht. Hier besteht akute Lebensgefahr beim Verzehr. Derartige Pflanzen oder Teile davon sind bis auf wenige Ausnahmen strikt zu meiden. Eine ausführliche Beschreibung dieser Pflanzen finden Sie ab S. 588.

Gefahrenstufen bei der Verwendung:
Bedeutung der Sternchen nach den lateinischen Namensbezeichnungen

- * Vorsicht! Es besteht eine geringfügige Gefahr bei der Verwendung.
- ** Vorsicht! Es bestehen Gesundheitsrisiken bei der Verwendung.
- *** Vorsicht! Es bestehen dauerhaft gesundheitsschädigende und/oder lebensbedrohende Gefahren. Es gilt höchste Achtsamkeit bei allfälliger Verwendung!
- **** Vorsicht! Hier besteht akute Lebensgefahr beim Verzehr! Selbst geringe Mengen können schwere oder gar tödliche Vergiftungen hervorrufen. Pflanzen, die mit vier Sternen gekennzeichnet sind, finden Sie fast ausnahmslos ab S. 588. Bis auf ganz wenige Ausnahmen sollte jeglicher Verzehr von Teilen dieser Pflanzen tunlichst unterbleiben.

Die Anzahl der Sterne sollten sie auch als Aufforderung verstehen, die Hinweise zur Verwendung der betreffenden Pflanzen mit zunehmender Aufmerksamkeit zu lesen.

Problematik der Bewertung giftiger Pflanzen

Die überwiegende Zahl der Publikationen, die sich mit der Giftigkeit von Pflanzen befasst, nutzt eine drei- oder viergeteilte Unterscheidung von wenig bis sehr stark giftigen Pflanzen oder Pflanzenteilen. Beim Aufarbeiten zahlreicher Literaturquellen mussten wir feststellen, dass fast jeder Autor seine eigene Einschätzung zur Giftwirkung hat.

Nur über die gefährlichsten Giftpflanzen waren sich normalerweise alle Autoren einig.

Selbstverständlich wollen und müssen auch wir auf Gefahren hinweisen, aber wie soll man dabei vorgehen, wenn die Hinweise je nach Publikation unterschiedlich ausfallen?

Wir haben uns schließlich ebenfalls für eine eigene Bewertung entschieden. Bei unserer Einteilung haben wir uns an die verfügbare Fachliteratur über Giftpflanzen angelehnt und sie für unsere speziellen Zwecke differenziert ausgelegt. Im Hauptteil dieses Buches, der die essbaren Wildpflanzen auflistet und beschreibt, machen wir nicht nur einfache Aussagen zur Giftigkeit, sondern beziehen diese speziell auf die Gefahren bei der Verwendung ganz bestimmter Pflanzenteile.

Die eine oder andere Pflanze, die im vorliegenden Buch beschrieben wird, werden Sie in anderen Büchern mit dem Vermerk »giftig« vorfinden. Es kommt auch vor, dass Pflanzen in diesem Buch als essbar und gleichzeitig als »unbekömmlich« oder »giftig« bezeichnet werden (darunter auch gefährliche Giftpflanzen). In diesem Zusammenhang bedarf es der nachfolgenden Differenzierung des Begriffes »Giftpflanze«:

- Die Bezeichnung als »Giftpflanze« kann bedeuten, dass nur einzelne Teile einer Pflanze »giftig« sind, andere jedoch verwertbar. Es kann aber auch die komplette Pflanze als »giftig« bewertet werden.
- Die Bezeichnung als »Giftpflanze« kann des Weiteren bedeuten, dass eine Einnahme oder ein Kontakt damit zu sehr unterschiedlichen Reaktionen führen kann:
  a) Pflanzenteile wirken gefährlich giftig. Das heißt, wenige Gramm können zum Tod führen.
  b) Pflanzenteile wirken unbekömmlich. Der Verzehr üblicher Mengen kann unter Umständen zu Erbrechen oder Übelkeit führen. Eine direkte Lebensgefahr besteht nicht.
  c) Pflanzenteile wirken erst bei dauerhafter, regelmäßiger oder zumindest wiederholter Einnahme gesundheitsschädigend. Eine direkte Lebensgefahr besteht nicht.
  d) Pflanzenteile reizen bei Berührung die Haut. (Nur deswegen wird auch die Brennnessel zuweilen als Giftpflanze aufgeführt.)
- Der Begriff »Giftpflanze« wird auch oft für Pflanzen verwendet, deren Teile nach einer beschriebenen Verarbeitung oder in der beschriebenen Verwendungsform bzw. -menge durchaus ungefährlich sind.

Wie bereits erwähnt, ist nicht der Stoff allein entscheidend für die Giftigkeit, sondern vor allem die Menge. Jede Pflanze hat eine Wirkung auf den menschlichen Organismus, die noch dazu bei jedem Menschen unterschiedlich ausgeprägt sein kann. Dieselbe Pflanze kann je nach Dosierung und Zubereitung heilsam und giftig wirken. Auch Kochsalz kann zu schweren Vergiftungen führen, und gängige Gewürzpflanzen, wie z. B. Rosmarin, die in kleinen Mengen unbedenklich oder sogar gesundheitsfördernd wirken, können in größeren Mengen unbekömmlich sein. Bei zu reichlichem Verzehr von Gemüsekohl kann es zu Schilddrüsenerkrankungen kommen, Zwiebeln können eine Anämie hervorrufen oder Muskatnuss tagelange Bewusstseinsstörungen mit schweren Halluzinationen erzeugen. (Vgl. Mabey 1981: 12ff.) Die individuell unterschiedlichen Reaktionen hängen vermutlich mit den oft stark schwankenden Wirkstoffkonzentrationen in den einzelnen Pflanzen wie auch mit der individuell unterschiedlichen Verträglichkeit der einzelnen Menschen zusammen (vgl. Roth et al. 1994: Vorwort). Die Grenze zwischen essbar und giftig ist oft fließend und muss von jedem Einzelnen selbst eingeschätzt werden. Überschneidungen von essbar und giftig ergeben sich auch dann, wenn eine Pflanze oder ein Pflanzenteil erst durch die Verarbeitung bekömmlich wird. Deshalb ist die korrekte Zubereitung in einigen Fällen von außerordentlicher Bedeutung. Beispielsweise sind die rohen Samen und Hülsen der Bohnenarten (*Phaseolus* spp.) stark giftig. Ausreichend gekocht gehören sie zu unseren gebräuchlichen Gemüsepflanzen. Dies gilt übrigens auch für Kartoffen *(Solanum tuberosum),* die wir als Gemüse ebenfalls ohne Bedenken essen. Wer die Gefahren und den richtigen Umgang mit essbaren Wildpflanzen kennt, muss – wie bei unseren Kulturpflanzen auch – keine Angst vor Vergiftungen haben. Bei allen Pflanzen, die in den Quellen sowohl als »giftig« wie auch gleichzeitig als »essbar« bezeichnet werden, finden sich spezielle Angaben zu Mengen, zur Verarbeitung oder zu den verwendbaren Pflanzenteilen. In jedem Fall ist es empfehlenswert, erstmals in der Küche verwendete Pflanzen und insbesondere die widersprüchlich eingestuften Pflanzen zu Beginn (wenn überhaupt) nur sehr sparsam zu dosieren, um die individuelle Verträglichkeit vorsichtig und in kleinsten Mengen zu testen. Weiteres hierzu steht im Kapitel über »Lebensmittel aus Wildpflanzen«, S. 8.

Giftpflanzen und Verwechslungen mit essbaren Wildpflanzen

Die Kenntnisse über giftige Pflanzen sind uralt. Sie wurden im Verlauf der Geschichte gewonnen. Wildtiere kennen normalerweise die giftigen Pflanzen in ihrer natürlichen Umgebung. Zu Vergiftungen kommt es üblicherweise nur dann, wenn die Tiere ihrer natürlichen Umgebung entfremdet werden oder die Nahrung in ungewohnter Weise dargebracht wird (z. B. als Heu) und sich darin giftige Pflanzen befinden. Gifte wurden und werden in vielfältiger Weise angewandt. Man benutzt sie zum Herstellen von Giftpfeilen und Giftködern, als Insektizide, in der richtigen Dosierung als Heilmittel usw. Schon in den Jahrhunderten vor unserer Zeitrechnung experimentierte man mit Giften und erweiterte stetig das Wissen darüber. Unter Zuhilfenahme verschiedenster Methoden versuchte man das Wirkprinzip einer giftigen Pflanze zu entschlüsseln. Zu Beginn des 19. Jahrhunderts begann schließlich die Zeit der Isolierung von Reinstoffen, z. B. die des Morphins durch F.W. Sertürner (1783–1841) aus dem Opium. Mit der Gewinnung von Reinstoffen konnten die Wirkstoffe erstmals exakt dosiert werden und eröffneten neue Einsatzmöglichkeiten beispielsweise in der Medizin. Mit dem wachsenden Wissen und der Weiterentwicklung von Analytik und Chemietechnik gelang schließlich die Aufklärung der chemischen Struktur der Naturstoffe. Ist die chemische Struktur erst einmal bekannt, gelingt normalerweise der umgekehrte Weg, und der Stoff kann synthetisiert werden. Heute werden viele Wirkstoffe entweder vollständig oder aus Vorstufen synthetisiert.

»Ob ein Stoff zu einer Vergiftung führt, hängt nicht nur vom Stoff selbst ab, sondern auch von der Menge, die in den Organismus eindringt. Letztendlich kann jeder Stoff zu einer Vergiftung führen. Es gibt aber Stoffe, die bereits in sehr kleinen Mengen eine Vergiftung bewirken, und Stoffe, die erst in großen Mengen eine Erkrankung verursachen. Was liegt da näher als eben die Menge, die für eine Vergiftung notwendig ist, heranzuziehen, um zu entscheiden, ob ein Stoff als giftig oder nicht giftig zu bezeichnen ist?« (Internetquelle 2) Legen wir wissenschaftliche Definitionen zugrunde, dann wäre eine Pflanze als giftig zu bezeichnen, wenn weniger als 15 Gramm Pflanzenmaterial bei einem Erwachsenen von 75 kg Körpergewicht mit einer Wahrscheinlichkeit von 50 Prozent zum Tode führen. Diese Definition trifft nur auf die potentesten Giftpflanzen zu. (Vgl. Internetquelle 2)

Die nachfolgend beschriebenen Giftpflanzen haben wir unter folgenden Gesichtspunkten ausgewählt: Sie sind überwiegend stark bis sehr stark giftig und oft besteht die Möglichkeit einer Verwechslung mit essbaren (ungiftigen) Wildpflanzen. Aus Gründen der Vollständigkeit, aber auch unter Berücksichtigung der stark unterschiedlichen Artenkenntnis unserer Leser haben wir fast alle bei uns vorkommenden Giftpflanzen aufgenommen.

Was tun im Falle einer Vergiftung?

Was ist zu tun, wenn eine Vergiftung durch Pflanzen vermutet wird? Vergiftungsanzeichen können Brennen im Mund und Hals, stärkerer Speichelfluss, Schwindel, Übelkeit, Erbrechen, Durchfall oder Bauchkrämpfe sein. Bei Vergiftungserscheinungen sollte man keinesfalls fetthaltige Flüssigkeiten wie Milch oder alkoholische Getränke einnehmen. Fett kann die Giftstoffe aus der Pflanze verstärkt lösen, sodass der Körper noch mehr Giftstoffe aufnimmt. Auch das Trinken einer Kochsalzlösung, um Erbrechen auszulösen, ist falsch; wenn die Kochsalzlösung nicht vollständig wieder erbrochen wird, kann dies insbesondere bei kleinen Kindern zu einer Kochsalzvergiftung führen. (Vgl. Internetquelle 3)

Bei Verdacht auf eine Vergiftung sollten Sie sich unverzüglich an einen Arzt oder die nächste erreichbare Klinik wenden. In jedem Bundesland und in den meisten großen Städten gibt es Einrichtungen, die Tag und Nacht speziell auf Vergiftungsfälle eingerichtet sind. Die Nummer des nächstgelegenen Zentrums sollte allen Ärzten und Kliniken bekannt sein. Auch wenn der überwiegende Teil der Anfragen bei den Giftnotrufzentralen sich auf den Verzehr schwach oder gar ungiftiger Pflanzen bezieht, sollte man bei unbestimmten Beschwerden lieber einmal zu viel als zu wenig diese Möglichkeit nutzen.

Maßnahmen bei Pflanzenvergiftungen (Vgl. Internetquelle 3)

- Die erkrankte Person beruhigen, Aufregung vermeiden.
- Das Pflanzenmaterial aufbewahren, das zur Bestimmung beitragen kann. (Wichtig! Hierzu zählt gegebenenfalls auch Erbrochenes!)
- Versuchen Sie zu klären, welche Menge und welche Pflanzenteile eingenommen wurden.
- Keine fetthaltigen Getränke zuführen.
- Keine alkoholhaltigen Getränke zuführen.
- Keine Kochsalzlösung zuführen.
- Die Zufuhr von Wasser ist günstig.
- Im häuslichen Bereich ist allenfalls die Gabe von Medizinalkohle zu empfehlen. Sie ist im schlimmsten Fall nutzlos, hat aber keine schädlichen Nebenwirkungen.
- Erbrechen sollte nur in besonders schweren Fällen durch Brechmittel unterstützt werden.
- In jedem Fall einen Arzt oder eine Klinik aufsuchen.
- Bei der Notwendigkeit einer Darmentleerung nur salinische Abführmittel (Glaubersalz) verwenden, keine Abführtees oder Rizinusöl.

Wichtige Adressen zur Giftinformation

Giftinformationszentrum-Nord (GIZ-Nord)
Georg-August-Universität Göttingen, Pharmakologisch-toxikologisches Servicezentrum
Tel. +49 (0)551 192 40

Giftnotruf München (Toxikologische Abteilung der II. Medizinischen Klinik der TU)
Tel. +49 (0)89 192 40

VergiftungsInformationsZentrale, Wien
Tel. +43 (0)1 406 43 43

Schweizerisches Toxikologisches Informationszentrum Zürich
Tel. 145 oder aus dem Ausland Tel. +41 (0)44 251 51 51

Hinweis zum Fuchsbandwurm

Als weiterer Grund, Pflanzen in der freien Natur nicht zu essen, galt lange Zeit die Gefahr einer Fuchsbandwurm-Erkrankung. Der Fuchsbandwurm verbreitet sich über seine Eier, die mit dem Fuchskot ausgeschieden werden. Vom Menschen aufgenommene Fuchsbandwurmeier können über die Blutbahn in die Leber und andere Organe gelangen. Früher war diese Infektion tödlich. Heute ist es möglich, sie mit einer aufwendigen Chemotherapie zu überleben.

Man kann die Fuchsbandwurmeier mit bloßem Auge nicht erkennen und daher auch nicht abwaschen. Einfrieren bis −20 °C genügt nicht, um sie zu töten, erst ab etwa −80 °C sterben sie ab. Erhitzen über 70 °C tötet sie zuverlässig. Allerdings gehen dann auch viele wertvolle Pflanzeninhaltsstoffe verloren.

Die Angst, sich beim Sammeln von Wildpflanzen mit dem Fuchsbandwurm zu infizieren, ist nicht begründet. Nach Studien der Uniklinik Ulm, auf die sich auch das Robert-Koch-Institut in seinem Epidemiologischem Bulletin Nr. 15/2006 stützt, können Sie entgegen den weitverbreiteten Warnungen Wildpflanzen und andere Waldfrüchte essen, ohne dass hier ein gesteigertes Risiko durch den Fuchsbandwurm gegenüber anderer in Landwirtschaft gewachsener Nahrung zu erwarten ist. Zwischen dem Sammeln von Beeren und Pilzen mit Verzehr und der Fuchsbandwurmerkrankung fand sich in den Studien der Uniklinik kein Zusammenhang.

Bekannt ist, dass in der Landwirtschaft Beschäftigte und Haustierbesitzer ein wesentlich höheres Risiko tragen, sich mit dem Fuchsbandwurm zu infizieren als andere. Die Ursache sieht man darin begründet, dass die Infektionsgefahr während der Landarbeit durch das Einatmen von Staubpartikeln, die mit Fuchskot verschmutzt sind bzw. durch belastete Verunreinigungen an den Tieren am wahrscheinlichsten ist.

Eisenhut-Arten

Aconitum

Hahnenfußgewächse (Ranunculaceae)

Gefahrenstufe: ****
Verbreitungsschwerpunkt: Feuchte Wälder, Bachufer, Hochstaudenfluren
Hauptblütezeit: Juni bis September

Der Gelbe Eisenhut, auch Wolfseisenhut *(Aconitum lycoctonum)* genannt, gehört ebenso wie sein blauer Bruder *(Aconitum napellus)* und viele weitere Aconitum-Arten zu den giftigsten einheimischen Pflanzen überhaupt. Die Giftwirkung geht von den enthaltenen Alkaloiden (hier insbesondere Lycaconitin und Lycoctonin) aus. Lycoctonum bedeutet »wolfstötend«. Früher benutzte man Köder, die aus der Pflanze hergestellt wurden, zu diesem Zweck. Die ganze Pflanze ist giftig. Besonders viele giftige Alkaloide sind jedoch in den Wurzeln und Samen enthalten. Schon die Einnahme von unter einem halben Gramm der Pflanze kann zu Beschwerden führen. Die Aufnahme der Giftstoffe kann selbst über die unverletzte Haut durch Pflücken der Pflanze erfolgen. An den Kontaktstellen mit der Haut können sich Entzündungen zeigen. Eine Vergiftung durch den Eisenhut ist durch eine besondere Kälteempfindlichkeit gekennzeichnet. Darüber hinaus kommt es zu Übelkeit, Herzrhythmusstörungen, Krämpfen und Lähmungserscheinungen im Gesicht und an Armen und Beinen und schließlich zur Kreislauflähmung. Gegen das Gift des Eisenhutes gibt es kein Gegengift. Die wirkungsvollste Methode besteht darin, durch Erbrechen oder ein Auspumpen des Magens einen möglichst großen Teil der aufgenommenen Pflanzenteile zu entfernen. Des Weiteren wird versucht, durch geeignete medizinische Maßnahmen die Herzrhythmusstörungen in den Griff zu bekommen. Trotz der großen Giftigkeit wurden früher Präparationen aus der Pflanze von erfahrenen Heilkundigen als Schmerzmittel eingesetzt.

Blauer Eisenhut

Aconitum napellus

Der Blaue Eisenhut enthält Aconitin. Dieses kommt im Gelben Eisenhut nicht vor.

Aconitum napellus

Aconitum lycoctonum (Blüte)

Wichtige Unterscheidungsmerkmale: Blüte helmförmig. Verwechslung möglich mit *Geranium pratense* und *Geranium sylvaticum* vor der Blütenentwicklung, S. 78 und 81.

Gelber Eisenhut
Aconitum lycoctonum

Unterscheidungsmerkmale und Verwechslungsmöglichkeit ähnlich wie *Aconitum napellus.*

Frühlings-Adonisröschen
Adonis vernalis
Hahnenfußgewächse (Ranunculaceae)

Gefahrenstufe: ***
Verbreitungsschwerpunkt: Trockenrasen, Kiefernwälder
Hauptblütezeit: April bis Mai

Die ganze Pflanze ist stark giftig und enthält herzwirksame Glykoside (Cardenolide wie Adonitoxin und Cymarin. Schon wenig mehr als 2 g der Blätter verursachen digitalisähnliche Vergiftungen (*Digitalis* = Fingerhut). Im Magen-Darm-Trakt bewirkt die Einnahme Reizungen. Die Inhaltsstoffe führen zu einer Erweiterung der Herzkranzgefäße, erhöhen die Wasserausscheidung und wirken beruhigend. Die Pflanze wird medizinisch verwendet bei leichten Fällen von Herzschwäche und Herzbeschwerden ohne diagnostizierbare organische Ursache. Die Wirkung ist ähnlich wie beim Roten Fingerhut (*Digitalis purpurea,* S. 605), allerdings schwächer und weniger anhaltend. Die Homöopathie verwendet die Pflanze bei Herzschwäche und Schilddrüsenüberfunktion. Die Pflanze ist in Deutschland sehr selten.

Wichtige Merkmale: Blüte gelb. Früchte dicht gedrängt in kugeliger bis zylindrischer Anordnung.

Aconitum lycoctonum (Blatt)

Adonis vernalis

Gemeine Hundspetersilie
Aethusa cynapium
Doldengewächse (Apiaceae)

Gefahrenstufe: ***
Verbreitungsschwerpunkt: Gebüsche, Ruderalfluren, Auwälder
Hauptblütezeit: Juni bis Oktober

Die Hundspetersilie wird den stark giftigen Pflanzen zugerechnet. Giftige Inhaltsstoffe sind Aethusin und andere Polyine, diese sind in der ganzen Pflanze einschließlich der Wurzeln enthalten. Tödliche Vergiftungsfälle durch Verwechslung sind aber lediglich aus alten Literaturquellen bekannt. Es läge im Bereich des Möglichen, dass diese in Wahrheit durch die Einnahme von Schierlingsblättern (siehe *Conium maculatum*) hervorgerufen wurden. Vergiftungen durch die Hundspetersilie sind durch Brennen im Mund gekennzeichnet. Des Weiteren kommt es zu Erbrechen, kaltem Schweiß, blasser Haut, der Puls beschleunigt sich und es kommt zu Krämpfen. Außerdem erweitern sich die Pupillen und es treten Sehstörungen auf. Im weiteren Verlauf zeigt sich bei Einnahme einer tödlich giftigen Menge eine aufsteigende Lähmung mit Bewusstseinstrübung und zuletzt eine Lähmung der Atmungsorgane. Gegenmaßnahmen bestehen im Herbeiführen von Erbrechen oder Magenspülung. Gegebenenfalls erfolgt eine Beatmung. Trotz der bekannten Giftwirkung wurden früher laut MACHATSCHEK 2010 die Blätter verkocht in der Nahrung genutzt, was vermutlich mit der Dosierung und uns nicht mehr bekannten Zubereitungsdetails möglich war.

Wichtige Unterscheidungsmerkmale: Unangenehmer Geruch. Hüllblätter zu dreien, einseitig angeordnet. Verwechslung möglich mit *Myrrhis odorata,* S. 513, *Anthriscus sylvestris,* S. 509f., *Silaum silaus,* S. 574, *Carum carvi,* S. 507, *Daucus carota,* S. 496, *Bunium bulbocastanum,* S. 524, *Chaerophyllum bulbosum,* S. 500f.

Kornrade
Agrostemma githago
Nelkengewächse (Caryophyllaceae)

Gefahrenstufe: ***
Verbreitungsschwerpunkt: Getreideunkrautfluren
Hauptblütezeit: Juni bis September

Die gesamte Pflanze enthält giftige Saponine wie Githagosid (besonders hohe Gehalte in den Samen). Außerdem Githagenin und Agrostin, das offenbar zusammen mit den Saponinen die Giftwirkung hervorruft. Früher gab es häufig Vergiftungen durch die Verunreinigung des Brotgetreides. Als Vergiftungserscheinungen werden Kratzen im Mund, Übelkeit mit Erbrechen und Schwindel mit Kreislaufstörungen berichtet. In der Volksheilkunde wurde es früher bei Hautleiden verwendet. Schon 3–5 g der Samen führen möglicherweise zu Schleimhautreizung und starker Übelkeit. Dennoch wurde das Kraut der heute geschützten Pflanze angeblich in Notzeiten als Gemüse verarbeitet, die Samen vermahlen und gekocht. Die überlieferte Verwendung ist sehr kritisch zu betrachten. Die Nutzbarkeit hängt vermutlich entscheidend mit der uns unbekannten Verarbeitung zusammen wie auch mit der Dosierung. Auch vermutet man, dass der giftige Saponingehalt früher geringer gewesen sein muss. MARZELL 1958 überliefert auch den deutschen Namen »Ackerkümmel« für die Pflanze, was evtl. etwas über die damalige Nutzung aussagt.

Wichtige Unterscheidungsmerkmale: Blätter dicht behaart. Blütenkelch mit langen Zipfeln. Blüte Malven-ähnlich, violettrot gefärbt. Verwechslung möglich mit *Stellaria holostea* vor der Blütenentwicklung, S. 243.

Chinesischer Götterbaum
Ailanthus altissima
Bittereschengewächse (Simaroubaceae)

Gefahrenstufe: ***
Verbreitungsschwerpunkt: Schuttunkrautfluren
Hauptblütezeit: Juni bis Juli

Samen und Rinde enthalten Bitterstoffe (Quassin), Flavonoide (Quercetin und Isoquercetin) und Indolalkaloide. Wahrscheinlich sind diese Stoffe auch in den Blättern enthalten. In größeren Mengen wirkt die Rinde drastisch abführend, führt zu Kreislaufschwäche und heftigen Kopfschmerzen. Bei Tieren lähmt sie über das Gehirn und Rückenmark das Bewegungsvermögen und kann durch Lähmung des Atemzentrums tödlich wirken. Kleine Mengen der Blätter wurden angeblich gekocht bzw. erhitzt in Notzeiten verzehrt. Wir gehen davon aus, dass die Blätter evtl. nicht oder nur wenig giftig sind und die Giftstoffe durch den Erhitzungsprozess verringert wurden.

Wichtige Unterscheidungsmerkmale: Blattfläche bis über 1 m groß. Anzahl an Teilblättern (Fiedern) bis zu 43. Verwechslung möglich mit *Juglans regia,* S. 445, *Fraxinus excelsior,* S. 411f.

Aethusa cynapium
Agrostemma githago
Ailanthus altissima
Andromeda polifolia

Kahle Rosmarinheide
Andromeda polifolia
Heidekrautgewächse (Ericaceae)

Foto S. 591

Gefahrenstufe: ***
Verbreitungsschwerpunkt: Hochmore
Hauptblütezeit: Mai bis Juni

Die Blätter und Blüten der Rosmarinheide enthalten Andromedotoxin mit aconitumähnlicher Wirkung, außerdem Iridoide und Gerbstoffe. Die Giftstoffe gehen in den Honig über, wenn die Bienen Nektar von andromedotoxinhaltigen Pflanzen sammeln. Die Heilkunde nutzt die Pflanze zur Blutdrucksenkung. Vergiftungen beim Menschen kommen meist infolge einer Verwechslung mit Rosmarinblättern *(Rosmarinus officinalis)* oder durch belasteten Bienenhonig vor. Der Verzehr führt zu Brennen im Mund, Speichelfluss, Kreislauf- und Schluckbeschwerden und ist verbunden mit Schwindel und rauschartigen Zuständen. Der Puls ist schwach und unregelmäßig. Je nach Dosierung treten außerdem Atemnot bis hin zur Atemlähmung auf.

Wichtige Unterscheidungsmerkmale: Blätter bis 3 cm lang. Blütenkrone kugelig. Frucht eine Kapsel. Verwechslung möglich mit *Vaccinium macrocarpon,* S. 312.

Narzissen-Windröschen
Anemone narcissiflora
Hahnenfußgewächse (Ranunculaceae)

Gefahrenstufe: **
Verbreitungsschwerpunkt: Feuchte, schattige Bergwiesen
Hauptblütezeit: Mai

Laut Marzell 1958 nannte man die Art früher »Almsäuerling«. Die Blätter wurden zusammen mit anderen Kräutern und etwas Öl zerkleinert oder püriert und angeblich als Speiseeis eingefroren. Der obere Wurzelbereich wurde roh in der Ernährung verwendet. Genauere Angaben dazu sind leider nicht überliefert. Hinweis! Die Pflanze enthält das giftige Protoanemonin im Saft und kann Magen-Darm-Reizungen verursachen. Die Verwendung ist kritisch zu sehen und sicher eine Frage der Dosierung.

Wichtige Unterscheidungsmerkmale: Weiße Blüten zu 3–8 in doldenartigem Blütenstand. Verwechslung möglich mit *Ranunculus*-Arten und *Geranium*-Arten vor der Blütenentwicklung, S. 104ff., 76ff.

Buschwindröschen
Anemone nemorosa
Hahnenfußgewächse (Ranunculaceae)

Gefahrenstufe: **
Verbreitungsschwerpunkt: Laubwälder, Gebüsch, schattige Wiesen
Hauptblütezeit: März bis April

Das Buschwindröschen enthält das nur in der frischen Pflanze wirksame Protoanemonin, das in vielen weiteren Hahnenfußgewächsen vorkommt, außerdem Anemol und weitere unbekannte Giftstoffe. Der Pflanzensaft kann Hautreizungen hervorrufen. Volksheilkundlich verwendete man die Pflanze früher bei Gelenksbeschwerden, Rheuma, Brustfellentzündung und Bronchitis. Die Homöopathie nutzt die Pflanze auch heute noch bei Zyklusstörungen.

Anemone narcissiflora

Wichtige Unterscheidungsmerkmale: Pflanze niedrig wachsend. Blüte weiß bis rötlich. Verwechslung möglich mit *Geranium pratense* und *Geranium sylvaticum* vor der Blütenentwicklung, S. 78 und 81.

Akelei
Aquilegia vulgaris
Hahnenfußgewächse (Ranunculaceae)

Gefahrenstufe: **
Verbreitungsschwerpunkt: Mai bis Juli
Hauptblütezeit: Laubwälder

Die Akelei und insbesondere ihre Samen sind giftig, dennoch wurden vereinzelt die Blütenblätter der heute geschützten Pflanze klein geschnitten als Speisendekoration verwendet. Die Pflanze enthält Zuckerverbindungen, aus denen giftige Blausäure abgespalten wird, außerdem Alkaloide (Magnoflorin, Berberidin). Die Blausäure verflüchtigt sich beim Trocknen. Die Volksmedizin sprach der Pflanze fiebersenkende, leberanregende und allgemein entgiftende Wirkung zu. Außerdem galt sie seit alters her als liebesfördernd und potenzanregend. Den Teeaufguss verwendete man außerdem äußerlich bei Hautausschlägen oder zum Gurgeln bei Entzündungen im Mund- und Rachenraum. Die Homöopathie setzt die Pflanze bei Menstruationsbeschwerden, Hautausschlägen und Geschwüren ein. Die Einnahme größerer Mengen (20 g frische Blätter) kann zu Krämpfen, Atemnot und Herzschwäche führen. Die Giftwirkung wird kontrovers diskutiert. Seit Jahren ist die Akelei eine beliebte Zierpflanze und verbreitet sich aus den Gärten zurück ins Freiland.

Wichtige Unterscheidungsmerkmale: Stängel behaart. Blüte asymmetrisch, meist blauviolett. Kleine Teilblätter etwa so lang wie breit. Verwechslung möglich mit *Thalictrum flavum* vor der Blütenentwicklung, S. 579, deren Teilblätter aber zwei- bis viermal länger sind als breit; mit *Thalictrum aquilegiifolium* vor der Blütenentwicklung, S. 578, deren Stängel nicht behaart ist.

Anemone nemorosa

Aquilegia vulgaris

Arum cylindraceum
Arum maculatum
Asarum europaeum
Atropa bella-donna

Südöstlicher Aronstab
Arum cylindraceum
Aronstabgewächse (Araceae)

Gefahrenstufe: ***
Verbreitungsschwerpunkt: Laubwälder
Hauptblütezeit: April bis Juni

Nach MACHATSCHEK 2010 ist diese Pflanze vergleichbar mit dem Gefleckten Aronstab (*A. maculatum,* siehe unten).

Wichtige Unterscheidungsmerkmale: Blätter dunkelgrün, an der Basis spießförmig, nicht nach Knoblauch riechend. Blüte von auffälligem, gelbgrünem Hochblatt umgeben. Verwechslung möglich mit *Allium ursinum,* S. 51, und *Rumex acetosa* vor der Blütenentwicklung, S. 102.

Gefleckter Aronstab
Arum maculatum (Artengruppe)
Aronstabgewächse (Araceae)

Gefahrenstufe: ***
Verbreitungsschwerpunkt: Laubwälder und Gebüsche
Hauptblütezeit: Anfang April bis Ende Mai

Alle Pflanzenteile einschließlich der roten Beeren sind giftig. Sie enthalten Nicotin, Saponine und Blausäureglykoside. Die Wurzel ist sehr stärkereich. Allerdings kann man die Pflanze, sobald sich die Beeren zeigen, praktisch nicht mehr mit anderen Pflanzen verwechseln. Durch die Trocknung der Pflanze nimmt deren Giftwirkung deutlich ab. Als Hauptwirkstoff für die Giftwirkung wird Aroin angegeben. Werden entsprechende Mengen der Blätter oder Wurzeln eingenommen, so kommt es zu folgenden Vergiftungserscheinungen: Brennen im Mund, dann heftige Schüttelkrämpfe und starkes Anschwellen der Zunge. Wird die Wurzel aufgenommen, so führt dies ebenfalls zu starkem Brennen auf der Zunge und im Mund. Es kommt zu Hautrötungen, Blasen an den Schleimhäuten und Prickeln auf der Haut. Die Reizwirkung auf Haut und Schleimhäute wird durch mikroskopisch kleine, nadelartige Calciumoxalatkristalle (Raphiden) zusätzlich verstärkt. Im weiteren Verlauf kommt es dosisabhängig zu Herzrhythmusstörungen, Krämpfen und Lähmungen des Zentralen Nervensystems. Außerdem ist der Speichelfluss erhöht und die Körpertemperatur erniedrigt sich. Blutungen am Zahnfleisch oder im Magen und Darm können auftreten. Der Pflanzensaft bewirkt heftige Hautentzündungen. In der überwiegenden Zahl der Fälle wurden allerdings die roten Beeren (z. B. 5 Beeren) von Kleinkindern gegessen. Wobei dies in den meisten Fällen ohne Folgen blieb. Lediglich in 40 % der Fälle traten Reizungen der Schleimhäute gefolgt von Magen- und Darmbeschwerden auf. Die Beschwerden heilten ohne Therapie folgenlos ab. Gegenmaßnahmen bestehen im Herbeiführen von Erbrechen. Außerdem sollte man dem Patienten reichlich warmen Tee trinken lassen. In der Klinik können eine Magenspülung und weitere Maßnahmen veranlasst werden. Trotz bekannter Giftwirkung nutzte man früher die Wurzel im Herbst, während die Früchte ausreiften, als erhitzte Nahrung und Backmehlbeimischung. Dies geschah angeblich durch mehrfaches Auskochen und anschließendes Backen bzw. Trocknen und Vermahlen für die Mehlnutzung. Das Mehl wurde wahrscheinlich vor dem Verzehr gebacken. Die Blattstiele wurden angeblich nach ähnlicher Aufbereitung als Kochgemüse verarbeitet. Man vermutet, dass die Giftstoffe durch Erhitzen bzw. auch durch Trocknen unschädlich gemacht wurden.

Wichtige Unterscheidungsmerkmale: Blätter dunkelgrün, häufig gefleckt, an der Basis spießförmig, nicht nach Knoblauch riechend. Blüte von auffälligem, gelbgrünem Hochblatt umgeben. Verwechslung möglich mit *Allium ursinum,* S. 51, und *Rumex acetosa* vor der Blütenentwicklung, S. 102.

Haselwurz
Asarum europaeum
Osterluzeigewächse (Aristolochiaceae)

Gefahrenstufe: ***
Verbreitungsschwerpunkt: Laubwälder und Gebüsche
Hauptblütezeit: Anfang März bis Ende April

Die ganze Pflanze ist giftig. Medizinisch verwendet wird der Wurzelstock. Er enthält das auch im Kalmus enthaltene Asaron in großen Mengen. Allerdings gibt es auch praktisch asaronfreie Arten. Weitere Inhaltsstoffe sind Gerbstoffe und Flavonoide. Asaron ist pfefferartig scharf und giftig und reizt die Magenwände. Die heutige Verwendung der Haselwurz beschränkt sich auf die Homöopathie (bei Übelkeit, Schleimhautreizungen und Erschöpfungszuständen) und den Einsatz in Schnupftabak. Trotz bekannter Giftwirkung wurden die Pflanzenstängel wenigen Angaben zufolge als scharfes Gewürz genutzt. Diese widersprüchlichen Aussagen hängen wohl entscheidend mit der Dosierung zusammen.

Wichtige Unterscheidungsmerkmale: 2 Blätter je Trieb. Blätter dunkelgrün glänzend. Unscheinbare Blüten. Verwechslung möglich mit *Viola*-Arten vor der Blütenentwicklung, S. 149.

Tollkirsche
Atropa bella-donna
Nachtschattengewächse (Solanaceae)

Foto S. 594

Gefahrenstufe: ****
Verbreitungsschwerpunkt: Laubwälder, Kahlschläge
Hauptblütezeit: Juni bis August

Alle Pflanzenteile sind stark giftig. Sie enthalten Alkaloide (Hyoscyamin und wenig Atropin und Scopolamin). Der Atropingehalt nimmt beim Trocknen der Pflanze stetig zu. Die Giftaufnahme ist auch über die Haut möglich. Vergiftungen treten überwiegend durch den Verzehr der süß und angenehm schmeckenden Beeren auf. Schon der Verzehr von 3–4 Beeren kann für Kinder tödlich giftig sein. Beim Erwachsenen wird eine Anzahl von 10–12 angegeben. Schon 0,3 g der Blätter können zu Vergiftungen führen. Die Tollkirsche ist eine uralte Heil- und Hexenpflanze. Atropin besitzt eine krampflösende bzw. lähmende Wirkung für den Magen-Darm-Kanal, die Bronchien und die Gallen- und Harnwege. Sie reduziert die Produktion von Speichel und Schweiß und vermindert außerdem die Ausschüttung von Schleimstoffen in den Atemwegen und im Magen und Darm. Die zentral beruhigende und entkrampfende Wirkung wird noch heute medizinisch, auch im Zusammenhang mit der Narkosevorbereitung, genutzt. Die pupillenerweiternde Wirkung wird in der Augenheilkunde bei Untersuchungen eingesetzt und steht indirekt im Zusammenhang mit ihrem lateinischen Namen. Manch schöne Frau *(bella donna)* nutzte die Wirkung des Saftes und unterstrich mit sinnlich erweiterten Pupillen ihre Schönheit. Früher wurde die Pflanze außerdem zur Behandlung von Parkinson eingesetzt. Vergiftungen äußern sich durch Unruhe und allgemeine Erregung. Wegen der rauschhaften Wirkung mit Halluzinationen und starken Sehstörungen wurde die Pflanze auch rituell genutzt. Außerdem wird der Pulsschlag stark beschleunigt und der Blutdruck stark erhöht. Die Körpertemperatur steigt stark an und es zeigt sich große Mundtrockenheit. Im weiteren Verlauf tritt ein narkoseähnlicher Schlafzustand ein. Das Fortschreiten von Lähmungserscheinungen führt bei starker Beteiligung des Atemzentrums im Gehirn schließlich zum Tod durch Atemlähmung. Als Gegengift kann das stark giftige Alkaloid Physostigmin aus der Kalabarbohne *(Physostigma venenosum)* therapeutisch eingesetzt werden.

Wichtige Unterscheidungsmerkmale: Pflanze verzweigt. Blätter trübgrün. Blüte glockenförmig. Frucht eine schwarze Beere. Verwechslung möglich mit *Inula helenium* vor der Blütenentwicklung, S. 280.

Zaunrüben
Bryonia
Kürbisgewächse (Cucurbitaceae)

Gefahrenstufe: ***
Verbreitungsschwerpunkt: Schleier- und Krautgesellschaften im Halbschatten
Hauptblütezeit: Juni bis Juli

Beide hier beschriebenen Zaunrüben-Arten sind (stark) giftig, insbesondere Wurzeln und Beeren. Sie enthalten eine ganze Reihe bitter schmeckender Triterpene (Cucurbitacine). Vergiftungserscheinungen mit heftigem Durchfall, Erbrechen und tetanusartigen Krämpfen können bereits nach dem Konsum von 6–8 Beeren eintreten. Im Altertum wurden Zubereitungen aus der Wurzel bei einer Vielzahl von Leiden (Erkrankungen der Atemwege, Wunden, Gicht, Epilepsie usw.) verwendet. Medizinisch wird sie heute nur noch selten in Kombination mit anderen Pflanzen als stark wirksames Abführmittel eingesetzt. Offenbar wirkt die Pflanze auch immunstimulierend. Die Homöopathie nutzt beide Arten bei einer Vielzahl verschiedener

Bryonia alba

Symptome (z. B. fieberhafte Erkältungskrankheiten und Rheuma). Junge Triebe beider Arten gelten nicht als giftfrei, wurden aber erhitzt (vermutlich mehrfach ausgekocht) angeblich in der Nahrung genutzt. Die Überlieferung ist kritisch zu betrachten. Marzell 1958 überliefert für die Pflanzen sogar den alten Pflanzennamen »Speisewurzel«, der womöglich darauf hindeuten kann, dass die Wurzel unter gewissen Umständen verarbeitet in der Ernährung Verwendung fand.

Weiße Zaunrübe
Bryonia alba

Wichtige Unterscheidungsmerkmale: Länge nur bis 4 m. Spiralig gedrehte Ranken. Blüten mit kugeligem Fruchtknoten. Frucht eine Beere. Verwechslung möglich mit *Humulus lupulus* vor der Blütenentwicklung, S. 134.

Rotfrüchtige Zaunrübe
Bryonia dioica

Unterscheidungsmerkmale und Verwechslungsmöglichkeit ähnlich wie bei *Bryonia alba.*

Geißklee
Chamaecytisus

Schmetterlingsblütengewächse (Fabaceae)

Gefahrenstufe: **
Verbreitungsschwerpunkt: Magerwiesen, lichte Kiefernwälder
Hauptblütezeit: April bis Juni

Die meisten Arten der Gattung werden als giftig angesehen. Sie enthalten Alkaloide (Chinolizidine, Dipiperidine und Isochinoline), außerdem Phenylethylamine (Dopamin) und Flavonoide. Die medizinischen Indikationen sind uns nicht bekannt. Die Blütenknospen von *C. ratisbo-*

Bryonia dioica

Chamaecytisus ratisbonensis

nensis und dem sehr seltenen *C. supinus* nutzte man nach Machatschek 2010 eingelegt. Scheinbar wurden auch die jungen Schoten einiger Arten in Speisen genutzt, unklar jedoch in welcher Nutzungsweise. Die Samen wurden wohl zu Kaffee [23.0] geröstet.

Regensburger Geißklee
Chamaecytisus ratisbonensis

Foto S. 597

Wichtige Unterscheidungsmerkmale: Pflanze verholzend, Blatt dreiteilig, behaart. Verwechslung möglich mit *Lotus*-Arten, S. 420.

Schöllkraut
Chelidonium majus

Mohngewächse (Papaveraceae)

Gefahrenstufe: **

Verbreitungsschwerpunkt: Ruderalstellen
Hauptblütezeit: Mai bis September

Die ganze Pflanze, insbesondere aber der gelbe Saft, ist stark giftig. Bei Hautkontakt kann es zu Entzündungen kommen. Das Schöllkraut enthält Alkaloide (Chelidonin, Coptisin, Chelerythrin). Im Jahresverlauf nimmt der Alkaloidgehalt zu und ist im Herbst am größten. Im Vergiftungsfall zeigen sich Brennen im Mund, Harndrang, Lähmungen, Benommenheit, Herzrhythmusstörungen und Schock. Die Giftwirkung geht offenbar beim Trocknen verloren. Medizinisch verwendet wird das zur Blütezeit gesammelte, getrocknete Kraut. Das enthaltene Chelidonin wirkt ähnlich wie einige andere Opiumalkaloide schmerzstillend, krampflösend und zentral beruhigend. Aus diesem Grund wird es zur Behandlung von Krämpfen im Magen-Darm-Bereich, bei Gallenwegserkrankungen und bei Husten eingesetzt. Bekannt ist auch die Anwendung des Milchsaftes gegen Hautwarzen, was möglicherweise mit antibakteriellen und zellteilungshemmenden Eigenschaften zusammenhängt. Die Homöopathie nutzt das Schöllkraut bei Leber- und Gallenleiden.

Wichtige Unterscheidungsmerkmale: Milchsaft gelb. Verwechslung möglich mit *Papaver dubium* vor der Blütenentwicklung, S. 453.

Wasserschierling
Cicuta virosa

Doldengewächse (Apiaceae)

Gefahrenstufe: ****

Verbreitungsschwerpunkt: Gräben, Teiche
Hauptblütezeit: Juli bis September

Der Wasserschierling enthält das stark giftige Cicutoxin, außerdem Cicutol. Die Giftstoffe sind in der ganzen Pflanze enthalten, besonders große Mengen aber in den Stängeln und dem Wurzelstock. Die Trocknung hat keinen Einfluss auf die Giftwirkung. Cicutoxin ist ein Krampfgift. Die Wirkung erfolgt über eine Lähmung des Großhirns. Nach circa 20 Minuten treten Brennen im Mund, Übelkeit, Erbrechen und Krämpfe mit Zähneknirschen auf. Des Weiteren kommt es zur Schaumbildung im Mund, Kopfschmerzen, Schmerzen im Bauchraum, erweiterten Pupillen und Atemnot. Schließlich kann der Vergiftete bewusstlos werden und Anzeichen eines Schocks zeigen. Lebensbedrohlich ist eine auftretende Atemlähmung. Gegenmaßnahmen bestehen im Herbeiführen von Erbrechen. Wurde das Gift schon in den Körper aufgenommen, müssen in der Klinik Maßnahmen gegen die eintretenden Krämpfe unternommen werden und eine Beatmung erfolgen. Die Homöopathie verwendet die Pflanze bei Krampfanfällen, Schwindel und nervösen Störungen. Schulmedizinisch wird sie in Einzelfällen in schmerzlindernden Salben verwendet. Da der Wurzelstock nach Sellerie riecht und ähnlich schmeckt wie Pastinak oder Petersilienwurzel kann es leicht zu Verwechslungen kommen.

Wichtige Unterscheidungsmerkmale: Keine Wurzelknolle. Blatt fingerförmig. Dolde mit bis zu 25 Ästen (Strahlen). Verwechslung möglich mit *Myrrhis odorata*, S. 513, *Anthriscus sylvestris*, S. 509f., *Silaum silaus*, S. 574, *Carum carvi*, S. 507, *Daucus carota*, S. 496, *Bunium bulbocastanum*, S. 524, *Chaerophyllum bulbosum*, S. 500f.

Herbstzeitlose
Colchicum autumnale

Zeitlosengewächse (Colchicaceae)

Gefahrenstufe: ****

Verbreitungsschwerpunkt: Wiesen
Hauptblütezeit: August bis November

Die Herbstzeitlose enthält stark giftige Tropanalkaloide wie das Colchizin. Diese sind in der ganzen Pflanze, be-

Chelidonium majus

Cicuta virosa

Colchicum autumnale

Conium maculatum

sonders aber in der Knolle und den Samen enthalten. 5 g des Samens sind für einen Erwachsenen tödlich. Der Alkaloidgehalt nimmt mit zunehmender Ausreifung der Pflanze zu. Es wird außerdem beschrieben, dass der Wirkstoffgehalt von der Standorthöhe abhängt. Trocknen hat keinen Einfluss auf die Giftwirkung. Colchizin ist ein Gift, das unter anderem Einfluss auf die Zellteilung hat. Die Symptome einer Vergiftung durch eine entsprechende Pflanzenmenge treten oft erst mehrere Stunden nach einer Einnahme auf. Sie äußern sich in Übelkeit, Schwindel, Schock und heftigem Harndrang. Weiter heftige, krampfartige Bauchschmerzen, Störungen des Herzrhythmus und schneller Puls. Dazu kommen Lähmungen, blutiger Durchfall, eine Blaufärbung der Lippen und schließlich Atemlähmung. Als Erste Hilfe sollte sofortiges Erbrechen herbeigeführt werden. Außerdem frische Luft, Schocklagerung, Wärme und warmen Tee oder Kaffee trinken lassen. In der Klinik Magenspülung und gegebenenfalls Beatmung. Die Pflanze wird schulmedizinisch gegen Familiäres Mittelmeerfieber (FMF) und bei entzündlichen Hauterkrankungen eingesetzt.

Wichtige Unterscheidungsmerkmale: Nicht nach Knoblauch riechend. Blätter dicklich. Dreiteilige Frucht zwischen den trichterförmigen Blättern erst im zweiten Jahr erscheinend. Verwechslung möglich mit *Allium ursinum* vor der Blütenentwicklung, S. 51.

Gefleckter Schierling

Conium maculatum

Doldengewächse (Apiaceae)

Foto S. 599

Gefahrenstufe: ****
Verbreitungsschwerpunkt: Hecken, Straßenränder
Hauptblütezeit: Juni bis September

In der Weltgeschichte erlangte der Gefleckte Schierling traurige Berühmtheit durch die Hinrichtung des Sokrates, dem man einen Becher mit Schierlingssaft zu trinken gab. Platon hat diese Hinrichtung auf Sokrates Wunsch hin in allen Einzelheiten festgehalten. Die ganze Pflanze ist aufgrund der enthaltenen Alkaloide Coniin und Conicein stark giftig. Den höchsten Alkaloidgehalt findet man allerdings in den unreifen Samen. Grob geschätzt sind schon 50 g der frischen Pflanze tödlich giftig. Durch Trocknung verringert sich der Gehalt der Giftstoffe langsam. Das Gift kann auch beim Pflücken über die unverletzte Haut aufgenommen werden. Früher wurde die Pflanze als beruhigendes, schmerzstillendes und krampflösendes Mittel auch medizinisch verwendet. Heute nur noch selten in Salben gegen Entzündungen und Nervenschmerzen. Die Homöopathie verwendet den Gefleckten Schierling durchaus häufig bei Schwindelzuständen, Drüsenschwellungen und Altersbeschwerden. Coniin lähmt die Erregungsübertragung im Rückenmark und zwischen den Nervenfasern und Muskeln. Die Vergiftung äußert sich zunächst durch Brennen im Mund, gefolgt von einer Lähmung der Zunge und Erbrechen. Im weiteren Verlauf kommt es bei Einnahme einer entsprechenden Menge zu einer aufsteigenden Lähmung, Kälte und Empfindungslosigkeit. Der Tod tritt durch Atemlähmung bei vollem Bewusstsein ein. Gegenmaßnahmen bestehen im Herbeiführen von Erbrechen. In der Klinik müssen weitere Maßnahmen und eine Beatmung erfolgen.

Wichtige Unterscheidungsmerkmale: Unangenehmer Geruch. Keine Wurzelknolle. Stängel bläulich überlaufen, gefleckt. Fünf bis sechs Hüllblätter. Verwechslung möglich mit *Myrrhis odorata,* S. 513, *Anthriscus sylvestris,* S. 509f., *Silaum silaus,* S. 574, *Carum carvi,* S. 507, *Daucus carota,* S. 496, *Bunium bulbocastanum,* S. 524, *Chaerophyllum bulbosum,* S. 500f.

Acker-Rittersporn

Consolida regalis

Hahnenfußgewächse (Ranunculaceae)

Gefahrenstufe: **
Verbreitungsschwerpunkt: Äcker
Hauptblütezeit: Mai bis August

Medizinisch verwendet werden die getrockneten Blüten. Die alkaloidfreien Blüten werden wegen ihrer harntreibenden Eigenschaft in Nieren- und Blasentees verwendet. Sie enthalten blaue Anthocyane und Flavonoide. Angeblich wurden die Blüten auch getrocknet zu Schnupftabak verwendet. Das Kraut und insbesondere die Samen enthalten zahlreiche giftige Alkaloide (Delcosin, Lycoctonium, Consolidin) wie sie auch im Blauen Eisenhut (*Aconitum napellus,* S.588) vorkommen. Allerdings sind die Gehalte niedriger, sodass die Vergiftungserscheinungen weniger ausgeprägt sind. Die Anwendung der giftigen Pflanzenteile wurde bei Eingeweidewürmern innerlich und zur Beseitigung von Hautparasiten äußerlich beschrieben.

Wichtige Merkmale: Blaue Blüten mit langem Sporn.

Maiglöckchen

Convallaria majalis

Spargelgewächse (Asparagaceae)

Gefahrenstufe: ****
Verbreitungsschwerpunkt: Laubwälder und Gebüsche
Hauptblütezeit: Anfang Mai bis Ende Mai

Das Maiglöckchen enthält eine große Zahl stark giftiger Glykoside (Convallatoxin u. a.). Die ganze Pflanze, besonders aber die Blüten und die roten Früchte sind giftig. 1–5 Beeren werden meist folgenlos überstanden. Der Giftgehalt nimmt im Verlauf der Reife zu. Die giftigen Glykoside wirken vor allem auf das Herz-Kreislaufsystem. Bei Berührung der Pflanze mit den Händen kann es zu Hautreizungen kommen. Berührt man damit die Augen, außerdem zu Augenreizungen. Gelangt die Pflanze über den Mund in entsprechenden Mengen in den Körper, zeigen sich zunächst Übelkeit, Benommenheit, Herzrhythmusstörungen und Beklemmung. Auch Durchfall kann auftreten. Anfänglich ist der Blutdruck erhöht und der Puls schnell. Später kommt es zur gegenteiligen Wirkung. Der Blutdruck sinkt und die Atmung wird langsam und tief. Der Tod tritt durch Herzstillstand ein. Gegen die Digitalisglykoside existiert ein Gegenmittel. Laut weniger Quellen wurden die Blüten früher angeblich als Aroma in geringen Mengen als Beigabe zu Spirituosen und in Pulverform als Zusatz zum sogenannten »Schneeberger Schnupftabak« genutzt.

Wichtige Unterscheidungsmerkmale: Nicht nach Knoblauch riechend. Blätter zu zweien, nur wenig gestielt. Glockenförmige Blüte. Rote, rundliche Beeren. Verwechslung möglich mit *Allium ursinum* vor der Blütenentwicklung, S. 51.

Consolida regalis

Convallaria majalis

Corydalis cava

Crocus vernus

Cyclamen purpurascens

Daphne mezereum

Lerchensporne
Corydalis
Mohngewächse (Papaveraceae)

Gefahrenstufe: **
Verbreitungsschwerpunkt: Lichte Wälder, Gebüsch
Hauptblütezeit: März bis Mai

Die ganze Pflanze, insbesondere aber die alkaloidreiche Knolle von *Corydalis cava* und den seltenen *Corydalis solida* und *Corydalis pumila* sind giftig. Als Hauptalkaloid wird Corydalin angegeben, außerdem Bulbocapnin. Die höchsten Gehalte finden sich beim Beginn der Blütezeit in der Knolle. Medizinisch werden sie bei nervösen Erregungszuständen und Schlafstörungen eingesetzt. Vergiftungserscheinungen äußern sich durch eine Erstarrung der Muskulatur (Katalepsie) und Schläfrigkeit. Trotzdem gibt es auch Berichte darüber, dass die Wurzel der oben genannten Pflanzen gemüseartig genutzt wurde. Sicher muss man aber davon ausgehen, dass dann zuvor eine intensive Verarbeitung stattgefunden hat (ggf. Trocknen, stark Erhitzen oder mehrfaches Auskochen und Zerkleinern usw.).

Hohler Lerchensporn
Corydalis cava

Wichtige Unterscheidungsmerkmale: Blütentrauben nur mit bis zu 20 Einzelblüten (*Fumaria officinalis:* bis zu 50 Einzelblüten). Vorkommen meist an Gebüschen (*Fumaria officinalis:* Äcker, Gärten, Ruderalflächen). Verwechslung möglich mit *Fumaria officinalis,* S. 503.

Frühlings-Krokus
Crocus vernus
Schwertliliengewächse (Iridaceae)

Gefahrenstufe: **
Verbreitungsschwerpunkt: Bergwiesen
Hauptblütezeit: März bis Juni

Wie bei seinem berühmten Verwandten, dem Safran *(Crocus sativus)* beruht die Giftigkeit auf den in den Narbenfäden enthaltenen Inhaltsstoffen (Picrocrocin und dessen Abbauprodukte Safranal). Die Gewinnung von Safran ist arbeitsaufwendig und teuer. Um 1 g Safran zu erhalten, benötigt man etwa 120 Krokusblüten, die man sorgfältig aus der Blüte zupfen muss. Safran besitzt einen unverwechselbaren Geschmack und große Färbekraft. Schon 0,1 g färben 10 l Wasser deutlich gelb. Früher verwendete man den Safran nicht nur zum Färben von Speisen und Wolle, sondern nutzte ihn auch als verdauungsanregendes, beruhigendes und menstruationsförderndes Mittel. Außerdem sprach man ihm liebesfördernde Wirkungen zu. In Mengen bis 1 g treten keine Vergiftungserscheinungen auf. Schwere, teils tödliche Vergiftungen sind aufgrund seines Einsatzes als Abtreibungsmittel dokumentiert. Allerdings werden hierfür größere Mengen (ab etwa 5 g) benötigt. Dabei komme es zu Erregungszuständen mit Lachzwang, beschleunigtem Puls, Herzklopfen, Schwindel, Kopfschmerzen, Wahnvorstellungen, Erbrechen und Lähmungen des Zentralnervensystems, die schließlich zum Tod führen. Die Wurzel v. a. der Unterart *C. vernus* ssp. *albiflorus* wurde hingegen laut Machatschek 2010 in geringen Mengen roh genossen bzw. getrocknet und vermahlen zu Streckmehl verarbeitet. Die Blütennarben dieser Unterart wurden zum Strecken und Fälschen des Echten Safrangewürzes genutzt.

Wichtige Merkmale: Blätter grasartig schmal mit weißem Mittelnerv. Blüten weiß bis violett. Ohne nennenswerte Verwechslungsmöglichkeiten.

Wildes Alpenveilchen
Cyclamen purpurascens
Primelgewächse (Primulaceae)

Gefahrenstufe: ***
Verbreitungsschwerpunkt: Laubwälder und Gebüsche
Hauptblütezeit: Anfang Juni bis Ende September

Die Pflanze und vor allem die Wurzel enthalten stark giftige Saponine (Cyclamin). Früher verwendete man die Wurzel des Alpenveilchens als drastisches Abführmittel, äußerlich bei Wundbrand, Haarausfall und Frostbeulen. Die Homöopathie nutzt die Pflanze bei Frauenleiden. Über eine Giftigkeit der Blätter gibt es keine genauen Angaben, angeblich wurden sie in geringen Mengen Rauchtabak beigemischt. Doch man sollte dies kritisch betrachten.

Wichtige Unterscheidungsmerkmale: Blätter grundständig, herz- nierenförmig. Blattoberseite dunkelgrün, hell gefleckt. Blüten einzeln auf langen Stielen, wohlriechend, dunkelrosa. Verwechslung möglich mit *Viola*-Arten, S. 149.

Seidelbast-Arten
Daphne
Seidelbastgewächse (Thymelaceae)

Gefahrenstufe: ****
Verbreitungsschwerpunkt: Bergwälder, steinige Hänge
Hauptblütezeit: Februar bis Juli

Alle Pflanzenteile, insbesondere die Beeren, sind stark giftig. Schon 10–12 rote Beeren gelten für Kinder als tödliche Dosis. Die Pflanze enthält das Cumaringlykosid Daphnin und Mezerein. Bei einer äußerlichen Einwirkung der Pflanze oder deren Saft kommt es zu schweren Entzündungen an Haut und Schleimhäuten. In der Heilkunde verwendete man die Pflanze früher bei Gicht, Rheuma und Hautleiden, wegen der Giftigkeit vor allem äußerlich. Offenbar eignen sich die enthaltenen Giftstoffe zur Behandlung der Leukämie und werden diesbezüglich wissenschaftlich untersucht. Als Vergiftungserscheinungen zeigen sich Übelkeit, Erbrechen, Fieber, Krämpfe und Kreislaufkollaps. Außerdem kommt es zu schweren Magenschleimhautentzündungen. Der Seidelbast gehört zu den Sträuchern, die zeitig im Frühjahr Blüten bilden. Wer unvorsichtigerweise Pflanzenteile mit der Hand abreißt, wird schmerzlich die Giftwirkung spüren. Die Beeren sind wegen ihrer schönen roten Farbe vor allem für Kinder anziehend.

Seidelbast
Daphne mezereum

Foto S. 602

Wichtige Merkmale: Blätter lanzettlich, nur im obersten Teil der Pflanze und nach den Blüten erscheinend. Blüten rot bis violett. Ohne nennenswerte Verwechslungsmöglichkeiten.

Stechapfel-Arten
Datura
Nachtschattengewächse (Solanaceae)

Gefahrenstufe: ****
Verbreitungsschwerpunkt: Schutt, Gärten
Hauptblütezeit: Juni bis Oktober

Die ganze Pflanze, insbesondere aber die Samen und die Wurzel sind stark giftig. Schon Mengen ab 0,3 g zeigen

Datura stramonium

Wirkung. Verantwortlich dafür sind die enthaltenen Alkaloide (Hyoscyamin, Atropin und Scopolamin), außerdem Nicotin, Flavonoide und Cumarine. Die Gehalte schwanken in Abhängigkeit von Standort, Witterung und Alter der Pflanze. Der Stechapfel ist eine uralte Medizinal-, Ritual und Zauberpflanze. Die Wirkung ist ähnlich wie bei der Tollkirsche *(Atropa bella-donna)*. Wie diese wurde der Stechapfel zur Herbeiführung eines narkotischen Zustandes verwendet, den man im Altertum für chirurgische Eingriffe nutzte. Außerdem verwendete man ihn als Rauschmittel und für Giftmorde. Es gibt Berichte, nach denen eine wiederholte oder sehr starke Vergiftung durch einige Stechapfel-Arten *(Datura tatula, D. metel)* zu einem irreversiblen Zustand der geistigen Umnachtung bzw. zu willenlosem Verhalten (Zombielegenden) führen kann. Früher nutzte man die krampflösende Wirkung des Stechapfels bei Husten und Asthma, beispielsweise in Form von Asthma-Zigaretten und Räucherpulvern. Weitere Anwendungen betreffen die Parkinsonsche Krankheit. Die Homöopathie nutzt den Stechapfel bei Erregungszuständen, Krämpfen und Asthma. Mittlerweile werden Stechapfelarten wie *Datura suaveolens* (Engelstrompete) wegen ihrer wunderschönen Blüten und ihres betörenden Duftes häufig als Zierpflanzen verwendet.

Digitalis purpurea

Digitalis grandiflora

Stechapfel
Datura stramonium

Wichtige Unterscheidungsmerkmale: Blätter bis 20 cm lang. Blüte lang trichterförmig. Frucht dicht stachelig, bis 7 cm lang. Verwechslung möglich mit *Atriplex*, S. 368ff., und *Chenopodium*-Arten, S. 206ff., vor der Blütenentwicklung.

Fingerhut-Arten
Digitalis
Wegerichgewächse (Plantaginaceae)

Gefahrenstufe: ****
Verbreitungsschwerpunkt: Kahlschläge, buschige Abhänge
Hauptblütezeit: Juni bis September

Alle Pflanzenteile der mitteleuropäischen Arten *Digitalis purpurea, D. grandiflora* und der seltenen *D. lutea* und *D. lanata* sind sehr stark giftig. Verantwortlich für die Giftwirkung sind vor allem herzwirksame Glykoside, die man als Cardenolide bezeichnet. Die bekannteste Verbindung aus dem Fingerhut stellt das Digitoxin dar. Dieser Inhaltsstoff spielt heute medizinisch bei der Behandlung von Herzrhythmusstörungen und Herzschwäche eine bedeutende Rolle. Der Wirkstoffgehalt in den Wildpflanzen ist außerordentlich schwankend. Aus diesem Grund gewinnt man den Wirkstoff zunächst aus der Pflanze oder baut ihn synthetisch nach und setzt ihn dann genauestens dosiert für Arzneimittel ein. Schon geringe Mengen der frischen Blätter sind giftig. Eine Vergiftung durch Digitalisglykoside äußert sich durch eine stark verringerte Pulsfrequenz, die schließlich zum Herzstillstand führen kann. Gegenmaßnahmen bestehen im Herbeiführen von Erbrechen. In der Klinik erfolgen Magenspülung und eine Kontrolle der Herzfrequenz. Der Herzschlagverlangsamung kann wirkungsvoll mit Atropin, dem Gift der Tollkirsche *(Atropa bella-donna)* begegnet werden.

Roter Fingerhut
Digitalis purpurea

Wichtige Unterscheidungsmerkmale: Blattrand je nach Art mehr oder weniger gezähnt. Glockenförmige Blüten einseitig am Stängel angeordnet. Verwechslung möglich mit *Symphytum officinale* vor der Blütenentwicklung, S. 196.

Dryopteris dilatata
Dryopteris filix-mas
Equisetum fluviatile
Equisetum palustre

Großblütiger Fingerhut
Digitalis grandiflora

Foto S. 605

Unterscheidungsmerkmale und Verwechslungsmöglichkeit ähnlich wie bei *Digitalis purpurea.*

Wurmfarne
Dryopteris
Wurmfarngewächse (Dryopteridaceae)

Gefahrenstufe: ***
Verbreitungsschwerpunkt: Schattige, feuchte Laubwälder
Zeit der Sporenreife: Juni bis September

Viele *Dryopteris*-Arten enthalten Phloroglucinolverbindungen. Die Gehalte in den Pflanzen unterliegen allerdings sehr starken Schwankungen, was die medizinische Anwendung der verschiedenen giftigen Wurmfarnarten äußerst schwierig macht. Mittlerweile gibt es Arzneimittel, die sich chemisch von den Phloroglucinolen ableiten; diese werden beispielsweise zur Behandlung bei Gallensteinen und Krämpfen im Magen-Darm-Trakt eingesetzt. Die Wurzel von *Dryopteris dilatata* enthält giftige Inhaltsstoffe, beispielsweise Filixsäure, ein Phloroglucinol, das Würmer und andere Darmparasiten lähmt. Offenbar wirkt die Pflanze äußerst effektiv. Da die Dosierung schwierig ist, sollte von einer Selbstbehandlung dringend Abstand genommen werden. Im Anschluss an die Behandlung können die gelähmten Parasiten mittels eines Abführsalzes (Glaubersalz) ausgetrieben werden. Es wird darauf hingewiesen, dass ölige Abführmittel (Rizinusöl) zu vermeiden sind, da diese die gesundheitsschädliche Aufnahme der Wirkstoffe durch den Darm fördern. Offenbar wurde die Wurzel außerdem zur Behandlung von Kopfschuppen verwendet. Die anderen Arten haben vermutlich ähnliche Inhaltsstoffe und wurden wohl ähnlich verwendet. Geringe Mengen ganz junger Sprosse von *Dryopteris dilatata* und den seltenen *D. affinis, D. expansa* wurden nach Machatschek 2010 als aus- bzw. abgekochtes Gemüse genutzt.

Breitblättriger Wurmfarn
Dryopteris dilatata

Wichtige Unterscheidungsmerkmale: Fiederblättchen ungeteilt, kurz gezähnt. Sori rundlich, nahe am Mittelnerv. Verwechslung möglich mit *Athyrium filix-femina,* S. 493.

Echter Wurmfarn
Dryopteris filix-mas

Wichtige Unterscheidungsmerkmale: Sori rundlich, Stielbasis mit braunen Schuppen, nierenförmiges Häutchen über Sori. Verwechslung möglich mit *Athyrium filix-femina,* S. 493.

Teich-Schachtelhalm
Equisetum fluviatile
Schachtelhalmgewächse (Equisetaceae)

Gefahrenstufe: **
Verbreitungsschwerpunkt: Röhrichte und Großseggensümpfe
Zeit der Sporenreife: Mai bis Juni

Siehe unten *Equisetum palustre.*

Wichtige Unterscheidungsmerkmale: Sporangienähre sitzt auf grünen beasteten Trieben. Verwechslung möglich mit *Equisetum telmateia* und *Equisetum arvense,* S. 59, 57.

Sumpf-Schachtelhalm
Equisetum palustre
Schachtelhalmgewächse (Equisetaceae)

Gefahrenstufe: **
Verbreitungsschwerpunkt: Feuchtwiesen und Bachuferfluren
Zeit der Sporenreife: Juni bis September

Der Sumpf-Schachtelhalm und der Teich-Schachtelhalm werden als giftig angesehen. Die Pflanzen enthalten Saponine, Kieselsäure, das Alkaloid Palustrin und Spuren von Nicotin. Es besteht Unsicherheit, ob die beschriebene Giftwirkung auf das Palustrin zurückzuführen ist oder auf ein enthaltenes Enzym, das einen Vitamin-B1-(Thiamin)-Mangel hervorruft. Vergiftungen werden nur bei Tieren beschrieben. Diese taumeln, sind schreckhaft und zeigen Zuckungen im Gesicht. Beide Arten wurden wie die ungiftigen Arten als blutgerinnendes Mittel und bei Hauterkrankungen eingesetzt. Offenbar stützen sie außerdem das Bindegewebe. Die jungen Aufwüchse von *E. fluviatile* wurden laut Machatschek 2010 gelegentlich Kochgemüse beigegeben.

Eranthis hyemalis

Euonymus europaeus

Wichtige Unterscheidungsmerkmale: Ähren tragende Sprosse beastet. Unteres Glied des Seitentriebes kürzer als die Blattscheide. Verwechslung möglich mit *Equisetum arvense,* S. 57.

Wichtige Merkmale: Niedrig bleibende, gelb blühende Knollenpflanze mit einem auffälligen Kranz aus 3 geteilten Hochblättern. Ohne nennenswerte Verwechslungsmöglichkeiten.

Winterling
Eranthis hyemalis
Hahnenfußgewächse (Ranunculaceae)

Gefahrenstufe: ***–****
Verbreitungsschwerpunkt: Gärten
Hauptblütezeit: Februar bis März

Die ganze Pflanze und insbesondere deren Knollen sind stark giftig. Sie weist herzwirksame Chromonderivate (Eranthine) auf. Außerdem enthält die Pflanze Flavonoide und Lectine. Werden Pflanzenteile verzehrt, kommt es zu Erbrechen, unregelmäßigem und verlangsamtem Puls, Atemnot, Herzschwäche und Sehstörungen. Tödliche Vergiftungen führen zu Herzstillstand. Über eine medizinische Verwendung ist uns nichts bekannt. Winterlinge gehören zu den ersten Frühlingsblumen und werden gerne als Zierpflanzen angebaut.

Gewöhnliches Pfaffenhütchen
Euonymus europaeus
Spindelstrauchgewächse (Celastraceae)

Gefahrenstufe: ***
Verbreitungsschwerpunkt: Waldmantelgebüsche und Hecken
Hauptblütezeit: Mai bis Juni

Die ganze Pflanze und insbesondere die Früchte sind stark giftig. Sie enthalten herzwirksame Cardenolide (Evonosid), außerdem Alkaloide wie Evonin und Triterpene. Die Früchte weisen ein fettes Öl auf, das vereinzelt in Präparaten zur Wundbehandlung oder zur Behandlung von Infektionen der Nasennebenhöhlen eingesetzt wird. Die gepulverten Früchte wurden als Mittel gegen Ungeziefer verwendet. Die Vergiftungserscheinungen durch gegessene Früchte (Kinder) treten oft erst nach über 12 Stunden auf. Sie äußern sich gefährlich durch heftige Übelkeit, Krämpfe und Durchfall mit Koliken, Leber- und Nierenschädigungen sowie Herzrhythmusstörungen. Die Wurzelrinde wurde angeblich früher nach umfangreicher, uns nicht weiter bekannten Aufbereitung in Genussmitteln eingesetzt.

Wichtige Merkmale: Bis 5 m hoher Strauch mit grünen, kantigen Zweigen und auffälligen Früchten. Ohne nennenswerte Verwechslungsmöglichkeiten.

Wolfsmilch-Arten
Euphorbia
Wolfschmilchgewächse (Euphorbiaceae)

Gefahrenstufe: ***

Das Kraut und insbesondere ihr Milchsaft ist giftig (besonders bei *Euphorbia peplus*). Sonst treten bei uns nur noch *E. cyparissias* und *E. helioscopia* häufig auf. Charakteristische Wirkstoffe sind die enthaltenen Diterpene. Im Milchsaft finden sich außerdem Triterpene (Obtusifoliol, Euphorbon), Sterole und Flavonoide und Anthrachinone. Der Gehalt an Giftstoffen wird auch durch die Trocknung nicht vermindert. Der Milchsaft wirkt stark hautreizend und darf keinesfalls ins Auge gelangen, da Erblindung droht. Nach dem Verzehr der Pflanzen kommt es zu Magenschmerzen und blutigem Durchfall, außerdem zu erweiterten Pupillen, Herzrhythmusstörungen, Schwindel und Bewusstseinstrübungen. Trotzdem wurde die Garten-Wolfsmilch früher zur Behandlung von Hautwarzen, Sommersprossen und sogar bei Hautkrebserkrankungen eingesetzt. Bezüglich der letztgenannten Anwendung gibt es sogar vielversprechende klinische Untersuchungen. Noch in den 1990er-Jahren wurde die Pflanze in der Ukraine zur Behandlung von Krebserkrankungen des Magens, der Leber und der Gebärmutter verwendet. Darüber hinaus nutzte man sie wegen ihrer auswurffördernden, wurmtreibenden und entzündungshemmenden Wirkung. Von der Insel Mauritius stammen Hinweise zu ihrem Einsatz bei Ruhr und Durchfällen. In Europa nutzte man das Kraut andererseits als drastisches Abführmittel und zur Behandlung von Asthma und Erkältungskrankheiten.

Euphorbia peplus

Euphorbia cyparissias

Garten-Wolfsmilch
Euphorbia peplus

Foto S. 609

Wichtige Merkmale: Blüten ohne Kronblätter und Kelch. Milchsaft führend. Breite ganzrandige Blätter. Blütenäste gabelig verzweigt. Ohne nennenswerte Verwechslungsmöglichkeiten.

Zypressen-Wolfsmilch
Euphorbia cyparissias

Foto S. 609

Wichtige Merkmale: Blüten ohne Kronblätter und Kelch. Milchsaft führend. Viele Seitentriebe ohne Blüten direkt unter dem Blütenstand. Blätter nadelig, weich. Ohne nennenswerte Verwechslungsmöglichkeiten.

Sonnenwend-Wolfsmilch
Euphorbia helioscopia

Wichtige Merkmale: Blüten ohne Kronblätter und Kelch. Milchsaft führend. Blätter mit feinen Zähnen am Rand, zum Blattgrund keilförmig. Ohne nennenswerte Verwechslungsmöglichkeiten.

Ginster-Arten
Genista
Schmetterlingsblütengewächse (Fabaceae)

Gefahrenstufe: ***
Verbreitungsschwerpunkt: Streuwiesen
Hauptblütezeit: Anfang Juni bis Ende August

Die ganze Pflanze ist stark giftig. Sie enthält bis zu 3 % Flavonoide, Isoflavone, Alkaloide (Anagyrin, Cytisin) und Lektine. Medizinisch wird sie als harntreibendes Mittel und zur Vorbeugung gegen Nierensteine eingesetzt. Die Inhaltsstoffe fördern vermutlich die Durchblutung der Nieren. Volksheilkundlich wurde der Färber-Ginster zur Blutreinigung und bei Rheuma und Gicht verwendet. Außerdem verordnete man ihn als Kräftigungsmittel nach schweren Krankheiten und empfahl die Pflanze bei leichten Herzbeschwerden. Die enthaltenen Isoflavone wirken östrogenartig. Einige der enthaltenen Alkaloide wirken berauschend. Dennoch wurden offenbar die Knospen der Blüten im Juni in kleinen Mengen erhitzt kapernartig verwendet, ausgereifte Samen soll man mitunter im September zu Kaffee geröstet haben. Die überlieferte Verwendung ist kritisch zu betrachten.

Färber-Ginster
Genista tinctoria

Wichtige Merkmale: Stängel kantig. Blatt dunkelgrün, länglich, zugespitzt. Gelbe Blüten in kurzen Trauben. Ohne nennenswerte Verwechslungsmöglichkeiten.

Gottes-Gnadenkraut
Gratiola officinalis
Wegerichgewächse (Plantaginaceae)

Gefahrenstufe: ***
Verbreitungsschwerpunkt: Moorwiesen, Röhricht
Hauptblütezeit: Juni bis August

Die ganze Pflanze ist stark giftig. Sie enthält Triterpene (Gratiotoxin), Gratiosid und Cucurbitacine. Früher verwendete man sie als drastisch wirkendes Abführmittel. Offenbar wirkt Gratiotoxin außerdem digitalisähnlich und beeinflusst das Herz. Früher nutzte man die Pflanze als harntreibendes und herzstärkendes Mittel. Auch für Schwangerschaftsabbrüche wurde sie eingesetzt, heute nur noch vereinzelt bei Gicht und Lebererkrankungen. Die Homöopathie verwendet die Pflanze bei Durchfällen, Magen-Darmstörungen und Juckreiz. Die Pflanze ist ohne besonderen Geruch, schmeckt aber brennend und bitter. Wird die Pflanze verzehrt, kommt es zu Übelkeit, Erbrechen, starkem Speichelfluss, blutigem Durchfall, Krämpfen und Koliken. Außerdem reizt sie die Nieren und stört die Herztätigkeit und Atmung. Berichtet wird ferner von Sehstörungen und einer veränderten Farbempfindung. Wird die Pflanze von Kühen gefressen, gehen die Giftstoffe in die Milch über. Das Gottes-Gnadenkraut ist selten und steht unter Naturschutz.

Wichtige Unterscheidungsmerkmale: Blätter durchscheinend punktiert. Blütenkrone blassrosa mit gelber Röhre. Verwechslung möglich mit *Silene*-Arten, S. 349 und *Lythrum salicaria* vor der Blütenentwicklung, S. 195.

Euphorbia helioscopia
Genista tinctoria
Gratiola officinalis
Helleborus niger

Ligustrum vulgare

Maianthemum bifolium

Narcissus pseudonarcissus

Nicotiana tabacum

Euphorbia helioscopia

Genista tinctoria

Gratiola officinalis

Helleborus niger

Christrosen
Helleborus
Hahnenfußgewächse (Ranunculaceae)

Gefahrenstufe: ****
Verbreitungsschwerpunkt: Bergwälder, Waldränder, Gebüsche
Hauptblütezeit: Februar bis Mai

Einige Nieswurzarten wie die bei uns vorkommende Christrose *(Helleborus niger)* und die Grüne Nieswurz *(Helleborus viridis)* sind beliebte Zierpflanzen. Alle Arten der Gattung sind sehr stark giftig. Sie enthalten das herzwirksame Hellebrin und weitere Saponine (Helleborin). In der Grünen Nieswurz kommen außerdem Alkaloide vor. Die Vergiftungserscheinungen sind ähnlich wie beim Roten Fingerhut *(Digitalis purpurea)* und führen zu Herzrhythmusstörungen. Der Tod tritt schließlich durch Atemlähmung ein. Medizinisch wurde die Nieswurz als Herzmittel genutzt. Die Homöopathie verwendet die Pflanze bei Herzschwäche, Krämpfen und Wasseransammlungen im Gewebe. Vereinzelt setzt man den getrockneten Wurzelstock immer noch zur Herstellung von Niespulver ein.

Christrose
Helleborus niger

Foto S. 611

Wichtige Unterscheidungsmerkmale: Blätter fest, ledrig, zum Teil sehr groß. Auffällige Blüten. Verwechslung möglich mit Zahnwurz-Arten vor der Blütenentwicklung, S. 444.

Bilsenkraut
Hyoscyamus niger
Nachtschattengewächse (Solanaceae)

Gefahrenstufe: ****
Verbreitungsschwerpunkt: Wegränder, Ruderalstellen
Hauptblütezeit: Juni bis Oktober

Bilsenkraut ist eine uralte Heil-, Liebes- und Ritualpflanze. Im Mittelalter war sie wegen ihrer berauschenden Wirkung ein wichtiger Bestandteil in Hexensalben. Alle Teile der Pflanze sind sehr stark giftig und enthalten die Alkaloide Scopolamin, Atropin, Hyoscyamin sowie Gerbstoffe. Ab einer Blätter-Menge von 0,5 g können Vergiftungen eintreten. Bei Kindern können schon 15 Stück der nur etwas mehr als 1 mm großen Samen zu tödlichen Vergiftungen führen. Der Vergiftungsverlauf ist ähnlich wie bei der Tollkirsche *(Atropa bella-donna)*. Zusätzlich tritt bei der Vergiftung starke Müdigkeit auf. Des Weiteren kommt es zur Bewusstseinstrübung, die sich in grundloser Heiterkeit, aber auch in Tobsuchtsanfällen äußern kann. Die Pupillen sind geweitet und es treten Herzrasen, Kopfschmerzen, starke Übelkeit und Erbrechen auf. Die einsetzende starke Mundtrockenheit bedingt zusätzliche Schluck- und Sprachschwierigkeiten. Der Vergiftete fühlt sich benommen und berauscht. Die Vergiftung wirkt tödlich durch Bewusstslosigkeit und Atemlähmung. Früher verwendete man die getrockneten Blätter wegen ihrer entkrampfenden Wirkung in Asthma-Zigaretten. Eine innerliche Anwendung erfolgte aufgrund ihrer sekretionshemmenden und krampflösenden Wirkung ebenfalls bei Bronchialasthma, außerdem bei Koliken und dem Parkinsonsyndrom. Im Altertum spielte die schmerzstillende und beruhigende Wirkung der Pflanze eine wichtige Rolle. Arzneilich verwendete man früher äußerlich das sogenannte Bilsenkrautöl (Ölauszug der Blätter) als Einreibung bei Rheuma und Nervenschmerzen. Die Homöopathie setzt das Bilsenkraut bei schwerem Durchfall, Krämpfen, Krampfhusten, aber auch bei Reizbarkeit ein.

Hyoscyamus niger

Wichtige Unterscheidungsmerkmale: Unangenehm riechend. Zottig behaart. Blüten glockenförmig, weiß mit violetten Adern und dunkelviolettem Grund. Verwechslung möglich mit *Lycopus europaeus* vor der Blütenentwicklung, S. 220.

Stechpalme

Ilex aquifolium

Stechpalmengewächse (Aquifoliaceae)

Gefahrenstufe: ***
Verbreitungsschwerpunkt: Laubwälder und Gebüsche
Hauptblütezeit: Anfang Mai bis Ende Juni

Die ganze Pflanze einschließlich der Beeren ist stark giftig. 20–30 Beeren wirken bei einem Erwachsenen tödlich. Die Stechpalme enthält Flavonoide (Rutin), Triterpene, Triterpensaponine und Bitterstoffe (Ilicin). Früher wurden die Früchte als Abführmittel verwendet. Die Blätter nutzte man volksheilkundlich zur Fiebersenkung und als harntreibendes Mittel. Die Homöopathie verwendet die Stechpalme bei Gelenk- und Augenerkrankungen. Vergiftungen gehen mit heftigen Magen-Darm-Entzündungen einher. Des Weiteren treten Herzrhythmusstörungen, Lähmungen und Nierenschädigungen auf. Die Fruchtkerne wurden dennoch laut wenigen Überlieferungen früher als Röstkaffee genutzt, und die Blätter als Schwarztee-Ersatz. Die Verwendung ist kritisch zu sehen.

Wichtige Unterscheidungsmerkmale: Blätter einteilig, stark glänzend. Beeren rot. Verwechslung möglich mit *Mahonia aquifolium*, S. 451.

Sadebaum

Juniperus sabina

Zypressengewächse (Cupressaceae)

Gefahrenstufe: ****
Verbreitungsschwerpunkt: Sonnige Berghänge
Hauptblütezeit: April bis Mai

Alle Pflanzenteile des Sadebaums oder Stinkwacholders, insbesondere aber das enthaltene ätherische Öl sind stark

Ilex aquifolium

Juniperus sabina

giftig. Die Pflanze enthält das giftige Sabinen und Thujon, außerdem Gerb- und Bitterstoffe (Savinin). Die tödliche Menge soll bei 5–20 g der frischen Zweigspitzen liegen. Leider liegen keine Angaben für die Beeren vor. Das ätherische Öl wirkt stark hautreizend, dies kann zu Entzündungen bis hin zu schweren Gewebeschäden führen. Nach dem Verzehr der unangenehm riechenden Pflanze kommt es zu Übelkeit und Erregung, gefolgt von Herzrhythmusstörungen und Krämpfen. Die Pflanze schädigt außerdem Leber und Nieren. Es kommt zu Gebärmutterkrämpfen, ferner zu blutigem Urin und Atemlähmung. Der Tod tritt in tiefer Bewusstlosigkeit meist erst nach vielen Stunden oder Tagen ein. Im Vergiftungsfall sollte als Erste Hilfe sofortiges Erbrechen herbeigeführt werden, in der Klinik Magenspülung und gegebenenfalls Beatmung. Ferner muss eine Kontrolle der Blutgerinnung und der Leberwerte erfolgen. Der Stinkwacholder wurde in früherer Zeit zu Abtreibungen verwendet, zuweilen mit tödlichem Ausgang für die Mutter. Auch die Anwendung gegen Warzen ist belegt. Die Homöopathie setzt den Sadebaum bei Menstruationsbeschwerden und Blasenreizungen ein.

Wichtige Unterscheidungsmerkmale: Wuchs breit ausladend. Blätter vor allem an älteren Trieben schuppenförmig. Verwechslung möglich mit *Juniperus communis,* S. 61.

Laburnum anagyroides

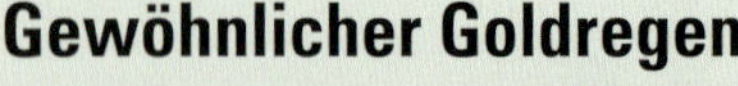

Gewöhnlicher Goldregen

Laburnum anagyroides

Schmetterlingsblütengewächse (Fabaceae)

Gefahrenstufe: ****
Verbreitungsschwerpunkt: Lichte Wälder
Hauptblütezeit: Mai bis Juni

Der Goldregen ist eine sehr stark giftige Pflanze. Alle Teile, insbesondere aber die bohnenähnlichen Hülsen, enthalten Alkaloide (Cytisin). Der Gehalt erreicht im Spätherbst ihr Maximum. Auch getrocknete Pflanzenteile sind giftig. Bei Kleinkindern können bereits wenige Samenhülsen bzw. 15–20 Samen tödlich wirken. Fatal sind Verwechslungen mit der Robinie *(Robinia pseudoacacia),* deren weiße Blüten ungiftig sind. Der Goldregen nimmt bei Vergiftungen, insbesondere von Kindern, eine Spitzenrolle ein. Die Vergiftungserscheinungen gleichen denen einer Nikotinvergiftung und treten schon etwa nach einer Viertelstunde ein. Sie äußern sich durch Brennen im Mund, vermehrten Speichelfluss, Durst und Übelkeit, außerdem oft stundenlang anhaltendes, teils blutiges Erbrechen, des Weiteren Pupillenerweiterung, Schwindel, Schweißausbrüche und Gliederschwäche. Cytisin wirkt zentral erregend auf das Gehirn und verursacht Verwirrtheitszustände, Halluzinationen, Muskelzuckungen und Krämpfe der Extremitäten. Unter zunehmenden Lähmungen und abnormer Schläfrigkeit kann es innerhalb weniger Stunden zum Tod durch Atemlähmung kommen. Früher verwendete man die Pflanze als Brech- und Abführmittel. Außerdem kam sie bei Nervenschmerzen und Asthma zum Einsatz. In Notzeiten rauchte man die Blätter als Tabakersatz. Die Homöopathie verwendet sie bei nervös-depressiven Zuständen und Magen-Darm-Erkrankungen.

Wichtige Unterscheidungsmerkmale: Bis 7 m hoher Strauch mit dreizähligen Blättern und reichhaltigen, hängenden, gelben Blütentrauben. Verwechselung möglich mit Robinie (*Robinia pseudoacacia,* S. 631).

Gift-Lattich

Lactuca virosa

Korbblütengewächse (Asteraceae)

Gefahrenstufe: **
Verbreitungsschwerpunkt: Nährstoffreiche Krautfluren
Hauptblütezeit: Juli bis September

Lactuca virosa

Leucojum vernum

Neben Bitterstoffen enthält der Giftlattich das giftige Alkaloid Lactucerol. Die Bitterstoffe des Milchsaftes wirken ähnlich beruhigend und hustenreizstillend wie Codein. Bereits im Altertum verwendete man eine später als Lactucarium bezeichnete Zubereitung aus getrockneten Blättern und Milchsaft medizinisch. Allerdings ist diese Anwendung kritisch zu sehen. Es existieren widersprüchliche Hinweise zu Vergiftungserscheinungen wie Atmungsbeschleunigung, beschleunigter Puls, Sehstörungen und Kopfschmerzen. Vermutlich sind diese abhängig von der Dosierung, (regionalen) Inhaltsstoffschwankungen und der individuellen Empfindlichkeit. Der Milchsaft aller *Lactuca*-Arten kann Kontaktallergien auslösen, wurde aber auch zur Behandlung von Warzen eingesetzt. Angeblich wurden die Blätter früher von April bis Juli in kleinen Mengen in Salaten oder erwärmt als Würze in Gemüsegerichten verwendet. Die überlieferte Verwendung ist kritisch zu betrachten.

Wichtige Unterscheidungsmerkmale: Pflanze mit widerlichem Geruch. Verwechslung möglich mit *Lactuca serriola*, S. 377 und *Sonchus asper*, S. 400.

Märzenbecher

Leucojum vernum

Narzissengewächse (Amaryllidaceae)

Gefahrenstufe: **

Verbreitungsschwerpunkt: Feuchte Laubwälder, Bergwiesen

Hauptblütezeit: Februar bis April

Blätter und Zwiebel des Märzenbechers sind giftig. Sie enthalten herzwirksame Alkaloide (Lycorin, Galanthamin). Vergiftungen äußern sich durch Erbrechen, Durchfall, Bewusstseinstrübungen und Herzrhythmusstörungen. Der Inhaltsstoff Galanthamin, der auch im Schneeglöckchen *(Galanthus nivalis)* und der Narzisse *(Narcissus pseudonarcissus)* vorkommt, wird zur Behandlung neurodegenerativer Erkrankungen (Alzheimer-Demenz) eingesetzt. Studien belegen einen positiven Effekt auf die Denk- und Merkfähigkeit der Patienten.

Wichtige Unterscheidungsmerkmale: Pflanze einblütig. Blätter fleischig. Blüte glockig, weiß mit grünen Flecken an der Spitze. Verwechslung möglich mit *Hemerocallis*-Arten vor der Blütenentwicklung, S. 60ff.

Ligustrum vulgare

Maianthemum bifolium

Narcissus pseudonarcissus

Nicotiana tabacum

Gewöhnlicher Liguster
Ligustrum vulgare
Ölbaumgewächse (Olaceae)

Gefahrenstufe: **
Verbreitungsschwerpunkt: Gebüsche, Auwälder
Hauptblütezeit: Juni bis August

Blätter, Beeren und Rinde sind giftig. Blätter und Rinde enthalten Gerb- und Bitterstoffe (Ligustron und Syringin). Die Beeren beinhalten giftige Iridoide und intensiv farbige Anthocyane. Offenbar werden diese im menschlichen Körper in ungiftige Verbindungen umgebaut, da der Verzehr kleiner Mengen der Beeren meist symptomlos vertragen wird und nur größere Mengen Beschwerden (Übelkeit, Kopfschmerzen, Durchfall und Magenschleimhautentzündung) verursachen. Angaben zu tödlichen Unfällen in der älteren Literatur sind wenig glaubhaft. Die Früchte verwendete man früher als Schreibtinte, zum Färben von Wolle, aber auch von Wein. Blätter und Rinde können hautreizend wirken. Früher verwendete man sie wegen ihrer adstringierenden Wirkung zur Behandlung von Hals- und Rachenentzündungen.

Wichtige Merkmale: Blätter gegenständig. Blüten nicht in Kätzchen wie bei Weiden. Schwarze Beeren.

Gelbe Narzisse, Osterglocke
Narcissus pseudonarcissus
Narzissengewächse (Amaryllidaceae)

Gefahrenstufe: ***
Verbreitungsschwerpunkt: Borstgrastriften und Zwergstrauchheiden
Hauptblütezeit: März bis April

Die ganze Pflanze enthält giftige Alkaloide (Lycorin), Oxalsäure und Bitterstoffe. Der Pflanzensaft wirkt stark hautreizend und kann zu starkem Erbrechen und Durchfall führen. Dennoch wurde die Zwiebel laut weniger Angaben früher erhitzt in der Nahrung genutzt. Diese widersprüchlichen Aussagen hängen wohl entscheidend mit der Verarbeitung wie auch mit der Dosierung zusammen. Das in der Osterglocke vorkommende Alkaloid Galanthamin wird zur symptomatischen Behandlung von Demenzerkrankungen eingesetzt. Früher wurde die Pflanze volksheilkundlich als Brechmittel verwendet. Die Homöopathie nutzt sie bei Schleimhautreizungen.

Wichtige Unterscheidungsmerkmale: Pflanze blaugrün, einblütig. Stängel zusammengedrückt. Blätter fleischig. Verwechslung möglich mit *Hemerocallis*-Arten vor der Blütenentwicklung, S. 60ff..

Zweiblättrige Schattenblume
Maianthemum bifolium
Spargelgewächse (Asparagaceae)

Gefahrenstufe: **
Verbreitungsschwerpunkt: Schattige Wälder
Hauptblütezeit: April bis Juni

Alle Teile der Schattenblume, insbesondere die Beeren, sind giftig. Die Pflanze enthält Cumarin und digitalisähnliche Glykoside, deren Struktur bisher unbekannt ist. Außerdem enthält sie giftige Aminosäuren. In den Beeren finden sich Cyanidine und Saponine. Überliefert ist der Gebrauch bei Herzerkrankungen. In der Volksmedizin wurde ein Tee davon früher als harntreibendes Mittel eingesetzt.

Wichtige Unterscheidungsmerkmale: Blätter eher rundlich. Verwechslung möglich mit Bärlauch, *Allium ursinum*, S. 51.

Virginischer Tabak
Nicotiana tabacum
Nachtschattengewächse (Solanaceae)

Gefahrenstufe: ****
Verbreitungsschwerpunkt: Selten verwildert
Hauptblütezeit: Juli bis August

Alle Pflanzenteile außer den reifen Samen sind sehr stark giftig. Schon der Inhalt von 1–2 Zigaretten kann eingenommen zum Tod führen. Kinder reagieren noch empfindlicher und sind überdurchschnittlich häufig von Vergiftungen betroffen. Der Geruch der Pflanze wird als eigenartig und betäubend beschrieben, der Geschmack als widerlich bitter. Verantwortlich für die Giftwirkung ist das Alkaloid Nicotin. Eine Vergiftung ist durch Brennen im Mund, Übelkeit, Erbrechen, Störungen des Herzrhythmus und Herzrasen gekennzeichnet. Die Haut wird blass, kalter Schweiß tritt aus und es treten Schock und Krämpfe auf. Durch die sich verengenden Pupillen kommt es zu Sehstörungen. Tödliche Vergiftungen sind durch zunehmende Atemlähmung gekennzeichnet. Seit Urzeiten wird der

Rauch der getrockneten Blätter als Genussmittel oder zu medizinischen oder rituellen Zwecken inhaliert. Die ursprünglich in Amerika beheimatete Pflanze gelangte erst nach der Entdeckung des neuen Kontinents durch Christoph Kolumbus nach Europa. Durch den Verbrennungsvorgang entstehen zahlreiche aromatische Stoffe. Zwar verringert sich der Gehalt an Nicotin, aber es entsteht eine unübersehbare Zahl an neuen giftigen Verbrennungsprodukten. Durch die Inhalation werden die Giftstoffe zudem besonders effektiv und schnell in den Körper aufgenommen. Neben der Inhalation spielt auch der Gebrauch der Pflanze als Kau- oder Schnupftabak eine gewisse Rolle. Der andauernde Konsum führt zur Sucht und ist mit erheblichen gesundheitlichen Risiken, insbesondere für das Herz-Kreislaufsystem und die Lunge, verbunden. Die Verbrennungsprodukte stehen in engem Zusammenhang mit einer ganzen Reihe von Krebserkrankungen (Lunge, Speiseröhre, ableitende Harnwege etc). Früher applizierte man die Pflanze in Form eines Klistiers bei hartnäckiger Verstopfung und verwendete sie außerdem in der Augenheilkunde. Heute dient sie als Rohstoff für die Gewinnung von Nicotinsäure. Nicotin lässt sich auch wirkungsvoll zur Schädlingsbekämpfung einsetzen. Die Homöopathie verwendet die Pflanze bei Kreislaufschwäche, Reisekrankheit und den Folgen übermäßigen Tabakkonsums. Der Tabak wird in manchen Gegenden Deutschlands kommerziell angebaut, verwildert gelegentlich und ist auch eine beliebte Zierpflanze.

Wichtige Unterscheidungsmerkmale: Pflanze klebrig behaart. Grünliche Blüten in endständiger Rispe. Frucht eine Kapsel. Verwechslung möglich mit *Inula helenium* vor der Blütenentwicklung, S. 280.

Milchsterne
Ornithogalum
Spargelgewächse (Asparagaceae)

Gefahrenstufe: ***
Verbreitungsschwerpunkt: Trockenrasen, Weinberge
Hauptblütezeit: April bis Juni

In praktisch allen bisher untersuchten *Ornithogalum*-Arten finden sich giftige Alkaloide. Trotzdem existieren Berichte über Nahrungsnutzungen der mitteleuropäischen Arten (*O. umbellatum* und nur selten vertreten *O. pyrenaicum, O. boucheanum, O. vulgare*). Machatschek 2010 geht davon aus, dass die Pflanzen nach Aufbereitung (wir vermuten Auskochen, Wässern oder/und Backen) sicher in der Nahrung genutzt wurden. Zugabemengen und Verarbeitungsintensität sind nicht überliefert. Möglicherweise gibt es dafür jahreszeitliche und geografische Gründe, oder die Verzehrbarkeit bezieht sich auf eine spezielle Zubereitungsart. Über eine medizinische Verwendung ist uns nur beim Dolden-Milchstern *(O. umbellatum)* etwas bekannt. Heilkundlich wurden hiervon früher Zubereitungen aus der Wurzel bei vermehrtem Speichelfluss, bei Gasansammlungen im Körper und bei Herzrhythmusstörungen eingesetzt. Die Homöopathie verwendet die Pflanze bei Verdauungsbeschwerden. Als Bachblüte wird sie bei Mutlosigkeit und Verzweiflung eingesetzt.

Dolden-Milchstern
Ornithogalum umbellatum

Wichtige Unterscheidungsmerkmale: Blatt schmal (5 mm), weiß gestreift. Blüte weiß, grün gestreift. Verwechslung möglich mit *Hemerocallis* und *Allium*-Arten vor der Blütenentwicklung, S. 60ff. bzw. 46ff.

Schlaf-Mohn
Papaver somniferum
Mohngewächse (Papaveraceae)

Gefahrenstufe: ***
Verbreitungsschwerpunkt: Ruderalgesellschaften, Acker- und Gartenunkrautgesellschaften
Hauptblütezeit: Juni bis August

Der Schlaf-Mohn ist eine der ältesten Nutz- und Heilpflanzen der Menschheit. Erste Hinweise auf Keilschrifttafeln datieren um das Jahr 4000 v. Chr. Medizinische Bedeutung besitzen insbesondere die Samenkapseln und der aus den angeritzten Samenkapseln hervortretende Milchsaft. Er enthält eine Vielzahl giftiger Alkaloide (Morphin, Codein, Papaverin, Thebain, Noscapin) von denen einige noch heute wichtige Grundstoffe in der Pharmazie sind. Den getrockneten Milchsaft bezeichnet man als Opium und verwendete ihn seit Urzeiten medizinisch. Opiumalkaloide gehören zu den am stärksten schmerzstillenden Substanzen, die wir kennen. Weitere Anwendungsgebiete sind die Behandlung von starkem Durchfall und die Behebung eines starken Hustenreizes. Die Reinalkaloide besitzen unterschiedliche Einzelwirkungen. Sie beeinflussen spezifische Rezeptoren im Gehirn, im Magen-Darm-Bereich und wirken zentraldämpfend und entkrampfend auf verschiedene Organe. Überdosierungen lähmen das Atemzentrum und führen zum Tod. Eine länger währende Anwendung führt zur Sucht. Blätter, Blüten und Samen wurden angeblich jedoch in der Nahrung wie folgt genutzt: Die

Ornithogalum umbellatum

Papaver somniferum

Blätter wurden roh oder gekocht verwendet. Man gebrauchte sie spinatartig oder als gering dosiertes Gewürz in Salatspeisen sowie in Suppen. Die Blätter sollten verwendet werden, bevor sich die ersten Ansätze der Blütenknospen bilden, am besten noch im Keimlingsstadium. Man vermutet in ihnen keine narkotischen Substanzen. Dennoch empfiehlt es sich, vorsichtig zu dosieren. Die kleinen, nussig schmeckenden Samen werden im August geerntet. Die Samen sind sicher zu essen, da sie die Alkaloide der anderen Pflanzenteile nicht enthalten. Sie werden als Beigabe in Gebäck verwendet, ein mandelartig schmeckendes Speiseöl [16.3] wird ebenfalls aus den Samen gepresst. Es gilt als guter Ersatz für Olivenöl und kann angeblich ebenso verwendet werden. Unklar ist, wie die scharlachroten Blütenblätter genutzt wurden.

Wichtige Unterscheidungsmerkmale: Pflanze blaugrün. Blätter ungeteilt. Blütenkrone hellviolett mit dunklem Grund. Verwechslung möglich mit *Papaver dubium,* S. 453, und *Papaver rhoeas,* S. 453.

Vierblättrige Einbeere
Paris quadrifolia
Germergewächse (Melanthiaceae)

Foto S. 620

Gefahrenstufe: **
Verbreitungsschwerpunkt: Laubwälder
Hauptblütezeit: April bis Juni

Die ganze Pflanze (v. a. die Frucht) gilt als giftig. Das Essen mehrerer Früchte führt zu Erbrechen und Krämpfen mit Atemlähmung. Die Einbeere enthält giftige Steroidsaponine und Glykoside. Volksmedizinisch wurde sie gegen die Pest angewandt.

Wichtige Unterscheidungsmerkmale: Blattquirle zu vier (bis sechs). Blätter netznervig. Eine endständige Blüte, die später zur schwarzblauen, kugeligen Frucht reift. Verwechslung möglich mit *Lilium martagon* vor der Blütenentwicklung, deren Blätter aber parallelnervig sind, S. 548.

Paris quadrifolia

Pulsatilla vulgaris

Sambucus ebulus

Senecio jacobaea

Küchenschelle
Pulsatilla vulgaris
Hahnenfußgewächse (Ranunculaceae)

Gefahrenstufe: **
Verbreitungsschwerpunkt: Trockenrasen
Hauptblütezeit: März bis April

Die ganze Pflanze ist giftig. Sie enthält das auch in vielen anderen Hahnenfußgewächsen vorkommende, stark schleimhautreizende Alkaloid Protoanemonin, außerdem Saponine und Gerbstoffe. Bei der Trocknung wird das Protoanemonin zum pharmakologisch wirksamen Anemonin abgebaut. Vorsicht ist beim Kontakt mit dem Pflanzensaft geboten. Dieser führt zu heftigen Reizerscheinungen an Haut bzw. Schleimhäuten. Früher genoss die Küchenschelle in der Volksmedizin große Wertschätzung. Dem getrockneten Kraut wurden harntreibende, krampflösende, menstruationsfördernde, auswurffördernde, nervenstärkende und beruhigende Eigenschaften nachgesagt. Man setzte die Küchenschelle innerlich bei einer Vielzahl von Beschwerden wie Menstruationsstörungen, Entzündungen der Fortpflanzungsorgane, Spannungskopfschmerz, Neuralgien, Schlaflosigkeit und Krampfhusten ein. Offenbar verwendete man sie außerdem zur äußerlichen Anwendung bei Linsentrübungen des Auges (Katarakt) und beim Grünen Star. Die Einnahme größerer Mengen des getrockneten Krautes reizt Nieren und ableitende Harnwege. Schwangere sollten die Pflanze keinesfalls anwenden. In homöopathischen Präparaten dient sie zur Behandlung von Zyklusstörungen, Migräne und Depressionen. Vergiftungen äußern sich zunächst durch Erregungszustände und Übelkeit. Später treten Lähmungserscheinungen, Nierenschädigungen und Schock auf. Die wunderschöne Pflanze erscheint im zeitigen Frühjahr und ist wegen ihrer behaarten Blütenstängel und der typischen Blüten schwer zu verwechseln.

Wichtige Merkmale: Stängel zottig behaart. Auffällige Blüte.

Zwerg-Holunder, Attich
Sambucus ebulus
Moschuskrautgewächse (Adoxaceae)

Gefahrenstufe: ***
Verbreitungsschwerpunkt: Staudensäume an Gehölzen im Halbschatten
Hauptblütezeit: Juni bis August

Blätter, Rinde und die unreifen Früchte sind giftig. Die Blüten und reifen Früchte sind essbar. Sie müssen aber gekocht und sollten keinesfalls in größeren Mengen genossen werden. Sie enthalten geringe Mengen Blausäureglykoside (Sambunigrin), ätherisches Öl, Gerb- und Bitterstoffe, Flavonoide, Chlorogensäure und farbige Anthocyane. In Blättern und der Rinde ist der Gehalt an Blausäureglykosiden höher, außerdem enthalten sie Lektine. Die Wurzeln enthalten Iridoide, Zucker, Inositol und Gerbstoffe. Alle Pflanzenteile wurden früher medizinisch, insbesondere zur Behandlung der Wassersucht (Ödeme) und als drastisches Abführmittel, verwendet. Abkochungen aus den Blättern wurden volksheilkundlich genutzt zum Gurgeln bei Entzündungen in Mund und Rachen oder für Umschläge bei Gicht und Milzschmerzen. Innerlich wurden sie bei Erkältungskrankheiten und als harn- und schweißtreibendes Mittel eingesetzt. Das Fruchtmus wurde früher als Abführmittel verwendet. Reife Früchte wurden angeblich als Gewürz in der Küche genutzt. Vermutlich geschah das aber nur in so geringer Dosierung, dass keine Unbekömmlichkeiten aufgetreten waren.

Wichtige Unterscheidungsmerkmale: Pflanze krautig. Blütendolde endständig. Verwechslung möglich mit *Sambucus nigra,* S. 460.

Greiskräuter
Senecio
Korbblütengewächse (Asteraceae)

Gefahrenstufe: **
Verbreitungsschwerpunkt: Steinfluren und alpine Rasen
Hauptblütezeit: Juli bis August

Das Kraut der *Senecio*-Arten, insbesondere das vom Jakobs-Greiskraut *(Senecio jacobaea),* Hain-Greiskraut *(Senecio nemorensis)* und Gewöhnlichen Greiskraut *(Senecio vulgaris),* gilt als giftig und wurde seit dem Altertum medizinisch verwendet. Die Greiskräuter enthalten krebsauslösende und lebergiftige Pyrrolizidinalkaloide (Jacobin, Senecionin), weswegen ihre Anwendung heute unterbleibt. Weitere Inhaltsstoffe sind Oxalsäure, Flavonoide (Rutin), Cumarine und Vitamin C. In der Volksheilkunde wurde das Kraut durchaus erfolgreich bei inneren Blutungen, Zahnfleischbluten und zur Blutstillung bei Zahnextraktionen verwendet. Gute Dienste leisteten die Pflanzen außerdem bei gynäkologischen Blutungen und zu starker Regel. Der äußerliche Einsatz betrifft Wunden und alle Arten von Blutungen. Aufgrund der blutzuckersenkenden Wirkung setzte man es darüber hinaus bei Diabetes ein. Die Homöopathie nutzt die Pflanze bei Menstruationsstörungen und Blutungen aller Art. Es gibt Überlieferungen, die berichten, dass die Pflanzen als Beigabe zu Rauchtabak, Eingelegtem und in Gemüsespeisen genutzt wurden. Sicher ist dies eine Frage der Zubereitungsart und Dosierung der Pflanzenteile. Wir raten jedoch davon ab.

Jakobs-Greiskraut
Senecio jacobaea

Foto S. 620

Wichtige Merkmale: Blätter in rechtwinklig zum Mittelnerv stehende Abschnitte geteilt. Gelbes Blütenköpfchen 1–2 cm im Durchmesser mit vielen Röhren- und 12–15 Zungenblüten. Ohne nennenswerte Verwechslungsmöglichkeiten.

Hain-Greiskraut
Senecio nemorensis

Wichtige Merkmale: Blätter breit-lanzettlich, gezähnt. Gelbes Blütenköpfchen 2–3 cm im Durchmesser mit vielen Röhren- und nur 4–8 Zungenblüten. Verwechslung möglich mit *Impatiens glandulifera* S. 278, vor der Blütenentwicklung.

Gewöhnliches Greiskraut
Senecio vulgaris

Wichtige Merkmale: Stängel meist oben spinnwebartig behaart. Blätter etwas fiederteilig mit rechtwinklig zum Mittelnerv stehenden Abschnitten. Gelbes Blütenköpfchen nur 0,5 cm breit mit vielen Röhren- und fast keinen Zungenblüten. Ohne nennenswerte Verwechslungsmöglichkeiten.

Bittersüßer Nachtschatten
Solanum dulcamara

Nachtschattengewächse (Solanaceae)

Gefahrenstufe: **–***
Verbreitungsschwerpunkt: Auwälder, feuchte Gebüsche
Hauptblütezeit: Juni bis August

Alle Pflanzenteile des Bittersüßen Nachtschattens sind stark giftig. Eine besondere Gefahr geht von den unreifen Beeren aus. Schon 10 unreife Beeren können für Kinder tödlich sein. Der Alkaloidgehalt nimmt während der Reifung ab. Reife Früchte sind praktisch alkaloidfrei, trotzdem sollte man vorsichtig sein. Der erste Geschmackseindruck der Beeren ist bitter, kurze Zeit später tritt der süße Geschmack auf. Von der Pflanze existieren drei verschiedene chemische Rassen, die sich im Profil der enthaltenen Steroidalkaloide (Soladulcidin, Tomatidenol, Solasodin) unterscheiden. Außerdem enthält die Pflanze Saponine und Gerbstoffe, in den reifen Früchten außerdem Carotinoide (Lycopin). Die getrockneten Stängel und jungen Schößlinge wurden früher arzneilich verwendet. Der Bittersüße Nachtschatten wirkt abführend, harn- und schweißtreibend und auswurffördernd. Pfarrer Kneipp empfahl ihn bei allen Erkrankungen, bei denen eine Entgiftung erwünscht ist. Man verwendete ihn zur Blutreinigung, bei Rheuma und Husten. Äußerlich kann er bei chronischen Hauterkrankungen (Ekzemen, Neurodermitis, Lippenbläschen) eingesetzt werden. Vergiftungen äußern sich durch heftiges Erbrechen, Pupillenerweiterung, Augenflimmern, Krämpfe, Fieber und schmerzhaftem Durchfall. Aufgrund einer Lähmung der Zungenmuskulatur kommt es zum Verlust des Sprachvermögens. Zunächst ist der Pulsschlag erhöht, später stark verlangsamt. Lebensgefährlich ist eine eintretende Atemlähmung.

Wichtige Merkmale: Häufig kletterndes, an der Basis verholztes Nachtschattengewächs mit violetter Krone und glänzend roten, eiförmigen Beeren. Ohne nennenswerte Verwechslungsmöglichkeiten.

Senecio nemorensis

Senecio vulgaris

Solanum dulcamara

Trollius europaeus

Trollblume
Trollius europaeus
Hahnenfußgewächse (Ranunculaceae)

Foto S. 623

Gefahrenstufe: **
Verbreitungsschwerpunkt: Feuchte Bergwiesen
Hauptblütezeit: Mai bis Juni

Die Pflanze enthält das giftige und hautreizende Protoanemonin, das beim Trocknen abgebaut wird. Die Wurzeln weisen außerdem Saponine und Alkaloide (Magnoflorin) auf. Offenbar enthalten die Blüten Vitamin C, weshalb man sie früher zur Behandlung von Skorbut einsetzte. Wegen ihres scharfen Geschmacks wird die Pflanze vom Weidevieh gemieden. Hautkontakt mit dem Pflanzensaft führt zu starken Hautreizungen mit Blasenbildung. Wird die Pflanze versehentlich verzehrt, kommt es zu starkem Brennen im Mund- und Rachenraum, Erbrechen, Durchfall, Schwindel und anfänglichen Erregungszuständen, die im weiteren Verlauf der Vergiftung in Lähmungserscheinungen übergehen. Von der Reizwirkung sind auch die Nasenschleimhaut und die Bronchien betroffen, was zu Atemnot führen kann. Manche Autoren machen für die Giftwirkung das Alkaloid Magnoflorin verantwortlich.

Wichtige Unterscheidungsmerkmale: Gelbe Blütenköpfe mit kugelig zusammenneigenden Blütenblättern. Verwechslung möglich mit *Geranium pratense,* S. 78, und *Geranium sylvaticum,* vor der Blütenentwicklung, S. 81.

Europäischer Stechginster
Ulex europaeus
Schmetterlingsblütengewächse (Fabaceae)

Gefahrenstufe: ***
Verbreitungsschwerpunkt: Waldmantelgebüsche und Hecken
Hauptblütezeit: April bis Juni

Früchte und Zweige des Stechginsters sind stark giftig. Erste Vergiftungszeichen sind starke Übelkeit und Krämp-

Ulex europaeus

Veratrum album

fe. Sie enthalten Alkaloide (Cytisin, Anagyrin), Flavonoide und Lektine. Arzneilich verwendet werden die Samen und jungen Triebe. Cytisin wirkt nikotinähnlich, ist dabei aber nicht suchterzeugend. Man verwendet es aus diesem Grund in Präparaten zur Nikotinentwöhnung. Die enthaltenen Lektine führen zum Verklumpen von Zellen, sind aber vermutlich hitzelabil. Es gibt Berichte, denen zufolge die Blüten und Blütenknospen in Kräuterwein bzw. Essig (möglicherweise erhitzt) als Speisenbeigabe eingelegt wurden. In der Volksmedizin hat die Pflanze nie eine große Rolle gespielt. Es gibt Hinweise zu einer Anwendung bei Scharlach und Gelbsucht.

Wichtige Unterscheidungsmerkmale: Nadelartige Blätter variieren stark in der Länge. Gelbe Schmetterlingsblüten. Verwechslung möglich mit *Juniperus communis* vor der Blütenentwicklung, S. 61

Vincetoxicum hirundinaria

Weißer Germer
Veratrum album
Germergewächse (Melanthiaceae)

Gefahrenstufe: ****
Verbreitungsschwerpunkt: Bergwiesen
Hauptblütezeit: Juni bis August

Die ganze Pflanze ist stark giftig. Sie enthält giftige Steroidalkaloide (Protoveratrine, Germerin). Der Alkaloidgehalt ist umso geringer, je höher der Standort ist. Der Geschmack ist scharf und bitter. Schon winzige Mengen der gepulverten Wurzel reizen zum Niesen (Anwendung in Schnupftabak). Die Alkaloide werden über die Haut aufgenommen und führen nach anfänglichem Brennen zu einer völligen Anästhesie der betroffenen Stellen. Tödliche Vergiftungen werden bereits von etwa 1–2 g der getrockneten Droge hervorgerufen. Sie äußern sich durch Temperaturanstieg und Lähmungen des Herz-Kreislaufsystems. Die enthaltenen Protoveratrine sind aufgrund ihrer stark blutdrucksenkenden und digitalisähnlichen Wirkungen medizinisch interessant. Von Nachteil ist dabei die geringe therapeutische Breite, weshalb es leicht zu Vergiftungen kommen kann. Bedeutsam ist auch die äußerliche Anwendung bei schweren Schmerzzuständen des Gesichtsnerves (Trigeminusneuralgie). Auszüge der Pflanze werden in der Tiermedizin zur Behandlung gegen Ungeziefer eingesetzt. Die Homöopathie nutzt die Pflanze bei Durchfall, Herz- und Kreislaufschwäche und Bluthochdruck.

Wichtige Unterscheidungsmerkmale: Aufdringlicher Duft. Blätter wechselweise bis schraubig angeordnet. Blüten zahlreich, grünlich bis gelblich. Verwechslung möglich mit *Gentiana lutea,* dessen Blätter aber gegenständig angeordnet sind, S. 538.

Schwalbenwurz
Vincetoxicum hirundinaria
Hundsgiftgewächse (Apocynaceae)

Gefahrenstufe: **
Verbreitungsschwerpunkt: Trockene Wälder, trockenes Gebüsch
Hauptblütezeit: Mai bis August

Die ganze Pflanze, insbesondere aber die Wurzeln und Samen sind giftig. Die Schwalbenwurz enthält ein als Vincetoxin bezeichnetes Alkaloidgemisch, Flavonoide (Vincetoxicoside) und Sterole. Vincetoxin wirkt aconitinähnlich

(Blauer Eisenhut, *Aconitum napellus*) und verursacht Lähmungen. Früher nutzte man die Wurzel als harn- und schweißtreibendes Mittel, außerdem bei Vergiftungen und Schlangenbissen, wovon auch der lat. Name herrührt (Gift besiegen). Hierbei nutzte man die Eigenschaft der Pflanze, bereits in geringen Mengen Erbrechen hervorzurufen. Die Volksmedizin verwendete sie als Blutreinigungsmittel und bei schlecht heilenden Wunden und Geschwüren. Die Homöopathie nutzt die Pflanze bei Bluthochdruck und zur Immunstimulation. Vergiftungen äußern sich durch Erbrechen und Durchfall, vermehrtem Speichelfluss, Erregungszuständen und Krämpfen.

Wichtige Unterscheidungsmerkmale: Pflanze krautig, unverzweigt. Blätter zugespitzt. Verwechslung möglich mit großblättrigen *Lonicera*-Arten im Jugendstadium, S. 284.

Verwendete und umstrittene Giftpflanzen

Hier sind bekannte Giftpflanzen aufgeführt, die dennoch in der Ernährung eine mehr oder weniger große Rolle spielten und auch zum Teil immer noch spielen, sowie Pflanzen, deren gefährliche Giftwirkung umstritten ist.

Seidenpflanze
Asclepias syriaca
Hundsgiftgewächse (Apocynaceae)

Gefahrenstufe: (***)

Verbreitungsschwerpunkt: Ruderalgesellschaften, Acker- und Gartenunkrautgesellschaften
Hauptblütezeit: Juni bis August

Die ganze Pflanze und insbesondere der Milchsaft gelten aktuell noch als giftig. Medizinisch verwendet wird der fleischige Wurzelstock. Der Hauptwirkstoff der Pflanze ist Asclepiadin. Die Verbindung weist eine ähnliche Struktur auf wie das aus der giftigen Schwalbenwurz bekannte Vincetoxin. Die Giftwirkung der Pflanze sei digitalisähnlich und betreffe das Herz. Die Indianer Nordamerikas schätzten die Seidenpflanze als Heilmittel bei Erkrankungen der Lunge. Daneben wurde sie aber auch als Brech- und Verhütungsmittel eingesetzt. Die Samenhaare werden als Polstermaterial genutzt.

Zu dieser Pflanze gehen die Meinungen weit auseinander. Ältere Berichte, die sich alle offenbar auf eine einzige Studie zur Giftigkeit dieser Pflanze zurückverfolgen lassen, stellen die Pflanze als sehr toxisch, gefährlich herzwirksam und übelschmeckend bitter dar. Z. B. Meunick 1992 und Roth et al. 1994. Moderne Aussagen bezweifeln dies und vermuten, dass der Studie eine Pflanzenverwechslung zugrunde liegt. Im englischen Sprachraum gibt es sehr viele Berichte über die Essbarkeit und den Wohlgeschmack der Pflanze. Hier eine Zusammenfassung der Berichte: Blüten und junge Blütenknospen schmecken nach Angabe angenehm süßlich-schleimig und nicht bitter. Sie sollen auch als Bindemittel in Suppen und als Aroma für Sirup dienen. Geschälte junge Triebe können offenbar wie Spargel zubereitet werden. Die Triebspitzen nutze man spinatartig. Sie hätten einen leicht bitteren Geschmack. Ganz junge Samenkapseln, bis max. 3 cm Länge würden gemüseartig gekocht. Sie seien geschmackvoll, okra-ähnlich. Auch die Keimlinge können angeblich gegessen werden, und aus den Samen lasse sich ein Speiseöl gewinnen. Selbst das Latex im Stiel der Pflanze würde nach Angaben als gummiartiger Snack gekaut. Andere Berichte sprechen nur dem Latex in der reifen Pflanze eine Giftigkeit zu und behaupten, er mache die Pflanze extrem bitter und sehr giftig für Schafe und andere große Säugetiere. Die jungen Triebe, junge Blätter, Knospen und unreife Früchte seien hingegen aber roh essbar. Wir können zu den Unklarheiten leider keine Stellung nehmen, da wir bei dieser Pflanze noch keine eigenen Erfahrungen einbringen können.

Wichtige Merkmale: Bis 2 m hoch. Am Grunde verholzend. Blätter kurz zugespitzt. Braunrote Blüten in doldiger Anordnung. Früchte hornförmig, bis 15 cm lang. Ohne nennenswerte Verwechslungsmöglichkeiten.

Besenginster
Cytisus
Schmetterlingsblütengewächse (Fabaceae)

Gefahrenstufe: **–***
Verbreitungsschwerpunkt: Lichte Wälder
Hauptblütezeit: April bis August

Alle *Cytisus*-Arten enthalten Chinolizidinalkaloide (hauptsächlich Spartein) und Lektine. Die Konzentration und Zusammensetzung unterscheidet sich von Art zu Art. Die Vergiftungserscheinungen durch den Gewöhnlichen Besenginster ähneln einer Nicotinvergiftung.

Die getrockneten Blüten von *C. canariensis* werden zur Erzeugung eines leichten, euphorischen Rauschzustandes geraucht. Nach Machatschek 2010 wurden die Blütenknospen der mitteleuropäischen Arten *Cytisus scoparius* und den seltenen *C. multiflorus, C. nigricans* und *C. striatus* eingelegt verwendet und die Samen zu Kaffee geröstet. Die Samen enthalten Lektine, die vermutlich beim Erhitzen zerstört werden. Sicher hat die Verwendbarkeit der Pflanzen etwas mit der Dosierung und der Verarbeitung zu tun. Auf jeden Fall ist hier Vorsicht geboten. Die Triebspitzen des Gewöhnlichen Besenginsters *(C. scoparius)* im Speziellen wurden ferner als herbes Aroma beim Bierbrauen und seine ganz jungen Früchte erhitzt als kleine Beigabe in Gemüsegerichten genutzt. Medizinisch verwendet wird die Pflanze in Fertigarzneimitteln bei Herzrhythmusstörungen, zur Kreislaufregulation und als Venenmittel. Die Blüten wurden volksheilkundlich als harntreibendes Mittel eingesetzt.

Asclepias syriaca

Cytisus scoparius

Erysimum cheiranthoides

Heracleum mantegazzianum

Gewöhnlicher Besenginster
Cytisus scoparius

Foto S. 629

Wichtige Merkmale: Strauch mit rutenförmigen Ästen. Gelbe Blüten ca. 2–3 cm lang, alleine oder zu zweien in Blattachseln. Fruchtschoten fein behaart. Ohne nennenswerte Verwechslungsmöglichkeiten.

Schöteriche
Erysimum

Kreuzblütengewächse (Brassicaceae)

Gefahrenstufe: **
Verbreitungsschwerpunkt: Äcker, Schuttplätze
Hauptblütezeit: April bis September

Zu den mitteleuropäischen Arten *Erysimum cheiranthoides* und den seltenen *E. hieraciifolium* und *E. odoratum* gibt es leider sehr unterschiedliche Angaben, die alle wenig belegt sind. Meistens werden sie als giftig angesehen. Für viele Arten der Gattung wird das Vorkommen spezieller Steroidverbindungen, sogenannter Cardenolide (Helveticosid, Erysimosid), beschrieben. Viele dieser Verbindungen, die meist in Form ihrer Glykoside, also an Zuckermoleküle gebunden, vorkommen, wirken auf das Herz. Vergiftungen durch die Samen wurden in Kanada bei Rindern und Schweinen berichtet. Es gibt Überlieferungen, die besagen, dass die »jungen Blätter« von *Erysimum cheiranthoides* ausgekocht und dann in Kombination mit anderen Pflanzen spinatartig zubereitet wurden (u. a. MACHATSCHEK 2010). Laut Angaben wurden die mitteleuropäischen *Erysimum*-Arten auf trockenen Böden auch für eine Ölgewinnung kultiviert. Die beschriebenen Verwendungen sind, bis genauere Untersuchungen vorliegen, kritisch zu sehen. Vermutlich ist der Erntezeitpunkt und die erhitzte Verarbeitung sowie die Dosierung entscheidend.

Acker-Schöterich
Erysimum cheiranthoides

Foto S. 629

Wichtige Merkmale: Blätter ungeteilt, behaart. Einzelblüte kleiner 1 cm. Frucht eine aufrecht abstehende, bis 3 cm lange Schote. Ohne nennenswerte Verwechslungsmöglichkeiten.

Herkulesstaude, Riesen-Bärenklau
Heracleum mantegazzianum

Doldengewächse (Apiaceae)

Foto S. 629

Gefahrenstufe: ***
Verbreitungsschwerpunkt: Erlen- und Edellaub-Auenwälder
Hauptblütezeit: Juli bis September

Alle Pflanzenteile des Riesen-Bärenklaus können bei starkem Hautkontakt bis zu Verbrennungen dritten Grades führen. Dennoch wurden die Blätter z. T. früher als Gewürz, die Blattstiele auch kandiert eingesetzt. Die ganze Pflanze enthält Furocumarine (Psoralen, Bergapten) mit phototoxischen Eigenschaften. Einen sehr hohen Gehalt dieser im Zusammenwirken mit Sonnenlicht stark hautreizenden Substanzen weisen die Pflanzen im Frühjahr auf. Über eine medizinische Nutzung ist uns nichts bekannt.

Wichtige Unterscheidungsmerkmale: Höhe bis 3 m. Stängel gefleckt. Blätter bis 1 m lang. Blattrand scharfzähnig. Dolden bis 50 cm breit. Verwechslung möglich mit *Heracleum sphondylium*, S. 412.

Alpenrosen-Arten
Rhododendron

Heidekrautgewächse (Ericaceae)

Gefahrenstufe: ***
Verbreitungsschwerpunkt: Zwergstrauchregionen, Felsige Abhänge
Hauptblütezeit: Mai bis Juli

Viele *Rhododendron*-Arten sind beliebte Zierpflanzen. Sie enthalten unterschiedliche Gehalte an Ursolsäure, Arbutin und toxischen Diterpenen (Andromedanderivate). Vergiftungen durch den Verzehr der Blätter sind vom Vieh bekannt. Da die in den Blüten enthaltenen Giftstoffe in den Honig übergehen, gibt es Berichte über diesbezügliche Vergiftungen. Sie äußern sich durch Erbrechen, Durchfall, Schmerzen und Krämpfe im Magen-Darm-Bereich. Außerdem treten Gliederschmerzen, Gleichgewichtsstörungen, Erregungszustände, aber auch Lähmungserscheinungen auf. Auf der Haut und den Schleimhäuten kann es zu Juckreiz und Brennen kommen. Dennoch werden auch heute noch die Blüten im Alpenraum als Aroma für Getränke und Honig genutzt. Medizinisch wird die Alpenrose heute nur noch selten als harn- und schweißtreibendes Mittel bei Rheuma und Muskelerkrankungen eingesetzt.

Rostblättrige Alpenrose
Rhododendron ferrugineum

Wichtige Merkmale: Zwergstrauch. Höhe etwa 1 m. Blüten trichterförmig, pink bis rot, 1–2 cm. Blätter auf der Unterseite rostig verfärbt. Ohne nennenswerte Verwechslungsmöglichkeiten.

Bewimperte Alpenrose
Rhododendron hirsutum

Wichtige Merkmale: Ähnlich wie Rostblättrige Alpenrose *(Rhododendron ferrugineum)*, aber Blätter auf der Unterseite grün. Ohne nennenswerte Verwechslungsmöglichkeiten.

Robinie, Scheinakazie
Robinia pseudoacacia

Schmetterlingsblütengewächse (Fabaceae)

Gefahrenstufe: ***
Verbreitungsschwerpunkt: Trockene Böschungen
Hauptblütezeit: Anfang Juni bis Ende Juni

Die ganze Pflanze beinhaltet Giftstoffe, insbesondere die Rinde. Die Rinde enthält Gerbstoffe (Protocatechin), Syringin und die beiden giftigen Lectine Robin und Phasin. Lectine finden sich auch in den Samen. Sie sind hitzelabil und werden beim ausgedehnten Kochen zerstört. Blüten und Blätter enthalten Glykoside (Indikan), ätherisches Öl mit zahlreichen stark duftenden Verbindungen, Flavonoide (Acacetin) und Gerbstoffe. Die meisten dieser Stoffe können durch Einweichen und mehrmaliges Spülen in Wasser und durch anschließendes langes Erhitzen bei 100 °C vermindert bzw. unschädlich gemacht werden. (Glykoside und Gerbstoffe sind wasserlöslich; ätherische Öle sind flüchtig.)

Eine Zubereitung der Blüten als Tee oder Wein soll erweichend, gallentreibend, krampflösend und allgemein

Rhododendron ferrugineum

Rhododendron hirsutum

Robinia pseudoacacia

Solanum nigrum

Solanum villosum

Taxus baccata

kräftigend wirken. Homöopathisch wird die Pflanze bei zu viel Magensäure angewendet, ferner bei Migräne und Gesichtsneuralgien. Die mit den Bohnen und Erbsen verwandte Robinie wurde laut Quellenangabe trotz ihrer bedenklichen Inhaltsstoffe als Nahrung genutzt. (Früher wurde sie laut MARZELL 1958 auch als »Eßmaieli« bezeichnet.) Die Einzelblättchen wurden in Maßen spinatartig verwendet, die jungen weichen Samenschoten ebenfalls in Maßen kochend erhitzt, die inneren Samen wie Erbsengemüse oder getrocknet und vermahlen zum Strecken von Backmehl oder stark geröstet als Kaffeeersatz. Die frischen Blüten im Juni nutzt man heute immer noch zur Teegetränkbereitung, für Spirituosen, im Teigmantel ausgebacken, in Zucker kandiert oder als Grundlage für süße Aufstriche. Die Blütenknospen im Mai werden wie Kapern eingelegt. Die Zubereitungen der Blüten sind vereinzelt sogar im Handel erhältlich. Der Grundgeschmack erhitzter Blätter und Früchte ist erbsengemüseartig. Die Blüten sind erfrischend fruchtig, süßlich.

Wichtige Unterscheidungsmerkmale: Pflanze stark bedornt. Verwechslung möglich mit Blättern der Gewöhnlichen Esche *(Fraxinus excelsior)*, S. 412, oder der Vogelbeere *(Sorbus aucuparia)*, S. 306.

Schwarzer Nachtschatten
Solanum nigrum
Nachtschattengewächse (Solanaceae)

Gefahrenstufe bei der Verwendung: **
Verbreitungsschwerpunkt: Ruderalgesellschaften, Acker- und Gartenunkrautgesellschaften
Hauptblütezeit: Juni bis Oktober

Alle Pflanzenteile können gefährlich giftig wirken. Erste Anzeichen sind Übelkeit, Hautrötung und erweiterte Pupillen. Ganz ausgereifte (!) Beeren gelten laut ROTH et al. 1994 als giftfrei und wurden laut weiteren Quellen als Fruchtspeisen wie Aufstriche, Kompotte und Obstgebäck verarbeitet, junge Triebe und Blätter von April bis Juni als geringe Speisenbeigabe. Die überlieferte Verwendung ist in Anbetracht der erwähnten Giftigkeit mit Vorsicht zu betrachten.
Der Schwarze Nachtschatten, insbesondere aber seine unreifen Beeren und die Samen sind giftig. Er enthält Steroidalkaloide (Solanine), Gerbstoffe und Saponine. Offenbar ist der Gehalt an Giftstoffen stark schwankend. Die reifen Beeren sind wie oben erwähnt alkaloidfrei. Die Homöopathie nutzt die Pflanze bei Kopfschmerzen, Schwindel und Krämpfen. Der Schwarze Nachtschatten wurde früher ebenso wie sein Verwandter, der Bittersüße Nachtschatten (*Solanum dulcamara*, S. 622) vielfach volksmedizinisch eingesetzt. Beide Arten wirken wassertreibend, fiebersenkend, abführend, erweichend, beruhigend und einschläfernd. Das getrocknete Kraut wurde bei Beschwerden des Magens, der Blase und bei Husten eingesetzt. Kraut und Wurzeln nutzte man in Form von Umschlägen bei Wunden, Ekzemen, Abszessen und Quetschungen. Der Extrakt wirkt außerdem schmerzlindernd, entkrampfend und entzündungshemmend. Offenbar hat er auf die Haut oder schmerzende Zähne aufgetragen einen mild betäubenden Effekt. Aufgrund ähnlicher Inhaltsstoffe dürfte die Verwendung des Gelbfrüchtigen Nachtschattens *(S. villosum)* ähnlich sein. Neuere Untersuchungen ermittelten, dass Extrakte aus den unreifen Beeren die Larven der Gelbfiebermücken abtöten.

Wichtige Merkmale: Pflanze kurz behaart. Blätter breit eiförmig bis annähernd dreieckig oder rhombisch. Weiße Blütenkrone 5-zipfelig. Frucht eine kugelige, reif schwarzglänzende Beere. Ohne nennenswerte Verwechslungsmöglichkeiten.

Gelbfrüchtiger Nachtschatten
Solanum villosum
Nachtschattengewächse (Solanaceae)

Gefahrenstufe bei der Verwendung: **
Verbreitungsschwerpunkt: Ruderalgesellschaften, Acker- und Gartenunkrautgesellschaften
Hauptblütezeit: Juli bis Oktober

Alle Pflanzenteile können eine gefährliche Wirkung haben. Sie wird ähnlich angesehen wie die vom Schwarzen Nachtschatten *(Solanum nigrum)*. Die mildsauren Wildfrüchte der Unterart *S. villosum* ssp. *alatum* jedoch wurden anscheinend von September bis Oktober erhitzt als geringe Beigabe in Speisen verwendet. Auch deren Blätter wurden vermutlich gewürzartig genutzt. Hier ist die überlieferte Verwendung in Anbetracht der erwähnten Giftigkeit ebenfalls mit Vorsicht zu betrachten.

Wichtige Merkmale: Stängel dicht abstehend behaart, schwach kantig. Blattrand buchtig gezähnt. Frucht eine gelb-orange Beere. Ohne nennenswerte Verwechslungsmöglichkeiten.

Eibe
Taxus baccata
Eibengewächse (Taxaceae)

Foto S. 632

Gefahrenstufe: ****
Verbreitungsschwerpunkt: Laubwälder und Gebüsche
Hauptblütezeit: Anfang März bis Ende April

Der Eibenbaum ist geschützt. Alle Pflanzenteile der Eibe mit Ausnahme des die Samen umhüllenden roten Fruchtfleisches sind stark giftig. Der Geschmack des Fruchtfleisches ist sirupartig süß. Die Frucht der Eibe kann im September vorsichtig vom Baum geerntet werden. Es ist möglich, sie als Beigabe in süßen Aufstrichen und Desserts zu verwenden, dabei sollte man aber zunächst vorsichtig mit den Fingerkuppen den giftigen Kern vom süßen Fruchtfleisch trennen. Besonders hoch ist ansonsten der Giftgehalt in den Nadeln, wobei der Gehalt in den Herbstmonaten noch zunimmt. Durch Wärme oder Trocknung wird der Giftgehalt nicht beeinflusst. Die Eibe enthält zahlreiche giftige Alkaloide (Taxin) und blausäurehaltige Glykoside. Vergiftungserscheinungen treten etwa eine Stunde nach der Aufnahme entsprechender Mengen über den Mund auf. Es kommt zu Erbrechen mit heftigen, krampfhaften Bauchschmerzen, schwerem Durchfall und Schwindel. Die Pupillen sind stark erweitert. Atmung und Puls sind anfangs beschleunigt, später stark verlangsamt. Die Atmung wird oberflächlich und röchelnd. Kreislauf und Pulsschlag verlangsamen sich zunehmend, die Gesichtsfarbe wird blass und das Bewusstsein schwindet. Der Tod kann nach kurzer Zeit oder erst nach 24 Stunden durch Kreislauf- und Atemlähmung eintreten. Präparationen aus den Nadeln wurden früher zur Behandlung von Rheuma und bei Harnwegsbeschwerden verwendet. Davon sollte jedoch wegen der Giftigkeit Abstand genommen werden. Heute werden einzelne, stark giftige Inhaltsstoffe der Rinde und Nadeln, wie z. B. Taxol, sowohl rein als auch chemisch abgewandelt als Krebsmedikamente (Zytostatika) in der Medizin verwendet.

Wichtige Unterscheidungsmerkmale: Wuchs häufig strauchförmig (mehrstämmig). Nadeln auf der Unterseite hellgrün, ohne Streifen. Rote Beerenfrucht. Verwechslung möglich mit Abies alba, S. 516, deren Nadeln aber auf der Unterseite weiße Streifen haben.

Anhang

Glossar

Achäne: Sonderform der Nussfrucht, u. a. bei den Korbblütlern (Asteraceae) vorkommend.

Ährchen: Ein- oder mehrblütiger Teilblütenstand, Blüten durch Spelzen verdeckt.

Ähre: Unverzweigter Blütenstand mit ungestielten Blüten.

Ausläufer: Stolonen, siehe dort.

Außenkelch, Nebenkelch: Bei einigen Pflanzengattungen, z. B. den Erdbeeren *(Fragaria)* oder den Malven *(Malva),* eine zusätzliche kelchähnliche Hülle, die direkt unterhalb des eigentlichen Blütenkelches liegt.

Blattrosette, Rosette: Sprossabschnitt, an dem die Blätter dicht gedrängt angeordnet sind. Rosetten werden meist am Stängelgrund gebildet.

Blattspreite: Fläche des Laubblattes (ohne Stiel).

Bodenständig: Grundständig, siehe dort.

Borstgrastriften und Heiden: Gras- oder zwergstrauchreiche Gesellschaften von Pflanzen auf sauerhumosen Böden.

Brutknospen, Brutknöllchen, Bulbillen: Der Vermehrung dienende Knospen an oberirdischen Organen, die sich bei Reife ablösen und bewurzeln.

Döldchen: Dolde (siehe dort) zweiter Ordnung.

Dolde: Blutenstand, bei dem die Äste (Strahlen) alle aus einem Punkt entspringen.

Drüse: Kugeliges, Sekret absonderndes Organ.

Edellaub-Wälder: Waldgesellschaften, in denen Bäume der Gattungen Ahorn, Hainbuche, Rot-Buche, Esche und Linde vorherrschen.

Einhäusig: Weibliche und männliche Blüten getrennt, jedoch auf demselben Individuum (Haus) vorkommend.

Faserschopf: Bei der Verwitterung von Blättern übrigbleibende Fasern, die an der Pflanze verbleiben.

Fieder: Teilblatt eines zusammengesetzten Blattes.

Fiederteilig: Buchten am Blattrand bis über die Mitte der Blatthälfte.

Fiederschnittig: Buchten am Blattrand bis annähernd zur Mittelrippe.

Gefiedert: Blatt, in Teilblätter unterteilt.

Geflügelt: Breite Längsleisten enthaltend.

Gegenständig: Stellung der Laubblätter jeweils paarweise gegenüber.

Gesellschaft, Pflanzengesellschaft: Gemeinschaft von Pflanzen, die Standorte gleicher oder ähnlicher ökologischer Bedingungen besiedeln.

Großseggensümpfe, Großseggenried: Meist dichte, sowie artenarme Bestände aus einer oder wenigen hochwüchsigen Seggen-Arten, beispielsweise Sumpf-Segge *(Carex acutiformis).*

Grundständig: Die Blätter befinden sich nahe der Bodenoberfläche, sodass alle Blätter scheinbar dem Boden entspringen. Oftmals sind diese sogenannten Grundblätter anders geformt als die Stängelblätter.

Haarkranz: Pappus, siehe dort.

Halbstrauch: Ausdauernde Pflanze, die an der Basis verholzt, deren diesjährige Zweige jedoch nicht verholzt sind. Der Neuaustrieb zu Beginn der Vegetationsperiode erfolgt aus den verholzten Pflanzenteilen.

Hochblätter: Blätter, die oberhalb der normalen Laubblätter stehen und von diesen in Form und Farbe abweichen.

Hochstaudenfluren: Meist dichte Bestände von Pflanzengesellschaften hochwüchsiger, mehrjähriger, krautiger Gewächse. Häufig beteiligt ist auf feuchten Standorten das Mädesüß *(Filipendula ulmaria).*

Hüllblätter, Hülle: Hochblätter (siehe dort), die meist zu mehreren einen Blütenstand wie einen Korb der Korbblütler (Asteraceae) oder eine Dolde (siehe dort) der Doldenblütler (Apiaceae) umgeben.

Hüllchenblätter: Hochblätter unter den Döldchen (siehe dort).

Hülsen: Eine Fruchtform, bei der sich die Frucht bei Reife an Bauch- und Rückennaht öffnet. Hülsen sind vor allem in der Pflanzenfamilie der Schmetterlingsblütler (Fabaceae) vorhanden.

Kapseln: Fruchtform, die sich durch Eintrocknung oder Verholzung des Fruchtgehäuses öffnet und so die Samen freilässt. In vielen Pflanzenfamilien verbreitet, jedoch nicht bei Rosengewächsen (Rosaceae), Schmetterlingsblütlern (Fabaceae) oder Korbblütlern (Asteraceae).

Klausenfrucht: Spezielle Fruchtform, die vor allem bei Lippenblütlern (Lamiaceae) und Raublattgewächsen (Boraginaceae) vorkommt. Sie zerfällt zur Reife durch Spaltung in einsamige Teilfrüchte, die Klausen.

Knoten, Nodien: Meist verdickte Bereiche der Sprossachse (siehe dort), an denen ein oder mehrere Blätter ansetzen. Der Sprossachsenbereich zwischen zwei Knoten wird Internodium genannt.

Kronröhre: Verwachsener Teil der Blütenkrone.

Lippenblüten: Blütenform der Pflanzenfamilie Lamiaceae (Lippenblütler). Die Blüte ist fünfteilig, zu einer (teils zurückgebildeten) Oberlippe und einer Unterlippe verwachsen. Ähnliche Blüten kommen auch in anderen Pflanzenfamilien vor, z. B. den Braunwurzgewächsen (Scrophulariaceae).

Mullboden: Meist nährstoffreicher Mineralboden mit einer Humusauflage aus gut abgebauter organischer Substanz.

Nebenblätter: Blattähnliche Auswüchse an der Laubblattbasis, also am Übergang vom Blatt zum Stängel. Nebenblätter sind kennzeichnend für verschiedene Pflanzenfamilien, so z. B. den Rosengewächsen (Rosaceae) oder den Schmetterlingsblütlern (Fabaceae).

Nebenkelch, Außenkelch: Bei einigen Pflanzengattungen, so z. B. den Erdbeeren *(Fragaria)* oder den Malven *(Malva)* zusätzliche kelchähnliche Hülle, die direkt unterhalb des eigentlichen Blütenkelches liegt.

Niederblätter: Kleine, einfach gestaltete, häufig schuppenförmige und nicht-grüne Blätter, die unterhalb der Laubblätter angeordnet sind.

Nodien, Knoten: Meist verdickte Bereiche der Sprossachse (siehe dort), an denen ein oder mehrere Blätter ansetzen. Der Sprossachsenbereich zwischen zwei Knoten wird Internodium genannt.

Paarig gefiedert: Mit einer geraden Anzahl an Teilblättchen.

Pappus: Kranz von Haaren oder häutiger Saum auf den Früchten von Vertretern der Pflanzenfamilie der Korbblütler (Asteraceae). Beim Löwenzahn *(Taraxacum)* oder Bocksbart *(Tragopogon)* ist er durch einen Stiel schirmartig emporgehoben.

Perigon: Nicht in Kelch und Krone gegliederte Blütenhülle.

Quirlständig: Mehr als zwei Blätter entspringen am Spross auf gleicher Höhe.

Rispe: Verzweigter Blütenstand mit einer Hauptachse.

Röhrenblüten, Scheibenblüten: Fünfzählige, verwachsene Einzelblüten, häufig von Korbblütlern (Asteraceae). Sie sind in den Blütenköpfchen zentral angeordnet und stehen dicht beieinander. Ihre Kronröhre (siehe dort) ist lang und schmal, dadurch erhalten sie insgesamt eine lange röhrige Form. Auch innerhalb anderer Pflanzenfamilien kommen Röhrenblüten vor, so z. B. bei den Nachtschattengewächsen (Solanaceae).

Rosette, Blattrosette: Sprossabschnitt, an dem die Blätter dicht gedrängt angeordnet sind. Rosetten werden meist am Stängelgrund gebildet.

Ruderal: Vom Menschen deutlich überprägt (z. B. Schuttplätze, Straßenränder, Kiesgruben).

Sammelfrüchte: Miteinander verwachsene Einzelfrüchte, die einer einzelnen Blüte entstammen, wie z. B. Erdbeeren, Brombeeren, aber auch Äpfel und Birnen.

Scheibenblüten: Röhrenblüten (siehe dort).

Schleiergesellschaften: Gesellschaft von Pflanzen, die sich an Sträuchern und Stauden emporwinden und diese im Spätsommer wie ein Schleier überziehen. Maßgeblich beteiligt ist die Zaunwinde *(Convolvulus sepium).*

Schlundschuppen: Anhängsel an der Innenseite der Kronblätter einiger Raublattgewächse (Boraginaceae), die durch Einstülpung entstanden sind.

Schmetterlingsblüten: Fünfteilige charakteristische Blüten der großen Pflanzenfamilie der Schmetterlingsblütler (Fabaceae).

Schötchen: Unterform der Kapseln (siehe dort), höchstens dreimal so lang wie breit, Vorkommen vor allem bei den Kreuzblütengewächsen (Brassicaceae).

Schoten: Unterform der Kapseln (siehe dort), mindestens dreimal so lang wie breit, Vorkommen vor allem bei den Kreuzblütengewächsen (Brassicaceae).

Sorus (Plural **Sori**): Der Fortpflanzung dienende, Sporen (siehe dort) enthaltende Ansammlung von Sporen-Kapseln (Sporangien) bei Farnen oder Pilzen.

Spatelförmig: Blattform, die im oberen Drittel ihre größte Breite erreicht und zum Stiel hin immer schmaler wird.

Sporangium: Sporenkapsel (siehe Kapsel).

Spore: Der ungeschlechtlichen Vermehrung dienende Einzelzelle bei Schachtelhalmen, Farnen, Moosen, Bärlappen.

Sporn: Hohler Auswuchs eines Blütenhüllblattes nach hinten über den Gipfel des Blütenstiels hinaus, an dem die Blütenblätter sitzen (Blütenboden). In der Regel dienen Sporne als Nektargefäße.

Spross: Meist oberirdisch wachsender Teil der Pflanze, bei krautigen Pflanzen aus dem Stängel (Sprossachse) und den Blättern, bei Gehölzen aus Stamm, Zweigen und Blättern zusammengesetzt.

Stolonen, Ausläufer: Oberirdisch oder unterirdisch kriechende, verlängerte Seitensprosse (siehe Spross), die von der Stängelbasis, bei der Blattrosette vom Wurzelhals ausgehen. Sie dienen der ungeschlechtlichen (vegetativen) Vermehrung der Pflanze. An den Nodien (siehe dort) der Ausläufer können sich Wurzeln bilden. Es bilden sich eigenständige Pflanzen, so z. B. bei der Erdbeere.

Strahlenblüten: Zungenblüten (siehe dort).

Streuwiesen: Meist Feucht- oder Nasswiesen, die auf Grund ihres geringen Futterwertes lediglich zur extensiven Gewinnung von Stall-Streu dienen.

Trauben: Blütenstandstyp, aus länglicher Hauptachse und gestielten Einzelblüten gebildet.

Unpaarig gefiedert: Blätter zusammengesetzt, mit einer ungeraden Anzahl an Teilblättchen (Fiedern, Fiederblättchen).

Vorblatt: 1. Das erste oder die beiden ersten Blätter an Seitentrieben. Vorblätter unterscheiden sich meist von den folgenden Blättern der Seitentriebe, häufig handelt es sich um Hoch- oder Niederblätter (siehe dort). 2. Am Blütenstiel, direkt unter der Blüte sitzendes, kleines Hochblatt (siehe dort), bei den Melden *(Atriplex)* die nackten (ohne Blütenhülle) weiblichen Blüten umschließend.

Wechselständig: Die Laubblätter sind am Stängel einzeln angeordnet, keines steht mit einem anderen auf gleicher Höhe.

Zungenblüten, Strahlenblüten: Fünfzählige Einzelblüten von Vertretern der Pflanzenfamilie der Korbblütler (Asteraceae). Die verwachsene Blütenkrone besteht aus einer kurzen Kronröhre (siehe dort) und einer verlängerten sogenannten Zunge.

Zweizeilig: Anordnung der Blätter jeweils an der gegenüberliegenden Seite des Stängels, sodass sich zwei Blattreihen ergeben.

Zwergstrauchheiden: Bestände von Heidekraut, Ginsterarten, Heidelbeere und Preiselbeere auf basenarmen, meist flachgründigen Standorten.

Quellenverzeichnis

Agena, G./Städler, S.: Sumpf- und Wasserpflanzen. Ihre historische und gegenwärtige Nutzung als Nahrungs- und Futterpflanzen, Diplomarbeit GH Kassel, Witzenhausen 1988

Aldenhofen, E.: Wildgemüse. Wildkräuter-Wildfrüchte, Berlin: Beyer 1940

Asbeck, V.: Aus Kräutergarten und Gewürzsäckchen, Erkrath: Ranger-Verlag 2002

Asongalem E. A. et al.: Analgesic and anti-inflammatory activities of Erigeron floribundus, Journal of Ethnopharmacology 91(2–3): 301– 308, 2004

Auerswald, B.: »Nahrhafte Spontanvegetation«, in: Notizbuch 42 der Kasseler Schule, hrsg. von AG Freiraum und Vegetation, Kassel 1996 S. 207–306

Azimova, S. S. et al.: Lipids, Lipophilic Components and Essential Oils from Plant Sources, Springer 2012

Bauer, J.: »Kultur- und Sammelpflanzen der späten Bronzezeit«, in: Schriften des kantonalen Museums für Urgeschichte, Zug 1991

Baumann/Müller: Farbatlas geschützter und gefährdeter Pflanzen, Stuttgart: Ulmer 2001

Bäumler, S.: Heilpflanzen Praxis Heute, München: Elsevier Urban & Fischer 2007

Bayerisches Staatsministerium für Umwelt und Gesundheit: Bayerisches Naturschutzgesetz, München 2011

Becker, K./John, S.: Farbatlas Nutzpflanzen in Mitteleuropa, Stuttgart: Ulmer 2000

Bedlan, G.: Wildgemüse, Wien: Jugend und Volk 1997

Benk, E.: »Zur Kenntnis und Zusammensetzung einiger Wildgemüse und wenig bekannter Kulturgemüse«, in: Industrielle Obst- und Gemüseverwertung 1987/88, S. 187–189, S. 331–333, S. 22–23

Benzie, F. F. et al.: Herbal Medicine: Biomolecular and Clinical Aspects (Oxidative Stress and Disease), Crc Pr Inc. 2011

Bergmann, H.: Kleine grüne Wunder, Freiburg: Herder 1996

Berichte der Schweiz. Botanischen Gesellschaft 46 (1936), S. 594–613

Beyersdorf, M.: Umweltbildung, Neuwied: Luchterhand 1998

Bickel-Sandkötter, S.: Nutzpflanzen und ihre Inhaltsstoffe, Wiebelsheim: Quelle und Meyer 2001

Birmann-Dähne, G.: Bärlauch und Judenkirsche, Heidelberg: Haug 1996

Bödecker/Kiermeier: Plantus Pflanzendatenbank V. 3, Stuttgart: Ulmer 2001

Boksch, M.: Gesunde Wildkräuterküche, München: BLV 1984

Boros, G.: Unsere Küchen- und Gewürzkräuter. Beschreibung, Anbau, Verwendung, Stuttgart: Ulmer 1960

Bötticher, W.: Pilze und Wildfrüchte, Bonn: AID 1985

Bown, D.: Encyclopedia of Herbs & Their Uses, DK Adult 1995

Boy, H.: Wildgemüse von Feldrain und Wiese, Wuppertal: Sam-Lucas-GmbH 1946

Breß, H.: Erlebnispädagogik und ökologische Bildung, Neuwied: Luchterhand 1994

Brockmann-Jerosch, H.: Futterlaubbäume und Speiselaubbäume. Bericht der Schweiz. Botanischen Gesellschaft 46: 593–613, 1936

Brohmer, P.: Deutsche Wildgemüse, Bd. 16, Weinheim: Beltz 1952

Brossi, A.: The Alkaloids Volume 35, San Diego, California: Academic Press 1989

Brown, C. E.: Medicinal and other uses of North American Plants: A historical Survey with Special Reference to the Eastern Indian Tribes, Dover Publications 1989

Brown, K.: Blüten zum Reinbeißen, München: Christian Verlag 2000

Buchinger, J.: Bodenständige Naturkunde. Unsere Bäume und Sträucher im Heimat- und Volksleben, Wien 1950

Buchner, J.A.: Repertorium für die Pharmacie, Nürnberg: Schrag 1841
Bühring, U.: Aus Freyas Zaubergarten. Die ersten Blüten und Blätter im Jahr als köstliches Wildgemüse, Nr. 1, Freiburg: Edition Achillea 1992
Bühring, U.: Hagedorn und Hopfenkranz. Essbare Blüten und Früchte von Busch und Hecke, Nr. 4, Freiburg: Edition Achillea 1992
Bühring, U.: Wilder Zimt und Sonnenkraut. Würzkräuter und Gartenblumen für die Küche, Nr. 3, Freiburg: Edition Achillea 1992
Bühring, U.: Zikadenschaum und Bärenklau. Köstliches Wildgemüse, Nr. 2, Freiburg: Edition Achillea 1992
Buzek, G.: Das große Buch der Überlebenstechniken, Wien: Orac 1984
Chamisso, A. von: Illustriertes Heil-, Gift- und Nutzpflanzenbuch, Berlin: Reimer 1987
Chevallier, A.: Die BLV Enzyklopädie der Heilpflanzen, München: BLV 1998
Chiej, R.: Encyclopaedia of Medicinal Plants, The Book Service Ltd. 1984
Chopra, R.N. et al.: Glossary of Indian Medicinal Plants: Puplications & Information Directorate 1956
Colditz, G.: Beeren-, Frucht- und Kräuterweine, Graz: Leopold Stocker 1996
Couplan, F.: Le regal vegetal, Paris: Debard 1983
Couplan, F.: Les belles veneneuses, Flers: Equilibres aujourd'hui 1990
Couplan, F.: Wildpflanzen für die Küche, Aarau: AT Verlag 1997
Crawford, M.: Edible Plants for temperate climates, Torquay: Agroforestry Research Trust 1993
Crellin, J. K. et al.: A Reference Guide to Medicinal Plants, Herbal Medicine Past and Present, Duke University Print 1989
Crosby, A. W.: Die Früchte des weißen Mannes, Frankfurt/M.: Campus 1991
Dahl, J.: »Feinkost in voller Blüte«, in: ZeitPunkte 3(1999), S. 84–86
Dahl, J.: Wildpflanzen im Garten, München: GU 1985
Danner, H.: Die Naturküche, Düsseldorf, Wien, New York: Econ 1994
Dickenmann, J.: Nahrungswesen in England, Zürich: Ehrhardt Karras 1904
Dieckmann, F. A.: Am Freitisch der Natur, Berlin: GEGA-Druck 1947
Diels, D.: Ersatzstoffe aus dem Pflanzenreich, Stuttgart: Schweizerbart 1918
Dietzen, W./Thiele, H.: Jugend erlebt Natur, Wien: Weiterbrecht 1993
Dreyer, E.-M.: Essbare Wildpflanzen Europas, Stuttgart: Kosmos 2010
Duke, J. A.: Duke's Handbook of Medicinal Plants of Latin America, CRC Press 2009
Duke, J. A.: Handbook of phytochemical constituents of GRAS herbs and other economic plants, Boca Raton: CRC Press 1992
Duke, J.: Handbook of edible weeds, Boca Raton: CRC Press 1992
Duke, J./Ayensu, E.: Medicinal Plants of China: Reference Pubns 1984
Düll, R.: Botanisch-ökologisches Exkursionstaschenbuch, Heidelberg: Quelle & Meyer 1992
Dümmer, E.: Über den Gehalt an Protein und dessen Aminosäurezusammensetzung von verschiedenen heimischen Wildgemüsearten (...), Bonn: Diss. 1984
Dykeman, P.: Field Guide to North American Edible Wild Plants, New York: Outdoor Life Books 1982
Ebers, S.: Vom Lehrpfad zum Erlebnispfad, Wetzlar: NZH 1998
Ebert, K.: Arznei- und Gewürzpflanzen. Ein Leitfaden für Anbau und Sammlung, Stuttgart: Wissenschaftliche Verlagsgesellschaft 1982
Eggenberg, S./Möhl, A.: Flora Vegetativa, Bern: Haupt 2007
Eirich, D.: Das Wald- und Wiesenkochbuch, München: Ludwig Verlag 2000
Ellenberg, H.: Vegetation Mitteleuropas mit den Alpen, Stuttgart: Ulmer 1982
Ellenberg, H.: Zeigerwerte von Pflanzen in Mitteleuropa, Göttingen: Goltze 1992
Engel, F. M.: Zauberpflanzen – Pflanzenzauber, Hannover: Landbuch 1978
Engel, H.: Essbare Wildpflanzen, Strukkum: Conrad Stein 2000
Erhardt, W. et al.: Hemerocallis: Day Lilies, Batsford 1992
Findeis, M.: Wildgemüse und Heilkräuter in der Nähe der Großstadt, Wien: Partl 1947
Fischer, M.: Wilde Genüsse: Eine Enzyklopädie der essbaren Wildpflanzen, Wien: Mandelbaum 2007
Fischer-Rizzi, S.: Blätter von Bäumen, München: Hugendubel 1996
Fleischhauer, S. G.: Wildpflanzensalate, Baden u. München: AT Verlag 2006
Fleischhauer, S. G.: Enzyklopädie der essbaren Wildpflanzen, AT Verlag 2006

Fleischhauer, S. G./Guthmann, J./Spiegelberger, R.: Essbare Wildpflanzen, Baden u. München: AT Verlag 2007
Fogarty, J. E.: A Barefoot Doctors Manual: The American Translation of the Official Chinese Paramedical Manual: Running Press 1990
Fogarty, J. E.: A Barefoot Doctors Manual. A Concise Edition of the Classic Work of Eastern Herbal Medicine (Cyclopedia), Running Press 2002
Forey, P./Fitzsimons, C.: Essbares aus der Natur, Berlin: Moewig 1992
Foster/Duke: A Field Guide to Medicinal Plants: Eastern and Central North America, Houghton: Mifflin 1990
Franke, G.: Früchte der Erde, Frankfurt/M.: Harri Deutsch Verlag 1989
Franke, W.: Nutzpflanzenkunde. Nutzbare Gewächse der gemäßigten Breiten, Subtropen und Tropen, Stuttgart: Thieme 1997
Franke, W.: Wildgemüse, Bonn: AID 1987
Frauenknecht, F.: Billige und gesunde Nahrungsmittel aus dem Wald, Dresden, Planegg: Müller 1939
Fronty, L./Dauronsoy, Y.: Tees & Drinks aus Blättern, Blüten und Gewürzen, München: Christian 1997
Gaigg, W.: Ansatzschnäpse: Liköre und Kräuterweine, Graz: Leopold Stocker 2001
Geiger, P. L.: Handbuch der Pharmacie, Heidelberg: August Osswald Verlag 1829
Geith, K.: Deutschlands Jugend sammelt Heilkräuter, Philippsthal (Werra): Kurt Stenger 1938
Gibbons, B./Brough, P.: Der große Kosmos Naturführer Blütenpflanzen, Stuttgart: Franckh-Kosmos 1998
Gieler, R./Wipler, I.: Wildgemüse – schmackhaft und gesund, Stuttgart: Leoben 1999
Gramberg, E.: Wildgemüse, Wildfrüchte, Haustee, Leipzig: Quelle & Meyer 1946
Grau, J./Jung, R./Münker B.: Beeren, Wildgemüse, Heilkräuter, München: Mosaik 1996
Graupe, F./Koller, S.: Delikatessen aus Unkräutern. Das Wildpflanzenkochbuch, Wien, München, Zürich: Orac 1984
Grieve, M. et al.: A Modern Herbal, Tiger Books 1998
Günther, W.: Graswurzelküche, Frankfurt: Bruno Martin 1980
Gutjahr, M.: Kräuterschätze zum Kochen und Kurieren, Hannover: Landbuch 2000
Hahn, M.: Praktisches Kochbuch, Berlin: Kochbuchverlag 1952
Hammerle, B.: Wildgemüse mit Rezepten, Innsbruck: Pinguin 1996
Hänsel, R. et al.: Hagers Handbuch der pharmazeutischen Praxis, Berlin: Springer 1994
Hauswirtschaftliche Bildung 1995, S. 103–106
Hayne, G. F.: Getreue Darstellung und Beschreibung der in der Arzneykunde gebräuchlichen Gewächse, Nabu Press 2010
Hecker, U.: Bäume und Sträucher, München: BLV 2006
Hegi, G.: Illustrierte Flora von Mittel-Europa, München: Lehmanns 1906
Hegnauer, R. et al.: Chemotaxonomie der Pflanzen, Band XI, Basel: Birkhäuser 2001
Heinemann, G./Hülbusch, K./Kuttelwascher, P.: Naturschutz durch Landnutzung, Kassel: URBS et REGIO 1986
Heiß, E.: Wildgemüse und Wildfrüchte, München: Herp 1982
Helm, E. M.: Feld-, Wald- und Wiesenkochbuch, München: Kochbuchverlag Heimeran 1978
Henschel, D.: Essbare Wildbeeren und Wildpflanzen, Stuttgart: Kosmos 2002
Herpin, Th.: Journal de pharmacie et de chimie. Heft Juli 1859
Hesse, M.: Alkaloide: Helvetica Chimica Acta 2000
Heyne, M.: Das deutsche Nahrungswesen von den ältesten geschichtlichen Zeiten bis ins 16. Jahrhundert, Leipzig: Hirzel 1901
Hirsch, S./Grünberger, F.: Die Kräuter in meinem Garten, Augsburg: Weltbild 2006
Höh, R.: Wildnis-Küche, Bielefeld: Peter Rump 1999
Hollerbach, E. und K.: Kraut und Unkraut zum Kochen und Heilen, Stuttgart: Dt. Bücherbund 1984
Hooper, R.: A new Medical Dictionary, Griggs & Co Printers 1817
Hörmann, B.: »Deutsche Gewürzpflanzen«, in: Heil- und Nährkräfte aus Wald und Flur, Schriftenreihe, Heft 6 und 7, München: Verlag der Pflanzenwerke 1939
Hörmann, B.: »Essbare Wildfrüchte«, in: Heil- und Nährkräfte aus Wald und Flur, Schriftenreihe, München: Verlag der Pflanzenwerke 1939

Hörmann, B.: »Wildgemüse und -salate«, in: Heil- und Nährkräfte aus Wald und Flur, Schriftenreihe, Heft 1 und 2, München: Verlag der Pflanzenwerke 1939

Horn, E.: Von Mutter Natur, Grafenau: Morsak 1983

Hosslin, L.: Kochen mit Blumen, Rüschlikon-Zürich: Albert Müller 1987

Jantra, H.: Bärlauch, Feige, Süßkartoffel, Stuttgart: Franckh-Kosmos 1994

Janz, E.: Herzgespann und Löffelkraut, Bd. II, Berlin: Stiftung Naturschutz

Jensen, S. L. et al.: Studies Related to Naturally Occuring Acetylene Compounds, 1885–1891: Acta Chemica Scandinavica 15, 1961

Jochheim, W. F.: »Wildgemüse und Wildkräuter in der Küche«, in: Kochpraxis und Gemeinschaftsverpflegung 1990, S. 3–4

Jordon-Thaden, I. E. et al.: Chemistry of Cirsium and Carduus: A role in ecological risk assessment for biological control of weeds?, S. 1353–1396: Univ. of Nebraska 2003

Jourdan, A. J. L.: Pharmacopoea universalis oder übersichtliche Zusammenstellung der Pharmacopoen von Amsterdam ..., 2. Band I–Z, nach der Pharmacopée universelle, Weimar: 1832

Kalff, M.: Handbuch zur Natur- und Umweltpädagogik, Tuningen: Ulmer 1997

Kämpfer, M.: Wildgemüse-Tabelle, Sauermann 1946

Kanzler, J.: Kleesalat und Veilchenmousse, München: Compact 1990

Karch, B.: Wildpflanzen-Gerichte mit Pfiff, München: Humboldt 1986

Keipert, K.: Beerenobst, Stuttgart: Ulmer 1981

Kleber, E. W. und G.: Handbuch Schulgarten. Biotop mit Mensch, Weinheim, Basel: Beltz 1994

Kleber, E.W.: Grundzüge ökologischer Pädagogik. Eine Einführung in ökologisch-pädagogisches Denken, München: Juventa 1993

Klemme, B./Holtermann, D.: Baumblättersalat – Neue Delikatessen am Wegesrand, Düsseldorf: Walter Rau 1999

Klemme, B./Holtermann, D.: Delikatessen am Wegesrand – Un-Kräuter zum Genießen, Düsseldorf: Walter Rau 1997

Klemme, B./Holtermann, D.: Un-Kräuter zum Genießen. Noch mehr Delikatessen am Wegesrand, Düsseldorf: Walter Rau 1996

Klencz, P.: Küchenkräuter und Gewürze, Köln: Bundesausschuss für volkswirtschaftliche Aufklärung e.V. 1964

Klockenbring, F.: Wildfrüchte und Wildgemüse. Ein Handweiser zur Auffindung und Verwendbarkeit gesunder und billiger Nahrungsmittel, heimischer Gewürze und der wichtigsten Pilze, Berlin: Lemmer 1944

Klose, B./Wegmann-Klose, A.: Nahrhafte Landschaften, Diplomarbeit Fachbereich Stadt- und Landschaftsplanung GHKassel (unveröffentl.), Kassel 1990

Kokwaro, J. O.: Medicinal Plants of East Africa, African Books Collective 2011

Korber-Grohne, U.: Nutzpflanzen in Deutschland. Kulturgeschichte und Biologie, Stuttgart: Theiss 1988

Kosch, A.: Was find ich da?, Stuttgart: Franckh 1946

Koschtschejew, A. K.: Wildwachsende Pflanzen in unserer Ernährung, Leipzig: Fachbuch 1990

Kremer, B. P.: Das Kosmos-Kräuterbuch. Erkennen, Sammeln, Aufbewahren, Stuttgart: Franckh'sche Verlagshandlung 1981

Kremer, B. P.: Wildfrüchte, Stuttgart: Franckh-Kosmos 1992

Kreuter, M. L.: Rezepte aus dem Blumengarten, Genf: Ariston 1986

Kröger, G.: Bdb Handbuch Wildgehölze, Pinneberg: Verlagsgesellschaft Grün ist Leben mbH 1996

Kubli, R.: Kochen mit Wildkräutern, Lauf/Pegnitz: Fahner 1996

Kurz, P.: Wege in die Landschaft. Eine vegetationskundliche Spurensicherung an Wegrändern, Rainen und Böschungen in Liebenau/Unteres Mühlviertel, Wien: Schriften der Cooperative Landschaft 6, 1998

Küster, G.: Kriegsgemüse-Kochbuch, Berlin: Reichsstelle für Gemüse und Obst 1917

Kutschera, L.: Wurzelatlas mitteleuropäischer Ackerunkräuter und Kulturpflanzen, Frankfurt/M.: DLG 1960

Kutschera, L./Lichtenegger, E./Sobotik, M.: Wurzelatlas mitteleuropäischer Grönlandpflanzen, 2 Bde., Stuttgart, Jena, New York: Gustav Fischer 1992

Lambert, A. C.: Köstlichkeiten mit Blumen. Rezepte, Ideen, Wohlbehagen, Weingarten: Weingarten 1999

Lauber, K./Wagner, G./Gygax, A.: Flora Helvetica, Bern: Haupt 2012

Lauber, K./Wagner, G.: Flora Helvetica, Bern: Haupt 2001
Launert, E.: Edible and Medicinal Plants, London: Hamlyn 1981
Launert, E.: Der Kosmosführer. Wildkräuter, Wildsalate. Heilpflanzen – Kräutertees – Beeren – Pilze, Stuttgart: Franckh'sche Verlagshandlung 1982
Laurioux, B.: Tafelfreuden im Mittelalter, Stuttgart: Belser Verlag 1992
Laux, H.: Kochrezepte für Naturfreunde. Wildgemüse, Wildfrüchte, Würzkräuter. Erkennen, Sammeln, Zubereiten, Stuttgart: Franckh'sche Verlagshandlung 1981
Lestrieux, E./de Belder, J.: Der Geschmack von Blumen und Blüten, Köln: DuMont 2000
Lichtenstern, H.: Wildgemüse. Wildsalate, Wildfrüchte, Hausteepflanzen, Gewürzpflanzen, München: Goldmann 1972
Lindner, V.: Gemüseraritäten, Deutscher Gartenbau 1990, S.477–481
Lindstrom, M.: Brandwashed, Crown Business 2011
Loch, W.: Essbare und giftige Wildpflanzen in Mitteleuropa, Osnabrück: Packpapierverlag 1993
Lüder, R.: Grundkurs Pflanzenbestimmung, Wiebelsheim: Quelle & Meyer 2008
Lüttig, A./Kasten, J.: Hagebutte & Co., Fauna Verlag 2003
Mabey, R.: Bei der Natur zu Gast. Ein Führer zu den essbaren Wildpflanzen Mitteleuropas, Köln: Kiepenheuer & Witsch 1981
Mac Vicar, J.: Essbare Blüten, München: BLV 1998
Machatschek, M.: Wie viele Arten braucht der Mensch?, in: Grüne Reihe des Lebensministeriums, Band 22, S. 65ff., Bundesministerium für Land- und Forstwirtschaft, Wien: Böhlau 2010
Machatschek, M.: Nahrhafte Landschaft. Ampfer, Kümmel, Wildspargel, Rapunzelgemüse, Speiselaub und andere wiederentdeckte Nutz- und Heilpflanzen, Wien, Köln, Weimar: Böhlau 1999
Madaus, G.: Lehrbuch der biologischen Heilmittel, Olms Verlag 1938
Manandhar, N. P. et al.: Plants and People of Nepal, Timber Press 2002
Marzell, H.: Die heimische Pflanzenwelt im Volksgebrauch und Volksglauben, Leipzig: Quelle & Meyer 1922
Marzell, H.: Heil- und Nutzpflanzen der Heimat, Reutlingen: Ensslin & Laiblin 1948
Marzell, H.: Wörterbuch der Deutschen Pflanzennamen. 5 Bde., Hirzel 1958
Mayer, F.: Wildfrüchte, -gemüse, -kräuter; Stuttgart: Stocker 1999
Mayer, J.: Essbare Wildkräuter und Früchte, Berlin: Urania 2000
Mayr, C.: Gewürzfibel, Augsburg: Weltbild 1996
Meckes, M. et al.: Antibacterial Properties of Helianthemum glomeratum, a Plant used in Maya Traditional Medicine to treat Diarrhoea, Phytotherapy Research 11(2):128–131: 1998
Meermeier, D.: Versaumung an Weg- und Straßenrändern, Von Rand zur Bordüre, Notizbuch 27 der Kasseler Schule, Kassel, hrsg. von AG Freiraum und Vegetation 1993
Meng, Q. et al.: Ethnobotany, phytochemistry and pharmacology of the genus Caragana used in traditional Chinese medicine, Journal of Ethnopharmacology 124: 350–368: Elsevier 2009
Meunick, J.: Essbare Wildpflanzen, Kiel: Stein 1992
Meyer, J.: Meyers Konversations-Lexikon, Leipzig: Bibliographisches Institut 1888
Michael-Hagedorn, R./Freiesleben, K.: Kinder unterm Blätterdach, Dortmund: Borgmann 1999
Mills, S./Bone, K.: The Essential Guide to Herbal Safety: Churchill Livingstone 2004
Moerman, D.: Native American Ethnobotany, Oregon: Timber Press 1998
Morton, J. F.: Kräuter und Gewürze. Herkunft und Verwendung, Bunte Delphin-Bücherei Nr. 31, München, Zürich: Delphin 1976
Moser, D./Gygax, A./Bäumler, B./Wyler, N./Palese, R.: Rote Liste der gefährdeten Arten der Schweiz. Farn- und Blütenpflanzen, Bundesamt für Umwelt, Wald und Landschaft 2002
Most, G. F.: Encyklopädie der Volksmedizin, Graz: Akademische Druck- u. Verlagsgesellschaft Neuauflage 1984
Muff, A.: Erlebnispädagogik und ökologische Verantwortung, Butzbach-Griedel: Afra 1997
Mühl, F.: Beerenobst und Wildfrüchte, München: Obst- und Gartenbau 1996
Müller-Urban, K.: Kochen mit Blüten und Essenzen, Niedernhausen: Falken 1998
Needon, C.: Wildfrüchtebüchlein, Leipzig: Verlag für die Frau 1993
Neuhold, M.: Tee aus heimischen Kräutern und Früchten, Graz, Stuttgart: Leopold Stocker 1999
Niklas, J. E.: Überlebensbuch, Belzig: Berghoff and Friends Verlag 1997

Niklas, J. E.: Wildgemüse, Stuttgart: Trias 1999
Niklas-Pahlow, U.: Wildfrüchte-Kompass, München: GU 1982
Oberdorfer, E.: Pflanzensoziologische Exkursionsflora, Stuttgart: Eugen Ulmer 1994
Oberdorfer, E.: Süddeutsche Pflanzengesellschaften, Teil 1–4, Stuttgart: Gustav Fischer 1978–1993
Pahlow, M.: Beeren und andere Wildfrüchte, Bern: Hallwag 1976
Pahlow, M.: Das große Buch der Heilpflanzen, Augsburg: Weltbild 2005
Pahlow, M.: Kräuter und Wildfrüchte, München: GU 1997
Pahlow, M.: Wildgemüse-Kompass, München: GU 1986
Pendziwiat, B.: Ballaststoffgehalt im Wildgemüse, Bonn: Diss. 1989
Pervenche, P.: Kräuter- und Heilpflanzen. Kochbuch für eine gesunde Lebensweise, Niedernhausen: Falken 1979
Phillips, R.: Das Kosmosbuch der Wildfrüchte. Essbare Kräuter, Beeren, Pilze erkennen und zubereiten, Stuttgart: Franckh'sche Verlagshandlung 1984
Phillips, R.: Gemüse in Garten und Natur, München: Droemer Knaur 1994
Pielichowska, M. et al.: Uptake and Localization of Cadmium by Biscutella laevigata, Series Botanica 46, Acta Biologica Cracovienska 2004
Pirie, N. W.: Leaf protein and its by-products in human and animal nutrition, London: Cambridge University Press 1987
Plessen, M. L. (Hg.): Berlin durch die Blume oder Kraut und Rüben. Gartenkunst in Berlin/Brandenburg, Katalog zur Ausstellung und Plakat »Wildwachsende Kriegsgemüse« in Mitteilung vom Kgl. Botan. Garten und Museum zu Berlin Dahlem 1914/18, Berlin: Bezirksamt Kreuzberg, Abt. Bauwesen-Gartenbauamt, Nicolai 1985
Polunin, O.: Bäume und Sträucher Europas, München: BLV 1977
Pott, R.: Die Pflanzengesellschaften Deutschlands, Stuttgart: Ulmer 1992
Preißer, F.: Umweltpädagogik in der Erwachsenenbildung, Bad Heilbrunn: Klinkhardt 1991
Probst, G.: Wildfrüchte, Stuttgart: Pietsch 1986
Pütz, J.: Hobbythek 3: Elektronische Miniorgel, musikalische Türglocke, Wildgemüse, geräucherte Köstlichkeiten, Süßigkeiten, Köln: vgs 1986
Quinche, R.: Gewürzkräuter, München: Ott 1969
Quinche, R./Bossard, E.: Wildsalate, Wildgemüse, München: Ott 1986
Raitelhuber, J.: Arzneikräuter und Wildgemüse erkennen und benennen, Niedernhausen: Falken 1979
Rätsch, C.: Enzyklopädie der psychoaktiven Pflanzen, Aarau: AT Verlag 1998
Rau, H./Nickig, M.: Köstliche Blüten zum Dekorieren und Genießen, Hamburg: Ellert & Richter 1994
Recht, C.: Ernte am Wegrand, Stuttgart: Eugen Ulmer 1997
Redden, G.: Vergessene Gemüse, München: Mosaik 1996
Reinartz, M.-T.: Die Bestimmung des Kohlenhydratgehalts ... einheimischer Wildpflanzen und deren Bedeutung aus ernährungsphysiologischer Sicht, Bonn: Diss. 1987
Reuss, P.: Kochen mit Wildpflanzen, München: Heyne 1995
Rhamm, W. R. von: Überlebenstraining, Stuttgart: Pietsch 1982
Rollinger, J. M. et al.: Phenylpropanoids and polyacetylenes from Chaerophyllum aureum, Z Naturforsch C. 58(7–8): 553–557, Lignans 2003
Roth, L./Daunderer, M./Kormann, K.: Giftpflanzen – Pflanzengifte, Landsberg: ecomed 1994
Rothmaler, W.: Exkursionsflora von Deutschland, Heidelberg, Berlin: Spektrum 2000
Runge, F.: Die Pflanzengesellschaften Mitteleuropas, Münster: Aschendorff 1994
Scheerer, F.: Die Verwertung unserer Wildfrüchte, Berlin: Siebeneicher 1948
Scheibenpflug, H.: Beeren, Wildobst, Wildgemüse, Innsbruck: Pinguin 1979
Scheibenpflug, H.: Ernte am Wegrand. Beeren, Wildobst, Wildgemüse und Teekräuter unserer Heimat, Wien: Verlag für Jugend und Volk 1947
Schiechtl, H.: Wildfrüchte in Europa, Hall: Berenkamp 2000
Schlechta, J.: Köstliche Wildfrüchte und Wildgemüse, München: GU 1983
Schlosser, S./Reichhoff, L.: Wildpflanzen Mitteleuropas. Nutzung und Schutz, Berlin: DLV 1991
Schmeil, O./Fitschen, J.: Flora von Deutschland, Wiebelsheim: Quelle & Meyer 2009
Schneider, O.: Wildstauden für Garten und Sinne, Katalog der Wildstaudengärtnerei, Böhler Weg 40, 42285 Wuppertal, 1999

Schneider, V.: »Nitratgehalt von heimischem Wildgemüse«, in: Wissenschaftliche Arbeitstagung der Arbeitsgemeinschaft Ernährungsverhalten 1987, S. 157–160
Schneider, V.: Über den Vitamin-C-Gehalt von Wildgemüse und -salaten, Dissertation, Universität Bonn 1982
Schnelle, O.: Philios Pflanzendatenbank, Dorow 1999
Schoenichen, W.: Aus Wald und Feld den Tisch bestellt, Berlin Halensee/Bielefeld: Alfred Linde Verlag 1947
Schofield, J./Tyler, R.: Discovering Wild Plants, Alaska Northwest Books 1989
Schönfelder, P. u. I.: Kosmos Heilpflanzenführer, Stuttgart: Franckh'sche Verlagsgesellschaft 1984
Schönfelder/Fischer: Welche Heilpflanze ist das? Heilpflanzen – Giftpflanzen – Wildgemüse, Stuttgart: Kosmos 1968
Schuch, C. T.: Gemüse und Salate der Alten in gesunden und kranken Tagen, Rastatt: Mayer 1853
Schürmeyer, Ch./Vetter, B.: Die Naturgärtnerei. Arbeitsberichte des Fb. Stadt- und Landschaftsplanung, Heft 42, GH Kassel 1982
Seemann, H.: Wildgemüse im Haushalt, Berlin-Tiergarten: Albert Nauck & Co. 1946
Sebald, O./Seybold, S./Philippi, G./Wörz, A.: Die Farn- und Blütenpflanzen Baden-Württembergs, Stuttgart: Ulmer 1990
Seifert, S.: »Wildgemüse aus Feld und Flur«, in: Öko-Test 1990, S. 51–54 und 76–77
Seymour, J.: Leben auf dem Lande, Ravensburg: Otto Maier 1976
Simonis, W. Ch.: Taschenbuch der Heil- und Gewürzpflanzen, Frankfurt/M.: Vittorio Klostermann 1967
Souci, S./Fachmann, W./Kraut, H.: Nährwerttabellen, Stuttgart: Scientific Publishers 2000
Souvereyns, R.: Feine leichte Kräuterküche, München: Zabert Sandmann 1998
Stammel, H. J.: Die Apotheke Manitous, Reinbek: Rowohlt 1986
Stein, S.: Gemüse aus Großmutters Garten, München: BLV 1989
Storch, R.: »Zurück zur Natur – aber lecker! Kochen mit Wildgemüse«, in:
Steiner Welz, S.: Das große Buch der Heilmittelpflanzen und Öle, Mannheim: Vermittlerverlag 2004
Storl, W.-D.: Bekannte und vergessene Gemüse, Aarau: AT Verlag 2002
Stuart, M.: The Encyclopedia of Herbs and Herbalism, Reprint Edition: Black Cat 1990
Stumpf, F. L.: Systematisches Handbuch der Arzneimittellehre, 2. Band, Berlin: 1855
Tabula (Autor ungenannt): Datenbank für pflanzensoziologische Arbeiten, Version 4.0, 1995
Teuscher, E.: Gewürzdrogen, Stuttgart: Wissenschaftliche Verlagsgesellschaft 2003
Teuscher, E./Lindequist U.: Biogene Gifte, Stuttgart: Wissenschaftliche Verlagsgesellschaft 2010
Trinks, C. F.: Handbuch der homöopathischen Arzneimittellehre, Leipzig: Verlag T. O. Weigel 1847
Trommer, G.: Die Natur in der Umweltbildung, Weinheim: Deutsche Studien 1997
Trommer, G.: Natur wahrnehmen mit der Rucksackschule, Braunschweig: Westermann 1991
Trum, B.: Wildkräuter-Kochbuch, Kempten: Dannheimer 1998
Tscharner/Knieriemen: Hexentrank und Wiesenschmaus, Aarau: AT Verlag 2001
Tschöpe, J.: Wildgemüse in Notzeiten, Uni Köln 1949
Usher, G.: A Dictionary of Plants used by Man, New York: MacMillan 1974
Volz, H.: Überleben in Natur und Umwelt, Regensburg, Berlin: Walhalla 2001
Weiner, M.: Earth-medicine-earth-foods, New York: MacMillan 1972
Wichtl, M.: Teedrogen und Phytopharmaka, Stuttgart: Wissenschaftliche Verlagsgesellschaft 2002
Winckel, R.: Unsere Wildpflanzen in der Küche, Berlin: Zentral-Einkaufsgesellschaft 1916
Winkler, E.: Vollständiges Real-Lexikon der medicinisch-pharmaceutischen Naturgeschichte und Rohwarenkunde, Leipzig: Brockhaus 1840
Wisskirchen, R./Haeupler, H.: Standardliste der Farn- und Blütenpflanzen Deutschlands, Stuttgart: Ulmer 1998
Witt, R./Dittrich, B.: Blumenwiesen, München: BLV 1996
Wittstein, G.C.: Vierteljahresschrift für praktische Pharmazie, München: Joh. Palm Hofbuchhandlung 1860
Zentrale für Drogen und Wildfrüchte: Wildgemüse als Zusatznahrung, Berlin-Kleinmachnow: Naturkundliche Korrespondenz 1946

Verwendete Quellen im Internet

1 http://statedv.boku.ac.at/wildpflanzen (Stand 17.12.2012)
Webseite der Universität für Bodenkultur, Wien
2 www.giftpflanzen.com/gifte.html (Stand 17.12.2012)
Webseite von B. Bös, das GIFTPFLANZEN.COMpendium
3 www.giftpflanzen.com/vergiftungen.html (Stand 17.12.2012)
Webseite von B. Bös, das GIFTPFLANZEN.COMpendium
4 www.meb.uni-bonn.de/giftzentrale/pflanidx.html (Stand 17.12.2012)
Webseite der Giftinformationszentrale Universität Bonn
5 www.botanikus.de/Gift/ordnung.html (Stand 17.12.2012)
Webseite der Botanikus Giftpflanzendatenbank, Uwe Lochstampfer
6 www.biologie.uni-hamburg.de/b-online/d02/composed.htm (Stand 9.6.2012 und 17.12.2012)
7 www.wikipedia.de
8 www.wikipedia.org
9 www.rohkostwiki.de (Stand 5.9.2012) Liste pflanzlicher Lebensmittel
10 http://plants.usda.gov/java (März–Dezember 2012) U. S. Department of Agriculture
11 http://luirig.altervista.org (März–Dezember 2012) Flora Italiana
12 www.biolib.de (März–Dezember 2012) A collection of historic and modern biology books.
13 http://gernot-katzers-spice-pages.com/germ/index.html?redirect=1 (Stand: 17.12.2012)
Gernot Katzers Gewürzseiten
14 www.heilkraeuter.net (Stand 19.5.2012 und 17.12.2012) Heilkräuterseiten
15 www.kaesekessel.de (Stand 12.7.2012) Seiten von Herbert Schwab
16 http://phyto.pharma.uni-bonn.de (Stand 16.7.2012)
Homepage von Dr. Helmut Wiedenfeld; Pharmazeutisches Institut der Universität Bonn
17 www.pfaf.org (März–Dezember 2012) Plants for a Future
18 www.pharmakobotanik.de (Stand 16.6.2012) Thomas Schöpke; Botanik für Pharmazeuten
19 www.jean-puetz.net/images/tipps/download/HT_332.PDF (Stand 10.7.2012)
WDR Hobbythek, Lebenselixiere aus Deutschland

Weitere Quellen

Bundesforschungsanstalt für Ernährung und Lebensmittel (BfEL), Standort Karlsruhe, Haid-und-Neu-Str. 9, DE-76131 Karlsruhe, www.bfel.de
Deutsche Gesellschaft für Ernährung e. V., Godesberger Allee 18, 53175 Bonn
Forschungsanstalt für Gartenbau FH-Weihenstephan, Infoblätter

Gattungsliste der Binsen, Sauergräser und Süßgräser Siehe dazu S. 54

Für alle Arten mit dem Hinweis »im Bestand gefährdet« gelten die Einschränkungen unter ‼, siehe Seite 27.

Agrostis
Aira (Art *A. elegantissima* im Bestand gefährdet)
Alopecurus (Arten *A. arundinaceus, A. aequalis, A. bulbosus, A. geniculatus* und *A. rendlei* im Bestand gefährdet)
Ammophila
Anthoxanthum
Apera (Art *A. interrupta* im Bestand gefährdet)
Arrhenatherum
Avena (Art *A. strigosa* im Bestand gefährdet)
Blysmus (Arten *B. compressus* und *B. rufus* im Bestand gefährdet)
Bolboschoenus (Art *B. maritimus* im Bestand gefährdet)
Bothriochloa (Art *B. ischaemum* im Bestand gefährdet)
Brachypodium
Briza
Bromus (Arten *B. arvensis, B. commutatus, B. großus, B. japonicus, B. racemosus, B. secalinus* und *B. squarrosus* im Bestand gefährdet)
Calamagrostis (Arten *C. canescens, C. pseudophragmites* und *C. stricta* im Bestand gefährdet)
Carex (Folgende Arten im Bestand gefährdet: *C. appropinquata, C. aquatilis, C. atherodes, C. baldensis, C. bicolor, C. bigelowii* ssp. *rigida, C. binervis, C. bohemica, C. buxbaumii, C. capitata, C. cespitosa, C. chordorrhiza, C. davalliana, C. depauperata, C. diandra, C. dioica, C. distans, C. ericetorum, C. extensa, C. fimbriata, C. frigida, C. fuliginosa, C. halleriana, C. hartmanii, C. heleonastes, C. hordeistichos, C. hostiana, C. laevigata, C. lasiocarpa, C. lepidocarpa, C. ligerica, C. limosa, C. maritima, C. melanostachya, C. michelii, C. microglochin, C. obtusata, C. otrubae, C. pauciflora, C. paupercula, C. praecox, C. pseudobrizoides, C. pseudocyperus, C. pulicaris, C. punctata, C. riparia, C. rupestris, C. secalina, C. supina, C. tomentosa, C. trinervis, C. vaginata, C. vulpina*)
Catabrosa
Catapodium
Cladium (Art *C. mariscus* im Bestand gefährdet)
Corynephorus (Art *C. canescens* im Bestand gefährdet)
Cynodon (Art *C. dactylon* im Bestand gefährdet)
Cynosurus (Art *C. echinatus* im Bestand gefährdet)
Cyperus (Folgende Arten im Bestand gefährdet: *C. flavescens, C. fuscus, C. glomerata, C. longus, C. michelianus, C. rotundus, C. serotinus*)
Dactylis (Art *D. polygama* im Bestand gefährdet)
Danthonia (Art *D. alpina* im Bestand gefährdet)
Deschampsia (Folgende Arten im Bestand gefährdet: *D. littoralis, D. media, D. setacea, D. wibeliana*)
Digitaria
Echinochloa
Eleocharis (Folgende Arten im Bestand gefährdet: *E. acicularis, E. atropurpurea, E. mamillata, E. multicaulis, E. ovata, E. parvula, E. quinqueflora, E. uniglumis*)

Elymus (Art *E. arenosus* im Bestand gefährdet)
Eragrostis
Eriophorum (Arten *E. gracile* und *E. latifolium* im Bestand gefährdet)
Festuca (Folgende Arten im Bestand gefährdet: *F. duvalii, F. patzkei, F. polesica, F. psammophila, F. trichophylla, F. vaginata, F. valesiaca*)
Gaudinia (Art *G. fragilis* in der Schweiz im Bestand gefährdet)
Glyceria (Arten *G. declinata* und *G. maxima* im Bestand gefährdet)
Hierochloe (Arten *H. hirta, H. odorata* und *H. repens* im Bestand gefährdet)
Holcus
Hordelymus
Hordeum (Arten *H. marinum* und *H. secalinum* im Bestand gefährdet)
Isolepis (Art *I. fluitans* im Bestand gefährdet)
Juncus (Folgende Arten im Bestand gefährdet: *J. alpinus, J. arcticus, J. atratus, J. balticus, J. bulbosus, J. capitatus, J. castaneus, J. pygmaeus, J. ranarius, J. sphaerocarpus, J. squarrosus, J. stygius, J. subnodulosus, J. tenageia*)
Kobresia (Art *K. simpliciuscula* im Bestand gefährdet)
Koeleria (Arten *K. arenaria, K. glauca* und *K. vallesiana* im Bestand gefährdet)
Leersia (Art *L. oryzoides* im Bestand gefährdet)
Lolium
Luzula (Arten *L. desvauxii* und *L. sudetica* im Bestand gefährdet)
Melica (Art *M. altissima* im Bestand gefährdet)
Mibora (Art *M. minima* im Bestand gefährdet)
Micropyrum (Art *M. tenellum* im Bestand gefährdet)
Milium
Molinia
Nardus
Panicum
Parapholis (Art *P. strigosa* im Bestand gefährdet)
Phalaris
Phleum (Arten *P. arenarium* und *P. paniculatum* im Bestand gefährdet)
Phragmites
Piptatherum (Art *P. paradoxum* im Bestand gefährdet)
Poa (Arten *P. badensis* und *P. palustris* im Bestand gefährdet)
Puccinellia (Arten *P. distans* und *P. limosa* im Bestand gefährdet)
Rhynchospora (Arten *R. alba* und *R. fusca* im Bestand gefährdet)
Schoenoplectus (Folgende Arten im Bestand gefährdet: *S. carinatus, S. mucronatus, S. pungens, S. supinus, S. tabernaemontani, S. triqueter*)
Schoenus (Arten *S. ferrugineus* und *S. nigricans* im Bestand gefährdet)
Scirpoides (Art *S. holoschoenus* im Bestand gefährdet)
Scirpus (Art *S. radicans* im Bestand gefährdet)
Scolochloa
Secale
Sesleria
Setaria (Art *S. verticillata var. ambigua* in der Schweiz im Bestand gefährdet)
Sorghum
Spartina
Stipa (Folgende Arten im Bestand gefährdet: *S. borysthenica, S. capilata, S. dasyphylla, S. eriocaulis* ssp. *austriaca, S. eriocaulis* ssp. *lutetiana, S. pennata, S. pulcherrima* ssp. *bavarica, S. pulcherrima* ssp. *pulcherrima, S. styriaca, S. tirsa*)
Tragus (Art *T. racemosus* im Bestand gefährdet)
Trichophorum (Arten *T. alpinum* und *T. cespitosum* im Bestand gefährdet)
Trisetum (Art *T. cavanillesii* im Bestand gefährdet)
Triticum
Ventenata (Art *V. dubia* im Bestand gefährdet)
Vulpia (Arten *V. bromoides* und *V. ciliata* in der Schweiz und in Teilen Österreichs im Bestand gefährdet)

Register der deutschen und lateinischen Pflanzennamen

Hinweise zur Namensschreibung, zur Zugehörigkeit zu Artengruppen und zu Namenssynonymen finden Sie im Kapitel »Der Aufbau des Buches«, Seite 40.
→ Pflanzenart ist in der Artengruppe integriert.

A

B

C

D

E

F

G

H

L

M

N

O

S

W

Y

Z

Bildnachweis

Fotos

Andreas F. Sperwien, Meddewade: S. 307 re.
Ernst Horak, Wien: S. 46 oben li., S. 248 li., S. 354 re., S. 355 oben li., S. 469 unten re., S. 507 li.
Jürgen Guthmann, Merkendorf: 366 oben re.
Rita Lüder, Neustadt: S. 52, S. 209, S. 226 unten re., S. 273 unten li., S. 403 oben, S. 591 unten re.
Sandra Kunz, Passau: S. 280 re., S. 604
Ulf Schmitz, Düsseldorf: S. 457 re.
www.florafoto.de/Marina Lochstampfer: S. 507 re
www.fotonatur.de/Frank Derer: S. 186 unten li.
www.fotonatur.de/Holger Duty: S. 588 li.
www.fotonatur.de/Stefan Wackerhagen: S.620 oben re.

Alle übrigen Fotos stammen von Thomas Muer, Bad Bentheim (th.muer@t-online.de) bzw. von Steffen Guido Fleischhauer

Zeichnungen

Für die Zeichnungen wurden folgende Quellen als Vorlage verwendet:

Gustav Hegi, Illustrierte Flora von Mittel-Europa, 1905–1931, mit freundlicher Genehmigung des Weissdorn-Verlags, Jena: Centranthus ruber, S. 205; Chaerophyllum bulbosum, Chaerophyllum hirsutum, S. 501; Lupinus polyphyllus, S. 83; Mercurialis annua, S.287; Oxalis stricta, S. 84; Petasites albus, Petasites hybridus, S. 87

Sowerby et al., Coloured figures of British plants, 1863, Hardwicke London, Public Domain: Alchemilla conjuncta, S.73

Alle übrigen Vorlagen und Anregungen aus Public Domain (plants.usda.gov/java, commons.wikimedia.org, luirig.altervista.org/flora/taxa/floraindice.php, www.wikipedia.it, www.plantillustrations.org)

Die Autoren

Steffen Guido Fleischhauer
Diplom-Ingenieur für Landschaftsplanung, Fachhochschule Weihenstephan. Sammelt seit vielen Jahren Erfahrungen in der Ernährung mit Pflanzen aus der freien Natur. Seminarleitung und Lehrtätigkeit an Hochschulen in Deutschland, Österreich und der Schweiz im Fach »Essbare Wildpflanzen«. www.essbare-wildpflanzen.de

Jürgen Guthmann
Diplom-Ingenieur für Technische Chemie. Laboringenieur Lebensmittelchemie an der Fachhochschule Weihenstephan. Langjährige Beschäftigung mit Ernährung und Gesundheitsfragen, Fachgebiet Heilpflanzen und Pilze.

Roland Spiegelberger
Landschaftsgärtner und Diplom-Ingenieur für Landschaftsarchitektur und Umweltplanung. Seit 1986 beschäftigt er sich mit heimischen Wildpflanzen und befasst sich mit der Vermittlung botanischer Kenntnisse an interessierte Wildpflanzengärtner und -sammler.

Dank

Lieben Dank insbesondere an Claudia Gaßner, die nicht nur viele der Pflanzenskizzen zeichnete, sondern auch an vielen Texten mitformulierte und immer, wenn Hilfe benötigt wurde, einsprang. Herzlichen Dank auch an die anderen Zeichnerinnen, Fotografinnen und Fotografen, deren Skizzen und Bilder im Buch unersetzlich sind. Danke an alle Quellenautoren, die schon vor uns in großer Sammelarbeit viele Verwendungsüberlieferungen und botanische Daten zusammengetragen haben, auf denen wir dieses Sammelwerk aufbauen konnten. Vielen Dank an alle Mitarbeiter des AT Verlags, die uns mit Geduld und organisatorischem Geschick durch dieses Projekt begleiteten. Dank auch den zahlreichen anderen, die uns in vielen Fragen weiterhelfen konnten und uns unterstützt haben.

14. Auflage, 2023

AT Verlag AG, Aarau und München
Lektorat: Petra Holzmann, München
Umschlagbild: Frank Brunke, Buchenberg
Zeichnungen: Claudia Gaßner, Floor Steinacher, Sabine Leipold
Gestaltung und Satz: Giorgio Chiappa, Zürich
Bildaufbereitung: Vogt-Schild Druck, Derendingen
Druck und Bindearbeiten: Firmengruppe APPL, aprinta druck, Wemding
Printed in Germany

ISBN 978-3-03800-752-4

www.at-verlag.ch

Der AT Verlag wird vom Bundesamt für Kultur
für die Jahre 2021–2024 unterstützt.

Von denselben Autoren im AT Verlag erschienen

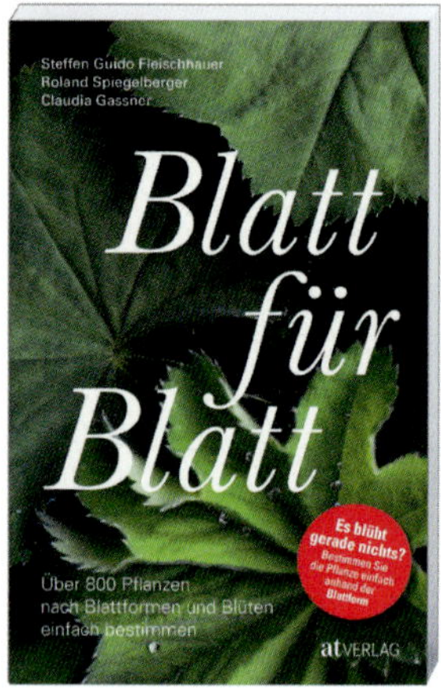

Steffen Guido Fleischhauer
Roland Spiegelberger
Claudia Gassner
Blatt für Blatt
Über 800 Pflanzen
nach Blattformen und Blüten
einfach bestimmen

Steffen Guido Fleischhauer
Astrid Süßmuth
Wildwachsende Heilpflanzen einfach bestimmen*
Die 50 beliebtesten Arten
Mit Rezepten und Anwendungen
für die Hausapotheke

Steffen Guido Fleischhauer
Jürgen Guthmann
Roland Spiegelberger
Essbare Wildpflanzen*
200 Arten bestimmen
und verwenden

Steffen Guido Fleischhauer
Kleine Enzyklopädie der essbaren Wildpflanzen*
1000 Pflanzen tabellarisch,
mit 300 Farbfotos

Steffen Guido Fleischhauer
Jürgen Guthmann
Roland Spiegelberger
Essbare Wildpflanzen einfach bestimmen*
Die 50 beliebtesten Arten in mehr
als 400 Farbfotos
Mit Rezepten und Tipps
für die Küche

* Auch als E-Book erhältlich

Weitere Bücher zum Thema

Meret Bissegger
Meine wilde Pflanzenküche
Bestimmen, Sammeln und Kochen von Wildpflanzen

Meret Bissegger
Meine Küche im Frühling und Sommer
Gemüse, Kräuter, Blüten und Wildpflanzen

Astrid Süßmuth
Lexikon der Alpenheilpflanzen*
Heilkunde und überliefertes Wissen

Steffen Guido Fleischhauer
Wildpflanzen-Salate
Sammeltipps, Pflanzenporträts und 60 Rezepte

Gisula Tscharner / Heinz Knieriemen
Hexentrank und Wiesenschmaus
Rezepte aus der wilden Weiberküche

Violette Tanner
Kinderwerkstatt Wildpflanzenküche
Mit Kindern sammeln, kochen, die Natur erleben

Jonas Frei
Stadtwildpflanzen
52 Ausflüge in die urbane Pflanzenwelt
Mit Hintergrundwissen zur Stadtvegetation

Marianne Ruoff
Löwenzahn und Löwenkraft
Das Porträt einer starken Heilpflanze
Mit vielen Anwendungen und Rezepturen

Marianne Ruoff
Schachtelhalm
Drachenmedizin aus der Urzeit
Mit vielen Rezepten und Anwendungen

Wolf-Dieter Storl
Wesen und Geheimnisse der Neophyten
Heilpflanzen, Nahrungspflanzen, Nutzpflanzen

Wolf-Dieter Storl
Der Kosmos im Garten*
Gartenbau nach biologischen Naturgeheimnissen
als Weg zur besseren Ernte

Wolf-Dieter Storl
Bekannte und vergessene Gemüse*
Botanik, Geschichte, Heilkunde und Anwendungen

Wolf-Dieter Storl
Heilkräuter und Zauberpflanzen zwischen Haustür und Gartentor*

* Auch als E-Book erhältlich

AT Verlag
Bahnhofstraße 41
CH-5000 Aarau
Telefon +41 (0)58 510 63 10
info@at-verlag.ch
www.at-verlag.ch